涉核课程思政案例

（上　册）

张黎明　井媛媛　主编

中国原子能出版社

图书在版编目（CIP）数据

涉核课程思政案例 / 张黎明，井媛媛主编 .—北京：中国原子能出版社，2024. 4（2025.6重印）

ISBN 978-7-5221-3151-1

Ⅰ. ①涉…　Ⅱ. ①张…　②井…　Ⅲ. ①高等学校-思想政治教育-教案（教育）-中国　Ⅳ. ①G641

中国国家版本馆 CIP 数据核字（2023）第 225366 号

内容简介

为落实习近平总书记在全国高校思想政治工作会议上的重要提法，推动涉核课程思政建设再上新台阶，在中国核工业教育学会的指导下，学会教育教学分会和海军工程大学联合举办了首届“涉核课程思政案例”教学成果评议活动。本次活动共收集了相关高校近百篇的课程思政案例，百花齐放，各具特色。案例既有文化基础课程，也有专业背景课程，还有岗位任职课程；既有全面具体的、也有精华尽显的；既有同一院校不同课程的，也有不同院校同一门课程的，还有同一院校同一门课程的。为充分汇集课程思政优质资源、细节展示思政元素挖掘方法、广泛呈现课程思政教育实效，本书将全部案例完善后编印成册，以供广大涉核教育工作者参考。

涉核课程思政案例

出版发行　中国原子能出版社（北京市海淀区阜成路 43 号　100048）
责任编辑　王　为
装帧设计　邢　锐
责任校对　冯莲凤
责任印制　赵　明
印　　刷　北京富资园科技发展有限公司
经　　销　全国新华书店
开　　本　787 mm×1092 mm　1/16
印　　张　66. 75
字　　数　1678. 5 千字
版　　次　2024 年 4 月第 1 版　2025 年 6 月第 2 次印刷
书　　号　ISBN 978-7-5221-3151-1　　**定　价**　**108. 00 元**（上下两册）

发行电话：010-68452845

编写委员会

主　编：张黎明（海军工程大学）
井媛媛（中国核工业教育学会）

副主编：陈玉清（海军工程大学）
王岸璐（中国核工业教育学会）
高　喆（清华大学）

成　员：（按姓氏笔画顺序排列）
王明军（西安交通大学）
王　晨（海军工程大学）
郝　英（清华大学）
徐乐瑾（华中科技大学）

审查委员会

目 录

上 册

下 册

高能宇宙射线——缪子寿命

孙保华，孙艳梅，周小朋，宋春艳

（北京航空航天大学物理学院，北京 100191）

摘　要：以环境中天然射线——缪子为例，开展粒子探测和分析实验，结合立德树人根本任务，以培养具有家国情怀的核专业人才为目标。理论联系实际，将弘扬科学精神，塑造价值取向融合到课堂教学中。以问题引入，自主讨论，递进式教与学，激发学生兴趣，提升学习效果。润物细无声地将培养科学精神、提升创新创造能力、培养塑造高尚人格贯穿于教学中。

一、课程基本情况

（一）课程情况简介

专业物理实验（核物理）是核物理专业培养方案中一门核心必修课，是由理论课与实验操作紧密结合的一门课程，其中实验方法以及实验教学是核物理教学中培养合格人才的中心环节。核辐射是双刃剑，如何认识并有效地利用是关键。核物理专业注重从由浅入深地培养学生的专业知识和能力。本课程在介绍辐射的基础上，密切结合全社会最关注的环境、能源、食品、生命等热门焦点，阐述如何认识辐射、检测辐射、正确利用放射性物质，突出对辐射的应用，提高学生的专业知识和能力。

本课程紧密结合核科学技术前沿，转化科研仪器至教学中；以学生为中心，形成进阶性教学体系，涵盖认知型实验、基础实验、虚拟仿真实验和综合性实验的 4 个层次以及两种方式（指导性实验、学生自主性实验）；通过检测校园环境辐射，提高学生学习兴趣；设置演示实验如云室，将射线可视化，解开射线神秘的面纱；通过专业基础实验，培养学生独立操作实验的技能；增设探究性实验，以学生为主导，教师为辅，培养学生探索未知，追求真理，勇攀科学高峰的创新能力。

2020 年 6 月教育部印发《高等学校课程思政建设指导纲要》[1]，明确提出了课程的育人功能。有数据显示高校 80%是专业教师，课程的 80%是专业课程，学生学习时间的 80%是专业学习，经调查，80%的大学生认为对自己成长影响最深的是专业课和专业课教师[2]。专业核物理实验课程坚持把立德树人作为根本任务，授课过程注重思政元素挖掘和融入，为实现高水平核科技自立自强，全面建设核工业强国培养拔尖人才。

课程团队不断改革教学大纲，完善教学方案，学生培养质量稳步提升。体现在：

（1）2017 年入选年北航“双百工程（优质课程）”；

（2）2020 年院级一流课程建设项目；

（3）2021年校级一流课程建设项目；

（4）教学研究论文：在《大学物理》发表实验教学论文30多篇；

（5）获奖：学生依托专业物理实验，获批“北京市大学生物理竞赛”一等奖、北航“冯如杯”一等奖等，“小卫星”金奖；

（6）教改：北京市教改（吕广宏主持，孙保华参与）、教学团队主持教改8项，获得多项教学成果奖等。

（二）授课对象情况分析

“专业物理实验（核物理）Ⅰ、Ⅱ”授课对象是物理学相关的大学三年级学生。他们经过大学一、二年级对理论知识的学习，具有一定的理论知识功底，做过基础物理实验，具有一定的动手能力。在知识上能满足做专业物理实验的要求。对于首次进入具有放射源的实验室的学生来说，降低对放射源的担心是首要工作。利用环境中存在的伽马射线、天然缪子射线开启核物理实验，既可以减轻学生在做核物理实验时对使用放射源的恐惧，增加学生对天然射线的了解，又能实现学生对专业实验仪器的熟悉及使用，实现课程目的。对于大三学生来说，专业课的学习是将理论联系实际，应用知识解决科学问题，探索未知的关键时刻，专业核物理实验课程的设置通过解决问题层面培养学生理论联系实际的科学思维和解决问题的创新创造能力。另外，通过专业知识的发展史中科学家的故事和形象激发学生的家国情怀和爱国主义精神；通过了解相关专业知识在生产生活中的应用现状和应用前景，培养学生的时不我待责任感与使命感。

二、案例基本情况

高能宇宙射线——缪子寿命。“高能宇宙射线缪子的寿命测量”为“专业物理实验（核物理）”教学模块中的一个典型且具有一定创新性的综合性实验项目。该实验项目，结合科学前沿，充分利用课程团队自主研发的教学仪器，自主开设，课程内容涉及相对论效应的直接验证、符合测量方法以及射线的时间测量等内容。该实验通过了解缪子射线在大气中的产生及衰变，让学生掌握生活中无放射源的核辐射知识，消除恐惧心理。通过掌握实验过程中延迟符合的测量方法及学生在实验过程中的自主探讨学习过程，培养学生团结合作能力。

通过介绍中国核辐射探测的先驱——何泽慧为中国核物理事业的贡献、历经艰辛回国报效的爱国情怀以及严谨的科研态度，树立榜样的力量，培养学生的科学精神，激发爱国情怀、科研情怀及对先辈们的崇敬之情。通过熟练掌握兼备环境中伽马射线与缪子的实验方法，培养学生创新、探索及动手的科学素养。

三、案例思政元素分析

1. 培养学生理论联系实际的品质，不断探索知识与科学真理的科学精神与素养

射线是把双刃剑，如在医学、食品、军工业等方面的利用。引入高能宇宙射线——缪

子是大气中存在的射线，地球上的缪子来源于宇宙射线与大气层的相互作用。由于缪子的穿透性最强，所以到达地面的宇宙射线中有80%左右的成分为缪子。我们的生活环境中存在射线，这可以减轻学生在做核物理实验时对使用放射源的恐惧，也缓解了无放射源时难以开展核物理实验的难题。让学生了解到射线价值，培养其科学与生活紧密相连的科学观。

介绍缪子发现的百年历程，首先 Yakawa 最初预研 π 介子，作为强相互作用的媒介，发现了质量约为 100 MeV/c^2 的粒子，误以为是 π 介子，后来才发现是缪子，科学是不断迭代，接近真理的。

介绍缪子的应用，利用缪子的强穿透力，能够穿透厚达数百千米的大气层到达地表，甚至能到达数百米深的矿井之中，用于探索金字塔内部结构以及火山状态等。

对缪子特性的了解，启发学生看待事物要用辩证法，通过不断探索知识，打破自我局限的思维；理论联系实际，充分利用物质特性解决实际问题的科学品质。

2. 通过实验教学，培养学生勇于开拓、不断创新的求知科学精神，来探索客观世界的发展规律

缪子大多产生于距离地面约 15 km 的高空，它从产生至飞行到地面需要 50 μs，而缪子的寿命只有 2. 2 μs，那它是怎么能达到地面的呢？抛出问题，引导学生思考。缪子相对于地球上的观测者的速度 $v\approx 0.99$ c，在这样的速度下，需要考虑相对论效应——时间膨胀，我们观察到的缪子存活的时间远大于它的静止寿命。缪子到达地面验证了爱因斯坦的相对论，理论与实验相辅相成，加深了学生对相对论效应的理解。

学生先后研究缪子的性质，缪子通量，缪子能量及缪子寿命这种递进式研究，激发其不断探索、不断创新的热情，脚踏实地的科学严谨态度及良好的科学实验素养。

3. 通过学习张文裕、何泽慧等先进科学家的科学精神，培养学生坚持不懈的科研精神、敢为人先的思想品质以及家国情怀

对宇宙线发展历史讲解中不得不提到张文裕对于西方学者就中国的宇宙线研究误解零容忍的态度，并持久鞭策自己在宇宙射线研究上奋发图强。终于由赵忠尧、王淦昌等先驱播种的种子在张文裕身上发芽，后者在云雾室中发现“缪原子”而闻名。我国科学家用10~20 年的时间将我国的宇宙线研究发展到学科的国际前沿。对我国宇宙线研究发展历史的学习，激发学生时不我待的责任感与使命感。

对于射线知识的回顾与介绍必然要引入中国核辐射探测的先驱——何泽慧对中国核物理事业的贡献。同时可以讲述何泽慧历经艰辛回国报效的爱国情怀以及其严谨的科研态度，树立榜样的力量，激发爱国情怀，以及对先辈们的崇敬之情。对于实验仪器的介绍环节可以与学生一起探讨何泽慧与合作者一同自力更生研制成功对粒子灵敏的原子核乳胶探测器的过程，通过先驱的科研精神，激发学生的求知精神，通过问题导入式，培养学生在学习知识时勇于开拓其背后的理论，透过现象看本质的品质。

四、案例教学整体设计

（一）案例教学设计

阐明案例思政教学的理念和思路，结合课程内容有机融入思想政治教育的教学设计。

基于实验课程的教学走向，制定课程思政的具体内容，实现课程思政一体化设计。

1. 实验课程设计

（1）实验基础：介绍缪子射线的基本性质与地球上缪子射线的应用；（2）实验目的；（3）实验原理：缪子与物质相互作用及缪子的衰变与探测；（4）实验内容：缪子通量，缪子能量及缪子寿命；（5）实验仪器：对核电子学的掌握；（6）实验步骤及注意事项；（7）讨论与分析；（8）拓展实验；（9）参考资料：参考文献、书籍，科学链接——何泽慧。

2. 制定相应的课程思政融入过程

（1）理论联系实际，周围环境中存在少量辐射；（2）价值导向即解决实际问题，知识提升，及追求科学真理；（3）利用微观的能量守恒、动量守恒以及相对论知识，认识宏观的科学现象；（4）递进式实验内容，培养探索客观世界的发展规律的能力，及不断创新的科学素养；（5）整个实验过程融入探索精神，培养脚踏实地的科学严谨的态度，讲究实际的科学精神及良好的实验素养；（6）实验过程需要小组成员讨论，相互团结、协作、沟通，相互之间建立良好的信任关系，实现道德与品行的培养；（7）实验仪器的研发及使用过程凸显知识的可依据性，知识产权的重要性，培养其对待知识态度的客观与尊重；（8）实验过程总是充满反复与重复，通过实验过程培养其百折不挠、不断创新、与时俱进的科学态度；（9）介绍何泽慧历经千辛万苦回国的爱国情怀，坚持工作到最后的工作态度，不辞辛苦地开拓中国核辐射探测的科学精神。激发学生舍我其谁的责任感，时不我待，追求真理的科学精神。

由以上两部分实现课程思政元素与课程内容紧密相连，课程思政逐步地融入课程内容中。具体设计过程如表 1 所示。

表 1　教学过程、方法和思政融入

教学过程	教学方法	课程思政元素的融入
① 问题的引出	展示环境中的天然电离辐射，探索其主要来源。 提问：学生讨论。 展示：利用厚铅砖屏蔽辐射剂量仪，观察辐射剂量变化（环境中的伽马放射性可以由 Pb 大部分屏蔽，但是缪子很难）；利用 NaI 探测器观测，发现高能端存在高于 2.6 MeV 的射线，它们不同于伽马射线。 提问：为什么屏蔽之后还存在高能射线	引发学生对课程内容的兴趣，引出本节课主题的同时，明确理论联系实际，解决实际问题，实现科学与生活紧密相连的科学观

续表

教学过程	教学方法	课程思政元素的融入
② 历史背景介绍	讲述：从最初的宇宙线研究到误认为 π 介子最后发现为缪子的百年历程；及宇宙线在我国的研究并走到科学前沿的艰辛历程。 提问：同学们的感受	启发学生理解科学是不断迭代，接近真理的； 激发学生时不我待的责任感与使命感
③ 实验背景、原理及目的	提问：缪子射线是如何产生的？我们该如何测量？ 讲述：实验原理及背景。 板书："缪子射线的产生、性质及与物质相互作用" 讲述：缪子的衰变与测量，以及如何选用探测器	探索未知知识，掌握本节课的实验目的及实验原理； 培养其求知欲，追求科学真理，认识宏观的科学现象
④ 实验过程	1. 介绍相关实验仪器，引导学生，由小组合作设计实验； 2. 难点：测量缪子时会遇到环境中伽马射线的干扰，如何排除伽马射线的干扰； 3. 此时介绍何泽慧等先进科学家的科学求真精神，克服一切困难将核物理应用到中国，发展中国核物理事业； 4. 引导学生先掌握如何测量缪子及其通量，然后到缪子能量，再到利用符合原理测量缪子寿命这种递进式研究； 5. 增设拓展性实验：缪子的空间角分布、速度分布，在下雨天、雷暴等天气下，乃至宇宙中的伽马爆、超新星爆发等时，测量缪子通量如何变化	培养学生独立思考问题的能力，相互团结、协作、沟通的能力。 脚踏实地的科学严谨态度及良好的科学实验素养。培养学生的家国情怀及坚持不懈的科研精神。 通过递进式研究激发其不断探索、不断创新的热情； 培养学生勇于开拓，不断创新，与时俱进的科学态度
⑤ 讨论与分析	根据实验过程中遇到的困难，给学生提供相应的参考资料：参考文献、书籍及科学链接——何泽慧	培养学生勇于开拓，不断创新，坚持不懈的科学态度
⑥ 作业	学生最后根据自己的实验要提交实验报告	培养学生实事求是，分析问题，总结问题的能力

五、教学实践过程回顾

教学实践过程见图 1。

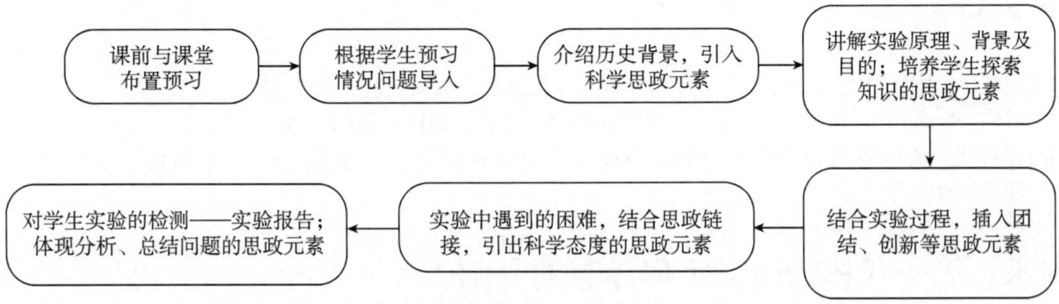

图 1　教学实践过程

六、创新性与效果总结

1. 专业实验课程思政的创新性

（1）思政元素的创新性：追溯实验课程的理论背景历史过程，引入中国科学家贡献，激发学生的自豪感与使命感；

（2）全过程融入方式的创新性：实验课的思政元素融入体现在预习—讲授—实验过程—作业的全授课过程中，结合紧密，润物无声；

（3）思政元素内容的全面性：思政元素内容既包含价值取向塑造，又包含实事求是的科学态度塑造，还包含团结协作精神，可谓全方位多点式融入方案。

2. 课程思政效果

通过课程思政与课程内容的一体化，学生在提升知识的过程中学习到理论与实践是不可分割的，所学知识解决实际问题的想法置入脑海中，通过预习，提问的方式培养学生学习态度的品德。相互团结、协作让学生们意识到团队的力量不容小觑，这是未来生活工作中不可或缺的认知。何泽慧对中国核物理的付出与拼搏的科研精神，让学生明白“科学无国界，但是科学家有国家”的概念，报效祖国不仅仅是口号。拓展性实验的设置不仅开阔了学生们的视野，突破思维的束缚，也让其感受到，学无止境，学习需要创新、需要与时俱进，也可培养其自主性学习、研究性学习能力。

思政元素像知识的灵魂，有了思政元素，学习不再只是乏味的知识输入，思政元素的体现可端正学生的学习行为和学习态度；可加深知识层面的理解；打开思维、拓宽眼界。为涉核人才的培育添砖加瓦。

3. 课程反思

课程思政是一个长期的工作过程，思政元素也要体现出与时俱进，才能更好地实现辅助育人的功能。

致谢：

感谢所有作者对本课程思政案例的努力与付出。

参考文献：

[1] 刘晓．中国居里夫人—何泽慧［J］．中国科学院高能物理研究所，2017. 03.

[2] Per Carlson. A century of cosmic rays. Physics Today［J］，2012，65（2），30-36.

[3] 谭有恒．从乌蒙山到念青唐古拉——百年宇宙线研究的中国故事［J］．中国物理学会期刊，2016，07.

附录：第一代核物理学家何泽慧的介绍

何泽慧，她是中国第一位女院士，1936 年毕业于清华大学，在法国工作期间，与合作者一起首先发现并研究了铀的三分裂和四分裂现象，在国际科学界引起很大反响，被誉为“中国的居里夫人”。1948 年回国后，与合作者一起自力更生研制成功对粒子灵敏的原子核乳胶探测器，在领导建设中子物理实验室、高山宇宙线观察站，开展高空气球、高能天体物理等多领域研究方面做出了重要贡献。

（1）敢为人先的思想品质

20 世纪 80 年代，我国有 7 位著名的女物理学家：王承书、何泽慧、谢希德、李林、高兆兰、周如松、洪晶。其中 3 位选择了高科技战略产业——核工业，她们是王承书、何泽慧和李林。她们用不服输的倔劲儿，打破了世人对女性学不好理科的偏见，更打破了女性不能钻研高精尖科技领域并取得杰出成就的社会固有认知。

1932 年，何泽慧考入清华大学物理系。一踏进校门，迎面而来的是一盆冷水。那年，物理系一共招收 28 名学生，其中有 10 位女生。由于受传统观念影响，认为女生学习物理难以学有所成，于是系里劝说她们转系。这可气坏了自幼在男女平等家庭文化熏陶下成长的何泽慧，她据理力争：为什么在考试成绩之外，设立性别条件？何泽慧显示出性格里倔强的一面：“你越不让我来，我越要来；你们不让我念，我偏念！”最后，系里只好妥协，同意女生试读一学期，但成绩不行的话一定要转走。那时，国内大学宽进严出，清华的课业尤为繁重。四年的学习中，不断有人退出物理专业，何泽慧不仅没有转系，而且还以论文全班最高分的优异成绩毕业。排名第二的则是她未来的“科学伴侣”钱三强（两弹一星元勋）。

（2）坚持不懈、追求真理的科研精神——“中国的居里夫人”

何泽慧毕业后前往德国，在德国海德堡皇家学院核物理研究所工作期间，她首先发现并研究了正负电子几乎全部交换能量的弹性碰撞现象。1946 年，何泽慧前往法国，与钱三强一同在居里实验室工作，在这期间，她与合作者首次发现并研究了铀核的三分裂和四分裂现象，引起国际科学界巨大反响，被媒体誉为“中国的居里夫人”。回国后，何泽慧与合作者一同自力更生研制成功对粒子灵敏的原子核乳胶探测器。在领导建设中子物理实验室、高山宇宙线观察站，开展高空气球、高能天体物理等多领域研究方面，何泽慧也作出了卓越贡献。彭桓武曾回忆：“在氢弹的研制过程中，资料里有一个数据，我们觉得不大可靠，就让重测这个数据。平常的物理实验做一个要两三年，而我们搞氢弹剩下的时间只有一两年了，所以这个实验要求几个月做出来。何泽慧带领团队白天晚上做，几个月做出来了，证明原来的数据不对。这让核武器研究没有走弯路，没有走错误方向，这是很重要的一件事情。”

（3）家国情怀——中国核辐射探测的先驱

1948 年夏，何泽慧同钱三强一起满怀爱国热忱历尽艰辛回到祖国，参加北平研究院原子学研究所的组建。新中国成立后，她全身心地投入中国科学院近代物理研究所（1953 年改称物理研究所）的创建工作。由她具体领导的研究小组，在十分简陋条件下开展工作，经过几年努力，于 1956 年研制成功了性能达到国际先进水平的原子核乳胶。

2017 年 6 月 15 日，“慧眼”硬 X 射线调制望远镜以卫星的形式在酒泉卫星发射中心成功发射，这是中国首颗空间 X 射线望远镜，其名称“慧眼”不仅寓意中国在太空“独具慧眼”，也是为了纪念推动中国高能天体物理发展的科学家何泽慧。

“原子核物理”课程思政案例

程　伟，谢柏松，张丰收，刘培生，冉　欣

（北京师范大学核科学与技术学院，北京　100875）

摘　要：本文介绍“原子核物理”教学的4个典型思政教学案例。简介在“原子核物理”教学中有机融入各种思政元素的尝试。“原子核物理”的教学设计，教学方式，并对教学思政元素进行分析。希望可对“原子核物理”思政教学提供参考。

一、课程基本情况

（一）授课对象情况分析

授课对象为高年级的物理专业的本科生，对象的特点是虽然学习了力学、热学、光学、电磁学、量子力学等的基础知识，但对原子核物理、原子核技术及应用的专业知识了解很少。

（二）课程情况简介

“原子核物理”课程全面、系统地阐述了这门学科的基本内容，并对亚核子物理、天体物理以及核辐射测量等做了简要介绍。讲授内容包括核的基本性质、放射性、核辐射测量、核力、核衰变、核结构、核反应、中子物理、核裂变和聚变、亚核子物理、天体物理、等离子体等。教学中除讲授原子核的基础知识和物理规律，同时也适当介绍原子核物理科研的最新进展情况。

二、案例基本情况

（一）案例一：价值引领

1. 学术贡献

课程教学过程中，展现我国科学家对原子核物理的学术贡献。在讲授原子核裂变的内容时，同时讲授钱三强、何泽慧因发现原子核在中子的打击下不仅可以一分为二，而且可以分裂为三乃至四（即三分裂、四分裂），获得法国国家科学院优厚的德巴微物理学奖金，还被提升为该院研究中心的研究导师。在讲授β辐射时，指出我国当时没有测中微子的实验条件，我国核物理学家王淦昌最早提出K电子俘获测量中微子的建议。

2. 爱国情怀

课程教学过程中，讲授钱三强在欧洲的科研条件和生活条件都很好，但是在祖国需要他的时候，他就毅然回国。他还动员许多科技精英回国从事核武器研究。他曾提出“科学无国界但科学家是有祖国的”。通过钱三强的故事，培养学生的爱国情怀。

新中国成立后国家贫穷，当时没有好的核物理实验装置。经多年发展，现在我国已经有了许多重要的大科学装置。我们有北京正负电子对撞机（见图 1）、兰州重离子加速器（见图 2）等大型设备。通过大科学装置从无到有，激发学生的民族自豪感。

3. 科学奉献精神

课程教学过程中，展现我国科学家的科学奉献精神。讲授原子核裂变的内容时，也讲授我国原子弹试爆时艰苦的工作条件。讲授核径迹时，提到因核武器研制保密，我国还有许多科学家在原子核物理研究中做出了重大贡献，却默默无闻，他们同样值得我们尊敬。

图 1　北京正负电子对撞机（摘自兰州近代物理所官网）

图 2　兰州重离子研究装置（摘自兰州近代物理所官网）

（二）案例二：品质培养

1. 培养奉献精神

核辐射可能危害健康，然而从事原子核物理研究是光荣的。法国科学家居里夫妇因提纯镭患上辐射病。我国的核物理学家邓稼先也因核武器实验患上辐射病。这些中、外科学家的对科学的奉献精神值得我们学习。在讲授核裂变时，介绍俄罗斯和乌克兰的战争中天然气能源的重要性。风能、太阳能依赖天气，不稳定。我国要解决能源问题，必须有效利用核能。发展核能，我国需要培养大量从事核电的人才，鼓励学生以后从事核电工作。在讲授 X 射线、正电子等相关内容时，介绍核素在癌症治疗中的应用，介绍核素在医疗成像的应用，也介绍 X 光机、γ相机、CT 设备等核仪器的应用。我国需培养大量从事核医学的人才，鼓励学生从事核医学工作。

2. 培养保密意识

本课程部分内容和我国核电密切相关。我国核电技术安全性全球领先，许多技术是保密技术，核能工作人员需要提高政治觉悟，培养保密意识，不泄露国家核技术机密。

（三）案例三：兴趣激发

讲授辐照应用时，介绍电子加速器可以辐照宝石，在宝石中产生缺陷，从而使宝石看起来更加光彩动人。通过讲授这样的实际案例，激发学生对原子核物理的学习兴趣。

大学生十分关心就业问题。掌握原子核物理基础知识，可以在核电站、医院、高校及相关涉核科研单位工作，就业面广，就业率高。通过讲授学习核物理的就业优势，也可激发学生的学习兴趣。

（四）案例四：科普教育

提升公众科学素养非常重要。讲授核辐射探测时，可提到我国的大科学装置。要了解我国核工业的现状，鼓励学生参观中国国际核工业展览会（核工展）。通过参观核工展，也可了解核工业相关知识，也能给亲戚朋友宣传核知识。中国辐射防护学会推进高校学生课外“核+X”创意大赛。鼓励学生参与核科普活动，让公众了解核知识。

三、案例思政元素分析

在“原子核物理”的教学中，可以挖掘许多思政元素。本文试图通过上述 4 个典型案例，探索如何对学生进行思政教育。从我国核科学史出发，通过科学家的事迹可教育学生树立正确的价值观，坚定为祖国作贡献的理想信念。从我国科学家的贡献及我国建设了多个大科学装置的角度可激发学生爱国热情。从核技术在生活中很重要的角度，可培养学生服务人民、奉献社会的精神。从就业广泛的角度，可激发学习兴趣。从提升公众认知度的角度，可教育学生积极参与科普。

四、案例教学整体设计

教学在不改变原有教学大纲基础上，自然而然地融合思政元素，不突兀地进行单纯思想教育。涉及的中国科学家，介绍其相关贡献及奉献精神。涉及实验装置时，介绍我国大装置，来培养爱国热情和民族自豪感。将“原子核物理”的教学内容和思政要素有机结合在一起。

五、教学实践过程回顾

在教学中，当讲到名言：科学无国界，科学家有祖国时，能明显感觉到学生在思想上的共鸣。在教学中，当提到我国有兰州近代物理研究所的重离子加速器的大科学装置时，也能感觉到学生为我国的科学成就而自豪。

六、创新性与效果总结

本文简介“原子核物理”的 4 个典型思政建设案例。本文介绍中国核物理科学家的奉献精神，也展示其学术贡献。引导学生以国家利益为核心，树立为科学奉献的价值观。激发学生学习兴趣，鼓励学生以后从事核电、核医学工作。鼓励学生响应国家号召，积极参与核科普活动，提高公众的对核辐射的认知，克服公众对核辐射的误解，提升公众的科学素养。通过以上思政案例的教学尝试，试图在讲授“原子核物理”内容的同时，对学生进行思政教育。

致谢：

感谢北京师范大学课程思政建设项目的支持。

参考文献

[1] 韩宪洲．以课程思政推动立德树人的实践创新［J］．中国高等教育，2019（23）：12-14.

[2] 王秋怡．推进课程思政落实立德树人根本任务［J］．中国高等教育，2021（02）：37-38.

“放射化学”课程思政案例

邓皓月，赵永生，鄢泽林，郦文忠

（成都理工大学工程技术学院，四川　乐山　614000）

摘　要：“放射化学”课程的授课对象是核工程与核技术专业大学三年级学生，主要讲授放射性物质及与原子核转变过程相关的化学问题分析方法，知识涉及分离方法、放射性元素、天然放射性元素、核燃料化学、后处理、萃取工艺、废物处理、热原子化学、核分析技术、活化分析、标记化合物、核医学等。为不同专业方向的同学都打下专业知识的基础，为同期学习核电厂设备、核辐射测量、辐射剂量与防护等课程起到相辅相成的效果，并为后续学习反应堆物理分析、反应堆热工分析、核动力装置等课程打下坚实的基础。课程设置中，通过教师讲述、图片展示、视频播放、课后观看话剧等方式，在教授知识点的同时引入我国放射化学先驱科学家的奇闻轶事与国家发展的鲜明对比，激发学生对专业的好奇和兴趣；培养学生的爱国情怀、科学精神和社会责任感。课下，教师进行高校、单位走访，进一步加强自身专业素养，了解学科发展趋势和行业需求，从而更好地培养学生。

一、课程基本情况

（一）授课对象情况分析

“放射化学”是本科核工程与核技术专业大学三年级（大三）第一学期的专业核心课程。

本专业学生在大学一年级期间通过专业导论课程对自己专业学习内容有了一定认知，在大学二年级期间学习了原子核物理、流体力学、工程热力学与传热学等专业基础课程，已经有了“核专业”的部分重要理论基础。

然而，刚进入大三专业课学习的学生对专业未来发展和专业实际应用还会比较迷茫懵懂；并且，本门课程会涉及核物理、核能源、核医学、环境监测等多个科学与应用领域；因此，教师需要在教授专业知识的同时，还要指明各个知识板的应用场景，让学生们能及早了解未来的就业方向与深造方向。

同时，突然在大三接触大量的专业知识，容易让学生因知识框架的千头万绪而产生畏难情绪与厌学心理；因此，放射化学老师首先应该熟悉了解大三的所有专业课程内容与安排，在课程中关联其他专业课程知识，帮助学生融会贯通，形成心中的知识思维导图，避免出现“知其然却不知其所以然”的填鸭式教育后果；其次，在课程中加入学生较为感兴趣的中国核工业初期发展史和科学家轶闻趣事，增强学生的专业认同感和融入感，激励学生爱国爱专业，立志学好专业报效祖国，弘扬“四个一切”的核工业精神和科学家精神。

（二）课程情况简介

我国于 1955 年确立发展核武器的目标；1958 年，中国科学院原子能研究所正式组建；次年，北大、复旦、南大、中科大、南开、川大和兰大等高校纷纷开设有放射化学和核物理两个专业的系，并正式招生。从事核化学和放射化学研究的相关单位包括中国原子能科学研究院、中国工程物理研究院、西北核技术研究所、中国辐射防护研究院、核工业化工冶金研究院、中科院高能研究所、中科院兰州近代物理研究所、中科院上海应用物理研究所、中科院合肥等离子体研究所、海军核化研究所等。

本课程的学习使同学们了解放射化学的基本原理与应用，研究放射性物质及与原子核转变过程相关的化学问题分析方法，一共 40 个学时。主要讲授的内容分为绪论、分离方法、放射性元素、天然放射性元素、核燃料化学、后处理、萃取工艺、废物处理、热原子化学、核分析技术、活化分析、标记化合物、核医学等章节。为不同专业方向的同学都打下专业知识的基础，为同期学习核电厂设备、核辐射测量、辐射剂量与防护等课程起到相辅相成的效果，并为后续学习反应堆物理分析、反应堆热工分析、核动力装置等课程打下坚实的基础。

通过诺贝尔奖获得者居里夫人、中国放射化学奠基人郑大章、“世界物理女王”吴健雄等科学家的科研事迹，我国两弹研究“原子城”成功退役、我国第一座高通量试验堆遭遇地震仍安全运行四十年、我国铀矿资源突破等多个案例培养学生的爱国情怀和科学救国精神，激发民族自豪感和责任感；引导学生勤奋好学、勇于探索，培养创新实践能力和追求真理的精神；塑造学生的气节和严谨负责的态度，坚守职业道德和操守；增强学生的资源保障和环保意识，培养科学素养和可持续发展的观念；提升学生的人文素养和综合素质，为未来的职业发展打下坚实的基础。

二、案例基本情况

（一）放射性元素化学

1. 培养目标

（1）知识与能力目标

掌握三个天然放射系：钍系（$4n$ 系）、铀系（$4n+2$ 系）和锕系（$4n+3$ 系）的区别和特点，以及每个天然放射系中母核与子核的关系。

理解递次衰变链，记住 U 与 Pu 的易裂变同位素与可裂变同位素区别。

掌握 4 个空位元素基本信息，Tc 元素的制备和应用。

（2）育人目标

培养学生对中国核工业历史成就的荣誉感，对自身专业的自豪感，对国家发展的使命感；珍惜来之不易的和平生活与科研环境；学习先辈胸怀祖国、服务人民的爱国精神，勇攀高峰、敢为人先的创新精神；树立国家资源的保护意识；建立对自己未来发展前景的憧憬和自信。

2. 教学设置

（1）学情与对策

知识范围	学生心理与状态	教学对策
放射系的引入	多门专业课在大三同时开启，让学生对知识的吸收产生了懈怠心理，并逐渐失去兴趣	通过对简单熟悉的历史知识的提问，吸引学生进入教学情境：提问谁获得过两次诺贝尔奖（居里夫人发现放射性），从而引入放射性概念
特别的放射性元素应用	刚开始大三专业课的学习，学生主要学习的理论知识与专业未来发展和专业实际应用脱节，感到迷茫无助	举具体的核素应用例子让学生理解各种元素在广泛领域中的不同作用： ^{241}Am 运用于建筑安全； ^{99m}Tc 运用于医学显像； ^{14}C 运用于考古研究等
四个空位元素的命名	少量同学的高中理科高考课程中不包含化学课，对元素化学知识点有畏难情绪	通过提问所有学生都会的高中会考知识点来引入课程，增强学生信心和兴趣：提问谁会背元素周期表，从而引入因为门捷列夫化学元素周期表中的空位而人工产生的元素

（2）教学手段

主要为教师课堂讲授，提问请同学回答后进行解答，分组讨论，使用多媒体教学，包括但不限于幻灯片、视频纪录片、教师真实参观照片展示等。

3. 主要内容

（1）放射性元素知识的引入

郑大章[5] 早年受到五四运动影响，坚定了科学救国的信念。1920 年，他前往法国勤工俭学，并在巴黎大学理学院学习化学。在获得学士学位后，他继续跟随居里夫人学习放射化学，成为第一位中国研究生。居里夫人认为他是一位勤奋好学的学生，并给予他特别的指导。1933 年博士毕业后，他拒绝了居里夫人的极力挽留，毅然回国，筚路蓝缕办起了镭学研究所[6]，致力于中国最早的放射化学研究事业。他在放射化学领域做出了杰出的贡献，并为中国培养了一批优秀的科学家。卢沟桥事变后，他断然拒绝了担任伪“教育部部长”，转战上海，在极其困难的条件下，与团队成功地从大量的铀盐中分离并制备出了一种具有强烈 β 放射性的新源。这一过程中，他们发现 β 射线的吸收系数会随着放射源周围物质性质的变化而改变。这一重要发现为背散射法提供了理论基础，使其能够鉴别不同的物质以及其厚度。

（2）天然放射系铀（$4n$+2）系的典型核素例子

居里夫人在提取并发现钋的同位素 ^{210}Po 与镭的同位素 ^{226}Ra 元素都属于铀放射系（$4n$+2 系）。其中 Po 命名为 Polonium，以纪念自己的祖国波兰；在沥青铀矿中提取的 88 号放射性元素被命名为 Radium（Ra），因其放射性比铀强百万倍。

（3）空位元素 Tc 的发现者

美籍华裔女科学家吴健雄在 1957 年用 β 衰变实验证明了在弱相互作用中的宇称不守恒，使得杨振宁和李政道成了历史上第一次获得诺贝尔奖的华人。她同样也因为受导师奥本海默的邀请参与了“曼哈顿计划”的研究工作。然而，她另一个“微小”的成就却在放射化学界有着更大的影响，即在铀的裂变产物中发现了锝（Tc）这种空位元素。锝是首个以人工方法制得的元素，在医学中广泛用于同位素扫描，诊断甲状腺、脑、心、肝、肾等器官的疾病和观察组织的代谢功能。含锝的钢具有良好的抗腐蚀作用，对防止核潜艇某些部件的腐蚀具有重要意义。金属锝及其合金在低温下是超导体，有可能用于火箭技术的导航系统、电子计算机中记忆元件和获得高磁场强度的热核装置中。

（4）中国摘下“贫铀”的帽子

日本在二战时期曾在中国进行勘探，但没有找到合适的铀矿石。解放后，苏联专家也进行过类似的勘探，结果同样没有发现合适的铀矿石产地。然而，在“十二五”规划期间，中国在内蒙古探勘了一座超大型的铀矿，2016 年上半年，中国建立了首个千吨级铀矿大基地。此外，内蒙古还有两个千吨级铀矿大基地建设，实现了战略突破。并且，在全球范围内，中国首次在自然界发现了天然金属铀。这一发现意味着中国的铀矿产业走在世界前列，为中国的核武器研究提供了重要的资源保障。

（二）核废物处理处置与核设施退役

1. 培养目标

（1）知识与能力目标

理解核设施退役的重要性，掌握退役策略的选择方法，了解核设施退役的具体实施方法。

掌握放射性废物的分类和处理方法。

（2）育人目标

让学生意识到核工业工作的重要性；培养学生的民族自豪感和社会责任感；养成在学习中细致认真、在工作中严谨负责的态度。

2. 教学设置

（1）学情与对策

知识范围	学生心理与状态	教学对策
核安全与反应堆物理化学	学生对核工业有一定的了解，但可能缺乏深入认识，对核工业存在一定的担忧和疑虑	通过高通量工程试验堆等例子介绍我国核安全管理体系的有效性、核反应堆设计的可靠性等方面的知识，让学生更加深入地了解核安全的相关知识和技术，打消不必要的担忧
放射化学、核电厂系统设备、核辐射测量、辐射剂量与防护	从大三开始学习的多门专业课知识太过冗杂，无法融会贯通	在放射化学课中简要提醒或提问在其他课程中共通的知识点，为学生建立心中的知识思维导图

（2）教学手段

主要为教师课堂讲授，提问请同学回答后进行解答，分组讨论，课堂小练习，使用多媒体教学，包括但不限于幻灯片、视频纪录片、教师真实参观照片展示等。

3. 主要内容

（1）地震海啸引发的福岛核电站事故与排放核污水行为

2023 年 8 月 24 日，日本政府无视国际社会的强烈质疑和反对，单方面强行启动福岛核事故污染水排海。日方所作所为是将风险转嫁给全世界，将伤痛延续给人类的子孙后代，成为生态环境破坏者和全球海洋污染者，侵犯各国人民健康权、发展权和环境权，违背自身道义责任和国际法义务。

反观中国第一座高通量工程试验堆，设计符合安全要求和法律规定，即使在遇到汶川大地震这样的极端条件时，工作人员仍坚守负责，成功停堆，确保了反应堆的安全。这充分验证了我国核反应堆设计是可靠的，且我国的核安全管理体系是有效的。

（2）两岸同胞使用的“核反应堆”与“原子炉”

中国大陆与中国台湾的学者对于“Nuclear Reactor”有着不同的中文翻译：“核反应堆”与“原子炉”。核电站的运行中，核能在裂变反应后以热能的形式放出，水吸收热能后转化为水蒸气，水蒸气推动汽轮机做功，发电机发电。所以反应堆工作可类比为“烧锅炉”，因此“原子炉”这个翻译是贴切的。世界第一座反应堆 CP-1 就是用石墨块和铀燃料块“堆”起来的，虽然现代的反应堆设计和材料有所不同，但“反应堆”这个名字仍然沿用了下来，以纪念早期的研究和开创性工作。

（3）国营二二一厂成功退役

国营二二一厂旧址位于青海省海北藏族自治州金银滩，是我国第一个核武器研制基地。我国第一颗原子弹、第一颗氢弹均诞生于此，这里被称为中国原子城。在完成了核武器研制任务后，为了保护环境、减少风险、确保安全和可持续发展，该厂进行了全面的退役治理工作。整个退役过程遵循了国际通用的核设施退役处理标准，并本着对子孙后代高度负责的精神，对设施设备进行永久性无害化处理。1995 年 5 月，新华社发布消息，向世界宣布中国第一个核武器研制基地全面退役。

三、案例思政元素分析

（1）科学救国、爱国情怀：郑大章早年受到五四运动影响，坚定了科学救国的信念，毅然回国并致力于中国最早的放射化学研究事业；青海“原子城”案例中向学生展示我国在核武器研制方面的成就，激发学生的爱国热情和民族自豪感。不同时代科学家们的刻苦钻研精神，可以引导学生树立正确的价值观和人生观。

（2）勤奋好学、勇于探索：郑大章跟随居里夫人学习放射化学，成为第一位中国研究生，体现了科学家勤奋好学、追求真理的精神。女科学家吴健雄用 β 衰变实验证明了在弱相互作用中的宇称不守恒，以及在铀的裂变产物中发现了锝（Tc）这种空位元素。在遭到种族歧视和性别歧视的环境下坚持科研工作，体现了科学家勇于探索、创新实践的精神。

（3）保持气节、严谨负责：郑大章拒绝了担任伪“教育部长”，转战上海，在极其困难的条件下坚持科学研究，体现了科学家的气节和坚定的信仰。我国第一座高通量工程试验堆在遭遇汶川地震时，工作人员坚守岗位，及时成功停堆，保证了反应堆的安全，体现了我国核工业从业者们坚守职责、勇于担当的高尚职业道德与操守。

（4）资源保障、环境保护：中国摘下“贫铀”的帽子，体现了国家资源保障能力。青海“原子城”核设施退役是一个需要科学规划和实施的过程，需要遵循科学发展观的原则。可以引导学生深入理解科学发展观的内涵和实践意义，培养学生的科学素养和环保意识。

（5）人文素养，综合素质：通过介绍奥布宁斯克反应堆和世界第一座反应堆芝加哥一号的历史背景，可以向学生展示人类对于核能技术的探索和应用，培养学生的人文素养和历史意识。鼓励学生关注行业发展历史与新闻，可以帮助他们更好地了解所学专业的前沿动态和发展趋势，提高综合素质和竞争力，为未来的职业发展打下坚实的基础。

四、案例教学整体设计

（一）放射性核素

教学环节	教学活动	思政元素
课程引入 （15 分钟）	提问： 1. 大家知道著名的诺贝尔奖两度获得者是谁？ 2. 居里夫人发现了哪两个放射性元素？ 3. 放射性科学奠基者居里夫人还有来自中国的学生，也是最早将放射化学带回祖国研究的科学家，大家知道是谁吗	通过家喻户晓的诺贝尔两度获奖者居里夫人引入师从她学习放射化学的第一位中国研究生郑大章。通过对简单熟悉的历史知识的提问，吸引学生进入教学情境，引发学生对放射性发展的思考，加深对经典放射性核素特性的理解与记忆，并通过我国科学家早期的科研让学生产生民族与对自身学科的自豪感
天然放射系 （25 分钟）	1. 首先介绍三种应用较为常见的放射性核素。让同学们观察教室是否符合消防要求，即是否安装了烟雾报警器。在学生找到烟雾报警器之后，教师讲解：烟雾报警器中使用的放射源为^{241}Am； 2. 教师简要分享自己的体验趣闻和医院参观收获，引入介绍医学显像中常使用的^{99m}Tc，以及考古中常用的^{14}C； 3. 提问学生居里夫人提取并发现的钋的同位素^{210}Po与镭的同位素^{226}Ra元素分别属于哪个放射系	知识点都是通过引入的方式来讲授的，学生接受度较好；通过几个典型的核素让学生更好分清不同放射系的性质。介绍居里夫人发现并以自己祖国命名的核素 Po 的时候激发学生的爱国之情与科研激情
递次衰变链 （25 分钟）	1. 通过学生答案中提到的^{238}U，引入^{238}U作为母体的递次衰变链，并进行讲解； 2. 指出^{238}U衰变链中的^{234m}Pa，并提问谁是最早研究镤元素的中国人	放射化学在中国的发展始于 1924 年，居里夫人的中国学生郑大章，自巴黎镭研究所居里实验室为祖国第一次带回了放射化学，在当时的国立北平研究院建立了中国的镭学研究所并研究镤及铀系放射化学。1937 年由于日本侵占华北，北平研究院被迫南迁，颠沛流离，郑大章等人放射化学的研究工作被迫中断这段历史，让学生感受到科研先辈的困难工作环境，从而珍惜党和国家为大家创造的和平的学习环境，立志像放射化学早期研究人员一样为国贡献

续表

教学环节	教学活动	思政元素
空位元素 （20 分钟）	1. 请会背元素周期表的同学举手示意。 2. 讲解直到 1925 年，当时的元素周期表还有 4 个空位，即 43、61、85 和 87 号元素，从而引入空位人工元素的产生与特性。 3. 华裔科学家吴健雄等在铀的裂变产物中发现了锝这种空位元素。提问大家是否知道吴健雄是什么性别	通过提问学生是否具有一项高中可能习得的技巧而引起学生的注意与兴趣。 通过吴健雄的例子，鼓励学生，在动荡年代已经有很多中国人在国外也能做出优秀的科学研究，大家处在现今更为先进的科研环境中，更应珍惜与努力；同时通过此位女科学家的例子，鼓励班级中的女生，在男生较多的核专业中也应努力奋斗
锕系元素^{235}U （20 分钟）	提问：我国盛产什么稀土？ 然后引入作为典型锕系元素及母体的^{235}U，讲解其性质与特点	我国是稀土大国，但在近年对稀土出口做出了更多的规范，让与国防十分相关的核专业学生树立对国家资源的保护意识
总结 （5 分钟）	1. 提问：我国的铀矿是多还是少？ 2. 观看新闻报道中国发布铀矿储备数据。 3. 在课下邀请学生观看我校师生共同参与的话剧《我们等待》，感受学习我国核事业先驱科学家们的爱国奉献、求实求知精神	在学生给出不同回答后，用新闻视频让学生进行正确判定。用中国摘下“贫铀”帽子的新闻让学生产生国家自豪感，并对自己的专业前景产生更多信心，从而认识到核工专业的深厚底蕴，并励志奋斗学习

（二）核废物处理处置与核设施退役

教学环节	教学活动	思政元素
课程引入 （15 分钟）	1. 提问：大家关注 2023 年 8 月日本福岛第一核电站启动核污染水排海，预估排放时间将长达 30 年的新闻了吗？ 2. 给学生 3 分钟自由发言讨论时间后，教师做总结：我感受到了大家对于日方违背道义责任与国际法义务的核污水排放行为而感到的愤慨。作为核专业学生，在谴责的同时，我们更应该做的是认真学习，在未来用我们扎实的专业知识和技能，以及严谨的科学态度为确保我国核工业的安全和稳定做出贡献。 3. 请同学简要回顾福岛核电站事故的原因。在学生提到地震时，询问：大家在四川求学有时会遇到地震，大家担心我国靠近地震带的核电站安全吗？并举例我国的 49-3 堆设计符合安全要求和法律规定，即使在遇到汶川地震这样的极端条件时，工作人员仍坚守负责成功停堆，确保了反应堆的安全。我国的核反应堆安全事故应急处理能力得到了充分的检验	通过提问近期的新闻引起学生的关注与讨论兴趣。 2023 年 8 月 24 日，日本东北太平洋沿岸，东京电力公司开启了福岛第一核电站核污染水的正式排海。外交部发言人汪文斌明确表示，如果日方坚持强推排海计划，中国政府将采取必要措施，坚定维护海洋环境、食品安全和公众健康。通过日本的反例，让学生意识核工业是一个高风险、高技术的领域，需要从业者具备扎实的专业知识和技能，以及严谨的科学态度，并认真通过学校的学习提高核安全意识和科学素养。 举我国第一座高通量工程试验堆[10] 现在已安全运行四十多年的例子，让学生认识到我国核反应堆设计是可靠的，且我国的核安全管理体系是有效的。在让学生重视核安全的同时，打消学生对核反应堆安全不必要的担忧

续表

教学环节	教学活动	思政元素
核废物的分类与处理处置（30分钟）	1. 播放切尔诺贝利新石棺安装视频，并说明这个石棺加装类似于增加安全壳。简要补充知识：切尔诺贝利核电站使用的是第二代石墨慢化沸水堆，并没有安全壳。 2. 提问：反应堆的三道安全屏障是什么？并向学生分享亲身经历，老师毕业那一年的核电站招聘提问中就被问到了这个问题。 3. 通过切尔诺贝利的后期处理工作引入核废物处理知识点，并讲授核废物的分类与不同的处理处置方法。 4. 在讲解核动力厂废气监管时，给出需要监测的重要核素例子：^{131}I、^{3}H 和 ^{14}C。教师讲述自己的发现：今年民众在日本排放核污水的新闻播出之后没有盲目抢碘盐，说明公众对核安全有了更深的了解；并简要说明碘片的作用主要是防止 ^{131}I 在甲状腺的浓集	通过视频吸引学生兴趣并让学生意识到核设施退役工作的重要性。 补充本学期学生学习的另一门专业课"核电厂系统与设备"知识点：燃料包壳、一回路压力边界、安全壳是反应堆的三道安全屏障；可以增强学生对重要基础知识点的记忆，在不同的课程中学习与运用相同的知识，能帮助学生融会贯通。 通过分享教师的亲身经历，让学生更加关注相关知识点，并理解其在实际工作中的应用。同时，这也能够激发学生的学习兴趣和好奇心，引导他们更深入地研究和理解反应堆安全的相关知识。 通过"抢碘盐"的例子让学生加深核动力厂废气中重要核素 ^{131}I 知识点的印象，可鼓励学生积极将学习的知识进行核科普，增强社会责任感
核设施退役（20分钟）	1. 在讲授核设施退役策略与方法时，举俄罗斯奥布宁斯克核电站退役的例子，分析其退役策略。并补充这是世界上第一座通过常规输电网供应电力的动力。 2. 提问：那么大家知道世界上第一座（试验）核反应堆吗？并简要介绍由费米领导建设的芝加哥一号堆。 3. 教师讲述中国大陆与中国台湾对于"Nuclear Reactor"的不同中文翻译："核反应堆"与"原子炉"。解释核电站的运行中，核能在裂变反应后以热能的形式放出，水吸收热能后转化为水蒸气，水蒸气推动汽轮机做功，发电机发电。所以反应堆工作可类比为"烧锅炉"，因此原子炉这个翻译是贴切的。然而世界第一座反应堆CP-1就是用石墨块和铀燃料块堆起来的，"反应堆"这个名字承袭历史，虽然现代的反应堆设计和材料有所不同，但"反应堆"这个名字仍然沿用了下来，以纪念早期的研究和开创性工作	补充人文知识，鼓励学生学习理论知识的同时关注行业发展历史与新闻，可以帮助他们更好地了解所学专业，提高综合素质和竞争力，为未来的职业发展打下坚实的基础。 通过比较中国大陆与中国台湾的学者对核反应堆不同翻译的精妙之处，让学生发现两种用法的特点与优点，认识到两岸同胞同根同源、同文同种，是血脉相连的一家人，两岸走近、同胞团圆是两岸同胞的共同心愿。 通过词汇翻译的例子可让学生意识到自己不该不求甚解，在专业知识的学习中应该穷源竟委，追求深刻理解

续表

教学环节	教学活动	思政元素
核设施退役分析（25 分钟）	1. 给出青海“原子城”的案例，分析其退役策略、退役方式、退役效果。提问学生是否知道我国是何时试爆两弹成功的。 2. 课堂练习，选择题，决定不同反应堆退役方式。 3. 课程结束前，播放青海原子城纪念馆介绍视频	原核工业国营二二一厂是 20 世纪 60 年代初国家建设的核武器研制基地，为我国第一颗原子弹和第一颗氢弹的爆轰做出了巨大的贡献。 通过我国的核设施退役实例，帮助学生深入理解知识点的应用的同时，可激发学生爱国情怀，学习科学家们的刻苦钻研精神

五、教学实践过程回顾

图 1　学习空位元素 Tc 时，教师举“世界物理女王”吴健雄的科研例子

图 2　下课前观看我国发布最新铀矿勘探成果的新闻视频

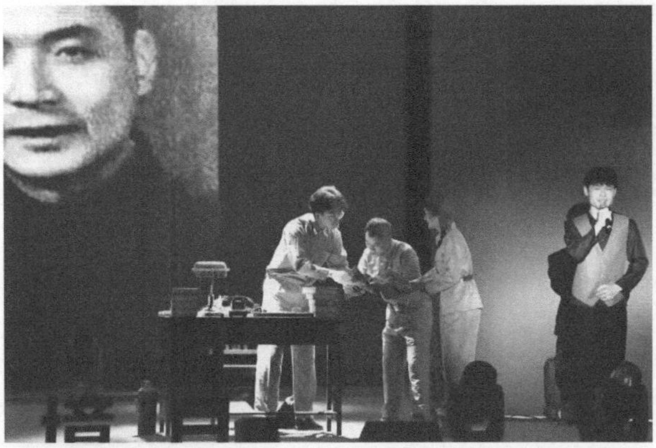

图 3　课后在我校青年影院观看《我们等待》话剧，学习核工业精神

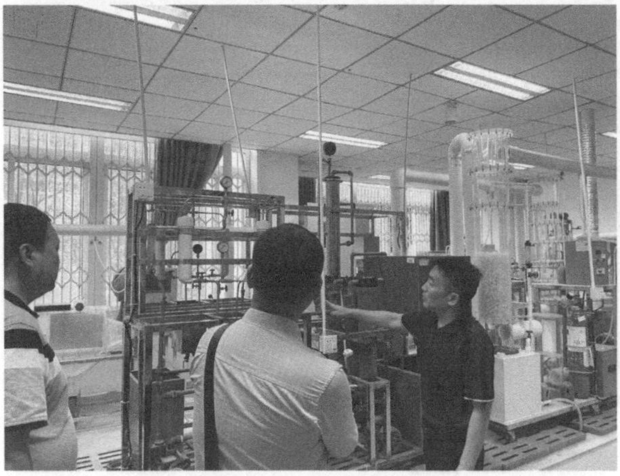

图 4　教师们走访参观省内高校放射化学实验室

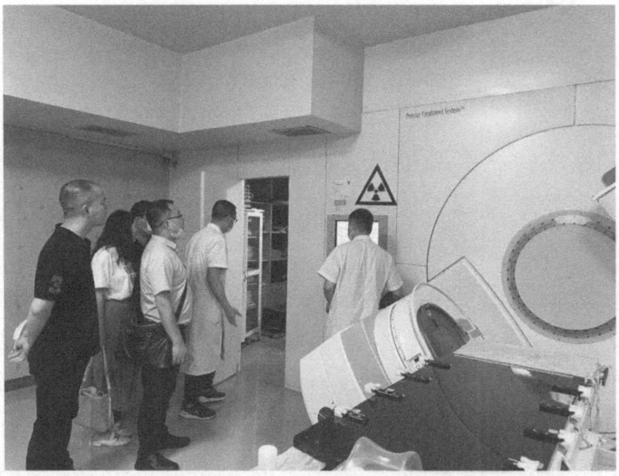

图 5　教师们走访三甲医院，学习医用回旋加速器的放射化学应用

图 6　教师们走访放射化学应用相关单位，与就业学生交流

图 7　放射化学相关单位优秀校友回母校访问交流

六、创新性与效果总结

（一）创新性

针对学生的心理和状态进行教学设计：教案充分考虑了大三学生在专业课学习中的心理状态，针对性地设计了教学策略，以吸引学生的兴趣，帮助他们建立对专业知识的理解和兴趣。

问题引导教学：通过提问引导学生思考，激发学生的学习兴趣和主动性，促进学生对知识点的理解和掌握。

以实际应用为导向：通过举出具体的放射性元素的应用实例，让学生更好地理解理论知识在实际领域中的应用，帮助学生建立理论和实践的联系。

增强学生的信心和兴趣：通过提问学生熟悉的知识点，引导学生进入教学情境，增强学生的信心和兴趣，降低对新知识点的畏难情绪。

引入多样化的思政元素：引入包括但不限中国放射化学奠基人郑大章的求学与科研的

故事、华裔科学家“世界物理女王”的科学研究应用、我国两弹研究“原子城”成功退役、我国因为铀矿的勘探从贫铀到“足铀”的国家资源变化新闻等，培养学生的爱国情怀，激发民族自豪感和责任感；引导学生产生勤奋好学、勇于探索的科研激情，培养创新实践能力和追求真理的精神；塑造学生的气节和严谨负责的态度，坚守职业道德和操守；增强学生的资源保障和环保意识，培养科学素养和可持续发展的观念；提升学生的人文素养和综合素质，为未来的职业发展打下坚实的基础。

（二）效果总结

本教学思政案例的实施已历经三年。有毕业的同学反映，通过本门课的学习，自己选择了放射化学这门课中知识应用较多的放射性药物单位以及医院放射科单位的工作，表示在这些工作中，自己牢记着课程里学习到的爱国精神、科研激情以及社会责任感，对工作内容充满了成就感。

从这三年的学习效果来看，本教学思政案例可以帮助学生更好地理解和掌握放射性元素的相关知识，提高学生的学习兴趣和积极性，增强学生的信心和动力，同时也可以帮助学生建立理论和实践的联系，为未来的学习和工作打下坚实的基础。引入的多种思政元素，可以培养学生的爱国热情和科研激情，增强学生的民族自豪感和社会责任感，培养科学素养和可持续发展的观念；提升学生的人文素养和综合素质，为未来在核工业的学习与工作都奠定了牢固的基石。

同学们在有了放射化学理论与应用知识后，通过教师在课程中引经据典，用我国先辈科学家不畏艰辛、勇于探索、甘于奉献的奋斗经历激发学生的学习兴趣和对专业的自豪感，促使学生热爱自己所选专业，更能通过各方向都通用的放射化学知识找到自己善于钻研的方向，能够发扬核工业精神，不断提高自己，成为学有所用的国家栋梁。

参考文献

[1] 李文新，孙彤玉．核化学研究中 γ 能谱测量和分析［J］．原子能科学技术，1990，24（2）：60-60.

[2] 张开逊．多信息源火灾报警器［J］．中国科技月报，2001（5）：19-19.

[3] 王辉，江旭峰，田伟家，等．Tc-99m-MIBI 双时相显像评价甲状旁腺机能亢进症的临床研究［J］．中国临床医学影像杂志，2002，13（5）：320-322.

[4] 仇士华，蔡莲珍．“夏商周断代工程”与碳 -14 年代测定［J］．百科知识，1998（7）：3.

[5] 刘缉之．忆中国镭学创始人郑大章博士［J］．江淮文史，1995（2）：2.

[6] 张逢，胡化凯．北平研究院镭学研究所的研究工作（1932—1948 年）［J］．中国科技史杂志，2006，27（4）：12.

[7] 李林忠．宇称不守恒的第一个验证实验——吴健雄钴-60 极化核 β 衰变实验［J］．科学中国人，2001（1）：3.

[8] 王成．关于高质量开展“摸清家底”实施好铀矿勘查规划的思考［J］．铀矿地质，2022，38（4）：11.

[9] 刘华川．我国稀土开发利用法律问题研究［D］．武汉：武汉工程大学，2023.

[10] 董毕钦，张饮深．一看二帮三促——高通量工程试验反应堆建设回顾［J］．装备制造，2012

(9)：2.
[11] 周涛．压水堆核电厂系统与设备［M］．北京：中国电力出版社，2012.
[12] 王哲．中国核电的前世今生［J］．中国报道，2014，09（No. 127）：16-18.
[13] 李洋，潘伟，王彦，等．应用 MARSSIM 方法对原核工业国营二二一厂退役场址进行辐射环境后评价［J］．辐射防护，2007，27（6）：8.

“大学英语二 Unit 5 Loving Family”课程思政案例

段　婷，廖宁芳，马　飞，蒋　丽，潘　洁，程　喆

（成都理工大学工程技术学院，四川　乐山　614000）

摘　要：本单元教学设计基于 POA（产出导向法）教学理论体系，通过设计单元任务：用英文讲述校园话剧《核梦开始的地方》中的故事的活动，通过学习本单元的两篇课文、完成课后语法和写作等练习，帮助学生们搭建完成单元任务的脚手架，从而使学生们能够有效地用英语讲好中国故事。在完成单元任务的过程中让学生们意识到他们现在是核工业这个大家庭中的一员，树立正确的使命感和责任感；通过描述剧照中的人物形象，让学生们意识到没有千千万万家庭幸福美满，就没有国家繁荣发展。进一步增强学生们的家国情怀。

一、课程基本情况

（一）授课对象情况分析

本次课的授课对象是我院核工程与新能源技术系大学一年级的学生。该系具有鲜明的核学科与新能源特色，开设的核工程与核技术专业是学院重点打造的品牌特色专业，主要培养核电工程师和核医学工程师。此外，该系还有应用物理学、能源与动力工程、水利水电工程、环境工程等专业，主要培养太阳能工程师、半导体技术工程师、暖通工程师，水能发电、水资源利用、新能源清洁生产以及环境治理等方面的高级专门技术人才。

根据课前对学生的调查数据分析，得出以下结论：学生高考英语成绩普遍处于中等，100 分左右的学生占多数，其读写能力较强，听说能力较弱；学生刚进校一个学期，对于自己的专业的了解和认识还不够深入，缺乏对自己未来职业的认识和规划；跨文化交际的经验薄弱，对不同文化价值观的认知不足；喜欢用手机 APP 等辅助学习；自主学习能力和小组协作能力较差。如下表所示：

	语言能力	思辨能力	跨文化交际能力	自主学习能力
现状	阅读能力与写作能力相对较强，听力与口语表达能力较弱	具备一定的理解、分析与总结能力，能进行发散思维与联想	有跨文化交际的意愿，具有较强的文化自信	自主学习能力较弱
不足之处	语言输出质量不高，表达的条理性与逻辑性有待提高	不能提出适当又确切的问题，欠缺对所主张的观点进行解释与论证的能力	跨文化交际的经验薄弱，对不同文化价值观的认知不足	不擅长自主制定学习计划，缺乏高效的学习策略

（二）课程情况简介

“大学英语二”是非英语专业大学生在大一下学期开设的一门必修基础课程。本课程作为大学英语系列课程的组成部分，坚持贯彻系列课程的指导方针与原则，注重课程之间的循序渐进，在“大学英语一”基础之上，继续深化以习近平新时代中国特色社会主义思想为指导，坚持知识传授与价值引领相结合，并结合我院“核工特色，素质养成”的理念，使学生具备“爱岗、敬业、有责任感、心怀感恩之心，具有家国情怀”的专业意识和职业道德。

本课程十分重视教学团队的建设，在大学英语任课教师团体中精选骨干，组建了“大学英语”课程思政建设小组，由大学英语教研室主任担任组长，小组成员以党员教师为主，师德师风和教学水平优良；同时，为强化课程思政建设力度与效率，邀请了思政课程教授担任本课程思政建设指导。教学团队遵循立德树人根本任务要求，着力提升课程思政水平，定期开展教学与思政教研活动，梳理、总结课程思政教学内容，探讨、摸索切合实践的教学方法，整理、制作课程思政资源，不断提升教学质量和育人效果。

2022 年，大学英语思政团队在四川省普通高等本科高校外语课程思政教学比赛中荣获大学英语组一等奖。2022 年廖宁芳老师荣获“第四届 BETT 全国商务英语翻译大赛”优秀辅导教师奖；2022 年马飞老师荣获学院“大学生竞赛优秀指导教师”；2023 年，大学英语思政团队在四川省高校英语教师“教学之星”大赛中获省级决赛三等奖。2022 年，段婷老师荣获学院课堂教学质量奖二等奖；2021 年潘洁老师在学校教师教学创新大赛中荣获二等奖；本课程组教师多次被评为学校“优秀教师”“优秀共产党员”等荣誉称号。

二、案例基本情况

（一）教材名称：新一代大学英语（基础篇）综合教程

（二）案例单元：第 2 册 第 5 单元

（三）主要教学内容以及学时安排

主要教学内容	在线学习/课时	课堂教学/课时
iPrepare：Scenario Setting iExplore 1：Viewing：The importance of spending time with the family Critical thinking：Present the picture of President Xi's family	1	1
iExplore 1：Reading：My Mother's Gift Exercises Sharpening your skills：Identify the six elements in story telling Vocabulary learning strategies Language focus	2	3
iExplore 2：Reading：Best Day of My Life Exercises Vocabulary learning strategies Sharpening your skills：Translation of attributive clauses	2	1

续表

主要教学内容	在线学习/课时	课堂教学/课时
How to Write a Story in English		1
Project Presentation and Evaluation		2

三、案例思政元素分析

1. 通过观看教材中视频、阅读课文，帮助学生树立正确的家庭观，让学生意识到家庭是人生的第一所学校，父母是孩子的第一任老师，他们能成为现在的自己，跟父母的教诲、家庭的影响密不可分，他们应该对自己的家庭、父母心怀感恩。

2. 通过观看视频《邓稼先的家国情怀》、阅读文章《科学家邓稼先》以及参加校团委举办的用英文讲述校园话剧《核梦开始的地方》中的故事的活动，让学生们意识到他们现在是学校这个大家庭中的一员，将来也会成为核工业这个大家庭中的一员，并且知道自己毕业之后成为一名核工业人的使命和责任，树立正确的使命感和责任感，同时提高学院自制话剧《核梦开始的地方》的知名度。

3. 通过用英文讲述剧中新中国成立之初的青海金银滩的原子弹研究所以及 20 世纪 90 年代秦山核电站的科学家们（邓稼先、彭士禄）舍小家为大家、敢为人先、追求卓越的奋斗历程，进一步让学生们理解习近平总书记的话：“在家尽孝，为国尽忠是中华民族的优良传统。没有国家的繁荣发展，就没有家庭的幸福美满。同样，没有千千万万家庭幸福美满，就没有国家繁荣发展。”进一步增强学生们的家国情怀。

四、案例教学整体设计

流程	教学活动	任务完成形式及评价形式	设计意图
驱动	通过 Welearn 布置任务： 1）让学生扫码观看视频 The importance of spending time with the family，并完成教材上的听力练习； 2）在 U 校园讨论区发起投票：Is spending time with your family members necessary and rewarding? Yes. / No. 3）让学生将自己的全家福照片传到 WeLearn 平台，并附上一句用英文描述自己家的家庭氛围，如：We are a united family.	课前线上完成 教师线上评价	在练习听力、学习词汇的过程中，润物细无声，帮助学生们树立正确的家庭观
	组织学生观看校园话剧《核梦开始的地方》	课前线上或线下观看	让学生们意识到他们现在是学校这个大家庭中的一员，也是成为核工业这个大家庭中的一员，树立正确的使命感和责任感；提高校园话剧《核梦开始的地方》的知名度
	设定单元任务：为了提高校园话剧《核梦开始的地方》的知名度，校团委的微信公众号上发布了征集用英文讲述剧中最打动人心的故事的活动，学生以 5 人一组为单位，参加该活动	课中线下布置（10 分钟，在教师升华了单元主题之后呈现）	

续表

流程	教学活动	任务完成形式及评价形式	设计意图
促成	布置学生预习课文 My Mother's Gift，并完成 Understanding the text 部分的练习	课前线上布置 学生自己根据答案评价才完成情况	帮助学生提升英语阅读能力和自主学习能力
	主题引入：向学生展示他们的投票结果，展示邓稼先与家人在一起的照片和邓稼先临终前对妻子说的话。引入单元主题“Loving Family”	课中线下完成（5 分钟）	升华主题，让学生们了解核工业人的家国情怀
	词语竞猜：从学生发到 WeLearn 的照片中选取十张，让学生们猜一猜照片中的同学是用哪一个形容词来描述自己的家庭，如：warm，harmonious，happy 等说出的词跟照片中的同学用的词一样的同学将获一根棒棒糖奖励	课中线下完成（5 分钟） 教师口头评价学生的完成情况	在词汇学习和听力练习的过程中更加了解中国人的家庭观和家国情怀
	视频讨论：向学生展示两个短视频：一个是关于一位美国企业家对中国人春节期间回家过年的感受；第二个视频是一位中国女孩在英语演讲比赛中描述她对家的记忆。1）用英语讨论汉语的“家”这个字能给他们带来什么样的感受。2）用英语讨论习近平与家人的照片以及家书向我们传递了什么	课中线下完成（10 分钟） 教师口头评价学生的完成情况	
	口头汇报：选择三位同学汇报各自小组的讨论结果	课中线下完成（10 分钟） 教师口头评价学生的完成情况	
	教师总结：中国人的家庭观以及家庭、家风建设的重要性；升华单元主题	课中线下总结（5 分钟）	让学生意识到作为核工业大家庭中一员的归属感、责任感和使命感；作为中华民族大家庭一员的民族自豪感和爱国主义情怀
	阅读理解练习：让学生完成 U 校园平台上的有关阅读理解练习，检查学生的预习情况以及对于故事的理解程度。完成后教师口头评价其完成情况	课中线上完成（10 分钟）	提升学生的阅读理解能力
	教师讲解：带领学生们泛读 iExplore 1 课文 My Mother's Gift，分析文章的结构	课中线下进行（10 分钟）	提高学生的篇章意识
	教师讲解：让学生把注意力集中到文章第二部分——对蒲公英的故事的叙述，结合 103 页的练习 1，引入故事讲述的六要素：who，what，when，where，why and how	课中线下进行（15 分钟）	让学生了解故事讲述六要素，以便在完成《核梦开始的地方》剧照描述的时候使用
	小组合作：完成 104 页的练习——找出这个故事中的六要素	课中线下完成（10 分钟）	

续表

流程	教学活动	任务完成形式及评价形式	设计意图
促成	词汇及短语学习：布置学生通过U校园观看词汇与短语的微课，自主学习词汇与短语，并完成教材105和106页的词汇练习	课后线上完成	学习词汇的用法
	故事写作：用故事讲述的六要素以及10个课文中的词汇和短语，讲述课前发到U校园的照片中的故事	课后线上完成（iWrite）	将词汇和写作手法用到写作中
	词汇学习效果检查：通过U校园平台设计词汇练习，检查学生的词汇学习情况，并对学生没有掌握的词汇以及他们在单元任务中可能用到的词汇进行课堂讲解	课中线下完成（15分钟）	通过教材上的词汇和课文的学习以及课后练习，为学生完成单元任务搭好脚手架
	课文精读：教师带领学生对课文进行精读，分析讲解课文中的重点句子和作者所使用到的一些修辞手法	课中线下完成（45分钟）	
	运用拼图阅读法（Jigsaw Reading）阅读 iExplore 2 Reading：将学生分为4~5人一组，并将文章的8个段落分为4个片段，把它们分别打印在4页不同的纸上；每组都会拿到这4页纸，并将4页纸分给不同的同学；然后全班拿到相同片段的学生组成新的小组，新的小组成员合作，对自己负责的故事片段进行充分阅读、查阅、讨论、交流；之后学生再回到原组，通过讨论交流拼接出整个故事	课中线下完成（35分钟）	
	词汇及短语学习：布置学生通过U校园观看关于 iExplore 2 Reading 中词汇与短语的微课，自主学习词汇与短语，并完成教材112和113页的词汇练习	课后线上及线下完成	
	翻译策略：布置学生通过扫描书上114页的二维码观看微课：Translation skills，并完成114页的翻译练习	课后线上及线下完成	
	故事修改：根据 iWrite 提出的修改意见修改自己写的故事	课后线上及线下完成	加深学生对写作手法的印象，并训练学生的批判性思维能力
	作文反馈：教师根据 iWrite 上的数据和反馈，对全班的作文给出总体反馈	课中线下完成（5分钟）	
	同学作文分享讨论：通过U校园平台向学生分享两篇同学的文章，让他们讨论其中的六要素	课中线下完成（5分钟）	
	结果分享：请两位学生分享他们小组讨论的结果	课中线下完成（5分钟）	
	投票：在U校园平台发起投票，让学生选出自己认为更好的一篇	课中线下完成（5分钟）	
	课堂提问：为什么你会认为某一篇好	课中线下完成（5分钟）	

续表

流程	教学活动	任务完成形式及评价形式	设计意图
促成	写作技巧讲解：教师结合课文讲解写作中比喻、分词作状语的运用，以及对人物表情的描写	课中线下进行（25分钟）	学习写作技巧
	练习讲解：学生按学号顺序，每人负责讲解 iExplore 1 和 iExplore 2 的所有练习中的一道题	课中线下完成（35分钟）	完成教材练习，为单元任务的完成搭建脚手架
	完成单元任务：学生根据本单元所学内容，完成单元任务用英语讲述《核梦开始的地方》故事，并制作成 PPT 图文形式	课后线下完成	用本单元学习的知识完成单元任务
评价	小组展示：各小组上讲台展示组员合作完成的核梦故事	课中线下完成（45分钟）	通过小组展示、生生互评，教师评价和专家评价，加深学生对所学知识的印象 让学生们意识到他们现在是学校这个大家庭中的一员，也是成为核工业这个大家庭中的一员，树立正确的使命感和责任感；让学生意识到作为核工业大家庭的一员的归属感、责任感和使命感；作为中华民族大家庭的一员的民族自豪感和爱国主义情怀。提高校园话剧《核梦开始的地方》的知名度
	小组互评：各小组根据老师给出的评分标准（内容的完整性、语言的准确性、语音语调、PPT 的质量等）客观评价其他小组的表现，并通过手机“U 校园” App 给每个小组打分	课中线上完成（10分钟）	
	教师评价：教师通过小组分工合作的情况、准备情况以及最终展示的成果的质量给每个小组的展示做出相对客观的评价	课中线上完成（20分钟）	
	学生自评：学生根据本单元的学习情况，写反思日志，分析自己本单元语言能力目标、跨文化交际和思辨能力目标，以及思政目标的达成情况	课中线上完成（10分钟）	
	专家评价：邀请外语系的三位资深教师，对学生所写的核梦故事进行评价	课后线上进行	

五、教学实践过程回顾

本次课内容充实，采用先进的教学理念，线上线下相结合。不仅注重对学生语言知识的传授，也注重提升学生的语言能力；此外，结合本校“核工特色，素质养成”的理念，本次课还融入了两弹元勋“邓稼先”的事迹和学院自制话剧《核梦开始的地方》，润物细无声，以期帮助学生树立正确的家庭观、责任感和使命感，进一步增强学生们的家国情怀。

但是本次课对学生自主学习能力的要求较高，需要老师线上线下鼓励和监督学生高质量地完成学习任务。

六、创新性与效果总结

（一）创新性

在学校和外语系的支持下，大学英语教研室大力推进最新信息技术与课程思政的融合，发挥数字平台在外语教学中的重要作用。以“U 校园”和“iWrite”为核心的数字平台教学使我们大学英语老师能够更好地将课程思政润物细无声地融入英语教学，在遵循知识逻辑的基础上有创造性、针对性地开展育人工作。在本单元的教学过程中，“数字赋能，创新育人”体现在教学的各个方面。

数字化智慧教室的使用：本校投资新建了智慧教室，校园 Wi-Fi 全覆盖。在智慧教室教学，教师能够将学生们灵活分组，课堂教学活动更加丰富，除了传统的课堂讨论，还实现了教师与学生可以通过屏幕互动，学生的作文和作业也能实时呈现。

数字化教材《新一代大学英语》系列教材依托“U 校园智慧教学平台”，开发了与教材深度融合的移动数字课程与教材有机结合，相互依托，为学生自主学习提供了有效的资源支持。同时，这套教材为老师开发了创新的慕课平台，教师可以使用优质的慕课资源，也可以根据自己学校学生情况录制慕课资源，供学生学习。数字化的教材使线上线下、课内课外的教学和学习活动深度融合，为混合式教学提供了有力支撑。

数字化教学活动：在驱动、促成与评价各个环节老师利用各大数字平台发布学习内容，布置任务，给出评价；学生充分利用触手可及的数字平台，如手机 APP、电脑客户端参与并完成各项活动，实现语言能力、跨文化能力和思辨能力的提升。

数字化教学评价：在教学评价环节，除了传统的教师评价，通过使用 U 校园平台、iWrite 英语写作与评阅系统以及微信平台实现了学生自评、生生互评、教师评价与专家评价，完善了教学评价体系。

数字化创新育人：数字化平台的使用为本单元在育人方面提供创新的思路和方式，教师不仅将课程思政融入到课堂上而且融入到课后各项语言学习和实践活动中。

（二）效果总结

对于有一定英语基础，自主学习能力较强的学生来说，单元教学效果较好；对于基础薄弱，自主学习能力较差的学生来说，可能只能达成教学目标中的某些方面。

育人，不是课堂上讲用英语大道理、说空话，而是让学生在学习语言知识的过程中树立正确的家庭观，增强学生们的民族自豪感和家国情怀。数字化平台的使用为本单元在育人方面提供创新的思路和方式，教师不仅将课程思政融入到课堂上而且融入到课后各项语言学习和实践活动中。例如，单元任务的设定是基于丰富他们的校园生活，完成之后通过数字平台进行展示。在完成任务的过程中，他们会意识到学校是一个大家庭，将来他们所从事的核行业是一个大家庭，由千千万万的小家组成的祖国更是一个大家庭，他们完成这个任务不仅是能够得到分数，而且能够将越来越多、越来越好的中国这个大家庭的故事传播出去。

致谢：本思政案例的设计及实施的过程得到了来自成都理工大学工程技术学院教务处和外语系领导和同事们的多方面关心、帮助和指导。谨在此表达我深深的谢意。感谢学院给我们提供了实现自己教师梦的机会，感谢外语系大家庭这么多年对我们的培养，感谢大学英语教研室的同事们为大学英语教学所做的贡献。

参考文献

[1] 文秋芳．“产出导向法”教学材料使用与评价理论框架［J］．中国外语教育，2017，10（02）：17-23+95-96.

[2] 毕争．“产出导向法”教学材料使用的辩证研究［J］．现代外语，2019，42（03）：397-406.

[3] 邱琳．POA 教学材料使用研究：选择与转换输入材料过程及评价［J］．中国外语教育，2017，10（02）：32-39+96.

[4] 苏立公．论科学性和思想性原则在“两课”教学中的运用［J］．忻州师范学院学报，2008（01）：118-121+131.

[5] 文秋芳．构建“产出导向法”理论体系［J］．外语教学与研究，2015，47（04）：547-558+640.

"税法"课程思政案例

路伟果

（成都理工大学工程技术学院，四川　乐山　614000）

摘　要：本课程秉承"两弹一星"精神和"事业高于一切，责任重于一切，严细融入一切，进取成就一切"的核工业精神，培养学生在熟悉税收政策法规的基础上具备处理税费计算、纳税申报以及控制税务风险等涉税业务的能力，同时使学生在未来事业发展中将诚信纳税与履行社会责任相融合，引导学生在各项相关税费的计算和申报过程中深刻认识并感知严、慎、细、实的工匠精神，激发学生刻苦钻研、不断学习、勇于创新、服务祖国的理想。

一、课程基本情况

（一）授课对象情况分析

"税法"课程的授课对象为大二会计学、财务管理、审计学和税收学等专业学生，每届学生500余人。

1. 知识基础

通过前期课程学习，学生已经初步掌握了会计学、经济法以及管理学等专业基础知识，学生具备了一定的自主学习能力和计算机办公软件的操作能力。

2. 认知能力

当下社会公众任务偷逃税款事件频繁发生，学生对个人所得税问题有较浓厚的兴趣。

3. 学习特点

偏好视频资源、小组讨论、信息搜集等多种形式的教学方式，能够借助资源平台完成课前学习任务，乐于开展小组互助式的学习方式，但缺乏对零散内容进行归纳、总结、记忆等方面的能力。大多数学生毕业后主要从事财税等相关工作，因此需要培养学生分析问题和解决问题的能力，并突出应用型人才培养的目标。

（二）课程情况简介

1. 课程内容介绍

税法课程是本校会计学、财务管理、审计学、税收学、大数据会计等专业的核心课程，主要讲授税法的基本原理，增值税、消费税、关税、企业所得税和个人所得税等15个基本税种的征税规定和应纳税额的计算及准确申报，旨在培养学生熟悉国家有关税收政策法规具备处理企业涉税事务、控制税务风险并优化税收方案的基本能力，做到诚信纳税、依法纳税，自觉履行纳税义务，“税法”课程教学团队根据课程思政总体要求，结合专业特点，从教学设计、教学组织与教学实施等方面对“思政内容”进行精心设计，将思政元素融入专业教学，将税收“取之于民，用之于民”的本质、国家宏观经济发展战略、国家税法的重点知识与专业知识相结合，使学生在学习专业知识的同时提高了政治素养，引导学生树立正确的纳税观。

2. 思政育人目标

（1）围绕“事业高于一切，责任重于一切”的核工业精神开展税法教学，结合税法的改革现状，让学生充分认识税收取之于民、用之于民、造福于民，让学生将依法纳税与社会责任相融合，树立民族自豪感，激发学生的爱国情怀，引发学生主人翁情感的共鸣，从而树立依法纳税强大祖国的主观意识。

（2）帮助学生树立正确的公平观、义务观，让学生建立“诚信纳税、依法纳税”的税收理念，进而产生依法纳税的认同感，培养学生依法纳税的责任感和使命感。

（3）结合“严细融入一切，进取成就一切”的核工业精神，使学生在各项相关税费的计算和申报过程中深刻认识并感知严、慎、细、实的工匠精神，激发学生刻苦钻研、不断学习、勇于创新、服务祖国的理想，培养有理想志向、有专业技能、有责任担当的新时代大学生。

3. 课程知识及能力目标

（1）知识目标

通过以章为单元的教学活动，使学生掌握相关税种法律的基本知识、应纳税额的计算和纳税申报的基本知识和基本技能，能解决税务登记、纳税申报、税款缴纳过程中的实际问题，完成本专业相关岗位的工作任务。

（2）能力目标

在基本理论的指导下，学生能灵活分析解决各种涉税业务，具有从事企事业单位涉税服务的能力，具备从事本专业相关职业岗位所必需的税务登记、税费计算、纳税申报、税款缴纳等相关职业技能，具备不怕吃苦、敢于钻研、勇于创新、独立思考和解决问题的能力，为将来从事涉税会计工作打下坚实基础。

4. 改革

目前税法课程已建成学院一流线上课程，依托本课程目前已经完成的三项教改项目，形成相关教改成果论文 1 篇。税法课程已获学院课程思政示范课程项目认定；本课程思政教学案例被评为学院优秀课程思政教学案例。

5. 获奖

课程团队成员参加学院青年教师讲课获二等奖（讲授税法），指导学生参加衡信杯全国税务技能大赛获一等奖，指导学生参加四川省大学生财税实务技能大赛获一等奖，指导学生参加全国本科院校税收风控案例分析大赛获二等奖，指导学生参加全国个税精英挑战赛获团体一等奖。

二、案例基本情况

（一）案例总体设计

2018 年 12 月 27 日至 28 日，全国财政工作会议举行，减税降费成为关键词。2019 年 1 月 1

日起，国家开始实行个人所得税混合征收方法。本节课主要介绍个人所得税专项扣除、专项附加扣除和定额扣除等知识点，引导学生正确计算及申报应纳税额。通过结合主播“薇娅”、范冰冰、邓伦等公众人物逃税和钱学森、邓稼先、李正武等老一辈科学家的艰苦奋斗和无私奉献的感人事迹，既使学生明确依法履行纳税义务的重要性，同时也结合学院核工业特色，向学生弘扬“两弹一星”的核工业精神，又使学生明白当代大学生应该理性追星，时代的偶像应该是用智慧、青春、热血乃至生命为国奉献的时代楷模。通过正反案例的对比分析和小组讨论提升专业课堂的文化和思想内涵，以实现知识传授与价值引领的有机统一。

讲授个税应纳税所得额计算时，首先通过播放视频展示国家减税降费的力度以及税收的来源和去向，使学生充分认识税收取之于民、用之于民、造福于民，让学生将依法纳税与社会责任相融合，真正理解“责任重于一切”的核工业精神。同时结合纳税申报实务和金税四期的建设讲解个税改革情况讲解 6 项专项附加扣除和应纳税额的准确申报，使学生在各项相关税费的计算和申报过程中深刻认识并感知“严细融入一切，进取成就一切”的核工业精神和严、慎、细、实的工匠精神。

（二）课前准备

课前在超星平台推送问卷调查，了解学生对个人所得税的认识情况，同时发布任务要求学生搜集社会公众人物偷逃税款案例，课堂分组讨论明星偷逃税款的原因，并展示老一辈核工业科学家的感人事迹进行对比分析，引起学生情感共鸣。

（三）授课方法

课中主要教学方法有播放视频、讲授法、案例教学法、小组讨论法等。

三、案例思政元素分析

“税法”案例思政元素设计

授课章节	授课要点	思政融入点	价值导向目标	载体途径
个人所得税	纳税义务人与工资薪金的征税范围	“事业高于一切，责任重于一切”的核工业精神	引导学生深入理解依法纳税、诚信纳税的内涵和“事业高于一切，责任重于一切”的核工业精神，培养学生的责任担当意识、严谨细致的敬业精神、创新进取的拼搏精神	通过引入范冰冰、郑爽、“薇娅”等明星偷税案例、实时报道钱学森、邓稼先、李正武等老一辈科学家的感人事迹
	税率和应纳税所得额的确定	通过讲述 2019 年全面修订的新个人所得法改的背景和总体考虑，分析个税改革对人民生活的影响，融入改革创新、制度自信、诚实守信思政元素	培育学生诚实守信、德法兼修的职业素养和以人为本的社会主义核心价值观	国家税务总局政策规定、实时报道

续表

授课章节	授课要点	思政融入点	价值导向目标	载体途径
个人所得税	赡养老人和子女教育等专项附加扣除等税收优惠	融入制度自信思政元素和传统文化元素	弘扬尊老爱幼的传统美德；让学生熟悉国家减税降费的政策，充分感知税收制度的民生情怀，加强制度自信	国家税务总局政策规定、实时报道
	个税申报和金税四期工程建设成果	进取成就一切的核工业精神和科技兴税	使学生认识到进取成就一切的核工业精神和科技兴税的重要性，培养与时俱进、创新进取的拼搏精神	个税申报 APP 具体演示、相关报道、金税四期建设成果视频

四、案例教学整体设计

章节名称	个人所得税法——居民综合所得的计算及申报	学时	2

一、教学目标

知识目标：

掌握个人所得税应纳税所得额的确定和应纳税额的计算。

能力目标：

能运用所学知识完成个税的代扣代缴和汇算清缴。

素养目标：

1. 通过对明星偷税案的分析和“两弹一星”等老一辈科学家的感人事迹进行对比分析，引导学生深入理解依法纳税、诚信纳税的内涵和“事业高于一切，责任重于一切”的核工业精神，培养学生的责任担当意识、严谨细致的敬业精神、创新进取的拼搏精神。

2. 通过明星偷税案引出纳税人信用评级制度，让学生认识诚信的重要性。

3. 通过学习个税 APP 申报和金税四期工程建设，让学生感受到国家越来越强大的同时，税务办理也越来越高效，流程越来越便捷，激发学生的制度自信，使学生认识到进取成就一切的核工业精神和科技兴税的重要性，培养与时俱进、创新进取的拼搏精神

教学方法及手段：

教学方法：学习通上任务驱动教学、案例分析。

教学手段：多媒体教学；案例引入；师生互动：多采用启发式教学，鼓励学生讨论

二、教学实施过程（可自主设计实施过程样式）

教学环节	教学活动	学生活动	设计意图
课前导学	教师在学习通发布课前学习任务，要求学生分组搜集近几年明星偷逃个税案例，并结合上一节学过的税率和征税范围进行案例分析	学生分组后上网搜集相关案例并展开小组讨论，将案例分析过程在讨论区进行展示	引导学生养成课前预习和复习的习惯，初步感知偷税漏税的影响及危害

续表

章节名称	个人所得税法——居民综合所得的计算及申报	学时	2
教学环节	教学活动	学生活动	设计意图
课中引学：小组讨论（10 分钟）	针对课前任务，检测学生案例分析情况，各小组分别陈述案例讨论的结论，教师进行分析点评，并对各小组的情况进行评分。最后通过展示钱学森、邓稼先、李正武等老一辈科学家的艰苦奋斗、为国奉献的感人事迹进行对比分析	学生围绕小组搜集的案例从纳税人自身、个税征税范围、税率等展开陈述，并分析偷逃税对明星自身产生的不良影响	通过案例分析引导学生深入理解依法纳税、诚信纳税的内涵和事业高于一切，责任重于一切的核工业精神，培养学生的责任担当意识、严谨细致的敬业精神、创新进取的拼搏精神
课中引学：抛出问题（10 分钟）	由明星偷税案进一步导入本次课内容，纳税人怎样才能按照税法规定准确计算并申报个税呢？ 居民个人综合所得应纳税额的计算： 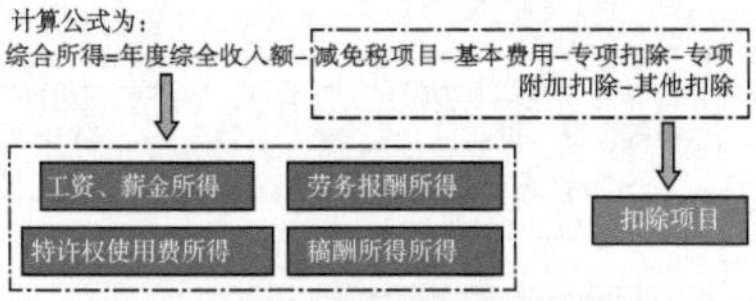 		
课中引学：引导学生讨论归纳（5 分钟）	首先结合近几年来个税改革的力度，分析减免税项目和免征额的相关内容。并播放个税改革动画视频以及税收去向的视频，引导学生思考个税改革的着力点	学生快速上网搜索近几年个税改革的主要内容，并归纳每次改革的着力点，重点关注个税扣除项目的最新规定	归纳税收政策关注民生，以人为本特点。引导学生体会国家对家庭减负的决心和力度，增强专业自信、制度自信；贯彻“人民税收为人民”理念，在实现价值引领的同时使学生掌握知识和技能
课中引学：结合公式逐项讲解分析扣除项目（20 分钟）	根据学生搜集讨论的内容，有针对性地讲解减免税收入、费用扣除等： （一）个税扣除项目——民之所向、税之所往 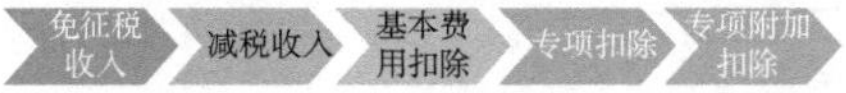 1. 基本减除费用 居民个人的综合所得，以每一纳税所度的收入额减除费用六万元(每月5 000元）即:5 000元×12月=60 000元 2. 专项扣除 居民个人按照国家规定的范围和标准缴纳的基本养老保险、基本医疗保险、失业保险等社会保险费和住房公积金。		
	3. 专项附加扣除—尊老爱幼  结合教材讲解六项专项附加扣除的详细规定，为后续做个税纳税申报奠定基础。引导学生根据专项附加扣除的标准计算父母可以扣除的金额，并反馈在学习通讨论区，检测学生对知识点的理解和运用	学生可以逐项分析计算父母的专项附加扣除情况，并将计算依据和结果在学习通讨论区进行展示，教师根据学生的反馈结果了解学生知识点掌握情况	引导学生结合中华民族的传统美德——尊老爱幼来理解税收具体规定

续表

章节名称	个人所得税法——居民综合所得的计算及申报	学时	2
教学环节	教学活动	学生活动	设计意图
课中引学：教师案例讲解+学习通学生案例分析（15 分钟）	1. 根据上一节课中讲解的扣除项目和应纳税税额的计算方法，通过两个案例进行对比讲解展示个税中工资薪金累计预扣预缴制的基本原理及计算方法。 2. 通过学习通发布课堂案例由学生在课堂上讨论分析完成，教师直接在学习通中了解学生的知识掌握情况，有针对性讲解。 两个对比案例分析见下述例 1 和例 2	学生根据老师讲解的基本原理和计算方法，自由组合讨论完成学习通发布的案例分析	培养学生归纳知识，分析问题和解决问题的能力

例1：某职员2015年入职，2019年每月应发工资均为10 000元，每月减除费用5 000元，“三险一金”等专项扣除为1 500元，从1月起享受子女教育专项附加扣除1 000元，没有减免收入及减免税额等情况，以前三个月为例，应当按照以下方法计算预算扣预缴税额：

1月份：（10 000–5 000–1 500–1 000）×3%=75（元）

2月份：（10 000×2–5 000×2–1 500×2–1 000×2）×3%–75=75（元）

累计收入 | 累计基础费用扣除 | 累计专项扣除 | 累计专项附加扣除 | 累计已预扣预缴税额

3月份：（10 000×3–5 000×3–1 500×3–1 000×3）×3%–75-75=75（元）

进一步计算可知，该纳税人全年累计预扣预缴应纳税所得额为30 000元，一直适用3%的税率，因此各月应预扣预缴的税款相同。

例2：某职员2015年入职，2020年每月应发工资均为30 000元，每月减除费用5 000元，“三险一金”等专项扣除为4 500元，享受子女教育、赡养老人两项专项附加扣除共计2 000元，没有减免收入及减免税额等情况，以前三个月为例，计算各月应预扣预缴税额：

1月份：（30 000–5 000–4 500–2 000）×3%=555（元）；

18 500＜36 000,税率在第一档3%

2月份：（30 000×2–5 000×2–4 500×2–2 000×2）×10%–2 520–555=625（元）；

37 000＞36 000,税率到了第二档10%

教师案例讲解+学习通学生案例分析（15 分钟）	在学生理解了工资薪金计算原理的基础上，讲解全年一次性奖金计算原理及方法。通过两个案例对比分析让学生直观感受两种方式下全年一次性奖金计税方法。通过课堂练习巩固知识。 【案例2】2020年，张先生每月工资为12 000元，三险一金我1 000元，享受专项附加扣除1 500元，每年1月同时发放一次性奖金30 000元，计算张先生全年应缴纳的个人所得税。 全年工资应纳税所得额=12 000×12–（1 000+1 500+5 000）×12=144 000–90 000=54 000 全年工资应纳税额=54 000×0.1–2 520=2 880 年终奖金应纳税额： 方式一，单独计税：30 000×0.03=900　　全年纳税：2 880+900=3 780 方式二，并入当年综合所得计税： （30 000+144 000）–90 000=84 000×0.1–2 520=5 880（全年纳税） 年终奖如果单独计算，此例须缴纳3 780元个人所得税；年终奖如果与2020年工资合并，按综合所得税计算，此例须缴纳5 880元个人所得税。	学生理解相关知识后，独立完成课堂练习，巩固知识	

续表

章节名称	个人所得税法——居民综合所得的计算及申报	学时	2
教学环节	教学活动	学生活动	设计意图
课中引学：理论运用实践（10分钟）	1. 由工资薪金的个税计算引出如何申报和缴纳个税，预扣预缴时主要通过教师根据实物操作简单讲解，汇算清缴可以让学生提前安装好个税App进行展示。 2. 结合六类个税专项附加申报操作实务，向学生讲解个税申报流程，从下载个人所得税App：注册、登录、完善相关信息、专项附加申报等引导学生有一个直观的认识，将理论和实务结合。 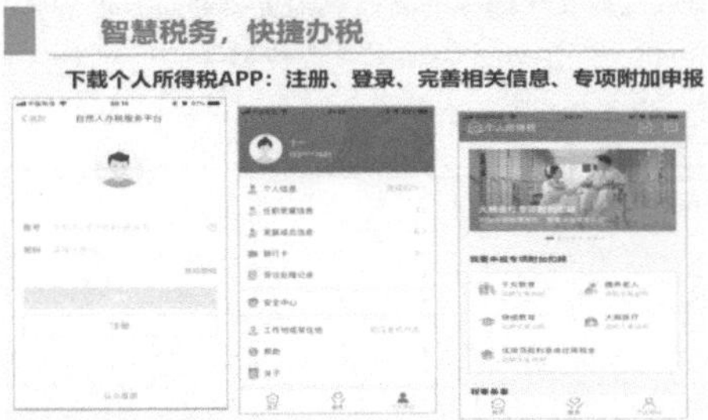 扩展讲解：结合个税申报改革扩展金税四期工程建设成果以及智慧税务相关内容。让学生认识到科技兴税的便捷和高效，尤其是个税App申报和网页申报，通过智能化菜单，将复杂的政策规定和征管要求转化为便于纳税人理解的操作指引，同时自动计算出应补或应退税款，为纳税人带来办税便利	学生可以自主注册下册个税App，了解个税汇算清缴时流程和注意事项	使学生认识到进取成就一切的核工业精神和科技兴税的重要性，培养与时俱进、创新进取的拼搏精神
总结回顾（5分钟）	教师通过集体提问等引导学生对本次课内容全面梳理和归纳。强化重点和难点	学生跟随老师的提问，对相关知识点进行头脑风暴	
课后任务	课后实践： 1. 与税务师、会计师考核结合，通过学习通发布相关知识点及课后案例计算题，强化本节知识。 2. 学习通发布讨论帖：通过本节课的学习，你对个税有哪些新的认识。 3. 实践任务：要求根据所学个税计算和申报知识，学以致用，了解家人在个税App中申报专项附加扣除情况，如未填写，请你普及国家税收政策并指导帮助家人填写		增强专业自信，践行诚信、法治理念，让思政思想“入脑入心，化为行动”

续表

章节名称	个人所得税法——居民综合所得的计算及申报	学时	2
教学环节	教学活动	学生活动	设计意图
三、教学反思			

个税的税前扣除和计算申报属于难点，由于涉及项目较多，学生容易将工资薪金和其他项目搞混，需要归纳出区别点帮助学生理解，个别学生由于初次接触个税计算，对前面知识缺乏复习和总结，对个税计算方法掌握不牢，导致案例分析不深入，漏掉了其他扣除项目。后续上课前可以先在学习通发布复习相关知识和课前预习的任务点，并进行细化，作为平时考核的依据，督促学生加强复习和预习。

教师应多采用启发式教学、情境教学、问题教学、案例教学等方法，使学生将学与思结合起来，以学生更喜爱、更乐于接受的方式融入思政内容，真正使学生内化于心，外化于行，从而切实提高育人质量。

教师在教育中不仅是学生学习活动的带领者，负责向学生传递知识；还是一个行为示范者。个人所得税几乎涉及每一个居民，作为居民应及时履行纳税义务。作为具有核工业文化底蕴的高校教师更要通过自己的言行做好潜移默化的隐性教育，弘扬秉承“事业高于一切，责任重于一切，严细融入一切，进取成就一切”的核工业精神，使“两弹一星”精神和核工业精神以及社会主义核心价值观在青年学生心里扎根并生长

五、教学实践过程回顾

实施税法课程思政应围绕国家税收法治化进程的推进，以及学生关心的社会热点问题，将涉核思政元素即“两弹一星”精神、“四个一切”的核工业精神等贯穿专业知识教学的全过程，丰富和拓展课程内容和空间，实现涉核思政教育与专业教育的无缝衔接，将显性教育与隐性教育相结合，全程、全方位地实现育人目标。具体从课前、课中、课后三个环节开展课程思政，保障税法课内课外链接、线上线下混合教学、税收法律法规与企业涉税实务结合、思政思想内化于税法课程专业教育的全过程。

利用“学习通”等平台创新教学模式，将线上线下混合、课内课外链接、理论实践结合，让思政思想“入脑入心，化为行动”，将思政内容贯穿整个过程，拓宽课程思政空间。在个税相关知识具体讲授时采用以下方法。

1. 课前

学生自主学习与教师辅导结合预习知识点，教师在学习通发布课前学习任务，要求学生分组搜集近几年明星偷逃个税案例，并结合上一节学过的税率和征税范围进行案例分析。通过偷逃税款案开展警示教育，初步感知偷税漏税的影响及危害。

2. 课中

教师结合视频观看、课堂测试、任务案例等多种教学方式开展课堂教学。（1）通过“薇娅”、范冰冰、邓伦等公众人物偷逃税和钱学森、邓稼先、李正武等老一辈科学家的艰苦奋斗和无私奉献的感人事迹进行正反案例对比分析，引导学生深入理解依法纳税、诚信纳税的内涵和“事业高于一切，责任重于一切”的核工业精神，培养学生的责任担当意识、严谨细致的敬业精神、创新进取的拼搏精神。（2）讲解个税专项扣除附加时，通过播放个税改革红利视频，引导学生体会国家对家庭减负的决心和力度，融入方法论，增强专业自信、制度自信；贯彻“人民税收为人民”理念，在实现价值引领的同时使学生掌握知

识和技能。(3) 最后由个税的案例分析和计算以及准确申报扩展到金税四期工程建设成果以及智慧税务相关内容，使学生认识到进取成就一切的核工业精神和科技兴税的重要性，培养与时俱进、创新进取的拼搏精神。

3. 课后

理论融入实践，利用“学习通”开展讨论个税学习的收获和感受，并下载综合所得汇算清缴 APP，指导家人进行个税专项附加扣除的填写和汇算清缴申报，达到学以致用；与税务师、会计师考核结合，设置案例计算题，强化本节知识点，增强专业自信，践行诚信、法治理念，让思政思想“入脑入心，化为行动”。

六、创新性与效果总结

(一) 创新性

1. 线上线下相结合实施课程思政

税法课程借助于超星教学平台，不断精选与该课程思政目标一致的社会热点等思政素材和资源上传到教学平台，由学生课下学习、思考和探讨，并借助多元化教学手段，利用学习通课前发布任务、课中讲授和案例讨论、课后发布实践任务等开展课程思政教学，保障税法课程思政教育课内课外链接、线上线下混合教学、思政思想内化于税法课程专业教育的全过程。

2. 理论融入实践

理论融入实践，引导学生运用所学知识帮助家人纳税申报，学以致用，深化运用理论知识，也增强了专业自信。

3. 引用正反面案例对比分析

在讲授个人所得税纳税义务时，为了警醒学生诚信纳税，课前布置任务，让学生自行搜集明星偷税案例，更能激发学生的学习兴趣和热情，能充分调动参与讨论和学习的积极性，同时课堂上展示钱学森、邓稼先、李正武等老一辈科学家的艰苦奋斗、为国奉献的感人事迹进行对比分析，引导学生深入理解依法纳税、诚信纳税的内涵和内化“事业高于一切，责任重于一切”的核工业精神，培养学生的责任担当意识、严谨细致的敬业精神、创新进取的拼搏精神，引起学生共鸣。

4. 引用视频资源

制作精良的动画视频既富有趣味性又直观易懂，让学生对新个人所得税的变革以及其优势一目了然；新闻视频既权威又精练，让学生从国家立法层面了解个税变革的重大意义，爱国情操油然而生。充分运用各种视频资源，取得的教学效果远远大于传统说教。

(二) 效果

(1) 通过超星平台课后发布的“讨论帖”任务，显示学生已初步建立起了依法纳税意识，感叹国家强大，颁布了一系列减税降费政策，产生了强烈的民族自豪感；钱学森、邓稼先、李正武等老一辈核工业科学家的艰苦奋斗、为国奉献的崇高精神，引起了学生的强烈共鸣，深刻体会到“责任重于一切”的核工业精神，较好地达到润物细无声的思政育人效果。

（2）虽然个税的计算和申报较为繁琐，但是通过课堂知识测试和课后任务完成情况，发现大多数学生能掌握的个税相关知识点，并能准确计算个税，也感知到“严细融入一切”的核工业精神，知识目标达成。

（3）课后发布的任务，要求学生了解家人填写专项附加扣除情况，并针对尚未填写的，结合所学个税知识指导帮助家人填写并完成个税 App 的汇算清缴，既巩固知识点，又将理论运用到实践，同时达到了宣传国家个税优惠政策的效果，增强学生学习成就感，能力目标达成。

参考文献

[1] 梁文涛. 税法 [M]. 北京：中国人民大学出版社，2023.
[2] 聂秀萍. 税法课程思政实施路径探索 [J]. 科教文汇，2022，11（11）：101-103.
[3] 凤麟，丁增稳. “纳税实务”课程思政案例 [EB]. https：//mp. weixin. qq. com/s? _ biz = MzU4MjM5Nzg5Mg = =&mid = 2247675431，2022-05-09.

“核科学概论”课程思政案例

覃　骏，赵永生，左　卓，郦文忠

（成都理工大学工程技术学院，乐山　614000）

摘　要：本课程的授课对象是核工程与核技术专业大学一年级秋季学期新生，主要以讲授中国核工业发展史、核科学基础知识、射线与物质相互作用、核探测技术及应用、核电厂、核武器等内容，让学生了解本专业将要深入学习的专业核心课程；建立起核学科的基本知识框架，激发学生对专业的好奇和兴趣，树立认同感和自豪感。引入爱国主义教育、科学家精神教育、社会责任感教育、核安全意识教育、职业素养教育和创新创业教育等思政元素，弘扬“四个一切”的核工业精神和科学家精神，培养学生的爱国情怀和社会责任感，促进其全面发展，成长为社会主义合格的建设者和接班人。

一、课程基本情况

（一）授课对象情况分析

本课程的授课对象为核工程与核技术专业大学一年级秋季学期新生。

对于刚进入本专业的学生来说，他们对核工程与核技术的具体课程内容并不十分了解，对专业的研究方向和发展趋势也感到迷茫。这主要是因为本专业具有很强的专业性和技术性，需要一定的背景知识才能理解。这使得学生对未来的职业规划，可能会感到困惑和不安；实际上，本专业的就业前景是相对稳定的，尤其是在能源、环保、医疗等领域，具有广泛的应用前景。因此，开设“核科学概论”课程是十分有必要的，可以引导学生了解本专业的相关知识，建立起核学科的知识框架和思维方式，为后续的专业核心课程打下基础；使同学们了解核科学产生和发展过程，了解它对工业、农业、医学、国防建设、国家安全、经济发展等方面起的重要作用，促使学生热爱自己所择专业，愿意努力学习与钻研，以扎实的专业素养投身于中国核工业事业。

（二）课程情况简介

“核科学概论”主要讲授中国核工业发展史、核科学基础知识、射线与物质相互作用、核探测技术及应用、核分析方法、核电站、核武器、核废物地质处置和辐射防护与辐射环境监测等内容，让学生了解本专业将要深入学习的专业课程；建立起核学科的基本知识框架，为后续的专业核心课程打下基础；激发学生对专业的好奇和兴趣；树立对专业发展前景的信心，弘扬核工业“四个一切”的精神。

在本课程中，不仅要实现知识传授和能力培养的教学目的，更要围绕思想育人、立德树人的根本任务，坚持“育人为本，德育为先”的教育理念，培养学生“责任、安全、创新、协同”的核工业核心价值观和“事业高于一切，责任重于一切，严细融入一切，进取成就一切”的核工业精神；以及“胸怀祖国、服务人民，勇攀高峰、敢为人先，追求真理、严谨治学，淡泊名利、潜心研究，集智攻关、团结协作，甘为人梯、奖掖后学”的科学家精神。

本课程从思想上激发学生学习的兴趣和动力，从专业角度培养学生独立思考解决问题的职业能力，专业、严谨的职业态度，求真务实、开拓创新的职业精神，全方位地实现知识传授、能力培养和思政育人“三位一体”的课程教学总目标。

二、案例基本情况

（一）案例一：中国核工业发展史

1. 主要内容

介绍中国核工业 60 多年的发展历程，讲述学院和核工业的历史渊源；介绍并参观中国核聚变博物馆；播放《无问西东》《我和我的祖国》和由我校创作的话剧《核梦开始的地方》相关片段；介绍秦山核电、大亚湾核电、福清核电、三门核电及石岛湾第四代核电示范堆等具有特殊意义的核电站；对比我国和其他国家的核电占比，结合中国 2060 年实现碳中和的承诺，中国核电装机容量还要增加一倍才能达到世界平均水平。

2. 培养目标

激发学生的专业认同感和以校为荣的自豪感；知道了解核工程与核技术专业的深厚底蕴，见证核工业发展的历史印迹；期望教育学生继承和发扬老一辈核工业人“四个一切”的核工业精神；了解中国核工业发展的里程碑事件，认识到核工程与核技术专业广阔的就业前景，增强学生对专业学习的信心，提高专业知识水平。

（二）案例二：原子结构模型

1. 主要内容

讲授人类对原子结构研究的发展史。从道尔顿的实心球模型到汤姆逊的枣糕模型，再到卢瑟福的行星模型以及波尔的能级模型，到现代的电子云模型。这些模型的不断改进和发展，反映了人类对原子结构的认识不断深入，也体现了科学知识的不断进步和发展。

2. 培养目标

让学生了解和掌握原子结构模型的发展历程和基本概念，理解各种模型的优缺点和适用范围，从而对原子结构有更深入的认识。通过讲解各个时期科学家们的探索过程和思考方法，让学生感受到科学家们大胆创新、求真务实、献身科学的精神，从而培养学生的科学精神和科学态度。让学生了解科学研究的基本方法和思路，例如，科学观察、科学实验、科学推理等，从而提高学生的科学素养和科学能力。

（三）案例三：康普顿-吴有训散射

1. 主要内容

在讲授康普顿-吴有训散射的时候，介绍吴有训院士的生平。吴有训（1897. 4. 26—1977. 11. 30）是中国近代物理学研究的开拓者和奠基人之一。在20世纪20年代，即使在科学技术较为发达的美国，开展X射线散射实验也需要手工操作，对身体有害。开展这种实验，需要高超的技能、超常的耐力、精细的态度，乃至牺牲的精神。康普顿和吴有训师生二人用了半年时间，先后进行了锂、硼、硅、硫等七种材料的X射线散射研究，获得了七条良好的光谱曲线，逐渐证明了康普顿理论的普适性。1926年秋天，正当吴有训的科研工作渐入佳境，离重大科研成果越来越近的时候，他却谢绝了导师康普顿的恳切挽留，毅然放弃在美国优越的科研和生活条件，义无反顾地回到苦难深重的祖国，并坚定地走科教兴国的道路，为中国培养了一大批优秀的科学人才。

2. 培养目标

让学生了解康普顿散射理论的基本原理、实验方法和应用范围，理解γ射线和物质相互作用的原理和应用。通过吴有训先生的科研经历，让学生深刻理解科学家们勇于创新、爱国奉献、重视实践和科教强国的精神，培养学生刻苦钻研、提升能力、强国有我的专业学习态度和专业发展志向。

（四）案例四：核探测技术及应用

1. 主要内容

主要介绍核探测技术在地球科学、工业、农业和医学领域中的应用。

2. 培养目标

让学生了解和掌握核探测技术的基本原理、方法和应用范围，理解核探测技术在各领域的应用案例。通过介绍不同领域的核探测技术应用案例，让学生理解所学知识的应用价值，培养学生的应用能力和创新思维能力。

让学生了解到本专业对国民经济、社会发展、国防事业的重要意义，树立远大的目标，激发学生对专业的自豪感，努力学习，学有所成，报效祖国，回馈社会。

（五）案例五：核电站

1. 主要内容

“华龙一号”是具有完全自主知识产权的三代压水堆核电创新成果，是中国核电走向世界的“国家名片”，是中国核电创新发展的重大标志性成果[11]。2021年12月20日，山东荣成石岛湾，全球首座球床模块式高温气冷堆核电站示范工程并网成功，我国成为世界少数几个掌握第四代核能技术的国家之一。

2. 培养目标

让学生了解中国核电发展历程和现状，了解几种核电站的类型和技术特点。让学生了解核电站的安全措施和防护要求，培养学生的核安全意识和自我保护能力。通过介绍中国核工业的发展历程和重要地位，培养学生的国家自豪感和自信心。让学生认识到中国核工业从创业时的筚路蓝缕到现在的日新月异，是一代代核工业人不断奋斗、前赴后继的成果，这种精神需要学生不断传承下去，更好地建设和发展中国的核工业事业；让学生知道中国核工业的未来在他们手中，激励学生对成为核工业的一分子而自豪！

三、案例思政元素分析

爱国主义情怀和民族自豪感：通过介绍中国核工业的发展历程和重要地位，以及一些科学家和行业先驱的爱国主义事迹，培养学生的民族自豪感和自信心，激发他们的爱国情怀。

追求真理、勇攀高峰的科学家精神：通过介绍老一辈核工业人的创业历程和科研追求，让学生感受到中国共产党人精神谱系中的科学家精神，认识到追求真理、勇攀科学高峰的精神的重要性，鼓励他们为了建设社会主义现代化强国，勇于为科学事业献身。

社会责任感和使命感：通过介绍中国核工业的发展对国家能源安全和经济发展的重要性，让学生意识到自己的社会责任和使命感，为国家的繁荣发展贡献自己的力量。

批判性思维和创新意识：通过讲解各个时期科学家们的探索过程和思考方法，让学生了解到科学知识的不断进步和发展是科学家们不断探索、批判和创新的结果，鼓励他们具备批判性思维和创新意识。

团队协作精神：通过介绍卢瑟福等科学家的科学实验中的合作精神，让学生认识到团队协作的重要性，同时通过学习原子结构模型相关知识，培养他们对自己所学专业的认同感和自豪感。

核安全意识教育：在核工业领域，安全永远是首要考虑的因素。通过参观中国核聚变博物馆和对中国核电站的介绍，可以让学生了解到核电站的安全性和重要性，并深刻认识到核安全对于国家和社会的重要性。这不仅有助于培养学生的核安全意识，还可以提高他们的责任感和使命感。

职业素养教育：通过让学生了解老一辈核工业人的“四个一切”核工业精神，可以引导学生认识到作为一名核工程师应该具备的职业素养和精神。这包括对工作的严谨性、对安全的敏感性、对事业的献身精神等。通过这些优秀品质的示范作用，可以培养学生的专业素养，帮助他们树立正确的职业观和价值观。

创新创业教育：通过让学生了解中国核工业的发展历程和里程碑事件，可以引导学生认识到创新创业的重要性。从中国核工业的发展中可以看出，只有不断创新、不断进取，才能在领域内取得突破。这可以激励学生具备创新意识和创业精神，培养他们敢于探索、勇于实践的能力，从而为国家的科技进步和经济发展做出贡献。

四、案例教学整体设计

（一）章节名称

中国核工业发展史。

（二）教学目标

通过对中国核工业 60 多年波澜壮阔的发展史和伟大成就的深入了解，以及老一辈核工业人“四个一切”精神的认真学习，学生能够全面掌握中国核工业的发展历程、重要贡献以及核工业人的精神内涵。同时，通过了解学校与核工业的历史渊源，增强学生对学校与核工业之间紧密联系的认识与理解。在此基础上，学生能够深入了解中国核电产业的发展现状、前景挑战与应对策略，提高对核电在未来可持续能源体系中的重要地位的认识。

（三）教学实施过程

1. 课程引入（15 分钟）

（1）教学活动

提问：① 二战中日本在什么事件之后宣布投降？或者：世界上威力最大的武器是什么？② 那么中国有没有原子弹和氢弹？什么时候有的？③ 核对人类是有利的还是有害的？

（2）设计意图

通过对简单熟悉的历史知识的提问，吸引学生进入教学情境，引发学生对核技术发展利弊的思考，培养学生辩证看待问题的能力。

2. 核工业开端（20 分钟）

（1）教学活动

① 新闻报道引出核工业的开端日期；

② 引用居里夫人给毛主席的话；

③ 展示“开业之石”的照片（见图 1）提问其与“嫦娥石”的联系。

图 1 “开业之石”展览照片

（2）设计意图

知识点都是通过引入的方式来讲授的，学生接受度较好；结合最新的时事热点，让学生留心专业的相关进展，培养学生对专业的认同感和自豪感。

3. 核工业的伟大成就（40 分钟）

（1）教学活动

① 核工业第一个 30 年的成就——两弹一艇。通过视频和图片，讲解核工业先辈艰苦创业的过程。

② 辨析“两弹一艇”和“两弹一星”中“两弹”的区别；

③ 核工业“四个一切”精神的讲解。播放《无问西东》《我和我的祖国》和由我校创作的话剧《核梦开始的地方》（见剧照图 2）相关片段。

图 2　《核梦开始的地方》剧照

（2）设计意图

让学生感受老一辈核工业人“事业高于一切，责任重于一切、严细融入一切，进取成就一切”的核工业精神；教育学生继承和发扬核工业“四个一切的”精神。

4. 作业（5 分钟）

（1）教学活动

分小组收集“两弹一星”元勋的故事，制作 PPT 或者抖音小视频，下次课展示。

（2）设计意图

对于中国核工业知识和精神，通过自己去发掘和发现，才更容易理解、记忆和领会。

5. 作业展示（45 分钟）

（1）教学活动

安排前 4 组做作业汇报展示。

（2）设计意图

学生自己去收集的资料，做出的成果，能够让学生进一步地理解“两弹一星”精神和“四个一切”精神；给学生埋下一颗志愿报国的种子；锻炼学生的动手能力，收集整理资料的能力，自信大方地展示自己的成果。

6. 学院博物馆和核工业的渊源（45 分钟）

（1）教学活动

通过实地参观核聚变博物馆的形式（见图 3），给学生讲解相关知识和核聚变最新成果。

图 3　组织学生参观中国核聚变博物馆

（2）设计意图

这个教学环节的设计是为了加深学生对学校的了解，激发学生以校为荣的自豪感；认识到核工专业的深厚底蕴，见证核工业发展的历史印迹。

五、教学实践过程回顾

课程引入：通过提问一些简单的问题，如二战中的核事件、中国的核武器等，能够吸引学生的注意力，引发学生的思考。同时，通过引入核技术的利弊问题的讨论，可以培养学生的辩证思维能力和科学素养。

核工业开端：通过引入居里夫人给毛主席的信件和“开业之石”与“嫦娥石”的联系等环节，让学生了解中国核工业的起源和发展历程。同时，结合时事热点进行相关知识的引入，能够更好地激发学生的兴趣和自豪感。

核工业的伟大成就：通过介绍核工业第一个 30 年的成就和“两弹一艇”的发展历程，可以让学生了解老一辈核工业人的艰苦创业和无私奉献精神。同时，通过辨析“两弹一艇”和“两弹一星”中“两弹”的区别，让学生更深入地理解不同阶段的历史背景和重要意义。此外，通过讲解邓稼先等人的事迹和播放相关影片片段，可以让学生更深刻地体会核工业的“四个一切”精神，激发学生的爱国热情和责任感。

作业环节：通过分组收集“两弹一星”元勋的故事并制作展示作品，可以让学生更深入地了解这些伟大人物的事迹和精神，同时锻炼学生的团队协作能力和表达能力。此外，通过自己动手制作展示作品，也能够加深学生对“两弹一星”精神和“四个一切”精神的理解和记忆。

作业展示环节：让学生展示自己收集整理的资料和制作的成果，可以锻炼学生的表达能力和自信心，同时也可以让其他学生更深入地了解和学习这些成果。此外，通过这种形式还可以培养学生的自豪感和荣誉感，促进班级内部的互相学习和交流。

学院博物馆和核工业的渊源：通过实地参观学院内的核聚变博物馆，可以让学生更深入地了解核工业的历史、现状和未来发展趋势。同时，通过讲解员的详细讲解，可以让学生更加了解核专业的深厚底蕴和见证核工业发展的历史印迹。此外，参观博物馆还可以培养学生的科学素养和探究精神，促进学生对专业的兴趣和热爱。

六、创新性与效果总结

引入思政元素：通过引入爱国主义教育、科学家精神教育、社会责任感教育、核安全意识教育、职业素养教育和创新创业教育等思政元素，丰富了课程内容，践行了立德树人根本任务，增强了学生对社会主义核心价值观的正确认识。

多样化教学手段：在整个教学过程中，采用了多种教学手段，如提问、小组讨论、实地参观、翻转课堂等，既增强了学生的学习兴趣和参与度，又能够加深学生对课程内容的理解和记忆。

时事热点引入：将最新的时事热点和核工业发展动态引入课堂，让学生对核工业的最新进展和未来趋势有更深入的了解，有利于培养学生的行业自豪感和使命感。

学生自主学习：通过布置作业、小组讨论、制作展示作品等形式，鼓励学生自主探究和学习，不仅能够拓宽学生的知识面，还能够帮助培养学生的团队协作能力和自主解决问题的能力。

注重情感教育：通过讲述邓稼先等人的故事和播放相关影片片段，让学生深刻体会到老一辈核工业人的艰苦创业和无私奉献精神，培养学生的社会责任感和爱国情怀。

紧密联系实际：教学内容与现实生活密切相关，如核聚变技术的应用前景、核安全的重要性等。通过这些实例的讲解，可以让学生更加深入地理解科学原理和技术应用，提高其科学素养和探究精神。

通过创新的教学手段和多样化的教学环节，在培养学生的专业素养和思政素质方面具有积极的作用和效果。能够激发学生的学习兴趣和参与度，提高其学习效果和综合素质。同时，注重情感教育和思政元素的融入，培养学生的爱国情怀和社会责任感，促进其全面发展，成长为社会主义合格的建设者和接班人。

参考文献

[1] 魏义祥，贾宝山．核能与核技术概论［M］．哈尔滨：哈尔滨工程大学出版社，2011.

[2] 王子瑞．“四个一切”的新时代内涵［J］．中国核工业，2018（4）：2.

[3] 赵帅．应用型本科高校“财务会计”课程思政建设研究［J］．陕西教育：高教版，2023（3）：16-18.
[4] 中国核工业集团有限公司是经国务院批准．科技创新驱动谱写高质量发展新篇章——中国核工业华兴建设有限公司［J］．核安全，2020（5）．
[5] 李萍，杨红义，刘琳，等．“碳中和”目标下中国核电发展［J］．节能技术，2023，41（1）：10-15.
[6] 季薛庆．融入科学史凸显科学本质的教学探讨——以原子结构模型教学为例［J］．科学教育，2010（2）：2.
[7] 王淦昌．深切怀念吴有训先生［J］．物理教学，1990（12）：7.
[8] 王天眷，陈芳允．记吴有训老师培育我二三事［J］．物理，1982，11（8）：0-0.
[9] 王大明．吴有训年表［J］．中国科技史杂志，1986（6）：5.
[10] 吴昊．浅析吴有训的物理教育思想［J］．现代物理知识，2002，14（3）：2.
[11] 张慧．解密“华龙一号”［J］．能源，2014（4）：38-45.

“信息可视化”课程思政案例

项　李

（成都理工大学工程技术学院学院，四川　乐山　614000）

摘　要：基于视觉传达设计专业的核心课程“信息可视化”，通过设计与核工业学科融合的方式，提出围绕课程“事业高于一切、责任重于一切、严细融入一切、进取成就一切”四条主线，深入挖掘课程蕴含的核工业思政教育资源，通过战略层、范围层、结构层、框架层、表现层五个层级将核工业抽象的概念转化为具象的可视化设计，将信息可视化设计作为核工业知识传播与普及具体化、生动化的有效方式。结合翻转课堂的教学方法、高素质的课程学科交叉教学团队建设、项目制实践教学方法、全过程多元化的形成性考核方法，将知识传授与科学价值引领相结合，将核工业思政教育有机融入课程教学环节中，培养学生的科学素养、人文素质、职业素养，提升学生文化自信和爱国情怀，树立正确的艺术观、设计观，弘扬核工业精神、工匠精神，激发爱国热情，落实立德树人根本任务，同步提高教师育才育人水平。

一、课程基本情况

（一）授课对象情况分析

原有专业认知基础：授课对象为视觉传达设计专业大学三年级学生，首先，学生前期已完成字体设计与版式、视觉语言设计基础、数码插画、传统元素创新训练、设计采风等课程的设计训练，大多数学生已经初步掌握排版、插画及图形转化的设计方法，因此具备了学习信息可视化设计的软件能力与创意思维能力。但对于前期设计基础课的设计方法少部分学生存在没有进行融会贯通的问题，因此需在课程中通过信息可视化中视觉流程的讲解去弥补前期排版的基础能力、通过讲解图文转换的设计方法去弥补前期插画及图形设计的能力；其次，学生通过课前老师在假期布置的课前作业，阅读信息可视化设计相关的经典书籍如木村博之的《图解力》等，同时收集相关的科技可视化设计案例，巩固学习动态设计软件 AE。从阅读、收集案例、软件学习三个方向了解信息可视化设计课程的有关内容，对其设计的对象、表现形式、应用场景、科普与传播的设计作用等进行初步了解，能够区分科学可视化设计与传统文化可视化设计的视觉风格差异，需在课程中进一步解决核工业可视化设计中图文转换、排版及配色的问题。

对核工业的认知基础：视觉传达设计专业学生为艺术生背景，虽身处中国核聚变博物馆所在院校，由于学科背景的差异，学生对核工业相关的了解较有限。但本专业多数学生追求新事物，对新事物接收较快，思维活跃，有利于通过设计的方法去创意性地推动核工业知识与精神的传播与普及。

（二）课程情况简介

本课程主要讲授信息可视化设计的步骤和方法，根据信息架构和主题信息，阐述如何将文本、数据信息运用图形、色彩、文字及排版与设计风格进行重新设计，将无形、杂乱或者抽象的信息变成图表化、动态化的视觉语言，使得学生可以在学习该课程后掌握一定的挖掘信息、分析信息、设计信息以及展示信息的能力，以此来传播与科普可视化设计对象。通过穿插一些当前优秀的信息可视化在传统文化、核工业等领域的案例分析，来帮助学生们将所学技能融会贯通，同时让学生通过信息可视化设计了解并科普当前中国的优秀传统文化、核工业领域等。课程衔接前期设计采风、品牌规划，与后续地域文化、乡村文旅设计进行融合，形成导链式教学。目前该课程学生参赛已获得国家级奖项 8 项、省级奖项 25 项，并且与核工业相关的已落地转化 6 项，具有较强的理论与实践意义。

二、案例基本情况

（一）案例一：核工业产业链交互式全息展示系统的界面可视化设计（落地项目）

核产业链一体化数字沙盘有一套完备的智慧展示系统，由操作屏、查询屏、实体沙盘、OLED、灯光控制系统、音响和弧幕组成。

（1）操作屏：靠近实体沙盘前方的大屏幕上，界面可视化设计风格上以科技风为主，为了强化该风格在界面四周加入了科技风相关的图形元素，颜色上整体为蓝色系，契合核工业的行业属性。操作屏上整齐排列着十个图标，这十个图标是根据核产业链十个产业板块上的元素提取后进行的可视化图形转化设计，同时它们分别一一对应沙盘中的建筑，交互上用户可以进行循环滑动的操作完成互动体验（见图 1～图 3）。

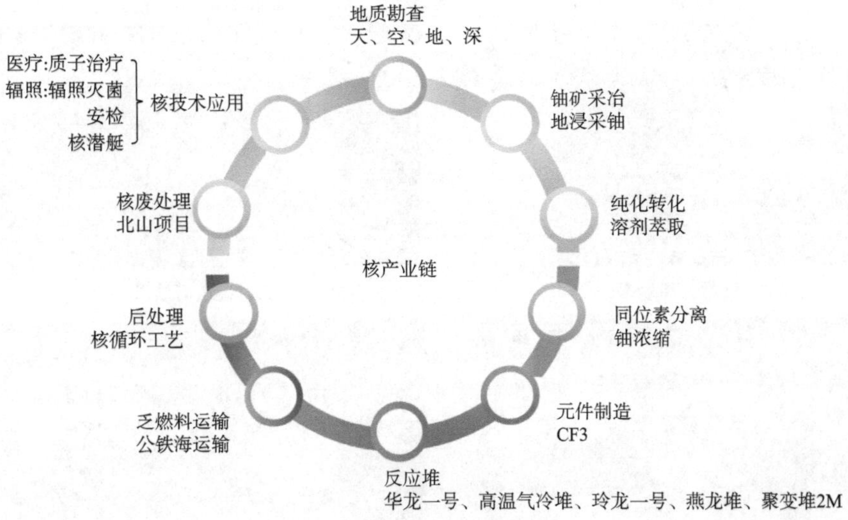

图 1　核产业链

图 2　核工业产业链交互式全息展示系统操作屏一级界面及一级待机界面可视化设计

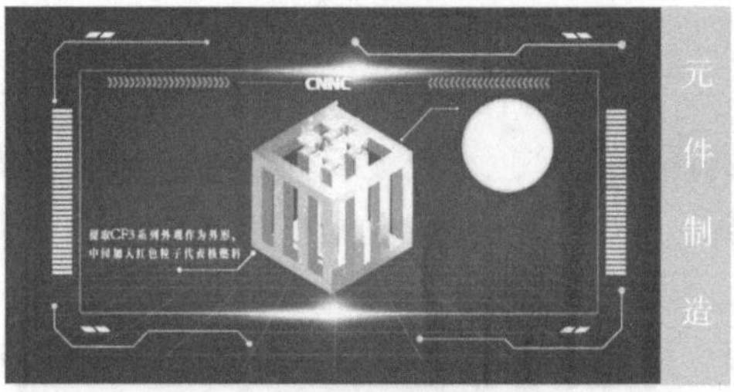

提取CF3元件外观

提取华龙一号外观

展示分离效果

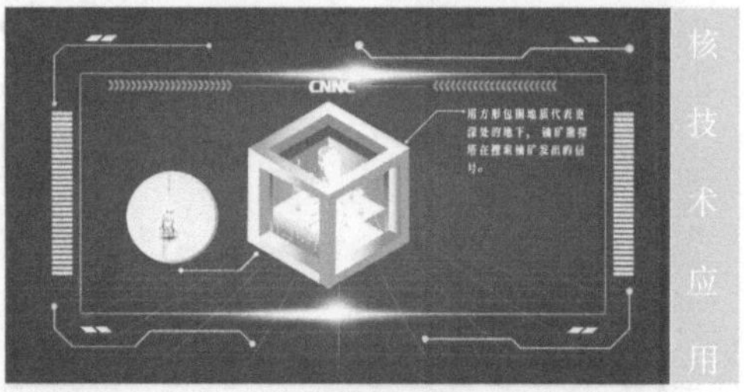

电力输送塔效果

展示处理效果

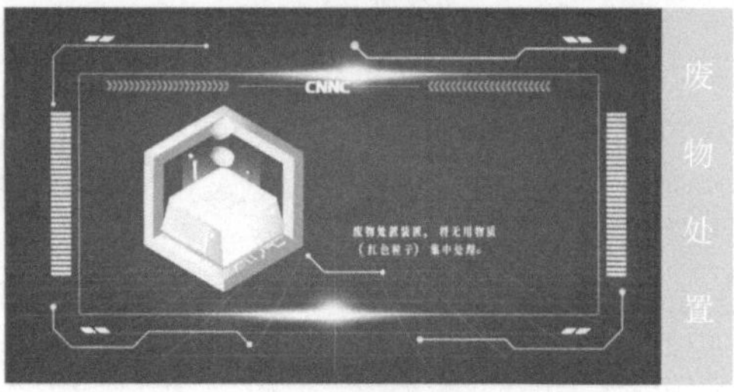

展示废物处理过程

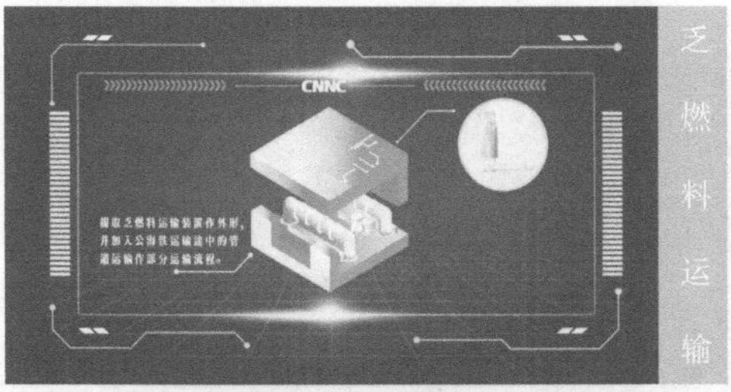

提取运输装置外观

提取转化工具外观

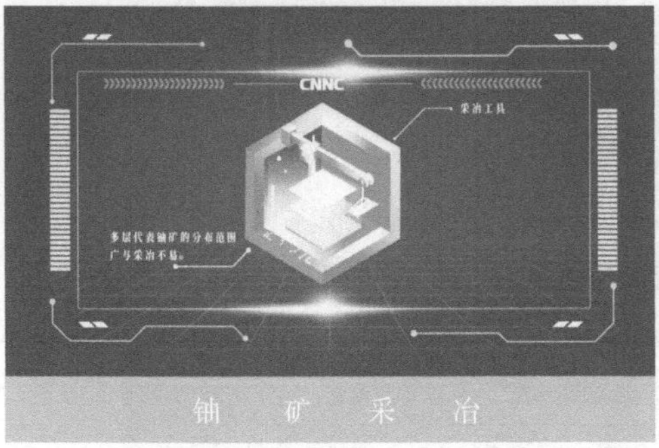

展示采冶效果

提取天空地深理念

图 3　操作屏一级界面图标界面可视化图标设计示义

（2）查询屏（见图 4~图 11）：位于数字沙盘两侧的查询屏，其内容与主操作屏中的内容相呼应，界面整体延续操作屏的科技风格与蓝色系的色彩体系。界面图标由乏燃料运输、反应堆、核技术运用、地质勘查、后处理、废物处置、铀矿采冶、铀矿勘查、纯化转化、元件制造、同位素分离构成，在设计过程中，分别提取与各过程相关的核元素进行图形可视化转化设计，以更直观易懂的方式进行图标设计。同时通过视频介绍、图文介绍、数字模型三种方式，向观众多方位深度科普主题，具有更全面、更直观、更详细的特点。

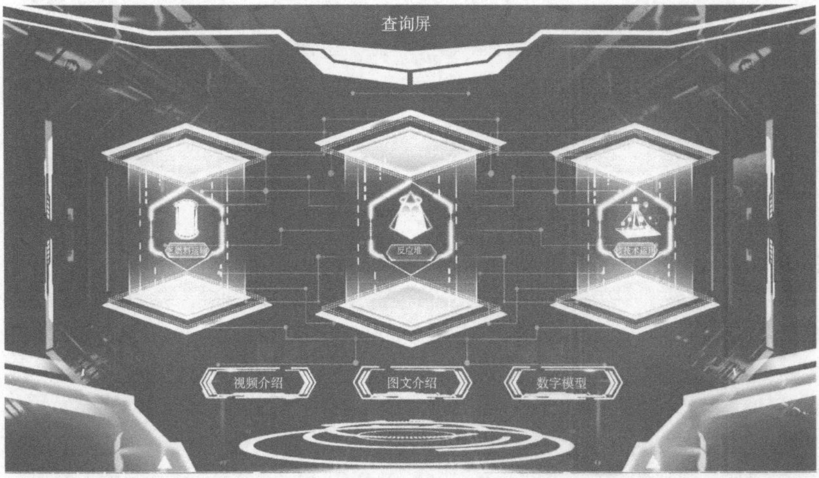

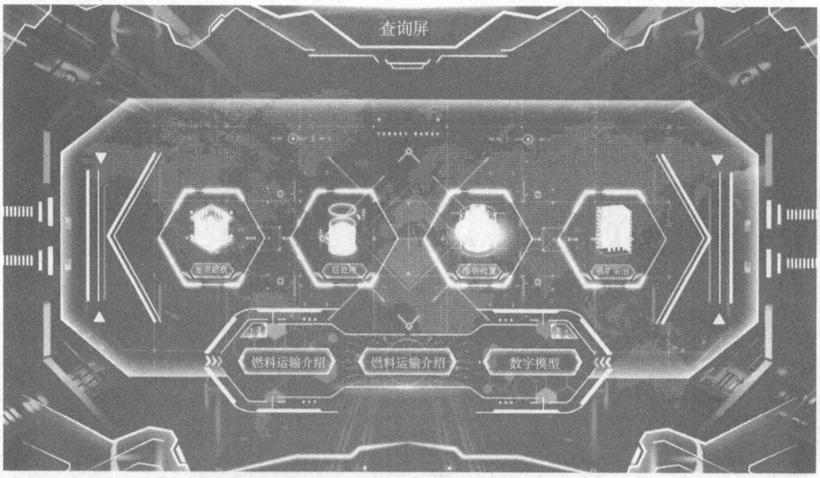

图 4　核工业产业链交互式全息展示系统查询屏 A 和查询屏 B 一级界面可视化设计

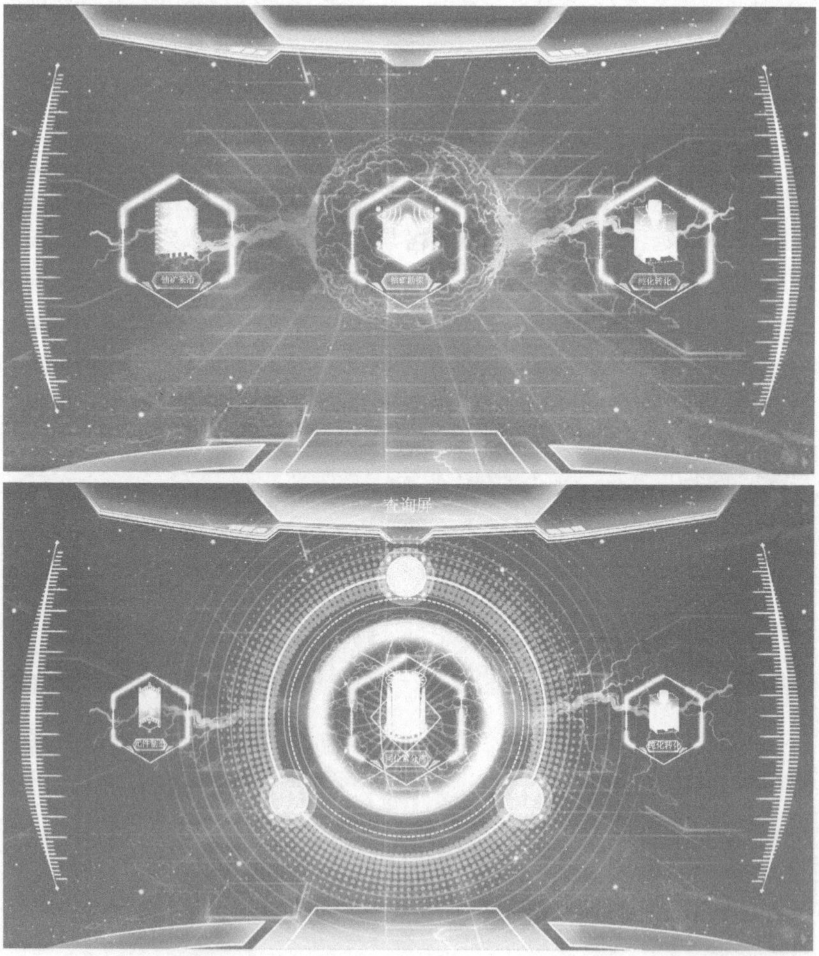

图 5　核工业产业链交互式全息展示系统查询屏 C 和查询屏 D 待机界面可视化设计

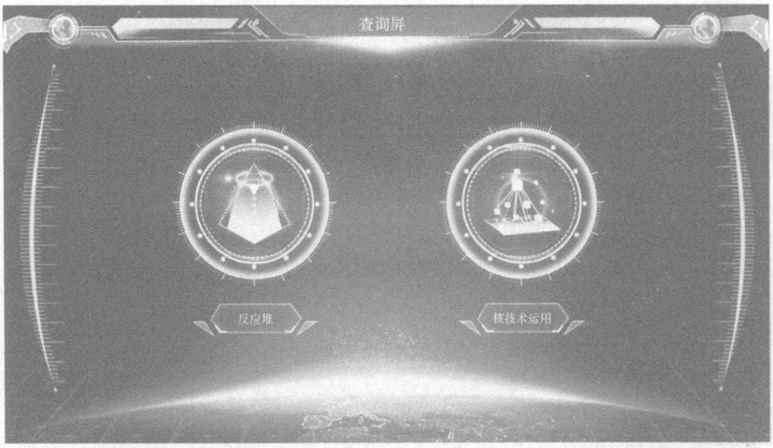

图 6　核工业产业链交互式全息展示系统查询屏 D 二级界面可视化设计

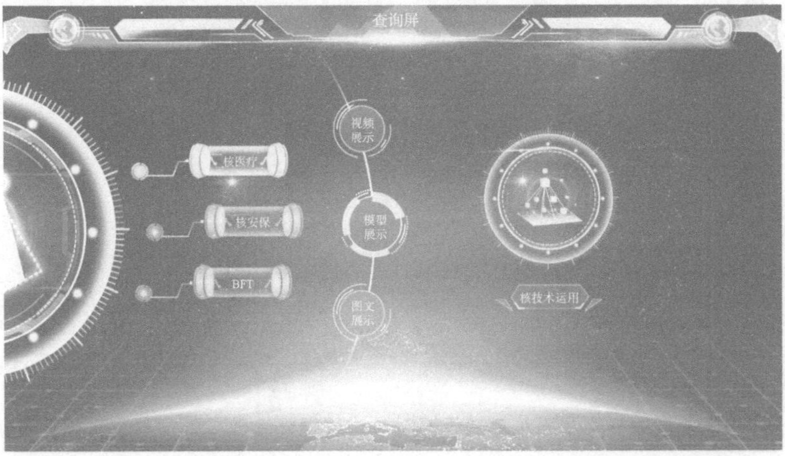

图 7　核工业产业链交互式全息展示系统查询屏 D 菜单界面可视化设计

图 8　核工业产业链交互式全息展示系统查询屏 B 内页界面可视化设计

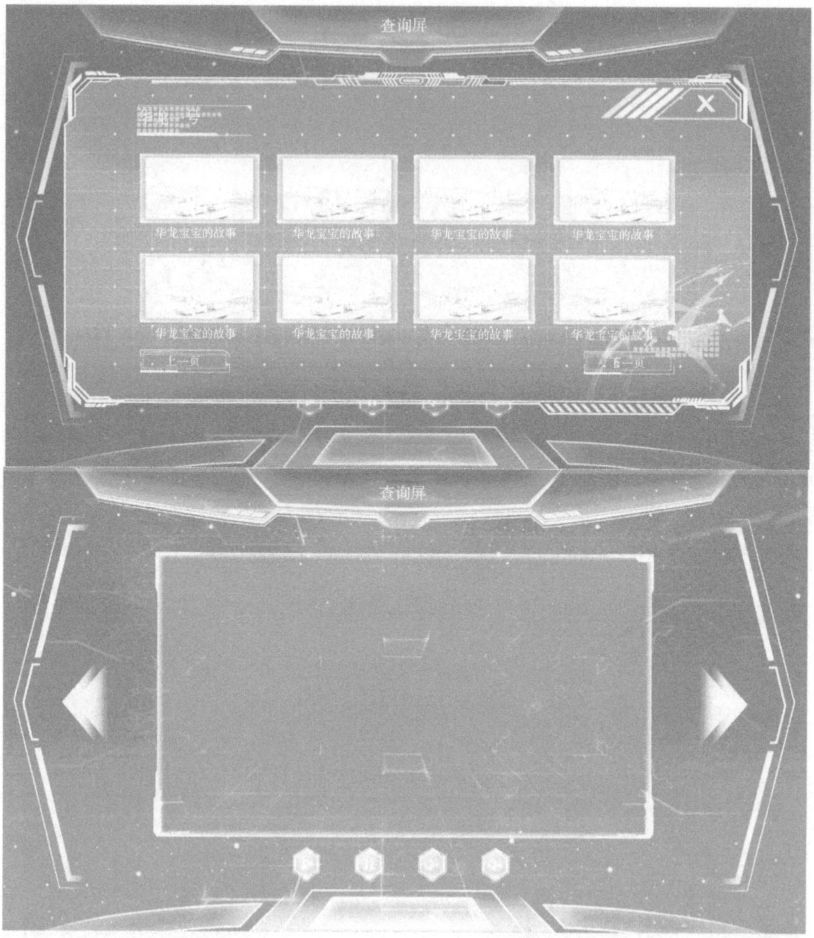

图 9　核工业产业链交互式全息展示系统查询屏视频播放—弹窗界面可视化设计

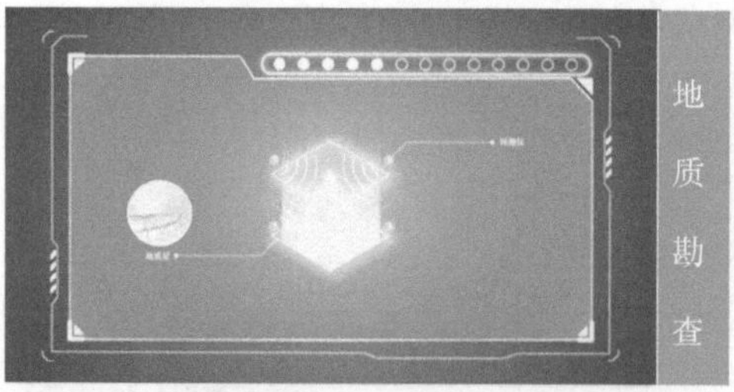

提取地质层外观

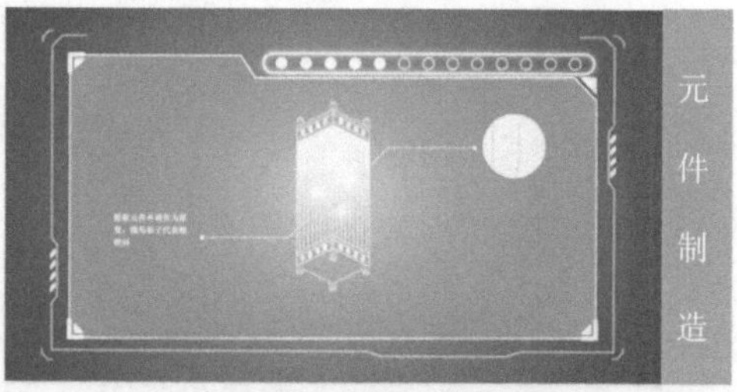

提取元件外观

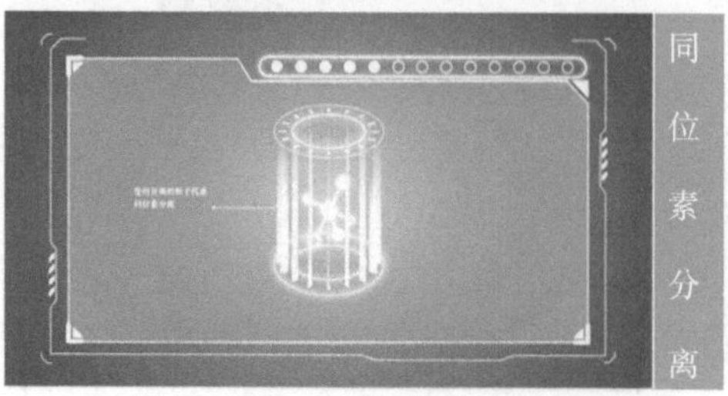

展示分离效果

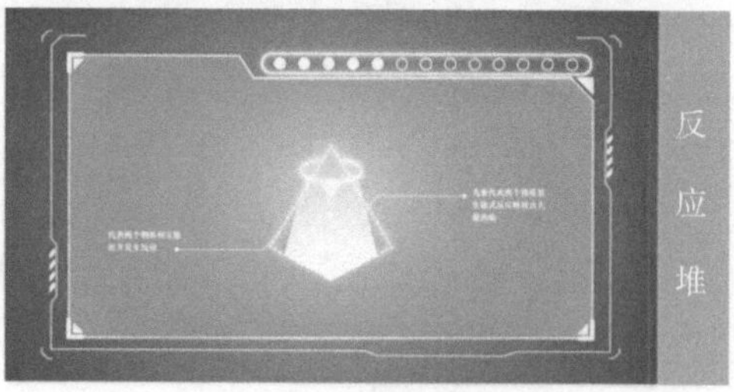

两个物质反应效果

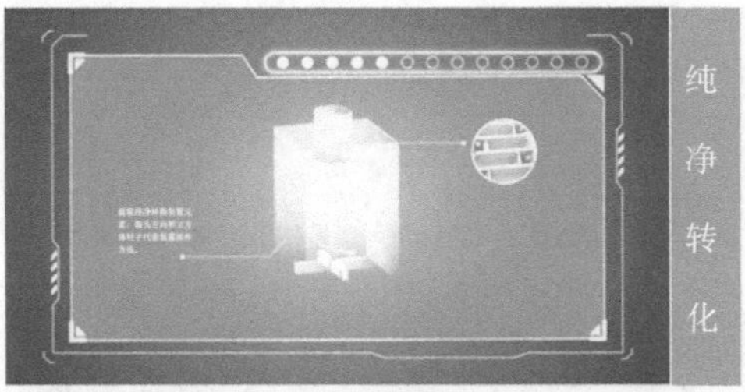

提取纯净转化装置元素

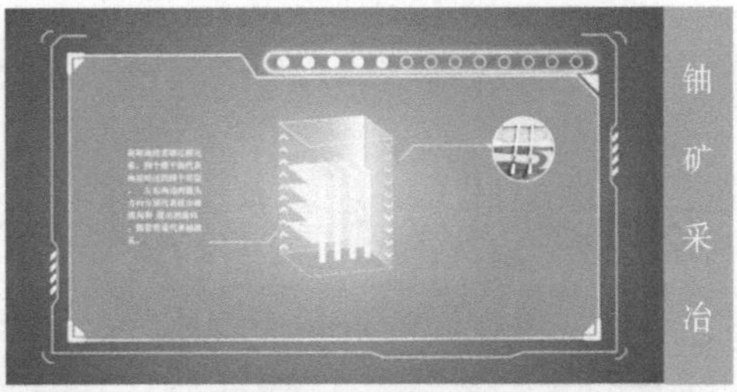

提取地浸采铀过程元素

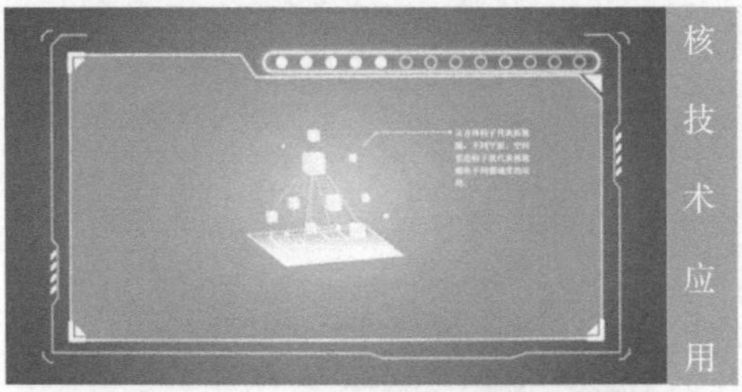

立方体表示核技术在不同领域的多方应用

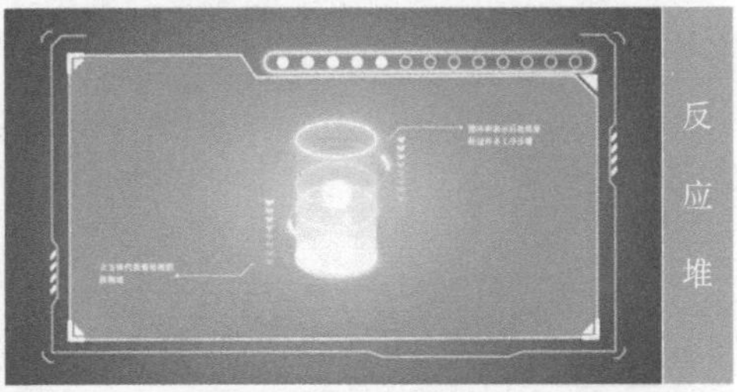

提取核物质处理的过程

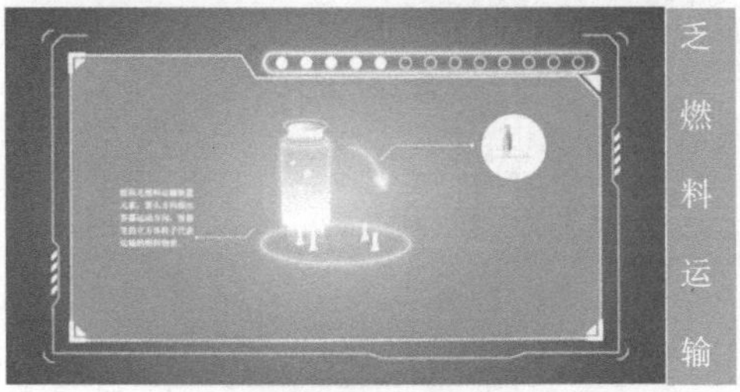

提取乏燃料装置元素

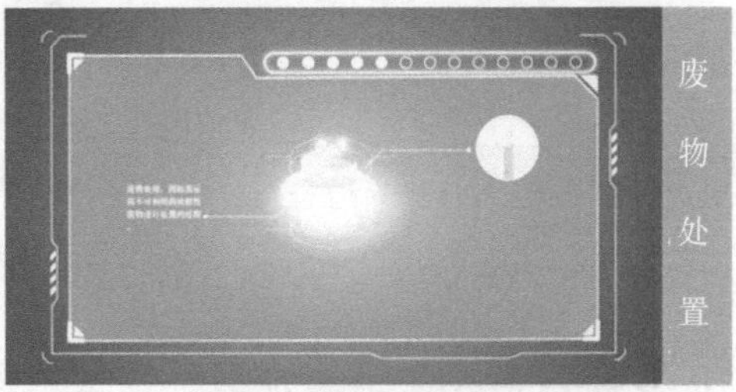

提取废物处置过程元素

图 10　核工业产业链交互式全息展示系统查询屏界面可视化图标设计示义

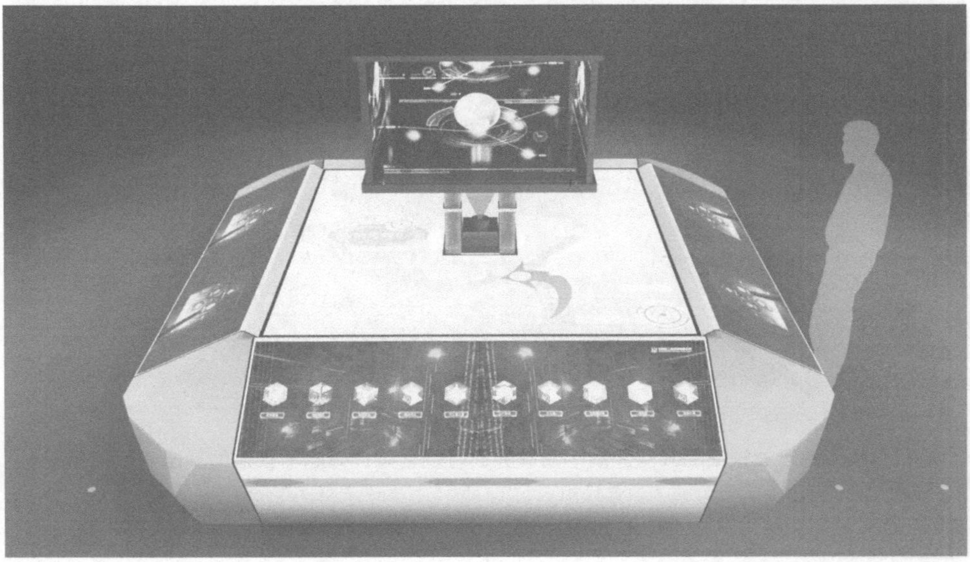

图 11 核工业产业链交互式全息展示系统界面可视化设计概念图、落地展出实际使用图

三、案例思政元素分析

1. 事业高于一切

社会责任和集体利益，高度重视和奉献精神。核工业产业链交互式全息展示系统中界面可视化设计由视觉传达设计学生团队合作完成（见图 12），在做界面可视化设计的过程中，老师和学生团队成员之间会进行项目的沟通讨论，学生之间会针对项目的设计可以带来不同的想法和观点，提供界面可视化设计多样化的创意和解决方案，从而确定好整体界面可视化设计的风格。接着学生团队成员之间相互协作，相互鼓励，分工明确：由大学三年级的学生完成两个主要界面即主界面（操作屏）与查询屏一级到三级界面的可视化设计、查询屏的系列图标设计，大学二年级的学生完成主界面（操作屏）的系列图标设计。设计过程中遇到问题通过大三学生指导大学二年级的学生、学生自学等方式得以解决，最终由学生团队大学三年级的设计组长进行汇总设计。通过团队合作的方式共同完成设计任务，确保了该项目的成功，使学生具有设计的责任感、团队协作能力与奉献精神。

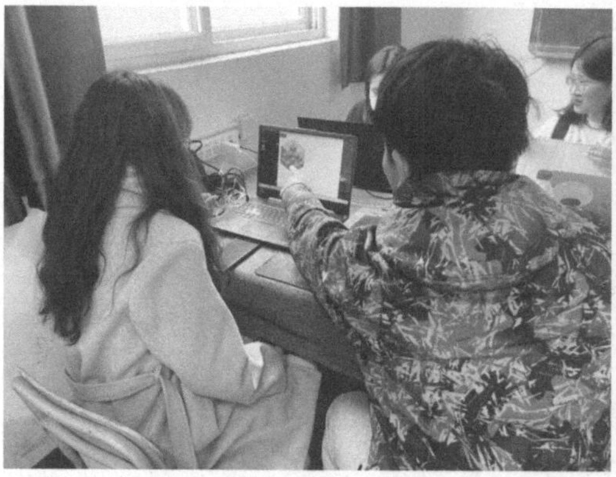

图 12　核工业产业链交互式全息展示系统界面可视化设计学生团队合作

2. 责任重于一切

思政精神中的责任意识。在核工业产业链交互式全息展示系统界面可视化设计项目的过程中，加强设计学科与核工业学科知识的渗透与融合，通过设计项目可以让学生去了解核工业相关的内容、去传播和科普核工业，弘扬核工业奉献精神、工匠精神，拓宽学生专业视野。从而培养学生通过设计的方式解决问题的责任意识，引导学生树立正确的设计观，让学生将自我价值与社会价值相结合，承担起设计服务社会、科学、文化等不同行业的重任，提高学生的设计责任感与科学自信，促进学生科学素养、职业素养的提升。

3. 严细融入一切

思政精神中的认真和细致精神。核工业产业链交互式全息展示系统在界面可视化设计中，一方面在对界面图标的元素提取到设计呈现的过程中，严格以核工业产业链的十个环节中每一个环节的相关元素进行提取、概括、再设计，如反应堆提取了华龙一号的外观，乏燃料运输提取了运输装置外观，元件制造提取了 CF3 元件外观等。在老师的指导下，学生团队认真按照该提取思路进行图标的细致转化，设计出具有立体感的 2. 5D 系列图标。另一方面在核工业产业链交互式全息展示系统界面可视化设计的交互逻辑上，根据两个主要界面即主界面（操作屏）与查询屏进行界面信息架构的构建，从一级页面的功能与交互逻辑进行严谨梳理，使其界面的交互逻辑符合用户的行为模式，从而提升用户的操作体验（见图 13）。在此过程中，做到设计元素来源有依据，设计转化有逻辑，从而培养学生认真严谨的设计态度与设计意识。

4. 进取成就一切

积极进取和追求卓越的精神。通过以项目促教的方式，为学生提供了多样化的学习环境与实践项目的机会，让学生在第一课堂学习之外还有第二课堂的学习机会，提升学生设计实践能力的同时培养学生积极学习的态度。并通过第二课堂为学生建立积极、健康的学习氛围，在核工业产业链交互式全息展示系统界面的可视化设计项目过程中，学生以团队合作模式完成设计任务，过程中遇到不会的软件问题、设计问题等，学生会通过讨论、互学等方式共同解决问题，培养了学生在专业学习方面积极进取并追求卓越的精神。

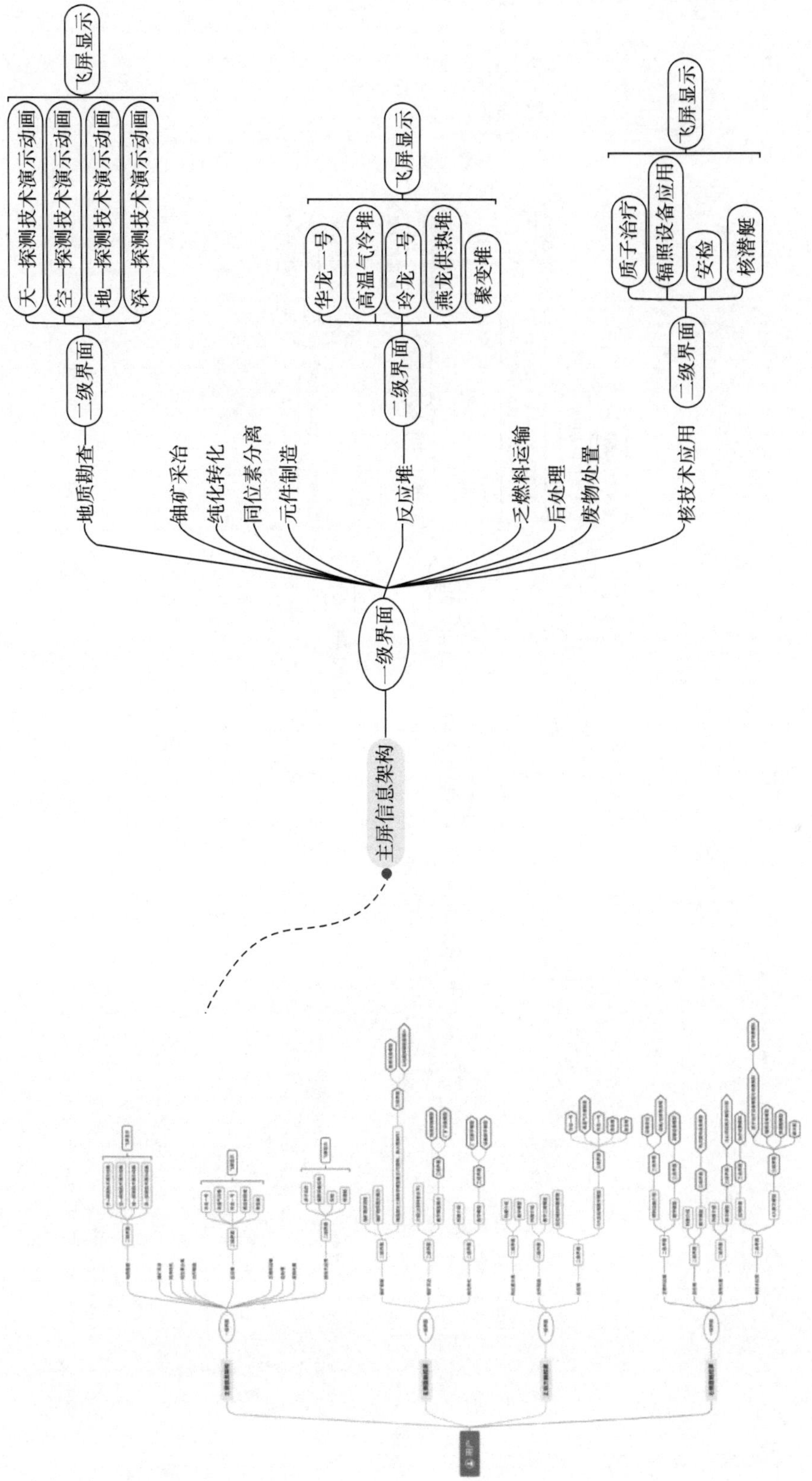
主屏信息架构
一级界面
地质勘查
二级界面
天—探测技术演示动画
空—探测技术演示动画
地—探测技术演示动画
深—探测技术演示动画
飞屏显示
铀矿采冶
纯化转化
同位素分离
元件制造
反应堆
二级界面
华龙一号
高温气冷堆
玲龙一号
燕龙供热堆
聚变堆
飞屏显示
乏燃料运输
后处理
废物处置
核技术应用
二级界面
质子治疗
辐照设备应用
安检
核潜艇
飞屏显示

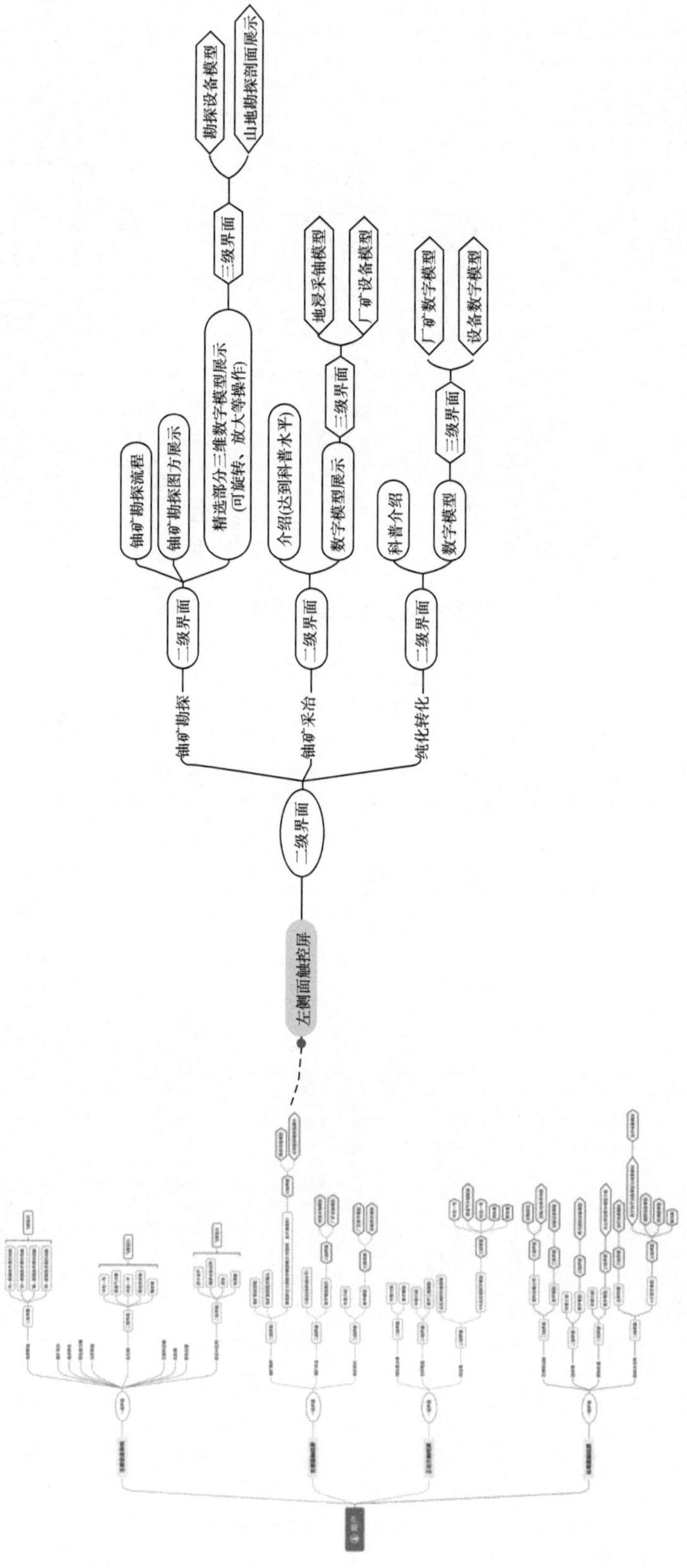
左侧面触控屏
二级界面
铀矿勘探
铀矿采冶
纯化转化
二级界面
铀矿勘探流程
铀矿勘探图方展示
精选部分三维数字模型展示
(可旋转、放大等操作)
三级界面
勘探设备模型
山地勘探剖面展示
二级界面
介绍(达到科普水平)
数字模型展示
三级界面
地浸采铀模型
厂矿设备模型
二级界面
科普介绍
数字模型
三级界面
厂矿数字模型
设备数字模型

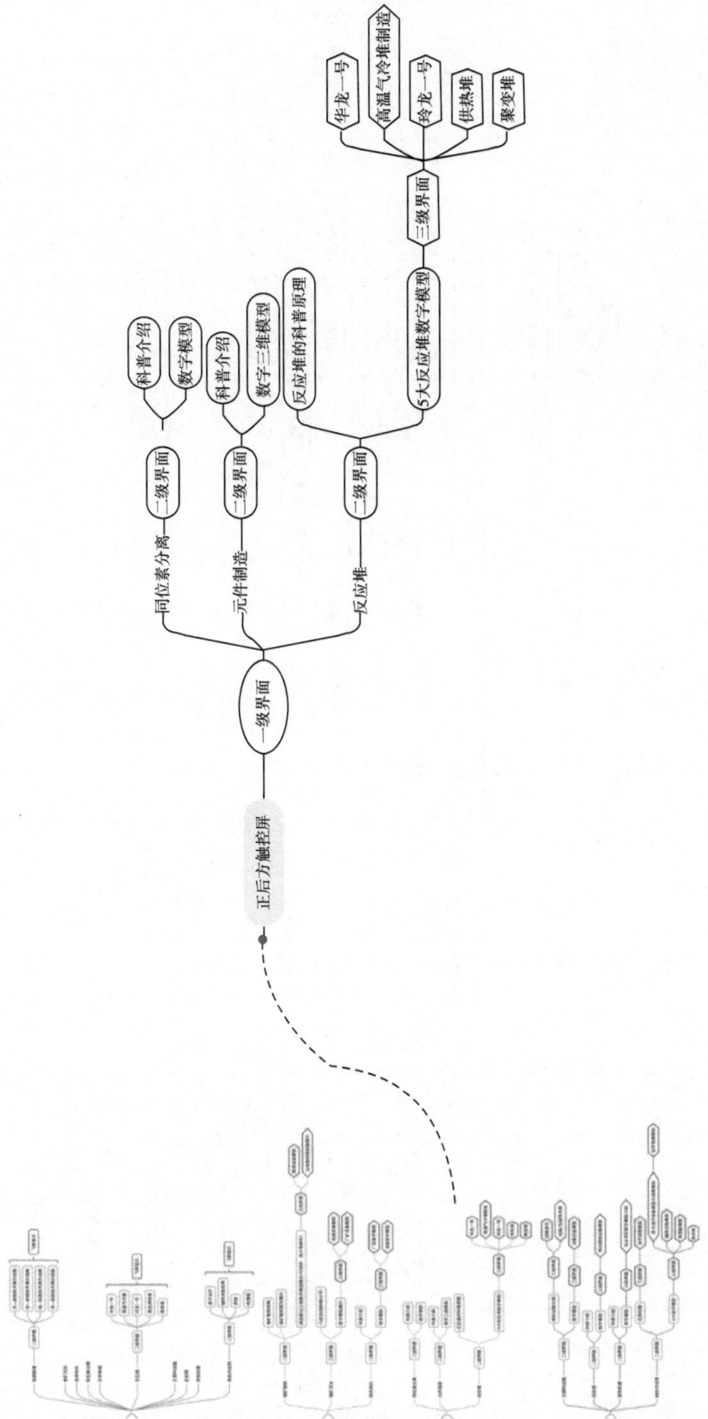
正后方触控屏
一级界面
同位素分离
元件制造
反应堆
二级界面
二级界面
二级界面
科普介绍
数字模型
科普介绍
数字三维模型
反应堆的科普原理
5大反应堆数字模型
三级界面
华龙一号
高温气冷堆制造
玲龙一号
供热堆
聚变堆

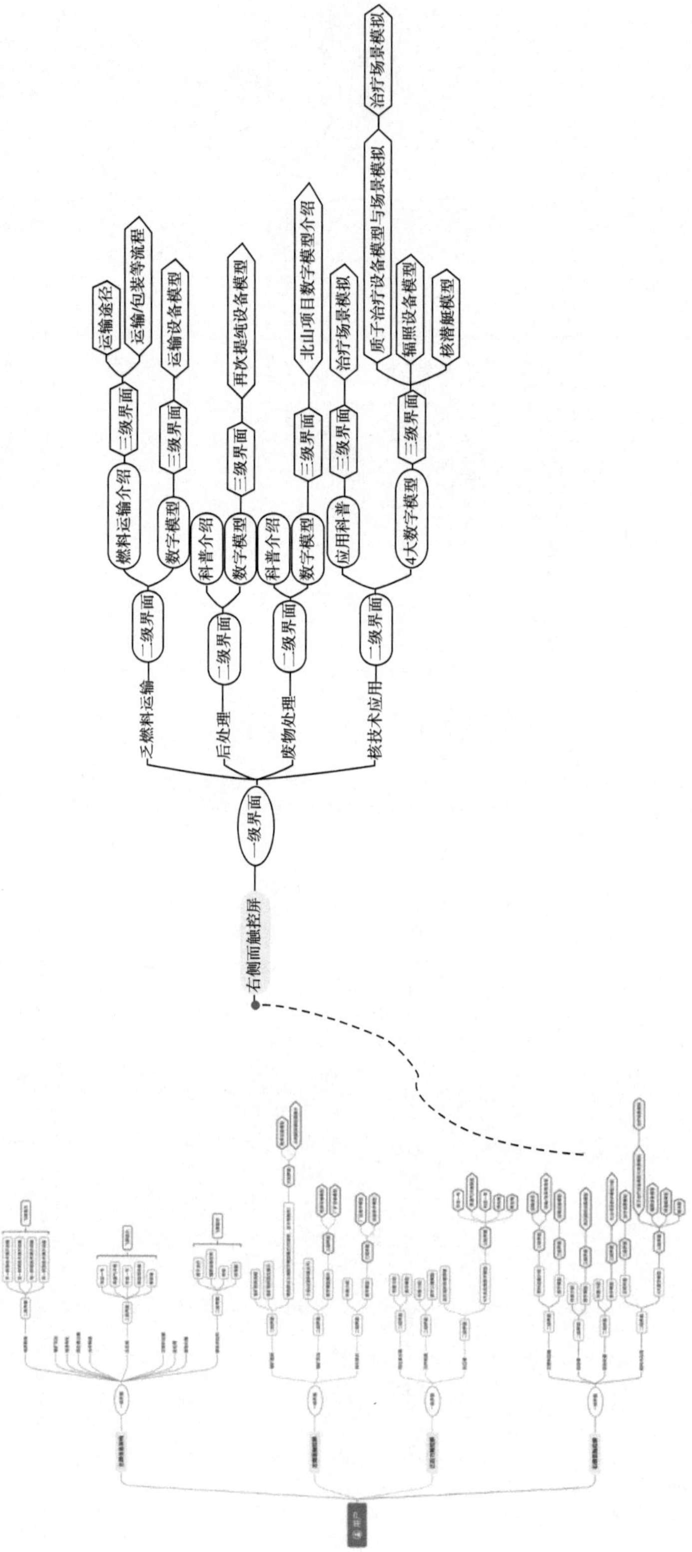
右侧面触控屏
一级界面
乏燃料运输
后处理
废物处理
核技术应用
二级界面
二级界面
二级界面
二级界面
燃料运输介绍
数字模型
科普介绍
数字模型
科普介绍
数字模型
应用科普
4大数字模型
三级界面
三级界面
三级界面
三级界面
三级界面
三级界面
运输途径
运输/包装等流程
运输设备模型
再次提纯设备模型
北山项目数字模型介绍
治疗场景模拟
质子治疗设备模型与场景模拟
辐照设备模型
核潜艇模型
治疗场景模拟

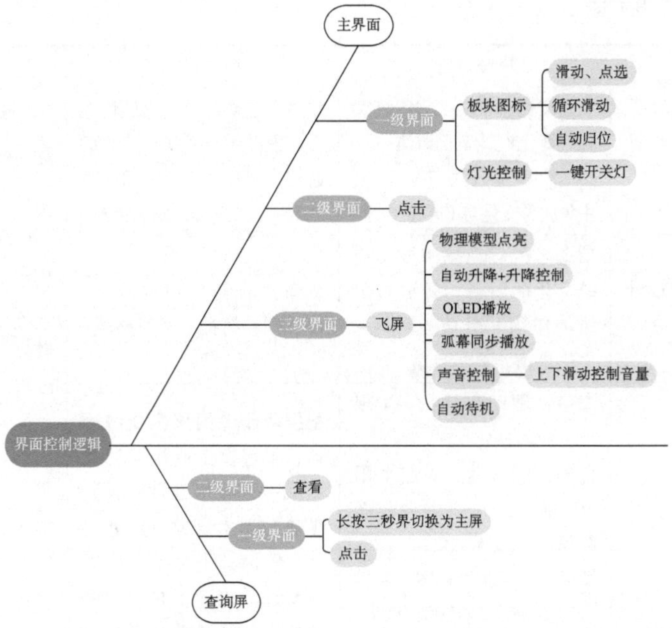

图 13　核工业产业链交互式全息展示系统界面可视化设计交互逻辑

四、案例教学整体设计

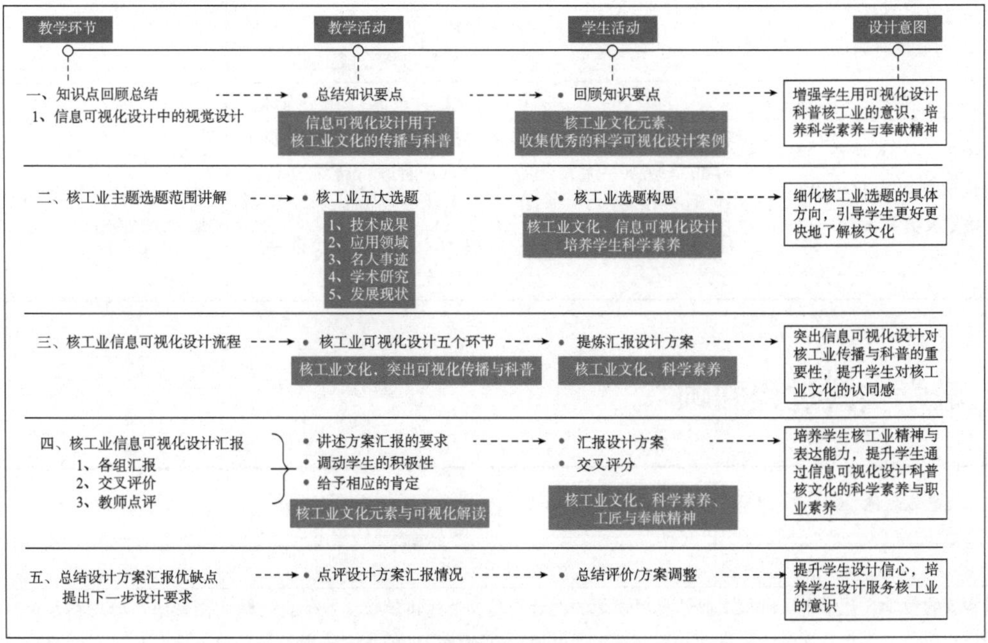

图 14　案例教学整体设计

具体案例设计如下表。

授课知识点	思政设计	培养目标	载体途径
第一章　信息可视化设计的起源演变	校园文化、核工业、传统文化可视化设计案例讲解——传播传承与科普核工业文化、中华优秀文化与工匠精神	培养学生通过可视化设计的方式去传播与科普核工业的意识，全面提升学生的科学素养、人文素养、职业素养	案例收集与分析：学生收集并分析科学大屏数据可视化、传统文化相关设计案例，并作简要分析
第二章　信息可视化设计概述	信息可视化在核工业、传统文化的科普、展示与预测的作用和受众范围——文化自信、科学自信	创新科普与传播的作用、设计创新精神、工匠精神	中国核聚变博物馆实地调研与信息收集，学生梳理并撰写调研报告
第五章　信息可视化设计中的视觉设计	文字：硬朗字体——体现核工业属性； 色彩：中核蓝、人造太阳红、金色——核工业、奉献精神、传统文化； 图形：核产业流程图、功勋人物生平图、国画、水墨、龙纹、祥云等——核工业文化、工匠精神、文化自信	根据调研中国核聚变博物馆，了解核工业相关的技术成果、应用领域、名人事迹、学术研究、发展现状，挖掘其中可用于可视化设计的内容，并运用可视化设计的视觉语言构建核工业科普基础	案例分析、调研梳理、确定选题、信息收集
实践类教学：第五章　核工业信息可视化设计的选题确定及方案设计	核工业信息可视化设计主题内容的呈现——科学素养、科学自信、核工业精神、核工业文化、奉献精神	了解核工业相关的技术成果、应用领域、名人事迹、学术研究、发展现状等内容，挖掘核工业文化，并如何运用可视化设计的语言传播与科普核工业	实践调研、信息收集、梳理信息架构、核工业可视化方案设计
实践类教学：第六章　传统文化信息可视化设计的选题确定及方案设计	传统信息可视化设计主题内容的呈现——优秀传统文化、文化素养、文化自信	从文学艺术、礼仪风俗、科技文化、器物文化四个大的方面进行传统文化的选题构思，并如何运用可视化设计的语言传播与科普传统文化	实践调研、信息收集、梳理信息架构、传统文化可视化方案设计

五、教学实践过程回顾

<table>
<tr><td>章节名称</td><td>核工业主题的信息
可视化设计流程</td><td>学时</td><td>2</td></tr>
<tr><td colspan="4">一、教学目标</td></tr>
<tr><td colspan="4">通过本章的教学，让学生了解核工业信息可视化的设计流程，通过讲解核工业信息转化为图形语言的思路及设计方法，包括配色、文字及视觉流程设计，培养学生通过信息可视化设计的方式传播与科普核工业，提升科学自信、传播核工业精神与核文化，从而服务核工业</td></tr>
</table>

续表

章节名称	核工业主题的信息可视化设计流程	学时	2

二、教学实施过程

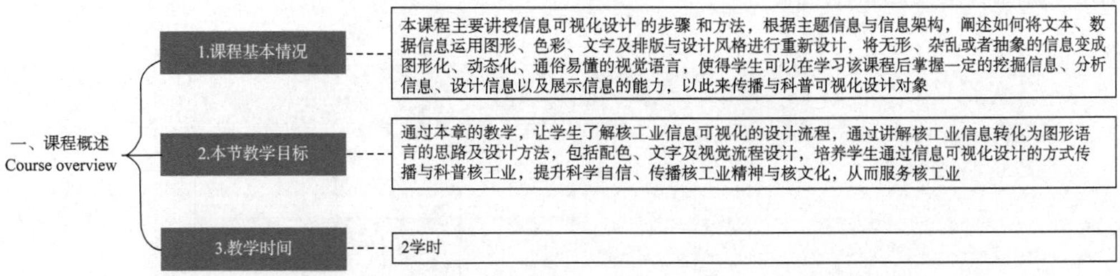

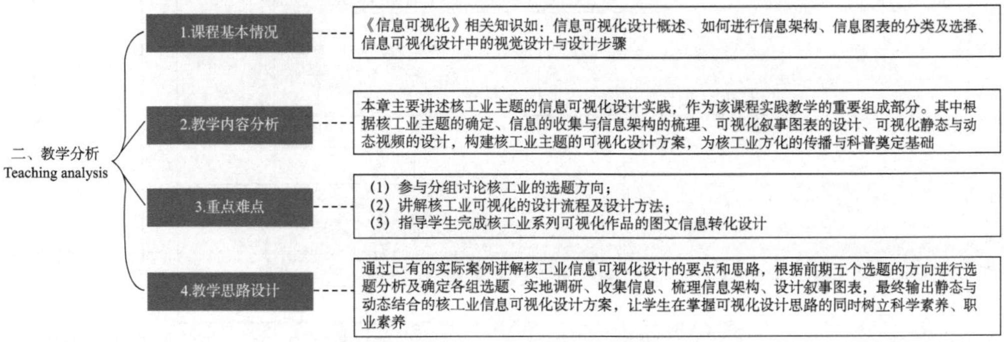

三、教学具体过程

Specific teaching process

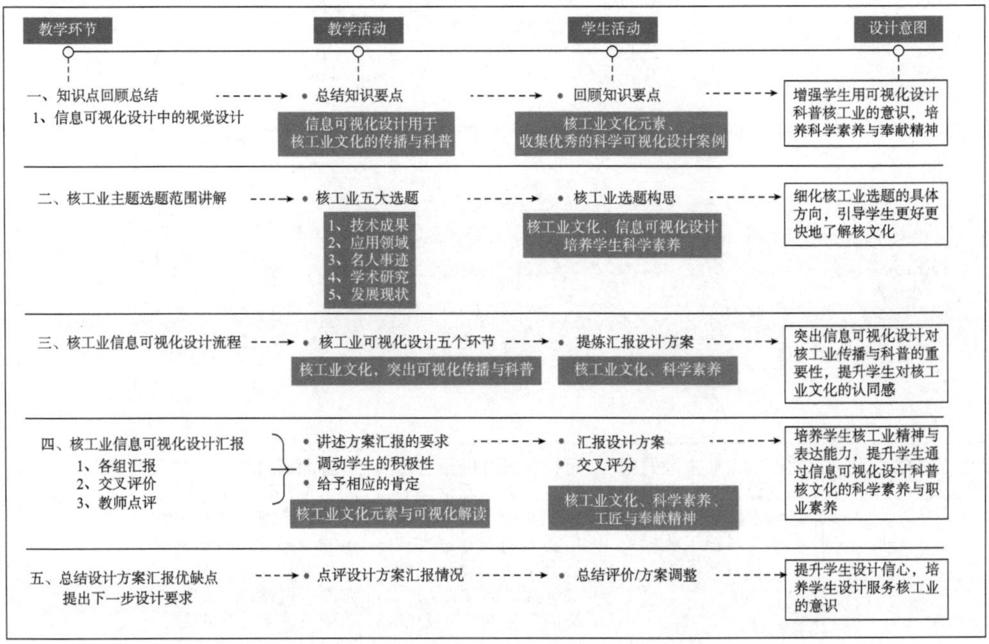

续表

章节名称	核工业主题的信息可视化设计流程	学时	2

四、核工业信息可视化设计流程图

Nuclear industry information Visual design flow chart

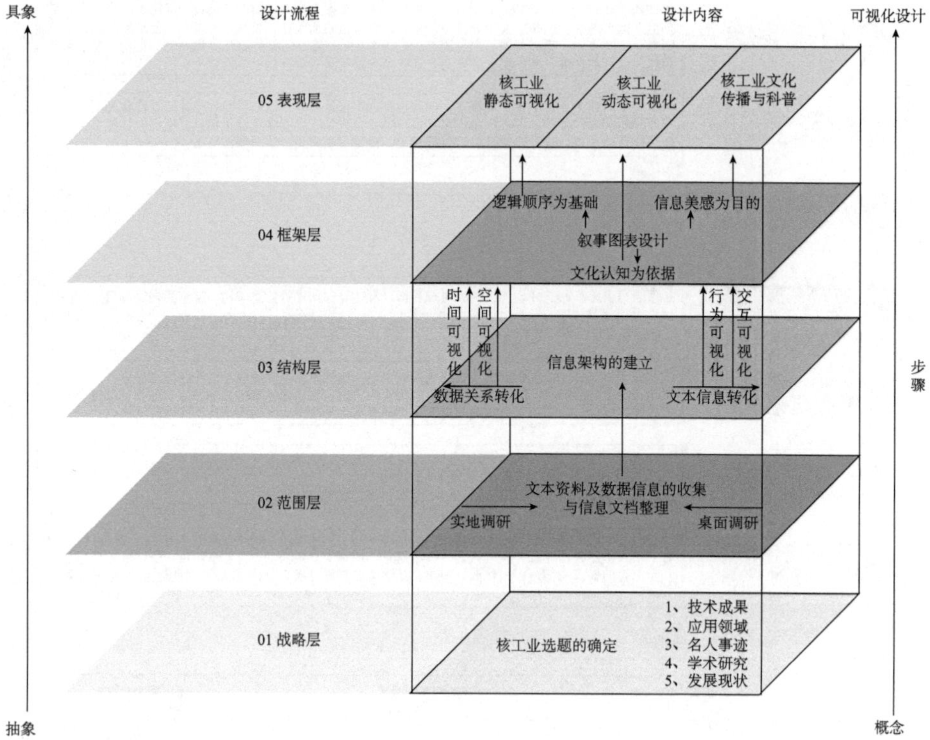

五、课程思政目标达成过程图

Curriculum ideological and political goals to achieve the process diagram

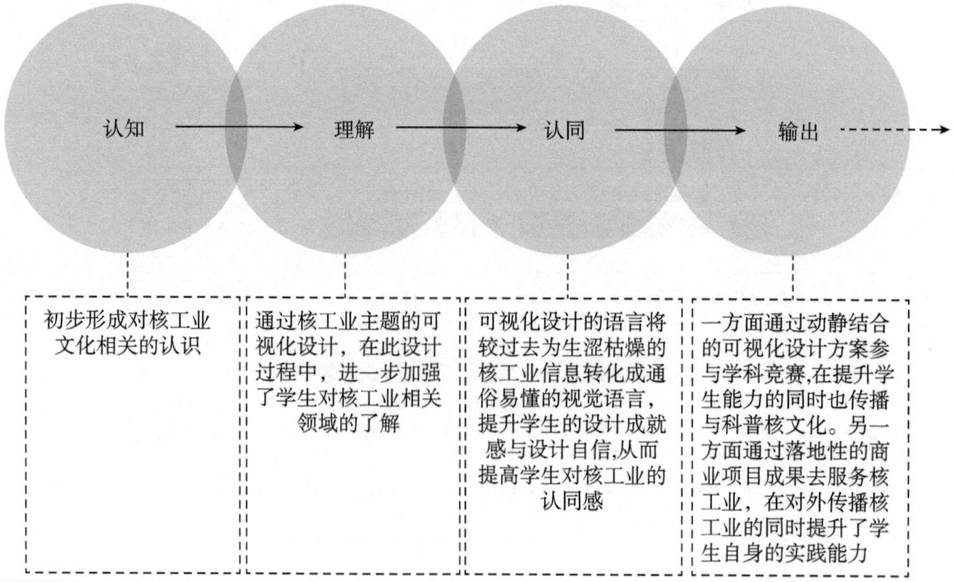

续表

章节名称	核工业主题的信息可视化设计流程	学时	2
教学环节	教学活动	学生活动	设计意图
一、知识点回顾（10 分钟）	信息可视化设计中的视觉设计要点	检验学生前期理论教学的内容，并收集科学可视化设计的案例，结合案例总结其可视化设计思路	引导学生剖析设计与科学之间的关联性，增强学生用可视化设计科普核工业的意识，培养科学素养与奉献精神
二、核工业主题选题范围讲解（10 分钟）	1. 技术成果； 2. 应用领域； 3. 名人事迹； 4. 学术研究； 5. 发展现状	通过所列出的核工业选题分支进行具体选题的构思，3~5 个	细化核工业主题的具体方向，引导学生更好更快地了解核文化
三、核工业信息可视化设计流程（25 分钟）	1. 战略层：主题确定——核工业选题的具体方向，教师课件教授，与学生适当互动，调动学生的积极性。 2. 范围层：确定核工业主题信息收集范围并整理信息文档。教师课件教授，学生收集信息，与学生沟通信息文档的有效信息量。 3. 结构层：信息架构。根据信息文档梳理信息架构。教师课件讲授，使用案例教学法，与学生沟通信息架构的合理性。 4. 框架层：核工业主题信息可视化的叙事图表设计。教师课件讲授，使用案例教学法，与学生互动了解学生对选题图形转化的思路。 5. 表现层：核工业主题系列信息可视化静态设计。学科交叉团队核能系教师与视觉传达设计专业教师与学生互动沟通系列可视化图表设计方案信息的准确性与艺术性	通过学习了解核工业可视化设计流程中对其科学文化普及的重要性，根据前期的信息文档及信息架构完成核工业可视化设计的部分文本信息到图形设计转化的构思	信息可视化设计对核工业传播与科普的重要性，提升学生对核工业文化的认同感

续表

章节名称	核工业主题的信息可视化设计流程	学时	2
教学环节	教学活动	学生活动	设计意图
四、核工业信息可视化设计汇报（35 分钟） 1. 各组汇报； 2. 交叉评价； 3. 教师点评	讲述方案汇报的要求，调动学生的积极性，并给予一定的肯定，培养学生学习的自信心	汇总方案册汇报内容，组员整理设计过程及设计进度，组长汇总。重点提炼核工业文化的信息来源及图文转换依据，根据各组选题构建丰富的核工业文化精神	通过各组学生的方案汇报，提升学生的设计表达能力，培养学生核工业的工匠与奉献精神，提升学生通过信息可视化设计科普核文化的科学素养与职业素养
五、汇报总结（10 分钟）	总结设计汇报方案中的优缺点并提出具体的调整优化需求	学生听取意见，收集优化方案	通过课程方案的汇报，提升学生设计信心，培养学生设计服务核工业的意识
教学反思 通过学习核工业主题的信息可视化设计流程相关知识，加深学生对核工业文化发展演变、应用前景，及其奉献精神、工匠精神等的认识，在完成专业课程教学的过程中潜移默化地加强学生对核工业的认识与认同，借助设计与科学的结合，弘扬核工业文化、树立科技自信、提升学生的科学素养。结合角色互换的方式调动学生的主动性，提升表达能力和设计自信心			

六、创新性与效果总结

1. 创新性

（1）教学方法的创新：以学生团队合作与翻转课堂的形式开展教学

将核工业元素有机融入“信息可视化”教学过程，通过使学科专业思政与教学课程思政耦合育人，通过学生团队合作进行核工业主题的信息可视化设计，在此过程中可培养学生团队协作的能力。并且通过翻转课堂的形式，通过学生前期对核工业可视化主题进行信息的收集了解基础的核知识，课程中通过小组讨论、案例分析、方案汇报、小组互评、老师评价及优化建议等方式，更多地在课堂里完成老师学生之间和学生与学生之间的互动，帮助学生更好地理解核工业可视化设计的内容。课后学生根据小组互评与老师优化建议，进一步完善核工业可视化系列设计作业，更好地掌握课程内容。具体见图 15。

（2）教学团队的创新：学科交叉团队教学使核工业可视化设计具备艺术性与科学性

由于设计专业教师多为艺术生背景，因此对核工业相关知识了解较少。因此在“信息可视化”第二个实践阶段由视觉传达设计专业与核能系专业教师跨专业共同指导学生完成核工业主题的系列信息可视化设计作品（见图 16），最大化保证学生信息可视化设计作品的正确性，使设计作品具备艺术性与科学性，便于后期更科学合理地去传播、科普、弘扬核工业知识与精神，激发爱国热情，潜移默化地加强学生对核工业的了解与认同，增强奉献精神和科技的自信心，树立正确的世界观、人生观和价值观。

图 15 核工主题信息可视化学生团队合作与翻转课堂

图 16 学科交叉教学团队指导学生核工业可视化设计作品

（3）教学载体的创新：项目制实践教学促进学生以设计服务核工业

基于第一课堂使学生基本掌握核工业信息可视化设计的方法和思路，延续到第二课堂结合与核工业相关实践项目，由学生团队共同完成，目前已完成“核工业产业链交互式全息展示系统的界面可视化设计”“中核安徽计量检测有限公司展览”“中国核聚变博物馆展板可视化设计”等项目，正在进行“西南核物理研究院新一代‘人造太阳’数字沙盘可视化设计”。通过众多核工业可视化设计项目实践的训练，以此培养学生团队合作能力、设计问题解决能力、自主学习能力与实践能力，达到智育德育双达标的效果。

（4）教学评价的创新：采用平时成绩+小组评议+教师团队评议+采用落地加分制度

基于前期的课程作业，在最终对学生的评价时采用“平时成绩+小组评议+公司评议+专业教师团队评议+采用落地加分制度”，除了任课教师的平时成绩外，会在作业过程中组织同班同学进行小组之间的互评，此外也会组织学科交叉团队教师与专业教师团队进行评价，如果有课程作业被企业或个人采纳使用可额外加分。以此完善对学生多维度的教学评价，从而更科学地评价学生的综合能力。

2. 效果总结

（1）教学目标有效达成

通过学习核工业主题的信息可视化设计流程相关知识，加深学生对核工业文化发展演变、应用前景及其奉献精神、工匠精神等的认识，在完成专业课程教学的过程中潜移默化地加强学生对核工业的认识与认同，借助设计与科学的结合，弘扬核工业文化、树立科技自信、提升学生的科学素养。结合角色互换的方式调动学生的主动性，提高了学生参与度，提升表达能力和设计自信心，培养学生的科学素养、文化素养、职业素养。

（2）思政成效

认知：在认知层面让学生初步形成对核工业文化相关的认识，打破过去多数学生身处核工业文化环境却不自知的窘境，培养学生的社会责任和集体利益，高度重视和奉献精神。

理解：通过核工业主题的可视化设计，在信息的收集、信息架构的梳理与可视化设计过程中，进一步加强了学生对核工业相关领域的了解，培养学生的责任意识。

认同：通过可视化设计的语言将较过去为生涩枯燥的核工业信息转化成通俗易懂的视觉语言，提升学生的设计成就感与设计自信，从而潜移默化地提高学生对核工业文化及精神的认同感，培养学生的认真和细致精神。

输出：完成了一次核工业文化相关的可视化设计实践课程探索，一方面通过静态与动态结合的可视化设计方案参与学科竞赛，在提升学生能力的同时也传播与科普核文化。另一方面通过落地性的商业项目成果去服务核工业，在对外传播其文化及其精神内核的同时提升了学生自身的实践能力，培养学生的积极进取和追求卓越的精神。

参考文献

[1] 孙利．论新时代设计专业学生社会责任意识的培养［J］．大众文艺，2021，（07）：204-205.

[2] 罗春燕．设计学专业课程思政育人模式探索与实践［J］．美术教育研究，2023，（16）：83-85.

[3] 鱼海涛，解忧，刘伟．工程教育专业认证背景下理工科课程思政系统化设计与实施［J］．高等工程教育研究，2021，（03）：100-103+151.

基于核工业精神的“线性代数”课程思政案例

徐成桂，田　琳，徐广顺，李　密，张玉琴

（成都理工大学工程技术学院，四川　乐山　614000）

摘　要：“课程思政”是一个系统工程，其建设必须继续探索、深化和完善，教师要提升思政意识，牢固树立课程思政的理念，实现思想教育与专业课程的有机结合，深化“隐性思想政治教育”理念的改革，真正做到“潜移默化，润物无声”。使学生形成正确的价值观和人生观；调动学生学习的积极性和创造性，培养学生的爱国情怀和民族自信；践行“强核报国，创新奉献”的新时代核工业精神。

一、课程基本情况

（一）授课对象情况分析

授课对象：大学一年级下学期、大学二年级上下学期的学生。

授课对象的特点分析：① 学习目标与学习态度在同学之间出现明显差异。随着同学们对大学生活的适应和一学期的生活学习习惯的形成，学生们在学习目标和学习态度上出现了明显的差异。那些在第一学期学习懒散的同学就会出现学习松懈、生活无规律的状况，在他们看来，各科不挂，毕业时拿个学位证就可以了；而那些在大一踏踏实实一步步走过来的同学会更加意识到大学学习的紧张和难度，并且已经制定了自己该如何度过大学这四年以及四年之后该干什么的目标，是考研，参加工作还是出国深造，所以他们会有目标地学习和工作，学习和生活有条不紊，紧张而有节奏。② 过了一学期的适应期，大多数同学开始适应大学的学习生活，并逐渐找到了适合自己的学习方法。而且，大多数同学已经明确了自己学习的方向和今后的人生目标，形成了学习的动力。同时，学校也逐渐开设了本专业的专业课程。对本专业有浓厚兴趣的同学也开始专心读书，为自己充电了。还有的同学可能因为大一学习成绩不太好，自我反省之后开始努力，争取进步。

（二）课程情况简介

线性代数是我院各工科专业必修的一门重要公共基础课，学分为 2. 5 学分，总学时 40 学时。课程团队成员有 20 余人，其中教授 2 名，副教授 5 名，讲师 13 人。本课程在专业人才培养的课程体系中主要发挥基础性和工具性的作用，其开设有利于培养学生的逻辑思维、严谨态度、创新精神以及人文素养，有利于为学生提供今后继续深造、职业迁移和可持续发展所需的文化素质与能力支撑。近5年来，积极开展了教学改革探索及课程建设，建成了校级一流课程及在线习题课程，获得校级教学成果奖1项，并申报校级教学改革4项，学生在大学生数学建模竞赛、数学竞赛、“互联网+”等各项赛事荣获76个奖项，团队成员有5人次在校级讲课比赛中获奖。

二、案例基本情况

（一）案例一：行列式按行（列）展开

（1）让学生理解行列式展开定理在计算行列式中的重要作用，熟练掌握4阶行列式和5阶行列式的降阶计算方法。但是行列式的计算步骤繁多，方法灵活，多加练习，才能熟能生巧。

（2）通过介绍钱学森的生平故事，并组织学生参观核聚变博物馆，让学生感受到中国科学家们的坚持不懈、艰苦奋斗和敢于创新的精神。

（二）案例二：矩阵的运算

（1）让学生理解矩阵乘法的定义和伴随矩阵的定义，掌握矩阵乘积计算方法，弄清伴随矩阵与行列式的关系。

（2）通过介绍我国原子弹的发展历程，让学生感受到大力协同的“两弹一星”精神与“严细融入一切”的核工业精神。

（三）案例三：矩阵的初等变换

（1）理解矩阵的初等变换、矩阵等价、初等矩阵等概念，掌握用初等变换求矩阵的逆和解矩阵方程。会判断初等矩阵与初等变换关系。学生短时间内不容易掌握，需要假以时日，慢慢练习，才能熟能生巧；由于细节多，所以需要边讲边练习。

（2）通过介绍程开甲的生平故事，激发学生对数学的学习兴趣，鼓励学生勇于科学探索，寻求真理；体会中国科学家们的坚持不懈、艰苦奋斗、敢于创新的精神；激发爱国主义情怀与无私奉献的“两弹一星”精神；培养学不断创新的意识；培养理论研究与实验验证相结合的研究科研态度。同时完成心理健康建设与人文主义教育。

（四）案例四：线性方程组的消元法解法

（1）理解消元法求解线性方程组，掌握初等变化法求线性方程组解的结构；从线性方程组有解的条件—定理的引入—消元法求解线性方程组—实际应用的进阶分析，培养学生知识迁移、归纳、比较的思维能力。

（2）激发兴趣，培养探索精神、创新精神。培养学生文化自信、辩证思维能力和核工业精神。

（五）案例五：向量组的秩

（1）理解并掌握极大线性无关组的定义与性质；会求向量组的极大线性无关组，并将其余向量表示为极大线性无关组的线性组合。

（2）通过中国核工业发展中的代表人物程开甲的介绍，引申出本节课的内容向量组极大无关组（向量组中的代表），培养学生数学方式的理性思维，培养学生的爱国情怀及责任担当意识。

三、案例思政元素分析

（一）案例一：行列式按行（列）展开

1. 思政设计

（1）从数学名言开始我们的教学；

（2）讲解范德蒙行列式的时候，简单介绍范德蒙的生平事迹；

（3）讲完范德蒙行列式证明过程之后，给学生介绍中国科学家钱学森的生平事迹和我校的核聚变博物馆。

2. 培养目标

（1）激发学生对数学的学习兴趣，鼓励学生勇于科学探索，寻求真理；

（2）了解人物历史背景，加深学生对范德蒙行列式的印象；

（3）体会中国科学家的艰苦奋斗、坚持不懈、敢于创新的精神，培养学生的团结协作意识和不断创新意识。

3. 载体途径

学术论文、科技报道、时事报道

（二）案例二：矩阵的运算

1. 思政设计

（1）从综合评价核工业基地的需要引出矩阵乘法的定义；

（2）由矩阵乘法定义，引导出我国举国之力搞原子弹的历史事迹；

（3）由矩阵乘法不满足消去律，说明要注意运算细节，科学计算。

2. 培养目标

（1）激发学生对数学的学习兴趣，鼓励学生勇于科学探索，寻求真理；

（2）结合我国原子弹产生过程，培养学生大力协同的“两弹一星”精神；

（3）体会当初中国科学家的艰苦奋斗，培养学生“严细融入一切”的核工业精神。

3. 载体途径：学术论文、科技报道、时事报道

（三）案例三：矩阵的初等变换

1. 思政设计

（1）在矩阵变换总结时，介绍辩证的科学思维。方程中的某个局部的变形本质上是方程组整体的变形。这就是“局部与整体”的辩证关系。在等价标准型总结时，让学生体会：在初等变换的过程体现数学形式的统一美，展现数学思想，体会内在的逻辑美。

（2）以程开甲事迹为主题展开，引入初等矩阵及其研究方法。在初等矩阵性质总结时，方法论培养：理论对实践有能动的反作用。理论产生的最终目的是更好地指导实践。

（3）利用初等变换求逆矩阵时进行心理健康教育：解决问题时，要多想方法，利用间接或者代替性的、准积极的方法可能效果更好。

2. 培养目标

（1）激发学生对数学的学习兴趣，鼓励学生勇于科学探索，寻求真理。

（2）了解人物历史背景，体会中国科学家的坚持不懈、艰苦奋斗、敢于创新的精神。激发爱国主义情怀与无私奉献的“两弹一星”精神；体会中国科学家的艰苦奋斗、坚持不懈、敢于创新的精神，培养学不断创新意识；培养理论研究与实验验证相结合的研究科研态度。

（3）心理健康建设与人文主义教育。

3. 载体途径：学术论文、科普中国

（四）案例四：向量组的秩

1. 思政设计

（1）向量组中的代表可以是每个人的贡献，通过程开甲和黄旭华的事迹激励学生，让他们意识到每个人都可以成为向量组中的代表，为国家的发展做出贡献。

（2）通过引入国与家的关系，可以让学生更好地理解极大线性无关组（家）是向量组（国）的一部分的概念。这个比喻可以帮助学生理解国家是由每个家庭组成的，而极大线性无关组就好比是家庭中的成员。每个家庭成员都是国家的一部分，而国家的任何一个方面都可以由这些家庭成员共同努力来实现。通过这个比喻，可以增强学生的爱国主义情感，让他们不忘初心、牢记使命，共同为实现中国梦而拼搏奋斗。

（3）帮助学生更好地理解国家的重要性，并激发他们为国家繁荣发展做出贡献的热情。

2. 培养目标

培养学生爱国主义情怀、核工业精神及团队协作精神。

3. 载体途径：图片、视频、时事报道

（五）案例五：线性方程组的消元法解法

1. 思政设计

（1）课程引入：杜苏芮台风（泉州）事件，把实际问题转化为数学模型，从时政热点入手，把数学和生活紧密联系起来，充分体现“数学源于生活，寓于生活，用于生活”的思想，驱动学生产生“学习数学，喜欢数学”的兴趣。台风无情，人间有爱。有坚强的领导核心，有强大的祖国做后盾，有优越的社会制度作保障，有全国人民的团结一心，共克时艰，激发民族自豪感。

（2）建立数学模型（线性方程组），讨论线性方程组有解吗？引入刘广均院士事迹。培养学生建模能力，引入“四个一切”中的严细融入一切，核工业的发展历史锤炼了核工业人严细成风，一丝不苟。讲解线性方程组有解的判定条件，通过方程组的不同表现形式，向大家展示了线性代数课程中蕴含的统一美、对称美和形式美——数学的美。引例求解过程需要学生认真仔细，其中一个数计算错误会造成计算结果的差别，新时代要弘扬工匠精神，执着、专注，塑造和推崇“偏毫厘不敢安”的一丝不苟做事态度。(引入原三刀事迹）宣扬核工业新精神，创新奉献。

(3)《九章算术》最高的数学成就为方程术——线性方程组的解法。书中第八章“方程”采用分离系数的方法表示线性方程组，相当于现在的矩阵；解线性方程组时使用的直除法，与矩阵的初等变换一致。这是世界上最早的完整的线性方程组的解法这是高斯消元法的雏形。赞叹古人的智慧，坚定文化自信和民族自豪感。线性方程组求解中，根据系数矩阵的秩与增广矩阵的秩的关系从而确定方程组解的情况，马克思“以量定质”的辩证思想。当量变达到一定程度，突破事物的度，就产生质变。(引入赵仁恺事迹）培养学生的爱国精神。

2. 培养目标

(1）培养学生数学建模能力，鼓励学生联系实际，勇于实践，寻求真理的精神。

(2）塑造学生正确的人生观、价值观；激发民族自豪感，树立社会责任感；培养学生严谨求实、攻坚克难、坚持不懈的科研精神；培养学生“四个一切”和“强核报国，创新奉献”的新时代核工业精神。

(3）培养学生的辩证唯物主义思想，用思辨的观点看待问题；通过古诗词、历史故事培养学生的文化自信，探究数学的美学。

3. 载体途径

学术论文、科普中国

四、案例教学整体设计

<table>
<tr><td>章节名称</td><td>3.3 线性方程组的消元法解法</td><td>学时</td><td>2</td></tr>
<tr><td colspan="4">一、教学目标</td></tr>
<tr><td colspan="4">【知识目标】
理解消元法求解线性方程组，掌握初等变化法求线性方程组解的结构。
【能力目标】
从线性方程组有解的条件—定理的引入—消元法求解线性方程组—实际应用的进阶分析，培养学生知识迁移、归纳、比较的思维能力。</td></tr>
<tr><td colspan="4">【素养目标】
激发兴趣，培养探索精神、创新精神。
【思政目标】
(1）文化自信；
(2）辩证思维；
(3）核工业精神；
(4）品德修养</td></tr>
</table>

续表

<table>
<tr><td>章节名称</td><td>3.3 线性方程组的消元法解法</td><td>学时</td><td>2</td></tr>
<tr><td colspan="4">二、教学实施过程（可自主设计实施过程样式）</td></tr>
<tr><td>教学环节</td><td>教学活动</td><td>学生活动</td><td>设计意图</td></tr>
<tr><td>创设情境，
导入新课
（5 分钟）</td><td>杜苏芮台风（泉州）
急需救援物资救生艇 2 110 艘，发电机 400 台，柴油抽水泵 800 台。

<table>
<tr><td></td><td>广西</td><td>江西</td><td>湖南</td><td>湖北</td></tr>
<tr><td>救</td><td>10</td><td>90</td><td>50</td><td>60</td></tr>
<tr><td>电</td><td>20</td><td>0</td><td>0</td><td>40</td></tr>
<tr><td>水</td><td>20</td><td>0</td><td>10</td><td>80</td></tr>
</table>
</td><td>如何把实际问题转化为数学模型</td><td>1. 从时政热点入手，把数学和生活紧密联系起来，充分体现“数学源于生活，寓于生活，用于生活”的思想，驱动学生产生“学习数学，喜欢数学”的兴趣。
2. 台风无情，人间有爱。有坚强的领导核心，有强大的祖国做后盾，有优越的社会制度作保障，有全国人民的团结一心，共克时艰，激发民族自豪感</td></tr>
</table>

续表

章节名称	3.3 线性方程组的消元法解法	学时	2
温故知新 （10 分钟）	1. 建立数学模型（线性方程组） $\begin{cases}10x_1+90x_2+50x_3+60x_4=2\ 110\\20x_1\cdots\cdots+40x_4=400\\10x_1\cdots\cdots+10x_3+80x_4=800\end{cases}$  刘广均院士	1. 引导学生建立数学模型。 2. 让学生讨论此方程组和利用行列式解方程组的方法，即克莱姆法则中的方程组的区别。 3. 学生讨论此线性方程组有解吗	1. 培养学生建模能力。 2. 引入“四个一切”中严细融入一切，核工业的发展历史锤炼了核工业人严细成风，一丝不苟。务实求真的内在品格，代表人物——刘广均走过产、学、研三条道路。 刘广均将严谨、细实的工作作风融入科研工作中，感染身边的每一位同事。对实验数据的处理，他指导学生：“实验测量都有误差，对实验数据一定要有误差分析，没有误差分析的实验数据是不可信的，实验数据都有实验条件，一定要说明结论的适用范围。同时在引用他人结论时也一定要注意这个问题，不能不加限制条件地使用。”刘广均院士严谨治学，以国家任务为己任，用真心、真情投入到核工业事业中，为我国第一代铀浓缩技术的发展及分离理论研究做出了突出贡献
示证新知 （20 分钟）	线性方程组有解的判定条件： $\begin{cases}a_{11}x_1+a_{12}x_2+\cdots+a_{1n}x_n=b_1,\\a_{21}x_1+a_{22}x_2+\cdots+a_{2n}x_n=b_2,\\\cdots\\a_{m1}x_1+a_{m2}x_2+\cdots+a_{mn}x_n=b_m,\end{cases}$ 矩阵形式 $AX=b$ 方程组分类 齐次 $b=0$ 非齐次 $b\neq0$ 定理：n 元线性方程组 $Ax=b$ 1. 无解的充分必要条件是 $R(A)<R(A,b)$； 2. 有唯一解的充分必要条件是 $R(A)=R(A,b)=n$； 3. 有无限多解的充分必要条件是 $R(A)=R(A,b)<n$	学生带着下列问题进行探究学习 问题1：方程组是否有解？ 问题2：若方程组有解，则解是否唯一？ 问题3：若方程组有解且不唯一，则如何表示所有解？	1. 通过方程组的不同表现形式，向大家展示了线性代数课程中蕴含的统一美、对称美和形式美——数学的美。 2. 看问题要抓住问题的本质，删繁就简，站在更高角度思考问题，规范化操作。 3. 不忘初心、牢记使命：矩阵的初等变换的步骤和消元法的步骤一样，因此也就理解每一步为什么那么计算。 4. 每个矩阵经过一系列的初等变换，化简成不同的行阶梯形，最终化为唯一的行最简形矩阵。人生有些路虽然曲折像是绕了远路，但明确的目标始终会带领我们前进

续表

章节名称	3.3 线性方程组的消元法解法	学时	2
应用新知 （40 分钟）	引例求解 正整数解 $x_1=2$，$x_2=15$，$x_3=4$，$x_4=9$  原公浦（原三刀） 例 1 $\begin{cases}x_1+2x_2+2x_3+x_4=0\\2x_1+x_2-2x_3+-2x_4=0\\x_1-x_2-4x_3-3x_4=0\end{cases}$ 例 2 $\begin{cases}x_1-2x_2+3x_3-x_4=1\\3x_1-2x_2+5x_3-3x_4=2\\2x_1+x_2+2x_3-2x_4=3\end{cases}$ 例 3 $\begin{cases}x_1+x_2+2x_3+3x_4=1\\x_1+3x_2+6x_3+x_4=3\\3x_1-x_2-px_3+15x_4=3\\x_1-5x_2-10x_3+12x_4=t\end{cases}$ 问何值时，此方程组有（1）唯一解；（2）无解；（3）有无限多个解？并在有无限多解时求其通解。 赵仁恺——为中国“潜龙”设计“心脏”的人 如果把核潜艇比成中国的“潜龙”，那么核动力装置就是“潜龙”的“心脏”，而赵仁恺就是为这条钢铁“潜龙”设计“心脏”的大师。赵仁恺率队参加第一代核潜艇的深海试验，最终各种考验证明了我国第一代核潜艇的核动力装置在各种极限状况下都能正常工作，完全满足要求，向国家递交出色的答卷，让中国“潜龙”的“心脏”发出了有力的跳动，使这条钢铁“潜龙”遨游于碧海，守我国土，扬我国威	1. 学生自主练习求解方程组； 2. 规范解题过程 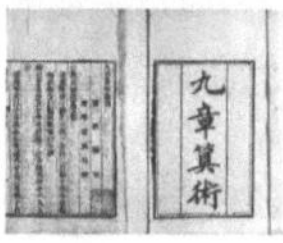	1. 求解过程：认真仔细，其中一个数计算错误会造成计算结果的差别，新时代要弘扬工匠精神，执着、专注，塑造和推崇“偏毫厘不敢安”的一丝不苟做事态度。 2. 大灾大难彰显大爱，一方有难八方支援，无私奉献是核工业的光荣传统。做大做强做大国企业需要一种为国家为人民真诚奉献的精神。坚持国家利益至上，继承和发扬核工业人“干惊天动地事，做隐姓埋名人”的优秀品质。 核工业新精神：创新奉献 3.《九章算术》最高的数学成就为方程术——线性方程组的解法。书中第八章“方程”采用分离系数的方法表示线性方程组，相当于现在的矩阵；解线性方程组时使用的直除法，与矩阵的初等变换一致。这是世界上最早的完整的线性方程组的解法这是高斯消元法的雏形。赞叹古人的智慧，坚定文化自信和民族自豪感 4. 线性方程组求解中，齐次线性方程组是非齐次线性方程组的一种特殊情形，马克思唯物主义辩证法指出，一般与特殊、共性与个性是对立统一的矛盾关系，二者相互依存、相互转换。 5. 线性方程组求解中，根据系数矩阵的秩与增广矩阵的秩的关系从而确定方程组解的情况，马克思“以量定质”的辩证思想。当量变达到一定程度，突破事物的度，就产生质变

续表

章节名称	3.3 线性方程组的消元法解法	学时	2
融会贯通 （10 分钟）	例 4　交通流问题 某城市有两组单行道,构成了4个十字路口A、B、C、D，如下图所示，图上标出了某时段车辆进出这些十字路口的车流量。 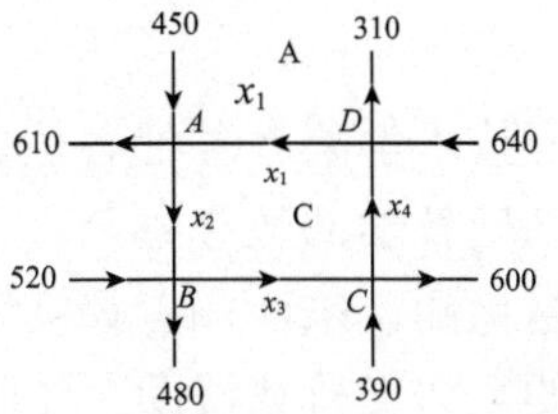 	小组讨论，数学建模，问题求解	进价训练
课堂小结 （5 分钟）	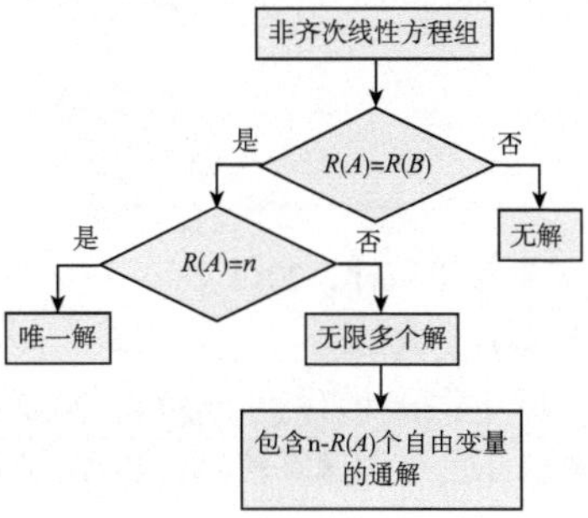 	学生讨论总结	

五、教学实践过程回顾

（1）教学中，以问题为导向，“润物细无声”式渗透课程思政，自然而然地将“道”像“春雨”一样传递给学生。

（2）教师要积极扩展自己的知识面，与专业课老师交流，了解不同专业对线性代数的需求，有针对性地设计教学案例，让学生意识到学习线性代数的重要性，提高学生应用数学知识解决问题的能力。

（3）“课程思政”是一个系统工程，其建设必须继续探索、深化和完善，教师要提升思政意识，牢固树立课程思政的理念，实现思想教育与专业课程的有机结合，深化“隐性思想政治教育”理念的改革，真正做到“潜移默化，润物无声”。使学生形成正确的价值观和人生观；调动学生学习的积极性和创造性，培养学生的爱国情怀和民族自信；践行“强核报国，创新奉献”的新时代核工业精神。

六、创新性与效果总结

（1）课程紧随时事热点，教学设计合理，层次分明，课程具有创新性。

（2）以学生为主体，以教师为主导，通过课上、课中、课下，全过程、全方位，实施任务驱动式，案例引导式，合作探究式的教学方法。通过课堂的讨论可以看出 ，同学们发现问题和解决问题的能力有所提高，自我探知知识的兴趣在逐渐提升，学生在学习过程中逐步形成自由获取知识，探知知识的良好习惯。

（3）坚持从家国情怀、核工业精神、职业素养等方面融入思政元素，使思想教育直达学生心灵。

致谢：

本案例在编写过程中，获得了成都理工大学工程技术学院教务处各位领导，基础教学部书记袁彬，基础教学部主持工作副主任韩红伟，基础教学部教务办公室主任冯向东，基础教学部副主任马志民，数学教研室成员杨卓东、赵艳丽、宋丽丽、谭露莎、张建亮、张红霞、杨凡、张亚东、张萍、庞溯、周强、王志龙的大力支持和帮助，在此表示感谢！

参考文献

[1] 同济大学应用数学系．线性代数［M］．北京：高等教育出版社，2014.

[2] 韩红伟，马致远等．线性代数［M］．北京：科学出版社，2022.

[3] 张立国．关于线性代数教学改革之思考［J］．辽宁师专学报（自然科学版），2022（02）．

[4] 中核集团发布新时代核工业精神：强核报国 创新奉献［J］．中国军转民，2021（04）．

“实用英语语法”课程思政案例

张　雨

（成都理工大学工程技术学院外语系，四川　乐山　614000）

摘　要：英语语法思政课程贯彻以学生为中心的教学理念，通过线上线下混合式的教学模式，创设线上教学环境，搭建在线教学资源；结合专业知识融入核工业思政元素，优化教学内容；结合翻转课堂教学理念，探索建构式、主题式和任务式等教学方法，改善英语语法的课堂教学效果；注重对学生的过程性评价，完善课程评价体系。英语语法思政课程重在激发学生对英语语法的学习兴趣，培养学生对语法知识的自主探索能力，发展学生运用语法知识的语言综合应用能力，培养学生的人文素养和科学素养，引导学生正确的人生观价值观，培养具有社会责任感的应用型外语人才，落实立德树人的教育根本任务。

一、课程基本情况

（一）授课对象情况分析

我院是核工业西南物理研究院与成都理工大学于 2000 年在亚洲最大的受控核聚变实验基地创办的民办全日制普通高等学校，是中国核工业所属的唯一高校，是教育部批准的第一批独立学院。我院外语系英语专业旨在培养具有广博的英语语言文学知识，较强的听、说、读、写语言技能和一定的创新意识的复合型、应用型英语专业人才。我校英语专业学生，应该认识到作为一名核工业背景大学生的使命和责任，应当了解“两弹一星”“四个一切”和“强核报国，创新奉献”的新时代核工业精神和爱国主义精神。

（二）课程情况简介

“实用英语语法”是我校外语系英语专业学生的核心基础课程，课程注重理论构建和实践训练相结合，充分利用在线网络课程资源，通过线上线下混合式教学手段，通过语法知识点和语境语篇相结合的教学方式，培养学生发现、探索、总结语言规律的能力，培养学生理论和实践的结合转化能力。为了学生更好地掌握英语语法知识，拓展语言技能，教学团队于 2019 年在超星教学平台建设校级在线课程，实施线上线下混合式教学。2020 年，教学团队开展了“基于翻转课堂的英语语法教学研究”的校级教改项目，根据翻转课堂的教学理念，结合在线课程资源，取得较好的教学效果，我校学生在英语专业四级考试中语法单项成绩高于其他同等院校平均分。2022 年，“实用英语语法”课程的混合式教学获得全校教学创新大赛二等奖。

二、课程教学目标

（1）知识目标：全面构建英语语法理论框架，熟悉掌握各种词法、句法和语篇等英语语法知识，充分领悟英语语言使用法则，对比分析中英两种语言体系的语法差异；

（2）能力目标：通过英语语法知识达成听、说、读、写、译等语言交际任务，具备较强的语言综合运用能力和跨文化交际能力；

（3）素养目标：培养学生分析、判断、归纳、总结等逻辑思维和合作创新意识，提高学生人文素养和科学素养。

三、思政育人目标

（1）通过英语语法课程中的思政元素，培养学生树立正确的人生观，通过熟练掌握英语语法，讲好中国故事、传递优秀中国文化，增强学生的文化自信，培养学生家国情怀。

（2）通过课程中“核”元素的教学内容，引导学生热爱祖国、无私奉献，自力更生、艰苦奋斗，大力协同、勇于登攀的“两弹一星”精神，结合学校“中国核聚变博物馆”资源，引导学生领悟“事业高于一切，责任重于一切，严细融入一切，进取成就一切”的核工业精神。

（3）通过语法课程的思政教育，培养学生正确的人生观和价值观，把语法知识转化为语言能力，当双语志愿者，做义务家教，积极参与社会实践，将所学知识服务社会，回馈社会。

四、思政案例设计

授课知识点	思政设计	培养目标	载体途径
动词和动词词组	通过语篇材料“Two Bombs, One Satellite” Spirit Honored at Exhibition in Beijing.“‘两弹一星’精神北京展”，学习“两弹一星”精神。学习核工业发展中的相关名词和动词	引导学生领悟热爱祖国、自力更生、大力协同、勇于登攀的“两弹一星”精神。 掌握核工业发展中英语基本词汇，运用相关词汇介绍“两弹一星”精神	时事报道 chinadaily. com. cn
动词的一般现在时、现在进行时、现在完成时	通过语篇材料福岛核电站核废水入海的文章 *Japan Started Releasing Nuclear-contaminated Wastewater from the Crippled Fukushima Daiichi Nuclear Power Plant into the Pacific Ocean.*（刚刚，日本核污水正式排海!）学习英语动词的现在时态用法	培养学生正确的世界观和价值观，关心时事，培养学生的主人翁意识和国家情怀 掌握英语动词现在时态的用法，能对当前全球的核问题进行分析、评论和批判	时事报道 chinadaily. com. cn

续表

授课知识点	思政设计	培养目标	载体途径
动词的一般过去时、过去进行体、过去完成体	通过语篇材料了解"两弹元勋"邓稼先的故事：Scientist Deng Jiaxian.（科学家邓稼先）学习英语动词的过去时态用法	培养学生正确的人生观，学习科学家无私奉献，艰苦奋斗的爱国精神。掌握动词的过去时态表达，能用过去时讲解为中国核工业发展做出贡献的科学家故事	人文历史 chinadaily. com. cn
动词将来时表达方式	通过语篇 *Fusion Energy Should Be Commercially Available in Another Thirty Years.*（"人造太阳"有望在30年后实现供能！）展望核聚变技术的未来前景，学习英语动词将来时表达	培养学生的科技自信和文化自信，让学生了解人造太阳研究方面新的技术突破，正确了解核、认识核、接受核，并激发学生喜爱核科学。了解核聚变，掌握相关词汇	科技报道 chinadaily. com. cn
被动语态和主动语态	通过纪录片 *Chernobyl*（切尔诺贝利），了解切尔诺贝利核电站泄漏事故，分析新闻报道中的英语被动句的用法，对比分析中英文的被动句式结构差异	核泄漏的悲剧不该被遗忘，从历史中吸取经验教训，了解我国核电厂的安全管理措施和国际原子能机构提出的核安全文化概念	环球历史 chinadaily. com. cn
态动词、限定动词和非限定动词	通过《中核智库》微信公众号学习中英双语文章：*China's Nuclear Industry*《中国关键词——核工业篇：中国核工业》，了解中国核工业发展史，学习英语动词中非限定动词的使用规则	学生了解中国核工业从无到有，从有到全的建设史，中国共产党带领人民不懈奋斗、打破核垄断、核讹诈的创业史，中国核工业在建设美丽中国、构建人类命运共同体中做出的贡献	科技报道 中核智库
形容词和副词、比较结构	通过《中国核电》微信公众号学习中英双语科普动画 HPR1000（"华龙一号"），学习英语形容词和副词的修饰功能	"核电梦，中国龙"："华龙一号"是我国完整知识产权的自主核电品牌，在学习文本中形容词和副词用法的同时，培养学生的科技自信	科普知识 中国核电

五、教学实施过程

<table>
<tr><td>章节名称</td><td>动词的时和体</td><td>学时</td><td>2 学时</td></tr>
<tr><td colspan="4">一、教学目标</td></tr>
<tr><td colspan="4">（1）知识目标：学生理解英语动词的时和体的理论知识，掌握动词的现在时和过去时的用法。
（2）能力目标：能准确使用英语的时和体的进行恰当的语言表达，完成阅读、写作、翻译等语篇分析和语篇建构，发展语言运用能力。
（3）素质目标：通过任务型教学，培养学生分析、判断、归纳、总结等逻辑思维和合作创新意识，通过语篇拓展提高学生人文素养和科学素养。
（4）思政目标：培养学生正确的世界观、人生观和价值观，学习科学家无私奉献，艰苦奋斗的爱国精神，引导学生领悟热爱祖国、自力更生、大力协同、勇于登攀的“两弹一星”精神</td></tr>
<tr><td colspan="4">二、教学实施过程</td></tr>
<tr><td>教学环节</td><td>教学活动</td><td>学生活动</td><td>设计意图</td></tr>
<tr><td>课前：在线自主学习和预测</td><td>教师在课前发布在线学习任务，根据学生学习情况调整教学方案，针对性设计课堂教学任务和课后巩固习题</td><td>学生在线自学动词的时和体的相关知识点视频，完成视频习题和课前测试，在线反馈学习难点</td><td>培养学生自主学习能力和克服困难的能力</td></tr>
<tr><td>课中：教学导入（10 分钟）</td><td>根据学生课前自学自测反馈，梳理动词时和体的理论知识，通过提问的形式，检测学生对理论知识的掌握</td><td>学生可以自行查阅教材，也可以学生之间互动讨论，回答关于英语动词时和体的相关理论知识</td><td>培养学生探索能力和合作能力</td></tr>
<tr><td>课中：语篇一讲解分析（25 分钟）（略）</td><td colspan="3"></td></tr>
<tr><td rowspan="2">课中：语言运用能力操练 1（10 分钟）</td><td>教师通过学习通设置随堂测试题，对语法知识进行课堂检测，设置问答题抢答环节，鼓励学生对英语动词的灵活使用，锻炼语言运用能力</td><td>通过合作学习和师生互动，学生掌握重点词汇的意义和用法，能使用该词汇进行口头表达，英汉翻译、造句等</td><td>学生掌握核电站，核废水，核污水，放射性物质等重点词汇；总结日本政府在福岛核电站问题上的处理方式和国际社会对待此问题的态度</td></tr>
<tr><td colspan="3">1）段落阅读：学生诵读文章，教师检测学生的发音情况，是否掌握正确的连读，弱读技巧，能否把握句子的停顿与节奏。
2）词汇讲解：学生掌握核电站，核废水，核污水，放射性物质等重点词汇的发音、意义和用法，能使用该词汇进行口头表达，英汉翻译、造句等。
3）文本分析：总结日本政府在福岛核电站问题上的处理方式和国际社会对待此问题的态度</td></tr>
<tr><td>课中：语篇二讲解分析（25 分钟）（略）</td><td colspan="3"></td></tr>
</table>

续表

章节名称	动词的时和体	学时	2 学时
课中：语言运用能力操练 2（10 分钟）	教师通过学习通设置随堂测试题，对语法知识进行课堂检测，设置问答题抢答环节，鼓励学生对英语动词的灵活使用，锻炼语言运用能力	通过合作学习和师生互动，学生掌握重点词汇的发音，意义和用法，使用该词汇进行口头表达，英汉翻译、造句，讲好科学家故事	语篇内容培养学生正确的人生观，学习科学家无私奉献，艰苦奋斗的爱国精神
	1）段落阅读：学生诵读文章，教师检测学生的发音情况，是否掌握正确的连读、弱读技巧，能否把握句子的停顿与节奏。 2）词汇讲解：学生掌握中国的核工业发展等重点词汇的，能使用该词汇进行口头表达，英汉翻译、造句等。 3）文本分析：了解为祖国核事业发展做出贡献的科学家故事，领悟热爱祖国、无私奉献，自力更生、艰苦奋斗，大力协同、勇于登攀的“两弹一星”精神		
课中：知识点复盘总结（10 分钟）	教师引导学生对英语动词的现在时和过去时的具体使用情况总结细化知识点，建构完整的知识体系	学生之间通过分组合作，解构梳理知识点，建构整体知识体系，尝试创作思维导图	引导学生构建正确的人生观和价值观
课后：课后在线复习巩固测试和探索性小组任务拓展	教师课后引导学生完成语法知识思维导图；完成书面作文：要求学生用过去时介绍核工业发展历史中的科学家；用英语动词的现在时介绍我校的核聚变博物馆	学生课后完成巩固习题，创作语法时态的思维导图。学生自主独立或合作分工，探索写作素材内容，运用动词时态知识完成英文作文	培养学生正确的世界观和价值观，关心时事，培养学生的主人翁意识和家国情怀

六、创新性与效果总结

语法课程通过优化语法知识点，创建在线课程资源，增加线上教学活动和学时，培养学生自主学习的能力，引导学生自主构建语法理论体系；课堂融入“核”元素相关思政教学内容，在培养学生语言运用能力的同时，对学生进行社会主义核心价值观教育，培养学生正确的世界观和价值观，关心时事，培养学生的主人翁意识和家国情怀。通过课后在线检测和探索性任务的拓展，引导学生对语法知识的分析和总结，培养学生的合作意识和创新能力。

英语语法课程不仅仅只是对英语语法知识点的讲解，而应该充分结合我校核工业背景，挖掘思政元素，针对语法知识点，更新教学内容。通过不同体裁和形式的语篇：科技、人文、历史、时政，新闻报道、纪录片、科普动画等案例，把语法知识点讲解和核工业元素紧密结合，引导学生热爱祖国、无私奉献，自力更生、艰苦奋斗，大力协同、勇于登攀的“两弹一星”精神；利用学校“中国核聚变博物馆”资源，引导学生领悟“四个一切”的核工业精神。

参考文献

[1] 章振邦 . 新编英语语法教程 [M] . 6 版 . 上海：上海外语教育出版社，2018. 4.
[2] Chinadaily 中国日报网 http：//www. chinadaily. com. cn/china/cpc2011/2011-04/27/content_ 12474899. htm.

“招投标与合同管理”课程思政案例

赵彦婷，赖　笑

（成都理工大学工程技术学院，四川　乐山　614000）

摘　要：格式示例“招投标与合同管理”是一门面向工程管理、工程造价专业开设的专业核心课，48 学时，年授课人数在 200 人左右。课程以时代发展赋予工程管理大学生的“三大使命”为现实需求导向，以家国情怀、职业素养、工程伦理、创新意识、社会责任为价值培养目标，按照“理论实践、课内课外、学业职业”三结合原则整合教学内容与体验式教学模式，综合实现知识目标、能力目标和素养目标的达成。

一、课程基本情况

（一）授课对象情况分析

工程管理及工程造价的学生是需要掌握建设工程领域的基本技术知识，掌握与工程造价管理相关的管理、经济和法律等基础知识；需要具有较高的科学文化素养、专业综合素质与能力，具有正确的人生观和价值观，具有良好的思想品德和职业道德、创新精神和国际视野；能够在建设工程领域从事工程建设全过程造价管理的高级专门人才。

（二）课程情况简介

“招投标与合同管理”的课程内容主要包括工程招投标程序，招标、投标文件编制，合同谈判、签订与管理等，其课程具有综合性与实务性的特点，且课程知识天然具有鲜明的意识形态属性，比较容易融入国内外时事进行思政教育。

二、案例基本情况

（一）案例一：鲁布革到恰希玛核电基地

（1）鲁布革水电站是我国在 20 世纪 80 年代初首次利用世界银行贷款并实行国际招投标，引进国外先进设备和技术建设的电站，被誉为中国水电基本建设工程对外开放的里程碑。鲁布革水电站是一扇窗口，让我们看到了当年我们同世界发达国家在水电领域惊人的差距，深切地感受到了改革开放的必要性和正确性。

（2）巴基斯坦是“一带一路”上的重要驿站，也是中国核工业走出去的最重要一站。

巴基斯坦和中国友谊源远流长，核电项目让中巴铁杆情谊更加稳固。三十多年来，中核集团在巴基斯坦建成了两大核电基地——恰希玛核电基地（C-1～C-4 四台 30 万 kW 机组）和卡拉奇核电基地（K2/K3 两台百万千瓦机组），为当地带来核电技术、清洁能源，提供就业岗位，培养技术工人，提升当地企业制造力，改善当地民生，做到了“共商、共建、共享”。

（二）案例二：工匠精神

（1）原公浦（1934 年 5 月—2021 年 8 月 22 日），山东掖县人，1959 年任机械加工班班长。亲手加工了原子弹的核心部件，因加工的最后关键三刀，又被亲切地称为“原三刀”。

（2）彭士禄（1925 年 11 月 18 日—2021 年 3 月 22 日），革命英烈彭湃之子，广东省汕尾市海丰县人，中国第一任核潜艇总设计师，中国工程院首批资深院士，被誉为“中国核潜艇之父”。中国核动力领域的开拓者和奠基者之一，为中国核动力的研究设计做出了开创性工作。

三、案例思政元素分析

通过国内外大型项目招投标过程中引入介绍招投标的概念，同时，感受中国力量和中国速度，提升专业自豪感，立志报效祖国。通过对大国工匠的事迹描述引入招投标实施过程的复杂性，建立学生对专业学习的责任感及使命感，让学生树立工匠精神，认真学习招投标专业知识。

四、案例教学整体设计

授课知识点	思政设计	培养目标	载体途径
1. 建筑市场	（1）展示国内招投标发展历程图，20 世纪 80 年代“鲁布革冲击”、恰希玛核电基地图片及介绍，讲述“两弹一星”功勋的感人事件，突出我国核工业起步过程的艰辛。 （2）通过由建设工程交易中心到公共资源交易心的转变，让学生们感受时代发展，因时而变，因势而新	（1）通过超级工程展示招投标发展史、核工业发展史、工业发展史，激发学生强国梦，感受中国力量和中国速度，提升专业自豪感，立志报效祖国。 （2）看到政府本着规范管理、公共服务、公平交易的原则，实现行政监管职能和市场服务职能分离，打破部门封锁和行业垄断，充分体现制度自信	（1）思政案例：从鲁布革招投标到港珠澳大桥。 （2）“工匠精神大家谈”的课程思政讨论。 （3）“职业素养大家谈”的课程思政视频录制

续表

授课知识点	思政设计	培养目标	载体途径
2. 建设法规基础	2020年6月，住建部官网发布通知，开展为期4个月的行业专项整治。 (1) 跟学生分享关注专项整治的内容。 (2) 讲解专项整治原因和目的	(1) 通过思政法庭及现实案例引入，焦点访谈“豆腐渣工程”报道以及贪污腐败造成的严重事故，告诫学生一定要诚实守信，脚踏实地、遵纪守法。深刻认识到遵纪守法的重要性。 (2) 培养学生的法律意识和遵纪守法的习惯，坚决贯彻执行我国现行法律法规，深入了解建筑法、招投标法和民法典对工程的启示意义	(1) 学习通课程思政案例集。 (2) 时事新闻。 (3)“思政法庭”的课程思政讨论和“社会主义核心价值观”的课程思政视频录制
3. 建设工程招标	(1) 以《成都市国家投资工程建设项目招标人行为规范积分管理办法（试行）》为例，让学生以招标人角色解读办法，规范招标人行为，培养招标人角度的职业素养和专业素质。 (2) 通过对长宁县省道443（原省道309）安全隐患整治项目资格预审文件的范文的详细分析，给学生讲解公道正派的重要性	培养学生的专业自豪感和文化自信，培养严谨求实、责任担当的职业精神，树立学以致用的观念和工程爱国的远大目标	(1) 观看学习通“操纵招投标共同受贿警示录”的警示视频，进行“在招投标过程中哪些是属于招标人的不良行为”的讨论。 (2) 小组录制“招标思政素养大家谈”课程思政视频。 (3) 时事新闻
4. 建设工程投标	(1) 通过翻转再现现场踏勘和标前答疑会。 (2) 通过投标决策典型案例（贿赂招标人员、违法渠道收集招标信息、决策失误致使国有资产损失）讲解。 (3) 通过模拟投标文件的编制过程	(1) 在趣味的过程中让学生以第一视角体验法治精神和工程责任意识，培养学生的综合素养和团队精神。 (2) 结合具体案例，强调细心、恒心、精心、责任心在招标决策工作中的重要性，加强同学们对契约精神的理解，树立在投标决策过程精益求精的工匠精神。 (3) 培养学生细致分析招标要求，编制投标文件不遗漏；勇于克服困难，修正错误和遗漏；善于接受建议，精益求精，不断优化技术方案；对待成果错误，不推脱；编制投标文件时弘扬团结合作，甘于奉献和不怕吃苦的工匠精神；对技术文件编制精益求精，力求完美契约精神；遵守规则，准时按照任务要求完成投标文件的编写	(1) 完成学习通“投标警示案例学习”。 (2) 观看学习通上“茅以升纪录片《天空那颗闪亮的星》”完成思政讨论。 (3)“投标思政素养大家谈”的课程思政视频录制。 (4) 时事新闻

续表

授课知识点	思政设计	培养目标	载体途径
5. 建设工程开标、评标和定标及签订合同	(1) 参照《中华人民共和国标准施工招标文件》(2007年版)讲解开标程序，示范讲解【典型案例】中开标过程的不妥之处。 (2) 讲解时事新闻：线上开标，网络直播，四川省政府采购迈入“不见面开标”时代。引导学生明白，通过“不见面开标”的方式，一方面减轻了企业负担，同时，进一步推动了营商环境的优化，助推我省营商环境持续优化，确保疫情防控和服务发展“两不误”，充分体现环保节约、制度先进。 (3) 点评“33位评标专家违规处理”“评标专家迟到早退被扣分”的案例，讲解有倾向性评标的危害，引发学生思考作为评标专家的职业素养应该有哪些	(1) 培养学生扎扎实实、精益求精的匠人精神。 (2) 引发学生关注廉洁风险点，深化警示教育，严格规范从业行为。 (3) 帮助学生树立公平、公正的职业素养	(1) 学习通上“评标警示案例学习”讨论。 (2) “评标思政素养大家谈”的课程思政视频录制。 (3) 时事新闻
6. 建设工程施工合同管理	(1) 通过讲解《建设工程总承包计价规范》等4项团体标准的公开征求意见，让学生们认识到全过程工程咨询服务已成政府主导。 (2) 通过展示典型案例中施工合同挂靠案件及判决结果。告诫学生，任何时候都应诚信守法，警钟长鸣。 (3) 通过展示上海市建筑建材业市场管理总站《关于进一步加强建设工程人材机市场价格波动风险预控的指导意见》体现合同的公平公正原则，维护发承包双方的合法权益。深化学生的契约精神	(1) 引导学生关注未来行业发展趋势，要与时俱进，不断提升自己的专业水平关注行业发展态势，不断积极进取。 (2) 告诫学生从业后也应该保持戒骄戒躁、谦虚学习的习惯，随时关注国家的政策规定，爱岗敬业。 (3) 培养学生细致认真地进行合同评审，每个环节不遗漏重点，对合同评审精益求精，力求完美，培养工匠精神和契约精神	(1) 学习通建设工程领域“黑白合同”的认定及处理视频学习； (2) “合同履行思政素养大家谈”的课程思政视频录制； (3) 时事新闻
7. 建设工程索赔	(1) 通过工程索赔案例、索赔证据管理、援非项目展示，体现大国风范，增强民族自豪感和使命担当感。 (2) 通过索赔报告案例示范讲解，引导学生养成勇于创新，严谨认真的工作作风	引导学生严谨认真，有责任心，培养良好的职业精神	(1) 学习通视频：《新冠疫情事件的工期与费用索赔》； (2) “索赔素养大家谈”的课程思政视频录制； (3) 时事新闻

五、教学实践过程回顾

章节名称	建设工程招标的基础知识	学时	2
一、教学目标			
知识目标： 1. 掌握强制招标范围、招标种类、招标方式、组织形式、招标条件。 2. 熟悉招投标流程。 3. 了解常见的招投标纠纷。 能力目标： 1. 能通过招投标基础知识测试，分析典型案例。 2. 能初步建立招投标职业情境。 素养目标： 1. 能遵从招投标职业道德与规范，培养严谨求实、责任担当的职业精神。 2. 培养学生的专业自豪感和文化自信。			
二、教学实施过程			
教学环节	教学活动	学生活动	设计意图
（一）课前准备			
学习指南	1. 学习通线上发放学习指南，引导学生梳理学习指南要点。 2. 学习通线上教学助教引导完成小组构建	1. 线上观看学习指南视频，完成学习指南的要点梳理。 2. 线下完成小组构建，线上上报学习通教学助教	知识梳理，完成线上课前测试题构建学习小组
思政先读	观看学习通“操纵招投标共 同受贿警示录”的警示视频，进行“在招投标过程中哪些是属于 招标人的不良行为”的讨论	参与思政讨论	了解招投标行业应该具备的职业素养
（二）课堂教学（90 分钟）			
观历史 （5 分钟）	教师通过对鲁布革水电站及恰希玛核电基地招投标项目讲解，引导学生了解招投标历史沿革；通过讲解“两弹一星”功勋的感人事迹，发起“两弹一星”精神主题讨论	1. 听教师讲解招投标历史案例。 2. 参与大国工匠及“两弹一星”精神的主题讨论	了解招投标历史 沿革，了解核工业发展历史，激发专业自豪感，增民族 自信心和自豪感
看市场 （5 分钟）	1. 发放森林王国招标动画，测试招投标基本流程。 2. 发起行业动态与市场现状的讨论	1. 完成观看森林王国招标动画，完成招投标基本流程测试。 2. 参与行业动态与市场现状的讨论	看市场，论行业现状；观动态，思职业规范

续表

章节名称	建设工程招标的基础知识	学时	2
讲专业 （60 分钟）	1. 发案例：提问项目是否属于强制招标范围、判断招标种类； 2. 案例分析：项目的招标方式、组织形式讨论，判断所选方式是否合法合规； 3. 发起投票：判断案例项是否具备招标条件，发起分组讨论，做点评； 4. 讲解招标流程	1. 听教师分析讲解案例； 2. 线上平台完成课堂测试； 3. 参与相关案例投票； 4. 分组陈述理由，听总结； 5. 听教师讲解招投标流程	1. 能识别强制招标范围、招标种类、说明招标流程； 2. 能判断招标方式、组织形式的合法合规性； 3. 能判断招标条件的完整性
辩热点 （10 分钟）	1. 播放违规招标视频，找出视频违规处； 2. 发起讨论，分析违规原因； 3. 播放港珠澳大桥视频，谈职业精彩	1. 观看视频，在线提交思考结果； 2. 分组讨论并陈述； 3. 看视频，谈理想	1. 识别招投标典型违规案例，分析违规原因； 2. 激发职业荣誉感和家国情怀
测一测 （10 分钟）	1. 学习通发布课堂测试； 2. 精总结，提建议	1. 在线完成测试； 2. 聆听总结	通过招投标； 基础知识测试
三、课后巩固			
多巩固	线上平台发布 10 道测试题，巩固学生学习成果	线上完成测试题	能通过知识后测，完成本次任务知识点补学和巩固
思政实践	给学生发放课后阅读材料：《成都市国家投资工程建设项目招标人行为规范积分管理办法（试行）》	以招标人角色解读该办法，思考如何规范招标人行为	培养招标人角度的职业素养和专业素质

六、创新性与效果总结

课程采用线上线下混合式教学模式，线下主要采用讲授法、互动教学法、案例教学法、启发教学法相结合的方式，引导学生自我探究，自我学习，提升实践运用能力。

通过学习通上本次任务的教学数据反映出学生课前学习与课前活动的参与率较高，课堂教学目标达成度较好。教师可将相应思政目标进一步融合在专业学习中，关注学生思想动态，分析导致学习成效较低的思想根源和学习困难，分类制定补学、帮学、促学等措施。提高学生的知识水平和技能水平的同时，也培养学生的专业自豪感和文化自信，和严谨求实、责任担当的职业精神，帮助学生树立学以致用的观念和工程爱国的远大目标。

参考文献

[1] 陈德义，李军红，张元新．建筑师与造价师全过程咨询能力培养初探［J］．教育教学论坛，2021（16）：29-32.
[2] 刘林，林童．中国核动力事业的拓荒牛——记著名核动力专家彭士禄院士［J］．中国产经，2021（11）：40-49.
[3] 吴佳美．彭士禄——中国核潜艇之父［J］．科幻画报，2021（04）：14-18.
[4] 杨殿禄．谈如何做好水电工程管理工作［J］．河南水利与南水北调，2012（20）：53-54.
[5]“感动中国”2021年度人物［J］．中学生阅读（高中版）（上半月），2022（Z1）：78-81.
[6] 李艳红．浅谈统一规范公共资源交易平台的构建［J］．现代经济信息，2013（14）：357+371.
[7] 中国栋梁 潮人骄傲［J］．潮商，2019（05）：62-73.
[8] 李璐璐．“我的心愿就是，希望祖国更加强大”——追记中国核潜艇第一任总设计师彭士禄［J］．党员文摘，2021（05）：37-39.
[9] 林彤，李梦颖，潘文君，等．职业院校课程思政与专业教学融合的路径研究——以“工程招投标与合同管理”课程为例［J］．河北能源职业技术学院学报，2022，22（03）：75-78.
[10] 朱永春．大型建设项目全过程动态价差管理机制的思考［J］．工程造价管理，2023（03）：21-25.

“核工程基础”课程思政案例

刘晓辉

（成都理工大学　核技术与自动化工程学院，四川　成都　610059）

摘　要：作为我院辐射防护与核安全专业的专业核心课程之一，在“核工程基础”的绪论单元设置了五项课程思政案例，旨在帮助学生建立核工程领域的专业视野和专业自豪感，让学生深刻理解我国发展核工程技术的动力和潜力，使其在毕业后具有足够的实力和积极性投身我国核工业建设。课程思政元素依次体现在：（1）对比世界主要核工业强国和我国的核工业发展历程，展现出核工业领域的“中国速度”；（2）我院“三系”（我院核技术工程系前身）的建立和变迁与我国核工业体系的渊源，一直激励师生投身核工业建设；（3）对比世界各国核电产业的统计数据（如在运行/在建核电机组数量、装机容量、年度核发电量等），让学生认识到我国完成“两个一百年奋斗目标”在核电产业领域的体现；（4）发展核能对我国“绿水青山”理念和“双碳”政策的重要支持；（5）我国成为世界首个同时拥有并运行多种先进核电技术（如“华龙一号”、AP1000、EPR 等）的国家，表现出我国的核工业发展具有广阔前景。

一、课程基本情况

（一）授课对象情况分析

本课程授课对象为本科三年级学生，已掌握了部分专业基础知识（如原子核物理基础），具有初步的理论分析和计算能力；但还没学习过核工程专业课程，对核工程体系及知识结构仅有初步了解，不够全面，工程分析和计算能力有待培养。本教学单元需要抓住学生对核工程领域的新鲜感和好奇心，帮助学生正确地、全面地认识核工程体系及其发展现状和趋势，扩展学生专业视野；激发学生对核工程类专业课的兴趣。

（二）课程情况简介

本课程是针对辐射防护与核安全专业学生开设的专业核心课程之一，是涉及反应堆设计和运行原理的重要课程。本门课程以反应堆结构和反应堆物理为主要内容，包括典型反应堆结构和工作原理、中子与原子核的作用、中子慢化与扩散理论、核反应堆临界理论、反应性控制等多个方面的内容。课程内容力求体系完整、由浅入深、循序渐进。课程采用多种教学手段，线上、线下相结合，以提高学生学习积极性。

通过本课程的学习，使学生了解核工业的发展现状，能够正确描述不同类型核反应堆的基本结构，实现核能利用的过程；掌握中子与堆内材料的作用形式和规律，反应堆物理设计的基础理论。培养学生运用这些基础知识，分析一些较复杂的核工程问题，提出一些典型的问题解决方案，判断方案应用条件等方面的能力。包括堆内主要材料核参数的查询和计算；运用合理的数学模型描述堆内中子扩散行为；运用临界理论，初步设计反应堆的临界条件。通过这些能力培养，为学生以后从事核电相关的辐射防护工作、反应堆安全相关设计和研究打下一定的基础。

二、案例基本情况

（一）案例一

1. 我国核工业发展历史

（1）我国核工业的起步

本课程先首第 1 节第 1 小节讲解了世界第一座反应堆（“芝加哥一号”）的研发过程和主要科学家（Enrico Fermi 和 Leo Szilard 等）、世界首批原子弹；1947—1948 年苏联、英国、法国、加拿大建成第一座反应堆，奠定了其核大国基础；1954—1962 年，苏联、英国、法国、美国、加拿大依次建成第一座商用核电站，标志人类进入了和平利用核能的新纪元。

第 2 小节着重讲解我国核工业的起步。1955 年 1 月，我国决定创建中国自己的核工业、研制核武器，制定了《1956—1967 年科学技术远景发展规划纲要》，原子能技术被列为 12 项发展重点的首位；1955 年，中国地质部门开始着手铀资源的勘探；1956 年 11 月 16 日，我国成立第三机械工业部（1958 年 2 月 11 日改为二机部），主管核工业和核武器；1958 年开始，先后修建“五厂三矿”；1958 年，我国的第一座核反应堆和加速器在北京先后建成；1958 年 11 月，我国第一个核试验基地——马兰基地选址确定；1964 年 10 月 16 日，我国第一颗原子弹爆炸成功，1967 年 6 月 17 日第一颗氢弹爆炸成功；从此确立了我国核大国地位。核武器研发，我国比美国晚了 16 年。但原子弹研制成功时间比美国预计的早了 5 年；氢弹研制成功时间更是比美国快了近 5 年，这充分体现了核工业发展的“中国速度”。

（2）本系建立与我国核工业体系的渊源

1956 年，北京地质学院（现中国地质大学）开始筹建“三系”（稀有放射性矿产地质及地球物理勘探系），1959 年正式成立；1965 年，因“三线建设”需要，“三系”迁入我校（原成都地质学院），成为我系的前身。任湘是“三系”第一任系主任，毛主席于 1950 年给他的题词——“开发矿业”也成为鼓励“三系”师生的警句。“三系”为我国放射性地质及勘探领域培养了大批专业人才，现在专业面更广，支持本专业学生再接再厉，积极投身核工业建设。

（3）核工程技术的重要性

1985 年 3 月 20 日，中国第一座自主设计和建造的核电站——秦山核电站开建；1991 年 12 月 15 日首次并网发电，标志我国迈入核电时代。相比西方核大国，我国的核武器技术“精进神速”，但为什么核电技术开发却晚了三十多年？因为核武器属于不可控的核能利用，而核电技术属于可控、可自持续的核能利用，涉及核能稳定释放、传输、转化及安全控制等一系列系统工程，需要严格的核数据分析、反应堆物理设计和设备支持，比核武器的工作方式复杂得多，这正是本课程要讲授的主要内容。

2. 我国核能产业的发展成果

（1）我国核能产业取得的成就

该课程第1节第3小节展示了国际权威机构（如世界核协会、国际原子能机构）关于核能产业的统计数据（包括在运行核电机组数量、装机容量、年度核发电量等）。根据国际排名，截至2023年9月，在运行核电机组数量及装机容量的前3名依次是美国、法国和中国；从2021年开始，年度核发电量最多的国家依次是美国、中国和法国。

（2）我国的核电比例偏低

根据世界核协会发布的2021年度全球各国核发电比例（核电占该国总发电量）统计数据，世界前三名依次是法国、乌克兰和斯洛伐克。我国排第28位（5%），远低于世界平均值（9.8%）。所以，我国核电比例要达到发达国家水平，能源结构还需优化，核电规模还需扩大。

（3）我国核电发展速度最快

根据国际原子能机构的统计，截至2022年12月，我国在建核电机组数量为22台，位居世界首位，且远超第2的印度（8台）和第3名的土耳其（4台），说明我国发展核能技术的潜力巨大、从业前景广阔。

当完成第一个百年奋斗目标时（2021年），我国核电规模已位居世界前三。按照我国当前的核能产业发展速度，当完成第二个百年奋斗目标时（2049年），我国核电规模将位居世界首位。这正需要相关专业的学生努力学习，共同奋斗。

（二）案例二

1. 我国发展核能产业是“刚需”

（1）“绿水青山”理念

2005年8月15日，时任浙江省委书记的习近平同志到浙江安吉余村考察，创造性地提出“绿水青山就是金山银山”的重要理念，其本质就是在发展生产力和经济的同时，要确保我国环境的可持续发展。

（2）“双碳”政策

按照国际能源署发布了《2022全球二氧化碳排放》报告，2022年，全球与能源相关的二氧化碳排放量达到368亿t以上，其中我国排放量为121亿t，约占三分之一，是排放量最大的国家；超过美国（47亿t）和欧盟（27.3亿t）。针对巨大的环保需求，2020年9月22日，习近平主席在第七十五届联合国大会上宣布，中国力争2030年前二氧化碳排放达到峰值，努力争取2060年前实现碳中和目标。为此，我国大力推行“调整能源结构”“产业结构转型”“推广低碳技术”等政策，而发展核能，替代化石能源就是具体措施之一。

2. 核能的优势及贡献

（1）核能的优势

核能是四种主要的清洁能源之一，本课程第 2 节详细阐述了核能的优势。与化石能源和其他清洁能源相比，核能效率高、污染相对更小、经济性较好、受环境束缚较小、电厂占地少。根据电力规划设计总院发布的《中国电力发展报告 2023》，我国核电的装机容量、发电量都低于水电、风电和光伏发电，提升空间巨大。

（2）核能对我国生态文明建设的贡献

案例展示：我国阳江核电基地截至 2022 年底累计上网电量约 2 500 亿 kW 时，替代标准煤超过 7 500 万 t，等效减排二氧化碳超过 2 亿 t，相当于造林 56. 2 万 ha[①]。通过布置课后调研课题——清洁能源对二氧化碳减排的贡献并在线上提供相关教学视频，让各组学生分别以一座典型的清洁能源电厂（包括核电厂）为调研对象（具体自选），收集年发电量、标煤换算系数、碳排放系数等数据，计算该电厂年等效减排二氧化碳量。再根据阔叶林吸收二氧化碳的能力（自发调研），换算出相当于种植阔叶林面积。学生通过自主完成调研和计算工作，有助于深刻理解发展核能对我国建设生态文明的有效支持，并树立“绿色核能发展理念”。

（三）案例三

1. 我国核能产业发展政策

从我国“八五”计划到“十四五”计划，核电发展政策从“适当发展”到“积极推进发展”再到“安全稳妥发展”，体现了国家对核能产业的重视及科学安全发展观。《“十四五”规划和 2035 远景目标纲要》提出了建成“华龙一号”“国和一号”、高温冷气堆示范工程，积极有序推进沿海三代核电建设”的具体目标，事实证明这些目标都能稳步实现。

2. 我国核能技术的“自主”与“图强”

本课程第 3 节依次介绍了我国主要核能企业、核电基地及在运行的主要核电站，如我国自行设计、建造和运营管理的第一座压水堆核电站——秦山一期核电站、大陆首座使用国外（法国）技术建设的商业核电站——大亚湾核电站、首座使用俄罗斯技术的商业核电站——田湾一期核电站、世界首个“华龙一号”（我国第三代技术）核电示范工程——福清核电站、世界首台 AP1000（美国第三代技术）核电机组——三门核电站、世界首台 EPR（欧洲第三代技术）核电机组——台山核电站、世界首座球床模块式高温气冷堆（我国第四代技术）核电站——石岛湾核电站。我国已成为世界首个同时拥有并运行多种先进核电技术的国家。

三、案例思政元素分析

本课程的教学目标一方面是培养学生利用专业理论和知识分析和解决核工程问题的能

① 1 ha（公顷）= 10 000 m^2。

力；另一方面是帮助学生建立核工程领域的专业视野，使学生深刻理解我国发展核工程技术的动力和潜力。这有助于本专业学生建立专业自豪感，使其在毕业后具有足够的实力和积极性投身我国核工业建设。

我国自20世纪50年代中期开始建设核工业体系，在基础极端落后的情况下紧追苏联和西方国家，在一代又一代核工业人的不懈努力下，发扬开拓进取精神，将我国建设成了名副其实的核工业大国，工业规模和技术实力稳居世界前列。首先，本课程将其他核工业强国和我国的核工业发展历程作为第一项思政元素，在教学过程中加以对比，可以让学生认识到核工业领域的“中国速度”；而相较核武器的发展，我国核电技术开发较晚，其原因正好与本课程主要教学内容联系起来，体现了本课程的重要性。其次，我国核工业体系的建立首先需要铀资源，需要培养放射性地质和勘探人才，这与我系前身——“三系”的诞生联系在了一起，而本专业也是建立在“三系”传统专业基础之上，无形中拉近了本专业学生与我国核工业体系的关系，有助于建立学生的专业自豪感（第二项思政元素）。再次，本课程收集了国际权威机构（如世界核协会、国际原子能机构）关于核能产业的统计数据（如在运行/在建核电机组数量、装机容量、年度核发电量等），作为第三项思政元素，在课堂上通过展示和讲解相关数据的国家排名和图表，可以让学生认识到我国核能产业发展取得的巨大成就。但我国的核电规模和核电比例与美国还存在一定差距，结合我国第二个百年奋斗目标，正需要与核工程相关专业（包括本专业）的学生能继续投身核工业建设。对比近几年世界各国在建核电项目数量和规模，我国遥遥领先，是发展潜力最大的国家，这也给本专业学生今后的发展提供了广阔的前景。通过这三项思政元素的挖掘，不仅可以让学生认识到投身本行业是有幸的，而且是适应科技强国的需求。

我国大力发展核工业体系，不仅是为了追求先进科技、确保国防安全，还是环境可持续发展的刚需，即用清洁能源逐步替代化石能源，实现温室气体减排。核能相对其他清洁能源和化石能源的优势是本课程第四项思政元素，通过直观的数据对比（如发电效率、二氧化碳排放当量、发电成本、环境适应性、占地面积等），同时让学生自己通过自主调研，计算核电产出相当于的绿化造林面积，能让学生深刻理解发展核能对我国“双碳”政策的有效支持，并树立“绿色核能发展理念”。

自20世纪80年代开始，我国已建成13个核电基地，含23个核电站，其中大部分使用的是我国自主研发或自主改进的核电技术，而且我国最新研发成功的第三代压水堆核电技术和第四代高温气冷堆技术已经建成示范工程并投产，充分体现我国在核能技术领域的“自主”和“自强”（第五项思政元素）。同时，我国还积极吸收国外先进核电技术，分别来自美国和欧洲的第三代压水堆核电技术——AP1000和EPR也在我国建成了世界首座核电厂，这又体现了我国核电技术“开放进取”的精神。通过讲解这些核电技术发展成就，有助于学生秉承传统精神，为我国核工业建设添砖加瓦。

四、案例教学整体设计

1. 第1节　核能利用的发展历程及现状

（1）导入问题：我国发展核能工业比西方晚了多久？我们追上来了吗？随机抽问学

生，了解学生对我国核能工业发展历史的认知程度，同时引发其好奇心。

（2）结合图文资料，讲授西方核大国核能发展初期历程，包括世界第一座反应堆的研制过程、原子弹的研制、各国第一座核电站的建立，强调相关科学家和时间节点，如图 1 和图 2 所示。

图 1　教学 PPT 页面——世界首座核反应堆

图 2　教学 PPT 页面——世界首座核电站

（3）结合图文资料，讲授我国工业起步历程，包括“三机部”的建立、“五厂三矿”“一堆一器”、第一颗原子弹和氢弹，三位从事核科学的两弹元勋（钱三强、邓稼先、王淦昌）；强调相关成果的时间节点，如图 3～图 6 所示；期间辅以历史小趣闻，如第一块铀矿石标本——开业之石、第一颗原子弹代号“邱小姐”。

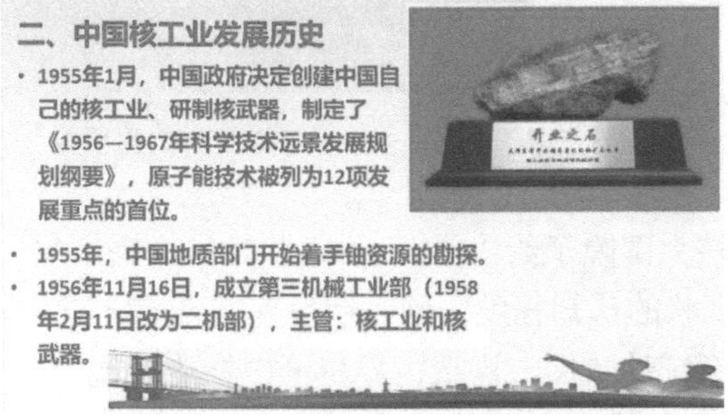

图 3　教学 PPT 页面——我国核工业起步

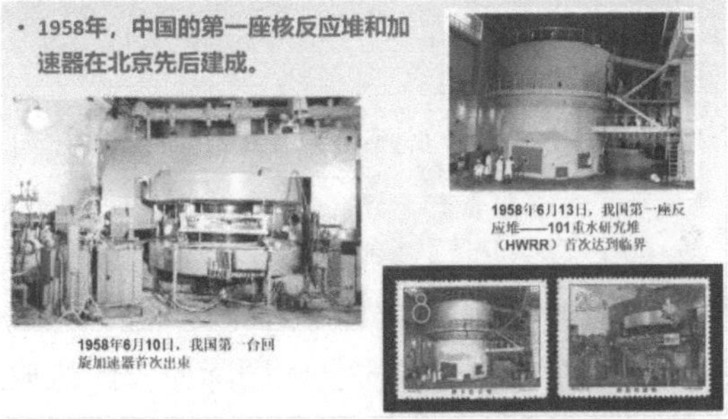

图 4　教学 PPT 页面——一堆一器建成

图 5　教学 PPT 页面——三位两弹元勋

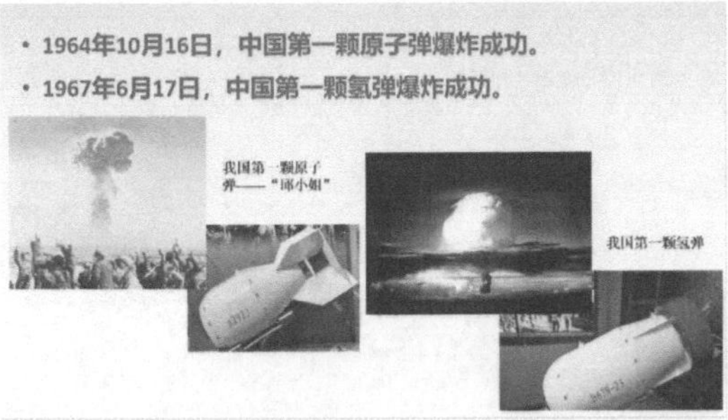

图 6　教学 PPT 页面——我国首颗原子弹和氢弹

（4）小结：我国在物质基础极端落后的情况下，初步建立起核工业体系，比美国晚了约 16 年；但是在一代核工业人的不懈努力下，原子弹研制成功时间比美国预计的早了 5 年；氢弹研制成功时间更是比美国快了近 5 年。这段历史展示了我们发展核工业的“中国速度”，离不开建设核工业强国的目标、国家政策引导、物质条件支持、科研投入、人才培养和所有从业人员的奉献精神。

（5）展示我系“开发矿业”纪念牌照片（见图 7），引出“三系”建立过程及其与我系、本专业的联系，强调“三系”培养的人才对我国核工业建设的贡献，鼓励学生再接再厉。

（6）讲解我国秦山核电站建设时间，标志我国迈入核电时代。提出问题：相比西方核大国，我国的核武器技术“精进神速”，但为什么核电技术开发却晚了三十多年？点明核武器与核电技术的主要差别，讲解核电工程的复杂性及其与本课程教学内容的主要关系，强调本课程的重要性。告诉学生，如果想要感受我国核电技术开发遇到的困难，可以自行观看央视播放的电视剧《许你万家灯火》，如图 8 所示。

图 7　教学 PPT 页面——“三系”的建立

图 8　教学 PPT 页面——“核工程”的重要性

（7）导入问题：我国核电产业起步比西方核大国晚了约 35 年。如今，我们追赢了吗？抽查提问学生，了解学生对我国核能产业发展现状的认知程度，同时引发其好奇心。

（8）结合世界核协会和国际原子能机构最新统计数据，讲授世界范围内核能设施的分布情况及利用现状（见图 9），包括在运行核电机组数量的国家排名、核发电量和核发电比例的国家排名（见图 10）；板书各项排名前三的国家；引导学生充分认识和理解我国在核能利用领域取得的巨大成就。

图 9　教学 PPT 页面——世界核电站分布

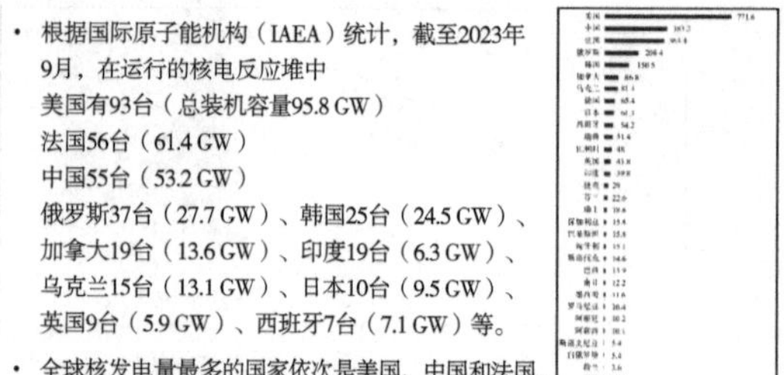

图 10　教学 PPT 页面——世界核电规模排名

（9）展示国际原子能机构关于“在建核电规模”的最新统计数据（见图 11），板书排名前三的国家；点明我国在建核电规模位居世界首位，且远超排名其后的印度、韩国和土耳其；引导学生充分认识我国发展核能技术的潜力巨大、从业前景广阔。

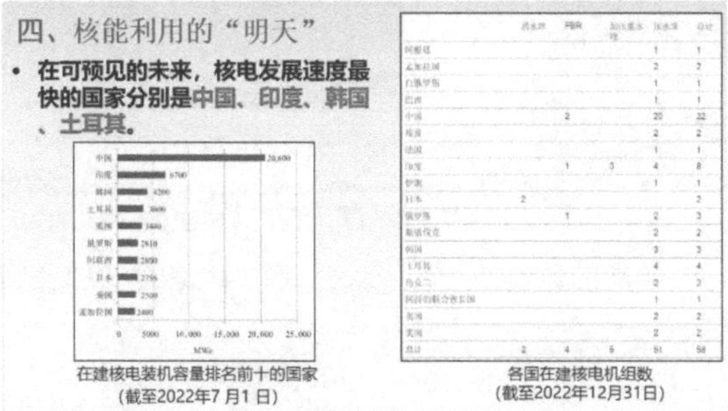

图 11　教学 PPT 页面——世界在建核电规模排名

（10）小结：当完成第一个一百年奋斗目标时（2021 年），我国核电规模已位居世界前三；按照我国当前的核能产业发展速度，当完成第二个百年奋斗目标时（2049 年），我国核电规模将位居世界首位。这正需要相关专业的学生努力学习，共同奋斗。

2. 第 2 节 核能的优势

（1）导入问题：我国为什么要积极发展核能产业？抽问学生，引导学生思考我国积极发展核能工业的根本动力及其合理性。

（2）展示国际能源署发布的 2022 年二氧化碳排放数据，我国位居首位，超过美国和欧盟；板书我国减排目标，讲解我国发展核能与“绿水青山”理念和达成“双碳”目标的联系，如图 12 所示；引导学生充分理解：我国发展核能产业是确保环境可持续发展的“刚需”。

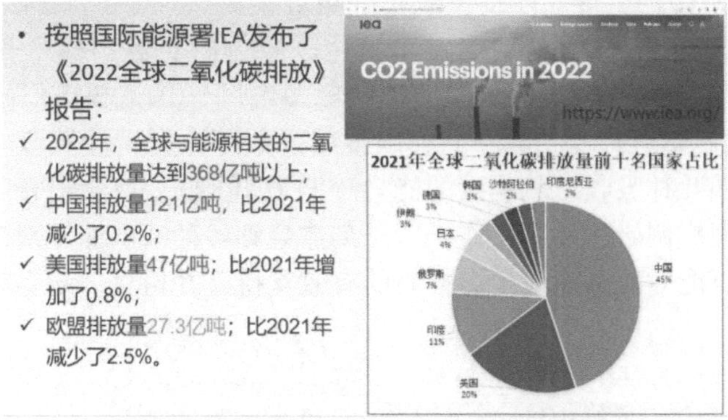

图 12　教学 PPT 页面——一堆一器建成

（3）结合图文资料和具体案例，讲解核能相对化石能源和其他清洁能源的优势，包括对比核电厂与燃煤电厂的燃料消耗量以体现核能的高效性（见图 13），对比不同能源的二氧化碳当量排放量数据以体现核能污染更小（图 14），对比不同能源发电成本和投资成本以体现核能经济性较好（图 15），对比三座具体的核电厂、光伏电站和火电厂的占地面积与装机容量，体现出核电厂占地少（图 16）。

图 13　教学 PPT 页面——核能的高效性

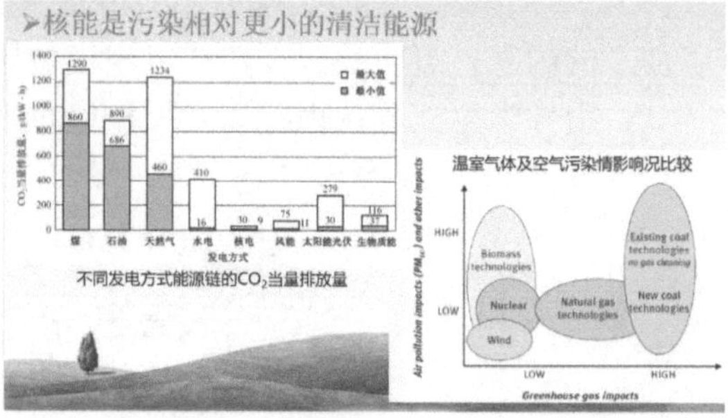

图 14　教学 PPT 页面——核能污染更小

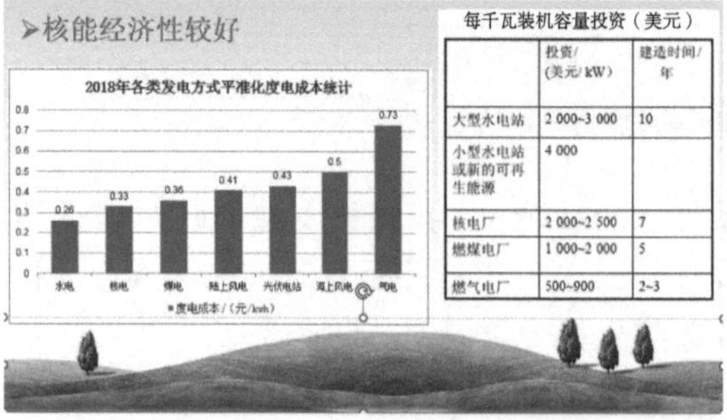

图 15　教学 PPT 页面——核能的经济性较好

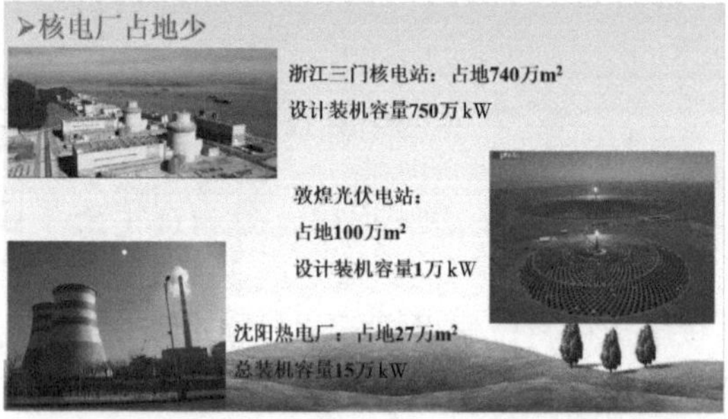

图 16　教学 PPT 页面——核电厂占地少

（4）展示我国电力规划设计总院发布的《中国电力发展报告 2023》相关数据，我国核电的装机容量、发电量都低于水电、风电和光伏发电，提升空间巨大。

（5）案例展示：我国阳江核电基地截至 2022 年底累计上网电量约 2 500 亿 kW · h，替代标准煤超过 7 500 万 t，等效减排二氧化碳超过 2 亿 t，相当于造林 56.2 万 ha（见图 17）。布置课后调研课题——清洁能源对二氧化碳减排的贡献，线上提供相关教学视频（见图 18），让各组学生分别以一座典型的清洁能源电厂（包括核电厂）为调研对象（具体自选），收集年发电量、标煤换算系数、碳排放系数等数据，计算该电厂年等效减排二氧化碳量。再根据阔叶林吸收二氧化碳的能力（自发调研），换算出相当于种植阔叶林面积。学生通过自主完成调研和计算工作，可深刻体会到各种清洁能源对二氧化碳减排贡献的差异，理解发展核能对我国建设生态文明的有效支持，并树立“绿色核能发展理念”。

图 17　教学 PPT 页面——课后调研课题

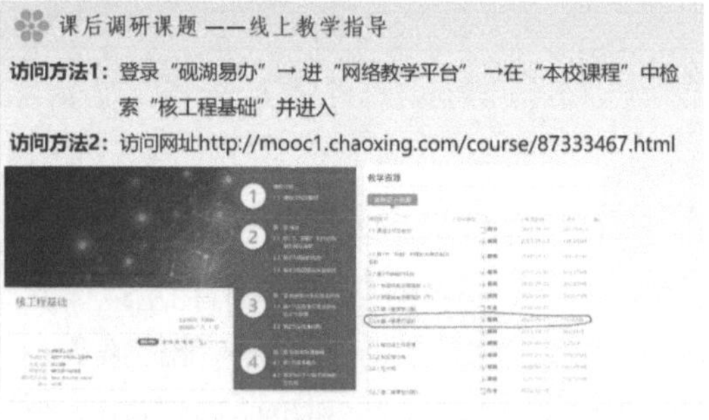

图 18　教学 PPT 页面——线上指导内容

3. 第 3 节 我国核电发展现状

（1）讲解我国从“八五”计划到“十四五”计划的核电发展政策，体现了国家对核能产业的重视及科学安全发展观；强调《“十四五”规划和 2035 远景目标纲要》提出的“建成华龙一号、国和一号、高温冷气堆示范工程，积极有序推进沿海三代核电建设”目标；介绍到 2035 年我国预计的核电发展规模及趋势。

（2）介绍我国主要的核电相关企业及其主营范围，包括中国核工业集团公司、中国广核集团、国家电力投资集团有限公司等。

（3）介绍我国主要核电基地及在运行的主要核电站，强调具有标志性的核电站建设成果，如我国自行设计、建造和运营管理的第一座压水堆核电站——秦山一期电站、大陆首座使用国外（法国）技术建设的商业核电站——大亚湾电站、首座使用俄罗斯技术的商业核电站——田湾一期电站、世界首个“华龙一号”（我国第三代技术）核电示范工程——福清电站、世界首台 AP1000（美国第三代技术）核电机组——三门电站、世界首台 EPR（欧洲第三代技术）核电机组——台山电站、世界首座球床模块式高温气冷堆（我国第四代技术）核电站——石岛湾电站，如图 19 ~ 图 22 所示。让学生清楚地认识到我国已成为世界首个同时拥有并运行多种先进核电技术的国家，体会我国在核能技术领域的“自主”“自强”和“开放进取”精神。

（4）简单介绍我国主要在建核电项目，如“国和一号”“示范快堆”“玲龙一号”等。

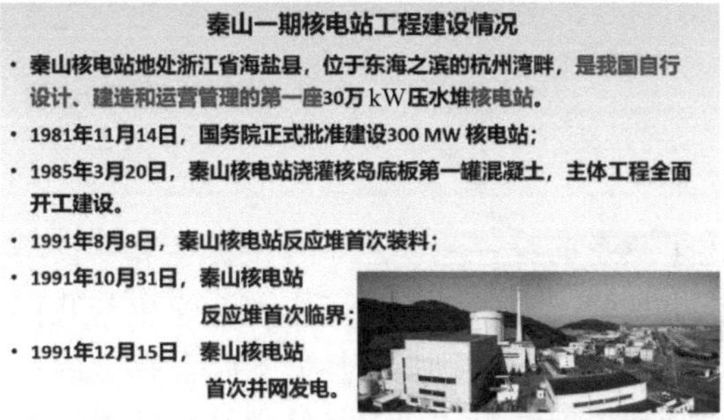

图 19 教学 PPT 页面——秦山一期核电站

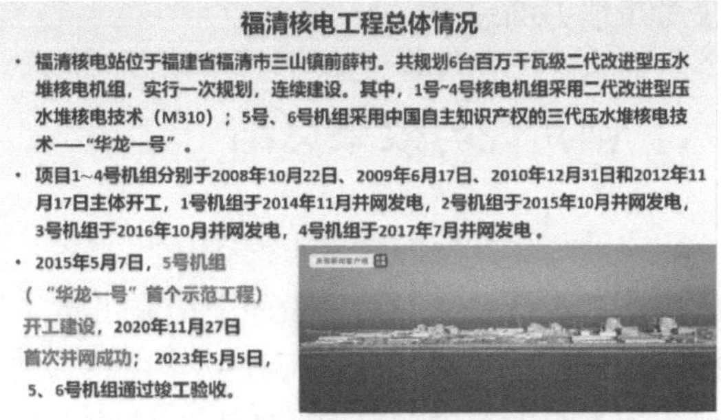

图 20 教学 PPT 页面——福清核电站

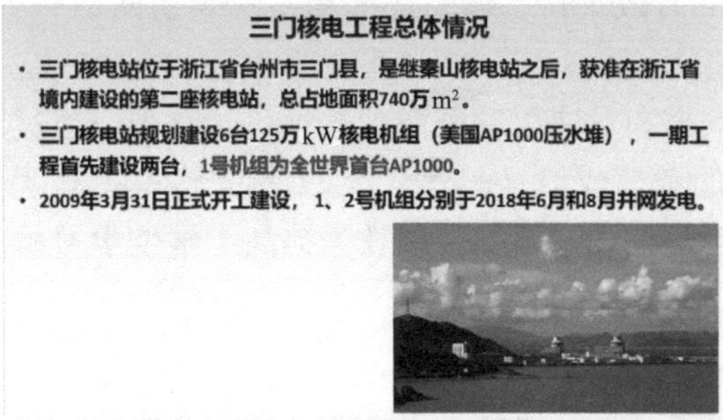

图 21 教学 PPT 页面——三门核电站

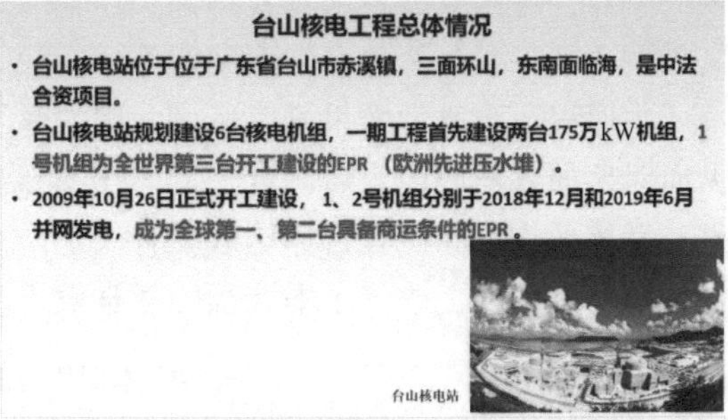

图 22 教学 PPT 页面——台山核电站

（5）总结本章重要知识点。

五、教学实践过程回顾

本课程自 2019—2020 学年开始加入课程思政内容，最早是在绪论第 1 节加入了我国核工业建立历史，与其他核大国进行对比，作为课程思政教学尝试。其后，逐渐加入我国核能产业建设最新成果；授课期间与学生交流得知，大部分学生对我国核能产业规模在世界上的地位并不清楚但很感兴趣，于是每学年通过世界核协会、国际原子能机构等权威机构网站和期刊文献收集最新的核能产业统计数据，在课堂上展示各国在各主要产业数据上的排名，让学生直观地认识到我国核工业发展成就，教学效果得到了学生的好评。

在 2021 年修订本课程教学大纲的过程中，结合本专业的培养目标、教学改革以及我院院史建设和推广，仔细挖掘了多项思政元素，涵盖了我国核工业发展历史、我系建设历史、我国生态文明建设战略、核能产业最新成果等多个方面。重新整理了思政元素与课程目标的逻辑关系；将思政内容写入了最新的教学大纲；通过教学设计，梳理出三项课程思政案例，在 2023—2024 学年 1 学期的教学过程中实施。在课堂上，多个小节以问题导入为开端，随机让学生发表自己的看法，再通过展示历史事实或权威数据，结合符合逻辑的引导，帮助其形成正确的认识。本课程将思政教学与线上线下混合式教学改革相结合，更好地调动了学生的学习积极性，增加了让学生自主调研求证的学习方式和教学互动，有助于学生能力的培养。

六、创新性与效果总结

本课程从我院的院史中挖掘思政元素，讲述了我系前身——“三系”的诞生和变迁与我国核工业体系的渊源，表面上增添了学生的历史见闻，无形中拉近了本专业学生与我国核工业体系的关系，有助于建立学生的专业自豪感。本课程发挥线上线下混合教学的优势，通过线下布置调研课题线上指导的方式，让学生自愿结组调研、计算清洁能源电厂的二氧化碳减排量和等效的造林面积，有助于学生深刻体会各种清洁能源对二氧化碳减排贡献的差异，理解发展核能对我国建设生态文明的有效支持，同时还能培养学生团队协作、文献调研、工程计算等多方面的能力。

本课程思政教学效果可以通过学生的学习效果和对课程的满意度来评价。首先，通过纵向对比加入思政内容后，近三届学生本课程的考核成绩（见表 1），考核及格率提高明显，考核平均分和课程目标达成度有一定向好趋势，说明课程思政教学提高了学生学习积极性，一定程度上改善了本课程的教学效果。

表 1　本课程近三届学生考核结果

年级	课程考核平均分（满分为 100）	课程考核及格率	课程目标平均达成度（满分为 1）
2020	73	84.2%	0.73
2019	70	84.6%	0.71

续表

年级	课程考核平均分（满分为100）	课程考核及格率	课程目标平均达成度（满分为1）
2018	71	77.5%	0.71

注：2021级还在教学过程中，没有考核数据。

其次，对比近两届学生，本课程“绪论”的课堂习题完成情况，2021级（使用2021版教学大纲）平均分为95.3，2020级为94.7，说明本课程新版教学大纲的实施，课程思政案例的应用，改善了学生对本章内容的掌握程度。

最后，在本课程未加入课程思政内容前，2017级学生对本课程的满意度评分（网上评教）为93.8分；加入思政内容后最近的2020级的满意度评分为98.5分，说明学生对本课程思政教学持欢迎态度。

参考文献

[1] 阎昌琪．核反应堆工程［M］．3版．哈尔滨：哈尔滨工业大学出版社，2020.

[2] 王兴文．简明中国科学技术通史［M］．长春：吉林人民出版社，2004.

[3] International Atomic Energy Agency. Nuclear Power Reactors in the world（2023 Edition）［R］. 2023.

[4] 孟雨晨．世界核电厂2022年运行实绩［J］．国外核新闻．2023（9）：24-29.

[5] International Energy Agency. CO_2 Emissions in 2022［R］. 2023.

[6] 电力规划设计总院．中国电力发展报告2023［M］．北京：人民日报出版社，2023.

“原子核物理基础”课程思政案例——放射性衰变规律

罗培燕，田晓峰，洪　旭，张庆贤

（成都理工大学核技术与自动化工程学院，四川　成都　610059）

摘　要：《高等学校课程思政建设指导纲要》指出，要结合学科专业建设特点，对课程思政体系进行有针对性的设计，专业课教师在课程思政建设工作中干出自己的特色。本文介绍核类工科专业开设理论课程“原子核物理基础”在课程思政融入方面的探索，首先介绍本课程的基本情况，其次以“放射性衰变规律”章节为例，展示课程案例的思政元素分析、课程的整体设计、教学实践回顾等，最后总结课程思政融入的创新与效果。

一、课程基本情况

“原子核物理基础”是核工程与核技术及辐射防护与核安全专业的专业基础课程，共48学时，开设学期为第四学期。选用教材为2023年在科学出版社的自编教材《原子及原子核物理》（第二版）。

（一）授课对象情况分析

1. 学生知识背景分析

学生已完成“高等数学”“大学物理”与“专业导论”的学习，具备一定的数学基础，对现代物理所涉及的内容有所理解，对核类专业的广泛应用有一定的了解。“原子核物理基础”研究对象是微观的、抽象的，而且本课程内容繁杂，综合性又强，涉及实验、理论、工程应用等多方面，学生理解课程内容并不容易，更难以具备将理论应用于具体实践问题的能力。

2. 学生学习状态分析

学生在之前的学习中，无论是高中以前大量习题练习式的学习，还是大学经典物理的学习，通常遇到的问题都有确定的答案，这些强化了学生对于所有问题都有唯一且确定答案的单一性思维，这种思维模式在面对专业课学习，特别是工程实践问题时将出现各种问题。而对于不确定的微观物理世界，教学过程中首要破除的就是单一确定的思维，建立多视角的不确定思维体系；在如今网络背景下，学习与生活“碎片化”，理论课程中长链条的学习对于学生来说存在挑战，让“长链条”的课程逻辑体系拆分为一个个的小问题降低学生学习的难度；目前的学生具有强烈的个人意识与表达欲，让其自然、主动地学习并有丰富的机会提出自己的问题与看法，可增强其学习兴趣，提高参与程度，加深学习印象。

（二）课程情况简介

1. 课程内容与特色

结合我校核类专业的传统优势——核技术应用方向，"原子核物理基础"关注物质微观结构的两个层次——原子及原子核。主要包含两部分内容，原子物理研究核外电子绕核运动的规律与理论，原子核物理研究原子核的基本性质与结构、原子核的衰变及核反应等。本课程上承经典物理，下接量子力学，属于近代物理的范畴；而且随着科学技术的发展，原子物理与原子核物理在许多领域得到广泛应用和拓展。课程内容涉及实验、理论与工程实践问题等，蕴含丰富的思政内容。

2. 课程目标

（1）知识目标

学生初步建立描述微观世界的物理图像，掌握原子、原子核的结构和运动变化规律，了解核能与核技术应用的物理基础，并将理论知识熟练地应用于具体的工程技术问题。

（2）能力目标

学生能够利用初步掌握的原子物理与原子核问题的理论方法和其他数学模型方法用于推演、分析复杂核技术工程问题，具备一定的分析问题和解决问题的能力。

（3）素质目标

学生了解科学研究的方法和我国在学科发展的前沿动态与科学贡献等，具备善于思考、乐于探索、勇于承担的精神，拥有专业认同感与自信心，培养良好的创新思维和科学素养。

3. 课程建设情况

（1）课程团队

本门课程在我校经过数十年的建设，拥有一支知识结构相互支撑、教学经验丰富的课程团队。团队人员长期对课程内容、教学过程进行深度探讨，围绕学生学习过程，形成一套完善并能动态调整的课程教学经验；团队人员开展各类教学研究建设项目，如校级精品课程"原子及原子核物理"，校级研究生精品示范课程"高等核物理"；校级"四新式"课程教学改革项目"原子核物理基础"；省级高等学校课程思政示范课程"先进核辐射探测"等；团队人员参与各类教学比赛或指导学生参赛并获奖，如校级青年教师讲课比赛二等奖，校级教师教学创新大赛三等奖，全国高校学生课外"核+X"创意大赛三等奖，5A式教学的"核+X"模式复合型核专业人才培养实践省级教学成果奖二等奖等。

（2）课程教学资源

课程内容经过不断地整合、优化与建设，已形成一套教材、课堂教学资料与配套网络专题相互配合的课程教学资源。教材由本校教师结合我专业的情况编写，2010 年由国防工业出版社出版第一版，2014 年由科学出版社出版第二版，2023 年由科学出版社再版。新版对原有教材部分章节内容做相应的拓展和修订，并融入相关学科领域科研的最新发展与课程思政内容。课堂教学资料包含教学 PPT、板书设计、学生问题集等，为学生提供高效的课堂学习氛围。网络资源主要是课程专题视频，与自建课程网站配合提供丰富的自学场景。

二、案例基本情况

本文以“放射性衰变规律”章节为例。放射性衰变规律是核物理基础中三个核心基础内容之一，也是核技术广泛应用的物理基础。

（一）案例基本信息

1. 主要教学内容

（1）从放射性衰变现象开始，简述放射性现象发现的历史，描述放射性衰变的特征；

（2）结合放射性衰变的自发性，引出大量原子核衰变的统计规律——指数衰减规律，引入放射性活度，提出半衰期的测量问题；

（3）基于指数衰减规律，分析放射性核素生产中的问题，明确^{14}C鉴年与重核鉴年的过程；

（4）总结回顾本节内容并探讨一些开放的新问题。

2. 教学重难点

教学重点是放射性活度、衰变常数、指数衰减规律与指数衰变规律的应用；教学难点是指数衰变规律在各种具体场景中的应用。

3. 教学目标

（1）知识目标

学生初步理解放射性现象，了解放射性现象发现过程中的科学创新与科学家付出的代价；理解并掌握指数衰变规律与放射性活度，理解科学的理论分析方法与实验测量技术。

（2）能力目标

学生能够利用指数衰减规律分析放射性核素生产中的问题，处理^{14}C与重核鉴年的应用问题，具备利用放射性测量技术尝试解决生活中的问题的意识与能力。

（3）素质目标

学生基于放射性现象与衰变规律，能够关联其他学科，形成综合性科学问题的判断与解决方法；学生通过具体应用场景训练科学理性的思维方式，培养独立思考的能力，从内心建立起深厚的专业自信与责任担当。

（二）丰富的思政内容

1. 人文历史知识

近代物理的建立过程中，蕴含丰富的人文历史知识，讲授过程中将人文历史与专业内容交叉融合，提高学生的专业认同性与自豪感并培养学生的科学素养等。譬如放射性发现中，居里夫人发现了新的元素“钋”和“镭”，且在简陋的环境中从数吨铀矿残渣中分离出0.1 g的$RaCl_2$，并开创了放射性追踪的方法。钋是为了纪念祖国波兰而命名，科学无国界，而科学家有国家；科学的成功不是一朝一夕的热情，而是大量艰苦工作的积累。科学的进步往往与科学家的创新紧密相伴。

2. 科学研究成果和科学前沿动态

原子及原子核物理的理论研究发展较为缓慢，但工程应用领域发展迅速，为了促进理论知识和工程应用的充分交叉和融合，调动学生的学习兴趣和积极性，建立专业认同感与自信心，及时关注重要的最新研究成果和科学前沿、热点等，提高学生的科学敏感度和创新意识，充分理解所学知识的最新应用。如 2023 年诺贝尔奖发布时，介绍物理学奖工作“阿秒光脉冲的实验方法”情况，并联系讲解激光发射的理论基础——原子的受激辐射，谈及科学目前的主要进步体现在实验技术的突破。

3. 工程实践问题

原子核物理的理论内容与核工程和核技术应用的工程问题结合特别紧密，在理论教学过程中引入具体实践问题提高学生的工程应用能力，培养学生精益求精的大国工匠精神，如讲放射性测量技术时结合我院传统优势提出怎样在野外环境下快速定位矿区，怎样在无损的情况下对物品进行元素鉴定，如何应对核工楼时间久远的放射源问题。

三、案例思政元素分析

《指导纲要》指出，理学、工学类专业课程要在课程教学中把马克思主义立场观点方法的教育与科学精神的培养结合起来，提高学生正确认识问题、分析问题和解决问题的能力。理学类专业课程，要注重科学思维方法的训练和科学伦理的教育，培养学生探索未知、追求真理、勇攀科学高峰的责任感和使命感。工学类专业课程，要注重强化学生工程伦理教育，培养学生精益求精的大国工匠精神，激发学生科技报国的家国情怀和使命担当。依据课程内容与特点，从具体的知识点深挖思政元素，从课程的整体凝练思政内容，并将思政内容作为专业内容的“衔接”，自然融入课程教学体系。

（一）从知识点挖掘思政元素

1. 专业认同感与家国情怀

在专业内容中提及我国、我校在学科发展中的贡献与研究地位，提高学生的专业认同性与自豪感，培养学生的家国情怀。譬如讲放射性测量技术时谈及我国在中微子探测方面的研究进展，我校在放射性地质勘探中的传统，及在 α 与 γ 测量理论与技术上的突破与进展等。

2. 实践意识与工匠精神

作为理论课程，在理论讲解过程中围绕真实的工程实践问题，引导学生建立利用专业知识解决实践问题的意识；提及工程技术发展中不断积累缓慢变化最终达到科技前沿的过程，让学生理解科学技术进步的不易，进而在学习工作中有毅力不断进步，培养精益求精的工匠精神。如讲放射性衰变理论时结合放射性测量技术及放射性的各种应用，放射性测量技术的发展与现状、放射性应用的限制等问题。

（二）从课程整体凝练思政内容

除了从具体知识点中挖掘思政元素，也可从原子核物理不同内容的相关性、整体性及不同学科间的关联性中提炼总结形成思政内容，让学生对科学研究的方法有一定的认识与掌握，培养学生的科学创新精神。

1. 科学研究方法

科学的研究方法贯穿课程整体，需要对内容进行整体提炼才能窥得全部。譬如原子物理中从真实的问题或者实验现象（氢原子光谱、碱金属原子光谱等）开始、理论模型（氢原子的玻尔模型、电子的自旋等）的抽象提取、理论的处理方法（自旋-轨道耦合等）、理论结论（原子的壳层结构）的理解等完整展现理论的建立过程，并从整体上明确理论框架体系，培养学生掌握学科基本的科学研究方法，并引导学生用科学方法解决更多实践问题。

2. 科学创新与探究精神

科学创新与探究精神在学科内容的不断展开中逐渐形成。微观物理内容本身具有不确定性，而且理论的建立与经典物理显著不同，学习过程促使学生不断放弃确定的世界观，并养成丰富视角看待问题的能力与习惯，同时，理论的建立过程有很多创新性的过程与方法，欣赏并理解这些就是培养学生科学创新精神的土壤。在学科发展过程中，多数理论过程将会被抛弃而只留下少数理论，这些都让学生切实感受到问题解决的不易与成功路上面临的各种弯路，让他们学会在面对困难时不那么容易放弃，培养学生百折不挠的科学探究精神。

四、案例教学整体设计

（一）教学设计思路

1. 以专业内容的逻辑结构为主线

物理类课程存在比较严格的逻辑结构，原子核物理部分的知识结构如图 1，而每个章节内容又各有逻辑结构，放射性衰变规律章节的知识结构如图 2。教学过程以逻辑结构为主线，有利于学生掌握核心知识，加强学生对课程的整体认识，掌握学科研究的方法，培养学生处理问题的能力。

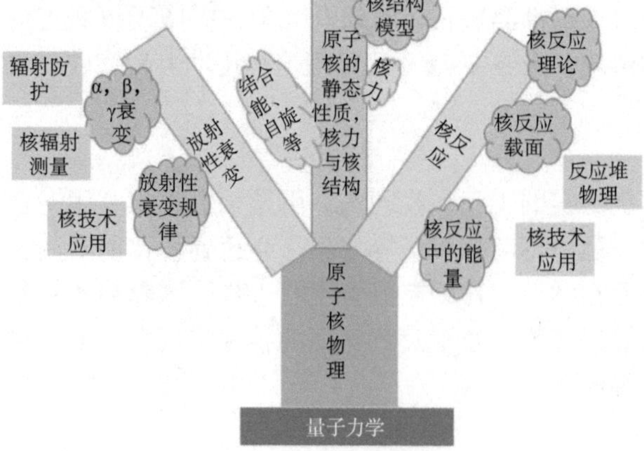

图 1　原子核物理知识结构与相关学科

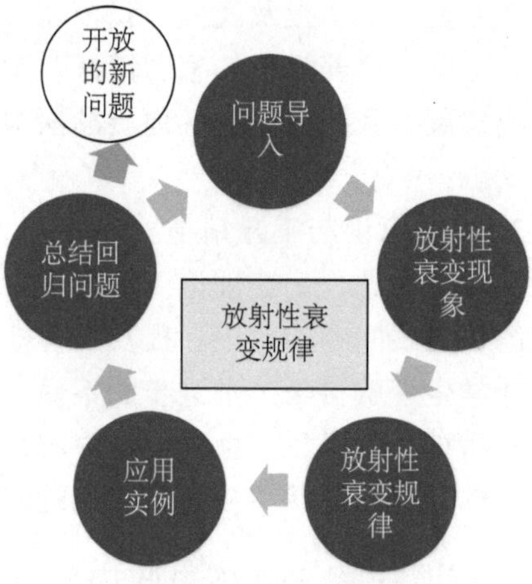

图 2　放射性衰变规律知识结构

2. 以课程思政内容为背景场

全面推进课程思政建设，就是要寓价值观引导于知识传授和能力培养之中，帮助学生塑造正确的世界观、人生观、价值观。价值观的塑造是在潜移默化中发生的，需要在教学过程中"多点位"布局，形成一个"育人"的"背景场"，在"润物无声"中发挥作用。以"放射性衰变规律"为例，放射性发现过程中居里夫人对科学研究不断钻研的态度，创造性地采用追踪放射性的方法；放射性测量中，我院在放射性测量中的技术优势；应用实例中，我校利用重核鉴年在地质勘探中的成果，等等。这些内容与专业内容充分融合，专业内容变成有丰富内涵与外延的整体，学生在掌握专业知识的同时，也将在点点滴滴间重塑价值观，并转化为专业能力。

（二）教学目标

在专业课程的教学中落实立德树人，必须将价值塑造、知识传授和能力培养三者融为一体。本课程分别提出教学的知识目标、能力目标与素质目标。

（三）教学过程

物理是人类在探索自然的过程中形成的认知，认知过程有一定的规律，图 3 为 ETA 物理认知模型（由实验（E）、理论（T）和应用（A）构成），实验、理论与应用的理解"三位一体"，相互促进。

由此，对教学过程进行整体设计，见图 4。教学内容为一个问题导向的演示闭环，此过程符合认知规律，学生容易接受。每部分内容采用适当的教学方法，为学生的学习过程"铺路搭桥"。同时，在具体的过程中，安排活动让学生参与进来。思政内容与专业内容充分融合在一起形成具体的课程内容。

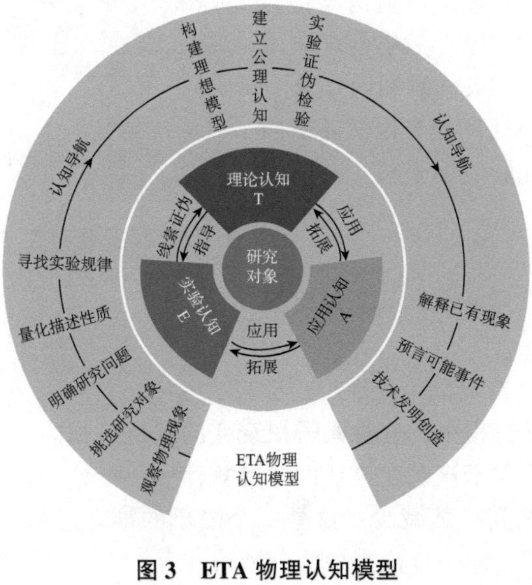

图 3 ETA 物理认知模型

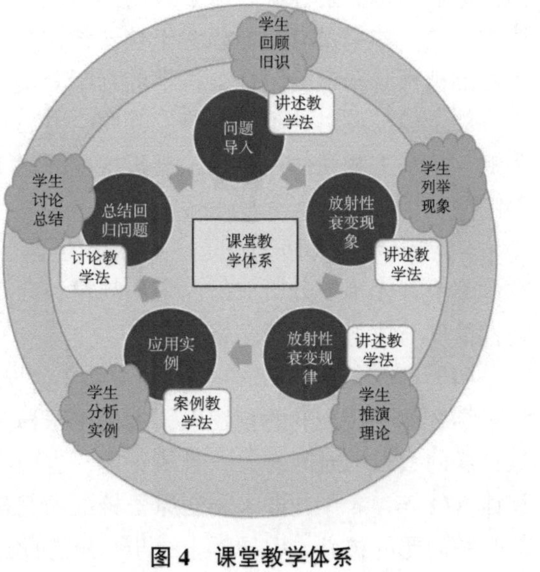

图 4 课堂教学体系

1. 问题导入（2 分钟）

学生回忆生活中遇到的放射性的应用场景，典型特征是放射性图标（见图 5）的出现，探讨普通民众的“谈核色变”，引导学生拥有对放射性的正确认识与态度。

图 5　图标

2. 物理现象（8 分钟）

本节由一系列实验逐步探寻放射性现象的真相。

（1）贝可勒尔确认放射性源于铀盐

贝可勒尔（见图 6）于 1896 年在研究物质的荧光性质时偶然发现铀盐放出的射线与物质的荧光不同，而偶然性在科学的发展中举足轻重，也体现了科学家的科学素养。贝可勒尔在发现铀盐的此种现象后为方便向其他学者展示经常随身携带铀矿石，也付出了沉重的代价，这是今天严厉禁止的，而真正的危险来源于未知。

图 6　贝可勒尔-法国（1852—1908）

（2）居里夫人确认放射性源于不同的元素

居里夫人进一步研究确定放射性是元素的性质，并发现了新的元素“钋”和“镭”，钋是为了纪念祖国波兰而命名；而且在如此简陋的环境中从数吨铀矿残渣中分离出 0.1 g 的 $RaCl_2$，科学的成功不是一朝一夕的热情，而是大量艰苦工作的积累。之所以能够成功源于居里夫妇在化学分离过程中开创了利用放射性追踪元素的方法，这种方法打开了新的化学研究的大门——放射化学。科学的进步往往与科学家的创新紧密相伴，而创新需要开放的精神。居里夫人同时也打开了应用放射性的大门，在二战中利用放射性确定受伤战士体内的弹片位置。

（3）卢瑟福确认放射性源于原子核

卢瑟福（见图 7）借助于 α 散射实验确定了原子的核式结构模型，进而明确放射性源于原子核内部，是原子核自发地放射出某种射线的现象。如果没有卢瑟福关于核式结构模型的论断，放射性现象就不可能被卢瑟福最终定性，科学的判断需要大量相关学科知识背景。

图 7　卢瑟福-新西兰（1871—1937）

原子核的放射性不受加热、光照、电磁等物理环境与化学环境的影响。从基本相互作用出发，分析这些因素不能影响原子核，故而不影响放射性。

3. 理论分析（35 分钟）

本节首先推导分析放射性衰变规律，介绍衰变常数，其次讨论放射性活度与放射性测量问题。

（1）理论推导

结合原子核衰变的自发性，大量原子核衰变过程中，分析原子核衰变的数目只和原子核自身的数目与时间有关，且成正比，进而导出原子核衰变遵从的统计规律——指数衰减规律 $N(t)=N_0e^{-\lambda t}$，即未衰变原子核的数目随时间指数减少。这是一个简单的推理过程，但却是问题的核心，引导学生一步步思考此过程，感受理论推理的奥妙与魅力。

（2）理论延伸

如果一个事件的发生概率只和自身有关，那么此事发生的数目同样具有指数变化规律，可以是指数衰减，也可以是指数增加，这是指数变化规律的普遍性。引导学生回顾其他学科中遇到的指数变化过程，让学生意识到此规律是各种现象中数目对称性引出的结果。理论的延伸与扩展深化学生对理论的深入理解。

同时，指数规律也很特殊，这里提出一些现实的问题，年代久远的放射源如何确定初始时刻的数目？核工楼里不知年份的放射源如何进行标定使用？由指数衰减规律可以看出：任意时刻都可以作为初始时刻，不影响指数变化规律。放射源何时使用，就可以作为初始时刻进行测量标定。真实的问题加深学生对指数衰减规律的理解与认识。

（3）衰变常数 λ

理论推导过程中引入的常数 λ 表征原子核衰变的快慢，大小只与放射性核素种类有关，λ 可作为核素的特征量进行核素鉴定，用于元素的定性与定量分析。注意指数衰减规律是大量原子核衰变的统计规律，我们只能给出原子核衰变的概率，却不知道具体的原子核何时衰变，这是原子核衰变过程中不确定中带有的确定性，理解微观事件的不确定性与宏观测量的确定性。除此之外，也经常使用原子核的半衰期 $T_{1/2}$ 与平均寿命 τ，λ 、$T_{1/2}$ 与 τ 三者是等价的，只是衰变比较慢的核素用半衰期表示，衰变快的核素用平均寿命表示，如 2020 年中国科学院近代物理研究所首次合成的核素^{222}Np（$Z=93$）的寿命为 5.48×10^{-7} s。

（4）放射性活度

指数衰变规律中，原子核的数目往往无法准确测量，故而提出放射性活度的概念，$A=-\frac{\mathrm{d}N}{\mathrm{d}t}=\lambda N=A_0\mathrm{e}^{-\lambda t}$，活度（单位时间衰变的原子核数目）与未衰变的原子核数目遵从一样的指数衰减规律，而且活度的指数衰减规律更重要，因为它和测量联系在一起。

（5）放射性测量

放射性测量技术的引入使得指数衰减规律得以广泛应用，在居里夫人发现放射性的过程中使用简单的盖革技术管追踪放射性，而今天，放射性测量技术已经发生巨大变化，测量技术精度的提高是应用发展的核心技术。我院在高精度伽马测量理论与技术、高灵敏度 α 辐射探测理论与技术方面具有深厚的积累和沉淀，这些技术广泛应用于地质勘探领域。探讨我院在航空与深海 γ 测量方面的研究成果增强学生的专业认同性与专业自豪感。这里也提出两个具体的问题，实验上如何测量特别长（^{235}U 的半衰期为 7.038×10^{8}年）和特别短的半衰期（^{222}Np 的寿命为 5.48×10^{-7} s）？由此讨论分析具体的测量过程，学生结合测量技术重新理解衰变过程，对理论应用到具体场景中可能遇到的问题有所了解，学生建立理论与应用的联系。

4. 实践应用（35 分钟）

结合放射性衰变规律探讨三个应用实例（放射性核素的生产、^{14}C 鉴年和重核鉴年）引导学生思考理论与实践问题的结合过程，达到融会贯通。

（1）放射性核素的生产

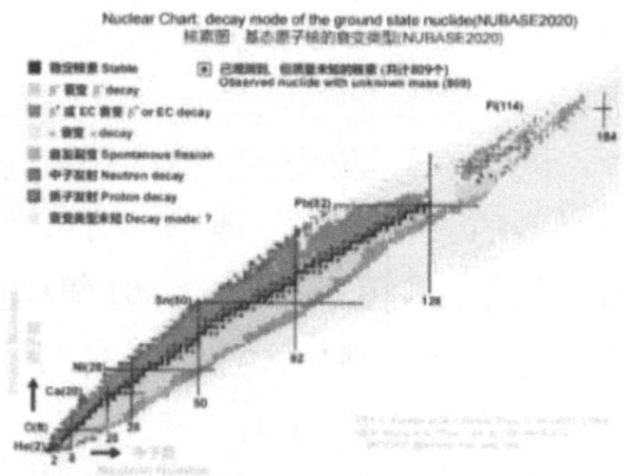

核素图上主要是人工合成的核素，有 3 000 多种，谈及近代物理研究所在新核素合成方面的贡献。

人工合成核素特别不易，首先需要反应堆和加速器提供粒子打靶发生核反应才能产生新的核素；其次核素在合成过程中需要注意辐射防护问题，只要涉及放射性核素，无论是生产还是使用，辐射防护是基本要求，要让防护的意识深入人心；而且衰变，核素的生产不能线性增长的，在 5 个半衰期时间内趋于饱和，这使得放射性核素的生产时间变长毫无意义！也使得各类放射性核素格外珍贵，特别是半衰期特别短的放射性药物。探讨如何提高放射性核素的产量等问题。

（2）^{14}C 鉴年

马王堆出土的素纱禅衣

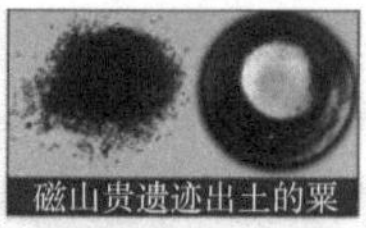

磁山贵遗迹出土的粟

新疆小河墓地出土女尸

放射性活度可通过考古中，年代的确定往往是首要的，利用 ^{14}C 可以对少量样品确定年代，这是目前最精确的考古年代测量方法。

自然界中的 ^{14}C 来源于宇宙射线中子与地球中的 ^{14}N 发生核反应 $n+{}^{14}N \to {}^{14}C+p$，$^{14}C$ 半衰期为 5 730 年，大气中 ^{14}C 与 ^{12}C 的数目比例为确定值 1.2×10^{-12}；由于生物中存在碳循环系统，所有活的生物体内 ^{14}C 与 ^{12}C 的数目比例为 1.2×10^{-12}；当生物死亡后，^{14}C 数目开始减少。详细分析 ^{14}C 的鉴年过程，明确具体应用中的各种因素，探讨 ^{14}C 鉴年的适用范围、如何提高 ^{14}C 鉴年的精度等问题。使学生明确技术应用的局限性与发展性。

（3）重核鉴年

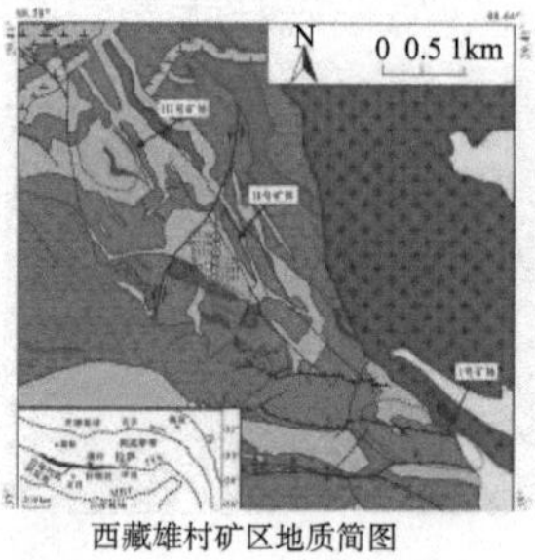

西藏雄村矿区地质简图

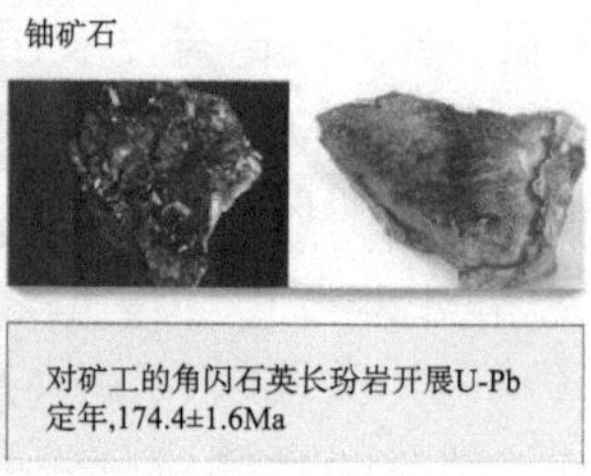

我校对西藏维村矿区的铀矿石进行 U-Pb 鉴年，确定岩石为 174.4×10^{6} 年。

放射性重核鉴年通常利用地壳中天然存在的放射性核素 ^{238}U，其经过一系列衰变转化为稳定核素 ^{206}Pb。详细分析重核鉴年过程，明确重核鉴年过程中简化的合理性，探讨重核鉴年的适用范围。

5. 课堂总结与讨论（10 分钟）

（1）课堂内容总结

回顾从放射性现象，到指数衰减规律，最后到实践应用的课程体系，学生建立对课程体系的整体印象，加深对课程内容的理解。总结理论推导过程与具体的应用过程，加深对理论分析方法的理解，启发学生利用放射性解决生活中的其他问题。

（2）问题讨论

学生针对课程中的具体内容如放射性指数衰变规律、放射性活度、实践应用过程等提出自己的提问并讨论，查漏补缺，加深局部印象，完善学生的自我学习体系。

教师针对本节内容及学生讨论提出问题，学过的内容中哪些现象中存在指数变化规律？它们之间有何共性？放射性核素的生产过程中，为了得到更多的放射性核素，怎么办？^{14}C 与重核鉴年中，如何提高鉴年的精度？等等。学生课后查阅相关资料找寻答案，新问题的解决将课程内容深化，引导学生的学习进入深水区，也展示科学研究中的开放心态与探索精神。

（四）教学反馈与评价

完整的课程教学涉及教学过程的反馈与评价，利用在线平台搭建丰富的反馈与评价体系，学生与教师都能时时调整学习与教学状态，共建动态发展的教学过程。

1. 教学反馈

现在的学生具有更强的自主意识，对所有事物“发声”与“参与”的欲望强烈。对应的教学过程要打破以往的“单方面输出式”，建立“教师与学生共建式”，共建的方式就是利用教学反馈。

反馈方式的多样化体现在课堂与课外、线上与线下、同学之间与直面教师等，反馈内容的多样化体现在课程内容问题、学生的学情状态、教学进度与方法等。总的来说，教学与学习不是一个简单的线性关系，而是一个系统的、复杂的网络关系，对此有利的反馈方式与反馈内容都可尝试引入。以课堂中的内容问题反馈为例，首先，学生可以在教学过程中随时提问；其次，在每次课程教学结束时，安排短时的小组讨论形成学生自我发现的问题反馈，我把这个过程称为“三个小问题”。讨论中，每人分享一个自己学懂的问题，提出一个自己不懂的问题，尝试回答一个别人的问题。每组没有解决的问题发布于课程群中，由其他同学或者老师回答，好的问题与答案被学生整理成学科问题集，共享给以后的各届学生。

2. 教学评价

教学评价包含教师与学生的双向评价，是教学过程与学习效果的监测方式。

在教师评学过程中，评价体系如何体现学生的能力与素养一直是基础又核心的问题。考核性评价中，设计符合现实场景的综合性题目，可检测学生对课程的理解与应用能力，而非知识点的记忆，考核过程采用半开卷的模式，可携带一张 A4 纸用于抄写公式与知识点。过程性的评价中，引入学生之间的学习状况评价作为部分平时成绩，另外，对于个别同学，可采用大作业的形式或者“一对一”面谈的方法评价其学习状况，此成绩可作为其全部平时成绩。

在学生评教过程中，如何能够真实地反映出学生对课程的意见与建议最为重要。首先在学生面前树立开放、包容的教师人格形象，让学生敢于实情反馈；对学生的提问给予及时有效的回应，保证交流的畅通；挑选合适时机，技术性设置相关问题调查学生各方面情况，统计形成整体性判断，用于改进后续教学。

五、教学实践过程回顾

为了实现价值塑造、知识传授和能力培养三者融合的教学目标，落实“学生为主体，教师为主导，能力培养为核心”的教育理念，教学实践过程整体总结如下所述。

（一）系统化设计课堂，提高学生学习效率

大学专业课程往往需要在有限的学时内学习大量的新内容，提高学生的学习效率是教学过程中首要考虑的问题。首先，课程内容构建结构化的知识体系，见图 1，不同内容之间相互关联、相互支撑、相互呼应。再融合结构化的思政内容体系，使得课堂教学内容是立体的、综合的，学生的学习过程更加目标明确且高效。其次，对于课堂教学过程，从 PPT 的制作与美化、板书的设计、课堂问题的提出与讨论、课堂讲授的节奏等多方综合设计，以期达到连贯自然、生动有趣的课堂氛围，学生自然融入课堂环境。

（二）以问题串联课堂教学，带学生步步深入

为了有效抓住学生的注意力，提升教学效果，课堂教学内容通常由一系列问题逐渐引出，层层递进，逐渐深入。这些问题主要特点是既与前期所学知识有关又蕴含新的启示，这样，学生既回顾总结已学内容，却在旧有知识体系下不能解决此问题，引发学生强烈兴趣，自然导向新知识，学生的关注点也将始终围绕课堂内容，对课程内容理解将不断深入。譬如在放射性衰变规律的理论讲解中，共设计四个问题：单个原子核的衰变是自发行为，大量原子核的衰变有何规律？大量原子核的指数衰减规律如何测量？放射性活度是否同样遵从指数衰减规律？如何测量半衰期较长核素或者合成的短寿命新核素的半衰期？这些问题环环相扣，形成对放射性衰变规律的完整认识。

（三）注重参与式学习，让学生体验课堂

学生对课程的参与程度将直接影响最终的学习效果。在线平台的使用使得学生的学习延伸至课堂内外，并提供丰富的交互场景。课前发布本节内容的短视频介绍、教学 PPT 及相关资料，加深学生的前期印象并引发思考；利用雨课堂在教学过程中设置适当问题用于调查学生情况、承上启下并总结课程内容，加强课堂教学的黏性；课后利用 QQ 等通信平台及时回答学生提出的各类问题，提升对学生的影响力。

（四）注重反馈，动态调整教学过程

利用在线平台课前调查学生学习状态与习惯，课中显示上课状态，课后调查学习效果及对课程和教师的整体评判，围绕学生，形成多样化的反馈结果，促使教师动态调整课程教学，形成教师与学生共建课程并不断发展的良性循环。

六、创新性与效果总结

高等学校人才培养是育人和育才相统一的过程，“立德树人”是教育的根本任务，培

养新时代人才，需要抓好课程思政建设，让课程思政成为一种“方法”，而不是“加法”。通过课程思政，使得专业教育与思政教育发生“化合反应”，相互促进。

（一）“结构化”专业知识体系与“背景式”思政内容相融合，实现专业目标与思政目标的统一

“原子核物理基础”是核类工科专业的专业基础课程，具有“理论性、应用性和综合性”的特色，蕴含丰富的思政内容。对专业教学内容不断整理优化，形成结构化的知识体系，将思政内容作为专业内容的“衔接”自然融入课程内容体系，这样既能保持课程内容的专业性，又保证思政内容的重要性和普遍性。学生在掌握核心专业基础上，还形成一个思政内容“背景场”，在“润物无声”中发挥作用，实现专业目标与思政目标的统一。

（二）课程思政引导教学过程，提高学生的参与程度

课程思政引导教学过程实现灌输与渗透相结合、显性教育与隐性教育相结合，使得教学过程由原来的强势侵入变为春风化雨式，使学生由被动、自发的学习转化为主动、自觉的学习，并主动将其付诸实践。

通过不断更新教学内容与改进教学过程，学生学习兴趣增强，课程参与程度提高，与教师的沟通交流变多，讨论话题丰富，学生对课程满意度高（2022—2023（1）学期学生评教成绩98.5分）。通过本课程的学习，学生对核类课程有了一定了解，引导大量学生参与到专业教师的研究项目中，并参加各类学科竞赛。

（三）充分利用在线平台，提升对学生的长效影响力

面对新时代大学生信息传播速度快，信息接受多元、多渠道的特点，充分利用在线平台，有效利用课堂内外与学生的交流与联系，让学生对课程和教师的意见与建议得到及时反馈，实现教师与学生共建课程，教师也将工作学习与生活中的方法和智慧“言传身教”地传递给学生，提升对学生的长效影响力，达到“育人”成效。

参考文献

[1] 习近平．思政课是落实立德树人根本任务的关键课程［J］．求是．2020，（17）：4-16.
[2] 袁东敏，陈卓．课程思政教学设计［M］．长沙：中南大学出版社，2022. 3.
[3] 穆良柱．物理课程思政教育的核心是科学认知能力培养［J］．物理与工程．2021，31（2）：9-15.
[4] 高丽娜，阎元红，范建中，等．“课程思政”理念下热学课教学改革新探［J］．物理与工程．2022，32（1）：193-198.
[5] 张映辉．关于物理教学课程思政的思考与实践——物理认知与世界观培养的关系及教学［J］．物理与工程．2023，33（1）：71-76.
[6] 史新伟，李杏瑞，祝柏林，等．实践育人，践行思政——基于大学物理实验的课程思政教学设计［J］．物理与工程．2023，33（1）：77-82.
[7] 王振林．“电动力学”课程思政建设的思考［J］．大学物理．2021，40（6）：53-61.

[8] 王小力．大学物理课程思政研究与实践 [J]．中国大学教学. 2020，(10)：54-57.
[9] 郭江，罗培燕，邓邦林，等．原子及原子核物理 [M]. 2 版．北京：科学出版社，2023.
[10] 卢希庭．原子核物理 [M]．北京：原子能出版社，2000.
[11] 杨福家．原子核物理 [M]. 5 版．北京：高等教育出版社，2019.

“辐射剂量学与辐射防护”课程思政案例

王　明，谷　懿，张庆贤

（成都理工大学核技术与自动化工程学院，四川　成都　610059）

摘　要：“辐射剂量学与辐射防护”是核工程类专业核心课之一，以立德树人、强基础、重应用作为教学理念，以培养学生的专业热爱、强化知识理解和提升实践应用能力为任务。针对课程教学中存在的“痛点”问题，课程组遵循以学生为中心、问题为导向、持续改进的教育教学理念，切实结合课程特点与特色，积极引入鲜活的时代思政元素，促进与课程内容的融合。本文在介绍课程思政教育素材库构建的同时，以内照射个人辐射剂量监测、估算与防护为例，介绍了如何有效结合课程特点挖掘与融入课程思政元素的过程，最后总结课程思政融入的创新。本课程 2021 年入选新华网课程思政优秀案例；2022 年获批省级课程思政示范课程、入选国家高等教育智慧教育平台；2022 年获批省级一流本科课程（线上线下混合式课程）。

一、课程基本情况

（一）授课对象情况分析

1. 学情分析

本科程授课对象是辐射防护与核安全专业的大三学生，主要具备以下特点。

① 学生专业背景：学生已经系统学习“高等数学”“大学物理”“原子核物理”“核辐射测量方法”等基础知识，具备了本课程学习的条件。

② 学生对课程的期待与恐惧：“辐射剂量学与辐射防护”是辐射防护与核安全专业的核心专业课，学生对于学好这门课的期望较高。但是存在少数学生由于前期课程掌握不扎实，在本门课程学习中存在内心恐惧以及知识衔接等问题。

③ 课程特点：本课程授课内容则可划分为辐射剂量学课堂模块、辐射防护课堂模块、辐射防护实训模块三部分。授课内容知识点多、不同模块教学难点差异较大。

2. 课程思政必要性分析

党的十八大以来，创新驱动发展战略全面实施，科技体制机制改革进一步深化，各行各业对创新人才的需求更加迫切。核科技人才是国家核心竞争力与创新能力提升的核心要素之一，未来核大国竞争就是核科技人才竞争。核专业人才主要服务于国防军工与核能事业，工作内容敏感性高、工作地区偏远、工作环境又处于核辐射环境，这对于一直处于“温室”的学生来说是一个严峻的挑战。因此，非常有必要在课程讲授过程中，树立学生专业报国的思想，吸引一批优秀的学生继续从事本领域的工作；培养学生科技创新意识，为我国核科技持续创新奠定人才基础。

（二）课程情况简介

“辐射剂量学与辐射防护”是核工程类专业核心课之一，以立德树人、强基础、重应用作为教学理念，以培养学生热爱专业、强化知识理解和提升实践应用能力为基本任务。具体要求学生在通过本课程学习后达到以下目标：

① 掌握剂量学量和辐射效应等基本概念（机理）及其使用情况，熟悉掌握辐射防护原则、电离辐射剂量监测方法和防护的基本方法，掌握外照射剂量计算、防护设计方法（屏蔽材料选择和厚度设计），掌握内照射剂量估算、防护措施最优化，形成辐射防护与核安全知识体系；

② 在掌握本课程知识点基础上，能够灵活运用相关基础理论或方法，具备对综合、复杂问题进行实践运用能力。

目前，本课程共包含 10 个理论课程章节，具有完整教案、教学计划与授课课件。除课堂教学内容外，还包括 4 个课程实验（课程实验指导书）与 1 个课程配套实习（实习指导书）。课程体系架构如图 1 所示。

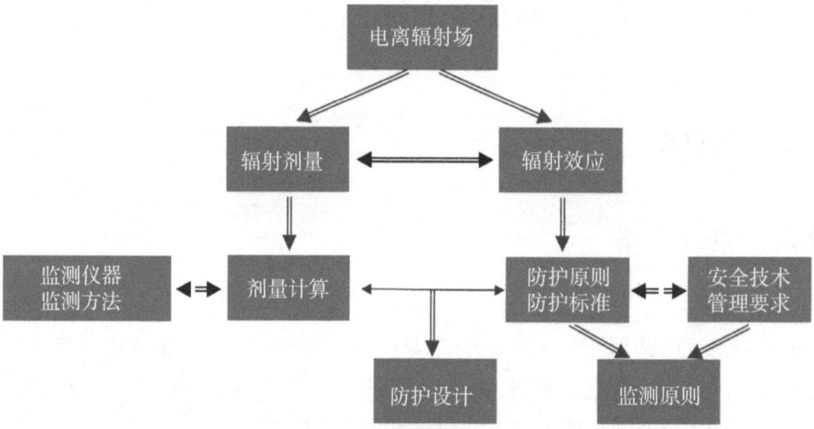

图 1 “辐射剂量学与辐射防护”课程体系架构

本课程完成了在线慕课建设，形成了丰富的在线教学、学习资源库，服务课程线上教学。课程具有丰富的思政教育资源，已形成了一套具有专业特色显著、自身历史与国际热点结合的人才培养思政教育素材库。课程于 2021 年入选新华网课程思政优秀案例；2022 年获批省级课程思政示范课程、入选国家高等教育智慧教育平台；2022 年获批省级一流本科课程（线上线下混合式课程）。表 1 展示出了每个章节思政元素来源以及典型案例。

表 1 “辐射剂量学与辐射防护”课程思政教育素材库

章节	章节内容	思政元素	典型案例
第一章	辐射场的描述	聚变堆、嬗变堆、空间堆	神舟载人飞船与空间站
第二章	电离辐射能量在物质中的转移过程	放射治疗原理及国产化装置、人体辐射剂量评估	中国人体素模型发展

续表

章节	章节内容	思政元素	典型案例
第三章	辐射效应与辐射防护量	核军工背景、放射治疗技术	国产化航空伽马测量装置研发
第四章	外照射的监测量	神舟载人飞船、空间站	杨利伟光荣事迹
第五章	环境辐射与辐射防护基本原则	国内辐射防护标准发展、切尔诺贝利事件	新时代国家辐射防护体系发展
第六章	外照射剂量计算与防护	核工业奋斗历史、放射治疗原理及国产化装置	国产化质子治疗装置
第七章	内照射估算、监测与防护	中国同位素药物发展与前景、国产化辐射测量装置	邓稼先光荣事迹、成都理工大学国产化内照射剂量测量装置开发
第八章	辐射剂量测量基本原理	国产化辐射测量装置、三系精神	三系精神
第九章	防护监测的一般原则	核工业奋斗历史、切尔诺贝利、	日本福岛核废水排放
第十章	实用辐射安全技术	“华龙一号”	“华龙一号”

二、案例基本情况

内照射个人剂量监测、估算与防护是“辐射剂量学与辐射防护”课程中的核心内容，也是学习重难点。此内容要求学生具有良好的数理知识，具备扎实的原子核物理、核辐射测量方法等专业知识，同时对核电子学、人体放射性元素代谢模型有一定的了解。因此，此章节学生学习难度大，对课程设计要求高。案例根据《高等学校课程思政建设指导纲要》要求，结合课程内容专业建设特点，对课程思政体系进行有针对性的设计，旨在既能促进学生对专业知识的掌握，又能增加学生专业自豪感与报国情怀。

（一）案例基本信息

1. 教学内容

（1）学情分析

① 经过课程前期知识学习，学生已基本掌握外照射辐射剂量监测以及屏蔽设计流程，对于内照射剂量计算也有了基本了解。

② 学生日常操作的仪器主要是针对外照射辐射剂量监测，对于内照射监测仪器缺乏现实体验。

③ 内照射剂量监测、剂量估算与防护是“辐射剂量学与辐射防护”课程中的核心知识，对于学生建立起全方位的辐射防护体系具有重要的作用。

（2）教学重点

① 内照射个人辐射剂量估算；

② 内照射个人辐射剂量监测方法的原理及影响测量精度的因素分析；

③ 综合运用所学知识，可根据放射性内污染工况，能选择合适的辐射监测方法及剂量估算，并能给出合理降低内照射的措施。

（3）教学难点

① 直接测量方法中涉及探测器效率刻度、人体组织密度结构等其他学科知识，学生对这一块知识的深入认识存在一定难度；

② 通过理论讲授达到具有解决实际内照射剂量评估问题的初步能力，对学生理解能力有一定要求。

2. 教学方法

① 有机融合课程思政元素，增强学生专业自豪感，激发学生专业报国思想。

② 案例教学法、问题导向法、课堂讨论法以及传统讲授法有机融合，从多角度多维度加强学生对方法原理的认识与理解，实现对知识的灵活运用。

③ 依托建立的丰富在线资源库，实现学生线上和线下相结合的阶梯式教学方法。课前学生可通过课程建立的在线资源进行初期的学习，对课堂讲授的知识具有初步的了解；课后学生可根据在线平台的资源进行复习，并通过课后习题库加深对相关知识的了解。

（二）丰富的思政内容

“辐射剂量学与辐射防护”是研究辐射效应程度预测原理、指标、方法的一门学科。它起源于对19世纪人类首次发现辐射现象，在核技术发展过程中，对防止辐射对人类核环境产生伤害发挥着不可替代的作用，并伴随着核技术的应用与推广而逐步发展和完善起来。在国际上，各国都把辐射防护作为核技术领域不可或缺的重要组成部分看待，给予了充分重视；在我国，辐射防护被列为核科学与技术下的一个独立的二级学科，并建立起一整套完整的学科体系。成都理工大学是我国第一批开设辐射防护与核安全本科专业的高校之一，而成都理工大学“核科学与技术”学科可溯源到1956年我国为发展原子能事业而设立的“三系”。截至目前，共培养博士研究生104名、硕士研究生350余名，本科生5 260余名，涌现出中国科学院院士、国家杰青等一批国家级杰出人才，为我国核工业发展做出了卓越贡献。因此，我专业流淌的就是教育报国的“红色基因”血液，具有丰富的教学资源。

① 首先，核军工思政素材丰富。立足核军工背景，深挖“两弹一星”精神、楷模人物、核工业奋斗历史和王淦昌、邓稼先、于敏“两弹一星”楷模先进事迹，根据课程教学特点和课程知识点进行凝练提高，形成我国核工业发展思政教育资源。

② 其次，课程自身思政素材丰富。我专业教师在核分析与核探测仪器装备打破国外高端核仪器装备技术垄断、科技强国的科研成果丰富，形成了防护监测与核应急装备自主创新发展思政案例，专业自身思政元素与课程教学能够完美融合。

③ 此外，社会热点事件思政素材丰富。核科学与核能是国家高新技术竞争的前沿，我国与国际核安全领域的热点大事件，例如：日本福岛核事故、核污染废水排海、俄乌军事冲突对核设施的威胁，同样为课程思政提供良好的思政教育素材。

三、案例思政元素分析

新工科建设是我国高等工程教育主动应对新一轮科技革命与产业革命的战略行动。相对于传统的工科人才，未来新兴产业和新经济需要的是工程实践能力强、创新能力强、具备国际竞争力的高素质复合型“新工科”人才。《高等学校课程思政建设指导纲要》指出，理学、工学类专业课程要在课程教学中把马克思主义立场观点方法的教育与科学精神的培养结合起来，提高学生正确认识问题、分析问题和解决问题的能力。因此，针对课程知识特点，合理融合思政元素可促进学生对专业知识消化吸收，培养满足国家需求的高素质复合型“新工科”人才。

（一）课程思政元素体系

针对课程章节特点，设置密切相关的思政话题，实现课程思政如盐入味。目前课程形成了课前、课中和课后的“阶梯递进式”混合式课程教学内容，构建了“理论+研讨+调研汇报/实训”三位一体的课程教学模式。思政元素切实耦合到课程教学的每个环节中，做到了课程思政“如盐入味”。

（1）构建线上思政案例学习资源库，学习光荣事迹与先烈精神

线下课堂的一个限制在于时间有限，线上学习的优势是学生可以利用自己的课后时间，有效安排学习时间，刻度课堂只有45分钟的限制。在线思政资源库主要包含两方面内容：①直接链接权威媒体发布的我国核科学技术发展中的光荣事迹或者纪录片，如纪实大型纪录片——邓稼先的爱国情怀与原子弹的缘分；②在学生在线课件中有机融入思政素材。

（2）构建课堂思政元素，以技术案例激发学生专业荣誉感与自豪感

在充分解决学生知识点困惑的同时，以身边鲜活的实例，切实增加学生的专业荣誉感，激发学生的学习兴趣，引导学生投身到国家需要的领域中去。例如：适时穿插我校针对核与辐射防控问题，围绕生态环境与公众安全保障，提出的岩石、土壤、大气和水体中伽马场分布模型、氡场的稳态和非稳态数理模型和地-空界面上天然放射性水平的预测模型，建立的基于多目标地质调查数据的天然辐射环境评价的技术方法；将专业教师开发的高性能的核电子学部件、核测量与核应急仪器装备引入辐射监测内容教学课程，通过我国辐射防护监测仪器装备产业升级、突破国外技术垄断，以点带面认识到我国在中国共产党的领导下取得伟大建设成果。

（3）课后延伸，积极引导学生思考我们能够为行业发展做什么

依托课程中的调研汇报、“核+X”竞赛、大学生科技立项、毕业论文等形式，积极引导学生投身到具体问题的研究中。例如：针对在线思政元素中的日本福岛核废水排放问题，引导学生思考核废水排放涉及的法律问题以及对环境的危害问题；给学生布置调研放射治疗装置辐射屏蔽设计现状与难点，引导学生去思考具体问题。目前，学生根据相关调研已独立完成核废水法律法规调研工作，并制作了“和你一起谈核法”“核水不犯净水”的视频参加“核+X”竞赛。

（二）案例典型思政元素

1. 在线学习资源思政视频（线上）

在学生利用课程构建的在线资源进行学习时，针对本节内容提供了两个视频供学生学

习（见图 2），分别切尔诺贝利核事故以及日本核废水排放。目的是希望让学生通过两个案例的学习，一方面思考内照射对人体危害的认识，另一方面能够真实展现西方国家的双标。

在线视频观看

切尔诺贝利辐射事件

日本核废水排放事件

图 2　学习在线课程资源

2. 两弹元勋——邓稼先先生事迹（线下）

有关邓稼先的纪念文章和影视作品，都提到了他的英年早逝与一次核试验事故有关。这次事故是发生在 1979 年 9 月 13 日，那是空投氢弹核试验，大降落伞未打开，核弹落地时在戈壁滩上炸了一个大坑。使周围空气和地面被极毒的放射性核素钚严重污染。包括邓稼先院长在内的多位参试人员先后进入化爆后的弹坑区，受到钚气溶胶的严重的内照射剂量。因为核辐射肝脏受损，每一个小时就需要打一针镇痛剂。

放射性物质经由空气吸入、食品食入，或经皮肤、伤口吸收并沉积在体内，在体内释放出 α 粒子或 β 粒子对周围组织或器官造成照射，称为内照射。内照射是由于放射性核素进入人体内部，产生的射线直接对组织形成的照射，显然，内照射的危害比外照射更大。相比之下，短射程的粒子如 α 粒子、裂变碎片以及电子的危害更大。但是，在我国原子弹和氢弹研发过程中，作为核物理顶级专家的邓稼先，为了弄清楚氢弹研发进程中的一些装置细节问题，遭受了严重的内照射。通过事迹的描述，引导大家专业报国，积极投入到国家需要的行业中去。同时，引出内照射个人辐射剂量评估的概念。

3. 系部老师在内照射国产化装置技术中的创新研究（线下）

成都理工大学核技术与自动化工程学院是培养核科学技术、仪器科学技术和电气工程学科专业人才的教学研究型学院，长期从事于辐射剂量学与核辐射射线装置开发人才培养，在辐射剂量设备研制、核应急测量装置以及核废物检测分析等领域在行业具有丰富的科研成果，为我国核科学事业发展与进步做出了积极的贡献。

内照射剂量估算具有其独有的特征，需要考虑众多参数，如摄入时间、照射类型（急性和慢性）、摄入途径（吸入、食入等）、放射性核素的物理和化学等特性（分子化合物的类型、颗粒大小、溶解度等）和他们在体内的生物动力学特征。与外照剂量测定不同，外照剂量测定可以基于与有效剂量直接相关的防护实用量，而由放射性核素摄取所引起内照射剂量的评估则依赖于活度测量和后续建模。因此，拟在课程知识讲授过程中，增加我们系部老师与本科学生合作开展的内照射剂量估算与内照射核素监测装置开发研究，旨在增加学生的专业自豪感，建立科研自信。

目前，我们系部的老师与本科学生共同在此领域开展了一些创新性工作，获批发明专利 1 项，软件著作权 2 个。同时，一篇研究新旧碘周身模型对内照射剂量计算结果影响的论文正在投稿中。

四、案例教学整体设计

（一）教学设计思路

课程教学的总体设计思路是以案例和启发式为主。内照射个人剂量监测、估算与防护属于"辐射剂量学与辐射防护"课程中的一个核心内容，具有涉及知识面大、影响因素多等特点，但是对于个人剂量监测、估算以及防护等三个层面知识确实环环相扣，内在知识逻辑严密，适合通过项目案例式的方式引导学生对相关知识的学习与深入理解。

总体路线是通过案例，让学生认识内照射辐射剂量的危害，进而引导学生思考如何能够对内照射辐射进行剂量估算和评价。其次，通过讨论与分析，将内照射辐射剂量估算与评价的总体目标拆分成三个小问题：①如何克服个体体型不同，准确测量体内放射性元素的滞留量；②如果通过监测量推算到初始进入到人体的摄入量；③如何通过摄入量进行内照射辐射损伤评估。

（二）教学目标

在专业课程的教学中落实立德树人，必须将价值塑造、知识传授和能力培养三者融为一体。本课程分别提出教学的价值目标、知识目标与能力目标。

1. 价值目标

通过"两弹一星"邓稼先先生的先进事迹，让学生学习革命前辈在面对国家需求时的专业报国精神。通过介绍成都理工大学核科技与自动化工程学院在国产化内照射剂量测量装置中的技术创新，激发同学学习兴趣以及专业自豪感。

2. 知识目标

认识内照射的危害；掌握内照射监测的方法；掌握内照射监测数据分析与剂量估算；熟练掌握内照射的防护方法。

3. 能力目标

掌握内照射剂量监测方法、内照射剂量计算原理和防护措施；能够根据人体摄入放射性核素特点选取合适的监测方法；能够根据辐射装置特点，给出减小内照射伤害的防护措施。

（三）教学过程

案例教学整体设计主要包含导引、剂量监测、剂量估算以及内照射防护以及课程总结与回顾等方面组成。

1. 导引

导引安排了两页 PPT，如图 3 和图 4 所示。第一页 PPT 主要的目的有两个：其一是通过邓稼先先生的事迹讲述革命先烈的报国精神，另一方面引出内照射剂量估算的重要性评估。第二页 PPT 的目的也有两个：其一是对内照射剂量估算前期课程讲授内容基础知识的回顾；第二个目的是通过三个问题引出对于人体内照射剂量估算应该考虑影响因素。

图 3　课程讲授中导引 PPT 展示

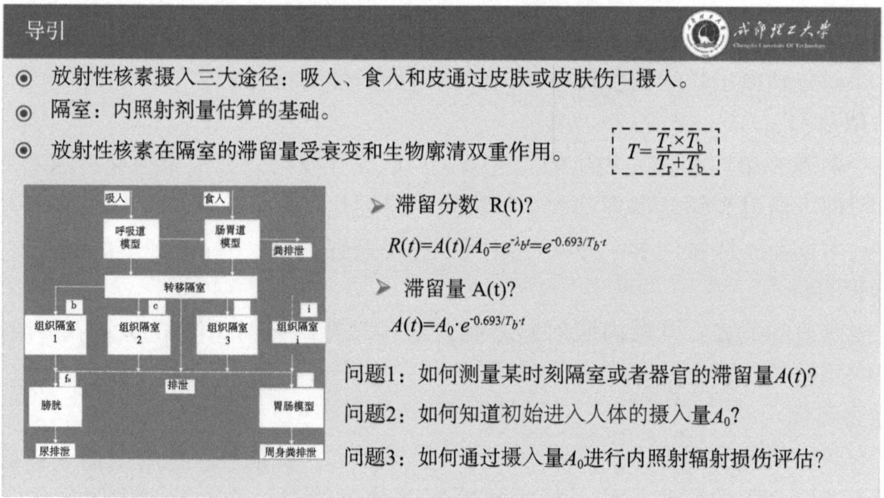

图 4　课程讲授中导引 PPT 展示

2. 剂量监测方法讲授

剂量监测方法以前期讲授的放射性核素在体内的代谢过程为基础，通过对放射性核素在体内进入和排除方式的对比，引出目前常用的内照射辐射剂量监测方法。然后再详细后续内容再对三种方法的基本监测原理进行介绍。问题引出 PPT 如图 5 所示。

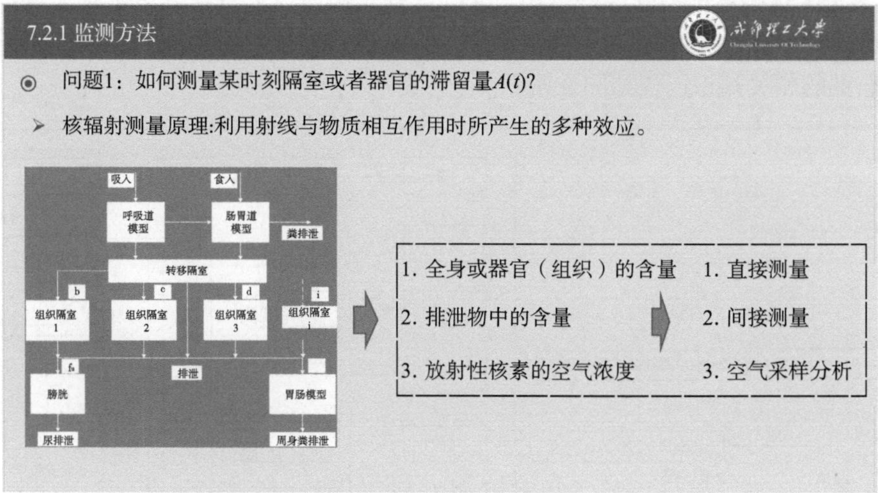

图 5　课程讲授中剂量监测方法问题引出 PPT 展示

在讲授方法中，通过问题的方式引导学生思考在进行内照射直接测量时需要考虑的问题：如影响直接测量方法的因素有哪些？三种监测方法的优劣怎么比较？怎么减小测量过程中的干扰项？

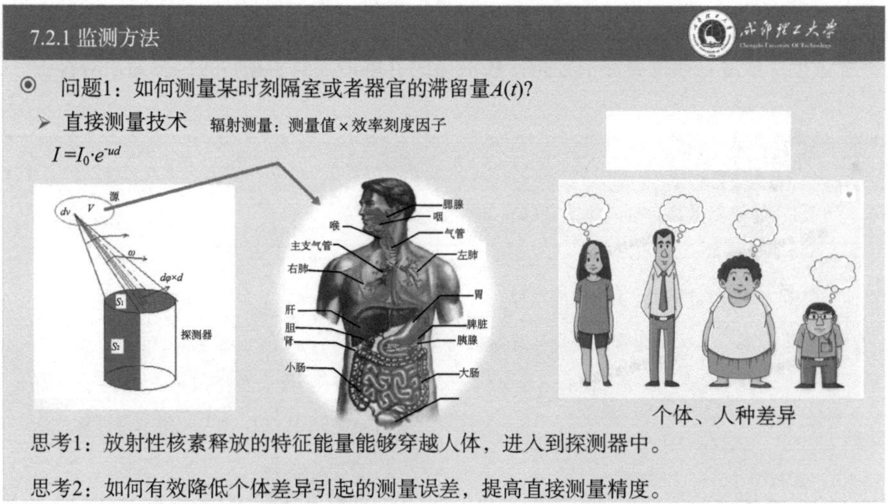

图 6　课程讲授中剂量监测精度影响因素问题引出 PPT 展示

3. 剂量估算方法讲授

在剂量监测方法的基础上，通过问题引出内照射剂量估算的意义。在讲授的过程中，始终贯穿生物廓清、放射性衰变以及隔室等专业概念。通过对呼吸道模型、胃肠道模型等标准模型的解释，让学生知道内照射剂量的总体计算流程。

同时，在学生掌握内照射剂量估算的总体流程的基础上，结合任课教师的科研工作，以放射性碘的内照射剂量估算为例子，具体演示整个计算流程。主要目的有两个：其一是展示实际放射性核素计算的过程，清晰认识对于某一种放射性核素的内照射剂量估算而言，涉及多个人体隔室模型的综合运用；其二是展示内照射剂量估算模型随着研究深入的演化过程，生动展示本领域还有很多工作等待大家探索。放射性碘周身新旧模型对比如图 7 所示，获批的相关知识产权如图 8 所示。

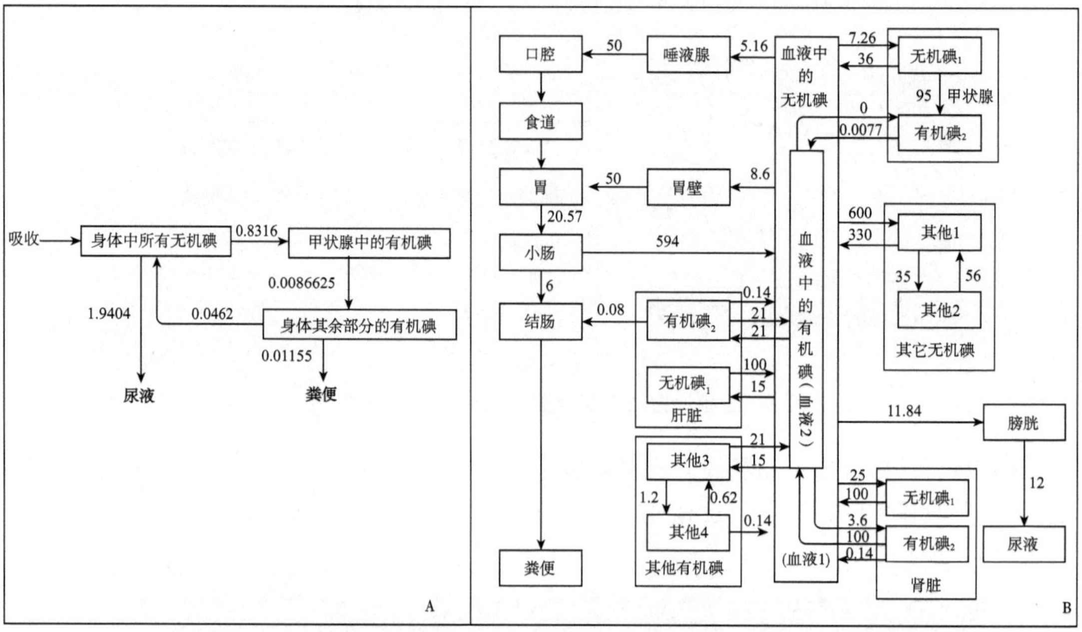

图 7　课程讲授中放射性碘周身新旧模型比较对比图（碘旧周身模型（A）及新周身模型（B））

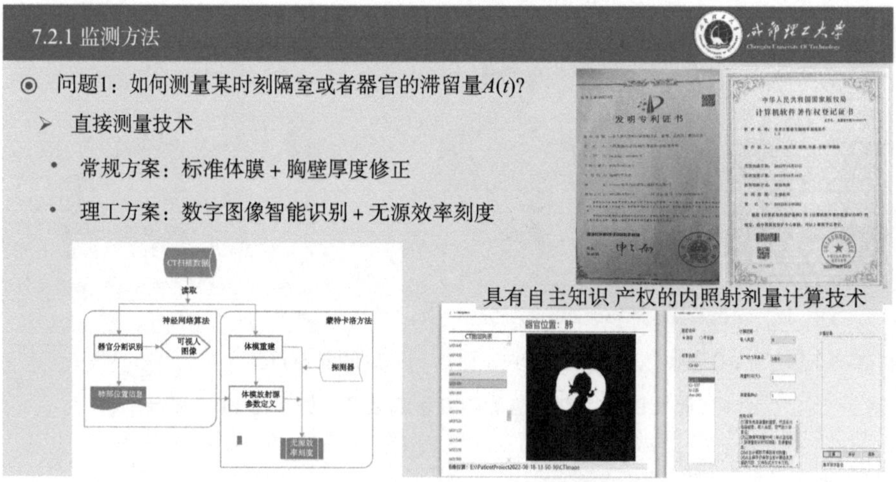

图 8　系部老师在内照射剂量监测领域获批的相关成果

4. 内照射防护措施

此部分是在总结前面内容的基础上，引导学生思考“当存在放射性内照射潜在危害时，可以采用哪些方法杜绝内照射事件的发生？”

5. 课程总结与回顾

（1）课堂内容总结

回顾从内照射辐射剂量的监测方法开始，总结监测方法的原理以及比较三种监测方法的特点、适用场景、缺点等。然后再引导学生认识到胃肠道模型、呼吸道模型等 ICRP 报告中给出的标准模型对于内照射剂量估算的重要性。

（2）课堂讨论

课堂讨论的目标是在学生对课程内容有基本掌握的基础上，提出更综合的问题引发学生对知识点的深入思考，促进学生对知识的理解。如针对内照射直接测量方法而言，设问：“为什么在进行辐射监测时要处于低本底屏蔽体的环境中？”“为什么在测量前，被测对象应该淋浴、摘下眼镜、手表及其饰物，穿上清洁衣服呢？”

（四）教学反馈与评价

完整的课程教学涉及教学过程及评价与反馈体系。考虑到网络学习的优劣势，课程知识特点以及教学软硬件平台，针对本案例的教学反馈与评价设计主要从以下三个方面开展：①在线学习平台与课后作业；②课程实践教学——内照射剂量估算软件操作；③学生评教。

在线学习平台与课后作业的设置，是利用目前方便的网络平台，让学生都积极参与到更综合问题的实际运用中。学生通过讨论、查阅资料，形成小组、班级的问题讨论氛围，在解决问题的过程中达到对知识的消化再吸收。课程教学实践环节是让学生实际操作系部自己研发的内照射辐射剂量估算软件，一方面让学生掌握实际内照射剂量估算的流程，一方面让学生对设置参数以及计算结果进行解释。学生评价则是学生对课程学习效果的一个总体意见反馈。

五、教学实践过程回顾

为了实现价值塑造、知识传授和能力培养三者融合的教学目标，在教学过程中采用多种教学方法进行授课，落实“学生为主体，教师为主导，能力培养为核心”的教育理念。课程形成了课前、课中和课后的“阶梯递进式”混合式课程教学内容，构建了理论+研讨+调研汇报/实训“三位一体”的课程教学模式，形成一个内容丰富的线上线下课程思政的课程教学资料库。

（一）深化在线思政元素资源库，激发学生学习兴趣

立足学校的三系精神，深挖“两弹一星”精神、楷模人物、核工业奋斗历史、国家大型核工程与国家重器等思政元素，根据专业教学特点凝练提高，形成一个内容丰富的线上线下课程思政的课程教学资料库；并于现有在线课程建设基础上，积极引入鲜活的时代思政元素，促进与课程内容的融合，使课程思政“如盐入味”，形成较为成熟的课程思政教学方法。

（二）系统化设计课堂，提高学生学习效率

为了抓住学生的注意力，充分利用好有限的课堂学时，提高学生的学习效率和学习效果，课程特别注重课堂设计的系统化。课程设计的系统化主要体现在如下几个方面：① 多教学方式的有机融合：告别课堂讲授以教师为主题的传统模式，现在特别注重学生在课堂上的主体活动，增加翻转课堂提高学生主观能动性，以雨课堂在线提问的方式吸引学生的注意力；② 优化教学内容：合理搭建线上线下学习的桥梁，让学生能够切实体会到在线学习平台有效果，课堂重难点知识讲解有深度，课后实践训练有帮助。

（三）以案例式教学为主线，加深学生对知识的综合运用

针对课程涵盖知识面广、涉及概念多等问题，以案例式和问题启发式为课堂主要讲授方式。目的在于瞄准教学目标，全面带领学生思考如何解决实际问题，把实际问题中隐藏的专业知识剖析给学生，以加深学生对知识的认识。以问题串联的方式贯穿课堂教学，注重将理论知识与实际工程问题相结合，训练学生解决问题的综合能力。

（四）注重课后答疑，让学生提出问题

充分利用好在线平台中的贴吧讨论区或者 QQ 群等社交软件，注重课后学生的答疑解惑。课后学生能够提出问题是学生积极深入思考的表现，但是学生将基础知识到综合运用之间还是存在困难。因此，课后解惑的目的在于帮助学生理清基础概念中的易混淆地方，引导学生如何使用基础知识解决实际问题，其次是帮助学生树立正确的科研思维和信心，激发学生的学习兴趣。

（五）开展课程实践，提升学生对知识综合运用能力

课程实践是对课程知识综合运用的一个体现。充分利用好学科搭建的辐射虚拟仿真实验平台，借助系部自己开发的内照射辐射剂量估算软件以及适用于直接测量方法的全身计数器软件，可有效帮助学生熟悉相关知识，获取在进行实际测量中的过程性数据。对相关过程性数据和结果进行分析、讨论与解释，可提升学生对知识的综合运用能力。

六、创新性与效果总结

（一）主要特色

高校立身之本在于立德树人，要坚持把立德树人作为中心环节，课程思政是新时代立德树人的一个立意高远的创新。本课程有效结合课程特色，积极构建与教学模式相适应的线上线下课程思政教学资料库，促进与课程内容契合，使课程思政“如盐入味”。本课程紧扣课程特色，形成了具有鲜活、广度和深度特色的思政元素资源库。

① 鲜活：一方面元素来源于权威媒体公布的学习视频，来源于“两弹一星”、楷模人物、核工业奋斗历史、国家大型核工程与国家重器等思政元素；一方面来源于我们学校老

师在该领域所做的贡献，让学生真切感受到的一个个鲜活的实例而不是简单的说教，以事迹来加强学生的理解，并根据专业教学特点灵活总结凝练提高，有力激发学生的专业荣誉感与自豪感。

② 广度：依托课程构建的“理论+研讨+调研汇报/实训”三位一体的课程教学模式，思政元素也实现了三位一体的全覆盖，即根据课前、课中以及课后教学方式与教学目标变化耦合思政元素，创新开展分组课题调研汇报、“翻转课堂”案例式课堂教学和“项目式”实训设计，充分调动学生主动性、创造性，激发学生专业兴趣以及继续从事核专业研究的决心。

③ 深度：素材选取上具有针对性，不仅包含核工业发展中光勋人物事迹宣扬，更包含前辈在解决问题中所采用的方法。同时，在思政素材的选取上，融合当前行业前沿问题，吸引学生投身到国家发展战略中，从而实现吸纳具有创新精神的优秀核专业人才继续从事本领域的研究。

（二）效果总结

① 通过教学改革与思政元素的有机融合，大大激发了学生学习的积极性和主动性，提升了学生综合实践应用能力。如“辐射防护与安全技术”课程学生成绩由 2020 年秋季学期的 68.7（2018 级）提升到 2021 年秋季学期的 76.1（2019 级），学习效果明显提升。

② 增强了学生对国家过去一百年发展的认识，认识到强核报国的重要性，更积极投入核工业发展中。

致谢：

感谢成都理工大学中青年骨干教师发展计划（No. 10912-JXGG2022-08667）的资助，感谢 2021—2023 四川省高等教育人才培养质量和教学改革项目——核工程“菁英班”创新人才培养实践研究（No. JG2021-674）的资助。

参考文献

[1] 李世俊．电离辐射剂量学基础［M］．苏州：苏州大学出版社，2008.

[2] 陈志．电离辐射防护基础［M］．北京：清华大学出版社，2020.

[3] 魏志勇．辐射剂量学［M］．哈尔滨：哈尔滨工程大学出版社．

[4] 曹锦佳，洪琪，郑晓敏．新工科背景下核类专业升级改造的探索——以辐射防护与核安全专业为例［J］．教育教学论坛，2023（31）：37-40.

[5] 魏强林，杨波，张怀强，等．新工科背景下核专业实验室开放管理改革与实践［J］．教育教学论坛，2018（45）：11-12.

[6] 路兴强．基于工程教育专业认证的核类专业新工科建设探索［J］．教育现代化，2018，5（42）：75-76.

"核工程类专业导论"课程思政案例

刘义保，魏强林，李　然，刘小亮，杨　波，李小燕，
张怀强，赵剑锟，杜艳军

（东华理工大学核科学与工程学院，江西　南昌　330013）

摘　要：东华理工大学依托核科学技术学科，面向核科技工业需求，开设核工程类专业，开展涉核课程思政教育教学，充分利用了核学科特征和中国核工业特色，提炼思政元素，开发特色思政案例，坚持把核科学技术创新探知过程和中国核科技工业自力更生、艰苦奋斗、自主创新、自主创业的艰难历程融合到核专业课程教育教学和人才培养中，传承和发扬核工业精神、"两弹一星"精神，强核报国、创新奉献，为祖国核事业发展、核工业现代化建设培养具有家国情怀、使命担当的复合型创新应用人才。本课程是核专业引导课，内容包括核科学起源与建立、中国核科技工业的创立、核能与核技术开发利用、核与辐射安全等模块，通过该课程引导核专业新生认识核科学、认知核专业、认同核行业，科学合理规划大学学习和未来职业，为国家核事业发展贡献才智。

一、课程基本情况

（一）授课对象情况分析

授课对象：核工程类专业新生。

对象特点分析：对象来自全国各地高考入学新生，新生对专业、专业所属学科、专业服务的行业或领域都不是十分了解和清楚，但他们对核科学技术又特别好奇和感兴趣，对"两弹一星"非常崇敬，有深度了解中国核战略力量和核能与核技术利用的急切心情和爱国热情。

（二）课程情况简介

核工程类专业导论是核工程类专业的必修课之一，课程内容覆盖核科学技术的起源与发展、中国核科技工业体系的建立、核能与核技术开发利用、核与辐射安全等，是核工程类专业的先导课程。课程以科普的形式引导学生认识核科学技术体系、认知核专业及服务领域、认同核行业并能科学合理规划大学学习和未来职业。

二、案例基本情况

（一）案例一：核聚智慧，探幽入微求科学真理

对应章节：核科学技术的起源与建立

表 1　案例一思政元素的提炼和案例编制

案例名称	思政元素	思政案例	目的和意义
核聚智慧，探幽入微求科学真理	工业生产促进科学革命	(1) 电气工业中的问题：空气放电、短路、断路，催化科学问题，建立物理模型，研究阴极射线管； (2) 阴极射线管研制与研究，导致电子发现； (3) 钢铁工业中锻造、燃煤和温度控制，黑体辐射建模与研究，导致量子论建立	建立科学研究来源人类劳动和生产实践的思想，牢固树立唯物主义思想
	科学情趣，格物致理	(1) 对阴极射线的研究、阴极射线是否为电子束的判断，导致伦琴发现 X 射线； (2) 对 X 射线的好奇与探究，使贝可勒尔发现放射现象	好奇心和好奇心的满足是科学研究的内在动力，也是科技创新和发现的源泉，培养学生始终保持对自然的好奇和对科学的追求
	唯物辩证法/方法论分析问题	(1) 射线与物质的相互作用，物理原理的多方面的应用：核辐射探测器、辐射屏蔽、核医学诊治、核电池等； (2) 原子物理特征的辩证描述：原子由原子核和核外电子组成，原子态的核外电子表征	帮助和指导学生建立唯物辩证法学习和理解核科学技术知识，学会学习和合理规划学业
	成功只对有准备的头脑	(1) 中子的发现（查德威克发现中子，而约里奥・居里夫妇错失中子的发现）； (2) 正电子的错失（约里奥・居里夫妇错失正电子的发现）； (3) 人工放射性核素的发现（约里奥・居里夫妇首次发现人工放射性核素，终获诺奖）	培养学生严谨细实的科学精神、踏实的科学作风、执着的科学追求
	实践是检验真理的唯一标准	(1) 原子核核式模型的建立； (2) 原子核 α 粒子大角度散射	充分理解物理学是实践性科学，牢固树立实践是检验真理的唯一标准思想
	理论联系实际，理论与实验统一，学科交叉融合	原子核裂变反应的发现。哈恩和斯特拉斯曼实验发现核裂变现象，迈特勒和弗里希用原子核理论模型和相对论质能方程证实核裂变释放能量	培养学生理论联系实际，理论指导实验、实验促进理论的理解和建立

（二）案例二：核聚人才，艰难创业挺民族脊梁

对应章节：中国核科技工业的建立

表 2　案例二思政元素的提炼和案例编制

案例名称	思政元素	思政案例	目的和意义
核聚人才，艰难创业挺民族脊梁	核工业精神	“五厂三矿”的开建，奠定了中国自主的核燃料循环工业体系	帮助学生走进中国核工业，传承“事业高于一切、责任重于一切、严细融入一切、进取成就一切”的核工业精神，培养家国情怀和爱国奉献精神，认同核工业、献身祖国核事业
	“两弹一星”精神	（1）596 工程； （2）728 工程、国之光荣、秦山核电； （3）“两弹一星”； （4）大国工匠	传承“两弹一星”精神：热爱祖国、无私奉献、自力更生、艰苦奋斗、大力协同、勇于登攀

（三）案例三：核新课堂，传承弘扬核军工文化

对应章节：新时代中国核科技工业

表 3　案例三思政元素的提炼和案例编制

案例名称	思政元素	思政案例	目的和意义
核新课堂，传承弘扬核军工文化	核能与双碳目标的实现	核能开发与利用	建立核能是清洁能源概念和认识，消除核恐慌，促进核能开发与利用，促进双碳目标的实现
	强核报国、创新奉献	（1）“华龙一号”； （2）高温气冷堆； （3）钠冷快堆	贯彻落实中央领导人发展核事业的重要指示和精神，核工业是高科技战略产业、是国家安全重要基石，全面提升中国核工业的核心竞争力

（四）案例四：核力前行，共创核科技应用兴盛

对应章节：核技术及应用

表 4　案例四思政元素的提炼和案例编制

案例名称	思政元素	思政案例	目的和意义
核力前行，共创核科技应用兴盛	促进经济社会发展、生命健康和人类文明进步	（1）核医学； （2）核农学； （3）核辐照加工； （4）核技术勘查； （5）核安保安检	充分认识核技术是先进技术、关键技术，是国家特殊需求，是世界安全保障
	核技术反哺核科学	（1）正负电子对撞机； （2）重离子加速器； （3）散裂中子源； （4）中微子探测； （5）暗物质探测； （6）上海光源	核技术是先进技术，核学是前沿科学，通过先进核技术构建大科学装置和平台，加强前沿科学领域的突破和人才培养，实现国家基础性和战略性发展的支撑

（五）案例五：核报强国，筑牢核安全文化

对应章节：核与辐射安全

表 5　案例五思政元素的提炼和案例编制

案例名称	思政元素	思政案例	目的和意义
核报强国，筑牢核安全文化	科学伦理	电离辐射防护与辐射源安全	了解国家核与辐射管理的法律法规、标准和导则，建立核科学应用的伦理，服务于社会经济发展、生命健康和人类文明进步
	工程伦理	核设施安全	通过核电设计、建造、运行和检修等，理解核电建设、建造和运行的安全和责任
	总体国家安全观	国家核安全观	通过国家核安全进一步理解总体国家安全观

三、案例思政元素分析

依托核科学技术学科，面向核工业需求，开设核工程类专业，开展核专业课程思政教育教学。核科学是前沿科学，是基于量子力学和相对论，对原子核层次物质的结构、组成和相互作用规律的研究，具有现代科学思想、思维和方法；核技术是先进技术，基于射线与物质的相互作用，区分不同的射线和物质，产生不同的效应或机理，广泛运用于辐射探测、环境监测、核医学诊治、辐照育种、辐照灭菌、食品保鲜、安全检查等，促进了社会经济发展、生命健康保障和人类文明进步；核工程改变世界，基于核裂变和核聚变反应释

放大量能量，开发核武器，成为影响世界局势的力量，核能的利用也为全球双碳目标的实现提供了最优能源选择。从全球环境治理、国际局势的应对、国家利益的保障、社会经济的发展、人民生命健康护佑等各个层面，核专业课程可以从科学素养、国家情怀、创新科技、生态环境、生命健康、国家安全等方面提炼出核学科和核专业的特色思政元素。

基于“核工程类专业导论”课程，提炼了核科学、核工程、核技术和核安全等领域的课程思政元素（见表1～表5），这些思政元素既可以在此门课程中，也可以分别在核专业各个课程（群）中提炼出来，根据各自课程（群）的性质和教学大纲要求，开发和编制对应思政元素的案例。

四、案例教学整体设计

核专业人才培养方案中的课程体系，“核工程类专业导论”是核专业学生专业引导课程，后续专业课程主要由核学科基础课程、核技术课程、核工程课程和实验实习课程等模块组成。我们率先构建了专业—课程群—课程“三位一体”的课程思政教育教学体系(见图1)，在这个体系中，“核工程类专业导论”的课程思政的提炼基本涵盖了专业思政元素，考虑核专业新生还没有系统学习数学和物理等基础课，也没有核专业的基础知识，在本课程的思政案例教学中，基本采用科普或知识图谱的方式编制思政案例，课程组老师分工合作，在集体备课的基础上，由课程负责人牵头制定课程思政教案，课程教师各自承担章节所属思政案例的教学。导论课程思政元素需要深入阐述的，后续课程编制较为完整和系统的思政案例，开展线上线下的融合式思政教学。

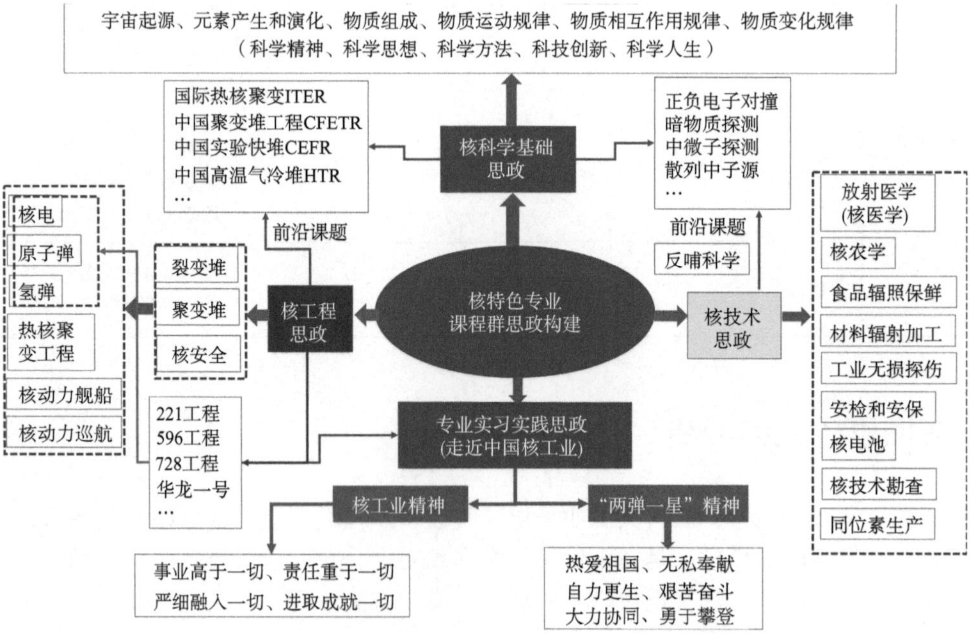

图1　核专业、课程群、课程“三位一体”的课程思政构建

五、教学实践过程回顾

本课程从2018年开设以来，授课团队逐渐探索，结合学校核特色办学方针政策，深入挖掘思想政治教育资源，完善课程内容。近五年来，逐步改进教学方法，形成了以课堂讲授为主，多媒体为主要手段，借助超星平台，开展“线上线下混合式”教学，为展示本课程所涉及的丰富信息资料，学生应认真听讲并参与课堂互动，在课后按时完成作业与考核。课程于2023年6月顺利通过了学校“思政示范课程”建设验收（见图2）。

本课程授课团队由学院院长、副院长、系主任、教科办主任和实验中心实习主任等9名骨干教师组成，教授、副教授和讲师各3名，形成了“老中青”传承梯队，按照各自学术专长、管理经验讲授相应内容。通过该课程，让学生全面掌握国家/学校核专业概况、培养体系、核科学技术发展历程、核能与核技术应用、核安全文化等内容。让新生尽可能多接触专业课教师，为本科生导师制奠定基础。

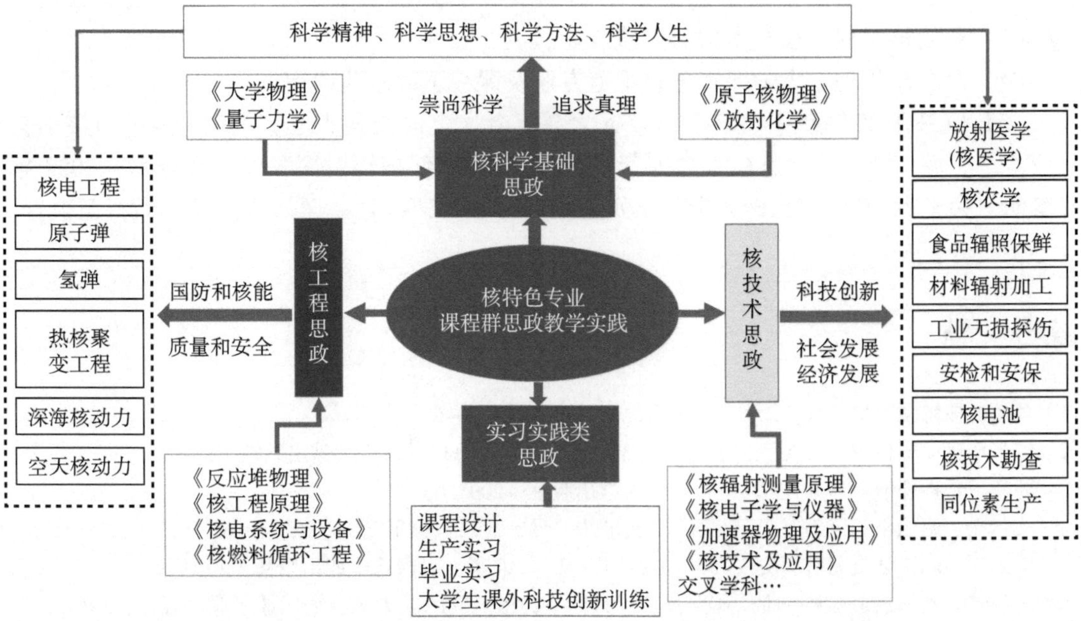

图2 核专业—课程群—课程“三位一体”的课程思政教学实践

六、创新性与效果总结

（一）创新性做法

（1）融合核科学和中国核工业特色，创新性地把核科学技术创新探知过程和中国核科技工业自力更生、艰苦奋斗、自主创新、自主创业的艰难历程融合到核专业人才培养中，开展核特色专业课程思政教育教学。

（2）率先提出和构建了专业—课程群—课程“三位一体”的核专业课程思政教育教学模式，以“核工程类专业导论”作为专业思政引领课程，构建核学科基础群、核工程课程群、核技术课程群和核专业实习实践课程群四大模块，避免各门课程在思政元素提炼和案例编制中的割裂、表述不一、重复使用等现象。

（3）基于课程群，成立了相应的教学团队，开展课程思政的教育教学活动。

（4）学校与企业和科研院所签订了核专业实习实践基地，这些实习基地大都是核科技工业厂矿企业和科研院所，具有丰富和形式多样的核工业创立和发展的历史资源，为课程思政教育提供真实或直观的场景体会。

（二）成效显著

（1）支撑并获 2022 年国家教学成果奖二等奖：核事业引领、创新驱动、多元协同地方行业院校一流核专业建设探索与实践。

（2）获批教育部新工科研究与实践项目：新工科视域下核特色专业工程教育文化建设。

（3）获批核工程与核技术国家一流专业。

（4）获批东华理工大学课程思政示范专业及课程思政示范课程。

（5）成果在 2023 年中国核工业教育学会年会（上海交通大学）、2023 年中国核学会反应堆热工流体力学分会年会（西安交通大学）、教育部核辐射探测虚拟教研室（2022 年专题研讨会）及 2023 年全国放射化学发展战略与学术交流大会（江西南昌）做特邀报告。

参考文献

[1] 孙勤．核铸强国梦［M］．北京：中国原子能出版社，2015.
[2] 埃米里奥・赛格雷．从 X 射线到夸克［M］．上海：上海科学技术文献出版社，1980.
[3] 郭奕玲．物理学史［M］．北京：清华大学出版社，2005.
[4] 艾尔文・温伯格．核第一纪元［M］．吕应中，译．北京：原子能出版社，1996.
[5] 中国原子能科学研究院简史（1950—2010）［M］．北京：中国原子能出版社，2010.
[6] 王寿君．我国核工业第一批厂矿照片集（1958—2018）［M］．北京：中国原子能出版社，2018.
[7] 王菁珩．金银滩往事—在我国第一个核武器研制基地的日子［M］．北京：原子能出版社，2009.
[8] 贾基业．两弹一艇人物谱（上、下）［M］．北京：中国原子能出版社，2016.
[9] 郭奕玲、沈慧君．诺贝尔物理学奖 1901—2010［M］．北京：清华大学出版社，2012.
[10] 理查德・罗兹．原子弹出世记［M］．北京：世界知识出版社，1990.

“先进核动力技术及其安全分析”课程思政案例

周　涛[1,2,3]，姚　垚[1,2,3]

（1. 东南大学能源与环境学院核科学与技术系，江苏　南京　211189
2. 核热工安全与标准化研究所，江苏　南京　211189
3. 大型发电装备安全运行与智能测控国家工程研究中心，南京　211189）

摘　要：该案例结合课程思政，通过先进核动力技术及其安全分析课程教学，用习近平文化思想指导建设核安全文化，培养高素质领军人才。坚持政治原则、思维原则、智慧化原则、关联原则、实践原则和能力原则等，通过线上线下结合法、情景演示法、演讲互动法、动画展示法、线上信息播送法、问卷调查法等信息化教学实操方式，课堂讲授全过程实现“新闻报道—学生演讲及讲评—提问讨论—课程讲授”四步法核心教育教学过程，将科学知识与红色教育有机结合起来，从而更有利于课程思政与专业教学的融会贯通研究，激发学生兴趣，深化理解，掌握知识，提高能力，创新思维，促进新质生产力发展。

一、课程基本情况

（一）授课对象情况分析

课程主要面向核工程与技术专业及其碳中和大类专业的本科生，也可面向核工程与技术专业及其碳中和大类专业的研究生。通常情况下，核工程与技术专业的本科生和研究生培养涉及核能、辐射技术、核材料、核反应堆等领域的学习和研究。这个专业对学生的选拔和培养较为严格。本课程可以使学生们既能通过本课程了解先进核动力概念与安全技术的主要研究方向及成果，又能广泛了解核能领域的新发展。关注课程思政，融入碳智等高科技元素，推进高素质未来领军人才培养，促进新质生产力发展。

（二）课程情况简介

“先进核动力技术及其安全分析”是一门大学专业课程，该课程的主要目标是结合思政元素，深入探讨和研究先进核动力技术，包括先进反应堆设计和运行，以及与核安全相关的各个方面。学生将学习如何评估和管理核动力系统的安全性。该课程包含核动力系统基础、先进核反应堆设计、核动力系统安全、核动力系统模拟和分析、核动力系统的未来趋势、伦理和法规。这门课程旨在培养学生在核工程和核科学领域工作或从事与核技术相关的研究的能力，同时强调核安全的重要性，确保核动力系统的可靠性和安全性。学生将获得深入的专业知识，以满足核能领域不断增长的需求和挑战。由于核动力技术的复杂性和潜在风险，这门课程还强调伦理和法规方面的培训，以确保核技术的安全应用。

二、案例基本情况

（一）案例一：核电时事介绍

在“先进核动力技术及其安全分析”课程中注重每节课都精选国内外新闻，对于学生的政治引导和时事说明，有助于学生能养成正确的价值观念，并对国内外与核相关的时事有更多实时了解。在课上，教师向同学们介绍了“我国西部地区首台‘华龙一号’核电机组正式并网发电”的重要新闻。中国广核集团广西防城港核电 3 号机组顺利通过 168 h 满负荷试运行，正式并网发电，标志着我国西部地区首台“华龙一号”核电机组正式具备向电网送电的能力。这是党的二十大召开之后首个高质量投产发电的核电机组。历经十余年的艰辛，老中青三代中核人的共同努力，研发出了具有完整自主知识产权的三代压水堆核电品牌——ACP1000，在“卡脖子”问题上取得重大突破。强调了核电是先进、安全、清洁、经济的能源，是保证经济持续发展、缓解能源压力、减轻环境污染的战略选择，严细认真、开拓创新是核工业精神的显著特色。防城港核电项目是西部大开发重点项目，深度契合广西沿海清洁电源基地规划，对推动经济社会发展、促进广西能源绿色转型具有重要意义。也讲授国际先进小堆及聚变发展。通过这个核电时事，向同学们展示了我国核电的发展，树立中国信心与自豪感，并指出党的二十大中提出的“积极安全有序发展核电”，为碳达峰、碳中和背景下的核电产业发展指明了方向。

（二）案例二：学生汇报及讨论点评

在课程中教师鼓励学生们展示自己对于核的认识和对于与核相关的 PPT，有利于提升学生关于核的知识面并提升学生的表达交流能力。同时，积极向同学们介绍核工业人秉承了中华民族的优秀文明基因，大力弘扬爱国主义、社会主义和集体主义思想。其中一位本科生做了题为“第四代核反应堆——液态燃料钍基熔盐堆”的 PPT 报告，介绍了钍基熔盐堆的背景、运行原理、优缺点以及未来的发展。最后，强调了“完成钍基熔盐堆的建设还需要国家的长期支持，需要国内跨行业、跨部门的技术协作，需要借助国际先进经验”。还有同学介绍高温堆、聚变堆等。在学生汇报过后，教师给予了很大的鼓励和表扬，做了很细致的点评，并强调了先进核电发展的重要性，并指出多学科交叉可以很好地促进相互学习、共同进步、共同发展，从而更好地为我国的发展提供动力。

（三）案例三：安全意识

在课程中介绍了广义和狭义的核安全，强调了核安全事关国家安危、人民健康、社会稳定、经济发展及大国地位。事故预防是核安全中的重要部分，满怀情感地结合新冠疫情现实事例说明预防事故、缓解事故的相互关联及其重要性。核事故具有低风险、高危险的特点，必须遵守核安全原则，才能进行事故的预防，可以最大程度地保障安全。介绍了典型的严重事故——三哩岛和切尔诺贝利核事故，详细描述了严重事故的事故过程和现象，包括堆芯熔化过程、压力容器内的过程以及安全壳内过程。教师在课上多次强调核安全的重要性，并向学生们介绍了核安全的原则和核安全法规及安全监督，核电厂核事故应急管理分类，强化为人民服务意识，促进同学们对核安全的深度认识和理解。

（四）案例四：核工业精神

课程基于先进数字化教学手段，制作了教学视频，基于思政要求，视频先展示了钱学森、钱三强、邓稼先、于敏、王淦昌5位伟大的两弹功勋人物，并附上了照片及介绍，加深同学们对这些伟人的了解，然后展示了中国第一颗原子弹和第一颗氢弹成功爆炸的纪录片资料，也在2022年10月16日的课堂上强调了原子弹爆炸58周年，让同学们了解了两弹成功爆炸的过程，之后展示了华龙一号的动画，介绍了我国自主设计研发的反应堆及其安全系统。注重对同学们历史传承和人文情怀的培养，加深核工业精神、榜样力量的感受，加强了民族自豪感，加深了安全文化的熏陶，充分呼应思政元素与专业课程结合的需求。

（五）案例五：辩证思维

在课程中，例举在发生核电严重事故时，安全壳冷却喷淋系统如果尽早喷淋、较晚喷淋都会造成事故的强化，结论措施还是应该适时喷淋，以改善对安全壳内部压力的变化影响；二回路开始加水时间、加水量等对反应性的影响，分析不同处理方式的结果。用具体事例体现中国传统文化“中庸”思想与辩证统一的思维。响应习近平总书记在全国宣传思想文化工作会议上，强调“坚定文化自信，秉持开放包容，坚持守正创新，为全面建设社会主义现代化国家、全面推进中华民族伟大复兴提供坚强思想，保证强大精神力量，有利文化条件”。明确提出用习近平文化思想指导建设核安全文化，将核专业知识与安全实践文化和中华传统文化结合，启发学生的辩证思考能力。

（六）案例六：创新思维

课堂上，教师介绍了行波堆，并播放了视频，展示了行波堆的研究历史背景、意义、工作原理以及优点，作为第四代+先进反应堆之一，具有本征安全、无水冷却、连续燃烧等明显优势，能够进一步提高安全性，改进经济性，避免核扩散风险。但美国后来又终止合作。也阐述了目前该反应堆及聚变堆的发展情况，说明人工智能、大数据及量子技术的发展应用，着重介绍了我国目前的数字反应堆等前沿研究进展，以及我国在该创新技术上的领先地位。强调创新是一个民族的灵魂，是一个国家兴旺发达的不竭动力，核工业人从科学规律出发，敢于开拓创新，基于思政领先的原则，融合了安全第一、核工业精神、实践创新和劳动光荣等重要的思政元素，促进同学们的思政意识，尤其是创新意识的提高。

三、案例思政元素分析

（一）思政融入点

（1）核事业（战略决策、军民融合、技术起步、创业改革）起步，融入党政治判断力教育。

（2）核事业（军工、核电、核技术、核科学家榜样）历史，融入党政治执行力教育。

（3）核事业（核电发展、核技术发展、核能发展）发展，融入党政治领悟力教育。

（二）思政融入特征

（1）思政领先特征

引导学生思考核电发展及其创新进步，党建引领，融入红色基因，讲述核科技发展，实现思想文化领先，增强劳动意识，学会方法论，提高思维与锻炼创新能力，为研究生建立良好品行，并可拓展到其他领域的学习方法和思考方式。

（2）安全第一特征

贯彻安全理念，坚持安全第一，这是核能最优先的要求与基本素质。通过各类方式，加强学生对安全文化和安全法规的理解，培养学生的安全意识。

（3）实践创新特征

通过先进数字化智慧化手段，以课堂教学、综合讨论、网络收费，以及授课教师的科研项目的高科技积累等共同实施，充分利用数字化技术、网络技术，制作丰富和形象生动的教学和辅导材料，提供国家和国际工程法规性文献，调动学习积极性，提高教学效率。

（4）历史传承特征

融入核先辈们不讲条件，隐姓埋名，艰苦奋斗的历史事迹，表明党的事业之一就是核事业，核事业就是党领导的事业，培养学生们的政治意识、大局意识、核心意识、看齐意识。

（5）人文情怀特征

由初步培养学生的创新精神和工匠精神，到中期使得学生产生核动力无穷的干劲，提高科学精神和文化自信，最后阶段升华培养学生爱国情怀和人文素养。

（6）劳动锻炼特征

以老一辈核科学家为榜样，强化学生领军人才素质，使其理论与动手实践相结合的能力将得到很大提升。学生亲自动手制作的PPT、动画、科普视频等将为核电行业提供优质的学习资源，增强学生对核电行业的参与感和归属感，培养学生的劳动精神。

（三）思政教学原则

（1）政治原则

在开展信息化教学工作的过程中，坚持党性原则、思政原则，坚持以马克思列宁主义、毛泽东思想、习近平新时代中国特色社会主义理论体系作为行动的指南，正确进行舆论引导。先进核动力技术及安全分析课程强调的核安全文化虽然有国际原子能委员会的界定，但是中国是社会主义国家，有中国的国情与特色，更强调全民安全和为人民服务。所以，坚持政治原则就是最大的核安全文化的政治。

（2）思维原则

坚持从核能的创业发展史逻辑中强化四个意识教育，强化辩证思维能力培养，增强核辐射影响力；从核能的实践创业事迹中坚定四个自信，增添核动力；从核能的先进人物榜样事迹中学习两个维护，增强核凝聚力。先进核动力技术及安全分析课程从核安全文化的要求来看要求有国际化思维，同时，安全系统的设计与运行中都体现了辩证思维对处理问题和解决问题的重要性，而且向榜样学习向历史学习就是人才修养的必修课。

（3）智慧化原则

坚持将信息化、人工智能、大数据等教学手段贯穿整个教学过程，提高其“数智化”水平。充分利用数字化技术、网络技术，借助数字化设备，通过教师已有的丰富知识和思想，制作丰富的教学和辅导材料，提供国内外文献。先进核动力技术及安全分析课程是要与时俱进的，其内涵既是历史的总结，更是面向世界和面向未来的，信息化乃至智慧化的核电是先进核能发展的必由之路，也是其发展的根本动力。

（4）关联原则

坚持在制定教学计划时，用整体的思维理念将课程教学单元之间的内容进行系统规划，使单元之间、课时之间的教学内容具有很好的连贯性，注意前后呼应、逻辑统一。先进核动力技术及安全分析课程内容从核发展必须遵循的基本原则展开，到安全系统的设计运行，再到设计基准事故，最后到严重事故，都是先有原则后有系统运行。从事件到事故，一环套一环，通过信息的传送搭起安全的桥梁，其逻辑发展协调统一。

（5）实践原则

在开展信息化教学工作的过程中注重实践原则，让学生对核历史和科技发展进行调研和总结，学会独立探索和研究，并在课堂上进行分享汇报和讨论评述，以实际行动参与到课堂教学中。课程中事件事故的发生发展的过程，在让学生亲自讲述之后他们的感受会更深。亲身劳动，亲自操作，实践是检验是否学会课程和掌握真理的唯一标准。

（6）能力原则

通过让学生对核能发展历史提出问题并讨论自己的看法，锻炼学生的提问讨论能力，同时增强学生的科学精神和文化自信；通过让学生对核能发展的实践情况做出点评，锻炼学生的评价能力，培养学生的爱国情怀和人文素养。先进核动力技术及安全分析课程中有很多事件都是要把握好度，多一步就是谬误。能提出问题是能力的展现，更能促进能力的提升。优缺点的讲评也让学生学会要客观分析事物，不要极端。对比中外发展历史，也能增强民族自豪感与发展动力。

四、案例教学整体设计

实施流程如图 1 所示。

从图 1 可以看出，整体设计的实施流程分为以下几个步骤：

（1）核时政新闻介绍（见本文“二、案例基本情况”中的案例一）；

（2）学生展示专题 PPT（见本文“二、案例基本情况”中的案例二）；

（3）学生们针对 PPT 进行交流，点评（见本文“二、案例基本情况”中的案例二）；

（4）老师针对 PPT 进行点评（见本文“二、案例基本情况”中的案例二）；

（5）典型严重事故实例（见本文“二、案例基本情况”中的案例三）；

（6）严重事故的事故过程和现象（见本文“二、案例基本情况”中的案例三）；

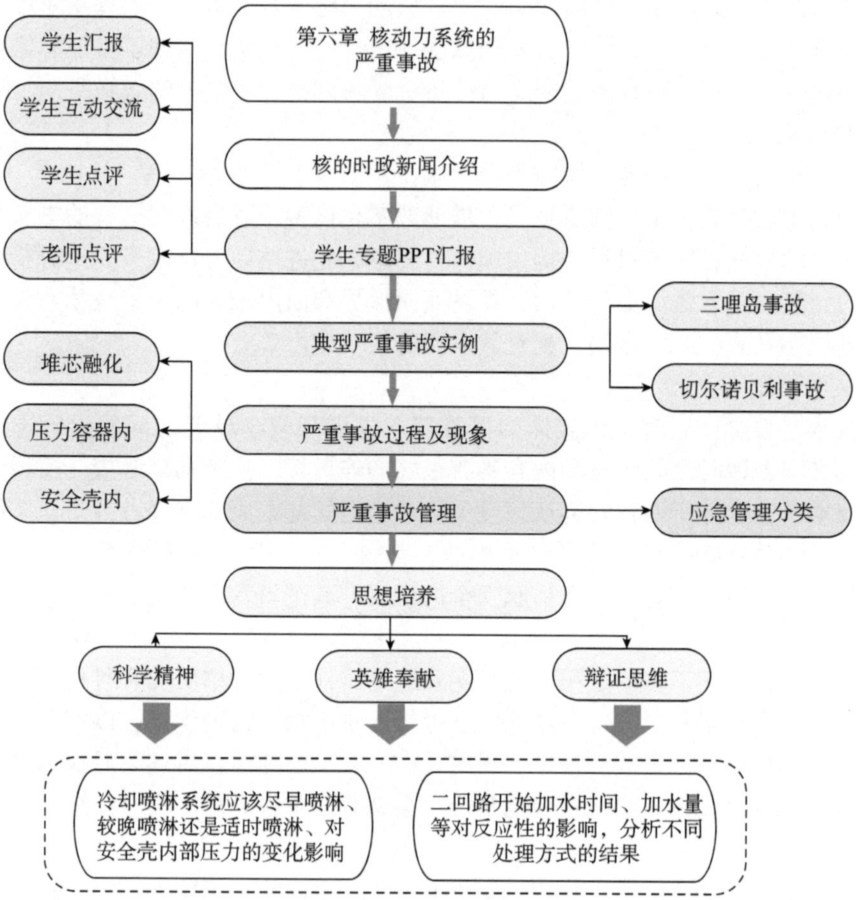

图 1　实施流程

(7) 严重事故管理（见本文“二、案例基本情况”中的案例三）；

(8) 科学精神、英雄奉献、辩证思维和创新思维的培养（见本文“二、案例基本情况”中的案例四、五、六）。

五、教学实践过程回顾

（一）线上线下结合法

在整体实践过程中，利用腾讯会议、微信群讨论交流等纯信息化手段以及线下课堂结合多媒体讲授的两个模式开展教学，如图 2 和图 3 所示。

从图 2 和图 3 中可以看到，线上教学充分结合了数字化智慧化手段和丰富的网上资源，在展示内容的时候更清晰和实现动态演示。线上教学要适合抗疫要求，需要更多互动交流；线下讲授时师生之间可以空间交叉，更好地进行眼神、肢体的交流和互动。线上线下的结合方便了师生，提高了教学效率和质量。

图 2　腾讯会议线上教学

图 3　线下讲授

（二）情景演示法

情景演示法的部分演示过程如图 4 所示。

图 4　演示过程

从图 4 中可以看出，由于核能专业存在一些不易理解的概念，单纯文字的定义可能讲授起来比较晦涩，因此在教学中，特别是线下教学的过程中，结合多媒体动画和利用现场已有的实物进行举例或演示说明，更加生动形象，充分激发了学生们的学习和探索热情。

（三）演讲互动法

为提高学生的参与度和研究热情，教学实践过程中设置了给每位学生进行演讲展示的环节，如图 5 所示。

图 5　学生演讲分析及交流

从图 5 中可以看出，学生们通过目前的先进网络手段，针对自己感兴趣的核能相关话题进行调研和总结，以幻灯片的形式在课堂上进行展示，既锻炼了大家的调研学习能力，同时也加强了现场展示和交流讨论的能力。

（四）动画展示法

除了上述的情景演示法，还借助动画展示，部分展示如图 6 所示。

图 6　课堂动画展示

从图 6 中可以看出，展示的主要包括团队自己制作和网络上已有的动画。同时依据目前比较热门的话题，挑选出数字反应堆、伽马刀、核电宝、“两弹一星”的故事、核电站失水失流事故原理、钍基熔盐堆、华龙宝宝、“华龙一号”以及铀的介绍等动画。

（五）线上信息播送法

通过微信课程群及时通知各类事项和分享交流，部分如图 7 所示。

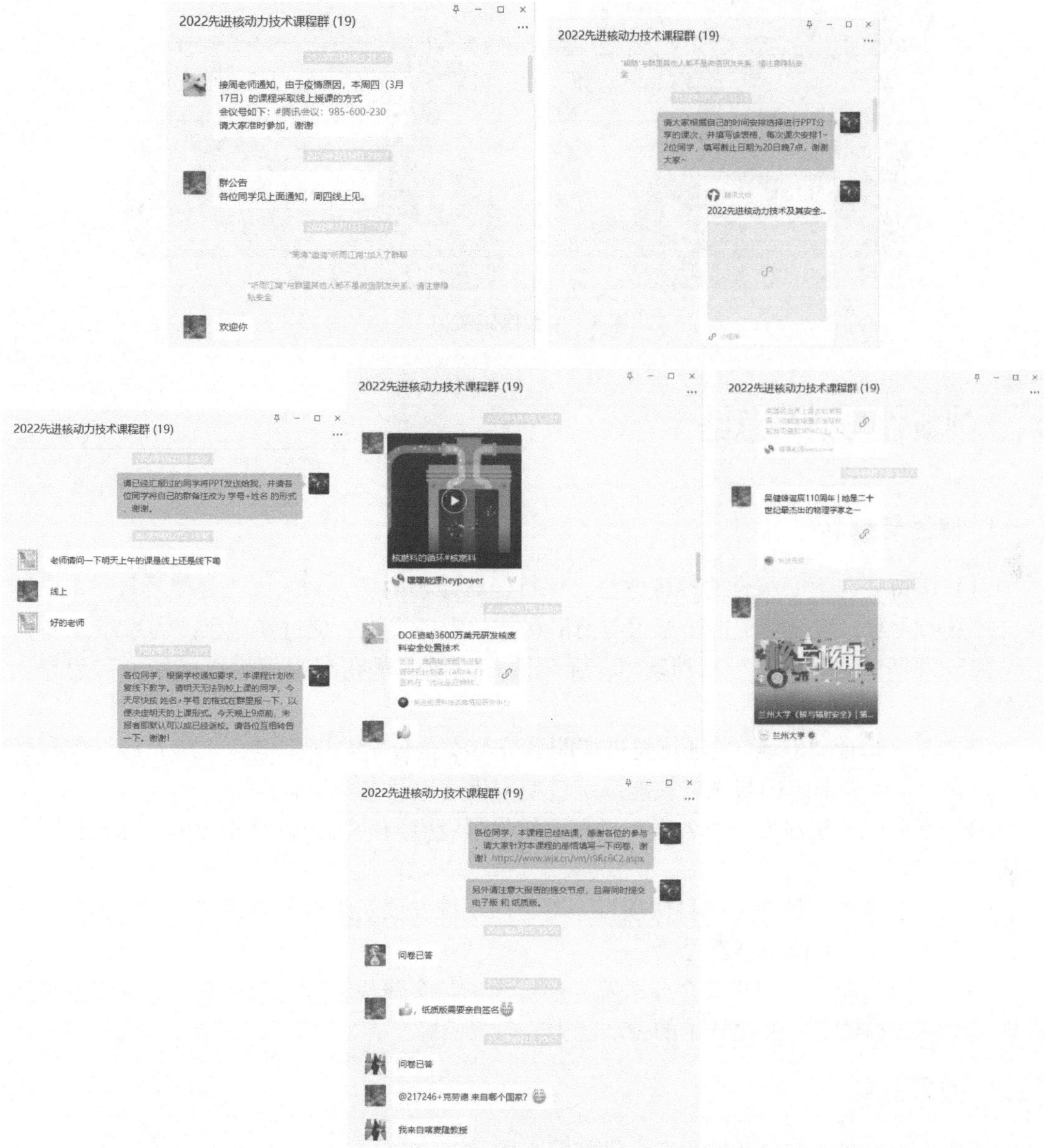

图 7　微信群消息通知及分享

从图 7 中可以看出，线上微信群内发送消息更便捷，传达信息更快，新鲜而及时，协助提高了课程讲授过程中的效率和效果。

（六）基地实习实践法

带领学生前往南京中大医院观看了解治疗仪射线，如图 8 所示。

从图 8 可以看出，在实地观看学习，通过实物展示以及实践专业的人员指导，能够提高学生的学习兴趣，加强学生的认知学习，提高授课效率。

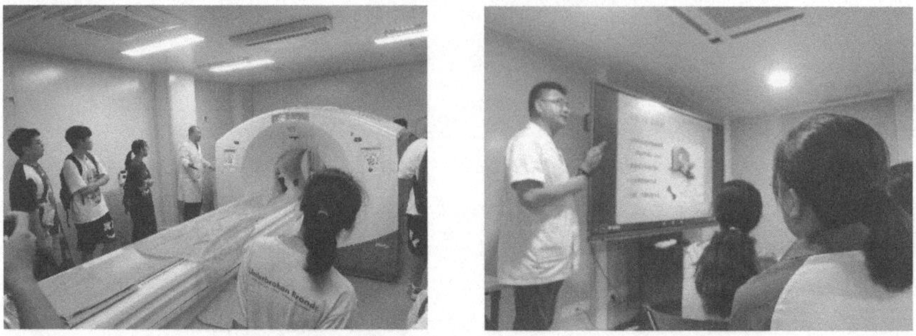

图 8　中大医院实习

六、创新性与效果总结

（一）特色与创新

（1）坚持变与不变结合的辩证方法，保持经典课程内容，融入人工智能及量子力学等高科技发展元素，培养学生传统意识与前沿科技的辩证思维，促进新质生产力思维发展。

（2）发挥“两弹一星”精神动力，强化课程思政，重在培养学生思维能力和思想文化素质。

（3）充分结合“双碳”，进行先进核能系统与安全分析与新型电力系统及综合能源的结合。训练学生能源结构与先进核能系统转型文化意识及安全理念。

（4）不局限于压水堆，对各类先进核系统发展特点与前沿进行对比分析，强化学生创造能力。

（5）结合申请者最新主持科研项目，对当前小堆发展及综合能源系统及安全等进行分析，强化学生前沿意识与创新思维。

（6）注重实践，参观相关企业医院，形成理论与实践相结合的劳动教育，训练搭拼先进堆实验室结构模型，强化学生的劳动能力。

（二）效果总结

未来核能的发展方向问卷调查结果如图 9 所示。

从图 9 中可以得出，实现了对学生激发兴趣，深化理解课程，提高学生能力，提高学生创新思维等四项基本功能。

（1）激发兴趣

通过讲解以及学生对核科技在多领域应用方面的汇报、讨论和自我和教师讲评，特别在人们息息相关的生活中应用的汇报，学生对核科技产生了浓厚的兴趣，激发了热烈的课堂讨论。

（2）深化理解

通过本课程的讲授，采取声、光、电、影像等多种方式，既要入耳更要入心，很大程度上强化了核相关基础知识，加深了学生对核的理解和掌握，减轻了他们对于核的畏惧。

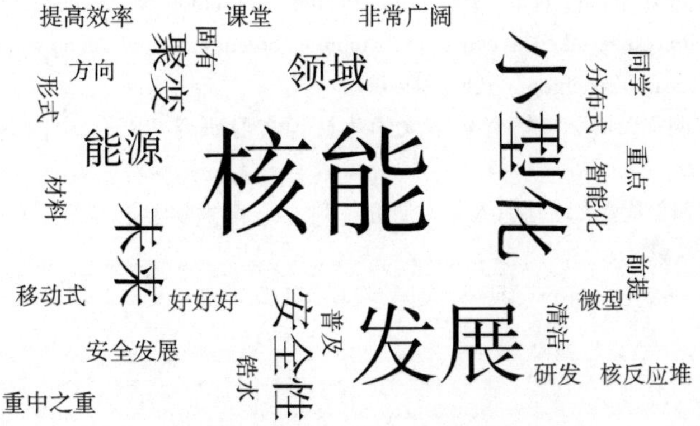

图 9　未来核能的发展方向问卷调查结果

（3）提高能力

提倡通过借助数字化手段调研核历史和科技发展及 PPT 汇报，提高了学生的动手调研学习、演讲和交流能力，通过传播网络中的核能时事新闻报告加深了学生对核能发展的了解和掌握能力。

（4）创新思维

课堂中，学生的汇报和发言及教师引导涵盖了多方面核知识与高科技交叉知识，包括工业、农业和医疗领域以及新质生产力等各领域等，不局限于核动力，充分体现了学科交叉的创新培养。课后的调查问卷表明，大部分学生不害怕核，在“双碳”的背景下，所有学生均支持核能的发展，更支持核能与高科技的结合发展。从图 9 中可以看出，学生们对未来核能发展方向的看法中，出现频率较高的关键词包括“小型化”“安全性”“智能化”等，说明课程一定程度上提高了学生的思维能力。

参考文献

[1] 文记东，巴登其其克．课程思政建设的科学内涵与创新路径探析［J］．黑龙江教育（高教研究与评估），2023（10）：56-58.

[2] Dai X．An Exploration of the Innovative Teaching Mode of Mixed Ideological and Political Course Based on Flipped Classroom and Wisdom Classroom［J］．Frontiers in Education Technology，2023，6（3）．

[3] 谢幼如，邱艺，章锐，等．数字化转型赋能高校课程思政的实施进路与评价创新［J］．中国电化教育，2022（9）：7-15.

[4] 习近平．高举中国特色社会主义伟大旗帜 为全面建设社会主义现代化国家而团结奋斗：在中国共产党第二十次全国代表大会上的报告［EB/OL］．（2022-10-25）［2023-10-14］．

[5] 周涛，蔡亮，刘文斌．大学生党建与核能结合教育方法研究［J］．东南大学学报（哲学社会科学版），2021，23（S1）：126-130.

[6] 周涛．融思想教育于核电厂运行与维护课程的教学研究［J］．中国电力教育，2019（1）：21-24.

[7] 周涛．“核电站系统及设备”课程“三步法”教学模式的革新与实践［J］．中国电力教育，2008（1）：82-83.

[8] GUO J, WANG X, ZHENG X, et al. Discussion on the information-based teaching method of student-centered in undergraduate course-take the course of " mine emergency rescue" as an example [J] . International Journal of Learning and Teaching, 2020: 213-218.

[9] 周涛，刘西陲，宋明强，等. 疫情背景下大学生认识实习研究 [J] . 中国电力教育，2020 (10): 49-50.

[10] 周涛，张彪. 在线教学增效课堂引入艺术研究 [J] . 东南大学学报 (哲学社会科学版), 2020, 22 (S2): 120-122.

“工程制图与识图”课程思政案例

牟学芬[1]，向本琼[2]

（1. 广元中核职业技术学院；2. 四川核工业技师学院，四川 广元 628003）

摘　要：本文基于课程思政视角，就“工程制图与识图”课程教学中课程思政元素的挖掘与设计进行案例举证。以教学项目“‘贯标融绘’育匠情——轴类零件的构型与图样表达”为案例，从课程专业知识、学生专业素养，行业发展历史与前景三个层面深层次挖掘思政元素，以识图、绘图实践环节承载课程思政“贯标融绘”构建职业素养，对接行业“核人物”事迹激发学生职业梦想、培育匠人情怀。整个教学设计中，授课内容从齿轮轴的视图表达—轴类零件的尺寸标注—轴类零件技术要求及常见工艺结构—识读从动轴及轴类零件—从动轴的测绘与成图，逐层递进，内容无缝对接“技能报国怀匠心—执着专注践匠行—精益求精做匠人—一丝不苟铸匠魂—追求卓越创匠新”的思政主线，实现“一课一思政，课课有思政”的课程思政建设思想。

一、课程基本情况

（一）授课对象情况分析

授课对象为核电站动力设备运行与维护专业大一新生，学生来源由普通高中学生通过高考入学，和中职学生通过单招考试入学两部分构成。生源有前置课程“立体几何”或“机械制图”的学习经历，学生对投影方法，图样的基本表达法具备一定的知识基础，也对课程学习怀抱热忱。但是，同学们线上自主学习的自觉性、学习能力、学习活动参与和实践能力有明显的个人差异，需要与专业契合的课程思政激发学生学习内驱力，促进学习效果。

（二）课程情况简介

“工程制图与识图”是核电站动力设备运行与维护专业基础课程，主要培养具有识图、绘图能力的技术技能型人才，以适应核电站设备安装、运行、维护等岗位需求。同时课程针对专业特性，深度挖掘“课程思政元素”融入课程培养学生行业规范和工程伦理意识；对接行业“核人物”激发职业梦想、培养职业精神、构建职业素养，从而提升学生专业认同感、责任担当、培育工匠精神和家国情怀。

二、案例基本情况

（一）授课内容与教学模式

授课内容选取“工程制图与识图”课程重构后的模块三中的项目一，主题是“‘贯标融绘’育匠情——轴类零件的构型与图样表达”，其 5 个教学任务共计 16 学时。为满足课内课外学习需求，师生可在多媒体教室、手工绘图室、VR 实训室、图书室等教学环境中，利用学习通平台、智慧职教、校本数字资源库等教学资源，使用 eDrawings、AutoCAD 等软件实现理实一体化的线上线下相融合的教学模式。

（二）课程思政与设计思路

结合课程重在识图、绘图实践的特点，按照国家育人新要求，课程以工匠精神为思政主线，将“执着专注、精益求精、一丝不苟、追求卓越”的思政元素采用人物案例、活动实践、评价反馈等方式融入到每个任务的教学环节中，做到“一课一思政，课课有思政”，从而达到“培根铸魂、启智润心”的课程思政目标。

教学内容重构尊重学生认知规律，授课内容从齿轮轴的视图表达-轴类零件的尺寸标注-轴类零件技术要求及常见工艺结构-识读从动轴及轴类零件-从动轴的测绘与成图，知识点前后关联，逐层递进。教学过程按照“基础内容在课前、高阶能力在课中、综合拓展在课后”的思路，采用分组教学法、任务驱动法等，每个任务以“学、明、达、练、评、拓”六个步骤，步步递进，突破重难，达到教学目标。在每个任务环节契合教学内容，融入课程思政。“视图表达契合技能报国的家国情怀；尺寸标注契合执着专注、守纪守规；技术要求及常见工艺结构契合精益求精、责任意识；零件图的识读契合一丝不苟、明辨思想；构图测绘契合追求卓越、自主创新”，从而实现“技能报国怀匠心—执着专注践匠行—精益求精做匠人—一丝不苟铸匠魂—追求卓越创匠新”的核心素养，在“贯标融绘育匠情”中达成知识、技能、素质三维目标。

三、案例思政元素分析

（一）钱学森：我的归宿在中国

“工程图学”被誉为工程界的技术语言，对接专业职业前景，作为核电站动力设备运行与维护技术人员，要有“强核强国，技能报国”的学习初衷。课堂播放视频《钱学森：我的归宿在中国》。强调钱学森相关语录：我的事业在中国，我的成就在中国，我的归宿在中国。“我们日夜盼望着的，就是祖国能够从黑暗走向光明，这一天终于来到了。祖国现在是很穷，但需要我们大家——祖国的儿女们共同去创造。我们是应该回去的。”通过视频观看，同学们被老一辈的核工业人，一生所学为报国的家国情怀感动，从而激发学生职业梦想，“强核强国，技能报国”就要掌握技术交流界的工程语言，从而激活学生学习内动力。同时对接岗位需求，对标运规安规标准，强调轴类零件视图表达过程中要严格贯彻国家标准，实践绘图过程，通过齿轮轴零件的构图与表达图样的评价反馈等教学环节，达成“贯标融绘怀匠心”的思政目标。

（二）邓稼先：28 年隐踪之谜

课堂以学生课前作业：米开罗那真空手套箱舱门开关连接轴的标注尺寸的案例分析，

分析其中的典型和学生共性错误，对标实际图样标注，让学生知晓与岗位需求的差距和问题所在。大部分同学的错误源于粗心马虎，缺乏专注、辨别的能力。基于此课堂播放：邓稼先：28 年隐踪之谜。通过两弹功勋邓稼先 28 年专注于我国核武器事业，无私无畏地奉献了自己毕生精力的事迹，引导学生做事要执着专注，对所学专业要潜心钻研，犹如邓稼先一生的方向就是核武器事业，有意识地前进，没有彷徨，没有矛盾……隐姓埋名，默默无闻 28 年谱写了中国核武器事业的辉煌篇章，功勋永垂史册。远大的志向落到脚下，就是在尺寸标注时要明辨善思、分析问题，耐心细心完成标注作业。在整个教学环节中，通过课堂练习、小组展示、它组指错、教师引导层层递进，从而将“执着专注、守纪守规”的思政元素融入到实践活动中，潜移默化地达成“贯标融绘践匠行”的思政目标。

（三）原公蒲：“一颗非常重要的螺丝钉”

授课零件的技术要求及常见的工艺结构内容时，以观看视频——原公浦：“一颗非常重要的螺丝钉”的故事为课堂引入。视频中原公浦还原加工第一颗原子弹时的情景：第一刀切下去，停下来，量尺寸。第二刀车完，再停下来仔细测量。在机床的切割声中，在场所有人都屏住了呼吸，目不转睛地盯着原公浦手中的切割刀靠近核心部件。终于，最后一刀车完了。负责检测的技术员激动地大喊了一声“行了!”原公浦一听，当即浑身一软，瘫倒在地。“那几乎是用我生命刻划的三刀”。“两弹一星”元勋钱三强曾这样形容他：“你是一颗螺丝，一颗非常重要的螺丝钉。”让学生体会到在核工业领域，技术要求的精度是千千万万像原公蒲这样的技术人员，用精湛的技术、精益求精的工匠精神和极强的责任使命感共同实现的。从而润物无声地让学生树立工匠的责任意识，在技术上千锤百炼，勇攀技术高峰，实现“贯标融绘做匠人”的课程思政目标。

（四）曹子昆：“设备大夫”的工匠梦

讲授零件的识读内容时，课前组织学生观看：曹子昆：“设备大夫”的工匠梦，领悟工匠精神。曹子昆，全国技术能手、中核集团中核建中高级技师，负责精密仪器维修，大家都叫他“曹大夫”。之所以称之为“大夫”，是因为他在设备故障时解决了“看病难、看病贵”的问题，节约了大量设备采购维修费用，也为完成生产任务赢得了宝贵时间。在中核集团，有很多像曹子昆一样的工人师傅，他们在平凡岗位上，薪火相传的不仅仅是技术、经验，还有“精于工、匠于心、品于行”的工匠精神。在课堂分享环节中部分同学表达，要在核电站运行与维护这个平凡的岗位上，要像曹子昆一样，脚踏实地攀登技艺高峰，传承“精于工、匠于心、品于行”的工匠精神，发扬“事业高于一切、责任重于一切、严细融入一切、进取成就一切”核工业精神。课堂分享短短三五分钟，同学们言语之间已达成“贯标融绘铸匠魂”的课程思政目标。

（五）邢继：“华龙”的腾飞

讲授零件的构图与测绘内容时，在学生分组讨论零件的表达方案环节之前，融入课程思政元素——邢继：“华龙”的腾飞，契合行业美好前景，感悟一个伟大工程的崛起是新一代核工业人大力协作，不服输的倔强让国人有了自己的核电站。视频画面让学生在情感上引起共鸣，支持我国核工业事业发展，投身核工业建设，实现“强核强国造福人类”的美好愿景。同时把“华龙一号”中创新思维迁移到零件的表达方案中，各个小组在展示交流环节均提出了自己的创新点，课后将表达方案多次修改完善，成图作品有手绘、机绘、多种软件建模，每位同学以绘图实践，成图作品诠释“贯标融绘创匠新”的课程思政目标。

四、案例教学整体设计

“‘贯标融绘’育匠情——轴类零件的构形与图样表达”以“齿轮减速器中轴类零件的构形与图样表达”为一结果，从“绘图形—标尺寸—注要求—读零件—测绘与成图”五个任务进行实施，教师运用项目导学法，分组教学法、任务驱动法等教学方法，采用“学、明、达、练、评、拓”六步递进策略实现学生的“课前自学、课中导学、课后固学”，学生根据学习任务单要求完成五个学习任务，实现“手绘、测绘、机绘”三个目标。

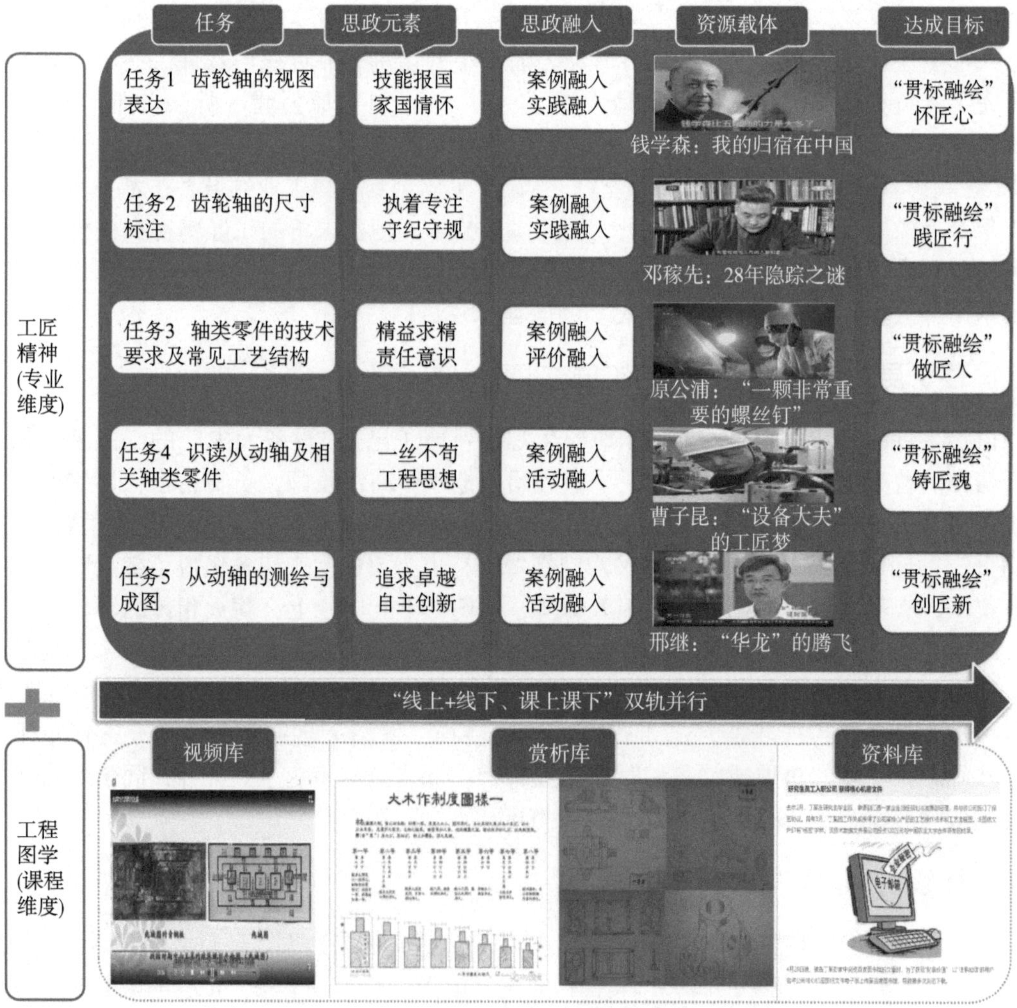

图1 案例教学整体设计

整个教学活动尊重学生个体差异，在课堂教学中实施分组教学，各组进行角色互换。尊重学生学习情况，根据学生存在“国家标准概念不清，读与绘的能力不强，职业规划意识不明”问题将“贯标融绘育匠情”贯穿整个学习过程，通过信息化平台的考核诊断学生整体情况，不断优化改进，助力学生三维提升。

同时，在整合国家专业教学资源库、智慧职教、爱课程等网络教学资源时，通过学习通平台自建校级精品开放课程。紧跟专业技术发展前沿，不断收集“三新”案例，丰富项目案例库、视频动画库、题库等资源，打造立体化教学资源。

五、教学实践过程回顾

在整个教学过程中，首先从课程知识点挖掘思政元素，《工程制图与识图》中工程伦理思想、国家制图标准贯彻意识、知识内容的价值内涵等。授课以识图、绘图实践活动为载体，从“学资源、明任务、达目标、练技能、评质量、拓能力”的教学6环节，环环紧扣“贯标融绘”。其次是对接行业进行思政元素挖掘，我国核工业在创业征途中，既创造了举世瞩目的业绩，也积淀了丰厚的文化底蕴和精神财富。“两弹一星”精神孕育了“四个一切”的核工业精神，在此基础上发布“强核报国 创新奉献”新时代核工业精神。这也是我们的民族精神、时代精神。所以学生了解核工业人的奋斗史，感悟核工业精神，是新的时代科教兴国、民族复兴，核铸强国梦，涵养每一个青年学生的家国情怀。契合课程思政主线“执着专注、精益求精、一丝不苟、追求卓越”的工匠精神。在课程教学实践环节，恰如其分地融入钱学森、邓稼先、原公蒲、曹子昆、邢继的事迹与学生形成情感的共鸣，从“怀匠心—践匠行—做匠人—铸匠魂—创匠新”层层递进，与专业知识契合度高，学生自然接受。最后，在学生的实践环节中，以“知标准—互相学—共竞技”为路径练习作图速度，以“知评分—展成果—互相评”为路径练习绘图准确度；以“工匠精神”为主线的思政元素以核人物事迹为载体贯穿整个项目教学。

六、创新性与效果总结

（一）创新性

（1）授课教师本身充当课程思政首要元素，牢记“为党育人　为国育才”的神圣使命，时刻履行“培根铸魂，启智润心”的职责。2014年，习近平总书记提出了“有理想信念、有道德情操、有扎实学识、有仁爱之心”的“四有”好老师的标准。这也是我们教学团队的职业追求。“课程思政”建设与实施是教师对于“传道、授业、解惑”的追本溯源。就此落到实处就是从教学设计、课堂组织、效果评价反馈，均是匠心之作，真正做到“学高为师，德高为范”，发挥教师的引领作用。

（2）课程思政的挖掘从课程知识点本身出发，课程专业知识（学生认知）——学习实践（学生行为）——学习评价（学生品格）符合学生成长规律。同时对接专业的岗课赛证，以识图、绘图实践环节承载课程思政“贯标融绘”构建职业素养。外延行业领域，以“核人物”事迹为载体讲述艰苦奋斗的核工业发展史，展现“华龙一号”强核强国的美好愿景，培育学生的职业认同感和民族自豪感。

(3)“工程制图与识图”课程思政建设协同知识重构，形成“一课一思政、课课有思政”的建设目标，知识广度延伸、深度解读、德育内涵发掘，由一个“知识—思政”点，发展到多个“知识—思政”点，由多个“知识—思政”点，形成一条“思政线”，由多条“思政线”，形成一个“思政面”，与专业理论和知识融为一体，形成体系。

(二) 效果总结

(1) 理实一体提兴趣，理论学习有深度

整个教学设计通过线上线下混合，课上课下联动，学生学习不再受时间和空间的限制，自主学习能力明显增强；在贯标竞技中，学生不断在头脑中强化国家标准意识，能根据轴类零件合理确定表达方案和尺寸基准，准确识读出图形、尺寸和技术要求等要素的含义，学习能力和分析表达能力明显提升，同时学生也逐渐找到了学习乐趣，在课程学习中逐步形成工程思想和辩证思维。

(2) 贯标竞技达目标，技能提升有效度

对接岗位能力要求，为解决学生绘图技巧不高，读绘能力偏弱等问题，以“学习任务单”为主线，练速度与准确度这两项技能，从结果来看，学生手绘、测绘、机绘出零件图的速度和准确度在逐步提高，学生与学生之间差距在逐渐减少，学生分析问题、解决问题的能力逐步提高，从一条图线的粗细、箭头的画法、数字的注写等细节中，将“贯标融绘”的思政元素融入到实践活动中。同时学生积极参加各级各类绘图竞赛，取得较好成绩，为校争光。

(3) 课内课外双育人，综合素养显高度

将标准意识、职业素养等融入课堂内外。在教学过程中，学生主动融入到小组的讨论学习里，团结合作，共同完成本组任务，团队凝聚力逐渐增强，良好的协同学习氛围正在形成；在个人任务完成中，独立思考、“相信自己能行”的学生越来越多；在任务评价中，学生更加作图的规范性、标准化。将“执着专注、精益求精、一丝不苟、追求卓越”的工匠精神落在学习的实处，恒心与毅力不断提高；而在课外，学生能将本课程的学习态度迁移到其他课程及生活中，内化于心，外化于行，为自己的专业夯实基础。

(4) 教书育人双丰收，立德树人落实处

学生在学习反馈中表示，每当学习困难、彷徨时，无论是老一辈的核工业人，还是新时代的核工业建设者，都能从他们的事迹中吸取力量，令人奋进。青年学子学习核工业前辈们艰苦奋斗、无私奉献的精神品质，继而践行和弘扬核工业精神，依托“四个一切”的核工业精神构建青年学生自主学习的精神追求：“身心高于一切，知识重于一切，认真融入一切，进取成就一切。”

参考文献

[1] 付涛，倪玉双．“房屋建筑学”课程思政教学实践与探索［J］．重庆：重庆建筑出版社，2023.

[2] 吴新烨，刘中华，郑建斌，等．基于课程思政的建筑制图教学改革与实践［C］．第九届中国图学大会论文集，2023.
[3] 胡知临，龚军军，夏文明，等．课程思政导向下的文化育人课堂教学初探——以核化生武器及其防护课程为例［J］．大学教育，2023.
[4] 周涛，姚垚，刘春梅，等．先进核动力技术及安全分析课程教学改革探究［J］．大学教育，2023.

“军用核能技术及其发展”课程思政案例

陈广亮，李　磊，王　航

（哈尔滨工程大学核科学与技术学院，黑龙江　哈尔滨　150001）

摘　要：习近平总书记告诫青年要用“欣赏、互鉴、共享的观点看待世界”“不忘历史才能开辟未来，才能善于创新”，为此本案例以通俗易懂的内容向学生讲授了原子能时代的开拓及发展历程，详述了国际著名科学家的成长与贡献，帮助学生掌握原子结构探索认知中各重要环节的时间脉络关联，提升了对物理规律发现及发展的理解，阐述了复杂物理过程研究的攻关策略，激发了对基础科研的求索热情，提升了开展科学研究的信心。同时，案例还讲述了我国著名核科学家的传承与创新之路，引导学生感受卓越科学家们的传承与创新之路，以此激发学生的好学、爱学之心，鼓励传承科学前辈的精神及信仰，帮助学生贯通牵连思考、敢为人先、聚力创新、传承不懈、逆境不哀、宁静执着、重洋无畏、厚积薄发等科研精神，为未来深入探索自然物理世界打下基础。

一、课程基本情况

（一）授课对象情况分析

授课对象：哈尔滨工程大学各专业、各年级本科生，各次开班选课人数均在 90 人以上。

对象特点分析如下。

（1）专业背景多样：学生具有不同的专业背景，文、管、理、工兼具，其基础知识与相关技能各不相同，甚至差异显著，需要在授课中兼顾不同的需求与知识基础，教学内容需通俗易懂且具备吸引力。

（2）价值观塑造关键时期：本科生正处于价值观塑造的关键时期，需要课程设置思政环节来引导学生树立正确的世界观、价值观、人生观。

（3）信息接收习惯多样化：当今本科生惯于通过互联网和多媒体获取信息，但往往信息是碎片化的，通过课程中穿线疏导，有利于学生对教学知识产生更深的印象与思考。

（二）课程情况简介

“军用核能技术与发展”是哈尔滨工程大学的通识教育选修课程，具体讲授核能的概念、基本原理、特点及应用，核武器研制的历史背景、基本原理，船用核动力装置类型、特点及发展，太空核动力装置等内容，用于激发学生的学习兴趣，拓展学生核能技术知识视野，使学生了解核能技术的开拓历史、现状及发展趋势；并通过与学生开展关于原子能应用合理性的探讨，使学生对核武器的弊端进行思考；同时，拓展多专业学生关于核能发电原理、事故原因、处置方式等方面的知识，帮助学生全面认知核电的益处与应注意的事项，不盲从反核思想，能够批判对待网络核电舆论，提升独立、批判性思考能力；另外，帮助学生树立热爱专业、热爱学校、励志成才的精神，培养学生立足专业、献身国家的坚定信念。

二、案例基本情况

1. 逆境不哀、功到自成

核能的成功利用离不开质能方程的伟大发现，然而它的发现者爱因斯坦却经历过一段坎坷的历程。1900 年，爱因斯坦从苏黎世联邦工业大学毕业，但并没有顺利地找到工作，而是在两年后，在一位朋友父亲的帮助下才被专利局雇佣，成为一名专利审查员。时运不济，并未放弃，在无资源支持、无学界关注的几年里，爱因斯坦继续坚持自己的科研初心，不弃不移，终于在 1905 年的 3 月发表《关于光的产生和转化的一个试探性观点》，开启了量子力学的研究大门；在 4 月发表《分子大小的新测定方法》，在 20 世纪初实现分子大小的理论推导；在 5 月发表《根据分子运动论研究静止液体中悬浮微粒的运动》，成功解释了布朗运动，并有力地支持了原子、分子的真实性；在 6 月发表《论动体的电动力学》，提出狭义相对论；在 9 月发表《物体惯性和能量的关系》，提出质能方程，揭开了核能发展与利用的新篇章。所以即使处于学业、科研的逆境之中，也请不要哀怨境遇不佳，不要浮躁急于求成，需要铭记初心，累积基础，努力坚持后，功到自成。

2. 新知汇集的巧合与敏锐求索的必然

人类认识原子及原子能的时间其实并未很久，仅仅始于 1895 年德国科学家伦琴发现 X 射线，但自此之后，仅用 43 年人类就完成了对原子的基本结构的认识与裂变反应的发现。出于对伦琴所发现 X 射线的好奇，1896 年法国科学家贝可勒尔发现了天然放射性，并且他的学生居里夫人完成了对放射性的命名；1897 年，英国科学家汤姆逊发现了产生 X 射线装置所发射的阴极射线其实是一种粒子，并将其命名为电子，进而又提出了原子的枣糕模型，汤姆逊的学生——英国实验物理学家卢瑟福也传承开展，继续研究，在 1898 年，发现了 α、β 射线及衰变现象；相同的 1898 年里，居里夫人和丈夫提纯发现了放射性元素钋，并在 1899 年，他们又提纯发现了镭；1905 年，爱因斯坦的发现生逢其时，提出了原子能发展的必须基础——质能方程；随后，1910 年，卢瑟福通过 α 粒子散射实验提出了更为合理的原子行星模型，并在 1919 年，利用 α 粒子轰击发现了原子内的又一重要粒子——质子，同时在 1920 年提出了中子存在的假说；时光流转，卢瑟福的学生英国科学家查德威克在 1932 年发现了其老师说预测的中子；最终在 1938 年，德国科学家奥托·哈恩通过利用中子轰击原子核发现了重核裂变现象，证明了质能方程，也为人类通过核裂变利用原子能力打下最终的基石。

原子及原子能的认识与利用具有跨时代的意义，但这些填补空白的重要基础理论却是在短短的 43 年中汇集出世，建立完成。这一过程是一批优秀科学工作者保持初心、关注前沿、求知探索、敢为人先的努力所实现的。这些基础理论多具有颠覆性，唯有执着敏锐求索，才能攻克前进中遇到的困难，破除周遭的质疑。从上文的认知发展还可以发现这些科学家的探索都是始于相同兴趣起点——X 射线，且多具有师徒传承研究的经历，保持了数十年追求真理的决心与传承，功夫用深，铁杵成针，正是如此，最终原子时代的开启又具有了历史发展的必然。

3. 传承不减的科研探索初心

在原子能基础理论大厦建立的过程中主要是欧洲科学家起到了重要的作用，当时的科学中心还在欧洲，但二战缘由，爱因斯坦等科学巨匠或因避难缘由，或因协助美国开展相关技术研究的缘由纷纷去了美国，为美国的很多大学及科研院所带去了火种，科学研究上的探寻存在着影响与传承，这就是二战后美国科研实力快速增长的原因。当然，我们国家的众多优秀科学家思维非常敏锐，纷纷跨越重洋，奔赴科研前沿中心，以探索前沿科学初心为我国带回了原子能技术发展的火种，为现在的技术优势奠定基础。

例如，24 岁的钱三强奔赴法国巴黎大学深造，师从约里奥·居里夫妇，并在 33 岁的时候与夫人何泽慧发现了铀核裂变的“三分裂”“四分裂”现象，归国报国初心不改，成名后的他毅然与夫人回国，参加了苏联援助的核反应堆的建设工作，并为祖国核能技术的相关研发汇集了一大批优秀的核物理学家；又如 26 岁的邓稼先获得了美国普度大学的物理学博士学位，回国后在 34 岁经钱三强推荐，投入研制原子弹的研究计划中，完成了原子弹理论方案设计，指导了核试验爆轰模拟试验，我国第一颗原子弹是他最后签字确定的设计方案；再如 23 岁的彭桓武赴英国爱丁堡大学深造，跟随玻恩学习量子物理，完成学业后 32 岁回国，并在 46 岁时参与到原子弹的研制中，在理论上做出重要贡献，后来参与了氢弹的原理设计与爆炸试验，并领导了中国核潜艇动力方案的研讨；同样，23 岁的王淦昌赴德国柏林大学深造，随迈特纳学习，回国后提出了验证中微子的方案，并在 54 岁时参与了原子弹的研制，指导了中国第一次地下核试验，其也是惯性约束核聚变的提出者，使中国在这一领域处于国际领先地位。正是有了他们的努力与持续贡献，才使得我国在原子弹的研究基础上，以世界最快的科研速度，完成了氢弹的成功研发。

同时，也可以发现国内外科研前辈们的前沿探索求学之路多始于二十几岁的人生阶段，正如本科学子的年龄一样，同时原子能发现与发展经历的主要时间为 43 年，也正是一代人从 20 岁到 60 岁的人生阶段，所以请正逢其时的本科青年坚定信念，初心不忘，持之以恒，打造 40 年后的相应传奇，未来可期。

三、案例思政元素分析

党的十九届五中全会明确了到 2035 年我国进入创新型国家前列、建成人才强国的战略目标。人才强国至关重要，青年人才是创新的生力军，青年更好地成长、更多地成才是人才强国实践的重要基础，直接影响我国创新型国家建设的成效。2022 年 5 月 30 日，中国科协、教育部、科技部等 8 部门倡议，从关心青年科技人才所思所想、大力弘扬科学家精神、激励青年人才脱颖而出、营造良好创新生态、强化组织建设和平台支撑、拓宽国际视野六方面支持青年科技人才全面发展。

正如习近平总书记所指出的，青年要用“欣赏、互鉴、共享的观点看待世界，推动不同文明交流互鉴、和谐共生”；青年“既要专攻博览，又要关心国家、关心人民、关心世界”；“不忘历史才能开辟未来，才能善于创新”，世界科学技术发展的经验也可以为当下青年学习与应用。因此，在课程教学过程中向学生梳理并介绍“对核能发现与发展贡献卓著的国际科学巨匠的相关工作与事迹”，他山之石可以攻玉，以此引起学生课程学习兴趣，并引导学生思考科学发展规律，帮助学生理解科学研究思维，体会科研探索中牵连思考、敢为人先、聚力创新、传承不懈、逆境无哀、宁静执着、重洋无畏、厚积薄发等精神的重要意义。

另如，习近平总书记在党的二十大报告中指出“全党要把青年工作作为战略性工作来抓”，并鼓励广大青年“立志做有理想、敢担当、能吃苦、肯奋斗的新时代好青年”，为此以案例特点及规律与学生达成共鸣，引导学生思考国内外科学巨匠科技攻关并取得成就的人生阶段，以希望激励学生把握机会，并提升学生使命感，树立其未来持续奋斗的发展目标。

四、案例教学整体设计

（1）案例的知识目标：通过本案例让学生学习到相应知识，即包括：原子及内部结构的发现历程与相关原理；原子能的特殊性（与质量有关）；我国原子能发展的重要科学家与贡献介绍。需要学生掌握上述内容，并留下深刻印象，为后续课程核能的具体应用奠定基础。

（2）案例的能力目标：熟记原子结构发展中各重要环节的时间脉络与关联，提升对物理规律发现及发展经验的认知，掌握复杂物理过程研究的攻关思路。

（3）案例的价值引领目标：自然物理世界纷繁复杂，人类逐步探知并利用存在着一定经验，浮躁而盲目的努力只会停留于表观现象，不利于认知物理特性与规律，不能深切理解物理过程本质内涵，研究经验的丰富和传承与科学家直接相关，案例通过人的介绍使学生学会对未知物理问题进行知识分解，掌握发力攻关点与方向，并激发学生对基础科研的热情，促进学生未来深入物理世界。

五、教学实践过程回顾

（1）如图 1 所示，通过介绍爱因斯坦科研坎坷与成功之路来提升学生兴趣，引发学生思考，激励学生厚积薄发，并引入课程教学内容。

（2）如图 2 所示，通过讲解 19 世纪末到 20 世纪前期原子时代开创的发展史，以及从中起到重要作用的一批杰出科学家的贡献和成就，为学生树立独立思考和攻坚克难的榜样，引导他们感受科学家精神，学习科学家的思维，体会科学探索经久传承的重要意义，从而激发学生高远立志，鼓励他们探索创新，继续寻找新的科学现象与内在规律。

（3）如图 3 所示，通过讲解我国核工业发展的探索与传承之路，引导学生体会求知无畏的科学探索精神，激发学生的传承与报国之心，为学生在心底种下种子，期待学生能够具备坚定的决心与毅力，能够不断追求真理，为推动人类科学的进步和发展做出贡献，为祖国的繁荣富强、民族的崛起而奋斗。

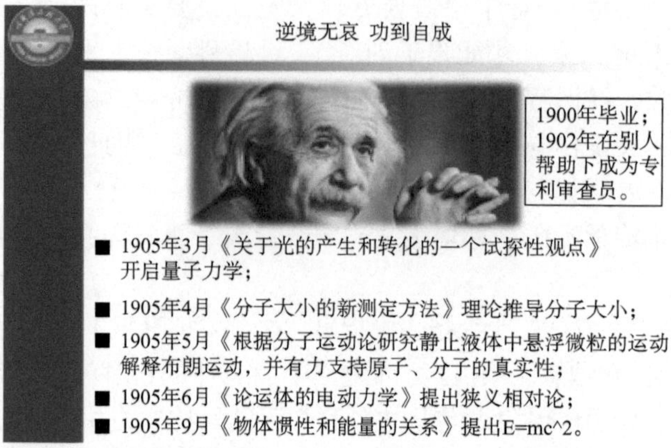

图 1　爱因斯坦坎坷与成功的科研之路

图 2　开拓原子时代的卓越科学家

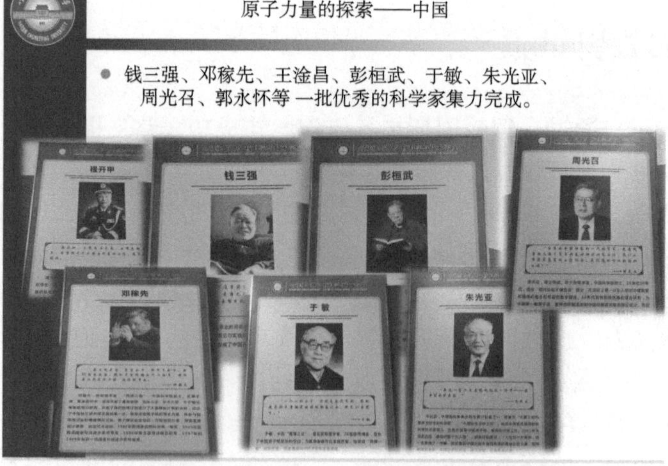

图 3　我国探索原子力量的卓越科学家

六、创新性与效果总结

课程的创新性在于通过具有规律性、启迪性且通俗易懂的科学发展经历与科学家的崇高成就来激发学生在课堂上的学习兴趣，引导学生思考、理解科学探索魅力与科学发展规律，使由多专业学生组成的课堂产生共鸣，让学生对教学内容记忆深刻，并促使学生成为课堂“简单、有趣”教学内容的传播者，扩大课程价值观的影响范围，激发更多学生对基础科研的热情与追求。

学生通过案例学习，掌握了原子及内部结构的发现历程与相关原理，了解了原子能的特殊性及其与质量的关系。其次，学生提升了对物理规律发现及发展经验的认知，掌握了复杂物理过程研究的攻关思路，学生对未知物理问题的分解和解决能力得到提高，为未来的科研工作打下了坚实的基础，同时激发了学生对基础科研的信心与热情。另外，通过总结我国著名核科学家的传承与创新之路，激发了学生的好学、爱学之心，老一辈科学家的精神与信仰能够更好地传承，学生能够在学习中成长，在成长中报国。

综上，本课程的创新性与效果均得到很好的体现，为学生未来的学习与科研工作打下重要的基础。

参考文献

[1] 习近平主席在联合国教科文组织第九届青年论坛开幕式上的贺词［N］. 人民日报，2015-10-27（001）.

[2] 习近平. 青年要自觉践行社会主义核心价值观——在北京大学师生座谈会上的讲话. 人民日报，2014-5-5（002）.

[3] 习近平在纪念孔子诞辰2565周年国际学术研讨会暨国际儒学联合会第五届会员大会开幕会上的讲话［N］. 人民日报，2014-9-25（002）

[4] 习近平. 高举中国特色社会主义伟大旗帜 为全面建设社会主义现代化国家而团结奋斗——习近平同志代表第十九届中央委员会向大会作的报告摘登［N］. 人民日报，2022-10-17（002）.

“核动力装置控制与保护”课程思政案例

成守宇，孙觊琳，夏庚磊，张博文

（哈尔滨工程大学核科学与技术学院，黑龙江　哈尔滨　150001）

摘　要：哈尔滨工程大学开设的“核动力装置控制与保护”课程是核工程与核技术专业的专业考查课程，是培养核工程与核技术专业中核动力装置运行与设计等技术人员需要了解的课程。通过本课程的学习，使学生了解核动力装置控制系统的基本组成、基本结构和工作原理，掌握核动力装置控制与保护系统的设计原则和思想方法。本课程涵盖核动力装置控制系统的设计与仿真、简单系统与复杂系统的控制原理、装置主要系统与设备的控制与保护原理、数字化仪控技术在核动力应用研究等内容。本课程为了加深学生对过程控制理论的理解，开设了一定数量的实验课，以达到培养学生解决理论与实际问题的能力。课程组为了凸显核动力装置控制与保护特殊使命，减轻操纵员负荷，使得操纵员更好服务核电，从核电安全角度出发，思政教育作用重大。课程组分别以特殊使命、技术国产、自主可控为主题，在课程中设置了多个思政教学点，本文选取三个典型的案例进行分析。通过课程教学实践证明，思政课程引入后，学生们感觉必须拿起手中的武器，实现国产核控系统而努力奋斗，效果明显，效果反响强烈，带来积极的影响。

一、课程基本情况

（一）授课对象情况分析

“核动力装置控制与保护”是哈尔滨工程大学在核工程与核技术专业本科四年级上学期开设的专业考查课程。该课程为培养核工程与核技术专业中核动力装置运行与设计等技术人员需要了解的课程。通过该课程学习，学生可以全面了解和掌握核动力装置控制系统的基本组成、基本结构和工作原理，掌握核动力装置控制与保护系统的设计原则和思想方法。核动力装置控制与保护系统是核动力装置的“神经中枢”，对于核动力装置的安全运行起着至关重要的作用。课程时间处于学生考研、就业的人生路口，对学生的思想引领与建设影响着未来人生的选择。为了让学生肩负重任，激发学生的爱国热诚和乐于奉献精神，为党为国家培养大量可用之才，必须把思政教育贯穿到教学细节中去，本文进行了相关实践。

（二）课程情况简介

“核动力装置控制与保护”是以修完核动力装置原理与设计、反应堆物理、反应堆热工水力、核动力设备、汽轮机等课程为基础，对核电站的设备工作原理和特性有充分认识，学生通过本课程学习可以了解核动力装置控制系统的基本组成、基本结构和工作原理，掌握核动力装置控制与保护系统的设计原则和思想方法。本课程涵盖核动力装置控制系统的设计与仿真、简单系统与复杂系统的控制原理、装置主要系统与设备的控制与保护原理、数字化仪控技术在核动力应用研究等内容。本课程为了加深学生对过程控制理论的理解，开设了一定数量的实验课，以达到培养学生解决理论与实际问题的能力。

课程具有如下的培养要求：

（1）掌握核动力装置控制和保护的基本组成、基本结构、控制算法、工作原理和设计方法；

（2）掌握核动力主要控制系统的控制原理和策略，具备核动力装置控制和保护系统的方案设计能力和不同对象控制算法的应用能力；

（3）通过参与实验设计，具备复杂对象过程控制的设计和数据分析处理的能力；

（4）能够理解核专业工程实践对环境、社会可持续发展的影响；

《核动力装置控制与保护》涉及核动力装置原理与设计、反应堆物理、反应堆热工水力、核动力设备、汽轮机等专业课程，针对各门课程的应用和在国防建设中的地位能够进行清晰体现，控制与保护理论授课期间可引用的思政案例较多，因此适合开展课程思政建设。

二、案例基本情况

（一）案例一：国产核仪器仪表与国外差距分析

1. 课堂引用位置

本案例在绪论部分引入，绪论中介绍核电站仪控技术发展情况时应用本案例，介绍我国对于反应堆核测量状况以及自主化传感器研究状况，充分了解我国在很多领域仪器仪表与国外的差距，让同学们充分认识到仪表与测量基础研究的重要性。学生对核电站核仪器仪表是不太清楚的，需要他们详细了解技术状况。在讲授本阶段内容时，需要介绍国内外技术状况，同时也要介绍整个核电仪控发展的经纬，穿插讲述案例，融入我国核动力装置发展历程，将专业与思政相结合，加深学生对仪控与核仪器仪表发展的理解，有力推进立德树人、教书育人。

2. 引入方法与手段

在介绍各种流程工业过程控制技术状况后，尤其是智能传感器、无人机集群自主化控制、机器人控制技术、海陆空天一体的自动化指挥体系介绍后，学生对这些技术怀着无比激动的心情，然后说明核电仪控技术以及我国核仪器仪表技术现状。

在绪论教学中将本案例引入过程中，通过老师绘声绘色地描绘，声情并茂地引入，避免简单说教，拿我国电站仪控不同阶段的仪控系统以及核仪器仪表说明，技术是怎么进步的，我国技术人员是怎么攻关的，以各种能够看到的、可听到的、可搜索到的文章和媒体，来让学生知道核仪控技术的进步与不足。

3. 引导学生价值观和政治站位

案例让学生了解国外核电站仪控与核仪器仪表技术的发展状况，尤其理解我国仪控与核仪器仪表技术发展的历程。让学生体会到我国老一辈仪控与核仪器仪表专家不怕困难、开拓进取的精神，同时也体验到核工程仪控与核仪器仪表人隐姓埋名、甘于奉献，为我国核动力技术的发展付出了不可埋没的贡献。通过此案例学习，也体会到我们技术不足，激励年轻一代牢记使命、砥砺奋进，为把我国建设成核技术大国而不断努力奋进。

（二）案例二：仿真软件由引进应用到国产化

1. 课堂引用位置

在对象仿真建模教学环节引出本案例。本教学内容主要介绍仿真模型怎么建立，介绍经典控制理论关于单输入单输出、线性定常系统的建模方法，但作为核动力是一个相当复杂的系统，靠这个控制理论方法来建立对象模型太肤浅，不足以描述其运行特性，就不能开展相关研究工作。为了能够研制全范围核电站运行特性模型，必须建立基于机理的逼真度高的仿真模型。本部分介绍仿真技术国产化的故事，本案例均有实际的核电仿真技术研究事例作为背景，能够将思政教育与专业知识有机结合，讲述仿真人所应承担的社会和历史责任；激励学生热爱专业、勇于创新、担当社会责任；通过仿真技术自主化，建立了民族自信心。

2. 引入方法与手段

在讲解控制系统仿真建模内容部分，讲述各种建模方法，包括实验辨识法和机理分析法。实验辨识法对系统施加某种测试信号（如阶跃、脉冲、正弦等），记录基本输出响应（时间响应、频率响应），并用适当的数学模型逼近系统的输入输出特性。如机理分析法，对系统各部分的运动机理进行分析，按照它们遵循的物理规律、化学规律列出各物理量之间的数学表达式，建立起系统的数学模型。在讲解机理模型引出国产化仿真软件和模型，通过多媒体和视频讲解我国自主情况，同时讲解我校 Matlab 被上实体清单并被禁用的事。

3. 引导学生价值观和政治站位

案例要使学生认识到好的东西是买不来的，免费的东西是没有的，必须要独立自主解决软件，我国在工业软件方面，长期依赖国外软件，一旦出现问题，就会“卡脖子”，通过历次上演的真实故事，以及美国画出的制裁清单和实体清单表明，必须打铁还需自身硬。我们核工程人，本着对国家和人民负责的态度，应该砥砺前行，克服困难，做出更多自主知识产权的软件。

（三）案例三：仪控技术自主可控

1. 课堂引用位置

讲述核动力装置控制与保护的设计部分，核电站控制系统基本已全部采用数字化仪控系统（反应堆功率调节是其中一个子系统），而数字化仪控系统重要的技术是计算机控制技术，其实仪控系统最终涉及计算机芯片技术和软件技术，引入中兴事件、华为芯片和操作系统断供事件和伊朗核电站和铀浓缩的仪控系统中病毒事件，说明研制国产自主知识产权的仪控系统非常重要和必要，培养学生为核工业核控技术服务的迫切性，增加他们的使命感。我国为了打破技术封锁，自主研发一套 DCS 系统（即“龙鳞” DCS 系统），通过介绍“龙鳞”DCS系统，让学生认识到我国在核动力装置控制与保护系统方面也具备国际一流的DCS系统，使学生增加民族自信，提升行业认同感。推动学生热爱专业、勇于创新、担当社会使命，并深刻认识到自身的历史责任。

2. 引入方法与手段

在数字仪控系统的系统框架、设备组成和技术特点的章节中，尤其是在讲解数字仪控系统的关键技术与验证引入本案例，数字化仪控系统核心部分就是运算器，运算器就是计算机芯片，计算机芯片是实施数字化的关键，另外就是操作系统，若这两样都在别人手中，那就无法保证系统的安全，另外有可能中断供货，本部分手段就是通过播放华为芯片、中兴制裁、伊朗核仪控中病毒事件的视频媒体。另外，研制成功“龙鳞”DCS系统，也是采用网络交互或视频媒体。

3. 引导学生价值观和政治站位

案例要让学生认识到仍存在大量未知、空白的研究领域，亟须开展深入的研究；在国内开展相关“卡脖子”问题的研究与攻关，不然落后就挨打，要想立于不败之地、领先地位，我们必须有不怕困难、敢为人先的探索精神，才能探索出一条先进的道路。

三、案例思政元素分析

本文描述的三个案例中，包含的思政元素有：思想政治教育、社会主义核心价值观教育、道德教育、法律教育、爱国主义教育、创新创业教育、革命传统教育等方面。

案例一：国产核仪器仪表与国外差距分析，通过讲述我国核仪器仪表发展的进程，让学生们了解我们老一辈科研工作者在一无所有情况下，克服各种困难，制造出国产仪器仪表，让学生深刻理解艰苦奋斗以及只有中国特色社会主义道路、中国式制度，才能保证在艰苦条件下开展科学研究并得出充分的成果。

案例二：为了在世界上占领一席之地，亚仿科技公司决心制造全范围的核电仿真机和研制仿真建模工具。当时，核电仿真机只有美国、德国、法国三个国家能做。但是做核电仿真机谈何容易，最大的困难是没有支撑平台。游景玉联合秦山核电站，组建了150多人的开发队伍，突破了“建立全范围核电仿真机数学模型”“建设具有中国自主知识产权的支撑平台”两大难关。最终，他们成功了，不仅填补了我国核电仿真机的空白，同时也奠定了中国自主知识产权核心技术和关键技术的基础。“有了这样的平台，使得今天的我们不受控于国外。”这个项目当年与长二捆火箭一起成功发射，被评为我国1995年十大科技成就。该案例告诉我们学生，我们一定要迎难而上，通过奋斗一定能够填补空白领域，并且最好积极践行。

案例三：数字化仪控系统重要的技术是计算机控制技术，其实仪控系统最终涉及计算机芯片技术和软件技术，引入中兴事件、华为芯片、操作系统断供事件、伊朗核电站和铀浓缩的仪控系统中病毒事件，说明研制国产自主知识产权的仪控系统非常重要和必要。“龙鳞”DCS系统，让学生认识到我国在核动力装置控制与保护系统方面也具备国际一流的DCS系统，使学生增加民族自信，提升行业认同感。

四、案例教学整体设计

本课程采用“润物细无声”的思政教育，不断浸润和感染学生方式的思政教学方案。结合“核动力装置控制与保护”的教学课件，插入和连接一些网页、图片以及媒体视频，通过课程中老师绘声绘色的讲解，通过授课讲网页、图片、多媒体等展示给学生，让学生能够体验到各种思政内容与专业知识有机结合，让学生结合课上所学有情感上的升华，树立做“可靠顶用、拔尖创新”的核工业人才的目标。

五、教学实践过程回顾

在“核动力装置控制与保护”课程教学过程中，上述三个案例得到了成功的引入，“核动力装置控制与保护”思政案例引入，学生们既学到了知识，也得到了教育和鼓舞，对思政元素的吸收效果和认同效果较好。在课程实际应用过程中，案例回顾如下。

（1）在第一章绪论环节中，引入案例一，当教师可以把各种控制设备和仪器仪表介绍给学生，学生了解当前发展趋势和技术状况，同时也清楚了我们与国外的差距，促使我们要更加努力提高我们的国家技术水平，让我们的学生具有长期忧患意识，并在此基础上提出一些更高期望，让他们有更强的爱国主义精神。

（2）在控制系统数学模型教学环节引入案例二，我国仿真建模技术以前完全依赖国外，尤其是核电仿真技术，通过学习和引进国外软件，我国能够自主建立仿真机，但由于受美国的技术限值，我国必须发展自主的国产软件，这个最典型的杰出代表人物就是游景玉，并且随着各种软件应用，中国科研工作者通过学习，并且开发出自主知识产权的软件。

（3）在讲解核动力装置系统的设计部分引入案例三，数字化仪控系统重要的技术是计算机控制技术，其实仪控系统最终涉及计算机芯片技术和软件技术，引入中兴事件、华为芯片、操作系统断供事件、伊朗核电站和铀浓缩的仪控系统中病毒事件，说明研制国产自主知识产权的仪控系统非常重要和必要。介绍龙鳞系统是中国拥有完全自主知识产权的平台，适用于核电站、研究堆、小堆、动力堆等多种反应堆的控制，学生认识到了我国在核动力装置控制与保护系统方面也具备国际一流的DCS系统，增加了民族自信，提升了行业认同感。

六、创新性与效果总结

“核动力装置控制与保护”中的思政案例，采用“润物细无声”方式来实施思政教学，这种方式使得思政的引入比较平滑、顺畅，其创新性体现于思政内容与思政方式进行了良好的有机耦合。在课前、课中、课后三个阶段做到了课程思政的全过程教学，并且一定程度可以影响学生的人生观、价值观与择业观，让学生具备发现问题、解决问题、探索问题的能力，充分激发其爱国情怀。

参考文献

[1] 郝琛，刘光皓，崔媛．新工科背景下留学生专业课程改革——以" 高等反应堆物理" 课程为例［J］．黑龙江教育：高教研究与评估，2022（12）：27-29.
[2] 崔媛，武艳君，孙萌萌，等．依托虚拟仿真实验教学中心，培养工程实践能力［J］．实验科学与技术，2015，13（2）：3. 142-144.
[3] 央广网．我国首套军民融合核安全级 DCS 平台发布［EB］. https：//baijiahao. baidu. com/s？ id=1619108352774547189&wfr=spider&for=pc
[4] 知网．华为被制裁简史［EB］. https：//zhuanlan. zhihu. com/p/651419305.

“反应堆热工水力学”课程思政案例

范广铭，孙中宁，王建军，程　杰

（哈尔滨工程大学核科学与技术学院，黑龙江　哈尔滨　150001）

摘　要：“反应堆热工水力学”课程是哈尔滨工程大学核工程与核技术专业培养方案中的核心主干课程，是核工程与核技术专业学生的“专业技术知识领域”的交叉综合课程，其中，自然循环是冷却剂流动特性研究的关键环节，能够保障停堆及事故工况下反应堆的安全。因此，本案例基于自然循环章节，以爱岗敬业爱国报国为基调，选取王大中院士坚持不懈突破自然循环技术壁垒、自然循环技术改善核潜艇噪声助力“海洋强国”以及自然循环推动实现自主研发“华龙一号”并走入国际等诸多教学案例，结合课程知识特点，进行了课程思政案例设计，以强化学生爱岗敬业思想、激发学生爱国报国情怀，在课程教学过程中潜移默化融入思政教学，达到对学生思政教育的目的。

一、课程基本情况

（一）授课对象情况分析

“反应堆热工水力学”授课对象是核工程与核技术专业大学三年级学生，该阶段本科生已完成了工程热力学、工程流体力学和传热学等专业基础课程学习，具备“反应堆热工学力学”的学习基础，以相关知识作为基础可以对反应堆热工水力学专业知识进行进阶学习。但是，该阶段学生对于核工程与核技术专业具体的工程问题和科学问题的认知依旧存在较大不足。因此，在该阶段本课程的教学授课过程当中，教师需要引导学生树立坚定的专业理想，使学生明确本专业领域中个人、行业与国家的发展需求。同时，通过对大国工匠、国家重器等案例的讲解，引导学生全身心地从事本专业研究，植根学生内心爱岗敬业爱国报国思想。此外，反应堆热工水力学是集理论学习、网上教学、研讨与实验的一门综合核心专业课程，多样性的教学方式有利于激发学生学习兴趣，且多媒教学利于思政教学的无声引入，有助于学生知识的学习与思政教育的开展，以提高学生专业操作能力并提升学生思想认识高度。

（二）课程情况简介

“反应堆热工水力学”是面向核工程与核技术专业本科生开设的一门专业核心课程，课程内容包含反应堆结构材料、两相流基础以及反应堆热工分析等，主要目的是使学生掌握核反应堆的结构和工作原理，掌握反应堆热工水力学的基本理论和反应堆热工水力特性分析计算的基本方法，具备进行反应堆稳态热工设计计算分析的能力。经过 60 多年建设，课程形成了一支老中青传帮带的高素质教学团队，教学过程结合学术前沿进行研讨式教学，紧跟时代变化，回应行业需求。课程的鲜明特色体现在对标专业“宽视野、厚基础、能力强、素质优”的人才培养理念，教学设计目标化；着力提高学生对课堂的参与度和学习的积极性，使学生成为课堂的主体，师生互动常态化。

二、案例基本情况

（一）案例总体概述

哈尔滨工程大学以“三海一核”为办学特色，坚守为党育人、为国育才的初心，全面落实立德树人根本任务，突出视野宽、基础厚、能力强、素质优、重创新的人才培养特色。核工程与核技术专业作为学校品牌专业，致力于培养“思想品质好、辨识能力强”的核工程领域的一流工程师与优秀专业人才，其对服务国家战略具有重要意义。《反应堆热工水力学》作为本专业核心课程，具备多学科融合特性，在专业领域内有着广泛的应用。其中，自然循环是课程中重要核心内容，具备广阔的工程应用前景，做好自然循环相关研究，有助于中国核安全技术壁垒下的关键技术突破。在长期的科研实践中，诸多研究人员开展了自然循环相关研究，且取得了突出成就，对国家安全、国防科技的发展发挥了重要关键作用。因此，本案例选取自然循环章节，结合王大中院士团队事迹、核潜艇降噪典型科研问题以及“华龙一号”国家核电名片等与自然循环密切相关的实际案例，开展思政教学，以期达到培养学生爱岗敬业精神、激发学生爱国报国情怀的教学目的。

（二）案例教学目标

通过对自然循环知识和相关案例的讲解，达成如下具体目标。

（1）知识目标：掌握自然循环的基本概念、建立的条件及影响因素。

（2）能力目标：通过自然循环相关知识学习，使学生具备设计反应堆安全壳热量导出系统的能力。

（3）价值目标：树立学生的科技自信和民族自豪感，增强学生的使命感和荣誉感，激发爱国热情，鼓励学生们敢于创新，勇于担当，立志成为国家科技创新的实践者和推动者。

三、案例思政元素分析

本案例选取自“反应堆热工水力学”中的自然循环章节，在专业课程讲授过程中，设置三个课程思政教学“点”，分别为自然循环基本概念中的“王大中院士团队攻克难关设计世界上首座一体化自然循环水冷堆”、自然循环建立的条件及其影响因素中的“利用反应堆自然循环技术将我国核潜艇技术推向世界先进行列”、自然循环系统在核动力装置中的应用以及“自然循环技术助推‘华龙一号’成为中国核电走向世界的‘国家名片’”。通过这三个“点”的设计，从个人素质、投身行业、报效国家等三个层面，培养学生坚韧不拔、乐业奉献、自信自强的精神品质，激励他们时刻怀有爱国之心、报国之志、强国之梦，为祖国的核科学事业做出新的更大贡献。

四、案例教学整体设计

（一）自然循环的基本概念（教师讲授）

讲解自然循环的基本概念，指出自然循环是反应堆非能动安全的重要组成部分，继而指出“核安全问题”一直是核能和平利用需要解决的关键问题，而美国为首的西方国家在这一领域领先于我国。经过几十年的研究，我国已经掌握了一些自然循环的关键原理，并取得了一定的技术突破。

思政案例：美国三哩岛核事故和苏联切尔诺贝利核事故的发生，为我国核能发展敲响了警钟，我国亟须提高反应堆的安全性，突破以自然循环为核心的非能动安全技术。国际核能领域著名学者、中国科学院院士王大中带领团队瞄准这一重大难题，一步一个脚印，破解了世界难题，走出自主创新从零开始到领先世界之路，实现了我国先进核能技术的跨越发展。

三哩岛核事故后，美国等西方国家没有建成一座创新型的反应堆，主要原因就是无法跨过巨大的技术、工程与核安全审查门槛。国际上类似团队的领军科学家曾感叹：先进核能项目能否成功不在于谁更聪明，而在于谁更能坚持。中国人最终能够走到世界前列，这归功于国家的持续支持、产学研合作的体制机制、科学家团队的坚韧不拔，其中一个关键就是长期坚持在科研一线的带头人王大中。通过对王大中院士事迹的讲述，使学生感受他高瞻远瞩、不断创新的悟性，不畏艰辛、不惧压力、敢于超越的勇气，锲而不舍、攻坚克难的韧劲，从而将深厚家国情怀根植于学生的内心，激励学生在专业领域学习和工作中自强不息、开拓创新、志存高远。

（二）自然循环建立的条件及其影响因素（小组讨论）

通过对自然循环建立条件及影响因素的讲解，总结自然循环的运行依靠自然力，而不需要水泵等外部驱动设备。因为自然循环这一关键特性，使得其运行噪声大大低于能动设备，可应用于核潜艇等战略装备，大大提升潜艇的隐身性能，使其在复杂残酷的海洋战争中生存。

布置小组讨论题目：自然循环在潜艇核动力装置中的应用。

思政案例：我国核潜艇最受诟病的缺陷就是噪声太大，早期的核潜艇被外国媒体嘲笑为“敲锣打鼓、震耳欲聋的水下列车”。经过我国科研人员多年的不懈努力，解决了核潜艇上包括反应堆自然循环技术在内的多项关键技术，使其改进型的噪声大幅降低，基本达到了国际先进水平。通过对核潜艇自然循环技术突破案例的讲述，弘扬自力更生、艰苦奋斗、大力协同、无私奉献的核潜艇精神，激励同学们早立志、立大志，投身军工国防，为维护国家尊严、领土统一，为早日实现“海洋强国”战略目标而努力学习，勤奋拼搏！

(三) 自然循环系统在核动力装置中的应用(课堂研讨,并结合研讨内容完成非能动安全壳冷却系统的设计)

在学生对自然循环有了比较清晰的认识后,进一步介绍自然循环在核电站中的应用,包括非能动余热排出系统;安全壳非能动热量导出系统。重点介绍我国自主研发的“华龙一号”非能动安全壳热量导出系统。

思政案例:“华龙一号”充分借鉴了福岛核事故的经验反馈,创新性地采用“能动与非能动相结合”的安全设计理念。自主研发了针对混凝土安全壳设计的非能动热量导出系统,该系统整体采用开式自然循环设计,主要由内部换热器、高位水箱以及相关的管路和阀门组成。“华龙一号”具有完全自主知识产权的第三代压水堆核电创新成果,是中国核电走向世界的“国家名片”,是中国核电创新发展的重大标志性成果。

通过“华龙一号”首堆的建设,成功带动了核电工业上下游领域高端装备制造业的整体升级,真正实现了从“中国制造”到“中国创造”。通过引入图 1 所示的“华龙一号”总设计师讲座视频以及图 2 所示的课堂研讨与设计答辩流程,让学生了解我国从核电大国到核电强国的伟大跨越,树立学生的核电自信心和民族自豪感,激励他们立志成为青年一代的高水平核电人才,勇于担当,为成为国家需要的战略科技人才、科技领军人才、青年科技人才和组建高水平创新团队努力奋斗。

图 1 课堂播放邢继——“开讲了”视频

图 2 以课程思政案例解读自然循环相关知识整体流程图

五、教学实践过程回顾

（1）课程教学督导评价：教师在课程讲授过程中，结合核工业发展历史上的相关典型案例，借助核电行业的创新性科研成果及尚未解决的技术难题，在课程中自然融入课程思政内容。

（2）通过思政案例讲解，学生深刻感受到自己在这份工作中所要承担的责任，立志今后将投身行业、奉献国防，将所学知识用于祖国的建设中。

（3）近三年该课程学生评教平均得分为 97. 3 分，其中，思想政治教育元素融入课程满意率为 99. 1%，学生普遍认为任课教师较好地将思想政治教育的理论知识、价值理念以及精神追求自然融入课程授课环节，取得了很好的效果，具体评价情况如图 3 所示。

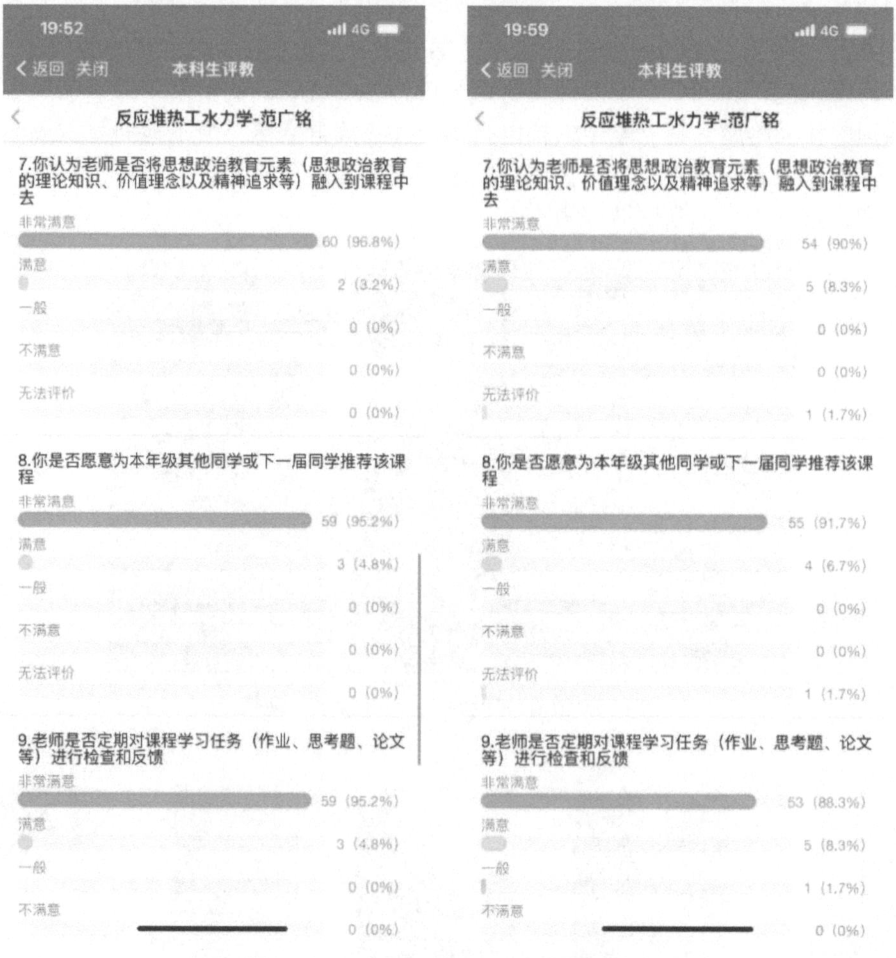

图 3　学生对课程思政效果的满意度评价

六、创新性与效果总结

（1）从个人、行业、国家三个层面设计教学案例，层层递进地激发学生为行业、为国家而学习的热情。

（2）在国内核专业平台推广课程思政实践。将课程思政引入智慧树平台上线的“反应堆热工水力学”慕课、引入面向国内各高校全网直播的“自然循环”见面课，在与西安交通大学等国内核专业高校共建的反应堆热工水力虚拟教研室分享课程思政案例。受到了国内同行的一致认可和好评。

（3）形成“知识理论—案例解读—思政引申—实践探索”的专业思政教育模式。

参考文献

[1] 清华大学宣传部．矢志报国，倾情一生寄核能［J］．中国研究生，2022，(05)：18-21.
[2] 杨龙塾．潜艇声隐身技术［J］．现代舰船，2009，(11)：23-25.
[3] 王毅．核潜艇的“销声匿迹”之术［J］．科学 24 小时，2022，(04)：8-11.
[4] 华龙一号更安全的核电技术［J］．科学世界，2021，(05)：8-43.
[5] 刘保林．中华复兴巨龙腾飞——记中核集团“华龙一号”总设计师邢继［J］．中国产经，2022，(09)：70-77.

“工程流体力学”课程思政案例——从虹吸现象到自然循环

高璞珍，韩 蕊，栾秀春，李东阳

（哈尔滨工程大学核科学与技术学院，黑龙江 哈尔滨，150001）

摘 要：介绍了核工程与核技术专业基础课、核心课“工程流体力学”的一个课程思政案例。该案例选取伯努利方程的应用——虹吸现象分析，引申到自然循环非能动安全系统。分析了案例中蕴含的思政元素，设计了学生的自主实验以及后续课堂开展讨论的方式。通过该案例的实施，培养了学生的科学精神、创新意识、团队合作，强化了学生的核安全文化理念，使学生认识到所学知识及核学科对国家绿色发展的重要意义，对可持续发展战略目标的意义，增强了学生的使命感。近几年的实践证明本课程思政案例取得了良好的成效。

一、课程基本情况

（一）授课对象情况分析

授课对象为哈尔滨工程大学核工程与核技术专业三年级本科生。

随着核电事业的发展，本课程针对的核工程与核技术专业从最初每年不足 30 人，发展到现在每年约 180 人的授课规模，同时本课程面向全校学生开放跨专业选修。

哈尔滨工程大学核工程与核技术专业在全国核工程类专业中率先通过工程教育认证，首批获评国家一流本科专业。“工程流体力学”则是重要的专业基础课。

对象的特点分析

（二）课程情况简介

“工程流体力学”是国家级及省级一流本科专业核工程与核技术的专业基础课、核心课程之一。通过讲述和练习工程流体力学基本原理及应用，锻炼学生融合数学、自然科学、工程基础和核工程专业知识用于解决核工程领域复杂工程问题的能力；使学生能够基于科学原理并采用科学方法对复杂核工程问题进行研究，包括设计实验、分析与解释数据，并通过信息综合得到合理有效的结论；使学生具有自主学习和终身学习的意识和能力，并获得不断学习和适应发展的能力。

“工程流体力学”上承数学、物理、力学等公共基础课，下接“反应堆热工水力学”“核动力装置用泵”“核动力汽轮机”等核工程专业课。

二、案例基本情况

（一）案例对应知识点及思政目标

案例对应的知识点：伯努利方程的应用——虹吸现象分析。

从虹吸现象引申到自然循环非能动安全系统，使学生意识到所学知识及核学科对环境保护和生态文明建设的重要性，理解可持续发展战略目标的意义，强化学生的核安全文化理念。

（二）案例设计的整体理念和主要思路

根据核能行业特点，选取虹吸现象作为自主实验内容，将其引申至核工程中采用非能动设计对核动力装置安全性、对绿色可持续发展的必要性，将专业知识、工程应用和思政教育自然地结合，激发学生的责任感和使命感。

整个课程思政案例的设计首先让学生学习虹吸现象原理，安排学生以组为单位进行讨论、自主设计实验、居家完成实验，并录制实验视频、撰写实验报告。然后，每组代表对实验结果及收获进行分享。以课堂研讨的形式，将虹吸与自然循环工程应用相联系，引入核能应用中非能动的概念，阐述非能动方式对核能安全的重要性和必要性，使学生意识到所学知识及核学科对国家绿色发展的重要意义，对可持续发展战略目标的意义，增强学生的使命感。同时，通过自主实验的设计和考核，也能够培养学生的团队意识，发挥团队协作精神。

三、案例思政元素分析

（一）课程知识中的思政元素

虹吸现象蕴含的思政元素：非能动安全。

非能动安全技术蕴含的思政元素：核安全文化。

在非能动系统中，由于只利用自然力，不需要泵、风机、柴油机、冷却剂或其他旋转机械设备，从而也不需要安全交流电源。美国西屋公司开发的AP1000采用了非能动设计，即采用非能动方式简化安全系统，其主要安全系统，如余热排出系统、安注系统、安全壳冷却系统等，均采用非能动设计，系统简单，无须能动设备即可长期保持核电站安全。这种非能动安全系统不仅简化了专设安全设施，而且可以减少由于人员干预而可能产生的误动作，改善了人机关系，提高了核电站的安全性。

有时，一些常见现象蕴含的原理，在工程应用中却能发挥巨大的作用，能源是经济发展的动力，也是决定生活质量的关键因素。如何绿色、安全、持续地发展核能对我国能源可持续发展战略具有重要的意义。

（二）所在专业中的思政元素

采用非能动安全技术的“华龙一号”的思政元素：自主创新、强核报国、奉献。

核工程专业蕴含的思政元素：“双碳”目标、生态文明建设、可持续发展、人类命运共同体。

核能作为绿色能源之一，其安全应用对我国生态文明建设和经济发展至关重要，是保证实现碳达峰、碳中和“双碳”目标的必由之路。如何保证核电站的安全是全世界、全人类共同关心的问题。非能动系统可大大提高核反应堆的安全。

在 1999 年 7 月，我国启动了第三代核电技术的研发，在日本福岛核事故后，国际社会、中国政府部门和社会公众对核安全提出了更高的要求和期望，我国具有完整自主知识产权的第三代压水堆核电品牌 ACP1000，采用“能动与非能动相结合的安全设计理念”，可以有效应对动力源丧失的非能动安全系统作为经过工程验证、高效、成熟、可靠的能动安全系统的补充，提供了多样化的手段满足安全要求。在我国后续的第三代核电技术的研发中，ACPR1000+、“华龙一号”也采用了能动与非能动相结合的安全系统，大大提高了核能应用的安全性，助力实现我国核电“走出去”的目标。

党的二十大提出“中国式现代化是人与自然和谐共生的现代化”“积极安全有序发展核电”。在此背景下，课程组教师期望在传授知识的过程中使学生意识到所学知识及核能对环境保护和生态文明建设的重要性，在可持续发展中的不可或缺性。

（三）教学方法中的思政元素

自主设计实验、动手实验操作、小组协作、课堂研讨等教学方法所蕴含的思政元素：理论联系实际、自主思考、科学精神、创新意识、团队意识、分工与合作。

作为核工程与核技术专业的必修核心课程，“工程流体力学”在培养学生掌握相关知识的同时，要培养学生理论联系实际、分析解决复杂工程问题以及团队协作的科研能力。因此，需要精心设计课程内容及实施方式，采用“以学习者为中心”的学习设计，将专业知识、工程应用和思政教育自然地结合，做到知识传授、能力培养和价值引领相统一，从而达到教书育人的目的。

四、案例教学整体设计

（一）案例所在章节和主要知识点

（1）第六章 管内流动和水力计算 液体出流。

（2）第 10 节几种常用的技术装置 二 虹吸管。

（3）主要知识点：伯努利方程及其应用。

（二）主要教学方法和手段

以课堂研讨为主，学生以小组为单位，完成自主实验后，制作 PPT 课件，借助视频、图片展示实验原理、过程、结果及收获。

（三）内容介绍

虹吸现象原理：虹吸现象是利用液面高度差的作用力现象，将液体充满一根倒U形的管状结构内后，将开口高的一端置于装满液体的容器中，管内最高点液体在重力作用下往低位管口处移动，在U形管内部产生负压，导致高位管口的液体被吸进最高点。容器内的液体会持续通过虹吸管向更低的位置流出，此现象即为虹吸现象（见图1）。

虹吸现象在日常生活中即可经常见到，且可以居家动手实验。

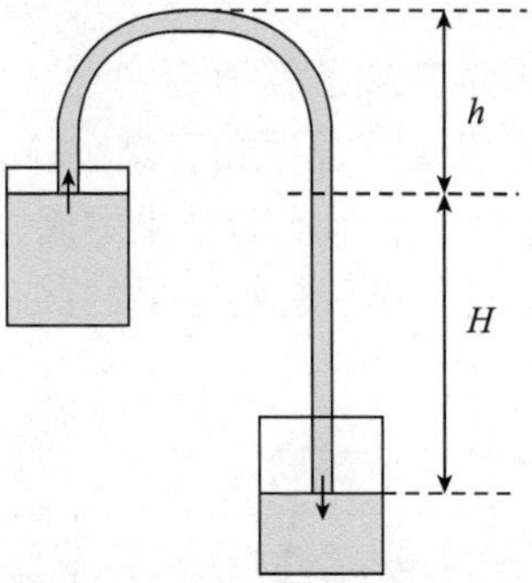

图1　虹吸管示意图

虹吸现象实质是由液体压强和大气压强而产生，具有非能动性质。

虹吸现象应用：虹吸原理在工程上的应用十分广泛，在排水工程、水利工程等各方面均有应用。虹吸现象实质是由液体压强和大气压强而产生，仅仅依靠自然界的物理原理——重力加速度作用而产生。此原理与核能应用中的非能动概念相同。

自然循环：是利用冷热流体密度差而产生的一种回路内循环流动，它不依靠泵等机械的驱动力，有利于工作装置的安全。

自然循环仅仅依靠自然界的物理原理——冷热流体密度差而产生，属于核能应用中的非能动技术。自然循环与虹吸有相似之处。

自然循环等非能动安全技术概念的提出对核能领域具有重要的意义。非能动安全系统是指一个完全由非能动（重力驱动、自然循环等方式）的部件和结构组成的系统，或者使用很有限的能动部件来触发非能动运行的系统。一般概念上，所谓非能动安全的思想即指利用自然循环、蓄热、蒸发、热传导、重力驱动等一些简单但固有的物理规律的作用，使反应堆发生事故以后不必过多依赖运行人员的干预和外部能源的供给就能完成相应的安全功能。

（四）课程组织

在课前，安排学生以组为单位进行讨论、自主设计实验，并居家录制实验视频、撰写实验报告。

在课堂上，每组借助视频、图片及多媒体文件讲解原理、展示实验视频并结合实际应用分享心得体会。

在课前准备过程中，学生需要查阅相关资料、独立思考、小组讨论、分工合作，还需要进行实验设计并亲自动手完成该实验，最后根据实验结果进行总结和汇报。

学生汇报后，学生、老师点评并提问，结合非能动安全技术，讨论非能动安全理念和核安全文化。

五、教学实践过程回顾

（一）课程教学实施

按照课程教学整体设计连续多年实施了教学。

图 2 为课堂研讨及引导学生开展线下合作和居家实验。

图 3、图 4 为学生讲解实验原理、展示实验结果的课堂汇报截图。

图 5、图 6 为学生讲解实验原理、展示实验结果的课堂汇报照片。

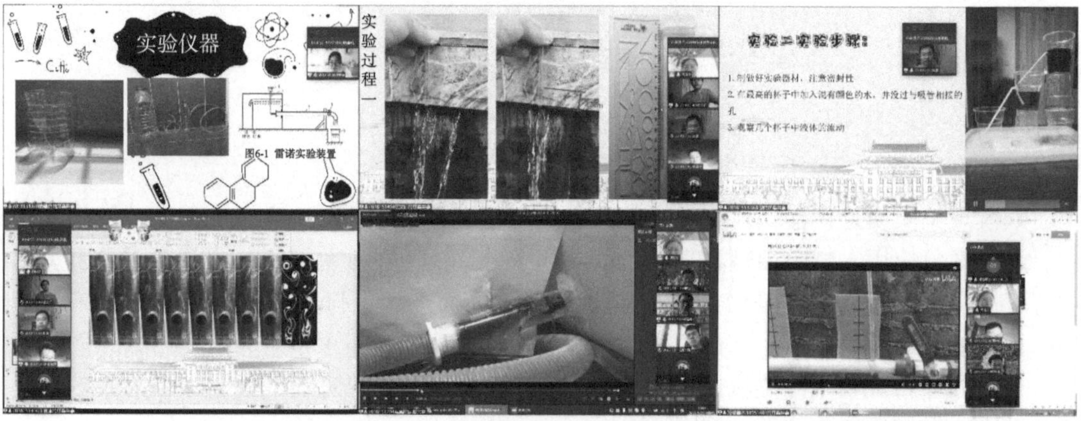

图 2　课堂研讨及引导学生开展线下团队合作和居家实验

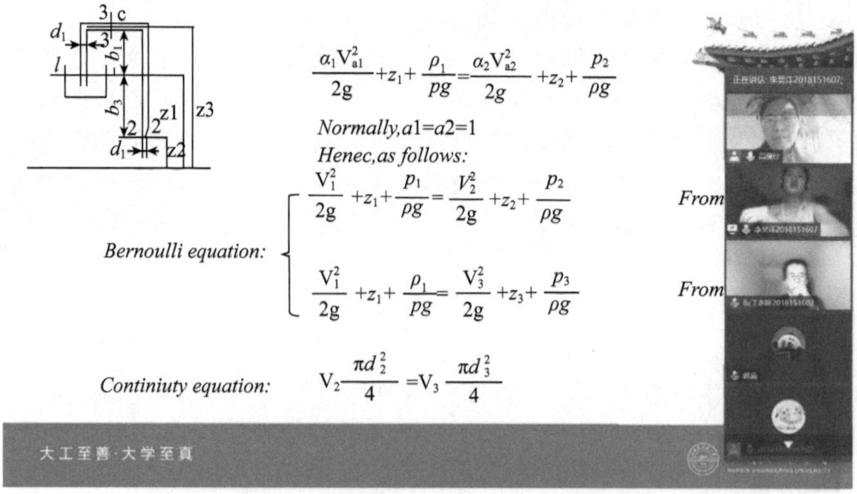

图 3　学生讲解实验原理课堂汇报截图

图 4　学生展示实验过程课堂汇报截图（2020 年）

图 5　学生展示实验过程课堂汇报照片（2021 年）

图 6　学生展示实验结果课堂汇报照片（2022 年）

（二）学生体会和收获

课后，学生结合自己的动手实践过程和体会，撰写了新闻，见图 7。

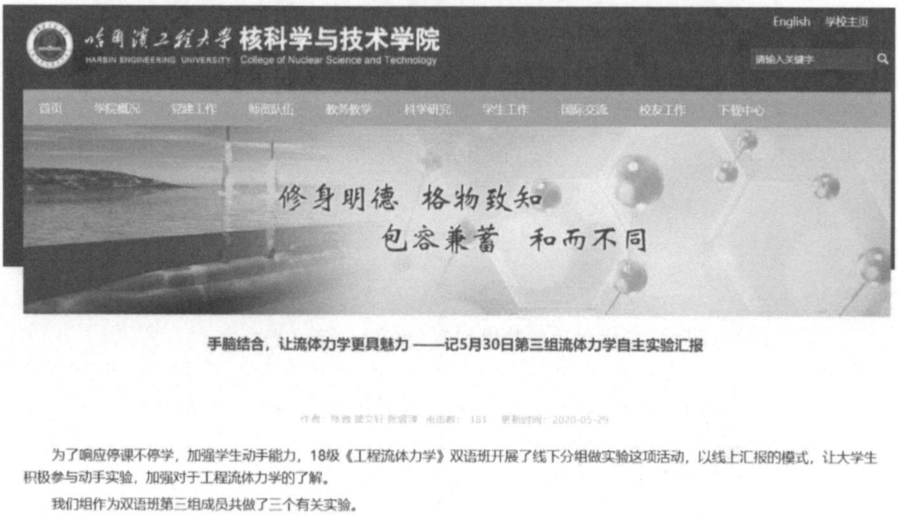

图 7 学生课后撰写的新闻截图

学生普遍反映在这个过程中，思考能力、动手能力以及沟通协作能力得到了很好的锻炼。

六、创新性与效果总结

本课程思政案例在以下几个方面有创新。

（1）思路创新：由小“虹吸现象”见大“非能动安全技术”。

（2）方法创新：① DIY 实验，学生深度参与；
② 小组作业，锻炼团队分工与合作；
③ PPT 汇报，锻炼沟通与表达；
④ 课堂研讨，充分互动；
⑤ 预设疑问，启发深度思考。

（3）内容创新：挖掘提炼知识点所蕴含的思想价值和精神内涵，科学合理拓展“虹吸现象”的广度、深度，提升引领性和开放性，案例符合国情，体现时代性、科学性和针对性，实现了寓价值观引导于知识传授和能力培养之中。

从虹吸原理出发，引申至与核学科专业相关的自然循环等非能动概念，进一步通过自主实验的设计和考核，培养了学生查阅资料、自主思考的综合能力，还培养了学生在团队合作中与其他成员进行有效沟通做到共享信息、合作共事的能力，并充分发挥团队协作精神。

通过课堂研讨和讲解，使学生理解了核能对国家发展的重要意义，理解了可持续发展的内涵，核能安全应用对我国生态文明建设的重要性。同时，通过讲解使学生对我国三代核电技术中核反应堆的安全设计有了初步的认识，深化了核安全文化意识，也对我国拥有完整自主知识产权的堆型有了初步的了解，增强了学生的民族自信、荣誉感和使命意识。

该课程思政案例生动、特色突出，与课程知识点、核工程应用和思政教育内容均结合紧密，自然融合。

参考文献

[1] 孔珑．工程流体力学［M］．4 版．北京：中国电力出版社，2014.

[2] E. John Finnemore, Joseph B. Franzini. Fluid Mechanics with Engineering Applications［M］．10 版．北京：清华大学出版社，2013.

“核化学与放射化学”课程思政案例

高　杨，矫彩山，张　萌，李耀睿，周　羽，
侯洪国，何明键，晁　楠，王靖阳

（哈尔滨工程大学核科学与技术学院，黑龙江　哈尔滨　150001）

摘　要：“核化学与放射化学”是面向核化工与核燃料工程专业大三学生开设的一门专业核心课程。该门课程不仅担负着为“核燃料循环化学工艺学”“核化工机械与材料”“核化工过程与仿真”等后续专业核心课程奠定理论基础的任务，同时也是落实立德树人根本任务的一门关键课程，在通过课程推动思想政治工作贯穿教育教学全过程中发挥重要作用。在教学过程中通过设计“扎根黑土，逐梦深蓝，习近平总书记考察哈尔滨工程大学”“中国原子能科学研究院介绍”“四0四核城建设”“一堆一器建设”“化学工程及核工程技术专家姜圣阶”“核化学化工事业主要奠基人之一：汪德熙”6个思政案例，将“哈军工精神”“以身许国，敢为人先，严谨求实”的四〇一精神、“只问奉献，无问西东”的四0四核城精神融入课程内容。通过课程思政案例的学习，激发了学生的爱国热情，增强学生对我国放射化学所取得成就的骄傲和自豪感，达到让学生“心灵上有触动、思想上有感悟、行动中有体现”的效果。

一、课程基本情况

（一）授课对象情况分析

“核化学与放射化学”课程的授课对象是核化工与核燃料工程专业的大学三年级（大三）学生。大三是大学生活一个重要的分水岭，到了为毕业做准备的关键时期。在课程方面，这些学生已学习过工科数学分析、概率论与数理统计、工程力学等大类教育平台课程，无机化学、有机化学、物理化学等学院专业平台中的化学相关基础理论课程，但对涉核专业课程接触还较少；在学习能力方面，这些学生的学习自主性较强，更愿意接受探究式、讨论式、交流式的教学方式，喜欢平等、民主、宽松的课堂氛围；在思想方面，大三学生的思想状况日趋成熟，对国际国内形势的认知愈发深入，看待问题更加全面，为人处世、谈吐交流等表现也更加成熟；在未来规划方面，在前期职业规划指导下，部分学生未来规划比较清晰，但也有相当一部分学生对未来发展比较迷茫，尤其对处于条件较为艰苦地区的就业单位心存芥蒂；在个体发展方面，大三学生个体差异日益明显。经过前两年发展，学生们的大学生活呈现较大差异，有的成绩优异，斩获诸多奖学金。有的热爱学生工作，担任各级学生组织负责人。有的积极探索，在科研创新等方面取得突破。但是也有少部分学生沉迷游戏、挂科多门。在大学生涯至关重要的大三学年开端开设的“核化学与放射化学”，不仅是一门为后续专业核心课程，如“核燃料循环化学工艺学”“核化工机械

与材料""核化工过程与仿真"等奠定理论基础的专业基础课程，同时也是落实立德树人根本任务的一门关键课程，在通过课程推动思想政治工作贯穿教育教学全过程中发挥重要作用。

（二）课程情况简介

"核化学与放射化学"是核化工与核燃料工程专业的专业核心课程，在第5学期开课，共60学时（其中讲授52学时，实验8学时），3.5学分。课程包含了原子核和粒子物理、放射性、射线与物质的相互作用、放射化学分离方法、核分析技术、放射性元素化学、裂片元素化学、放射性核素的应用等内容。通过本课程的学习主要实现以下4个课程目标：

（1）使学生正确理解并掌握核化学及放射化学的基本概念、基本理论、基本方法，具有应用核化学与放射化学知识的能力；

（2）熟识放射性在各个领域中的应用，掌握放射化学的各种分离分析方法，能够运用相关知识分析及解决核化学与放射化学领域内的具体问题；

（3）使学生具备核化学与放射化学专业理论知识，培养学生良好的追根溯源、探求本质的科学态度，树立核化学与放射化学可持续发展的全局观，为今后从事相关工作打下坚实基础；

（4）使学生掌握核化工与核燃料工程相关背景知识。

课程的考核以考核学生能力培养目标的达成为主要目的，以检查学生对各知识点的掌握程度和应用能力为重要内容，包括课堂测试、实验和期末考试环节，总评成绩以百分计，满分100分，其中阶段测试20%、实验10%、期末考试（闭卷）70%。

二、案例基本情况

（一）案例一：扎根黑土，逐梦深蓝，习近平总书记考察哈尔滨工程大学

2023年9月7日，习近平总书记来到哈尔滨工程大学，了解学校发展历程和为我国国防科技事业做出的贡献，察看教学、科研成果展示并发表重要讲话。习近平强调，哈尔滨工程大学要发扬"哈军工"优良传统，紧贴强国强军需要，抓好教育、科技、人才工作，为建设教育强国、科技强国、人才强国再立新功。习近平总书记的重要指示，为我们奋力走好新时代一流大学建设的长征路、办好人民满意的教育指明了前进方向、注入了强大动力、提供了精准路径。立德树人作为大学立身之本，人才培养作为高校首要任务，必须始终坚持为党育人、为国育才。党的事业后继有人、强国建设可堪大用，必须坚持不懈用习近平新时代中国特色社会主义思想铸魂育人，始终发扬优良传统，加强人才自主培养，开辟培养新赛道，塑造发展新动能，引导青年学子永远听党话、跟党走，树牢科技报国志，刻苦学习钻研，勇攀科学高峰，在推进强国建设、民族复兴伟业中绽放青春风采。

（二）案例二：中国原子能科学研究院介绍

中国原子能科学研究院（见图1）创建于1950年，由于核工业在当时的国防工业门

类排序为第四位，因而授予了代号“四○一”，一直沿用到现在，是我国核科学技术的发祥地，以及国防核科研、核能开发研究和核基础科研的创新基地。在国家表彰的23位“两弹一星”功勋奖章获得者中，有7位在这里创建功勋，有60余位两院院士曾在这里学习和工作过，国内十几个重要的核科研和生产单位由此派生，从这里输送出去的各类骨干人才达7 000多名。中国原子能科学研究院也因此获得了我国核工业“老母鸡”的美誉。

图1　中国原子能科学研究院

中国原子能科学研究院下设有7个研究所：核物理研究所、反应堆工程研究设计所、放射化学研究所、快堆研究设计所、同位素研究所、核技术应用研究所、辐射安全研究所；2个技术部：科技信息部、放射性计量测试部；7个国家级、部委级研究中心或重点实验室：中国核数据中心、核数据国家级重点实验室、国家同位素工程技术研究（实验）中心、国家能源快堆工程研发（实验）中心、北京串列加速器核物理国家实验室、核保障技术重点实验室、国防科技工业电离辐射一级计量站；7个工程项目部：中国先进研究堆工程部、串列加速器升级工程部、核燃料后处理放化实验设施工程部、放射性三废设施治理工程部、特种材料专项工程部、基地建设工程部、退役治理工程部。

七十多年来，在党中央、国务院和上级部门的关怀和指导下，中国原子能科学研究院作为我国先导性、基础性、前瞻性的综合性核科研基地，作为重要科学思想库、技术储备库和人才培养库，为国家核科技创新、核工业发展、核科技人才培养做出了重要贡献，形成了核物理、核化学与放射化学、反应堆工程技术、加速器技术、核电子与探测技术、同位素技术、辐射防护技术和放射性计量等学科，开发出了以同位素辐射技术为主导的一批高新技术和产品。编辑出版的期刊有《原子能科学技术》《核化学与放射化学》《同位素》《质谱学报》《应用泛函分析学报》。1978年以来，获国家自然科学奖、国家发明奖、国家科技进步奖、中华技能大奖、何梁何利奖、国防科学技术奖和中核集团公司科学技术奖等共1 400余项；近10年获得专利授权400余项；曾荣获“全国五一劳动奖状”“首都文明单位”“科技奥运先进集体”“国防科技创新团队”等诸多殊荣。

（三）案例三：“四0四核城”建设

“四0四核城”（见图2），位于我国甘肃省酒泉市玉门县，嘉峪关市西10 km左右，在当年是严格保密的核工业生产基地。1958年，国家的一声号召，数十万人“上不告父母，下不告妻儿”，义无反顾地来到了这荒无人烟的戈壁滩。在苏联专家的帮助下，“四0四核城”拥有了中国第一座核反应堆，第二年就投入了使用，这标志着中国的核武器从无到有的历史性突破。参与科研、建设和生活。他们都有一个共同目的，那就是举全国之力，造出自己的原子弹。1964 年和 1967 年，“四 0 四核城”分别成功爆炸了一颗原子弹和一颗氢弹，举国上下为之疯狂，中国终于进入了崭新的“核时代”。

图 2 “四 0 四核城”

“献完青春献终身，献完终身献子孙”，这是第一批来到“四 0 四核城”的人们喊出的口号，他们将自己的一生都奉献给了国家的核工业发展，就连他们的子孙，大多也留在了这片戈壁滩上，他们是真正有信仰的一代人。

据第一批来到“四 0 四核城”的工人回忆：戈壁滩上风沙肆虐、荒无人烟，人们在地上挖坑，铺上茅草，睡在地窝里。生活用水只能靠火车、汽车拉，所以这里的水比汽油还要贵。后来厂区建成了，这里的条件依旧很差，漫天的风沙吹得人睁不开眼，即便如此，那些汇聚于此的专家和精英们，依旧义无反顾地将自己的青春挥洒在这片荒凉的戈壁滩上。

“我爱祖国，祖国需要我，铁马金戈，我是核，我是核……”这是中核四 0 四的厂歌，简单朴实的歌词表达出了老一辈人为国家、为人民奉献一切的决心。在“核厂”里工作，注定是危险的，人们或多或少地受到了核辐射，有的人一夜白头，有的人患上重疾，但是没有一个人为来到“核城”而后悔。为了国家的长治久安、人民的幸福安稳和我国“核事业”的发展，第一批“四 0 四人”义无反顾地来到了戈壁滩深处，将自己的青春和热血全部奉献给了国家和人民。

(四) 案例四：一堆一器建设

“建设在北京郊外的我国第一座实验性原子反应堆和回旋加速器（见图 3），在伟大的国庆九周年前夕已正式移交生产了。第一批中国自制的放射性同位素已经从这座原子堆里生产出来，从原子堆模腰里的孔道中引出来的中子和两种射线，以及从加速器发出的 3 400 km/s 速度的粒子已经被用来进行原子核物理研究，这是我国发展原子能科学以及和平利用原子能事业中有决定意义的一个阶段。”这是 1958 年 9 月 28 日新华通讯社向全世界发布的一则新闻。

“一堆一器”指由苏联援建的7 000 kW功率重水研究堆（也被称为101堆）和12.5 MeV回旋加速器，构成了我国第一批核技术科研平台，奠定了我国核科技发展初期的重要基础。

60余年来，我国以“一堆一器”为基础，全面推进核科技的自主创新，开展了一系列研发工作，先后完成了101堆改建，引进了HI-13串列静电加速器，研制出了微堆、14 MeV强流短波脉冲电子直线加速器、30 MeV强流回旋加速器和KrF准分子激光装置，推动了中国实验快堆、中国先进研究堆、北京串列升级工程、放化后处理实验设施等“四大工程”以及核科研基地一期的立项和建设，为加强核基础研究、加快核能技术研发提供了坚强支撑。

图3　重水研究堆（左）与回旋加速器（右）

（五）案例五：化学工程及核工程技术专家姜圣阶

姜圣阶（见图4），黑龙江林甸县人，化学工程专家、核工程技术专家，中国科学院院士。1936年，姜圣阶毕业于河北工业学院机电系；1950年获美国哥伦比亚大学硕士学位。1950年回国后，姜圣阶在主持永利宁厂的改扩建过程中完成了百余项技术革新；20世纪60年代领导组建了中国第一个大型军用生产反应堆、核燃料后处理厂，对后处理工艺流程进行了两项革新，使中国钚生产技术达到先进水平。20世纪80年代组建国家核安全局，为建立中国核安全监督体系做出了重要贡献。曾获1956年国务院特别奖、国家科技进步奖特等奖、国家发明奖二等奖，并曾获法国荣誉军团骑士勋章。

姜圣阶作为我国著名化学工程专家、核工程技术专家，为我国研制“两弹”做出了重要贡献，同时他也是和平开发核能、发展核电事业的积极倡导者和实践者，为建立中国核安全管理体系做了许多开创性工作。

1963年初，周恩来总理在中南海接见了姜圣阶。面对祖国的期待，姜圣阶毅然决定暂时放弃自己在化工事业上的规划，将家人交托给组织。为了国家的安全，为了民族的复兴，他前往戈壁沙漠，开启了一段未知而艰险的旅程。姜圣阶带着一张时间表来到二机部报到，他将重大任务分解成重要工作，力图稳扎稳打、保质保量地完成任务，绝不给整个规划拖后腿。姜圣阶格外重视设备的设计和工艺，创新改良了苏联专家设计的单管冷凝器，以静止的大型隔板容器代替转动的单管冷凝器，从根本上解决了单管冷凝器不稳定的问题。由姜圣阶领导和负责的铀-235 生产线的建成投产，为我国 1969 年首次地下核试验的成功奠定了基础。

姜圣阶也为建成核燃料循环体系立下了汗马功劳。首次核试验成功后，姜圣阶和技术人员很快投入到"二线工程"的建设中。"二线工程"包括反应堆工厂、后处理工厂、核部件加工制造厂等重要生产项目。后处理工厂的设计有两种方案，一种是沉淀法工艺，一种是萃取法工艺。后者性能优良、节约投资、节省原材料，但实施难度大、风险性高。姜圣阶迎难而上，和技术人员协同攻关，经历了无数次的讨论和完善，最终取得了成功。萃取法工艺的改进缩小了我国和世界先进水平在工艺技术上的差距。反应堆工厂是"二线工程"的重点之一，曾经面临被迫中断、恢复施工时面临设备残缺不全、资料严重不足等多重困难。姜圣阶带领技术人员做出了一系列的技术革新和改造，并在特殊时期，部署策划提前实施启动方案。1966 年 10 月，反应堆开始物理启动，5 天后达到临界，启动获得圆满成功。姜圣阶在戈壁沙漠里生活了 13 年，仅回家探亲 3 次，加起来只有 33 天。

图 4　姜圣阶

姜圣阶为科研工作和国家复兴默默奉献了自己的一生，在这条道路上陪伴他的是对科研的探索、对祖国的热爱和对人民的责任。

（六）案例六：核化学化工事业主要奠基人之——汪德熙

汪德熙（见图 5），我国著名高分子化学家、核化学化工事业主要奠基人之一。早期从事高分子化学研究，研制不饱和聚酯玻璃钢。20 世纪 60 年代后从事核化学与核化工的研究，提出了解决核燃料后处理萃取流程乳化问题的论点，并组织热试予以证实，使新流程在工业上应用。在发展核武器方面，组织领导引爆系统的点火中子源研制等大量研究。1980 年当选为中国科学院院士（学部委员）。

由于原先用于生产军用钚的沉淀法不能连续运转，经济性较差，第一个搞沉淀法生产钚的美国已改用萃取法。但当时沉淀法有苏联提供的资料和经验，而且研究工作已进入施工设计的深度，很多人认为放弃它太可惜。我国钚生产该用沉淀法还是萃取法呢？争论异常激烈。汪德熙经过分析，认为萃取法的关键是解决水相和有机相混合后的乳化问题，而解决这问题不难，所以他明确支持萃取法。出于科学家的严谨，他建议部领导组织萃取法调查组做进一步调查。后来由他任组长，调查访问了十家工厂和科研单位，重点了解铀水冶和钍水冶的乳化问题、溶剂问题和萃取设备问题。根据调查情况，经过多次认真讨论，后又进行了经济性比较，最后

图 5　汪德熙

部领导采纳了调查组建议，决定军用钚的正式生产改用萃取法。随后汪德熙马上又领导和组织了技术攻关突击队，仅用4个月时间就完成了试验，证明乳化问题并不影响分离，用实践证明了萃取法是可行的。1964年底，在青岛会议（审查沉淀法中试工厂设计）之后，部领导决定中试厂改用萃取法。1968年1月，萃取法中间工厂一次投产成功，给以后有关的核试验提供了核裂变性能更好的核燃料。萃取法的成功，使后处理工厂节省投资3.6亿元，节省了上千吨不锈钢，并使我国核燃料后处理工艺大大向前跨进了一步，对增强我国国防力量起到了作用，所以荣获了1978年全国科学大会重大科技成果奖。

1960年以后，汪德熙被任命为原子能研究所副所长，负责化学线的工作。在他的领导下，化学线在原子弹引爆装置的氘化铀研制，核试验用的钋-210及其他放射源的研制，氚的提取和生产工艺研究，核爆炸当量的测定，燃耗、裂变产额的分析等方面做了大量研究，为核武器的研究发展做出了巨大贡献。

三、案例思政元素分析

（一）哈军工精神

哈军工即1953年创办的中国人民解放军军事工程学院，陈赓大将为首任院长。后来哈军工分建出七所高校。进入新时代，包括哈尔滨工程大学在内的哈军工七所分建高校，牢记领袖嘱托，坚守初心使命，在精神的激励下踔厉奋发、勇毅前行，在实践的淬炼中滋养精神丰富内涵，特别是以深入开展学习贯彻习近平新时代中国特色社会主义思想主题教育为契机，紧密结合实际、凝聚校友智慧，深入研讨、深化共识，形成了以想的是党、为的是国、强的是军为内核，始终传承绝对忠诚的红色血脉、始终坚守为军向战的价值追求、始终秉持敢为人先的创新特质、始终弘扬严谨求实的治学传统、始终保持攻坚克难的奋进姿态、始终拓展自信开放的世界眼光的“哈军工精神”。“哈军工精神”与诞生于东北大地的东北抗联精神等一脉相承，与诞生于社会主义革命和建设时期的“两弹一星”精神等相生相伴，必将激励更多人特别是年轻一代矢志强国强军，放射出新的时代光芒。

（二）“以身许国，敢为人先，严谨求实”的四〇一精神

“四〇一精神”是中国原子能科学研究院精神的简称，其具体表述为：“以身许国，敢为人先，严谨求实”。“以身许国”表现的是中国原子能科学研究院职工国家至上、魂牵梦萦的爱国情怀，科技报国、科技兴国的远大理想，艰苦奋斗、为国拼搏的献身精神；“敢为人先”体现的是中国原子能科学研究院职工挺身而出、勇挑重担的豪迈气概，愈挫愈强、百折不回的顽强韧劲，敢想敢干、勇于开拓的创新意识；“严谨求实”体现的是中国原子能科学研究院职工严格严谨、严肃严密的科学作风，实事求是、不尚浮夸的科学道德，大力协同、海纳百川的科学胸襟。

“四〇一精神”是中国原子能科学研究院七十多年创业精神的高度概括和总结，也是中国核工业全体工作者精神风貌的真实写照，体现了核工业人为了国家的强盛和民族的振兴，艰苦奋斗、无私奉献、顽强拼搏、开拓创新的报国志、进取心、科学魂。

（三）“只问奉献，无问西东”的四0四核城精神

伟大事业孕育伟大精神，伟大精神引领伟大事业。中核四0四至今已有七十余年的发展历史，保存着较为完整的核工业文化遗产，是我国“两弹一星”精神的重要发源地之一。

熔铸初心担起祖国重任，砥砺前行共圆伟大复兴梦想。在七十多年的建设、发展历程中，一代代四0四人在中国核城这片土地上，用信念、智慧、血汗，乃至生命谱写着中国的核工业梦想，身体力行地诠释着“两弹一星”精神。“茫茫的戈壁滩是我的本色，站在这大漠上，我听大风歌，拓荒的足迹走进共和国的史册，我对太阳说，我爱祖国，祖国需要我……”四0四厂歌《祖国需要我》激越昂扬依旧，诉说着核城永远不忘的初心和不变的使命——为祖国需要而奋进。

从波澜壮阔的戈壁“大会战”，到建设百年四0四的强核强国梦；从煤油灯、骆驼草、地窝子、马架房，到安下心、扎下根、戈壁滩上献青春……“两弹一星”精神始终在一代代四0四人血脉中奔涌不息，汇聚成新时代“中国核城优良传统”——忠诚献祖国、责任铸重器、创新攀高峰、实干成伟业。同时在实践中淬炼出“海棠精神、34-32精神、中试精神、同星精神、上游精神”的中国核城五大精神，实现了对“两弹一星”精神的光荣传承。

（四）一堆一器精神

“一堆一器”不仅是我国核科技发展的象征，更是精神和文化的象征，先后入选中央企业工业文化遗产和国家工业遗产。2019年，“一堆一器”旧址入选第八批全国重点文物保护单位。

“一堆一器”是核工业文化的源泉，其建成标志着我国开启了原子能新时代，表现了我国科研工作者不墨守成规，敢于开拓创新的精神。20世纪50年代，我们国家刚刚建立，还不具备自主建设反应堆的条件，若不是当时的科研人员毅然决定从苏联引入重水反应堆以及回旋加速器，我国肯定要经过更加漫长的时间才能跨入原子能时代。在得到苏联方的帮助后，老一辈核工业人也没有止步不前，遵循学习消化、掌握应用、改造创新的方针，把101重水反应堆完全“吃透”，并先后对堆的设备、系统、操作、管理等方面进行了大量技术改进，扩大了反应堆用途，实现了“一堆多用”目标，以至于在1980年完成对反应堆的成功改建并为871工程的建设提供了全套技术以及参照作用。遵循从老一辈核工业人的精神激励着一代又一代科技工作者在核科学事业创新发展的道路上砥砺前行、奋勇攀登。

（五）科学家精神

科学家精神是胸怀祖国、服务人民的爱国精神，勇攀高峰、敢为人先的创新精神，追求真理、严谨治学的求实精神，淡泊名利、潜心研究的奉献精神，集智攻关、团结协作的协同精神，甘为人梯、奖掖后学的育人精神。这些精神无不在姜圣阶、汪德熙两位科学家的身上得到体现。

在新中国成立之初，姜圣阶面临两个选择，一是不回国，加入美国国籍，享受优厚的生活条件和科研环境；二是回国，与新生的共和国一同成长，面临未知的困难和挑战，去走一条开创者的道路。姜圣阶毅然选择了后者，他说，“我去美国是为了学习文化知识，为祖国作贡献，我不可能留在美国”，姜圣阶毫不犹豫地回到了祖国的怀抱，展现了其胸怀祖国、服务人民的爱国精神。

汪德熙对核燃料后处理工艺进行创新，带领调查组走访了十来个有关工厂和科研单位，得出了萃取法更适合核燃料后处理的结论，使我国核燃料后处理工艺大大向前跨进了一步，体现出勇攀高峰、敢为人先的创新精神。为了解决核工业领域后继无人的问题，汪德熙和几位专家共同向核工业部提出建议，成立研究生部。已逾古稀之年的汪德熙重操教书育人旧业。核工业研究生部办学初期，条件艰苦，只有几栋破旧房屋、满地荒草。汪德熙四处奔波，从设备到教师，从制度到教材，都亲自过问落实。他亲自教授化工热力学，所用的讲义与习题都是自己编写并反复修改。许身报国，初心如磐。汪德熙将自己的一生毫无保留地奉献给了国家，为中国核化学化工事业奠下厚基。《中国核工业》曾撰文评价汪德熙：“如果一个国家有脊梁，当是这般模样。”

我们这一代年轻人，应该向这些前辈科学家学习，面临选择时以国家需要为第一需要，面对困难要迎难而上，发挥自身能力不断进取，开拓创新，做出自己的一份贡献。

四、案例教学整体设计

“核化学与放射化学”课程思政案例教学整体设计方案如表 1 所示。

表 1　思政案例教学设计表

教学内容	引入案例	教学方法
第 1 章　绪论 1.1　中国放射化学重要成果	案例二：中国原子能科学研究院介绍 案例三：四 0 四核城建设	以课堂讲授为主，主要为板书与多媒体相结合形式。以提问、讨论等师生互动方式为辅
第 7 章　裂片元素化学 7.1　核裂变	案例四：一堆一器建设	播放相关纪录片，结合课堂讨论
第 8 章　放射化学分离方法 8.3　溶剂萃取法	案例一：扎根黑土，逐梦深蓝，习近平总书记考察哈尔滨工程大学 案例五：化学工程及核工程技术专家姜圣阶 案例六：核化学化工事业主要奠基人之一汪德熙	分组查阅文献资料，每组派代表在课堂介绍调研情况，并进行课堂讨论

五、教学实践过程回顾

“核化学与放射化学”课程思政案例教学实践过程回顾如图 6～图 11 所示。

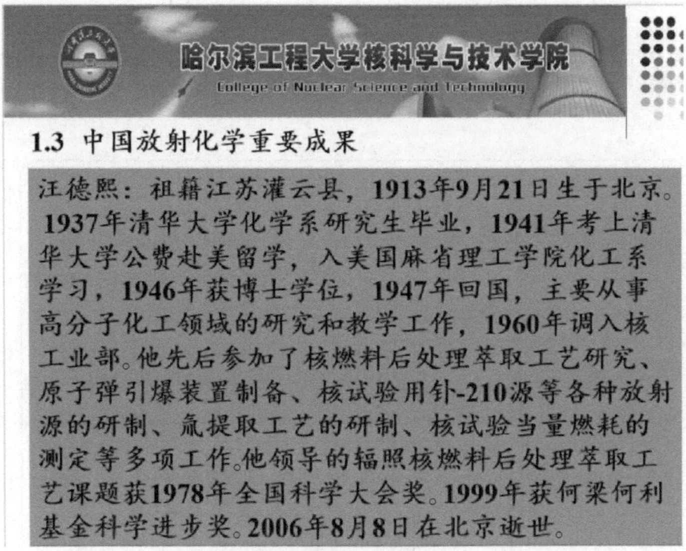

图 6　汪德熙简介课件

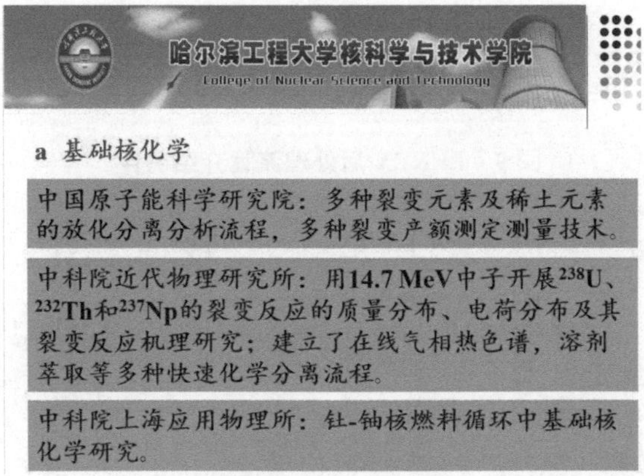

图 7　中国原子能科学研究院简介课件

图 8　学生课堂讨论

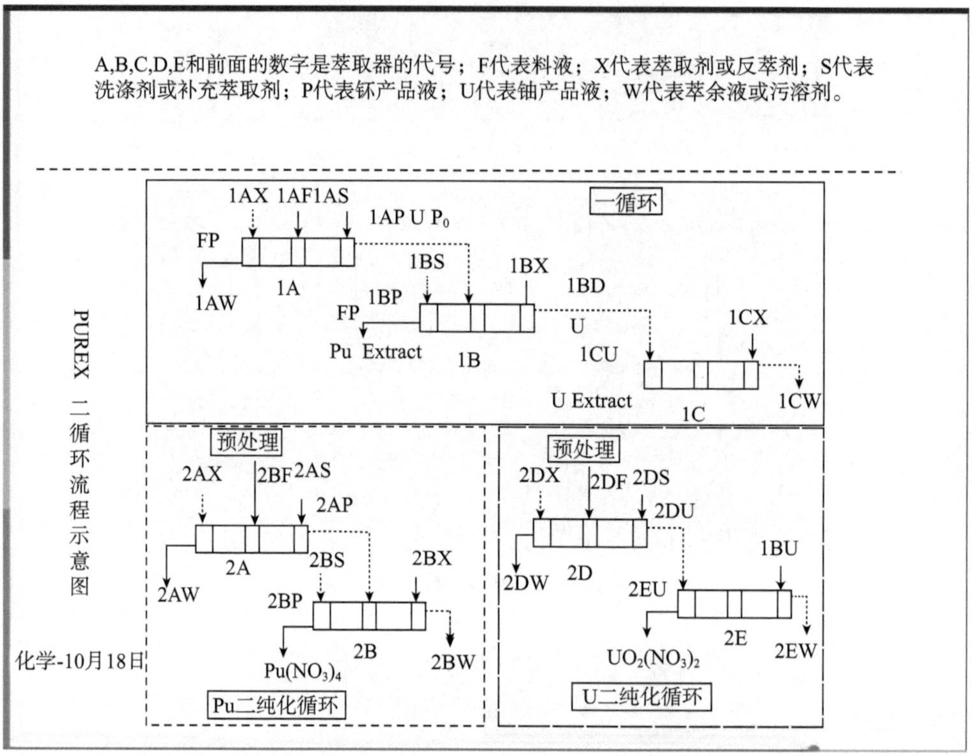

图 9 PUREX 后处理流程介绍课件

图 10 学生分组讨论图

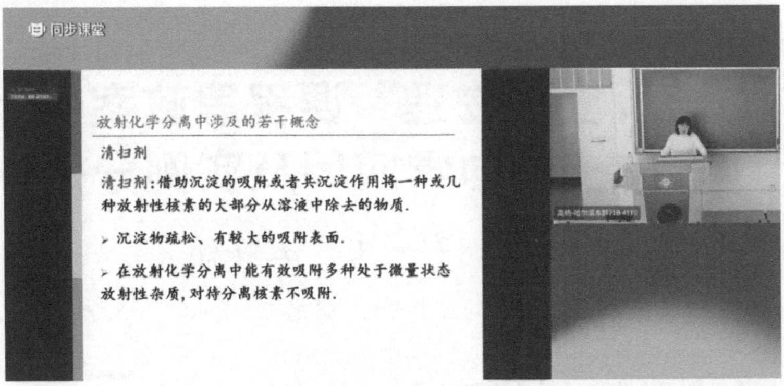

图 11　上课实录图

六、创新性与效果总结

选用“火热年代”具有代表性的素材，把这些珍贵的素材变成“种子”引进课程中，使得课程“接地气”，按照“源于素材、超越素材，立足课堂、超越课堂，依靠主讲、超越主讲”的总体思路，通过精心设计专题讨论、案例分析、读书报告等形式充分调动学生积极性，使得课程教学的思想性、理论性、亲和力、针对性都得到有效提升，达到让学生“心灵上有触动、思想上有感悟、行动中有体现”的效果。

通过讲解，学生了解了我国早期放射化学方面所取得的成就，激发了学生的爱国热情。学生普遍反映在学习核化学与放射化学课程之前，只听说过居里夫妇、卢瑟福、贝可勒尔等国外科学家及其对放射化学学科做出的重要贡献，没想到我国早期也出现过多位杰出的放射化学领域科学家，在那样艰苦的环境下取得了令世界瞩目的成就，这些案例内容进一步激发了学生学习放射化学知识的兴趣，学生为我国早期在放射化学领域取得的成就感到由衷的骄傲和自豪的同时，也表现出毕业后追随着老一辈放化人的脚步，去西部等地区工作，投身国家放化事业建设的意愿。

参考文献

[1] 高杨，周羽，何明键．核化学与放射化学［M］．哈尔滨：哈尔滨工程大学出版社，2023.
[2] 王祥云，刘元方．核化学与放射化学［M］．北京：原子能出版社，2010.
[3] 罗顺忠．核技术应用［M］．哈尔滨：哈尔滨工程大学出版社，2015.
[4] 焦荣洲．放射化学基础［M］．北京：原子能出版社，2010.
[5] 郑庆云．“两弹一艇”简史及核工业精神［M］．北京：中国原子能出版社，2020.
[6] 编写组．中国核工业发展简史［M］．北京：中国原子能出版社，2021.

“核反应堆物理”课程思政案例
——中子动力学应用及实例分析

郝　琛，尹　文，王毅箴

（哈尔滨工程大学核科学与技术学院，黑龙江　哈尔滨　150001）

摘　要：核能作为稳定基荷能源，是实现党中央作出的碳达峰和碳中和目标的必然选择。核科学与技术学科是支撑核能发展的重要学科。“核反应堆物理”是核科学与技术学科的专业核心课程，主要面向本科三年级的学生。为了实现为党和国家培养“又红又专”“可靠顶用”的核工业人才，“核反应堆物理”课程思政教育具有重要意义。本文以“中子动力学应用及实例分析”为例介绍了“核反应堆物理”课程中的思政教育建设目标、实施方式以及取得的成效。该案例通过专题式授课和研讨式教学相结合的方法，以切尔诺贝利事件为例，通过引导学生分析实例，培养学生的科学精神和工匠精神，培育学生的科魂匠心，并结合中国自主化的“华龙一号”设计情况，增强学生的民族创新自信。通过近年来的实践情况看来，本课程的思政教育已取得良好的效果。

一、课程基本情况

能源是经济发展的基础，目前人类所使用的资源仍然还是以化石能源为主。化石能源存在很多缺点，比如其燃烧会产生大量的有害物质，而且储量也有限。因此，随着能源技术的进步以及人类环保意识的增强，人们使用的能源类型开始逐渐从化石能源向清洁能源转变，例如，太阳能、风能、核能等。清洁能源的开发和利用对于我国实现“碳达峰、碳中和”目标有着重要意义。核能由于其在能源供给稳定性和大规模供给等方面的优势，被认为是替代化石能源的经济且清洁的重要选项。核工程与核技术专业为核能的发展提供着学科理论支撑和人才供给支撑。“核反应堆物理”作为核工程与核技术专业重要的专业课程之一，是培养学生专业技能的重要课程。因此，该课程的建设对于核专业学生的培养具有重要的意义。

课程思政是新时代中国特色社会主义高等教育的理论与实践创新，集中体现党和国家意志，关系人才的培养方向和质量。而在专业人才的培养方面，学生普遍认为专业课程对于学生的职业影响具有更加重要的作用，因此利用专业课程进行思政教育是提高学生的思想政治觉悟的有效手段。“核反应堆物理”课程的主干知识点与中国核事业的发展息息相关，密不可分。深刻理解我国“两弹一星”事业的壮举离不开“核反应堆物理”课程中的许多知识。清晰认识核事故的具体原因需要坚实的核反应堆物理理论知识。随着“华龙一号”国家自主知识产权核电站的出口，培养学生坚实的核反应堆物理基础能够使其充分认识到这一事件的伟大，进而激发强大的国家自豪感和民族自信心。

（一）授课对象情况分析

“核反应堆物理”课程作为核工程专业的四大专业课之一，其授课对象以核工程与核技术专业本科大三学生为主。该课程的学习对象要求已完成本科阶段“原子核物理”课程的学习，具备一定的核物理知识基础。授课对象中绝大部分将在毕业后在核行业从事运行、维修、研究、教学等工作。

（二）课程情况简介

“核反应堆物理”课程是核工程与核技术专业的重要专业课程，它主要介绍了核工程中与反应堆物理相关的基本概念、反应堆临界和运行的基本原理，以及反应堆设计的基本理论和方法。哈尔滨工程大学本科生专业核心课程“核反应堆物理”入选了国家精品在线开放课程和黑龙江省一流课程。学习“核反应堆物理”课程为学生们将来在核工业领域工作打下基础。核工业领域与国民经济和国防建设息息相关，为了培养合格的核工业人才，“核反应堆物理”课程思政教育非常重要。

二、案例基本情况

“核反应堆物理”课程总共包括十个章节，本文以第七章“中子动力学”为例，介绍该课程的思政建设。除了课本中的中子动力学理论知识的讲解外，本案例还结合切尔诺贝利核事故，引导学生结合所学知识进行分析，从而教育学生要尊重科学事实，要有科学精神和工匠精神，最终再结合“华龙一号”的设计，引导学生要有科技自信、民族自信。

（一）教学目标

（1）掌握运用核反应堆动力学基础知识分析实际案例的能力；

（2）“以史为师”，引导学生开拓科技创新思维，做“负责任的研究与创新”；“以今为誉”，助力学生增强民族创新自信。

（二）教学难点与重点

（1）运用核反应堆动力学及反应性相关基础知识，分析切尔诺贝利核电事故发生前堆芯物理特性变化情况；

（2）运用核反应堆物理知识，找到切尔诺贝利核电站所使用的石墨慢化水冷反应堆的设计弊端。

（三）教学方法与手段

该案例采用视频讲解与课堂研讨相结合，辅助多媒体课件，在讲授应用反应堆物理基础知识分析实际案例的过程中，有机融入课程思政内容。课程内容丰富，有吸引力，特别是基于视频讲解后开展课程研讨，学生积极性高，也更容易抓住课程重点和课程思政的核心点。

三、案例思政元素分析

在《核反应堆物理》课程的思政教育工作中，始终秉持着“深挖课程中的思政精髓，将思政之“盐”融入课程大餐，精准滴灌。”的课程思政设计理念。在“中子动力学应用及实例分析”案例设计中，重点引导学生运用反应堆物理知识（中子动力学知识）找到切尔诺贝利核电站的石墨慢化水冷反应堆的设计弊端，以培养学生科魂匠心，即尊重科学、崇尚创新、重视伦理，更要做“负责任的研究与创新”。而在引领学生利用切尔诺贝利核事故的原因时，本案例设计避免了“泛泛谈”的情况，如一会儿谈核安全，一会儿谈人因，一会儿再谈堆芯设计问题等，而是基于切尔诺贝利核电站，建立了该事故的物理模型，从反应堆物理的角度分析事故过程，找到设计缺陷，进而将课程思政内容聚焦于科魂匠心上，同时配套课后作业，实现了该课程思政的精准滴灌，而不是漫灌。在课程的最后，通过介绍中国自主化设计的反应堆“华龙一号”的情况，向学生传输“以史为师，开拓科技创新思维”的重要性，并助力学生增强民族创新自信。

四、案例教学整体设计

本案例以一堂课（45 分钟）为例，主要讲解中子动力学知识并以切尔诺贝利事件为例进行应用分析。本案例一共设计了 4 个教学环节。具体内容如表 1 所示。

表 1　教学环节设计

环节	讲述方式	讲述内容	时间/分钟
一	口头介绍	介绍切尔诺贝利事件背景	2
二	结合视频讲解	让学生直观地掌握切尔诺贝利核电事故发生时及前一天堆芯功率、反应性、控制棒、氙毒等变化情况	10
三	PPT 授课	基于视频材料建立切尔诺贝利核事故的物理模型，从反应堆物理的角度分析事故过程并找到设计缺陷	18
四	课程研讨	引导同学结合视频素材和讲授内容，分析切尔诺贝利核电站所使用的石墨慢化水冷反应堆的设计缺陷，以及应该怎么优化设计。让学生思考做科学研究和创新应该注意什么，未来做研究，能从切尔诺贝利核事故中得到什么启发。介绍“华龙一号”中的中国创新，增强学生的民族自信心	15

下面将针对每个环节具体介绍其中的授课内容及思政设计内容。

（一）环节一

1986 年 4 月 26 日，苏联的切尔诺贝利核电站 4 号机组在进行试验过程中，由于其先天设计缺陷和人为因素，反应堆堆芯引入大量正反应性导致功率激增，发生超瞬发临界事故，最终引发爆炸并引起石墨起火。大量放射性物质释放，造成大量人员伤亡和环境污染，酿成人类和平利用核能以来最为严重的核事故。本环节通过介绍该事件的影响来引导学生从中了解到核安全的重要性。

（二）环节二

本环节主要通过结合切尔诺贝利事件视频进行讲解，当视频材料提及"碘坑"时，要请一位同学解释该堆芯出现碘坑的原因，并解释反应堆在碘坑时为什么不能通过拔出控制棒提升功率，而需要慢慢等待？通过引导，让学生从科学精神、工匠精神、工程伦理三个维度思考切尔诺贝利核电站为什么出现事故？

（三）环节三

本环节将基于视频材料，建立事故物理模型及分析事故过程。通过物理模型分析及20世纪80年代苏联的堆芯特性分析，准确找到了该堆芯的设计缺陷。事实上，造成这一缺陷的主要原因是因为这样的堆芯价格便宜，引导学生在科学研究中，在尊重科学的基础上，保证安全的前提下，提高经济性。

（四）环节四

本环节是以课程研讨的方式开展的。首先是分析切尔诺贝利事件的主要原因。促使该事故的发生，有人为因素，也有设计的缺陷。切尔诺贝利核电站4号机组堆芯是RBMK-1000堆芯，采用石墨慢化，轻水冷却。轻水作为冷却剂，当反应堆温度升高时，冷却剂会沸腾，产生空泡。正常情况下，反应堆设计成为负反应性空泡系数，确保内在平衡和固有安全性。但是切尔诺贝利核电站堆芯设计成了正空泡系数，即温度升高，产生气泡，进而增加反应性，再次增加功率，提升温度，具有内在的不稳定性。同时，控制棒设计有严重的缺陷，核心部件为碳化硼，但是顶端由石墨组成。控制棒刚插入堆芯时，相当于引入慢化剂和反射层，会加速中子裂变反应，而不是降低反应性。并且该反应堆没有安全壳。而这样设计的一个主要原因只是便宜。结合该事件产生的原因以及带来的巨大影响，重点开展课程思政教育，其中主要的思政教育内容包括以下几点。

（1）运用所学反应堆物理知识，是可以详细分析切尔诺贝利核事故过程，并明确事故原因的。这样不仅加深对专业知识的理解，更重要的是"相信了"基础知识的学习是有用的。另外，要学会针对复杂的物理过程，应用科学建模的思维，分解为不同的模块，再次应用基础知识去分析各个问题，找到优化设计的思路。

（2）在真正找到事故原因的基础上，分析为什么会出现设计缺陷，一个重要原因就是因为便宜。这样让学生很惊讶，使学生要明白，做科学研究要谨慎，要尊重科学，重视工程伦理，在科学面前，要相信数据，而不是迷信个人经验。

（3）通过介绍中国自主研发建造的"华龙一号"堆芯特性，增强学生的创新自信。

课程的最后，通过引领让学生从本堂课的学习中得到两点重要的启发：尊重科学，重视工程伦理；做"负责任地研究与创新"。

五、教学实践过程回顾

在教学内容方面：结合切尔诺贝利核事故，利用反应堆物理知识分析事故过程及原因，找到切尔诺贝利核电站的石墨慢化水冷反应堆的设计弊端和人因，以培养学生的科魂匠心，让学生尊重科学、崇尚创新、重视伦理要求，但更要做“负责任的研究与创新”。结合中国自主化设计的“华龙一号”的情况，增强学生的民族创新自信。

在教学方法方面，采用专题式授课和研讨式教学相结合的方法，一是加强顶层设计，注重思政内容与专业内容的融合；二是引入案例式教学，上好课程思政实践“大课”。特别重视案例教学与课程研讨相结合，而思政教育的引入均是在知识讲授和实际应用案例分析中引入。在教学内容实施中巧妙引入思政教育，这样实现了深挖课程中的思政精髓，溶盐于水，精准滴灌。

教学资源方面，增加了课程思政内容的文字材料，整理了切尔诺贝利核事故的视频资料；新建立了用于实际教学和思政教学的切尔诺贝利核电站物理特性分析模型，用于安全分析，更便于课程思政的引入，实现教学与思政有机融合。另外，鼓励学生收集课程思政相关的资料，用于班级分享与学习。

六、创新性与效果总结

本案例课程思政内容从培育学生的科魂匠心开始，到最终落脚而坚定民族创新自信。为实现高水平科技自立自强扎实专业基础，更要坚定信心和增强自信。其中，鲜活案例的应用和实施，实现了教学与思政的有机融合。切尔诺贝利核电站事故分析模型的建立和引入，不仅丰富了课程的研讨教学内容，提高学生应用基础知识分析实际问题的能力，更重要的是在教学过程中可以巧妙、自然地引入思政教育，再配合课后作业，实现了深挖课程中的思政精髓，溶盐于水，精准滴灌，以进一步培养学生的科魂匠心，做“负责任的研究与创新”，更重要的是坚定科研自主创新的自信，强化学生对党和国家的认可与自信。

在课程效果方面，该课程近 2 年学生评价均为优秀，最近一学期学生对该课程的评价为优秀（92.27 分/100 分），参评学生认为课程培养模式好，以知识和实践相结合，并辅以前沿信息，思政教育引入合理，让学生能够开阔视野，掌握知识，坚定自主创新自信。教学督导组认为采用互动研讨的方法对实际案例分析，传授知识的同时引入思政教育，恰到好处。图 1 为课程中视频讲解情况。图 2 为学生在社交平台对课程的评价。

图 1　课堂视频讲解

图 2　学生社交平台状态

核化工与核燃料工程专业“毕业实习”课程思政案例

李耀睿，邱楠婷，矫彩山，周　羽，王靖阳，
侯洪国，晁　楠，高　杨，何明键，张　萌
（哈尔滨工程大学核科学与技术学院，黑龙江　哈尔滨　150001）

摘　要：思想政治教育是核化工与核燃料工程专业课程建设中的重要元素，在本科生教育各环节中，对思政内容进行合理设计，能够促进思政教育与专业课程教学有机融合。“毕业实习”是核化工与核燃料工程专业人才培养方案中重要的实践类课程，是课堂学习到实践学习的拓展，对学生深入理解课堂知识具有重要意义。在“毕业实习”教学环节中，对思政内容进行课程设计，能够使学生对思政案例产生更加直观、更加深切的认识和体会，从而更好地接受思政教育内容，达到思政教育目的。作为首批入选“卓越工程师培养计划”专业，本专业先后与行业相关企业建立6个大学生实习实践教育基地，完成学生专业实习教育环节，从培养学生使命感、对国家和行业的自豪感、工程伦理意识、工匠精神、自主创新意识和艰苦奋斗精神等方面入手，在行业企业实习教学环节中，体现思政教育元素，收到良好效果。

一、课程基本情况

（一）授课对象情况分析

本课程授课对象为核化工与核燃料工程专业本科毕业生、核科学与技术和能源动力专业研究生和留学生。授课对象的先修课程包括核燃料循环化学工艺学、核化工原理课程设计、核化工综合实验等，后续课程为毕业设计（论文）。

（二）课程情况简介

毕业实习是哈尔滨工程大学国家级一流本科专业“核化工与核燃料工程专业”的重要实习实践课程，是全国首批“卓越工程师教育”培养计划试点专业的特色环节。我校核化工专业自成立以来，快速发展壮大，于2019年成为省级一流本科专业；2020年，成为全国首个，也是唯一一个通过工程教育专业认证的核化工与核燃料工程专业；2022年，入选“国家级一流本科专业”。在核化工专业的历史沿革中，毕业实习课程一直发挥着不可替代的作用。本课程秉承学校“三海一核”办学特色，贯彻落实“新工科”理念，培养我国核工业与国防事业急需的、具有较强工程实践能力的核化工专业人才。通过长达15周的实习活动，使学生深入我国核燃料循环前段和后段生产企业、工程工艺开发设计单位，以及前沿科学研究单位，参与行业一线工作，使学生能够运用所学专业知识，独立完成核化

工领域复杂工程问题的分析，并提出解决方案和设计方案，同时具备较强的团队组织协调能力、强烈的国家民族自豪感与使命感、坚韧不拔的中国核事业精神、良好的职业道德和社会责任感，以及过硬的安全生产和保密意识。

二、案例基本情况

（一）案例一

我国核事业的发展历史，是一段艰苦卓绝的奋斗史，老一辈科学家和研究人员不求回报、不畏牺牲、无私奉献，使我国快速进入核大国行列。现如今，我国“十四五”规划中对低碳经济和节能减排提出了明确要求，习近平总书记也向国际社会承诺，我国将于2030年实现“碳达峰”，2060年实现“碳中和”。为实现以上目标，我国科学家做出了广泛努力与贡献，如我国大力发展核能发电技术，研发了具有自主知识产权的“华龙一号”反应堆和全球首座第四代高温气冷反应堆。核燃料元件的生产和制造是核能利用的重要工艺环节，也是核化工与核燃料工程专业学习的核心内容之一。通过参观学习企业发展历程，使学生们对我国核工业发展历史具有更加直观的了解，培养学生面向国家重大需求，敢于担当的责任意识。

（二）案例二

中核四0四有限公司的建立和发展历史对核化工与核燃料工程专业的学生具有良好的教育作用。四0四公司是根据国家发展需要，于1958年经中央专委批准建设的我国规模最大、体系最完整、集生产科研为一体的国家新型核工业基地，是我国核工业从无到有、从小到大的缩影和代表，为我国“两弹一艇”的研制，国防和核电事业的发展，为振国威、壮军威做出了不可磨灭的贡献，为新时期我国国防建设及核能发展提供了支撑和保障。中核四0四是中国核工业文化的摇篮，是“两弹一星”精神和“四个一切”核工业精神的重要发源地，被誉为“中国核城”。中核四0四承担着国家赋予的重要使命，是建设先进核科技工业体系重要组成部分。通过介绍四0四企业发展历程和使命，培养学生面向国家重大需求的使命感，培养学生的责任感与安全意识。

四0四生产任务涉及核燃料循环中的多个环节，学生在各分公司和车间，能够在铀转化纯化、放射性废物处理、中试厂固体废物处理、放射性可燃固体废物焚烧和环境放射性水平监测等工作中进行实习实践，在实践中加深对课堂理论知识的理解和掌握，通过对工程中出现的主要问题进行思考和总结，培养创新意识。

（三）案例三

中国原子能科学研究院实习过程中，对其建院历史进行了解。中国原子能科学研究院创建于1950年，前身是中国科学院近代物理研究所，是我国核科学技术的发祥地和基础性、综合性核科研基地，建成第一座重水反应堆和第一台回旋加速器。以此为基础，原子能院在我国“两弹一艇”研制攻关中作出了历史性的贡献。在国家表彰的23位“两弹一星”功勋奖章获得者中，有7位在这里创建功勋，有60多位两院院士曾在这里学习和工作过，国内十几个重要的核科研和生产单位由此派生，从这里输送出去的各类骨干人才达一万多名。原子能院也因此获得了我国核工业“摇篮”的美誉。通过学习和了解我国老一辈研究者们在核事业当中所取得的伟大成就，使学生产生强烈的自豪感；作为国家核事业的新一代继承者，引导学生思考如何在前辈的基础上取得进步和突破，培养学生面向国家重大需求的使命感。

（四）案例四

废物焚烧技术是中辐院的特色研究方向之一，在国内处于领先水平，成立于1974年的废物焚烧技术研究室，是我国核工业系统唯一的专业化废物焚烧技术研究室。研究开发出固体废物热解焚烧、固体废物旋风焚烧、废有机溶剂热解焚烧、废油喷雾焚烧、废石墨固定床式焚烧等技术，已在我国核工业系统及民用领域得到实际应用。根据焚烧原理和技术发展情况，放射性废物焚烧处理技术可分为三代。第一代为过量空气焚烧技术，其应用开始于在20世纪60、70年代，对塑料橡胶废物含量较多废物而言，其处理效果受到较大影响；第二代为控制空气焚烧技术，虽然在一定程度上提高了处理效果，但是仍然无法满足现代核设施运行过程中所产生放射性废物的处理需求。为从根本上解决此问题，第三代焚烧处理技术，裂解焚烧技术受到人们的关注。其原理是废物先受热发生裂解，生成残渣和小分子物质（CO_2、CO、CH_4、H_2、H_2O等），然后把小分子物质送入专门的燃烧室在1 000 ℃高温下焚烧，以满足塑料橡胶废物含量较多的放射性废物的处理要求。通过讲解放射性废物焚烧处理技术的发展趋势和更新换代规律，培养学生的创新意识和严谨的科学研究态度和良好的学术道德素养，掌握科学问题的本质与发展规律。

（五）案例五

“华龙一号”是我国具有完全自主知识产权的三代压水堆核电站，“华龙一号”是根据福岛核事故经验反馈以及中国和全球最新安全要求，研发的先进百万千瓦级压水堆核电技术，是中国核电走向世界的“国家名片”。中国核电工程有限公司在“华龙一号”的设计工作中起到重要作用，中国核电工程有限公司的总工程师刑继，是“华龙一号”的总设计师，也是我校校友在核工业界典型模范代表人物，其先进事迹，让学生意识到“大人物”就在身边，努力学习也可以达到他们的成就，激发学生对学校产生强烈的自豪感和认同感，培养学生精益求精的大国工匠精神，展现我国自力更生、自强不息的精神，涵育强核报国精神和家国情怀。

在中国核电工程公司，学生们了解了企业总体概况、参观了实习企业展厅，参观设计及实验平台时，结合“华龙一号”、高温气冷堆等大国重器案例及我校校友刑继等核工业界典型模范代表事迹，激发学生对学校产生强烈的自豪感和认同感。

（六）案例六

中核新能核工业工程有限责任公司，在六氟化铀液化系统、核设施退役数字化技术、六氟化铀容器清洗技术、放射性物质运输容器设计、含铀含氟废水处理等方面，进行了大量的研究和设计工作，注重技术方法和工艺的创新。例如，针对含铀含氟放射性废水，提出采用“膜处理+喷雾干燥”的新型处理工艺，取代传统消石灰沉淀工艺，不仅实现了废液达标排放的目的，而且减少试剂消耗量，大大降低了固体废物的产生量；针对六氟化铀容器清洗问题，提出采用激光清洗技术代替传统的湿式清洗方式，以解决废水量多、清洗成本太高、存在临界安全隐患等问题，并从能耗、成本、环保和安全等方面进行研究，发现激光清洗技术低耗能、低成本、污染少，安全性高，有实际应用前景。通过这些技术创新研究实例，培养学生的创新意识和自主思考能力，以更好地解决专业领域中的工程问题。

三、案例思政元素分析

在企业进行参观过程中，结合我国核工业的发展历程与成就，培养学生面向国家重大需求的使命感，激发学生对国家的强烈自豪感，培养学生的责任感与安全意识。在各车间和工段实习过程中，将专业理论课程知识与工程实践结合，培养学生的工程伦理意识与工匠精神、环保意识、可持续发展意识和创新意识。在实践过程中，阐明目前我国在燃料元件生产方面所面临的问题和挑战，提高学生的自主创新意识，培养学生努力奋斗的可贵品质，提高国家核燃料生产技术水平，早日打破西方技术壁垒。

通过分组实习，培养学生团队协作能力、集体主义精神、职业责任感及爱岗敬业和无私奉献的职业品格与行为习惯。在学习了解研究院技术现状及研究进展报告的同时，培养学生的创新意识、严谨的科学研究态度和良好的学术道德素养，掌握科学问题的本质与发展规律。在参观研究院基础设施及研究平台的同时，展示我国辐射防护安全文化理念，培养学生文化自信意识和价值观自信。在参观研究院基础设施和研究平台，学习了解研究院技术现状及研究进展报告过程中，培养学生的创新意识和严谨的科学研究态度和良好的学术道德素养，将理论研究与哲学思想相结合，提高学生辩证思维的能力。

通过展示工程设计工作事故和实例，培养学生在工程设计工作中的社会责任感、工程伦理意识与工匠精神。在参观设计及实验平台过程中，结合“华龙一号”、高温气冷堆等大国重器案例及我校校友刑继等核工业界典型模范代表事迹，激发学生对学校产生强烈的自豪感和认同感。同时，展现我国自力更生、自强不息的精神，涵育强核报国精神和家国情怀。在参观设计研究平台的过程中，培养学生的责任感与安全意识，引导学生思考清洁能源以及节能减排的发展，进而了解“创新、协调、绿色、开放、共享”新发展理念。

四、案例教学整体设计

毕业实习课程依托我校与中国原子能科学研究院、中国核电工程公司、中核北方核燃料元件有限公司、中核四0四有限公司、中国辐射防护研究院和中核第七研究设计院等行业一线企业单位共建4个教育部“国家级工程教育实践中心”和2个“校外实习基地”，实习单位实现了对核燃料循环全部工艺流程段的生产、管理、工程设计和研究等主要类别单位的全覆盖，使学生能够全面认识本专业各领域的实际情况和发展趋势，为学生的职业发展奠定良好基础，为我国输送核化工专业紧缺人才。

核专业在发展史、应用背景、研究前沿等方面，具有丰富的思政教育元素。本课程结合专业内容，充分利用4个“实践中心”和2个“实习基地”各自的特点和背景，融入使命担当、工匠精神、工程伦理、创新意识、辩证思维、环保意识、团队协作、自豪自信等思政元素，全面提升学生对本专业的认识和认同感，构建“将我国核事业精神薪火相传”的“核薪”思政教育模式，提高思政教育效果。

本课程采用学生与企业导师“一对一”指导模式，学生在实习过程中，全程参与企业一线工作，将专业基础知识与工程实际问题结合，了解实际工程系统操作、工作原理、运行维护方法，引导学生深入理解并思考目前行业领域现状，抓住“真问题”，真正做到学以致用，提高核化工专业人才培养质量。

毕业实习课程作为核专业人才培养工作中的重要环节，将时刻面向行业实际需求，通过与近5年来的毕业生、用人单位、主要行业单位和行业专家，就课程内容、形式、考核方式和教学效果等方面，定期进行深入研讨和交流，建立反馈和改进机制，根据国家和行业需求，不断完善课程建设，为我国核事业输送紧缺的核化工专业人才。

五、教学实践过程回顾

（一）核燃料元件生产

在讲解过程中，企业负责人向学生详细介绍企业优势和特色。中核北方高温气冷堆核电燃料元件生产线是世界首条，也是唯一一条具有工业规模的球形燃料元件生产线。生产线设计能力为年产30万个球形燃料元件。在世界范围内，我国在核行业的影响力日益增强，使学生对核事业、对国家产生强烈的自豪感。

虽然我国已经实现具有自主知识产权的高温气冷反应堆燃料元件生产技术，但是对于压水堆燃料元件，尚未形成我国自主的知识产权。经过长期的探索和研发，2019年，中核集团自主研制的CF3燃料组件性能达到国际同类产品先进水平。这标志着我国具有完全自主知识产权、适用于大型商用压水堆核电站的CF3燃料组件具备工业化应用条件。以此为切入点，培养学生的创新精神，鼓励学生勤奋钻研，提高我国核燃料生产技术水平，早日突破技术壁垒，为我国核事业的发展做出贡献。

在整个过程中，学生能够将之前在学校课堂学习的理论知识，与燃料元件的实际生产工艺相结合，以专业理论知识指导工程实践，以工程实践过程加深对专业理论知识的理解和掌握。学生在了解核燃料元件复杂的生产过程和严格的质量标准的同时，也使其工程伦理意识和工匠精神得到培养（见图1）。

（二）铀纯化转化

在进行放射性废物处理与处置和环境放射性水平监测工作实习过程中，学生会详细学习“水样中铀的测量”“水样中铀萃取和反萃”和“HIDEX液体闪烁计数器使用”等技术方法，参观高放废液暂存控制室，了解近年来国家对高放废液处理的发展方向，了解四

图 1　学生参观球形燃料元件生产线

0 四厂已有的放射性废物的处理方式。我国对放射性废水的处理和严格的排放标准，与日本不顾国际社会和民众的反对，制定福岛核污水排海计划的做法形成鲜明对比，以此培养学生的工程伦理意识、环保意识和可持续发展意识，同时增强学生对国家的认同感和自豪感。另外，学生能够参观大师工作室，并与全国劳动模范、人大代表王多明等杰出人才代表进行面对面地交流，真切地学习和体会工匠精神。学生参观中核四 0 四展鉴馆见图 2。

学生在各分公司和车间，以分组形式进行实习实践活动，完成实践教学活动后，分组进行实习总结汇报答辩。学生需要完成独立思考、分工合作、查阅相关资料、分组实验、分组讨论、撰写实习专题报告和实习总结报告以及分组汇报答辩等环节。在这个过程中，培养学生在团队合作中与其他成员进行有效沟通，做到共享信息、合作共事的能力，并充分发挥团队协作精神。通过实习实践教学活动培养学生团队协作能力、集体主义精神、职业责任感及爱岗敬业和无私奉献的职业品格。

图 2　学生参观中核四 0 四展览馆

（三）放化理论研究

组织学生参观了原子能科学研究院的主要装置设备和基础设施（见图 3），了解其工作方法及原理。在先进的设备和研究设施的基础上，原子能科学研究院在核化工与核燃料工程相关领域，取得了丰硕的研究成果。邀请原子能科学研究院实习导师，面向学生进行学术报告，对代表性研究成果的研究背景、研究过程、学术影响、突破技术瓶颈和后续研究展望等情况进行详细讲解，并与学生进行充分交流。在这个过程中，将理论研究与哲学思想相结合，提高学生辩证思维的能力，培养学生的创新意识和严谨的科学研究态度和良好的学术道德素养。

图 3　学生参观中国原子能科学研究院展厅参观

（四）辐射防护研究

首先进行安全保密培训教育，参观中国辐射防护研究院辐射防护技术重点实验室、核环境模拟与评价技术重点实验室、高放废物地质处置评价技术重点实验室、核设施退役与放废处理工程技术中心及国家环境保护环境与健康重点实验室等平台（见图 4）。

图 4　学生参观中国辐射防护研究院展厅

中辐院老一辈工作者会向年轻同志讲述奋斗往事，分享成功经验，勾勒辐射防护事业和学科的发展脉络，力求记录和传承老一辈辐射防护人的治学态度、奉献精神和家国情怀。这些都会向学生生动地展示我国辐射防护安全文化理念，培养学生文化自信意识和价值观自信。

废物焚烧技术是中国辐射防护研究院的特色研究方向之一，在国内处于领先水平，成立于1974年的废物焚烧技术研究室，是我国核工业系统唯一的专业化废物焚烧技术研究室。通过讲解放射性废物焚烧处理技术的发展趋势和更新换代规律，培养学生的创新意识和严谨的科学研究态度和良好的学术道德素养，掌握科学问题的本质与发展规律。

（五）核能安全设计

在介绍核工业设计工作原则的过程中，以核事故中的设计缺陷为例，说明虽然核能安全性较高，但一旦发生事故或处理不当，可能造成严重的后果。引导学生从以下几个方面对现有的工程案例设计进行反思和改进。项目选址务必保守慎重，充分考虑小概率高风险事件的叠加影响，选用安全性能更高的设计标准，完善严重事故的预防和缓解措施，加强应急预案及其可靠性设计因此，在核电站的设计和运行过程中均需要强调社会责任感及工程伦理。学生进行分组实习报告见图5。

图5　学生进行分组实习报告

（六）铀浓缩转化

在铀浓缩和铀转化等方面的研究设计工作中，涉及很多相关领域的新技术、新方法，研究设计人员不懈努力的出发点，是为了更加高效、更加安全地利用核能，达到我国节能减排的目标。经过完整的实习实践过程，帮助学生回顾行业背景和发展目的，呼吁学生将节能减排的理念入脑入心入行动，从学好一门课、做好一个设计开始，为节能减排贡献个人力量，为建设绿水青山的美丽家园不懈努力。培养学生的责任感与安全意识，使学生真正了解“创新、协调、绿色、开放、共享”新发展理念及国家在能源领域的发展方向。

另外，在工程实践活动当中，有意识地引入对于工程教育认证的介绍，通过研讨，帮助学生清楚自己所学专业的特殊性，了解专业培养目标、毕业要求，理解核化工与核燃料工程专业对清洁能源以及节能减排的重要意义。

六、创新性与效果总结

（一）实习基地基本实现核燃料循环工艺流程全覆盖

本课程依托4个教育部“国家级工程教育实践中心”和2个“校外实习基地”，实现对国内核燃料循环工艺流程段的生产、管理、工程设计和科学研究等类型单位的全覆盖，使学生全面认识本专业实际情况和发展趋势，为学生职业发展奠定基础，为我国核事业输送紧缺人才。

（二）学生全程动手参与专业一线工作

课程实习时间充分，学生能够全程参与本行业各类型单位的一线工作，将专业基础知识与工程实际案例结合，深入了解我国核化工与核燃料工程领域的实际情况，引导学生深入思考目前行业领域存在的主要问题，真正做到学以致用，提高核化工专业人才培养质量。

（三）“核薪”思政教育模式全方位提高思政教育效果

实习过程中，通过“核薪”思政教育模式，从时间和空间维度，使学生对思政内容产生强烈共鸣，提高思政教育的效果。结合实习单位各自特点和发展史，使学生从时间维度感受我国核事业发展历程；实习基地分布于包头、嘉峪关、北京、太原等地，每年实习全程历经5 500余千米，使学生从空间维度了解我国核事业整体布局。

参考文献

[1] 习近平在全国高校思想政治工作会议上强调：把思想政治工作贯穿教育教学全过程　开创我国高等教育事业发展新局面［J］. 实践（思想理论版），2017，(02)：30-31.

[2] 管山. 化工工艺专业毕业实习现状与教改探讨［J］. 亚太教育，2015，31：259.

[3] 杨艳秋，李伟凯. 地方高校实习基地建设机制与实践教学模式创新研究［J］. 黑龙江高教研究，2012，30（07）：157-160.

[4] 欧阳泓杰. 面向创新创业能力培养的高校实践教学体系研究［D］. 武汉：华中师范大学，2014.

[5] 周春月，刘颖，姚东伟，等. OBE 理念下的本科生毕业实习创新模式研究［J］. 实验技术与管理，2016，33（10）：19-22.

[6] 马福秋，夏虹，薛云，等. 核化工与核燃料工程专业卓越工程师培养过程班主任工作探析［J］. 教育现代化，2019，6（05）：85-87.

[7] 丁立明，李寒旭. 化工工艺专业毕业实习现状与教学改革探索［J］. 安徽理工大学学报，2005，7（1）：82-84.

[8] 梁建军，谭靖辉，孙爱武，等. 浅谈高职院校化工工艺专业学生毕业实习［J］. 科技信息，2011，(28)：212-214.

“传热学”和“工科数学分析”课程思政案例

栾秀春[1]，王晓莺[2]

（1. 哈尔滨工程大学核科学与技术学院，黑龙江　哈尔滨　150001

2. 哈尔滨工程大学数学科学学院，黑龙江　哈尔滨　150001）

摘　要：在核科学与技术专业“传热学”的教学过程中，经常会遇到由于学生的数学基础知识欠缺导致学习效果不佳的情况。经过调查分析发现，学生的学习心理状态，对大学一年级学生学习数学基础课构成了巨大的影响。鉴于大部分学生会在自己所需专业的方向上开启自己未来的职业生涯，如果能够让学生弄清各个专业课对基础数学课程的需求，就能够极大地提高学生对数学基础课的学习兴趣。通过引入具有工程背景的数学教学案例，让低年级的学生尽早认识到数学知识在未来职业生涯中的作用，调动学生学习数学的积极性，将会提高数学课程的教学效果。本案例由“传热学”和“工科数学分析”的任课教师撰写，致力于长距离大反馈循环，工作不局限于某一门课程，而是追求大学期间学生全过程学习效果的提升。用工程案例将学生的职业前景与当前学习的知识联系起来，从思想认识的层面解决了学习原动力的问题。将课堂思政作为提高学习效果的手段，潜移默化地运用，在实施中不用明确提及，没有传统思政的外在形式，但却起着强有力的思想推动作用。此方法为课程思政与课程教学内容的深度融合探索了一条新途径。

一、课程基本情况

（一）授课对象情况分析

“传热学”课程中包含大量运用数学知识进行理论推导的内容，这些内容也是本课程的重点，因此授课教师在讲授时必须引用数学基础课学过的知识。但经常有学生表示没学过，或是不掌握。团队教师查阅了公共基础课的教学大纲，发现这些知识点均在其中，问题在于学生没有掌握。这就需要从学生学习的心理状态出发，寻找解决方案。

作为工科专业大学生，对数学的学习从幼儿园就已经开始，时间跨度非常大，很多学生产生厌学情绪。因此，学习的兴趣和目的对学习效果产生很大的影响。小学阶段，数学贴近生活，还有些生动的故事，兴趣使然。中学阶段，数学服务于高考，应试目的明确。进入大学，数学课信息量增大且更抽象，除了应试，学生学习的目的是迷茫的。面向全校学生的数学公共基础课考试关注的是共性问题，某些知识点就会被淡化，学生们据此去安排自己的学习，部分知识点没掌握，就在情理之中了。提高学生学习数学的热情，助力数学能力提升，是本课程建设的一个关键点。

矛盾出来了：“传热学”是大学三年级上学期的课，数学课（最核心的部分是“工科数学分析”）基本上是在大学一年级，三年的课程要提高两年前学生的学习热情，这怎么实现？如果单从一门课的教学组织和建设的角度出发，这是无解的。而如果把整个大学的学习过程当作一个整体，专业教师参与数学基础课的建设，并为数学教师提供支持，则可以找到实现途径。

大部分学生会在自己所需专业的方向上开启自己未来的职业生涯，如果能够让学生清楚专业课对基础数学课程的需求，就能够极大程度地提高学生对数学基础课的学习兴趣。“传热学”的主讲教师联合数学教师编写了教材《核工程专业基础课数学案例》（科学出版社），从专业需求的角度指出了所列数学知识点的专业应用价值，并以数学课的行文方式撰写，该书可作为数学教师讲授例题所用。案例背景为学生指明了所学数学知识的专业应用前景，从而调动学生的学习热情，学习效果自然得到提升。

（二）课程情况简介

“传热学”是核工程与核技术本科专业的一门重要的技术基础课程，通过本门课程的学习，讲授传热的基本形式、物理含义、数学描述和求解方法、实验方法，以及这些知识在工程实际中的应用。使学生较为扎实地掌握传热的基本原理和基本知识，理解各种术语与物理原理之间的内在联系，能够描述有关传热的输运现象，为后续专业课程的学习打下坚实的理论基础，并能综合应用所学知识，初步解决工程实际中所遇到的各类传热问题。

课程目标及能力要求是：具有分析实际问题的能力，能够正确分析实际传热过程的能力，掌握热量传递中所涉及的传热方式；有一定的数学解析能力，能够正确地抽象出实际传热过程的数学模型，并能对简单情况进行解析求解和数值求解；具有研究科学问题的基本能力，掌握研究传热问题的基本原理和方法，通过训练得到相应的基本技能。

课程特色：兼顾基础理论和工程应用，面向核工程专业课学习的需要，培养服务于工程实践的科学思维能力。“传热学”上承公共基础课（“数学”“物理”），下启核工程专业课程（“反应堆热工水力学”“核动力系统与设备”等），在整个专业教学体系中处于中枢位置。

“工科数学分析”是工科各专业必修的公共基础理论课。通过本课程的学习，使学生系统地获得微积分与常微分方程的基本知识，培养学生熟练的运算能力、抽象思维和形象思维能力、逻辑推理能力、自学能力以及一定的数学建模能力，领会重要的数学思想方法，以提高抽象概括问题的能力和应用数学知识解决实际问题的能力，同时为后续课程的学习和终身学习奠定打下良好的数学基础。

课程目标及能力要求是：掌握一元及多元函数微积分学、无穷级数，及常微分方程的重要概念、原理和方法；具有抽象思维、逻辑推理和空间想象能力；能够针对本专业遇到的复杂工程问题，进行合理假设、建立数学模型、会求解计算，并对模型的计算结果给出合理解释；具备自主学习意识和自我时间管理能力，具备高尚的科学观和坚定的理想信念。

二、案例基本情况

案例：空间核电推进系统的大功率排热分系统的辐射传热角系数计算。

（一）工程背景

人类未来空间探测将重点关注火星以及其他更远星球的载人任务，这就对推进能源提出了更高的要求。目前在轨使用的霍尔和离子电推力器可以获得较高的比冲，但其推力较低；此外，对于远距离深空探测任务而言，太阳能帆板可提供的电功率难以满足航天器的工作需求。受到上述因素的限制，目前所使用的推进方式只能满足近地航天任务和部分不载人的深空探测任务要求。对于大型深空探测和空间武器快速攻防等任务，目前的推进技术显然难以满足要求，因此需要开发功能更为强大的核推进系统。

核推进主要分为核热推进和核电推进两类。核热推进的工作原理是利用核反应堆产生的裂变热能对推进剂加热，使之达到高温高压状态后从喷管高速喷出产生推力，其最大比冲为 1 000 s 左右，推力可达几吨，但是存在核燃料高温腐蚀、核裂变产物释放造成的放射性污染等目前无法克服的技术难点；核电推进采用空间核电源将核能转换为电能，可为大功率电推进系统供电，将工质电离加速并高速喷出产生推力，具有高效能、高速度增量、极高比冲（可达 10 000 s）、长寿命等特点，可以大幅缩短任务周期、提高有效载荷比。核电推进技术结合核能的高能量密度和电推进的高比冲优势，被认为是未来大型空间任务的优先选择方案。因此，各国逐渐将研究重心转向核电推进技术。

核电推进系统主要由空间核反应堆、热电转换系统、热排放系统、电源管理与分配系统和大功率电推进系统 5 部分组成。其中，热排放系统的功能是将反应堆、热电转换、电推力器和飞船电子元器件等组件产生的废热排放到宇宙中去。

绝大多数热电转换系统的效率低于 30%，其余热量必须排放到宇宙空间中。空间的唯一散热方式是热辐射，目前主要有 3 种类型的散热器：热管辐射冷却器、泵循环液态金属冷却器、液滴散热器。其中热管辐射冷却结构简单，目前应用最广。

如何布置热管辐射冷却器的散热面，对于提高散热能力和效率至关重要。已见报道的形式有拟柱体结构、伞形结构、平面两翼结构等。美国 NASA 对平面两翼结构的散热板组（见图 1）进行了详细的研究，其最大的优点是，结构简单，所有散热面对空间的角系数均为 1，从散热面积角度来看，效率最高。但是，散热面必须布置在以反应堆为中心的屏蔽角之内，若要增大散热量，必须加长的桁架长度，这对于航天器整体结构是不利。

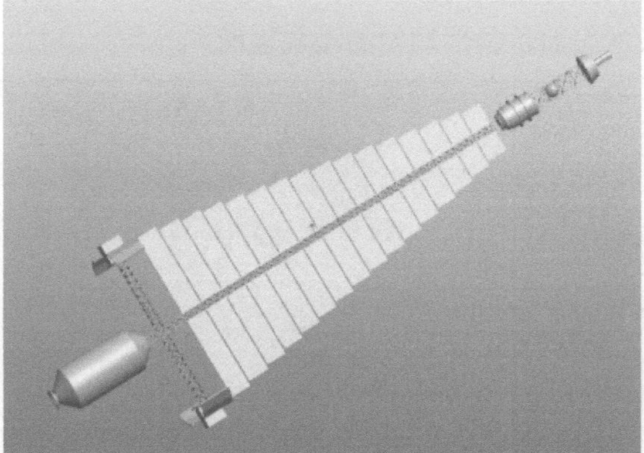

图 1　平面两翼结构的散热板组

为了增加散热面积，又不增加桁架长度，就必须以牺牲散热面积效率为代价。图 2 所示“十”字形结构的散热板组是其中较简单的一种，同时具有较高的散热面积效率。这种情况下，散热面对空间的角系数均小于 1。由于散热面是多块结构，且温度又不相同，这就带来了一个复杂的角系数计算问题。

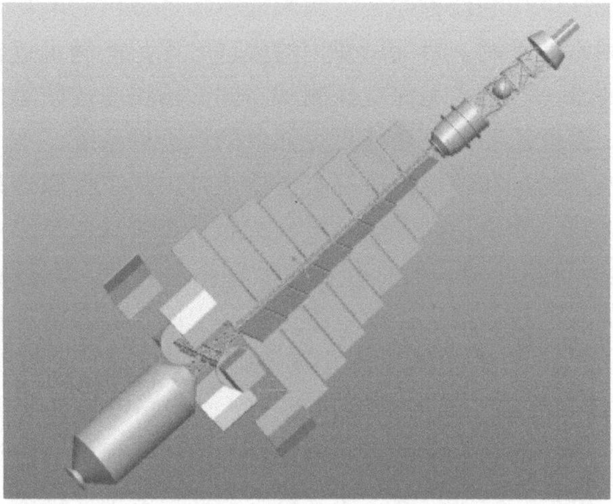

图 2　“十”字形结构的散热板组

（二）物理模型的建立

“十”字形结构的散热板组，整体上的结构如图 3 所示。每一翼上的散热板如图 4 所示。由于相邻两翼之间呈 90 °布置，故分布于两翼上的任意两块散热板之间是空间垂直关系。为了进行角系数计算，对物理模型作如下简化假设：

（1）图中每块散热板之间的间隙忽略不计，认为每一翼散热板组是一整片，仅用线条分成块；

（2）桁架不占空间，认为相邻板组是共边的；

（3）散热板板面是平面；

（4）每一块散热板的温度是均匀的；

（5）每一块散热板的表面是物性均匀的漫灰表面。

图 3　“十”字形结构的散热板组的整体结构

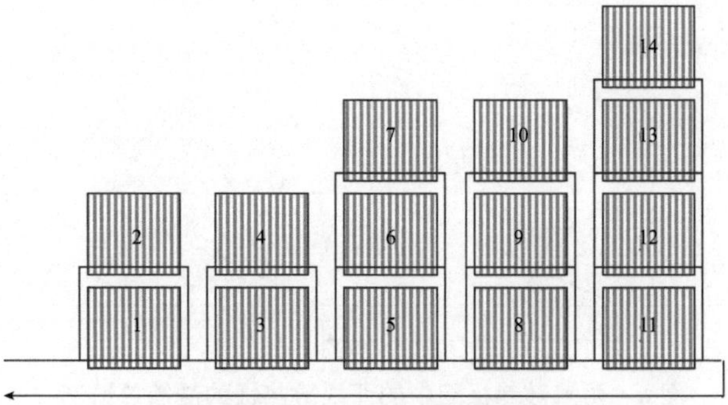

图 4 每一翼上的散热板

在上述简化假设的基础上，相邻两翼散热板组的各块散热板的板面之间的位置关系如图 5 所示。

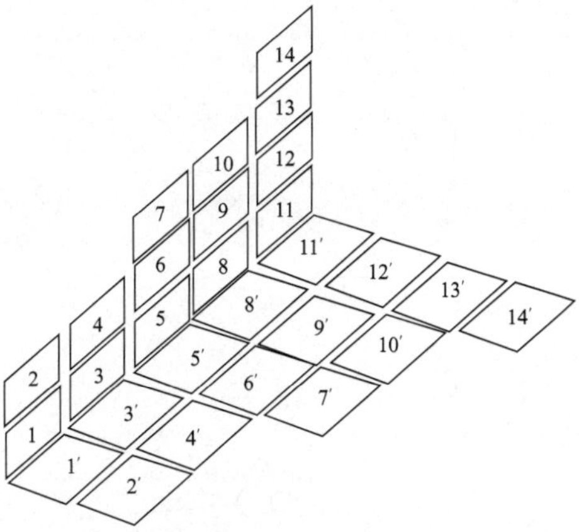

图 5 各块散热板的板面之间的位置关系

(三) 需要求解的物理量——角系数

分布于两翼上的任意两块散热板之间是空间几何关系，按照从简单到复杂，从特殊到一般，可分为 7 种情况。其中最简单的情形为拥有公共边的相互垂直的两块散热板，即 1-1′、3-3′、5-5′、8-8′、11-11′，这些可以统一表示，见图 6；其余 6 种情形如图 7 所示，在图 6 所示情形的基础上，可以依据角系数的相对性、完整性、可加性以及几何形状的对称性，通过代数运算获得角系数。

图 6 所示最简单情形的角系数为：

$$F_{1-2}=\frac{1}{\pi W}\left(W\tan^{-1}\frac{1}{W}+H\tan^{-1}\frac{1}{H}-\sqrt{H^2+W^2}\tan^{-1}\frac{1}{\sqrt{H^2+W^2}}\right.$$

$$\left.+\frac{1}{4}\ln\left\{\frac{(1+W^2)(1+H^2)}{1+W^2+H^2}\left[\frac{W^2(1+W^2+H^2)}{(1+W^2)(W^2+H^2)}\right]^{W^2}\left[\frac{H^2(1+H^2+W^2)}{(1+H^2)(H^2+W^2)}\right]^{H^2}\right\}\right)$$

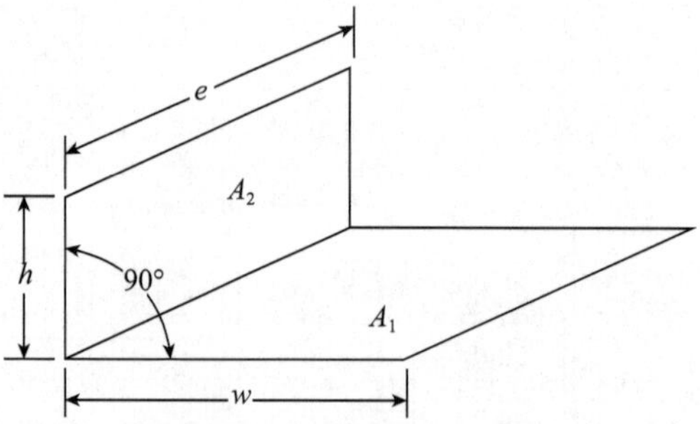

图 6　两翼散热板组中的两块散热板的最简单情形

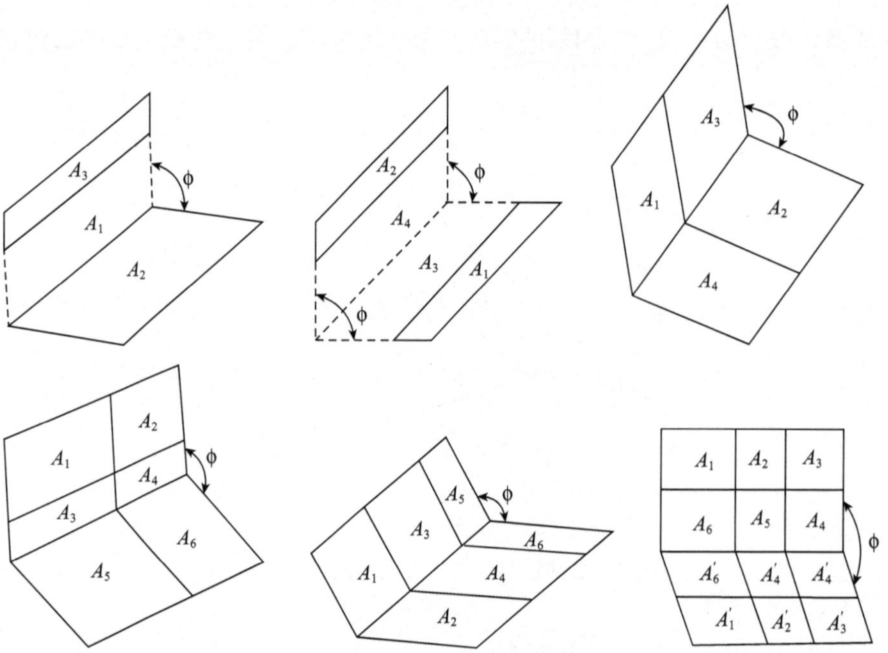

图 7　两翼散热板组中的两块散热板的最简单情形以外的情形

其中，$H=\dfrac{h}{l}$，$W=\dfrac{w}{l}$。此式同时也是其余 6 种情形计算的基础，可以通过环路积分法获得。

（四）数学知识点：斯托克斯定理

【定理 1】设Γ为分段光滑的空间有向闭曲线，Σ是以Γ为边界的分片光滑的有向曲面，Γ的正向与Σ的侧符合右手规则，函数 $P(x, y, z)$、$Q(x, y, z)$、$R(x, y, z)$ 在曲面Σ(连同边界Γ）上具有一阶连续偏导数，则有

$$\iint_{\Sigma}\left(\frac{\partial R}{\partial y}-\frac{\partial Q}{\partial z}\right)\mathrm{d}y\mathrm{d}z+\left(\frac{\partial P}{\partial z}-\frac{\partial R_z}{\partial x}\right)\mathrm{d}z\mathrm{d}x+\left(\frac{\partial Q}{\partial x}-\frac{\partial P}{\partial y}\right)\mathrm{d}x\mathrm{d}y=\oint_{\Gamma}Pdx+Qdy+Rdz$$

式（1）又被称为斯托克斯公式。

（五）数学知识点：不定式的定值法——洛必达法则

洛必达法则是用来计算 $\frac{0}{0}$、$\frac{\infty}{\infty}$、$0\cdot\infty$、$\infty-\infty$、0^0、∞^0、1^∞ 等不定式的极限法则。

1\. 洛必达第一法则（$\frac{0}{0}$）

设（ⅰ）函数 $f(x)$ 和 $g(x)$ 是在区间（a，b］内定义的；（ⅱ）$\lim\limits_{x\to a}f(x)=0$，$\lim\limits_{x\to a}g(x)=0$；（ⅲ）在区间（$a$，$b$］内存在有限导数 $f'(x)$ 和 $g'(x)$，而且 $g'(x)\neq 0$；（ⅳ）存在极限（有穷或无穷），即

$$\lim_{x\to a}\frac{f'(x)}{g'(x)}=K$$

那么

$$\lim_{x\to a}\frac{f(x)}{g(x)}=\lim_{x\to a}\frac{f'(x)}{g'(x)}=K$$

2\. 洛必达第二法则（$\frac{\infty}{\infty}$）

设（ⅰ）函数 $f(x)$ 和 $g(x)$ 是在区间（a，b］内定义的；（ⅱ）$\lim\limits_{x\to a}f(x)=\infty$，$\lim\limits_{x\to a}g(x)=\infty$；（ⅲ）在区间（$a$，$b$］内存在有限导数 $f'(x)$ 和 $g'(x)$，而且 $g'(x)\neq 0$；（ⅳ）存在极限（有穷或无穷）：

$$\lim_{x\to a}\frac{f'(x)}{g'(x)}=K$$

那么

$$\lim_{x\to a}\frac{f(x)}{g(x)}=\lim_{x\to a}\frac{f'(x)}{g'(x)}=K$$

3\. 其他类型不定式（$0\cdot\infty$、$\infty-\infty$、0^0、∞^0、1^∞）

（1）对于 $0\cdot\infty$ 型的不定式，可先把它变成 $\frac{0}{0}$ 型或 $\frac{\infty}{\infty}$ 型，然后再应用洛必达法则。设

$$\lim_{x\to a}f(x)=0\text{，}\lim_{x\to a}g(x)=\infty$$

如果要计算 $\lim\limits_{x\to a}f(x)\cdot g(x)$，那么可以进行变形

$$f(x)\cdot g(x)=\frac{f(x)}{\dfrac{1}{g(x)}}=\frac{g(x)}{\dfrac{1}{f(x)}}$$

其中的第二式在 $x\to a$ 时是 $\frac{0}{0}$ 型不定式，第三式是 $\frac{\infty}{\infty}$ 型不定式。

（2）对于 $\infty-\infty$ 型的不定式也能变成 $\frac{0}{0}$ 型或 $\frac{\infty}{\infty}$ 型。如果要计算 $\lim\limits_{x\to a}[f(x)-g(x)]$，这里有：

$\lim\limits_{x\to a}f(x)=\infty$，$\lim\limits_{x\to a}g(x)=\infty$

那么可以进行下面的变形，把它变成 $\frac{0}{0}$ 型不定式：

$$f(x)-g(x)=\frac{1}{\frac{1}{f(x)}}-\frac{1}{\frac{1}{g(x)}}=\frac{\frac{1}{g(x)}-\frac{1}{f(x)}}{\frac{1}{f(x)}\cdot\frac{1}{g(x)}}$$

（3）对于 0^0、∞^0、1^∞ 型的不定式，可以预先把这些表达式取对数

设 $y=[f(x)]^{g(x)}$，则 $\ln y=g(x)\ln f(x)$。$\ln y$ 的极限就是 $0\cdot\infty$型的不定式。假如用上述任一方法能求出 $\lim\limits_{x\to a}\ln y$，比如它等于 k（或$+\infty$，或$-\infty$），那么 $\lim\limits_{x\to a}y$ 就等于 e^k（或∞，或0）。

（六）数学知识点——积分表选用

（1）$\int\ln x\mathrm{d}x=x\ln x-x+C$

（2）$\int x^n\ln x\mathrm{d}x=\frac{1}{n+1}x^{n+1}(\ln x-\frac{1}{n+1})+C$

其中，在本案例中用到 $n=1$ 的情况，即

$\int x\ln x dx=\frac{1}{2}x^2(\ln x-\frac{1}{2})+C$

（3）$\int\arctan\frac{x}{A}dx=x\arctan\frac{x}{A}-\frac{A}{2}\ln(A^2+x^2)+C$

（4）$$\int\frac{dx}{Ax^2+B}=\begin{cases}\frac{1}{\sqrt{AB}}\arctan\sqrt{\frac{A}{B}}x+C & (B>0)\\ \frac{1}{2\sqrt{-AB}}\ln\left|\frac{\sqrt{A}x-\sqrt{-B}}{\sqrt{A}x+\sqrt{-B}}\right|+C & (B<0)\end{cases}$$

（5）$\int\frac{x}{Ax^2+B}dx=\frac{1}{2A}\ln|Ax^2+B|+C$

（6）$\int\frac{x^2}{Ax^2+B}dx=\frac{x}{A}-\frac{B}{A}\int\frac{dx}{Ax^2+B}$

其中，在本案例中，$B>0$，故：

$$\int\frac{x^2}{Ax^2+B}dx=\frac{x}{A}-\frac{B}{A}\frac{1}{\sqrt{AB}}\arctan\sqrt{\frac{A}{B}}x+C=\frac{x}{A}-\sqrt{\frac{B}{A^3}}\arctan\sqrt{\frac{A}{B}}x+C$$

（七）数学知识点的运用：辐射角系数的分析计算——环路积分法

有限表面 A_1 对有限表面 A_2 的角系数为：

$$X_{1,2}=\frac{1}{A_1}\iint_{A_1}\left(\iint_{A_2}\frac{\cos\theta_1\cos\theta_2 dA_2}{\pi s^2}\right)dA_1 \tag{1}$$

式（1）是一个二重面积积分，若直接积分，必须通过四重积分来完成，这往往是一项繁重的计算工作。环路积分法是将辐射角系数计算公式中的面积积分用环路积分（或曲线积分）来代替，将四重积分化为二重积分，从而使计算过程得以简化。实现这一简化的主要依据是数学分析中的斯托克斯定理。利用两类曲面积分间的联系，可得此定理的另一种表达形式如下所示。

【定理2】向量 $\boldsymbol{B}$ 在一简单闭曲线 Γ 的切向分量沿此简单曲线 Γ 的线积分等于向量 $\boldsymbol{B}$ 的旋度在任何以 Γ 为边界的曲面 $\boldsymbol{\Sigma}$ 上的法向分量沿此曲面的面积分。其数学表达式为

$$\oint_{\Gamma} P\mathrm{d}x + Q\mathrm{d}y + R\mathrm{d}z = \iint_{\Sigma}\left[l\left(\frac{\partial R}{\partial y}-\frac{\partial Q}{\partial z}\right)+m\left(\frac{\partial P}{\partial z}-\frac{\partial R}{\partial x}\right)+n\left(\frac{\partial Q}{\partial x}-\frac{\partial P}{\partial y}\right)\right]\mathrm{d}A \tag{2}$$

式中，P、Q、R 是向量 $\boldsymbol{B}$ 的分量并具有一阶连续偏导数

$$P\boldsymbol{i} + Q\boldsymbol{j} + R\boldsymbol{k} = \boldsymbol{B} \tag{3}$$

式中，$\boldsymbol{i}$、$\boldsymbol{j}$、$\boldsymbol{k}$ 是沿坐标轴 x、y、z 的单位向量；l、m、n 是面积元 $\mathrm{d}A$ 的方向余弦。设表面的单位法向量为 $\boldsymbol{n}$，则有

$$\boldsymbol{n} = \cos\alpha\boldsymbol{i} + \cos\gamma\boldsymbol{j} + \cos\delta\boldsymbol{k} = l\boldsymbol{i} + m\boldsymbol{j} + n\boldsymbol{k} \tag{4}$$

两个微元面积之间连线的长度及连线与面积法线夹角的余弦，都可以通过微元面积所在坐标位置来表示，如图8所示。设微元面积 $\mathrm{d}A_1$ 的坐标是（x_1，y_1，z_1），$\mathrm{d}A_2$ 的坐标是（x_2，y_2，z_2）。则由 $\mathrm{d}A_1$ 到 $\mathrm{d}A_2$ 方向的向量可以表示成

$$\boldsymbol{s}_{12} = (x_2 - x_1)\boldsymbol{i} + (y_2 - y_1)\boldsymbol{j} + (z_2 - z_1)\boldsymbol{k} \tag{5}$$

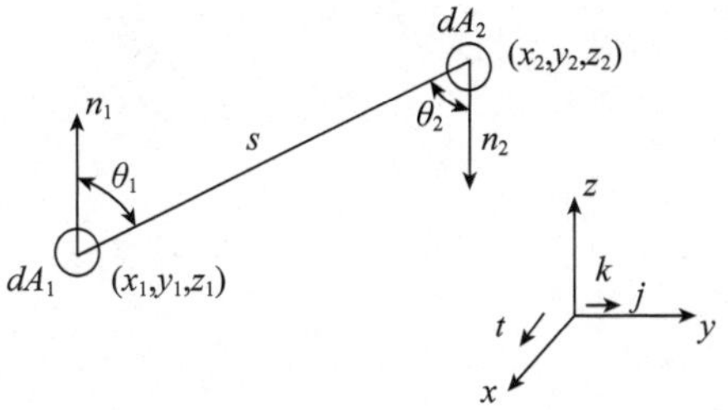

图8　两个微元面积之间的辐射交换

同理，由 $\mathrm{d}A_2$ 到 $\mathrm{d}A_1$ 方向的向量可以表示成

$$\boldsymbol{s}_{21} = (x_1 - x_2)\boldsymbol{i} + (y_1 - y_2)\boldsymbol{j} + (z_1 - z_2)\boldsymbol{k} \tag{6}$$

而两个微元面积之间连线的长度为

$$s = \sqrt{(x_1 - x_2)^2 + (y_1 - y_2)^2 + (z_1 - z_2)^2} \tag{7}$$

单位向量

$$\boldsymbol{r}_{12} = \frac{\boldsymbol{s}_{12}}{s} = \frac{1}{s}[(x_2 - x_1)\boldsymbol{i} + (y_2 - y_1)\boldsymbol{j} + (z_2 - z_1)\boldsymbol{k}] \tag{8}$$

$$\boldsymbol{r}_{21} = \frac{\boldsymbol{s}_{21}}{s} = \frac{1}{s}[(x_1 - x_2)\boldsymbol{i} + (y_1 - y_2)\boldsymbol{j} + (z_1 - z_2)\boldsymbol{k}] \tag{9}$$

微元面积的法线与连线 s 夹角的余弦可以表示为

$$\cos\theta_1 = \boldsymbol{n}_1 \cdot \boldsymbol{r}_{12} = (l_1\boldsymbol{i} + m_1\boldsymbol{j} + n_1\boldsymbol{k}) \cdot \frac{1}{s}[(x_2 - x_1)\boldsymbol{i} + (y_2 - y_1)\boldsymbol{j} + (z_2 - z_1)\boldsymbol{k}]$$
$$= \frac{1}{s}[(x_2 - x_1)l_1 + (y_2 - y_1)m_1 + (z_2 - z_1)n_1] \tag{10}$$

$$\cos\theta_2 = \boldsymbol{n}_2 \cdot \boldsymbol{r}_{21} = (l_2\boldsymbol{i} + m_2\boldsymbol{j} + n_2\boldsymbol{k}) \cdot \frac{1}{s}[(x_1 - x_2)\boldsymbol{i} + (y_1 - y_2)\boldsymbol{j} + (z_1 - z_2)\boldsymbol{k}]$$
$$= \frac{1}{s}[(x_1 - x_2)l_2 + (y_1 - y_2)m_2 + (z_1 - z_2)n_2] \tag{11}$$

将式（10）、式（11）代入微元表面 dA_1 对有限表面 A_2 的辐射角系数公式

$$F_{dA_1 \to A_2} = \iint_{A_2} \frac{\cos\theta_1 \cos\theta_2}{\pi s^2} dA_2 \tag{12}$$

得

$$F_{dA_1 \to A_2} = \iint_{A_2} \frac{1}{\pi s^2} \cdot \frac{1}{s}[(x_2 - x_1)l_1 + (y_2 - y_1)m_1 + (z_2 - z_1)n_1] \cdot \frac{1}{s}[(x_1 - x_2)l_2 + (y_1 - y_2)m_2 + (z_1 - z_2)n_2]\, dA_2$$
$$= \iint_{A_2} [l_2(x_1 - x_2) + m_2(y_1 - y_2) + n_2(z_1 - z_2)] \frac{l_1(x_2 - x_1) + m_1(y_2 - y_1) + n_1(z_2 - z_1)}{\pi s^4} dA_2 \tag{13}$$

从而

$$F_{dA_1 \to A_2} = \iint_{A_2} [l_2(x_1 - x_2)f + m_2(y_1 - y_2)f + n_2(z_1 - z_2)f]\, dA_2 \tag{14}$$

其中，

$$f = \frac{l_1(x_2 - x_1) + m_1(y_2 - y_1) + n_1(z_2 - z_1)}{\pi s^4} \tag{15}$$

欲使角系数式（14）与斯托克斯式（2）右端完全一致，可以使它们的对应项相等

$$\frac{\partial R}{\partial y_2} - \frac{\partial Q}{\partial z_2} = (x_1 - x_2)f \tag{16a}$$

$$\frac{\partial P}{\partial z_2} - \frac{\partial R_z}{\partial x_2} = (y_1 - y_2)f \tag{16b}$$

$$\frac{\partial Q}{\partial x_2} - \frac{\partial P}{\partial y_2} = (z_1 - z_2)f \tag{16c}$$

进而求解这个偏微分方程组，可得

$$P = \frac{1}{2\pi s^2}[-m_1(z_2 - z_1) + n_1(y_2 - y_1)] \tag{17a}$$

$$Q = \frac{1}{2\pi s^2}[l_1(z_2 - z_1) - n_1(x_2 - x_1)] \tag{17b}$$

$$R = \frac{1}{2\pi s^2}[-l_1(y_2 - y_1) + m_1(x_2 - x_1)] \tag{17c}$$

因为角系数式（14）与斯托克斯式（2）右端已经完全对应相等，所以 $F_{dA_1\to A_2}$ 也就和斯托克斯公式左端相等，即将 $F_{dA_1\to A_2}$ 表达为环路积分的形式

$$F_{dA_1\to A_2} = \oint_{c_2} P dx_2 + Q dy_2 + R dz_2 \tag{18}$$

式中，c_2 是有向闭曲线，是有限表面 A_2 的边界，c_2 的正向与 A_2 的侧向符合右手规则。

将式（17）中的 P、Q、R 分别代入式（18），得

$$F_{dA_1\to A_2} = \oint_{c_2}\left\{\frac{1}{2\pi s^2}[-m_1(z_2 - z_1) + n_1(y_2 - y_1)]dx_2 + \frac{1}{2\pi s^2}[l_1(z_2 - z_1) - n_1(x_2 - x_1)]dy_2 + \frac{1}{2\pi s^2}[-l_1(y_2 - y_1) + m_1(x_2 - x_1)]dz_2\right\} \tag{19a}$$

或整理为

$$F_{dA_1\to A_2} = \frac{l_1}{2\pi}\oint_{c_2}\frac{(z_2 - z_1)dy_2 - (y_2 - y_1)dz_2}{s^2} + \frac{m_1}{2\pi}\oint_{c_2}\frac{(x_2 - x_1)dz_2 - (z_2 - z_1)dx_2}{s^2} + \frac{n_1}{2\pi}\oint_{c_2}\frac{(y_2 - y_1)dx_2 - (x_2 - x_1)dy_2}{s^2} \tag{19b}$$

通过以上讨论可以看出，经过转换将计算 $F_{dA_1\to A_2}$ 的重积分变成了线积分，使角系数的计算得以简化。必须注意的是，式（19）的积分是沿周线 c_2 进行的，而（x_2，y_2，z_2）是周线 c_2 上任一点的坐标。沿 c_2 的运动方向应当是使表面 A_2 始终在周线的左方，如图 9 所示。微元面积 dA_1 和周界 c_2 上任一点的距离是 s，在积分时（x_2，y_2，z_2）和 s 可能是变化的；但是另一方面，（x_1，y_1，z_1）及（l_1，m_1，n_1）表示 dA_1 的位置与方向则是不变值。

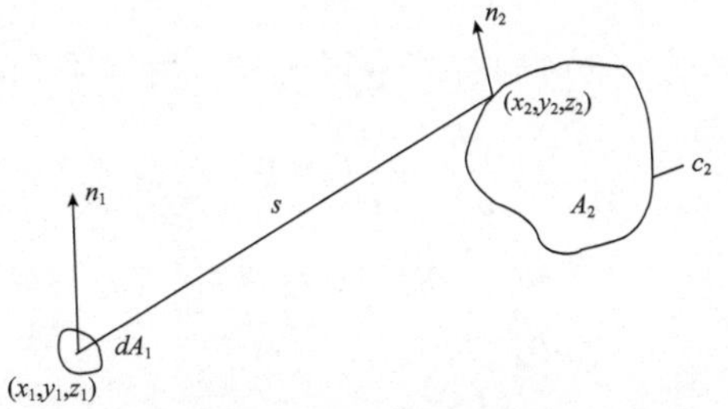

图 9　微元面积与有限面积之间的辐射交换

已知有限表面 A_1 对有限表面 A_2 的辐射角系数满足

$$F_{A_1\to A_2}A_1 = \iint_{A_1} F_{dA_1\to A_2}\mathrm{d}A_1 \tag{20}$$

将式（19a）代入（20），得

$$F_{A_1\to A_2}A_1 = \iint_{A_1}\oint_{c_2}\left\{\frac{1}{2\pi s^2}[-m_1(z_2-z_1)+n_1(y_2-y_1)]\mathrm{d}x_2+\frac{1}{2\pi s^2}[l_1(z_2-z_1)-n_1(x_2-x_1)]\mathrm{d}y_2 + \frac{1}{2\pi s^2}[-l_1(y_2-y_1)+m_1(x_2-x_1)]\mathrm{d}z_2\right\}\mathrm{d}A_1 \tag{21}$$

进而

$$\begin{aligned}2\pi A_1F_{A_1\to A_2} &= \iint_{A_1}\oint_{c_2}\frac{1}{s^2}[-m_1(z_2-z_1)+n_1(y_2-y_1)]\mathrm{d}x_2\mathrm{d}A_1 + \\ &\iint_{A_1}\oint_{c_2}\frac{1}{s^2}[l_1(z_2-z_1)-n_1(x_2-x_1)]\mathrm{d}y_2\mathrm{d}A_1 \\ &+\iint_{A_1}\oint_{c_2}\frac{1}{s^2}[-l_1(y_2-y_1)+m_1(x_2-x_1)]\mathrm{d}z_2\mathrm{d}A_1 \\ &=\oint_{c_2}\left[\iint_{A_1}\frac{n_1(y_2-y_1)-m_1(z_2-z_1)}{s^2}\mathrm{d}A_1\right]\mathrm{d}x_2 + \\ &\oint_{c_2}\left[\iint_{A_1}\frac{l_1(z_2-z_1)-n_1(x_2-x_1)}{s^2}\mathrm{d}A_1\right]\mathrm{d}y_2 \\ &+\oint_{c_2}\left[\iint_{A_1}\frac{m_1(x_2-x_1)-l_1(y_2-y_1)}{s^2}\mathrm{d}A_1\right]\mathrm{d}z_2\end{aligned} \tag{22}$$

式中，$\mathrm{d}x_2$、$\mathrm{d}y_2$、$\mathrm{d}z_2$ 都独立于面积分的积分区域 A_1，故将环路积分分成了三部分。每一部分的面积分都可以独立应用斯托克斯定理转换为线积分，其中第一部分面积分的积分式为

$$\iint_{A_1}\frac{n_1(y_2-y_1)-m_1(z_2-z_1)}{s^2}\mathrm{d}A_1 \tag{23}$$

将式（23）与斯托克斯式（2）的右端进行比较，可得下列等式

$$\frac{\partial R}{\partial y_1}-\frac{\partial Q}{\partial z_1}=0 \tag{24a}$$

$$\frac{\partial P}{\partial z_1}-\frac{\partial R}{\partial x_1}=-\frac{z_2-z_1}{s^2} \tag{24b}$$

$$\frac{\partial Q}{\partial x_1}-\frac{\partial P}{\partial y_1}=\frac{y_2-y_1}{s^2} \tag{24c}$$

容易验证

$$P=\ln s \tag{25a}$$

$$Q = 0 \tag{25b}$$

$$R = 0 \tag{25c}$$

满足这个偏微分方程组。因此，面积分式（23）可以转化为环路积分，即

$$\iint_{A_1} \frac{n_1(y_2 - y_1) - m_1(z_2 - z_1)}{s^2} \mathrm{d}A_1 = \oint_{c_1} \ln s \mathrm{d}x_1 \tag{26a}$$

式中，c_1 是有向闭曲线，是有限表面 A_1 的边界，c_1 的正向与 A_1 的侧向符合右手规则。

同理可得

$$\iint_{A_1} \frac{l_1(z_2 - z_1) - n_1(x_2 - x_1)}{s^2} \mathrm{d}A_1 = \oint_{c_1} \ln s \mathrm{d}y_1 \tag{26b}$$

$$\iint_{A_1} \frac{m_1(x_2 - x_1) - l_1(y_2 - y_1)}{s^2} \mathrm{d}A_1 = \oint_{c_1} \ln s \mathrm{d}z_1 \tag{26c}$$

利用式（26）可以替换式（22）中的面积分，从而得到

$$2\pi A_1 F_{A_1 \to A_2} = \oint_{c_2}\left(\oint_{c_1} \ln s \mathrm{d}x_1\right) \mathrm{d}x_2 + \oint_{c_2}\left(\oint_{c_1} \ln s \mathrm{d}y_1\right) \mathrm{d}y_2 + \oint_{c_2}\left(\oint_{c_1} \ln s \mathrm{d}z_1\right) \mathrm{d}z_2 \tag{27}$$

进而可以获得两个有限表面之间辐射角系数的环路积分表达式

$$F_{A_1 \to A_2} = \frac{1}{2\pi A_1} \oint_{c_2}\oint_{c_1} (\ln s \mathrm{d}x_1 \mathrm{d}x_2 + \ln s \mathrm{d}y_1 \mathrm{d}y_2 + \ln s \mathrm{d}z_1 \mathrm{d}z_2) \tag{28}$$

应用斯托克斯定理将原来的双重面积分（1）转变为双重线积分（28），计算过程可大大简化。特别对于有些难以实现双重面积分的关系式，这一简化的优点就更为突出。此外，这个方法还有另一个优势——便于获得积分的解析解。

如式（28）所示，角系数是通过绕表面 A_1 和 A_2 的周界 c_1 和 c_2 进行积分而求得的，其中 s 是 c_1 和 c_2 上两点之间的距离（见式（7））。如果在 c_1 和 c_2 的某一段上，有任何一个坐标是常数，那么相应的微分就等于0，从而积分可得以简化。下面应用环路积分表达式（28）对图6所示情形的角系数进行求解。

下面求两个相互垂直而有共同边的矩形平面 A_1 和 A_2 之间的辐射角系数表达式。

令表面 A_1 的周线 c_1 用 $ABDE$ 标志，表面 A_2 的周线 c_2 用 $A'B'D'E'$ 标志。

在表面 A_1 的整个周界 c_1 上，$z_1 = 0$，$\mathrm{d}z_1 = 0$，则式（28）右端括号中第三项为零；在表面 A_2 的整个周界 c_2 上，$y_2 = 0$，$\mathrm{d}y_2 = 0$，则式（28）右端括号中第二项为零，故式（28）简化为

$$F_{A_1 \to A_2} = \frac{1}{2\pi A_1} \oint_{c_2}\oint_{c_1} \ln s \mathrm{d}x_1 \mathrm{d}x_2 \tag{29}$$

式中，

$$s = \sqrt{(x_1 - x_2)^2 + y_1^2 + z_2^2} \tag{30}$$

计算沿 c_1 的线积分，周线 c_1 分为四段，式（29）改写成分段积分的形式

$$F_{A_1 \to A_2} = \frac{1}{2\pi A_1} \oint_{c_2}\left[\int_{A \to B} \ln s \mathrm{d}x_1 + \int_{B \to D} \ln s \mathrm{d}x_1 + \int_{D \to E} \ln s \mathrm{d}x_1 + \int_{E \to A} \ln s \mathrm{d}x_1\right] \mathrm{d}x_2 \tag{31}$$

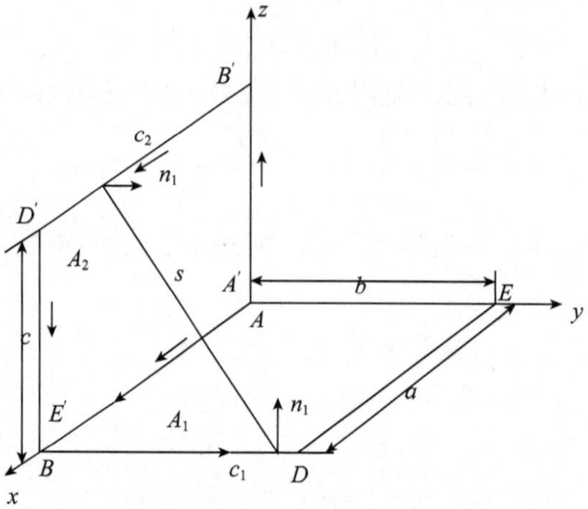

图 10　两个相互垂直矩形平面之间的辐射角系数

其中，沿着周线 c_1 积分，各段上各变量的变化规律为

沿 $A \to B$：$y_1 = 0,\ x_1 = 0 \to a$；

沿 $B \to D$：$\mathrm{d}x_1 = 0$；

沿 $D \to E$：$y_1 = b,\ x_1 = a \to 0$；

沿 $E \to A$：$\mathrm{d}x_1 = 0$。

因此，式（31）中，

$$\int_{A \to B} \ln s \mathrm{d}x_1 = \int_0^a \ln \sqrt{(x_1 - x_2)^2 + z_2^2}\,\mathrm{d}x_1 \tag{32a}$$

$$\int_{B \to D} \ln s \mathrm{d}x_1 = 0 \tag{32b}$$

$$\int_{D \to E} \ln s \mathrm{d}x_1 = \int_a^0 \ln \sqrt{(x_1 - x_2)^2 + b^2 + z_2^2}\,\mathrm{d}x_1 \tag{32c}$$

$$\int_{E \to A} \ln s \mathrm{d}x_1 = 0 \tag{32d}$$

从而，式（31）变换为

$$F_{A_1 \to A_2} = \frac{1}{2\pi ab} \oint_{c_2} \left[\int_0^a \ln \sqrt{(x_1 - x_2)^2 + z_2^2}\,\mathrm{d}x_1 + \int_a^0 \ln \sqrt{(x_1 - x_2)^2 + b^2 + z_2^2}\,\mathrm{d}x_1 \right] \mathrm{d}x_2 \tag{33}$$

为了书写简便，令

$$\Phi = \int_0^a \ln \sqrt{(x_1 - x_2)^2 + z_2^2}\,\mathrm{d}x_1 + \int_a^0 \ln \sqrt{(x_1 - x_2)^2 + b^2 + z_2^2}\,\mathrm{d}x_1 \tag{34}$$

式（33）记为

$$F_{A_1 \to A_2} = \frac{1}{2\pi ab_1} \oint_{c_2} \Phi \mathrm{d}x_2 \tag{35}$$

计算沿 c_2 的线积分，周线 c_2 分为 4 段，式（35）改写成分段积分的形式

$$F_{A_1 \to A_2} = \frac{1}{2\pi ab} \left[\int_{A' \to B'} \Phi \mathrm{d}x_2 + \int_{B' \to D'} \Phi \mathrm{d}x_2 + \int_{D' \to E'} \Phi \mathrm{d}x_2 + \int_{E' \to A'} \Phi \mathrm{d}x_2 \right] \tag{36}$$

其中，沿着周线 c_2 积分，各段上各变量的变化规律为

沿 $A'\to B'$：$\mathrm{d}x_2=0$；

沿 $B'\to D'$：$z_2=c$，$x_2=0\to a$；

沿 $D'\to E'$：$\mathrm{d}x_2=0$；

沿 $E'\to A'$：$z_2=0$，$x_2=a\to 0$

因此，式（36）中

$$\int_{A'\to B'}\Phi\mathrm{d}x_2=0 \tag{37a}$$

$$\int_{B'\to D'}\Phi\mathrm{d}x_2=\int_0^a\left[\int_0^a\ln\sqrt{(x_1-x_2)^2+c^2}\,\mathrm{d}x_1+\int_a^0\ln\sqrt{(x_1-x_2)^2+b^2+c^2}\,\mathrm{d}x_1\right]\mathrm{d}x_2 \tag{37b}$$

$$\int_{D'\to E'}\Phi\mathrm{d}x_2=0 \tag{37c}$$

$$\int_{E'\to A'}\Phi\mathrm{d}x_2=\int_a^0\left[\int_0^a\ln\sqrt{(x_1-x_2)^2}\,\mathrm{d}x_1+\int_a^0\ln\sqrt{(x_1-x_2)^2+b^2}\,\mathrm{d}x_1\right]\mathrm{d}x_2 \tag{37d}$$

从而，式（36）变换为

$$\begin{aligned}F_{A_1\to A_2}=\frac{1}{2\pi ab}\Big\{&\int_0^a\left[\int_0^a\ln\sqrt{(x_1-x_2)^2+c^2}\,\mathrm{d}x_1+\int_a^0\ln\sqrt{(x_1-x_2)^2+b^2+c^2}\,\mathrm{d}x_1\right]\mathrm{d}x_2\\&+\int_a^0\left[\int_0^a\ln\sqrt{(x_1-x_2)^2}\,\mathrm{d}x_1+\int_a^0\ln\sqrt{(x_1-x_2)^2+b^2}\,\mathrm{d}x_1\right]\mathrm{d}x_2\Big\}\end{aligned} \tag{38}$$

进而，将积分限统一为 $0\to a$，则

$$\begin{aligned}F_{A_1\to A_2}=\frac{1}{2\pi ab}\Big\{&\int_0^a\int_0^a\ln\sqrt{(x_1-x_2)^2+c^2}\,\mathrm{d}x_1\mathrm{d}x_2-\int_0^a\int_0^a\ln\sqrt{(x_1-x_2)^2+b^2+c^2}\,\mathrm{d}x_1\mathrm{d}x_2\\&-\int_0^a\int_0^a\ln\sqrt{(x_1-x_2)^2}\,\mathrm{d}x_1\mathrm{d}x_2+\int_0^a\int_0^a\ln\sqrt{(x_1-x_2)^2+b^2}\,\mathrm{d}x_1\mathrm{d}x_2\Big\}\end{aligned} \tag{39}$$

上式右端四项二重积分中，第一、第二、第四项的被积函数仅常数项不同，可以用式（40）统一表示

$$\int_0^a\int_0^a\ln\sqrt{(x-y)^2+q}\,\mathrm{d}x\mathrm{d}y\qquad(q>0,\ a>0) \tag{40}$$

下面对式（40）进行求解，首先讨论对 $\mathrm{d}x$ 的积分。

$$\begin{aligned}\int_0^a\ln\sqrt{(x-y)^2+q}\,\mathrm{d}x&=\int_0^a\ln\sqrt{(x-y)^2+q}\,\mathrm{d}(x-y)=\frac{1}{2}\int_0^a\ln[(x-y)^2+q]\,\mathrm{d}(x-y)\\&=\frac{1}{2}\left(\{(x-y)\ln[(x-y)^2+q]\}_0^a-\int_0^a(x-y)\mathrm{d}\{\ln[(x-y)^2+q]\}\right)\end{aligned} \tag{41}$$

式中，

$$\begin{aligned}\{(x-y)\ln[(x-y)^2+q]\}_0^a&=\{(a-y)\ln[(a-y)^2+q]\}-\{(0-y)\ln[(0-y)^2+q]\}\\&=a\ln[(a-y)^2+q]-y\ln[(a-y)^2+q]+y\ln[y^2+q]\end{aligned} \tag{42}$$

$$\int_0^a (x-y)\,\mathrm{d}\{\ln[(x-y)^2+q]\} = \int_0^a (x-y)\frac{2(x-y)}{(x-y)^2+q}\mathrm{d}(x-y) = \int_0^a \frac{2(x-y)^2}{(x-y)^2+q}\mathrm{d}(x-y)$$

$$= \int_0^a \frac{(x-y)^2}{\frac{1}{2}(x-y)^2+\frac{q}{2}}\mathrm{d}(x-y)$$

$$= \left[\frac{x-y}{\frac{1}{2}} - \sqrt{\frac{\frac{q}{2}}{\left(\frac{1}{2}\right)^3}}\arctan\sqrt{\frac{\frac{1}{2}}{\frac{q}{2}}}(x-y)\right]_0^a = \left[2(x-y) - 2\sqrt{q}\arctan\frac{x-y}{\sqrt{q}}\right]_0^a$$

$$= \left[2(a-y) - 2\sqrt{q}\arctan\frac{a-y}{\sqrt{q}}\right] - \left[2(0-y) - 2\sqrt{q}\arctan\frac{0-y}{\sqrt{q}}\right]$$

$$= 2a - 2\sqrt{q}\arctan\frac{a-y}{\sqrt{q}} - 2\sqrt{q}\arctan\frac{y}{\sqrt{q}} \tag{43}$$

因此，

$$\int_0^a \ln\sqrt{(x-y)^2+q}\,\mathrm{d}x = \frac{1}{2}\left(\{a\ln[(a-y)^2+q] - y\ln[(a-y)^2+q] + y\ln[y^2+q]\} - \left\{2a - 2\sqrt{q}\arctan\frac{a-y}{\sqrt{q}} - 2\sqrt{q}\arctan\frac{y}{\sqrt{q}}\right\}\right)$$

$$= \frac{a}{2}\ln[(a-y)^2+q] - \frac{y}{2}\ln[(a-y)^2+q] + \frac{y}{2}\ln[y^2+q] + \sqrt{q}\arctan\frac{a-y}{\sqrt{q}} + \sqrt{q}\arctan\frac{y}{\sqrt{q}} - a \tag{44}$$

将对 dx 积分的结果式（44）代回到式（40）中，并分解为 6 个积分项之和的形式

$$\int_0^a\int_0^a \ln\sqrt{(x-y)^2+q}\,\mathrm{d}x\mathrm{d}y = \int_0^a \left\{\frac{a}{2}\ln[(a-y)^2+q] - \frac{y}{2}\ln[(a-y)^2+q] + \frac{y}{2}\ln[y^2+q] + \sqrt{q}\arctan\frac{a-y}{\sqrt{q}} + \sqrt{q}\arctan\frac{y}{\sqrt{q}} - a\right\}\mathrm{d}y$$

$$= \int_0^a \frac{a}{2}\ln[(a-y)^2+q]\,\mathrm{d}y - \int_0^a \frac{y}{2}\ln[(a-y)^2+q]\,\mathrm{d}y + \int_0^a \frac{y}{2}\ln[y^2+q]\,\mathrm{d}y + \int_0^a \sqrt{q}\arctan\frac{a-y}{\sqrt{q}}\mathrm{d}y + \int_0^a \sqrt{q}\arctan\frac{y}{\sqrt{q}}\mathrm{d}y - \int_0^a a\,\mathrm{d}y$$

$$= \frac{a}{2}\int_0^a \ln[(a-y)^2+q]\,\mathrm{d}y - \frac{1}{2}\int_0^a y\ln[(a-y)^2+q]\,\mathrm{d}y + \frac{1}{2}\int_0^a y\ln(y^2+q)\,\mathrm{d}y + \sqrt{q}\int_0^a \arctan\frac{a-y}{\sqrt{q}}\mathrm{d}y + \sqrt{q}\int_0^a \arctan\frac{y}{\sqrt{q}}\mathrm{d}y - a\int_0^a \mathrm{d}y \tag{45}$$

对式（45）中的各项积分，逐一求解，其中第一项为

$$\int_0^a \ln[(a-y)^2+q]\,dy = \{y\ln[(a-y)^2+q]\}_0^a - \int_0^a y\,d\{\ln[(a-y)^2+q]\}$$

$$= (\{a\ln[(a-a)^2+q]\} - \{0\cdot\ln[(a-0)^2+q]\}) - \int_0^a y\frac{2(a-y)}{(a-y)^2+q}d(a-y)$$

$$= a\ln q - \left\{\int_0^a a\frac{2(a-y)}{(a-y)^2+q}d(a-y) - \int_0^a (a-y)\frac{2(a-y)}{(a-y)^2+q}d(a-y)\right\} \tag{46}$$

式（46）中

$$\int_0^a a\frac{2(a-y)}{(a-y)^2+q}d(a-y) = \int_0^a \frac{(a-y)}{\frac{1}{2a}(a-y)^2+\frac{q}{2a}}d(a-y) = \left[\frac{1}{2\left(\frac{1}{2a}\right)}\ln\left|\frac{1}{2a}(a-y)^2+\frac{q}{2a}\right|\right]_0^a$$

$$= \left[a\ln\left(\frac{1}{2a}(a-y)^2+\frac{q}{2a}\right)\right]_0^a$$

$$= \left[a\ln\left(\frac{1}{2a}(a-a)^2+\frac{q}{2a}\right)\right] - \left[a\ln\left(\frac{1}{2a}(a-0)^2+\frac{q}{2a}\right)\right]$$

$$= \left[a\ln\left(\frac{q}{2a}\right)\right] - \left[a\ln\left(\frac{a}{2}+\frac{q}{2a}\right)\right] = a\ln\frac{\frac{q}{2a}}{\frac{a}{2}+\frac{q}{2a}} = a\ln\frac{q}{a^2+q} \tag{47}$$

其中，$a>0$，$q>0$，故 $\frac{1}{2a}(a-y)^2+\frac{q}{2a}>0$。

$$\int_0^a (a-y)\frac{2(a-y)}{(a-y)^2+q}d(a-y) = \int_0^a \frac{(a-y)^2}{\frac{1}{2}(a-y)^2+\frac{q}{2}}d(a-y)$$

$$= \left[\frac{a-y}{\left(\frac{1}{2}\right)} - \sqrt{\frac{\frac{q}{2}}{\left(\frac{1}{2}\right)^3}}\arctan\sqrt{\frac{\frac{1}{2}}{\frac{q}{2}}}(a-y)\right]_0^a \tag{48}$$

$$= \left[2(a-y) - 2\sqrt{q}\arctan\frac{a-y}{\sqrt{q}}\right]_0^a$$

$$= \left[2(a-a) - 2\sqrt{q}\arctan\frac{a-a}{\sqrt{q}}\right] - \left[2(a-0) - 2\sqrt{q}\arctan\frac{a-0}{\sqrt{q}}\right]$$

$$= 2\sqrt{q}\arctan\frac{a}{\sqrt{q}} - 2a$$

将式（47）和式（48）代入式（46），得

$$\int_0^a \ln[(a-y)^2+q]\,dy = a\ln q - \left[a\ln\frac{q}{a^2+q} - \left(2\sqrt{q}\arctan\frac{a}{\sqrt{q}} - 2a\right)\right]$$

$$= a\ln\frac{q}{\frac{q}{a^2+q}} + \left(2\sqrt{q}\arctan\frac{a}{\sqrt{q}} - 2a\right) \tag{49}$$

$$= a\ln(a^2+q) + 2\sqrt{q}\arctan\frac{a}{\sqrt{q}} - 2a$$

式（45）中第三项为

$$\int_0^a y\ln(y^2+q)\,dy = \frac{1}{2}\int_0^a \ln(y^2+q)\,d(y^2) = \frac{1}{2}\int_0^a \ln(y^2+q)\,d(y^2+q)$$

$$= \frac{1}{2}[(y^2+q)\ln(y^2+q) - (y^2+q)]_0^a$$

$$= \frac{1}{2}[(a^2+q)\ln(a^2+q) - (a^2+q)] - \frac{1}{2}[(0^2+q)\ln(0^2+q) - (0^2+q)] \tag{50}$$

$$= \frac{1}{2}[(a^2+q)\ln(a^2+q) - q\ln q - a^2]$$

式（45）中第二项为

$$\int_0^a y\ln[(a-y)^2+q]\,dy = \int_0^a a\ln[(a-y)^2+q]\,dy - \int_0^a (a-y)\ln[(a-y)^2+q]\,dy$$

$$= a\int_0^a \ln[(a-y)^2+q]\,dy + \int_0^a (a-y)\ln[(a-y)^2+q]\,d(a-y) \tag{51}$$

其中，前一个积分可直接用式（49）的结果，后一个积分为

$$\int_0^a (a-y)\ln[(a-y)^2+q]\,d(a-y) = \frac{1}{2}\int_0^a \ln[(a-y)^2+q]\,d[(a-y)^2] =$$

$$\frac{1}{2}\int_0^a \ln[(a-y)^2+q]\,d[(a-y)^2+q]$$

$$= \frac{1}{2}\{[(a-y)^2+q]\ln[(a-y)^2+q] - [(a-y)^2+q]\}_0^a$$

$$= \frac{1}{2}\{[(a-a)^2+q]\ln[(a-a)^2+q] - [(a-a)^2+q]\} \tag{52}$$

$$- \frac{1}{2}\{[(a-0)^2+q]\ln[(a-0)^2+q] - [(a-0)^2+q]\}$$

$$= \frac{1}{2}(\{q\ln q - q\} - \{[a^2+q]\ln[a^2+q] - [a^2+q]\})$$

$$= \frac{1}{2}[-(a^2+q)\ln(a^2+q) + q\ln q + a^2]$$

因此

$$\int_0^a y\ln[(a-y)^2+q]\,\mathrm{d}y = a\left[a\ln(a^2+q)+2\sqrt{q}\arctan\frac{a}{\sqrt{q}}-2a\right]+$$

$$\frac{1}{2}[-(a^2+q)\ln(a^2+q)+q\ln q+a^2]$$

$$=a^2\ln(a^2+q)+2\sqrt{q}a\arctan\frac{a}{\sqrt{q}}-2a^2-\frac{a^2}{2}\ln(a^2+q)-\frac{q}{2}\ln(a^2+q)+\frac{q}{2}\ln q+\frac{a^2}{2}$$

$$=\frac{a^2-q}{2}\ln(a^2+q)+\frac{q}{2}\ln q+2\sqrt{q}a\arctan\frac{a}{\sqrt{q}}-\frac{3a^2}{2} \tag{53}$$

式（45）中第五项为

$$\int_0^a \arctan\frac{y}{\sqrt{q}}\mathrm{d}y=\left[y\arctan\frac{y}{\sqrt{q}}-\frac{\sqrt{q}}{2}\ln\left((\sqrt{q})^2+y^2\right)\right]_0^a$$

$$=\left[a\arctan\frac{a}{\sqrt{q}}-\frac{\sqrt{q}}{2}\ln\left((\sqrt{q})^2+a^2\right)\right]-\left[0\arctan\frac{0}{\sqrt{q}}-\frac{\sqrt{q}}{2}\ln\left((\sqrt{q})^2+0^2\right)\right] \tag{54}$$

$$=a\arctan\frac{a}{\sqrt{q}}-\frac{\sqrt{q}}{2}\ln\frac{a^2+q}{q}$$

式（45）中第四项为

$$\int_0^a \arctan\frac{a-y}{\sqrt{q}}\mathrm{d}y=-\int_0^a \arctan\frac{a-y}{\sqrt{q}}\mathrm{d}(a-y)$$

$$=-\left[(a-y)\arctan\frac{a-y}{\sqrt{q}}-\frac{\sqrt{q}}{2}\ln\left((\sqrt{q})^2+(a-y)^2\right)\right]_0^a$$

$$=-\left[(a-a)\arctan\frac{a-a}{\sqrt{q}}-\frac{\sqrt{q}}{2}\ln\left((\sqrt{q})^2+(a-a)^2\right)\right] \tag{55}$$

$$+\left[(a-0)\arctan\frac{a-0}{\sqrt{q}}-\frac{\sqrt{q}}{2}\ln\left((\sqrt{q})^2+(a-0)^2\right)\right]$$

$$=a\arctan\frac{a}{\sqrt{q}}-\frac{\sqrt{q}}{2}\ln\frac{a^2+q}{q}$$

将式（49）、式（50）、式（53）、式（54）、式（55）代入式（45），得

$$\int_0^a\int_0^a \ln\sqrt{(x-y)^2+q}\,\mathrm{d}x\mathrm{d}y$$

$$=\frac{a}{2}\left[a\ln(a^2+q)+2\sqrt{q}\arctan\frac{a}{\sqrt{q}}-2a\right]-$$

$$\frac{1}{2}\left[\frac{a^2-q}{2}\ln(a^2+q)+\frac{q}{2}\ln q+2\sqrt{q}a\arctan\frac{a}{\sqrt{q}}-\frac{3a^2}{2}\right]$$

$$+\frac{1}{2}\cdot\frac{1}{2}[(a^2+q)\ln(a^2+q)-q\ln q-a^2]+\sqrt{q}\left[a\arctan\frac{a}{\sqrt{q}}-\frac{\sqrt{q}}{2}\ln\frac{a^2+q}{q}\right]$$

$$+\sqrt{q}\left[a\arctan\frac{a}{\sqrt{q}}-\frac{\sqrt{q}}{2}\ln\frac{a^2+q}{q}\right]-a\cdot a$$

$$=\frac{a^2}{2}\ln(a^2+q)+\sqrt{q}\,a\arctan\frac{a}{\sqrt{q}}-a^2-\frac{a^2}{4}\ln(a^2+q)+$$

$$\frac{q}{4}\ln(a^2+q)-\frac{q}{4}\ln q-\sqrt{q}\,a\arctan\frac{a}{\sqrt{q}}+\frac{3a^2}{4}$$

$$+\frac{a^2}{4}\ln(a^2+q)+\frac{q}{4}\ln(a^2+q)-\frac{q}{4}\ln q-\frac{a^2}{4}+\sqrt{q}\,a\arctan\frac{a}{\sqrt{q}}-\frac{q}{2}\ln\frac{a^2+q}{q}$$

$$+\sqrt{q}\,a\arctan\frac{a}{\sqrt{q}}-\frac{q}{2}\ln\frac{a^2+q}{q}-a^2$$

$$=\frac{a^2}{2}\ln(a^2+q)+\sqrt{q}\,a\arctan\frac{a}{\sqrt{q}}-a^2-\frac{a^2}{4}\ln(a^2+q)+$$

$$\frac{q}{4}\ln(a^2+q)-\frac{q}{4}\ln q-\sqrt{q}\,a\arctan\frac{a}{\sqrt{q}}+\frac{3a^2}{4}$$

$$+\frac{a^2}{4}\ln(a^2+q)+\frac{q}{4}\ln(a^2+q)-\frac{q}{4}\ln q-\frac{a^2}{4}+$$

$$2\sqrt{q}\,a\arctan\frac{a}{\sqrt{q}}-\frac{q}{2}\ln(a^2+q)+\frac{q}{2}\ln q$$

$$-\frac{q}{2}\ln(a^2+q)+\frac{q}{2}\ln q-a^2$$

$$=\frac{a^2-q}{2}\ln(a^2+q)+\frac{q}{2}\ln q+2\sqrt{q}\,a\arctan\frac{a}{\sqrt{q}}-\frac{3a^2}{2} \tag{56}$$

这就是式（39）中第一、第二、第四项二重积分的统一表达式，其中的 q 被 c^2、b^2+c^2、b^2 取代，即可直接获得积分结果

$$\int_0^a\int_0^a\ln\sqrt{(x_1-x_2)^2+c^2}\,\mathrm{d}x_1\mathrm{d}x_2=\frac{a^2-c^2}{2}\ln(a^2+c^2)+$$

$$\frac{c^2}{2}\ln c^2+2\sqrt{c^2}\,a\arctan\frac{a}{\sqrt{c^2}}-\frac{3a^2}{2} \tag{57}$$

$$=\frac{a^2-c^2}{2}\ln(a^2+c^2)+\frac{c^2}{2}\ln c^2+2ca\arctan\frac{a}{c}-\frac{3a^2}{2}$$

$$\int_0^a\int_0^a\ln\sqrt{(x_1-x_2)^2+b^2+c^2}\,\mathrm{d}x_1\mathrm{d}x_2=\frac{a^2-(b^2+c^2)}{2}\ln(a^2+b^2+c^2)+$$

$$\frac{b^2+c^2}{2}\ln(b^2+c^2)+2\sqrt{b^2+c^2}\,a\arctan\frac{a}{\sqrt{b^2+c^2}}-\frac{3a^2}{2} \tag{58}$$

$$\int_0^a\int_0^a \ln\sqrt{(x_1-x_2)^2+b^2}\,dx_1dx_2=\frac{a^2-b^2}{2}\ln(a^2+b^2)+\frac{b^2}{2}\ln b^2+2\sqrt{b^2}\,a\arctan\frac{a}{\sqrt{b^2}}-\frac{3a^2}{2}$$
$$=\frac{a^2-b^2}{2}\ln(a^2+b^2)+\frac{b^2}{2}\ln b^2+2ba\arctan\frac{a}{b}-\frac{3a^2}{2} \tag{59}$$

式（39）中第三项二重积分为

$$\int_0^a\int_0^a \ln\sqrt{(x_1-x_2)^2}\,dx_1dx_2=\int_0^a\int_0^a \ln|x_1-x_2|\,dx_1dx_2 \tag{60}$$

下面先讨论对 dx_1 的积分，由于被积函数包含绝对值，需采用分段积分

$$\int_0^a \ln|x_1-x_2|\,dx_1=\int_0^{x_2}\ln(x_2-x_1)\,dx_1+\int_{x_2}^a \ln(x_1-x_2)\,dx_1$$
$$=-\int_0^{x_2}\ln(x_2-x_1)\,d(x_2-x_1)+\int_{x_2}^a \ln(x_1-x_2)\,d(x_1-x_2)$$
$$=-[(x_2-x_1)\ln(x_2-x_1)-(x_2-x_1)]_0^{x_2}+[(x_1-x_2)\ln(x_1-x_2)-(x_1-x_2)]_{x_2}^a$$
$$=-[(x_2-x_2)\ln(x_2-x_2)-(x_2-x_2)]+[(x_2-0)\ln(x_2-0)-(x_2-0)]$$
$$+[(a-x_2)\ln(a-x_2)-(a-x_2)]-[(x_2-x_2)\ln(x_2-x_2)-(x_2-x_2)]$$
$$=-[0\ln 0-0]+[x_2\ln x_2-x_2]+(a-x_2)\ln(a-x_2)-(a-x_2)-[0\ln 0-0]$$
$$=(a-x_2)\ln(a-x_2)+x_2\ln x_2-a \tag{61}$$

其中，根据洛必达法则

$$0\ln 0=\lim_{x\to 0}x\ln x=\lim_{x\to 0}\frac{\ln x}{\frac{1}{x}}=\lim_{x\to 0}\frac{(\ln x)'}{\left(\frac{1}{x}\right)'}=\lim_{x\to 0}\frac{\frac{1}{x}}{-\frac{1}{x^2}}=\lim_{x\to 0}(-x)=0 \tag{62}$$

再讨论对 dx_2 的积分

$$\int_0^a\int_0^a \ln\sqrt{(x_1-x_2)^2}\,dx_1dx_2=\int_0^a[(a-x_2)\ln(a-x_2)+x_2\ln x_2-a]\,dx_2$$
$$=\int_0^a(a-x_2)\ln(a-x_2)\,dx_2+\int_0^a x_2\ln x_2dx_2-\int_0^a a\,dx_2$$
$$=-\int_0^a(a-x_2)\ln(a-x_2)\,d(a-x_2)+\int_0^a x_2\ln x_2dx_2-\int_0^a a\,dx_2$$
$$=-\left[\frac{1}{2}(a-x_2)^2\left(\ln(a-x_2)-\frac{1}{2}\right)\right]_0^a+\left[\frac{1}{2}x_2^2\left(\ln x_2-\frac{1}{2}\right)\right]_0^a-ax_2\Big|_0^a$$
$$=-\left\{\left[\frac{1}{2}(a-a)^2\left(\ln(a-a)-\frac{1}{2}\right)\right]-\left[\frac{1}{2}(a-0)^2\left(\ln(a-0)-\frac{1}{2}\right)\right]\right\}$$
$$+\left\{\left[\frac{1}{2}a^2\left(\ln a-\frac{1}{2}\right)\right]-\left[\frac{1}{2}\cdot 0^2\left(\ln 0-\frac{1}{2}\right)\right]\right\}-a(a-0)$$
$$=-\left[\frac{1}{2}0^2\left(\ln 0-\frac{1}{2}\right)\right]+\left[\frac{1}{2}a^2\left(\ln a-\frac{1}{2}\right)\right]+\left[\frac{1}{2}a^2\left(\ln a-\frac{1}{2}\right)\right]-\left[\frac{1}{2}\cdot 0^2\left(\ln 0-\frac{1}{2}\right)\right]-a^2$$

$$= a^2\left(\ln a - \frac{1}{2}\right) - 0^2\left(\ln 0 - \frac{1}{2}\right) - a^2$$

$$= a^2\left(\ln a - \frac{3}{2}\right) \tag{63}$$

其中，根据洛必达法则

$$0^2\ln 0 = \lim_{x\to 0} x^2\ln x = \lim_{x\to 0}\frac{\ln x}{\frac{1}{x^2}} = \lim_{x\to 0}\frac{(\ln x)'}{\left(\frac{1}{x^2}\right)'} = \lim_{x\to 0}\frac{\frac{1}{x}}{-\frac{2}{x^3}} = \lim_{x\to 0}(-2x^2) = 0 \tag{64}$$

将式（57）~式（59）、式（63）代入式（39），得

$$F_{A_1\to A_2} = \frac{1}{2\pi ab}\left\{\left[\frac{a^2-c^2}{2}\ln(a^2+c^2) + \frac{c^2}{2}\ln c^2 + 2ca\arctan\frac{a}{c} - \frac{3a^2}{2}\right]\right.$$

$$-\left[\frac{a^2-(b^2+c^2)}{2}\ln(a^2+b^2+c^2) + \frac{b^2+c^2}{2}\ln(b^2+c^2) + 2\sqrt{b^2+c^2}\,a\arctan\frac{a}{\sqrt{b^2+c^2}} - \frac{3a^2}{2}\right]$$

$$-a^2\left(\ln a - \frac{3}{2}\right)$$

$$\left.+\left[\frac{a^2-b^2}{2}\ln(a^2+b^2) + \frac{b^2}{2}\ln b^2 + 2ba\arctan\frac{a}{b} - \frac{3a^2}{2}\right]\right\}$$

$$= \frac{1}{\pi\frac{b}{a}}\frac{1}{2a^2}\left\{\frac{a^2}{2}\ln(a^2+c^2) - \frac{c^2}{2}\ln(a^2+c^2) + \frac{c^2}{2}\ln c^2 + 2ca\arctan\frac{a}{c}\right.$$

$$-\frac{a^2}{2}\ln(a^2+b^2+c^2) + \frac{b^2}{2}\ln(a^2+b^2+c^2) + \frac{c^2}{2}\ln(a^2+b^2+c^2)$$

$$-\frac{b^2}{2}\ln(b^2+c^2) - \frac{c^2}{2}\ln(b^2+c^2) - 2\sqrt{b^2+c^2}\,a\arctan\frac{a}{\sqrt{b^2+c^2}}$$

$$\left.-a^2\ln a + \frac{a^2}{2}\ln(a^2+b^2) - \frac{b^2}{2}\ln(a^2+b^2) + \frac{b^2}{2}\ln b^2 + 2ba\arctan\frac{a}{b}\right\}$$

$$= \frac{1}{\pi\frac{b}{a}}\frac{1}{2a^2}\left\{2ba\arctan\frac{a}{b} + 2ca\arctan\frac{a}{c} - 2\sqrt{b^2+c^2}\,a\arctan\frac{a}{\sqrt{b^2+c^2}}\right.$$

$$+\frac{a^2}{2}\ln(a^2+b^2) + \frac{a^2}{2}\ln(a^2+c^2) - a^2\ln a - \frac{a^2}{2}\ln(a^2+b^2+c^2)$$

$$+\frac{b^2}{2}\ln b^2 + \frac{b^2}{2}\ln(a^2+b^2+c^2) - \frac{b^2}{2}\ln(a^2+b^2) - \frac{b^2}{2}\ln(b^2+c^2)$$

$$\left.+\frac{c^2}{2}\ln c^2 + \frac{c^2}{2}\ln(a^2+b^2+c^2) - \frac{c^2}{2}\ln(a^2+c^2) - \frac{c^2}{2}\ln(b^2+c^2)\right\}$$

$$= \frac{1}{\pi\frac{b}{a}}\left\{\frac{b}{a}\arctan\frac{a}{b} + \frac{c}{a}\arctan\frac{a}{c} - \frac{\sqrt{b^2+c^2}}{a}\arctan\frac{a}{\sqrt{b^2+c^2}}\right.$$

$$+\frac{1}{4}\ln(a^2+b^2)+\frac{1}{4}\ln(a^2+c^2)-\frac{1}{2}\ln a-\frac{1}{4}\ln(a^2+b^2+c^2)$$

$$+\frac{b^2}{4a^2}\ln b^2+\frac{b^2}{4a^2}\ln(a^2+b^2+c^2)-\frac{b^2}{4a^2}\ln(a^2+b^2)-\frac{b^2}{4a^2}\ln(b^2+c^2)$$

$$+\frac{c^2}{4a^2}\ln c^2+\frac{c^2}{4a^2}\ln(a^2+b^2+c^2)-\frac{c^2}{4a^2}\ln(a^2+c^2)-\frac{c^2}{4a^2}\ln(b^2+c^2)\Bigg\}$$

$$=\frac{1}{\pi\frac{b}{a}}\Bigg\{\frac{b}{a}\arctan\frac{a}{b}+\frac{c}{a}\arctan\frac{a}{c}-\sqrt{\frac{b^2+c^2}{a^2}}\arctan\sqrt{\frac{a^2}{b^2+c^2}}$$

$$+\frac{1}{4}\Big[\ln(a^2+b^2)+\ln(a^2+c^2)-\ln a^2-\ln(a^2+b^2+c^2)$$

$$+\frac{b^2}{a^2}\ln b^2+\frac{b^2}{a^2}\ln(a^2+b^2+c^2)-\frac{b^2}{a^2}\ln(a^2+b^2)-\frac{b^2}{a^2}\ln(b^2+c^2)$$

$$+\frac{c^2}{a^2}\ln c^2+\frac{c^2}{a^2}\ln(a^2+b^2+c^2)-\frac{c^2}{a^2}\ln(a^2+c^2)-\frac{c^2}{a^2}\ln(b^2+c^2)\Big]\Bigg\}$$

$$=\frac{1}{\pi\frac{b}{a}}\Bigg\{\frac{b}{a}\arctan\frac{a}{b}+\frac{c}{a}\arctan\frac{a}{c}-\sqrt{\frac{b^2}{a^2}+\frac{c^2}{a^2}}\arctan\frac{1}{\sqrt{\frac{b^2}{a^2}+\frac{c^2}{a^2}}}$$

$$+\frac{1}{4}\left[\ln\frac{(a^2+b^2)(a^2+c^2)}{a^2(a^2+b^2+c^2)}+\frac{b^2}{a^2}\ln\frac{b^2(a^2+b^2+c^2)}{(a^2+b^2)(b^2+c^2)}+\frac{c^2}{a^2}\ln\frac{c^2(a^2+b^2+c^2)}{(a^2+c^2)(b^2+c^2)}\right]\Bigg\}$$

$$=\frac{1}{\pi\frac{b}{a}}\Bigg\{\frac{b}{a}\arctan\frac{a}{b}+\frac{c}{a}\arctan\frac{a}{c}-\sqrt{\frac{b^2}{a^2}+\frac{c^2}{a^2}}\arctan\frac{1}{\sqrt{\frac{b^2}{a^2}+\frac{c^2}{a^2}}}$$

$$+\frac{1}{4}\left[\ln\frac{\left(\frac{a^2}{a^2}+\frac{b^2}{a^2}\right)\left(\frac{a^2}{a^2}+\frac{c^2}{a^2}\right)}{\frac{a^2}{a^2}\left(\frac{a^2}{a^2}+\frac{b^2}{a^2}+\frac{c^2}{a^2}\right)}+\frac{b^2}{a^2}\ln\frac{\frac{b^2}{a^2}\left(\frac{a^2}{a^2}+\frac{b^2}{a^2}+\frac{c^2}{a^2}\right)}{\left(\frac{a^2}{a^2}+\frac{b^2}{a^2}\right)\left(\frac{b^2}{a^2}+\frac{c^2}{a^2}\right)}+\frac{c^2}{a^2}\ln\frac{\frac{c^2}{a^2}\left(\frac{a^2}{a^2}+\frac{b^2}{a^2}+\frac{c^2}{a^2}\right)}{\left(\frac{a^2}{a^2}+\frac{c^2}{a^2}\right)\left(\frac{b^2}{a^2}+\frac{c^2}{a^2}\right)}\right]\Bigg\} \tag{65}$$

令 $H=\frac{c}{a}$，$W=\frac{b}{a}$，得

$$F_{A_1\to A_2}=\frac{1}{\pi W}\Bigg\{W\arctan\frac{1}{W}+H\arctan\frac{1}{H}-\sqrt{W^2+H^2}\arctan\frac{1}{\sqrt{W^2+H^2}}$$

$$+\frac{1}{4}\left[\ln\frac{(1+W^2)(1+H^2)}{(1+W^2+H^2)}+W^2\ln\frac{W^2(1+W^2+H^2)}{(1+W^2)(W^2+H^2)}+H^2\ln\frac{H^2(1+W^2+H^2)}{(1+H^2)(W^2+H^2)}\right]\Bigg\}$$

$$=\frac{1}{\pi W}\Bigg(W\arctan\frac{1}{W}+H\arctan\frac{1}{H}-\sqrt{W^2+H^2}\arctan\frac{1}{\sqrt{W^2+H^2}}$$

$$+\frac{1}{4}\ln\left\{\frac{(1+W^2)(1+H^2)}{(1+W^2+H^2)}\left[\frac{W^2(1+W^2+H^2)}{(1+W^2)(W^2+H^2)}\right]^{W^2}\left[\frac{H^2(1+W^2+H^2)}{(1+H^2)(W^2+H^2)}\right]^{H^2}\right\}\Bigg)$$

三、案例思政元素分析

对于目前我国的工程教育，数学教学中存在如下几个问题。

1. 学生职业发展与当前学习心理状态的脱节

国际数学教育委员会前主席——数学家汉斯·弗赖登塔尔有一句名言：“没有一种数学思想，以它被发现时的那个样子发表出来。一个问题被解决以后，相应地发展成一种形式化的技巧，结果使得火热的思考变成了冰冷的美丽。”事实上，教科书里陈述的数学，往往是“冰冷的美丽”。再者，由于培养方案的安排，授课知识点多，而课时有限，数学教师仅能把纯粹的数学知识点讲授完，没有时间介绍隐藏在知识点背后的来龙去脉以及研究者的思想和工作历程。从而，让学生高效率地进行积极的思考，来理解隐藏在“冰冷的美丽”背后的数学本质，这样的一个目的就难以实现。

在学习数学基础课的过程中，如果学生不能够理解此学习内容在未来职业生涯中的作用，势必影响其学习兴趣，甚至学习目的仅是为了应付考试。这如同在黎明前的黑暗中摸索的人，看不到即将到来的曙光。学生缺乏学习兴趣的当前学习心理状态，对学习效果构成巨大的负面影响。

2. 数学教材中理论知识与应用例证之间的脱节

工科专业所用到的数学知识，大都形成于前两次产业革命时期或更早，我国的社会发展和科学研究错过了这一时期，我国基本上没有学者参与这一时期的数学探索。我国现有的数学教科书，基本上是翻译自国外教科书或是以国外教科书为蓝本编写；即使是近年来出版的新书，在内容上也没有太大的变化，仅是编排体例上的变化。国内教材的起点就已经是“冰冷的美丽”，而现代数学的研究成果还未进入工科数学的授课范围，那么体现“火热的思考”的内容就更难以出现在国内教科书中了。长期以来，我国的专业分割严重，学科交融不足，使得例题、习题的选材内容很难广泛、多样、新颖，数学的应用性和趣味性不高，影响了学生的学习积极性。

如何破解上述数学教学中存在的问题？现在先来考察专业课程教学与数学课程教学之间的衔接问题。要将基础数学与专业教学相结合，首先要弄清各个专业课对基础数学课程的需求，而且越具体越好，具体到基本知识点，即数学课中的哪个知识点应用到专业课的哪个方面，如能以实例的形式给出更好。这是诸多教学研究成果的共识。案例教学法就是这一思想的体现，是最直接将数学理论与应用案例相结合的教学方法。

通过案例，学生可以了解到所学内容的由来，认识到这些内容不是数学家凭空臆造的产物，而是为解决现实问题而产生的。综观微积分的产生，主要是为解决以下 4 种类型的问题：第一类求瞬时速度问题；第二类问题是求切线斜率，切线长度，曲线围成图形的面积，曲面围成图形的体积；第三类求函数最大，最小值问题；第四类求物体的重心，一个物体作用于另一物体的引力问题。正是为了解决上述问题，数学家才建立了微积分这一套理论。

然而，推动微积分发展的4类问题，是通用的科学问题，没有明显的专业特色，在现有的数学教科书中已有相关案例；从微积分的发展史来看，这些已有几百年的历史了。现有微积分教科书中的例题，大多集中于此类问题。因此，学生的学习兴趣会有所折扣。如果专业课教师从自己从事的工程实践中总结出工程案例，就是现今时代的东西了，对提升学生的学习兴趣将大有裨益。这样就解决了“学生职业发展与当前学习心理状态的脱节”的问题。

在案例教学过程中，数学问题部分是授课的内容，案例背景部分不做课堂要求，仅作为学生了解知识背景和应用前景的阅读材料。通过数学课中引入工程教学案例，就将“冰冷的美丽”的数学问题与“火热的思考”的案例背景有机地结合在一起。这样一来，未来职业生涯的曙光就会穿过黎明前的黑暗，呈现在学生眼前。这将极大地提高学生对数学基础课的学习兴趣，达到事半功倍的效果。从而，这样就解决了“数学教材中理论知识与应用例证之间的脱节”的问题。

在本案例中，课程思政不是教学内容，而是作为教学手段，通过工程案例的形式将学生未来的职业前景与大学一年级的数学基础课知识点沟通起来，从思想认识的层面解决了学习原动力的问题。在提高了学习热情之后，学习效果自然会提升。一年级数学基础课的学习效果得到提升，待到一、两年后包括“传热学”在内的专业基础课学习时，就不会遇到由于数学知识欠缺所造成的困难，学习效果也会提升。

四、案例教学整体设计

（一）课前预习

“工科数学分析”课教师将案例提供给学生，让学生阅读。“工程背景”部分，让学生们看到当前正在开展的科学研究工作，了解到国家发展战略，认识到当前所学知识在未来职业生涯中的价值，增强学习的原动力。告诉学生，数学推导处理部分之前的物理分析部分内容，由于涉及后续专业课程，不要求掌握。

（二）专业教师介入数学课教学

当数学课教师讲授某一知识点，引用案例之前，邀请撰写案例的专业教师参与课程教学，对案例的工程背景进行简短介绍，来调动学生们积极的思考，从而提高学生的学习热情。

（三）从案例中选取信息作为例题

（1）数学知识点：洛必达法则计算不定式 $0\cdot\infty$

选取案例中式（61）、式（63）作为例题。

（2）数学知识点：积分表选用 $\int \ln x \mathrm{d}x = x\ln x - x + C$

选取案例中式（52）、式（61）作为例题。

（3）数学知识点：积分表选用 $\int x\ln x\mathrm{d}x=\frac{1}{2}x^2\left(\ln x-\frac{1}{2}\right)+C$

选取案例中式（63）作为例题。

（4）数学知识点：积分表选用 $\int\arctan\frac{x}{A}\mathrm{d}x=x\arctan\frac{x}{A}-\frac{A}{2}\ln(A^2+x^2)+C$

选取案例中式（54）作为例题。

（5）数学知识点：积分表选用 $\int\frac{x}{Ax^2+B}\mathrm{d}x=\frac{1}{2A}\ln|Ax^2+B|+C$

选取案例中式（47）作为例题。

（6）数学知识点：积分表选用

$$\int\frac{\mathrm{d}x}{Ax^2+B}=\begin{cases}\dfrac{1}{\sqrt{AB}}\arctan\sqrt{\dfrac{A}{B}}x+C & (B>0)\\ \dfrac{1}{2\sqrt{-AB}}\ln\left|\dfrac{\sqrt{A}x-\sqrt{-B}}{\sqrt{A}x+\sqrt{-B}}\right|+C & (B<0)\end{cases}$$

$$\int\frac{x^2}{Ax^2+B}\mathrm{d}x=\frac{x}{A}-\frac{B}{A}\int\frac{\mathrm{d}x}{Ax^2+B}$$

选取案例中式（48）作为例题。

（7）数学知识点：斯托克斯定理

选取案例中式（2）、式（14）、式（16）以及式（2）、式（23）、式（24）作为例题。

五、教学实践过程回顾

（1）“工科数学分析与专业课程”的交叉融合，激发学生的学习兴趣、拓宽学生视野，提高学生交叉运用知识的能力。

工科数学分析与专业课程的交叉融合有助于数学教师了解学生的专业学习需求，提前渗透给学生工程应用背景，提供给学生更有针对性、相对个性化的教学，激发学生的学习兴趣、拓宽学生视野。通过应用案例分析、项目式训练为学生数学知识学习与专业学习之间搭建桥梁，夯实数理基础的同时，不断提高学生分析解决实际问题的能力、提升学生创新实践能力。

（2）“数学教师与专业教师”的交叉融合，充分发挥了数学教师与专业教师的自身优势，将数学课程与专业知识有机融合。

数学教师具有扎实的数学理论基础和严谨的逻辑思维，但对于数学课程与专业课程知识点的应用和融合方面还是比较薄弱的；而工科专业教师具备强大的科研应用背景，知道数学在工程中怎么用。迫切需要工科专业领域的专家及青年骨干教师能参与到大学数学课程教学与课程建设中，发挥数学教师与专业教师自身优势、将数学课程与专业学习有机融合，为学生搭建数学学习到专业学习的桥梁。

六、创新性与效果总结

（1）本案例由“传热学”和“工科数学分析”的任课教师撰写，方法致力于长距离大反馈循环，工作不局限于某一门课程，而是追求大学期间学生全过程学习效果的提升。

（2）用工程案例将学生的职业前景与当前学习的知识联系起来，从思想认识的层面解决了学习原动力的问题。

（3）将课堂思政作为提高学习效果的手段，潜移默化地运用，在实施中不用明确提及，没有传统思政的外在形式，但却起着强有力的思想推动作用。

（4）本思政案例的思路是黑龙江省高等教育教学改革研究重点委托项目“工程教育认证背景下的核工程专业数学应用能力的提升：现状与对策”的研究成果，发表在北大核心期刊、CSSCI 期刊《高等工程教育研究》上。

（5）本思政案例提及需要用到的数学案例，已经编撰成书，已由科学出版社出版。

（6）“传热学”的授课教师，面向 2021 级、2022 级核科学与技术专业的学生，在一年级给学生做了《数学在专业课中的应用》专题讲座，指出了数学在将来学习和解决核工程专业问题中的作用，以此激发同学们努力学好基础数学课的热情。授课教师还向同学们赠送了一批《核工程专业基础课数学案例》，希望有助于一年级的同学们在理解数学学习重大意义的基础上，充分利用参加高考形成的高昂的学习热情，学好数学基础课，为后续的专业课程学习打下坚实的基础。

（7）《核工程专业基础课数学案例》一书受到同学们的欢迎，本校图书馆此书的借阅率达到 100%。

参考文献

[1] 栾秀春，高璞珍，王晓莺，等．案例教学法在工科专业数学课程教学中的应用［J］．高等工程教育研究，2021（03）：169-172，189.

[2] 栾秀春，谭思超，王俊玲，等．核工程专业基础课数学案例［M］．北京：科学出版社，2021，06.

[3] 张奠宙．微积分教学：从冰冷的美丽到火热的思考［J］．高等数学研究，2006，(2)：2-4.

[4] 张奠宙．微积分教学：从冰冷的美丽到火热的思考（续）［J］．高等数学研究，2006，(3)：2-5，10.

[5] HansFreudenthal. Didactical Phenomenology of Mathematical Structures. Kluwer Academic Publishers, 2002.

[6] 同济大学数学系．高等数学（上册）［M］．北京：高等教育出版社，2007.

[7] 同济大学数学系．高等数学（下册）［M］．北京：高等教育出版社，2007.

[8] 杨世铭，陶文铨．传热学［M］．4 版．北京：高等教育出版社，2006.

[9] 卞伯绘．辐射换热的分析与计算．北京：清华大学出版社，1988.

[10] E. M. 斯帕罗，R. D. 塞斯．辐射传热［M］．顾传保，张学学，译．北京：高等教育出版社，1982.

[11] John R. Howell, Robert Siegel, M. Pinar Mengüc. Thermal Radiation Heat Transfer [M], 5th Edition. CRC Press, 2010.

“核工程虚拟仿真实验”课程思政案例

孙觊琳，薛若军，成守宇，夏庚磊，张博文，朱海山，王　航

（哈尔滨工程大学核科学与技术学院，黑龙江　哈尔滨　150001）

摘　要： 哈尔滨工程大学开设的“核工程虚拟仿真实验”课程是核工程与核技术专业的必修专业实践类课程，课程的开设目的是使学生立体化掌握本科期间所学的各门专业课程知识，培养学生发现问题、解决问题的能力。课程开设后，得到了预期的效果。课题组成员在授课中发现，课程开设的时间节点正是学生就业、考研的人生路口，因此思政教育工作效果显著、作用重大。课题组成员分别以核工程人的初心、责任和使命为主题，在课程中设置了多个思政教学点，本文选取三个典型案例进行分析。通过自然引入、引导共鸣、升华主题的渐进式方式，避免单一说教引起学生的抵触。经过课程实践证明，思政课程引入有效，案例中的思政元素普遍为学生所接受，产生了积极影响。

一、课程基本情况

（一）授课对象情况分析

“核工程虚拟仿真实验”是哈尔滨工程大学在核工程与核技术专业本科四年级上学期开设的专业实践类课程。在本课程进行时，学生已经修完全部专业课程，具有良好的知识基础；但对各专业课的认知较为碎片化，边缘效应强、灵活应用能力弱。课程时间处于学生考研、就业的人生路口，对学生的思想引领与建设影响着未来人生的选择。因此，在“核工程虚拟仿真实验”授课过程中，课题组以核工程人的初心、责任和使命为切入点，激发学生的爱国、负责、献身的斗志，从而影响学生的人生观与择业观，在成长中起到积极影响，为党、为国、为民培育忠诚贤达之才。

（二）课程情况简介

“核工程虚拟仿真实验”是以核动力虚拟仿真模型库为基础，对核电站的设备进行直观认识，将本学科理论知识融会贯通，培养发现并解决问题的能力，是开放性强、发散度深、综合度高的专业实践类课程。课程具有如下的培养目标：

（1）能够运用所学的专业知识，独立发现、研究与解决核工程领域复杂工程问题；

（2）能够基于专业理论知识，对核电站的运行、事故处理与停止过程制定科学的实验方案，并通过实验验证；能够针对实施效果进行总结与优化；

（3）通过课程学习与操作，使自身具有一定专业水准；培养科研诚信和职业道德，在未来的学习工作中具有社会责任心、事业心，发扬核安全文化。

上述目标中，（1）、（2）两项目标能够通过传统的实验课堂实现；目标（3）需要教师对学生进行思想引导与建设，才能让到学生不反感、听得进、有思考、有行动，最终完成目标。

“核工程虚拟仿真实验”能够涉及全部核工程与核技术专业的专业课程和基础课程，针对各门课程的应用和在国防建设中的地位能够进行清晰体现，实验课讲述期间可引用的思政案例较多，因此适合开展课程思政建设。

二、案例基本情况

（一）案例一：核工程人的初心

1. 课堂引用位置

在硼浓度对反应性的影响实验中应用本案例。此时，学生进行到了第三个环节，前两个环节完成较好、思维放松，因此认为实验操作简单，容易产生懈怠心理。

本环节的实验操作简单、观察周期长，存在较多整体化的时间。在引导学生完成实验操作的同时，穿插讲述案例，融入我国核动力的建设发展史，将思政教育与专业知识有机结合，加深学生对各门专业课程的理解，推动了立德与树人，育才与育人的教育目标协同发展。

2. 引入方法与手段

在学生改变上充工质硼浓度后，发现核功率出现了变化时，询问学生为何如此变化。学生依据所学的知识能够予以作答。教师进一步引导学生定量计算，最后展示算盘、计算尺、手摇式计算器等机械计算工具，引入彭士禄、黄旭华等老一代科学家在简陋条件下完成的成果，并介绍中国当年的周边形势，介绍核工程人的初心。

在案例引入过程中，注意实验与案例的引入结合进行，避免说教。通过分析实验现象，自然地引入老一代科学家的研究过程，进而明确核工程人的初心。随着实验的操作，向前推进，逐步过渡到当代核工程人的初心，以实验分析的方式开展思政课程。

3. 引导学生价值观和政治站位

案例不仅使学生体会到老一辈核工程人不怕困难、锐意进取、开拓创新的工匠精神，也深刻认识到作为新时代核工程人要永葆甘于、敢于、善于开拓进取的初心，核工程人应进一步增大国家的综合能力，提升国家的地位与话语权。

核工业是能源的终极方案，且关系国防安危。新时代的核工程人肩负“兴海报国”的历史使命，更有为实现中华民族伟大复兴的中国梦而不懈奋斗的伟大目标。目标催人进，奋斗正当时，通过对此案例的学习，培育青年一代不断去汲取、融合、弘扬与践行各代核工程人的初心，始终牢记使命，锐意进取、刻苦钻研，接力相传、久久为功，助力建成世界前列的核工程大国，为实现中华民族伟大复兴的中国梦当好先行者。

（二）案例二：核工程人的责任

1. 课堂引用位置

在小破口事故与全厂断电事故教学环节引出本案例。此时，实验已进行到事故现象观察与处理阶段，学生普遍对核工程内发生的少为人知的事故感兴趣，此时是消除其对核能的疑虑、培养核工程人责任的最佳时机。

本实验内容均有实际的核工程事故作为背景，能够将思政教育与专业知识有机结合，讲述核工程人所应承担的社会和历史责任；以三哩岛核事故、福岛核事故、切尔诺贝利核事故，以及美、日、苏针对事故的不同处理方法及负责程度，指出我国的负责任的处理措施，激励学生热爱专业、勇于创新、担当社会责任，体现社会主义制度的优越性，建立制度自信。

2. 引入方法与手段

在学生进行相关操作，反应堆停堆时，引导启示学生如果未能自动停堆，或停堆后余热未能自动导出，会有什么后果。当学生给出了堆芯熔毁、发生严重核事故的答案时，引导学生观看三哩岛核事故、福岛核事故的相关内容，并介绍事故发生后美、日两国人员不同的操作手段和态度，以及最终三哩岛核事故未造成放射性物质泄漏、福岛核事故对环境造成不可逆的损伤的结果，最终讲述中国在核工程事故中的责任和使命。

在实验结果已出、实验分析结束后引入案例，否则学生不能深入了解相关操作的意义。结合实验结果讲述日本一系列不负责任的操作与造成的恶果，以及社会主义国家在处理相关问题上坚持的原则，培养新一代核工程人的责任心和制度自信。

3. 引导学生价值观和政治站位

案例要使学生认识到不同的责任心将会导致不同的后果。本着对国家、对人民负责的态度，核工程人应提高自身的责任感，对祖国人民负责，从而提高中国的国际形象、增加公众对核工程的接受力。

通过历史上真实发生的核事故，使学生了解“科学发展史上对相关现象的理解是不断深入的过程”这一认知规律；强化学生对核工程设计、运行与维护的责任心；树立正确的工作态度，在工作过程中切忌过于自负、唯利是图。共产党领导下的国家“集中力量办大事”、党员先锋队具有牺牲精神，是我国社会制度的优越性之一。

（三）案例三：核工程人的使命

1. 课堂引用位置

在主泵断流事故教学环节中应用本案例。本故障是故障分析环节的最后一个实验。思政建设已经完成了核工程人的责任心建设，随着实验的推进，进一步开展核工程人的使命建设，进一步巩固学生的人生观、价值观。

本环节中的实验操作仅有三步，十分简单，大部分时间用于观察现象、分析结果。在分析时，通过引入的专设安全系统，得出压水堆核电站仍存在的部分缺陷；引入四代堆的固有安全性概念，指出当前发展的空白方向，从设计需求、工程实践的角度融入我国核工程人的未来使命，推动学生热爱专业、勇于创新、担当社会使命，并深刻认识到自身的历史责任。

2. 引入方法与手段

在曲线展示完毕时，分析专设安全系统的投入、工作机理、应对失效的办法，进而引出了“固有安全”的概念，引导学生在余热排出中应用自然循环能够有效应对失效等问题；讲述不同年代反应堆的情况，以及位于北京的中国实验快堆、合肥的“中国环流三号”，介绍目前研究的局限性、四代堆及聚变的发展潜力，分析核工程人的使命。

使命与责任是相辅相成、浑然一体的。因此在引入过程中，需结合核工程人的责任与初心，系统地进行使命感的宣教。并通过分析深刻认识我国社会制度能集中力量办大事的优越性，得出国内发展才是实现使命的最佳方式的结论。

3. 引导学生价值观和政治站位

案例要让学生认识到核工程仍存在大量未知、空白的研究领域，亟须开展深入的研究；我国优越的政治制度将使人尽其才、物尽其用，因此，在国内开展相关“卡脖子”问题的研究与攻关，是当代核工程人的历史使命，也是使我国立于不败之地、领先地位的保障，核工程人身上有着国家太多的期待，我们不应使国家和人民失望。

三、案例思政元素分析

本文描述的三个案例中，包含如下几条思政元素。

（一）思想政治教育

（1）案例一通过分析核工程人的初心，指出只有中国特色社会主义道路、中国式制度，才能保证在艰苦条件下开展科学研究并得出充分的成果；

（2）案例二通过分析国外的核事故应对措施，并对比国内的相关措施与制度，得到中国特色社会主义道路自信、理论自信与制度自信；

（3）案例三以核工程人的使命为主题，使学生深刻认识我国社会制度能集中力量办大事，具有制度优越性。

（二）社会主义核心价值观教育

（1）案例一通过分析彭士禄、黄旭华的事迹，对应社会主义核心价值观中个人要求的爱国、敬业精神，并由先辈们积极践行；

（2）案例二通过分析三哩岛核事故与福岛核事故，对比国内的措施，对应社会主义核心价值观国家层面的文明、和谐；

（3）案例三通过分析核工业中的空白领域，对应社会主义核心价值观中个人要求的爱国、敬业、诚信精神，并要求新时代核工程人积极践行。

（三）道德教育

（1）案例一引导学生在任何条件下都要具有正确的道德观念及是非判定标准，随时准备为国奉献、为人民牺牲，党和国家、人民不会忘记任何一位功臣；

（2）案例二引导学生何为善、何为恶，建立明确的是非观，对不负责任的行为就应理直气壮说“不”，有责任、有义务将核工程带到负责人、环境公众友善的轨道；

（3）案例三要求学生担负国家和人民的历史使命，树立正确的道德观念与行为准则，培养良好的品德和行为习惯。

（四）法律教育

上述案例中，案例二涉及环境污染、核能源法律及法规的教育。通过引导学生了解国内对核电站的建设要求、运行要求，并宣贯相关法律法规，使学生了解和遵守法律法规、增强法治意识、提高法律素养，树立正确的法律观念和法治观念。

（五）爱国主义教育

（1）案例一通过讲述老一代科研工作者在艰苦卓绝的环境下仍艰苦奋斗、留在国内，当代核工程人更要以此为初心，在国内为国奉献；

（2）案例二通过讲述我国负责任的法律法规条文，远比只追求经济利益、不顾世界环境的资本主义国家先进和优越，我们更应该热爱我们负责任的国家；

（3）案例三通过讲述只有爱国、只有我国特色的社会制度，才能人尽其才、物尽其用，使“英雄有用武之地”。

（六）革命传统教育

上述案例中，案例一涉及了建国初期、20 世纪 60—80 年代中的艰苦奋斗阶段，对黄旭华、彭士禄等老一代科学家忠党爱国、不计私利、全心奉献的优秀革命传统进行了宣传，并引导学生明白这就是我们的革命传统与工作初心，懂得我党、我国的优良革命传统。

（七）文化教育

案例二涉及了中国的核安全文化。具有中国特色的核安全文化要求保障核动力设备与环境的和谐共生、环境友好，因此在事故案例教学中引出，具有文化教育意义。

（八）创新创业教育

本课程几乎全部实验都涵盖了创新创业教育的主要要素。在本文描述的三个案例中，均可通过不同实验操作的提示，引导学生进行不同寻常、创新性的操作并给出反馈，通过本课程，学生能够培养创新思维、创新意识，具备活学活用能力，能够为核工程事业发展与社会经济发展做出贡献。

（九）心理健康教育

本课程中，关于故障处理的 4 个简单实验，涵盖了心理健康教育的要求。当故障触发不同、应对时机不同、应对方案不同时，部分学生的实验可能存在失败现象。但虚拟仿真实验最突出的优点是可重复的，因此在实验失败时，教师及时引领学生的心理、管理自己的情绪，增强心理抗压能力，提高心理健康水平。本文的案例二、案例三都涉及心理健康教育要素。

四、案例教学整体设计

（一）案例一：硼浓度对反应性的影响

1. 教学目标

掌握硼对反应性的影响规律，明确反应性系数，了解核电站硼化与去硼化的方法。

2. 思政育人

（1）设计思路：以反应性的复杂计算为引入点，介绍彭士禄、黄旭华等老一代科学家在计算反应堆临界过程中应用的计算尺、算盘、手摇式计算器，介绍在“一穷二白”的条件下，老一辈人的爱国主义、革命传统、艰苦奋斗精神，再转向现在优越的科研条件，自然地引导学生刻苦努力、不计私利，达到思政育人效果。

（2）育人目标：激发学生的爱国精神，在学生感叹老一代科学工作者在艰苦的条件下仍能有领先世界的科研产出时，鼓励学生继续奋斗，培养学生的爱国、拼搏意识，在工程应用能力得到提升的同时，提高思想水平。

（3）育人主题：工匠精神，科学精神，价值主题。

3. 实施过程

（1）引出课堂知识——问题分析：向学生提问，反应性受什么因素影响？通过问题的分析引入硼对反应性的影响，引入三维中子动力学的计算公式

$$\frac{\partial N(r,t)}{\partial t}=Dv\nabla^2 N(r,t)=\Sigma_a vN(r,t)+$$

$$(1-\beta)k_\infty\Sigma_a vN(r,t)+\lambda C(r,t)$$

$$\frac{\partial c(r,t)}{\partial t}=\beta k_\infty\Sigma_a vN(r,t)-\lambda C(r,t)$$

（2）在列出一维、点堆公式以后，请学生根据简单公式定性分析。同时向学生提问，三维计算如何求解？回答学生应用计算机进行大规模计算求解，复杂计算仅能推进 0.2 s 的仿真时间后，问学生我国核事业起步的阶段没有条件进行大规模求解，是如何预测长时间行为的？在学生不解的时候，播放计算尺、算盘、机械式计算器等素材（见图 1），引导学生认知老一代科学家集体手工“大规模并行计算”。

（3）请学生尝试使用 Excel 现代工具进行试算。当几乎无人能够定量分析时，指出在 20 世纪 60 年代我国首艘核潜艇的反应堆物理，应用原始机械设备，夜以继日地计算了十几万个数据，保障了设备的研制，这是我们核工程人的初心。

（4）应用仿真模型，定量分析硼浓度对反应性的影响。同时向学生指出，目前大家研制条件优越，但仍要有拼搏精神与爱国主义精神，因为核工程领域尚有大量未知领域，因此大家要永葆初心，牢记使命，按照前辈的步伐，继续努力前进！

图 1　黄旭华、彭士禄等人应用的机械计算设备

（二）案例二：小破口事故与全厂断电事故

1. 教学目标

了解小破口事故、全厂断电事故发生后核动力装置的响应，掌握应对措施，了解放射性物质包容与防扩散的手段。

2. 思政育人

（1）设计思路：以上述事故与实际核事故的对应为引入点，介绍三哩岛核事故、福岛核事故；在对比苏联与日本对核事故的处理对策和不同的处理后果，以及我国的核安全法规，引导学生建立制度自信，相信社会主义的优越性，达到思政育人效果。

（2）育人目标：培养学生对社会主义制度的制度自信，培养学生对中国核能安全的信心与接受程度；培养学生的责任心；培养学生人与自然和谐发展的科学发展观念。

（3）育人主题：科学发展观、制度自信。

3. 实施过程

（1）正常步骤教学，指导学生在保护系统自动的状态下，插入故障，观察现象，确认三道边界的完整性，放射性物质没有扩散。

图 2　切尔诺贝利核事故共产党员拯救了欧洲，充分说明社会主义制度的优越性

（2）引出问题——如果自动保护失效，会有什么后果。引导学生切除响应保护系统，观察反应堆温度，当需要安注、补水等过程时，引导部分学生手动应急处置；部分学生不动作，观察后果。

（3）讲述三哩岛核事故的过程与福岛核事故的过程，分析两个事故与本次实验的相同点，讲述两个事故造成的后果；分析更为严重的切尔诺贝利核事故，讲述社会主义制度的优越性；讲述资本主义唯利是图的东电公司处理福岛核事故的层层失误；树立学生社会制度自信，坚信我国可以更加完美地应对相应情况。

（4）以福岛核电站强排核污染水为切入点，引导学生认识核工程人应具有的责任心，以及不负责任的严重后果，世界上无人能逃，如图 3 所示。向学生传授核工程人的责任感，以及对不负责任行为的唾弃与谴责。

图 3　福岛强排核污染水的污染示意图

（三）案例三：主泵断流事故

1. 教学目标

了解主泵断流事故发生后，专设安全设施的介入情况；了解专设安全设施保障反应堆安全的原理和工作流程。

2. 思政育人

（1）设计思路：以投入的专设安全系统运行原理与流程为切入点，点出现有核动力装置中存在的相关研究空白领域和问题，从而使学生清楚自己身为核工程人的未来使命，并以工程需求为引领，明确自己在我国核工业历史发展中的重要位置，培养爱国、爱岗精神，达到思政育人效果。

（2）育人目标：培养学生对祖国和核工业的热爱；培养学生的责任心与使命感；培养学生的价值观。

（3）育人主题：责任心与使命感、自身承担的历史重任、政治制度的优越性。

3. 实施过程

（1）正常步骤教学，指导学生在保护系统自动的状态下，插入故障，观察现象，确认三道边界的完整性，放射性物质没有扩散。

（2）引出问题——如果余热排出系统不能启用，如何排出堆芯余热？从而引出自然循环与非能动余热排出等先进的设计理念；再通过类比，得到目前反应堆工艺系统、专设安全系统中的部分缺陷。

（3）引导学生认识到我国集中力量办大事的政治制度优越性，在我国能够实现人尽其才、物尽其用，因此，在国内开展相关“卡脖子”问题的研究与攻关，是当代核工程人的历史使命，也是使我国立于不败之地、领先地位的保障，核工程人身上有着国家太多的期待，我们不应使国家和人民失望。

五、教学实践过程回顾

在“核工程虚拟仿真实验”课程教学过程中，上述三个案例得到了成功的引入。相较于传统的说教式，本次案例引入思政，学生得到了共鸣，对思政元素的吸收效果和认同效果较好。在课程实际应用过程中，案例的回顾如下。

（1）案例一中，当教师由三维中子动力学方程的计算开始叙述时，学生感到好奇、不解，认为该方程不可能手工计算完成；教师进一步通过更加简单的一维点堆方程，让学生应用 Excel 定量分析，30 名学生得出了 20 余个结果；此时大家普遍觉得这是不可能胜任的任务；当教师展示当年先进的手摇式计算器计算乘除法时，学生普遍感觉机械设计很优秀，但是计算效率实在太低；进而引出彭士禄、黄旭华等人当年依靠机械计算设备完成了中子动力学方程的计算时，学生的敬佩、景仰和惊叹溢于言表；此时趁热打铁，讲述核工程人的初心、爱国主义的驱策，学生接受度较高，纷纷点头赞同。

（2）案例二中，当相关事故的处理对比形成截然不同的后果时，教师指出东京电力公司为了追求利益、减少损失，不肯承担责任、一拖再拖，生生把可控事故拖延成严重事故，极其不负责任；学生对此表示极其愤慨；在播放切尔诺贝利事故中，共产党员先锋队不惧牺牲、奋力救灾的场景，使学生认识信仰和责任的力量，认识社会主义制度的优越性；进而对福岛强排核污水进行描述，讲述海洋、海产品承受的污染影响全世界的人类；通过讲述责任心的实际案例和应用，引起学生共鸣和思考。教学过程中教师特别注意引导倾向，避免将责任心教育转化为仇恨教育；在苏军切尔诺贝利救灾中引述相关事例，建立学生的制度自信。通过观看材料、进行对比，学生普遍认同核工程人的责任心，在教师的引导下建立我国的政治制度自信。

（3）案例三中，教师介绍实验结果的同时，以发现的口吻讲述目前系统设计尚存的缺陷。学生难以接受枯燥的平铺直叙，因此教师采用了启发式的教学模式，由学生自己提出相关问题，进而指出这是个未解之题，以玩笑的口吻指出学生解决了相关问题，那就是可以上教科书的成果；进而通过讲述“固有安全”的概念，指出现在核工程的发展趋势，指出学生作为新时代核工程人的使命感。由于整体交互过程都是以学生发现、学生提出为主，教师在旁进行引导，因此学生对于相关领域的空白，了解得较为透彻，对自身承担的历史使命也比较认同，效果好于传统班会、思政课堂的宣贯式教学。

六、创新性与效果总结

“核工程虚拟仿真实验”中的思政案例，其创新性体现于思政内容与实验过程、实验结果分析进行了良好的有机耦合，思政素材的引入平滑、不突兀，在分析实验结果的同时加入思政元素，学生的接受性优于直接开展的宣教工作。

课程应用上述思政案例，一定程度上影响了学生的人生观、价值观与择业观，本实验的后续完成度相对较好，学生发现问题、解决问题、归纳分析的能力提升与思政元素的融合有着直接的关系，思政元素激发了学生学习的斗志和自主性，让学生认识到自己在共和国历史、民族发展史上的地位，能够充分调动其学习的积极性，效果良好。

参考文献

[1] 孙觊琳，成守宇，薛若军，等．开放式实验在"核工程虚拟仿真实验"课程教学中的应用初探［J］．现代信息科技，2022（018）：006.

[2] 郝琛，刘光皓，崔媛．新工科背景下留学生专业课程改革——以“高等反应堆物理”课程为例［J］．黑龙江教育：高教研究与评估，2022（12）：27-29.

[3] 崔媛，武艳君，孙萌萌，等．依托虚拟仿真实验教学中心，培养工程实践能力［J］．实验科学与技术，2015，13（2）：3. 142-144.

[4] 中国核动力研究设计院．彭士禄：中国核动力事业的"垦荒牛"［J］．军工文化，2021，007：78-79.

[5] 汪胜国．日本对福岛核电站事故的反思——写在切尔诺贝利事故 25 周年之际［J］．国外核动力，2011（2）：2.

[6] 房川琳，熊庆，苏燕．融合思政元素的无机化学实验课程建设［J］．实验技术与管理，2021，38（1）：28-32

[7] 李孟奇，陈新军，刘必林，等．福岛核泄漏对北太平洋海洋生物的影响研究进展［J］．生态毒理学报，2023，18（3）：1-10.

[8] 黄元丰．认识中国共产党人初心和使命的五个维度［J］．中共南昌市委党校学报，2020，18（1）：5.

“核动力装置与设备”课程思政案例

王　航，夏庚磊，陈广亮，孙觊琳，薛若军，成守宇，彭敏俊

（哈尔滨工程大学核科学与技术学院，黑龙江　哈尔滨　15001）

摘　要：课程思政是融合立德树人、专业课教学、思想政治的重要抓手，而目前高校核工程类专业课教学中存在思政内容深度不够、思政教学模式单一、思政教学资源单调等痛点问题。基于此，本文以“核动力装置与设备”专业核心课为例提出融入新工科理念的核工程类课程思政教学模式探索，结合新工科理念融入了课堂讲授、互动研讨和项目式大作业等思政教学模式，形成了文本资料、视频音频、动画漫画等形式多元的思政案例库。在此基础上，以第一章绪论中“核动力装置的组成与特点”这一知识点为例引入彭士禄总师艰苦奋斗、三次典型核事故的进程及原因、“华龙一号”的创新设计及总师邢继等思政案例，分别从个人素养、行业发展历程及国家科技自立自强三个层面，纵贯核能和平利用初期、核事故及其影响的发展阵痛期以及新时代我国核工业创新发展的机遇期，让学生们感悟到我国核工业从跟跑、并跑到领跑的发展历程，潜移默化地让学生们感受到家国情怀、民族精神和科技文化自信，激励学生向榜样学习，为我国的核工业创新发展作出新的贡献。

一、课程基本情况

（一）授课对象情况分析

课程是面向核工程与核技术专业本科生三年级的专业必修核心课程，约 240 人 · 年。核工程与核技术专业大学三年级学生的学情特点如下：

（1）知识基础：掌握核工程专业基础理论，但是学生知识水平参差不齐；

（2）学习态度：重考试重成绩，轻能力轻实践；

（3）学习方式：善于记忆并习惯被动接受，但缺乏创新和批判思维；

（4）认知特点：思想活跃且认知多元，但易受不良价值影响且思想不成熟。

（二）课程情况简介

核工程与核技术是一门“高、精、尖”、多学科交叉融合的工学科目，核能本身具有放射性释放风险和潜在大规模杀伤性特征。核工程与核技术专业毕业生主要服务于核行业，核电站、船用核动力都是国之重器，这对核工程与核技术专业人才培养提出了很高要求，不仅要有扎实的基础知识和系统的专门知识，还需要有“服务行业、强核报国”的理想信念。因此，核工程与核技术专业更应格外注重将课程思政与专业知识有机融合，实现同向同行，在培养学生超强专业素养的同时，提高学生对社会主义核心价值观的高度认同

和文化自信。

“核动力装置与设备”是面向核工程与核技术专业本科生开设的一门专业核心课程，课程教学内容包括船用压水堆核动力装置一、二回路主要系统与主要设备（蒸汽发生器、稳压器、核汽轮机、冷凝器）的组成形式、运行原理、设计要求，是国内唯一融入“船海”特色的核工程专业课程，注重培养学生的系统思维能力。涉及核、热、机、电等多个学科，可将核反应堆物理、工程热力学、工程流体力学、传热学、反应堆热工水力学及反应堆结构与材料等在内的多门专业基础课程融会贯通，是一门理论性和实践性都很强的专业核心课程。

经过60余年的建设，课程形成了一支高素质的教学团队，编写出版了普通高等教育国家级规划教材《船舶核动力装置》，入选省级精品在线开放课程，获得国家级教学成果二等奖1项，获得黑龙江省第三批线下一流本科生课程。

结合核动力装置与设备的教学目标和基本任务，我们提出了融入新工科理念、以提升学生综合能力素质为目标的课程思政育人体系，如图1所示。

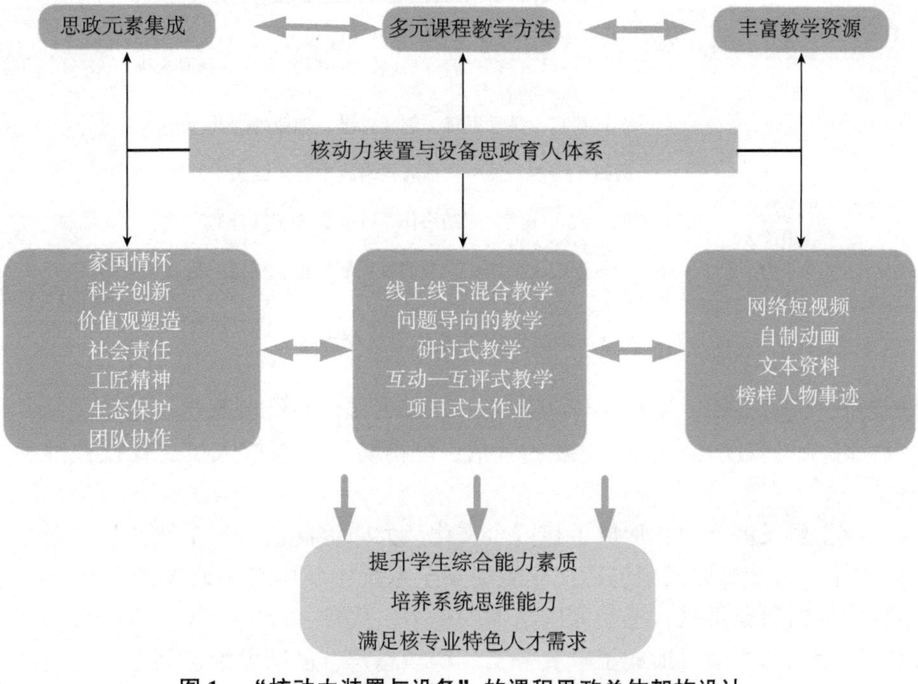

图1　“核动力装置与设备”的课程思政总体架构设计

通过对近3年、总数近500余人的无记名调查问卷结果显示，课程教学中存在思政内容深度不够、思政教学模式单一、思政教学资源单调等问题。在思政内容深度不够方面，主要表现在思政元素多元性不佳、与知识点结合不紧密、“两层皮”现象严重；针对这些痛点，我们的解决方案是将思政元素全方位多角度融入“教与学”，如图1所示。在思政教学模式单一方面，主要表现在师生互动形式单一、填鸭式教学；思政教学手段匮乏，教学深度广度不足；理论实践结合不紧密，学生无法学以致用；针对这些痛点的解决方案是围绕“新工科”理念重构思政教学模式。在思政教学资源单调方面，主要表现在思政教学资源枯燥，趣味性不强，没有吸引力；思政资源有限，多以静态图片和文字为主。而本课程结合数字化和信息化技术丰富思政教学资源。最终提升学生的综合能力素质，满足核专业特色育人需求。

在思政教学中突出理论和实际相结合，形成丰富完善的思政素材库，如图 2 所示。首先，在国家科技文化方面，形成了民族精神、家国情怀、理论自信、文化自信共计 4 条主线，合计 18 个思政注入点，典型案例包括：课程绪论部分中我国“核潜艇之父”彭士禄先生的刻苦钻研经历，体现大师的家国情怀。

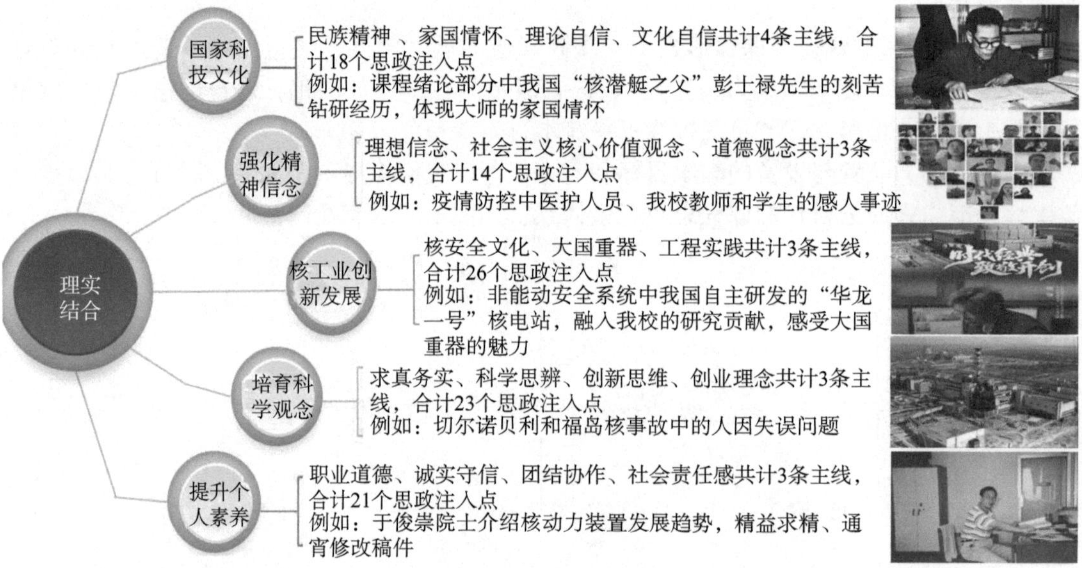

图 2　思政案例体系化设计示意图

在强化精神信念方面，形成了理想信念、社会主义核心价值观念、道德观念共计 3 条主线，合计 14 个思政注入点，典型案例包括：疫情防控中医护人员、我校教师和学生的感人事迹。

在核工业创新发展方面，形成了核安全文化、大国重器、工程实践共计 3 条主线，合计 26 个思政注入点，典型案例包括：非能动安全系统中我国自主研发的“华龙一号”核电站，融入我校的研究贡献，感受大国重器的魅力。

在培育科学观念方面，形成了求真务实、科学思辨、创新思维、创业理念共计 4 条主线，合计 23 个思政注入点，典型案例包括：切尔诺贝利和福岛核事故中的人因失误问题等。

在提升个人素养方面，形成了职业道德、诚实守信、团结协作、社会责任感共计 4 条主线，合计 21 个思政注入点，典型案例包括：于俊崇院士介绍核动力装置发展趋势，精益求精、通宵修改稿件。

二、案例基本情况

结合“核动力装置与设备”总体课程思政育人体系设计以及思政案例素材库，选择具有代表性的第一章绪论中“核动力装置的组成与特点”这一知识点为例，介绍课程教学过程中涉及的3个典型案例，通过思政案例辅助学生更好地掌握课程知识点，达到理论与实践、知识点与思政点有机融合、相互促进的效果。

（一）彭士禄总师的艰苦奋斗事迹

彭士禄总师是中国核动力事业的奠基人之一，他为中国的核动力发展作出了重要贡献。1925年11月，彭士禄出生在广东省汕尾市海丰县。他的父亲是老一辈无产阶级革命家彭湃。

20世纪50年代，彭士禄赴苏联留学。1955年，因国家建设的需要，中国把原子能工业建设提上议事日程。1956年，彭士禄即将毕业之际，被正在苏联访问的国防部副部长陈赓召到中国驻苏大使馆。陈赓告诉他：“中央已决定，选一批留学生改行学原子能核动力专业，你愿意改行吗？”“只要祖国需要，我当然愿意。”彭士禄坚定地回答！自此，他的人生与核动力结缘。20世纪50年代末，学成回国的他被安排在原子能所工作，主攻核动力。

1958年，我国启动核动力潜艇工程项目。1959年，苏联以技术复杂、中国不具备条件为由，拒绝为研制核潜艇提供援助。对此，毛泽东同志掷地有声：“核潜艇，一万年也要搞出来！”没有图纸资料，没有权威专家指导，大多数人也不懂核，搞核潜艇全靠“自教自学”，这是彭士禄和同事们必须面对的现实。

为了大量获取前沿知识，他带领团队恶补英语，用两年时间攻克了英语阅读关，摸清了国外核电站、核动力装置的基本情况。“每天晚上，彭士禄办公室的灯总是最后一个熄灭。”一位同事回忆说。

20世纪60年代，彭士禄主持了潜艇核动力装置的论证和主要设备的前期开发。1965年，核潜艇项目正式启动。彭士禄告别妻子儿女，走进条件艰苦的四川深山，参与筹建中国第一座潜艇核动力装置陆上模式堆试验基地。在粮食不够、靠野菜充饥的年代里，没有电脑，仅有一台手摇计算器，靠拉计算尺、打算盘计算。但仅用6年，1970年8月30日，中国建造的1∶1核潜艇陆上模式堆启动试验，实现了满功率运行。仅约4个月后，1970年12月26日，中国自主研制的第一艘核潜艇成功下水。艇上零部件4.6万个，需要的材料1 300多种，但没有用一颗外国螺丝钉。中国由此成为全球第五个拥有核潜艇的国家。

彭士禄生前回忆：“在国外资料被严密封锁的情况下，在乱哄哄中，我们这一群人硬着头皮，用一股犟劲，只用6年时间硬是把它搞了出来，真是奇迹！靠的是什么？除了中央的决心和领导的支持外，靠的是爱国之心、群体智慧和一股犟劲。在这一宏伟工程中，我和他们一样，努力尽职尽责，做了铺砖添瓦的工作。”

1979年，彭士禄被国防科委和国防工办联合任命为中国核潜艇第一任总设计师。1983年，他又被任命为中国首座大型商业核电站建设总指挥。从军工领域转到民用领域，彭士禄为我国核电走“以压水堆为主的技术路线”起到关键作用。他还提出大亚湾核电站的投资、进度、质量三大控制，为大亚湾核电站的上马打下了良好基础。在任秦山二期核电站董事长时，他提出股份制，建立董事会制度，是将招投标制度引入核电工程的第一人。因功勋卓著，他曾先后获得国家科学技术进步奖特等奖、全国科学大会奖、“为国防科技事业做出突出贡献”荣誉状、何梁何利基金科学与技术进步奖等。

工作中的彭士禄，获得了“彭大胆”“彭拍板”的外号。他常对科研人员说：“做实验，用数据说话，最后，我来签字。对了，成就归大家；错了，我来负责。”有人回忆：“彭士禄只要有七成把握就敢拍板，另外三分风险再想办法避免。敢担风险是他性格中的一个突出特征。”

“我这一辈子只做了两件事：一是造核潜艇，二是建核电站。因此获得了一些奖项，这些成绩与荣誉不仅属于我个人，它更属于核潜艇人，属于核电人，属于核事业人。”这是《彭士禄传》中的话。当一些人把彭士禄称为“中国核潜艇之父”“中国核电站创建人”时，彭士禄坚决不同意。他说，“中国核潜艇研制成功绝不是一两个人的作用所能及的，它是集体智慧的结晶”“我充其量就是核潜艇上的一枚螺丝钉……”

彭总师在工作中展现出的勤奋、敬业和勇于创新的精神，可引导学生认识到科学技术的重要性和科学家的艰辛付出，激发学生爱国热情和创新精神，同时也可提高他们的学术素养和创新思维能力。

（二）三次典型核事故的事故原因及进程

从 20 世纪 50 年代到现在，近 70 年核电发展历程中一共出现了三次重大核事故，分别是 1979 年美国的三哩岛核事故、1986 年苏联的切尔诺贝利核事故和 2011 年日本的福岛核事故。

1. 三哩岛核事故

三哩岛核事故是 1979 年 3 月 28 日发生在美国宾夕法尼亚州萨斯奎哈纳河三哩岛核电站的一次部分堆芯熔毁事故。这是美国核电历史上最严重的一次事故，被国际核事件分级表列为五级核事故。事故发生后，全美震惊，核电站附近的居民惊恐不安，约 20 万人撤出这一地区。美国各大城市的群众和核电站周边居民纷纷举行集会示威，要求停建或关闭核电站。

事故原因是由于设备故障、核电站维修人员失误和操作人员判断错误综合造成的。事故最初是由于二回路的给水泵出现故障，备用泵按照预设的程序启动，但事故两天前维修辅助给水系统时忘记打开隔离阀，导致辅助给水系统没有投入运行。随后，二次侧蒸汽发生器水位逐渐干涸，堆芯产生的热量无法及时排出，而在反应堆中心聚集，堆芯压力上升，最终导致稳压器超过设定压力而开启卸压阀，放出堆芯内部分汽水混合物。

但是当反应堆自动停堆后，压力下降至正常值，卸压阀由于故障未能自动回座，使堆芯冷却剂继续外流，压力降至正常值以下，高压安注系统自动启动，向堆芯注入冷却水。但反应堆操作人员未判明卸压阀没有回座，稳压器的虚假满水位使操作人员误以为水位过高，错误地关闭应急堆芯冷却系统，停止向堆芯内注水。一系列失误操作的结果使反应堆堆芯冷却水逐渐丧失，部分燃料棒锆包壳和铀燃料熔化，大量放射性物质，特别是氙、氪之类的气体与碘一起从反应堆释放出来，并有少量放射性物质随部分冷却水的泄漏而释放。

2. 切尔诺贝利核事故

切尔诺贝利核电站事故于1986年4月26日发生在苏联普里皮亚季市，该核电站4号机组及核反应堆全部炸毁，大量放射性物质泄漏，是核电时代以来最大的事故。

1986年4月25日，切尔诺贝利4号反应堆在正常停堆之前，机组人员进行一项测试以确定在主电源断电后，通过汽轮机向主循环泵供电可以持续多长时间。4月26日，在尝试进行试验之前，操作员采取了一系列行动，包括禁用自动停机机制。当操作员采取行动关闭反应堆时，反应堆处于极不稳定的状态。当控制棒插入反应堆时，其设计的一个固有缺陷引起了剧烈的功率波动，高温燃料与冷却水的相互作用导致燃料碎裂，迅速产生了大量蒸汽，反应堆压力增加。

超压导致1 000 t重的反应堆盖板部分脱落，燃料通道破裂，所有控制棒卡住，当时控制棒仅下降了一半。然后，强烈的蒸汽生成并扩散到整个堆芯（由应急冷却回路破裂而倒入堆芯的水供给），最终导致蒸汽爆炸并向大气释放了裂变产物。大约两到三秒钟后，第二次爆炸从燃料通道中抛出大量堆芯碎片和热石墨。

这起事故造成了民用核电有史以来规模最大的非受控放射性物质释放，对周围地区的环境造成了严重污染，导致周边地区的居民被迫疏散，对他们的生活和健康产生了长期影响。同时，对白俄罗斯、俄罗斯和乌克兰的大量地区造成了严重的社会和经济破坏。此外，切尔诺贝利核事故也引发了全球范围内对核能安全的关注，并在一定程度上影响了公众对核能的认知，一度使核能的发展陷入停滞，但同时也促使了核能安全的全球讨论和改进。

3. 福岛核事故

福岛核事故发生于2011年3月11日，由于地震、海啸的同时发生导致日本福岛第一核电站失去供电，继而引发堆芯熔毁、厂房爆炸的严重核事故，对日本及全球的核能行业产生了深远的影响。

地震发生之际，福岛第一核电站共有3座核反应堆在发电运行。地震发生的瞬间，1、2和3号反应堆自动升起控制棒，进入停机程序。但同时，电站外公共电网输电线因地震的摇晃而发生相互接触、引起短路并断线；核电站的变电所及断路器等设备发生故障，使福岛核电站失去了外部电源的支持。

在失去外部供电的情况下，福岛核电站启动了紧急用柴油发电机用来维持冷却用电。可是，在地震发生50分钟以后，福岛核电站受到了高达14~15 m的海啸的袭击。柴油发电机因被海水浸泡而故障停机。由于海啸的袭击，核电站的应急供电设备无法使用，福岛核电站处于“全站断电”状态，循环水泵处于停止状态，无法向反应堆内部和核燃料储存池供水带走热量，核燃料无法冷却，水位不断下降。最后，核燃料露出水面，核燃料产生的高温促使锆合金与水发生反应生成氢气，导致反应堆内压力急剧升高。

最终，1号、3号、2号反应堆泄漏到反应堆外壳之外的氢气陆续发生爆炸，炸毁了反应堆厂房。同时，反应堆内的核燃料发生融毁，大量的放射性物质通过大气和地下水泄漏到自然界中。为阻止事态的进一步恶化，日方被迫采取海水进行堆芯冷却，在事故发生

14 天后，建立了淡水供应渠道，开始向所有反应堆和乏燃料池不断注入淡水。

2021 年 4 月 13 日，日本政府不顾全球民众安全和生态环境影响，制定了核污水排海计划。2023 年 8 月 24 日 13 时，日本福岛第一核电站已正式启动核污染水排海计划。

（三）“华龙一号”的全自主创新设计及其掌舵人邢继

“华龙一号”是我国基于三十余年核电研发、设计、建设和运行经验，自主研发并成功建设的先进三代压水堆核电技术，在设计、设备、燃料、软件、建造、运行维护等领域均具有完整的自主知识产权。“华龙一号”具有四大技术特色。

（1）“华龙一号”的反应堆堆芯采用自主研发的先进燃料组件，基于 RVR 兜底技术使反应堆可加入 177 组燃料，使功率裕度达到 15%，这与其他在用核电站 157 组燃料相比，发电功率提高 5%～10%，在提高经济性的同时降低了堆芯内的功率密度，提高了核电站安全性。

（2）采用单堆布置，优化核岛厂房布置方案，更好地实现实体隔离，有效降低火灾、水淹等灾害带来的安全系统共模失效问题。另外，单堆布置便于核电厂建造、运行和维护，提高了核电厂厂址方案选择的灵活性。

（3）能动与非能动相结合的设计理念。能动技术最突出的特点是在核电站偏离正常时能高效可靠地纠正偏离，非能动系统则是利用自然循环、重力、化学反应、热膨胀、气体膨胀等自然现象，在无须电源支持的情况下保证反应堆的安全，使设计更加简化。能动与非能动相结合的技术用于确保应急堆芯冷却、堆芯余热导出、熔融物堆内滞留和安全壳热量排出等安全功能。

（4）采用双层安全壳设计，安全壳的用料和结构都是现有核电技术里的最高级别，内层厚 1. 3 m，主要应对反应堆内部可能发生的事故，外层厚 1. 8 m，可以抵御大型飞机的撞击、17 级台风和 9 级地震的烈度。

“华龙一号”采用世界最高安全要求和最新技术标准，满足我国对“十三五”及以后新建核电机组“从设计上实际消除大量放射性物质释放的可能性”的安全要求，完全具备应对类似福岛核事故的能力，同时与当前三代主流机型相比具有明显的经济竞争力。“华龙一号”的诞生，标志着我国在三代核电技术领域跻身世界前列，核电技术水平和综合实力已跻身世界第一方阵。

“华龙一号”的诞生离不开千千万万核电人的艰苦奋斗，作为“华龙一号”的总设计师，邢继用他的亲身事迹诠释了什么是“侠之大者，为国为民”，他的个人成长史也是一部中国核电事业的发展史。

1964 年 10 月 16 日第一颗原子弹在新疆罗布泊试爆成功，中国从此跨进有核武器国家行列，邢继就出生在 1964 年，与“核”结缘。14 岁时邢继开始喜欢画画，这个爱好保持至今。没有计算机的年代，邢继趴在设计图板上一笔一笔地画，画完叠一层透明硫酸纸再描一遍，因为描得比专业描图员还要工整，这让他得了一个外号“邢描”。

1987 年从哈尔滨船舶工程学院毕业后，邢继被分配到北京核二院。3 年后，这位跟着师傅们设计过啤酒厂、火电厂的年轻工程师，被选派去大亚湾核电站参加核电设计。这是他第一次见到真正的核电站，然而令他印象最深的，并非核电站的高大上，而是当时核电技术的落后。"大到压力容器，小到一根电缆，一颗螺丝钉都需要进口。"邢继至今无法忘记当时的落后场景，他和同龄人每谈及于此便捶胸顿足：什么时候才能不用依赖别人，建设我国自主设计的核电站？从那时起，邢继就意识到，建立自主核电研发能力对于国家和民族的重要性。

2009年，邢继成为CP1000核电型号的总设计师，提出"能动+非能动"的安全设计理念。这就是"华龙一号"（ACP1000）的雏形。邢继记得，在研发阶段"非能动"系统需要在反应堆厂房里布置将近3 000 m^3 的水，这几乎成了不可能实现的难题。为了尽快解决问题，很长一段时间里团队几乎"连轴转"，无数次的推算试验后，2010年10月中旬终于确定了非能动系统在安全壳内部的布置方案。

"我们的初心和目标一直是做世界最先进的核电技术，通过自身努力实实在在取得核安全上的成功。"中核集团"华龙一号"总设计师邢继说道，"实现百万千瓦级大型先进压水堆自主化一直是我国核工业人追求的目标，'华龙一号'是三代核电人共同的心血，很幸运到我们这一代的时候把它变成了现实。"

刑总师在中国核电自立自强中展现出的为国奋斗、不怕困难、勇于创新、敢于担当的精神，可以使同学们认识到突破关键"卡脖子"技术的重要性，激发同学们为国奉献和爱国情怀，帮助同学们树立勇攀高峰的科研精神、为中华民族伟大复兴的宏伟志愿。

三、案例思政元素分析

本案例选取自"核动力装置与设备"第一章绪论中"核动力装置的组成与特点"这一知识点，结合新工科理念融入了课堂讲授、互动研讨和项目式大作业等思政教学模式，形成了文本资料、视频音频、动画漫画等形式多元的思政案例库，在此基础上结合核工业典型案例设置了以下三个思政教学点。

（1）基于专业知识讲授思政元素

通过对核动力装置发展历程的知识点讲解，自然地引入我国相关领域的进展成就及先进事迹，潜移默化地激发学生的家国情怀和工匠精神。

（2）围绕专业知识互动研讨思政元素

结合核能的特点，让学生分组研讨三次典型核事故的影响及原因，促进学生主动拥抱思政元素，提高学生的严谨求是和团结协作精神。

（3）通过项目式大作业领悟思政元素

结合核能的技术发展趋势这一知识点，引导学生针对国家名片"华龙一号"的全自主创新设计进行深入剖析，并学习邢继总师的先进事迹，培养学生们的科技创新和国家自立自强意识。

通过上述三个思政点的设计，从个人素养、行业发展历程及国家科技自立自强三个层面，纵贯核能和平利用初期、核事故及其影响的发展阵痛期以及新时代我国核工业创新发展的机遇期，让学生们感悟到我国核工业从跟跑、并跑到领跑的发展历程，潜移默化地让学生们感受到家国情怀、民族精神和科技文化自信，激励学生向榜样学习，为我国的核工业创新发展作出新的贡献。

四、案例教学整体设计

（一）结合“船用核动力装置的发展历程”知识点引入“彭士禄总师的艰苦奋斗事迹”

结合教学大纲，在介绍船用核动力装置的定义和基本概念基础上重点讲解船用核动力装置的发展历程。船用核动力装置相较于常规动力，具有能量密度高、续航力高和不需要氧气等优势，尤其在军事和特殊商业用途上具有显著优势。

1954 年，美国海军成功研制了第一艘核动力潜艇“鹦鹉螺号”并完成试验下水，其海军战斗力显著提升，对我国的国土安全造成一定威胁。在这一背景下，我国领导人高瞻远瞩，于 1958 年开始自主研发，经历了从无到有、从小到大的过程，并逐渐形成强大战斗力和威慑力。一开始，我们有苏联的援助，核潜艇的研制、建造和配套相对顺畅；但是随着我们与苏联关系的恶化，苏联开始撤走大批科学家，对我们发展核动力潜艇形成了“卡脖子”之势。我们国家何去何从？我们能否自力更生不辱使命？我们能否制成大国重器，佑我中华？

时势造英雄、英雄成就时势。我国核能领域的著名科学家、共产党员彭士禄总师在这一背景下带领团队主动挑起大梁并攻关这一技术难题，真抓实干地推进首座核潜艇研制任务，实现了从“0→1”的历史性突破，推进了我国核能军事利用的跨越式发展，如图 3 所示。

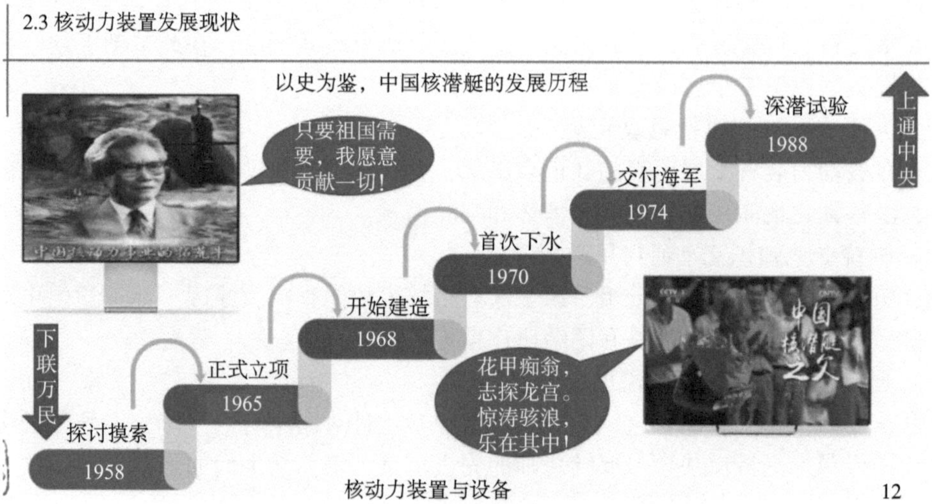

图 3　中国核潜艇发展历程及老一辈核工业专家

思政案例讲授过程中，课程结合多媒体音视频播放彭士禄的访谈记录（见图 4），提高学生的学习兴趣，并确保思政案例的严谨性和准确性。感悟彭士禄总师提到的“只要祖国需要，我愿意贡献一切”，引导学生们学习他们的家国情怀、迎难而上、不畏艰险和刻苦钻研的工匠精神。带领学生体会大先生描绘的艰苦背景、团队团结奉献的精神以及国家鼎力支持的体制机制，让学生们养成团结协作、坚忍不拔、勇于创新的习惯，让学生们坚定道路自信、文化自信、制度自信及科技自信。

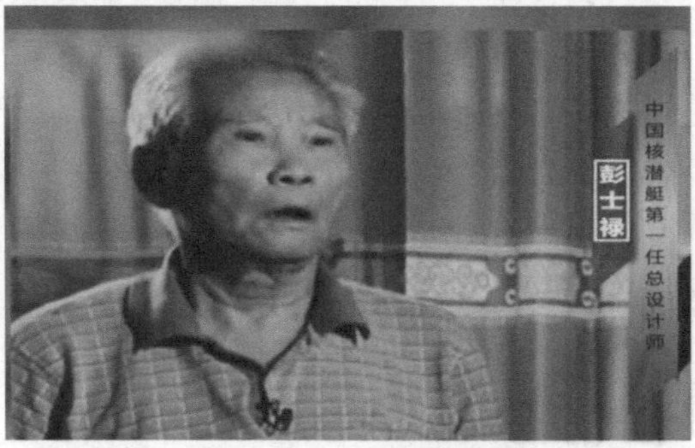

图 4　彭士禄访谈视频

（二）结合“核能的特点”知识点引入“三次典型核事故的深远影响及其原因分析”

在教学过程中，首先结合课程大纲介绍核能的特点，包括：能量密度高、核裂变反应不需要氧气、核裂变过程中伴随着大量放射性物质的产生。围绕上述 3 个特点，引导学生辩证分析核动力装置的优势和弊端，帮助学生养成科学思维意识。

核事故不仅会对某个国家或某些个体造成严重影响，同时也会对世界生态环境造成深远影响，因此一旦出现核事故其损失和影响将不可估量。为了避免历史重演、吸收经验教训，有必要深入分析核事故的事故进程、表象原因及其背后根本原因。

在思政研讨过程中，要求各小组从美国三哩岛、苏联切尔诺贝利和日本福岛发生的三起典型核事故中任选其一详细查阅资料并分析其发展进程和事故影响，让学生们养成“贵精不贵多”的思维习惯。鼓励各小组结合视频、动画和宣传页等多种形式进行讲授，不仅丰富了课程思政教学手段，也可以更直观形象地帮助学生们理解其中蕴含的基础知识，如图 5 所示。

图 5　思政案例研讨效果展示图

引导学生们深入分析三起典型核事故的表象原因及其根本原因。例如，以切尔诺贝利核事故为例，着重引导学生研讨分析该核电厂的设计缺陷和弊端，鼓励学生们运用所学知识解决现实问题。同时，重点引导学生剖析“操纵人员置运行规程于不顾、明知出现操作风险隐患而选择铤而走险进行核试验”等严重问题，让学生们认识到人因失误的危害性以及核安全文化的重要性。

通过上述思政案例的互动研讨，让学生在交流中学习核动力装置相关专业知识，增强学生的文献检索、团结协作、语言表达和总结凝练能力，并进一步培养学生的科学素养、诚实守信、善于质疑和批判的精神品质。

（三）结合“核动力装置技术发展趋势”知识点引入“国家名片‘华龙一号’的全自主创新设计及其掌舵人邢继总师”

结合课程大纲，介绍了核动力装置的定义、发展历程和核能的特点之后重点让同学们关注核动力装置的技术发展趋势。首先讲解核能在商用发电、提供动力和海水淡化等方面具有明显的优势，但是告诉同学们核能仍面临诸多挑战，如安全性问题、废物处理和社会接受度等，而其中最重要的是安全问题。

为了提高核动力装置的安全性，研究热点之一是采用非能动技术提高核电站的固有安全性和可靠性，我国在相关领域潜心研究、扎实推进，在压水堆、沸水堆、高温气冷堆等多种堆型上取得了技术突破，而这其中最具有代表性的是国家名片“华龙一号”。“华龙一号”提出了“能动+非能动”的安全设计理念，开展了大量设备、部件的国产化与自主可控研发，形成了我国全自主知识产权的第三代+核电研发、制造和运维能力，为“中华复兴、巨龙腾飞”打下坚实基础。

大国重器的研发成功背后一定离不开爱国敬业、创新奋进的科研设计人员，而“华龙一号”总工程师、哈尔滨工程大学优秀校友邢继正是我国一大批优秀科研人员中的佼佼者。邢继总师身体力行地开展了自主核电研发，面对国外核电知名企业对关键技术的“卡脖子”情况，邢继总师带领团队历时 2 年攻关解决，随后该国外企业反而上门求合作，通过这一故事让同学们深刻领悟到自立自强、创新攻关的重要性。面对质疑和挑战，邢继总师果断拍板确定“双层安全壳”的技术方案，凸显了其不畏技术难题、敢于突破创新的意志品质，同时也点燃了研发人员的创新激情。

在案例教学实施过程中，设置项目式大作业。将央视“开讲了”栏目等的访谈视频和相关思政元素动画发布给学生们，如图 6 所示。引导学生们在此基础上独立调研、不局限于上述已有案例素材，深入分析“华龙一号”的自主创新设计及总师邢继的先进事迹，一方面可以帮助学生掌握“华龙一号”的先进设计思路，另一方面也让学生在潜移默化中学习他一心报效祖国、勇攀科学高峰的爱国精神和感人事迹。还有，结合邢继总师的求学和工作经历，还可以培养学生对自己母校的自豪感和专业认同感。最终学生形成调研报告，进一步提高学生的归纳总结和写作能力，实现课程思政与知识点的深度融合。

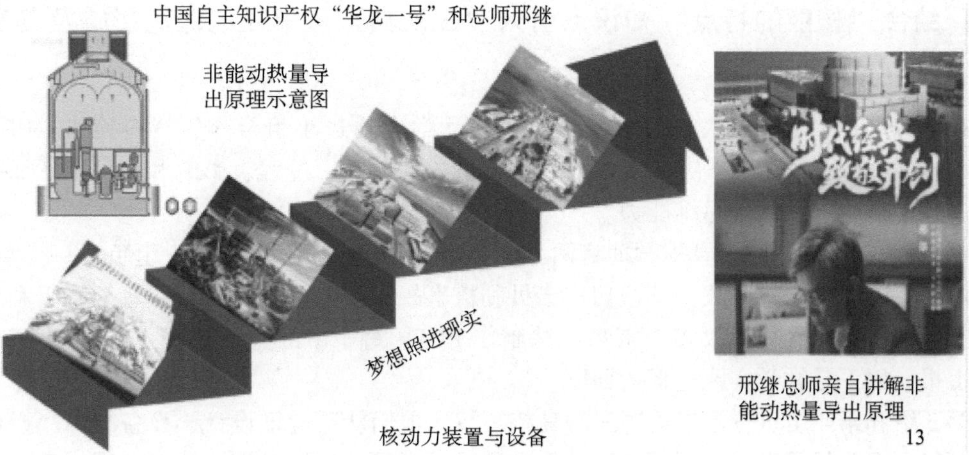

图 6　我国自主知识产权的核电技术和邢继总师

五、教学实践过程回顾

（一）结合"船用核动力装置的发展历程"知识点引入"彭士禄总师的艰苦奋斗事迹"

在教学实践过程中，授课教师首先对船舶核动力装置相较于常规动力装置的优点进行详细讲解，引入世界船用核动力装置的进展历程，其中包括我国核领域的发展历程及先进事迹，并通过授课教师介绍我国第一艘核潜艇研制过程所处历史背景，即美国海军第一艘核动力潜艇下水及中苏关系的恶化，学生身临其境地感受到在这种大环境下祖国船舶核动力装置未来发展的迫切需求与层层阻挠。随后授课教师使用多媒体设备播放彭士禄总师的访谈记录，在播放过程中讲解视频中涉及的部分专业知识并回答学生提出的疑问。视频播放过后，授课教师围绕视频内容开展讨论，加深学生们对"彭士禄精神"的领会，培养学生们的家国情怀、增强学生文化自信、塑造学生坚韧不屈的优秀品格。课后，授课教师在微信群布置蕴含思政的讨论题，引导学生拓展思政素材，谈心得体会。

在课程思政反馈环节中，绝大部分同学认为课程思政元素帮助加深了对船用核动力装置的优点与重要性的认知，也对老一辈核工业人的家国情怀和工匠精神愈发地崇敬，同时也意识到在面对核潜艇此类庞大的工程项目时，团结协作和勇于创新风气的重要性。超半数同学表示在此次课程结束后感到意犹未尽，希望学院以后可以提供更多机会以参与此类模式的思政课程并且提高课程中多媒体资源的丰富性。部分同学表示融入思政元素后，"核动力装置与设备"相关知识更加通俗易懂，学生学习兴趣更加浓厚，课堂气氛更加活跃，学习效果更好。

（二）结合“核能的特点”知识点引入“三次典型核事故的深远影响及其原因分析”

在授课过程中基于三次典型核事故案例，让学生通过小组合作、资料搜集、PPT 制作、汇报展示和互动提问等方式，深入了解核事故的原因、过程、影响和教训，从而提高学生的核能素养和批判性思维能力。

本课程在 2022—2023 春季学期将两个班级共 64 人分为 15 组，每 5 组负责一个事故，分别对应美国三哩岛核事故、苏联切尔诺贝利核事故和日本福岛核事故。每个小组利用课余时间分别搜集三次核事故相关资料，并制作 PPT。每个事故随机选择 1~2 个小组进行 PPT 汇报，以下是教学实践过程的回顾：

第 3 组和第 4 组负责汇报美国三哩岛核事故，他们从反应堆设计、设备故障、操作人员误判等方面分析了事故的原因。第 4 组自制了动画展示事故过程，第 3 组则侧重介绍了美国政府和公众对此事故的反应和评价，以及此事故对美国核能发展的影响，激发同学们的讨论与思考。

第 7 组和第 10 组负责介绍切尔诺贝利核事故，第 7 组从反应堆类型、紧急停机测试、操作人员训练不足等方面分析了事故的原因，并用地图和照片展示了事故的过程和影响。第 10 组则应用了大量的图文视频资料，让人身临其境地感受事件发生的整个经过，并引导同学们思考：此事故是否可以避免？还介绍了苏联政府和国际社会对此事故的应对和评价，以及此事故对苏联和世界核能发展的影响。

第 13 组负责汇报日本福岛核事故，他们从地震和海啸、电源和冷却系统失效、反应堆爆炸和泄漏等方面分析了事故的原因，还简要介绍了日本政府和民众对此事故的应对和评价，以及此事故对日本和亚洲核能发展的影响。

本课程的教学实践过程收到了学生们的高度评价，大多数学生表示通过这种方式，不仅学习到了核能的知识，还提高了核能安全意识和责任感。部分同学还认为这种方式让他们更加主动地参与到课程中，增进了组员之间的交流和合作，提高了他们的表达和沟通能力，也锻炼了团队精神和领导能力。

（三）结合“核动力装置技术发展趋势”知识点引入“国家名片‘华龙一号’的全自主创新设计及其掌舵人邢继总师”

本课程以项目式大作业的方式引导学生深入调研“华龙一号”自主知识产权的关键技术、刑继总师及相关科研人员的先进事迹，挖掘其中蕴含的专业课程知识、创新性设计理念和思政元素，并提出自己的独到见解，最终提交一份完整的调研报告。

项目式大作业相比于传统的课堂讲授式教学，学生的主观能动性有着明显提高，避免了枯燥、被动式知识传授导致的吸引力不足、知识吸收性差、学习效果不佳等问题，每个学生都对“华龙一号”进行了充足的调研，基本掌握了其中的核心关键自主知识产权技术，甚至提出了一些自己独到的设计想法；在对刑继总师的个人事迹调研过程中也对我国核电从无到有、从有到强的发展历程有了整体脉络把握，所有学生都表现出了对邢继总师的敬意和传承“哈军工”精神、不甘落后、愿为解决我国“卡脖子”问题而孜孜奉献的远大志向。

在学生反馈方面，一些具有代表性的反馈有：“项目式作业使我得以在调研过程中加入自己的思考，对专业知识有了更深层次的理解掌握。”“项目式大作业使我会更主动地了解关心我国核能发展情况，在一个个鲜活的事迹中感悟核工业人的大国工匠精神，这不仅仅是一次作业，更在我心里埋下了一颗为核事业献身的种子。”“我认为项目式作业非常有趣，丰富多样的教学形式调动了我的学习积极性，使我更好地融入了“核动力装置与设备”这门课程中来。”也有同学对项目式大作业提出了一些意见和建议，比如希望作业内容可以更加多样化，既要注重作业内容饱满程度，也要鼓励具有个人思考的创新性工作，避免学生形成“以量取胜”的思维等。

六、创新性与效果总结

（一）创新性

本课程结合知识点内涵设计思政元素，不仅不会有突兀和生硬之感，还能帮助学生们更深刻地理解和掌握知识，将知识传授、能力素质和价值塑造融为一体，实现课程思政与专业知识的互相促进、有机融合。围绕“新工科”教学改革理念，深刻认识思政教学痛点并开展持续改进完善；围绕国家可持续发展观、世界观和价值观，强化国家科技和文化自信、强化精神信念与科学观念；围绕核工业创新精神，从我国核工业发展历程中的先进事迹和优秀人才中挖掘案例，形成具有鲜明特色的、“接地气”的思政元素。具体创新性总结如下：

（1）从个人素养、行业发展历程及国家科技自立自强三个层面设计思政案例，全方位多角度激发学生的家国情怀和科学精神；

（2）基于新工科理念，形成“讲授+互动研讨+项目式大作业”多元融合的思政教学模式，引导学生主动思考，使思政元素达到“盐溶于水”的效果；

（3）设计了丰富多元的思政资源库，通过网络短视频、自制动画、文本资料和榜样事迹等提高课程思政的趣味性；

（4）形成课程思政案例库，并将课程思政引入智慧树平台的“核动力装置与设备”慕课中，与清华大学和西安交通大学建立共享互助机制，持续合作改进课程思政教学效果。

（二）效果评价

1. 课程教学督导评价

教师在课程教学过程中深入贯彻党的二十大精神中关于高等教育、人才和科技创新的重要指示，立足于新工科理念、国家发展和核工业创新精神，基于核工业的历史沿革和创新科研成果形成典型案例并有机融入知识点教学中，同时通过讲授、互动研讨和项目式大作业等多种形式有效提高思政教学效果。

教学过程中教师始终以学生为主体，引导学生积极学习，实现知识目标，使学生能力得到培养，并能够充分挖掘课程中蕴含的思政元素，将社会主义核心价值观润物无声地融入了课堂教学，加强了学生的社会责任感。学生出勤率达标，学习主动性强，课前预习和课后研学落实到位；师生互动良好，课堂纪律严肃活泼，学生课堂精神面貌昂扬，提问、回答问题质量高，分析问题、解决问题、动手实践能力提升显著，人才培养的思想政治引领效果卓越。

2. 学生评价

通过对比课程思政教学改革前后的教师评价分数，近三年本门课程的学生评教平均得分为 95.1 分。其中，课程思政教学满意度高达 95%以上。学生们在研讨课后纷纷感慨大国工匠的事迹，养成了良好的科学精神。学生普遍认为任课教师将新工科理念、科学精神及工程伦理教育贯穿于课程教学中，能够做到思政元素和知识点同向同行，不仅没有生搬硬套之感，还帮助深刻理解了知识点内涵，如图 7 所示。

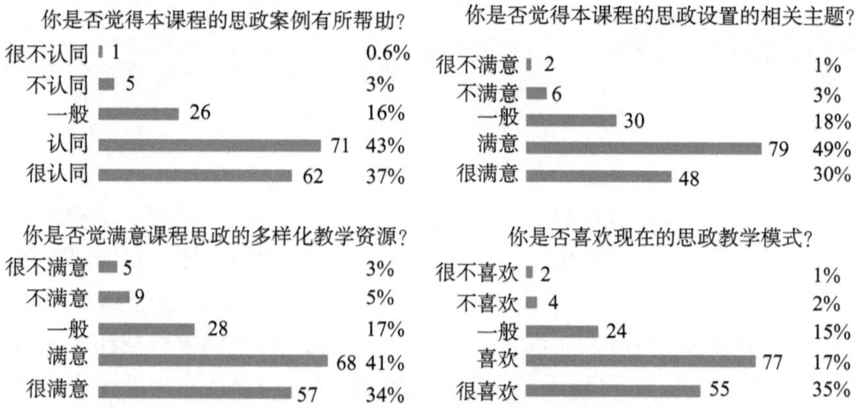

图 7　学生反馈与评价结果截图

近年来，学生在国防领域和核电领域的就业人数呈现逐年增加的态势，也侧面印证了思政教学效果。另外，在学生未来就业意愿词云解析方面，学生们 100%愿意将个人职业目标与国家战略需求紧密结合，志愿为核工业的创新发展贡献力量，如图 8 所示。

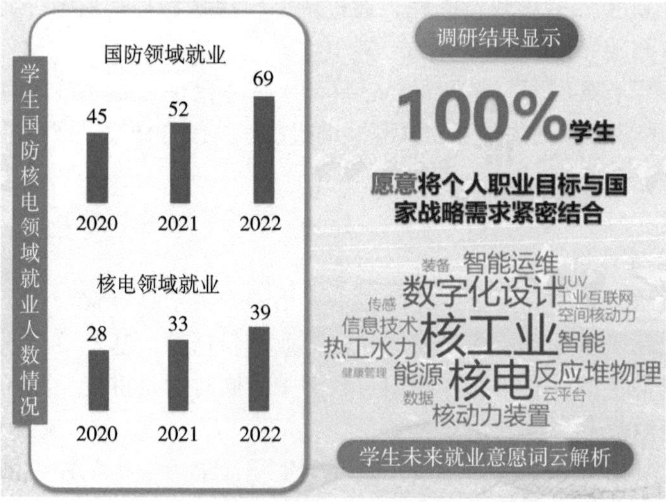

图 8　学生就业人数统计及就业意愿词云解析

3. 教学反思

课程实施了多元案例、多样化教学模式和丰富教学资源融合的思政教学，取得了优良反响。未来本课程将遵循“持续改进、不断优化”的新工科理念进一步挖掘思政元素，形成体系完整、形式多样、覆盖面广泛的课程思政案例库。并进一步强化学生自主学习、主动探索和自由研讨相关课程思政案例，由“教师讲、学生听”转变为“学生讲、共研讨”的模式，突出“兴趣+能力”导向。

（三）教学成果

1. 教师教学成果

在思政教学成果方面，课程组获得了多项教育部、省级、校级教改项目和育人课程，发表国家级、省部级教改论文 11 篇。同时，获得了校级模范教师标兵、省级优秀硕士生指导教师、校级优秀班主任、优秀共产党员等多项荣誉称号，起到了课程思政教学相长的效果。

2023 年“核动力装置与设备”获评第三批黑龙江省一流本科生课程。2023 年，团队教师凭借该课程获得黑龙江省第十届高校多媒体课件大赛一等奖、获得首届哈尔滨工程大学核科学与技术学院教学能力素质竞赛一等奖。

2. 学生取得成绩

学生学习本门课程之后，通过微信群交流互动研讨，纷纷感慨大国工匠的事迹，主动研讨并客观分析典型核事故的原因及其进程。

同时，学生将课程思政案例与知识点深度融合，起到了促进学生知识点掌握和能力素质提升的目标，学生参与创新创业项目的热情显著提高，满足“两性一度”的相关要求。在学生科创成果方面，学生积极参加第九届中国能源装备创新设计大赛（二等奖 1 项）、第八届高校“核+X”创意大赛（国家级二等奖 2 项）、第七届高校“核+X”创意大赛（国家级三等奖 3 项）、第二届核电数字化论坛（优秀论文奖 1 项）、第 28 届国际核工程大会（优秀论文奖 1 项）、第 15 届中国核学会三核论坛（优秀论文奖 1 项）、中国“双碳”创新与创意大赛（三等奖 1 项）、第 8 届“互联网+”大学生创新创业大赛（省银奖 1 项）、五四杯大学生创新创业竞赛（校一等奖 1 项，三等奖 4 项）等一系列的国家级、省部级比赛，取得了丰厚成绩。

参考文献

[1]“拓荒牛”，用一生推动祖国核动力事业澎湃前行——记我国著名核动力专家彭士禄院士［J］. 工会博览，2022，(06)：39-41.

[2] 李杰 . 彭士禄：深潜一生 赤诚报国［J］. 保密工作，2021，(10)：25-27.

[3] 衣纳 . 中国人的故事 | 彭士禄：中国首任核潜艇总设计师的传奇人生［EB］. http：//news. cnr. cn/native/gd/20200830/t20200830_ 525233093. shtml，2020-08-30.

[4] 梅兴无 . 彭士禄：中国核动力事业的“拓荒牛”［J］. 同舟共进，2021，(08)：32-36.

[5] 杨新英 . 彭士禄：激情澎湃的核动力人［J］. 国防科技工业，2021，(06)：62-66.

[6] 陈羽．我国核潜艇首任总设计师彭士禄：一生只做两件事［EB］．http：//cpc. people. com. cn/n1/2021/0521/c437550-32110189. html，2021-05-21.
[7] 许子威．中国核潜艇首任总设计师彭士禄：青春热血献给祖国［N］．中国青年报，2022-06-14（009）．
[8] 吴畏．美国三哩岛核电站事故及其影响［J］．电力技术通讯，1980（01）：66-79.
[9] 美国三哩岛核电站事故经过及评论［J］．黑龙江电力技术，1980（02）：72-79.
[10] 王恒德．切尔诺贝利核事故及其后果［J］．辐射防护通讯，2000，20（4）：38-41.
[11] 胡遵素．切尔诺贝利事故及其影响与教训［J］．辐射防护，1994（5）：321-335.
[12] 朱维和．切尔诺贝利核电站事故及其后果［J］．大自然探索，1988（01）：48.
[13] 任勇，刘胜吾，彭荣秀等．切尔诺贝利核电站事故及其后果［J］．核动力工程，1986（S1）：2-69.
[14] 陈达．核能与核安全：日本福岛核事故分析与思考［J］．南京航空航天大学学报，2012，44（05）：597-602.
[15] 柴之芳．从日本福岛核事故说起［J］．科学文化评论，2011，8（5）：5-16.
[16] 徐东．核污水排海危害海洋运输业［J］．中国石油石化，2023（18）：28.
[17] 周妍，陈晓煊．引领“华龙”腾飞　实现核电走出国门［N］．中国电力报，2014-03-11（001）．
[18] 陈瑜．“华龙一号”：一张中国创造的名片［N］．科技日报，2015-04-13（001）．
[19] 邰江．“华龙一号”安全特性分析［J］．中国核电，2015，8（04）：293-299.
[20] 荆春宁，赵科，张力友等．“华龙一号”的设计理念与总体技术特征［J］．中国核电，2017，10（04）：463-467.
[21] 刑继．如何看待我国自主研发的第三代核电“华龙一号”？科技自主创新对中国有多重要［EB/OL］．https：//www. zhihu. com/question/519851104/answer/2380965255，2022-5-26.
[22] 袁于飞．让“华龙一号”从概念变为现实［N］．光明日报，2021-12-12（003）．

"核燃料循环化学工艺学"课程思政案例

王靖阳，矫彩山，张　萌，高　杨

（哈尔滨工程大学核科学与技术学院，黑龙江　哈尔滨　150001）

摘　要：本课程是核化工与核燃料工程专业的核心课程，主要包含核燃料循环前段、后段及放射性废物处理与处置。在核燃料循环等内容中蕴含很多课程思政元素，为此，课程组与各实践基地企业指导教师共同挖掘思政素材，形成独具特色的课程思政案例库，具有显著的思政教育特质，能够成为立德树人和意识形态工作的重要阵地，尤其是该课程在引导学生坚定"四个自信"的政治认同、体现科学发展观和社会主义核心价值观、感受民族自豪感、弘扬"强核报国、创新奉献"的新时代核工业精神等方面，具有丰富的思政教育嵌入点。在教学过程中，主要从四个自信、科学发展观和社会主义核心价值观、探索精神、求真务实的科学精神、民族自豪感、中国传统文化等角度融入基础知识，引导学生在掌握基础知识的同时，学会分析、设计、解决实际分离问题的能力，形成高度的国家使命感和社会责任感。

一、课程基本情况

（一）授课对象情况分析

本课程授课对象为核化工与核燃料工程专业的本科生以及部分核科学与技术和能源动力专业的研究生和留学生。在学习本课程前，学生已经学习了四大化学、核化学与放射化学、核物理与辐射安全等各专业基础课及核化工原理、核化工机械与材料等专业核心课程内容，专业基础知识方面已经具有一定基础。

（二）课程情况简介

"核燃料循环化学工艺学"是本专业重要的专业核心课程，包括以核反应为界的核燃料循环前段的铀矿冶、铀纯化与转化、铀浓缩、核燃料组件制造，以及核燃料循环后段的乏燃料冷却、运输、贮存与后处理、放射性废物处理与处置等内容，涵盖了核燃料"从生到死"的全部过程。本课程涉及敏感或防止核扩散关键技术的教学，相关技术的发展只有依靠我们自己，在我国核工业及国防科技工业发展的历史中，涌出很多感人的人与事，且目前依然有些关键敏感技术与材料等受到国外技术封锁与保护，也急需突破。所有这些，都是很好的课程思政素材，本课程对学生的爱国热情、历史责任感与国家使命感教育进一步加强。课程组与各实践基地企业指导教师共同挖掘思政素材，形成独具特色的课程思政案例库，被核工程类专业教学指导委员会选为代表性课程的课程思政案例，报送教育部高等教育司列入课程思政教学指南中。2022 年 6 月《核化工与核燃料工程专业本科毕业实习中的思政教育》获中国核工业教育学会首届学术年会三等奖。核化工与核燃料工程专业课程群示意图见图 1。

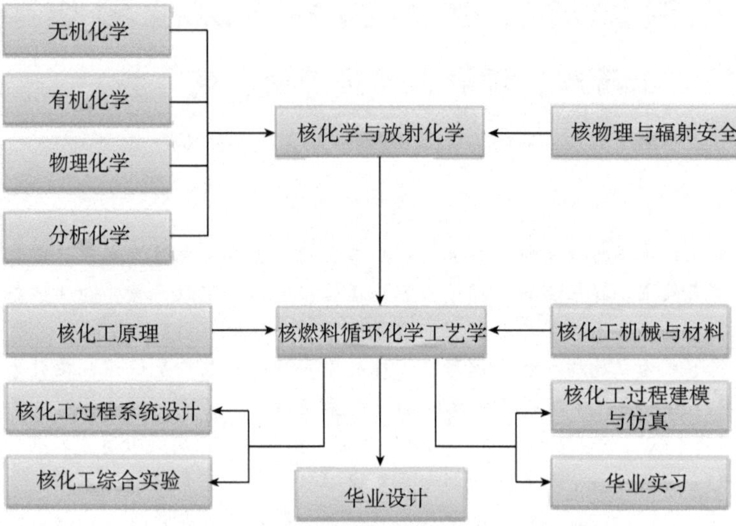

图 1　核化工与核燃料工程专业课程群示意图

二、案例基本情况

案例：

1. 传统文化的融合

中国古老的传统思想冲破历史的束缚继续闪耀光辉，继承和发扬传统文化是年轻一代的责任，更应该是年轻一代的幸运和骄傲。在课程思政实施中融入中国传统文化知识，使大学生在文化传承中形成强烈的民族自豪感，提升学生的传统文化修养，从而增强其文化自信。引入这些古诗词，不仅能提升学生的审美，还能增强文化自信。因此进行中国传统文化教育，是课程思政不可或缺的一部分。

（1）混合物分离原理

将传统文化以古诗词的方法融入到课堂教学当中去，在对整个分离术语的引入时通过刘禹锡的“美人首饰侯王印，尽是沙中浪底来”来说明金子从沙子中分离出来，属于混合物的分离，来引入课程对分离的定义。

（2）精馏分离原理

李白的“日照香炉生紫烟，遥看瀑布挂前川”来说明沸点低的物质加热形成蒸汽的过程，与蒸馏原理相关，来引入物质分离的举例。

2. 树立科学发展观和社会主义核心价值观

党的十六大以来，中共中央提出了科学发展观和社会主义核心价值观，科学发展观是中国特色社会主义理论体系的重要组成部分。

知识点①：铀浓缩过程中“级的串并联”。

以级的并联与串联学习为例，当把一个级联单独使用时，分离效率低，有时不能满足需要。通过多个级联的并联可以增大分离效率，满足需要，可以使学生认识到集体力量的强大，有利于实现每一个级联的价值。

知识点②：铀浓缩过程中“分离功率”。

在价值函数和分离功率讲解过程中对重水进行介绍时，插入巴基斯坦卡拉奇核电站发生重水泄漏事故和日本已被废弃的“普贤”号核反应堆发生重水泄漏事故，其中氚对环境造成影响，使学生关注时事，增强学生社会责任感与大局意识，树立以人为本的科学发展观。

引导学生树立科学发展观是保障我国科技发展未来之路的基础，注重实践创新应用，树立学生的环境保护意识，培养学生能在环境工程领域结合同位素分离原理专业解决问题的能力。通过挖掘知识本身蕴含的合作精神，培养学生把小我融入大我的意识，把社会主义核心价值观融入课堂教学过程。

3. 坚定“四个自信”的政治认同

知识点：生产队乏燃料钚提取实际工艺讲述萃取工艺的研发。

面对苏联撤走所有专家，老一辈中国核工业人奋力反击，自主研发改良钚提取方法，达到世界先进水平。老一辈核工业人们未雨绸缪，卧薪尝胆，不忘初心，为中国梦而奋斗，挽狂澜于既倒，在认识到新时代核工业精神的同时认识到“自信则自立，自强则万强”，没有什么困难是伟大的中国人民解决不了的，引导学生坚持“道路自信、理论自信、制度自信、文化自信”。

4. 培养探索精神、求真务实的科学精神及民族自豪感

知识点：中国原子弹研发历程。

党的十八大以来，习近平总书记多次表达对传统思想价值体系的尊崇。民族自豪感是对传统精神、历史文化和价值取向的高度认可和信心。

在乏燃料后处理绪论简介的教学过程中都是以铀钚分离过程去PUREX处理流程为例。通过两弹元勋的视角，讲述铀钚分离过程对核武器研发重要性，通过讲述老一辈核工业人攻坚克难研发核武器的历程，了解和掌握核武器研发的故事，激发学生的学习兴趣，增强学生对专业的认可度，树立严谨的科学态度。

再通过扩展马兰坡精神，通过技术改造和提高乏燃料提取的措施从而使国防能力和我国国际地位大大提高的故事，培养学生的探索精神，增强学生的民族自豪感。

5. 实现理论知识与精神的历史传承

知识点：核工业的发展历史和现状。

课后通过国内老专家讲座的方式，讲述我国核工业的发展历史和现状，从其他角度感受知识，在课堂上完成一代人知识和精神的传承，从过去到现在，取其精华去其糟粕，在课堂上传播国内的理论知识和优秀精神，由此生根发芽，并完成专业之间的传承。

理论知识和精神之间的传承也是适应今天中国发展与建设的需要，使同学们接受老一辈科学家的理论知识与艰苦奋斗的精神，又接受当前前沿技术和新时代核工业精神，让学

生在课堂上完成从现在到未来的无缝对接与有机结合。

三、案例思政元素分析

核燃料循环化学工艺学课程思政教学从来都不是为了强行添加思想政治教育，而是想要围绕知识传授、专业能力培养和价值观塑造有机统一的课程建设目标，将饱含“家国使命、集体主义、社会责任、职业担当、进取精神”等思政元素的新时代核工业精神和包含了思想教育、音乐戏曲、绘画建筑、生活习俗、科学技术、文学作品等多方面内容的中华优秀传统文化与专业课程教学要求和人才培养相结合，以传授专业知识为基础、新时代核工业精神和传统文化内涵为引导，依托核工业艰难发展历程中的模范人物和典型事件与中华传统文化人物故事为载体，把思政元素以具体案例的形式融入到专业课程教学中去，增加专业课程的广度和厚度，实现课程育人的新目标。

课程思政是要在专业课程的基础上进行思想政治教育。教学内容作为核燃料循环化学工艺学的核心内容，对塑造学生价值观起着承上启下的作用。在进行教学内容规划和教案课件编写过程中，结合核燃料循环化学工艺学服务于国防和核工业这一特色，充分挖掘专业课程中潜在的思政教育要素，设定课程计划达到的思政教育目标，宣扬新时代的核工业精神，比如：（1）以我国核工业奠基人故事弘扬老一辈科学家的国家使命与集体责任；（2）以我国自主三代核电品牌“华龙一号”为代表，注重培养学生的进取精神；（3）以一批批核工业人扎根沙漠，在一穷二白情况下从事铀同位素分离原理的感人事迹，来介绍核工业人的社会责任；（4）以两弹元勋潜心科研，成功研制我国核武器的事迹来增加学生的专业认同感与责任担当，激发学生爱国精神。

挖掘中华优秀传统文化中与核燃料循环化学工艺学相关的思政元素，并将其融入同位素分离原理的教学过程中，在增加课程趣味性，激发学生学习兴趣，保证学生掌握科学知识的同时，达到弘扬和传承中华优秀传统文化课程思政功能的目的。

四、案例教学整体设计

思政教育实施要点：

（1）促进其专业知识、技能的提升，激励学生投身核工业建设思政教育策略方法，强化学生作为未来核工业人的职业认同感和爱国奉献的价值观；

（2）宣扬“强核报国、创新奉献”的新时代核工业精神。

思政教育策略方法：

（1）以核工业体系自力更生和自主创新艰难历程的里程碑时间、模范人物事迹为载体，结合同位素分离原理课程教学内容，开发“课程思政教学案例集”；

（2）拓展线上学习渠道，推荐核工业相关纪录片，宣扬“强核报国、创新奉献”的新时代核工业精神。同时组织学生讨论分享，交流学习感悟，分享学习收获；另一方面，更进一步地拓展线上学习渠道，推荐核工业相关纪录片，鼓励学生向老一辈核工业学习，同时组织学生讨论分享，交流学习感悟，分享学习收获。

思政教育难点问题如下。

(1) 专业知识与思政教育融合存在难度（多元化、生动有趣）

专业知识的教学侧重于唯物的客观的理论方法。而将唯心的思政教育与之多元化融合，令学生对整个课程产生兴趣是思政课程的难点之一。

(2) 从填鸭式教育到老师引导学生思考、主动获取知识

如何潜移默化地让学生主动参与到思政内容的讨论与学习中是思政课程的难点重点。

思政教育的评价机制如下。

将思政教育融入教学内容之中所能取得的成果应该是可测评的，在课程考核中增加思政教育效果考核要素，增加开放性题目比例，在教学过程中针对重水分离技术的实际设计内容。小组分工，学生通过前期的资料调研，选择编程等方式进行课程的设计并且制作成PPT进行团队汇报展示。

鼓励学生通过文献调研，深刻每种技术的优缺点、适用范围与经济性考虑。利用课堂研讨、作业论文展示、科技创新项目等方式来综合衡量教学效果，提升学生主动参与创新的积极性和继续从事课程相关工作的职业认同感。

学校老师通过随堂听课的效果参与课程思政的评价。听课老师认为同位素分离的课堂能通过思政案例的开发将思政元素自然地融入专业知识传授过程中去，让学生既加深了专业知识也提高了思政素养，非常值得推广到更多的理工科课堂。

学生对老师的评价分数可以直接反应课程思政的实施效果。对比课程思政教学改革前后的教师评价分数，学生经常反馈同位素分离原理+课程思政的知识点教学方式，专业认同度大大增加。

通过课堂思政改革打破了传统思想政治课和专业课的界限，在专业知识的传授过程中起到塑造学生价值观的作用。根据实际教学情况和学生需求进行的课程思政改革，促进教学质量水平的整体提高。

思政教育后续持续建设计划如下。

(1) 立足固本求实，培养创新实践精神

结合思政教育目标重新优化课程教学目标，制定本门课程的思政教学大纲，明确某些知识点应该引入的思政元素，形成课程思政教案，建立思政元素资源库。

(2) 交流资源互换，永葆持续学习精神

开拓网络课程建设等后续工程，发挥网络育人的作用，将网络新媒体运用到教学过程中来。邀请国内老科学家讲解历史进展，建立国内外共创推动学生自主学习的积极性，构建良好的思政学习平台。

(3) 厚植爱国情怀，发扬责任担当精神

通过深入挖掘"课程思政"元素，将社会主义核心价值观在课程讲授过程中潜移默化地深入学生内心，教育和激励广大的青年学生培养高尚的爱国情操，树立远大的报国志向，实现"课程思政"和"思政课程"的同行。

五、教学实践过程回顾

1. 课程建设前期基础及现状

（1）持续优化教学内容，不断完善教学讲义

通过课程整合，把原 3 门课 96 学时缩减至目前的 72 学时，将其中共性知识进行整合与优化，统一讲解溶剂萃取、离子交换、锕系元素化学、裂片元素化学等知识。邀请中核集团原科技委副主任严叔衡参照美国核工程类院校所用的教材《Nuclear Chemical Engineering》编制了讲义提纲，在此基础上编写了“核燃料循环化学工艺学”课程讲义，该讲义从 2011 年第一届学生开始一直沿用至今，并在教学中不断对其进行修订，最大限度地满足核燃料循环企事业用人单位对毕业生相关能力与水平的要求，支撑本专业人才培养目标的实现。课程讲义、教学课件等获得国内同类院校的认可，并在西安交通大学、西南科技大学等相关专业教学中获得借鉴与应用，扩大了本专业在国内同类专业中的影响力与带头作用。图 2 所示为行业专家及相关院校教师对教材建设的研讨现场。

图 2　行业专家及相关院校教师对教材建设的研讨现场

（2）系统梳理课程知识点，形成课程题库

结合教学实践经验对课程主要知识点进行了系统梳理，将碎片化的教学内容贯穿在一起，每章都补充了课后复习思考题，形成了依托教学内容的题库。既方便学生进行课前预习与课后的系统复习，又可以通过主动式设计类题目的完成而锻炼其解决核燃料循环中的复杂工程问题的能力。

（3）突出本课程课程思政，形成案例库

本课程涉及铀纯化与转化、铀浓缩、核燃料组件制造及乏燃料后处理等敏感或防止核扩散技术的教学，是很好的课程思政素材。通过深入挖掘这些课程思政素材，合理设计课程内容，将这些素材自然融入课程日常教学活动中，以此激发学生的爱国热情，增强其历史责任感与国家使命感。

2. 课程现有教学条件、教学方法、教学手段与教学效果以及考核方式改革等情况

（1）教学条件

结合专业的建设，本课程建有完善的软硬教学条件，以满足高质量教学方面的实际需求。软的方面，除了结合教学内容需要，编写了独具特色的教学讲义外，还购置了一批近年来新出版的专业书籍，供学生们课外借阅。

硬的方面，为便于学生对本课程所讲授的核燃料循环及放射性废物处理与处置过程方法原理、工艺过程及关键设备的理解，利用教育部核化工与核燃料工程专业国家级工程实践教育中心和国防紧缺专业建设经费，以及乏燃料后处理重大专项科研项目经费，累计投资500余万元，建设了核化工主要工艺过程实验装置与实训平台，分析检测平台。学生们可以利用这些实验装置与平台，完成各种实验研究与验证，部分实验装置与平台如图3所示。

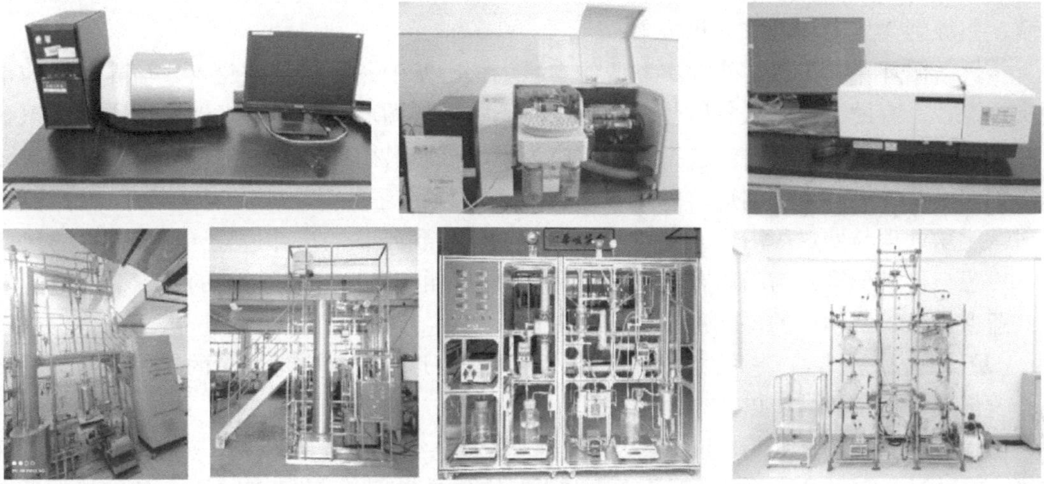

图3　部分核化工单元操作设备与平台

（2）教学方法与教学手段

实际教学中，以课堂讲授+研讨的教学方式为主，课堂讲授部分利用多媒体教室主要介绍核化工过程所需基础知识、具体工艺过程的方法原理、关键设备的现状及其发展趋势等。围绕其中的重点环节，共设计并开展了7次教学研讨，研讨内容包括世界上的铀资源状况及其对核能可持续发展的支撑作用、铀的提取与浓缩、UF_6转化技术、铀同位素分离技术、PWR核燃料元件包壳材料及其发展现状、乏燃料后处理关键设备、碳酸盐体系下乏燃料后处理技术、高放废液的分离与处理技术等，研讨学时占总学时的20%以上。通过研讨式教学，加深了学生对重点内容的理解，激发了其独立思考问题的主动性、提高了其自主学习的能力以及表达自己核心思想的能力。此外，对于需要通过团队的形式来完成研讨式教学内容准备，也锻炼了学生们团结协作精神，以及在技术团队中充分发挥个人作用的能力。

（3）考核方式的改革

结合本课程的特点，在实际教学中特别注重过程考核，并在2013年学校试点项目“哈

尔滨工程大学课程考核方式改革”的基础上，形成本课程考核方式特色并加以固化。最终的课程成绩评定包括过程考核与期末考核两部分，两部分的比例为过程考核 40%~50%，期末考核 50%~60%。其中过程考核包括课堂讨论、课堂表现、课后作业，期末考核主要以闭卷考试的方式考核学生对课程关键知识点的掌握程度及应用相关知识解决实际工程问题的能力。课后作业包括两个部分的内容，一是被动式作业，要求同学们完成指定的课后作业题，增强对相关知识点的掌握，锻炼其解决实际工程问题的能力；二是针对每一章教学内容完成一篇文献调研报告，变被动学习为主动学习，训练了学生查阅文献能力，拓宽了知识面，了解了相关领域的国内外前沿与发展动态，并锻炼了其科技写作的能力。

六、创新性与效果总结

（1）创新教学模式，国内外共创课程，团队合作强化学生的参与意识，从被动的课程思政，引导到学生主动融入、积极思考。

核燃料循环化学工艺学作为本专业的本科生核心基础课程，是构建人才培养体系的重要支撑课程。有助于学生从放射化学自然过渡到核燃料循环，能够很好地利用所学知识解释整个核工业体系中核燃料中包括以核反应为界的核燃料循环前段的铀矿冶、铀纯化与转化、铀浓缩、核燃料组件制造，以及核燃料循环后段的乏燃料冷却、运输贮存与后处理、放射性废物处理与处置等内容，涵盖了核燃料“从生到死”的全部过程，形成良好的化学科学思想与科学思维，为随后在核燃料循环板块应用的学习中打好坚实的基础。通过国内外共建课程，了解学科的国际进展，丰富知识。

（2）结合行业热点，多方位融入思政特色内容，培养学生辩证思考的能力、社会主义核心价值观、核工业精神以及继承中华传统文化。

课程科学性强、知识点丰富、人文精神底蕴深厚，是开展“课程思政”载体建设的良好载体。通过深入挖掘“核燃料循环化学工艺学”中经典实验以及科学家典故，能够使学生牢固树立正确的人生观、世界观和价值观，有助于培养其攻坚克难、勇攀高峰的科学家精神和继承发扬中华传统文化，从而自然地发挥思政教育资源与功能，可供其他同类课程借鉴。

参考文献

[1] 习近平在全国高校思想政治工作会议上强调：把思想政治工作贯穿教育教学全过程 开创我国高等教育事业发展新局面［J］．实践（思想理论版），2017，(02)：30-31.

[2] 马福秋，夏虹，薛云，等．核化工与核燃料工程专业卓越工程师培养过程班主任工作探析［J］．教育现代化，2019，6（05）：85-87.

[3] 欧阳泓杰．面向创新创业能力培养的高校实践教学体系研究［D］．武汉：华中师范大学，2014.

[4] 周春月，刘颖，姚东伟，等．OBE 理念下的本科生毕业实习创新模式研究［J］．实验技术与管理，2016，33（10）：19-22.

[5] 杨艳秋，李伟凯．地方高校实习基地建设机制与实践教学模式创新研究［J］．黑龙江高教研究，2012，30（07）：157-160.

“核动力装置控制保护”课程思政案例

张博文，成守宇，夏庚磊，孙觊琳

（哈尔滨工程大学核科学与技术学院，黑龙江　哈尔滨　150001）

摘　要：本课程是核工程与核技术专业的一门专业核心课程，采用“思政全过程浸润”的案例教学设计方案，根据课程内容在不同阶段设置不同的思政案例，在课前、课中、课后分阶段进行思政浸润，取得了良好的价值引领效果。

一、课程基本情况

（一）授课对象情况分析

本课程的授课对象为授核工程与核技术专业本科生，课程开设在大学四年级第一学期，本门课由于自动控制原理与核工程专业知识交叉，存在知识点多且晦涩抽象的问题，而所用到的前期知识是在不同学期学习的，对于学生而言难以重组和整合，也进一步阻碍了学生对知识点的迁移和应用。总结以上问题，由于本门课程难以学习，学生无法投入足够兴趣和热忱，因此需要柔性融入课程思政，解决学生难共情、价值观难构建的问题，提升价值引领，激发学生思政实践力。

（二）课程情况简介

本课程是核工程与核技术专业的一门专业核心课程，在培养学生创造性思维、综合分析能力和工程设计能力方面占有重要的地位。

本课程的主要任务是通过课堂教学培养学生的创新意识、自主学习能力和工程科学知识的综合应用能力，使学生掌握核动力装置控制系统的基本组成、基本结构和工作原理，掌握核动力装置控制与保护系统的设计原则和思想方法，具有应用简单控制和复杂控制理论进行系统分析与设计的能力，根据系统性能指标的要求，能够解决控制系统的设计问题，以及应用数学、自然科学和工程基础知识对工程问题进行数学建模、分析、求解和论证的能力，具备自主学习和终身学习的能力，具备前沿意识和创新意识，支撑毕业要求中的相应指标点。

（1）了解核工程中存在的控制问题，掌握核动力装置控制和保护系统的基本组成、基本结构及基本要求，具有应用数学、自然科学和工程基础等知识，建立系统数学模型，识别和分析控制系统组成部分的能力，着重培养学生综合利用知识的能力；

（2）掌握线性定常系统的基本概念、经典控制理论的分析和设计方法，具有基本的控制系统分析与设计能力，了解改善系统性能的方法，进而能够识别和分析核动力系统中先进控制技术的开发和应用对社会、健康、安全、法律以及文化的潜在影响；

（3）引导学生应用现代设计方法和软件进行控制系统的建模、分析、设计与仿真，培养学生具有自主学习的意识，能针对个人或者职业发展的需求，采用适当的方法，提升自身能力以适应社会发展的步伐，通过参与实验设计，具备复杂对象过程控制的设计和数据分析处理的能力。

二、案例基本情况

（一）第一章　导论案例

（1）核安全意识

通过福岛核事故案例警醒学生树立核安全意识，核动力装置控制保护是保障核安全中极其重要的一环，让学生了解到本门课程的重要性。

2011 年 3 月 11 日，日本东部（东北）大地震。随地震发生了海啸，导致海浪高达 10 m 以上。地震和海啸的双重冲击与影响给日本东北部造成了惨重的生命损失和广泛的破坏。事故中发生的氢气爆炸事件令日本政府不得不下令使用海水来冷却反应堆。事故发生后，东京电力公司为了促使核反应堆降低气压而将堆内气体排放到大气层，为了冷却核反应堆而向堆内注入大量冷却水，之后又排放入大海。这些危机处理措施以及其他的意外与失控事件使得福岛核反应堆内的放射性物质持续大规模泄漏。第 2 天的 3 月 12 日，日本内阁官房长官枝野幸男发布紧急避难指示，要求福岛核电站周边 10 千米内的居民立刻疏散，以免遭受核辐射的影响，在第一次转移约 45 000 人以后，枝野幸男又宣布避难半径扩大为 20 千米。英、法等国顾虑到辐射性污染的危险扩散，也分别通知国民考虑尽快离开东京。福岛核事故更导致在全世界都测量到微量辐射性物质，包括碘-131、铯-137（半衰期为 30 年）在内。大量放射性同位素因此核事故释入太平洋，造成十分严重的环境污染。

（2）大国重器

通过“华龙一号”案例展示我国自主创新的硬实力，提升学生的行业认同感。

“华龙一号”是由中国两大核电企业中国核工业集团公司和中国广核集团在 30 余年核电科研、设计、制造、建设和运行经验的基础上，根据福岛核事故经验反馈以及中国和全球最新安全要求，研发的先进百万千瓦级压水堆核电技术，具有完全自主知识产权的三代压水堆核电创新成果，是中国核电机组发展的主力堆型，是中国核电走向世界的“国家名片”，是中国核电创新发展的重大标志性成果。华龙一号作为中国核电“走出去”的主打品牌，在设计创新方面，“华龙一号”提出“能动和非能动相结合”的安全设计理念，采用 177 个燃料组件的反应堆堆芯、多重冗余的安全系统、单堆布置、双层安全壳，全面平衡贯彻了“纵深防御”的设计原则，设置了完善的严重事故预防和缓解措施，其安全指标和技术性能达到了国际三代核电技术的先进水平，具有完整自主知识产权。

（3）家国情怀

通过钱学森在美国名利双收的情况下毅然决定回国，为学生树立家国情怀。

1934年，钱学森成功考取清华大学第二届公费赴美留学生；1936年，他进入麻省理工学院学习，仅用一年的时间就斩获硕士学位；再后来，钱学森转入美国加州理工学院，师从世界著名空气动力学教授冯·卡门，1939年获得航空和数学双博士学位。钱学森35岁时，被聘为麻省理工学院的终身教授。钱学森一直挂念着万里之外的祖国，期望为祖国的科技发展做出贡献。钱学森要回国的事很快也被美国军方知道了。当时，美国国防部海军部副部长金贝尔说：“我宁可毙了他，也不要放他回红色中国。”1950年9月，美国司法部移民归化局将钱学森拘留在特米诺岛上的拘留所里。5年后，1955年10月，钱学森经过多重艰难险阻终于回到祖国。回国后不久，陈赓大将问他：“中国能不能发展导弹？”钱学森回答：“为什么不能搞？外国人能搞，我们中国人就能搞，难道中国人比外国人矮一截？”1956年，中国第一个火箭导弹研究机构——国防部第五研究院在北京成立，钱学森担任院长。在钱学森等人的努力下，1960年11月，我国仿制的第一枚导弹“1059”发射试验成功；1964年10月，中国第一颗原子弹爆炸成功；1967年6月，中国第一颗氢弹空爆试验成功；1970年4月，中国第一颗人造卫星发射成功。

（4）大国工匠

通过“华龙一号”调试团队案例，说明核能工程建设之不易，鼓励学生树立百折不挠、精益求精、严谨求是的工匠精神。

2020年3月2日，“华龙一号”全球首堆福清核电5号机组热态性能试验基本完成，调试进展安全有序推进。在“华龙一号”全球首堆调试的攻坚之路上，调试团队一刻也没有停止奔跑，不断地站在新的起点、向着新的目标共同向前。作为全球首堆，福清核电5号机组在设计创新方面引入了较多新概念设计和具有新设计特性的“新物项”，没有可供参考的成熟经验，直接导致调试难度的增大和工作量的增加。仅靠理论分析不足以完全发现机组在复杂工况下可能面对的问题。在主系统升温升压前的准备过程中，调试团队发现了几块重要仪表的质量位设置会导致机组上行期间稳压器液位出现大幅波动，这个以前没有遇到过的“小问题”引起了调试团队的高度关注，通过分析研究解决了该类问题，识别出了机组在启动以及上行下行过程中的风险点。团队工程师掏出随身的平板电脑，十几个文件夹分门别类地收藏了近20 GB的经验反馈数据。“与其追求各项试验的一次成功，不如说我们更愿意寻找‘问题’。现阶段每多解决一个问题，就有机会减少一次机组运行瞬态事故的发生。我认为，尽可能地为机组安全可靠运行服务，就是调试工作的意义。”团队工程师如是说。

（二）第二章　简单与复杂过程控制

（1）职业认知

通过“玲龙一号”纪录片[5]介绍简单与复杂控制理论在我国核电厂的应用情况，目前国内外控制基本采用PID控制算法，学好本章课程内容对未来核电厂控制系统设计、核电厂安装调试具有重要作用，让学生建立目前学习知识与未来工作的联系，加强职业认知。

（2）国家大势

通过“十四五”规划，让学生意识到行业发展正在稳步加速，发展核能等清洁能源已是国家大势，使学生们在学习专业知识的同时，了解与自己学习的知识与国家发展趋势的联系。

《中华人民共和国国民经济和社会发展第十四个五年规划和2035年远景目标纲要》指出："推进能源革命，建设清洁低碳、安全高效的能源体系，提高能源供给保障能力。加快发展非化石能源，坚持集中式和分布式并举，大力提升风电、光伏发电规模，加快发展中东部分布式能源，有序发展海上风电，加快西南水电基地建设，安全稳妥推动沿海核电建设，建设一批多能互补的清洁能源基地，非化石能源占能源消费总量比重提高到20%左右。"

（3）科学家精神

通过分析黄旭华院士开展潜艇极限下潜试验，说明科学研究要有不怕困难，敢为人先的探索精神。

核潜艇战斗力的关键在于极限深潜。然而，极限深潜试验的风险性非常高。美国曾有一艘核潜艇在深潜试验中沉没，这场灾难悲剧被写进了人类历史。在核潜艇极限深潜试验中，黄旭华亲自上艇参与试验，成为当时世界上核潜艇总设计师亲自下水做深潜试验的第一人。"所有的设备材料没有一个是进口的，都是我们自己造的。开展极限深潜试验，并没有绝对的安全保证。我总担心还有哪些疏忽的地方。为了稳定大家情绪，我决定和大家一起深潜。"黄旭华说。核潜艇载着黄旭华和100多名参试人员，一米一米地下潜。"在极限深度，一块扑克牌大小的钢板承受的压力是一吨多，100多米的艇体，任何一块钢板不合格、一条焊缝有问题、一个阀门封闭不足，都可能导致艇毁人亡。"巨大的海水压力压迫艇体发出"咔嗒"的声音，惊心动魄。黄旭华镇定自若，了解数据后，指挥继续下潜，直至突破此前纪录。在此深度，核潜艇的耐压性和系统安全可靠，全艇设备运转正常。新纪录诞生，全艇沸腾了！黄旭华抑制不住内心的欣喜和激动，即兴赋诗一首："花甲痴翁，志探龙宫。惊涛骇浪，乐在其中！"正是凭着这样的奉献精神，黄旭华和团队于1970年研制出我国第一艘核潜艇，各项性能均超过美国1954年的第一艘核潜艇。建造周期之短，在世界核潜艇发展史上是罕见的。1970年12月26日，当凝结了成千上万研制人员心血的庞然大物顺利下水，黄旭华禁不住热泪长流。核潜艇一万年也要搞出来的伟大誓言，新中国用了不到一代人的时间就实现了。

（4）时代责任

通过中核集团发布的"新时代核工业精神：强核报国 创新奉献"[8]，让学生认识到核工程与核技术专业肩负的时代责任。

新时代
实现新目标
创造新辉煌需要新精神！
步入新时代核工业迎来了"两弹一艇"以来
又一个重要的发展战略机遇期
为激励核工业人点燃心中那团火
进一步提升干事创业精气神
完成好国家重大任务
推动核工业高质量发展

在传承弘扬"两弹一星"精神

和"四个一切"核工业精神基础上提炼、形成了新时代核工业精神

强核报国 创新奉献

强核是事业。核工业是高科技战略产业，是国家安全重要基石。新时代，核工业迎来了"两弹一艇"以来又一个重要发展机遇期。我们要深入贯彻落实习近平总书记重要指示批示精神，不忘初心，牢记使命，勇担国任，敢于开拓，奋力实现"强核强国、造福人类"的历史使命和"三位一体"奋斗目标。

报国是承诺。筑牢国家安全基石、建成世界一流核工业强国是我们的庄严承诺。我们要胸怀大局，心有大我，至诚报国，把爱国之情、报国之志融入核工业建设的伟大事业之中，忠于事业，坚守承诺，出色完成国家战略任务，服务于建设现代化强国、实现民族复兴的伟大目标，续写我国核工业新的辉煌篇章。

创新是法宝。创新是推动高质量发展的需要，是企业制胜的法宝。我们要面向世界科技前沿，抢占科技创新的制高点，寻找重大突破，不畏挫折，敢为人先，在独创独有上下功夫，在解决受制于人的重大瓶颈问题上强化担当作为，着力攻克事关国家安全的基础前沿难题和关键核心技术，建设先进的核科技工业体系，成为国际核科技发展的引领者。

奉献是境界。无私奉献是核工业的光荣传统。做强做优做大国有企业需要有一种为国家为人民真诚奉献的精神。我们要坚持国家利益至上，继承和发扬核工业人"干惊天动地事、做隐姓埋名人"的优秀品质，以建设核工业强国为己任，淡泊名利，勤奋钻研，奋力攻关，不求回报，甘做强核事业的付出者，要不慕虚荣，不计名利，甘做致力提携后学的"铺路石"和领路人。

做"强核报国 创新奉献"的倡导者、传播者、践行者，为新时代核工业改革发展做出新的更大贡献！

（三）第三章　核动力装置控制与保护设计

（1）自力更生、艰苦奋斗的民族精神

通过"华龙一号"总师邢继坚定不移走自主化研发路线的事迹，指引学生强化自力更生、艰苦奋斗的民族精神。

在核电领域，邢继很早就体会过自主创新的切肤之痛。1987 年，邢继大学毕业，进入中国核电工程公司的前身核工业第二研究设计院。3 年后，这位跟着师傅们设计过啤酒厂、火电厂的年轻工程师，被选派去大亚湾核电站参加核电设计。这是他第一次见到真正的核电站，大亚湾核电站是我国第一座引进国外技术和资金建设的大型商用核电站。令他印象最深的，并非核电站的高大上，而是当时核电技术的落后。"大到压力容器，小到一根电缆，一颗螺丝钉都需要进口。"邢继至今无法忘记当时的落后场景，刚刚起步的中国核电，几乎就是"小学生"，建设所需要的钢筋混凝土、电话线都是从国外进口的。他和同龄人每谈及于此便捶胸顿足：什么时候才能不用依赖别人，建设我国自主设计的核电站？从那时起，邢继就意识到，建立自主核电研发能力对于国家和民族的重要性。在大亚湾的 3 年，他很快从核电研发设计的"门外汉"变成了专家，处理了 3 000 多个难题，积攒了一大柜子资料。之后，他加入秦山核电站二期项目，这是我国首个完全自主设计的商

业核电站，但令所有人头疼的，还是自主设计的问题。“当时几乎没有人知道怎样组织一个项目，甚至连该怎么出图、图纸应该是什么样子的都没有固定的标准，很多技术要求都不确定。”邢继说，关于自主创新，他讲过一个有名的故事。在一次核电技术洽谈中，他和对方核电项目经理谈，如何尽快让我方设计人员掌握技术，对方说：“让你们的设计人员放下手中的笔，打开复印机就行了。”“关键的核心技术是买不来的。可见，即使我们交纳了高额学费，老师并没有想教会学生。”邢继说。后来，研发“华龙一号”初期，他们再次遭遇难以突破的障碍。他们找到一个国际知名企业，请对方在某一项技术上和我方开展合作。对方却说：“如果要合作，就要共同研发整个机型。”“这样的要求太苛刻了，会使我们失去对自主品牌的主导权，我们没有办法接受。”邢继说，两年自主攻关后，问题解决了，我方掌握了关键技术。有意思的是，同样是这家企业，反过头来找到邢继团队，想要跟他们合作，并且不需要预设条件。这次，中国团队有了底气，告诉他们问题已经解决了。邢继说“这个故事告诉我们，在国际上合作应灵活开放，但我们坚持中国必须有自主核电技术，避免被‘卡脖子’的情况。”。

（2）大国重器

通过介绍“龙鳞”DCS系统，让学生认识到我国在核动力装置控制与保护系统方面也具备国际一流的DCS系统，使学生增加民族自信，提升行业认同感。

“龙鳞”系统是中核集团自主研发的中国首套军民融合安全级DCS（数字化控制系统）平台。该系统是中国拥有完全自主知识产权的平台，适用于核电站、研究堆、小堆、动力堆等多种反应堆的控制。“龙鳞”系统的发布，意味着核动力院有了参与市场竞争的资格，后续将与世界先进企业对标，朝着小型化、智能化、无人值守核电厂等方向拓展应用空间。“龙鳞”系统具备“走出去”条件，有助于中国核电技术实现整体出口。

（3）法律意识

通过分析切尔诺贝利核事故原因，指出遵守《技术规范》与《核安全法规》的重要性，提醒学生未来工作树立严谨的法律意识。

1986年4月25日，4号反应堆计划关闭以做定期的维修和测试，并借此机会来测试反应堆的涡轮发电机能力——检查在电力损失的情况下是否仍有充足的电力供应给反应堆的安全系统（特别是水泵）。切尔诺贝利的反应堆设计有一对柴油发电机作为备用电力供应，但是柴油发电机无法瞬间启动，此时反应堆将使用转动的涡轮作为能量来源，涡轮会和反应堆分离并在自身的惯性下转动。测试为了确定在柴油发电机尚未启动时，涡轮是否能在电力减少阶段仍充足地供应能量给水泵。该类测试早先在其他单位已执行成功（所有安全供应启动），但结果不尽人意（涡轮产生的力量不足以在减少阶段供给水泵动力）。为了在更安全、更低功率情况下进行测试，操作人员首先断开了反应堆的安全系统，以保证安全系统不会因为实验操作而自动触发。此时，切尔诺贝利的4号反应堆的能量输出从正常功率的3 200 MW（旧称为320万kW）减少至700 MW。但是，由于在实验开始时，反应堆操作人员对能量输出的降低过快，此时实际功率输出降至只有30 MW，生成的裂变产品氙-135增加（该产品会吸收中子）。功率下降的速度虽然已接近安全章程允许的最大值，但操作人员仍选择继续实验。实验决定将功率上升200 MW。为了克服剩余氙-135对中子的吸收，操作人员从反应堆中拔出了安全章程所规定的控制棒数。在1986年4月26

日凌晨1点05分，涡轮发电机推动的水泵启动，水的流量超出了安全规定量。凌晨1点19分，水流量继续增加，由于水也会吸收中子，因此在水流量的进一步增加时，需要手动撤除控制棒以增加中子反应速率，成为了一个极其不稳定的危险操作。当能量输出已经低于规定最小值时，工程师们选择拆除反应堆的控制杆，保留211个控制杆中的6个，来加快反应堆的运行速率。安全章程要求控制杆的最少数量为30个，但自认为经验极其丰富的操作人员深信6个控制杆就够用了，所以才导致这一大悲剧。

值得注意的一点是操作员闭锁了许多反应堆的安全保护系统——除非安全保护系统发生故障，否则是技术规范所禁止的。

（4）严谨、负责的专业素养

通过引入潘自强“问题不解决不罢休”的事迹，引导学生树立严谨、负责的专业素养。

作为我国核与辐射安全领域的顶级专家，潘自强长期担任生态环境保护部（国家核安全局）核安全与环境专家委员会副主席。专家委员会的专家委员们来自于相关高校、科研机构、政府部门、企事业单位等，既有德高望重的院士和经验丰富的老专家，又有年富力强的中青年专家。潘自强积极参加专家委员会的有关会议，在涉及核与辐射安全的政策咨询和项目审批技术咨询过程中，始终坚持核安全和环境安全至上，以法律法规为依据，坚持科学、公正的原则，表现出了科学家尊重科学、刚正不阿的优良品质。刘华记得，在2008年讨论制定改进型核电站安全审评原则过程中，潘先生坚持要把辐射防护最优化、放射性废物减量化写入审评原则，并且要有具体要求。当时在讨论中，有些核能领域的专家希望简化这部分内容，但潘先生据理力争，坚持不仅要提出具体要求，而且要落实这些要求。最终专家委员会采纳了他的意见。在放射性废物管理方面，潘先生对早期核设施和历史遗留放射性废物的退役治理环评审批、低中放废物处置场的安全分析报告及环评审批提供了大量咨询意见，并多次参与全国核基地与核设施辐射环境现状调查工作的咨询审议，提供了重要的技术指导。针对内陆核电厂址的特点，他建议在核电厂的设计中采取有效防范措施，考虑液体废物排放的最小化，建议加强事故下放射性废液排放源项及防范措施的研究。在各类专家会议上，潘自强对存在的核安全和环境安全问题及隐患从不放过，并且会一直盯着这些问题的解决方案，不满意决不罢休。

（5）情感升华

在课后分享给大家讲述我国核能初创的电视剧《许你万家灯火》，让学生认识到我国核工业初创之不易，可树立家国情怀、爱国意识、行业认同、科学精神、时代责任等多种意识。

三、案例思政元素分析

（1）福岛核事故：核安全意识。通过福岛核事故案例警醒学生树立核安全意识，核动力装置控制保护是保障核安全中极其重要的一环，让学生了解到本门课程的重要性。

（2）“华龙一号”：大国重器。通过“华龙一号”案例展示我国自主创新的硬实力，提升学生的行业认同感。

（3）钱学森归国：家国情怀。通过钱学森在美国名利双收的情况下毅然决定回国，为学生树立家国情怀。

（4）“华龙一号”调试团队：大国工匠。通过“华龙一号”调试团队案例，说明核能工程建设之不易，鼓励学生树立百折不挠、精益求精、严谨求是的工匠精神。

（5）“玲龙一号”纪录片：职业认知。

通过“玲龙一号”纪录片介绍简单与复杂控制理论在我国核电厂的应用情况，目前国内外控制基本采用 PID 控制算法，学好本章课程内容对未来核电厂控制系统设计、核电厂安装调试具有重要作用，让学生建立目前学习知识与未来工作的联系，加强职业认知。

（6）“十四五”规划：国家大势。通过“十四五”规划，让学生意识到行业发展正在稳步加速，发展核能等清洁能源已是国家大势，使学生们在学习专业知识的同时，了解与自己学习的知识与国家发展趋势的联系。

（7）黄旭华院士：科学家精神。通过分析黄旭华院士开展潜艇极限下潜试验，说明科学研究要有不怕困难，敢为人先的探索精神。

（8）新时代核工业精神：时代责任。通过中核集团发布的“新时代核工业精神：强核报国 创新奉献”，让学生认识到核工程与核技术专业肩负的时代责任。

（9）邢继：自力更生、艰苦奋斗的民族精神。通过“华龙一号”总师邢继坚定不移走自主化研发路线的事迹，指引学生强化自力更生、艰苦奋斗的民族精神。

（10）“龙鳞”DCS 系统：大国重器。通过介绍“龙鳞”DCS 系统，让学生认识到我国在核动力装置控制与保护系统方面也具备国际一流的 DCS 系统，使学生增加民族自信，提升行业认同感。

（11）切尔诺贝利核事故：法律意识。通过分析切尔诺贝利核事故原因，指出遵守《技术规范》与《核安全法规》的重要性，提醒学生未来工作树立严谨的法律意识。

（12）潘自强：严谨、负责的专业素养。通过引入潘自强“问题不解决不罢休”的事迹，引导学生树立严谨、负责的专业素养。

（13）《许你万家灯火》电视剧：情感升华。让学生认识到我国核工业初创之不易，可树立家国情怀、爱国意识、行业认同、科学精神、时代责任等多种意识。

四、案例教学整体设计

本课程采用“思政全过程浸润”的案例教学设计方案。针对一些时长较长的纪录片，课前分享给学生相应的纪录片链接，课程中会结合纪录片实际进行课题互动，课程中一些简单明了的案例，通过口述与 PPT 图片相结合的方式展示给学生，课后分享给学生核电方面的电视剧，让学生结合课上所学有情感上的升华，树立做“可靠顶用、拔尖创新”的核工业人才的目标。

五、教学实践过程回顾

下面针对教学过程对思政案例的引入情况进行介绍。

在第一章导论中，首先通过课程群在课前分享给大家福岛核事故纪录片《福岛核劫》，在课中讲解本门课的学习目标时，提及福岛核事故，让大家意识到本门课学习控制保护及专设安全知识的重要性，学生在上课时都提高了警惕，意识到核安全与本门课程之间的逻辑关系，同时也树立了严谨的核安全意识。在讲述控制在各行各业应用时，落脚到控制在核动力装置上的应用，从而引入“华龙一号”也需要安全、可靠的控制系统，提出“华龙一号”是我国的大国重器，学生对“华龙一号”的地位和作用都非常认可，提升了学生的行业认同感。在讲述控制在导弹领域应用时，引入“钱学森弹道”，并讲述钱学森归国的事迹，学生都对钱老的爱国精神、家国情怀感到尊重与爱戴，给学生树立了家国情怀。在讲述本门课的使命时，其中一点为具备从事装置控制系统调试任务的能力，从而引入“华龙一号”调试团队，学生对团队的百折不挠、精益求精、严谨求是感到佩服。

在第二章简单与复杂过程控制中，首先通过课程群在课前分享给大家“玲龙一号”纪录片，在课中讲解 PID 控制算法时，通过“玲龙一号”纪录片介绍简单与复杂控制理论在我国核电厂的应用情况，学生了解了学好本章课程内容对未来核电厂控制系统设计、核电厂安装调试具有重要作用，建立了目前学习知识与未来工作的联系，加强职业认知。在讲解简单与复杂控制在核动力装置的应用情况时，提及“十四五”规划对发展核电的要求，学生也意识到国家发展核电等清洁能源是大势所趋，使学生们在学习专业知识的同时，了解自己学习的知识与国家发展趋势的联系。在讲解控制系统参数整定时，讲述黄旭华院士开展潜艇极限下潜试验，知识上均属于试验调试范畴，学生了解到科学研究和工程试验要有不怕困难，敢为人先的探索精神。在讲解先进控制算法时，说明控制算法还需要不断地精进与创新，提及新时代核工业精神，让学生认识到作为核工业人肩负的时代责任。

在第三章核动力装置控制与保护设计中，课前通过课程群分享纪录片《切尔诺贝利核事故》，在课中讲解核动力装置保护系统设计原则时，为了让学生了解核级 DCS 为何有如此高的设计标准，引入切尔诺贝利核事故中操作员私自切除保护系统的危害与保护系统失效的危害是等同的，让大家树立了严格验证核安全《技术规范》的意识。在讲解压水堆核电厂控制系统设计时，引入邢继坚定不移走自主化研发路线的事迹，学生也意识到控制系统设计自主化和硬件自主化的重要性，强化了自力更生、艰苦奋斗的民族精神。在讲解国内外 DCS 系统时，提及“龙鳞”DCS 系统，学生认识到了我国在核动力装置控制与保护系统方面也具备国际一流的 DCS 系统，增加了民族自信，提升了行业认同感。在讲解保护系统设计方法时，引入自强“问题不解决不罢休”的事迹，学生也明白了工程无小事，树立了严谨、负责的专业素养。

课后通过课程群给学生分享了《许你万家灯火》电视剧，该剧讲述了中国核工业人以非凡的志气、骨气、底气，为实现“中国拥有自己的世界一流核电站”这一强国梦而努力奋斗的故事，实现了多个思政元素的情感升华。

六、创新性与效果总结

本课程创新性提出“强化思政柔性融入、全过程浸润”的思政教学思路，实现了线上线下双线并举、课堂实践双向交融、校内校外双向并进，在课前、课中、课后三个阶段做到了课程思政的全过程浸润，学生的行业认同感、民族自豪感、时代使命感显著提高。

参考文献

[1] IAEA. 福岛第一核电站事故［EB］. https：//www. iaea. org/zh/zhu-ti/fu-dao-di-yi-he-dian-zhan-he-shi-gu，2023-10-15.

[2] 百度百科．华龙一号［EB］. https：//baike. baidu. com/item/%E8%8F%AF%E9%BE%8D%E4%B8%80%E8%99%9F/13215617，2023-09-28.

[3] 澎湃新闻·澎湃号·政务．走近中国科学家丨钱学森：五年归国路，十年两弹成［EB］. https：//www. thepaper. cn/newsDetail_ forward_ 15863737，2021-12-15.

[3] 澎湃新闻·澎湃号·政务．华龙一号调试团队：眼里有光，心中有“磐石”［EB］. https：//www. thepaper. cn/newsDetail_ forward_ 6394534，2020-03-06.

[4] 超级中国栏目组．三十二年风雨兼程，看中国核电如何开启“硬核”时代！［EB］. https：//v. ifeng. com/c/8QehyH2JzOq，2023-06-16.

[6] 新华社．中华人民共和国国民经济和社会发展第十四个五年规划和 2035 年远景目标纲要［EB］. https：//www. gov. cn/xinwen/2021-03/13/content_ 5592681. htm，2013-03-13.

[7] 新华社．黄旭华：隐“功”埋名三十载，终生报国不言悔［EB］. http：//politics. people. com. cn/n1/2019/0924/c1001-31369250. html，2019-09-24.

[8] 中核集团．中核集团发布新时代核工业精神：强核报国 创新奉献［EB］. https：//china-nea. cn/site/content/38638. html，2021-02-03.

[9] 邱晨辉．邢继：驯“龙”三十载［EB］. https：//www. chinastory. cn/PCzwdbk/detail_ v2/20211221/1006000000039761640066062158505731_ 1. html，2021-12-21.

[10] 百度百科．龙鳞系统［EB］. https：//baike. baidu. com/item/%E9%BE%99%E9%B3%9E%E7%B3%BB%E7%BB%9F/23193945，2022-09-13.

[11] 百度百科．切尔诺贝利事故［EB］. https：//baike. baidu. com/item/%E5%88%87%E5%B0%94%E8%AF%BA%E8%B4%9D%E5%88%A9%E4%BA%8B%E6%95%85/883484，2022-09-09.

[12] 中国好故事．潘自强：奋斗一生只为国家的核安全［EB］. https：//www. chinastory. cn/PCzwdbk/detail_ v2/20220120/1006000000039761642647103058452817_ 1. html，2022-01-19.

[13] 中央电视台．许你万家灯火［EB］. https：//tv. cctv. com/2023/02/27/VIDAWopI9NqiOet8cJ90yRdl230227.shtml，2023-03-01.

“核动力装置与设备（二）”课程思政案例

赵富龙，田瑞峰

（哈尔滨工程大学核科学与技术学院，黑龙江　哈尔滨　150001）

摘　要：核能作为一种低碳、安全、清洁的绿色能源，是人类最具希望的未来能源之一。在核电站中汽轮机是至关重要的设备，决定了功率输出水平，核电站汽轮机目前造价通常以亿元为单位，作为大国重器，其设计水平、运行特性等直接关系到国家的社会经济发展。本案例以不同类型汽轮机本体结构为对象，结合汽轮机本体部件结构的设计理念、设计原理、结构形式，针对不同型式汽轮机的区别与联系、汽轮机设计水平与经济社会发展和环境保护的相关性、工程伦理、国家碳中和目标及清洁能源发展需求、自主化设备研发、大国工匠精神等内容展开讨论，以期提高学生的责任感和使命感、工程伦理意识、创新能力、思辨能力和知识综合运用能力、团队协作意识及大国工匠精神，助力核学科新工科人才培养。

一、课程基本情况

（一）授课对象情况分析

授课对象：本课程是哈尔滨工程大学核工程与核技术专业的本科生培养的专业核心课程，授课对象为三年级本科生[1]。

授课对象特点分析：三年级本科生在经历过两年半的本科课程学习之后具有一定的数理及专业基础，对大学生活也有了较为全面的认知，此时学生整体较为成熟稳重，对学校和社会问题拥有自己的观察力和思考能力，但分群现象较为明显，有的学习一直很优秀、有的社会实践丰富多彩、有的在各类比赛中崭露头角，有个别沉迷网络游戏，也有个别自暴自弃。对于大三学生而言开始着重提升自己的工作能力、社交能力、动手能力、理解能力和环境适应能力，同时注重锻炼独立解决问题的能力。为此，需要在专业核心课程教学过程中需要着重提升学生对专业知识的理解、认同、自主设计、独立思考能力和创新实践能力。

（二）课程情况简介

“核动力装置与设备（二）”是核工程与核技术专业的专业核心课程，由核动力设备和汽轮机两部分组成，旨在培养学生对蒸汽发生器、稳压器、核汽轮机、冷凝器等核动力装置的设计能力和创新能力，是一门理论性和实践性都很强的课程，在培养学生创造性思维、综合设计和实践能力方面占有重要的地位。突出和加强授课的对象为毕业后致力于核动力装置与设备的设计、制造及运用工作的本科生。通过核动力设备部分的学习，使学生掌握蒸汽发生器、稳压器等压水堆核动力装置中主要设备的组成、工作原理和热工水力过程，初步具备利用所学基础理论知识进行核动力设备设计的能力；通过汽轮机部分的学习，使学生掌握汽轮机、冷凝器的基本结构与工作原理，熟悉核动力汽轮机的运行特点。

本课程的主要任务是通过课堂教学和项目设计（研究）等环节使学生掌握主要核动力装置与设备设计的基本理论、基本知识和基本技能，掌握主要组成部分与结构的分析与设计方法和一般性规律，具有初步的核动力装置与设备分析设计能力，培养学生的专业工程知识的应用能力与创新意识，能够理解和评价复杂的核专业工程实践对环境、社会可持续发展的影响。

本课程的课程目标及能力要求具体如下：（1）掌握核动力装置与设备的主要组成部分，如蒸汽发生器、稳压器、核动力汽轮机、冷凝器等关键设备的基本结构、工作原理设计方法，具有分析核动力装置与设备主要结构的基本特征，提出基本的概念设计方案和绘制设计图样的能力；（2）学会查找专业技术资料和文献，能够使用相关设计标准和规范等；具备对主要组成结构的设计特点和功能进行分析的能力，针对复杂设计问题能够提出解决方案的设计思路；（3）理解主要核动力装置与设备的技术经济特征及其对环境的影响，以及与能源可持续发展相关的国家技术政策、技术标准等，具有对复杂环境条件下核动力系统适应性分析的能力；（4）明确核动力装置与设备安全运行的意义，能够认识到核设备的设计和建造方式对于减低消耗、提高社会经济效益、维护社会可持续发展的作用，评价相应工程实践对环境、社会可持续发展的影响。

二、案例基本情况

本案例隶属于“第二章核动力汽轮机的基本结构”，主要知识点包括：（1）汽轮机本体的组成及作用；（2）主要部件形式及结构特点；（3）汽缸的作用及组成；（4）转子形式、结构特点和分类等。

本案例以不同类型汽轮机本体结构为对象，结合本体部件结构的设计理念、设计原理、结构形式，针对不同形式汽轮机的区别与联系、汽轮机设计水平与经济社会发展和环境保护的相关性、工程伦理、国家“碳达峰与碳中和”的“双碳”目标及清洁能源发展需求、自主化设备研发、大国工匠精神等内容展开讨论，以期提高学生的安全责任意识、工程伦理意识、辩证思维能力、团队协作意识及大国工匠精神。

（一）结合对核电站与火电站朗肯循环系统的认知和区别，联系背后四个典型热力学过程，培育学生联想能力和透过现象看本质的能力，提升学生理论联系实际能力和知识综合运用能力，强化学生自主设计意识

结合图 1，通过主观上对核电站朗肯循环系统、火电站朗肯循环系统组成及包括汽轮机在内的各个关键设备的认知，引导学生理解各个设备的基本功能，结合其基本功能与系统总体的功能，引导学生联想到其背后的数学物理过程，培育学生的联想能力和思维逻辑，培养学生既要从主观看现象，也要透过主题看问题背后的本质和数学物理模型。

结合图 1 和图 2，根据基本现象及原理，以及上述各个设备的功能，分析具体的 4 个

典型的热力学过程，根据 4 个典型热力过程中水和水蒸气参数变化过程特点，梳理出 4 个热力过程，并根据状态点和热力过程中工质参数变化的特点，依次绘制热力过程曲线，连接起来得到朗肯循环系统的热力过程线，直接通过热力过程线便可以直观地得到做功的能力大小，提升学生理论联系实际能力和知识综合运用能力。在教授过程中结合热力过程线，引导学生学习如何提升热力过程线所围绕的面积，进而提高输出功率和系统效率，强化学生自主设计意识和责任担当。

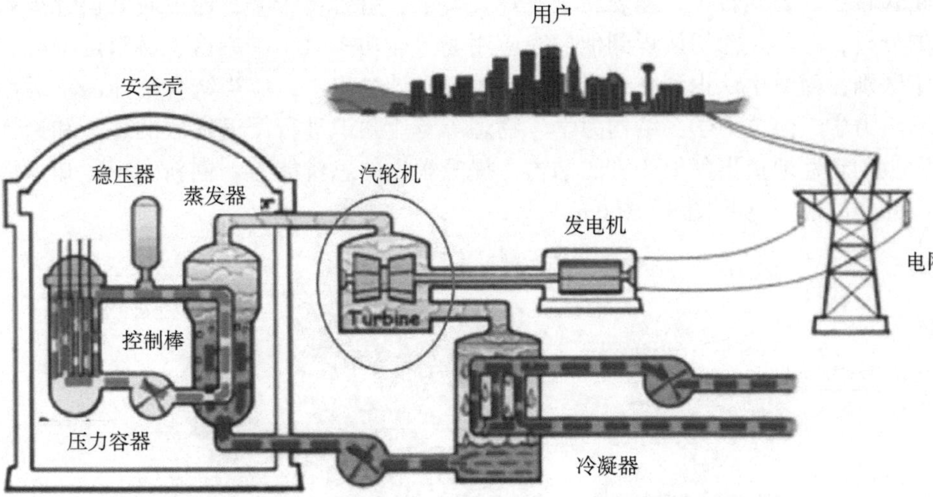

图 1　压水堆核电站朗肯循环系统工作原理图

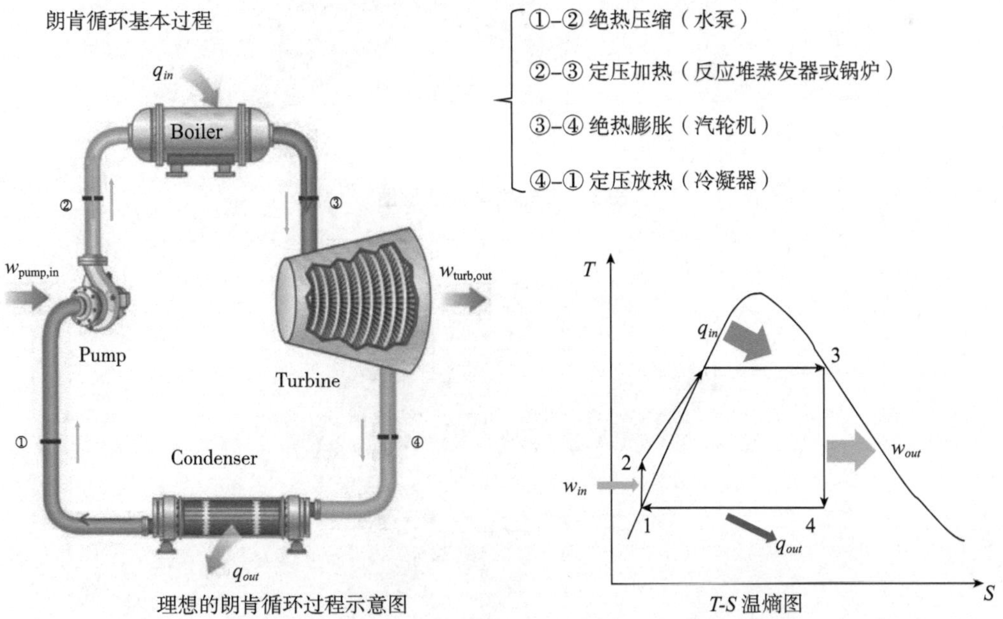

注：通过朗肯循环系统原理图的引入和热力过程线的联系，提升学生系统思维、联系能力及自主设计意识

图 2　朗肯循环的 4 个热力学过程及热力过程线

（二）通过对比不同形式的汽轮机整机及部件结构、设计思路和理念的区别与联系，培育创新思维，提高学生的思辨能力和知识综合运用能力

通过对比分析不同类型汽轮机整机及部件结构，引导学生认识到：虽然汽轮机整机结构设计的种类繁多，但归根结底均是对功率的产生方式与利用方式的设计，这是其相同点；同时各种不同类型的汽轮机部件也存在着一定的差异，比如上、下汽缸，静叶片、动叶片，轮式转子、鼓式转子、整装转子、焊接转子、组合转子等，通过对其设计结构进行多角度的分析，让学生深切认识到他们在应用场景、功率大小、用途、材料选型等方面均存在一定区别，使学生认识到在开展具体汽轮机设计过程中，应当结合具体需求运用所学习的工程热力学、流体力学、结构力学、物理等专业知识进行严谨细致的思考和论证，同时启发学生创新性地提出其他先进的结构，提升学生的思辨能力、创新意识、知识综合运用及解决问题的能力（见图 3~图 6）。

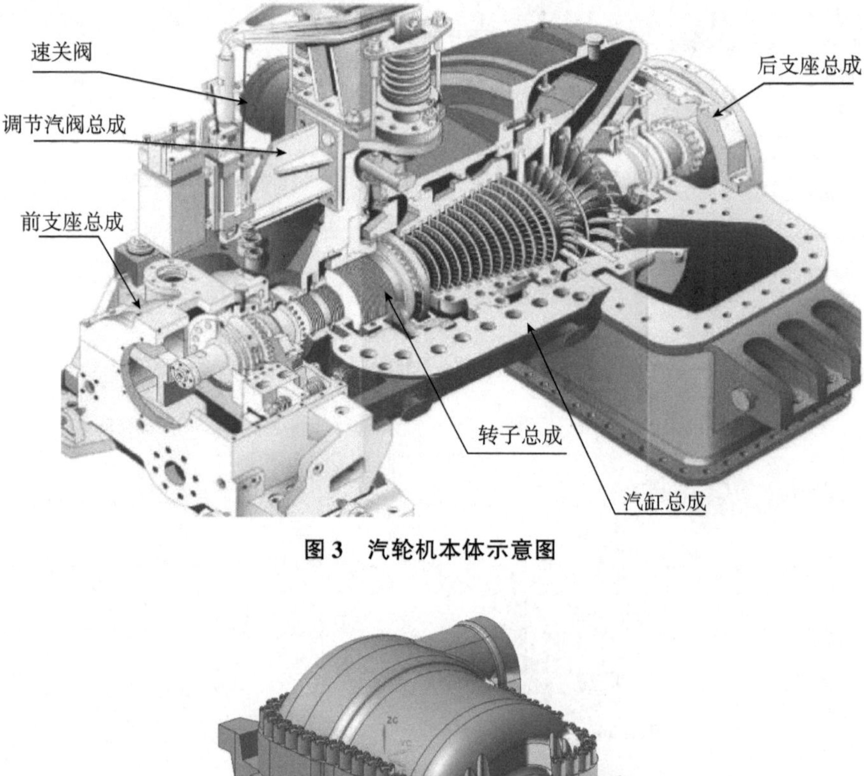

图 3　汽轮机本体示意图

图 4　汽轮机缸体示意图

图 5　梳齿型密封实物图

图 6　隔板套实物图

（三）通过介绍核动力汽轮机与社会经济发展、环境保护等相关性，及汽轮机设计思想及标准与理念，强化学生工程伦理教育

在核电站中汽轮机是至关重要的设备，决定了功率输出水平，核电站汽轮机目前造价通常以亿元为单位，作为大国重器，其设计水平、运行特性等直接关系到国家的社会经济发展。设计目标通常是利用优化设计思想来实现更高的设计标准，然而设计标准越高，对环境的影响越大，也不利于经济性的提高；此外，设计水平越高通常消耗的能源越少，效率越高，能量利用率和转化率越高，对环境的影响也越小。通过介绍核动力汽轮机与社会经济发展、环境保护等相关性，以及汽轮机设计水平与设计标准和经济性的矛盾对立统一关系，使学生认知到核动力汽轮机工程实践中的伦理关系，强化学生对于工程伦理的教育和工程伦理理念及意识的培养。

图 7 所示为田湾核电站大功率核动力汽轮机先进设计效果图。通过介绍田湾核电站大功率核动力汽轮机先进设计理念、方法，及其与社会经济发展、环境保护等的关联性，强化学生工程伦理教育。

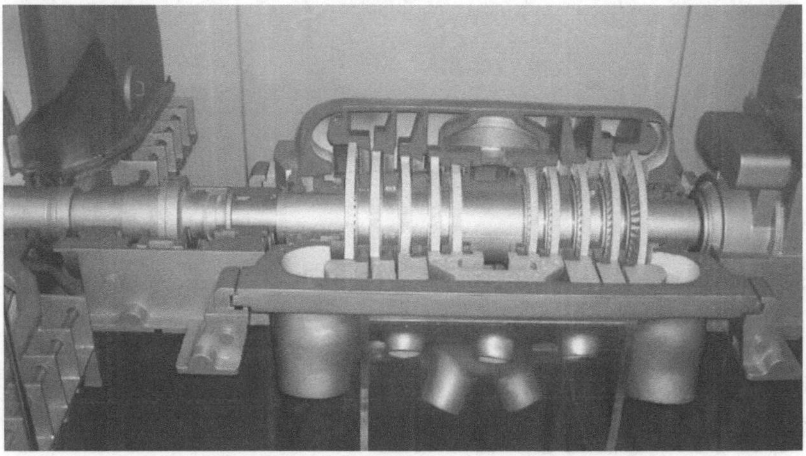

图 7　田湾核电站大功率核动力汽轮机先进设计效果图

（四）结合国家清洁能源发展、“双碳”目标及自主化设备研发重大需求，总结对比分析国内外发展现状，强调责任感和使命感，培养学生团结协作意识

核能作为一种低碳、安全、清洁的绿色能源，是实现碳中和、碳达峰目标的重要能源之一，其高效利用有助于清洁能源的发展。然而，早期英国、美国等发达国家率先掌握了汽轮机设计的关键技术，我国汽轮机的发展起步较晚，新型大功率先进汽轮机的设计水平比国外发达国家落后，距离超越发达国家水平，还需要较长的时间。通过对比国内外发展状况，让学生认识到祖国发展需要自己的努力，使学生深切感受到用己所学，肩负起中国先进汽轮机的研制开发重任，通过学习增强学生的主人翁意识、精神、责任感和使命感，坚定中华民族伟大复兴的信心、决心，激发学生科技报国的家国情怀和使命担当。通过介绍汽轮机的复杂组成，包括转轴、动叶片、静叶片、汽缸、轴承、汽封、联轴器、进汽口、拉筋等几十种零部件，让学生意识到一个复杂的大国重器是由很多小零件组成的，引导学生不畏艰难、学会分解和解决复杂的工程问题，同时鼓励学生重视分工协作，集中力量办大事，培养学生团结协作的意识。

通过清洁干净绿色的核电站二回路汽轮机厂房现场图（见图 8）引入，结合国家清洁能源发展、“双碳”目标及自主化设备研发重大需求，培养学生责任感和使命感。

图 8　清洁干净绿色的核电站二回路汽轮机厂房现场图

（五）通过学习大国重器——汽轮机分类及设计思想，培养学生精益求精的大国工匠精神

汽轮机的分类较多，按工作原理可分为：冲动式汽轮机、反动式汽轮机、冲反联合式汽轮机；按热力特性可分为：背压式汽轮机（见图 9）、凝汽式汽轮机（见图 10）、调整抽汽式汽轮机、抽汽背压式汽轮机、中间再热式汽轮机；按进汽参数可分为：低压汽轮机、中压汽轮机、高压汽轮机、超高压汽轮机、亚临界汽轮机、超/超超临界汽轮机；按

用途可分为：电站汽轮机、工业汽轮机、船用汽轮机；按蒸汽流向可分为：轴流式汽轮机、辐流式汽轮机。总之，按照不同的分类方式，相应地有很多不同的汽轮机类型和设计方案，通过学习不同类型的汽轮机的设计技术及设计思想，使得学生深切感受到大国重器的发展离不开每一个技术细节的研发，通过课程学习培养学生精益求精的大国工匠精神。

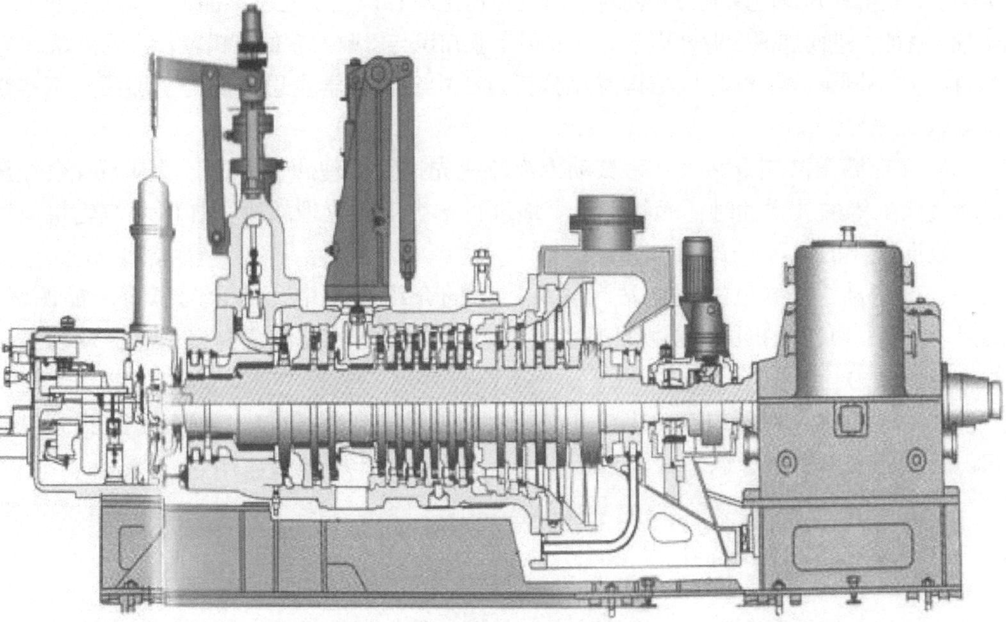

图 9　背压式汽轮机示意图

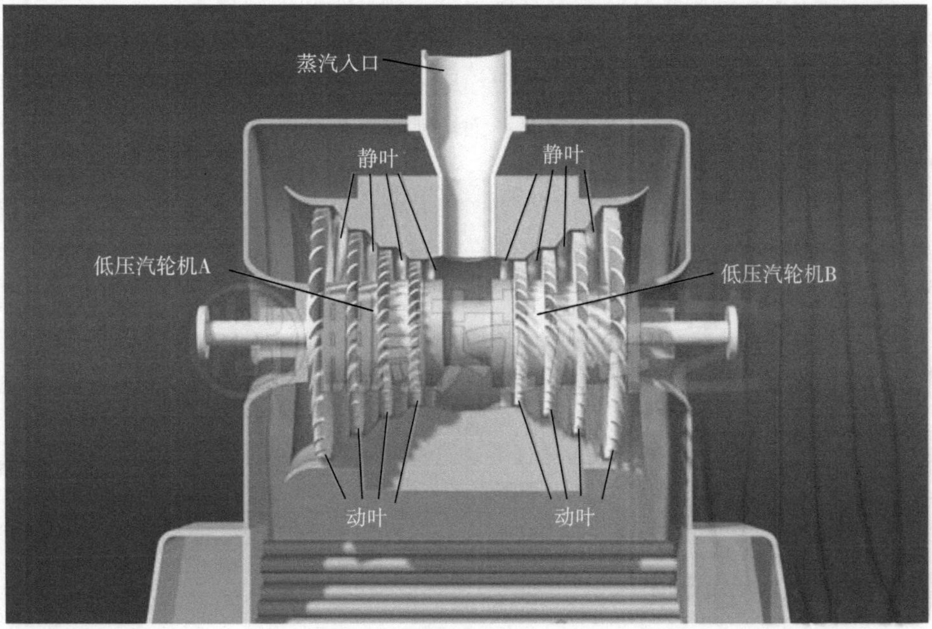

图 10　凝汽式汽轮机示意图

三、案例思政元素分析

本案例在讲述汽轮机结构特点及设计理念过程中，多方位潜移默化地融入思政特色内容，培养学生专业工程知识应用能力、创新意识、工程伦理意识、辩证思维能力、团队协作意识及大国工匠精神，进而加深专业知识学习，实现专业知识与思政元素的有机融合，具体如下：

（1）在不同形式的汽轮机结构对比分析过程中，提升学生思辨能力，加深对基本结构专业知识的理解；

（2）在介绍田湾核电站大功率核动力汽轮机先进设计理念、方法，及其与社会经济发展、环境保护等的关联性时，润物细无声地进行学生工程伦理教育，加深对汽轮机设计方法与一般性规律的学习；

（3）在清洁干净绿色的核电站汽轮机厂房的介绍过程中，结合国家清洁能源发展、“双碳”目标，对比分析国内外发展现状，提升担当大任的责任感和使命感，调动学生学习的主人翁动力；

（4）在凝汽式及背压式汽轮机的分类及设计思想的介绍过程中，引导学生提升专业工程知识应用能力、创新意识、大国工匠精神，加深对工作原理的认知。

四、案例教学整体设计

核能作为一种低碳、安全、清洁的绿色能源，是人类最具希望的未来能源之一。在核电站中汽轮机是至关重要的设备，目前造价通常以亿元为单位，作为大国重器，其设计水平、运行特性直接关系到国家社会经济发展。本案例从不同类型汽轮机本体及部件结构的设计理念、原理、结构形式角度，针对不同形式汽轮机的区别与联系、设计水平与经济社会发展和环境保护的相关性、“双碳”目标、大国工匠精神等内容展开思政元素挖掘，以提高学生责任感和使命感、工程伦理意识、创新能力、思辨和知识综合运用能力、团队协作意识及大国工匠精神。具体思政目标如下：

（1）通过对比不同型式的汽轮机整机及部件结构、设计思路和理念的区别与联系，培育创新思维，提高学生的思辨能力和知识综合运用能力；

（2）通过介绍核动力汽轮机与社会经济发展、环境保护等相关性、汽轮机设计思想及标准与理念，强化学生工程伦理教育；

（3）结合国家清洁能源发展、“双碳”目标及自主化设备研发重大需求，总结对比分析国内外发展现状，强调责任感和使命感，培养学生团结协作的意识；

（4）通过学习大国重器——汽轮机分类及设计思想，培养学生对汽轮机专业工程知识理解与应用能力，涵育精益求精的大国工匠精神。

五、教学实践过程回顾

（1）从教学成效来看，学生普遍认为课程所采用的“以典型案例及设计要点与课程基本知识讲授相结合的授课方式”具有很强的吸引力和良好的学习效果，部分学生反映案例教学增加了课堂的趣味性，避免了枯燥乏味的学习，利于学生集中精力听课并结合实际案例快速理解记忆，有助于提高课堂学习效率。

（2）从课程思政成效来看，学生通过对课程知识的学习，增强了主人翁意识、精神，极大地坚定地中华民族伟大复兴的信心、决心，增强了解决复杂的工程问题的能力、思辨能力及知识综合运用能力，同时对工程伦理、创新思维、工匠精神以及大国工匠精神等方面都有很好的认识，提升了责任感和使命感。

六、创新性与效果总结

在思政建设方面，形成以下 4 方面特色与创新点：

（1）结合不同型式的汽轮机结构的区别与联系，培育创新思维，提高学生的思辨能力和知识综合运用能力；

（2）结合核动力汽轮机与社会经济发展、环境保护等相关性，强化学生的工程伦理思维和教育；

（3）结合国家清洁能源发展及自主化设备研发重大需求，强调责任感和使命感，培养学生团结协作意识；

（4）结合汽轮机分类及设计思想，培养学生精益求精的大国工匠精神。

参考文献

[1] 孙中宁．核动力设备［M］．哈尔滨：哈尔滨工程大学出版社，2003.

[2] 刘承功．高校深入推进“课程思政”的若干思考［J］．思想理论教育，2018（06）：62-67.

[3] 卿青，王利群，郭静，等．课程思政视角下工科专业导论课程的教学改革与探索［J］．广东化工，2021，48（22）：248+240.

[4] 董燕．工科院校专业课程融入思政元素的思索与实践［J］．科技与创新，2021（22）：104-106.

[5] 于瑞侠．核汽轮机［M］．哈尔滨：哈尔滨工程大学出版社，2000.

[6] 阎昌琪．核反应堆工程［M］．哈尔滨：哈尔滨工程大学出版社，2004.

[7] 剪天聪．汽轮机原理［M］．北京：水利电力出版社，1985.

[8] 高锡文．基于协同育人的高校课程思政工作模式研究——以上海高校改革实践为例［J］．学校党建与思想教育，2017（24）：16-18.

[9] 何红娟．“思政课程”到“课程思政”发展的内在逻辑及建构策略［J］．思想政治教育研究，2017，33（5）：60-64.

[10] 高燕．课程思政建设的关键问题与解决路径［J］．中国高等教育，2017（Z3）：11-14.

[11] 高德毅，宗爱东．课程思政：有效发挥课堂育人主渠道作用的必然选择［J］．思想理论教育导刊，2017（1）：31-34.

“核反应堆工程”课程思政案例

赵富龙，谭思超

（哈尔滨工程大学核科学与技术学院，黑龙江　哈尔滨　150001）

摘　要：小型核动力系统具备续航时间长、功率大、用途广等优势，对于探火工程、深空探测、长期驻留、星表能源基地、深远海功能等任务具有广泛的技术带动作用，实现小型核能应用对未来国家在航空航天、极地、深海等领域拓展具有重要意义。如何在开展小型反应堆科学研究的同时做好课程思政、导学思政及具有交叉思维的复合型人才培养工作，是新工科创新型人才培养及新型科研育人系统建立过程中需要解决的关键问题。本案例结合在小型核反应堆系统研究及创新型人才培养中的应用探索及经验，围绕小型核反应堆的特点和设计理念，多方位潜移默化地融入课程思政特色内容，重点强化学生工程伦理教育，培养学生探索未知、勇攀科学高峰的责任感和使命感，激发学生科技报国的家国情怀，探索出了一条融基础知识学习、科研育人与导学思政为一体的课程思政和人才培养模式，能够为核领域新工科人才培养体系的完善提供理论和实践参考，为核能强国战略提供基础知识扎实、思想意识和思维理念先进的核科技英才。

一、课程基本情况

（一）授课对象情况分析

授课对象：本课程是哈尔滨工程大学研究生培养的专业基础核心课程，授课对象为一年级硕士研究生。

授课对象特点分析：一年级硕士研究生在经历过本科课程学习之后具有较强的数理及专业基础，在报考专业时基本上已经明确了学习的重点和方向，学习独立性强、学习目标相对明确，但是不同学生在思想上存在较大的差异、优越感较强、耐挫力较差，部分研究生存在服务意识淡薄、集体意识淡薄、独立思考能力较差、创新思维能力较弱等问题。为此，需要在学习过程中能够提升研究生的独立思维能力、自学和科研能力、较强的自我约束能力、创新思维能力、集体意识及团队协作意识。

（二）课程情况简介

“核反应堆工程”作为研究生培养的专业基础课程，自20世纪90年代初核能科学与工程学科硕士学位点设立时便开设此课程，2010年课程开始立项双语课程建设，此后2012—2020年期间陆续获批教育部来华留学英语授课品牌课程、校研究生课程思政示范课程、校研究生核心课程，2020年疫情期间，国际版英文课程上线，2021年获批黑龙江省研究生课程思政示范课程，2022 年入选国家研究生智慧教育平台课程，通过二十余年的建设和发展，该课程在"核科学与技术"研究生培养中起到了夯实专业及思想基础，培育创新思维，提高解决科学问题能力，涵育强核报国精神等作用。

本课程的课程目标在于通过专题学习使学生了解和学习核能科学与工程的前沿专业知识，夯实专业基础，拓展学术视野，提升研究能力，强化交流水平，为学生开展研究生阶段的专业课程学习奠定理论基础，也使学生掌握核反应堆工程领域的研究、设计和运行等方面的基本工作思路；通过问题学习，培养学生工程伦理意识与工匠精神，提升学生发现、分析和解决核工程科学问题的能力；通过自主学习，调动学生主动学习热情，提升独立开展科学研究的基本能力，为从事研究生科研工作和学位论文工作奠定学术基础，培养学生学术思维，开拓学术视野，增强团队协作意识；最终实现"夯实基础—掌握方法—训练能力—培养思维"的目标。

二、案例基本情况

该思政案例隶属于核反应堆工程"小型与特种核反应堆"专题知识点。随着空间科学技术的发展，近几十年来空间应用对能源大功率、高可靠、长续航等需求大大增加，空间核动力技术作为新兴技术领域逐渐受到世界各国的关注。虽然空间核能具有高能量密度、长寿期以及环境适应性强等特点，但其面临恶劣的空间环境，对核安全性要求和反应堆技术指标要求很高。本案例结合深空能源发展需求、空间核动力特殊要求、空间反应堆设计理念及空间核安全准则，对比分析不同类型空间核反应堆技术，针对新型空间技术、空间核安全、工程伦理、航天精神等内容展开深入讨论和学习，以培养学生探索未知、勇攀科学高峰的责任感和使命感，强化学生团结协作的意识、学生工程伦理教育及思辨能力，培养学生精益求精大国工匠精神，激发学生科技报国家的国情怀。

（一）结合国家深空能源发展重大需求及空间核动力特殊要求，培养学生探索空间未知领域的责任感及团结协作的意识

2021 年 5 月，中国"天问"一号着陆器和"祝融"号火星车实现在火星表面的两器合拍，标志着我国的航天事业发展又取得一大重要成就，航天事业的发展对于我国民用和军用事业发展具有重要意义，然而每一次航天成就背后凝聚了几十万人共同团结奋斗的汗水，通过学习提升学生团结协作、团队工作的理念和能力。虽然对空间探索有一定的进展，但是目前距离认识空间领域还有很长的路要走，通过对该部分课程的讲授，培养学生探索未知的意识、勇攀科学高峰的责任感。

（二）辩证看待空间核安全的重要性，强化学生工程伦理教育及意识

随着空间科学技术的发展，近几十年来空间应用对能源大功率、高可靠、长续航等需求大大增加，空间核动力技术作为新兴技术领域逐渐受到了世界各国的关注。虽然空间核能具有高能量密度、长寿期以及环境适应性强等特点，但其面临无重力、低环境压力、极端温度等恶劣的空间环境，对核安全性要求和反应堆技术指标要求很高。在空间中通常无

人值守，若核反应堆在空间中发生事故，其后果是难以想象的，通过回顾苏联切尔诺贝利核事故、美国三哩岛核事故及日本福岛核事故在技术、人为、自然环境等方面的原因和后果，使学生直观认知到核能是一把双刃剑，确保核安全是安全合理利用空间资源的重要前提，通过空间核安全的学习与思考，使学生认知到保证核安全和提高经济性的矛盾与对立关系，强化学生对于工程伦理的教育和工程伦理理念及意识的培养。

（三）学习空间核动力系统分类及设计思想，培养学生大国工匠精神

空间核动力系统的分类较多，从能量的产生方式上进行划分包括“放射性同位素”和“核反应堆”，根据热能的利用方式分为“核反应堆电源”与“核热推进”两大类，根据电能的产生方式分为“静态能量转换”与“动态能量转换”，根据能量最终的利用形式又能分为“核电推进”与“多模式空间核动力系统”，相应地有很多不同的空间核反应堆设计方案，通过学习不同类型的空间核反应堆的设计技术及设计思想，使得学生深切感受到大国重器的发展离不开每一个技术细节的研发，通过课程学习培养学生精益求精的大国工匠精神和严谨细致、求实的学习态度。

（四）对比分析不同类型空间反应堆技术，提高学生思辨能力和知识综合运用能力

通过对比分析不同类型空间核反应堆技术，引导学生认知虽然空间核动力系统的种类繁多，但归根结底是对核能的产生方式与利用方式的阐释，这是其相同点；同时各种不同类型的空间反应堆也存在着一定的差异，比如星表裂变反应堆、普罗米修斯太空探索计划用的气冷反应堆，通过对其设计方案进行了多角度的分析，让学生深切认识到他们在应用背景、反应堆堆型、冷却剂形式、功率大小、材料选型、燃料类型及形式、系统方案、能量转换方式等方面均存在一定区别，使学生认识到在开展具体空间反应堆设计过程中，应当结合具体需求运用所学习的流体力学、传热学、反应堆物理等专业知识进行严谨细致的思考和论证，提升学生的思辨能力、知识综合运用能力及解决问题能力。

（五）总结对比分析国内外发展现状，强调责任感和使命感

新世纪以来，包括中国在内的美国、俄罗斯、欧洲、日本和印度等诸多国家相继提出太空探索计划。未来航天计划对大功率电源的要求越来越高，核动力是满足未来航天任务大功率需求的理想选择，美国、俄罗斯等国家相继开展了空间核动力技术研发、实验及发射等工作，然而我国对于核电源的研究仍处在概念设计和局部部件可行性验证阶段，距离实现核电源顺利升空，还需要较长的距离。通过对比国内外发展状况，让学生认识到祖国发展需要自己的努力，通过学习增强学生的主人翁意识、精神、责任感和使命感。

（六）学习航天精神奋起直追，坚定中华民族伟大复兴信心

我国航天事业能够在被国外限制的情况下，实现从无到有、从弱到强，从第一颗卫星“东方红”到现如今的探月、探火及“天宫”号空间站，展现出一代代中国航天人的无私奉献与不懈努力，先辈们用实际行动告诉我们，从无到有不是梦，让学生意识到我们应趁热打铁，坚定信念，承担责任，为实现中华民族伟大复兴贡献一份力量。反观中国核工业

体系发展亦是如此，发展空间核电源亦应秉承艰苦奋斗的航天精神，使学生深切感受到用己所学，肩负起中国可靠性、多样性、持久性核电源的研制开发重任，坚定中华民族伟大复兴的信心、决心，激发学生科技报国的家国情怀和使命担当。

三、案例思政元素分析

紧密联系我国空间能源及空间核动力工程当前发展实际，将思政内容与课程内容有机融合，主要从以下几方面切入。

（1）针对深空探测对新型空间核动力能源的需求，结合中国“天问”一号着陆器和“祝融”号火星车在火星表面的两器合拍的事例，培养学生探索未知、勇攀科学高峰的责任感。通过介绍各种空间核动力系统及反应堆设计思想与空间核安全准则与理念，培育学生核安全观、强化学生工程伦理教育。

（2）通过对比分析不同类型空间核反应堆技术以及空间反应堆的区别与联系，培育创新思维，提高学生的思辨能力和知识综合运用能力。结合中国航天从开始被限制发展到第一颗卫星再到现如今的探月、探火及“天宫”号空间站，带领学生回顾从无到有、从弱到强的艰难历程和取得的成就，培养学生精益求精的大国工匠精神，激发学生科技报国的家国情怀和使命担当。

（3）通过先进小型反应堆设计等团队大作业，要求学生自主进行设计，理论应用于实践，培养学生的团队协作能力；课后延伸学习中提供具有思政元素的电子版及纸质版的线上及线下专业学习材料，学生通过课后自学进一步拓展学术视野，增强科学探索意识和使命感。

四、案例教学整体设计

本案例结合空间核反应堆的特点和设计理念，多方位潜移默化地融入课程思政特色内容，强化学生工程伦理教育，培养学生探索未知、勇攀科学高峰的责任感和使命感，激发学生科技报国的家国情怀。整体设计目标如下：（1）知识维度：掌握先进空间反应堆的特点和设计理念，掌握各种形式空间反应堆的设计思想和相互之间的区别与联系；（2）能力维度：能够辩证地理解不同类型空间反应堆的区别与联系，并能够提出创新性的空间反应堆方案，培育探索未知、解决核工程前沿科学问题的能力；（3）素质维度：培育核安全观，培养探索、质疑、理性、实证的科学精神，提高辩证思考和创新设计能力，提升学术道德和工程伦理意识。

本案例具体教学实现方法和目标如下：（1）在讲授空间核反应堆技术前沿专业知识的同时结合新中国核工业领域的快速发展，增强学生对中国共产党领导和社会主义制度的认同感和自豪感，进一步坚定“四个自信”；（2）通过中国“天宫”空间站、“天问”一号着陆器和“祝融”号火星车两器合拍等大国重器案例的讲授及探讨，培养学生面向国家重大需求，敢于担当的责任意识，培养精益求精的大国工匠精神，涵育强核报国精神和家国情怀；（3）通过对空间核安全等核安全热点问题的研讨，培育学生的核安全文化意识和核安全观，强化学生的学术道德、安全意识和工程伦理意识；（4）通过学习先进空间反应堆学术前沿问题，强化学生科学思维方法训练，培养探索、质疑、理性、实证的科学精神以及辩证思维的能力，培养学生探索未知、追求真理、解决核工程科学问题的能力。

五、教学实践过程回顾

（一）教学实践过程

课程通过多媒体课件讲解、视频、图片展示、团队设计论文撰写、设计答辩以及互动讨论的形式，使得学生深入了解空间核动力的特殊要求及空间核动力安全的重要性，强化学生工程伦理教育，通过空间核动力系统及反应堆设计思想、方案的介绍与讨论，使学生掌握空间核动力系统的分类及典型空间核反应堆设计思想，通过对比分析不同类型空间核反应堆技术，提高学生的思辨能力和知识综合运用能力。通过总结对比分析国内外发展现状，学习航天精神强化学生的使命感，激发其奋起直追、为国家做强做大而不懈奋斗的决心，既使学生掌握了专业知识、培养科研思维和能力，又能够激发学生的爱国热情。

图 1 显示了中国“天问”一号着陆器和“祝融”号火星车在火星表面的两器合拍，激发了学生的民族自豪感和爱国热情，培养了学生的探索意识和从事科学研究的责任感及使命感。

图 1　中国“天问”一号着陆器和“祝融”号火星车在火星表面两器合拍

图 2 显示了俄罗斯 TOPAZ-I 型空间热离子反应堆。该型堆凭借其严格的安全设计要求及成熟的设计理念胜任了多次太空任务，确保了空间核安全，成为多国研究借鉴的对象。该图能够使学生对空间核动力产生直观印象，加深学生对空间安全的工程伦理思考，同时激发学生学习研究空间核动力的热情，最终完成自主创新，接过我国太空核事业的接力棒。

图 3 为星表裂变反应堆，图 4 为普罗米修斯计划核动力航天器的结构示意图。对不同类型的空间核反应堆的原理、能量转换方式、能源利用方式等进行对比分析，可以很全面地向学生讲解空间核动力体系所涉及的关键技术，同时结合空间核能所应用的场景及特点，通过深入对比分析提高学生的思辨能力和知识综合运用能力。

图 2　TOPAZ-I 型空间热离子反应堆

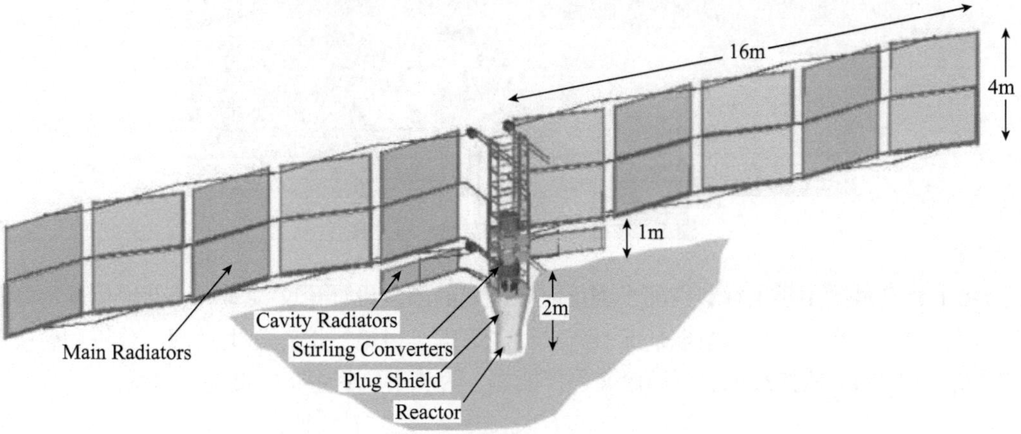

图 3　星表裂变反应堆

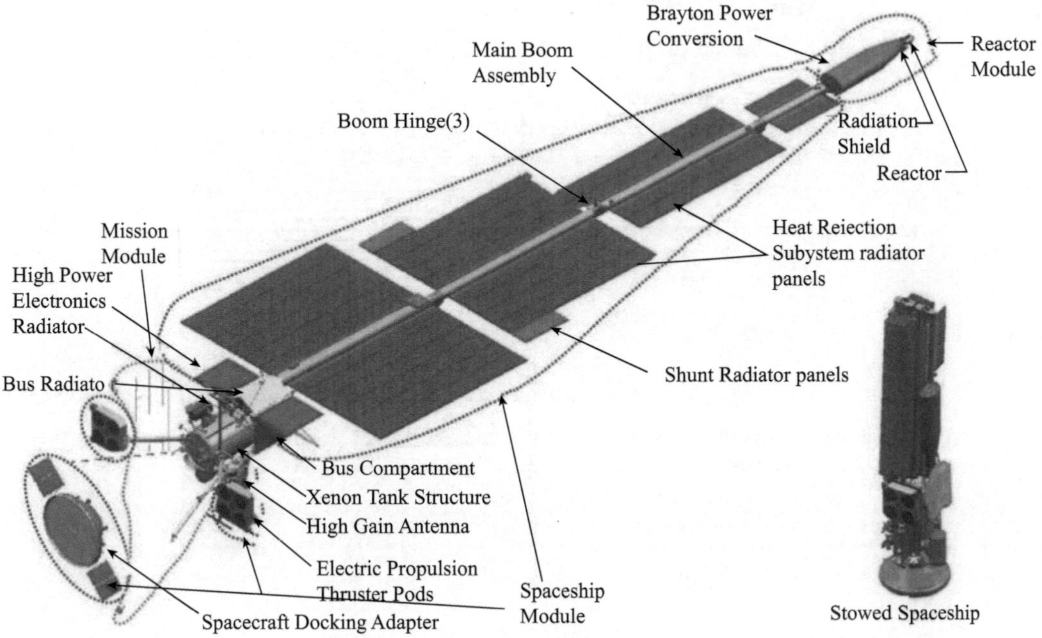

图 4　空间核动力航天器结构示意图

图 5 展示了中国“天宫”空间站的概念图，该空间站将于 2022 年前后建成，在国际空间站退役后，将成为唯一在运行的空间站。该图使同学们更直观地感受到中国航天人在一代代努力下，所取得的伟大成果。激励学生学习先辈的艰苦奋斗的精神品质，扎根于核事业，担负起核工业体系重任，在不断积极奋斗下，完成历史交付的重要使命，为实现中华民族伟大复兴贡献力量。

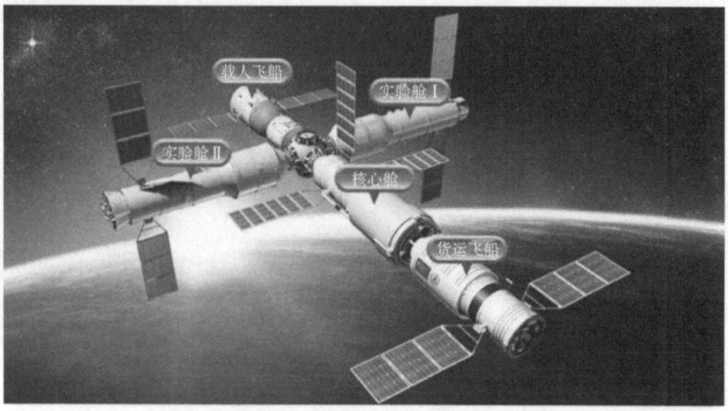

图 5　中国“天宫”空间站概念图

图 6 和图 7 展示了学生针对空间小型反应堆开展的团队设计论文撰写、小型堆设计答辩及讨论情况，通过课堂讨论、小型堆系统团队设计、答辩、讨论，培养学生发现、分析和解决问题的能力，增强团队协作意识、提高论文写作能力，为从事研究生工作奠定学术基础。

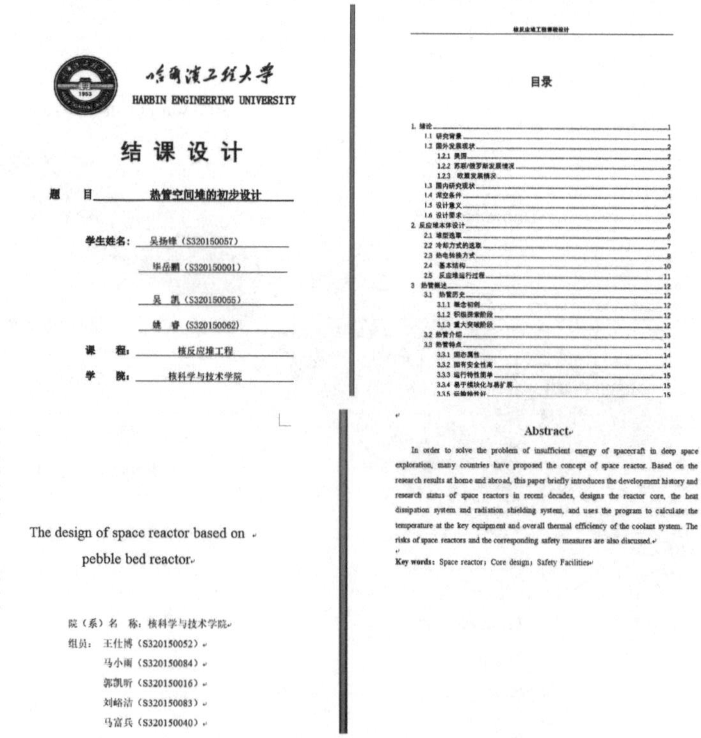

图 6　学生针对空间小型反应堆开展的团队设计

图 7　学生针对空间小型反应堆开展的团队设计答辩及讨论情况

(二) 教学实践回顾及反思

(1) 熟练掌握思政教育实施要点、策略方法及难点问题

思政教育实施要点方面，为达到较好的思政教学效果，需要将思政教育融入到课程教学的全过程中。在教学过程中注重融入思政内容，不仅注重课程知识点中挖掘思政元素，更注重在团队作业及课程考核中融入思政元素，最终通过学生的主动学习来加深对思政内容的认识。教学方法上，采用线上线下混合式的基于问题学习、基于研究学习、拓展学习和基于设计学习的教学模式，提升学生的主人翁意识。教学难点在于如何潜移默化地让学生主动参与到思政内容的讨论与学习。

(2) 陈述思政教育目标具体达成情况以及改进思路

从教学目标达成情况来看，学生通过课程学习，锻炼了研究能力，拓展了学术视野，学生是在研究中开展课程学习，在课程学习中培养研究能力，教学内容涉及专业前沿，团队作业为新概念堆型且增加了延伸阅读内容，学生开阔了视野，增强了科学探索意识，部分学生还主动联系了国际知名专家并得到响应，同时也提高了思想认识，即增强了担当意识和责任意识，涵育了强核报国精神，增强了团队意识和协作意识。在改进思路方面，结合授课时间点附近的实事引入课程思政案例，可以提高学生学习的兴趣，改善教学效果。

六、创新性与效果总结

（1）结合先进核动力及空间探测等行业热点，多方位融入思政特色内容，培养学生辩证思考的能力，培育学生创新思维、核安全观和工程伦理意识。通过介绍各种空间核动力系统及反应堆设计思想与空间核安全准则与理念，培育学生核安全观、强化学生工程伦理教育。通过对比分析不同类型空间核反应堆技术以及空间反应堆的区别与联系，培育创新思维，提高学生的思辨能力和知识综合运用能力。结合中国航天从开始被限制发展到第一颗卫星再到现如今的探月、探火及“天宫”号空间站，带领学生回顾从无到有、从弱到强的艰难历程和取得的成就，培养学生精益求精的大国工匠精神，激发学生科技报国的家国情怀和使命担当，强化对党的领导和社会主义制度的认同。

（2）创新教学模式，强化学生的参与意识，从被动的课程思政，引导学生主动融入、积极思考。课程采用线上线下混合式的基于问题学习、基于研究学习、拓展学习和基于设计学习的教学模式，以提升学生的主人翁意识，即采用问题式学习和研讨方式学习相结合的方式，强调对问题的探究，强调学生的参与，通过延伸学习强化对知识深度和广度的了解，通过团队设计作业来进行考核。将课程思政内容融入全过程，特别是学生的主动探究和思考，实现了主动课程思政教育，提升学生的主人翁意识和精神。

参考文献

[1] 阎昌琪，曹欣荣．核反应堆工程［M］．哈尔滨：哈尔滨工程大学出版社，2004.
[2] 陈敏．大学生创新创业能力现状及提升措施［J］．商展经济，2021（09）：71-73.
[3] 李杨帆，朱晓东．科研训练计划与大学生创新能力培养［J］．中国大学教学，2011（04）：24-25.
[4] 王欢，米宪儒，何琳珏，等．基于虚拟现实技术的大学生创新训练实践［J］．西部皮革，2021，43（8）：134-135.
[5] 韩团军，尹继武，黄朝军．基于大创项目的电类学生创新能力培养研究［J］．黑龙江教育（理论与实践），2021（4）：39-40.
[6] 唐根丽，王艳波．大学生创新创业能力培育路径研究［J］．四川理工学院学报（社会科学版），2011，26（3）：76-79.
[7] 谭思超，张志俭，高璞珍，等．实践教学与科研相结合的创新教育模式研究［J］．教育理论与实践，2007，27（S1）：248-249.
[8] 赵富龙，谭思超，温济铭，等．空间核动力系统研究在创新型人才培养中的应用探索［J］．教育科学，2022. 6（11）：23-126.

“核动力装置用泵与阀门实验：安全与创新”课程思政案例

周　杰

（哈尔滨工程大学核科学与技术学院，黑龙江　哈尔滨　150001）

摘　要：本文介绍了核动力装置用泵与阀门课程的基本情况和案例。首先，分析了该课程的授课对象和课程内容。其次，通过美国三哩岛核事故案例，探讨了核安全至上、预防与应对以及科学与技术的力量等思政元素。然后，介绍了国内某高校团队成功研发的低功耗新型电动调节阀的案例，强调了科技创新、团队合作、理论联系实际和科技报国的重要性。最后，总结了教学实践过程和创新性与效果，指出通过案例教学可以提高学生的综合素质和能力培养。

一、课程基本情况

（一）授课对象情况分析

授课对象为大学三年级（2）学期本科生、学生已经完成了大部分基础课程的学习，开始进入专业课程阶段。他们已经掌握了一定的核工程基础知识，正在学习“核动力装置用泵与阀门”理论课。在实践方面这些学生进行过物理学、流体力学和传热学的相关实验。同时，大学三年级（2）学期的学生通常会开始接触一些科研项目，这有助于他们更好地了解和掌握科学研究的方法和技能。他们可能会开始进行一些实验设计、数据分析、论文撰写等工作。

（二）课程情况简介

核动力装置用泵与阀门课程是一门专业选修课，主要涉及核反应堆工程领域。该课程旨在使学生了解泵（与风机）在核动力装置中的作用，掌握离心泵（与风机）的工作原理和特性、泵（与风机）工作点的确定、工况调节方法、泵与管路系统联合运行特性。此外，该课程还教授学生掌握核动力装置用的一回路冷却剂泵、二回路给水泵、凝结水泵和循环水泵的结构和功能，并培养他们正确选择泵（与风机）以满足各系统对泵（与风机）的不同要求的能力。在课程设置上，核动力装置用泵与阀门总学时为 32 学时，其中理论课 24 学时，实验课 8 学时，实验内容包括离心泵的特性实验，调节阀流量特性实验等。课程考核方式为考查，考试课成绩按百分制记载，考查课成绩按五级分制记载。该课程在第 6 学期开设，面向核反应堆工程专业的学生。

二、案例基本情况

（一）核安全重于泰山

背景：在核工程中，阀门是保证核设施安全运行的重要设备之一，一旦出现故障，将对核设施的运行和安全产生重大影响。

情景：1979 年 3 月 28 日，美国三哩岛核反应堆二次冷却系统的给水泵发生故障，导致冷却水无法进入蒸汽发生器，进一步导致反应堆自动停堆。随着主冷却系统中温度和压力的增加，“先导控制安全阀”（PORV）打开，释放多余的压力。根据设计要求，当压力下降到适当的水平时 PORV 应当自动关闭，但当时它没有关闭，让所有蒸汽全部逸出。此时，控制面板显示，阀门已关闭，因此操作人员没有意识到核电站实际正在发生的冷却剂溢出事故。冷却剂溢出导致温度升高，在高温环境中，锆合金燃料包壳与蒸汽发生反应，产生氢气。由于反应堆正在关闭，操作人员关闭了冷却剂泵，导致应急冷却水自动泵入反应堆容器。由于没有仪器显示，操作人员不清楚一回路系统内的水位，因此他们停止了紧急冷却水循环，以避免反应堆容器可能出现的过压。PORV 持续泄漏，导致反应堆堆芯水位下降，堆芯过热，约三分之一的燃料已经熔化，最终，该事件被评为国际核事件分级的 7 级系统中的第 5 级：事故带有广泛后果。后续清理工作超过 14 年，总清理费用约为 10 亿美元。

（二）自主创新，科技报国

在核工程领域，阀门的重要性不言而喻。然而，当前国产阀门主要集中在中低端市场，品种繁多，数量庞大，这给国内核工程领域带来了一些挑战。在核动力装置中，电动控制阀的电动执行器主要依赖国外产品，但这些问题如功率大、尺寸大、笨重且能耗高等都给应用带来了一定的困扰。

为了解决这些问题，国内某高校开展了一项创新研究，成功开发出一种低功耗的新型电动调节阀。这种调节阀的能耗平均可以降低超过 60%，驱动电机的尺寸也可以比普通电机缩小超过 40%。这一成果无疑将为我国核工程领域的发展提供了强有力的支持。

这个案例不仅展示了科技创新的重要性，也凸显了我国高校在国家科技事业中的积极作用。国内某高校的科研团队以实际行动践行了科技报国的理念。同时，这个案例也启示我们，只有通过不断创新，才能在科技领域取得更多的突破和成就。

三、案例思政元素分析

（一）美国三哩岛核事故

美国三哩岛核事故的主要原因是先导控制安全阀在压力下降到适当水平时未能自动关闭。这起事件给我们提供了宝贵的教训和警示，以下是从这一案例中挖掘出的思政元素：

（1）核安全至上：三哩岛核事故的发生，首先强调了核安全至上的原则。在核电站的运行过程中，任何设备的故障或人为的失误都可能对环境和公众健康造成严重威胁。因此，我们必须将核安全放在首位，严格遵守操作规程，确保核电站的安全稳定运行。

（2）预防与应对：三哩岛核事故的发生暴露出核电站对突发情况应对不足的问题。在课程中，可以引导学生探讨如何建立健全的核电站安全管理制度，提高预防和应对突发事件的能力。同时，可以强调在面对突发情况时，保持冷静、迅速采取有效措施的重要性。

（3）科学与技术的力量：三哩岛核事故的发生也凸显了科学技术在保障核安全方面的重要作用。在课程中，可以引导学生深入了解核电站的工作原理、安全控制措施以及新兴的核安全技术。通过讨论这些科学技术的发展趋势和应用前景，培养学生的科技思维和创新能力。

（二）低功耗新型电动调节阀研发

国内某高校科研团队研发低功耗新型电动调节阀的案例中的思政元素包括以下内容。

（1）科技创新的重要性：这个案例凸显了科技创新在推动核工程领域发展中的重要性。国内某高校的科研团队通过创新，成功开发出低功耗的新型电动调节阀，为解决国内核工程领域的问题提供了有效的解决方案。这说明了科技创新是推动社会进步和经济发展的重要力量。

（2）团队合作的力量：这个案例也展示了团队合作的力量。国内某高校的科研团队通过协作，成功完成了这项复杂的科研项目。这说明了在科技创新中，团队合作的重要性不亚于个人的才智和努力。

（3）理论联系实际的精神：这个案例还体现了理论联系实际的精神。国内某高校的科研团队不仅具备深厚的理论基础，还能够将理论知识应用到实际问题的解决中。这说明了我们需要在思政教育中强调理论联系实际的重要性，培养学生具备解决实际问题的能力。

（4）科技报国的理念：这个案例也展示了科技报国的理念。国内某高校的科研团队通过自己的努力，为我国核工程领域的发展做出了贡献。这说明了需要在思政教育中强调科技报国的理念，引导学生树立为国家和人民服务的意识。

（5）挑战与超越的精神：这个案例还体现了挑战与超越的精神。国内某高校的科研团队在面对国外产品的挑战时，没有退缩，而是通过创新超越了原有的技术水平。这说明了需要在思政教育中强调挑战与超越的精神，引导学生勇于面对困难和挑战，追求卓越。

四、案例教学整体设计

案例（一）

一个核电站拥有众多阀门，这些阀门在核电站的运行过程中起到了至关重要的作用。它们的数量和种类繁多，用于控制流体的流动、压力和温度等关键参数。在核电站中，阀门的造价相当高昂，每年用于维护和更换阀门的费用也相当可观。

为了更深入地理解阀门的重要性，我们可以回顾一下美国三哩岛核电事故。在 1979 年，美国宾夕法尼亚州的三哩岛核电站发生了一次严重的核事故。事故的原因之一就是阀门故障。由于一个阀门未能正常关闭，进而引发了核事故。这次事故向我们展示了阀门在核电站中的重要作用，以及设备故障可能带来的严重后果。

这次事故也提醒我们，对于核电站这样的高风险设施，设备维护和安全意识是至关重要的。定期对设备进行检查、维护和保养，确保设备的正常运行，是保障核安全的关键。同时，对于操作人员来说，严格遵守操作规程和程序也是保障核安全的重要环节。

在课程中，可以引导学生深入分析三哩岛核事故的原因，探讨如何通过设备维护和操作规范来提高核安全。通过这样的案例分析，可以培养学生的核安全意识、设备安全与维护能力以及操作规范与程序意识。

总之，通过美国三哩岛核事故这一典型案例的剖析，我们可以引导学生全面了解核电领域的安全问题及其应对措施。同时，也可以培养他们在该领域应具备的素养和能力。这对于未来从事核电相关工作的人来说是十分有益的。

案例（二）

通过图 1 来观察三个控制阀：从左至右分别是低功耗新型电动控制阀、普通电动控制阀和气动控制阀。可以看到，虽然三个控制阀的公称通径相同，但执行机构的差异却很大。特别是低功耗新型电动控制阀的执行机构，从物理尺度上看，明显小于其他两个调节阀。

图 1　公称通径一样，控制机构不同的阀门

接下来，探讨这三种驱动机构的特点和优劣。

首先是普通电动控制阀。这种阀通常使用常规的电机驱动，通过电线连接电源，进而驱动阀门的开关。其优点是操作简便，易于实现自动化，且应用广泛。然而，由于需要持续供电和相对较大的执行机构，这种阀的耗能较高。

其次是气动控制阀。这种阀是通过气压驱动阀门开关的。气动控制阀的优点是反应速度快，可靠性强，且具有较好的防爆性能。然而，气动控制阀在传输过程中会有压力损失，同时需要设置气源设备，因此安装和维护的成本相对较高。

最后是低功耗新型电动控制阀。这种阀采用了创新的驱动技术，使得执行机构在物理尺度上明显小于其他两种阀。低功耗新型电动控制阀的优点是节能、体积小、重量轻，这使得它在一些特定应用中具有显著的优势。然而，由于采用了新的驱动技术，这种阀的开发和维护成本可能会相对较高。

然后再来看国内某高校团体设计制造的新型电动调节阀的案例。这个案例展示了团队合作的重要性，以及科技报国和勇于挑战与超越的精神。该团队通过创新设计和精细制造，成功开发出了一种新型的电动调节阀，它在实验数据上表现出了优秀的性能。这个案例不仅展示了中国科研工作者的精神风貌，也提供了一个很好的学习范例，让我们明白创新并非一蹴而就，而是需要持之以恒的努力和不断学习。

通过这个案例，可以看到创新思维、团队合作、科技报国和勇于挑战与超越的精神是如何在科研工作中得到体现的。这提供了一个宝贵的启示：在未来的学习和工作中，我们需要充分发挥自己的创新思维能力，积极寻求团队合作，坚持科技报国的理想，勇于挑战与超越自我。

这样的课程思政设计不仅有助于学生全面了解不同驱动机构的特点和优劣，还能激发他们的创新思维和学习热情。同时，通过介绍国内高校团体设计制造的新型电动调节阀案例，我们可以培养学生的团队合作精神、科技报国的理想以及勇于挑战与超越的精神。这样的课程思政设计对于提高学生的综合素质和能力培养具有积极的意义。

五、教学实践过程回顾

首先，向学生提出了一些关于核电阀门数量和造价的问题，这些问题激发了他们对核动力装置用阀门初步认识的兴趣。接着，详细介绍了一下实验系统和实验规程，并强调了实验过程中需要注意的事项。

在实验规程中，引入了美国三哩岛核电事故的案例。这个案例可以用来强调安全对于核动力的重要性，并提醒同学们要重视设备安全与维护以及实验操作规范与程序。

然后，请同学们按照实验规程一步步进行了调节阀流量特性实验。这个实验的目的是让他们更直观地了解调节阀在不同情况下的流量特性表现。

完成调节阀流量特性实验后，让学生比较了不同调节阀的流量特性。尽管这些调节阀的外观看起来一模一样，但它们的流量特性却是各不相同的。这时，引导学生观察已经刨分的阀门模型，帮助他们了解流量特性不同的原因。

通过实验和讲解，希望同学们能够更深入地理解核电阀门的特点和重要性，以及在实验操作中需要注意的安全问题。同时，通过观察不同调节阀的流量特性，他们也能够锻炼自己的观察力和分析能力。

在课程的最后，给学生展示了一些国内某高校团队研发的低功耗新型电动调节阀与其他阀门的照片，并详细解释了这些阀门的结构特点。

通过展示这些不同类型的阀门图片，引导学生更深入地了解各种阀门的结构和工作原理。同时，强调了低功耗新型电动调节阀的特点和优势，例如，它的节能性能、小巧的体积以及更高效的性能。

在这个过程中，鼓励学生发挥自己的创新思维能力，敢想、敢干，勇于创新。还强调了科技报国的重要性，鼓励他们将所学知识应用于实际工作中，为国家的科技进步做出贡献。

通过这个环节，希望能够激发学生的创新意识和科技报国的热情，培养他们的责任感和使命感。同时，通过了解低功耗新型电动调节阀等先进设备的特点，他们可以更好地理解科技创新对于国家和社会发展的重要性。

六、创新性与效果总结

案例（一）通过引导学生探讨核电站中阀门的重要性，并深入分析美国三哩岛核电事故的原因，可以帮助学生更好地理解核安全和设备维护的重要性。同时，这个案例还可以培养学生的核安全意识、设备安全与维护能力以及操作规范与程序意识，对于未来从事核电相关工作的人来说是十分有益的。

在教学方法上，这个案例采用了案例分析的方法，通过引导学生对三哩岛核电事故进行深入分析，可以帮助学生更好地理解核电领域的安全问题及其应对措施。同时，这个案例还强调了团队合作和科技创新的重要性，可以培养学生的创新思维和科技报国的热情。

此外，这个案例还具有很好的教学效果。通过引导学生对三哩岛核电事故进行分析，可以帮助学生更好地理解核电站中阀门的重要性和设备维护对于核安全的重要性。同时，这个案例还可以帮助学生掌握更多的操作规范和程序知识，提高他们的实践能力和综合素质。

总之，通过案例可以帮助学生更好地理解核电领域的安全问题及其应对措施，同时还可以培养学生的创新思维和科技报国的热情。这对于未来从事核电相关工作的人来说是十分有益的。

案例（二）通过对三种不同类型的控制阀，即低功耗新型电动控制阀、普通电动控制阀和气动控制阀的外观分析，找到这些阀门的公称通径相同，但执行机构的物理尺寸差异明显。这种比较方法让学生更直观地了解不同类型阀门的特点和差异。

接下来，通过对三种驱动机构的特点和优劣的探讨，让学生更深入地了解每种驱动机构的适用场合和限制。这种比较和分析的方法有助于培养学生的批判性思维和独立分析能力。

然后，通过引入国内某高校团体设计制造的新型电动调节阀的案例，强调了团队合作、科技报国和勇于挑战与超越的精神的重要性。这个案例不仅展示了中国科研工作者的创新能力和精神风貌，同时也为学生提供了一个很好的学习范例，激发他们的创新热情和团队合作精神。

参考文献

[1] The Three Mile Island Accident. The NRC. gov. https：//www. nrc. gov/reactors/accidents/3mile-isle/

[2] 邹正宇，苏鲁明．三哩岛事故和切尔诺贝利事故［M］．北京：原子能出版社出版，2008.
[3] 王建国，王建平等．核工程中阀门的国产化现状与挑战［J］．核科学与工程，2021，41（1）：1-8.
[4] 刘易斯，琼斯．电动控制阀在核动力装置中的应用与发展［J］．自动化仪表，2022，43（4）：1-5.

"反应堆热工水力学"课程思政案例

周艳民，谷海峰，范广铭，张　楠，孟兆明

（哈尔滨工程大学核科学与技术学院，黑龙江　哈尔滨　150001）

摘　要：面向核工程与核技术本科专业核心课程，结合我校人才培养的"哈工程范式"，在原有的教学大纲、教案和多媒体材料基础上，将课程思政案例与教学目标有机融合，围绕吃苦耐劳、不避艰辛的奉献精神，求真务实、追求真知的科学精神，追求卓越、精益求精的工匠精神，专精覃思、严谨审慎的思辨精神，以及敬畏自然、敬畏生命的底线思维形成精神谱系，并以此激发学生的学习兴趣、培养自学能力、引导创新思维，实现知识传授、价值引领和能力培养的紧密融合。实施效果表明，课程思政建设在教学质量提升、学生科技创新竞赛以及学科长远发展方面均起到正向积极作用。

一、课程基本情况

（一）授课对象情况分析

授课对象：本课程主要面向核工程与核技术专业本科生三年级，他们已经完成"工程热力学""工程流体力学"和"传热学"专业基础课学习，掌握了热工分析基础理论知识，但是仍然缺少对反应堆以及核动力系统的全面认知。

（二）课程情况简介

"反应堆热工水力学"是哈尔滨工程大学核工程与核技术专业本科生专业核心支撑课程，课程内容包含反应堆结构材料、两相流基础以及反应堆热工分析等。本课程的目标是使学生掌握核反应堆工作的基本原理，压水堆压力容器、堆内构件、堆芯组件、控制棒驱动机构等的基本结构，掌握反应堆材料的选择要求、种类、性能等知识，培养学生对核反应堆的复杂结构有较深的认识，能够对各种反应堆设计方案的差异以及各种材料的差异进行对比分析，掌握相关反应堆的结构设计标准和选材原则，理解反应堆的结构设计、材料选择、维护保养等环节对核安全、环境和社会可持续发展的影响；针对反应堆中存在的两相流动问题，了解国内和国际上两相流研究的前沿，具备研究分析复杂工程问题和进一步解决该领域的气液两相流动相关问题的能力。在此基础上进一步掌握热工水力学分析的最新进展，认识压水反应堆内的典型热工水力学现象，掌握基本概念和一般规律，掌握反应堆热工水力学的基本理论和反应堆热工水力特性分析计算的基本方法，具备进行反应堆稳态热工设计计算分析的能力。

二、案例基本情况

（一）案例一：“华龙一号”非能动安全壳自主研发——能动向非能动技术的历史跨越

案例设计思路介绍：以“反应堆热工水力学”第一章和第七章内容为出发点，结合“华龙一号”非能动安全壳自主研发设计历程，传递核工业人求真务实、追求真知的科学精神和追求卓越、精益求精的工匠精神。其中在第一章绪论部分的课程讲授过程中，分别以AP1000、EPR等国外第三代核电系统安全壳设计作为切入点，阐述我国研发自主非能动安全壳的迫切性。在此基础上，展开“华龙一号”安全壳设计理念的介绍，结合双层混凝土安全壳实现非能动技术的主要困难和解决途径，重点突出原创性突破的科学精神，与此同时把核电厂安全壳结构特征的课程知识点进行传递。在第七章自然循环与两相流流动不稳定性部分，将我校深度参与“华龙一号”非能动安全壳热量导出系统的典型事迹进行分享，针对开式自然循环两相流动不稳定性这一实际问题，介绍如何通过机理实验、中尺度实验和大尺度实验解决系统设计难题，重点突出追求卓越、精益求精的工匠精神，同时把两相流流动不稳定性的课程知识点进行传递。

（二）案例二：先进压水堆核燃料组件——民族复兴的一颗中国“芯”

案例设计思路介绍：以“反应堆热工水力学”第二章第四节“压水堆堆芯组件”为主要授课内容进行课程案例教学整体设计，本节课程以“实现科技自立自强”为主线，结合专业课程知识，以国家发展形势为引入，从我国自主研发的“华龙一号”第三代核电技术展开，切入到本节核燃料专业知识介绍中。授课中结合不同知识点选择恰当案例开展课程思政教育，引导学生牢记“以祖国需要为第一需要，以国防需求为第一使命，以人民满意为第一标准”的学校使命，践行强核报国，创新奉献的新时代核工业精神，以青春奋斗为祖国科技自立自强做出贡献。

（三）案例三：日本福岛核事故的几点思考——从工程伦理到底线思维

案例设计思路介绍：以“反应堆热工水力学”第三章“反应堆材料”为主要授课内容进行课程案例教学整体设计。本课程以福岛核电事故及后续污水排放为切入点，通过锆水反应和氢气爆炸事故引入核材料的重要性，然后深入展开论述目前所使用核材料的优缺点，讲授核材料选择和研发的主要依据。授课中传递工程伦理理念，引导学生在人类共同命运面前做到有担当、有智慧的价值观念，并进一步延伸到底线思维，无论做人还是做学问都要有敬畏之心。

（四）案例四：树立科技报国志——自立自强，勇攀科技高峰

案例设计思路介绍：以“反应堆热工水力学”第六章“两相临界流动”为主要授课内容进行课程案例教学整体设计。课程以当前核电系统软件国产化为背景进行引入，介绍我

国当前核电系统的事故分析软件仍然是“卡脖子”技术，并引申到一回路大破口事故下的两相临界流动模型，进而带入课程知识点的讲授。授课过程中穿插介绍国产化软件的研发进展，鼓励学生自立自强、勇攀科技高峰，通过自主研发解决关键技术“卡脖子”问题。

三、案例思政元素分析

（1）通过“华龙一号”非能动安全壳的自主研发真实案例，传递吃苦耐劳、不避艰辛的奉献精神和求真务实、追求真知的科学精神；

（2）通过“华龙一号”先进堆芯的自主研发设计，传递追求卓越、精益求精的工匠精神和创新奉献的新时代核工业精神；

（3）通过日本福岛事故的实际案例，传递工程伦理和底线思维，树立敬畏自然、敬畏生命的底层观念；

（4）通过国产化软件受制于人的案例，传递自立自强、勇攀科技高峰的报国之志。

四、案例教学整体设计

案例名称：先进压水堆核燃料组件——民族复兴的一颗中国“芯”

（一）设计思路

本节以《反应堆热工水力学》教材第二章第四节“压水堆堆芯组件”为主要授课内容进行课程案例教学整体设计，本节课程以“实现科技自立自强”为主线，结合专业课程知识，以国家发展形势为引入，从我国自主研发的“华龙一号”第三代核电技术展开，切入到本节核燃料专业知识介绍中。授课中结合不同知识点选择恰当案例开展课程思政教育，引导学生牢记“以祖国需要为第一需要，以国防需求为第一使命，以人民满意为第一标准”的学校使命，践行强核报国，创新奉献的新时代核工业精神，以青春奋斗为祖国科技自立自强作出贡献（见图1）。

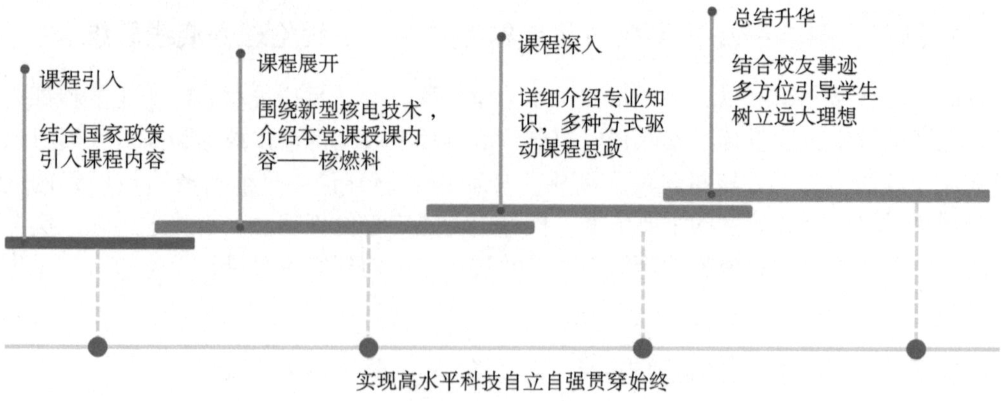

图1　课程设计思路

（二）教学目标

专业知识目标：课程授课对象主要为大学三年级学生，通过授课要求学生掌握核燃料的性能要求，核燃料组织架构等，能针对反应堆设计不同的应用背景进行合理选择，能够客观分析核燃料的有效布置方式。

能力目标：通过课程学习，不仅掌握专业知识点，同时能够融合学科知识于解决现实应用中，通过对多类型核燃料及布置结构的了解，培养学生能够独立发现问题、分析问题、解决问题的能力。

价值目标：以实现国家科技高水平自立自强为牵引，引导学生树立远大理想、坚定人生信念。

（三）实施过程

以案例二为例，介绍案例具体实施过程，详细内容设计如下所述。

1. 教学步骤

（1）引入（5分钟）

案例内容：① 通过介绍国家能源形式、“双碳”目标指出国家高度重视核电发展（思政点1）；② 叙述科技发展需要将核心技术掌握在自己手中（思政点2）；③ 引出我国自主研发的“华龙一号”核电技术。

分析：以循序渐进的方式引入本堂课程的主讲题目，并在介绍的过程中穿插思政因素，通过具体实例注入学生“实现科技自立自强”观念。

融入思政点：①“双碳”目标是我国基于推动构建人类命运共同体的责任担当和实现可持续发展的内在要求而作出的重大战略决策；党的二十大报告中提出，要积极有序发展核电；

② 习近平总书记指出：必须完整、准确、全面贯彻新发展理念，深入实施创新驱动发展战略，把科技的命脉牢牢掌握在自己手中，在科技自立自强上取得更大进展。

融入方式：教师通过国家发展形势、能源利用、政府工作报告等具体政策通过“抽丝剥茧，层层递进”的逻辑，与学生互动问答的课堂形式，引导学生树立行业自信心，同时深刻认识到国家发展需要科技自立自强，将关键技术掌握在自己手中。（PPT讲述）

（2）展开（20分钟）

案例内容：

① 介绍“华龙一号”先进核电技术中其中的一环——核燃料；
② 引出两个数字“157”与“177”，预留悬念，结合后续授课内容让学生提前进行思考两个数字代表什么含义；
③ 介绍我国核燃料研究现状（思政点①）；
④ 通过研究现状与学生互动讨论，设计核燃料会遇到哪些问题（思政点②）。

融入思政点：① 核燃料的研究侧面反映了我国科创研究的漫漫征程，科学成就离不开精神支撑，一代又一代科创人员践行科学家精神，为祖国科创事业做出巨大贡献；

② 通过学生研讨分析，使学生切身感受到，在外界层层封锁的情况下，自主创新的

难度。

融入方式：提前提出问题引发学生思考，并让学生从自身实际出发，重新体验我国科技研发的艰难历程。(PPT 讲述、小组研讨)

(3) 深入 (45 分钟)

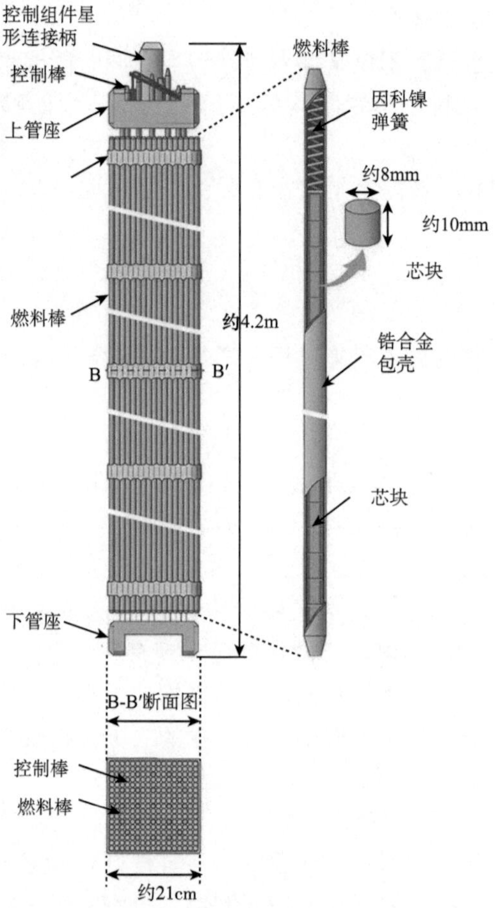

图 2

图 3

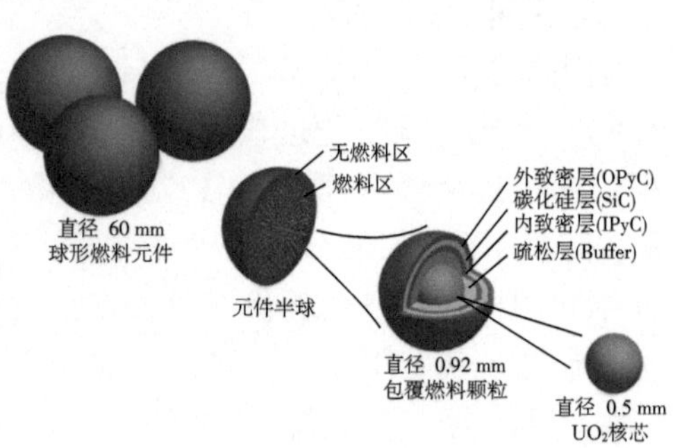

图 4 压水堆燃料组件

图 5　高温气冷堆球形燃料组件

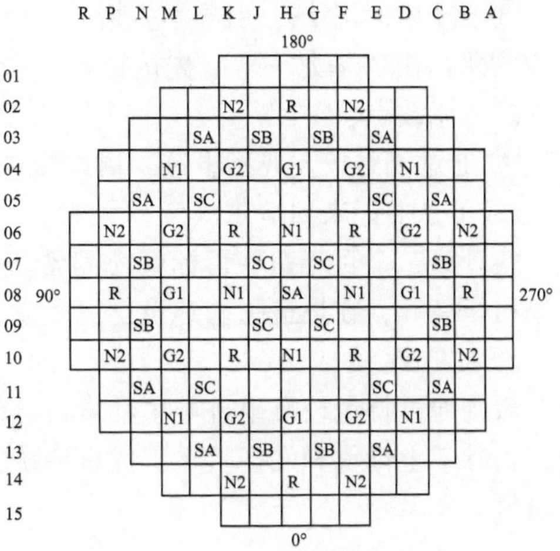

图 6　“华龙一号”控制棒布置方案

深入分析：“华龙一号”的创新性在哪？

反应堆堆芯的设计难点及发展方向在哪？

融入思政点：通过介绍中国堆芯设计的发展历史，并讲述堆芯设计难点，使同学们理解堆芯设计的关键因素。并了解国家重大需求及科技创新发展理念，理解由制造大国迈向制造强国的切实需求及原因。增强报国爱国意识。引导青年科技人员始终把国家和人民放在心上，增强责任感和使命感，勇于创新，报效祖国，把人生理想融入为实现中华民族伟大复兴的中国梦的奋斗中。了解“华龙一号”的研发历史，理解“华龙一号”对中国的意义，理解“华龙一号”的创新性。使同学们增强民族自豪感，感受我国科技进步所带来的伟大进步。帮助同学树立正确科研精神。

融入方式：教师结合堆芯结构特点介绍堆芯设计的发展历史，结合上课内容培养学生学习研究兴趣，引入精神内核。

教师结合“华龙一号”的研发历史，引导学生自主思考“华龙一号”对于中国核电发展的意义所在，在思考中深入理解吃苦耐劳、不避艰辛的奉献精神，求真务实、追求真知的科学精神，追求卓越、精益求精的工匠精神以及专精覃思、严谨审慎的思辨精神。（PPT 讲述）

（4）升华（20 分钟）

案例内容：

① 回答前面提出的“157”与“177”两个数字的含义，引出我国目前核燃料首席专家——焦拥军（见图 7）并介绍其事迹（思政点①）；

图 7

② 由校友过渡至学院、学校研究的重大课题，以及习近平总书记考察哈尔滨工程大学的重要讲话（思政点②）；

③ 进行课程小结，引导学生树立远大理想，坚定理想信念，并提出问题让学生课下思考调研：在“华龙一号”先进核电技术中，其他系统的发展历程又是什么样的？

融入思政点：

① 通过优秀校友典型事迹，讲好校友故事，发挥校友育人作用；

② 习近平总书记来到哈尔滨工程大学，并提到：年轻一代成为奋力拼搏、振兴中华的一代，实现第二个百年奋斗目标就充满希望。青年学子要树牢科技报国志，刻苦学习钻研，勇攀科学高峰，在推进强国建设，民族复兴伟业中绽放青春光彩。

融入方式：

教师通过特色校友事迹等生动素材，讲述“中国芯”的重要意义，结合学院、学校特色，引导学生传承和发扬哈军工优良传统，为推进强国建设贡献青春力量。（PPT 讲述校友事例）

五、教学实践过程回顾

（一）线上学习

在线上学习平台（知到、智慧树）发布教学视频，学生课前自学第二章第四节“压水堆堆芯组件”的问题，了解堆芯燃料组件结构、堆芯布置等基础问题（见图 8）。

线上课地址：https：//hrbeu. zhihuishu. com/。

图 8　线上课程

发布本节课学习资源供学生提前了解，学生在基础课程知识的学习之外，了解国内外先进核反应堆堆芯组件相关资料，利用实际工程问题进一步加深对于堆芯组件的理解，尽量能理解布置原理，具备自主解决、设计堆芯相的简单问题。

（二）课前工作

学生完成预习作业并及时线上进行提交，同时学生需要自行了解我国压水堆堆芯组件的研究进程，简单梳理历史发展图并在系统上提交。

教师根据学生上交作业准备相关数据用于课堂分析，同时准备课程相关资料，教室提前布置相关设备。

（三）线下课堂

1. 场景引入

结合国家能源形式以及“双碳”目标政策，循序渐进引入本堂课的主题（见图9）。

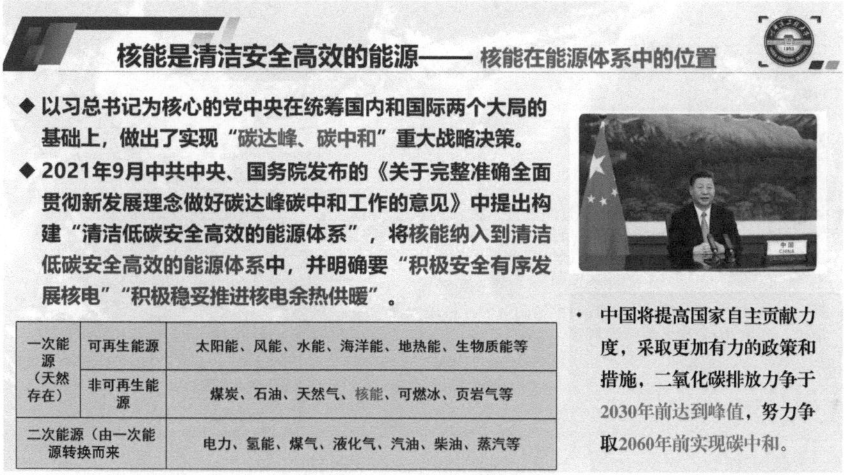

图9　引入课程主题

学生学习课程，尤其是一堂课的内容中往往只是局限于单纯的课堂知识的学习，本节课的引入通过以介绍国家政策等形式阐述行业光明前景，通过这种方式提升学生行业自信心，学生自主学习的主观能动性借此逐渐成形。

2. 课程展开

“华龙一号”作为我国首个具有完全自主知识产权的先进核电技术，十分契合“实现科技自立自强”的课程主线，同时“华龙一号”的相关系统设计与课程内容息息相关，因此以“华龙一号”为引逐渐步入本堂课介绍重点——堆芯组件介绍。课程展开见图10。

3. 知识点梳理

将压水堆燃料组件的主要组成部分以PPT的形式进行展示介绍，重点突出整体结构的组成原理，以及各部件之间的相对位置关系，在此基础上采用启发式教学手段，让学生思考各组成部分的功能，由此引出结构特征。知识梳理见图11。

4. 学生分组讨论

学生针对教师提出的问题进行研讨（见图12），教师深入每组研讨过程并给予指导。

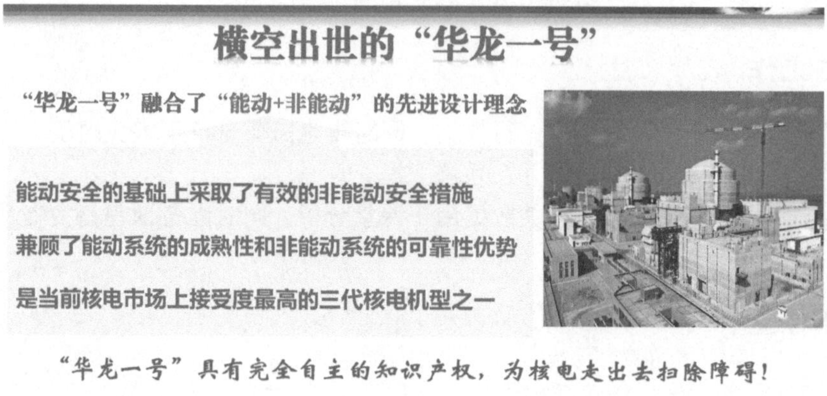

图 10　课程展开

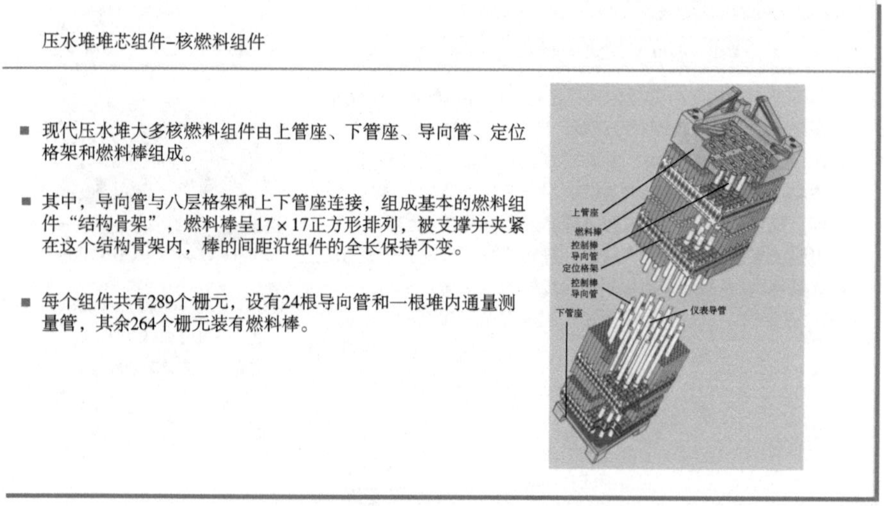

图 11　知识点梳理

图 12　学生分组讨论

5. 教师总结

在本节课的结尾，教师以核心知识点外延扩充，讲述优秀校友焦拥军的事迹，纵向拓展学院、学校乃至国家对于青年的殷切期待，以习近平总书记考察哈尔滨工程大学讲话为主题，引导学生“树牢科技报国志向，刻苦学习钻研，勇攀科学高峰。”在熟练掌握课程知识点的同时更要坚定理想信念，练就过硬本领。

（四）课后任务

（1）专业问题研讨：压水堆燃料组件骨架结构的本构关系是什么？

（2）思政问题研讨：在“华龙一号”先进核电技术中，反应堆内其他系统的发展历程又是什么样的？

学生对上述问题进行研讨，并提交作业内容至线上平台。

六、创新性与效果总结

（一）创新性

（1）秉持问题意识，注重教学实效性

任课教师根据课程特点，结合教学大纲将课程按章节分为不同教学环节，思政案例的主要精神内涵能够覆盖到每个章节的授课环节上，也即思政点与专业知识有机融合。

（2）以学生为中心，坚持立德树人任务

选择的思政案例大多与核工程专业联系紧密，较为生动，学生在学习过程中有较好的代入感，能够感同身受地快速领会思政内涵。

（3）深入剖析案例，增强内涵交互性

思政案例重点在于对精神内涵的阐述，而不仅仅是对于单一知识点的支持，这就极大地拓展了案例的应用范围，能够在不同章节甚至其他课程中交叉引用，更具有灵活性。

（二）效果总结

首先，本课程选择的课程案例大多依托工程案例、杰出校友等素材，较为生动具体，采用启发式、嵌入式等教学手段，结合亲身经历和身边的事，激发学生的学习兴趣、引导创新思维，教学目标达成度较好，学生在学习过程中有较好的代入感，思政效果较好。在学期末的研讨过程中，很多同学结合“压水反应堆结构”这部分内容，对未来第四代核电技术进行了展望，并表达了自己未来投身核能事业、强核报国的坚定意愿，教学效果得到良好体现。课程结束后，学生评教成绩也获得了历史新高（99.86 分，见图 13），所有学生均认为老师在授课过程中传递了良好的价值引领，起到了积极正向作用。

其次，以课程思政内容为载体激发学生浓厚的科技创新意识，在带动本科生参加科创竞赛过程中发挥重要作用。学生在课上了解“华龙一号”自主研发的感人事迹后，课下积极主动参与科技创新活动，在开展“核电厂用氢气取样头研制项目”中，本科生从设计方案提出、方案评价、问题发现以及到问题解决方案的不断优化全程参与，展示出来了惊人

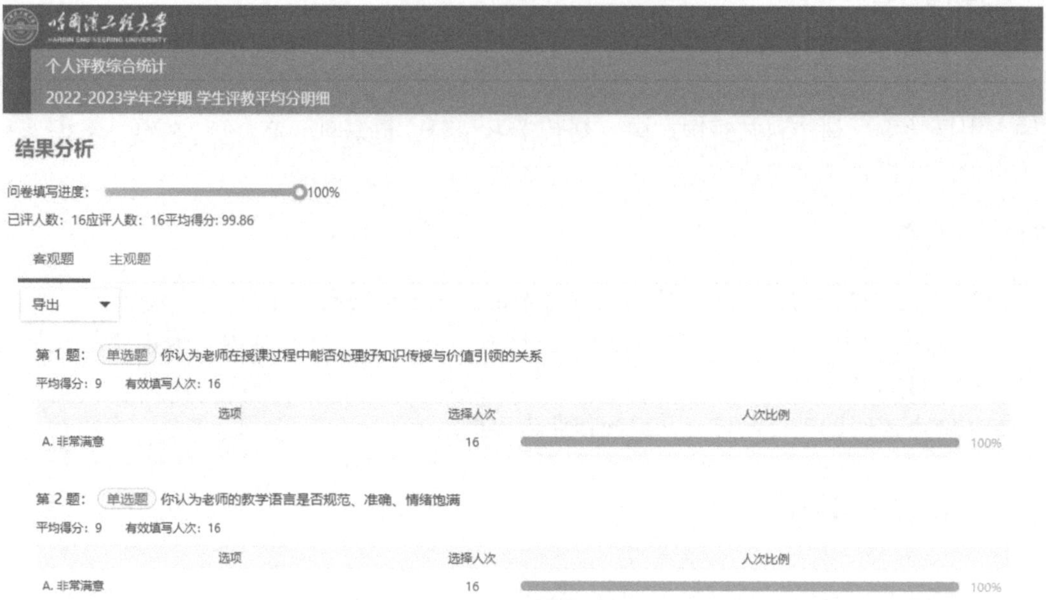

图 13　评教系统统计

的创造力，在解决载银沸石床层过热度建立问题时，创新性地提出了采用节流降压过热的方法，经过优化计算和实验验证，最终获得了解决实际工程问题的设计方案。经过接近 1 年的协作攻关，目前已获得了氢气取样头的工程设计方案，通过了行业专家评审并具备现场供货能力，为氢气浓度在线监测系统的国产化提供重要技术支撑，学生依托研究结果积极申报了 2023 年度第十八届“挑战杯”全国大学生创新创业超一流赛事，经过校赛（金奖）、省赛（金奖）多轮角逐，现已进入国家奖决赛答辩环节（国家二等奖以上名次），学生团队以第一作者发表论文 3 篇，申请发明专利 6 项，软件著作权 3 项。

图 14　挑战者杯参赛

此外，在课程思政以和科创竞赛的共同牵引下，本科生攻读研究生学位的意愿显著提升，特别是留在本校继续深造的想法明显加强，初步形成了“以课程思政为牵引、以科技竞赛为载体、以创新人才培养为目标”三位一体的人才培养路线，助力学科发展和学校双一流建设。

参考文献

[1] 徐德蜀，邱成．安全文化通论［M］．北京：化学工业出版社，2005.
[2] 罗磊，陈文振，陈志云，等．单个燃料元件热工水力三维数值模拟［J］．海军工程大学学报，2011，23（01）：63-66+72.
[3] 杜光彦，张世权．压水堆燃料组件方形定位格架结构设计工艺特点和性能评价［J］．核动力工程，1987（03）：65-73.
[4] 王玺，陈力奋，钱浩，等．定位格架弹性约束对燃料棒振动特性的影响［J］．振动与冲击，2012，31（05）：165-170.
[5] 陈杰，雷涛，彭园，谷明非定位格架新型搅混翼设计研究［J］．核动力工程，2014，35（05）：109-112.
[6] 顾汉洋，张朝柱，陈宇清，等．AP1000 控制棒驱动线落棒试验研究［J］．核动力工程，2015，36（04）：145-148.

“核安全概论”课程思政案例

冯　丽，陈玉清，赵新文，张黎明

（海军工程大学核科学技术学院，湖北　武汉　430033）

摘　要：课程教学实践过程中以思政目标为牵引，结合课程自身特点，突出学生的主体地位，注重理论性教学、叙事性教学、沉浸式教学相融合，重点突出其基础性、通俗性和拓展性。传授理论知识的同时，将思想政治教育和当前时事热点如盐入水般有机融入课程教学内容，加强师生互动，使学生有身临其境之感，加深学习感悟，多措并举有效务实教学内容，达到课程思政润物细无声的效果。着力培养学生心系祖国、不畏艰险、勇于开拓、献身深蓝的崇高道德品质，树立志向高远、乐于奉献的高尚思想境界，从根本上提升学生的思想修养水平，将课程思政落到实处，植入心田。

一、课程基本情况

（一）授课对象情况分析

本课程授课对象主要为大学本科非核专业学生，课程开设于第五学期，授课对象专业范围涵盖动力、材料、信息、电气、自控和管理等多个基础学科领域，除多个本科专业学生外，还包括少数专科专业和专升本专业学生，具有专科、专升本、本科三个不同学历层次。从往年学情分析结果来看，不同学历层次和专业班次学生学习本课程的知识基础、能力水平和思想认知也存在一定差异，总体来看，本课程教学具有受众规模化、专业多样化、基础差异大、层次化明显的特点。

1. 知识基础

（1）熟悉国家历史与文化，了解当代世界政治经济和国际关系基本知识，理解学习核安全领域相关知识的重要性；

（2）本科专业学生已于第二、第三学期修完了大学物理课程，具备学习本课程的基础；少数专科专业和专升本专业学生未修大学物理课程，部分学生甚至未学习高中物理课程，前期知识基础相对薄弱。

2. 能力水平

（1）受专业岗位所限，大部分学生不了解核装备与核设施的基本工作原理、发展形势以及应用过程中面临的核安全问题；

（2）对新知识具有勇于探索的意识、开拓进取的精神和敏锐活跃的思维，形成开展核安全相关知识学习的基本能力素质。

3. 思想认知

（1）对核装备与核设施的风险特征缺乏系统性了解；

（2）核能发展的政治性、历史性和思想性方面的认知有待提升；

（3）不了解先进核技术发展情况，科学待核方面需要加强。

（二）课程情况简介

"核安全概论"是为适应核装备和核设施的建设与发展，向非核专业学生普及核安全知识，满足全员懂核、科学待核、安全用核的现实需求，而开设的一门核心基础课程。课程以核能的来源与特征、应用过程中的辐射安全问题、核武器与核动力装置的风险特征及防范策略等核安全相关知识为主，区别于核专业复杂深奥的公式和理论，重点突出其基础性、通俗性和广泛性，通过本课程学习，使非核专业学生掌握核装备与核设施的核安全特性、核安全风险分析及管理方法，树立正确的核安全观，并用核安全理念指导工作实践，课程教学目标如图 1 所示。

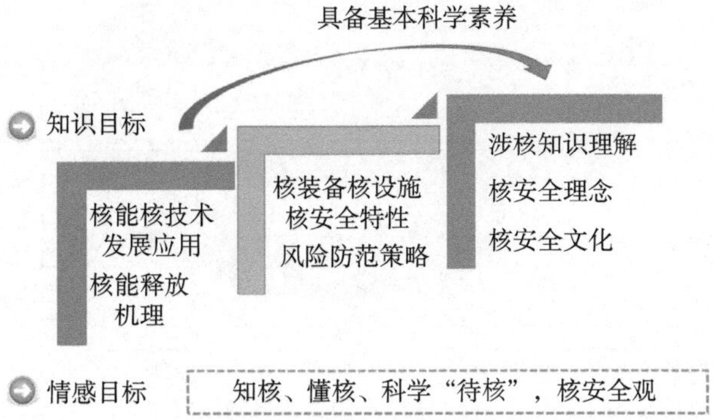

图 1　课程教学目标

作为一门重要的核心基础理论课程，如何以灵活、高效的方式讲授好本课程显得尤其重要。结合课程内容的基本特点和讲授实践，本课程教学思政过程中主要存在以下 2 个难点。

1. 思想深度的挖掘

"核安全概论"课程的教学，不仅在于传授理论，讲解知识，还需要着重于思想认知性的提升。只有使学生真正认识到我们党是如何开展"两弹一星"工程的艰苦奋斗历史，认识到我国由弱变强的艰辛历程，才能真正在学生心中培养心系祖国、不畏艰险、勇于开拓的崇高道德品质，树立志向高远、乐于奉献的高尚思想境界，从根本上提升学生的思想修养水平。面对概论课程内容跨度大、涵盖面广的特点，如何进行思想深度的挖掘，使其有机融入到整个课程教学内容，需要深入探索、合理规划。

2. 价值感情的融入

"核安全概论"课程内容本身所具有的理论性、广泛性、抽象性等特点，使刚接触这门课程的部分学生从心底认为是枯燥乏味的，如果不能及时改变扭转这种观念，就有可能使这门课程失去其应有的价值和意义。概论课程是否生动、是否受学生喜爱，很重要的一点是授课教师能否发自内心地诠释好课程内容。在课程教学过程中，教师需要重视价值感情的倾注和融入，晓之以理，动之以情，达到打动学生、鼓舞学生、塑造学生的目的。如何在整个课程教学过程中注重价值感情的倾注和融入，使看上去枯燥的课程变得深受学生喜爱，并能从中汲取丰富营养，兼具故事性、趣味性，需要突出教学设计，优化教学内容。

本课程内容包括 8 章，共 20 学时，计 1 学分，课程教学内容安排如图 2 所示。基本教材为陈玉清等主编的《核安全概论》；辅助教材为朱继洲主编的《核反应堆安全分析》、范育茂主编的《核反应堆安全演化简史》以及傅晟威主编的《漫话核安全》。

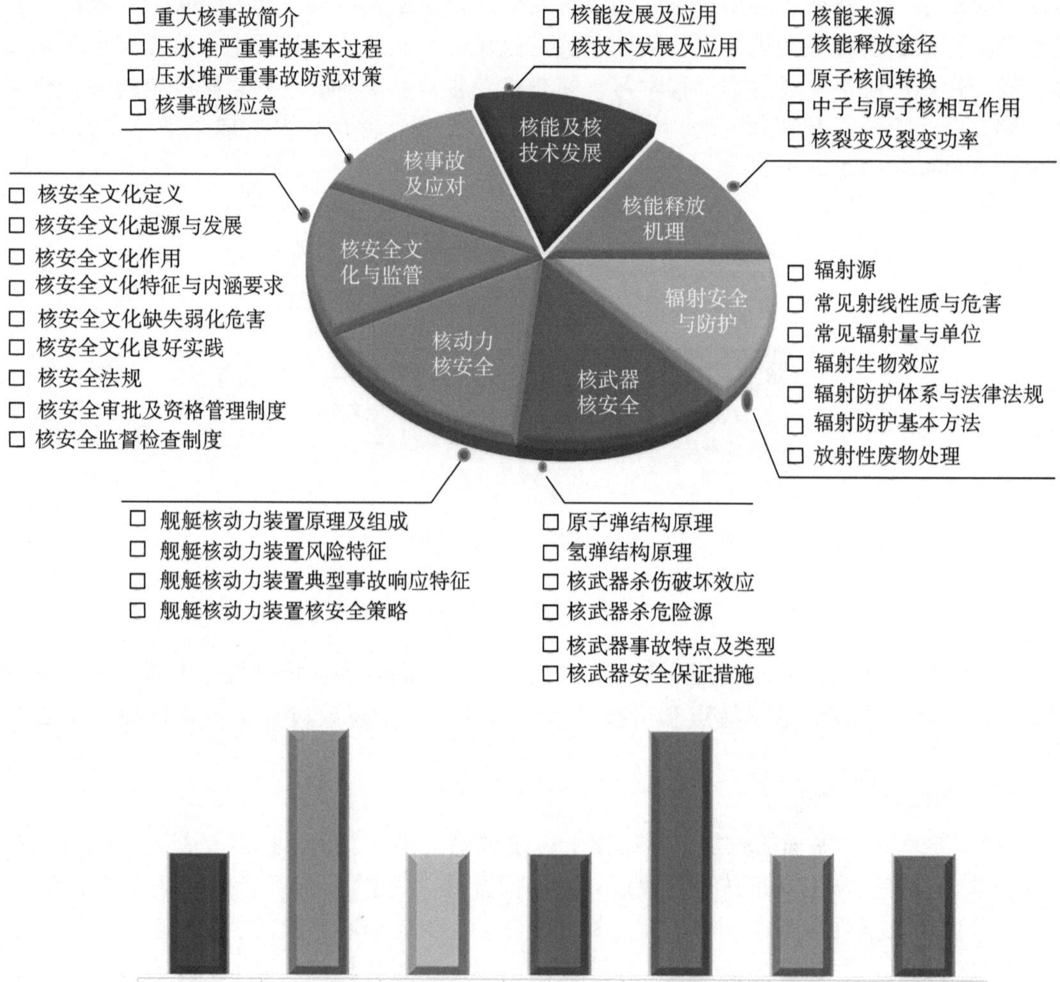

	核能及核技术发展	核能释放机理	辐射安全与防护	核武器核安全	核动力核安全	核安全文化与监管	核事故及应对
学时	2	4	2	2	4	2	2

图 2　课程教学内容安排

二、案例基本情况

（一）案例一

名称：镭的母亲——居里夫人

主题：科学家精神

内容：居里夫人是一位伟大的女科学家，通过将矿渣煮沸、搅拌、倒出、结晶的纯人工方式，奋斗了45个月，终于从数吨沥青铀矿渣中提炼出镭。如此繁重的劳动，需要何等坚韧不拔的毅力才能坚持走下去！居里夫人通过艰辛的努力开垦出一片未曾开发的土地，最终取得近代科学史上重要的成就——发现放射性元素镭。她不仅是伟大的科学家，还是伟大的人道主义者，在战争中为减少士兵的痛苦而努力（在一战中接受X射线检查的士兵总人数超过100万）。而居里夫人的手稿因为有放射性，至今都装在特制的铅盒中。

目的：“书山有路勤为径，学海无涯苦作舟”，要想有所成就，非轻而易举，需艰辛付出。要学习居里夫人孜孜不倦的科研探索精神，刻苦学习、勇于实践、勤于钻研，勇攀科学高峰。“天才是百分之一的灵感加上百分之九十九的汗水”，科学的未来，属于勤奋而又谦虚的一代。

（二）案例二

名称：“氢弹之父”于敏。

主题：“两弹一星”精神。

内容：于敏院士为我国氢弹工业做出巨大贡献，被誉为“中国氢弹之父”。他被作为中国核武技术的“最高机密”长期保密，直到1988年退休，他的名字才被解禁。于敏“干惊天动地事，做隐姓埋名人”，放弃出国深造机会，长达28年的隐姓埋名，严守国家机密，克服病痛折磨，投入“两弹一星”研制工作。于敏院士作为“两弹一星”元勋的杰出代表，生动诠释了“热爱祖国、无私奉献、自力更生、艰苦奋斗、大力协作勇于登攀”的“两弹一星”精神，突显了中国精神蕴含的家国情怀和责任担当，对实现第二个百年奋斗目标和中华民族伟大复兴具有重要的引领和激励作用。

目的：我国原子弹、氢弹的研制成功，一举打破西方的核垄断和核讹诈。以于敏院士为代表的“两弹一星”研制者，展现了惊人毅力和无畏勇气，显示了中华民族在自力更生的基础上自立于世界民族之林的坚强决心和强大能力，这种精神和气魄是学生学习的榜样。当前西方为遏制我们的强国梦，发起新一轮的科技制裁，唯有努力、方有明天。

（三）案例三

名称：“时代楷模”我国核潜艇首任总设计师彭士禄院士。

主题：“拓荒牛”精神。

内容：彭士禄院士早年从苏联学成归国后，毅然选择走进大山潜心研制核潜艇，把青春和才华奉献给祖国建设事业，成为我国核潜艇第一任总设计师。1970年12月26日，我国第一艘核潜艇下水，中国成为全球第五个拥有核潜艇的国家。“我这一辈子只做了两件事：一是造核潜艇，二是建核电站。因此获得了一些奖项，这些成绩与荣誉不仅属于我个人，它更属于核潜艇人，属于核电人，属于核事业人。”这是《彭士禄传》中的话。彭士禄院士对孩子们的寄语是：“希望大家好好学习，将来做一名祖国的科学家”。

目的：彭士禄院士为祖国的建设事业奉献了自己全部的心血和才华，几十年来，我国核事业从无到有，从弱到强，背后是以彭士禄院士为代表的一大批核工业人的无私奉献。打铁还需自身硬，后辈应继传薪火，不负先贤望白头。在老一辈核工业人耕耘、开荒的大路上，我国核事业继续澎湃前行。应使学生认识到“拓荒牛”精神所代表的科技创新对国家发展的重要意义。只有深刻领悟这段历史，才能更全面地认识科技的重要性和创新的力量，并以此点燃学生的爱国热情和奋斗激情，为实现科技进步、国家强盛和人民幸福贡献力量。

（四）案例四

名称：“华龙一号”。

主题：科技创新。

内容：2021 年 1 月 30 日，中国自己的第三代核电机组“华龙一号”，正式投入商业运行，我国成为全球第四个真正掌握第三代核电技术的国家。作为当今核电市场上接受度最高的三代机型之一，“华龙一号”不仅配备了双层安全壳（1.3 m 厚的内壳和 1.8 m 厚的外壳），可同时抵御内部的爆炸和外部的撞击，还配备了先进的非能动系统，即使是遇到福岛核电站那样，所有备用电源都失效的极端情况也可以应对自如。中国的“华龙一号”不仅在国内大放异彩，同时也走出国门，成为中国制造的新名片，在巴基斯坦卡拉奇核电站建成了“华龙一号”海外首堆。

目的：以“华龙一号”走出去成为国家名片，我国核技术逐渐从跟跑到并跑再到领跑的事例，在学生心中根植爱国情怀。激发学生夯实专业技能的热情，认识到坚持科技强军是国家强盛的关键，同时树立核事业发展的信心，增强民族自豪感，鼓励大家为海军核事业发展建设添砖加瓦，共同谱写核能强军梦。

（五）案例五

名称：美国“民兵”-3 洲际弹道导弹试射。

主题：国家安全。

内容：2023 年 9 月 5 日，美国空军全球打击司令部在加利福尼亚州北范登堡空军基地进行非武装状态“民兵”-3 洲际弹道导弹的实战试射，导弹试射的目的是展示美国核力量以及国家核威慑力量的战备状态。美国国防部发言人莱德称，美国已根据“海牙行为准则”在美俄双边协议框架下将这次试射活动提前通知了俄罗斯。

目的：美国的试射活动展示了他们在军事技术上的实力，尤其是强大的远程核打击能力，这对美国在北半球地区的安全保障能力至关重要。同时，这种试射也加剧了现有的紧张局势，给地区的和平与繁荣带来巨大的不确定性。在全球化背景下，国际社会更需要合作与对话，而不是采取单边行动和军事威胁。中国崛起给地区和世界带来的是希望与机遇，而不是所谓的威胁。时任副总理李克强曾指出，要把发展核电作为应对危机的重要举措，把核电和其他新能源作为到未来国际竞争中抢占战略制高点的能源来发展。我国海军近年有了长足进步，但与美国海军相比还存在差距。引导学生正确看待差距，认识到自身不足，坚持科技强军之路，不断克服不足，激励学生脚踏实地、苦练本领，增强为建成一流海洋强国努力奋斗的使命感和责任感。

三、案例思政元素分析

思政元素分析见图 3。

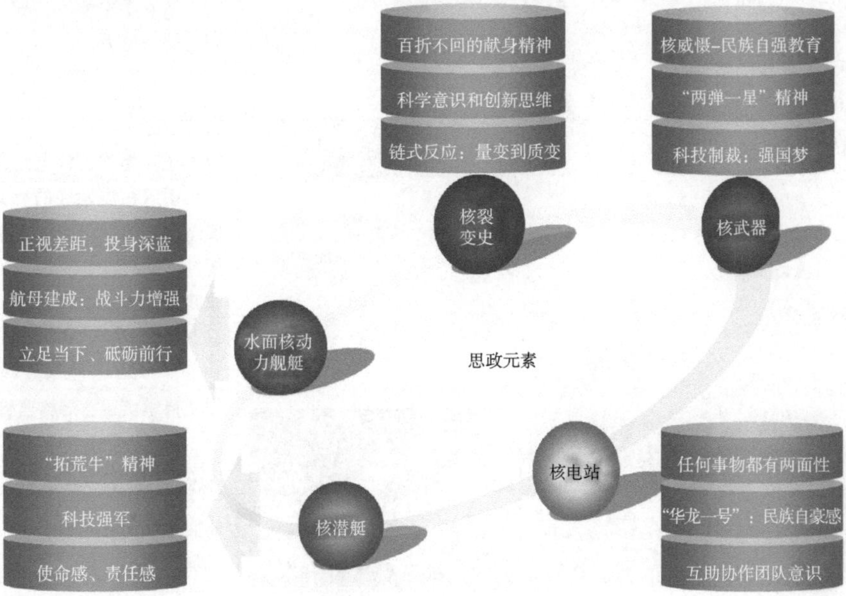

图 3　思政元素分析

四、案例教学整体设计

教学过程设计	思政环节融入
☆上课前《核电新能源》视频分享  	思政要点 提问：非核专业学生为什么要学习“核安全概论”课程？ （通过提问互动，引发学生思考普及核安全知识的重要性，引导学生认识到肩负的责任，使其从思想根源上重视起来，以认真的态度、饱满的热情进入本课程的学习。）

续表

教学过程设计	思政环节融入
第一次课　核能的发展与应用 一、课程说课与本次课引入 ☆课程说课 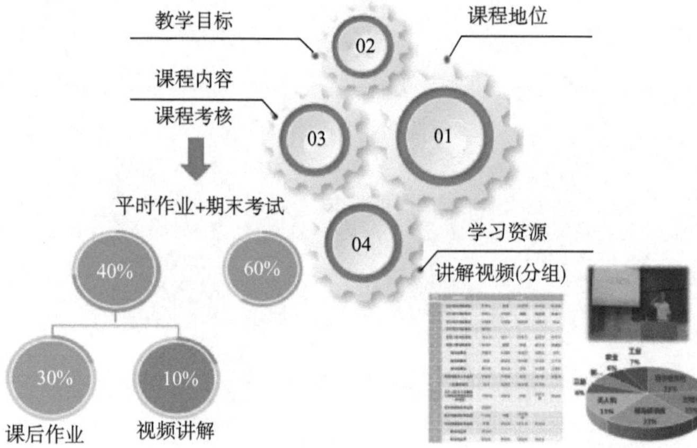 ☆本次课引入 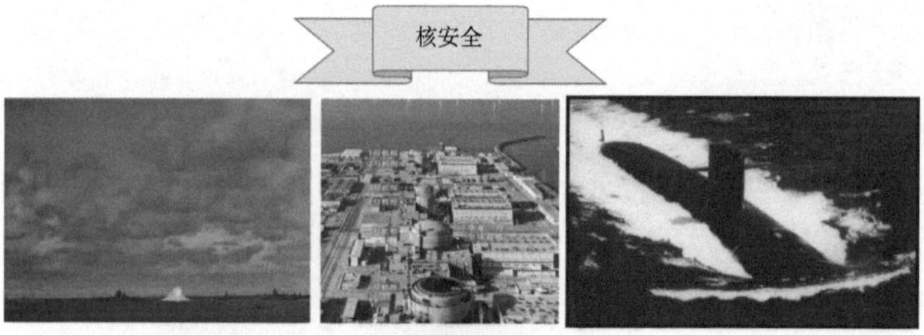 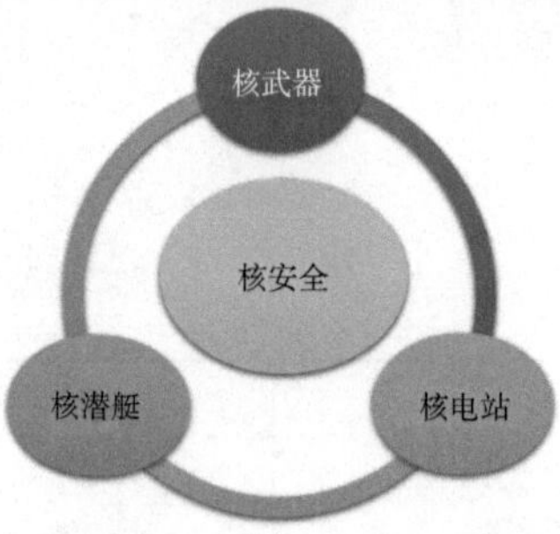 重点:船用核动力装置基本原理、核安全内涵 难点:船用核动力装置基本原理 教学目标:理解核能发展的意义、核安全内涵。	说课环节 从课程地位、教学目标、课程内容、课程考核以及学习资源等方面对课程进行说课，使非核专业学生对本门课程内容安排有大致了解。核知识讲解作为平时作业的一项内容，不仅加深学生对核知识的理解，激发学生学习兴趣，也培养其团队协作能力。 课程引入 以原子弹爆炸、核电站、核舰艇的介绍引入核能发展的意义、确保核安全的重要性以及学习本课程的重要性： 核武器→核电站→核舰艇→核事故→核安全 安全的本质→控制风险→提高认知、科学实践、严格监管 思政要点 核能仅仅是能源吗？ （国家安全） ↓ 核能发展的必要性 （保家卫国、以慑止战） ↓ 确保核安全的重要性 （核装备、核设施安全） ↓ 非核专业普及核安全知识的重要性 （个人—部队—国家） （引导学生深入思考核能发展的重大意义，以及确保核安全的重要性，增强学生使命感、责任感，使其从思想上重视本课程的学习）

续表

<table>
<tr><th>教学过程设计</th><th>思政环节融入</th></tr>
<tr><td>

二、本次课内容

（一）核裂变的发现

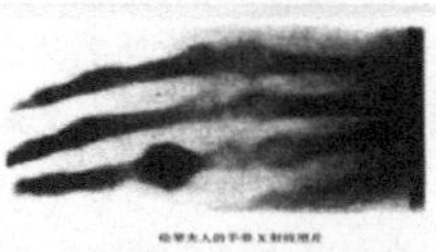

1895年 X射线

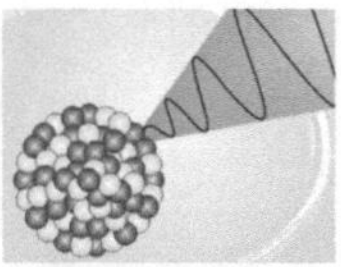

1896年 天然放射性

1898年 钋和镭

1905年 质能方程

$^{4}_{2}He+^{14}_{7}N\rightarrow^{17}_{8}O+^{1}_{1}H$

1919年 发现质子

$^{4}He+^{9}Be\rightarrow^{12}C+^{1}n$

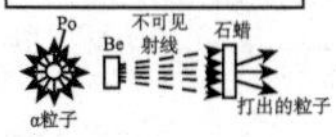

1932年 发现中子

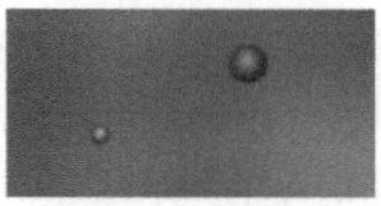

1938年 铀核裂变

1942年 第一座反应堆

1945年 原子弹

（二）核武器的发展

· 1939 年，美、英、德等国竞相进行核武器研究
· 1942 年 12 月 2 日，费米点燃了世界上第一座原子核反应堆
· 1945 年美国研制出三颗原子弹
· 1952 年美国成功研制氢弹
· 苏联、英、法也分别成功试爆原子弹，后来又研制出氢弹
· 中国于 1964 年 10 月 16 日和 1967 年 6 月 17 日前后成功爆炸原子弹和氢弹

· 第三代核武器：中子弹、核电磁脉冲弹
· 第四代核武器：反物质弹、粒子束武器等

</td><td>

核裂变发现史

人类文明进步史就是认识自然、利用自然规律的探索史。

发现史：人工→天然→“放射性”术语→E = MC^2→α 粒子→H→n→自持链式裂变反应→反应堆（按需可控）→核武器（瞬间释能）

思政要点

学习居里夫人孜孜不倦的科研探索精神，她不仅是伟大的科学家，获得过两次诺贝尔奖，还是伟大的人道主义者，在战争中为减少士兵的痛苦而努力（在一战中接受 X 射线检查的士兵总人数超过一百万）。居里夫人的手稿因为有放射性，至今都装在特制的铅盒中。

通过核裂变的发现过程的讲解，使学生感受到这段历史的温度以及其中蕴含的深度，从科学进步到军事应用，突显核能发展的必要性和重要性。

（引导学生树立科学意识和创新思维，做科技的“追星人”，激发学生建设海洋强国的信念）

</td></tr>
</table>

续表

教学过程设计	思政环节融入
（三）核电站的发展 核电站是利用核反应堆裂变释放的能量，通过能量转化不断变为人类可以利用的电能。 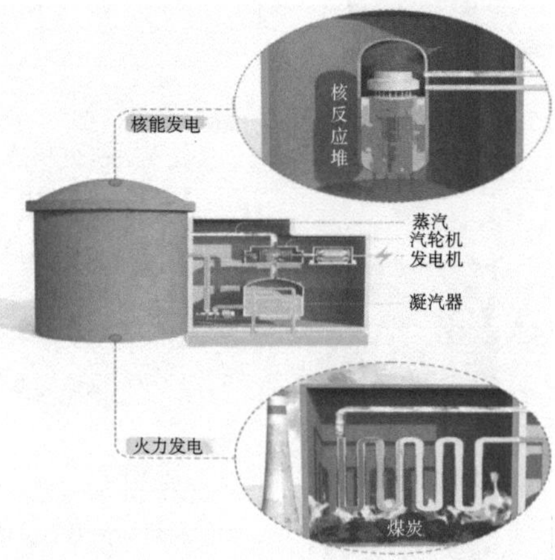 1954年苏联建造了首座发电联网的核电站，从此拉开了核电站建设的大幕。 1. 核反应堆的类型 反应堆有不同的类型，按不同的用途可以分为生产堆、试验堆和动力堆；根据中子能量的不同，可分为热中子反应堆、快中子反应堆；根据慢化剂和冷却剂性质的不同，可分为轻水堆（压水堆、沸水堆）、重水堆和气冷堆。 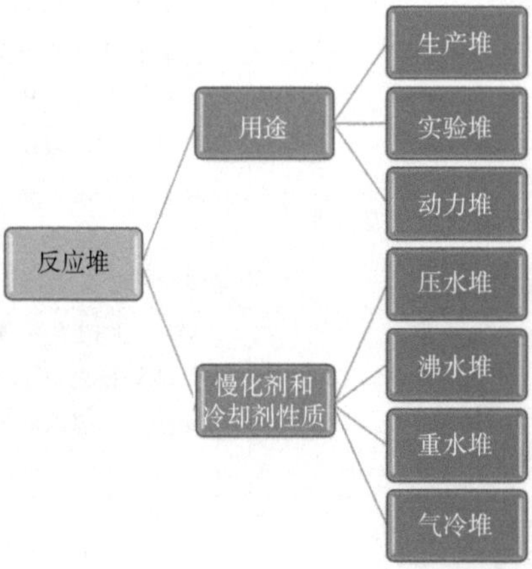 	思政要点 引入伟大科学家“氢弹之父”于敏“干惊天动地事，做隐姓埋名人”的事迹和核动力专家、我国核潜艇首任总设计师“时代楷模”彭士禄院士甘为核动力事业“拓荒牛”的事迹。 我国原子弹、氢弹的研制成功，一举打破西方的核垄断和核讹诈，当前西方为遏制我们的强国梦，发起新一轮的科技制裁，唯有努力、方有明天。 （打铁还需自身硬，弘扬“两弹一星”精神，使学生认识到“两弹一星”精神所代表的科技创新对国家发展的重要意义。只有深刻领悟这段历史，才能更全面地认识科技的重要性和创新的力量，并以此点燃学生的爱国热情和奋斗激情，为实现科技进步、国家强盛和人民幸福贡献力量。） 将核电与火电比较。 火电（非清洁能源）：污染环境；由不可再生能源转化而来；煤和石油分布不均带来的运输问题；石油存在安全问题，受国际政治影响很大。 核电（清洁能源）：大功率稳定供电，占地小，能量密度高；经济性；环境问题；运输优势；安全性。 二者对比加深学生对核电的认识，准确把握核电的特点。

续表

教学过程设计	思政环节融入
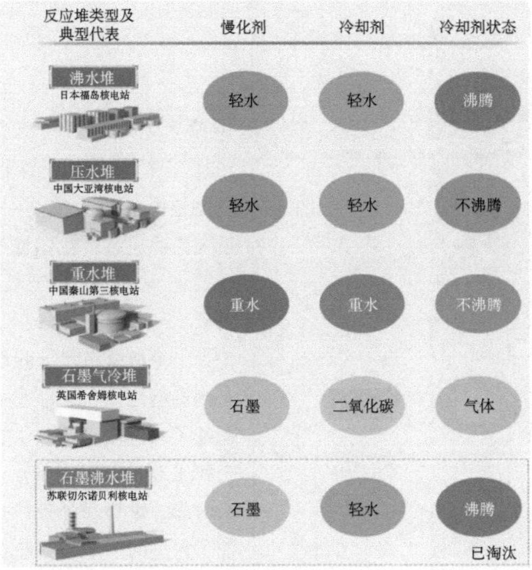 2. 世界核电站的发展及我国核电站的分布情况 ·第一代是20世纪50—60年代中期，原型核电时期，功率不大，安全防护不好，已经被淘汰； ·第二代是1965年后到90年代为止，目前世界上正在运行的大多是第二代； ·第三代从20世纪90年代初开始研发，在第二代基础上进行技术改进和创新，优点是更经济、更安全。 ·2021年12月20日，全球首台第四代商用核电机组在我国山东石岛湾核电站实现并网发电，它采用高温气冷堆结构，核泄漏概率完全为零。另一种第四代核电站——快中子反应堆核电站则从根本上减少了核废料的产生。 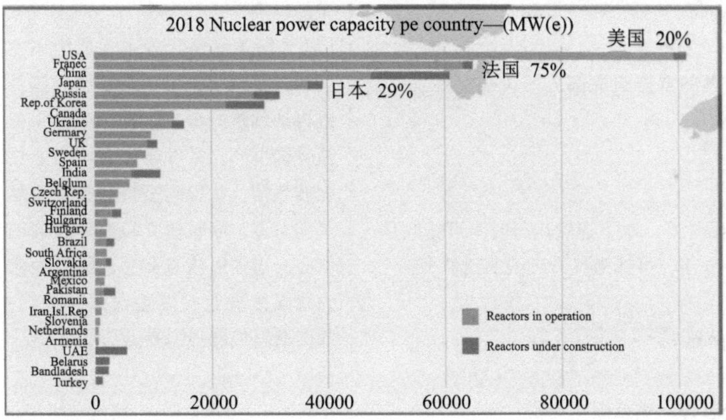 	思政要点 切尔诺贝利核电站是苏联在多快好省的方针下建成的，多少忽视安全性，它所使用的是现在已经被淘汰的石墨沸水堆。 第三代从20世纪90年代初开始研发，切尔诺贝利事故引发的恐核浪潮使核电事业在90年代步入萧条期。在此背景下，提出了第三代核电技术（AP1000、EPR、ABWR）。位于浙江台州的三门核电站是世界上第一座采用非能动安全技术的第三代核电站，更经济、更安全。 （时任副总理李克强在出席三门峡核电站开工仪式时指出，要把发展核电作为应对危机的重要举措，把核电和其他新能源作为到未来国际竞争中抢占战略制高点的能源来发展。）

续表

教学过程设计	思政环节融入

福建福清核电站

巴基斯坦卡拉奇核电站

核电已是我国电力供应、特别是清洁能源的重要组成部分，也是对外出口的一张名片！

（四）核动力舰艇的发展

1. 核动力的优点

首先，核燃料燃烧不需要氧气，因此隐蔽性好，水下连续运行时间可达数月；

其次，一炉核燃料满功率运行可工作 1~3 年，可认为具有无限的续航力；

第三，具有在航率高和低噪声等优点；

第四，单堆功率高，可获得很高的水下航速。

2. 核潜艇发展情况

1954 年美国研制第一艘核动力潜艇，命名为“鹦鹉螺”号。

思政要点

2021 年 1 月 30 日，中国自己的第三代核电机组“华龙一号”，正式投入商业运行，我国成为全球第四个真正掌握第三代核电技术的国家。

作为当今核电市场上接受度最高的三代机型之一，“华龙一号”不仅配备了双层安全壳（1.3 m 厚的内壳和 1.8 m 厚的外壳），可同时抵御内部的爆炸和外部的撞击，还配备了先进的非能动系统，即使是遇到福岛核电站那样，所有备用电源都失效的极端情况也可以应对自如（福建福清核电站及远处的海上风电场，福建福清核电站 5 号机组，全球首台“华龙一号”机组）。

今天，中国的“华龙一号”，不仅在国内大放异彩，同时也走出国门，成为中国制造的新名片（巴基斯坦卡拉奇核电站，“华龙一号”海外首堆）

（以“华龙一号”走出去成为国家名片，我国核技术逐渐从跟跑到并跑再到领跑的事例，在学生心中根植爱国情怀。激发学生夯实专业技能的热情，认识到坚持科技强军是强国关键，同时树立核事业发展的信心，增强民族自豪感，鼓励大家为我国核事业发展建设添砖加瓦，共同谱写核能强国梦。）

续表

<table>
<tr><th>教学过程设计</th><th>思政环节融入</th></tr>
<tr><td>

1954年，世界上第一艘核动力潜艇——“鹦鹉螺”号的问世，开创了潜艇技术和潜艇远洋作战的新时代

美国
- 攻击型
  - “洛杉矶”级
  - “海狼”级
  - “弗吉尼亚”级
- 弹道导弹型（“俄亥俄”级）
- 巡航导弹型（“俄亥俄”级）

3. 水面核动力舰艇的发展情况

·1957 年，美国“班布里奇”号核动力驱逐舰下水；

·1960 年，美国建成排水量为 14 000 t 的“长滩”号核动力巡洋舰；

·1962 年，美国建成第一艘 10 万 t 级核动力航母“企业”号；

·1975 年，美国又在企业号基础上发展了“尼米兹”级核动力航空母舰；

·2013 年，美国研制的第三代“福特”级核动力航空母舰下水，2017 年服役，2021 年 12 月实现战斗准备就绪。

三、小结

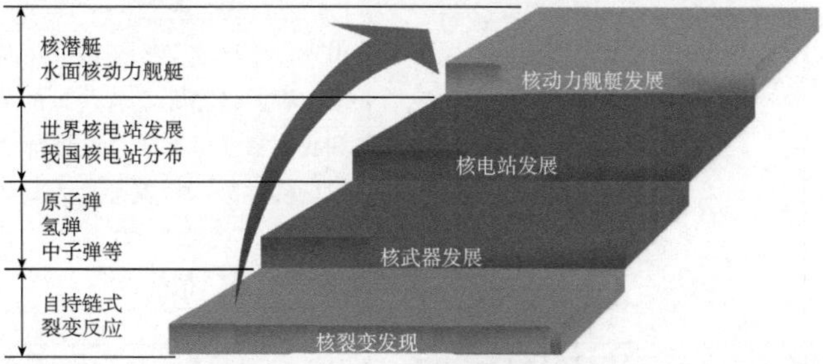

四、作业

1. 调研俄罗斯、英国和法国等国家核动力舰艇的发展现状（主战舰艇的型号、作战能力、核动力技术特征）；

2. 手动绘制压水堆核动力装置运行原理图并简述其能量转换过程。

</td><td>

思政要点

我国近些年有了长足进步，但与美国相比还存在差距。

（引导学生正确看待差距，认识到自身不足之处，坚持科技强军之路，任重道远，激励学生脚踏实地、苦练本领，为建成一流海洋强国努力奋斗的使命感和责任感。）

“尼米兹”级核动力航空母舰是美国第二代航空母舰，也是世界上吨位最大、在役数量最多的一级航空母舰，从建成直到 21 世纪初，“尼米兹”级核动力航母一直是美国海上力量和全球战略的支柱。

“福特”级核动力航空母舰是美国在现役航空母舰配置基础上进行改良研制出的第三代核动力航母，计划 2058 年前建造 10 艘，取代“尼米兹”级。

近年，我国实力有很大发展，能力水平有了很大提高，航母的建成进一步增强了我国海上力量和海上战斗力。

（增强学生信心，看好我们未来的发展，感受我国在航母建设上取得的巨大进步，引导学生立足当下、砥砺前行。使其从思想上重视本课程的学习，并深刻理解科技强军的内涵要义）

</td></tr>
</table>

五、教学实践过程回顾

第一次课　核能的发展与应用

序号	教学实践过程	教学展示	思政
1	课前分享 上课前《核电新能源》视频分享		能源安全 对保障能源安全，落实“双碳”目标和构建新型电力系统具有重要意义
一、课程说课与本次课引入			
2	课程说课 从课程地位、教学目标、课程内容、课程考核以及学习资源等方面对课程进行说课，使学生了解本门课程安排。 本次课程引入 以原子弹爆炸、核电站引入核能发展的意义、确保核安全的重要性以及学习本课程的必要性	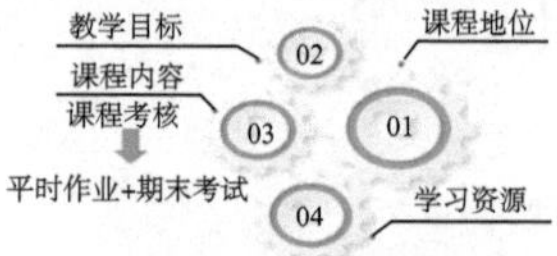	国家安全 从能源安全到国家安全，强调普及核安全知识的重要性和必要性，增强使命感、责任感
二、本次课内容			
3	（一）核裂变的发现 按照科学研究的思路兼具故事性及拓展性，讲述核裂变的发现史，让学生感受科学家们是如何站在巨人的肩膀拓展思路并开展科学研究工作的	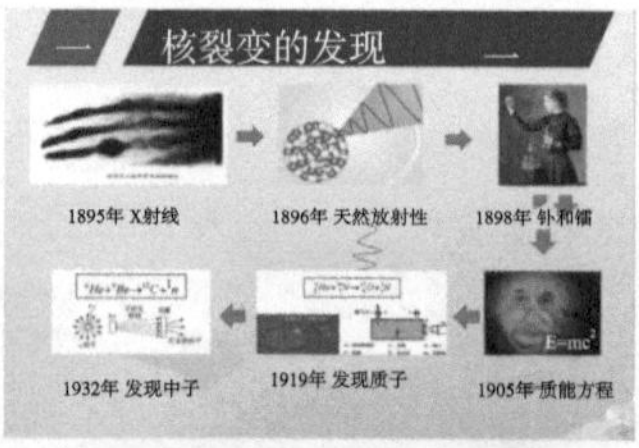	科技创新思维 通过这段历史的温度和深度，引导学生树立科学意识和创新思维，做科技的“追星人”
4	（二）核武器的发展 结合2023年9月5日，美国空军全球打击司令部在加利福尼亚州北范登堡空军基地进行非武装状态“民兵3”型洲际弹道导弹的实战试射，以展示美国核力量以及国家核威慑力量的战备状态，介绍四代核武器的发展历程	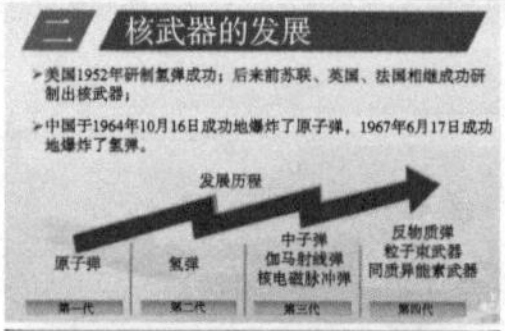	“两弹一星”精神 引入“氢弹之父”于敏“干惊天动地事，做隐姓埋名人”的事迹和我国核潜艇首任总设计师“时代楷模”彭士禄院士甘为核动力事业“拓荒牛”的事迹，弘扬“两弹一星”精神
	＊ 学生课堂展示：原子弹介绍	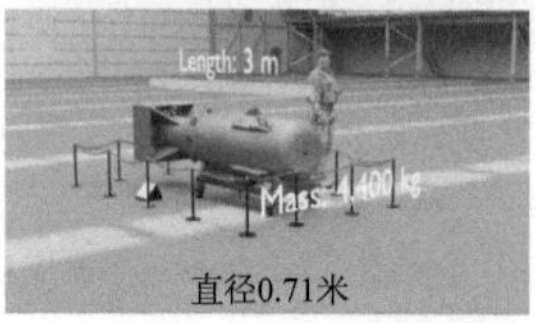	团队协作精神 课堂互动，提升学习效果，培养学生合作能力和团队精神

续表

<table>
<tr><th colspan="4">第一次课　核能的发展与应用</th></tr>
<tr><td>5</td><td>（三）核电站的发展
引入动画视频介绍人类历史上第一座核反应堆，同时将核电与火电进行对比，加深学生对核电的认识，准确把握核电的特点</td><td>
</td><td>核安全是天大的事
由费米在世界上第一座反应堆工程建设和试验过程中对核安全尤其重视，加深学生对核安全的理解，领会核安全是关乎国家安全、关乎人民利益的天大的事，务必严上加严，确保万无一失，不能有丝毫侥幸心理</td></tr>
<tr><td>6</td><td>1. 核反应堆的类型
反应堆有不同的类型，按不同的用途可以分为生产堆、试验堆和动力堆；根据中子能量的不同，可分为热中子反应堆、快中子反应堆；根据慢化剂和冷却剂性质的不同，可分为轻水堆、重水堆和气冷堆。
切尔诺贝利核电站使用的是现在已经被淘汰的石墨沸水堆。该事故引发的恐核浪潮使核电事业在90年代步入萧条期</td><td>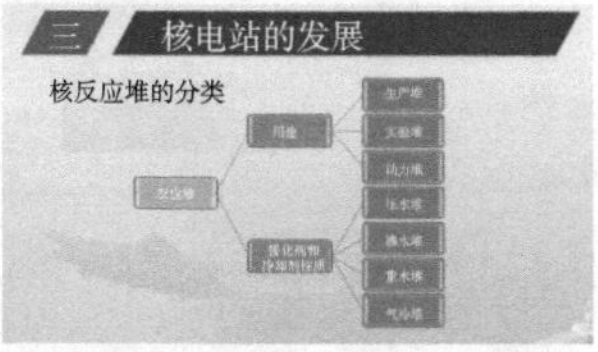
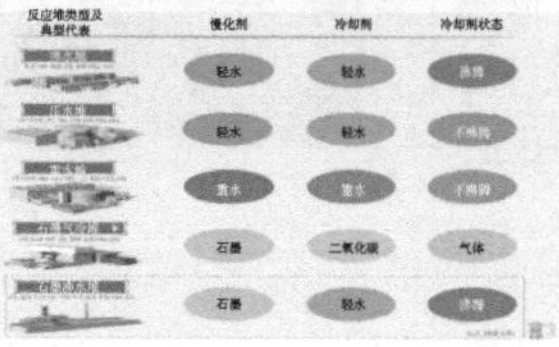</td><td>增强忧患意识 树立风险观念
时任副总理李克强指出，要把发展核电作为应对危机的重要举措，把核电和其他新能源作为到未来国际竞争中抢占战略制高点的能源来发展</td></tr>
<tr><td rowspan="2">7</td><td>2. 世界核电站发展情况
核电事业在90年代步入萧条期，在此背景下，提出了第三代核电技术（AP1000、EPR、ABWR）。2021年12月20日，全球首台第四代商用核电机组（高温气冷堆）在我国山东石岛湾核电站实现并网发电，另一种第四代核电站——快中子反应堆核电站则从根本上减少了核废料的产生。第四代核电站还有尚处于实验阶段的熔盐堆、超临界水冷堆等其他类型</td><td></td><td rowspan="2">科技强军
以“华龙一号”为例，在学生心中根植爱国情怀，增强民族自豪感，使学生认识到科技强军的重要意义，鼓励大家共同谱写核能强军梦</td></tr>
<tr><td>* 学生课堂展示：钍基熔盐堆介绍</td><td></td></tr>
</table>

续表

<table>
<tr><th colspan="4">第一次课　核能的发展与应用</th></tr>
<tr><td>8</td><td>(四) 核动力舰艇的发展
近年，我国海军有很大发展，军舰实力有了很大提高，航母的建成进一步增强了我国海上力量和海上战斗力</td><td rowspan="4">
</td><td rowspan="4">使命与责任
认识到自身不足之处，坚持科技强军之路，任重道远，不断缩小差距。激发学生脚踏实地、苦练本领，增强为建成一流海洋强国努力奋斗的使命感和责任感。
增强学生信心，看好我们未来的发展，感受我们在航母建设上取得的巨大进步，引导学生立足当下、砥砺前行，使其从思想上重视本课程的学习，并深刻理解科技强军的内涵要义，以及确保核安全的重大意义</td></tr>
<tr><td>9</td><td>1. 核动力的优点
铀核裂变现象发现后不久，科学家就预言，核动力将是最理想的潜艇动力</td></tr>
<tr><td>10</td><td>2. 核潜艇发展情况
我国海军近些年有了长足进步，但与美国海军相比还存在差距</td></tr>
<tr><td>11</td><td>3. 水面核动力舰艇发展情况
核动力航母："企业"号、"尼米兹"级、福特级。"尼米兹"级核动力航空母舰是美国第二代航空母舰，也是世界上吨位最大、在役数量最多的一级航空母舰，是美国海上力量和全球战略的支柱（结合佩洛西窜台事件讲解核安全与国家安全）。
福特级核动力航空母舰是美国在现役航空母舰配置基础上进行改良研制出的第三代核动力航母</td></tr>
<tr><td>12</td><td>课程小结
对本次课 4 个方面教学内容进行总结，对主题思想进行凝练</td><td>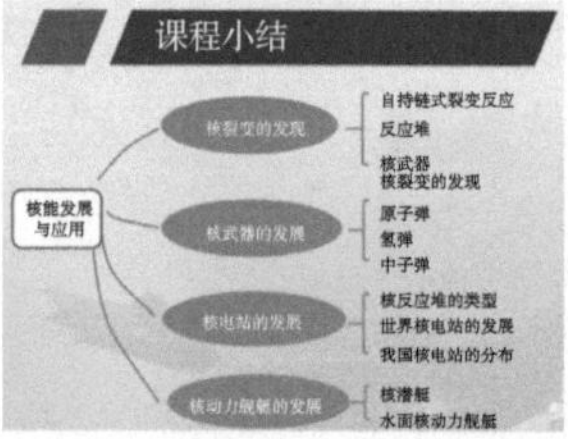
</td><td>安全无国界
对于核安全来说，"为之于未有，治之于未乱"是核心要义。
在海牙核安全峰会上，习近平主席强调，要知责任、负责任，强化核安全意识，培育核安全文化，加强机制建设，提升技术水平，这既是对自己负责，也是对世界负责</td></tr>
<tr><td>13</td><td>本次课作业</td><td>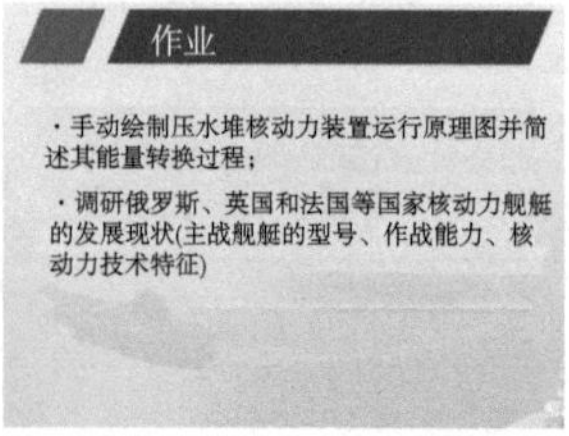
</td><td></td></tr>
</table>

六、创新性与效果总结

课程教学深入剖析“为什么学？”“学什么？”“怎么学？”“怎么做？”等教学实践过程中的几个方面具体问题，教学设计示例如图 4 所示，重点突出其基础性、通俗性和拓展性，传授理论知识的同时，注重将思想政治教育如盐入水般有机融入课程教学各个环节，达到课程思政润物细无声的效果，以学生为主体，采用多种教学方式，提升学生参与度，学生视频制作分享如图 5 所示，多措并举有效夯实教学内容和思政融入，着力培养学生心系祖国、不畏艰险、勇于开拓、献身深蓝的崇高道德品质，树立志向高远、乐于奉献的高尚思想境界，从根本上提升学生的思想修养水平，将课程思政落到实处，植入心田。

（1）以思政目标为牵引，结合课程特点，将众多离散的思政元素点串联成线，前后衔接，构建教学内容与思政元素之间的隐性耦合关系网，由线及面共建核安全人才培养大思政的教育体系，达到课程教学目标。

（2）采用多样化教学方式，注重理论性教学、叙事性教学、沉浸式教学相结合，通过创设情景，引导学生主动探索、层层递进、深入挖掘，将被动灌输转变为主动吸收，避免平铺直叙、枯燥无味地进行复杂理论知识的讲解，提升课程吸引力和课堂凝聚力。

（3）注重将思政元素、教学内容与世界时事热点隐性融合，与当前科技发展与时俱进，聚焦近期发生的时事热点，加强师生互动，使学生有身临其境之感，加深学习感悟，深刻体会肩负的使命感和责任感。

（4）凸显学生的主体地位，充分利用 MOOC 平台，采用“制作分享+讨论评比”等教学方式，作为课堂教学的有益补充，夯实教学内容，激发学习兴趣，领悟思政要点，升华学习感悟。

教学设计示例：

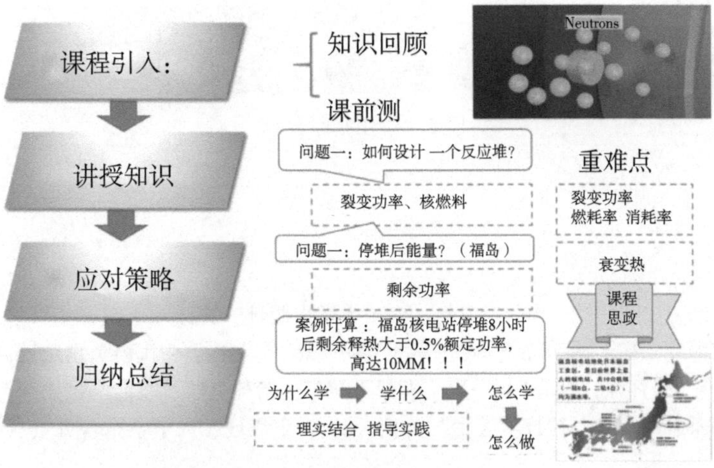

图 4　课程教学示例

图5　学生视频分享

参考文献

[1] 莫政宇．能源动力工程概论［M］．成都：四川大学出版社，2015.

[2] 叶奇蓁．中国电气工程大典 第6卷 核能发电工程［M］．北京：中国电力出版社，2009.

[3] 赵剑锟，刘义保，张怀强，等．“双一流”背景下核工业精神引导“核能与核技术工程”专业研究生课程思政建设探索——以“核技术应用”为例［J］．东华理工大学学报（社会科学版），2021，40（2）：174-177.

[4] 王寅，晋宇辉，贾贺翔，等．核化工实验课程思政建设的探索与实践［J］．化工高等教育，2023，40（2）：58-64.

[5] 周明舸，邱春，王跃涛，等．核医学本科教学开展课程思政的思考与探索［J］．中国继续医学教育，

2022，14（12）：1-4.
[6] 马如宝．高中物理教学中的思政教育探索之旅——以“重核裂变 链式反应”教学设计为例［J］．物理教学，2021，43（8）：31-32.
[7] 罗筑华，刘艺，刘永，等．我国核安全人才“四协同”培养模式研究［J］．中国安全科学学报，2022，32（7）：1-6.
[8] 单健，蔡祥鸣，肖德涛，等．辐射防护与核安全人才培养的几点思考［J］．国际公关，2020，16（12）：320-321.
[9] 李文英．“新工科”背景下地方应用型本科院校课程思政育人模式探索与实践［J］．改革与开放，2020，543（18）：92-95.
[10] 曾令艳，王海明，宋彦萍，等．核动力装置及设备课程思政育人模式教学改革探索与实践［J］．高等工程教育研究，2019，增刊Ⅰ：87-89.

“大学语文”课程思政案例

郭勤勤

（海军工程大学，湖北　武汉　430033）

摘　要：以党的二十大精神为指引，课程思政建设进入了全面跃升的新阶段。课程思政作为新时代落实立德树人根本任务的战略举措，各类课程要以符合自己特点的方式，建构开展课程思政的有效路径，要守好一段渠、种好责任田，使各类课程与思想政治理论课同向同行，形成协同效应。当前，在课程与“思政”同向同行的时代背景下，“大学语文”的育人功能也更加凸显，以情育人、以文化人是该课程特有的性质特点。在本课程教学中，始终注重贴合各学员专业任职背景搜集整合思政案例，打通各个教学环节，推动思政教育与素质教育齐头并进，促进军校学员的政治素养、职业素养及人文素养的全面提升。

一、授课基本情况

（一）授课对象情况分析

“大学语文”的授课对象主要是本科一年级学员，学员在进入大学前对语文课的印象还停留在以应试为主要目的，教学内容、教学手段较为单调、枯燥的中学语文课上，语文基础水平参差不齐。以本校核学院学员为例，个别专业人数多，其余专业人数都相对较少。课堂上纪律性较好。通过对学员课堂发言、作业完成、实践活动等形式，了解了学员的基本情况是：一是课堂表现“稳”，在课堂上积极参与讨论交流，具有较扎实的语文基础；二是信息搜集能力“强”，乐于接受新事物，信息化素养较好。同时，发现学员也普遍存在两大共性问题：一是人文素养积淀“浅”，文学鉴赏和写作实践还大多停留在字词句的简单理解运用上；二是语文学习动力“缺”，部分学员认为大学语文实用价值不高，存在重专业、轻人文的倾向，创新思维能力还需强化提升。

现代战争的合格人才，必须是具备较高人文素养的新型军事人才，学员文化素质的高低，直接影响军营文化氛围营造、军人的整体形象以及我们在未来战争中的地位，大学语文是对学员进行人文素质教育的一条重要途径，线上教学能够以更开放的模式来揭示文学作品中所蕴含的精神价值，不断提高学员的文化素养和文化品位。针对本专业学员已有的知识背景，注重从古典文学作品中挖掘出丰富的思政内涵，如枕戈待旦的尚武精神，至死不渝的家国情怀，宁死不屈的民族气节，勇敢无畏的英雄气概以及团结偕作的合作精神等，努力用中华民族自己的精神财富以文化人，铸魂育人。

（二）课程情况简介

“大学语文”是生长军官高等教育班次科学文化必修课程，共 52 个学时，于大一下学期开设，选用教材为自编讲义结合全军院校统编教材。习近平主席在党的二十大报告中明确指出：“坚持和发展马克思主义，必须同中华优秀传统文化相结合”，对于海工学员，大学语文是学习中国文化、赓续中华文脉、筑牢文化之基的主要课程。我们将课程教学目标设置为三个层面：一是知识技能层面，提高学员读写能力。叶圣陶先生曾说“口头为语，书面为文”，语文学习的基础目标就是提高口头表达和书面表达能力。二是思维情感层面，提升文学鉴赏与创造力。相对于中学语文着重于字词句的学习，大学语文更强调文学作品鉴赏和再创造的训练。三是价值使命层面，增强文化自信自强。继承、弘扬中华优秀文化，并转化为矢志强军的精神底蕴。这也是大学语文课程思政的方法路径。

大学语文在课程内容的选择上，主要根据军事院校教育的特色以及学员毕业后在部队任职的需要，将教学内容分为文学作品、公文写作、实践教学三大模块，使课程一方面紧紧围绕新时代军事教育方针，一方面关注学员现有的知识结构，兼顾“大学语文”教育的普遍性与军校教育的特殊性。其中文学作品，主要传承民族优秀文化，突出军校的“军味”。这一部分是按文学史的发展顺序编排，重点选择《诗经·无衣》《楚辞》《孙子兵法》等具有军事特色的篇目精读细讲，突出军校的“军旅特色”；公文写作方面，主要瞄准未来任职需要，体现课程的工具性。这一部分着重培养学员的写作能力和口语表达能力，在未来的任职当中，无论是军队建设，还是战场作战，快速阅读、应用写作、动员演讲等语言能力都能直接转化为战斗力；实践教学方面，主要结合实际应用情景，发挥学员的主体性。这一部分内容重点关注学员自身特点，发掘学员自身潜能，通过组织场景表演、经典吟诵、演讲比赛、辩论赛、读书活动、微电影等实践活动，来提高学员的语言综合实践能力。

二、案例基本情况

众所周知，文学和文化的魅力在于影响和改变的是人的思想观念，激发潜在动力，且文学作品对人的影响是深远的，因此在选取课程思政案例时，充分考虑了以下几点：

（1）注重挖掘课程的育人功能，让学员潜移默化地受到传统文学中尚武精神、爱国主义、英雄主义精神的影响；

（2）注重发挥文学润物无声的优势，以文化人是文学作品固有的功能与使命，也是课程思政的重要路径，运用文学经典立起为战育人鲜明导向，贴近部队，注重对学员战斗精神的激发；

（3）注重实践性，以“课内”为基础，加强优化“课外”拓展，通过情景式、合作式、探究式教学，促进大家深化文学经典的理解；

（4）注重贴合性和时代性，课程思政案例要贴近学员，具有时代特色，能够引发学生的思考和探讨。

（一）案例一：军中战歌——同仇敌忾的偕作精神

《诗经》是中国古代文学的源头，《诗经》共305篇，现代学者研究认为《诗经》中严格意义的战争诗却只有8首，而《无衣》与其中绝大多数战争诗的风格迥然有别，是

《诗经》当中唯一一篇“言及战事无难色”的诗篇，它所表现出来的慷慨激昂的气势是其他诗歌中很难看到的。在秦人这种保家卫国的背后，我们看到的是一个个战士的英勇无畏，舍生忘死，面对战争、面对血腥的厮杀场面，面对战场上苦苦的坚守，还有什么比“与子同袍”“与子同泽”“与子同裳”这样的诗句更温暖人心呢，还有什么比“与子同仇”“与子偕作”“与子偕行”这样的诗句更鼓舞人心呢。无论面对什么，我都和你同在，和你一起。你我都是战士，是战友，穿着同样的军衣，负有同样的职责，对着同一个敌人将要一起走向战场，一起去战斗，诗歌强调的就是这样一种军队的集体观念和战士的友爱精神。

自古以来，战友之间的相互激励和鼓舞，都是军队战斗力的重要支撑。作为当代军人，未来核事业的重要建设者，我们知道部队的日常训练是艰苦的，也是枯燥的，但是，正是战友之间的深厚情谊，才使得艰苦的训练有了温情的滋养，枯燥的生活有了色彩。今天当信息化时代到来时，“但使龙城飞将在，不教胡马度阴山”，由几个英雄和名将决胜负的时代已经渐行渐远，在这样的一个时代，我们更需要这种团体的力量，协作的精神。

（二）案例二：屈子精神——“深固难徙”的爱国之情

屈原给文学带来的最直观的贡献，便是《楚辞》，这也成为继《诗经》之后我国诗歌史上的另一座丰碑。近代国学大师王国维曾说：“（屈原）若无文学之天才，其人格亦自足千古。”春秋战国时期，游士之风盛行，很多人为了功成名就、有所作为，流转于各诸侯国之间，甚至带兵攻打自己的母国也毫不留情，“楚才晋用”“朝秦暮楚”非常常见。在公元前278年的五月初五，秦军攻破了楚国的国都，屈原听到这个悲痛的消息，在极度的失望和痛苦中，抱起一块大石头，跳入汨罗江，自沉而死，以身殉国，这一年屈原六十六岁。

千百年来，面对屈原的以身殉国，人们不止一次地问：屈原为什么投江？为什么不离开楚国到其他国家呢？

学员讨论，教员明确总结。

从学员的讨论中得出，学员对于屈原的死，多认为楚国那样的昏君，不值得他去忠于和报效，但“政治”亦即一种理想，身为楚国人，身为楚臣，身为三闾大夫，楚国高级官员和决策大臣，屈原不能承受楚国亡国的事实，冯友兰先生说过，中国文化中有一种西方没有的精神，就是当一个人认为他不能拯救国家时，为了不在内疚中偷生，便选择赴死。这不仅让我们想起近代国学大师王国维的“五十之年，只欠一死，经此世变，义无再辱。倘若不能按照自己的意愿和信念完整地活下去，便将赴死看作一种意志与尊严的使命，他们始终是把政治的责任放在生命之上的。

今天回首屈原的一生，在世俗意义上是失败的。少年得志，却因耿言直谏而流放，中年谋国，却因为楚王昏庸而不得志，晚年落魄，却因热爱国家而不愿逃离。他的这一生，丰功伟绩与他无缘，但是他却在历史的长河中光耀千古，他的文字中所承载着高贵的情怀，早已融入到民族的血液中。屈原精神也成了安顿历代文人士子的痛苦心灵的家园。千百年来，在反抗强暴、伸张正义、维护祖国尊严和利益的斗争中，人们总以屈原为榜样，从他的为人、品格中获得鼓舞和进取的力量。他的精神品格熔铸成的动人魂魄的诗篇，也哺育了一代又一代进步的作家。贾谊、司马迁、李白、杜甫、文天祥、龚自珍、鲁迅等人，对黑暗现实的揭露和鞭挞，对民生疾苦的关注，无不是对屈原精神的继承，“路漫漫其修远兮，吾将上下而求索。”今天的我们确实有必要再读《楚辞》，再品屈原，去汲取古代先贤身上伟大的爱国精神、求索精神、抗争精神、殉道精神，不忘初心，走好我们这代人的强军兴军新征程！

（三）案例三：“兵者，国之大事”：必须高度重视战争问题

《孙子兵法·计篇》围绕着“计”这个主题而展开，先讲“计”的必要性，然后告诉我们应该从“五事”出发，采用“七计”的方法，来完成“计”的工作，之后笔锋一转，提醒我们还需要依靠“造势”来辅助“计”的实施，最后再次强调了“计”在战争中的重要作用，与开篇遥相呼应，形成了一个严丝合缝的说理结构，是一篇非常优秀的说理散文。其中不仅有科学的分析方法，而且文辞优美、易于诵读，也难怪会有人说《孙子兵法》是科学与艺术的完美结合。

《计篇》开宗明义，不谈战胜攻取之道，而是首先将战争与军民的生死和国家的存亡联系在一起，揭示了战争的本质问题，告诫我们：必须高度重视战争，必须用极其认真和谨慎的态度来研究和知道战争。这一论述，集中体现了孙子对战争的深刻认识。在后面的《火攻篇》中孙子还进一步指出：“亡国不可以复存，死者不可以复生。故明君慎之，良将警之。”进一步重申了重视战争问题的必要性。早在我国记载春秋时期历史的典籍《左传》中就有“国之大事，在祀与戎”的名言，强调祭祀和战争在诸多国事中占据至关重要的地位。孙子深刻而审慎的战争观，是对前人思想的继承和发展，同时也奠定了他整个军事思想体系的理论基石。但需要指出的是，慎战，不代表避战甚至畏战。习主席就指出：“我们绝不会允许任何人任何势力侵犯和分裂祖国的神圣领土。一旦发生这样的严重情况，中国人民必将予以迎头痛击。”一旦触碰我们的底线和原则性问题，我们必须奋起反击，作为新时代的革命军人需要做的就是精武强能，为战研战，确保召之即来，来之能战，战之能胜。

中国思想家司马穰苴曾言：“故国虽大，好战必亡；天下虽安，忘战必危。”在人类复杂的生命过程及其实践活动中，战争也许是对人类的生存发展影响最为深刻、最具尖锐冲突性的活动方式了。和平必须以强大实力为后盾，能打赢才能有力遏制战争，才能确保和平。习主席说过：“能战方能止战，准备打才可能不必打，越不能打越可能挨打，这就是战争与和平的辩证法。”我们不希望打仗，但只有我们有准备、有强大军事力量、有打赢能力，才能从战略上实现不战而屈人之兵。上兵伐谋，胜于无形，以谋略为内核的作战思想、战略战术，同样是今天信息化战场的灵魂。孙子从“兵者，国之大事”这一基本认识出发，通过对敌我双方现有客观条件——“五事七计”的考察比较，预测战争胜负的趋势，制定有力的战略决策。同时，孙子又提出“兵者，诡道”，主张充分发挥主观能动性，“攻其无备，出其不意”，达到克敌制胜的战略目标。孙子的重战慎战、知己知彼、上兵伐谋的重要思想，在当下仍然具有深远的现实意义。

（四）案例四：走近放翁——感受至死不渝的家国情怀

课前设疑：通常一提到陆游，首先就会想到他身上一个最明显的特征是什么——对，

爱国，在中华民族几千年绵延发展的历史长河中，爱国主义始终是激昂的主旋律，始终是激励我国各族人民自强不息的强大力量。习近平主席也曾经说过：每逢危急时刻，总有无数的中华儿女无惧风浪、慷慨前行。这是中华民族穿越风雨的文化基因，也是我们砥砺前行的精神力量。而说到爱国，从古至今有太多的爱国诗人，从屈原到杜甫到辛弃疾，从王昌龄到文天祥再到林则徐，他们也留下了很多的优秀诗篇，为什么偏偏会给陆游这么高的评价？

课中讨论：《宋史·陆游传》：“其能太高，迹太近，恐为有力者所牵挽，不得全其晚节。”你是怎样理解的？

教员明确：陆游一生仕途坎坷，屡次被罢职，仔细算一算的话，85 年的生涯中只做了不到 20 年的官，并且大多都是闲官，做官的时间远不如在山阴老家的时间长。可以说，在陆游的一生中，除了极短的时间曾经心情舒畅地为恢复中原为自己的理想而奔波以外，大量的岁月都是在投闲弃置中消磨掉的，可即便这样，一生经历了多次被削职罢官后的陆游，在生命终止前的一刻，想得最多的是什么？“王师北定中原日”依然是收复中原、还我河山。

陆游曾经在《病起书怀》中有一句“位卑未敢忘忧国，事定犹须待阖棺”意思是虽然职位低微却从未敢忘记忧虑国事，但若想实现统一理想，只有死后才能盖棺定论。遗憾的是，直到“阖棺”，陆游也没能等到“王师北定中原日”的那一天，他的子孙后代也没能看到那一天，崖山之战后，南宋灭亡。陆游生活的时代是最屈辱最悲哀的，国力不振，受金人的威胁，最容易丧失民族的自信心和自豪感，陆游之难能在于，他能在苟安屈辱的时代保持一种昂扬的精神、民族的尊严、诗人的激情，来激励着世人。有人说陆游的一生是悲剧的、是失败的，但是他用一生诠释了另一种内涵的英雄主义，而中华民族之所以历经千年仍岿然立于世界民族之林，就是因为我们民族有这种“天下兴亡，匹夫有责”的家国情怀。

三、案例思政元素分析

2019 年，习近平主席在全军院校长集训开班式上发表讲话时指出，新时代军事教育方针，要“立德树人，为战育人，培养德才兼备的高素质、专业化新型军事人才。”2020 年，教育部明确“让所有高校、所有教师、所有课程都承担好育人责任，守好一段渠、种好责任田，使各类课程与思政课程同向同行，将显性教育和隐性教育相统一，形成协同效应。”2021 年，习近平主席看望参加全国政协会议的医药卫生界、教育界委员时强调，“‘大思政课’我们要善用之，一定要跟现实结合起来”。这些关于课程思政的重要论述，引领高校思想政治工作进入了新阶段。军校大学语文作为一门基础性的人文学科，是教学大纲和人才培养方案规定的通识课程，是培养学员阅读、写作、口语表达能力和提高文学欣赏的主要课程，也是目前军校里少有的可以起到文理渗透、传承民族文化经典的基础课程，与其他基础课程相比，在提高学员思政素质和人文素养方面具有着得天独厚的优势。

“诗教”是古典文学的一大传统，儒家历来倡导诗歌的政治教化作用，孔子对诗的社会作用进行了高度概括：“《诗》可以兴，可以观，可以群，可以怨”，对诗的美学作用和社会教育作用进行了总结，诗歌能够感化人，能够观风俗民情以陈政事。中国古代许多优秀的文学作品蕴涵着美好的感情，字里行间流露出中华民族的精神信仰，在理解作品的同时也能接受熏陶，文学的经典性表现也正在于此。军校大学语文所选取的作品，包含传统文化中的先进的政治思想、军事思想、伦理思想，从先秦到唐宋再到明清，选取每个时期经典又具有军旅特征的优秀作品。这些优秀作品内容丰富，往往蕴含着优秀的精神文化，有着鲜明的价值导向价值，有“修我戈矛，与子同仇”的同仇敌忾；有“身既死兮神以灵，子魂魄兮为鬼雄”的英雄豪气；有“风萧萧兮易水寒，壮士一去兮不复返”的壮烈情怀，更有“恨不抗日死，留作今日羞”的家国仇恨，以强大的思想力量在学员心中定格，以作者自己的铮铮铁骨告诉学员什么是家国情怀，什么是舍生取义，因此在文学作品选读中厚植战斗精神，可以引领学员修身养德、铸就中国魂。

这种方式与传统的灌输式教育不同，因为文学作品所蕴含的思想往往具有无形性、多样性、渗透性和持久性，文人往往会把自己的意志与情感蕴含在诗文之中，学员可以或直接或间接地感受到文学作品中所蕴含的人生哲理、启示价值和社会意义。通过这种方式来化人、育人，既易于学员接受，又能够发挥文化的价值认同、情感激励、行为导向，通过潜移默化、润物无声、循序渐进的方式来浸润人、感染人和熏陶人。从而将所倡导的道德情操、价值追求、行为方式等内化于心、外化于行，达到教育与自我教育的效果。

四、案例教学整体设计与实践过程回顾

在课程案例教学整体设计中，注重打通各个教学环节，构建课程思政大格局，推动思政教育与素质教育齐头并进，探索人文课程的课程思政的实施路径和建设策略。

（一）模式一：以问题为牵引，注重课堂生成

在课堂教学中，为了达到预期的思政效果，一味地讲述是什么和有什么，这种单纯的说教只会让学员产生逆反心理，造成所谓的“道理我都懂，情感上不认同”的现象，学员在课堂中参与度低，主体地位不突出，人文素养的提高也不明显。面对这种现状，教员可以在文本解读中用问题引导学员参与课堂，用问题把学员的解读引入文本的深处，用其自身的体验、反思去进行深度解读。孔子曾说：“疑，思问”，没有疑问、没有问题就不会展开思考，没有思考也就不会将外在的东西内化为自己的东西，相应地就不会取得真正的进步和发展。即便教员对文本解读得再好，学员得到的只是结论性的知识，而如果知识不能内化为能力和智慧，对学员的成长和净化并不会有多大的促进作用。在课程思政的过程中，问题是把学员引向解读深处的关键或突破口，以问题的思考为契机，在高质量的问题引导下学员才能够展开深入思考探究，进而建构起具有一定高度和深度的文本意义，最终答案的获得也是由学员一步步思考探究生成的。学员课堂讨论见图 1。

图 1　学员课堂讨论（注：照片经过虚化处理）

习近平总书记指出，好的思想政治工作应该像盐，但不能光吃盐，最好的方式是将盐溶解到各种食物中自然而然吸收。只有空洞的价值观说教，没有科学的知识作支撑，价值观教育的效果也会大打折扣。人文类课程不是说教，不是灌输，而是春风化雨、以文化人。课程以优秀作品鼓舞人，以文学形象感染人，以人文精神塑造人，“随风潜入夜，润物细无声”，让人在不知不觉中受到教育。如在讲授传统文学经典时，注重引导学员传承民族气节、崇尚英雄气概，引导学生学习英雄、铭记英雄，自觉反对那些数典忘祖、妄自菲薄的历史虚无主义和文化虚无主义，自觉提升境界、涵养气概、激励担当。

（二）模式二：课堂运用文本由感生发，课后运用实践以悟促行

在课程思政过程中，还非常注重实践教学部分，只有打通语文与实际的联系，才能把有限的课堂教学转化为无限的延续学习。实践表明，学员更愿意从同伴那里得到帮助，而这种知识的获得也更为深刻。在教学的实践活动中，学员做主角，他们的积极性会很高，锻炼自己、展示自己，向别人学习，取长补短，也能实实在在地看到自己学习的收获和成长。实践教学中通过开展情景剧（见图 2）、课本剧（见图 3）、微视频等方式，组织学生分头查阅参考资料，共同改编剧本，共同揣摩人物语言动作，共同评议剧本的演出。一台课本剧的演出，不仅能培养学生听说读写的语文能力，而且还能培养学生的联想创造、组织协调等综合能力，能够起到寓教于乐、以演促学、以美育情的作用，达到了较好的思政效果。

五、创新性与效果总结

本课程在课程思政上始终注重统筹兼顾，从教学内容、课堂设计等方面进行探索与研究，推进大学语文课程思政建设的路径和方法，对于丰富军队院校思想政治教育内容有一定借鉴意义。对于学员来说，大学语文课程的学习主要集中在大一下学期，无法贯穿学员学习的全时全域，在探索课程思政的方式与路径时，要统筹兼顾，各有侧重每一部分的教学内容，使人文素质教育与课程思政培育相得益彰，促进学员全面提升。

图 2　2021 级涉核专业学员拍摄情景剧

图 3　2022 级涉核专业学员拍摄课本剧（注：照片经过虚化处理）

（一）有利于实现立德树人的育人目标

大学语文的“人文性”体现在大学语文教学内容的各个方面，是包罗万象的，能够由点及面，以更为生动、全面和鲜活的方式集中展示中华民族上下五千年的优秀传统文化。这一切都可转化为对大学生进行思政教育的载体，即思政课政治性得以实现的重要载体。从“天下兴亡，匹夫有责”的爱国理念，到“以和为贵，和而不同”的处世哲学，从“天人合一，道法自然”的生命境界，到“革故鼎新，与时俱进”的改革精神，“大学语文”课程承载着的民族精神、家国情怀、做人之道和修身之法，可以起到立德树人的作用。

（二）有利于落实为战育人的时代要求

新时代军事教育方针明确要求“为战育人”。《大学语文》教材中既有表现将士英雄气魄的“身既死 兮神以灵，魂魄毅兮为鬼雄”，又有体现战士大无畏精神的“醉卧沙场君莫笑，古来征战几人回”；既有展现“狭路相逢勇者胜”的《亮剑》，又有热切呼唤战斗力质量和科学提升的《突出重围》。此外，教材中的军事应用文写作、演讲训练等，直接服务于学员未来带兵打仗需要，可以助力于为战育人，培养学员的实际工作能力。

“大学语文”作为一门以提高学员人文精神及培育学员健全人格为主旨的通识课程，是推进高校课程思政建设的重要阵地和优势平台。其资源丰富，涵盖的具体内容较为广泛，无论在空间层面还是时间层面都不存在明显的距离与界限，能够保证学员获得良好的思想政治教育环境，感受不同时代的思想文化精神以及思想内涵，为学员的思想政治工作开展提供良好的基础性条件。教学中始终注重充分发挥本课程的独特优势，为形成思想政治教育合力，构建全方位育人大格局，同时也注重深入挖掘大学语文课程所蕴含的思想政治教育元素，充分发挥其育人功效，为军队院校培养新时代高素质新型军事人才，取得了较好的课程思政效果。

参考文献

[1] 习近平在全国高校思想政治工作会议上强调：把思想政治工作贯穿教育教学全过程，开创我国高等教育发展新局面［N］. 人民日报，2016.
[2] 务楠，耿红卫. 大学语文课程中的思政教育现状及策略研究［J］. 文学教育，2019（6）.
[3] 王海燕. “三全育人”理论下大学语文课程育人的实现路径探究［J］. 语文教学通讯，2021（5）.
[4] 朱大永. 爱国主义永放光辉 ——试论中国古代文学中的爱国主义精神［J］. 四川教育学院学报，2000（7）.
[5] 肖悦，陈露，张晨. 将英雄文化融入军校“大学语文”课程——以《诗经》的课程思政设计为例［J］. 汉字文化，2023（1）.
[6] 肖悦. 浅谈“立德树人、为战育人”背景下军校“大学语文”的课程思政建设［J］. 汉字文化，2022（7）.
[7] 王悠然. 文学是提升精神力量的强大手段［J］. 中国社会科学报，2021（2）.
[8] 徐培亮，贾利芳，胡越. 基于学历案的军校“大学语文”课程思政教学探究——以陆军工程大学“大学语文”课程为例［J］. 语文教学通讯 · D 刊，2022. 5.
[9] 郑晓静. 军旅诗词在军校大学语文课程思政中的教学实践［J］. 语文教学与研究，2022，（02）.
[10] 徐培亮，胡越，刘瑞. 军校语文课实践教学与“课程思政”融合策略探究［J］. 科教导刊，2020（07）.
[11] 姜恩庆. 古典诗词中的家国情怀与家国情怀的培育［J］. 名作欣赏，2021（4）.

“核反应堆运行物理”课程思政案例

郝建立，李　颂，陈玉清，张黎明，刘家磊，刘小丫

（海军工程大学核科学技术学院，湖北　武汉　430033）

摘　要：为满足核工程专业人才培养的需要，针对“核反应堆物理”类课程，课程组运用课程思政方法，针对课程人才培养及课程目标要求，开展思政要素的挖掘与整理，确定了开展了课程思政设计的实施原则、引入方法和评估手段，通过将知识、技能传授与德育有机结合，引领学员提升综合素养，在探索实践中收到了较好的施训效果。相关研究成果可以为同类课程开展思政教学及教学改革提供借鉴。

一、课程基本情况

（一）授课对象情况分析

本课程授课对象为核工程核技术专业学生。通过“高等数学”“大学物理”和“工程热力学与传热学”等课程学习，学生掌握了基本的数学及物理理论知识，初步形成了科学的思维方法，具有一定的抽象思维能力，具备开展课程教学的知识、能力基础条件。作为军队院校，学生具有较好的服从意识，能够准确把握政治方向、站稳政治立场、遵守政治纪律，这为课程思政提供较好的政治基础。

（二）课程情况简介

核反应堆物理类课程是国内核工程专业的基本必修课程，根据不同学校的专业定位，选用教材及课程名称可能有些差异，但课程主要知识点基本一致，涵盖了原子核物理的基本概念、中子慢化扩散特性、临界理论、运行物理特性等内容。

通过本课程学习，学生应坚定理想信念、厚植爱国主义情怀、激发战斗精神、增强职业素养，掌握核反应堆物理的基本概念、原理、分析方法，理解核能产生的机理、核反应堆运行过程中的物理特性，具有独立分析解决反应堆物理设计原理、运行特性变化、反应堆功率控制原理、瞬变过程中核功率变化规律等相关问题的能力。在思政目标方面，学员应能够理解“×××精神”和“核安全文化”的内涵要求，确立从事核专业的自豪感和使命感。

二、案例基本情况

（一）“原子弹之父”奥本海默的悲剧人生[1]

1904 年，奥本海默出生在纽约一个德裔犹太富商家庭，接受最好的教育。从小就是神童的他，求学经历充斥着两个词：全优和跳级。21 岁的奥本海默从哈佛大学提前毕业，1926 年，他接受德国物理学家波恩的邀请去哥廷根大学继续深造。仅一年时间，奥本海默以量子力学论文获博士学位。完成学业后，他同时担任加州大学伯克利分校和加州理工学院的教授，并建立了“奥本海默理论物理学中心”。

1942 年，罗斯福签署命令，研制原子弹的“曼哈顿计划”开展。在选择项目负责人时，格罗夫丝将军力排众议，选择了既没有获得诺贝尔奖又没有任何军事背景的奥本海默。

1945 年 7 月，第一颗原子弹在新墨西哥试爆成功。同年 8 月 6 日和 9 日，广岛长崎上空爆炸的原子弹使他陷入懊悔与纠结中。1945 年 10 月，他在对研究室的科学家和“情报人员”发表的辞职讲话上直言不讳地说“如果原子弹成为一个交战国的武器……人类将诅咒洛斯 · 阿拉莫斯这个名字……物理学家现在才真正知道了什么是邪恶”。

20 世纪 40 年代末，由于来自苏联核力量的威胁，美国“氢弹之父”泰勒热心于研制氢弹，已任原子弹委员会顾问委员会主席的奥本海默坚决反对热核计划。1949 年 10 月 29 日，原子能委员会总顾问委员会召开会议讨论发展热核计划的决定，与会者全体通过了一份不赞成继续研制氢弹的决定，这是美国最有分量的一个反对研制氢弹的科学家团体。然而，在“冷战”的大背景下，1950 年 1 月 31 日，杜鲁门总统宣布研制氢弹。

1954 年，关于奥本海默的一次内部听证会，由于受到美国国内“麦卡锡主义”的影响，特别是泰勒向听证会出示的不利证据，奥本海默被认定为具有“安全危险”，其顾问职位被罢免，他推动核安全的理想随之破灭。

在 20 世纪 60 年代的采访中，奥本海默声称在爆炸发生的时刻里，他脑海中浮现出印度教经典《薄伽梵歌》中的一句话：“而今我成了死神，成了一切世界的毁灭者”。

1963 年，时任美国总统约翰逊为奥本海默颁发了核能研究领域的终身成就奖——费米奖。4 年后，奥本海默的喉癌迅速恶化，结束了他传奇的一生。

2022 年 12 月 16 日，美国政府推翻了 1954 年那场听证会的决定，宣布当年撤销奥本海默的安全许可源自“有缺陷的程序”，是错误的。

迄今为止，包括二战在内的大规模战争毫无例外地都依靠参战民族的团结一致和顽强持久的意志；而现在新的大规模破坏性的战争已经从举国一致的主张转变为一小撮人的意志。原子弹的发明，使我们面临着一个新的世界和新的问题。原子弹的发明既是科学家技术精湛的象征，又使他们陷入道德的困惑之中。奥本海默创造了科学，但他也告诉世人：现代战争已成为科学家荣誉与道德之间冲突的原因所在。

（二）“两弹一星”的故事

面对西方大国的核讹诈，中国广大的知识分子、人民子弟兵、工人群众发扬了“干惊天动地事、做隐姓埋名人”的爱国、奉献精神，在一穷二白的基础上，用最短的时间成功研制出了核弹（包括原子弹、氢弹）、导弹和人造卫星。

“请转告毛泽东同志，你们要反对核武器，自己就应该先拥有核武器。”这是法国科学院院长、诺贝尔奖获得者约里奥·居里的原话。1950 年，美国悍然发动朝鲜战争，中国发兵支援朝鲜。美国军官提议“应考虑使用小型原子弹和核大炮，封锁中国大陆和东北基地。”新兴的中国，面对日益严峻的周边形势，在经历了西方国家的核讹诈和苏联的背叛后，于 1959 年确定了中国的原子弹计划“596 工程”。图 1 所示为钱三强与小居里夫妇。

图 1　钱三强（右一）与小居里夫妇

1960 年，原子弹正式立项尚未满一年，苏联单方面毁约，撤走所有专家，带走或销毁在中国境内重要的资料和设备。屋漏偏逢连夜雨，此时正值中国三年旱灾，粮食供应极度短缺，尽管那个年代人民热情高涨，但科研人员难以饱腹，面对巨大的工作压力，许多都患上了浮肿病，却无一人喊苦。毛主席听了汇报后，决心不吃肉了，中央领导人全部戒荤，全力保障原子弹的研发。

1963 年，随着实验的进展，核试验理论工程基本完成。为了适应大规模的试验要求，二机部党组决定，从 3 月起，核武器研究所科研人员，从北京陆续迁往位于青海的核武器研制基地。科研人员面对西北内陆更加恶劣的环境，还承受着直接接触核材料的风险和与家人的长期隔阂。此时国际上有核国家的核垄断意图愈发明显，以及可能爆发的对中国的核打击，使得科研人员不得不加快工作进度。图 2 所示为西北地区核试验基地科研人员恶劣的生活环境。

1964 年 10 月 16 日 14 时 40 分，随着一声巨响，科研人员努力奋斗了两年零八个月的结晶——中华人民共和国第一颗原子弹“邱小姐”在罗布泊的沙漠中成功爆炸（见图 3），中国自此拥有了核武器。

图 2　西北地区核试验基地科研人员恶劣的生活环境

人民日報

号外

1964年10月16日

加强国防建設的重大成就，对保卫世界和平的重大貢献

我国第一顆原子弹爆炸成功

我国政府发表声明，郑重建议召开世界各国首脑会议，讨论全面禁止和彻底销毁核武器问题。

新华社北京十六日电　新闻公报

一九六四年十月十六日十五时（北京时间），中国在本国西部地区爆炸了一颗原子弹，成功地实行了第一次核试验。

中国核试验成功，是中国人民加强国防、保卫祖国的重大成就，也是中国人民对于保卫世界和平事业的重大贡献。

中国工人、工程技术人员、科学工作者和从事国防建设的一切工作人员，以及全国各地区和各部门，在党的领导下，发扬自力更生、奋发图强的精神，辛勤劳动，大力协同，使这次试验获得了成功。

中共中央和国务院向他们致以热烈的祝贺。

新华社北京十六日电　中华人民共和国政府声明

一九六四年十月十六日

图 3　人民日报号外

原子弹爆炸后，科研人员又投入氢弹的研究中，终于在 1967 年 6 月 17 日，新中国第一颗氢弹成功爆炸，自此我国建立了完整的威慑体系，并为接下来新中国的发展和外交创造了良好的条件。

1970 年 4 月 24 日，中国成功发射第一颗人造地球卫星——“东方红”一号，并在太空传回了《东方红》音乐，中国人的音乐在太空中传播，开启了中国太空探索与公平利用太空资源的宏伟篇章。自此“两弹一星”任务圆满完成。

“两弹一星”的精神内涵是“热爱祖国、无私奉献；自力更生、艰苦奋斗；大力协同、勇于登攀”，“爱国奉献是底色，勇攀高峰不停步”。

中国的“两弹一星”是20世纪下半叶中华民族创建的辉煌伟业。“两弹一星”是在非常艰苦、没有外援的环境下所开发出来的成果。而“两弹一星”精神象征了中华民族自力更生创造“科技奇迹”的态度和过程，组成的元素则为“爱国主义”“社会主义”和“科学精神”，并可以衍生至“科技创新”“知识经济”领域。

（三）科学家与工程师的“冲突”

1942年，世界上第一座反应堆CP-1在芝加哥大学成功临界后，建造用于生产原子弹核材料的反应堆便迅速提上议事日程，杜邦公司承担了将科学家的理论设想变成现实可行的实践重任。

首先，他们在橡树岭基地承建X-10反应堆。这座石墨慢化、空气冷却的原型反应堆由费米在芝加哥大学的同事魏格纳操刀设计，用以生产少量的钚，为后续建造大型生产堆和化学处理工厂积累经验。这座反应堆功率很小（初始功率只有500 kW），而且由科学家主导并负责运行，杜邦公司只是承建方，虽然在建造过程中出现一些分歧和小摩擦，大家基本还是相安无事。

随后，基于CP-1和X-10反应堆的设计和实验经验，魏格纳带着项目组同事在几个月内设计了第一座大型生产性反应堆，也就是汉福特基地的B反应堆（见图4）。面对这样一座大型的工业设施，格罗夫斯（曼哈顿工程负责人）决定交由杜邦公司负责建造和运行，科学家负责反应堆初步设计。

图4　建造中的汉福特B反应堆

在魏格纳及其同事看来，将他们设计的石墨慢化、水冷却反应堆变成一座实际运行的工厂并不是一件难事，工程师们只需要按照设计报告中的图样照葫芦画瓢建造就行了，根本不用进行详细的工程设计。然而，在杜邦工程师眼中，建造和运行一座大型反应堆是一项异常艰巨的工程任务，一百多年前在研制火药过程中付出了大量血的代价与教训，逐渐培育了谨慎、保守的企业安全文化。

在进行施工设计中，由于对神秘的核技术缺乏充分的了解，杜邦公司的工程师出于安全上的考虑，针对魏格纳的初步设计做了不少调整，特别是为了留有安全裕量，把燃料孔道数由魏格纳设计的 1 500 个调整为 2 004 个，热功率降低一半至 250 MW。

由于设计上的调整和修改，工程拖到 1943 年 10 月才开工，这让魏格纳非常生气。他对自己的设计非常自信，坚持认为反应堆物理计算已相当准确，无须在建造中再考虑其他影响安全的不利因素，杜邦公司的做法严重影响了工程进度，担心德国可能赶在美国之前造出原子弹来。

不过，在这一次的争执与分歧过程中，杜邦公司没有妥协与让步，因为他们不只是建造反应堆，还负责将来运营反应堆，工程师们坚持必须考虑必要的不确定性而在设计中留有裕度。魏格纳找到格罗斯夫抗议一番无果后，也只能作罢。

一年后，B 反应堆建造完成。结果，在达到临界几小时后，反应堆便自行停堆了。正是由于杜邦工程师当初“多余”的燃料孔道设计，克服了氙毒的影响，反应堆才得以继续运行并生产出核武器材料。这个事件给魏格纳等一帮核物理学家上了一课，再也不好意思嘲笑那帮工程师无知、胆小。

杜邦公司的做法，在后来工程实践中被广泛借鉴，逐渐演变成了核安全的基石：纵深防御策略。

（四）苏联 K-431 号核潜艇事故

1985 年 8 月 10 日，太平洋舰队的 K-431 核潜艇在查兹马港换料时发生了非常严重的反应性事故。更换船用堆的堆芯是一个相当复杂、耗时的过程。首先需要取下反应堆的盖子，一个直径和厚度均为 1.5 m 的金属圆柱体。在堆盖和反应堆主体之间有一个红色的铜垫圈，以确保密封性。在一个特殊的止动器前面（用于防止燃料组件被提升过快），固定着一个带有控制棒的燃料组件，它可以调节反应堆功率并提供紧急保护。因为安全盖是法兰盖，对形变非常敏感，所以吊机需要用十字形扣具与吊点接合之后起吊，再拆除所有乏铀燃料组件和补偿棒，清理燃料组件的安装位置。接下来，装入新的燃料组件，把补偿棒放回去，安装新的红铜垫片，全部完成后用原先的反应堆盖进行封闭。在 250 个大气压条件下，用液压设备检查反应堆盖和堆芯对接的紧固性，并在一天内持续进行泄漏检测。

K-431 需要更换两个堆芯，第一个堆芯更换工作一切正常，不过第二个堆芯在进行密封时出了问题。8 月 10 日凌晨的气密性检测中发现了一些微量的泄漏，初步判明是一个焊接电极的残余部分卡在了密封垫和反应堆盖之间。10 日上午，在将情况汇报给舰队司令部后，K-431 成立了临时委员会前来排除这个故障。这个临时委员会不仅违反了所有的基本条令，并且还在没有制定任何紧急处理方案的情况下决定再次开启 2 号反应堆的堆盖。要知道核潜艇反应堆因为空间限制问题，控制棒都是直接贯穿堆芯和堆盖结构的，移动堆盖几乎不可能不对控制棒造成影响，如果控制棒在外力作用下快速上升，就会导致堆芯温度完全不受控制，达到可怕的临界点。

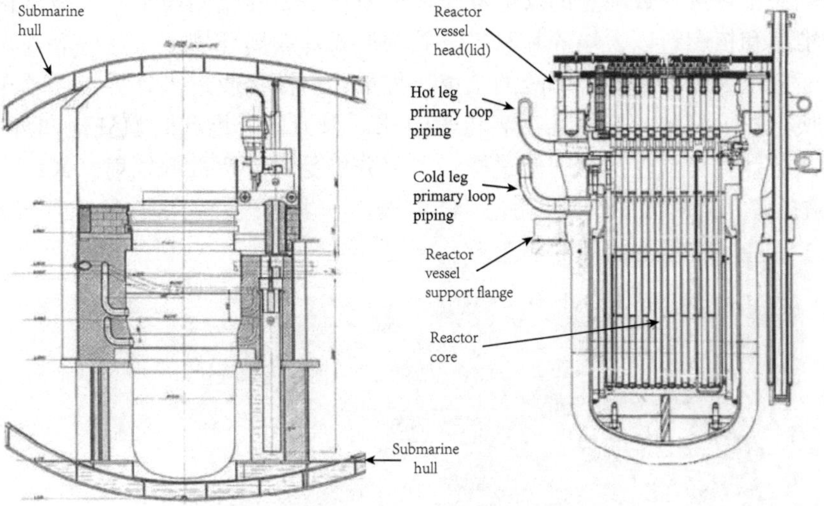

图 5　苏联 K-431 核潜艇堆芯示意图

中午时分，艇员开始用浮动车间的起重机吊起反应堆盖子，由于浮动车间没有配备任何稳定装置，其船体与水面上的其他物理一样，会发生晃动。在所有安全措施完好的情况下，浮动车间与潜艇本身的晃动没有任何问题，但此时反应堆正处于非常危险的状态。浮动码头见图 6。

图 6　浮动码头

这一切仿佛由死神安排好的一样，就在堆盖上升工作进行到一半时，一艘鱼雷艇无视港口的警示标志，以 12 kn 的速度向着港口内驶来。他掀起的浪花马上传播到“K-431”的周围，让潜艇核浮动车间一起进行了上下浮动，反应堆功率陡增，温度随之飞速升高，没有给在场的人任何思考的时间，它发生了剧烈的反应，紧接着就是恐怖的爆炸！这次爆炸威力十分巨大，直接将数吨重的反应堆盖像酒瓶塞子一样喷到岸上，反应堆像潘多拉魔盒一样，将堆芯和核燃料以大块碎片和气溶胶的形式释放到环境中。这次爆炸瞬间杀死了所有肇事者。责任人去世不代表事故的结束，大量放射性物质进入外界，浮动车间指挥官挺身而出，换上防护设备向反应堆喷洒化学泡沫。因为反应堆此时疯狂地向外喷发辐射，这些消防员几分钟就必须轮换，即使这样，大部分仍受到了超量的辐射。最终事故后，K-431 核潜艇被拆解。同时同一个泊位的 K-42 在爆炸发生时被辐射洗礼，也宣布报废。图 7 所示为 K-431 反应堆堆舱与相邻的隔舱。

图 7　K-431 反应堆堆舱与相邻的隔舱

三、案例思政元素分析

（一）核伦理道德

奥本海默在人类首颗原子弹研制过程中做出了突出贡献，原子弹在日本的投掷也加速了二战结束的进程，但核武器的巨大杀伤效应没有让奥本海默感受到科学上成功的喜悦，反而带来难以抑制的恐惧和担忧。后来他因不赞成核武器的应用还被美国当局怀疑为苏联间谍，受到联邦调查局的监视与监听，如此伟大的科学家晚年生活得非常不幸。

通过“原子弹之父”奥本海默的悲剧人生这一思政案例，可以帮助学员理解核能的“双刃剑”性质，使得他们能够认识到核能及核技术不仅是需要认真对待的科学问题，还是道德问题。通过对比中美原子弹之父的待遇，帮助学员进一步认同我国“自卫防御的核战略”。

（二）责任激励类

中国核工程类专业是20世纪50年代为适应我国科技发展和国防建设的迫切需求而创建起来的新专业，经过多年的艰苦努力，培养了大批专业技术人员，“两弹一艇”的成功研制奠定了我国的大国地位，为国防安全做出了不可磨灭的贡献。

在“两弹一星”的故事中，老一辈核科学家在一穷二白的条件下，创造性开展科研攻关，研制成功了原子弹。在氢弹研制过程中，提出了著名的“于敏”构型。现在，虽然核工业人经过艰苦奋斗研发的“华龙一号”已经成为对外出口的靓丽名片，但是新一代的核工业人也同样面对着国外软硬件的技术封锁，这需要我们深刻认识自己所学专业对我国综合国力和大国地位的支撑作用，从老一辈核科学家身上学习他们的责任担当，同时树起学习核专业的自豪感、荣誉感。

（三）格物至理

核反应堆作为高精尖的工程技术，对人类认知提出了很高的要求，从科学家与工程师的“冲突”案例可以看出，反应堆设计、运行等工作需要考虑极其微观的现象、极其细微的差异，进行极其精准的描述分析，这需要我们必须追求格物致理，培养严谨求实的工作作风。

从K-431核潜艇事故可以看出，反应堆正常运行时反应性变化范围非常小，故反应堆的控制又称为“刀尖上的舞蹈”，这需要我们加深对反应堆内中子微观世界认知，确保反应堆安全可控。

（四）审思明辨

核反应堆物理作为研究反应堆内中子行为的课程，由于中子与原子核的微观世界具有抽象性强的特点，不同物理特性将对安全特性有不同的影响，这需要学生在躬身实践中获得一定“审思明辨”能力。

在科学家与工程师的“冲突”案例中，可以看出，人们的认识是一个逐步发展的过程，特别是在利用核能中，需要认识到设计总是有瑕疵的、设备有时会出故障、人员偶合会出错，需要具有审思明辨的能力，领悟纵深防御原则，进而培育良好的核安全文化。特别是将杜邦工程师们与K-431核潜艇事故的责任人进行对比分析，帮助学员进一步理解具有“审思明辨”能力的重要性。

四、案例教学整体设计

参照《高等学校思政建设指导纲要》要求，在课程建设中扎实推进课程思政工作，对培养德才兼备的高素质、专业化新型人才具有重要支撑作用。专业课程开展课程思政，需要瞄准人才培养目标，立足专业内涵，挖掘思政元素，优化教学设计，将思政有机融入课程教学过程。课程组根据课程教学计划要求，从人才能力素质生成角度，将课程目标分解为知识、技能、素质与思政4个方面。课程思政重点是要把社会主义核心价值观的要求、把实现民族复兴的理想和责任融入课堂[5]；把核事业发展过程形成的“两弹一星”精神、“核潜艇”精神、“老黄牛拓荒牛”精神、“严、慎、细、实”的专业思想融入课堂，帮助学员树立追求真理、精益求精的理念，进而培塑创新能力、工程思维和战斗精神。

（一）实施原则

课程思政具体实施中需要充分把握其工作要点，从组织和老师两个方面着手开展，遵循课程思政建设的特点，经常性开展工作评价，不断提升对课程思政的认识、深化实践。

在组织方面，重点发挥基层党支部的组织和推动作用，强化课程团队的建设，经常性开展课程思政建设交流与评价，鼓励并引导老师在实践中深化对课程思政的认识。在老师方面，重点是培育自身爱岗敬业精神及施教能力，在具体实践中需要重点提高认识、掌握施训方法并积极实践，深刻理解课程思政是课程教学共同落实立德树人根本任务，持续提高自身的思想水平和业务能力，不断扩展课程所蕴含思政教育元素的广度、深度，提升课程思政的效度。

（二）引入方法

新时期学员个性突出，普遍不太喜欢传统说教式的教育方式，在核反应堆物理课程思政实施过程中，根据思政元素特点，注重与课程内容学习的紧密衔接，注重在课堂上的自然引入，突出润物细无声特点，让学员在知识、技能学习过程中思想认识也能得到提升。针对理论课与实践课的课堂特点，区分课程思政的施教方式，理论课堂重点讲授知识背后的经典故事、理论发现中的创新创造、理论内涵的思辨解析、实践应用过程的科学伦理；对实验实作课堂，重点采用案例剖析、情景感悟、问题辨析和实践反思。

在具体授课过程，根据思政要素特点及内涵，注重把握好课程思政的引入时机，如在原子核发展历史中讲授中融入核伦理类、创新发展类和爱国情怀类思政元素，让学员深刻理解中国曾经遭受的西方大国的核讹诈，以及自力更生发展原子弹、氢弹的历史，激发学员历史责任感，理解中国的核科学伦理思想。

（三）评估手段

任何课程改革，最终的效果要落实到学员的培养质量上。从人才成长与教育的规律看，教学效果有外显效果与潜隐效果之分，有短期效应和长期效应之分。为全面监控课程教学的质量，根据课程思政育人目标，课程组开展经常性工作评价，辅以调查问卷方式来评估课程教学效果，促进与相关课程同向同行，形成协同效应，实现全员全程全方位育人。在具体实施过程中，通过不同年份入学班次的教学效果对比分析、负面学员（进入学位或退学预警名单，入伍思想波动、不愿学习的名单）的针对分析，跟踪评估思政教学的成效与不足，建立迭代反馈机制，不断完善相关思政教学方案。

五、教学实践过程回顾

在课程思政实施实践过程，课程组重点从以下两点着手以确保施训效果。

（一）课程思政是提升教学效果的重要手段

在课程思政实施过程，充分考虑了课程特点，通过强调职业理想、职业道德，激发学员对专业的认同感，理解未来任职岗位的历史责任感。在课程思政中坚持实事求是，根据课程内容特点及学员未来任职岗位能力素质需求开展思政教学，强调思维创新和方法创新，用好用活思政素材。将思政元素与课程知识体系有机结合，注重引入课程思政的方法、技巧，把握引入课程思政的时机，实时点题，有效引发了学员的情感共鸣、价值认同，明显增强了学员学习的积极性、主动性和责任感，确保了育人效果。

（二）师德师风建设是课程思政的关键抓手

课程思政需要认识到“好老师本身就是好思政”，老师需要做到言传身教。老师在向学员传达的理念、思想及价值观时，需要老师自己深刻理解并用于工作实践，做出行为表率。课程组要求全体老师必须强化核安全相关理念的认知、树立正确的核伦理、用核潜艇精神武装自己，强化对核能发展过程面临问题的认知，不断开拓创新解决问题。思政教育过程“身教远胜过言传”，老师必须不断实践并强化师风养成，才能形成独特的师风，才能达到“润物无声”的效果。

六、创新性与效果总结

随着时代发展，课程思政内容也必须不断改革与发展，本课程在思政教学改革中，注重新时代教育方针的内涵发展及国家核动力××、核电站的发展，注重将建设与发展过程中发生的最新思政案例引入课堂；注重与其他课程的衔接融合，达到综合育人目标。主要创新性做法包括以下几点。

（1）紧贴发展现状，优化教学内容

随着我国核动力、核电站建设的发展，核反应堆设计特征在不断优化，反应堆物理特性、核事故风险特征也随之而变。课程建设过程中始终紧扣发展现状，坚持定期开展集体备课，组织教学研讨，发挥集体合力，不断优化调整教学内容和施训方法。

（2）坚持以学为本，探索新的教学模式

结合“三位一体”育人机制，突出学历教育阶段的培养重点及学员的个性特点，从以往突出教转换到突出学，积极采用研讨交流、翻转课堂、案例辨析等新的施训模式，注重从单纯的知识传授转换到思想情感熏陶、核安全文化素养培育等多个方面，通过课程教学全面提高学员的综合素质。

（3）坚持研学一体，确保课程的高阶性

结合近年来核动力发展带来的科研机遇，坚持利用科研积淀改善教学条件，并适当引入研究性、研讨性实验。如利用现有中子源，开发石墨装置实验台架，开展中子扩散长度及中子通量场分布测量等实验，强化学员对中子与原子核的微观世界认知，不断提升反应堆运行物理课程的实践教学条件。利用所开发的三维物理分析平台，让学员自主设计实验，探讨如何测量堆芯温度系数、中毒效应、瞬变条件下中子通量密度的动态特性。

“核反应堆物理”课程思政实施以来，学员在学习知识和技能的过程中，能够深刻认识核技术在海军转型发展的地位，建立学好专业、建功海疆的自豪感；能够逐渐树立攻坚克难的意志品质，不断学习领会“核潜艇精神”的内涵要义。通过课程思政的实践，教学效果显著，学员专业的认同感得到增强，对人才培养目标的达成提供了有力支撑。课程的思政实践还可以为同类课程开展思政研究提供指导建议。

参考文献

[1] 凯·伯德，马丁·J. 舍温．国普罗米修斯：奥本海默的胜与悲［M］．大西洋书局，2023.

[2] 杨庆余．罗伯特．奥本海默——美国原子弹之父［J］．大学物理，2003，22（3）：33-38.

[3] 赵丽玲，杨春艳．高校工科课程思政改革的特点与实践关键［J］．内蒙古师范大学（教育科学版），2019，32（10）：29-33.

[4] 李雅侠，战洪仁，张静，等．工科专业课程思政的探索与实践［J］．化工高等教育，2021，38（5）：52-55，117.

[5] 万慧琳，户国．工科专业课程践行课程思政的路径［J］．大学教育，2020，12：87-89.

“核武器概论”课程思政案例

黄　桂，朱　敏，谢　鑫

（海军工程大学大学核科学技术学院，湖北　武汉　430033）

摘　要：本文以海军工程大学涉核专业课课程思政改革为契机，全面梳理课程的知识点，深入挖掘教学活动中的育人元素，开展课程思政改革和实践。课程组结合教学内容和教学对象的特点，对课程思政的元素进行了挖掘和开发，形成了动态更新的思政案例库，在深入分析思政元素的基础上，分模块对思政案例的应用做了规划和设计。根据教学实施过程中的反馈，适当地对案例进行优化和调整。本文梳理了课程组应用课程思政案例库实施教学活动举措，总结了实施过程中的经验和教训，可以作为相近课程实施课程思政的借鉴和参考。

习近平总书记在全国高校思想政治工作会议上指出：“要用好课堂教学这个主渠道，思想政治理论课要坚持在改进中加强，提升思想政治教育亲和力和针对性，其他各门课程都要守好一段渠、种好责任田，使各类课程与思想政治理论课同向同行，形成协同效应。”推进课程思政建设是落实军队院校“立德树人、为战育人”根本任务的重要抓手，讲好这门课、培育好未来的装检干部需要做好思政教育，同时有开发课程思政教育的立足点，结合“核武器概论”课程开展思政教育改革值得开展深入实践。

在过去几年的探索和实践中，教育工作者对课程思政的意义、执行方法和构建策略提出了自己的看法，梳理了课程思政的相关内涵和育人功能、构建策略，在基础理论研究和试点工作实践的基本框架等方面做了探索。综合考虑本门课程教学内容和教学对象的特点，在本门课程开展课程思政案例建设既有必要性，也有可行性。课程组在吸取国内高校实践经验的基础上，结合涉核专业课教学内容和教学对象的特点开展了课程思政的探索和实践，并对实践过程中的经验教训进行了总结，为后续的实践和其他相关课程提供参考依据。

一、课程基本情况

（一）授课对象情况分析

本门课程的教学对象是海军工程大学涉核专业的本科学员，绝大多数毕业学员将走向海军导弹及其保障部队，岗位的特殊性要求从事相关工作的干部具有过硬的专业素质，在党和国家需要时确保装检操作万无一失，同时也要求官兵忠诚于党，时刻保持队伍绝对可靠。思想政治素质是衡量本课程，甚至本专业人才培育质量的重要依据，课程思政是教学过程的重要一环。

（二）课程情况简介

本门课程目的与任务是使学员掌握核武器相关的基本理论、核武器的基本结构，理解核武器的杀伤破坏作用；提高学员分析问题和解决问题的能力；引导学员正确认识核武器及其在国家和军队中的重要地位；提升学员的核安全文化素养，培养严慎细实的工作作风，为将来部队工作奠定基础；正确认识核武器及其在国家和军队中的重要地位，去除恐核畏核心理，形成对核武器的科学认识；在知识和技能的学习中，认同并主动传承“两弹一星”精神，积极献身巨浪事业。从教学内容来看，本门课程的教学内容涉及国家安全和战略方面的敏感话题。对相关内容的传播和误读，既会造成国家和军队秘密的泄露，威胁国家安全，也可能在社会造成不良影响。教学内容的特点要求学员有坚定的理想信念和强烈的纪律意识，需要在传授知识同时对学员开展思政教育。

在本门课程中开展思政教育极有必要，教学内容的特点也为思政教育的实施提供了立足点和切入点。发展核武器的历史是争取民族自强的奋斗史，形成核战略进行核军控斗争是维护国家利益的重要手段，正确应对核武器相关言论有助于统一认识，解决好听谁信谁的问题，对课程相关素材的开发可以保证思政教育的有效实施。

二、案例基本情况

课程组结合教学内容和教学对象的特点，对课程思政的元素进行了挖掘和开发，初步形成了动态更新的思政案例库，根据教学实施过程中的反馈，适当地对案例进行优化和调整。案例的来源包括相关的历史事件、回忆文章、时政热点等。在选取课程思政案例时，充分考虑了以下几点：① 案例应与课程内容紧密相关，能够涵盖核武器概论的主要知识点；② 案例应具有代表性，能够引发学生的思考和探讨；③ 案例应考虑学生的实际情况和兴趣点，能够激发学生的学习兴趣；④ 案例应具有一定的思想性，能够培养学生的创新意识和实践能力。

（一）案例一：中国曾受到五次核威胁

1. 案例概况

新中国成立以来 70 多年里曾遭到过 5 次核威胁，第一次是在朝鲜战争时期，美国叫嚣要用原子弹轰炸我国的城市来结束这场战争；第二次是在 1955 年台海危机，美国当时为了阻止中国人民解放军登陆台湾，再次对我们进行核威胁；第三次是在炮击金门期间，美国不但向台湾海域增兵，还对我国进行了核威胁；第四次是在 1963 年，我国核武器试爆的前夕，试图通过核威胁阻止我国研制核武器；第五次是中国苏联珍宝岛冲突中，苏联试图入侵中国的珍宝岛，结果遭到解放军猛烈反击，苏联公布了一份“外科手术式”的核打击计划，打算用 300 多枚核弹完全消除中国的战争潜力。

2. 应用思路

通过我国曾遭受 5 次核威胁的史实，说明国际形势的复杂和我国在困难时期凝心聚力发展核武器的决心和魄力，同时也警醒学员在当前形势下居安思危、备战打仗。

（二）案例二：再穷也要有根打狗棍

1. 案例概况

张爱萍将军1961年开始接触原子能事业，此时苏联毁约停援，国内由于当时经济严重困难。原子弹研制是否要暂时下马，在中央高层领导的讨论中产生了不同意见。张爱萍将军承担了调查研究的重任，在需要中央作出重大决策的历史关头，深入一线进行了审慎又细致的调研。向中央提交报告，观点明确、论据充足、逻辑缜密，有情况、有数据、有分析、有建议，说明了1964年制成原子弹和进行核爆炸试验的可能性。这为后来中央决策提供了重要依据，也坚定了上下各方面的决心和信心。在这次调查中，张爱萍将军常给大家鼓励的一句话至今仍在广为流传：“再穷，也要有根打狗棍！”

2. 应用思路

诠释我国在困难时期凝心聚力发展核武器的决心和魄力，同时以张爱萍将军在需要中央作出重大决策的历史关头，深入一线进行了审慎又细致的调研的事迹，鼓励学员在工作岗位上保持严慎细实的作风。

（三）案例三：596的来龙去脉

1. 案例概况

596是中国第一颗原子弹的代号。从1957年10月15日中国和苏联签订“国防新技术协定”到1959年6月，不到两年时间，赫鲁晓夫就把这一协定变成了一纸空文，还宣称中国20年也研制不出原子弹。中国核武器的研究走上了完全依靠自己的道路，后来以596作为代号，激励全体职工，克服一切困难，制成原子弹。

2. 应用思路

这是我国核武器研制历史中重要的节点，以此史实提醒学员在当前的国际竞争中丢掉幻想，依靠自己。

（四）案例四：原三刀

1. 案例概况

我国建国初期，精密加工能力有限，原子弹的核心部件需要手动用车床加工。原公浦克服对核辐射的恐惧，苦练操作技术，过关斩将争取到加工我国第一颗原子弹核心部件的机会。为了练就一身高度熟练的操作技术，背下了每个齿轮的比例关系；为了万无一失地拿出合格产品，加工的模拟产品堆成了小山；半年的苦练使他的体重减轻了10多千克。正式加工时每一刀都要经过测量、复核、调整，最后三刀每一刀都要经过领导的批准，但此时原公浦已胸有成竹，当车完最后一刀，检验员报告，各项精确指标、技术指标均达到了部件的标准，成就了“原三刀”的美名。

2. 应用思路

通过原公浦的事迹回答我国落后的工业水平如何生产高精度的内爆式原子弹，激励学员苦练战斗本领，在平凡的岗位上也能做出卓越的贡献。

（五）案例五：中国国产的专家

1. 案例概况

我国在一片完全空白的情况下进行氢弹的研究，于敏院士面对大大小小的怪题难题，牵头三天一个突破，五天一个攻关，迸发了惊人的创造力。国际知名学者和科研院所对他发出了邀约，但都被他婉拒。他一生从未出国，隐姓埋名研制了我国自己的氢弹，2014 年被评为感动中国年度人物，2019 年被授予“共和国勋章”。

2. 应用思路

通过于敏院士的事迹回答学员关于“于敏构型”的问题，在当前历史关头，中美斗争加剧，有些领域被西方国家联合“卡脖子”，用“两弹一星”领域的自力更生树立国家和民族自信心。

（六）案例六：一波三折的铀浓缩创业史

1. 案例概况

兰州铀浓缩厂是我国生产高浓缩铀最早的工厂。为了保证原子弹使用的高浓缩铀的生产，这个厂在苏联专家的帮助下建立起来。可是没过多久，苏联专家撤走了，建厂的任务落在我们自己肩上。对于这个重大变动，兰州铀浓缩厂在老厂长王介福的带动下，克服各方困难，出色完成原子弹需要的高浓缩铀的生产任务。

2. 应用思路

通过兰州铀浓缩厂的建设历史，回答我国落后的工业水平如何快速提纯了高浓缩铀，以兰州铀浓缩厂及其后来的兰州大学、兰州近代物理研究所的诞生和发展，说明担负艰巨的使命和成就伟大事业的关系，做国家和时代需要的事，总会有回报的。

（七）案例七：穿着草鞋起步的铀水冶厂

1. 案例概况

衡阳铀厂的创建，是一部艰苦奋斗、自力更生精神谱写的创业史。参与建设的职工在三伏天，计划两个月完成的 8 万土方任务，穿着草鞋一担一担日以继夜，一个月就完成了 6 万多方。铀厂的全部工程建设交出了满意的答卷。

2. 应用思路

通过衡阳铀厂的建设历史，回答我国落后的工业水平如何快速提纯了高浓缩铀，以衡阳铀厂及其后来的南华大学的诞生和发展说明，说明担负艰巨的使命和成就伟大事业的关系，做国家和时代需要的事，总会有回报的。

（八）案例八：冲向核爆心

1. 案例概况

1964 年 4 月，中国辐射研究院派队伍参加中国首次核试验。8 个月的大漠军营生活中，克服巨大的困难进行高强度训练；在核爆试验成功的第一时间进场采集试验相关数据，完成了爆心周围辐射污染区剂量衰减数据与先计算核爆后的实验，现场见证了首次核爆过程。

2. 应用思路

1964 年 10 月 16 日，我国成功试爆了第一颗原子弹，在此前多家单位提前进行了准备，中辐院派队伍进行了长达 8 个月的高强度训练，还要克服对核辐射的恐惧，以此引导学员正确地认识在国家和军队需要时的牺牲奉献。

（九）案例九：探讨郭万钧、沃维汉重大卖密案件

1. 案例概况

郭万钧曾担任中国“东风”31 号导弹副总师，“东风”31 号导弹是中国首型固体燃料远程弹道导弹，也是中国第二代战略导弹，在体积、打击精度、生存性能和突防能力等方面均有明显突破。沃维汉在得知郭万钧的身份后，积极与郭万钧接触，并以高额报酬为诱惑，逐步将郭万钧拉下水。郭万钧在明知道沃维汉是在为境外间谍组织工作的情况下，仍然向沃提供了大量有关战略导弹的情报，包括“东风”31 号的 7 项核心机密，对国家安全造成了特别巨大的危害。

郭万钧和沃维汉的死刑判决引起了美国和欧盟的强烈反应。他们试图以各种方式干涉中国的司法主权，要求中国改变对两人的判决，并将他们引渡回欧洲。但是中国政府坚决拒绝了外部的干涉和压力，坚持执行了对郭万钧和沃维汉的死刑判决。2008 年，两人被处以死刑，为他们的罪行付出了最惨重的代价。这也是中国政府对于保护国家安全和主权的坚定立场和强硬态度的体现。

2. 应用思路

核武器领域的保密纪律非常严格，学员不时会觉得过于繁琐，以郭万钧、沃维汉的反面案例警醒学员一方面严格遵守保密规定，另一方面对防间保密工作保持高度的警惕。

（十）案例十：“千弹论”在网络上活跃的思考

1. 案例概况

2020 年 5 月 8 日，《环球时报》总编胡锡进发表的文章一石激起千层浪，胡锡进认为当前核弹数量应该迅速增加，在短时间之内增加到千枚核弹才是正常操作。对于这个话题，胡锡进目前阐述了两次，提及有些专家认为核武器够用就行，不必在乎数量，这是墨守成规，“这种说法就像少先队员一样天真”。胡锡进的这番言论在网络迅速发酵，将中国核力量发展的问题推向了风口浪尖，对我国的核政策造成了被动。

2. 应用思路

本门课程的教学内容密级定为内部非密，但涉及核导弹、核战略、国家安全等方面的敏感话题。网络上针对中国核力量不实信息客观存在，利用案例引导正确面对相关不良言论，帮助树立学员看齐意识，解决好听谁信谁的问题。

在教学实施过程中，主讲教员结合知识讲授和课堂研讨的进度，适时讲述课程思政案例，从课堂反馈来看，学员的接受度比较高。主讲教员同时发现，学员更加关心更贴近现实生活和实事热点的思政案例，课程思政案例库建设不是一劳永逸的，课程组应当逐步更新换代以适应学员的认知需求。

三、案例思政元素分析

本课程开设的最终目的是为海军涉核部队培育技术过硬的业务骨干和绝对忠诚绝对可靠的基层军官。技术过硬的核心在于提升学员的核安全文化素养，培养严慎细实、精益求精的工作作风，为将来部队工作奠定基础；绝对忠诚绝对可靠在本专业学员中主要体现在有坚定的理想信念、政治意识和大局意识、无畏的牺牲奉献精神。选取和解读思政案例的出发点和落脚点也在于此，案例库的思政元素主要包括以下几个方面。

（一）坚定的理想信念

主要体现在包括于敏院士在内的老一辈科学家，在国家最需要和最困难的时候留在中国或者回到中国，毅然拒绝了国外的优越生活。它们甘愿隐姓埋名，在一片完全空白的情况下进行“两弹一星”的研究，面对大大小小的怪题难题，牵头三天一个突破，五天一个攻关，迸发了惊人的创造力。在衡阳铀厂、兰州铀浓缩厂建设初期，苏联突然撤走专家的情况下，克服各方困难，出色完成了工程建设和浓缩铀冶炼浓缩生产的任务。

（二）政治意识和大局意识

主要体现在引导学员正确看待朝鲜战争、台海危机、炮轰金门、原子弹试爆、珍宝岛冲突等历史事件中我国受到的核威胁，正确认识老一辈领导人在国家困难时期排除万难发展核武器的决心和魄力。也引导学员正确看待当前针对核武器的言论，如环球时报前主编高调发布“千弹论”等偏激言论，提醒学员严守政治纪律和保密纪律，不妄评妄议国家和军队政策。

（三）无畏的牺牲奉献精神

主要体现在中国辐射研究院派队伍参加中国首次核试验，在核爆试验成功的第一时间进场采集试验相关数据，完成了爆心周围辐射污染区剂量衰减数据与先计算核爆后的实验，现场见证了首次核爆过程。我国建国初期，精密加工能力有限，原公浦克服对核辐射的恐惧，苦练操作技术，正式加工时各项精确指标、技术指标均达到了部件的标准。

（四）严慎细实、精益求精的工作作风

主要体现在张爱萍将军在关键时期承担了我国核武器研制能力调查研究的重任，在需要中央作出重大决策的历史关头，深入一线进行了审慎又细致的调研，向中央提交报告，观点明确、论据充足、逻辑缜密，有情况、有数据、有分析、有建议，说明了 1964 年制成原子弹和进行核爆炸试验的可能性，这为后来中央决策提供了重要依据，也坚定了上下各方面的决心和信心。也体现在原公浦爱岗敬业，练就了一身高超的车床操作技术，过关斩将争取到加工我国第一颗原子弹核心部件的机会。

四、案例教学整体设计

在“核武器概论”课程中开展思政教育极有必要，教学内容的特点也为思政教育的实施提供了立足点和切入点。课程主要包括核武器的研制历史、核武器的基本原理、核爆炸的杀伤破坏效应、核战略和核政策等模块内容，针对不同的教学内容模块，思政案例的侧重点也有所不同。

（一）核武器的研制历史模块

该模块主要介绍核武器的基本概念和发展进程。实施课程思政的基本思路是讲述核潜艇、核导弹研制的奋斗史，弘扬爱国主义精神。中国在关键的历史时期作出了发展核导弹的决定，研制核导弹的进程中涌现了一大批热爱祖国、艰苦奋斗的科研工作者，这一模块的思政案例主要包括案例一（中国曾受到五次核威胁）、案例二（再穷也要有根打狗棍）、案例三（596的来龙去脉）等。讲述这一段历史，有助于激发学员的爱国热情和献身使命的决心。

（二）核武器的基本原理模块

该模块主要介绍核武器相关的基本理论和核武器的基本结构。实施课程思政的基本思路是在介绍核武器基本结构的同时，穿插介绍当前已经公开的核武器研制过程中的典型模范，这一模块的思政案例主要包括案例四（原三刀）、案例五（中国国产的专家）、案例六（一波三折的铀浓缩创业史）、案例七（穿着草鞋起步的铀水冶厂）等。主要关注核武器研究和制造过程中面对的重点、难点问题，以及我国老一辈的核武器工作者精益求精地创造性解决这些重难点问题，激励学员在工作中保持严慎细实的工作作风和昂扬饱满的工作态度。

（三）核武器的杀伤破坏效应模块

该模块主要介绍核武器爆炸的杀伤破坏效应及其表征和防护策略。实施课程思政的基本思路是在介绍核爆炸的杀伤破坏效应同时，穿插介绍当前我国已经公开的核试验相关历史，这一模块的思政案例主要包括案例八（冲向核爆心）等。以邓稼先、李旭阁、中辐院等在早期核试验中的事迹，客观讲述当年筚路蓝缕从事核武器研制的艰辛，在军队工作岗位上奉献是常态，必要时还要做出牺牲，案例以老一辈在关键时刻做出的抉择，激励学员的牺牲奉献精神。

（四）核战略和核政策模块

该模块主要介绍核战略相关的概念，我国核战略的基本内涵和发展，其他主要有核国家核武器发展和运用政策。实施课程思政的基本思路是介绍我国核战略形成和发展的逻辑，培养学员的大局意识，结合近年的热点问题，剖析国内外涉核不良言论，树立学员看齐意识。这一模块的思政案例主要包括案例九（探讨郭万钧、沃维汉重大卖密案件）、案例十（“千弹论”在网络上活跃的思考）等。国内外社会舆论对中国核力量普遍关注，但我国官方媒体极少发布核力量相关的信息，客观上为相关不良言论的传播制造了需求。网络上针对中国核力量不实信息客观存在，学员难以辨别信息的真伪，利用课堂内外交流机会引导正确面对相关不良言论，有助于树立学员看齐意识，解决好听谁信谁的问题。

五、教学实践过程回顾

课程组从2020年9月起以本专业生长干部学员“核武器概论”课程教学作为试点，在理论和实践教学中融入思政元素，传授知识技能同时做好学员思政教育，主要包括以下环节。

1）教学过程中融入思政元素。从我国发展核导弹的历史、形成核战略的过程、进行核军控斗争维护国家利益的手段等的知识点切入，融入课程思政元素；定期结合课程教学内容和国际国内时事补充研讨课题，在课程研讨中导入课程思政素材；课程组深入讨论，在课程考核中尝试性地加入课程思政相关的元素。通过教学全流程地投入，潜移默化做好课程思政教育，激发学员的爱国主义情感，树立学员的大局意识、看齐意识。

2）配套网络多媒体素材的应用。为应对学员普遍关注核导弹与课堂时间有限之间的矛盾，课程组在配套建设军网慕课中以视频、音频、图片、文档等形式上传丰富的课程思政多媒体素材，作为课堂教学的补充，打破课堂思政教育的时空限制。多媒体素材的内容涵盖核导弹科学家的生平事迹、国家核力量建设和政策调整的最新动态等，从多方位满足学员知识需求同时潜移默化展开思政教育。

3）依托学员队建设和维护课程思政读物资源库。学员对核导弹关注的领域较广，已有的教学资源难以满足学员的知识需求。在教学内容敏感、网络资源有限的条件下，通过课程组成员调研、参训学员和相关教员推荐等途径收集课程相关素材，依托学员队以图书室、资料库等形式建立逐步完善、动态更新的课程思政资源库，增加学员的自主性和参与感。

六、创新性与效果总结

经过课程组的探索和实践，涉核专业课课程建设取得了一定的成效，主要体现在三个方面：一是对课程思政的元素进行了挖掘和开发，初步建立了课程思政案例库并运用到教学实践；二是配合军网慕课以视频、音频、图片、文档等形式上传丰富的课程思政多媒体素材，打破课堂时空限制，线上线下结合开展思政教育；三是建立与学员队和基层部队的联系，全方位了解课程思政实施成效，增加教学改革的针对性。通过多样化的评价措施的实施，课程实施过程中的思政教育起到了比较明显的成效。

教学效果的评价通常以考试、实操等方式进行，但课程思政教学效果难以以常规的评价指标量化。在没有成熟的课程思政教学效果评价方法的条件下，课程组进行了多方面的尝试：一是通过与学员课堂互动、课间交流、参加学员班务会等多种渠道了解其变化和真实想法；二是在课程考核中融入思政元素，理论知识终结性考试中设置开放性题型，了解学员对部队装备保障岗位、工作要求、职业规划等内容的认识和理解；三是建立与学员队领导的联系，了解学员变化和领导评价，关注学员毕业分配和部队选岗，多方位了解思政成效；四是建立与基层部队的联系，通过问卷调查、座谈交流等形式了解学员毕业后的思政教育成效。

课程组在实践中交流、参加学员班务会等方式有利于了解学员心理动态和课程思政实施成效。教员通过是否赞同采，采取更加激进的核政策、是否赞同迅速增大核力量的规模、毕业希望进入哪些单位等问题与学员在相对自由的氛围下展开讨论，能获取比较真实的反应。通过多样化的评价措施的实施，课程实施过程中的思政教育起到了比较明显的成效。

在探索和实践的过程中，课程组对部分问题没有给出科学合理的解决方案，需要在后续的探索和实践中逐步解决：一方面对课程思政的时机和形式没有深入思考，在何时以怎样的形式穿插课程思政元素出于以往的教学经验，对是否适应学员的学习心理没有科学的判断；另一方面对课程思政的实施成效没有科学的评价机制，目前主要通过课堂互动、课间交流、问卷调查等形式，主要给出定性的判断，没有一套科学的评价指标和方法。

参考文献

[1] 陈华栋．课程思政：从理念到实践［M］．上海：上海交通大学出版社，2020：29-39.
[2] 徐淑琴，邱晖，孟惊雷．高校本科课程思政建设路径与机制［J］．高教学刊，2021，11：193-196.
[3] 谭泽娟．课程思政的内涵探析与机制构建［J］．教育与职业，2020，11（2）：89-94.
[4] 朱秀丽．高校课程思政教育的时代内涵及其实践路径［J］．教育现代化，2019，4（34）：220-221.
[5] 陆道坤．课程思政评价的设计与实施［J］．思想理论教育，2021，3：25-31.
[6] 王松瑜，徐焰．中国曾遭受五次核威胁［J］．武汉文史资料，2012，06.
[7] 余剑锋．共和国记忆亲历者说［M］．北京：中国原子能出版社，2019.
[8] 孙勤．核铸强国梦：见证中国“两弹一艇”的研制［M］．上海：上海交通大学出版社，2020.
[9] 贾基业．两弹一艇人物谱［M］．北京：中国原子能出版社，2016.
[10] 郑庆云．激情岁月讴歌：中国核工业的发展历程和创业精神［M］．北京：中国原子能出版社，2019.
[11] 王菁珩．金银滩往事［M］．北京：中国原子能出版社，2006.

“核安全概论”课程思政案例

刘家磊，陈玉清，张黎明，傅晟威

（海军工程大学核科学技术学院，湖北　武汉　430033）

摘　要： 以多元化思政设计为目标，构建了“五维”课程思政体系，包括爱国情怀、社会责任、使命担当、文化素养、逻辑方法5个方面；探索了挖掘思政内容的方式方法，包括时政挖掘、历史回顾、身边例证、课程内容等；在此基础上完成了“核安全概论”的课程思政教学实践。实践中发现，实现思政目标的必由路径是要与学生建立良好的师生关系，提升其信任感。该课程思政案例能够进一步开展课程思政研究和实践打下良好的基础。

一、课程基本情况

（一）授课对象情况分析

“核安全概论”课程面向本科三年级学生开设，他们毕业面向核安全相关岗位。此前，学生已具备一定的专业基础知识，且已完成两年的思政课程学习，政治理论基础初步形成，其价值观仍有较强的可塑性。学生专业分布较为广泛，但普遍对核安全问题有着浓厚的神秘感和强烈的好奇心。学生获取信息的渠道十分广泛，但分辨是非的能力尚未完全形成，对时政热点问题较为敏感且有独到的见解。在教学过程中，应针对学生的以上特点，开展课程思政建设。

（二）课程情况简介

核安全是国家安全体系的重要组成部分。本课程为在全校开设的概论类通识教育课程，以普及核安全知识、传播核安全文化为目标，重点阐述核能的释放机理、辐射安全与防护问题、核动力装置与核武器应用过程的核安全问题及策略等。通过课程学习，非核专业学生能够了解核科学知识，树立正确的核安全观，了解核能、核技术的发展及运用情况，理解核能释放机理及特点，掌握核安全特性、风险评估方法及防范策略，具备适应个人及社会发展的基本科学素养。

二、案例基本情况

（一）案例一：五星红旗高高飘扬

2021年8月，正值塔利班攻占阿富汗首都喀布尔之际，美英等国大使馆纷纷撤离，记者却意外地拍摄到中国大使馆楼顶上的五星红旗高高飘扬。这面五星红旗有着特殊而重大的意义，使得无数滞留在阿富汗的同胞有了依靠，成为他们面对各方危险的坚强后盾。使馆工作正常运转得益于两个方面：一是塔利班承诺确保中国大使馆的安全，这是祖国强大象征，是我们崇尚和平的外交政策换来的国际上的尊重；二是使馆工作人员不畏危险，克服重重困难，这是他们爱国主义情怀的真实体现。为此，每一名中国人都应为此感到光荣和自豪，更应激发出深厚的爱国情怀。

（二）案例二：人人都是最后一道屏障

三哩岛核事故是历史上较为严重的一次核事故，源自于一系列小概率事件的叠加。事故首先源自于一个止回阀的故障卡开，清洗水进入到气动系统导致蒸汽发生器主给水丧失。根据设计此时应启动辅助给水泵，但辅助给水管线阀门因工作人员失误未打开，且阀门开关的指示灯被遮挡而操纵员未能及时发现，导致蒸汽发生器给水完全丧失，这使得反应堆温度压力持续上升。当压力升高到整定值时，释放阀开启，但又因为机械故障而卡死，堆内冷却剂持续丧失，触发安注泵自动开启向反应堆内补水。然而，此时因为稳压器出现假水位，操纵员手动关闭了安注泵，这使得堆芯逐渐趋于裸露。此后，又出现稳压器释放阀泄压箱超压破裂，操纵员停止主泵运行等过程，最终导致反应堆发生部分熔毁以及少量放射性物质的释放。

（三）案例三：只要祖国需要，我当然愿意

提到核潜艇之父，大家都知道黄旭华，但还有一位顶尖的核动力专家有着同等重要的贡献，他就是我国核潜艇事业的奠基者彭士禄。20世纪50年代，美国的第一艘核潜艇“鹦鹉螺”号横空出世，其强大的续航能力和隐身性能震惊世界。随后，苏联核潜艇也相继下水。出于紧张而复杂的国际环境，我们也迫切需要建设自己的核潜艇，当我们向苏联请求技术支持的时候，赫鲁晓夫却傲慢地表示“中国永远也搞不出来”。在这样的背景下，中央秘密找到在苏联留学的彭士禄，希望他能改学核动力专业，彭老坚定地回答道“只要祖国需要，我当然愿意”。谁知彭老的这一句承诺履行了60多年，隐姓埋名，为中国的核潜艇及核电事业做出了卓越的贡献。

（四）案例四：深入理解核安全文化

“核安全文化是指存在于组织和员工中种种特性和态度的总和，它旨在建立一种超出一切之上的观念，即核安全问题由于它的重要性须得到应有的重视，实质上即是核安全价值观、标准、道德和可接受的规范的统一体”。核安全文化经过了多个阶段的认知提升，

现已形成自上而下的良好发展局面。我国相继发布了《核安全文化政策声明》《核安全文化特征》等，从多个方面阐述了核安全文化的基本内涵，使其更好地指导设计、生产及运行实践。核安全文化特征中包含了8个方面，体现的是“人”在各个环节中的中心作用，而“人”正是文化的载体。

（五）案例五：学习有法，学无定法，贵在得法

学习的方法有多种，应用比较广泛的有费曼学习法、西蒙学习法、番茄学习法等，这些方法的本质就是通过不断实践、反复练习达到加深理解和记忆的目的。无论理解还是记忆，都离不开对知识逻辑体系的构造，因此学习是一个不断强化和扩充知识逻辑体系的过程，这个过程的方法很多，因人而异，但需要每个人在实践中找到适合于自己的方法。例如，我个人的方法是在学习过程中记下重要知识点的同时也会记下自己的灵感和体会，并将所学内容与脑海中已有知识进行比对，将相似内容一起存储，并从更深层次上理解这些内容的异同。方法是在实践中获得，并在实践中加以检验，要谨慎防止进入惯性思维，并不断尝试创新和突破。

三、案例思政元素分析

（一）案例一：五星红旗高高飘扬

高高飘扬的五星红旗，象征着祖国对亿万人民的深刻关怀，作为一名中国公民，理应为此满怀感激，这种感激之情不是刻意而为，而是在事实面前的有感而发。该案例结合时政事件，挖掘的思政价值在于通过点滴事件逐步激发学生内心深处的爱国之情。

（二）案例二：人人都是最后一道屏障

三哩岛核事故并不是史上最严重的核事故，但它却将积小成大的道理体现得最为淋漓尽致。人们过分依赖他人，依赖设备，以为自己的小疏忽不会造成严重后果，进而在做事之时对自己降低要求和标准。当所有人都抱有此想法的时候，意外就发生了。事实上，每一个人、每一台设备都是一块砖，共同砌成了维护核安全的万里长城。人人都应把自己当成最后一道屏障，认真审查每一件事，一丝不苟地对待每一个细节，这样每一道屏障才能发挥其应有的效能。这从小处说是工作态度的问题，从大处说是社会责任的问题，因为核安全关乎到公众，甚至全人类的安全，责任心强方可事无巨细。该案例的思政价值在于激发学生的社会责任心，帮助其养成严慎细实的行事习惯。

（三）案例三：只要祖国需要，我当然愿意

榜样的力量是无穷的，他能使人们在犹疑不定的时候找到指明方向的灯塔。彭老的事迹告诉我们，在祖国需要的时候，我们应义无反顾，因为祖国的背后是亿万的人民。同时，彭老忘我的精神、细致的作风、谦逊的态度、一诺千金的品质都值得我们去学习。该案例的思政价值在于以榜样的力量激发学生的使命担当，进而为其提供奋斗的动力。

（四）案例四：深入理解核安全文化

核安全文化的本质在“文化”，而“文化”则是在长期实践中感悟和内化得到的。国家有国家的文化，企业有企业的文化，个人有个人的文化，形式虽有不同，但好的文化总能驱动本体不断发展和完善。例如，核安全文化，能够塑造一种人人有责的氛围了，长期地、潜移默化地规范着人们的行为，在这样的文化之下，失误的概率被大大降低，这就是文化的力量。该案例的价值在于帮助学生更加深刻地理解“文化”内涵，暗示其也需要形成自己的内在文化，这个文化表现出的是一种人生观、世界观，帮助他们更好地适应未来的工作和生活。

（五）案例五：学习有法，学无定法，贵在得法

学习的方法有多种，每个人都有适合的方法，但需要自己去探索。可以尝试逻辑推理、归纳总结、对比分析、抽象概括等多种方法，但不能止步不前。好的方法是提高工作质量和效率的根本保证。该案例的思政价值在于帮助学生重新审视自己处理问题的方法，能否从方法论的高度去分析和解决各类问题。

四、案例教学整体设计

（一）设计思路

“课程思政”应区别于“思政课程”，其内涵应包括爱国情怀、社会责任、文化自信、人文精神等多个方面，既要结合专业知识内容，又要注重思政的多元化融合。从思政内容多元融合角度出发，在“核安全概论”课程教学实施过程中，构建了“五维”的课程思政体系，如图 1 所示，主要内容包括以下几点。

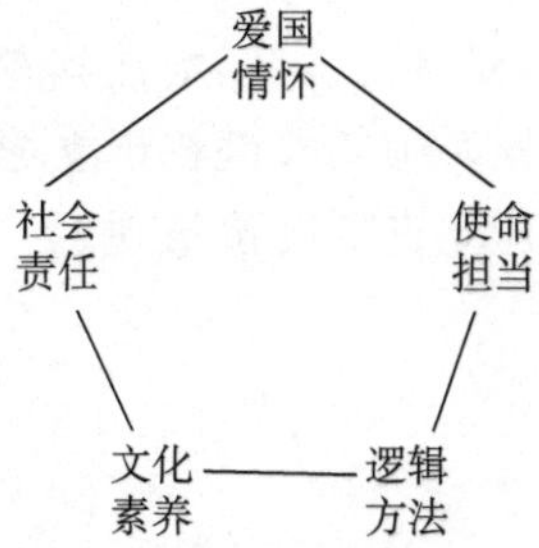

图 1　“五维”课程思政体系

1. 爱国情怀

以典型事例展现我国悠久的历史文化，国家和平发展与繁荣昌盛，立党为公、执政为民的执政理念，激发学生的自豪感和荣誉感，以及强烈的爱国主义情怀。

2. 社会责任

责任感源自于内心深处的价值追求，而这又源自于个人的价值观和对社会的认同感。

提升学生的社会责任感一方面在激发其爱国情怀的基础上进一步引导其价值追求，另一方面要帮助其完成个人价值的实现。结合课程内容，如何从自身角度出发维护核安全成为体现其社会责任感的有效途径。

3. 使命担当

从主责主业出发实现个人价值的最大化是体现使命担当的基本形式。这要求个体能够以敬业、忘我的精神献身工作和事业，特别是当祖国和人民需要的时候能够挺身而出。结合典型事迹开展思政教育能够较好地达到思政目标。

4. 文化素养

文化的内涵非常广泛，是指一个社会群体所共有的信仰、价值观、行为规范等多方面组成的精神产物，其具有导向功能，协调功能，约束功能和凝聚功能。帮助学生提升文化素养是课程思政的必然要求。

5. 逻辑方法

方法论对于学生的成长成才至关重要，教师结合自身的工作经验，分享学习、工作及处理各类问题的方式方法，帮助学生开阔思路，拓宽解决问题的渠道，也可以作为课程思政的重要内容。

这五方面的思政内容从情感、价值、追求、文化、方法的角度帮助学生提升内在素质和软实力，帮助其形成良好的世界观、人生观、价值观，共同构成“核安全概论”课程的思政体系。

（二）实施方法

思政内容的来源主要有以下几个方面：一是时政的挖掘，结合热点时政事件，激发学生探索真相的兴趣，引导其建立良好的价值导向；二是历史回顾，包括过往的人、事、物，从中挖掘思政要素，再结合课程内容，设计思政案例；三是身边例证，教师可以将自己的学习生活、切身体会、灵感感悟、方式方法分享给学生，或者与学生密切相关的事例作为思政元素，更能激发学生的共鸣，达到思政目标；四是课程内容引申，通过对内容的引申及情感的升华，从精神层面引导学生，可以增强其专业认同感，也能使其更好地立足本职岗位，实现价值追求。思政课程实施的关键在于立德树人，教师良好的表率作用能够作为鲜活的案例引导学生，帮助其建立良好的价值观。

五、教学实践过程回顾

本课程内容包含核安全基础知识、安全文化等内容，彰显安全为本的价值理念，倡导严、慎、细、实的工作作风，本身就是一种课程思政。我们制作了“核安全概论”慕课并上线运行，定期开展教学研讨与互动；出版了《漫话核安全》的知识读本并配发给学生，在更大范围内实现了核安全知识及理念的普及。教学实施前，针对不同班次特点开展了学员问卷调查，掌握学生对核安全问题的认知情况、学习的方法及习惯、重点关注的问题及个人知识能力诉求等，从而为针对性地开展课程思政打下良好基础。

结合前期调研情况，利用集体备课等形式反复开展研究讨论，从“五维”思政体系出发，设计了以下针对课程内容的思政案例体系，如表1所示。思政设计体现两个特点：一是力争全面，尽可能覆盖到课程思政的各个维度，从而体现对学生综合素质的培养；二是力求自然，将思政内容与课程内容有机融合，附属于教学过程的逻辑主线。

表1 “核安全概论”课程思政案例体系

序号	教学内容	思政内容	思政维度
1	绪论、核能及核技术的发展	学习有法，学无定法，贵在得法（课程学习方法研讨） 核技术发展的内在逻辑	逻辑方法
2	核能的来源及释放机理	核能的发现历程 科学伦理与认知论	逻辑方法 文化素养
3	辐射安全与防护	历史上的放射源丢失事件	社会责任
4	核武器核安全	于敏事迹 和平发展的历史责任	使命担当 文化素养
5	核动力核安全	彭士禄事迹 “华龙一号”	使命担当 爱国情怀
6	核安全文化	文化特征及文化育人 深入理解核安全文化	文化素养
7	核安全监管	核安全监管的内在逻辑与实施方法	逻辑方法
8	核事故及其应对	人人都是最后一道屏障	社会责任

课程思政的形式多种多样。可以由课程中的一个知识点引申出来，实现逻辑上的连贯性，从而达到润物无声的效果。如授课过程中讲到核动力核安全的发展时，通过一个设问，“我国的核动力潜艇是如何发展起来的？”从而引出彭士禄先生的事迹，使学生在这个过程当中去感悟和思考，并将彭老的价值观与处事原则根植到学生思想体系中。也可以由课堂研讨的形式，通过学生积极的思考，使其领悟到思政内容的深刻内涵。如讲到核安全文化时设置一个研讨内容，“什么是文化？文化对本体的作用是什么？”学生在逻辑辩论和推理中加深理解，教师在总结归纳中表达对文化的建设性指导意见，达到课程思政的文化育人目标。

授课实施过程中，正值阿富汗战争进入关键阶段，一则“五星红旗高高飘扬”的新闻让我瞬间泪目，因此将其作为一个思政点在课堂上分享。通过这种热点话题，在与学生的聊天讨论中，实现了潜移默化的课程思政。

六、创新性与效果总结

（一）创新点

本次课程思政实施的创新点主要体现在以下三个方面：

（1）根据课程思政多元化设计的目标，构建了“五维”思政体系，包括爱国情怀、社会责任、使命担当、文化素养、逻辑方法五个方面，体现对学生综合素质的培养，并根据该体系设计课程思政案例；

（2）探索了挖掘思政案例的方法，包括时政挖掘、历史回顾、身边例证、课程内容引申等，确保将思政内容与课程内容有机相互统一，“潜移默化”地融合到课堂教学的逻辑主线中；

（3）完成了“核安全概论”课程的思政教学实践，通过多种方法实现“润物无声”的课程思政，并在实践中对内容及方法不断扩充和完善。

（二）效果总结

思政的成败在于能否引发学生的共鸣，实践中发现，实现该目标的必由路径是要与学生建立良好的师生关系，提升其信任感。为此有两个基本要求：一是要充分体现师德师表的作用，言行一致方能取信于人；二是要与学生充分地互动沟通，话题聊多了才能在潜移默化中实现课程思政目标。

基于以上理论和方法，“核安全概论”课程思政达到了良好的效果，学生在完成课程学习后表示收获颇丰，并将所得所思以小论文的形式提交上来。学生在所学知识的基础上，通过调查研究等形式，进一步拓宽核安全认知视野，并将其做成视频的形式帮助开展全员的核安全知识普及，这些视频斩获全国及省内“核+×”创意大赛一、二、三等奖多项。我们牵头组织的“核星俱乐部”吸引了大批学员参加，目前成员总数已达 50 余人。俱乐部以开放包容为原则，以普及核安全知识和核安全文化为目标，开展了校园“核安全文化周”“核安全大讲堂”“核安全知识竞赛”等活动，反响强烈。这为进一步开展课程思政研究和实践打下良好的基础。

参考文献

[1] 邢继．世界三次严重核事故始末［M］．北京：科学技术出版社，2017.
[2] 陈玉清，龚军军．核安全概论［M］．北京：国防工业出版社，2019.
[3] 石书臣．正确把握“课程思政”与思政课程的关系［J］．学科与课程建设，2018，11：57-61.
[4] 肖香龙，朱珠．“大思政”格局下课程思政的探索和实践［J］．思想政治教育研究，2018，10：133-135.
[5] 余江涛，王文起，徐宴清．专业教师实践“课程思政”的逻辑及其要领［J］．学校党建与思想教育，2018，01：64-66.
[6] 魏晓兰．论价值理性与工具理性［J］．江西行政学院学报，2004（4）：64.
[7] 戚静．高效课程思政协同创新研究［D］．上海：上海师范大学，2020.

“核动力装置综合控制系统”课程思政案例

彭　俏，刘明辉，马　杰，周　刚，胡益伟，陈盼辉

（海军工程大学核科学技术学院，湖北　武汉　430033）

摘　要：针对授课对象和课程内容的特点，选取了五个较为典型的思政案例，案例内容紧贴基层实际与学员认知，与课程教学有机融合，贯穿了课程教学的全过程。从课前动员让学员清晰了解到自身的成长路径与职业发展前景，建立职业自豪感，达成价值认同。到课中与课程教学有机融合，相辅相成，于润物无声中使学员深刻感受到学好专业的重要性，以及涉核无小事，严慎细实的核安全文化素养是“确保核安全万无一失”的有力保证，也认识到只有刻苦钻研，不懈努力，才能也必将成为行业的佼佼者。再到课后通过班务会交心谈心，进一步加深与学员的感情联系，进一步增强学员的专业认同感和归属感。

一、课程基本情况

（一）授课对象情况分析

格式示例：授课对象、对象的特点分析。

授课对象：×××动力指挥专业（核工程与核技术）。

对象特点：学员毕业后任职岗位十分明确，都是核动力操作员，要求其具备核动力装置运行使用与维护的基本技能，具备较强的核动力装置运行管理、组织训练和指挥能力，具备核安全文化素养，具备“听党指挥的坚定信念、能打胜仗的过硬本领、英勇顽强的战斗作风、舍生忘死的奉献精神”的精神，能胜任一回路操作员、二回路操作员、电工操作员等任职岗位。要求其除了能熟练操作核动力装置，提高综合运用理论知识去解决工作中实际问题的能力，提升突发险情的处置能力外，更重要的是时刻保持绝对忠诚、绝对纯洁、绝对可靠，确保使命任务的完成。

（二）课程情况简介

核动力装置综合控制系统是核动力装置的大脑和神经中枢，是掌握核动力装置运行状态、对核动力装置实施操作和控制的物理手段，是关系到核动力装置运行安全性、可靠性与效益发挥的重要系统，是核安全和×××战斗力发挥的重要保障。

本课程以核动力各装置系统和设备的控制系统为主要对象，目的是使学员掌握核动力装置控制的原理、方法等基础理论和装备的相关知识，包括：核动力装置的传递函数与动态特性和稳定性分析方法与结论，核反应堆功率控制、一二回路过程控制、安全保护控制的原理与方法，以及主要控制装备的工作原理、结构和使用与维护方法。学员通过本课程

的学习，能够具备装备使用、自主分析设备控制线路，查找故障并进行维修的能力；具备核动力装置关键环节动力学特性和核反应堆系统稳定性分析能力，具备核动力装置综合控制系统组织训练、管理教育、筹划协调、操作使用以及维护保养能力，具有强烈的专业自豪感和使命感，以及良好的核安全文化素养，满足首次岗位任职和未来职业发展的需要。

本课程是×××动力指挥专业首次任职课程模块中的主干课程，是学员对核动力装置进行运行管理与操纵控制的基础，是其岗位任职必须熟练学好学通的课程，在该专业学员的培养中起着不可替代的作用。

二、案例基本情况

（一）案例一：成长路径介绍

关键词：核动力操作员、成长路径、职业自豪感。

案例内容：同核电厂的反应堆操作员一样，核动力装置操作员被称为“黄金人”，其重要性以及培养代价不言而喻。我国核电站反应堆操作员仅有数千人左右，而××核动力操作员更少，肩负的却是执行重要威慑、重要打击的光荣使命。×××动力指挥专业学员毕业后的首次任职岗位即为见习操作员，经过一系列培训、考核以及出海经历后，会逐步成长为合格的初级操作员、中级操作员和高级操作员，在职务上也会逐步提升为副操作长、操作长、机电长、指挥领导等。因岗位的特殊性和使命光荣性，每月还能享受一定额度的职业津贴以及特勤疗养等优惠待遇。

（二）案例二：培养目标介绍

关键词：核动力操作员；培养目标；能力素养。

案例内容：介绍培养目标的内涵要求。核动力操作员不能局限于专业技术干部范畴，只关注专业技术能力和平时的值班执勤。而应该以使命任务为鲜明导向，除了关注专业技术能力，还注重对团队协作、核安全文化、情境意识、战斗精神等非技术能力素养的训练与培育。其具有“百人同操一杆枪”的特点，核动力装置的运行管理也需要多岗位、多专业人员密切协作配合才能确保安全有序运行，因此需要团队协作意识与能力；而为了“确保核安全万无一失”，有效减少人因失误，又需要具备良好的核安全文化素养；针对遇到的突发险情、紧急情况以及艰苦的工作环境和肩负的使命任务，还需要具备临战的情境意识和战斗精神。新的培养目标聚焦的不仅是任职岗位合格，而是紧扣习主席要求的“能打仗、打胜仗”的需要。

（三）案例三：严慎细实的某代表刘海鹏

关键词：刘海鹏；反应堆；核安全。

思政内容：我校2001级学员××核动力指挥专业学员刘海鹏毕业后被分配到某代表室，负责某设备建造的质量监督管理工作。在安装反应堆重大涉核活动中，刘海鹏对照设计图纸和施工方案反复研究、确认，在反应堆即将吊入压力容器底部时，刘海鹏发现工厂反应堆安装有误，他立即喊停作业，经过反复对比确认，最终确定反应堆确实装错了方向，从而避免一起重大安全事故，当年刘海鹏也因此荣立二等功。

（四）案例四：学长韩黎斌苦练专业技能

关键词：核动力；专业技能；先锋。

思政内容：2008 年 5 月，我校核专业学员在实习期间曾邀请某部机电长韩黎斌给学员介绍专业学习经验。韩黎斌拿出一个笔记本，里面有他亲手画的一张核动力装置电工操纵台的开关、仪表图。韩黎斌介绍，当年毕业分配到单位后，当时的训练条件较差，执行任务机会也较少，也没机会动手操作。如何开展专业学习，以尽快适应任职岗位成为困扰他的最大问题。在这种情况下，他利用休息时间把电工操纵台的开关、仪表画了下来，然后对着操纵条例在纸上进行模拟操纵，不懂的地方就请教老的操作员。虽然极少有机会接触真正硬件装备，但他已经以“纸上谈兵”的形式熟练掌握操纵流程和背后的工作原理。一旦机会来临，他的出色表现很快受到领导的关注，最终成长为某部机电长，多次出色完成多项重大任务，立功无数，成为当时苦练成才的典型代表。

（五）案例五：“百人同操一杆枪”

关键词：停堆；团队协作；百人同操一杆枪。

思政内容：核动力装置各系统之间存在强烈的耦合、反馈特性，核动力装置的运行管理需要多个专业、多个战位的密切配合。2018 年，在组织核动力操作员执照考核时，电工操作员正在处置某电力系统故障，而动力长却直接向一回路操作员下达了“转高速”的命令，一回路操作员听到命令后也没有考虑此时电力系统正在处置故障，直接执行了转高速操作，结果导致电网失电，反应堆停堆，最终没有通过执照考核。如果此事发生在执行任务期间，则后果不堪设想。在该事件中，动力长和一回路操作员没有认识到核动力装置的强耦合特性，没有配合好电工操作员完成故障处置，缺乏团队协作意识，也没有深刻认识到“百人同操一杆枪”的特点，导致了停堆事故的发生。

三、案例思政元素分析

案例一：通过成长路径介绍，使学员清晰了解自身的成长路径与职业发展前景，作为×××装备上的“黄金人”，自己即将担负的光荣使命任务以及享受的特殊待遇，建立职业自豪感，达成价值认同。

案例二：通过介绍×××操作员培养目标，使学员明晰学习方向和重点，了解培养目标中知识、能力、素养的实现途径，深刻理解习主席“能打仗、打胜仗”的内涵要求。

案例三：通过 J 代表的先进事迹，使学员认识到每个涉核岗位都必须承担相应的核安全责任，涉核无小事，严慎细实的核安全文化素养是“确保核安全万无一失”的利器，同时每个个体也是核安全文化的受益者。

案例四：通过学长学习成才事迹的介绍，使学员认识到，要想成为这个领域的佼佼者必须有刻苦钻研的精神，通过日积月累，勤学苦练，练就过硬本领，终将会脱颖而出，成功没有捷径，也没有人能随随便便靠运气成功。

案例五：通过该案例，使学员深刻认识到核动力装置各组成部分之间的强耦合特性，各专业岗位之间需要密切配合，才能安全操控核动力装置，保障任务的顺利完成。而任何一个人的失误都可能造成堆毁人亡，这也正是“百人同操一杆枪”特点的真实写照。

四、案例教学整体设计

教学阶段	使用案例	使用时机	思政目的
开课前	案例一 案例二	课前动员	1. 建立职业自豪感，达成价值认同。 2. 明晰学习方向和重点，了解培养目标中知识、能力、素养的实现途径，深刻理解习主席“能打仗、打胜仗”的内涵要求
第 3 章 反应堆稳定性分析教学	案例三	反应堆稳态特性试验课	反应堆安全稳定运行需要各岗位都认真负责，做到严慎细实，涉核无小事，都把自己作为核安全的最后一道屏障，“确保核安全万无一失”
第 4 章 反应堆功率系统教学	案例四	讲解反应堆功率手、自动控制信号流程知识点时	反应堆功率控制属于本课程的重难点内容，而反应堆功率手、自动控制涉及的控制信号流程复杂，需要沉下心来花苦功才能学懂学透。因此通过案例三，激励学员不畏困难，勤学苦练，练就过硬本领，终将会脱颖而出
	案例五	反应堆功率控制实验课上进行手动功率控制时	堆功率控制涉及多个岗位人员的协调配合，通过案例使学员深刻认识到“百人同操一杆枪”的特点，各岗位之间要密切配合才能保障核动力装置的安全稳定运行。
…	…	…	…

五、教学实践过程回顾

在开课前的课前动员，通过思政案例，让学员明晰学习方向和重点，了解的成长路径与职业发展前景，同时帮助学员建立职业自豪感，达成价值认同。在此基础上，通过课程的介绍，让学员清楚课程与其职业发展重要联系，增强学员对课程的学习兴趣，提高学员的学习积极性。从施训效果看，学员课堂参与度、学习主动性明显提高，作业和实验完成度也更高。

在第 3 章反应堆稳定性分析教学中，通过讲解影响反应堆稳定性的主要因素，有机融合“严慎细实”的思政案例，让学员认识到严谨的工作态度是核动力操作员必不可少的职业素养，明显感觉到学员在后续的实验操作中态度更加谨慎，操作也更加用心。

在第 4 章反应堆功率系统教学中，针对该章知识点多，学习难度大的特点，有机融入“练专业技能”的案例，让学员体会到现在学习即使再难，也肯定没有当年韩学长面对的困难大，只要肯认真钻研，下苦功夫，肯定能学懂学好，掌握，也只有不畏困难，勤学苦练，练就过硬本领，将来才能脱颖而出；通过在第 4 章反应堆功率控制实验课上，引入“百人同操一杆枪”的案例，让学员了解到各岗位之间要密切配合才能保障核动力装置的安全稳定运行，同时也激励他们要广泛学习，不仅要学习自己专业，还需要学习其他专业，这样才能更好地操纵装备，未来走向机电长等领导指挥岗位才能更加胜任岗位。

课后，课程组教员通过积极参加学员的班务会，与学员交心谈心，增强了学员与教员之间的感情，也及时了解学员对课程学习的意见建议，以及学员学习的心理状态，并实时反馈到了课程教学中。

通过跟踪后续课程的教学情况，也了解到课程真实的教学效果，针对教学中存在的难点问题，课程组也积极申报了相关的教学改革项目，以进一步改善课程教学效果。

六、创新性与效果总结

（一）创新性

1. 课程思政贯穿课程教学全过程

课前，通过课前动员，帮助学员了解其成长路径与职业发展前景，让学员从职业规划的视角认清课程的重要性，充分调动学员学习的积极性；课中，结合课程教学内容，有机融入思政案例，有效提振学员课堂精神状态，提升学员课堂参与度与专注度；课后，通过参加班务会，后续课程调研等方式，不断增强与学员之间的感情联系，让学员体会到专业归属感，不断强化职业自豪感与责任感。

2. 与基层紧密结合，充分挖掘身边人和事，提升思政感染力与认可度

思政案例源自基层，来自历届学长的亲身经历，用身边人身边事讲道理，紧贴未来任职岗位，更能得到学员认同，也更具感染力。

3. 思政案例有机融入课程内容，“润物无声”

思政案例结合课程内容展开，与课程教学有机融合，避免了思政的突兀性、生硬性，于润物无声中影响着学员。

（二）效果总结

通过课前动员阶段介绍成长路径、解读培养目标，学员对未来的职业发展有了清晰的认识，也认清了将要肩负的使命责任，学习的积极性和主动性明显加强；通过在课堂教学过程中针对课程内容有机融入思政案例，不仅显著提振了学员课堂上的精神状态，也使学员认识到了专业学习的重要性，学习的注意力更加集中，学员的课堂参与度也明显提高，与教员的互动也更加积极，提问次数明显增多；通过课后参加学员的班务会了解到，学员对自身职业发展的关注度非常高，表现出了对未来岗位的美好憧憬，对职业的认同感与自豪感也明显增强；通过对学员后继课程的跟踪调研发现，学员的核安全意识也得到加强，深刻认识到了涉核无小事、“严慎细实”的核安全文化素养是“确保核安全万无一失”的有力保障。

参考文献

[1] 周刚 . 核动力装置综合控制系统 [M] . 北京：国防工业出版社，2022.
[2] 彭俏，周皓，王昕晔 . 核动力专业学员领导力培养研究 [J] . 海军院校教育，2019，29（6）：36-37.
[3] 彭俏，马杰，余刃 . 海军涉核专业联教联训联考机制优化研究 [J] . 海军院校教育，2019，31（5）：40-41.
[4] 彭俏，马杰 . 海军涉核专业士官职业技术教育联教联训联考探索 [J] . 继续教育研究，2021，10：60-62.

“特种设备总体与装检”课程思政教学实践

吴　飞[1]，郭　明[1]，谢　鑫[1]，卢江仁[2]

（1. 海军工程大学核科学技术学院，湖北　武汉　430033；
2. 火箭军工程大学核工程学院，陕西　西安　710000）

摘　要：随着课程思政教学的深入开展，人们也越来越关注育人工作的效果。本文以具有典型理实一体特色的设备教学课程为例，在介绍课程思政评价内涵和意义的基础上，建设性地针对某特种设备教学课程和院校特点，从课程思政设计和效果有效性评价两方面进行了探索和实践，对开展理实一体课程思政和思政有效性评价具有一定的借鉴意义。

一、课程基本情况

（一）授课对象情况分析

“特种设备总体与装检”授课对象为某专业本科学生，课程是该专业的主干课程，同时也是工作岗位任职模块课程，课程内容直接面向毕业后的工作岗位。

该专业学生通过高考考入本专业，通过前三年的学习，完成了原子核物理导论、工程基础等先导课的学习，具备一定的专业理论知识和设备知识。学生通过大学一年级、大学三年级暑假到工作单位的岗位见习、实习，了解了将来工作单位的职责使命、自己将来岗位的工作内容和所要管理使用的设备相关情况。学生毕业后工作岗位相对明确，对“特种设备总体与装检”课程学习针对性强。

（二）课程情况简介

1. 课程总体情况

“特种设备总体与装检”是我校某专业必修课程，是首次任职所必须掌握的专业课程，属于主干课程。安排在大四上学期，共 80 学时，其中理论讲授 30 学时，设备操作 48 学时，考试 2 学时。课程具有专业性、实践性特点，属典型的理实一体课程。课程围绕岗位所必须具备的“掌握某特种设备理论知识、熟悉设备操作技能”能力，讲授设备设计的基本理论和基本知识、某型号特种设备的结构组成和功能原理，开展特种设备总体装配操作实训，为学生的首次岗位任职奠定坚实的基础。

课程的思政目标为“提升学生逻辑思维能力和科学的精神，培养‘严慎细实’的工作作风和不畏艰难的职业品格，结合课程内容培树‘两弹一星’精神，激发爱国情怀，引导学生树立扎根基层、建功立业的决心”。

2. 课程内容及教学目标分析

“特种设备总体与装检”课程的总体目标是通过课程学习，使学生了解特种设备总体设计相关知识，掌握某型特种设备的组成和工作原理；掌握设备各主要组件的组成、工作原理、技术特性、日常维护；具有某型特种设备总体装配操作能力；培养学生逻辑思维能力和解决实际问题的实践能力，培养严谨细致的工作作风和不畏艰难的职业品格。

在知识层面，教授学生了解特种设备总体方案设计、设备试验等总体设计知识；掌握某型特种设备及其部组件结构功能、工作原理、技术特性等设备型号知识；掌握某型特种设备总装与检测操作内容、流程和基本技能。

在能力素质层面，通过对某特种设备总体与装检内容的讲授，使学生认识到特种设备在整个系统中的重要性，熟悉岗位任职所必需的基本理论知识和思维方法；通过课堂互动、专题研讨等方式，激发学生兴趣，使学生主动参与课程的学习；通过特种设备总装实操训练，进一步加强对理论知识的理解，使学生掌握岗位任职所必需的设备操作技能。通过课程学习让学生明确岗位所从事的工作“是什么”“干什么”“怎么干”“合格与否的标准”；通过设备操作的明确分工，操作规程的严格执行，培养学生科学严谨的工作精神和遵章守纪的素质。

在情感层面，通过对课程内容掌握的严格要求，让学生明白岗位的重要性，增强其使命意识、责任意识和光荣意识；培养学生爱岗敬业的精神、不折不挠的意志品质，立志扎根基层、踏实工作的决心。

课程内容根据“课程教学计划”安排，共分为五章：前四章为理论讲授内容，分别是某系统简介、特种设备总体设计、某型特种设备及其分系统知识；第五章为某型特种设备总体装配与检测，为设备实装操作教学内容。各章节详细教学内容和课时安排均有明确界定。

二、案例基本情况

围绕课程确立的课程思政目标，结合课程教学计划和课程内容，通过广泛收集和整理思政素材，编制了思政案例库。部分案例如下所述。

（一）案例一：“596”的由来

关键词：596；自力更生；艰苦奋斗。

目的：了解中国原子弹研制的艰苦历程，在回顾当年党中央的英明决策和正确领导、老一辈科学家自力更生拼搏奉献的同时，一方面强化学生热爱祖国、艰苦奋斗、拼搏创新的意识，另一方面在面对媒体关于国际形势的相关报道中，始终保持清醒头脑，正确认识国与国交往的本质。

思政内容：1950 年 6 月 25 日，朝鲜战争爆发，美国多次威胁要对华动武。

1951 年，中苏开始联合在新疆进行铀矿勘探。1953 年，中国原子能委员会在中国科学院正式成立。

1955 年 1 月 15 日，毛泽东主持召开中央书记处扩大会议，会议通过了特种设备研制计划，新中国核事业开端。

1955 年 1 月 20 日，中苏签署放射性元素勘探议定书，帮助中国开展铀矿勘探工作。

1957 年 10 月 15 日，中苏正式签署《关于生产新式武器和军事技术装备以及在中国建立综合性原子能工业的协议》，苏联将援建中国原子能工业，提供相关设备教学模型和图纸数据，帮助中国研究和生产相关设备。

1959 年 6 月 20 日，苏共中央致函中共中央："为不影响苏、美、英首脑关于××条约日内瓦会议的谈判，缓和国际紧张局势，暂缓向中国提供特种设备样品和技术数据。"苏联单方面撕毁同我国签订的核技术协议，开始取消对我国技术援助。

1963 年 5 月，朱光亚等人以苏共中央 1959 年 6 月 20 日拒绝再提供援助的来信为缘由，为中国第一台特种设备起代号"596"。

1964 年 10 月 16 日 15 时，代号"596"的中国第一台特种设备试验成功，中国从此成为掌握特种设备的国家。

（二）案例二："攀登科技高峰的路途从来都不平坦"

关键词：特种设备研制试验；不畏艰险；科学精神。

目的：介绍某型特种设备研制、试验过程中的曲折历史，使学生了解今天某特种设备的研制使用多么来之不易，同时也明白对待科学问题就得一丝不苟、来不得半点马虎，激励学生努力学习、不畏艰险、勇攀高峰。

思政内容：作为国家某专项工程的重要组成部分，某特种设备的研制受到各方重点关注，虽然国家耗费了大量人力、物力和财力。起初，由于承研单位对特种设备某些使用剖面受力等问题认识还不够透彻，这就导致了当初开展的系列试验陆续失败，其中一次还差点导致配套试验系统的严重受损和人员伤亡，整个试验以失败告终。后来承研单位又重新摸索、出方案，最终在采取部分组件强度加强、增加部组件等措施的情况下，某型特种设备最终试验定型并列装交付使用单位。但额外增加装置和强度加强，带来整个设备的重量增加，最终导致特种设备技术指标下降，同时整个研制、试验、定型周期大大延长，严重影响了研制生产进度，影响了特种设备如期投入使用。

（三）案例三："既不盲目自大、也不妄自菲薄"

关键词：美俄；战技指标；责任使命。

目的：看到自己的优势，也要看到自己的不足。在了解我国在役海基核武器的战技指标后，再了解美俄等核大国在役核武器性能和新型号核武器系统，正视我国与美俄的差距，增强学生的紧迫感、责任感、使命感，鼓励学生努力学习、勇攀高峰、迎头赶上。

思政内容：俄罗斯新型核武器系统：①"先锋"高超声速导弹。使用两级火箭发动机，能以 $Ma20$ 飞行，耐受 2 000 ℃高温，具有滑翔机动能力，可突破世界上所有防空及反导系统，并对目标实施精确打击。若按"先锋" $Ma20$ 的飞行速度计算，该导弹从俄罗斯境内飞抵美国首都华盛顿仅需 15 min。2019 年 12 月 27 日正式服役，2020 年 12 月 13 日，俄罗斯首次展示"先锋"高超声速导弹。

②"海燕"核动力导弹。俄罗斯正在研制的一种远程洲际导弹，装备一台小型核动力发动机，驱动导弹作绕地飞行，理论上可持续飞行数年，直到核燃料耗尽。相比于传统弹道导弹，它随时处于弹道最高点，可以进行末端加速，留给对方的反应时间更短；可摆脱地理位

置限制，从意想不到的地方发起突然打击；可自由选择攻击路线，从防御薄弱处突防。

③“波塞冬”核动力鱼雷。配备核动力装置，续航能力非常强，巡航距离超过 10 000 km，最高航速接近 100 kn，最大潜深为 1 000 m，携带核鱼雷直径 1. 6 m，具有超大威力打击能力，可装备 200 万 t 的 TNT 当量核弹头，通过在近海爆炸引发海啸的方式实施攻击。

（四）案例四：“中国的命运要牢牢掌握在自己手中”

关键词：制裁；“卡脖子”；国家意识。

目的：在庆祝中国共产党成立 100 周年大会上，习近平总书记强调：“中国共产党和中国人民将在自己选择的道路上昂首阔步走下去，把中国发展进步的命运牢牢掌握在自己手中!”通过了解国与国之间的合作与对抗，尤其是近年发生的中兴、华为被“卡脖子”事件，引导学生认清国与国之间关系的实质，增强学生发奋努力、励志图强的决心和国家意识、家国情怀。

思政内容：① 美国制裁中兴事件：2018 年 4 月 16 日晚，美国商务部发布，美国政府在未来 7 年内禁止中兴通讯向美国企业购买敏感产品。5 月，中兴通讯公告称，受拒绝令影响，公司主要经营活动已无法进行。2018 年 6 月 7 日，美国商务部接受采访时表示，美国政府与中兴通讯已经达成协议，只要后者再次缴纳 10 亿美元罚金，并改组董事会，即可解除相关禁令。

2018 年 7 月 2 日，美国商务部发布公告，暂时、部分解除对中兴通讯公司的出口禁售令，中兴公司将能够恢复运营，禁令将在中兴向美国支付 4 亿保证金之后解除。

2018 年 7 月 14 日，中兴通讯宣布“解禁了！痛定思痛！再踏征程！”的标语。

② 美国制裁华为及授意扣押华为首席财务官孟晚舟案

2018 年 12 月 1 日，孟晚舟在温哥华转机时，被加拿大以疑似涉嫌违反美国对伊朗禁令、向伊朗出售敏感科技，并以假账资料掩护为由逮捕。

2021 年 8 月 18 日，引渡案结束审理，9 月 24 日，经中国政府不懈努力，美国司法部与孟晚舟达成延期起诉协议，加拿大随即宣布释放，9 月 25 日，孟晚舟回国。

（五）案例五：“愿将一生献宏谋”

关键词：于敏；于敏造型；爱国奉献。

目的：通过了解“国之栋梁”“共和国的英雄”“两弹一星”功勋于敏先生等老一辈科学家的丰功伟绩和感人事迹，培养学生热爱祖国、无私奉献的精神，以及坚定道路自信、建设美丽祖国的家国情怀。

思政内容：于敏，河北省宁河县人，核物理学家，国家最高科技奖获得者，“共和国勋章”获得者。

在氢弹原理突破中解决了热核武器物理中一系列基础问题，提出了从原理到构型基本完整的设想，起了关键作用。长期领导并参加核武器的理论研究、设计解决了大量关键性的理论问题。从 20 世纪 70 年代起，在倡导、推动若干高科技项目研究中，发挥了重要作用。

1982 年获国家自然科学奖一等奖。1985 年、1987 年和 1989 年三次获国家科技进步奖特等奖。1994 年获求是基金杰出科学家奖。1999 年被国家授予“两弹一星”功勋奖章。1985 年荣获“五一劳动奖章”。1987 年获“全国劳动模范”称号。2015 年获 2014 年度国家最高科技奖。2018 年 12 月 18 日，党中央、国务院授予于敏同志改革先锋称号，颁授改革先锋奖章，并获评“国防科技事业改革发展的重要推动者”。2019 年 1 月 16 日，于敏在北京逝世，享年 93 岁。同年 9 月 17 日，国家主席习近平签署主席令，授予于敏“共和国勋章”。

要注意的是，于敏没有出过国，在研制核武器的权威物理学家中，他几乎是唯一一个未曾留过学的人。

“于敏填补了中国原子核理论的空白。（科学家：钱三强）”

“原子核理论是于敏自己在国内搞的，他是开创性的，是出类拔萃的人，是国际一流的科学家。（科学家：彭桓武）”

“于敏在氢弹研制中发挥了关键作用。（科学家：朱光亚）”

“于敏是‘一个出类拔萃的人’。（诺贝尔奖得主、核物理学家：玻尔）”

“在氢弹原理突破中起了关键作用。（《中国军事百科全书——核武器分册》‘于敏’条目）”

三、案例思政元素分析

（一）课程思政点与目标体系设计

本课程思政重点为培树学生“两弹一星”精神和“严慎细实”工作作风。根据其丰富内涵，分析梳理出 14 个思政要素点，14 个要素点归纳分类为思想引领、情感培育、行为规范和职业精神四类思政子目标，四类子目标基本覆盖学生全面培养的能力素质要求，做到目标明确，课程思政有的放矢、不求大求全，见表 1。

表 1 “特种设备总体与装检”课程思政目标体系

<table>
<tr><th>课程思政主题</th><th>思政要素</th><th>思政目标</th></tr>
<tr><td rowspan="14">一、“两弹一星”精神：热爱祖国、无私奉献，自力更生、艰苦奋斗，大力协同、勇于登攀

二、“严、慎、细、实”工作作风</td><td>1. 国家意识</td><td rowspan="2">思想引领目标</td></tr>
<tr><td>2. 社会责任</td></tr>
<tr><td>3. 家国情怀</td><td rowspan="3">情感培育目标</td></tr>
<tr><td>4. 中华优秀</td></tr>
<tr><td>5. 自力更生、艰苦奋斗</td></tr>
<tr><td>6. 知法守法、令行禁止</td><td rowspan="4">行为规范目标</td></tr>
<tr><td>7. 职业操守</td></tr>
<tr><td>8. 无私奉献</td></tr>
<tr><td>9. 安全意识</td></tr>
<tr><td>10 工匠精神</td><td rowspan="5">职业精神目标</td></tr>
<tr><td>11. 团结协作</td></tr>
<tr><td>12. 尊重科学</td></tr>
<tr><td>13. 勇攀高峰</td></tr>
<tr><td>14. 爱装管装</td></tr>
</table>

（二）课程内容与思政融合点设计

为确保课程思政实施有序、取得实效，在仔细分析课程教学内容和课程思政目标的基础上，结合特种设备的专业特点，将课程教学内容划分为基础知识、专业知识和综合运用三个层次，通过针对不同层次内容的分析、挖掘，对应形成相对固化的思政元素清单，不同的章节知识点对应不同的思政目标。在此基础上，通过查阅资料、收集使用单位和设备承研承制单位案例，如管理使用单位人员“精益求精、追求卓越”，精细操作确保特种设备这一“复杂巨系统”始终处于良好技术状态；部分操作骨干始终安不忘危、严守设备安全操作守则，多次化解设备操作事故隐患等，编制形成《教学内容与课程思政融合表》（见表2）及案例库，不同知识点配合相应的案例实现思政目标。

表2　“特种设备总体与装检”教学内容与课程思政融合表

序号	课程模块	教学内容	思政内容及目标	思政案例
1	特种系统概述	特种设备概述	中国为世界上为数不多掌握某特种设备的国家，引入民族自信心和民族自豪感，增强道路自信和职业自信。	“596”的来由
		某型特种设备	介绍某型特种特备研制历程，引入老一辈科学家自力更生、艰苦创业的奋斗精神。课间或推荐学生课后观看纪录片《代号221》。	代号221
2	核弹头总体设计	特种设备概述及设计基础	介绍特种设备设计的依据、任务等，引入科学方法论。	
		特种设备设计总体方案	分析特种设备的总体设计涉及布局、外形、结构等方方面面的协调配合，培树学生大力协同、个体利益与集体利益相统一的大局意识、团队意识。	
		特种设备试验	引入某型特种设备研制进程中试验成败情况，培养学生不畏艰险、勇攀高峰的精神。	“攀登科技高峰的路途从来都不平坦”
3	××-2导弹弹头	某型特种设备概述及其分系统	介绍我国新一代特种设备相对老型号特种设备的技术进步，同时正视与美俄的技术差距，增强学生的紧迫感、责任感，鼓励学生崇尚科学、勇攀高峰。	“既不盲目自大、也不妄自菲薄”
		某型特种设备分系统一	系统包含各类火工品，引入安全准则及安全操作，培养学生安全意识。	
		某型特种设备分系统二	介绍特种设备新技术，引入世界主要大国的对抗与合作，增强学生国家意识及家国情怀。	“中国的命运要牢牢掌握在自己手中”

续表

序号	课程模块	教学内容	思政内容及目标	思政案例
4	5X5 核战斗部	某型特种设备分系统三（一）	分系统的双路并联设计，极大提高系统可靠性，培养学生科学方法和科学意识。	
		某型特种设备分系统三（二）	讲解分系统工作控制时序，培养学生逻辑思维素养。	
		某型特种设备分系统四（一）	介绍老一辈科学家热爱祖国、无私奉献的精神，引入家国情怀、坚定道路自信。推荐学生课后观看专题片《天才简史——于敏》《大家》—于敏：愿将一生献宏谋。	“愿将一生献宏谋”
		某型特种设备分系统四（二）	分系统装配、分解等保障需要多年磨练与积累，引入某单位专业技术干部徐某事迹，培养学生扎根基层、爱岗奉献的精神。	“双手捧起特种部件第一人”
		某型特种设备分系统五	系统内气体泄漏易造成人员伤害，人员须做好防护并按章操作，培养学生安全意识和守法意识。	
5	某型特种设备总装与检测	特种设备总体装配	特种设备结构精密、操作复杂，需要学生严谨细致、团结协作的职业品格。	“台上一分钟、台下十年功”
			设备轻拿轻放、按期保养，培养学生爱装管装意识。	“猴子盘儿子”
			按章操作装配，培养学生知法守法、令行禁止。	“阴沟里翻船”
			操作技巧、操作手法的不断磨练，培树学生的工匠精神。	
			各号手协调配合完成操作，培养学生团结协作精神	

知识点与具体鲜活的案例相对固化对应，使得课堂教学及思政有备而来、井然有序，不至于各案例临时罗列堆砌，甚至“文不对题”“不明所以”，显得唐突、生硬，从而达到一种潜移默化、润物细无声的思政效果。

四、案例教学整体设计

针对本课程理实一体的实际，在思政设计上，对课程章节内容体系和理论、实操教学环节进行深入的分析和优化设计，梳理、罗列培育学生知识、素质、能力的增长点，将学生综合素质培养分解、渗透到课程教学过程的各个环节，使专业课教学由知识、技能传授向知识、能力和价值观引领的“三位一体”，做到课程育人。

在课程教学内容分析上，划分为基础知识、专业知识和综合运用三个层次，针对不同层次的内容采用不同的方法，进行不同的思政设计。基础知识方面，比如特种设备概述、总体设计及特种设备试验等理论，主要结合其发展历史、现状等内容，尤其是我国该设备光辉发展历程、先辈的光荣事迹等，培养学生对特种设备保障岗位认同感，提升其热爱祖国、爱国奉献、扎根基层、献身事业的情怀。专业知识方面，比如某型特种设备知识，在介绍我国在用的特种设备及部组件的功能组成、结构原理、技术指标及保障管理的同时，除了通过纵向比较，了解其快速发展历史，提升光荣感外，还要横向对比，认清与美、俄等大国存在的差距，提升学生危机感和紧迫感，增强使命感与责任感。综合知识方面，主要是结合特种设备的实装操作，联合教官在设备实操环节，通过言传身教、示范引领、介绍案例等方式，从设备操作细节入手，培养学生“严慎细实”的工作作风，以及精益求精、追求完美的科学态度。

教师作为课程思政工作的主体，育人先育己。在开展课程的思政教学实践之前，先从课程组教师入手，一方面要求教师始终坚持正确的政治方向，要求别人相信的首先得自己相信，积极转变教师和教官的育人观念，提升对课程思政的认知和认同；另一方面通过资料学习、参加专题培训、课程组集体备课和研讨等多种形式，提升教师的思政教育水平和文化素养，自觉树立牢固的育德意识，尤其注重教学过程中的言传身教和氛围熏陶，时时处处体现育人的职责。

五、教学实践过程回顾

在课堂教学实施方面，对教案、课件 PPT 等教学文档进行了系统性的修订和完善，有针对性地融入思政元素，在课堂上结合不同知识点引入预置的思政案例，以案例背后情感的注入和精神的熏陶，逐步引起学生的共鸣，完成思政目标；在设备实操教学中，在设备操作时，通过教师和教官的以身作则、示范引领、案例介绍等，潜移默化地影响学生、塑造学生，及时指出学生设备操作中不正确、不标准的内容，规范学生一言一行，促使其不断接受思政教育内容，从而达到润物细无声的思政效果。

结合课程思政教学的需要，课程考核的实施也在原有基础上做了一些设计和创新，首先是摒弃了“一卷定成绩”的观念，按照课程教学计划修订的内容，学生课程最终成绩=课堂表现（15%）+闭卷考试（35%）+设备实操表现（15%）+设备实操考核（35%），设备实操在最终课程成绩中占比 50%。课程思政目标中关于工作态度、爱护设备、事业情怀等诸多内容最终还是得由学生的实际行动来外在体现，那么设备实操课课堂表现无疑是思政成效好坏的具体体现，课程最终成绩最终构成的设置也在课程教学目标和课程思政效果实现中起到重要导向作用；其次在终结性考试试卷中设置部分开放性试题，诸如“对特种设备操作要求的理解”“对设备保障岗位特点的认识及岗位打算”等，通过设置无标准答案的试题，了解学生对工作岗位、工作要求、职业规划等内容的认识和理解，全方位考查课程思政的效果。

六、创新性与效果总结

在开展课程思政改革实践的同时，还进行了思政效果评价的研究和探索。效果评价体系作为思政教学过程的指挥棒，既要易于操作同时又要体现课程思政的本质目的，根据查阅相关已有的思政效果评价研究成果，结合“特种设备总体与装检”课程特点，本课程分理论课和设备操作课分别设计思政效果评价体系。

（一）理论课思政效果评价

理论课效果评价主要从几个评价指标入手，分别是课堂教学与思政准备、思政方法与手段、课堂教学实施、课程考核设计。

一是课堂教学与思政准备。教学准备包括涉及课堂教学的教材选取、教案编写、教学设施准备等；思政准备包括课程思政点的挖掘、思政目标体系、配套的思政案例库，以及案例库不断扩充和丰富、与时俱进、引入最新案例等。充分的教学和思政准备是取得良好教学效果和思政有效性的基本前提和保证。

二是思政方法与手段。课程思政与课堂教学是不可分割的有机整体，因此，在课程教学中，广泛采用启发式教育、探究式学习等多种方式，以演示、提问、研讨等多种形式，并穿插引入美国发布年度特种设备维护管理计划、俄罗斯拉动演练等热点问题，激发学生的参与积极性，不自觉地在学习掌握课堂知识的同时认同并接受思政内容，达到“润物细无声”的教育效果。

三是课堂教学实施。作为课程思政各环节中最重要的一环，课堂实施直接关系到思政效果。首先是课程组授课教师做到为人师表、讲课投入、注重对学生价值观的正确引导，授课有具体设计、深度广度难易度基本适当；授课时思路清晰、条理清楚、熟练自如地引入思政案例引导学生思考和参与互动，体现出较高的寓德育教育于教学内容的水平和一定的课程思政艺术。

四是广泛开展课程设计。比如前面提到的创新课程考核方式、内容和手段，做到考核内容能够覆盖课程思政效果设计，考核方式和手段能够检验课程思政效果等。

五是开展问卷调查。借鉴成熟通用的问卷内容设置，并结合本课程思政特点编制问卷，邀请上课学生开展匿名问卷调查。从问卷结果反馈信息看，本课程在思政准备、思政设计、课堂实施等方面基本达到当初设计目标，整体效果较好。

（二）设备实操课思政效果评价

设备操作课作为学生行为过程变化最直接的外在体现，其过程最能体现课程思政的效果，因此我们重点关注了课程思政的实施和效果评价。

一是教师和教官以身作则。设备实操教学中，教师和教官的一言一行是学生最好的榜样，对于思政目标中的“严慎细实”工作作风，教师做到言传身教、示范引领，对设备操作内容、流程、要求、安全措施等方面的落实要足够规范和严格，从一言一行中培养学生法律和规矩意识。

二是实操课程中的思政设计与融入。在设备操作教学中的课程思政中，除了事先设置一定数量的设备保障真实案例开展教学，培养学生实事求是精神和良好的职业素养之外，还有目的地利用出现的非预置的随机设备故障，在学生主动思考排除故障的基础上，由教师带领学生逐步解决问题，以考查学生尊重科学、不畏困难、勇攀高峰的精神等。

（三）长远性评估

对整个课程思政的最终效果评价，很重要的一部分还包括课程思政的长远性效果，即学生毕业后的综合表现。对毕业学生来说，不同工作岗位的职责使命、发展现状、所在地域风土人情、城市发展水平等因素影响，差别较大，那么学生在选岗时是否愿意去相对边远艰苦岗位、是否服从组织分配等也是思政效果重要评价因素。从当前匿名问卷调查情况看，学生普遍能正确认识毕业分配，做到“一颗红心、两手准备”；二是依托已建立的院校—用人单位沟通反馈机制，跟踪了解学生到工作岗位后的表现，比如是否踏实工作、对待特种设备管理保障的工作态度，以及个人三观等都是课程思政的最终体现。

学生通过特种设备知识和思政案例学习、设备操作实践，亲身体验、感受了“两弹一星”精神的丰富内涵，理解并逐步践行了“严慎细实”的工作作风，解决了除专业知识以外的职业素养的培养问题。

当然，也应认识到，学生从毕业到毕业工作后的各种表现，受个人成长环境、在校的管理教育、多门课程综合作用等多因素影响，并不仅仅取决于“特种设备总体与装检”或其他哪一门课程思政效果的好坏。

参考文献

［1］梁东元 . 596 秘史［M］. 湖北：人民出版社 . 2007.

［2］贾基业 . 两弹一艇人物谱［M］. 北京：中国原子能出版社，2016.

［3］谢振旺 . “课程思政化”有效性评价指标体系的构建［J］. 现代职业教育，2018（14）：43.

［4］刘丽颖 . 高职艺术设计专业课“课程思政”效果评价体系的研究［J］. 知识文库，2020. 12（25）：115-117.

［5］董永哲 . 高职思政课程评价理念的探究与实践［J］. 教育与职业，2015. 2（825）：145-146.

［6］苏小菱 . 基于层次分析评价模型的课程思政有效性评价探索［J］. 教育教学论坛，2020（5）：150-152.

“核动力机械维修技术”课程思政案例

张黎明，谭　天，陈　玲，肖红光，王晓龙，荣　磊

（海军工程大学核科学技术学院，湖北　武汉　430033）

摘　要：“核动力机械维修技术”课程是核反应堆维修与管理专业学生的任职培训实践课。课程着眼学生首次任职岗位培训和职业长远发展，遵循实战化教学指导思想，按照“以人为本”的基本原则，从关注教转向关注学，突出学生主体地位，注重培养学生发现问题、分析问题、解决问题和实际动手能力；启发和引导学生的创新性思维意识，提高学生的综合素质。课程构建了十多个课程思政案例，提取了近百个课程思政点，将思政教育贯穿于理论教学、实践教学、综合演练等所有施训方式，并与课程内容和学生特点有机融合。课程基于潜移默化、润物细无声理念循环推进，建立了思政案例逐步优化机制。通过多年的施训经验来看，课程思政在夯实学生忠诚观、培树学生核安全意识、增强学生团结协作精神、引领学生主动创新等方面取得了较好的效果。本文则选取了具有代表性的案例及其教学设计等进行交流。

一、课程基本情况

（一）授课对象情况分析

课程授课对象是核反应堆维修与管理专业本科四年级学生。授课对象具有以下特点：一是从知识结构系统性上看，授课对象已经完成“原子核物理导论”“核动力系统与设备”等专业理论课程的学习，相关系统与设备理论知识已经熟练掌握，对压水堆核动力装置有了一个较为全面的理论认知，但在结合实装学习和技术保障管理等方面还不够系统和深入，实操本领和动手能力也存在一定的欠缺，与涉核单位岗位任职能力需求还存在一定的差距；二是从任职岗位能力需求上看，学生毕业后从事核动力技术保障工作，需要详细地了解核动力装置结构、核设备的组成和工作原理、设施设备维修保养工艺等，具有一定的工程实践经验和组织管理能力，才能在岗位上充分发挥自己的作用；三是从身份定位横向对比上看，学生毕业后在基层从事具体技术工作和涉核技术管理工作，与核装备运行人员身份对比时，往往错误地认为自己不是核心人员、重要人员，自我定位不够准确，因此必须着眼学生职业发展路线，不仅仅培养精湛的专业技能，还要重点培养学生正确的价值观、职业观，考虑到核设施技术保障的复杂性和高要求，更需培养学生常面对复杂的工作环境、紧急的维修保障任务时所具有的系统性思维、全局式核安全文化意识、分布式业务能力等。

（二）课程情况简介

“核动力机械维修技术”课程是面向本科四年级学生开设任职培训实践课，共计 60 学

时。课程着眼学生首次岗位任职和职业长远发展，遵循工程化教学指导思想，按照“以人为本”的基本原则，从关注教转向关注学，突出学生主体地位，注重培养学生发现问题、分析问题、解决问题和实际动手能力；启发和引导学生的创新性思维意识，提高学生的综合素质。

课程教学目标是通过课程学习，使学生掌握核动力机械设备特别是一回路主要设备的维修训练内容和方法，针对核动力泵、阀等设备具有较强的技术保障及维修管理能力。具有一定的率领部属完成任务的示范力、影响力，具备较强的组织协调、沟通协作能力，能够独立分析问题和解决问题、胜任核动力技术保障相关岗位，具备核动力工程技术管理人员的基本专业素质。

课程以习近平强军思想为引领，深挖核动力事业发展史中的红色根脉资源，着眼爱国情怀、无私奉献、团结协作、保密意识、安全管理等方面的培养，构建了十多个课程思政案例，提取了近百个课程思政点，确保每一课时均有课程思政内容，巧妙地将理想信念教育融入核动力机械维修技术教育全过程，力争打造浸润式、互动式实践类课程思政教育平台。

课程实施以理论教学、实验教学、小班研讨、课程思政教学四个方面组成，如图 1 所示。一是理论教学主要讲解一回路系统与设备的结构和工作原理，也包括机械原理（四杆机构、蜗轮蜗杆机构等）、故障检测相关知识等，理论教学实施过程为实验教学做铺垫，依据系统设备工作原理开展动手实验。二是实验教学是课程内容的主要组成部分，当学生完成理论教学后，通过实验教学巩固加深对理论知识的理解，同时让学生熟悉装备零件的装配结构和维修工艺技术。本课程的实验内容依托实际装备拆装、沉浸式虚拟维修训练系统、旋转机械故障诊断实验台架等。有目的性地安排装备故障实验，让学生系统性学习从故障诊断到装备维修管理的全过程知识。三是小班研讨以学生为中心，是为学生开设的一项具有开放性、互动性的交流环节。根据理论教学和实验教学的教授内容，并利用课前调研开展的交流汇报活动。通过小班研讨环节，从知识获取层面上总结课堂教授知识、学生实操过程的体会、丰富调研报告的知识层次。从情感上，让学生体会理论知识掌握熟练和现实实操技术精湛的差距，提供学生汇报、自我展示的平台，锻炼学生表达能力。四是课程思政教学深入贯彻整个教学内容，根据部队任务工作需求实际制定教学内容相关章节，依托不同章节知识学习特点和未来岗位实际需求开展课程思政，以服务国家战略的价值追求系统地培养学生政治品质、爱国情怀、保密意识、科学素养、技术本领。同时利用课程思政内容与课程教学的不断更新迭代，相辅相成，完善课程教学质量，优化课程思政案例。课程实施细则就是要突出“打仗需要什么就教什么、部队需要什么就练什么”，实现人才培养供给侧同未来战场需求侧精准对接。

课程条件建设瞄准工程化训练，主要体现在四个方面。一是采用基于实装拆检的实验教学模式，以学生为主体，学生动手拆装、维修、保养船用核动力系统与设备，学生从实验操作中学习、巩固船用核动力系统与设备知识，如图 2 所示；二是课程部分训练内容采用沉浸式维修训练系统开展虚拟仿真维修训练，既能克服部分实装过于昂贵、难以开展实装教学，又能极大程度模拟工程化教学训练环境，提高感性认识，如图 3 所示；三是课程利用旋转机械故障诊断试验台架等，引入机械设备健康管理知识，从故障诊断到寿命预测

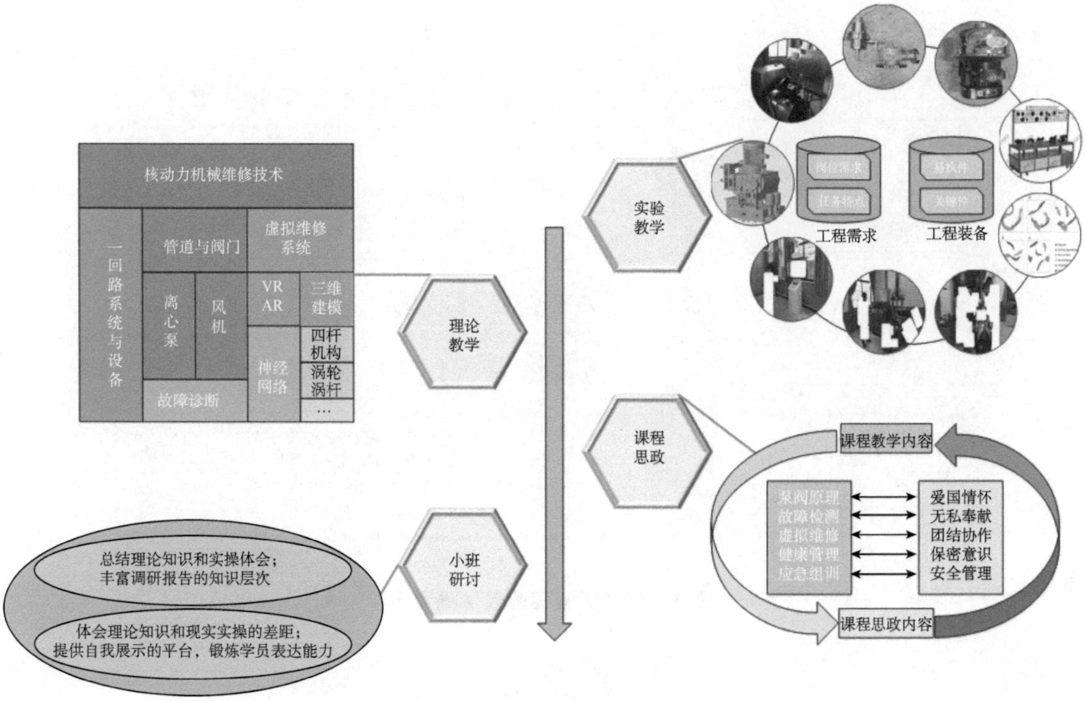

图 1　课程实施组成图

的全寿命周期设备状态跟踪教学，学生自主开展设备状态数据采集、神经网络数据处理、健康管理结果分析等实验，将前沿科研知识融入学生课堂教学，并且动手实验完成从旋转机械故障数据采集到结果分析的全过程，如图 4 所示；四是课程依托实验室非放射性一回路装备（或模拟装备）开展应急维修组训，从学生首次任职岗位能力需求出发，力求课堂教学内容和训练方式紧贴实装实战，如图 5 所示。

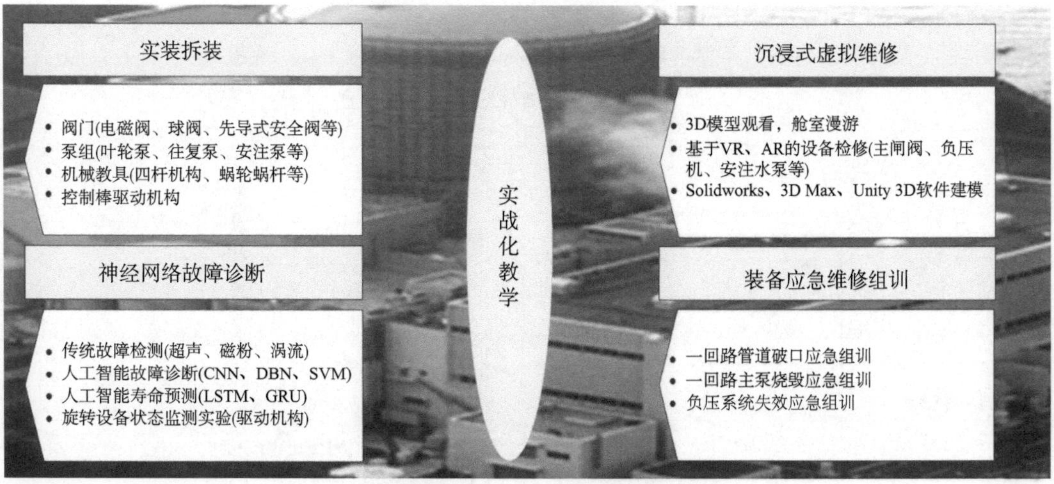

图 2　核动力机械维修课程教学组成图

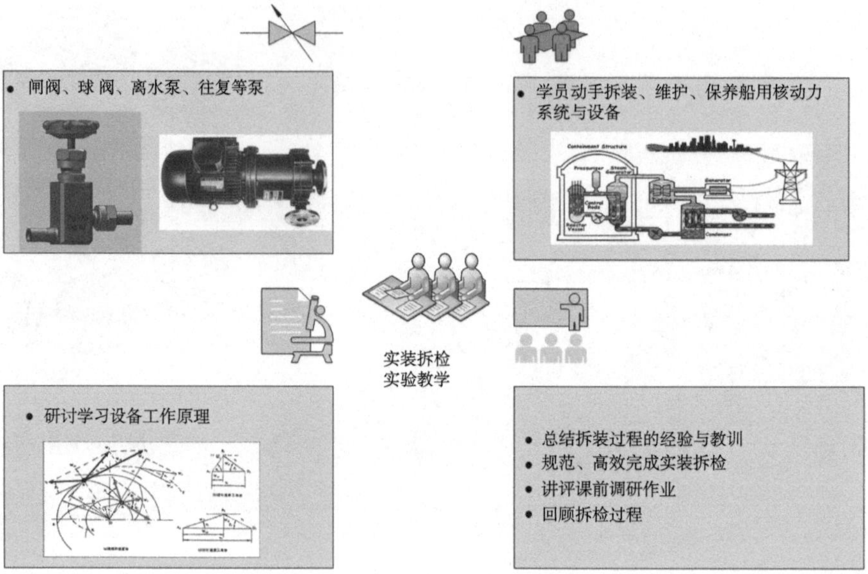

图 3　实装拆检实验教学概要图

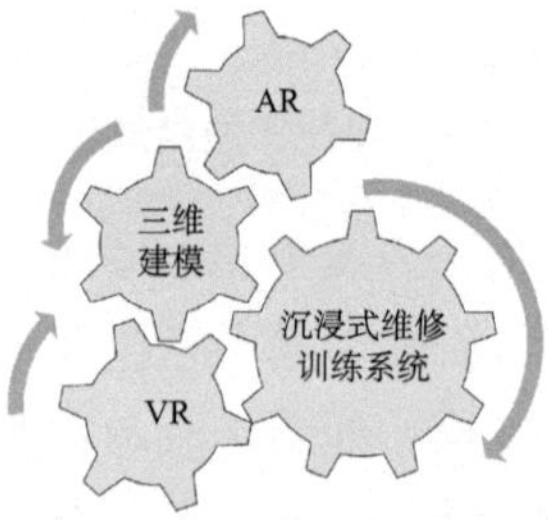

图 4　沉浸式虚拟维修训练教学概要图

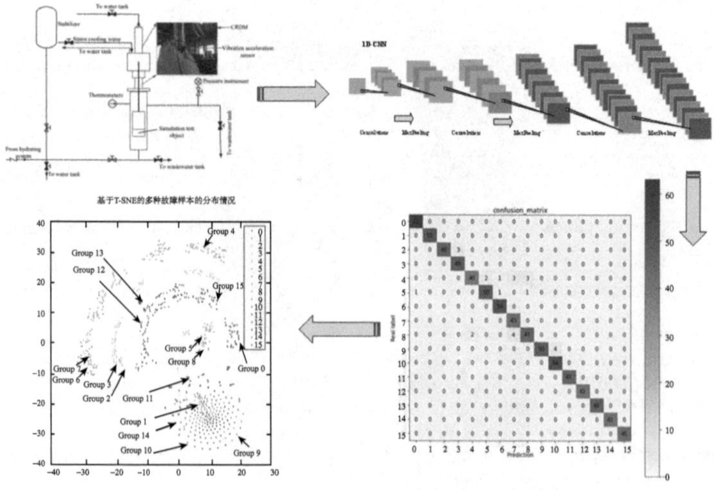

图 5　旋转机械故障诊断教学流程图

二、案例基本情况

（一）案例一：从容面对失败，追求科学真理

（1）关键词：卡塔琳·卡里科；从容；科学真理。

（2）摘要：2023 年诺贝尔医学或生理学奖颁给了女性科学家卡塔琳·卡里科，以表彰其在核苷酸基修饰方面的发现，这些发现使得开发针对新冠疫苗成为可能。在新冠疫苗被广泛关注之前，她的履历中写满了失败，如今却被认为这一前沿技术的最早发明人之一。

卡里科在匈牙利一个没有自来水、冰箱或电视的小房子长大，父母从事平凡而普通工作，获得博士学位后在生物研究中心继续博士后研究，1985 年，实验室失去资金支持，她失业了。1985—1988 年在费城一所大学担任博士后研究员期间参与一项临床试验，但项目很快又没有了。1989 年在宾大找到一份研究助理教授工作，参与的相关试验收到不少同行嘲笑，同伴也另谋他就。卡里科没有财务支持，不得不换一个实验室继续工作，同时校方还屡屡施压希望她辞职。1995 年因为没有出研究成果，她又被大学降级。凭借在 mRNA 领域的不断开拓和技术创新，在基于 mRNA 的癌症疫苗和新冠疫苗研发上，技术公认都是基于卡里科和研究获颁的研究成果。在哈佛的一次演讲中，卡里科强调她的成功“特别地依赖于失败”，因为她所研究的是未知领域，路上遭遇了无数的障碍，但她最终没有放弃，全因为这样的信念“做自己热爱的事情，无条件相信自己”。

（二）案例二：两代人为理想澎湃，一辈子为国家深潜

（1）关键词：彭士禄；核潜艇；爱国情怀。

（2）摘要：彭士禄院士面对我国核潜艇研发领域的一穷二白，能坚持不懈勇攀科学高峰，自主研制核反应堆技术，并在 20 世纪 70 年代成功让我国核潜艇下水，成为全世界第五个拥有核潜艇国家。学生们从彭士禄院士的经历上学习到，面对西方国家技术封锁的现状，坚持自给自足，坚持自力更生，不畏惧技术封锁，勇于使用科学知识解决工程实际问题。

彭士禄院士是我国核潜艇首任总设计师，同时也是中国共产党老一辈无产阶级革命家澎湃之子。彭士禄院士年少时两次作为政治犯被捕入狱。新中国成立后，彭士禄院士立志科技报国。在苏联留学时陈赓找到彭士禄说要选一批优秀的留学生学习原子能专业，问愿不愿意。彭士禄院士说当然愿意，只要祖国需要。学成归国后，中国核动力潜艇工程项目一启动，彭士禄院士立刻担任核动力研究室负责人，立刻把所学知识用于建设祖国。不久后，彭士禄院士跟随三线建设前往四川大山深处，为中国核潜艇事业拓荒。历时五年，中国第一座自行研制，独立建造的压水型反应堆建成，1970 年 7 月 25 日，反应堆发出中华大地第一度核电。4 个月后，第一艘核潜艇下水，4.6 万个零部件全部实现自主研发，中国成为世界上第五个拥有核潜艇的国家。

（三）案例三：工匠精神，普通焊工也能干出鬼斧神工的事业

（1）关键词：李万君；工人院士；构架环口焊接七步操作法。

（2）摘要：结合核动力机械维修工艺相关理论，阐述工匠精神的重要性，鼓励学生安心服役，要有敬业、精益、专注、创新的工匠精神，勇于承担技术保障管理和具体工作。李万君被称为“工人院士”，手握一把焊枪，坚守在高铁焊接生产一线35年，总结并制定30多种转向架焊接操作方法，技术攻关150多项，37项获得国家专利，代表中国轨道车辆转向架构架焊接的世界最高水平。

2007年，时速250 km动车组在长客试制生产，列车转向架横梁与侧梁间的环形接口承载着整车约50 t重量，常规焊法容易出现不熔合缺陷，存在质量隐患。“如果一枪焊完环形接口，减少焊接段数，就能解决问题。”李万君说。但当时的法国专家并不认同李万君的建议，认为这是不可能完成的任务。李万君却与这个不可能完成的任务“杠”上了，连续一个多月的反复尝试，李万君总结出“构架环口焊接七步操作法”，一枪焊完整个环口。新时代的“工匠精神”的基本内涵，主要包括爱岗敬业的职业精神、精益求精的品质精神、协作共进的团队精神、追求卓越的创新精神这四个方面的内容。

其中，爱岗敬业的职业精神是根本，精益求精的品质精神是核心，协作共进的团队精神是要义，追求卓越的创新精神是灵魂。爱岗敬业的职业精神，爱岗敬业，是爱岗和敬业的合称，二者互为表里，相辅相成。爱岗是敬业的基础，而敬业是爱岗的升华。具体来说，所谓“爱岗”，就是要干一行，爱一行，热爱本职工作，不能见异思迁，站在这山望那山高。所谓“敬业”，就是要钻一行，精一行，对待自己的工作，要勤勤恳恳，兢兢业业，一丝不苟，认真负责。

精益求精的品质精神。顾名思义，精益求精是指一件产品或一种工作，本来做得很好了，很不错了，但还不满足，还要做得更好，达到极致。“精益求精的品质精神”是“工匠精神”的核心，一个人之所以能够成为“工匠”，就在于他对自己产品品质的追求，只有进行时，没有完成时，永远在路上；他不惜花费大量的时间和精力，反复改进产品，努力把产品的品质从99%，提升到99.9%、再提升到99.99%。对于“工匠”来说，产品的品质只有更好，没有最好。

协作共进的团队精神。“协作共进的团队精神”则主要体现于新时代的“工匠精神”之中。因为和传统工匠不同，新时代工匠尤其是产业工人的生产方式已不再是手工作坊，而是大机器生产，他所承担的工作，只是众多工序中的一小部分。比如“复兴号”列车，一列车厢就有3.7万多道工序，这些工序一个人是不可能完成的，必须由车间或班组亦即团队协作来完成。团队需要的是“协作共进”，而不是各自为战。因此，“协作共进的团队精神”是现代“工匠精神”的要义。所谓“协作”，就是团队成员的分工合作；所谓“共进”，就是团队成员的共同努力、共同进步。

追求卓越的创新精神。和“协作共进的团队精神”一样，“追求卓越的创新精神”也是新时代“工匠精神”的内涵之一，甚至是新时代“工匠精神”的灵魂。传统的“工匠精神”强调的是继承，祖传父、父传子、子传孙，是传统工匠传承的一种主要方式，而新时代的“工匠精神”强调的则是在继承基础上的创新。因为只有在继承基础上的创新，才

能跟上时代前进的步伐，推动产品的升级换代，以满足社会发展和人们日益增长的对美好生活的需要。有无“追求卓越的创新精神”，是判断一个工人能否称之为新时代“工匠”的一个重要标准。

（四）案例四：螺丝钉精神：功成不必在我，功成必定有我

（1）关键词：雷锋精神；大局意识；坚定理想。

（2）摘要：以设备装配技术及实践授课内容为基础，说明一个系统和设备的正常运转需要设备各部件的各负其责、互相配合，阐述一个集体需要每个个人的团结协作，才能形成强大的战斗力。融入螺丝钉精神的思想和内容，鼓励学生干一行、爱一行、钻一行。

在新时代，雷锋精神并没有过时，而是与时俱进，诠释出新的历史意义和时代价值。习近平总书记号召大家“做一颗永不生锈的螺丝钉”，就是要号召党员干部深入学习雷锋精神，以精益求精的干劲、功成不必在我的作风和勇挑大梁的担当，做新时代的一颗“螺丝钉”。

做好“螺丝钉”，要增强大局意识。一颗螺丝钉的力量是微小的，一颗螺丝钉的作用是有限的，当螺丝钉以合理的次序连接起来形成一个整体，那么它的力量则是无穷的。从这个角度来说，螺丝钉的价值意义是建立在整台大机器的基础上，脱离了这个前提，螺丝钉就难以实现自身价值。

做好“螺丝钉”，要坚定理想信念。现实中，一些党员干部之所以在金钱、美色面前被腐蚀，往往是因为守不住底线，从思想滑坡中开始的。在复杂的环境中，螺丝钉要经常保养和清洗，才不会生锈。因此，党员干部要做一颗永不生锈的螺丝钉，就要补足精神之“钙”，拧紧理想信念“总开关”，始终保持政治坚定、理想永存、思想常新，自觉抵制各种各样的诱惑，做到权为民所用、利为民所谋、情为民所系，真正全心全意为人民服务。

（五）案例五：责任感和使命感

（1）关键词：责任感；使命感；K-19 潜艇。

（2）摘要：影片的背景时间设在 1961 年美苏冷战白热化期间，苏联的核潜艇 K-19 绰号“寡妇制造者”在北大西洋海底试航时，突然潜艇的冷却系统发生故障，导致核反应堆系统过热，若不及时排除故障，核反应堆便会融毁并诱发舰载核导弹。在冷战期间，这种突如其来的核爆炸必然会被美国视为恶意攻击，第三次世界大战必定打响。眼看世界性的核毁灭势不可免，K-19 艇长阿里克斯和富有经验的副艇长麦克海尔面对外界电子通信中断的恶劣处境，果断冷静地带领全体船员在高度核辐射的环境下挽回系统，以求全力避免第三次世界大战的发生。

20 世纪 60 年代，一艘航行在大西洋的苏联潜艇接到命令，向西航行，要求在距离华盛顿和纽约海岸线仅四百英里处执行侦察任务。正当向西航行之际，潜艇核反应堆冷却系统故障，冷却系统泄漏无法有效地对反应堆堆芯降温，如果故障持续下去不解决，堆芯急速升温，最后导致堆芯熔化，也将促使核弹头发生，此次核泄漏极有可能成为第三次世界大战的导火索。

事情急转直下，艇长采纳技术部门意见，关闭一切能源系统，尝试用饮用水对反应堆

进行冷却的同时，组织敢死队进入密封的反应堆隔离间进行维修。隔离间不仅有超高温，更可怕的是有强烈的核辐射。敢死队员身穿防化服分批进入隔离间，间隔 10 min 换另一组，等他们出来时，已经被强烈的辐射折磨得体无完肤、呕吐不止。这是与死亡的挑战，也是对军人忘我精神的绝对考验。最终，凭借着艇员们前赴后继的责任感和过硬的技术本领，成功地挽救了潜艇，避免了一场世界危机。

三、案例思政元素分析

“核动力机械维修技术”课程面向从事核动力技术保障岗位的学生开设，学生通过课程学习可以进一步增加核动力系统与设备的了解，增强动手和维修保障能力，具备有效对系统设备役前检查、在役维修、紧急情况处理等。在未来的任职岗位上，要求学生面对复杂的工作环境能高效地完成维修保障任务以及强烈的爱国主义情怀。所以，课程注重综合能力培养，尤其体现在政治品质、爱国情怀、保密意识、科学素养、技术本领方面。严格要求教学训练过程“向实战聚焦、向部队靠拢”，以满足适应实战化人才培养的新需求。

案例一结合最新时事，以 2023 年诺贝尔医学奖女性获得者——卡塔琳·卡里科的个人科研经历为例子，通过讲授其卡里科获奖前的失败经历，以及坚持不懈地认为 mRNA 技术的可以用在疫苗方面。从而勉励学生在工作、科研的道路上，不怕困难，坚持做自己热爱的事业，无条件相信自己。学生在未来任职岗位上，无论是复杂多变的紧急险情处理还是日常繁重的在役检修过程中，学生肯定会面临一些棘手、难以有效解决的工作任务。这就不仅需要学生拥有丰富的、过硬的科学维修保障知识，还要求平日里注重积累沉淀，在处理紧急情况时才能从容面对，解决问题。在维修保障过程中，势必会经历更多的失败才能获得更多的成功，只有不断总结失败的经验，深入理解装备运行原理，学习更新维修保障知识，提高技术保障科技前沿视野，不断完善维修训练经验和知识，方可在关键时刻为装备维修保障贡献一份自己的力量。学习过程是漫长又枯燥的，需要调整好心态，从容应对，耐得住寂寞，相信自己，早日加快建设成更强大的海军。

案例二通过阐述彭士禄院士的个人经历与核潜艇的联系，激励学生的爱国报国情怀。结合彭士禄院士的个人经历，在国家最需要的时刻，毅然决然改学新专业，紧密地将个人与国家命运联系在一起。在担任总设计师期间，彭士禄院士毫不犹豫地携家带口前往四川大山深处，直到中华大地第一度核电发出，直到核潜艇下水。后来，又为我国核电事业的发展贡献力量。作为维修保障人员，需要对核事业高度认同感和强烈的爱国主义精神；要发扬艰苦奋斗、舍小为大、无私奉献的精神，将个人与国家命运联系起来。勉励学生认真学习知识本领，一些核心技术是买不来要不来的，只能在工作上不怕困难，勇于攀登科研高峰，积极突破“卡脖子”技术，才能把关键技术掌握在自己手里。就像彭士禄院士那样，一旦国家有需要就马上改学原子能专业，一旦装备建设有需要就毫不犹豫奔赴四川大山深处，直到中华大地第一度核电发出，直到核潜艇下水。

案例三讲述新时代的“工匠精神”的基本内涵，主要包括爱岗敬业的职业精神、精益求精的品质精神、协作共进的团队精神、追求卓越的创新精神这四个方面的内容。“核动力机械维修技术”课程思政内容一直把马克思主义经典理论和习近平新时代中国特色社会主义思想等马克思主义中国化的最新理论成果融入课程内容，坚持不懈用习近平新时代中国特色社会主义思想铸魂育人。新时代的“工匠精神”可以全面贯彻到学生未来岗位的任职中，爱岗敬业的职业精神就是对维修保障事业的负责，在平凡的工作岗位上坚守职责，干出一番不平凡的事业；精益求精的品质精神就是在工作过程中，不断追求更好的装备运行性能、更高的装备保障技术、更强的维修保障能力，对装备负责，对事业负责；协作共进的团队精神就是认可集体荣誉，认可集体团结协作的能力，践行“一人为大家，大家为一人”的集体主义，就像装备系统的一颗螺丝钉，只有所有零部件协作共进，才能驱动装备系统的运行；追求卓越的创新精神是对技术能力的提升，装备维修保障技术工作永远需要创新，永远在追求卓越。只有不断创新、不断追求卓越，才能高效地完成任务，才能不断提高装备维修保障能力。

案例四以设备装配技术及实践授课内容为基础，说明一个机械系统和设备的正常运转需要设备各部件各负其责、互相配合。即将毕业的学生，需要摒弃个人独断专行的工作态度，认可集体主义，认可团结协作。习近平主席指出，要以“功成不必在我”的精神境界和“功成必定有我”的历史担当，保持历史内心，发扬钉钉子精神，一张蓝图绘到底，一任接着一任干。“钉钉子精神”类同于螺丝钉精神。学生要甘心放低姿态，在日常工作中，要像一颗螺丝钉一样，扎进复杂的系统维修保障事业中，耐得住寂寞，不焦虑，鼓励学生爱一行、干一行、钻一行。一个机械系统的正常运行需要无数个零部件的团结协作，每个零部件发挥自己的作用，才能共同驱使整个系统的正常运行，才能形成强大的战斗力。

案例五通过电影情节叙述苏联潜艇发生故障后，整个艇员队官兵竭力抢修，在遵从科学的基础上，成功有效地处置了系统故障，极力挽救潜艇，避免更大的核泄漏风险，避免第三次世界大战的发生。在事故处置过程中，官兵体现出极其强烈的责任感和使命感，并且成功避免更大的危害。当前，世界百年未有之大变局加速演进，世界之变、时代之变、历史之变的特征更加明显，我们要清醒认识到中华民族伟大复兴不是轻轻松松、敲锣打鼓就能实现的，前进道路上必然会有艰巨繁重的任务，必然会有艰难险阻甚至惊涛骇浪。在这个背景下，在平时践行“爱岗敬业的职业精神、精益求精的品质精神、协作共进的团队精神、追求卓越的创新精神”就能体现强烈的责任感和使命感。在特殊时期，必须要有强烈的责任感和使命感，以过硬的政治品质和技术本领应对随时随地都有可能发生意想不到的紧急情况。

五个案例主要的思政元素包括：（1）从容面对失败，追求科学真理；（2）强烈的爱国主义情怀，将个人与国家命运紧密联系一起；（3）工匠精神；（4）螺丝钉精神；（5）责任感和使命感。“核动力机械维修技术”课程思政内容围绕理想信念教育、社会主义核心价值观教育、中华优秀文化教育、职业素养教育四个方面展开。理想信念教育层面，把马克思主义的经典理论和习近平新时代中国特色社会主义思想等马克思主义中国化的最新理论成果融入课程内容，坚持不懈用习近平新时代中国特色社会主义思想铸魂育人，树立共产主义远大理想和中国特色社会主义共同理想，坚定中国特色社会主义道路自信、理论自信、制度自信、文化自信，立志肩负起民族复兴的时代重任；社会主义核心价值观教育，弘扬主旋律，传播正能量。将军人品质精神要求内化为精神追求，外化为自觉行动，将个人发展与国家命运联系，确保听党指挥、能打胜仗、作风优良；中华优秀文化教育层面，使我国、我军改革发展的伟大成就、重大历史事件等与课程中的相关内容相契合，引导学生厚植爱国主义情怀，传承中国优秀传统文化，弘扬以爱国主义为核心的民族精神和以改革创新为核心的时代精神；职业素养教育层面，重点围绕职业道德和职业伦理等方面，弘扬和培育工匠精神，培养爱岗敬业、无私奉献、保密意识、开拓创新的职业品格和行为习惯。

四、案例教学整体设计

（一）整体课程案例教学设计

“核动力机械维修技术”课程在实战化教学方面独具特色，课程构建了十多个课程思政案例，提取了近百个课程思政点，本文重点围绕五个案例在以下四个方面的教学设计开展交流：（1）采用基于实装拆检的实验教学模式；（2）开展虚拟仿真维修训练；（3）旋转机械故障诊断教学；（4）一回路装备开展应急维修组训。实际施训过程中，结合教学内容和教学过程，灵活组织思政点（见表1）融入内容、润入人心。

表1　“核动力机械维修技术”课程案例教学设计

课程模块	课程教学内容	思政案例	思政元素分析
实装拆检	理论授课 常见阀门拆装 常见泵类拆装 工作原理拼接搭建	螺丝钉精神；工匠精神	结合理论讲解泵阀结构时，指出任何一个螺丝、垫片出了问题，都意味着泵阀整体功能的失效，阐述个人与集体关系，寓意每一个岗位都有自己的职责，都是不可或缺的；基于多人合作的拆装，结合学生可能不注重拆装工艺和注意事项的落实，引入“工匠精神”，解读爱岗敬业的职业精神、精益求精的品质精神、协作共进的团队精神、追求卓越的创新精神
虚拟仿真维修训练	VR/AR 基本概念知识 虚拟维修训练 三维建模 绘制三维模型拆装动画	从容面对失败，追求科学真理	在虚拟仿真维修训练中，利用虚拟现实、增强现实（VR、AR）的技术优势，可以实现对一回路系统设备的沉浸式训练。理论授课时可提醒学生时代在往前发展，科学技术也在不断更新迭代，引领学生追求科学知识、不断提升自我，让科技更好地服务工程技术；在训练和三维建模开发过程中，鼓励学生“从容面对失败，追求科学真理”
旋转机械故障诊断教学	常见的故障诊断手段 基于神经网络的故障诊断理论知识 结合前期调研小班研讨 试验流程和台架介绍 采集数据并分析 小班研讨并总结试验过程	工匠精神；螺丝钉精神；从容面对失败，追求科学真理	在旋转机械故障诊断教学中，让学生系统性地理解从故障产生到故障诊断的全过程，将“工匠精神”“螺丝钉精神”等思政内容融入教学之中；从无数的零部件共同作用才能使得一个机械系统的功能实现，培养学生以“功成不必在我”的精神境界和“功成必定有我”的历史担当，保持历史内心，发扬钉钉子精神，一张蓝图绘到底，一任接着一任干；从机械设备产生的故障原理出发，利用试验台架完成数据采集，最终实现故障诊断的全过程，让学生系统性地理解故障机理知识，从而使得学生面对故障，不畏惧不困惑，从容自信地完成故障排查、故障修复

续表

课程模块	课程教学内容	思政案例	思政元素分析
一回路装备应急维修组训	总结回顾机械维修知识	使命感、责任感；将个人紧密与国家命运联系在一起；工匠精神；螺丝钉精神	将前面学到碎片式知识串联起来，通过多次应急维修组训，训练学生系统性思维。只有每一个学生完成自己的工作，才能使得整个机械系统正常运行。应急维修组训不仅能锻炼学生使命感、责任感品质，还要求像螺丝钉一样，深深地干一行、爱一行、钻一行。以精益求精的干劲、功成不必在我的作风和勇挑大梁的担当，做新时代的一颗"螺丝钉"；在一回路装备应急维修组训中，模拟装备在实际运行过程中可能发生的故障与危机，提醒学生要具有强烈的责任感与使命感，以及将个人紧密与国家命运联系在一起，利用所学知识有效地处理危机
	总结回顾各种设备工作原理		
	一回路装备应急维修组训Ⅰ		
	一回路装备应急维修组训Ⅱ		
	一回路装备应急维修组训Ⅲ		
	一回路装备应急维修组训Ⅳ		
	小班研讨学习过程		
	总结课程学习过程		

（二）单次课程案例教学设计

1. 沉浸式虚拟维修训练实作案例教学设计

本次课程基于前序课程已讲授VR/AR技术的优势、VR/AR实现的原理流程基础上重点通过实作实操提高学生的三维建模和虚拟维修技术能力，并且借助思政案例润物细无声式提升教学层次。

沉浸式虚拟维修训练实作课程引入基于VR/AR虚拟训练系统，开展一回路系统设备维修训练，具体表现为依托各种重型泵、风机、阀门等的三维模型，根据实际的维修工艺和易损件部位，设置相应的拆装条件，让学生正确、规范地进行拆装、更换、维修等训练。课程实施过程中，根据实际情况进行课程思政，例如，在绘制三维模型和动画过程、虚拟维修训练过程、小班研讨课后回顾与总结过程。利用VR/AR虚拟训练系统的技术优势，引领学生追求科学知识，不断完善维修技术，让科技发展更好地服务工程技术。同时在遇到技术瓶颈时，从容面对，积极寻找解决举措。沉浸式虚拟维修训练实作教学设计表如表2所示。

表2　沉浸式虚拟维修训练实作教学设计

教学设计	思政设计
实验目的	
（1）通过学习Solidworks和3D Max、Unity 3D等软件基本操作，使学生掌握虚拟仿真技术建模制作流程； （2）通过学习VR、AR沉浸式维修训练系统，使学生能熟练操作相关设备拆装过程，能依托系统开展维修组训	引领学生追求科学知识，不断提高自身能力建设，让科技发展更好地服务工程技术

续表

<table>
<tr><th>教学设计</th><th>思政设计</th></tr>
<tr><td colspan="2">设备仪器</td></tr>
<tr><td>· 硬件：服务器、8 台计算机工作站、2 台 VR 一体机，2 台 AR 一体机
· 软件：VR/AR 虚拟训练考核软件、Solidworks、3D Max 和 Unity 3D 等软件。
· 模型图纸：相关系统设备的三维模型和平面三视图图纸、常见零件（螺栓螺帽、弹簧、齿轮等）平面三视图图纸等</td><td>图纸、工艺与工匠精神的相结合</td></tr>
<tr><td colspan="2">实验内容</td></tr>
<tr><td>（1）Solidworks 软件基本操作学习和零件绘制自主学习；
（2）3D Max、Unity 3D 软件基本流程学习和动画制作自主学习；
（3）熟悉 VR/AR 一体机设备功能及常用操作；
（4）使用 VR/AR 一体机和计算机工作站开展虚拟维修技术考核</td><td>动画制作中各部件的精密配合，说明规则的重要性和个人与集体的关系</td></tr>
<tr><td colspan="2">实验组织</td></tr>
<tr><td>（1）实验地点：机械维修实验室
（2）分组：按照班次人数分批次分小组。
（3）实验步骤
① 学习 Solidworks 软件基本操作，包括零件、装配体、工程图的新建、编辑等菜单和特征（设计树）、草图、曲面等功能及常用绘图工具调用等，绘制垫圈、螺母、螺栓等简单零件三维图。
② 学习 3D Max、Unity 3D 软件基本操作，3D Max 包括编辑模型、工具、组、视图、创建（渲染、加光、材质）、动画等菜单；Unity 3D 包括新建、打开、修改场景、项目，发布项目等。
③ 拆装训练，了解新手引导、设备认知、训练模式、考试功能划分，使用 AR 一体机开展拆卸、组装、维修等训练，自主开展多设备的认知学习和拆卸训练；使用 VR 一体机开展多个设备的认知学习和拆装训练</td><td>绘制三维模型，思政元素融入，在学习三维建模软件过程中需要耐心，从容面对繁杂的绘制工作。积极了解学习虚拟维修系统的原理</td></tr>
<tr><td colspan="2">核动力机械设备沉浸式训练系统功能展示</td></tr>
<tr><td>· VR 设备

图 6　VR 设备
· AR 设备

图 7　AR 设备</td><td>科技发展日新月异，每个人都是科技发展的推动者，也是受益者，但是如果不善于学习、不坚持学习必然跟不上时代的发展</td></tr>
</table>

续表

教学设计	思政设计
课后回顾与总结	
（1）回顾本次课程教学内容，回顾学生训练与三维建模过程； （2）学生依次自主发言关于接触虚拟训练系统的感受，就目前的训练系统有何改进之处； （3）结合课程教学内容与学生训练过程表现，进行课程思政，引领学生追求科学知识，不断完善维修技术，让科技更好地服务工程技术	在课程总结中，结合学生表现，通过案例三、案例四、案例五的课程思政，增强学生爱岗敬业品质，实现干一行、爱一行、钻一行

2. 旋转机械故障诊断课程案例教学设计

本次课程的前序课程已经介绍故障检测常见手段如磁粉探测、涡流探测、超声探伤等手段，本次课程以旋转机械为研究对象，理论讲解从旋转机械故障特点到神经网络深度学习的应用。然后进行实操训练，通过采集故障信号、提取故障特征、完成故障诊断等手段完成全寿命周期旋转机械的健康管理训练。引入思政元素体现在实操训练过程，通过回顾实操过程遇到的困难、总结健康管理应用体会，系统性理解机械设备从故障产生到诊断维修的全过程，将“工匠精神”“螺丝钉精神”等思政内容融入教学之中，让无数的零部件共同作用才能使得一个机械系统的功能实现，培养学生以“功成不必在我”的精神境界和“功成必定有我”的历史担当，保持历史内心，发扬钉钉子精神，一张蓝图绘到底，一任接着一任干。旋转机械故障诊断训练实作教学设计如表3所示。

表3　旋转机械故障诊断训练实作教学设计

教学设计	思政设计
实验目的	
（1）通过理论讲解旋转机械故障特点和神经网络深度学习的应用，使学生掌握了解机械系统故障特点、深度学习基础知识和应用； （2）通过实操完成采集故障信号、提取故障特征、完成故障诊断全流程，使学生掌握理解全寿命周期旋转机械的健康管理知识	将“工匠精神”“螺丝钉精神”等思政内容融入教学之中，培养服务国家战略的价值追求
课程内容	
（1）理论授课（共计20 min） a. 常见的旋转机械与应用：齿轮、轴承、蜗轮蜗杆、飞机发动机、电机转子等 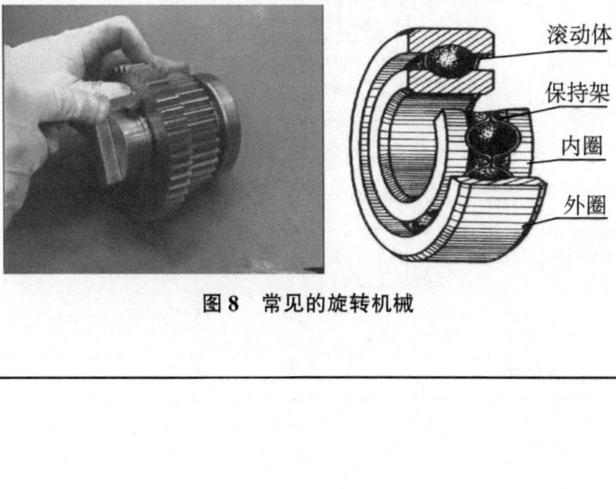 **图8　常见的旋转机械**	打铁还需自身硬，不管作为一个零部件还是一个个人，只有个体能力强，集体才强，反之，故障和困难重重

续表

<table>
<tr><th>教学设计</th><th>思政设计</th></tr>
<tr><td>

b. 神经网络基本结构和深度学习应用简单介绍：卷积神经网络基本结构、故障诊断、寿命预测、图像识别、语言集预测；

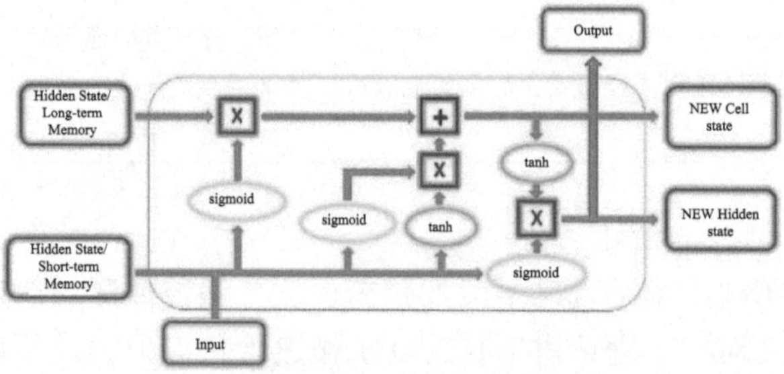

图 9　常见的神经网络结构

</td><td>经验积累是不可缺少的，因此，必须踏下心来，一步一个脚印、踏踏实实去干，才能积累丰富的经验，才能在后续的路上越走越正确、越走越顺利</td></tr>
<tr><td>

c. 基于深度学习的故障诊断流程步骤：数据采集、数据特征提取、故障诊断、结果可视化、分析报告

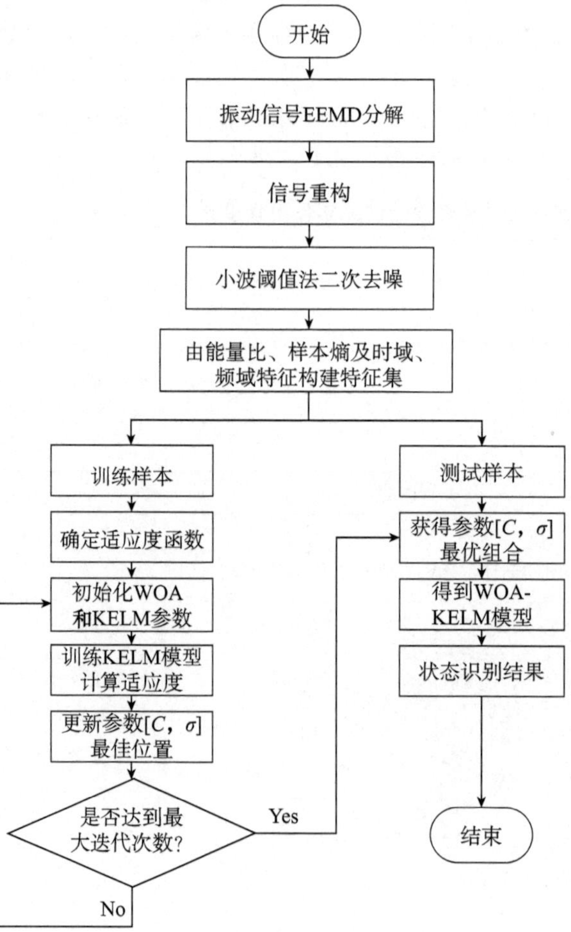

图 10　故障诊断流程图

</td><td>诊断是为了早期发现故障苗头，避免出现更大的问题，甚至引发悲剧，人也是一样的，需要定期自我诊断，更要乐于接受组织的定期诊断，避免在错误的路上越走越远</td></tr>
</table>

续表

教学设计	思政设计
（2）实操实验（共计 130 min） a. 介绍 DASP 数据采集和信号分析系统：采集仪、传感器、采集系统。  图 11　数据采集仪和传感器 b. 介绍基于深度学习框架的实时故障诊断系统：数据预处理（降噪、归一化）、故障识别、反向传播、迭代循环、结果可视化。 c. 实验操作 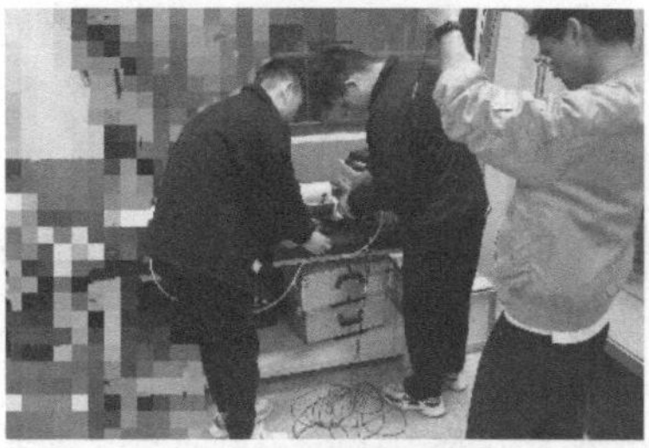 图 12　布置传感器  图 13　设置数据采集系统	实操过程将新时代工匠精神、螺丝钉精神、追求科学真理精神、协作精神、配合意识、大局意识等课程思政点有机引入
课后回顾与总结	
（1）回顾本次课程教学内容，总结从故障产生到故障诊断的全过程； （2）启发性思维，结合最新人工智能技术应用，启发学生如何将人工智能有效地应用于装备维修保障（结合学生调研报告）	结合课程教学内容与学生训练过程表现，引领学生遇到困难，要从容面对，不断精益求精、团结协作，要将所学知识服务于国家战略追求

五、教学实践过程回顾

沉浸式虚拟维修训练课程总共占 6 学时，本次授课为 2 学时，课程思政包含 2 个案例和多个思政点。沉浸式虚拟维修课程以现有的 AR/VR 设备为牵引，可以利用 AR/VR 设备进行核级系统与设备拆卸和复装、舱室漫游等。由于很多核动力装置带有放射性，AR/VR 装置不仅可以直观地展示各种装置的内部结构、原理和拆装工程，还能做到重复性和非接触式维修训练。所以虚拟维修系统尤其适合核级系统与设备的维修训练。虚拟训练系统是采用 AR/VR 技术在基于计算机辅助设计（CAD）生成的虚拟环境中进行维修性评价/评审的过程。所以在教学训练实施过程中，不仅要让学生熟练掌握设备拆卸复装的技能，还要锻炼学生三维建模的能力，深刻理解计算机辅助设计技术、虚拟维修技术原理。但在三维建模和虚拟训练过程中，由于学生接触的是新知识，会遇到一定的困惑。在实验步骤讲解或课程总结时，可以根据学生的“误操作”或“困惑”等，结合思政案例，激励学生。学生普遍认可要想取得一定成绩，必须经历相应的困难。但是在经历困难的过程中，由于很少共鸣，不少学生会放弃。但引入的施政内容紧贴时事，以诺贝尔医学奖授予者的科研经历、彭士禄院士个人经历为例子，可以勉励学生积极从容面对困难，激发爱国情怀。

旋转机械故障诊断课程总共占 6 学时，本次授课为 4 学时，课程思政包括 3 个案例和多个思政点。课程实施过程从旋转机械常见的故障产生到故障诊断，引入前沿学科知识，从数据挖掘的角度，将传统的故障诊断分析替代为基于人工智能故障诊断模式，让学生实际参与到装备维修保障当中，提高学生科研兴趣。在理论授课中，学生需要掌握了解常见旋转机械类别、故障产生原因、深度学习应用；在实验操作中，学生需要掌握基于深度学习故障诊断的流程，团结协作地完成振动加速度传感器布置、数据采集、故障特征提取、故障诊断、总结报告等实验项目。由于实验涉及故障识别率的高低，需要精益求精地完成数据采集、数据预处理、故障诊断、总结报告等工作。所以结合理论授课和实验内容，引入“工匠精神”“螺丝钉精神”“追求科学真理”等案例可以有效地贯彻思政教育，让学生埋下追求科学知识的种子，培树爱岗敬业、精益求精、协作共进、追求卓越的新时代工匠精神和螺丝钉精神。

两次授课后，通过与学生交流可以发现，学生们对待学习更加认真，学习态度也更加积极。虽然通过一两次课的思政教育能够获得较好的临时效应，如果持之以恒地坚持思政教育，长期效应也一定能实现。通过学生课后作业或课前调研（示例见图 14）作业来看，潜移默化式的思政教育还是能够被大多数学生接受的，对学生成长、成才起到至关重要的作用。

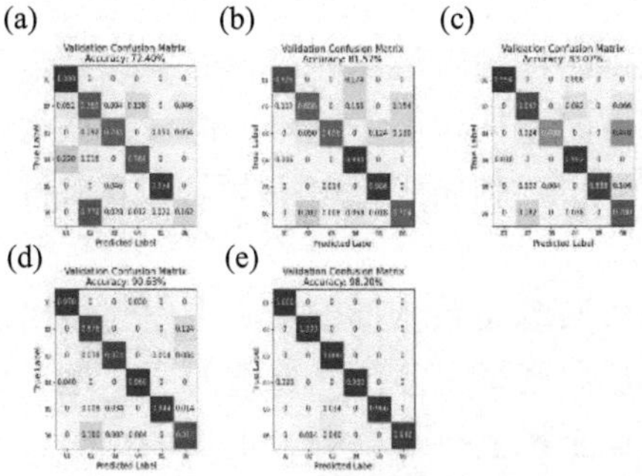

（a）故障诊断方法应用

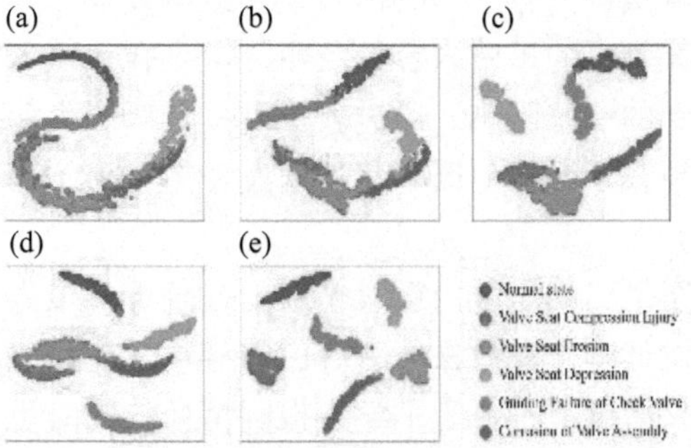

（b）故障诊断可视化结果

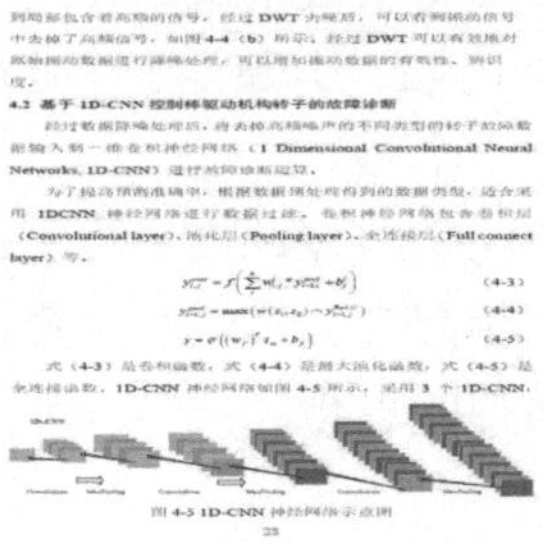

（c）学生总结报告

（d）学生课前调研及课堂交流课件

图 14　学生作品示例

六、创新性与效果总结

（一）创新性

从思政案例设计上，课程思政立足于案例本身特点，又从案例中提炼多种思政元素。例如，从工人院士李万君，手握一把焊枪，坚守在高铁焊接生产一线 35 年，掌握的技术代表中国轨道车辆转向架构架焊接的世界最高水平的案例中，概括出新时代“工匠精神”思政内容，然后再提炼出四个思政元素“爱岗敬业的职业精神、精益求精的品质精神、协作共进的团队精神、追求卓越的创新精神”。课程构建了十多个课程思政案例，提取了近百个课程思政点，完全可以覆盖课程教学过程，进行深刻有效的课程思政。

在课程思政实施的机制上，授课教员根据时事政治和前沿科技发展，与时俱进，不断创新，不断总结出合适的案例内容，例如，2023 年诺贝尔医学奖的获得者——女性科学家卡里科科研经历的案例。思政案例元素与课程内容相互融合，以思政元素拔高课程内容层次，以课程内容支撑思政案例有效进行，巧妙实际的思政案例与新颖实用的课程内容相互更新，不断促进整个课程教学的发展。例如，在旋转机械故障诊断课程中，从理论教学到实操过程，多种思政元素与前沿学科研究内容相结合，学员既系统性地感受到旋转机械健康管理的理念，又能将巧妙实际的思政元素内化于心外化于行。

从案例内容上，具体表现为以下几点。

案例一的思政内容较新颖，学生在认可卡里科获得诺贝尔医学奖时，自然会想到卡里科遇到的一些困难。通过教员讲授其屡屡失业、研究方向不被认可等困难，但最终获得认可，被授予诺贝尔医学奖。勉励学生正确认识困难、平常对待困难、坚持不懈追求科学真理。

案例二的思政内容紧贴彭士禄院士的个人经历与核潜艇关系，彭士禄院士作为核潜艇首任设计师，在过去一穷二白的年代，能自立自足，从研制第一座独立建造的压水型反应堆到核潜艇下水，激励学生报国情怀的同时也勉励要勇于攀登科研高峰，不畏困难。彭士禄院士从事的核潜艇事业与学生未来任职岗位紧密联系，从身边的例子能引发学生的思考和共鸣，认同核潜艇事业，舍小为大，将个人与国家命运时刻紧密联系一起。

案例三的思政内容讲述新时代的“工匠精神”的基本内涵，引领学生毕业后脚踏实地工作，在工作岗位上爱岗敬业、精益求精、协助共进、追求卓越。

案例四的思政内容讲述螺丝钉精神，以设备装配技术及实践授课内容为基础，说明一个系统和设备的正常运转需要设备各部件的各负其责、互相配合，阐述一个集体需要每个个人的团结协作，才能形成强大的战斗力。融入螺丝钉精神的思想和内容，鼓励学生干一行、爱一行、钻一行。

案例五的思政内容强调责任感和使命感的重要性，思政内容与时代主题紧扣。强烈的责任感和使命感体现在平时践行新时代工匠精神。只有在平时做好，才能在特殊时期以过硬的政治品质和技术本领应对随时随地都有可能发生意想不到的紧急情况。

（二）效果总结

“核动力机械维修技术”课程坚持思政贯通，将核动力系统设备与前沿的工程技术融合构成课程特色，将服务备战打仗的使命责任与岗位实际需求融合构成思政特色，课程内容与思政案例相辅相成，打造浸润式、互动式思政教育平台。课程思政过程润人于无声，获得了学生的高度认可和普遍接受，促进了学生学习和成长成才的积极性。

“核动力机械维修技术”授课团队成员以课程人才培养为支撑，近三年获得军队教学成果二等奖 1 项、三等奖 2 项，院校级教育科研成果一等、二等奖 5 项；指导学生获国内外创新设计类学科竞赛国中获奖 23 项，例如，“全国大学生工程训练综合能力竞赛一等奖”“2023 中国工程机器人大赛暨国际公开赛二等奖”“第十二届全国海洋航行器设计与制作大赛二等奖”等。同时，依托课程教学条件，发表多篇教学论文，并培养多名硕博研究生。

参考文献

[1] 张黎明，肖红光，荣磊．核动力设备沉浸式虚拟维修训练系统的开发与应用［C］．中国核工业教育学会首届学术年会论文集，2022. 258-261.

[2] 荣磊，张黎明，谭天．基于军民融合的一流核专业人才培养改革与对策研究［C］．中国核工业教育

学会首届学术年会论文集，2022. 262-264.
[3] 谭天，张黎明，荣磊．基于虚实结合的机械实训装置发展与应用［C］．中国核工业教育学会首届学术年会论文集，2022. 265-273.

“核动力热工水力学”课程思政案例

张银星，陈文振，肖红光，刘家磊

（海军工程大学核科学技术学院，湖北　武汉　430033）

摘　要：“核动力热工水力学”是一门工程性与理论性并重的学科，该课程对核工程与核技术专业的学生培养具有极其重要的作用，学生通过该课程的学习将具有分析核动力装置中各种情况下热工参数的能力，并以此为装置的操纵与运行提供指导。为培养学生爱岗敬业的良好职业道德品质，选取燃料元件径向温度分析相关专题为例，列举可在教学过程中融入的课程思政，思政元素主要集中在培育学生严谨求实的科学精神、求真务实的工作态度、严密的逻辑思维能力，帮助学生树立正确的价值观、沉稳冷静的工作作风，增强学员的专业自信与文化自信，努力成为对社会、对国家有用的涉核人才。

一、课程基本情况

（一）授课对象情况分析

“核动力热工水力学”课程针对本科三年级学生开设，学生在前期学习了“工程热力学”“传热学”“流体力学”以及“核反应堆运行物理”相关知识基础上进行“核动力热工水力学”的专业知识学习。学员普遍能认识到“核动力热工水力学”这门课是核动力专业学员非常重要的专业基础理论课程，学习积极性较高，但经前几学期的学习，可能存在对部分先导课程学习效果不充分的地方，针对不同学员之间的这种差异性，在教学过程中应注意对不同层次的学员开展差异化教学，并适时开展课程思政，让每位学员都能在自己原有的位置上更上一层楼，实现教学成果的最大收益，为国家培养优秀的核动力装置操作员。通过这门课程的学习让学员掌握“核动力热工水力学”的基础理论和分析方法，当这些未来的核动力操作员真正面对某一事件时，能够运用这门课所学的知识分析反应堆内的温度、压力、流量等热工参数及其变化趋势，进一步为核动力装置的操纵与安全运行提供指导。在以后的工作过程中，他们的工作就是实时对这些热工参数进行监测，确保他们在任何时候都在安全范围以内，以确保反应堆安全可靠地运行。

（二）课程情况简介

“核动力热工水力学”在核反应堆工程中起着十分重要的作用，它是研究核反应堆及一回路系统中燃料元件传热特性和冷却剂流动特性、热量传输特性的一门工程性与理论性并重的课程。该课程教学内容主要包括反应堆稳态工况下的传热计算和水力计算，反应堆稳态设计原理和反应堆热工瞬态设计简介。是核反应堆工程专业方向的一门专业主干课程。开设该课程的目的在于让学员学会反应堆工程领域热工水力学的基本分析方法，运用先修课程"流体力学""传热学""工程热力学"和反应堆物理中学到的基本概念、基本公式和基本结论，以核反应堆堆芯为主要分析对象，帮助学员了解反应堆稳态工况下的工作情况以及在瞬态工况下的变化特点，培养学员独立分析和解决问题的能力。针对本科大三学员的知识需求，主要开展 23 个知识点方面的教学内容：堆芯功率分布及影响因素、停堆后功率、燃料元件导热、强迫对流换热、自然对流换热、大容积沸腾、流动沸腾、临界热流密度、凝结传热、燃料元件温度分布、单相流动基本方程、两相流动基本方程、水锤现象、汽蚀现象、反应堆及冷却剂系统压降计算、自然循环、临界流、堆芯流量分配、流动不稳定性、反应堆热工设计准则、热管因子与热点因子、堆芯稳态热工分析、基于集总参数法瞬态热工分析。授课过程中根据知识逻辑性及学生掌握程度适时拓展前沿知识，为国家培养新时代的科技战略人才贡献绵薄之力。

二、案例基本情况——燃料元件温度分析

（一）棒状燃料元件

因为船用反应堆的结构特点，其空间分布更为紧凑，只能通过监测反应堆进出口冷却剂的温度反堆堆芯（即燃料元件）的温度。在讲授第四章燃料元件导热的相关内容时，为保证学生能够理解为什么研究燃料元件导热，为什么要分析燃料元件的温度分布，加深学生的学习获得感，在课上让学生针对实际反应堆结构分析其中燃料元件的温度分布，并根据计算分析结果给出反应堆能否安全运行的依据。分析案例如下：

在某压水堆燃料棒中，芯块直径 $d_u=8.0$ mm，锆包壳厚度 $\delta_c=0.5$ mm，包壳的外径 $d_{cs}=9.2$ mm，若冷却剂的温度 $T_1=315$ ℃，芯块体积释热率 $q_v=3\times10^8$ W/m³。求燃料芯块的中心温度 T_0 和包壳外表面温度 T_{cs}，并判断该反应堆能否安全运行。其中，包壳与冷却剂之间对流换热系数 $h=3.0$ W/（cm²·℃），芯块导热系数 $\lambda_u=3$ W/（m·℃），锆导热系数 $\lambda_c=18$ W/（m·℃），氦气隙的等效换热系数 $h_g=0.8$ W/（cm²·℃）。

该案例可根据牛顿冷却定律、傅里叶定律，再结合导热微分方程分析得到燃料元件的温度分布。在前面的教学过程中已对燃料元件温度的做了分析，并给出稳态条件下燃料元件各处的热阻，学生可套用前面分析的结果，即直接在燃料元件各处热阻公式已知的情况下去求解沿燃料元件径向各处的温度。具体求解方法如下：

根据案例，梳理已知条件，可得芯块半径 $r_u=0.004$ m，包壳外半径 $r_{cs}=0.0046$ m，包壳内半径 $r_{ci}=0.0041$ m（见图 1）。

对流换热系数 $h=3.0\times10^4$ W/（m²·℃），芯块导热系数 $\lambda_u=3$ W/（m·℃），锆导热系数 $\lambda_c=18$ W/（m·℃），氦气隙的等效换热系数 $h_g=8\times10^3$ W/（m²·℃）。

根据牛顿冷却定律：

$$q_s = h(T_{cs} - T_1) \tag{1}$$

式中，q_s 为包壳表面的面热流密度，W/m²。可利用换热量相等求得：

$$q_v \cdot \pi r_u^2 L = q_s \cdot 2\pi r_{cs} L = q_l \cdot L \tag{2}$$

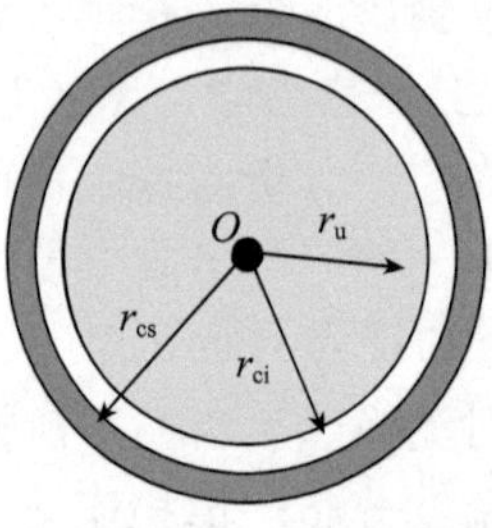

图 1　燃料棒径向结构示意图

式中，L 为燃料棒长度，m；q_l 为燃料棒的线功率密度，W/m。

以此，可得 $q_s = 521\ 739.13\ \text{W/m}^2$，$q_l = 15\ 079.64\ \text{W/m}$。

将 q_s 代入式（1），可得包壳表面温度 $T_{cs} = 332.39$ ℃。

根据前导知识，对于反应堆燃耗比较深的情况（即本案例），燃料元件径向总温降可以表示成：

$$\begin{aligned}\Delta T = T_0 - T_1 &= \Delta T_u + \Delta T_g + \Delta T_c + \Delta T_h \\ &= [R_u + R_g + R_c + R_h]\, q_l \\ &= \left[\frac{1}{4\pi\lambda_u} + \frac{1}{2\pi r_u h_g} + \frac{\ln(r_{cs}/r_{ci})}{2\pi\lambda_c} + \frac{1}{2\pi r_{cs} h}\right] q_l\end{aligned} \tag{3}$$

式中，ΔT_u、ΔT_g、ΔT_c、ΔT_h 分别表示燃料芯块的温降、气隙的温降、包壳的温降以及包壳与冷却剂之间的膜温降，R_u、R_g、R_c、R_h 分别表示燃料芯块的线性热阻、气隙的线性热阻、包壳的线性热阻以及包壳与冷却剂之间的线性热阻。

将已知数据代入，可得芯块中心温度 $T_0 = 822.73$ ℃。

根据计算结果，燃料芯块中心温度即燃料元件最大温度未超过 UO_2 熔点（$T_0 < 2\ 200$ ℃），包壳表面未达到发生锆水反应的条件（$T_{cs} < 900$ ℃），可以判断，此时该反应堆能够安全运行。

本案例能帮助学生进一步理解燃料元件的热量是如何向外导出，并最终为我们所用，核动力的运行最主要是要保证其安全，对于操作员来讲准确分析热工参数并以此判断反应堆的运行状态是其最主要的岗位技能之一，此案例虽是在实际反应堆热工参数分析中做大量简化的情况，但对学员在今后学习、工作过程中的思维方式的培养与形成有不可或缺的作用。在解决类似问题时，可能有学生会存在计算马虎，考虑不周等情况导致计算结果与实际偏差较大，这就有可能会对反应堆操纵产生错误的指导。例如，若经某位学生的错误分析，认为燃料元件实际最高温度已超过其熔点，或包壳表面温度达到锆水反应的条件，导致反应堆有熔堆的风险，应当立即停堆，否则就会对我方战斗力生成造成严重损失，白白浪费大量人力物力财力，是不可原谅也是无法挽回的。因此，我们一定要培养学员严谨求实的科研精神，凡事不得马虎，不可大意，任何一点小错在面对精益求精的核反应堆面前都可能被无限放大，不仅对自己，也会对他人，甚至对国家，产生不可估量的损失。

在分析本案例过程中，部分学生可能无法直接给出燃料元件的热阻公式，即便在前面的学习过程中曾经掌握了相关热阻的分析方法，但未必能时刻记在脑中，这是很正常的现象，当今社会要学的东西很多，要求学生将全部所学知识记下来是不人道，也是不现实的。只要培养学生的思维方式，教他学习的方法，给他指条明路，当他再次遇到类似的问题时，顺着这条路自己走到柳暗花明的地方，这样目的就达到了。

例如，在分析本案例的过程中，当通过式（1）求得包壳表面温度 T_{cs} 后，若不直接采用热阻的公式，而是利用傅里叶定律，也可求得包壳内表面的温度 T_{ci}。对于稳态条件，沿燃料元件径向换热量相同，则对于包壳，根据傅里叶定律有：

$$Q = q_1 \cdot L = -\lambda_c \frac{\mathrm{d}T}{\mathrm{d}r} A = -\lambda_c \frac{\mathrm{d}T}{\mathrm{d}r} \cdot 2\pi r L \tag{4}$$

式中，Q 表示总换热量，W；A 表示换热面积，m^2；r 表示径向位置，m。

对于任意一个导热物体，都应当满足导热微分方程。对于目前研究的燃料元件包壳，属于一维稳态无内热源的导热问题，则其导热微分方程应为：

$$\nabla^2 T = 0 \Rightarrow \frac{1}{r} \frac{\mathrm{d}}{\mathrm{d}r}\left(r \frac{\mathrm{d}T}{\mathrm{d}r}\right) = 0 \tag{5}$$

对上式积分，可得

$$\frac{\mathrm{d}T}{\mathrm{d}r} = \frac{C_1}{r} \tag{6}$$

$$T = C_1 \ln r + C_2 \tag{7}$$

当 $r = r_{cs}$ 时，即在包壳外表面，根据公式（4），有：

$$q_1 = -\lambda_c \cdot \left.\frac{\mathrm{d}T}{\mathrm{d}r}\right|_{r=r_{cs}} \cdot 2\pi r_{cs} \tag{8}$$

则，$\left.\frac{\mathrm{d}T}{\mathrm{d}r}\right|_{r=r_{cs}} = -28\ 985.5$ ℃/m，将其代入公式（6），有

$$\left.\frac{\mathrm{d}T}{\mathrm{d}r}\right|_{r=r_{cs}} = \frac{C_1}{r_{cs}} \tag{9}$$

即有 $C_1 = -133.33$。

又因为当 $r = r_{cs}$ 时，$T = T_{cs}$，代入公式（7），则有

$$T_{cs} = C_1 \ln r_{cs} + C_2 \tag{10}$$

可得，$C_2 = -385.17$。此时，公式（7）可整理为

$$T = -133.33 \ln r - 385.17 \tag{11}$$

则当 $r = r_{ci}$ 时，可得包壳内表面温度 $T_{ci} = -133.33 \ln r_{ci} - 385.17 = 347.73$（℃）。

有了包壳内表面温度 T_{ci} 后，便可分析气隙，案例中给出的是氦气隙的等效换热系数 $h_g = 8 \times 10^3$ W/（m^2·℃），此时反应堆燃耗较深，同样可利用稳态条件下换热量相等的条件得到：

$$Q = q_1 \cdot L = h_g (T_{us} - T_{ci}) A = h_g (T_{us} - T_{ci}) \cdot 2\pi r_u L \tag{12}$$

式中，T_{us} 表示芯块表面温度，℃。整理并求解上式，便可得到芯块表面温度

$$T_{us} = \frac{q_1}{2\pi r_u h_g} + T_{ci} = 422.73\ (℃) \tag{13}$$

对于燃料芯块来说，其属于一维稳态有内热源的导热问题，导热微分方程应为：

$$\nabla^2 T + \frac{q_v}{\lambda_u} = 0 \Rightarrow \frac{1}{r}\frac{d}{dr}\left(r\frac{dT}{dr}\right) + \frac{q_v}{\lambda_u} = 0 \tag{14}$$

对上式积分，可得

$$\frac{dT}{dr} = -\frac{q_v}{2\lambda_u}r + \frac{C_1}{r} \tag{15}$$

因为燃料芯块是对称的，在芯块中心位置 $r=0$ 处换热量 $Q=0$，即 $\frac{dT}{dr}=0$，则有 $C_1=0$。即

$$\frac{dT}{dr} = -\frac{q_v}{2\lambda_u}r \tag{16}$$

再次积分，有

$$T = -\frac{q_v}{4\lambda_u}r^2 + C_2 \tag{17}$$

当 $r=r_u$ 时，即在芯块表面，代入上式，有

$$T_{us} = -\frac{q_v}{4\lambda_u}r_u^2 + C_2 \tag{18}$$

求解可得，$C_2 = T_{us} + \frac{q_v}{4\lambda_u}r_u^2 = 822.73$。此时，式（17）可整理为

$$T = -\frac{q_v}{4\lambda_u}r^2 + 822.73 \tag{19}$$

则当 $r=0$ 时，可得芯块中心温度 $T_0 = 822.73$ ℃。与前面用式（3）计算得到的结果相同。

由此可见，同学重点需要掌握的是对这种问题的分析方法，而不是去死记公式。在已知冷却剂温度的情况下，根据前导课程学习的基本定律，沿着燃料元件径向一层一层向燃料元件中心推算，以此分析燃料元件的温度分布。在该类问题的分析过程中，可充分培养与锻炼学生的逻辑思维能力、严谨求实的科研精神以及求真务实的工作态度。

（二）板状燃料元件

为检验学生的学习效果，不让学生的思维仅局限于这一种燃料元件形式，拓展学生的视野，培养学生的科研能力，可让学生在掌握上述问题分析方法后对板状燃料元件进行类似的分析。新一代的船用堆普遍采用燃料板的形式作为堆芯结构，为何要采用燃料板，可让学生在进行独自分析计算后给出自己的看法，具体案例如下。

某压水堆采用板状燃料元件，燃料芯体厚度 $2s=3$ mm，宽度 $b=140$ mm，包壳厚度 $\delta_c=1.5$ mm，冷却剂的温度 $T_1=290$ ℃，包壳表面的热流密度 $q_s=553$ kW/m^2。求燃料芯体的中心温度 T_0 和包壳外表面温度 T_{cs}，并判断该反应堆能否安全运行。其中，包壳与冷却剂之间对流换热系数 $h=3.5$ W/（cm^2·℃），芯体导热系数 $\lambda_u=4$ W/（m·℃），包壳导热系数 $\lambda_c=20$ W/（m·℃）。燃料芯体结构示意图见图 2。

同样根据案例，梳理已知条件，可得：

芯体半厚 $s=0.0015$ m，宽度 $b=0.14$ m，因燃料板无气隙，可得在芯体表面位置处（同为包壳内表面位置）$x=s=0.0015$ m，在包壳外表面位置处 $x=s+\delta_c=0.003$ m。

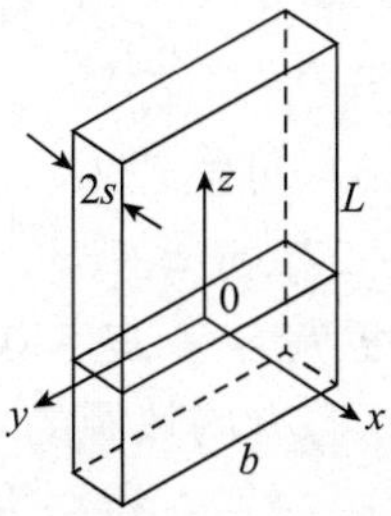

图 2 燃料芯体结构示意图

对流换热系数 $h=3.5\times10^4$ W/（$m^2\cdot$℃），芯体导热系数 $\lambda_u=4$ W/（m·℃），包壳导热系数 $\lambda_c=20$ W/（m·℃）。

根据牛顿冷却定律：

$$q_s=h(T_{cs}-T_1) \tag{20}$$

式中，T_{cs} 为包壳外表面温度，℃。代入，即有：

$$T_{cs}=\frac{q_s}{h}+T_1=305.8\ (℃) \tag{21}$$

为便于后续分析，这里同样利用换热量相等求得：

$$q_v\cdot 2sbL=q_s\cdot 2bL=q_l\cdot L \tag{22}$$

式中，L 为燃料板长度，m；q_v 为燃料芯体的体积释热率，W/m^3；q_l 为燃料板的线功率密度，W/m。

由此，可得 $q_v=368.7$ MW/m^3，$q_l=154\ 840$ W/m。

同对燃料棒的分析类似，在求得包壳表面温度 T_{cs} 后，可利用傅里叶定律及导热微分方程求得包壳内表面的温度 T_{ci}。对于稳态条件，沿燃料元件 x 轴方向换热量相同，则对于包壳，根据傅里叶定律有：

$$Q=q_l\cdot L=-\lambda_c\frac{\mathrm{d}T}{\mathrm{d}x}A=-\lambda_c\frac{\mathrm{d}T}{\mathrm{d}x}\cdot 2bL \tag{23}$$

式中，Q 表示总换热量，W；A 表示换热面积，m^2。

此时燃料元件包壳，属于一维稳态无内热源的导热问题，其导热微分方程为：

$$\nabla^2T=0\Rightarrow\frac{\mathrm{d}^2T}{\mathrm{d}x^2}=0 \tag{24}$$

对上式积分，可得

$$\frac{\mathrm{d}T}{\mathrm{d}x}=C_1 \tag{25}$$

$$T=C_1x+C_2 \tag{26}$$

当 $x=s+\delta_c$ 时，即在包壳外表面，根据式（23），有

$$q_l=-\lambda_c\cdot\left.\frac{\mathrm{d}T}{\mathrm{d}x}\right|_{x=s+\delta_c}\cdot 2b \tag{27}$$

则，$\left.\frac{\mathrm{d}T}{\mathrm{d}x}\right|_{x=s+\delta_c}=-27\ 650$ ℃/m，将其代入式（25），则有 $C_1=-27\ 650$。

又因为当 $x=s+\delta_c$ 时，$T=T_{cs}$，代入式（26），则有

$$T_{cs}=C_1(s+\delta_c)+C_2 \tag{28}$$

可得，$C_2=388.75$。此时，式（26）可整理为

$$T=-27\ 650x+388.75 \tag{29}$$

则当 $x=s$ 时，可得包壳内表面温度 $T_{ci}=-27\ 650s+388.75=347.28$（℃）。

对于燃料芯体来说，其属于一维稳态有内热源的导热问题，导热微分方程应为：

$$\nabla^2 T+\frac{q_v}{\lambda_u}=0 \Rightarrow \frac{\mathrm{d}^2 T}{\mathrm{d}x^2}+\frac{q_v}{\lambda_u}=0 \tag{30}$$

对上式积分，可得

$$\frac{\mathrm{d}T}{\mathrm{d}x}=-\frac{q_v}{\lambda_u}x+C_1 \tag{31}$$

同样根据燃料芯体的对称性，在芯体中心位置 $x=0$ 处，$\frac{\mathrm{d}T}{\mathrm{d}x}=0$，则有 $C_1=0$。即

$$\frac{\mathrm{d}T}{\mathrm{d}x}=-\frac{q_v}{\lambda_u}x \tag{32}$$

再次积分，有

$$T=-\frac{q_v}{2\lambda_u}x^2+C_2 \tag{33}$$

当 $x=s$ 时，即在芯体表面，代入上式，有

$$T_{ci}=-\frac{q_v}{2\lambda_u}s^2+C_2 \tag{34}$$

求解可得，$C_2=T_{ci}+\frac{q_v}{2\lambda_u}s^2=450.96$。此时，式（33）可整理为

$$T=-\frac{q_v}{2\lambda_u}x^2+450.96 \tag{35}$$

则当 $x=0$ 时，可得芯体中心温度 $T_0=450.96$ ℃。

根据计算结果，燃料芯体中心温度即燃料元件最大温度未超过 UO_2 熔点（$T_0<2\ 200$ ℃），包壳表面未达到发生锆水反应的条件（$T_{cs}<900$ ℃），可以判断，此时该反应堆能够安全运行。

对比燃料棒与燃料板可以发现，燃料板的温度比燃料棒的温度要低，此时让学员分析产生此种差异的原因，并说明为什么新一代的船用堆愈发青睐板状燃料元件，以此培养学员自主分析问题的能力。

燃料板相较于燃料棒少了氦气隙，减少了换热热阻，且燃料芯体以锆为金属基体，可提高芯体的热导率，因此燃料板的换热性能更好，核燃料裂变产生的热量能够尽可能多地及时导出，所以燃料板的温度要比燃料棒的温度低，采用燃料板的反应堆其安全裕量也就愈大，反应堆能在保证安全的前提下进一步更多释放能量，经济性能得到进一步提高，因

此新一代的船用堆愈来愈多采用板状燃料元件。我国核反应堆技术随着近些年来的不断发展，已经慢慢追上发达国家的脚步，并逐渐有并跑甚至领跑的趋势，所有这些成果离不开科研人员的不断探索以及精益求精的大国工匠精神，我们要相信我们的国家，相信我们最终将走在世界的前列，这里可适当融入思政培养学员的家国情怀与文化自信，并鼓励学员当下应当努力学习，树立正确的价值观，打好基础，为今后能为国防建设贡献自己的一份力量。

三、案例思政元素分析

（一）培养严谨求实的科学精神

本案例围绕燃料元件径向温度这一核心问题，逐步、深层开展分析，帮助学员理解这类问题的分析方法，并培养学员独立分析该类问题的技能。在授课过程中不断融入思政元素，让学员身处其中，却不自知。习近平总书记曾在全国高校思想政治工作会议上提到：“好的思想政治工作应该像盐，但不能光吃盐，最好的方式是将盐溶解到各种食物中自然而然吸收。”通过让学员独立分析燃料元件的径向温度，培养他们严谨求实的科学精神，对于核工程来说，任何事情都是马虎不得，确保核安全万无一失是每个涉核人员应当遵守的。

（二）培育严密的逻辑思维能力

在学员的学习及工作生活当中，不仅要知其然更要知其所以然，在解决问题时，我们应注意引导学员分析问题的方法，并适当给予学员犯错的机会，我们的学员不要怕犯错，主要是要知道自己错在哪里，要如何避免类似问题的发生，有时无意识地犯错会有意想不到的结果，有用的犯错就是创新。多给学员试错的机会也是在变相培养学员的科研能力。

（三）增强专业自信与文化自信

为检验学员的学习成果，培养学员举一反三的能力，在分析棒状燃料元件后，进一步探究板状燃料元件的温度，通过对比二者的区别帮助学生理解燃料板的热量是如何导出堆外并最终利用，让学生意识到我国核工程的发展一片向好，树立学生的文化自信，并鼓励他们为我国核工业的发展作出贡献。

（四）树立正确的职业道德观念

在涉核方面作业最主要的是要确保核安全万无一失，这不仅是对自己的工作负责，对自己的同事负责，更是对祖国负责，对老百姓负责，对全球健康环境负责。涉核问题一旦出现就绝不是小事，在工作过程中一旦可能出现紧急情况，应立马做出正确决断最大程度确保公众安全，不能仅为一己私利做出让世人唾弃的行为，帮助学生树立正确的职业道德观念是培养专业伦理意识的前提。杜绝发生类似福岛核污水排入大海的灾难再次发生。

四、案例教学整体设计

（一）棒状燃料元件径向温度计算

根据前导知识让学生计算给定棒状燃料元件的几个关键位置的温度，包括燃料元件中心温度及包壳表面温度。在该部分计算过程中学生可根据前面学习的热阻公式直接代入求得温度，检查学生计算结果并让其给出反应堆能否安全运行的依据。此时可能会有学生的计算结果与真实结果偏差较大，帮助学生分析其产生较大偏差的原因，并指导如何避免类似问题的发生。同时，对于计算结果超出安全限制的情况，询问学生此时应当如何处理，若他所工作的反应堆发生了这种情况，它应当如何处理，是立即停堆，还是经确认再做下一步打算，以此帮助学生树立正确的职业道德观念，培养科学精神与专业伦理意识，并进一步敦促学生学好专业知识的重要性。

（二）棒状燃料元件径向温度分析

前面的计算仅是用现成公式代入得到计算结果，若在实际操作时，可能存在由于情况紧急计算公式忘记或记错的情况，此时如何分析棒状燃料元件的径向温度，这也是学生需要掌握的。通过引导学生由冷却剂沿燃料元件径向逐层向内推演，得到燃料元件径向不同位置的温度分布，以此培育学生严密的逻辑思维能力与严谨求实的工作态度，遇事不要慌，按部就班一步一步就能得到最终想要的结果，树立正确的价值观，沉稳冷静的工作作风，在这一部分中均可较为圆滑地融入思政。

（三）板状燃料元件径向温度分析

近些年随着我国核工业技术的不断发展，新堆型的慢慢涌现，对涉核人才的要求也越来越高，不能仅局限于一种堆型，应有独立思考举一反三的能力。在此部分让学生根据前面所学方法对板状燃料元件径向温度开展类似分析，同时达到检验其学习效果的作用，并适时做出评价。通过对比燃料板与燃料棒，增强学生的专业自信心与文化自信，我国在一片向好的局势中发展，我们生在好时代，要珍惜来之不易的机会，努力成为对社会有用的人。

五、教学实践过程回顾

在教学过程中基本按照课程设计内容呈现，通过独立推导燃料元件温度分布学生对教学内容有较深理解，中间穿插互动环节让学生在乐中学，在学中成长，润物细无声的课程思政普遍得到学生的一致好评，基本达到预期教学效果。

六、创新性与效果总结

课程思政就是要实现三个层面的价值引领：政治认同和家国情怀，品德修养和人格养成，科学精神和专业伦理。它并不只是局限于培养爱国主义情怀等，在科学精神和专业伦理方面，我们工科的底盘是很稳的，我们有信心将思政很好地融入教学。课程思政是升华，不是窄化；是融化，不是僵化；是方法，不是加法。在日常教学过程中就是要将这些看起来很枯燥无味的公式推导与思政巧妙结合，让严谨肃穆的理论课变得有人情味，变得让学生爱听。师生之间不仅仅是教与学的关系，我们是朋友，我们是合作伙伴，我们彼此的一言一行都将对对方产生潜移默化的影响，而这种相互之间的成长、变化也是一种思政，作为教师，我们要时刻保持对学员有着正向的引导，在“大思政课”理念指导下的思政课改革创新，在更深层次、更高水平上推进思政课实践教学改革。

经过“核动力热工水力学”课程组在教学上的不断建设完善，思政元素的不断积累，该课程已获评湖北省一流课程、军队精品课程，相应教材《核动力装置热工水力》获评海军优秀教材一等奖、全国优秀教材二等奖、课程负责人陈文振教授荣获“全军优秀教师”称号。

“核反应堆及一回路系统”课程思政案例

张永发，李　颂，蒋立志，张黎明，王晓龙，赵新文，陈　玲

（海军工程大学核科学技术学院，湖北　武汉　430033）

摘　要：“核反应堆及一回路系统”课程的培养对象是舰船某动力管理和保障人才，他们职掌“国之重器”和“杀手锏”，培养质量的好坏关系到国家和军队命运，课程组提出要“用一流教学落实为战育人重任，用有魂课程培育新型军事人才”。课程组针对“核反应堆及一回路系统”课程内容及授课对象的特点，凝练提出了将“系统工程观”作为本课程的核心思政目标，并将其内涵分解为六个方面。把课程思政作为统领和牵引课程建设的重要抓手，提出了“五个一”的课程建设框架。经过几年的建设，完成了课程思政方案论证、课程思政素材库建设，并开展了多轮教学实践，取得了较好效果。本报告对课程授课过程中使用的部分思政案例及相关设计进行了梳理，形成了案例库。

一、课程基本情况

（一）授课对象情况分析

本课程授课对象为核工程与核技术高等教育本科专业学生，学生来自于地方应届高中毕业生。本课程施训时，学生已完成大学基础课程，以及反应堆物理、热工水力等专业基础课，具备核工程专业的基本认知。学生毕业后，职掌“杀手锏”装备，主要从事装备运行操纵和指挥管理，培养质量的好坏不仅关系到单型装备战斗力的生成和发挥，甚至可能对战争成败和国家命运产生重大影响，因此，必须做到“忠诚可靠、业务精湛、严谨细实”。

（二）课程情况简介

“核反应堆及一回路系统”课程共64学时，一般开设在第7学期，是核工程与核技术专业的主干课程。课程主要讲授某动力装置的结构组成、工作原理和作战使用等内容，是本专业人才培养过程中靠近后端的专业课程，与实际工程实践具有密切的关系。（1）从属性风格看，课程着眼于实现专业学习的三个转变，一是从抽象概念规律的理论分析与理解向具象的工程实体及其实践运用转变；二是从相对分散独立的多学科专业知识向一体化的综合应用转变；三是从相对静态、局部和阶段性的认知向动态、全局和全过程的认知转变。（2）从内涵特色看，课程具有很强的“军味”“海味”“核味”。（3）从内容发展看，课程具有较强的时代性和前沿性。总的来看，本课程既有典型工学类课程的一般特点，又具有舰船核工程的特殊性，是一门有理论深度、实践广度和学习难度的课程。

本课程从本校1958年开设核专业之初即开始建设，目前已有近60年历史。经过几代人接续努力，课程在教材、实验条件、教学资源等方面均有比较深厚的积累，编写了主干教材、参考教材、实验指导书等教学文书，建成了某动力重要设备实装、实物模拟系统、三维虚拟模型、某动力工程仿真系统等实验条件，建有配套MOOC、微课、教学视频、动画等教学资源。先后获得了校级、军种级优秀教材和优质课程等奖励。

多年来，课程建设一直坚持“立德树人、为战育人”，坚持“育才”与“育人”并重。从2016年习主席提出“课程思政”要求之后，课程组充分挖掘课程的思政素材、凝练课程思政目标和要素，编写了适用于本课程的思政素材库，形成了一套比较完整的思政方案，并在课程施训中进行了实践。从课堂互动和课后调研看，取得了较好的效果，有关做法在海军首届院校课程思政建设创新发展研讨会上被评为优秀，并做了经验交流。

二、案例基本情况

（一）36棵青松

1. 思政切入点

施训内容：课程介绍，课程的地位与学习专业的重要性。

思政点：忠诚可靠的使命意识。

2. 案例基本情况

根据已公开的资料，1969年7月，某型常规船船长杨玺接到调令，去北海舰队报到，成为共和国第一位某装备指挥员。这位参加过平津战役和渡江战役的优秀指挥员，是海军百名某装备指挥员的佼佼者，是周总理亲自审查选定的。随后，新选调的某装备船员们陆续集结，共36名同志，1969年7月15日，中国海军第一支某装备船员队诞生。

船队成立之后，经过短暂的培训，船员们按未来在某装备上的岗位分工分别奔赴各科研单位及工厂学习掌握专业技术。这是一支神秘特殊队伍，身着便装，沉默寡言，既不游山玩水，也不主动与当地人交往，整天围绕装备摸索学习。因为他们知道，矗立在他们面前的是一座座科学技术高峰，不但要尽快弄懂有关核物理、热工水力、辐射防护、高等数学、化学、电子学等几十门学科，掌握高深的理论知识、专业术语，还必须熟练操纵、驾驭上万种机械设备。

然而，攀登科学高峰的道路艰难无比，他们在苦苦探索中渐渐知道这个对手是何等强大，仅凭浑身胆量和干劲并不能满足掌握知识的需要，而学问和智慧方面恰恰又是他们的短板，可事情逼到头上，既然党和人民把这副历史的重担放到自己肩上，自己就得挑得起。重压下，他们互相鼓励：“不怕起点低，就怕没志气！”虽然没有厮杀的呼唤和战场拼搏的流血牺牲，可是固守阵地毫不退缩的精神却是相通的。

首型某装备的试航，每一个项目都是从零开始。船员们一身汗水、一身油污，一步一个脚印在摸索中负重前行，在实践中增长才干。船员们白天搞试验，夜间排故障，不知度过多少不眠之夜，战胜了多少艰难困苦。有的人生病顾不上休息，放弃休假，一心扑在试验上，从没有因为个人问题影响试验试航。

这支由首批 36 名船员为骨干组成的船员队，先后冒着生死风险创造了数十个“某装备第一”；1994 年 7 月被中央军委授予“水下先锋××”荣誉称号。

这支船员队创建初期的 36 名骨干船员，是某装备部队当之无愧的创始人、开拓者，至今在某装备部队仍传颂着“36 棵青松”的英勇故事。

（二）中国某装备的诞生与发展

1. 思政切入点

施训内容：第一章绪论，我国某动力舰船发展历史。

思政点：从事某舰船事业的光荣使命与重大责任。

2. 案例基本情况

中国某装备从 1958 年开始预研，经历了从无到有、从小到大，直至今天形成一支具有强大战斗力的某装备部队。中国某装备在研制初期是绝对保密的，但自 1982 年水下发射潜地导弹成功起，中国官方开始逐步揭示有关某装备研制、试验和使用的内幕，中国某装备的雄姿悄然浮出水面。

中国某装备的研制、建造和发展自始至终是在党中央的集中统一领导下实施的，协作配套厂家遍布全国。然而很少有人知道，半个世纪以来，这个“上通中央、下联万民”的庞大系统工程，曾经走过一段艰苦的创业发展之路。某舰船的研制成功，对提升国家地位具有重大意义。

（三）××代号的由来

1. 思政切入点

施训内容：第一章绪论，我国某动力舰船发展历史。

思政点：培养从事某舰船事业的荣誉感。

2. 案例基本情况

××作为中国某装备的代号，如今已是公开的秘密。但这个使用半个世纪之久的绝密代号，就连 20 世纪 60 年代参加某装备初期研制的“老军工”“老海军”们也未必能说清楚，所以长期以来引起了诸多猜测，有国家重大工程代号之说，有海军舰艇编号之说，有取年份之说，甚至有借用当时的报警电话号码之说（意即十万火急的工程），那“××”究竟是怎么来的呢？

根据原某装备总体设计组负责人薛宗华（时任海军舰船修造部副部长）的秘书——陈谭生老人的回忆，取××主要是当时国防工业中已经有其他的代号了，另外××代号是某型常规潜艇代号的 3 倍，也寓意各方面都应该做得更好。

就这样，从 1960 年开始，各单位的某装备工程研究代号都改为象征吉祥长久的数字××，并作为专用代号一直沿用至今。

（四）某装备一万年也要搞出来

1. 思政切入点

施训内容：第一章绪论，我国某动力舰船发展历史。

思政点：培养从事某舰船事业的荣誉感。

2. 案例基本情况

1959年9月30日，赫鲁晓夫访问中国，傲慢地说：某装备技术复杂，你们搞不了；花钱太多，你们不要搞；苏联有了某装备，你们就有了；我们可以组建联合舰队。这一要求遭到了中国政府拒绝。

赫鲁晓夫离开北京之后，毛主席的一句话便在很大的范围内广泛流传。那就是：某装备，一万年也要搞出来。当时毛主席说的“某装备，一万年也要搞出来”这句话流传很广（有材料反映是毛主席在与周恩来、聂荣臻、罗瑞卿等谈论尖端武器研制时所说），但是有的人说这是假的，不是毛主席说的。原因是没查到出处。1968年，09工程办在请求某装备陆上模式堆建设支援的报告中，将此话作为毛主席语录写在“特别公函”的前面，此件经周总理阅后报毛主席，毛主席当即签发。这相当于给这句话提供了依据。

（五）一回路主要工作参数的确定

1. 思政切入点

施训内容：第一章绪论，反应堆冷却剂系统的参数确定。从反应堆主要参数确定的方程出发，讲解各参数背后带来的影响，以及各参数间的关系。

思政点：工程系统观。

2. 案例基本情况

反应堆压力、进出口温度、冷却剂流量、冷却剂流程等参数的确定，要从热效率，热阱温度，设备尺寸、重量、功耗，材料性能（如燃料包壳和芯块的温度限值），制造工艺水平，物理机制等多方面进行综合考虑和平衡，才能取得最终优化的参数方案。

（六）燃料芯块的检验要求

1. 思政切入点

施训内容：第二章核反应堆堆芯，核燃料。结合历史上曾发生的燃料元件破损事件，讲述其带来的严重后果，后期采取的针对性措施。

思政点：严慎细实的工作态度。

2. 案例基本情况

为了确保燃料芯块的安全性，尽可能降低燃料元件在整个寿期内发生破损等问题的可能性，燃料生产厂家要求核燃料生产过程中，除利用机器进行筛选和技术检查外，还必须由工人对每一个芯块和燃料元件棒进行目视检查，由监管人员对芯块进行抽查、对燃料元件进行全面复查，以确保出厂质量。

（七）反应堆的布置形式

1. 思政切入点

施训内容：第二章核反应堆堆芯，堆芯组成与布置。从比较不同布置形式反应堆的优缺点，分析各种布置形式适用的场合。

思政点：工程系统观。

2. 案例基本情况

压水堆在布置上有分散式、紧凑式、一体化等多种形式，并不能简单认为哪种布置形式就是先进或更好，而是要根据系统的功能需求（如对自然循环能力要求）、装备可靠性水平（比如主泵、蒸汽发生的可靠性）、装备制造水平（如大容积压力容器生产能力等）等情况，实事求是地进行分析，然后选择合适的布置形式。

（八）反应堆及蒸汽发生器流程设置

1. 思政切入点

施训内容：第二章核反应堆堆芯，堆芯组成与布置。早期由于大流量主泵技术不过关，反应堆为了确保功率输出，反应堆和蒸汽发生器采用了双流程结构。这是着眼于当时技术水平所采取的务实的技术方案，但也带来了堆芯结构复杂、自然循环能力低等问题。

思政点：实事求是的科学精神、工程系统观。

2. 案例基本情况

在早期某型反应堆设计中，由于当时主泵建造技术限制，无法实现大流量输出，单位为了确保反应堆额定功率输出，设计人员巧妙地设置了双流程的堆芯和蒸汽发生器，拉大温差，从而实现了功率的正常输出，当时这是技术上的一种创新。但双流程导致堆芯内部结构复杂、流道阻力增大，使反应堆几乎没有自然循环能力，在应对断电事故等过程中带来了更大的风险。后来，随着建造技术进步，改进了相应的设计。

（九）监管人员发现堆芯安装图错误与结构件缺陷

1. 思政切入点

施训内容：第二章核反应堆堆芯，堆芯组成与布置。结合堆芯和堆内构件讲解，讲述反应堆安全除了要设计好之外，还要确保建造好、安装好、使用好。

思政点：严慎细实的工作态度、核安全意识。

2. 案例基本情况

本专业某毕业学生在担任某装备监管代表时，仔细检查核对有关文件资料，及时发现堆芯安装图错误，避免了重大损失和风险，受到上级高度表彰。

本专业某毕业学生在担任某装备监管代表时，发现堆内构件加工缺陷，及时指正问题，受到上级高度表彰。

在核行业中，每个从业人员都是核安全保障的重要一环，每个人都应该对自己的工作认真负责，守护核安全。

（十）世界上最早的反应性控制手段（SCRAM，持斧人）

1. 思政切入点

施训内容：第三章核反应堆结构与材料，控制棒驱动机构。结合反应性控制手段的发展历史讲解，反应性控制的极端重要性，在世界上第一个反应堆设计和运行中就十分重视这个问题。

思政点：核安全意识。

2. 案例基本情况

结合“芝加哥”1号反应堆历史图片，引出“堆”的历史渊源和反应性控制措施（SCRAM，持斧人），讲解分析科学家们通过逐步扩大“堆”的规模，同时设置中子吸收材料应急手段来避免链式裂变反应失控。揭示科学家们的核安全防御理念，以及严谨慎重的核安全意识。

（十一）操作人员排查堆顶结构泄漏问题

1. 思政切入点

施训内容：第三章核反应堆结构与材料，堆顶结构。结合堆顶组成及其复杂性进行讲解。

思政点：严慎细实的工作态度、奉献精神。

2. 案例基本情况

某装备在即将执行任务时发现设备冷却水系统有泄漏，为了不影响任务计划，本专业某毕业学生身先士卒，对设备冷系统进行了几昼夜的排查，特别是冒着放射性风险在复杂的堆顶结构上开展了很长时间的泄漏排查，最终找出漏点，确保了任务计划，表现出了强烈的责任心、严谨的工作作风和甘于奉献的精神。

（十二）蒸汽发生器干锅事件

1. 思政切入点

施训内容：第四章蒸汽发生器，蒸汽发生传热管的完整性。结合分析蒸汽发生器传热管完整性影响因素进行讲解。

思政点：严慎细实的工作态度（责任心与按章办事）。

2. 案例基本情况

某装备服役早期，曾由于操作人员给水控制不当导致蒸汽发生器水位过低，发生干锅事件，操作员慌乱中又急忙向蒸汽发生器短时内补入大量低温给水，在后期在役检查中发生改蒸汽发生器带缺陷传热管数量明显增多，而必须进行大量堵管，影响了装备战斗力发挥。这起事件前面是由于操纵员责任心不强而导致蒸汽发生器水位过低，后面又未按规程处置，急忙注入大量冷水，导致传热管承受很大热应力，从而影响传热管完整性。

（十三）蒸汽发生器人孔盖法兰密封泄漏

1. 思政切入点

施训内容：第四章蒸汽发生器，蒸汽发生典型结构。结合蒸汽发生器一次侧结构时讲解。

思政点：科学精神和严慎细实的工作态度（严格执行规程和操作要求）。

2. 案例基本情况

某装备刚服役时，在反应堆停闭过程中多次出现蒸汽发生器人孔盖法兰密封泄漏事件，导致舱室温度、放射性等上升，影响装置运行。经技术人员深入分析，发现原因是法兰密封垫片和螺栓材料不同，在停堆降温过程中，由于温度变化所导致的形变量不同而导致。其中从运行管理方面看，原因是操纵人员未严格执行停堆降温速率导致的，后经经验反馈后，各单位严格执行了降温速率要求，此类问题不再发生。

（十四）阀门在三哩岛事故中的角色

1. 思政切入点

施训内容：第六章阀门，阀门的功能。从阀门的功能出发，分析阀门如果发生内漏、外漏、卡死等故障可能会导致什么后果，结合美国三哩岛事故的场景，揭示阀门虽小，但作用很大。核专业人员在岗位上看似很平凡，但作用却非常重要。

思政点：职业的荣誉感和使命感。

2. 案例基本情况

1979 年 3 月 28 日凌晨，美国三哩岛 2 号反应堆在例行检修以后重新开始运行，反应堆功率逐步达到 97%额定功率。

4：00 左右（事故开始，$T=0$），由于二回路净化系统相关阀门漏水、误关闭，导致冷凝水泵、主给水泵相继停止运转，造成蒸汽发生器的给水中断。

T+37 s，主汽轮机跳闸，辅助给水泵自动投入运行，但由于例行试验时辅助给水管路上的两个隔离阀忘记打开（人因失误 1），给水无法到达蒸汽发生器，造成二次侧热阱丧失；一回路冷却剂因得不到充分冷却，温度和压力迅速升高。

T+40 s，稳压器压力达到电动释放阀整定值 15. 5 MPa，自动打开卸压，排出部分蒸汽至卸压箱内。

T+48 s，一回路压力升到 16. 2 MPa，反应堆自动停堆。

T+53 s，由于卸压作用，主系统的压力下降到 15. 2 MPa，释放阀应自动关闭，但释放阀失灵无法回座（控制室内由于没有该阀状态的直接指示，操作员误以为该阀门已被关闭，人因失误 2），造成一回路水蒸气源源不断地排入卸压箱内，相当于一个小破口失水事故（卸压阀一直开了 2 h 22 min！卸压箱的水装满后，放射性水流入地坑，并被排水泵运送到辅助厂房的地下储水箱中）。

T+2 min，两台高压安全注射泵自动启动，从换料水箱抽含硼水注入堆芯。

T+4 min，操作人员又犯了一个判断性的错误，自作主张地通过手动控制系统把其中的一台高压安全注射泵关闭（人因失误 3），造成注射流量率小于释放阀的冷却剂损失速率，人为地造成了堆芯的第二次失水（操作人员这样操作是因为他们看到稳压器中出现了高水位指示，误认为一回路水量太多。实际上，稳压器的高水位指示是由于释放阀开启后，在反应堆冷却剂系统中形成的空泡所造成，造成了冷却剂急剧地涌入稳压器内）。

在衰变热的作用下，堆芯温度迅速上升。在一回路水继续通过释放阀外泄又得不到补给的情况下，因压力降低而产生了堆芯沸腾；由于蒸汽含量的增加，反应堆主泵出现了剧烈振动。

事故后 1 h 13 min 和 40 min，为避免反应堆主泵和相关管路的损坏，操作人员相继关闭了两个环路的两台主泵（人因失误 4），期望能够依靠自然循环来避免堆芯过热；但自然循环未能建立，衰变热继续蒸干冷却剂。

至事故后大约 2. 5 h，即 6：30 左右，反应堆堆芯相当大部分已裸露，并经受了持续的高温；导致燃料损坏、堆芯裂变产物大量释放以及氢气的生成，堆芯已严重损坏。

直至事故后 15 h 50 min，即 19：50，成功地实现了强迫循环。一回路系统压力稳定在 6.9~7.6 MPa，表明了事故序列的结束。

（十五）主止回阀水锤事件

1. 思政切入点

施训内容：第六章阀门，止回阀。从止回阀的功能、典型结构出发，结合某型装备主止回阀水锤事件及其治理过程为例。阐述设计人员与操纵人员一起分析原因，制定技术方案，最终解决技术难题。

思政点：实事求是的科学精神。

2. 案例基本情况

某型装备的主止回阀在工厂生产和试验过程中，性能表现良好，但在总装后的联调试验中发生了严重的水锤事件，不仅对阀门、管道的自身安全造成了严重影响，而且可能对装备整个工期造成严重冲击，技术人员压力巨大。后来，设计人员与操纵人员一起反复分析原因、制定整改方案、开展试验，最终找到了根本原因，解决了技术难题，确保装备如期交付。

（十六）三哩岛事故教训

1. 思政切入点

施训内容：第七章核辅助系统，压力安全系统。结合压力安全系统的卸压通道进行讲解，多重故障叠加人因失误导致最终事故发生，系统的事件之间往往具有关联性，操作人员必须尽可能认清彼此间的关联性，以更加系统的视角来看待事物；另外，某动力系统庞大复杂，作为操作人员必须不断学习、深入研究，透过现象掌握本质，才能在应急处置中科学应对。

思政点：工程系统观（全局意识）、核安全意识、实事求是的科学精神。

2. 案例基本情况

内容参见案例十四。

（十七）树脂融化进堆事故

1. 思政切入点

施训内容：第七章核辅助系统，净化系统。结合净化系统的工作流程进行讲解。对于专业技术人员来说，仅关注系统的正常功能是否实现是不够的，还需要拥有逆向思维，即系统可能出现哪些问题，这些问题可能导致怎样的后果，以此来更加系统地审视设计方案、运行规程。

思政点：工程系统观（全局意识）、核安全意识。

2. 案例基本情况

某反应堆设置了高压型净化系统，由于运行人员未严格按规程确认净化系统的隔离状态，恰好此时与净化系统相连的一个阀门存在严重破损松动，导致高温冷却剂流入净化树脂罐，导致树脂受热分解；系统再次投入使用后，使得融化树脂进入堆芯，造成了严重的后果。看似一个小失误、小故障，却造成了军事和经济上的重大损失！

（十八）再生式换热器出口温度偏高案例

1. 思政切入点

施训内容：第七章核辅助系统，净化系统。结合净化系统构成，讲解再生式热交换器曾发生的事故及发生的原因。

思政点：严慎细实的工作态度。

2. 案例基本情况

换热器内套筒未完全插入到管板连接插槽中，造成流经壳程的部分冷却剂直接从壳程入口短流到壳程出口，从而导致换热效率下降。此问题虽属于装备制造方的责任，但装备各环节的试验、质量监管等均未发现，严慎细实的作风没有落实。

（十九）K-19 事故

1. 思政切入点

施训内容：第七章核辅助系统、第八章专设安全设施，补水系统、安全注射系统。从为什么要设置补水系统与安全注射系统出发，讲解系统的重要性，揭示当时苏联人在反应堆设计、建造中缺乏系统科学考虑，对核安全问题分析不全、重视不够，但苏联军人为缓解事故做出了巨大牺牲，展现了勇敢拼搏精神。

思政点：核安全意识，英勇完全的战斗作风和舍生忘死的奉献精神。

2. 案例基本情况

因为是苏联核潜艇建造史上的里程碑，因此政治意义影响大，工程人员千方百计地赶进度。这种不顾科学赶进度的最终结果是，工程师采用了滴焊法把一根装有冷却剂的管子直接同反应堆连接起来。按照技术要求，核潜艇上的核反应堆要安装回流式冷却系统，苏联工程师的做法违反技术要求，如同往一个烧热的铁锅炉里面直接加热水，水会直接沸腾并产生气泡爆炸。在如此重大的安全隐患面前，在质量安全和进度面前，苏联选择了追求进度，忽视质量。在后面的各种检查中，也没有人对采用滴焊法这种严重危及艇员生命安全的缺陷技术提出异议。

回到 1961 年 6 月 4 日，当苏联海军的数艘常规动力潜艇前往北大西洋进行演习时，核潜艇 K-19 神不知鬼不觉地混在常规潜艇之中，正当艇员们开始紧张演习训练时，K-19 号核潜艇突然发出警报，核反应堆的冷却管突然爆裂。苏联工程师胡作非为的报应，很快降临在这些无辜水兵的身上。

核潜艇的核反应室的温度很快上升到 156 ℃，这惊人的高温如果不能及时得到控制，不但反应堆堆舱会出事故，还可能波及核弹舱出意外，当时 K-19 上装有三枚核弹头。这些核弹头如果爆炸，会使核放射性物体泄漏，苏联发展核潜艇的所谓宏伟计划严重受挫是小，但是整个大西洋都将难逃核放射性物质的严重污染。

面对突发状况，勇敢的核潜艇 K-19 的艇长扎特耶夫，马上反应过来，他感到事态极为严重，马上投入抢救小组采取行动，将核反应堆冷却。瞬间，一场事关大西洋安全的决斗开始了。勇敢的艇员组成几个抢救小组轮流进入核反应堆室，先焊接冷却管，然后进行冷却作业，抢救人员当时只有一件雨衣和一个防毒面具作为防护器材。一艘地球最先进的核潜艇，竟然连基本核防辐射衣都没有，可见当时根本就没有考虑应急物资。

但是，艇长扎特耶夫也知道，如果人进入核反应堆室抢救意味着什么。于是，他对第一个进去的鲍里斯中尉说："小伙子，你知道要去干什么吗?"20岁的鲍里斯马上立正回答："知道"。艇长叹了口气，含着泪挥了挥手："那好吧，愿上帝保佑你。"看着鲍里斯很利索地进入了反应堆舱。艇长不停在看表，他为鲍里斯担忧。5 min以后，鲍里斯挣扎着走出了反应堆，大口大口地呕吐起来。随后，第二个人立刻进入反应堆舱抢救，后来K-19核潜艇终于得救了，一场大面积的海洋污染避免了。但是，K-19潜艇上的数十名年轻的官兵为此献出了年轻宝贵的生命。

返航途中，凡是进入反应堆舱参加抢救的人员纷纷出现放射性反应，皮肤发红，手和脸开始肿胀起来，头顶也出现了斑斑血点，有的人由于忍受不了，恳求战友打死自己。K-19核潜艇进入港口以后，鲍里斯等6名受放射性危害最严重的人被紧急送到莫斯科救治。

尽管有当时全世界比较好的医疗条件，但是，核放射性对鲍里斯的伤害太重了，第七天，年轻的鲍里斯中尉的心脏永远地停止了跳动。第十天到第十一天的日子里，其他受放射性危害最严重的5名艇员全部病逝。就连K-19艇长扎特耶夫也在一家水平最好的医院里整整治疗了一年半的时间。苏联的医生千方百计，为他置换了骨髓和血液，这才成功保住了他的性命。然而，扎特耶夫艇长受到的精神打击和残酷折磨，那一幕惨剧终究让他永远也忘不了。

正是苏联艇上官兵不怕牺牲、勇于奉献的民族精神和军人使命才保住了K-19核潜艇发生更大的灾难性事故。

（二十）艾尔文·温伯格对核能发展的反思

1. 思政切入点

施训内容：第八章专设安全设施，专设安全设施的功能。从专设安全设置的目的重复看分析为什么核安全极端重要，提出作为核行业从业者，要具备核工程伦理和很强的责任感与核安全意识。

思政点：核安全意识，核工程伦理。

2. 案例基本情况

艾尔文·温伯格对核能发展的一段反思话语："我们从事核能界工作的人，总喜欢想象自己所从事的工作，即为人类提供无限的能源，是一件百分之百的好事。因此，当核能界发现自己面对公众不信任的危机时，就感到震惊与迷惑不解。我们坚持说核能是清洁的能源，批评者们却说它是污染之源；我们坚持说核能是安全的能源，而批评者们却说它是危险之源；我们坚持说核能是人类长远生存所必需的，而批评者们却说它是完全不必要的。"

（二十一）昆明市民抵制 PX 项目事件

1. 思政切入点

施训内容：第八章专设安全设施，核安全的风险来源。利用核能可以为人类带来诸多益处，但也存在风险，人们从心理上都倾向于只获得好处而规避风险，普遍存在“邻避现象”，引发公众的可接受性问题。

思政点：核工程伦理。

2. 案例基本情况

2012 年年底，年规模千万吨的中石油炼油项目将在昆明安宁上马的消息传出后，引发了当地民众对周围环境和自身健康的担忧。这种担忧在 2013 年 5 月 4 日下午达到顶峰，近 3 000 名昆明市民聚集在市中心的南屏广场，抗议 PX（对二甲苯）和 PTA（对苯二甲酸）项目在该市落户。因此诉求未得到完全满足，5 月 16 日，千余名市民再度聚集。一方面是公众对重化工项目环境风险的担忧；另一方面，作为中缅原油管道的配套建设，该项目冀望缓解云南油荒，亦构成 GDP 诱惑，政府和企业力证其安全，两相冲突之下，上马还是暂停，成了一个谁也说服不了谁的问题。而如何在工业文明与环境承载之间寻得平衡，并找到权衡各方利益的“重心”，已然成为摆在地方政府面前的考题。

三、案例思政元素分析

（一）忠诚事业的坚定信念

通过某动力舰船对国家、军队的重要战略意义等阐述分析，提高学生对核专业使命感、自豪感的认识；强化学生的忠诚意识和使命意识。

关联案例：一、二、三、四、十四

（二）实事求是的科学精神

通过讲述人类利用核能、核反应堆设计、核电发展、某装备发展过程中的案例和故事，教育学生培养尊重科学和勇于创新的科学精神。

关联案例：八、十三、十五、十六

（三）和谐共处的工程伦理

通过讲述工程实践活动给人类带来的益处和危害，作为工程技术人员应当如何认识这种冲突。

关联案例：二十、二十一

（四）系统全局的工程思维

通过讲述系统设计、运行和其他工程实践活动中，由于受资源限制、自然条件制约等因素，工程技术活动中应当如何妥协和平衡不同方面的诉求，最终实现目标。

关联案例：五、七、八、十六、十七

（五）顽强拼搏的战斗作风

通过讲述核电厂、核舰船运行过程中的故障案例和险情处置等，培养学生甘于奉献的牺牲精神和顽强拼搏的战斗作风。

关联案例：十一、十九

（六）严慎细实的核安全意识

通过讲述核安全文化在某动力装置设计、建造、运行、维修等过程中的应用以及经验反馈案例，教育学生培养严慎细实的工作态度与核安全素养。

关联案例：六、九、十、十一、十二、十三、十六、十八、十九、二十

四、案例教学整体设计

（一）实施原则

真正的课程思政是要站在立德树人的高度，运用课程思政方法，凝练与聚焦课程思政元素，梳理构建课程内容体系，恰当运用教学组织形式和教学方法手段，有效达成课程目标，是以课程思政目标为主导和引领的高质量的课程改革。某动力装置课程思政的基本原则主要包括：

（1）坚持以实事求是的态度凝练确定课程思政目标与思政要素；

（2）坚持从全要素、全过程、全链条出发进行一体化课程设计；

（3）坚持“以人为本，以学生发展为中心”的教学改革思路；

（4）坚持以课堂教学为核心，以润物无声的隐性教育为主要方式。

（二）引入方法

课程组在课程思政目标引领下，紧紧抓住教师、学生、教学内容、教学媒介和教学环境等方面，对“核反应堆及一回路系统”课程进行了改革重塑，制定了课程思政工作的基本框架（见图1）。形成了以“五个一”（一套课程思政目标及思政要素、一个新的教学内容体系、一项新的教学策略、一套教师思政学习方案与行为规范、一项特色的课前思政活动）为主体的课程思政实施方案。

1. 凝练课程思政目标及要素

要培养优秀的舰船某动力人才，必须使其具备“系统的工程观念”，能够从时间、空间等不同维度全系统地看待、分析与处理问题，协调好局部与整体、个别与多数、内部与外部、横向与纵向、人员与装备、过去/现在/将来等关系，而这些正是工学类课程所内涵和擅长的。经课程组研究，提出“核反应堆及一回路系统”课程的思政目标及要素如表1所示。

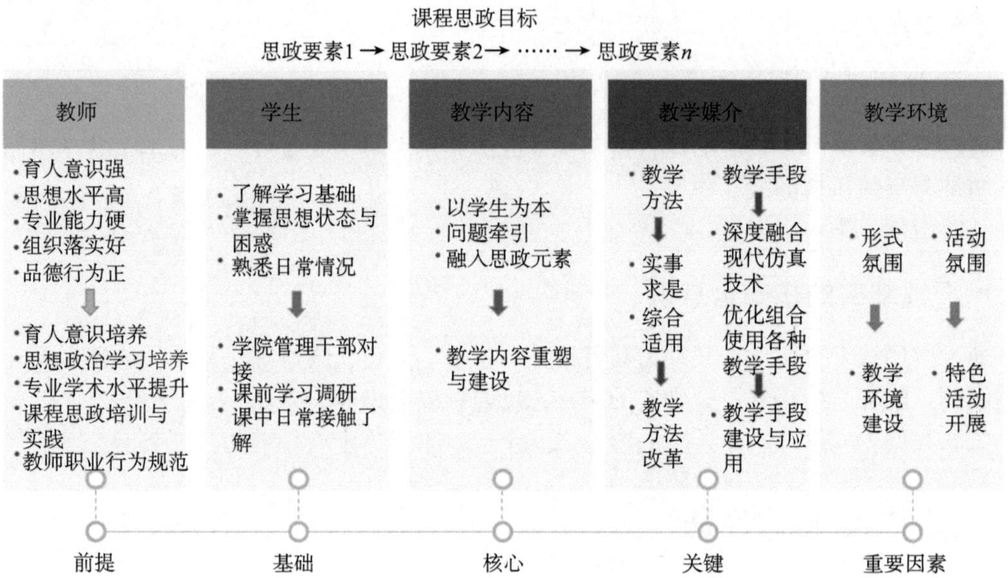

图1　课程思政的基本框架

表1　“核反应堆及一回路系统”的课程思政目标及要素

思政目标	思政要素	主要内涵
系统工程观	忠诚信念	培养学生对自己选择和确定的目标与事业，要有甘当“螺丝钉”的精神，要热爱和全身心投入，要坚定地忠诚于自己的使命职责
	科学精神	培养学生尊重科学、尊重规律、尊重事实、尊重真相的态度，善于具体问题具体分析和善用发展眼光看待事物的能力，实事求是的工作作风
	工程伦理	培养基本的工程伦理，使工程与人、社会能够和谐共处
	工程思维	培养学生实现工程实践的基本原则（如主目标不妥协、尽量简单、尽量高效等），常用的工程思维（如均衡与妥协、简化思维、最优化思维、结构化思维、层次思维、抽象思维等）
	战斗作风	培养学生热爱岗位、钻研专业的职业精神，敢于牺牲、甘于奉献、顽强拼搏的战斗作风
	核安全意识	培养学生严谨细实的核安全意识和作风，始终把核安全放在最重要的位置，把自己作为核安全的最后一道防线

将课程思政目标作为统领和牵引课程教学内容及教学设计的精神内核，着力将课程打造成有灵魂的课程。

2. 梳理重塑教学内容

传统教学内容设计时，通常把问题作为知识应用的案例；实际上，知识是承载问题的媒介，或者说知识是问题解决过程的自然产物。因此，应当从人的认知和感受角度，以问题牵引的方式来组织教学内容。改变以往“知识点→知识关联→知识综合运用→案例/问题尝试”的内容结构，采用“我们面临什么形势，有什么问题？（发现问题）→这些问题的本质、核心是什么？（提出问题）→问题的困难、关键和机理是什么？（分析问题）→我们的解决对策是什么，为什么？（解决问题）”的新型结构，要让学生理解问题解决是一个系统工程，课程内容只是解决问题的主线和重要支撑，而非全部（即要解决一个问题还需要许多其他外部知识的共同支持，这些可通过自学或假定边界等形式来加以解决）；最终实现“孤立的知识点→相互联系的知识体系→知识的迁移运用→人的情感价值生成”的教学目标。其框架结构如图 2 所示。

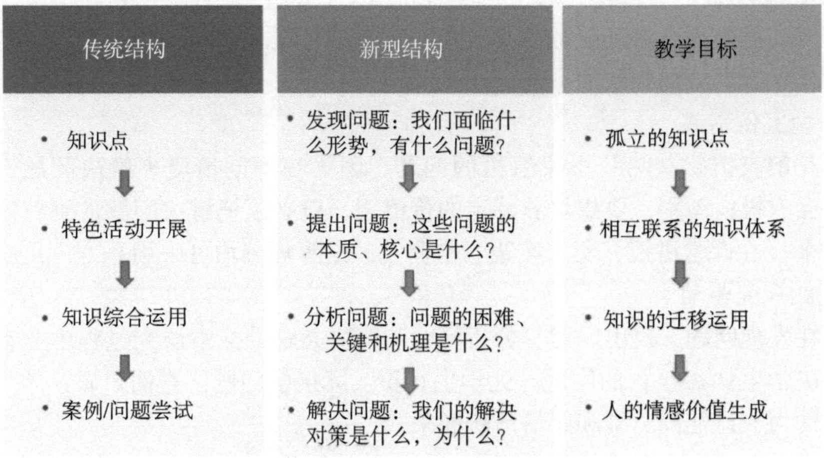

图 2　教学内容梳理重塑的框架结构

重塑后的教学内容体系如表 2 所示。

表 2　重塑后的教学内容体系

序号	大问题	子问题
	总问题：将一定规模范围的核能连续、安全、可靠地进行转化、传输与利用。 主线：连续完成基本功能； 辅线：保证长期可靠、安全	
1	一、如何保证核能的产生、传输与转化利用	如何保证一定规模的核能正常连续释放
2		如何保证核能的高效转化与导出
3		如何保证热量的有效传输与转化
4	二、如何保证连续、可靠、安全	如何保证热量输出的连续与稳定 （1）产热过程连续、稳定； （2）导热和传热过程连续稳定，并与产热相匹配
5		如何保证热量输出的长期可靠 （设备、人员可长期连续正常工作）
6		如何保持装置工作的安全（常规安全与核安全）
7	三、如何运行使用与应急处置	如何启动和停止 （实现从停堆状态到运行状态的相互过渡）
8		如何正常运行（实现不同稳定运行状态间的变换、调整）
9		如何进行事故处置（实现从危险状态到安全状态的回归）

前述各思政案例的具体融入方式，已在第二部分进行了分别阐述，此处不再赘述。

3. 探索形成了一套新的教学策略

根据课程特点、教学原则以及课程思政理念，对传统教学策略进行了改革，积极采用“核心任务主导、情境案例引入、问题探究驱动、本质规律提炼、知识迁移运用”的教学策略。这主要是基于以下考虑。

（1）核心任务主导

围绕装置功能实现，将其凝练为几大核心任务或问题（参照教学内容体系），以明确教学主线，确保教学方向和效率。

（2）情境案例引入

这主要是解决情感共鸣和思想感悟的问题，因为在不同情境下解决问题，难度、要求、付出等会有极大差别，要想培养特定的价值观，就必须把解决问题放到特定的历史或想定场景中来（在课堂讲授、实验实践、作业、讨论等环节均可采用）。

（3）问题探究驱动

让学生在发现问题、提出问题、分析问题和解决问题的探索研究过程中驱动核心任务的完成，解决学生“参与”的问题。让学生真正实际接触问题，直面矛盾，才可能激发他们的状态、动力，让他们思维和感情活跃起来。

（4）本质规律提炼

在知识灌输和研究实践的基础上，对所研究问题进行抽象提炼，真正掌握具体现象和问题背后的本质规律，使之升华为理论思维。

（5）知识迁移运用

这是教学的主要目标之一，即实现能力的生成。同时，在此过程中实现课程思政目标。

在这一教学策略中，学生成为某动力装置的研制者、使用者、维修者，使其身临其境地体验感悟装置研制、运行使用及维修保障过程中涉及的基本理论、主要思维、矛盾困难等，使学习过程成为一条完整的链条而非割裂的模块，始终把学生发展放在最中心的位置，使学生在学习、理解、实践、反思的过程中实现成长。

4. 制定执行一套教师思政学习方案与行为规范

为了提升教师育人意识，加强对课程思政内涵、重要性、必要性的认识，掌握课程思政理念与方法，课程组收集、整理了“核反应堆及一回路系统”课程思政素材库。“学为人师，行为世范”，教师本身的言行举止本身就是最好的课程思政，为此课程组制定了授课教师行为规范。具体内容如表 3 所示。

表 3 “核反应堆及一回路系统”课程教师行为规范要求

必须做到	
1	课程开始前，到学生队做一次系统的学情调研
2	三次课后做到人—名熟悉对应
3	每次课提前 15 min 到教室

续表

必须做到	
4	保持整洁的仪容仪表（衣服、面容、鞋子、头发）
5	作业上交后一周内必须完成批改并讲评
6	每次课前都必须备课
7	考试阅卷公平公正
8	有自己的研究方向和科研成果
9	遵守约定，言出必行
10	课程教学期间与每位学生谈一次心
11	坚持读好书，向学生推荐 1~2 本好书
不能做	
1	不得在教学活动中做出有损党中央和中央军委权威的言行
2	不得发表错误观点，散布虚假信息、不良信息
3	不得要求学生为自己办私事

5. 推行一项特色的课前思政活动

（1）打造授课环境氛围建设。教学环境与条件中思政元素的熏陶也是课程思政的重要组成部分，重点针对教室、实验室、线上教学资源、课件等对象，设计融入反映课程思政目标与要素的元素。结合"核反应堆及一回路系统"课程需要，对某工程仿真实验室、装置模拟实验室、机械维修室、慕课、微课、课件等设计融入相关思政元素。（2）课前 3 min 分享。进行课前 3 min 的人生与核安全文化教育活动，利用每次课前 3 min，给学生们分享一条关于人生的箴言警句，一则关于核能行业发展或核安全经验教训的故事案例，帮助学生理解专业知识的同时，培养良好的职业精神和家国情怀。

（三）效果评估

在课程思政总体工作原则与框架的指导下，"核反应堆及一回路系统"课程根据"五个一"为主体的课程思政实施方案，目前已开展了 4 轮次的课程教学实践。从实践效果看，取得了较好的效果。首先在教师层面，基本上经历了四个认识阶段的转变，即（1）一开始是抵触、不理解、觉得很困难，专业课程变成思政课？（2）在课程中讲几个案例和故事，做到课程+思政；（3）课程中融入思政。结合课程内容特点，有针对性地融入思政元素，有一定的思政设计；（4）课程思政是一种新的理念和方法，对课程进行根本性改造，用思政来牵引和指导课程的高质量建设。其次，从学生层面来看，以课程思政牵引课程建设后，学生上课的精神状态、互动积极性、对教学内容的理解深度等方面均有较大提升。

本课程筛选的思政案例在 2022 年海军工程大学入选优秀课程思政案例；课程思政有关做法在海军首届院校课程思政建设创新发展研讨会上获评优秀，并做主题交流；本课程负责人也被学校聘为大学课程思政指导团队成员。

五、教学实践过程回顾

课程组多年来一直重视发挥课程的育人功能，但是思想认识还比较粗浅。2016 年提出课程思政理念之后，课程组组织全体授课教员系统研读了关于课程思政重要性、课程思政政策要求、开展课程思政方法等方面的系列文件，对“核反应堆及一回路系统”课程的地位、教学目标、教学内容、教学设计进行了深入研讨和论证。2019 年启动了课程思政素材收集、课程思政方案制定等活动，2020 年完成了“核反应堆及一回路系统”课程思政实施方案论证报告，并于同年秋季学期开始了一轮教学实践；2021 年，课程组完成了“核反应堆及一回路系统”课程思政素材库建设；同时，近三年根据教学活动反馈，对有关方案及素材库进行调整、补充和完善，目前已经形成了相对比较成熟的课程思政体系。

总的有下面几点认识。

（1）课程思政是一个系统工程。课程组对于课程思政的地位和形式，大致经历了四个阶段：① 课程是课程，思政是思政，对于专业课程只要传授专业知识，培养专业能力即可；② 课程+思政，在讲课的时候，讲点故事，有点延伸，说说人生感悟和经历；③ 课程中融入思政，结合课程内容特点，有针对性地融入思政元素，有一定的思政设计；④ 思政指引下的课程，思政是课程的灵魂，课程内容是肉体，根据思政目标来重塑课程。目前，本课程的思政建设基本达到了第三阶段，正在努力跨入第四阶段。课程提出“用一流教学落实为战育人重任，用有魂课程培育新型军事人才”，把课程思政作为推进高质量课程建设的牵引和抓手，提升课程教学目标，改革教学模式和方法，把课程建设得更有内涵、更有意思、更有意义。

（2）课程思政是一个不断更新的过程。课程思政的目标和内涵既有相对稳定性，又有时代性，需要根据人才培养的最新要求，不断进行调整更新；课程思政的素材和融入方式，应当积极吸收社会、行业、部队最新的发展动态、经验教学等。

（3）课程思政不可急功近利。课程思政的主要目标是培树学生正确的价值观，使学生具有更高的道德和智慧。不管是价值观的塑造，还是道德与智慧的养成都是一个长期过程，不是一蹴而就的，而且是多方共同努力的结果。学生身上表现出来的价值观、精神、思维等是家庭、学校、社会教育的总效果，因此，不能轻易对某个阶段、某门课程、某项活动的思想政治教育效果进行简单、直接的评价，实际上也很难进行评价。对于课程思政工作的评价，应该更加侧重于目标和方向是不是正确，到底干了没有，干法是不是合理等。

六、创新性与效果总结

“核反应堆及一回路系统”课程思政案例的创新性如下：

（1）凝练了明确的课程思政目标，明确了课程思政在课程建设中的重要地位，将课程思政作为推动高质量课程建设的牵引和抓手；

（2）案例库特色鲜明、主题丰富，涵盖了某动力装置发展历程、典型人物事迹、典型事故案例、典型教学内容等多方面要素；

（3）案例思政元素分析方面，以课程思政目标为统领，提出了忠诚事业的坚定信念、实事求是的科学精神、和谐共处的工程伦理、系统全局的工程思维、顽强拼搏的战斗作风和严慎细实的核安全意识等思政元素，并建立了思政元素与相关案例的映射关系，符合课程培养对象的特点及未来岗位需求；

（4）教学整体设计方面，形成了以“五个一”为主体的课程思政实施方案，包括一套课程思政目标及思政要素、一个新的教学内容体系、一项新的教学策略、一套教师学习方案与行为规范和一项特色的课前思政活动，将课程教学空间维度的五个方面一体规划，将课程思政活动贯穿课前、课中、课后全过程。

经过 4 个轮次的课程教学实践和不断完善更新，本课程的思政建设形成了相对成熟的体系。课程组教师思想认识得到了很大提高、课堂教学效果有了显著改善，相信对学生爱岗敬业、更好地履职尽责也有积极的意义。

参考文献

[1] 濮继龙．压水堆核电厂安全与事故对策［M］．北京：原子能出版社，1995.

[2] 彭敏俊．船舶核动力装置［M］．北京：原子能出版社，2008.

[3] 范育茂．核反应堆安全演化简史［M］．北京：原子能出版社，2016.

[4] 陈右铭，李忠效．中国核潜艇工程备忘录［M］．武汉：当代文艺出版社，2022.

[5] 闵国库，东方欲晓．中国核潜艇之歌［M］．北京：中国现代出版社，2021.

[6] 邢继．世界三次严重核事故始末［M］．北京：科学出版社，2019.

[7] 马克 N. 霍伦斯坦．工程思维［M］．北京：机械工业出版社，2021.

[8] 吕娜．核动力道路上的垦荒牛：彭士禄传［M］．上海：上海交通大学出版社，2013.

“×××装置××控制系统”课程思政案例

周　刚，张黎明，马　杰，毛　伟

（海军工程大学核科学技术学院，湖北　武汉　430033）

摘　要：在课程识字教学案例设计中，将“×××装置××控制系统”内容与我国核技术发展结合起来，兼顾专业知识和课程思政教学两个方面，使思政元素以自然和润物细无声的方式融入课程教学。案例设计利用时空效应增强思政教学影响，运用现实热点问题加深学生认同感，使用“秘闻”效应增强教育效果，应用自主教育提高学生认知，获得了良好的教育教学效果。

一、课程基本情况

（一）授课对象情况分析

本课程的授课对象为核工程与核技术专业的本科生，这些本科生来源于全国高考统一招收的高中毕业生，分别来自于我国各省、自治区和直辖市，个人背景、性格特点、知识面以及兴趣各异。从以往该专业招生情况来看，大部分学生为第一报考志愿，少部分是高考招生时从其他专业调剂过来的。从学生的知识基础来看，高中所学课程基础扎实，有些学生知识面较宽。从学生入学时对核工程与核技术专业的了解来看，部分学生对核动力专业或核电知识有一定了解，大多数学生对该专业缺乏深入的了解，对核动力技术发展以及核动力专业岗位要求和工作特点知之甚少。

（二）课程情况简介

“×××装置××控制系统”是本科核工程与核技术专业的一门主干专业课程，为该专业的必修课程，主要讲授核反应堆及其动力装置控制的基础理论、控制原理和控制系统知识。课程基本内容包括核反应堆及其动力装置控制理论与技术发展、核反应堆及其动力装置数学模型与传递函数、核反应堆动力系统稳定性分析、核反应堆功率控制、核动力装置过程控制、核反应堆保护系统以及核动力装置显示控制与报警系统等。核动力装置仪表与控制系统是核动力操作员掌握核反应堆及其动力装置运行状态、对核反应堆及其动力装置实施监督、操作、控制、故障隔离和信息管理的物理手段，是关系到核反应堆及其动力装置运行安全性、可靠性与经济性的重要系统，是整个核动力装置的中枢神经系统。该课程内容是核动力操作员对核反应堆及其动力装置进行运行管理和操纵控制的基础，是核动力操作员岗位任职必须熟练掌握的，在核动力操作员人才培养中起着不可替代的作用。本课程理论与实践并重，在课程教学实施中将理论与实践有机结合，注意激发学生的学习兴趣和创新思维，使学生在基本理论、专业技能和履行核动力专业岗位的能力素质方面得到全面培养。

二、案例基本情况

案例：新中国核技术发展增强青年学生道路自信

1. 案例描述

新中国成立初期，在毛泽东、周恩来等老一辈无产阶级革命家的领导下和政府各部门的全力保障下，新中国建设者们发扬的独立自主、艰苦奋斗的革命精神，刻苦攻关，使中国在核技术方面不断取得突破，取得了举世瞩目的成就，最终掌握了世界核大国针对中国的“卡脖子”技术，也打破世界大国强国的“核讹诈”。在“×××装置××控制系统”课程教学中，通过将中国独立自主取得核技术辉煌成就的事例历程与课程教学结合来，增强青年学生在道路自信方面的认识，激发青年学生道路自信力，培养青年学生科技创新信心和踔厉奋发、建设强国的精神。

2. 教学目标

（1）增强青年学生道路自信

通过在课程授课中引入中国独立自主、艰苦奋斗取得核技术辉煌成就的历程和建设者们刻苦攻关的事例，向学生展现这些只有在中国走社会主义道路才能取得的业绩，反映中国特色社会主义道路的正确性，增强青年学生的道路自信心。

（2）培养青年学生科技创新精神

中国核技术是在世界强国环伺的情况下起步的，面临世界强国的经济、科技封锁和核大国的“核讹诈”，核领域建设者们通过独立自主、自力更生和刻苦攻关，最终掌握了“两弹一艇”技术，掌握了世界核大国针对中国的“卡脖子”技术，也打破世界大国强国的“核讹诈”。使核技术不再成为世界强国针对中国的“卡脖子”技术。这表明中国不仅需要科技创新，而且完全能够科技创新，青年学生受此启发，注意培养科技创新精神，增强科技创新信心。

（3）培养踔厉奋发、建设强国的精神

核技术的发展是新中国建设成就的一个里程碑。中国建设的道路还很长，还需要一代接一代地持续努力。建设世界强国，实现中国梦是中国各族人民的共同责任，更是青年学生的责任。青年学生应保持踔厉奋发、建设强国的精神。

三、案例思政元素分析

新中国成立之初，中国一穷二白，千孔百疮、百废待兴，经济落后，科技几无。在党和政府的领导和大力支持下，核领域的建设者们通过独立自主、自力更生和刻苦攻关，最终掌握了“两弹一艇”技术，掌握了世界核大国针对中国的“卡脖子”技术，也打破世界大国强国的“核讹诈”，使核技术不再成为世界强国针对中国的“卡脖子”技术。在攻克“两弹一艇”技术难题的过程中，核领域的建设者们克服重重困难，乐于吃苦，甘于奉献，刻苦攻关，独立自主地解决了一个又一个技术难题，取得了辉煌成就。中国核技术的发展历程，实际上是一个艰苦创业、甘于奉献、刻苦攻关和科技创新的历程，这里面有许多思政元素可以挖掘，从大的方面来说，比较突出的思政元素体现在以下方面。

（1）中国共产党领导和中国式道路的正确性

新中国成立以来，中国共产党领导全国各族人民奋发图强，艰苦创业，在各个领域取得了举世瞩目的成就，一洗鸦片战争以来中国饱受世界列强欺凌和掠夺的积贫积弱的状况。“两弹一艇”是中国人民通过自己的双手和努力创造的宏伟业绩，中国共产党领导人民做到了其他国家和政党不可能做到的事情，充分体现了中国共产党领导和中国式道路的正确性。

（2）中华民族奋发图强、勇毅前行的精神

在中国核技术的发展过程中，面对西方发达国家和世界大国经济、科技上的全面封锁以及各种困难，党和政府领导下的中国人民没有退缩，而是勇往直前，遇到问题想办法解决、遇到困难咬紧牙关想办法克服，硬是在核技术领域闯出一条中国式道路，充分体现了中华民族奋发图强、勇毅前行的精神。

（3）老一辈建设者以国家强大为己任、倾心奉献的爱国情怀

老一辈建设者中的许多专家本可以从事较为轻松的工作，享受着优裕的生活，可他们宁可放弃优越的工作条件和优厚的待遇，为了国家的强大，义无反顾地选择与荒山做伴、与黄沙为伍，把青春献给事业，把才智献给国家，体现了老一辈建设者以国家强大为己任、倾心奉献的爱国情怀。

（4）老一辈建设者乐于吃苦、甘于奉献精神

我国早期核技术研发基地都处于荒凉和偏僻之地，交通不便，生活条件极差。在我国核技术发展的关键时期，正值国家困难时期，生活物资匮乏。核领域老一辈建设者们牢记自己的职责，不叫苦、不埋怨，默默努力。核领域老一辈建设者们乐于吃苦、甘于奉献的精神是任何时候都应该学习和珍惜的宝贵财富。

（5）老一辈建设者独立自主、自力更生的创业精神

在新中国成立之初，中国一穷二白，科技基础薄弱。老一辈建设者们不等不靠，从零开始，自己动手创业，最终通过独立自主、自力更生的方式闯出了一条新路子。这种独立自主、自力更生的创业精神是值得传承和发扬的。

（6）老一辈建设者刻苦攻关、自主创新的精神

我国核技术事业是在西方发达国家和世界大国技术封锁的条件下起步的，许多技术难题是通过老一辈建设者刻苦攻关和自主创新取得突破而解决的。没有老一辈建设者刻苦攻关、自主创新取得的丰硕成果，就不可能有今天核技术的蓬勃发展，老一辈建设者刻苦攻关和自主创新是中国核技术发展的基础。

（7）中华民族的能力、智慧与自信心

中国核技术的发展历程和取得的辉煌成就体现了中华民族的能力、智慧与自信心，体现了中国人民有能力解决好世界大国针对中国的“卡脖子”问题。

此外，还有许多典型事迹、事例可以挖掘。

在核工程与核技术专业课程教学中，根据新中国核技术发展而挖掘的课程思政元素是

非常适合课程思政教学的，这些要素可以通过不同的方式自然融入核工程与核技术专业课程教学中，实际史实、事实更胜于雄辩，更具有说服力和教育效果。

四、案例教学整体设计

（一）整体思路

案例教学整体设计的思路是：在课程授课过程中，将中国核技术发展中的道路自信、刻苦攻关、自主创新和乐于吃苦、甘于奉献等思政元素融于课程授课之中，增强青年学生对于中国特色社会主义道路的自信，培养青年学生科技创新精神和踔厉奋发、建设强国的精神。

（二）案例教学设计

本教学案例中，“×××装置××控制系统”课程教学的内容是“第一章　绪论”。该章节主要内容包括核动力装置概述、核动力及控制技术发展、核动力装置控制系统。课程思政教学设计分为思政引入，思政元素融入、实施、引导和评价等环节，整体方案如图1所示。

1. 教学准备

在教学准备阶段，课程组应在以下方面作好充分准备。

（1）课程内容教学材料

课程内容教学材料包括教案、教材、PPT、参考资料等。

（2）课程思政材料

课程思政材料包括核技术发展的相关数据、发展过程、关键技术解决情况、典型事迹以及故事等课程思政材料。在此基础上，提取课程思政元素。

（3）思政问题设计

根据思政材料设计课程思政教学的相关问题，主要是能够驱动学生思考、让学生能够受到启发的思考题。

2. 课前安排

在课程开课之前，与学生进行交流，根据课程思政所设计的问题安排学生进行课前预习、查找相关资料、思索问题的答案或对问题的看法，为课程学习作准备。

3. 教学环节设计

授课教师对课程讲授内容知识点进行分解，根据教学知识点对教学环节进行细化设计，针对具体环节融入思政元素，设计好思政元素融入的切入点。

4. 案例实施

根据教学计划实施授课，在教学实施过程中开展对课程相关思政问题的讨论或讲解，对学生进行思政引导。

5. 评价

授课结束后，教师对思政教学效果进行评价，总结经验，提出改进意见。

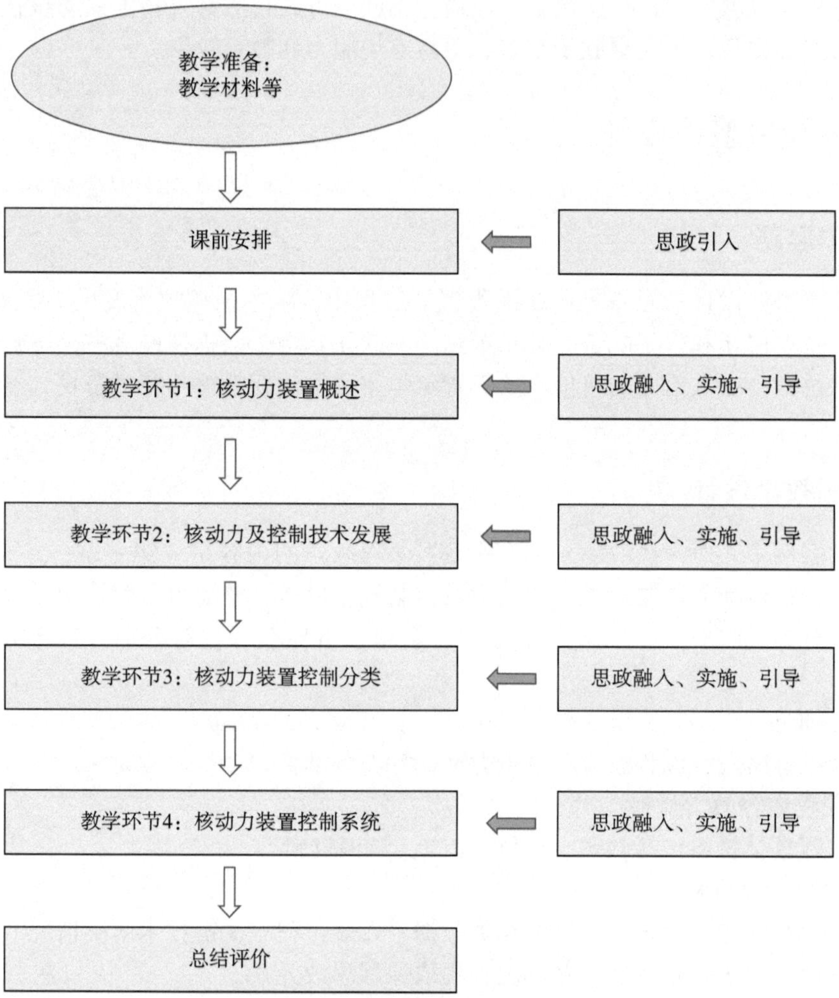

图 1　思政案例教学整体方案

五、教学实践过程回顾

本案例教学实践结合“×××装置××控制系统”课程“第一章　绪论”内容组织实施。

（一）教学准备

1. 教师准备

教师根据思政案例教学整体方案进行教学准备。

（1）授课内容准备

本部分主要案例教学为“×××装置××控制系统”课程“第一章　绪论”。根据教学计划，本次课主要授课内容为核动力装置概述、核动力及控制技术发展、核动力装置控制方法以及核动力装置控制系统。授课内容准备主要是设计好各教学环节，规划好各部分内容的知识点的教学方式。

（2）课前交流

在课程授课前，授课教师与学生进行交流，了解学生的基本情况、专业选择动机、思想基本状况以及主要关心的科技问题和社会问题等。通过与学生课前交流可知，多数学生对核技术发展历程并不了解，对核技术的研发过程有种神秘感。

（3）思政思考题和元素安排

根据课程授课内容和学生的思想状况、主要关心的问题，将设计好的思考题和思政元素安排到相关教学环节。

2. 学生准备

安排学生对将要学习的内容进行预习，对课程前导课相关内容进行回顾，授课教师布置课程内容思考题和与授课内容相关思政问题，学生自行预习、检索和思考。

根据学生思想状况和学生所关心的主要问题，给学生布置的思政问题如下几点。

（1）20世纪以来，对世界产生重要影响的关键技术有哪些？世界上我国目前哪些关键技术会被国外“卡脖子”？哪些关键技术不会被国外“卡脖子”？

（2）核动力技术发展中解决了哪些理论难题和技术难题？这些难题是如何解决的？

（3）核动力技术发展中有哪些典型事例、故事和秘闻？

让学生自己检索和思考这些问题，给出自己的结论，为课程授课中的讨论作准备。

3. 课堂教学

（1）课堂教学开始，教师对课程概况和本次课内容进行介绍，指出本次课的主要内容、重点和难点，提出学生学习目标和要求。

（2）授课环节1

教学场景描述分以下3点。

1）根据课程内容体系规划，本次课授课的第一个环节是简要介绍核动力装置的功能、组成和控制的关键问题。由于学生在前导课中已经学习了核动力装置的功能和组成，教师在这里不必要过多介绍，可带着学生一起回顾，或提问让某个学生来阐述，其他学生进行补充，教师主要讲解核动力控制的关键问题。

在介绍到核动力装置时，教师提出下述问题，引导学生讨论和回答：

核动力技术目前是不是我国的关键技术，是不是会被国外“卡脖子”的技术？

2）在解决上述问题的基础上，教师进而引入课前给出的思考题，引导学生讨论和回答：

·20世纪以来，对世界产生重要影响的关键技术有哪些？

·我国目前哪些关键技术会被国外“卡脖子”？我国目前哪些关键技术不会被国外“卡脖子”？

通过对上述问题的讨论和交流，学生分享自己对第一个问题的看法，并分享自己在哪些方面有比较深的感受、受到了启发。

3）结合学生的分享，教师进行总结和引导，与学生取得以下主要共同认识：

·核动力技术目前是我国的关键技术，但不是会被国外“卡脖子”的技术，原因是我国自新中国成立以来在党和政府的领导下，面对国外的技术封锁，通过独立自主、自力更生和艰苦创业的已经掌握了核动力的关键技术。

·这种面对封锁，通过独立自主、自力更生和艰苦创业而取得的成就，只有中国共产党领导下的新中国才能做到。

通过上述问题的讨论，启发学生对中国特色社会主义道路和文化的认同感，增强青年学生道路自信。

（3）授课环节 2

教学场景描述分以下 3 点。

1）课堂教学的第 2 个环节是核动力及核动力技术发展的介绍。在该环节授课过程中，教师与学生一起讨论：

核动力技术发展中解决了哪些理论难题和技术难题？这些难题是如何解决的？

2）学生分享自己所了解到的情况，如燃料、材料问题以及控制等问题，分享自己对于核技术和核动力发展中在哪些方面有比较深的感受、受到了启发。

3）结合学生的分享，教师与学生讨论，取得以下一致的认识：

·核动力技术难题是通过老一辈建设者刻苦攻关和自主创新取得突破而解决的。

·没有老一辈建设者刻苦攻关、自主创新取得的丰硕成果，就不可能取得核动力技术的突破，也没有今天核技术的快速发展。

·科技创新是国家发展的重要基础。

教师进行总结和引导，启发学生对科技创新的思考。

（4）授课环节 3

教学场景描述：

1）课堂教学的第 3 个环节是核动力装置控制分类。在该环节授课中，教师与学生一起讨论：

我们国家核动力技术的优势是什么，发达国家的优势什么？

2）学生分享自己所了解到的情况。

3）教师通过自己掌握的情况给学生进行介绍，如核聚变、先进核反应堆、先进仪控系统、数字化反应堆等方面的研究进展，指出在核动力技术发展中，我们（学生）应该努力的方向，启发学生踔厉奋发、建设强国的精神。

（5）授课环节 4

教学场景描述分以下 3 点。

1）课堂教学的第 4 个环节是核动力装置控制系统的介绍。在该环节授课中，教师与大家一起分享：

核动力技术发展中有哪些典型事例、故事和“秘闻”？

2）学生分享自己所知道的有关核动力技术发展中有关典型事例、故事和秘闻。

3）教师分享自己所了解的而不为学生所知的有关核动力技术发展中关于科技攻关、艰苦生活、科研试验等典型事例、故事和“秘闻”，如研究人员隐姓埋名、住“干打垒”的土房子、多年不回家等事例和故事。

教师和学生通过共同分享自己对于核动力技术发展中感受比较深的人和事以及受到的启发，培养学生踔厉奋发、建设强国的精神。

（6）授课结束，教师对思政教学效果的教学进行反思评价，总结经验，研究新举措。

整个授课过程，兼顾了专业知识和课程思政教学两个方面。通过紧密结合核技术的发展，使思政元素以自然和润物细无声的方式融入课程教学，获得了很好的效果。

六、创新性与效果总结

（一）创新性

1. 利用时空效应增强思政教学影响

将我国核技术发展起步阶段白手起家的落后状况与现阶段蓬勃发展的现实、在国际上的地位进行对照，在学生心理上产生震撼、共鸣、自豪和持久的影响。

2. 现实热点问题加深学生认同感

在本案例中，将现实中最突出的热点问题即西方国家针对中国的“卡脖子”的技术问题与核技术发展结合起来，很容易打动学生，加深学生的认同感。

3. 应用“秘闻”效应增强效果

利用人们对“秘闻”普遍感兴趣的心理效应，利用核技术发展中的“秘闻”打动学生。

4. 自主教育的应用

案例教学实施中，提出与思政相关的问题，先让学生自己去探索、寻找结论，无形中对学生起到自主教育的作用。

（二）效果总结

案例结合课程内容特点，紧密结合核技术的发展，使思政元素以自然和润物细无声的方式融入课程教学，获得了很好的效果。

1. 增强了学生道路自信意识

通过了解中国在一穷二白、经济落后、科技微弱的情况下，白手起家干成了世界举世瞩目的大事，学生普遍增强了道路自信意识。

2. 加深学生对科技创新的认识

学生了解到中国核技术的发展历程实际上也是一个科技创新的历程，这对于学生科技创新意识的培养起到了潜移默化的作用。

3. 培养踔厉奋发、建设强国的精神

通过案例教学，学生感受到中国核技术的发展史实际上是中华民族一代人奋发图强的奋斗史，这激发了学生踔厉奋发、建设强国的精神。

4. 核心价值观的培养

学生通过中国核技术发展中典型事例、故事和秘闻，感受到核技术领域老一辈建设者有以国家强大为己任、倾心奉献的高尚情怀，这对学生价值观的塑造起到积极的催化作用。

参考文献

[1] 全国核能与核技术领域工程硕士教育协作组．核能与核技术领域发展报告［M］．杭州：浙江大学出版社，2011.

[2] 范育茂．核反应堆安全演化简史［M］．北京：中国原子能出版社，2016.

[3] 郭勇，王朋，马娜．大国匠心：赵仁恺传［M］．北京：中国原子能出版社，2022.

“核化学与放射化学”课程思政案例

刘丽君

（核工业学院，北京，102413）

摘　要：“核化学与放射化学”专业课程思政融合应以“立德树人”为根本任务和目标。在专业课程教学过程中，将理想信念、爱国奉献、品德修养、综合素养、专业能力等思政元素润物细无声地穿插于各章节的知识点中，通过这些案例在教授学生掌握专业知识的基础上，进一步培养学生树立远大理想、厚植爱国主义情怀、提升责任意识及科学严谨、创新精神等。

一、课程基本情况

（一）授课对象情况分析

授课对象：本学院核燃料循环与材料专业研一学生，或其他涉核专业学科研究生。这些学生大部分本科期间所学不是核专业，对本行业的了解不多。

课程性质：专业选修课。

（二）课程情况简介

核化学与放射化学课程主要内容包括：核化学与放射化学的基本概念和主要研究内容、发展简史；原子核物理基础、放射性衰变、射线与物质的相互作用；核反应；核化学与放射化学在核技术和其他学科中的应用，并简单介绍核物理基础；核化学技术、裂变化学、放射性元素化学、放射性物质在低浓度时的状态和行为、放射化学分离方法、核分析技术等。

本课程为核燃料循环与材料专业研究生的专业核心课程，也可作为其他学科研究生的选修课。通过本课程的学习，使学生了解并掌握核化学和放射化学中所涉及的基础理论知识，并能将这些知识灵活应用到本领域的研究工作中；为今后从事核化学、放射化学、核化学工程、同位素应用及核技术的科研工作打好理论基础。在教授专业理论知识的同时，本课程也是培养学生树立远大理想、厚植爱国主义情怀、提升责任意识及科学严谨、创新精神等非技术能力和素养的重要平台。

二、案例基本情况

（一）案例一：居里夫人发现新元素的故事

作为少数世界级的两次获得诺贝尔奖的科学家之一，居里夫人是其中唯一的女科学家。本案例围绕居里夫妇发现新元素钋和镭的故事展开，培养学生对待科学的不畏艰苦、大胆创新精神。居里夫妇在简陋的实验条件下，经过45个月的艰苦工作，重复几百万次溶解、沉淀和结晶等提炼工作，从两吨矿渣中提炼出0.1 g的纯氯化镭；从在沥青铀矿中含量只有一亿分之一的矿石中富集出钋，工作量极其巨大，并以钋来纪念自己的祖国波兰。

本案例可结合到课程的第一章绪论中放射化学发展史部分。分离、提取放射性核素镭的旧作坊见图1。

图1　分离、提取放射性核素镭的旧作坊

（二）案例二："两弹一星"功勋科学家的优秀事迹

本案例主要是在核工业发展过程中为了研制"两弹一星"做出了突出贡献的几位科学家的事迹。他们放弃了国外优越的生活和科研条件，回到当时还很贫穷的中国，呕心沥血，在极其艰苦的条件下为祖国做出了卓越的贡献。引导学生认识了解我国核工业发展历程，并以这些科学家的故事培养学生的爱国主义精神，激发学生的爱国情怀。

本案例可结合到课程的第一章绪论、第七章裂变化学部分。

以"两弹一星"功勋科学家钱三强为例。

"中国的居里夫妇"：钱三强和何泽慧夫妇在巴黎大学镭学研究所居里实验室研究铀核三裂变中取得了突破性成果，发现了铀核的三分裂（见图2）。这一发现不仅反映了铀核特点，而且使人类能进一步探讨核裂变的普遍性，被导师约里奥向世界科学界推荐。不少西方国家的报纸刊物刊登了此事，并称赞他们是"中国的居里夫妇"。

科学家有祖国："科学没有国界，但科学家有祖国。"1948年春，在法国核物理界如日中天的钱三强，在得知国内战争即将结束、新中国即将诞生的消息，立即启程回国。从新中国建立起，钱三强就全身心投入到我国原子能事业的开创。

领导新中国核事业：党中央决定发展原子能事业，由钱三强负责制定原子能发展规划。从此，钱三强担任起了新中国核事业研究的组织领导工作，作为一位卓有成就的青年物理学家，如果继续从事科学研究，一定会在该领域会更有建树。然而，钱三强却无条件地服从了党和国家的需要，放弃自己心爱的科研工作，以主要精力从事科学组织，去为别人创造施展才华的条件。

图 2　钱三强与何泽慧在居里实验室做铀核三分裂实验

1957 年，苏联为寻求中国支持，同意提供原子能方面的技术。钱三强多次作为中国代表团成员出国参观谈判。不久，苏联中止提供核技术方面的资料和样品，撤走全部专家。在国内遭遇严重经济困难的关键时刻，刚刚起步的核事业遭受严重打击，甚至有人提出让核工业下马。关键时刻，钱三强认为靠中国自己现有的基础，完全可以开展核事业，造出原子弹。钱三强的意见直接影响了党中央的决策。

在钱三强的推荐遴选下，包括邓稼先、王淦昌等一大批核科学家秘密集结，深入青海高原，隐姓埋名刻苦攻关。从 1960 年苏联专家停止援助，到 1964 年 10 月我国第一颗原子弹爆炸，仅仅用了四年多时间。

三、案例思政元素分析

该课程所列举的两个案例中蕴含的思政元素有以下 3 点。

（1）爱国精神、奉献精神。钱三强为了祖国的发展，毅然放弃在国外优越的发展环境，回到祖国，从事核事业研究的组织领导工作。居里夫人将发现的新元素命名为钋，来纪念自己的祖国波兰。

（2）科学精神、工匠精神。不论是居里夫妇发现新元素，还是我国研制核武器都不是简简单单、一蹴而就的事情，都需要不畏艰难，锲而不舍，勇于创新。

（3）甘为人梯的精神。钱三强担任新中国核事业研究的组织领导工作，放弃自己心爱的科研工作，以主要精力从事科学组织，推荐、遴选出包括邓稼先、王淦昌等一大批核科学家一起攻关原子弹研制工作。在这些老一辈科学家的共同努力下，在 1964 年 10 月我国第一颗原子弹爆炸成功。

课程教学中紧扣立德树人的根本任务，以社会主义核心价值观为引领，根据核燃料循环与材料专业学生特点和需求，以核化学与放射化学的基本理论、基本知识为主要内容载体，结合该学科的形成背景、发展历程、现实状况和未来趋势，特别是所涉及的重大工程和科学技术发展成果，科学家或模范人物事迹，学科专业原理、观点以及与之相关的生活实践、教学实践、科技实践等，充分挖掘提炼其中所蕴含的使命感、责任感、爱国精神、奋斗精神、开拓创新精神等思政元素，并使之内化为学生的精神追求、外化为学生的自觉行动。

四、案例教学整体设计

以本文所提两个案例的教学为例，在课程思政教学中，深入发掘“两弹一星”功勋科学家事迹等思政案例中所蕴含的思政元素，对标融入核裂变、放射化学发展史等知识点，设计教学全过程，实现掌握知识、培养能力、塑造价值的总目标（见表1）。

表1　案例教学设计

专业知识内容	引入方式	实现形式
放射化学发展史	提问引入： 你知道放射化学发展史上有哪些重要的事件吗？你能说出几位我国“两弹一星”功勋人物及相关事迹吗	（1）故事启示法 课上采用直接讲授或视频等多种形式让学生了解放射化学发展史上的重要里程碑事件以及其中涉及的著名科学家的事件，启示学生从中感受科学家的创新、无畏、爱国等精神。 结合核化学与放射化学最新科研进展，教育学生保持、发扬自力更生的优良传统，立足国内发展核心技术，建立自己的科学装置。 （2）第二课堂：资源扩展 推荐学生一些与授课知识相关的读物，让学生们更清楚地了解所学知识。 带学生参观正负电子对撞机等大科学装置，直观感受我国科技的发展。从而认识到我国社会各个领域从跟跑到并跑，到今天部分领域领跑的发展状况
裂变化学	采用视频导入，播放核弹爆炸的视频，引起学生兴趣	（1）知识讲解 先讲授原子核裂变的定义及其相关的知识。 钱三强夫妇发现了铀核三裂变。 （2）提问引导 提出“原子弹和核电站的反应堆都是利用了链式裂变反应，二者有何区别？”“什么条件下会发生爆炸？”“如何控制核临界事故的发生？”等问题，引导学生思考，并由学生结合已经学到过的专业知识来分析得出相应的答案。 （3）思政引申 通过分析使学生能够深刻理解掌握核裂变链式反应的基本原理，并明白要发生如原子弹之类的爆炸反应并不是一件简单的事情，这也就是为什么在建国初期，我国老一辈科学家们为了研制出核武器，多少人克服重重困难，坚持不懈，才有了最终的成功。鼓励学生们要学习老一辈科学家“干惊天动地事、做默默无闻人”的精神

五、教学实践过程回顾

在课程思政实施过程中，为了更好地在课程中引入思政元素，单位多次邀请国内思政教学名师、行业专家举办讲座，交流核工业发展史上蕴含的思政元素以及采用何种形式进行课程思政教育能够让学生们更好地接受，提高了思政教学水平。

教师们也经常研讨如何将案例蕴含的思政元素潜移默化地融入相关专业知识点，探讨课堂教学中的技巧和心得体会，比如如何引入案例、如何组织讨论、采取何种考核方式等。

积极探索第二课堂教学模式，通过课外实践活动、课外阅读相关材料、参加创新实践比赛等，在开阔学生专业眼界、培养创新思维的同时，探寻信息时代思政教学的新思路，促进信息手段与思政教学的融合。

六、创新性与效果总结

本课程在教学过程中采用多种教学方法综合运用，引导学生树立正确的价值观念，培养学生求真务实、奋力拼搏、开拓创新的科学精神，激发学生报效国家的家国情怀。

学生在学习本课程后，学习积极性和主动性有了明显提高，学习气氛日益浓厚。首先，从课堂表现上，学生参与课堂讨论时积极发言，言之有物，不仅对于知识的理解越来越深入，也锻炼了他们的语言表达能力、团队协作能力、理论联系实际能力。其次，从平时作业反映出其科研作风更加认真严谨，布置的作业学生们都能实事求是地认真完成，且均经过深入思考。最后，从总体学习效果上来看，学生的课堂练习、课后作业完成情况明显提高，独立思考能力也明显增强，在学习过程中培养了凡事善于从理论上去解释现象。在科学研究和实践过程中的勤于思考对于后续的科研工作非常重要，既可以激发学生探索科学的兴趣，也可锻炼他们发现问题和解决问题的能力。

“电离辐射防护”研究生课程思政案例

宋英明[1]，安海霞[2]，万强茂[1]

（1. 核工业学院研究生教育部，北京，102413；2. 核工业学院天津校区管委会，天津，300450）

摘　要：全面推进课程思政建设是落实立德树人根本任务的战略举措，“电离辐射防护”是针对核工业研究生开设的专业基础课，通过挖掘课程中的思政元素，设计了四个思政教学案例，将思政教育融入到电离辐射防护课程教学中，突出培养核工业研究生的家国情怀、使命担当、职业素养、科学精神、创新精神，注重塑造学生的主流价值观与科学思维方法，构建学生的知识体系、培育其应用及创新知识的能力，将知识传授与价值引领相结合、相融合，给学生带来真实的体验感与获得感，取得了良好的教学效果。

一、课程基本情况

（一）授课对象情况分析

本课程为核工业研究生课程，授课对象为中核集团所属中国原子能科学研究院、中国核动力研究设计院、中国核电工程有限公司、核工业西南物理研究院、核工业理化工程研究院、核工业北京地质研究院、核工业北京化工冶金研究院、中国辐射防护研究院等科研院所招收培养的学术型一年级硕士研究生，据 2023 届 366 名研究生的本科专业统计，本科所学专业为非核专业的占 81%，因此研究生阶段涉核课程的学习对这部分学生来说尤为重要。研究生课程学习完成后，他们将回到各培养单位继续完成二三年级的课题研究和学位论文，成为中核集团各科研院所重要科研和工程项目的直接参与者和创新力量，也是我国核科技工业领域高层次创新人才发展的后备力量。

（二）课程情况简介

“电离辐射防护”课程为核科学与技术一级学科下各二级学科方向研究生的专业基础课程，也可作为本科非核专业背景研究生的辐射防护类选修课程。课程主要内容包括：电离辐射防护核物理基础知识、电离辐射与物质的相互作用、辐射防护常用的量和单位、辐射的生物效应、电离辐射的来源与水平、电离辐射防护体系与新进展、电离辐射监测与评价、γ-X 外照射剂量计算与防护、α-β 外照剂量计算与防护、中子外照射剂量计算与防护、内照射剂量监测与防护、核电厂辐射防护与核应急等。课程目标是使学生了解电离辐射的来源与危害、辐射防护基本原则及标准体系，掌握电离辐射防护的系统性综合基础知识，具备辐射防护方向的技术开发和工程设计基本技能，培养核科学、核工业、核技术及核医学利用、核与辐射安全管理等领域高层次电离辐射防护人才。

1. 知识目标

掌握电离辐射损伤的特点，掌握辐射防护的基本原理、基本原则、法规标准、科研与实际工程防护设计的基础知识，理解核应急的基本原理、干预和防护行动，了解放射性废物的分类及管理方法，理解核设施与核技术利用领域适用的防护与安全制度、措施，具备国际视野，了解国际和国内辐射防护体系、辐射防护的最新发展。

2. 能力目标

能够运用电离辐射剂量估算和测量方法等基础知识，定性分析、定量计算同位素放射性源、射线装置对人体产生的照射剂量；综合运用内外照射防护知识、辐射防护体系等知识，制定优化辐射防护方案，评价各类人群受照射剂量。通过课堂研讨和文献调研，培养学生学术交流能力和团队合作能力。

3. 素质目标

通过了解电离辐射防护实际工作中尚未完善的理论与技术难点，培养学生开放的、动态的、以人为本的电离辐射防护学术观、价值观，理解并遵守职业道德规范。培养学生爱党爱国、爱岗敬业、自主创新、无私奉献的精神，涵养人文社会科学素养，培养社会责任感，铸牢核安全文化理念。

二、案例基本情况

（一）案例一：我国辐射防护领域奠基人李德平的故事——家国情怀、使命担当、科学精神

李德平 1948 年清华大学物理系毕业，是我国著名辐射物理、辐射防护与核安全学家，中国科学院院士。李德平在清华大学毕业时，当时很多毕业生都选择了外出留学。他本有到美国留学的机会，但是李德平并未选择出国，而是听从父亲的教诲放弃了留美的机会，留在国内从事核物理的研究。他认为，中国的未来需要人才，他有责任尽自己的力量建设新中国。凭着这份爱国的信念，他坚定地留了下来。1950 年，钱三强到清华大学为刚成立的中国科学院近代物理研究所寻找人才，周培源向他推荐了李德平。周培源是我国物理与近代力学奠基人之一。他认为李德平在电子电路方面很有天赋，是核物理实验方面不可缺少的重要人才。周培源的判断没有错，后来李德平成为了中国辐射防护科研领域主要开拓者和奠基人之一，中国辐射探测技术的主要开拓者之一。

（二）案例二：辐射防护的多因素问题——科学技术、经验智慧、伦理道德

辐射防护的目的和根本任务是保护环境、保障从事放射性工作的人员和一般居民的健康和安全，其目的在于防止有害的确定效应（组织反应），并限制随机效应的发生率，使之达到安全的水平。科学技术是辐射防护的科学基础及其技术措施。是认识或改变防护措施的知识基础。经验智慧是人类智慧、经验总结。是认识或改变防护措施的经验基础。伦理道德是价值观、价值取向、精神倾向。是认识或改变防护措施的文化基础。

以日本核污染水排海为例开展辐射防护多因素问题研讨，图1所示。预计在未来30年乃至更长时间，日本福岛核污染水将持续排入大海，影响整个太平洋乃至全球海域，恶果最终由全人类“买单”。在核能的使用和管理中，我们不仅要关注辐射防护技术和经验问题，更要关注伦理问题，平衡人类的发展需求与环境保护之间的关系，保护人类健康，加强公众参与和信息透明。只有这样，才能更好地管理和应对辐射防护问题，保障人类和环境的安全。

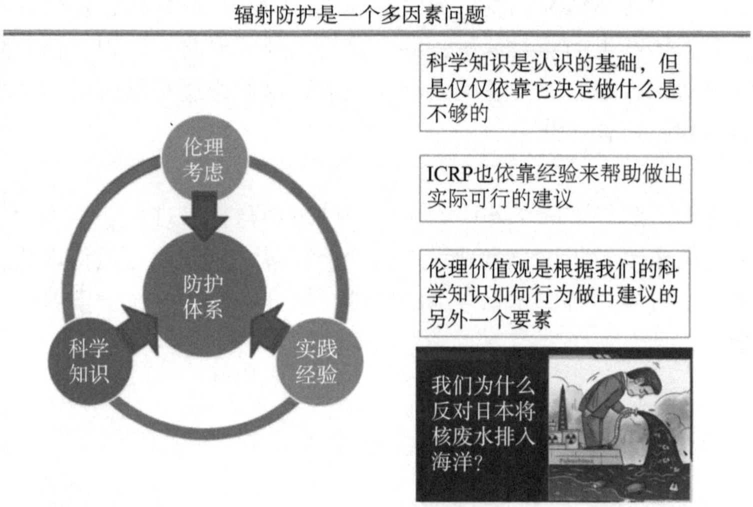

图1　辐射防护的多因素问题研讨

（三）案例三：辐射健康影响与辐射剂量之关系——如何认识低剂量下的线性无阈假设？

辐射防护三原则，其基础是线性无阈（LNT）假设，即辐射诱发的随机效应发生概率按正比方式随剂量增加而增加，任何微小剂量的辐射均将增加随机效应的危险性，如图2所示。LNT假设的理论基础是靶学说，即电离辐射穿过细胞，能量沉积在该细胞的核中，引起DNA靶损伤，产生生物效应。但近来的研究发现，低剂量辐射有兴奋性效应和诱导适应性反应，低剂量照射可减轻随后大剂量照射所致的损伤，从而减弱辐射的生物效应，可能改变低剂量照射剂量—效应的线性关系，对LNT假设提出挑战。解决LNT假设正确性的途径可能要靠基础生物学理论和实验研究来推动。通过进一步开发基因组学、蛋白质组学、代谢组学、转录组学、信号组学等技术在低剂量辐射效应研究中的应用，深入地探讨低水平辐射放射生物学机制，对低水平辐照的健康效应进行较好的理解和评估，对LNT假设的正确性做出判断。

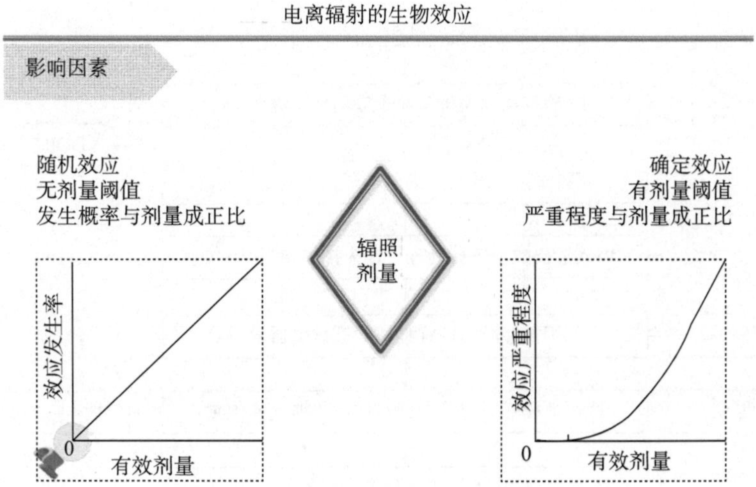

图 2　随机效应与确定效应

（四）案例四：数智化核辐射探测技术与屏蔽优化设计——理论知识+先进方法+创新实践

在 γ 射线/中子外照射剂量与屏蔽计算中，从学科发展的角度，引入国内外辐射防护领域前沿技术与先进方法，主要围绕数智化核辐射探测技术与屏蔽优化设计进行案例教学，开展实践创新。采用深度神经网络，在不进行输入输出之间的复杂物理关系解耦的情况下，利用 γ 射线三维空间辐射场剂量和能谱数据反演、重构复杂核设施三维源项核素、活度及分布情况。以船用核动力装置一次屏蔽为例，采用深度学习方法和遗传算法相结合的屏蔽智能优化方法，在寻优过程中综合考虑屏蔽结构设计和辐射防护等方面的限制和要求，快速计算给出 γ 射线/中子剂量限值条件下满足屏蔽、体积和重量要求的优化方案，设计流程如图 3 所示。

三、案例思政元素分析

案例一：引导学生树立家国情怀和使命担当意识，以老一辈科学家为榜样，积极投身国家核事业发展，强核报国，创新奉献，不断提升自己的综合素质和专业能力，培养沟通协作、团队合作和解决问题的能力，实现个人和社会价值的统一。

案例二：培养学生建立从事辐射防护工作的知识体系、职业素养和伦理道德观。理解核与辐射技术作为一种手段，给人类带来什么样的命运取决于人类自己，核技术以人道和伦理道德做后盾，才能使核技术与社会协调发展，核技术的不合理运用必然会导致人类的危机。

案例三：以发展的眼光全面系统看待问题，客观评价低剂量照射对辐射健康影响。关于 LNT 假设正确性的争论，可以促进放射生物学和辐射防护学基础理论的研究，深化对低剂量放射生物效应机制的认识，对正确评价 LNT 假设，改善现今的辐射防护体系具有重大

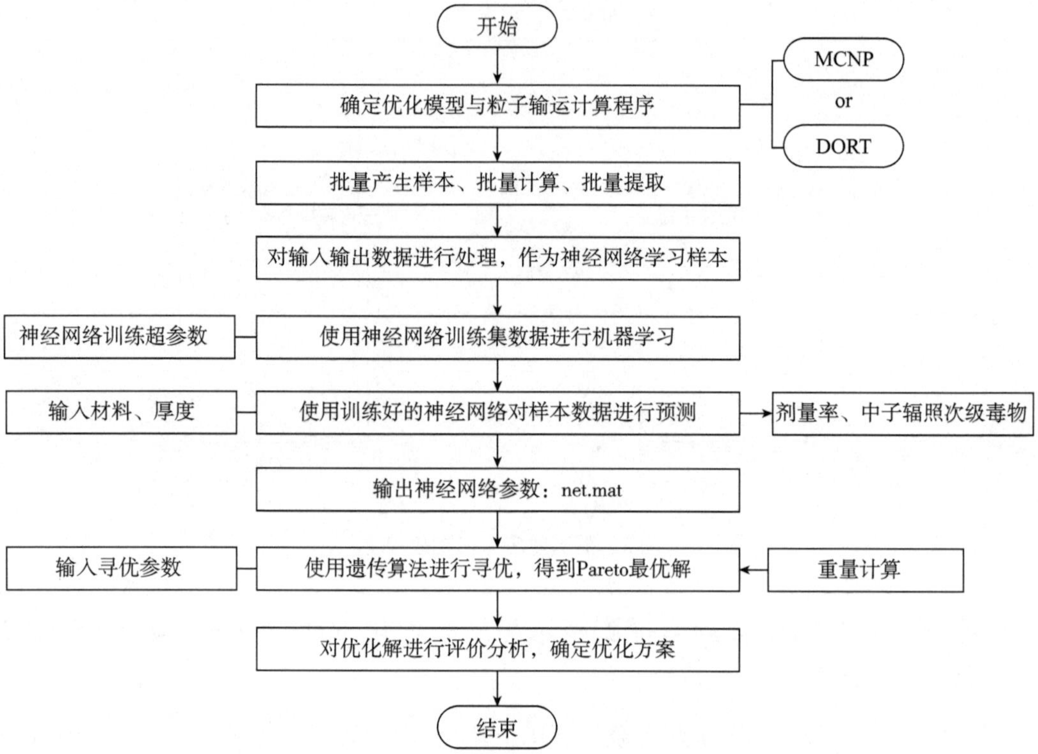

图 3 辐射屏蔽智能优化设计流程图

的意义。

案例四：把握辐射防护学科前沿发展方向，融入科研项目实践与数智化多学科交叉创新技术应用，强调自主学习能力和终身学习意识的培养，在专业理论知识学习的基础上，培养研究生实践创新能力。

四、案例教学整体设计

教学设计思路：将思政教育以润物细无声的方式自然地融入到专业教学中，增强思政教育的亲和力与感染力，给学生带来真实的体验感与获得感，秉承培养学生创新精神、职业素养、科学精神、家国情怀、使命担当的“五位一体”总体教学设计，如图 4 所示。

结合案例开展针对性的教学设计，案例一主要培养家国情怀、使命担当，引导学生投身核事业，强核报国，创新奉献；案例二主要培养职业素养，让学生理解辐射防护涉及的相关技术问题、经验问题和社会伦理问题；案例三主要培养科学精神、创新精神，通过引入最新学术进展，客观分析重要知识点的适用性与局限性，培养学习者不盲从、不盲信的科学态度；案例四主要培养创新精神，将抽象的专业理论和枯燥的计算与工程实践相结合，激发学习兴趣和探索行为，从而让知识鲜活起来，易于理解和掌握，培养具备良好的科学思维能力和解决核与辐射安全领域工程问题能力。通过整体教学设计，从而实现将思想政治教育有机融入授课内容。

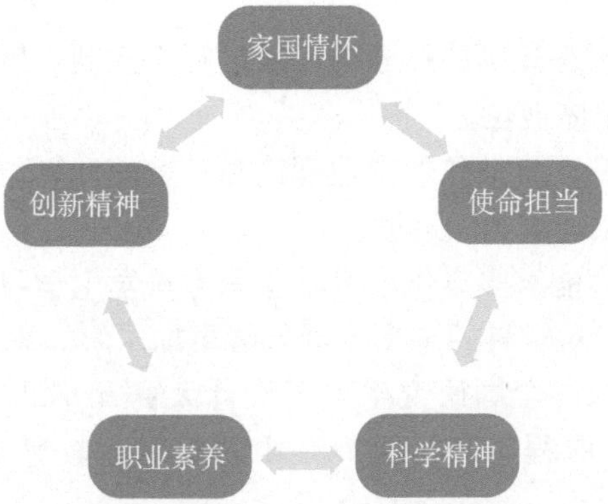

图 4　课程思政“五位一体”总体教学设计

五、教学实践过程回顾

案例一：采用故事切入法，通过讲述我国辐射防护领域的奠基人李德平心系祖国、甘于奉献、求真唯实、勇攀高峰的故事，让同学们树立家国情怀、使命担当，融入我国核工业发展史和防护技术体系发展历程，讲解“两弹一星”精神和核工业精神的传承与发扬，引导同学们积极投身祖国核事业发展，强核报国，创新奉献。

案例二：采用研讨式教学方法，提出论题：如何看待日本核污染水排放引发的辐射防护问题？同学们思考之后进行课堂答辩，引出辐射防护的多因素问题：科学技术、经验智慧、伦理道德，探讨多元化社会伦理背景下，如何最优化开展辐射安全与防护工作？教师最后进行总结和点评。

案例三：采用研讨式教学方法，通过讲述随机效应、组织反应（确定效应）等概念引出辐射防护三原则和线性无阈假设，提出思考：低剂量照射都是有害的吗？同学们进行发散式回答，教师引入关于低剂量辐射生物效应的最新研究结果，引导同学从分子生物学角度客观认识线性无阈假设的适用性和局限性，培养学生不盲从、不盲信的科学态度和全面系统的科学思维。

案例四：采用“理论+实践”教学方法，在外照射剂量计算与屏蔽设计教学中，基于理论知识的讲解，结合教师承担的数智化核辐射探测技术与屏蔽优化设计科研项目引入学科发展前沿、研究热点和创新技术与方法的工程应用，指导学生分组开展设计、模拟、计算等方面实践，培养学生将理论知识应用于工程实践的创新能力，为以后投身科研打下良好的基础。

六、创新性与效果总结

通过四个思政案例融入电离辐射防护课程教学后，学生的学习积极性和主动性得到充分调动，学生的责任意识、科学精神、创新精神、社会服务意识得到提高，特别是对辐射防护学科的认同感和归属感，以及对社会伦理和职业素养的思考有很大提高，教学效果有明显的改善。

（1）教学过程中，学生在教师的指导下，通过师生互动、生生互动活跃课堂气氛，注重学生参与，突出学生的主体地位。

（2）教学目标达成度高，将抽象的专业理论和枯燥的计算与工程实践相结合，激发学习兴趣和探索行为，知识点理解更加透彻。

（3）案例具有典型性，能够多方位启发学生思考。学生学习的信心和学习能力有明显提升，科学作风更加严谨，对学科的未来发展趋势更加了解，思维方法更加科学、合理。

（4）学生实践获第十八届全国研究生电子设计大赛（华北赛区）二等奖，教师论文《以学生为中心的辐射防护课程思政初探》获中国核工业教育学会首届学术年会论文二等奖。

参考文献

[1] 潘自强．国际放射防护委员会和我国辐射防护［J］．辐射防护，1998，18（5-6）：456-459.

[2] 郑国峰，商雨峣，徐海峰．低剂量辐射线性无阈模型的适用性分析［J］．辐射防护，2022，42（6）：525-531.

“核工程材料辐照效应”课程思政案例

万强茂[1]，曹　晗[2]，黄豌滢[1]，王　端[1]，肖丽丽[1]，宋英明[1]

（1. 核工业学院，北京　102413；2. 中国原子能科学研究院，北京　102413）

摘　要：“核工程材料辐照效应”课程涵盖核材料的辐照效应及辐照行为的基本理论、基本知识与基本规律及其模拟计算，是涉核研究生的专业选修课程。基于新的“核工程材料的辐照效应”课程大纲，以“两弹一星”精神、核工业精神与科学家精神及“大国工匠”精神为主线，设计了课程思政总体架构，实施“课程思政教育案例集”教学方案，达到“润物细无声”的德育传道有机结合的效果。根据近两年“核工程材料辐照效应”课程教学实践，对比研究思政教学改革成效，以期进一步促进“核能科学与工程、核燃料循环与材料”等涉核专业研究生培养的内涵式发展。

一、课程基本情况

（一）授课对象情况分析

“核工程材料辐照效应”课程的授课对象主要是核能科学与工程、核燃料循环与材料专业研究生，也面向核技术及应用、凝聚态物理、核能动力工程、粒子物理与原子物理、物理化学、分析化学等其他相关专业研究生。

授课对象要求学过反应堆材料、核材料科学等先修课程。

我校选修“核工程材料辐照效应”课程的2022级研究生主要来自中国原子能科学研究院、中国核动力研究设计院和核工业西南物理研究院等单位。36个授课对象，按民族分，32个为汉族，4个少数民族；按性别分，26个男生，10个女生；按本科毕业院校层次划分，毕业于985院校的、211院校，其他高校的分别为16个、16个、4个；按其本科专业划分，19个为材料类专业，6个核工程与核技术，4个为机械类专业，3个为电子信息类专业，飞行器与设计工程、力学工程、应用化学、数据科学与大数据技术各1个。

（二）课程情况简介

“核工程材料辐照效应”是研究生的专业基础选修课，课时为48学时，3.0学分。主要内容包括核材料（包括核燃料和结构材料）辐照效应的基本理论和基本知识，从缺陷产生及其聚集演化、微观结构演化（如气孔、气泡、裂变产物、沉淀颗粒、新相析出、位错环等）、结构稳定性（如辐照肿胀、辐照生长）、宏观性能变化（如力学性能变化、物理性能变化）等方面介绍辐照效应的基本理论和最新研究进展，探索核材料辐照行为的基本规律和现象。要求学生掌握辐照效应的基本概念和基本理论，以理解和推断材料在辐照下的行为，提高解决工程中实际问题的能力，并初步掌握辐照模拟和计算机模拟的原理和技术。

1. 知识目标

掌握核工程材料（包括核燃料和结构材料）辐照效应的基本理论和基本知识，理解核材料中辐照缺陷的产生过程、微观结构的演化，以及它与结构稳定性、力学性能、物理性能之间的关系；具备国际视野，了解国内外辐照效应领域的研究进展。

2. 能力目标

能够利用所学知识计算核材料的辐照损伤剂量、开展初步的辐照实验设计、分析实验现象、评价核材料的辐照性能，在辐照效应基本概念和基本理论的基础上，理解和推断材料在辐照下的行为，具备解决工程中实际问题的能力。通过课堂研讨和作业，培养学生学术交流能力和团队合作能力。

3. 素质目标

通过将“两弹一星”精神、核工业发展史、核科技强国梦、马克思主义辩证法、大国工匠精神等有关内容融入课程教学中，培养学生爱党爱国、爱岗敬业、自主创新、无私奉献的精神，培养学生人文社会科学素养、社会责任感、核安全文化理念，理解并遵守职业道德规范。

二、案例基本情况

（一）案例一

王淦昌一生中三次与诺贝尔物理学奖擦肩而过。这三次载入史册的重大发现分别是：1931 年发现中子，1942 年发现中微子，1959 年发现反西格玛负超子。弘扬其科学家精神及以身许国之爱国精神。

（二）案例二

我们独立自主研制成功了原子弹、氢弹、核潜艇，支撑起了中华民族自立的脊梁，铸就了共和国坚强的核盾牌，弘扬“两弹一星”精神。

（三）案例三

“数值反应堆原型系统软件研发”成果亮相国家“十三五”科技创新成就展。“十三五”科技部重点研发计划成果“数值反应堆（China Virtual Reactor，CVR1.0）系统”，作为“高新技术”领域优秀成果入选国家“十三五”科技创新成就展，并于“高新技术”展区亮相。弘扬其团队协作精神和自主创新精神。

（四）案例四

“华龙一号”装上了“中国芯”！随着我国自主研制的 CF3 系列核燃料组件在“华龙一号”等反应堆上的应用，标志着我国核燃料研发制造已步入快速发展的新阶段。燃料组件是核反应堆的核心，CF3 燃料组件是中核集团自主研制的先进核燃料元件品牌，被誉为最强中国“芯”。中国核动力研究设计院锆合金材料研发项目总设计师赵文金带领团队研制出自主知识产权的包壳管"N36 锆合金包壳管"，从业 36 年。弘扬其非凡的决心和毅力、创新报国精神。

三、案例思政元素分析

习近平新时代中国特色社会主义思想起定向领航作用，创新型研究生人才教育需要大力弘扬科学家精神、"两弹一星"精神和"四个一切"核工业精神，践行"强核报国、创新奉献"的新时代核工业精神，实现"建设知识型、技能型、创新型劳动者大军，弘扬劳模精神和工匠精神，营造劳动光荣的社会风尚和精益求精的敬业风气"的目标。新时代的工匠精神主要包括爱岗敬业的职业精神、精益求精的品质精神、协作共进的团队精神、追求卓越的创新精神四个方面内容。

教师需要根据课程内容深入挖掘思政元素，将育人理念贯穿教学的全过程，积极寻找教学内容与思政元素的融入点和结合点。研究生课程教学应该将思政元素与专业知识传授巧妙融合，激发学生的家国情怀和责任担当，培养学生吃苦耐劳、精益求精、勇于创新的工匠精神。既促进学生专业知识的掌握，同时也对学生进行德育教育。

老一辈科学家王淦昌、"两弹一星"历史、"数值反应堆原型系统软件研发"项目和 CF3 系列核燃料组件"N36 锆合金包壳管"研制这四个案例包含科学家精神，"两弹一星"精神、新时代核工业精神和工匠精神等思政元素。这四个思政案例、事项与思政元素关系见表 1。

表 1　思政案例与思政元素关系表

思政案例	思政事项	思政元素
王淦昌	1926 年，在清华大学物理系就读，聆听清华校歌"自强，自强，行健不息须自强"的曲调	厚德载物，君子自强精神
	1934 年，王淦昌在德国柏林大学取得博士学位。婉拒导师的挽留："科学虽然没有国界，但科学家是有祖国的！我留学的目的就是为了更好地报效我的祖国。"	胸怀祖国、服务人民的爱国精神
	1931 年上半年，用某种粒子轰击铍核产生强贯穿辐射的实验报告，质疑其非 γ 射线，两次向他的导师迈特纳建议用云室重复这一实验，以便弄清楚这种粒子的性质，但是没有得到允许。1932 年初，英国的查德威克用王淦昌提出的方法完成实验，证实这种粒子是中子。查德威克因此获得 1935 年度诺贝尔物理学奖。这次教训记在心头，告诫自己今后要坚定自己的科研主张	探索未知精神，质疑精神，追求真理、严谨治学的求实精神
	1947 年，王淦昌在论文中提出三种验证中微子的方法和通过裂变来检测中微子的思路，1956 年，美国学者基于王淦昌的构想完成探测中微子的实验，并获诺贝尔物理学奖。彼时国家贫弱，王淦昌只能无奈地选择"让别人去做"	勇攀高峰、敢为人先的创新精神
	1956 年 9 月，王淦昌作为中国代表，到苏联杜布纳联合原子核研究所任研究员，从事基本粒子研究。在苏联工作期间，他领导的物理小组首次发现了反西格玛负超子，把人类对微观世界的认识向前推进了一大步，在国际学术界引起了轰动。1960 年，王淦昌毅然放弃自己的研究方向，转头扎进不熟悉的核武器研究之中，"我愿以身许国！"他改名叫"王京"	勇攀高峰、敢为人先的创新精神，热爱祖国、无私奉献，淡泊名利、潜心研究的奉献精神

续表

思政案例	思政事项	思政元素
王淦昌	1986年，联合四位科学家提建议中国要开展高技术研究，促成国家863计划。1997年，四点思维经验：跟踪科学前沿，保持思维敏锐；独立思考，大胆怀疑；实验为源，理论为本；锲而不舍，持之以恒	甘为人梯、奖掖后学的育人精神
“两弹一星”历史	1955年1月15日，毛泽东主持召开中共中央书记处扩大会议，作出发展中国原子能工业的战略决策。毛泽东主席说，“在今天的世界上，我们要不受人家欺负，就不能没有这个东西。”1964年10月16日，中国第一颗原子弹爆炸试验成功。1967年6月17日，第一颗氢弹试验成功	热爱祖国、无私奉献，自力更生、艰苦奋斗，大力协同、勇于登攀
	毛泽东主席提出“核潜艇，一万年也要搞出来！”1970年12月26日，中国自主研制的第一艘核潜艇成功下水	
	1970年4月24日，我国第一颗人造地球卫星“东方红一号”发射成功，揭开了中国进入外层空间的序幕	
“数值反应堆原型系统软件研发”项目	CVR1.0是国家“高性能计算”重点专项“数值反应堆原型系统开发及示范应用”项目（2017年7月至2021年6月）的核心成果。项目由中国原子能科学研究院牵头，联合北京科技大学等10家单位共同承办完成。秉承“瞄准应用痛点，发挥超算优势，聚焦核心技术，发展自主软件”的原则，研究成果依托典型国产超级计算机，突破了“反应堆物理、热工、力学多尺度、精细化耦合计算”“材料辐照脆化和辐照肿胀多尺度模拟”“基于E级计算机的超大规模并行优化”“多源数据、多模型、多物理装置结合的模拟验证”等关键核心技术，完成了反应堆物理、热工水力、结构力学、核燃料与材料五个核心专业自主产权、模拟精度和规模国际领先的E级超算高性能软件开发，建成了我国首个基于E级超算的数值核反应堆原型系统CVR1.0，并在反应堆压力容器辐照脆化预测及快堆重大工程堆芯计算分析方面取得了典型示范应用。CVR1.0系统申请国内外发明专利48项、软件著作权13项、发表论文44篇、企业标准规范3项、注册商标11项，核心技术达到国际并跑、局部领跑水平	团队协同，自主创新，科技报国
CF3系列核燃料组件“N36锆合金包壳管”研制：“华龙一号”装上了“中国芯”	1986年开始接触锆合金的基础研究工作；1991年，新型锆合金研发工作正式启动，定成分。1996年开始，赵文金扛起研发大旗，定工艺。1998年，N36品牌诞生。2021年，堆外性能实验。2010年，国家启动重大科技专项：N36新型锆合金包壳管。2017年，经过5年4个循环的堆内辐照考验。我们终于拥有了属于自己的包壳管	心怀天下，执着求索，非凡的决心和毅力，工匠精神，团队协作，自主创新，勇攀高峰，科学报国，科技强国

四、案例教学整体设计

如何将课程内容与思政元素有机融合，使得知识传授与价值引领实现有效结合，达到好的教学效果，值得认真思考。借鉴新的教学理念、方法和手段，如何设计教学过程，编排教学核心内容，安排教学时间，采用什么教学方法，对学生进行"润物无声"的教育，值得深入思考，从而使学生高效完成知识学习、习得专业技能和综合能力、牢固树立正确的人生观、价值观和世界观，养成勇于开拓的创新精神。

结合"核工程材料辐照效应"课程的教学目标和基本任务，秉持德育、道育与术育融合理念，本文将课程思政有机融入各个知识点中，将科学家精神、大国工匠精神、"两弹一星"精神和新时代核工业精神及工程伦理教育贯穿于专业主干课程思政教育中，引导学生聚焦家国情怀、聚焦社会发展、聚焦专业精神、聚焦核心价值观，提升学生的核专业兴趣，激发学生的内动力，使得学生深刻理解和掌握课程专业知识，提升学生学习能力、工程实践能力、研究能力和创新能力等综合能力，塑造学生核心价值观，使之成长为具有科学思想、科学信念、科学方法、科学态度、科学精神、高素质具有创新精神的英才。

参考教学大纲，将"核工程材料辐照效应"课程知识点、课程教学方法和课程思政元素进行有机整合，设计了课程思政总体架构，如图 1 所示。以核工业艰难发展历程中的典型人物或事件为案例，发掘思政元素，潜移默化融入核工程材料（包括核燃料和结构材料）辐照效应这门专业课程教学中去，对照"双一流"建设的新要求，通过教学分析、课程目标制定、教学设计与开发、教学实践、教学评价等开展教学设计与实践，对理论、计算模型、方法的适用性及局限性组织交流研讨，循序渐进地展开课程思政教育，保证教学成效，实现课程育人的三维新目标。

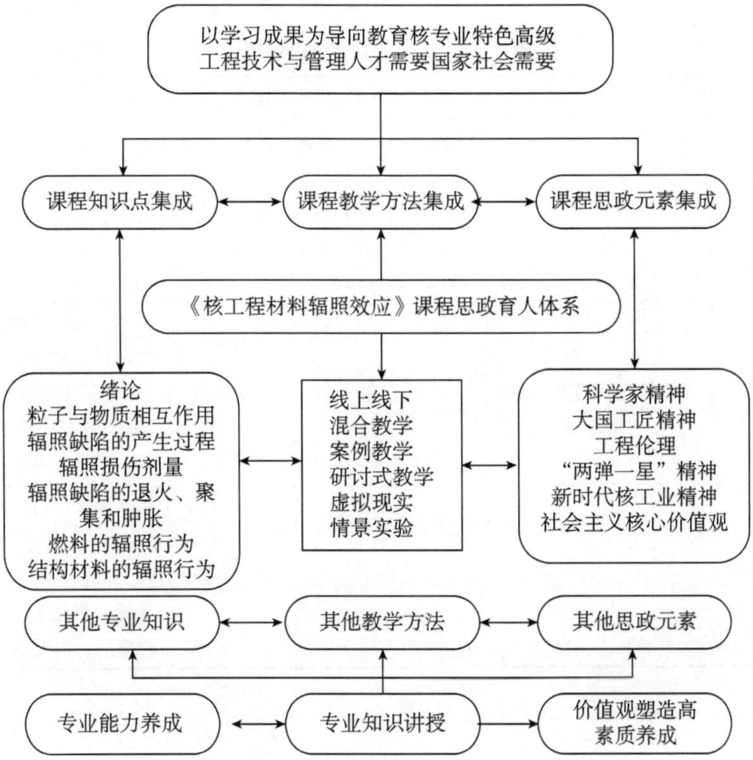

图 1 "核工程材料辐照效应"课程思政总体架构设计

“核工程材料辐照效应”课程的知识结构图谱见图2。教学内容、思政元素、授课方法映射关系见表2。

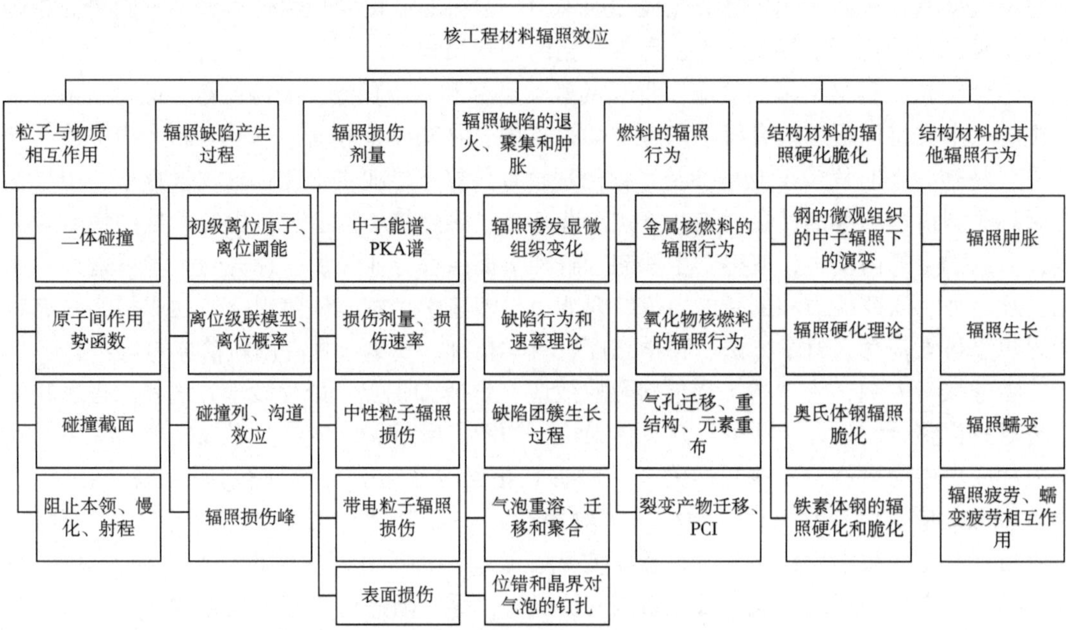

图2 “核工程材料辐照效应”课程的知识结构图谱

表2 思政融入教学内容设计

授课内容	案例	思政点映射	授课形式	学习要求
核工程材料辐照效应 绪论	“两弹一星”历史	“两弹一星”精神、“四个一切”核工业精神和“强核报国，创新奉献”的新时代核工业精神	课堂讲授	了解：国内外材料辐照效应的发展历史和研究现状、领域和任务
辐照损伤剂量及粒子与物质相互作用	王淦昌光辉事迹	科学求真精神和务实创新思维	课堂讲授	掌握：二体碰撞、损伤速率、损伤剂量、中性粒子的辐照损伤、带电粒子的辐照损伤； 掌握：原子间作用势、阻止本领、射程、表面损伤
辐照缺陷的产生过程	“数值反应堆原型系统软件研发”项目	《道德经》中的一生二、二生三、三生万物。事物衍生变化规律	课堂讲授	熟练掌握：初级离位原子、离位阈能、离位概率、离位级联模型； 掌握：离位峰、热峰、裂变峰、碰撞列、沟道效应

续表

授课内容	案例	思政点映射	授课形式	学习要求
辐照缺陷的退火、聚集和肿胀	"数值反应堆原型系统软件研发"项目	看问题时既要全面，又要分清主流和支流	课堂讲授、案例教学	熟练掌握：辐照诱发的显微组织变化，缺陷的复合、扩散，缺陷的动力学过程，空位团、间隙原子团的形核和生长过程； 掌握：气泡（或气孔）重溶，气泡（或气孔）的迁移和聚合过程，位错和晶界对气泡（或气孔）的钉扎作用
燃料的辐照行为	CF3系列核燃料组件"N36锆合金包壳管"研制	正反两个方向；事物的普遍联系，物质守恒、能量守恒定律	课堂讲授、小组讨论	熟练掌握：金属核燃料的辐照行为、氧化物燃料的辐照密实、肿胀和裂变气体释放； 掌握：气孔迁移和重构动力学，氧的重布，锕系元素的重布； 了解：裂变产物的迁移，芯块与包壳相互作用（PCI效应）
核工程结构材料的辐照行为	核压力容器钢发展及辐照效应	关注矛盾的主要方面，全面与专长的关系，定性和定量的关系	课堂讲授、项目制教学	熟练掌握：钢的微观组织在中子辐照下的演变、辐照硬化理论、奥氏体不锈钢辐照脆化、铁素体钢的辐照硬化和脆化、辐照肿胀行为； 掌握：辐照生长，辐照蠕变、辐照疲劳； 了解：辐照疲劳和辐照蠕变相互作用
核材料辐照效应的前沿文献研讨	先进核反应堆的工程材料辐照问题	科技是第一生产力，安全性和经济性目标的辩证关系	交流研讨	提升学术交流能力、学术鉴赏能力

五、教学实践过程回顾

如何在研究生专业课程设计中构建能力目标、教学内容、教学策略、教学资源之间映射关系，融入德育思政元素，是德融教学需要解决的关键问题。教学策略是应用于特定的知识、技能、价值观领域瞄准目标施教的一套教学程序方法。基于学习成果导向教育理念，结合课程思政的总体架构设计和思路，深入剖析"核工程材料的辐照效应"课程的教学大纲，聚焦三维教学目标，以科学精神、工匠精神和"强核报国、创新奉献"新一代核工业精神为主线，系统性组织课程思政元素，教师采用适宜的教学方法，例如，案例式教学、项目式教学、探究式学习等，并站在学生的视角下审思何种学习策略能够助力学习成功，使之获得高新深知识、增长综合能力和全面提高素质。

该课程的思政案例库，丰富多样，形式包括文字、新闻、图片和视频等，内容包括优秀人物传记、大科学装置、国家政策导向等，并与其他核特色课程的思政案例库一起高水平统建共享。该课程德育、道育和术育三个层次融通并进，在讲授“核工程材料的辐照效应”知识点时，自然而然开展家国情怀之爱国精神、科学家精神、创新创业精神、大国工匠精神等主题教育。

（一）家国情怀之爱国精神思政教学

在第一章绪论中，结合“两弹一星”思政案例，讲授材料辐照效应的发展历史和概况。通过结合视频资料讲授“两弹一星”国之重器的发展历程，结合核工业几代人艰苦创业、以身许国、勇攀高峰的故事，以模范人物如两弹元勋的事迹为载体，加深学生们对“两弹一星”精神、“四个一切”核工业精神的理解，实现在课程教学中渗透“自力更生、无私奉献、大力协同、勇于登攀”等精神，引导学生爱国奉献，激发学生们的学习动力，促进学生知识能力素质提升，强化学生作为未来核工业人的职业认同感，激励学生投身核工业建设。着重讲解粒子辐照在固体中形成辐照缺陷的基本过程及其作用，引导学生们思考辐照效应研究的领域和任务。

课程将讲述我国核试验英雄林俊德院士，为了争取时间，拒绝癌症手术，为祖国鞠躬尽瘁的事迹；核物理学家“两弹元勋”邓稼先院士、钱三强院士、朱光亚院士、“中国核电之父”欧阳予院士等典型榜样事迹。这些科学家是新中国血脉中激烈奔涌的最雄壮力量。他们追求真理、追求进步、追求科学，为国家富强、民族振兴不懈奋斗。他们是才识与品行双馨的杰出代表，具有优秀品质和崇高风范，他们的高风亮节和人格魅力将激励学生们牢记使命、奋发进取，为建设创新型国家做出新的更大贡献。通过讲述科学家研发团队相互配合的事迹，培养学生的团队合作与纪律意识、塑造学生科学研究的基本精神教育和专业化的职业精神。让学生真切感受到科学研究的严谨性、踏实性、规范性，养成对科学研究的态度观念、技术使用的价值和伦理关切。

中国核电工程公司首席专家、总工程师邢继创新设计了第三代压水堆“华龙一号”。教学中通过观看中央电视台对邢继的访谈纪录片，激发学生的家国情怀。

（二）科学家精神思政教学

在第二章粒子与物质相互作用中，结合王淦昌科学家的思政案例，讲授二体碰撞、损伤速率、损伤剂量、中性粒子的辐照损伤、带电粒子的辐照损伤，以计算损伤剂量为目的，逐步开展各概念的讲解。在中子、中微子、反西格玛负超子三类粒子的科学发现过程中，介绍科学家王淦昌先生创新思维、重要作用及历史遗憾，展现科学先辈的探索未知精神，质疑精神，科学求真精神和务实创新思维，勇攀高峰、敢为人先的创新精神，激发学生学习材料辐照效应的求知欲望，培育研究生“创新奉献、强核报国”新时代核工业精神。王淦昌先生建议启动国家 863 计划及在 1997 年总结的四点思维经验，即跟踪科学前沿，保持思维敏锐；独立思考，大胆怀疑；实验为源，理论为本；锲而不舍，持之以恒，体现了其甘为人梯、奖掖后学的育人精神。

（三）创新创业精神思政教学

创新创业精神是大学生应该具备的基本素养，尤其是针对理工科学生。

在第三章辐照缺陷的产生过程中，粒子将能量传给点阵原子，根据离位阈能的大小而产生初级离位原子，具有一定的离位概率，在晶体点阵中产生间隙原子或空位，离位级联，演变为离位峰、热峰、裂变峰、碰撞列、沟道效应等。在第四章辐照缺陷的退火、聚集和肿胀中，详细讲授辐照诱发的显微组织变化，缺陷的复合、扩散，缺陷的动力学过程，空位团、间隙原子团的形核和生长过程；气泡（或气孔）重溶，气泡（或气孔）的迁移和聚合过程，位错和晶界对气泡（或气孔）的钉扎作用。粒子作为“一”，间隙原子或空位作为“二”，离位峰、热峰、裂变峰作为“三”，后续扩展缺陷或微结构演变如间隙原子团簇、空位团簇、溶质团簇或偏析等作为“万物”。上述过程符合《道德经》中的一生二、二生三、三生万物，事物衍生变化规律。

《数值反应堆原型系统开发及示范应用》创新项目，在“材料辐照脆化和辐照肿胀多尺度模拟”模块形成了三项发明专利成果，即核反应堆包壳材料辐照肿胀的集成学习预测方法（201810628508.4）；大数据、人工智能、超算协同的材料性能预测方法（201810629623.3）；面向分子动力学模拟程序的数据存储与索引方法及系统（201911275994.7）。原子动力学蒙特卡罗模拟软件：MISA-AKMC Multiscale Simulation of Materials - Atomic Kinetic Monte Carlo；随机团簇动力学模拟软件：MISA-SCD Multiscale Simulation of Materials - Stochastic Cluster Dynamics；级联缺陷统计分析软件：MISA-SACD Multiscale Simulation of Materials - Statistical Analysis program for Cascaded Defects。分子动力学模拟（MD）级联碰撞发现了新的物理机制，见图3。

辐照缺陷的产生过程首先重点讲解粒子与物质相互作用的基本原理和多尺度计算方法，工程实际问题还面临很多复杂的未决问题，许多现实问题需要学生发挥聪明才智进行攻关解决。其次，与学生探讨如何将数字孪生技术、人工智能技术、大数据分析等当前火热开展的信息化技术与核工程材料的辐照效应理论、实验进行关联互通，如何提高计算模型或算法的科学性、适用性和准确性，让学生掌握最新前沿学术进展，增强创新精神。

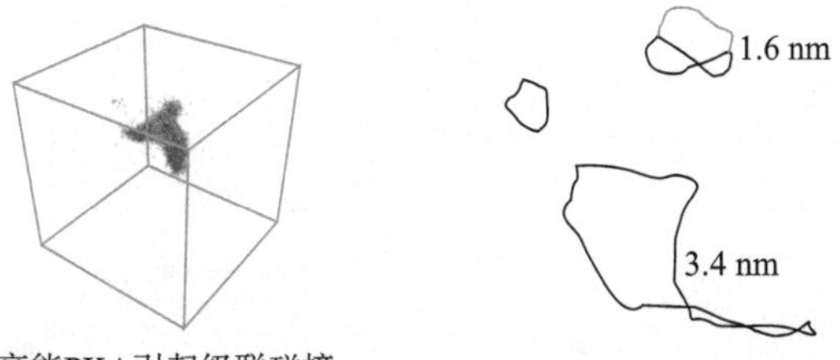

图3　核结构材料辐照损伤分动力学模拟软件 MISA-MD 的科学发现

（四）大国工匠精神思政教学

在第五章燃料的辐照行为，重点讲解金属氧化物燃料的辐照行为和芯块与包壳相互作用（PCI 效应）。CF3 系列核燃料组件“N36 锆合金包壳管”研制成功，使得“华龙一号”我国自主知识产权的第三代压水堆核电站装上了“中国芯”！在大国工匠精神方面，课程介绍以中国核动力研究设计院赵文金为锆合金材料研发项目总设计师的团队坚守36年研制得到自主知识产权的包壳管“N36锆合金包壳管”的光辉事迹。该科研团队团结协作从材料成分、工艺路线、专业化生产线、堆外性能测试、堆内性能验证等，从业36年经历了几代人的努力，经历了相当多的困苦和挫折，终于拥有了属于自己的包壳管！核燃料组件用锆合金包壳管哪怕管壁只是出现微米级裂缝，都会造成重大安全隐患，故锆合金成分、工艺、生产线及其堆内堆外全面性能数据均需不断优化，精益求精，为核燃料组件生产打下扎实基础。研发团队开始仅几个人，经过几十年的锤炼，发展至今集研发、实验、应用于一体的过硬队伍。中国科技工作者心怀天下，执着求索，践行科学报国之志，肩负让中国成为科技强国的时代使命。课堂教学上还介绍彭士禄同志的科研精神和担当精神，让学生体悟到成功需要工匠精神，做学问要持续专注并追求极致。

该课程思政案例教学改革后，减少讲授原有课堂教学中枯燥的理论方法，解决了人文精神、思政理论明显脱节的问题，在专业知识讲解道术教育过程中以“随风潜入夜，润物细无声”的方式完成了德育过程，激发了学生学习自觉性、内在动力和主动性。通过对比课程思政教学改革前后的学生期末成绩，平均分从2021级研究生的82.7分提高到2022级研究生的85.0分，见表3和图4。对比课程思政教学改革前后的学生对教师的评价分数可知，学评教更佳。学生经常反馈核工程材料的辐照效应+课程思政的知识点教学方式，蕴含了深刻的哲学、人文关怀、人生观、核心价值观思想，在学习中提升了专业认知度与职业认同感，并体悟到科学家精神、创新创业精神和大国工匠精神等。

表3　2021级/2022级研究生课程成绩分析表

	选课学生数	平均值	标准差	最低分	中位数	最高分
2021级研究生	32	82.7	7.144 74	70	84	94
2022级研究生	36	85.0	6.224 38	70	86	94

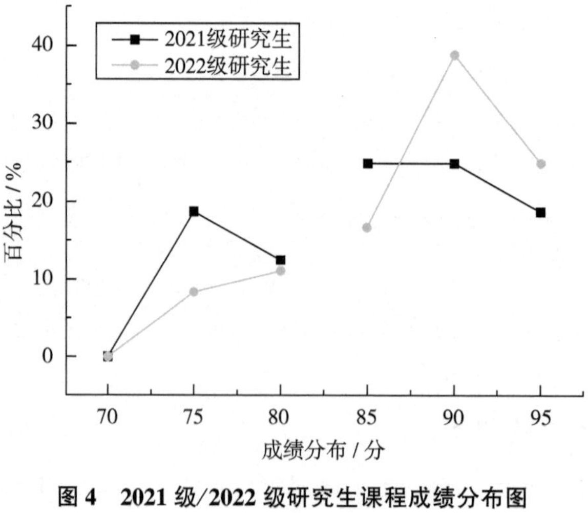

图4　2021级/2022级研究生课程成绩分布图

六、创新性与效果总结

1. 创新性

（1）课程思政教学理念与方法创新：“核工程材料的辐照效应”课程新修了大纲，以习近平新时代思想为定向导航，以科学家精神、创新创业精神、工匠精神及新时代核工业精神为内核价值体系，围绕知识、能力、素质三维目标，开展德融教育，传道授术。在传统课堂讲授法的基础上增加了启发式教学法、案例式教学法和实践式教学法。

（2）教学内容创新：开展以王淦昌先生、“两弹一星”发展历程、《数值反应堆原型系统开发及示范应用》创新项目、“华龙一号”装上了“中国芯”CF3系列核燃料组件“N36锆合金包壳管”研制成功事迹为思政案例，开展思政元素分析，建立与专业知识映射关系，创新设计思政融入教学内容，达到“润物细无声”的立德树人目标。

2. 效果总结

新时代“核特色”研究高校或院所的授课教师肩负“传授理论知识，传播核文化，培育研究生工程实践能力和创新能力，德育润人”的教育重任。笔者基于新的“核工程材料的辐照效应”课程大纲，设计了课程思政总体架构，实施“课程思政教育案例集”教学方案，实现了在传道授术中完成德育工作。通过引入“四维评价指标”测评思政教育融入教学改革的成果。“课程思政教育案例集”教学成效显著，学生反映良好，专业教育增益其智，思政教育润其心田。通过对比课程思政教学改革前后，以“核工程材料的辐照效应”课程为例，期末成绩平均分从2021级研究生的82.7分提高到2022级研究生的85.0分，学评教效果更佳。“核工程材料的辐照效应”研究生专业课程教学中融入“两弹一星”精神、“核工业精神”、科学家精神、创新创业精神与大国工匠精神相关内容，促使研究生心怀“国之大者”，明确自身的时代使命，提升其对核专业和核工业的认知程度、职业认同感。这对培养新型核专业人才有积极意义。

参考文献

[1] 郁金南．核材料辐照效应［M］．哈尔滨：哈尔滨工程大学出版社，2020.

[2] D. R. 奥兰德．反应堆燃料元件的基本问题［M］．李恒德译．北京：原子能出版社，1983.

[3] Gary S. Was. Fundamentals of Radiation Materials Science［M］. Springer. 2007.

[4] 袁于飞．大国底气从“核”来：“两弹一艇”铸就新中国之盾［N］．光明日报，2020.

[5] 刘坤．为了这根直径9.5毫米的管子，他用了近40年［N］．新华社四川分社，2022.

[6] 教育部高等学校科学研究发展中心主任 罗方述．科学家精神：为科技强国凝聚磅礴力量［J］．中国教育报，2023.

[7] 冯华．喻思南．在继承和发扬“两弹一星”精神中勇攀科技高峰［N］．人民日报，2021.

[8] 叶奇蓁：我国核能的创新发展．中国电力报．工匠精神的提出背景及其内涵［N］．信息日报，2022.

[9] 赵剑锟，刘义保，张怀强等．“双一流”背景下核工业精神引导“核能与核技术工程”专业研究生课程思政建

设探索——以“核技术应用”为例［J］. 东华理工大学学报（社会科学版），2021，40（2）：173-177.
［10］王航，张博文，夏庚磊. 基于案例的能动类课程思政教学设计与探索——以“核动力装置与设备（一）”为例［J］. 大学，2022，3：112-115.
［11］何鑫，禹庭，张弛. 材料科学基础课程思政设计与实践［J］. 高教学刊，2021，33：161-164.
鲁淑叶. 工匠精神引领下课程思政教学改革与实践———以零件数控车削加工课程为例［J］. 船舶职业教育，2022，10（5）：31-33.
［12］苏玉娥. 课程思政教学设计与实践研究——以人力资源管理课程为例［J］. 重庆广播电视大学学报，2022，34（1）：16-22.

“核科学中的运筹学”课程思政案例

王　端，林　辉，肖丽丽，万强茂，黄豌滢

（核工业学院，北京　102413）

摘　要：在“核科学中的运筹学”这门交叉课程的授课过程中，根据不同的章节内容精心设计思政案例，主要包括历史典故和代表人物杰出事迹、算法设计中的辩证法、核科学中的人工智能方法应用实例，潜移默化地引入课程思政元素，培养学生正确的价值观和对核工业的认同，锻炼利用系统思维与辩证思维研究问题的习惯，具备科学决策能力以及科学创新能力，并使他们成为德才兼备、堪当时代大任的新一代核工业人。

一、课程基本情况

（一）授课对象情况分析

本课程的授课对象为中核集团8家研究生培养单位的全日制学术型硕士研究生，专业包括应用数学、核能科学与工程、核技术及应用、辐射防护及环境保护、核燃料循环与材料、粒子物理与原子核物理、凝聚态物理等，具备高等数学、线性代数、数值分析基础及一定的编程能力，学习课程的目的为掌握将核科学中的实际问题转化为数学优化模型的方法，并设计算法进行求解。

（二）课程情况简介

本课程为应用数学专业硕士生的专业课，也作为其他专业硕士生的选修课。课程要求学生能较深刻地理解运筹优化的思想和方法，掌握求解线性规划、非线性规划、全局优化等问题常用的传统优化算法以及新兴的人工智能优化算法，并能运用优化的观点和方法解决实践中遇到的优化问题。课程包括上机实习，要求学生利用已有数学软件或高级编程语言实现优化算法，计算数值结果，并进行数据分析。

教学目标分以下几点。

1. 知识目标

理解和掌握数学优化模型的特点和一般求解步骤，熟练掌握求解优化问题常用的传统算法（线性规划的单纯形算法，无约束非线性规划的解析法、直接法，约束非线性规划的可行方向法等）和现代智能优化算法（遗传算法、神经网络算法等），并掌握MATLAB优化工具箱的使用。

2. 能力目标

培养客观实际问题与数学优化问题之间的双向“翻译”的能力；培养灵活而恰当地应用数学知识，创造性地解决问题的能力；培养使用优化软件、设计算法解决实际问题的能力。

3. 素质目标

加强学生对“知识”和“问题”之间联系的深刻认知，促进“运筹帷幄意识”的建立，提高利用数学方法解决实际问题的自觉性；促进学生“行为知之始，知为行之成”实践观的形成及对“知行合一”境界的追求；通过将“两弹一星”精神、核工业发展史、核科技强国梦、马克思主义辩证法等有关内容融入课程教学中，培养学生爱党爱国、爱岗敬业、自主创新、无私奉献的精神。

教材和教学内容包括：本课程配套教材为本文作者编写的、由哈尔滨工程大学出版社2017年出版的“核科学中的运筹学”，入选黑龙江省精品图书出版工程。该教材是结合作者多年为核工业研究生讲授优化算法的实际经验，从数学理论的高度进行优化建模和算法使用的介绍，并加入了很多核工业中的应用实例，力求为学生以后的科研工作提供有效指导。

课程知识结构图见图1。

二、案例基本情况

（一）案例一：中国古代朴素的运筹学思想

从中国古代人民利用运筹学思想解决问题的智慧，培养学生的民族自豪感，坚定学生的文化自信。

（二）案例二：中国现代运筹学的发展

从老一辈科学家在中国进行运筹学应用与推广的杰出事迹培养学生的家国情怀。

（三）案例三：线性规划的单纯形算法

从单纯形算法的基本思路引导学生建立科学的思维方式和大局观。

（四）案例四：用人工智能算法优化堆芯换料方案

首先结合人工智能方法在核科学中的具体应用，让学生感受人工智能方法的巨大作用及学科交叉融合的优势，再介绍我国核工业的发展现状，引导学生抢占科技制高点，为我国实现高水平科技自立自强贡献青春智慧。

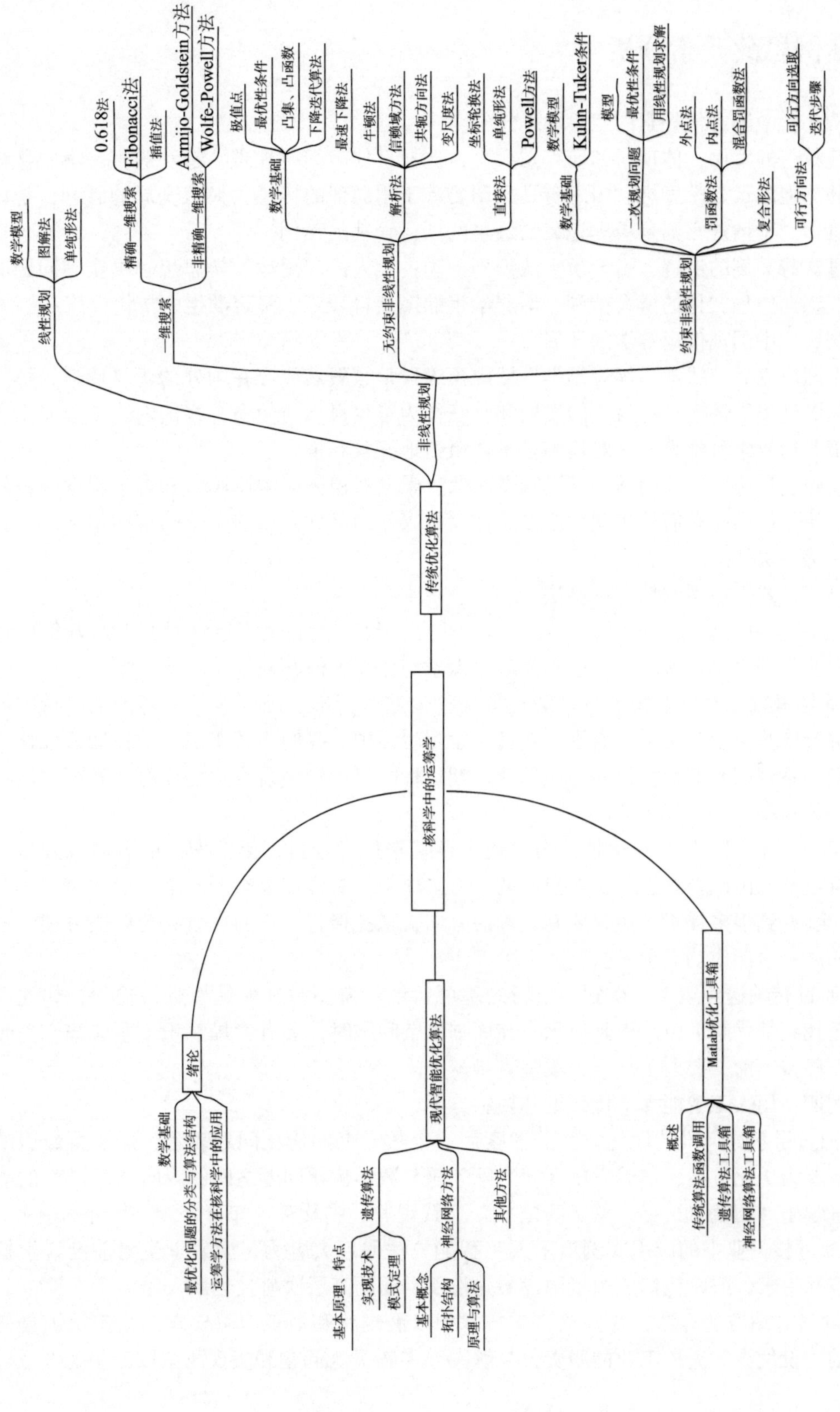
核科学中的运筹学
传统优化算法
非线性规划
线性规划
数学模型
图解法
单纯形法
一维搜索
精确一维搜索
0.618法
Fibonacci法
插值法
非精确一维搜索
Armijo-Goldstein方法
Wolfe-Powell方法
无约束非线性规划
数学基础
极值点
最优性条件
凸集、凸函数
下降迭代算法
解析法
最速下降法
牛顿法
信赖域方法
共轭方向法
变尺度法
直接法
坐标轮换法
单纯形法
Powell方法
约束非线性规划
数学基础
数学模型
Kuhn-Tuker条件
二次规划问题
模型
最优性条件
用线性规划求解
罚函数法
外点法
内点法
混合罚函数法
复合形法
可行方向法
可行方向选取
迭代步骤
绪论
数学基础
最优化问题的分类与算法结构
运筹学方法在核科学中的应用
现代智能优化算法
遗传算法
基本原理、特点
实现技术
模式定理
神经网络方法
基本概念
拓扑结构
原理与算法
其他方法
Matlab优化工具箱
概述
传统算法函数调用
遗传算法工具箱
神经网络算法工具箱

图1 课程知识结构图

三、案例思政元素分析

案例一：中国古代朴素的运筹学思想

围魏救赵的案例，体现了如何筹划兵力，选择最佳时间、地点，趋利避害，集中优势兵力以弱克强的运筹学思想。田忌赛马强调要善于用局部的牺牲去换取全局的胜利，是博弈论的雏形。丁谓建宫则是历史记载的最早的项目管理的案例。

通过这些案例的讲解，引导学生认识到中国古代人民利用运筹学思想解决实际问题的大智慧，感知中华文化的博大精深，培养学生的民族自豪感，坚定学生的文化自信。

案例二：中国现代运筹学的发展

新中国成立后，钱学森等运筹学领域内顶级科学家毅然放弃在国外的优厚待遇，排除千难万险回到祖国怀抱，将祖国的发展和兴旺作为毕生目标与使命，在国内建立运筹学研究室，培养运筹学科学人才，对运筹学不遗余力地探索和推广。

这些先进事迹可以让同学们感受到老一辈科学家对祖国的浓厚感情和对新中国建设的责任感，从而引导同学们将实现中华民族伟大复兴作为己任，培养学生的家国情怀，增强民族使命感与责任感。

案例三：线性规划的单纯形算法

① 在确定初始基可行解时，需要找到一个子矩阵，其满足可逆性以及对应基解的可行性，由此得到启示：解决新问题时要敢于探索与创新，但必须要抓住其本质。

② 线性规划求解需要找到一个满足最优性的基可行解，因此需要对初始基可行解的最优性进行检验，由此得到的启示：在日常学习生活中，我们为了实现一个长期目标往往需要制定一系列的短期目标，在完成每个短期目标时不能沾沾自喜，需要对比辩证、用长远目标进行检验。

③ 若基可行解不满足最优性，需要通过换基迭代沿着目标函数增大的方向找到另一个基本可行解，由此得到启示：在我们的学习工作中，有许多复杂的问题需要解决，尽管中途可能会遇到很多挫折，但只要有正确的方向，稳扎稳打，不断修改完善解决方案，再难攀登的高峰也能成功登顶。

④ 通过转轴迭代运算，得到一个新的基可行解，需要对其最优性进行检验，如此循环，直至找到最优解，由此得到启示：在面临复杂问题时，要有大局意识，不能陷于一时的成功而停步不前，要敢于探索，攻坚克难。

案例四：用人工智能算法优化堆芯换料方案

① 通过讲解如何堆芯优化方案的搜索用一个数学上的优化问题表示，以及将最后的优化解解释为优化方案，培养学生客观实际问题与数学优化问题之间的双向“翻译”的能力，促进学生“行为知之始，知为行之成”实践观的形成及对“知行合一”境界的追求。

② 通过核工业中的应用实例展示人工智能方法的巨大魅力，激发学生对前沿科学技术的兴趣和追求，鼓励他们成为祖国发展建设所需要的高层次科技创新人才。

③ 通过介绍智能方法在我国核科学技术中发展现状和短板，引导学生正确认识自身所承担的建设世界一流核工业的职责，为解决“卡脖子”问题和实现我国核工业高水平科

技自立自强而奋斗。

四、案例教学整体设计

（一）案例一：中国古代朴素的运筹学思想

1. 教学导入

在公元前3世纪的楚汉相争中，汉高祖刘邦的著名谋士张良为推翻秦朝，打败项羽，统一全国立下了盖世奇功，刘邦赞誉他“夫运筹策帷帐之中，决胜于千里之外”。这千古名句也可以说是对张良的运筹思想的赞颂和褒奖，《史记》在《留侯世家》及其他多处也曾提及。这里的“运筹”，指张良在帷幄中制定作战谋略与决策的过程。在西汉时期，“运筹”已被当作制定谋略与决策职能分工的代名词。

我国1955年开始研究运筹学时，从《史记》中摘取“运筹”一词作为“operations research”的意译，包含了运用筹划、以智取胜的深刻含义。从《史记》中对“运筹”的记述表明，我国的运筹学思想源远流长，至今对运筹学的发展仍有重要影响。

请凭自己对运筹一词的了解，举出中国古代利用运筹学思想解决实际问题的典故。

2. 教学内容

下面以中国古代的运筹学典故为例进行点评。

（1）学生报告展示：田忌赛马

孙膑的“斗马术”是我国古代运筹思想中争取总体最优的脍炙人口的著名范例。

齐将田忌与齐王赛马，孙膑献策：以下马对齐王上马，以上马对齐王中马，以中马对齐王下马，结果田忌以一负两胜而获胜。

点评：要善于用局部的牺牲去换取全局的胜利，从而达到以弱胜强的目的。他的基本思想是不强求一局的得失，而争取全盘的胜利。这是一个典型的博弈问题。

（2）学生报告展示：围魏救赵

公元前368年，赵国在齐国支持下，出兵攻打魏国的属国卫国。魏惠王派大将庞涓率兵近十万围攻赵国的国都邯郸。赵国只得向齐国求救。

齐威王以田忌为大将、孙膑为军师，出兵八万救赵。身为军师的孙膑在分析形势后，认为魏国军队很强大，如果与魏军正面交锋会造成齐国的较大损失，所以应该避实就虚，趁着魏国精锐部队在外，魏国国都大梁防务空虚的机会，攻打它的国都，迫使魏军回救大梁，赵国的危险就会自然消解。

为争取战略主动，孙膑决定给敌军制造齐国部队弱小的假象。他故意派无能的军官带兵进攻魏国的军事重镇平陵，结果齐军大败。魏国大将庞涓以为齐军不堪一击，于是加紧对赵国的进攻，丝毫没有想到齐军会攻打魏国的国都大梁。与此同时，孙膑亲自率领精锐部队进逼魏国国都大梁。庞涓闻讯，迅速从攻打赵国的前线往回撤军，长途跋涉去保卫国都。因为兵困马乏，又陷入孙膑的包围圈中，结果魏军被打得落花流水。

点评：① 充分体现了如何筹划兵力，选择最佳时间、地点，趋利避害，集中优势兵力以弱克强的运筹思想。② 为了达到某个预定目的，如果直接去做，可能会得不偿失，甚至适得其反。但如果从另一个角度去做，可能就会取得事半功倍的效果。

（3）学生报告展示：丁谓建宫

宋真宗大中祥符年间（公元1008—1016年），都城开封的皇宫失火，需要重建。右谏议大夫、权三司使丁谓受命负责限期重新营造皇宫，建造皇宫需要很多土，丁谓考虑到从营建工地到城外取土的地方距离太远，费工费力。丁谓便下令将城中街道挖开取土，节省了不少工时。挖了不久，街道便成了大沟。丁谓又命人挖开官堤，引汴河水进入大沟之中，然后调来各地的竹筏木船经这条大沟运送建造皇宫所用的各种物材，十分便利。等到皇宫营建完毕，渭命人将大沟中的水排尽，再将拆掉废旧皇宫以及营建新皇宫所丢弃的砖头瓦砾添入大沟中，大沟又变成了平地，重新成为街道。这样，丁谓一举三得，挖土、运送物材、处理废弃瓦砾等三项工程一蹴而成，节省的工费数以亿万银两计。

点评：这是我国古代大规模工程施工组织方面运筹思想的典型例子。

3. 教学方法

采用项目式、案例式、问题式等多种教学方法，引导学生对我国古代运筹学典故进行查阅并进行报告，结合对运筹学典故的分析与讨论，使学生了解我国古代人民利用运筹学解决问题的智慧，培养并建立学生的民族自豪感与文化自信。

（二）案例二：中国现代运筹学的发展

1. 教学导入

运筹学于二战期间在欧美产生，钱学森、许国志、华罗庚等最顶尖的科学家为了新中国的建设排除万难回到祖国怀抱，将运筹学由西方引入我国，并结合我国特点进行推广应用。

资料搜集与讨论：老一辈科学家在中国进行运筹学应用与推广的杰出事迹。

2. 教学内容

（1）运筹学名称的由来

当时在美国的钱学森和许国志就敏锐地意识到它的重要意义和广泛的应用前景。1955年他俩在离开美国奔赴新中国的归国客轮“克利夫兰”号上，便商定要将这一新学科引入新中国。

最初许国志将其翻译为“运用学”。1956年，在清华大学电机系运筹学专业成立前，许国志与当时清华大学主持运筹学专业的周华章反复讨论认为，“运用”二字不能包括operations research的全部内涵。作为引入中国后的一个新学科，其思想在中国自古有之，比如田忌赛马、丁谓建宫等。他们联想到“史记留侯世家”中刘邦对张良军事谋划的称赞，“决胜于千里之外，运筹于帷幄之中”，因此感觉用“运筹学”更贴切，于是便决定正式更名为“运筹学”，运筹学这个名称从此诞生。

（2）中国运筹学的代表人物

· 钱学森

1955年，经过周恩来总理在与美国外交谈判上的不断努力——甚至包括不惜释放11名在朝鲜战争中俘获的美军飞行员作为交换，钱学森艰难回国。

1956年初，钱学森向中共中央、国务院提出《建立我国国防航空工业的意见书》。同时，他组建中国第一个火箭、导弹研究所——国防部第五研究院并担任首任院长。主持完成了“喷气和火箭技术的建立”规划，参与了近程导弹、中近程导弹和中国第一颗人造地球卫星的研制，直接领导了用中近程导弹运载和原子弹“两弹结合”试验，参与制定了中国第一个星际航空的发展规划，发展建立了工程控制论和系统学等。

1978 年 9 月，钱学森在文汇报发表了《组织管理的技术：系统工程》论文，标志着“系统工程中国学派”的正式开启。1980 年，中国系统工程学会正式成立。随后十余年间，钱学森在北京先后组织了人体科学讨论班、思维科学讨论班、系统学讨论班等。在与会人员热烈的讨论中，钱学森脑海中一幅“三个层次一座桥梁”的系统科学结构图逐渐清晰起来——三个层次，即系统工程（用来直接改造世界的工程技术）；技术科学（为应用技术提供理论方法，如运筹学、控制论、信息学等）；系统学（揭示客观世界规律的基础理论）。而系统论作为系统科学和马克思主义哲学之间的桥梁，最终通向唯物辩证主义。

· 华罗庚

1950 年 2 月，华罗庚从美国经中国香港抵达北京，在途中写下了《致中国全体留美学生的×××》，信中说道：“梁园虽好，非久居之乡，归去来兮。”信中，华罗庚喊出了“科学没有国界，科学家是有自己的祖国的”。

华罗庚是我国最早把数学理论研究和生产实践紧密结合做出巨大贡献的科学家。1960 年，华罗庚的《运筹学》论文发表，把数学方法创造性地应用于国民经济领域，筛选出以改进生产工艺和提高质量为内容的“优选法”和处理生产组织与管理问题为内容的“统筹法”，简称“双法”。

1969 年，推出《优选学》一书，并将手稿作为国庆 20 周年的献礼送给了中华人民共和国国务院。

1970 年 4 月，国务院根据周恩来总理的指示，邀请 7 个工业部负责人听华罗庚讲“优选法”“统筹法”。

1971 年，华罗庚《优选法平话及其补充》一书由国防工业出版社出版。

“文化大革命”期间，华罗庚凭个人的声誉，到各地借调了得力的人员组建“推广优选法、统筹法小分队”，亲自带领小分队到全国各地去推广“双法”，所到之处，都掀起了科学实验与实践的群众性活动，取得了很大的经济效益和社会效益。

· 许国志

1956 年，许国志在《科学通报》上发表了文章，系统介绍了规划论、对策论、排队论等运筹学的主要分支，这是国内第一篇介绍运筹学的学术论文。与此同时还在《人民日报》上刊文介绍运筹学。

在 1957 年的全国力学学术报告会上作了“论线性规划及其应用”的专题报告，首次将线性规划的概念及方法引进国内。

1956 年 1 月，在力学所负责筹建了中国第一个运筹学研究室，并担任室主任。1956 年春，毛泽东提出向科学大进军，中国制定了《十二年科技发展规划》，运筹学则是这个规划中的一个独立项目，许国志被指定为运筹学项目的起草人。

许国志致力于运筹学队伍的培养，在运筹学研究室招收并指导了中国第一批运筹学的研究生和进修生。

“文化大革命”期间，在交通运输、钢铁工业和水利等部门进行运筹学在国民经济中的应用研究，使其在中国得到了很大的发展，为此后系统工程在这些部门的开展做出了贡献。

1980年4月，中国数学会运筹学分会成立，担任运筹学会第一届副理事长，随后一直担任运筹学会顾问，为运筹学的发展倾注心血。

点评：运筹学如今在中国已经根深叶茂、开花结果，各产业在大数据、人工智能等浪潮下大量使用运筹学算法进行转型，华为等一批中国引领世界的企业大力开展运筹学的应用研究，国防部门更是把军事运筹放在十分重要的位置。钱学森、许国志等先生的高瞻远瞩所开创的运筹学事业，为中国的发展做出了重要贡献。

3. 教学方法

采用案例式、问题式等多种教学方法，引导学生分组对钱学森、华罗庚、许国志等老一辈科学家在中国进行运筹学应用与推广的先进事迹进行资料搜集与讨论，使学生了解运筹学在中国的蓬勃发展，充分认识到运筹学在科教兴国与科技强军战略实施中的重要作用，引导学生意识到其作为祖国高层次人才在实现中华民族伟大复兴中的重要责任，培养学生的家国情怀。

（三）案例三：线性规划的单纯形算法

1. 教学导入

对于线性规划问题，图解法通常适用于求解两个决策变量的线性规划问题，而单纯形法才是求解线性规划问题最常用、最有效的算法之一。

单纯形法的基本思路是什么？

2. 教学内容

（1）单纯形法的基本原理：如果线性规划问题存在最优解，则一定有一个基可行解是最优解。

（2）单纯形法的应用前提：线性规划问题转化为标准形式。

（3）单纯形法的基本思路：先找出一个初始基可行解，判断其是否为最优解，若是最优解则问题求解结束；否则寻找新的基可行解，即通过换基迭代转换到相邻的基可行解，并使目标函数值不断增大（转换是从当前顶点转换到其相邻的一个顶点，目的是优化目标函数值），再判断该基可行解是否为最优解，如此循环往复，直到使目标函数值达到最大为止，而使目标函数值达到最大的基可行解即为问题的最优解。整个过程如下所述（见图2）。

① 初始基可行解的确定

重点讲解如何找到系数矩阵的一个可行基。

② 解的最优性检验

重点讲解如何检验基可行解是否为最优的（检验系数）

解的最优性判断准则：

若所有检验系数均$\leqslant 0$，则当前基可行解为最优解；

否则，需要换基迭代，转到③。

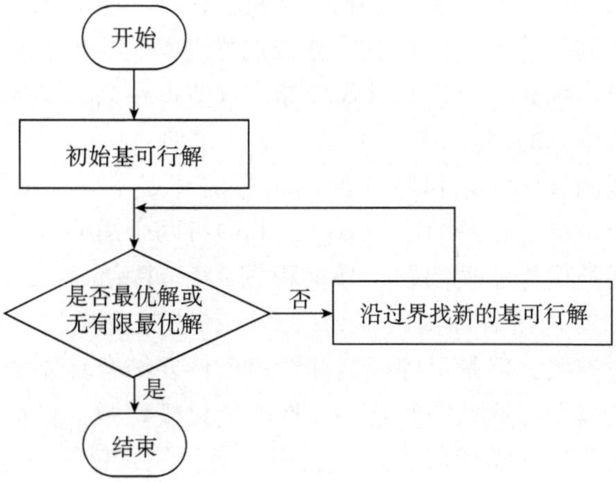

图 2　过程图

③ 换基迭代寻找新的基可行解

思考：换基需要满足什么原则？

保持可行性：新的基解仍然是可行解；

逐渐满足最优性：新的基解能使目标值增加；

思考：换基后，如何找到其对应的基可行解？

换基后，通过转轴迭代运算，得到一个新的基可行解，转到②。

3. 教学方法

采用启发式、问题式等多种教学方法，结合课堂教授、提问、讨论以及课后作业，使学生理解单纯形法的复杂求解过程，通过初始基可行解的确定、解的最优性检验以及换基迭代的讲解，引导学生在解决复杂问题时能够抓住其本质，敢于探索创新，且能够从辩证长远角度进行分析与思考，不因局部的胜利而停步不前，忘却向全局胜利的努力，从而使学生具有科学的思维方式和大局观。

（四）案例四：用人工智能算法优化堆芯换料方案

1. 教学导入

前面我们已经介绍了多种人工智能方法的原理，包括遗传算法、模拟退火算法、禁忌搜索算法、蚁群算法、人工神经网络方法等。下面我们结合核工业中的实例，以神经网络和蚁群算法为例，讲授它们的具体应用，让同学们感受智能方法的巨大作用，该实例是以作者的科研课题为基础，简化加工而成的。

压水堆核电厂投入运行后，在每个堆芯寿期末都要停堆换料。堆芯换料过程中，将产生大量的换料方案，而换料方案的选择直接关系到核电厂运行的安全性和经济性。一个优选的堆芯装载方案，可较好地展平堆芯功率分布、增加卸料燃耗深度、延长堆芯换料周期、提高燃料利用率，从而提高核电经济性和安全性。

然而，堆芯优化装载方案的搜索是一项十分费时费力的工作，因为压水堆堆芯换料方案设计是一个多变量、非线性的动态整数规划问题，现代数学理论已经证明这类问题是

NP-难问题。举个例子，典型三区装料的压水堆堆芯含 193 个燃料组件，即使在堆芯 1/4 对称布置且无可燃毒物的条件下，也有 10^{43} 量级的堆芯换料方案，而且当堆芯燃料通道增加时，换料方案将会以指数甚至更多的形式增加，这使得在众多的换料方案中快速找到一个全局最优的方案变得十分的困难。

目前，国际上已经围绕该问题利用各种优化方法开展了大量的研究工作，但迄今为止，尚未有快速搜索出全局最优解的通用方法，其中有两个需要解决的主要问题。

一是堆芯换料方案的优化建模问题，如何根据实际问题的需要建立合适的优化模型。我们知道，优化模型主要包括目标函数、约束条件和决策变量三要素。在换料优化模型中，决策变量就是换料方案，但是目标函数和约束条件要结合具体场景确定。

二是优化算法的选择和计算效率问题。在换料优化模型中，目标函数与部分约束条件不能用堆芯排布方式的明确数学函数表示，它们的值只能是已知堆芯排布方式的前提下，通过求解复杂的物理化学耦合方程获得，这不仅导致依靠数学表达式的确定性优化算法使用受限，同时也是整个优化计算中最耗时的部分，使得快速、准确搜索出全局最优解成为一个非常困难的问题。

下面这个例子，以三个关键参数为目标和约束条件，建立简化的优化模型，然后重点解决关键参数的计算效率问题（建立并训练神经网络模型快速预测三个关键参数），最后再设计蚁群算法快速搜索最优的堆芯燃料组件排布方式。通过神经网络与蚁群算法结合的复合搜索算法改变传统依赖物理过程计算堆芯参数的做法所带来低效和复杂化的不利局面，快速高效地提供了数量和质量兼备的优化换料方案，为智能化筛选换料方案提供了新的可行方案，并且这是一种通用算法，可以推广至任意堆型、任意关键参数预测。

2. 教学内容

（1）数据获取与编码

某型号压水堆堆芯组件阵列如图 3 所示，具有对称分布特性，其 1/8 即具有整个阵列的全部组件种类以及排布特征。根据组件区分方法，堆芯燃料中包含四大类（E、F、G、H）组件，分别是三次燃耗组件、二次燃耗组件、一次燃耗组件和全新燃耗组件，其后的不同数字则区分其燃耗深度的不同，因此在此类压水堆堆芯中存在 16 种不同的燃料组件。

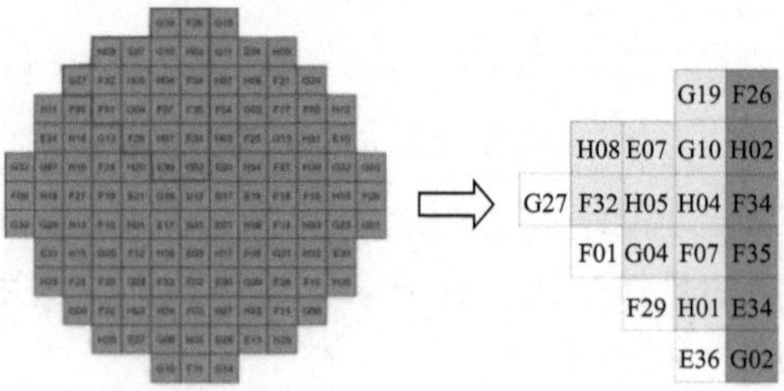

(a) (b)

图 3　一个压水堆的堆芯阵列

该反应堆燃料阵列的排布设计中组件被限制在三个区域（如图 2（b）所示三个颜色深度不同的区域）内部进行调换。根据组件排布规则设计输入样本并生成输入文件，使用 CASMO-5 程序模拟计算出对应的堆芯参数，包括有效增殖因数（K_{EFF}）、组件功率峰因子

（RAD）和棒功率峰因子（FΔH），产生输出文件。

为了利用计算机对数据进行计算，需组件排布的实数表示。一个 16 位二进制序列可以表示 16 个不相同的组件中的一个，并使得任意两个组件之间的表示差别均只出现在两个数位上。这种设置的基本出发点是，压水堆堆芯关键参数因堆芯燃料组件种类与排布次序变化而变化，为减少引入不必要的人为干扰因素，假设组件种类之间的区别是同等的，故引入“01 序列”编码，以“1”的位置区别不同组件，表示方法表示如图 4 所示，将 H 组件编码为 0000 0000 0000 0001，将 G19 组件编码为 0000 0000 0000 0010 等。

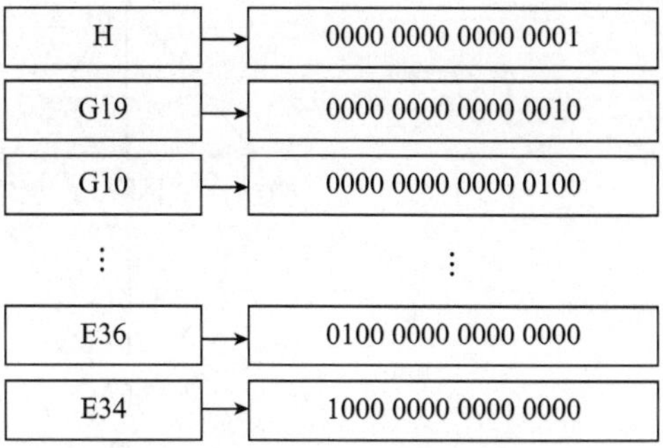

图 4　堆芯组件的二进制数表示

对 CASMO-5 程序模拟计算的输出文件进行处理，获得结构化数据集，其中包括表示燃料组件排布的数据（输入数据）和上述堆芯 3 个关键参数数据（标签数据），并对标签数据进行统计，数据集信息如表 1 所示，数据集总样本数为 10 000。

表 1　数据集概述

堆芯参数	缩写	量纲	数据量	均值	方差	精度
有效增殖因子	K_{EFF}	无	10 000	1. 159 4	0. 000 158 7	0. 000 01
组件功率峰因子	RAD	无	10 000	1. 75	0. 023	0. 01
棒功率峰因子	FΔH	无	10 000	1. 899	0. 021 5	0. 001

点评：编码简洁明了，实现了实际问题到数学问题的转化，是非常巧妙的数学建模技巧，请同学们细细体会。

（2）算法设计与实现

燃料排布事关堆芯产生的效益，尽管要知道每一种组件排布所对应的效益并不容易，却可以通过反应堆中一些关键的参数指标来指导核燃料装载的选择。对于大量排列组合的计算，模拟方法所要付出的时间成本过高，还容易因为参数的变化而不得不重新计算。使用模拟方法计算出一定数量的数据，然后利用神经网络完成剩余的估算是解决这个问题的有效方法。利用神经网络快速预测堆芯参数还可以为优化算法的大范围搜索提供可行性，据此可建联合算法。

① Bagging-NN-ACO 联合算法框架

神经网络与蚁群优化（NN-ACO）联合算法的基本思想是，基于神经网络进行堆芯参数的预测，实现蚁群算法目标函数的快速计算，利用蚁群算法对优化空间进行大范围搜索。基于神经网络的装袋集成学习方法（bagging nueral network，Bagging-NN）使用多个独立训练的神经网络组成预测模型。基于蚁群算法（ACO）的优化模型利用预测模型进行适应度的计算，通过种群进化实现优化计算，其框架如图 5 所示。

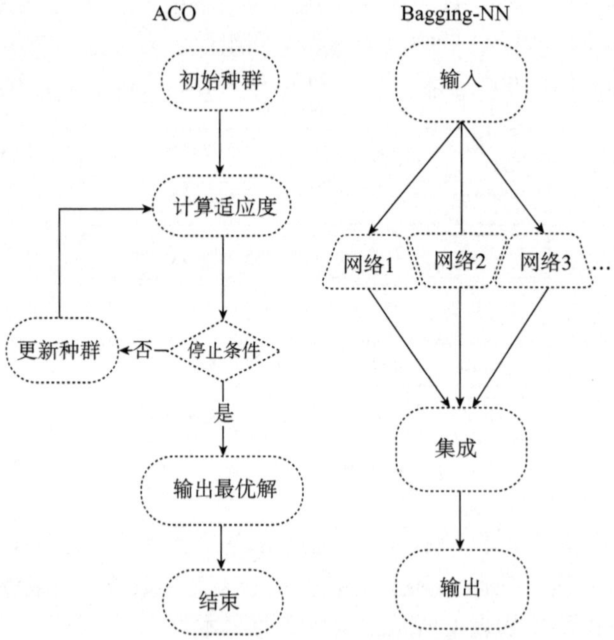

图 5　Bagging-NN-ACO 联合算法框架

点评：该算法是一个纯数据驱动的全流程智能算法，不需要依靠核领域的专门知识，即可完成最优方案的筛选，请同学们好好感受智能方法的巨大魅力。

② Bagging-NN 算法预测堆芯关键参数

装袋算法（Bagging），是一种通过组合多个模型来减少泛化差的集成方法，以模型平均策略为基本思想，即独立训练数个不同模型，然后让它们在测试集的输出上投票，算法流程如图 6 所示，具体的独立采样技术这里省略，需要强调的是要保证生成的神经网络模型彼此独立。

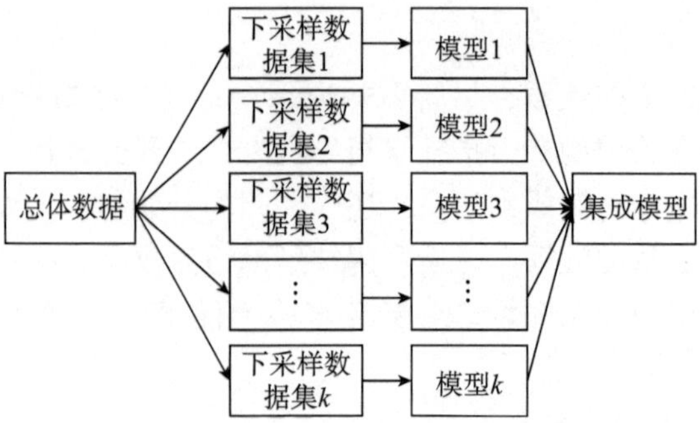

图 6　Bagging 算法流程

我们的例子选择了 10 个神经网络模型进行集成，均为结构较为简单的三层神经网络，其拓扑图形如图 7 所示，包括一个输入层、一个输出层和一个隐藏层。输入层、隐藏层和输出层的规模为（320，1024，1），因而其权重数量约为 33 万个。以 KEFF、RAD、FΔH 参数中的每个作为对象，进行多次训练并统计结果。

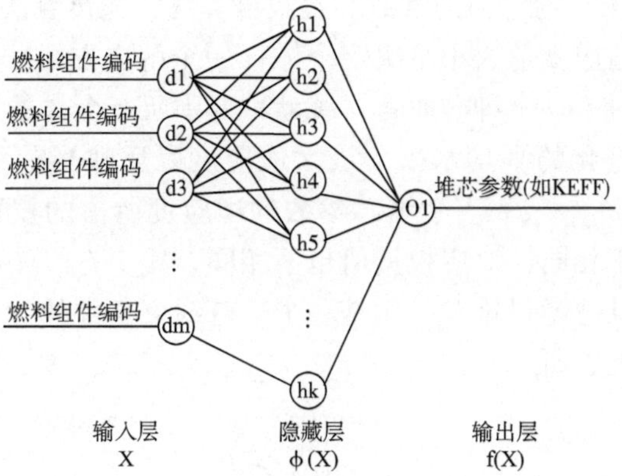

图 7　神经网络拓扑图

如图 8 所示（以有效增殖因子 KEFF 数据为例），以测试集真实值为 x 坐标，以 Bagging-NN 预测值为 y 坐标绘制散点，得到所有测试集样本的预测结果分布。图中 $e=0$ 线为 $x=y$ 曲线，即预测值与真实值相等，显然，越靠近该曲线误差越小，散点越是紧密分布在曲线周围，模型性能越好。此外图中还添加了长虚线表示两者误差为 10%（1%）的位置，点虚线表示两者误差为 5%（0.5%）的位置，因此散点代表了预测值对真实值的偏移情况。总体而言，绝大多数散点位于实线附近，仅有少许 RAD、FΔH 的数据在点虚线之外，但均在长虚线之内。对于 KEFF 数据，Bagging-NN 的最大误差未超过 0.5%，平均更是在 0.1%以内，可见模型的精度高、拟合度好，具有很好的鲁棒性。

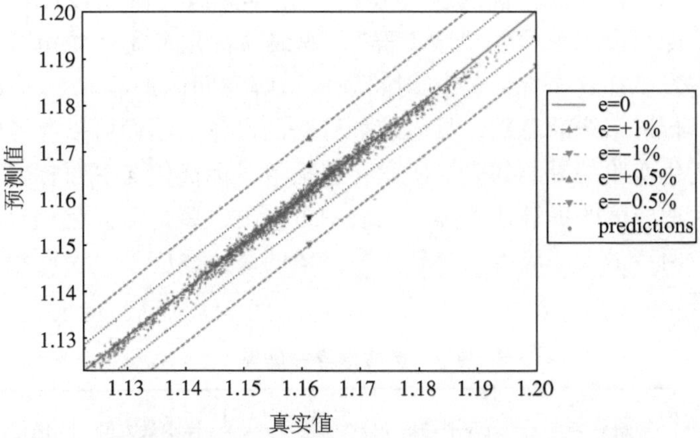

图 8　模型在测试集（KEFF 数据）上的预测点分布情况

点评：网络的加权和集成，看似是个简单的方法，却有很好的效果，就比如在实际决策时，听取多方意见，综合权衡，最后才能得到一个科学全面的决策。

③ 蚁群算法优化堆芯燃料排布

本例研究对象是秦山二期平衡循环（换料周期为12个月），堆内无可燃毒物，因此可以将参数KEFF、RAD和FΔH作为优化目标，目标函数定义如下：

$$F(x)=\omega_{\mathrm{KEFF}}f_{\mathrm{KEFF}}(x)+\omega_{\mathrm{RAD}}f_{\mathrm{RAD}}(x)+\omega_{\mathrm{F\Delta H}}f_{\mathrm{F\Delta H}}(x)+\delta$$

其中，δ为用以保证$F(x)$为正值的常数。在蚁群算法、遗传算法等问题中，目标函数通常也称适应度函数，以适应度值大小来决定个体（一个解决方案）的优劣程度，从而决定其被选择的概率大小。对于一个种群而言，统计种群中所有个体的适应度可以得到平均适应度值以反映当前种群进化的平均水平，最大适应度以反映当前种群所能达到的最高水平。式中ω_{KEFF}、ω_{RAD}、$\omega_{\mathrm{F\Delta H}}$代表三个堆芯参数的适应度所占的权重，不同的问题可能对这三个参数的重视程度不相同，对应权重值也不相同。式中$f_{\mathrm{KEFF}}(x)$、$f_{\mathrm{RAD}}(x)$、$f_{\mathrm{F\Delta H}}(x)$均为非线性函数，因此堆芯燃料排布优化是一个带有约束条件的优化问题，称为约束非线性优化问题，其形式如下式所示：

$$\min f(x)$$

$$\text{s. t.}\begin{cases}\omega_{\mathrm{KEFF}}\geqslant 0\\ \omega_{\mathrm{RAD}}\geqslant 0\\ \omega_{\mathrm{F\Delta H}}\geqslant 0\\ \delta\geqslant 0\end{cases}$$

当$\omega_{\mathrm{KEFF}}=1$、$\omega_{\mathrm{RAD}}=\omega_{\mathrm{F\Delta H}}=0$时，目标函数为$f_{\mathrm{KEFF}}(x)$，此时蚂蚁的行进“距离”表示的是有效增值因子的值，即堆芯燃料排布为单目标优化问题。若同时考虑堆芯三个参数的变化，其中KEFF参数极大化，而FΔH、RAD极小化，各参数的重要性相当，即$\omega_{\mathrm{KEFF}}=1$，$\omega_{RAD}=\omega_{\mathrm{F\Delta H}}=-1$，此时堆芯燃料排布为多目标优化问题，目标函数表达式为：

$$F(x)=f_{\mathrm{KEFF}}(x)+(3-f_{\mathrm{RAD}}(x))+(3-f_{\mathrm{F\Delta H}}(x))$$

在压水反应堆堆芯燃料组件排布优化问题中，把每一个组件都看作一个“城市”，可以将组件的排布问题转换成旅行商问题（TSP）。据堆芯组件阵列设计约束可知组件在三个区域自行排列，即形成三个独立“城市群”，蚂蚁须首先走完“城市群”内部城市，再向下一个城市群进发。在这个非线性规划问题中，解空间内约有6.27×10^{10}种排布方式，即为蚂蚁可以选择行进路线的总数。具体蚁群算法的操作同学们可以参考作者相关论文。

最后展示下优化实验结果，如表2所示，包括单目标优化与多目标优化的平均适应度的提升比例、最大适应度的提升比例等，从表中可看出，多目标优化相对单目标优化适应度提升更加明显，两者最大适应度均突破了数据集的最大适应度，说明蚁群算法能找到了比数据集更优的解。

表2 适应度提升结果

	达到稳定所需迭代次数	初始平均值	最终平均值	平均适应度提升比例	样本最大值	优化最大值	最大值提升比例
单目标	约500代	1.169 431	1.183 300	1.19%	1.202 02	1.229 53	2.29%
多目标	约1 800代	3.639 431	3.904 264	7.28%	4.307 12	4.467 35	3.72%

点评：将排布问题转换成旅行商问题是蚁群算法应用的关键。

（3）我国核科学中的人工智能方法展望

作为引领未来的战略性技术，世界主要发达国家均把发展人工智能作为提升国家竞争力、维护国家安全的重大战略，加紧出台规划和政策，力图在新一轮国际科技竞争中掌握主导权。作为世界第二大人工智能强国，当前是我国加强人工智能布局、收获人工智能红利、引领智能时代的重大历史机遇期。

核工业作为高科技战略产业，既是国家安全重要基石，又是科技强国建设的重要先导和支撑。我国已建立起包括铀矿地质勘探、铀矿采冶、铀纯化、铀浓缩、元件制造、核电、乏燃料后处理、放射性废物处理处置等环节的完整核工业体系，核工业已经成为军民结合产业的标杆。我们应该抓住人工智能发展的重要机遇期，从整个核产业链出发，探索人工智能应用的需求和场景，大力推动人工智能在全产业链的深度融合、创新应用和转型驱动，实现全产业链智慧核能，引领国际核科技发展。

我国核科学中的智能算法研究起步较晚，大多局限于对系统的某个局部使用优化模型和某个智能算法，整体性的、深入的工作还不多见。以核动力装置重量和体积的优化研究为例，已有的研究大多是针对核动力装置中某单个设备的优化设计，对于核动力装置全系统的优化设计研究一直未取得显著成果。在国际上，核动力装置的优化设计已经取得了不错的成果。一是由于如美国和俄罗斯等国家具有实力雄厚的工业基础，其冶金、制造、材料等方面有着绝对的实力，使得核动力装置的设计准则得以优化，从而具有很大的优化空间；另外，虽然我国在人工智能算法上综合实力也很强，但主要因数据和应用驱动，在算法层面还是美国发展得更为充分和成熟。

作为新一代核工业人，同学们有责任学好这门课程，结合自己的知识背景和兴趣，在算法或是应用层面深耕，将来为推动我国核领域的智能算法发展做出应有的贡献。

3. 教学方法

本例是一个案例式教学模板，是作者结合自己的堆芯换料优化课题整理提炼出来的。首先在导入中，阐明案例的研究背景和难点所在，然后围绕难点问题，重点讲解神经网络和蚁群算法耦合的全流程人工智能优化算法设计流程，并通过数值实验展示人工智能方法的强大功效。在最后的总结中，教师注意给学生介绍当前人工智能的战略地位及我国核领域的发展现状，鼓励学生为解决“卡脖子”问题、发展智慧核能进而实现我国高水平科技自立自强贡献智慧力量，润物细无声地做好思政教育。

五、教学实践过程回顾

多年的教学实践发现，核科学与工程中对优化算法及应用有着大量的需求，但是目前大部分优化算法的教科书主要由数学专业或经济专业的研究人员编写，它们多半偏重于数学方法的论证，对于解决实际问题时所需要的建立模型的概念与算法设计的技巧不够重视。而由于问题驱动的需要，核工程领域的研究人员，往往更关注优化的应用：如何根据实际问题建立优化的数学模型，设计优化算法，以及如何开发和使用优化软件。因此，作者不断地整理、设计课程思政案例及核科学中优化实例，并结合核工业研究生专业特点和实际需求编写了《核科学中的运筹学》一书，期间几易其稿，最后在2017年完成出版并应用于核工业研究生教学，至今已有6年时间。在教学过程中，根据课程特点，采用启发式教学、案例式教学和实践式等多种教学方式。

该课程作为主要面向核科学专业学生开设的基础课程，内容主要包括线性规划、非线性规划、现代智能算法、Matlab优化工具箱等内容。在绪论部分，课程思政的设计与实施较为容易，通过引入历史典故、代表人物及杰出事迹，可以帮助学生树立民族自豪感与家国情怀，建立文化自信。一个复杂学科，内容涉及系统理论、系统建模、系统模拟、系统预测、系统评价等。在线性规划、非线性规划、现代智能算法等部分，结合课程思政案例融入，可以让学生在更好地理解理论知识点的同时，培养并锻炼利用系统思维与辩证思维研究问题的习惯，具备科学决策能力以及科学创新能力，并培养学生正确的价值观和对核工业的认同，使他们成为德才兼备、堪当时代大任的新一代核工业人。

六、创新性与效果总结

在论文中，设计了四个不同的思政案例，其实施效果各不相同。案例一和案例二关于中国古代运筹学典故、运筹学代表人物及事迹等点评式思政案例的实施较为顺利，思政融入比较生动、自然，学生参与度较高。案例四用人工智能算法优化堆芯换料方案引起了学生极大的兴趣，学生不仅认真听讲，而且非常关注技术细节并提出了一些创新性的改进方案。案例三单纯形法的基本思路等研讨式思政案例的实施存在一定困难，学参与度相对较低。

通过对这几个案例的实施效果进行比较和分析，总结如下：

首先，思政案例的设计需遵循“以问题为导向”的原则，依据专业人才培养目标，遵循产教结合大方针，结合学生实际科研和应用需求广泛收集整理案例，精心设计教学过程；

其次，在思政教学实施过程中，在培养学生利用运筹学方法分析并解决实际问题技能的同时，对学生的世界观、人生观和价值观进行正确的引领，引导学生利用系统科学、发展辩证的思维来研究事物，培育学生利用寻优探索、科学创新方法进行决策的能力，树立学生的大局意识与底线意识；

最后，在思政教学改善时，要广泛听取相关专家、教师团队以及学生等各方声音，使得思政教学案例的设计、思政教学改革实施以及思政教学评价更加科学合理，使得思政教学的效果得以不断提高。

参考文献

[1] 王端，华大平．核科学中的运筹学［M］．哈尔滨：哈尔滨工程大学出版社，2017.

[2] 运筹学教材编写组．运筹学［M］．3版．北京：清华大学出版社，2005.

[3] 王端，王威策，潘翠杰，等．基于自适应BP神经网络的压水堆堆芯换料关键参数的预测方法［J］．

北京：原子能科学技术，2020：112-118.

［4］韦子豪，王端，王东东，等．神经网络-遗传复合算法在压水堆堆芯换料设计中的应用［J］．北京：原子能科学技术，2020，54（5）：825-834.

［5］韦子豪，王端，林辉，等．压水堆换料优化中 Bagging-NN-ACO 联合算法应用研究［J］．武汉：核科学与技术，2023，11（1）：86-101.

“蒙特卡罗方法”课程思政案例

肖丽丽[1]，林　辉[1]，王　端[1]，宋英明[1]，郑玉来[2]，万强茂[1]

（1. 核工业学院，北京　102413；2. 中国原子能科学研究院，北京　102413）

摘　要：在“蒙特卡罗方法”的授课过程中，根据不同的章节内容，精心设计相应的案例，潜移默化地引入课程思政元素，使得课程思政教育达到“润物细无声”的效果。通过课程思政，使学生们增强民族自豪感，学习科学家精神，厚植家国情怀，树立良好的人生观、价值观，提高创新思维和实践能力，勇于肩负起时代赋予的“强核报国”的光荣使命。

一、课程基本情况

（一）授课对象情况分析

“蒙特卡罗方法”为研究生的专业基础选修课，48 学时，3.0 学分。授课对象是应用数学、核能科学与工程、核技术及应用、辐射防护及环境保护、核燃料循环与材料、粒子物理与原子核物理、凝聚态物理等专业的研究生。上课学期：第二学期。

先修课程和预备知识：高等数学、概率统计、初级核物理及计算机编程。绝大多数学生都满足要求。学习这门课的目的是使用蒙特卡罗方法模拟计算核物理、核探测、辐射防护等领域的相关问题。

（二）课程情况简介

“蒙特卡罗方法”是研究生的专业基础选修课，主要介绍蒙特卡罗方法求解与概率及数学期望相关问题的基本理论及程序实现。通过本课程的学习，使学生掌握利用蒙特卡罗方法求解积分问题的一般过程，重点掌握求解粒子输运问题的蒙特卡罗方法模拟实现，同时初步介绍蒙特卡罗方法的常用计算软件，为以后利用蒙特卡罗方法模拟计算核物理、核探测、辐射防护等领域的相关问题打下基础。

1. 知识目标

通过本课程的学习，要求学生掌握蒙特卡罗方法的基本理论和方法：掌握蒙特卡罗方法的基本思想，熟练掌握常用的伪随机数的产生方法、由已知分布的抽样方法中的基本方法和一般方法，掌握积分计算中的随机投点法和平均值法，掌握减小方差技巧，掌握使用蒙特卡罗方法解粒子输运问题的四种常用方法及在计算机上的实现，了解蒙特卡罗方法应用程序，熟练掌握 MCNP 软件的输入文件的写法，为解决较复杂的实际科学与工程问题打下必要的基础。

2. 能力目标

掌握蒙特卡罗方法的基本理论和方法，培养扎实的理论分析能力及运用蒙特卡罗方法去解决实际问题的能力，熟练使用编程软件实现蒙特卡罗中的算法，能对粒子输运问题进行分析、计算，熟练使用 MCNP 软件解粒子输运问题。这既能为学生在理论学习方面以及在计算机上解决实际问题等方面打下良好的基础，又有利于培养和提高学生结合计算机解决实际问题的创新能力，为后续课程的学习奠定良好的基础。

3. 素质目标

在蒙特卡罗方法的课程教学中，从课程思政的本源出发，深入挖掘、系统梳理和精准厘定蒙特卡罗方法课程中蕴含的思政教育资源及其核心内容，将爱国主义教育元素和人生价值追求、科学研究和创新创造精神、科学家励志奋斗故事等自然融入课堂教学中，努力实现“润物细无声”，发挥“小课堂”的“立德树人”的“大作为”。让学生们通过对科学家的成功故事及一些重要研究成果的发展历程，感受到蒙特卡罗方法在工程技术领域发展中起到的重要作用。

二、案例基本情况

（一）案例一

从蒙特卡罗方法的经典例子蒲丰投针试验讲起，如何估计圆周率 π 的值，从而提到中国古代的大数学家祖冲之，比西方早 1 000 多年计算出密率，增强学生的民族自豪感。

（二）案例二

通过讲述在蒙特卡罗方法开创时期，三位伟大的开创者：乌拉姆、冯・诺依曼、梅特罗波利斯的事迹，让学生们感受科学家精神，鼓励学生向科学家们学习。

（三）案例三

讲述蒙特卡罗方法在中国的发展，徐钟济教授学成归国后，传授先进知识，鼓励学生热爱祖国、勇于担当、无私奉献。

（四）案例四

为减小蒙特卡罗方法的计算误差，降低方差是有效的方法，不同的降低方差技巧都能达到减小方差的效果，正所谓“条条大路通罗马”，鼓励学生积极面对困难、挫折。

（五）案例五

利用中子通过平板屏蔽这个例子，使学生了解由难变易的转化，培养学生抓住主要矛盾，忽略次要矛盾的辩证哲学思维。

（六）案例六

开展创新实践，让学生们利用所学蒙特卡罗知识解决核领域的一些实际问题，从而提高结合计算机解决实际问题的创新能力，为解决较复杂的科研、工程问题打下必要的基础。

三、案例思政元素分析

案例一：中华优秀传统教育：增强民族自豪感、文化自信心；
案例二：科学家精神：刻苦钻研、追求创新；
案例三：家国情怀：热爱祖国、无私奉献；
案例四：积极的生活态度：敢于面对困难和挫折、寻求不同的方法；
案例五：辩证哲学思维：抓住主要矛盾，忽略次要矛盾；
案例六：专业能力：创新思维、实践能力。

四、案例教学整体设计

（一）案例一

蒙特卡罗方法的经典例子是蒲丰投针试验，1768 年法国数学家 Comte de Buffon 通过投针试验估计圆周率 π 的值。具体做法是：在一个水平面上画上一些平行线，相邻两条直线的距离是 $2a$，然后把一根长为 $2l$（$0 < l < a$）的针随机投到这一平面上（见图 1）。

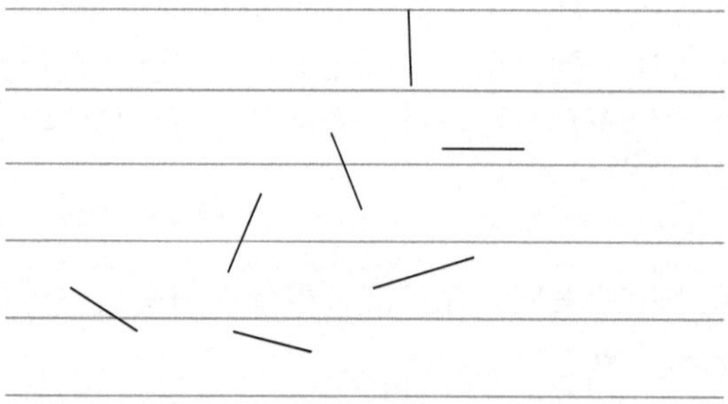

图 1　蒲丰投针试验示意图

最终出现的结果有两种，一种是针与这组平行线中的一条直线相交，一种是不相交。可以证明，针与平行线相交的概率为：

$$p = \frac{2l}{\pi a}, \quad (l < a) \tag{1}$$

设 N 为投计次数，n 为针与平行线相交次数，如果投针次数足够多，用针与平行线相交的频率代替概率 p，即可得到

$$\pi = \frac{2l}{ap} = \frac{2l}{a} \cdot \frac{1}{p} \approx \frac{2l}{a}(\frac{N}{n}) \tag{2}$$

这就是蒲丰投针试验，借助于频率代替概率，得到圆周率的估计值，为圆周率计算开辟了一个新的研究途径，也是一个很有影响力的试验。

后来有很多人进行了投针试验，投针次数不同，得到不同的估计值（见表1）。

表1　蒲丰投针试验结果

试验者	时间/年	投掷次数	相交次数	圆周率估计值
沃尔弗	1850	5 000	2 532	3. 159 6
斯密思	1855	3 204	1 219	3. 155 4
福克斯	1884	1 030	489	3. 159 5
拉查里尼	1901	3 408	1 808	3. 141 592 9

其中，1901 年，拉查里尼通过 3 408 次投针试验，得到 π 的估计值 3. 141 592 9，是精度最高的。

提到圆周率，不能不提到南朝宋、齐时期大科学家祖冲之。他是世界上第一个把 π 数值推算到小数点后第 7 位数字的人，3. 141 592 6<π<3. 141 592 7。祖冲之还给出 π 的两个近似分数值：密率 = 355/113 （≈3. 141 592 92，精确到小数点后第 6 位），约率 = 22/7（≈3. 142 857 14，精确到小数点后第 2 位）。在西方，直到 15 世纪阿拉伯数学家卡西和 16 世纪法国数学家韦达才算得 355/113 这一数值，比祖冲之晚 1 000 多年。拉查里尼的投针试验估计结果与祖冲之的密率非常接近。圆周率的估计值体现了中国古人的聪明智慧，通过讲述祖冲之的故事增强学生的民族自豪感、文化自信心。

（二）案例二

虽然从蒲丰投针试验开始就已经有了蒙特卡罗方法的萌芽，但在很长的一段时间里，它并没有得到进一步发展，很多实际问题转化成随机试验后，不可能都通过进行试验得到结果，蒙特卡罗方法停滞不前。

直到 20 世纪 40 年代，蒙特卡罗方法才得以快速发展。主要原因在于一个技术条件，即发明了电子计算机和两个应用需求：美国制造原子弹和氢弹。

1942—1947 年是美国研制原子弹时期，实施研制原子弹的"曼哈顿计划"。1945 年美国试验了世界第一颗原子弹。在原子弹的设计过程中，需求解高维玻尔兹曼方程，当时没有有效的数值求解方法，因为中子在原子弹内扩散和增殖，与各种材料发生碰撞，产生散射、吸收和裂变，是随机过程问题。

在这期间，1945 年在匈牙利裔美籍数学家和计算机科学家冯 · 诺依曼的设计下，美国研制出世界上第一台电子计算机"ENIAC"（艾尼阿克），计算速度是每秒 5 000 次加法计算，乘法运算 400 次，指令码计算操作完全是通过布线电缆和触发开关实现。

在美国洛斯阿拉莫斯国家实验室的波兰裔美籍数学家乌拉姆，负责原子弹设计的理论计算工作，非常了解原子弹理论计算的关键和困难。当时乌拉姆在疗养院休养，闲着无事时玩纸牌游戏，他发现有时候纸牌游戏能成功，有时候失败，他比较好奇成功的概率怎么计算，他在思考这个问题的时候联想到原子弹设计过程中也有类似的随机性问题。于是，他提出了蒙特卡罗方法，并提出随机抽样的逆变换算法。他还发现了辐射内爆原理，用原子弹引爆氢弹，解决引爆氢弹核聚变的关键技术问题。

乌拉姆与冯·诺依曼讨论蒙特卡罗方法。冯·诺依曼做了很多蒙特卡罗方法的理论和实际工作，例如，提出了蒙特卡罗模拟具体技术方案，提出了随机抽样的取舍算法和产生随机数的平方取中方法。为解决原子弹内中子扩散和增殖问题，冯·诺依曼根据乌拉姆给出的原子弹设计原理，提出在“ENIAC”计算机上实现原子弹中子扩散增殖蒙特卡罗模拟的技术方案。模拟一个中子需要 3 min，模拟 100 个中子需要 5 h，虽然速度、精度不理想，但开创了蒙特卡罗方法。结果显示蒙特卡罗方法可以成功地近似解决中子输运问题，并且具有良好的精度和可靠性。

1948—1953 年是美国研制氢弹时期，1952 年成功进行了第一次氢弹试验。冯·诺依曼、希腊裔美籍物理学家和计算机科学家梅特罗波利斯设计制造了世界上第二台电子计算机——可编程的电子计算机“MANIAC”，内存 4 万字节，速度远高于“ENIAC”。

在氢弹研制过程中，需求解非常态下物质的温度、压强和体积之间关系的物质状态方程，梅特罗波利斯提出一种全新的随机抽样算法——梅特罗波利斯算法，发展成为马尔科夫链蒙特卡罗方法（MCMC），成为持续五十多年的研究热点。

从洛斯阿拉莫斯国家实验室战后的解密技术报告中看到，大部分技术报告涉及蒙特卡罗方法。

从蒙特卡罗方法的发展过程中，我们可以感受到伟大的科学家精神，正是三位伟大的开创者勤于钻研、善于发现问题、解决问题、互相合作，才使得蒙特卡罗方法在原子弹、氢弹的研制过程中发挥巨大的作用。科学家们刻苦钻研、严谨笃学的学术态度，在工作中一丝不苟、追求创新的职业素养，坚持不懈、永不放弃的人生态度，这些都是从事科研工作必不可少的优秀品质，鼓励学生向科学家学习。

（三）案例三

蒙特卡罗方法在中国的发展是从 20 世纪 50 年代末开始的，从美国回来的徐钟济教授，在安徽大学和中国科学院计算技术研究所讲授研究蒙特卡罗方法。

同一时间，裴鹿成研究员在中国科学院原子能研究所开展蒙特卡罗方法研究，在粒子输运领域做了许多实际应用工作。

1964—1966 年，原子能所理论室成立裴鹿成领导的 5 人专门研究小组，完成核爆炸中子和伽马射线输运蒙特卡罗模拟，为核试验提供可靠的理论数据，做出了贡献。

1964 年 10 月 16 日，中国第一颗原子弹在新疆罗布泊爆炸成功；1967 年 6 月 17 日上午 8 时 20 分，中国第一颗氢弹在新疆罗布泊爆炸成功。这段时间正好与蒙特卡罗模拟时间高度重合，我们相信蒙特卡罗方法在我国短时间内研制成功原子弹和氢弹起到了很大的作用。

徐钟济，数理统计学家，计算数学家。江苏泰州人。在“五四运动”的熏陶下，科学救国思想浓厚，1927 年毕业于北京师范大学数学系，1937 年获英国伦敦大学理科硕士学位，1941 年获美国哥伦比亚大学数学博士学位。1941 年归国后，先后在多所大学从事数理统计教学工作，并编写多种数理统计学讲义。1956 年，徐钟济响应党中央"向科学进军"的号召，参加刚刚筹建的中国科学院计算技术研究所，从事数理统计和蒙特卡罗方法的科研工作，在计算所负责蒙特卡罗方法的计算模拟研究。1961 年开展概率统计计算研究，指导蒙特卡罗方法和统计的计算工作。徐教授翻译了大量科技文献资料，对开展、促进和推广蒙特卡罗方法在我国的应用做了大量工作，奠定了扎实的基础。徐钟济教授是我国第一台电子计算机 103 机的最早一批使用者，他曾经在一封信中写道："在此月白风清、万籁俱寂的中秋节深夜里，我在我的办公室内，听着我国第一台电子计算机嗡嗡地响着为我计算一个课题。人生得此，复何求焉？"1985 年他编著的《蒙特卡罗方法》是参加计算研究所后的工作总结。

徐钟济是我国最早的一批数学博士，在国外获得博士学位后就归国传授先进的数理统计、蒙特卡罗知识，他勇于担当、治学严谨、不畏困难、乐于奉献。正是一批批如他一样的科学家，在家国大义面前，宁肯放弃优厚的待遇，也要为国家建设奉献自己的一份力量。鼓励学生向徐教授学习，热爱祖国、勇于担当、无私奉献，为中国的核工业发展贡献自己的一份微薄之力。

（四）案例四

蒙特卡罗方法是由随机变量 X 的简单子样 $X_1, X_2, \cdots, X_N$ 的算术平均值：

$$\bar{X}_N = \frac{1}{N}\sum_{i=1}^{N} X_i \tag{3}$$

作为所求解的近似值。

由大数定律和中心极限定理可知：当 N 充分大时，有如下的近似式：

$$P\left(|\bar{X}_N - E(X)| < \frac{\lambda_\alpha \sigma}{\sqrt{N}}\right) \approx \frac{2}{\sqrt{2\pi}}\int_0^{\lambda_\alpha} e^{-t^2/2}dt = 1 - \alpha \tag{4}$$

其中，α 称为置信度，$1-\alpha$ 称为置信水平。

这表明，不等式 $|\bar{X}_N - E(X)| < \frac{\lambda_\alpha \sigma}{\sqrt{N}}$ 近似地以概率 $1-\alpha$ 成立，且误差收敛速度的阶为 $O(N^{-1/2})$。

通常，蒙特卡罗方法的误差 ε 定义为

$$\varepsilon = \frac{\lambda_\alpha \sigma}{\sqrt{N}} \tag{5}$$

蒙特卡罗方法计算得到的误差 $\varepsilon = \frac{\lambda_\alpha \sigma}{\sqrt{N}}$ 是概率误差，这与其他数值计算方法是有区别的。给定置信度 α 后，误差 ε 由 σ 和 N 决定。要减小 ε，可以通过：增大 N，在 σ 固定的情况下，要把精度提高一个数量级，试验次数 N 需增加两个数量级，因此，单纯增大 N 不是一个有效的办法；减小估计的均方差 σ，比如降低一半，那误差就减小一半，这相当于 N 增大 4 倍的效果。

降低方差的各种技巧引起了人们的普遍注意。不同的降低方差技巧从不同角度采用不

同策略，达到减小方差的效果。例如，相关方法要求有一个数学期望已知且强正相关的随机变量；对偶变量技巧则要求具有相同的数学期望且负相关的随机变量；俄国轮盘赌和分裂则将区域进行划分，再分别通过分裂或者赌的技巧……殊途同归，最终都能实现减小方差的目的。

“条条大路通罗马”，做成一件事的方法不止一种，人生的路也不止一条，鼓励学生在未来的学习、工作、生活中要有积极的心态，以及百折不挠的勇气。如果遇到困难或者挫折，可以换个角度想想，是不是有其他的办法。

（五）案例五

在反应堆工程和辐射的测量与应用中，常常要用一些吸收材料做成屏蔽物挡住光子或中子。我们所关心的是经过屏蔽后射线的强度及其能量分布，这就是屏蔽问题。

当屏蔽物的形状复杂，散射各向异性，材料介质不均匀，核反应截面与能量、位置有关时，难以用数值方法求解，用蒙特卡罗方法能够得到满意的结果。

蒙特卡罗模拟，实际上就是模拟相当数量的粒子在介质中运动的状况，使粒子运动的统计规律得以重现。不过，这种模拟不是用实验方法，而是利用数值方法和技巧，即利用随机数来实现的。

利用中子通过平板屏蔽这个例子，使学生们掌握使用蒙特卡罗方法解粒子输运问题的主要步骤：弄清粒子输运的全部物理过程；确定所用的蒙特卡罗技巧，例如，直接模拟方法、简单加权法、统计估计法、指数变换法；确定粒子的状态参数与状态序列；确定粒子输运过程中有关分布的抽样方法。从而使学生们发现复杂的粒子输运问题可以通过综合使用各类求解方法实现由难变易的转化，将一个无法通过试验观察的过程使用蒙特卡罗方法得到了求解。

培养学生学会如何把复杂问题简单化，做事情要抓主要矛盾，抓矛盾的主要方面，忽略次要矛盾，培养辩证哲学思维方法。告诉学生们要开阔眼界，化繁为简，大事化小，提升学生的解决问题的能力。在人生道路上遇到问题时，根据已有知识及客观条件综合做出判断，抓大放小，才能使问题得到解决。

（六）案例六

蒙特卡罗方法是以概率统计理论为基础的一种方法。半个多世纪以来，由于科学技术的发展和电子计算机的发明，这种方法作为一种独立的方法被提出来，并首先在核武器的试验与研制中得到了应用。由于蒙特卡罗方法能够比较逼真地描述事物的特点及物理实验过程，解决一些数值方法难以解决的问题，因而该方法的应用领域日趋广泛。学习这门课的一个目的是学以致用，用所学到的理论知识解决实际问题。

为更好培养和提高学生运用蒙特卡罗方法和软件模拟分析解决复杂工程问题的创新能力，发挥课程育人作用，创新多样性分类教学，在“蒙特卡罗方法”这门课上开展创新实践活动。在新学期的第一堂课上，向学生宣贯蒙特卡罗方法创新实践方案的具体实施办法。选课学生在掌握蒙特卡罗方法基本理论和方法后，可运用 MCNP、Geant4、FLUKA、EGS 等蒙卡软件，结合硕士选题，选择反应堆工程、核物理、核技术应用、辐射防护、核探测、医学物理等领域较复杂的科学与工程问题进行建模、计算与分析。

在实施过程中，开学4周之内，“蒙特卡罗方法”选课学生根据自身实际情况，撰写提交课程创新实践选题报告，内容包括：题目、选题领域、选题依据与创新点、拟解决的关键问题、技术路线描述、拟提交的考核成果、导师意见等，由授课老师进行审核，审核通过的学生，可进入课程创新实践；进入课程创新实践的同学，根据选题开展实践课题研究，研究过程中，任课老师和导师给予必要指导；课程结束前2周，提交软件成果和研究报告，参与答辩，作为本课程学习考核依据，由任课老师给出考核成绩，成绩合格者可不参加期末考试。

学生对于这个创新实践非常感兴趣，选课人数99人中有25名学生（23组）提交报告并参与答辩。学生们针对自己选定的课题，选择适合的蒙特卡罗软件进行模拟实验。他们运用所学的理论知识，构建模型，设定参数，进行仿真计算，最终得出结果并进行分析解读。这个过程不仅让学生们深入理解蒙特卡罗方法的原理和应用，更锻炼了他们的实践能力和创新思维。

在答辩环节，对每个学生的答辩都给予充分的关注和评价，既肯定学生们在实践中的努力，也指出他们在实践过程中需要改进的地方，给予针对性的指导意见。

本次蒙特卡罗课程创新实践是教学改革的一次尝试，通过转换学生身份，将学生们从传统的被动接受教育转变为主动参与实践的学习者，更好地激发学生的创新思维和提高解决问题的能力。

五、教学实践过程回顾

在授课过程中，潜移默化地引入一些课程思政案例，在传授专业知识的同时，培养学生正确的人生观、价值观，使他们成为有责任、有担当的核工业人才。

课程思政要做到“润物细无声”，在教学过程中不仅要进行合理的教学设计，还要选择合适的教学方法和手段。根据“蒙特卡罗方法”这门课程的特点，主要采取以下方法和手段实现教学目标。

（一）启发式教学

启发式教学即将教学工作变为“受之以渔”，对调动学生学习的积极性、提高教学效果具有重要的作用。针对学生的专业背景和学习兴趣，来提出适合的问题，促使学生积极思考。

例如，在讲蒙特卡罗方法解粒子输运问题时，引导学生：粒子输运过程中涉及哪些物理过程？选用哪种蒙特卡罗技巧？如何确定粒子的状态参数与状态序列？如何确定粒子输运过程中有关分布的抽样方法？经过一系列的启发式问题以后，学生对所研究的内容有更深入的认识，对蒙特卡罗方法也有了更深入的了解。同时还可以根据学生反馈的结果及时地了解学生对所学知识点的掌握情况，并据此调整教学的内容和进度。

启发式教学就是要采用讨论式的教学，在讨论中让学生积极思考，充分发挥学生的思考和创新能力，提高教学的效果。

（二）案例式教学

在课堂讲授中，着重强调蒙特卡罗方法在核科学研究和工程实践中的实际应用，这样学生能够更加深入地理解课程的重要性，了解如何应用所学的知识解决实际问题，增强课程的实用性。在教学当中，尽量多使用案例教学的方法，来培养学生的创新和逻辑思维能力，同时也能够使学生在多个案例的学习总结中融会贯通。

如以中子穿过平板屏蔽为例，采用案例式教学法，从研究需求分析入手，逐步讲解所涉及的蒙特卡罗方法，将基础理论教学和实际应用密切结合起来，使学生熟练掌握并加深对蒙特卡罗方法的理解。

（三）实践式教学

实践能力作为综合素质的重要方面和创新人才的重要特征。本课程既有上机实验作业，又有创新实践活动，区别在于前者是老师给定题目，后者是学生与导师沟通后确定的科研或者工程上的实际问题，要求学生用所学的蒙特卡罗方法和相关软件完成。通过实践教学培养学生理论联系实际、运用所学知识独立分析问题和解决问题的能力，从而全面提高学生的综合素质。

六、创新性与效果总结

1. 创新性

（1）教学方法创新：在传统的课堂讲授法的基础上增加了启发式教学法、案例式教学法和实践式教学法；

（2）教学手段创新：利用钉钉直播平台与传统的板书课堂相结合；

（3）教学内容创新：由传统的直接讲授法改为案例分析法，构建课程思政元素，引导学生确立“强核报国、创新奉献”的理想。

2. 效果总结

在教学过程中采用多种教学方法综合运用，同时将思政元素贯穿于整个教学活动中，根据不同的章节内容，精心设计相应的案例，在潜移默化中，培养学生的基本素质，引导学生树立正确的人生观和价值观，增强民族自豪感，学习科学家精神，激发学生报效国家的家国情怀，提高创新思维和实践能力。学生对课程思政的内容普遍反映很好，没有感觉到思政教育与专业教育的脱节，使得课程思政教育达到了“润物细无声”的效果。

“蒙特卡罗方法”课程重视“做中学”，将理论知识与实践应用有机结合，培养创新意识，提高实践能力。实践表明，“蒙特卡罗方法”课程的教学模式取得了较好的教学效果。参加蒙特卡罗方法课程创新实践的学生们普遍反映收获很大，他们学会如何将理论知识应用到实际问题中，提升解决问题的能力，在实践中感受到知识的乐趣和无限可能，激发出对学习的热情和动力。

这种教学模式有效地调动了学生学习的积极性，激发了学生的学习兴趣，形成了较好的互动，教学相长，提高了学生的综合能力和上机实践能力，取得了较好的教学效果。我们将继续深入将课程思政元素融入课堂，为核工业高质量发展提供更多的高层次人才。

参考文献

[1] 许淑艳 . 蒙特卡罗方法在实验核物理中的应用 [M] . 北京：原子能出版社，1996.
[2] 裴鹿成，张孝泽 . 蒙特卡罗方法及其在粒子输运问题中的应用 [M] . 北京：科学出版社，1986.
[3] 康崇禄 . 蒙特卡罗方法理论和应用 [M] . 北京：科学出版社，2015.
[4] Metropolis N, Ulam S. The Monte Carlo method [J] . J. Am. Stat. Assoc., 1949, 44 (247)：335-341.
[5] 魏宗舒 . 纪念徐钟济（1904—1990）先生 [J] . 应用概率统计，1991，1：108-109.
[6] 徐钟济 . 蒙特卡罗方法 [M] . 上海：上海科学技术出版社，1985.

"核反应堆热工分析"课程思政案例
——弘扬核工业精神，培养自主创新意识，激发勇于探索精神

陈　娟，王升飞，李向宾，钟达文，王　汉，曹　琼，吴　浩

（华北电力大学核科学与工程学院，北京，102206）

摘　要："核反应堆热工分析"是核工程与核技术专业的核心课程，主要讲述反应堆堆内的热力传输过程以及反应堆热工水力设计准则和分析方法，为培养核工程人才提供热工理论支撑。授课过程中秉承将课程思政教育自然融入到专业课程教学的原则，挖掘出诸多思政元素，并用于教学实践：① 从"两弹一星"出发到国家名片"华龙一号"讲述中国核事业的奋斗史，让学生传承核工业精神，激发学生的专业使命和责任担当；② 有机融入专业理论知识的历史沿程、里程碑事件、重大事故以及核热工前沿动态，挖掘新堆型、新技术下的关键热工水力问题，培养学生的历史思维、辩证思维、发散思维和系统思维，提升学生的创新能力；③ 将抽象的计算模型与社会热点相结合。例如，从日本福岛核污水排放热点事件出发，追溯日本福岛核事故的发生、原因分析和警示，阐述核燃料元件传热的重要性及关键传热模型，提升学生解决问题的能力；④ 将高精尖问题融入专业课程教学，激发学生勇于探索的精神，培养学生的爱国精神和奉献精神。教学实践结果表明，学生的创新能力和综合素质得到有效提高，教学质量得到显著提升。

一、课程基本情况

（一）授课对象情况分析

1. 授课对象

"核反应堆热工分析"课程面向核工程与核技术专业的大学三年级本科生开设。

2. 对象特点分析

有利学情：

1）学生在学习本门课程之前，已经先期学习了高等数学、工程流体力学、工程热力学、传热学、核电厂系统与设备的相关知识，为学好本门课程打好了基础；

2）本门课程为专业核心课程，在核工程与核技术专业人才培养方案中占有重要地位，学生本身对本门课程非常重视；

3）本门课程采用线上线下混合式教学模式，教师团队自建慕课，并且已经过多轮运行，教学环节完整，可以供学生随时结合课程进行学习；学生可以借助 PPT、课堂派、微信群、等多样化的信息教学工具和手段，充分利用丰富的线上资源，提升学习兴趣。

不利学情：

1）与基础课不同，作为专业核心课程，需要综合运用之前所学知识，交叉融合较多，学生学习相对难度较大；

2）学生的先修课程多是在线上学习，基础性不够牢固，对本门课程理解会有一定困难；

3）线上线下混合式教学过程中，学生线上学习的时间和效果不能很好验证；部分学生习惯了传统的满堂灌学习方式，不太适应教学方式的多样化。

（二）课程情况简介

“核反应堆热工分析”课程是核工程与核技术专业的专业核心课程，48 学时，3 学分，面向大学三年级本科生开设。通过本课程的学习，学生可以掌握反应堆热工水力学的基本分析方法、稳态工况下反应堆堆内的热力传输过程以及反应堆热工水力设计准则和分析方法，了解瞬态工况下的堆内热工分析，从而具备对复杂反应堆热工工程问题的判断分析、解决能力，形成实事求是、求真务实的科学精神，具备爱国奉献、改革创新、锐意进取的爱国精神与时代精神。

“核反应堆热工分析”课程在传授知识的过程中，贯彻“价值塑造、知识传授、能力培养”三位一体的育人理念（见图 1），深入落实立德树人根本任务，加强思想政治教育，使学生在学习科学文化知识的同时，实现价值塑造、能力培养，做到固本铸魂、培德育人。本课程已形成思政案例多个，这里选取 3 个典型案例进行介绍。

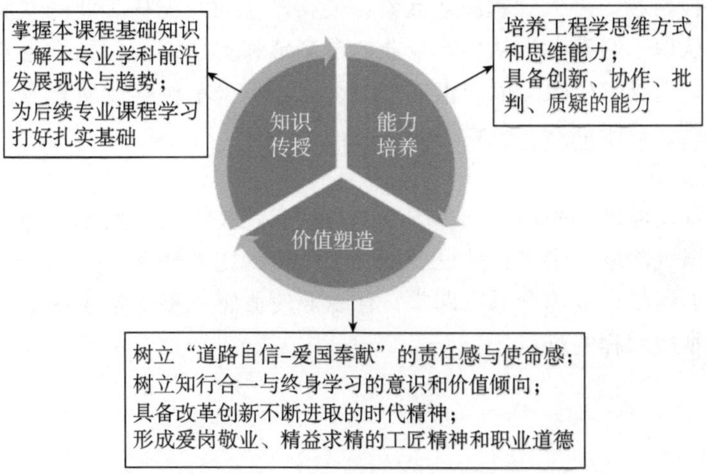

图 1 课程建设目标

结合课程特点，将思政元素有机融入课程教学，达到润物无声的育人效果。在完成专业育人目标同时，强化学生工程伦理教育，培养学生精益求精的大国工匠精神，激发学生科技报国的家国情怀和使命担当，坚定道路认同，实现价值引导和专业知识传授有机融合。

二、案例基本情况

（一）案例一

1. 案例简介

案例名称：2030 碳达峰，2060 碳中和，核电核工能做什么？

以“双碳”目标为背景，讲述中国能源战略中发展核电的必要性，引导学生树立专业自信；从“两弹一星”出发，讲述中国核事业奋斗史以及核工业精神的传承，激发学生的使命担当；融入核反应堆技术的历史沿革、里程碑事件、三大事故以及前沿动态，拓展新设计、新材料、新技术，剖析不同堆型的关键热工水力问题，培养学生的历史思维、辩证思维、发散思维和系统思维，激化学生的创新思维。

2. 教学目标

知识传授：结合“双碳”目标和国家能源可持续发展战略，讲述发展核能的必要性和核反应堆热工的作用。从核电发展历程出发，介绍压水堆、重水堆、沸水堆、高温气冷堆和快堆的基本结构和特点，并让学生了解核反应堆热工分析的要求和任务。

能力培养：通过小组讨论，培养学生具备怀疑、探究、协作、批判、质疑的能力。

价值塑造：结合国家“双碳”目标，增进学生对国家能源战略的把握，对核电在国家发展中的定位有着较为明确的认知。将个人成长和发展融入到国家发展中，为国家“双碳”目标做出时代贡献。融入课程思政元素，使得学生对我国核工业的发展历史及技术现状有一个总体的认识，激发学生从事本专业的自豪感和责任感，激励学生建立为国家建功立业的伟大情怀。引导学生眼光面向世界前沿，立志将来本科毕业后在专业领域进一步深造，挑战世界难题，勇于创新，勇攀科技高峰。

3. 教学重点及难点

教学重点：核反应堆各种堆型的基本结构、特点及关键热工问题，包括压水堆、重水堆、沸水堆、高温气冷堆和快堆；核反应堆热工分析的主要任务。

教学难点：如何将思政理念融入课堂，让专业使命感扎根于学生内心，实现潜移默化的思政教育，是本次课程的难点。

（二）案例二

1. 案例简介

案例名称：面对核反应堆安全，我们始终在路上。

从日本福岛核污水排放这一热点事件出发，追溯日本福岛核事故的发生、原因和警示，讲述核反应堆燃料元件的传热重要性及关键传热模型。由此将抽象的数学模型与社会热点事件相结合，激发学生的学习兴趣以及专业使命担当。

2. 教学目标

知识传授：讲述核反应堆热工的能量转换过程，讲解堆芯燃料元件传热计算模型，让学生重点掌握压水堆棒状燃料元件温度场计算以及温度场的变化规律；讲述核电发展史上的三次严重事故，让学生了解其原因、后果及经验教训。

能力培养：基于压水堆燃料元件传热模型学习，开展超临界水堆燃料元件、耐事故燃料元件的传热计算模型专题讨论，拓展模型的应用边界，培养学生举一反三的能力；通过对热点事件的剖析，培养学生解决核电工程问题的能力，从而实现将思政教育有机融入专业课程授课。

价值塑造：秉承将课程思政教育自然而然地融入到专业课程的教学中，增强思政教育的融入感、获得感和感染力，培养学生的科学精神、使命担当和理想信念。将抽象的计算模型与社会热点相结合，激发学生的学习兴趣和专业使命感，让知识变得生动且能感知，使学生理解更深刻。

3. 教学重点及难点

教学重点：燃料元件传热计算模型，包括：芯块导热模型、气隙导热模型、包壳导热模型及积分热导率计算模型。

教学难点：燃料元件传热计算模型的推导。

（三）案例三

1. 案例简介

案例名称：奔赴星辰大海，你准备好了吗？

从星辰大海的愿景出发，讲述小型堆技术中的自然循环关键问题，让学生由科学前沿自主链接至基础理论知识，掌握自然循环的定义、特点及流量计算，激发学生的学习兴趣和学习动力；同时，结合中国核电名片"华龙一号"的非能动技术，拓展自然循环的应用，引出自主化概念，培养学生的爱国奉献精神。

2. 教学目标

知识传授：讲述核能在海陆空的应用特点，以及特殊环境下核反应堆设计的一系列特点；介绍自然循环在热管堆、自主化设计"华龙一号"等堆型中的应用；掌握自然循环的基本概念、建立自然循环的条件以及自然循环流量的计算。

1）能力培养

通过小组讨论，培养学生具备怀疑、探究、协作、批判、质疑的能力。

2）价值塑造

结合自然循环在特殊堆型中的应用，激活学生对于带着核能奔赴星辰大海的憧憬和使命，提升专业认同感、自豪感和使命感；结合国家名片"华龙一号"，增进学生对反应堆自然循环的理解，增强道路自信和民族自豪感，引导他们将个人梦融入中国梦的实践之中，增强其责任感、使命感，提升其对爱国奉献精神、改革创新精神的理解和认同。

3. 教学重点及难点

重点：自然循环的建立条件。

难点：自然循环流量的计算。

三、案例思政元素分析

思政元素 1：传承核工业精神

20世纪50年代，刚刚诞生的新中国百废待兴，面对当时的国际形势，党中央高瞻远瞩、审时度势，果断作出了独立自主研制“两弹一星”的战略决策。在党中央统一部署、统一领导下，从全国26个部委、20多个省区市、1 000多家单位抽调精兵强将参与研制，集中攻关，形成了全国一盘棋干事创业的强大合力。短短十余年时间，“两弹一星”从构想变成现实，这是中国人民在攀登现代科技高峰征途中创造的人间奇迹，充分体现了在中国共产党领导下社会主义制度集中力量办大事的优越性。

“干惊天动地事，做隐姓埋名人。”在为“两弹一星”惊世伟业奋斗的过程中，无数研制工作者以身许党，以身许国，默默奉献，用自己的智慧、青春、热血乃至生命，铸就了热爱祖国、无私奉献，自力更生、艰苦奋斗、大力协同、勇于登攀的“两弹一星”精神内核，铸就了“两弹一星”的不朽丰碑。他们身上展现的忠诚、执着、朴实的鲜明品格永远激励着后人前进，他们的事迹和贡献将永远写在共和国史册上。

老一辈核工业人在“一穷二白”极其艰苦的环境下，攻坚克难、自主创新，成功掌握了原子弹、氢弹、核潜艇等国之重器的关键核心技术，挺起了民族脊梁。我国从核工业发展的急迫需求和长远需求出发，瞄准世界科技前沿，面向国家重大需要，努力实现更多“从0到1”的突破，着力解决一批“卡脖子”问题。围绕产业链布局创新链，形成体系完整的核科技研发平台，取得“华龙一号”、泳池堆、高温气冷堆、聚变堆、国产钴-60等重大成果。

图2左上为原子弹爆炸情景，右上为氢弹爆炸情景，下图为核潜艇航行场景。

图2　核能应用场景

该思政元素用于案例一，激励学生传承核工业精神。

思政元素2：落实“双碳”目标下的国家核电发展战略

近期由于俄乌战争，国际天然气和石油价格大涨，也为中国乃至全球能源消费带来了重大压力。成熟的高功率核反应堆将会在中国“30·60”“双碳”目标与全球“碳中和”中发挥重要力量。发展核电写入了2022年8省两会报告，成为落实碳达峰碳中和工作的关键一环。在“十四五”及中长期，我国核电建设有望按照每年6~8台持续稳步推进。

根据核裂变的特点，反应堆可以在任意功率水平下达到临界，即核反应堆单堆功率密度远高于其他新能源。从世界首个核反应堆热功率仅为0.5 W开始，20世纪50年代的首座核电站电功率已达到5 MW，而世界首座压水堆功率便是60 MW。典型的二代压水堆的电功率

图 3　核反应堆功率发展历史

最大已经接近 900 MW，而中国自主设计的第三代核反应堆"华龙一号"单堆设计电功率为 100 万 kW，热功率高达 300 万 kW。而大型核反应堆"国和一号"的设计电功率更是高达 140 万 kW。一个核电基地的总装机可达 600 万 kW，每年发电量高达 500 亿 kW · h，与一个超大型水电站相近，远高于太阳能电站和地热电站等其他新能源（见图 4）。

图 4　各种电站发电量对比

从哲学上讲，存在优势也会伴随着缺点。不同于其他发电机组，核电厂在停堆后仍存在衰变余热，需要保证长期冷却，如图 5 所示。在紧急核事故下堆芯得不到有效冷却则会造成严重核事故，而第三代和第四代核电机组重要的设计要求之一是，结合非能动手段保证核反应堆余热在各种情况下的充分冷却。

图 5　福岛核事故下的长期冷却

以上讲解使得学生对"双碳"目标下核电发展定位有更深的认识，把握国家能源发展战略，坚定核电前进的信心，激发学生"立大志、明大德、成大才、担大任"，肩负核电发展的时代使命。

该思政元素用于案例一，用于激发学生专业自豪感和使命责任担当。

思政元素 3：开拓自主创新的核电道路

被誉为"国之光荣"的我国第一座核电站秦山一期核电站，是我国完全自主设计与建造运营，1991 年 12 月 15 日开始发电，结束了中国大陆无核电的历史，实现了零的突破。此后，我国成功研发了 10 万 kW、30 万 kW、60 万 kW 和 100 万 kW 压水堆系列技术，核电产业快速发展，带动整个产业链迅速壮大。

“华龙一号”，是我国具有完整自主知识产权的第三代核电技术。它涵盖了从铀资源勘探、开采、核燃料加工，到核电设计、施工、建造运营，再到核技术应用以及乏燃料后处理的全产业链创新，是中核集团实力更加雄厚、活力更加彰显、劲头更加强劲的标志。“华龙一号”总设计师、最美科技工作者邢继带领团队奋战16年，坚守“要向世界证明中国的实力一点都不差”“我们要靠自主创新去研发具有自主知识产权的核电技术，成为一个核电强国”的信念，开展了数十项重大课题的科研攻关，攻破一个又一个首堆工程风险。2020年9月4日，“华龙一号”全球首堆福清核电5号机组开始装料，打破“首堆必拖”的魔咒，向建成投产迈出重要一步，这是我国从核电大国向核电强国迈进的重要标志之一。

快中子反应堆是世界第四代先进核能系统的主力堆型，代表了第四代核能系统的发展方向，对核能的可持续发展具有重要意义。我国快堆事业的开拓者和奠基人之一的中国工程院院士徐銤，秉承“一生只干好一件事”的信念，带领团队经50余载接力坚守，实现中国实验快堆首循环试运行。2020年7月31日，中国实验快堆功率试验阶段调试试验全部结束，标志着中国实验快堆第一个堆芯循环周期试运行任务顺利完成，为后续从调试阶段转入运行阶段奠定了坚实基础。中核集团在福建霞浦开展的示范快堆工程，在功率、体量上有很大变化，成为我国核能战略“三步走”的关键环节，是新时代我国核工业发展的标志性工程。

国际热核聚变实验堆（ITER）计划是当今世界规模最大、影响最深远的国际大科学工程。如果项目取得成功，人类将有望获得几乎用之不竭的能源。核聚变等离子体温度达到了1亿度，超过太阳核心温度5~6倍，为了突破用什么“容器”来承载核聚变的问题，研发了“第一壁”，使我国在相关技术上达到世界先进水平。为中国自主设计建造聚变堆奠定了基础。ITER组织总干事比戈说：“我们很高兴找到了高素质的、积极的合作伙伴来完成这项工作。”

新时代有新使命。核工业人将始终保持“亦余心之所善兮，虽九死其犹未悔”的豪情，瞄准本世纪中叶全面建成世界领先的核科技工业体系、核科技创新实现领跑的目标，实施一批重大科研工程，重点建设一批大科学装置、科研基地和平台，进一步完善核心科研能力体系，把更多关键核心技术掌握在自己手里。

该思政元素用于案例1，让学生对反应堆发展有更深刻的认识，树立正确的核电价值观，激发学生科技报国的家国情怀和使命担当，同时也给学生树立了追赶榜样。

思政元素4：拓展新堆型、新材料的热工水力问题

请学生思考：以压水堆对象的燃料元件传热模型是否适用于所有反应堆？

超临界水堆具有独立慢化剂通道，燃料元件传热过程包括芯块导热、气隙导热、包壳导热、冷却剂通道内部对流换热、慢化剂通道内部对流换热。慢化剂通道与冷却剂通道相互独立，一方面部分裂变能加热慢化剂将无法用于加热冷却剂，另一方面慢化剂占用部分入口流量，冷却剂通道流量重新分配，终将影响燃料元件温度分布。由此，设置“传统压水堆棒状燃料元件的温度场计算”例题，拔高至“具有独立慢化剂通道燃料元件的温度场计算”例题。

耐事故燃料是福岛核事故后国际上提出的新型燃料设计，旨在增加燃料导热性能并降

低包壳氧化速率。美国、法国、日本、韩国和中国等国家均启动事故容错燃料研发项目，提出掺杂 BeO/SiC/Mo 芯块、新型 U_3Si_2/UN/U-Mo/全陶瓷微胶囊 FCM/微细胞 UO_2 芯块、SiC/FeCrAl/镀 Cr 锆合金包壳等多种设计方案。以铀钼弥散燃料设计为例，U-Mo 燃料颗粒在铝基体中呈弥散型分布，其热导率不再单纯是温度的函数，而取决于基体热导率、铀热导率、钼热导率、钼质量比、燃料颗粒体积比等多个因素的综合影响。铀钼燃料元件的传热问题见图 6。

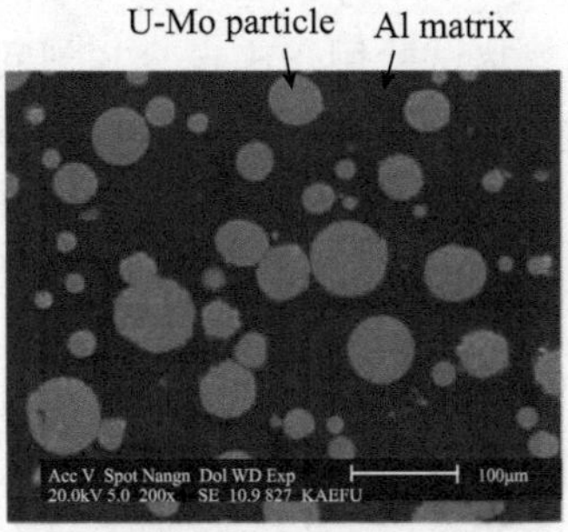

图 6　铀钼燃料元件的传热问题

该思政元素用于案例二，帮助学生理解物理模型具有动态性和静态性的辩证统一，尤其体现在模型应用。在设置例题时，遵循教材，从简单题目入手，从而让学生拥有掌控感，树立自信心；进而通过调研重要期刊文献、学位论文和学术报告等信息资源，再拓展例题，选择性拔高，通过改变研究对象、基本假设、工况、边界条件和应用范围等，引导学生发现模型的局限性，引导学生用动态和发展的眼光、继承与批判的态度丰富知识体系，培养学生追求真理、尊重实践的科学精神。

思政元素 5：核反应堆燃料元件的国产化道路

我国核燃料元件制造通过创新发展掌握核心技术，实现从跟跑、并跑向领跑的发展历程。我国已建成多条压水堆核燃料元件生产线，满足我国多个压水堆核电站燃料元件的需求；也建成了重水堆核燃料元件生产线，2003 年起，已开始向秦山三期重水反应堆提供换料元件，截至 2018 年底，已提供了 16.4 万个燃料元件；此外，还建成了全球首条工业规模高温气冷堆核燃料元件生产线，2015 年 4 月，生产线进入调试生产阶段，该球内含约 12 000 个二氧化铀小核芯，这些直径只有 0.5 毫米的小核芯外包裹着 4 层包覆层，其中最重要的一层是碳化硅层，耐温超过 2 000 ℃。研发团队经历无数次失败后，2017 年 7 月 17 日，第 20 万个工业化球形核燃料元件成功下线，意味着我国拥有完全自主知识产权的四代堆型核燃料元件生产线已经进入规模化生产阶段，标志着我国高温气冷堆核燃料元件制造水平跻身世界前列。图 7 所示为高温气冷堆石墨球生产线。

该思政元素用于案例二，引发学生思考并增强对我国核电行业的认可和民族自豪感。

思政元素 6："华龙一号"中国自主的核电品牌

"华龙一号"是国产具备能动与非能动安全性的第三代先进压水堆，是中国打造高端制造业走向世界的"国家名片"。设计中在反应堆冷却剂系统保持完整及蒸汽发生器二次侧导出热量的条件下，系统能够建立起自然循环（见图 8）。在核电站正式运行前，需要

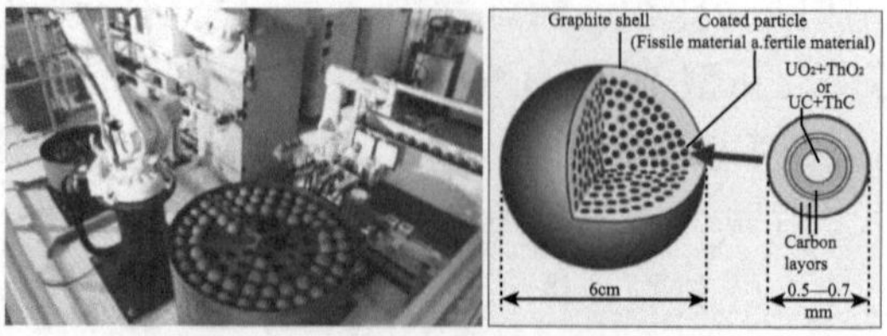

图 7　高温气冷堆石墨球生产线

开展反应堆冷却剂系统自然循环载热试验用于确定冷却剂回路的自然载热能力。全球首台“华龙一号”福建福清核电 5 号机组于 2021 年 1 月正式并网运行，标志着中国从核电大国迈向核电强国行列，为我国参与国际核电市场竞争奠定了基础。

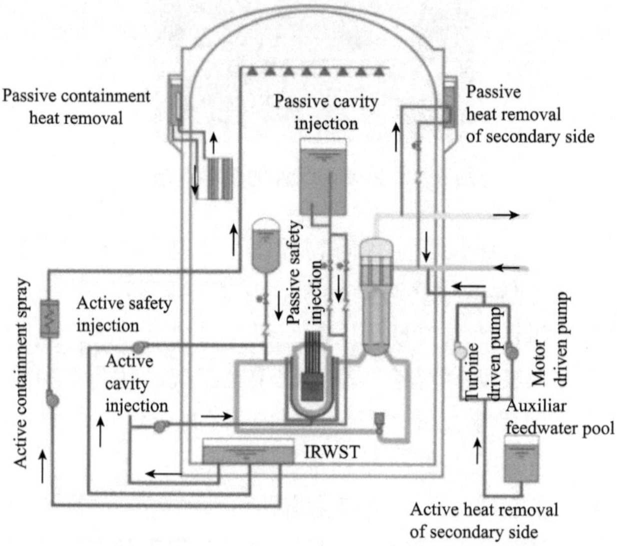

图 8　“华龙一号”非能动系统

“华龙一号”满足国际先进轻水堆核电站用户要求，以及更加严格的核安全法规和标准，也考虑了福岛事故的经验反馈。开展试验以证明新设计能够实现设计目标与功能，并且不会对电站安全造成任何负面影响。与现有的大多数核电站相比，“华龙一号”在安全性方面实现了巨大的提升甚至突破，两个重要的概率安全评价指标几乎降低了两个数量级，满足中国政府在福岛事故后对新建电站安全目标的要求。同世界上其他第三代核电站相比，“华龙一号”总体上具备相当的安全水平及运行性能，并且在安全设施多样性方面具有实质性的创新，显著提高了各种条件下所需安全功能的可靠性。

图 9　最美科技工作者——邢继

“华龙一号”总设计师邢继（见图 9）不仅主持了我国三代核电技术的研发工作，一点点搭出了"华龙一号"的"骨架"，也见证了我国核电事业发展的主要历程，2019 年被评为"最美科技工作者"并荣获全国劳动模范称号。

该思政元素用于案例三。使得学生对反应堆安全有更深刻的认识，树立正确的核电价值观，激发学生科技报国的家国情怀和使命担当，同时也给学生树立了追赶的榜样。

四、案例教学整体设计

（一）案例一

1. 总体理念和思路

案例一主要讲述核热工分析从何而来，主要研究哪些内容。

从"两弹一星"出发，讲述中国核事业从一穷二白到自主化设计的奋斗史，让学生传承核工业精神，激发学生的专业使命感。有机融入专业理论知识的历史沿程、里程碑事件以及前沿动态，培养学生的历史思维、辩证思维、发散思维和系统思维，激化学生的创新思维。

借助概念地图，进行教学案例设计如图 10 所示。

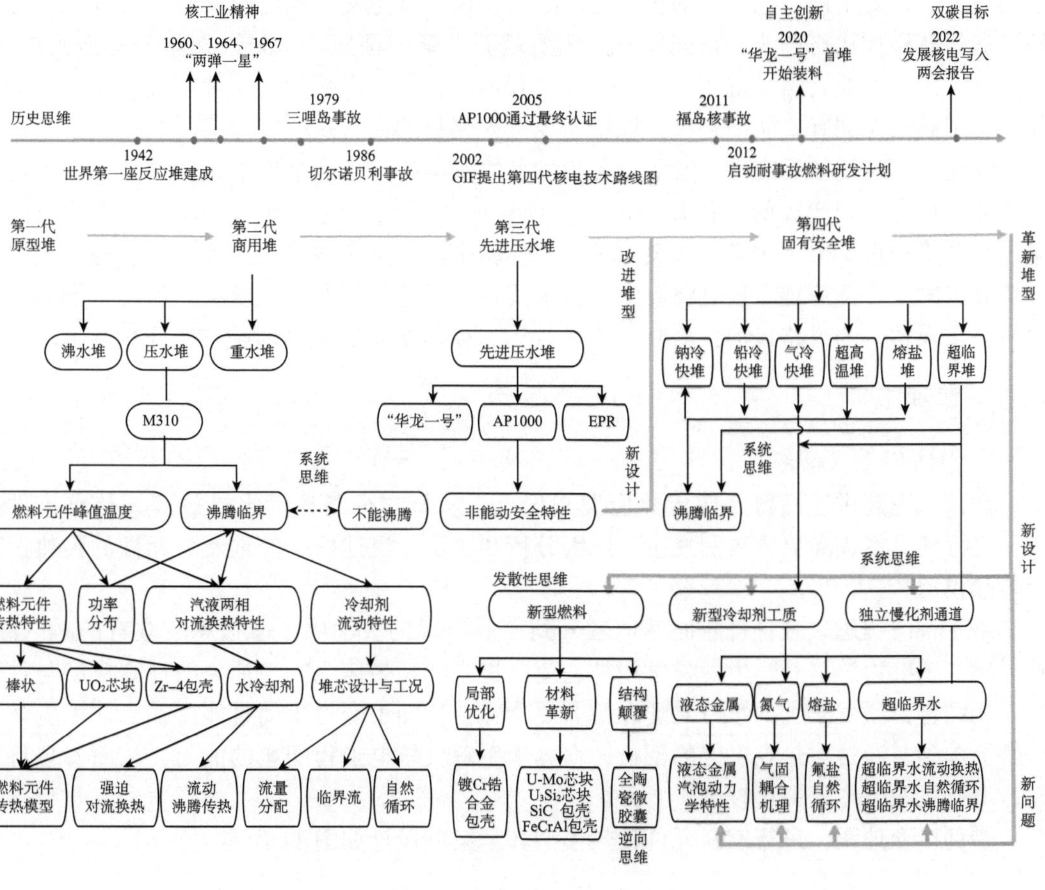

图 10　案例一的总体设计

2. 教学内容设计

（1）热工课程重要性

从学生就业、升学及交叉学科的角度出发，引出学习热工课程的重要性。

核能是不可或缺的替代能源，经济可持续发展的要求和全球变暖的环境压力为核能的发展开辟了新的机遇。核电作为一种清洁能源，对于实现碳达峰和碳中和而言其作用不可替代，但是对设计、工艺和材料会提出更高要求。

目前技术无法实现将核能直接转化为电能，中间要转换为热能进行能量传递。因此，热工课程是核工程专业的必修课程，核心内容是关键热工问题。

（2）理论讲述

国内外核能分布；核反应堆的发展；中国核工业的发展；

压水堆、重水堆、沸水堆、高温气冷堆和快堆的基本结构和特点；

核反应堆热工分析要求和任务。

（3）理论演绎案例

讲述我国核工业的发展中，引入“两弹一星”精神，党的十八大以来，习近平总书记多次谈到要大力弘扬“两弹一星”精神，希望广大科技工作者“弘扬‘两弹一星’精神，主动肩负起历史重任，把自己的科学追求融入建设社会主义现代化国家的伟大事业中去”。核工业是高科技战略产业，是国家安全重要基石。新中国成立以来，在党的坚强领导下，一代又一代核工业人团结奋斗、艰苦创业、开拓创新，大力弘扬“两弹一星”精神，推动我国核工业从无到有、从小到大，取得了令世人瞩目的成就。

讲述不同时期核反应堆的发展，各种堆型的基本特点，从早期引进国外技术，到目前建成完全自主知识产权的三代核电品牌。今日成就无数核电人自立自强、砥砺前行的结果，在希望和重压中一次又一次突出重围，推动中国核电实现从跟跑到并跑、与核电强国齐头并进的历史性跨越。核电将会为今后中国达成绿色发展的“‘双碳’目标”起到重要力量，增强学生的道路自信，树立“强核报国，创新奉献”的新时代核工业精神。

（二）案例二

1. 总体理念和思路

案例二主要讲述燃料元件传热模型知识点。从日本福岛核污水排放这一热点事件出发，追溯到日本福岛核事故的发生、原因分析和警示，讲述核反应堆燃料元件的传热过程及传热模型。

秉承将课程思政教育自然而然地融入到专业课程的教学中，增强思政教育的融入感、获得感和感染力，培养学生的科学精神、使命担当和理想信念。将抽象的计算模型与社会热点相结合，激发学生的学习兴趣和专业使命感，让知识变得生动且能感知，使学生学习理解更深刻。通过对热点事件的剖析，培养学生解决核电工程问题的能力，从而实现将思政教育有机融入专业课程授课。

借助概念地图，进行燃料元件传热模型教学案例设计如图 11 所示。

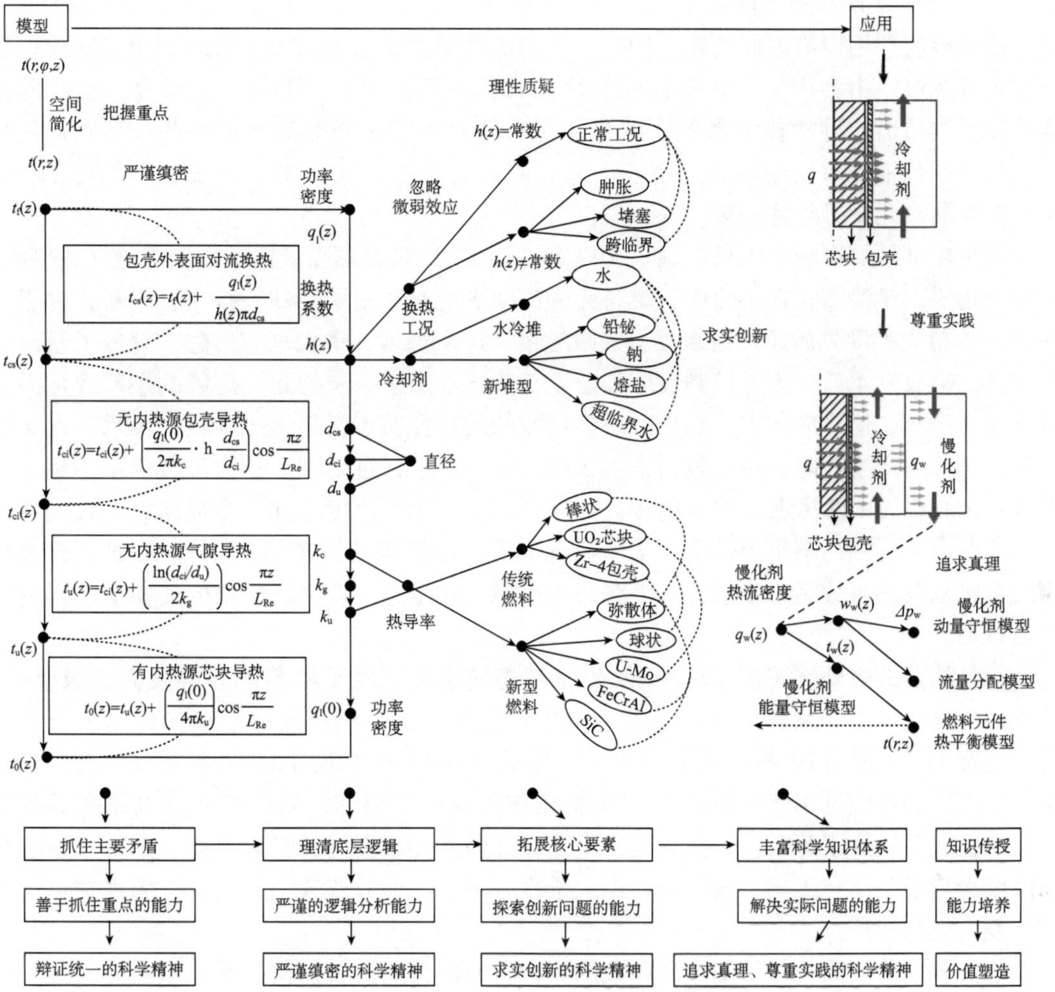

图 11　燃料元件温度场计算模型教学案例设计

2. 教学内容设计

（1）社会热点问题

2023 年 4 月 13 日，日本政府正式决定“将福岛核事故污染废水排入大海”，引起舆论哗然。福岛核事故污染废水排入太平洋关乎全人类命运，既是国际生态环境问题，也是严肃的科学问题。

问题：福岛核事故污染废水是什么？为什么日本政府要将具有放射性的污染废水排入太平洋？

（2）背景调研

1）福岛核事故污染废水的基本情况：每天产生多少吨污染废水？

2）福岛核事故发生的原因、危害和警示？是否有其他重大核事故？

3）直面后果严重、影响深远的重大核事故，核电人要做什么？

（3）调研结果和问题探讨

谈到核能利用留给人们的第一印象，人们关注更多的还是“核辐射带来的灾难”。反应堆核裂变过程中会产生 250 多种放射性核素，不乏包括半衰期长、放射性活动高的元素。以人类目前的科学技术水平，没有任何物理化学方法能够消除长寿命、高放射性核素。放射性核素处理以储存衰变解控、掩埋隔离为主要方式。比如钚-239 半衰期 24 065 年，需要隔离几十万年才安全。

福岛核事故的影响重大且深远。2011 年 3 月 11 日日本福岛核电站发生灾难性核事故，放射性物质大量泄漏。在事故中，燃料元件的裂变能无法利用冷却剂排出，燃料元件干烧约 30 h，包壳温度先后超过锆水反应极限温度、熔点温度，诱发堆芯熔融，释放大量放射性物质。事故发生后，为了控制反应堆温度，防止事态进一步恶化，熔毁的燃料碎片需要持续注水冷却，这些冷却水受到熔融燃料释放的放射性核素污染，成为核污染水。据文献记载，每天约产生百吨量级的核污染水，部分核污染水经过处理后核素浓度仍不达标。日本现存 100 多万 t 核污水，并且仍在以每年 5 万 t 以上的速度增加。在福岛核事故发生十余年后的今天，福岛核事故也仍严重影响到人类的生产生活。2023 年 4 月 13 日，日本政府决定将福岛核事故污染废水排入大海。未来对海洋生态、食物链生物生命安全的影响仍无法预估。

福岛核事故之外，美国 1979 年发生三哩岛核事故，属于堆芯部分熔毁的 5 级事故，且放射性物质没有外泄到厂外，但是美国仍然为核废物清理和反应堆退役付出了巨大代价，花费 11 年完成核燃料碎屑的回收，产生的 9 000 t 核污水耗时 14 年才处理完。1986 年切尔诺贝利反应堆由于设计缺陷、实验操作失误诱发爆炸，放射性元素以极高活度外泄，大量放射性元素落在俄、白、乌三个苏联加盟共和国境内，对其农业、水生态系统和居民健康造成了严重影响。核电站周围上千平方千米的地方变成了无人区，到现在仍然没有恢复人类的居住。

三大核事故或因设计缺陷、或因人因失误、或因自然灾害而起，是全人类的灾难。通过这个事情，告诉学生在高校学习要创新，对待已有的要细致，对于追求发挥更好性能和更高安全性的，要大胆创新。面对自然灾害，虽不可抗拒，但是有什么方法可以避免或者减少类似于福岛核事故的发生？例如，新材料、新设计。

3. 案例结合和分析

（1）介绍燃料元件传热模型预测燃料元件温度分布，培养学生工程思维

这个案例应用核反应堆热工分析第三章第 6 节可以给出理论分析。

讲解板状燃料包壳导热模型，结合假设说明模型“可行但是否可靠、可用”的问题，培养学生工程思维。

第一步明确研究对象。燃料元件的传热过程是指依靠热传导把裂变能从芯块传到包壳外表面的过程。燃料元件主要有板状、棒状和球状三种结构。本次课学习板状燃料元件包壳导热。

第二步物理问题简化。选取某双面冷却且冷却条件相同的板状燃料元件传热为例，由于高度和宽度远大于厚度，可简化为沿厚度方向的一维导热问题。

第三步建立模型并推导温度场。包壳导热满足傅里叶定律：

$$q = -\kappa_c \frac{dt}{dx} \tag{1}$$

边界条件：

$$x = \delta_{cs}, \ t = t_{cs} \tag{2}$$

对方程进行积分，代入边界条件，可得包壳温度表达式：

$$t(x) = t_{cs} + \frac{q}{\kappa_c}(\delta_{cs} - x) \tag{3}$$

最后，结合上述假设条件，分析该模型对实际边界、鼓泡结构、事故工况等具体物理问题的适用性，引导学生思考"能够做到，但是否可靠、可用"。

（2）深度挖掘燃料元件温度分布预测模型拓展，培养学生创新思维

1）燃料元件传热模型的适用性

提出问题：燃料元件传热模型基于压水堆设计给出，是否适用于其他类型的反应堆？

以超临界水堆为例，引导学生深度理解燃料元件传热模型的应用条件。与压水堆相比，超临界水堆具有独立的冷却剂通道和慢化剂通道，其燃料元件的热量将分散传递至冷却剂通道和慢化剂通道。这对于燃料元件传热模型的搭建而言，需要增加包壳与慢化剂通道之间的对流换热计算模型。但是，与此同时，包壳与冷却剂通道之间的对流换热计算模型亦受到影响，主要体现在慢化剂通道与冷却剂通道之间的流量分配带来的冷却剂流量更加复杂。传热过程分析见图 12。

由此，培养学生深度学习的能力。

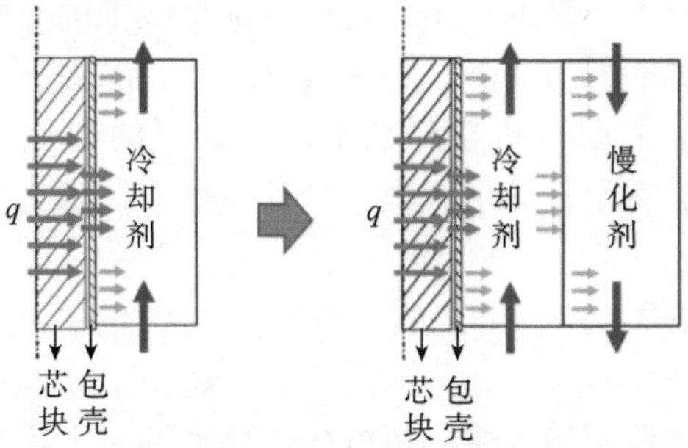

图 12　燃料元件传热过程分析

2）温度分布规律及传热优化措施

请同学们思考，能否通过分析这些影响因素，改进包壳设计，避免日本福岛核电站此类事故发生？

第一步，分析包壳温度分布规律及影响因素，引导学生思考如何通过降低包壳温度避免类似福岛核事故发生，培养学生创新思维。由包壳温度分布表达式得，其温度沿 x 轴呈线性变化；外表面温度越低，热流量越小，热导率越大，包壳温度越低；内、外表面温差为定值。

第二步，提出优化措施。由前面调研可知，铁铬铝、碳化硅等新型材料替代锆合金，可提升 κ_c；提出弥散体等改进结构设计，降低包壳内热量积聚量级，以降低 q。那么，新问题来了，如何搭建新型燃料元件的传热模型。

由此，培养学生创新思维的能力。

（三）案例三

1. 总体理念和思路

将高精尖问题融入到专业课程的教学中，将科学前沿与理论知识链接起来，激发学生的学习兴趣和使命担当；将自主化理念代入课堂教学，培养学生的爱国精神和奉献精神。

2. 教学内容设计

（1）高精尖技术需求

中国要保家卫国，人民军队要走向深蓝，反应堆要小型化，特别是关注国防关注武器的同学都会有所了解。电磁弹射、电磁炮也好，核心要用电；潜艇、航母、空天飞机最终需要用到核反应堆，持续提供动力。对于反应堆小型化技术，我们国家一直在做。自然循环是反应堆小型化的一个典型特点和关键热工问题。

（2）背景调研

1）自然循环技术是什么？自然循环技术是否有其他应用？

2）奔赴星辰大海，核动力难题在哪里？

（3）问题探讨和理论讲述

自然循环技术是指不依赖于任何外部动力，利用自身密度差形成的封闭回路循环。中国名片“华龙一号”的主要特点就包含了自然循环这一非能动技术。

核安全一直是核电站技术发展的重要关注焦点。建立冷却剂自然循环过程则可有效在外部驱动力丧失后保证反应堆热量的排出，进而保证反应堆的安全。在课程中讲解冷却剂在反应堆一回路流动中遇到的阻力压降，包括提升压降、摩擦压降和局部压降等，包括燃料组件各部分的压降计算。同时分析压降在不同流速下的变化，以及自然循环的基本原理。向学生讲解不同堆型燃料组件的形式及结合反应堆系统阻力特性与自然循环驱动压头计算自然循环的流量。

请同学调研海空核能的关键热工问题是什么，激发学生学习兴趣和专业使命感。

（4）理论演绎案例

讲述以美国、法国、俄罗斯等为主的核电先进国家针对大型商用压水堆形成了各自的商用燃料组件品牌，我国目前的核电先进燃料组件技术，基本实现了国产化，后续需要实现自主品牌的先进燃料组件商业化应用，进一步提升中国核电强国地位。同时也讲述不同时期核反应堆的发展和设计标准，从早期引进国外技术，到目前建成完全自主知识产权的第三代核电品牌（见图 13）。今日成就无数核电人自立自强、砥砺前行的结果，在希望和重压中一次又一次突出重围，推动中国核电实现从跟跑到并跑、与核电强国齐头并进的历史性跨越。核电将会为今后中国达成绿色发展的“‘双碳’目标”起到重要力量，增强学生的道路自信，树立“强核报国，创新奉献”的新时代核工业精神。

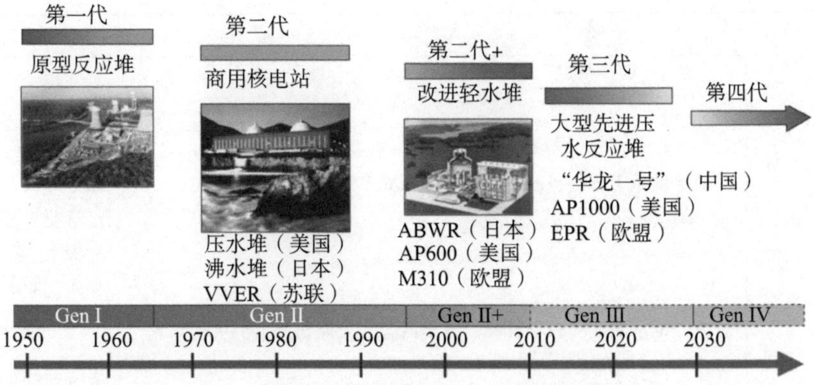

图 13　大型核反应堆发展历程

五、教学实践过程回顾

（一）案例一

1. 课前

· 建立授课班级课程微信群，提前和学生沟通；

· 提供教材名目及参考书，使学生提前准备；

· 设计学情分析调查问卷；

· 发送教学大纲，使学生在课前了解本课程主要内容；

· 发送线上教学使用说明；

· 布置作业：学生完成超星泛雅网上资源第一章的微课视频观看。

2. 课中

阶段	内容	设计意图
认识学生	提前 10 min 到教室，师生课前熟悉	相互认识，给学生建立第一印象
学情调研：热门话题引入	近期与核电有关的新闻（土耳其地震、核能供暖、小型堆开发）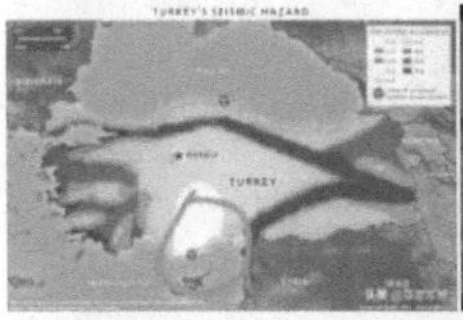	通过热点问题，引发学生讨论，向学生传达核电一直在身边的理念
学情调研：总体引导	我国“双碳”战略与核电发展的关系	通过介绍我国“双碳”目标及核能发展方向，说明核电大有可为，激发学生的学习兴趣

续表

阶段	内容	设计意图
学情调研：总体介绍	简要解读核工程与核技术专业人才培养方案，介绍专业定位	使学生了解本课程总体定位，引起学生重视（问题引导：有没有看过培养方案，是否清楚自己学业进程，及早规划后续发展：如联培班、保研、考研、就业）
学情调研：教学大纲介绍	总体介绍本课程的教学目标、教学内容（可略讲）、考核方式等。 六、考核方式 总成绩中考勤10%,平时成绩30%,实验10%,期末考试50%。 平时成绩包括；每周一篇的核电相关新闻，最好是和热工相关，要有自己的思考和总结，不少于400字，每章的课后作业；慕课微课视频学习；课堂表现；翻转课堂。每部分5%。 期末考试试卷中第一部分为填空题，针对教学目标1、2、3、4进行考核，占试卷总分的30%；第二部分为简答题，针对教学目标1、2、3、4进行考核，占试卷总分的20%；第三部分为分析作图题，针对教学目标3、4、5进行考核，占试卷总分的30%；第四部分为计算题，针对教学目标4、5进行考核，占试卷总分的20%。	通过互动讲解，使学生对课程有个总体了解，尤其是学生关心的考核方式。让学生意识到线上慕课学习的重要性
知识学习：反应堆发展概况	核技术的起源：通过对放射性、中子、裂变等基本概念的介绍，自然引入核能发电； 核能发电：介绍世界上第一座核反应堆，特别强调其对安全的控制； 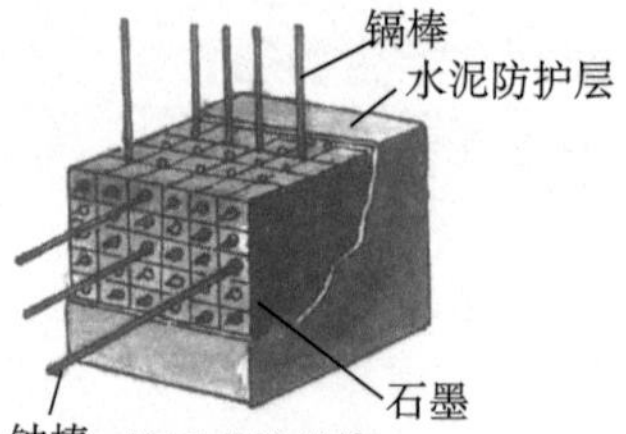 核反应堆结构 核能发电的优点。 1）根据时间和类型介绍对应的 5 个阶段、第四代堆型：成长和成熟期，对应原型堆；大发展时期，对应成熟商用堆；低潮时期，核电大事故；新高潮时期，能源需求迫切，第三代堆；新世纪以来，第四代堆（见图 13）。 2）总体介绍反应堆指标及反应堆在世界和我国的分布 	通过问题穿插互动，使学生紧跟课堂进度。可以用到的问题：为什么火力发电厂也会存在辐射？核电前期投资大，经济效益如何 通过讲解、提问互动、奖励课堂表现等形式引导学生主动思考； 通过讲解“国之光荣”使学生深刻理解我国核工业人的奋斗精神； 通过讲解国内外核电发展的历史和现状，尤其是我国核工业的发展，引出发扬核工业精神

续表

阶段	内容	设计意图
知识学习：堆型简介	介绍主要的反应堆堆型：压水堆、沸水堆、重水堆；典型的第三代堆 AP1000、EPR 等，介绍其基本结构和优缺点；  介绍四代堆，特别是钠冷快堆在我国的发展。结合我国主要反应堆堆型，引入思政元素：快堆专家——徐銤院士的事迹介绍（一生只做一件事） 	回顾、讲授与讨论：思考我国核电发展方向。 小组讨论：目前我国正在运行的核电站类型，未来可能会大力发展的堆型；通过介绍核能概况，核反应堆发展概况，我国核工业发展的概况，引出老一辈核工业人以国家需求为己任，隐姓埋名，艰苦创业的精神，加强学生“热爱祖国，无私奉献、自力更生、勇于登攀”的核工业精神。 典型思政融入：快堆专家——徐銤院士的事迹介绍，加深学生的理解，以核工业精神激发学生报效祖国、奉献核电的爱国热情
任务总体介绍	课程总体内容简介，使学生建立总体印象，了解本课程的学习内容，激发学生学习兴趣	讲授与讨论
小结	结合概念地图总结本节课所学内容	若时间够，可以让学生复述本节内容

3. 课后

· 超星泛雅平台布置作业；开放作业：如果你是领导人，如何规划我国核电发展？

· 作业增加每周新闻，要求学生自主查资料，选一个核工程相关的新闻进行阅读，并且要求写下感想。通过这类作业，使学生对本专业有更深入的了解，增强专业认同感。同时，也锻炼了学生的自学能力。

· 对本节课内容进行反思，包括但不限于：1）本学时是否达到了预设的目标；2）学生课堂反馈如何等。

（二）案例二

1. 课前

· 检查平台上学生学习线上课程情况，对于没完成任务的同学通过微信联系确认问题所在；

· 批改核电新闻作业，选一个做得比较好的作业，准备课上进行讨论；

· 批改课后题，将错题尽心汇总，待这一阶段讲完后进行习题课；

· 上课前按照教案在大脑里把课程演练一遍。

2. 课中

阶段		内容	设计意图
课前新闻导读		根据课前批改的作业，从中选个当前热点核电新闻与同学们进行讨论。同时引导学生思考新闻中的传热问题	一方面使学生们关注专业的发展；另一方面，引导学生思考新闻中的专业相关问题
课程导入 (温故而知新)		回顾上节课讲述的重点内容，引出燃料元件传热计算问题	通过随机提问，引导学生复习上节内容
知识学习	知识点的引出 燃料元件传热计算	为什么研究燃料元件的温度分布？传热过程有哪些？ 燃料元件传热计算是要解决什么问题？以棒状燃料元件为例，给出已知条件、求解量，阐明物理问题。 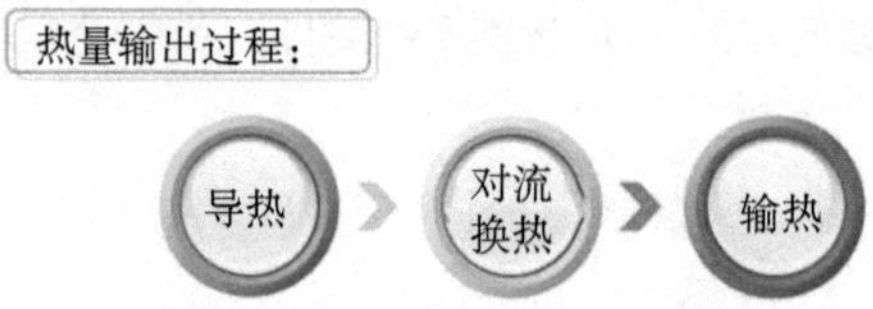 反应堆热量传递过程：燃料内部裂变热—燃料表面—包壳内表面—包壳外表面—冷却剂；每个阶段的传热特点；思考：如果传热不畅，将带来什么后果？	通过问题，引出本节课内容："为什么研究燃料元件的温度分布"，结合核反应堆热工分析的主要任务、核反应堆热工设计的基本准则，引入燃料元件传热计算问题，由此引入本节知识点
	导热微分方程	介绍导热微分方程式，各项物理意义、主要形式及简化 $\frac{\partial T}{\partial \tau} = \alpha \nabla^2 T + \frac{q_V}{c\rho}$ 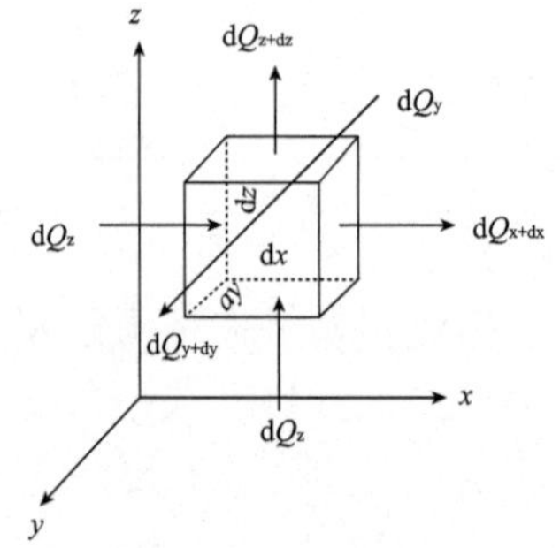	通过黑板上写公式，让同学们回忆各项的含义。然后引出棒状燃料的计算。 由于课前学生在线上学习，因此可以随机选个同学上黑板画出棒状燃料元件传热公式，再找一个同学来挑错
	燃料元件的芯块导热、包壳导热	如果是棒状燃料，如何计算温度场？ 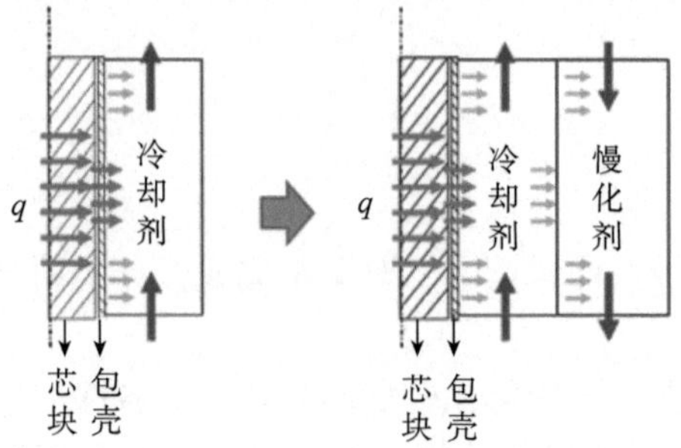	

续表

阶段		内容	设计意图
知识学习	新型燃料元件引申	请同学们思考，能否通过分析这些影响因素，改进包壳设计，避免日本福岛核电站此类事故发生？ 第一步，分析包壳温度分布规律及影响因素，引导学生思考如何通过降低包壳温度避免类似福岛核事故发生，培养学生创新思维。由包壳温度分布表达式得，其温度沿 x 呈线性变化；外表面温度越低，热流量越小，热导率越大，包壳温度越低；内、外表面温差为定值。 第二步，提出优化措施。由前面调研可知，铁铬铝、碳化硅等新型材料替代锆合金，可提升 k_c；提出弥散体等改进结构设计，降低包壳内热量积聚量级，以降低 q。那么，新问题来了，如何搭建新型燃料元件的传热模型。由此，培养学生创新思维的能力	通过思考引导学生思考优化燃料元件传热计算问题。作业让学生思考先进堆燃料的传热。例如，先进四代堆型超临界水堆中的燃料元件传热计算模型、新型燃料设计铀钼弥散燃料元件的热导率计算模型，提升学生创新思维能力和灵活应用知识的能力，培养与时俱进的科学研究意识
小结		结合概念地图总结本节课所学内容	随机找同学复述

3. 课后

· 超星泛雅平台布置作业，除课后题外，调研当前新型核燃料以及其传热特点。

· 对本节课内容进行反思，包括但不限于：1）本学时是否达到了预设的目标；2）学生课堂反馈如何等。

（三）案例三

1. 课前

· 检查平台上学生学习线上课程情况，对于没完成任务的同学通过微信联系确认问题所在；

· 批改核电新闻作业，选一个做得比较好的作业，准备课上进行讨论；

· 批改课后题，将错题尽心汇总，待这一阶段讲完后进行习题课；

· 上课前按照教案在大脑里把课程演练一遍。

2. 课中

阶段	内容	设计意图
课前新闻导读	根据课作业，选当前热点核电新闻与同学们进行讨论	扩展视野，增强专业认同
温故知新	简单回顾核电站一回路系统及流动压降的相关内容	随机提问，使学生回顾上节课知识点
话题引入	全场断电事故情况下，核电站最终通过什么方式带走堆芯余热	互动、传统问答、学生讨论。对表现好的学生在平台记录加分

续表

阶段	内容	设计意图
知识学习：自然玄幻概念及计算	“华龙一号”的特点。什么是非能动 引出自然循环基本概念； 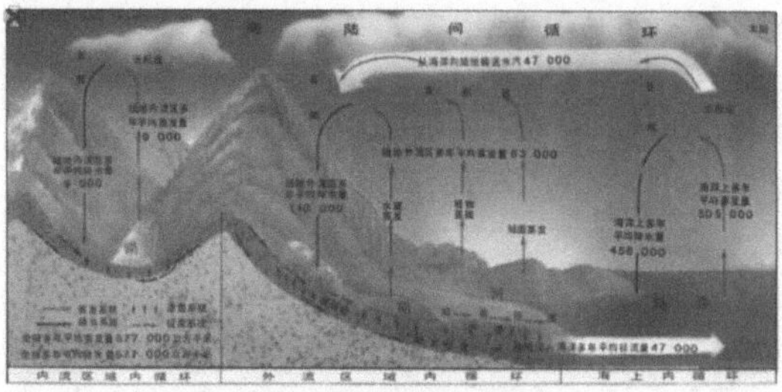 自然界的水循环和水平衡 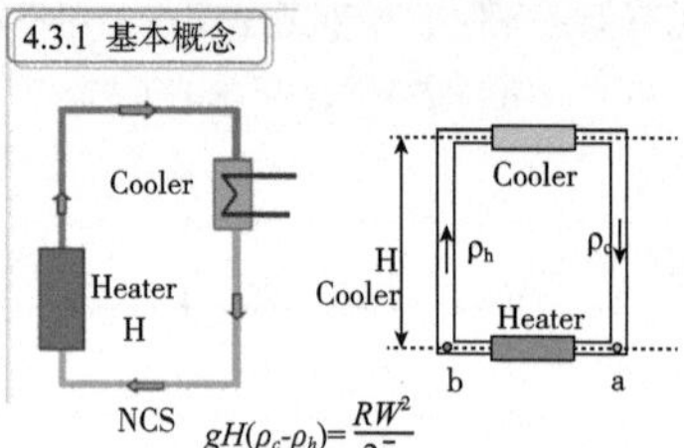 $gH(\rho_c-\rho_h)=\frac{RW^2}{2\bar{\rho}}$ $W=\left[\frac{2\rho A^2(\rho_c-\rho_h)H}{R}\right]^{\frac{1}{2}}$ Where g-acceleration due to gravity,m/s^2 R-hydraulic resistance,m^{-4} W-mass flow rate,kg/s 引出自然循环的基本方程和自然循环流量的确定	通过介绍 2019 最美科技工作者邢继以及他与国家名片“华龙一号”的关系，引入问题：在“华龙一号”核电站正式运行前，需要开展反应堆冷却剂系统自然循环载热试验用于确定冷却剂回路的自然载热能力，由此引入本节内容
核电站中自然循环有哪些	AP 系列非能动系统中的自然循环 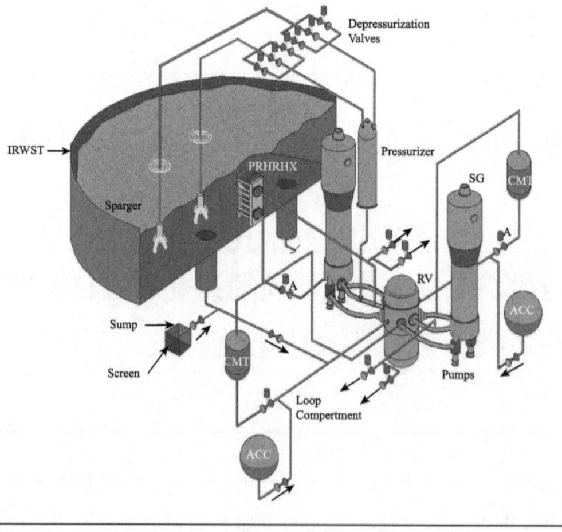	引入三代堆 AP1000 思考哪里是自然循环？
讨论，思考有无绝对的安全	分析自然循环的优缺点；引出自然循环建立条件 有无绝对的核安全？到底是用能动还是非能动	引导学生思考是不是非能动就似乎绝对安全？“华龙一号”与 AP1000，能动与非能动的思考。思考的事物的两面性
小结	总结本节课所学内容	随机找同学复述

3. 课后

·超星泛雅平台布置课后作业；同时让学生思考太空中有无自然循环？空间堆如何保证安全？

·对本节课内容进行反思，包括但不限于：① 本学时是否达到了预设的目标；② 学生课堂反馈如何等。

六、创新性与效果总结

（一）创新性

（1）从国家能源战略以及国防安全出发，对学生进行爱国主义教育；

（2）通过介绍核工业中典型任务，思考核工业精神；

（3）通过课前新闻，使学生关心家国大事，增强对专业的了解，进而增强专业认同感；

（4）通过先进堆及其关键技术，引导学生思考“卡脖子”问题，激发学生爱国情怀和独立自主学习。

（二）效果总结

核反应堆热工分析授课过程中引入 OBE、“两性一度”等理念，教学水平得到提升。

（1）完善了各类实践教学环节，形成了系统的基于专业认证理念的课程体系

已经全面修订了体现专业认证理念的教学大纲，编制完成了第二版的习题集，建成了课程设计题库，建设并运行气液两相流实验室，极大扩展了教学资源，形成了完善的新型课程体系。

（2）教学质量显著提升

自 2009 以来，课堂教学质量一直稳步提升，学评教结果由最初的不到 80%提升到目前的 94%左右，充分体现了课程改革与实践的实际效果。同时，课程难度的增加也更好地帮助学生提高相关课程的考研成绩，为学生进入知名高校继续深造提供了更多的助力。

（3）有效促进了教学和科研的有机结合，提高了学生的创新能力

课程组成员积极指导学生利用所学知识，参与反应堆热工相关的大学生创新创业训练，累计指导了 20 余项大创项目，先后取得了华北电力大学课程思政示范课程、北京高等学校优质本科课程，促进了科教融合，有效提高了学生的创新能力。

（4）发表多篇教研论文，分享了相关的授课经验

课程组基于相关教学实践，不断总结经验，公开发表 8 篇教改论文，并与校外同行进行了针对性的探讨交流。

参考文献

[1] 于平安，朱瑞安，喻真烷，等．核反应堆热工分析［M］．上海：上海交通大学出版社，2001. 11.

[2] 陈武元，李广平．大学转型发展与人才培养转型［J］．中国高教研究，2021，(10)：36-42.
[3] 惠振阳，夏元平，程朋根，等．OBE 教育理念下的课程思政教学分析与设计［J］．大学教育，2021，(9)：136-138.
[4] 孟子敏，李莉．课程思政教学实践中的若干问题及改进路径［J］．中国大学教学，2022，(3)：51-57.
[5] 郑宏宇．高校课程思政政策工具使用图景及优化策略研究［J］．黑龙江高教研究，2023，(8)：141-147.
[6] 李向宾，王升飞，陈娟，等．“核反应堆热工分析”课程教学创新改革实践［J］．中国电力教育，2022，9.
[7] 陈娟，李向宾，王升飞，等．基于新时代创新理念的核工程专业课程建设实践［J］．中国电力教育，2019，9：52-53.
[8] 李向宾．核反应堆热工分析课程教学实践［J］．华北电力大学学报（社会科学版)，2012，12（增）．
[9] 李向宾，陆道纲，陈涛．华北电力大学核工程与核技术专业“卓越工程师”培养模式［J］．中国电力教育，2012，21：28.
[10] 张钰浩，吕雪峰，李向宾，等．传承发扬“核工业精神”铸就核电“大国工程”——华北电力大学核电厂系统与设备课程思政育人探索与实践［J］．大学教育，2023，07.
[11] 金赢．福岛核污水问题的生成、发展与深层动因分析［J］．日本学刊，2023，02：34-55.
[12] 李臻洋．超临界水堆物理热工程序研究［D］．北京：华北电力大学，2011.
[13] Wang Bo，Xu Shunhao，Wang Bin，et al. Review of recent research on heat pipe cooled reactor［J］. Nuclear engineering and design，2023，415（11）：112679.
[14] Geng Yiwa，Liu Xiongbin，Li Xiaotian，et al. Analysis of a parallel-channel natural circulation loop in the passive residual heat removal system of the NHR200-II reactor［J］. Annals of nuclear energy，2024，195：110155.
[15] 孙婧，王辉，李精精，等．基于安全壳综合性能实验的“华龙一号”安全壳热工水力行为数值模拟分析［J］．哈尔滨工程大学学报，2023，44（07）．
[16] 邢继，孙中宁，于勇，等．“华龙一号”非能动安全壳热量导出系统研究［J］．哈尔滨工程大学学报，2023，44（07）．

“核辐射探测”课程思政案例

刘　芳[1]，王雅迪[1]，吕雪峰[1]，赵后剑[1]，马续波[1]，刘仕倡[1]，
钱　森[2]，王志民[2]，曹学蕾[2]，孙希磊[2]

（1. 华北电力大学核科学与工程学院，北京　102206；2. 中国科学院高能物理研究所，北京　100049）

摘　要：“核辐射探测”课程紧紧围绕新时代高校党建和思想政治教育工作新标准、新要求，狠抓课堂教学这一主渠道，强化“课前备课、课中授课、课后反思”环节，深入挖掘、有机融入核工业领域育人元素，一体化推进“理论课堂、实践课堂、能力课堂”课程思政建设体系。在课程教学中，深入落实立德树人根本任务，加强思想政治教育，使学生在学习科学文化知识的同时，进一步提升政治思想意识和觉悟。把马克思主义立场观点方法教育与科学精神培养结合起来，提高学生正确认识问题、分析问题和解决问题的能力。注重强化学生工程伦理教育，培养学生精益求精的大国工匠精神，教育引导学生学习“两弹一星”精神，激发学生科技报国的家国情怀和使命担当，全面落实落细“知识传授、能力培养、价值塑造”三位一体的育人理念。

一、课程基本情况

（一）授课对象情况分析

授课对象：核工程类大三本科生。

授课对象的特点分析：授课对象已经先修高等数学、原子核物理、电子技术等基础课程，为核辐射探测课程的授课奠定了坚实的理论基础。

（二）课程情况简介

本课程是华北电力大学核科学与工程学院本科生的一门主干专业必修课。本课程主要以理论知识讲授与实验实践相结合，综合提升学生的工程实践能力以及辩证思维能力。使学生对核辐射探测的基本理论与方法、核辐射探测器的原理、性能和应用具有深入的了解，掌握辐射探测的基本原理与方法以及核数据的获取与处理方法，能够用核辐射测量方法进行建模分析，提出解决方案。可以使学生在辐射探测器设计实施方面充分发挥创造力，提高工程实践能力。同时，根据工程教育专业认证要求，通过核辐射探测类课程支撑毕业要求的课程建设目标、课程内容及要求、考核方式、课程达成度分析四个方面的改革与实践，从理论教学、实验教学、企业专家进课堂、课外实习探究、创新教学周五个方面探索“五位一体化”核辐射探测相关课程建设新模式，持续优化课程建设内容与方式，不断提升人才培养质量。

二、案例基本情况

（一）课程案例背景分析

习近平总书记在全国高校思想政治工作会议上要求，要用好课堂教学这个主渠道，所有课程都有育人功能，不能把思想政治工作只当作思想政治理论课的事，“其他各门课都要守好一段渠、种好责任田。”要把做人做事的基本道理、把社会主义核心价值观的要求、把实现民族复兴的理想和责任融入各类课程教学之中，“使各类课程与思想政治理论课程同向同行，形成协同效应。”

核工程类专业作为我校大电力学科体系的重要组成部分，在推进我国核电人才培养方面形成了鲜明的工程特色。“核辐射探测”“核辐射探测与防护”作为核科学与工程学院的专业核心必修课程，在培养高素质核工程领域科研和工程人才方面发挥着重要作用。本课程主抓课堂教学这一主渠道，从教师队伍、课堂教学、特色实践三个方面进行全面建设，根据教育部关于印发《高等学校课程思政建设指导纲要》的通知精神和要求，深入挖掘、有机融入核工业领域育人元素，充分发挥核辐射探测课程的育人功能，与思想政治理论课程形成协同育人效应。

教师队伍方面，坚持“教育过程不只在讲台”原则，始终以“教育者先受教育”为宗旨，坚持以良好师德师风作为课程团队教师的第一标准，要求团队教师们坚守职业道德，率先垂范，以更好地担负起学生引路人的责任；坚持学生中心、成果导向、持续改进，融思政元素于教学大纲培养目标；加强与思政专业教师的有效协同，深入挖掘专业课中蕴含的思想价值和精神内涵，科学合理拓展课程的广度、深度和温度。

课堂教学方面，将线上线下相结合、理论实践相结合，实现教学方法的创新发展。结合新时代学生特点和教育教学条件，与思政理论课教师共同探索新的教学方法，同时，注重结合专业背景，培养学生精益求精的大国工匠精神，激发学生科技报国的家国情怀和使命担当。

特色实践方面，坚持“课堂教学不只在教室”的原则，积极拓展校外知名核电央企、国家核工程与核技术科创中心作为学生的实习实践基地，通过现场实践，亲身感受国家从第一座核反应堆到第三代核电品牌“华龙一号”的核工业发展历史，从“国之光荣”到“国家名片”“大国重器”核电品牌企业创业史，教育引导学生学习“两弹一星”老一辈科学家为中华民族的核事业终身奋斗的崇高精神。

（二）本课程思政案例实施方案

本课程作为核工程类的专业核心课程，主要以课堂教学为主渠道，进一步夯实、细化“课前备课、课中授课、课后反思”三个环节（见图 1），在教学中，坚持把马克思主义的辩证思维与学生的科学认知能力培养相结合，坚持把核工业领域科学家精神培养与价值观塑造相结合，坚持辐射探测知识传授与核电行业特色相结合，提高学生正确认识问题、分析问题和解决问题的能力。

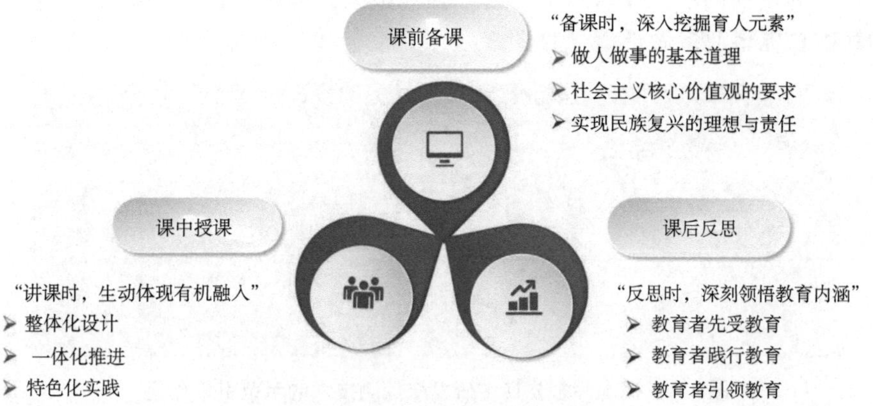

图 1　课程思政案例实施方案

（1）课前备课，深入挖掘育人元素

第一，结合工程教育认证要求，完善课程教学大纲，融思政理念于课程教学目标。坚持学生中心、成果导向、持续改进的工程理念，明确专业课程的思政目标在于帮助学生提升分析与综合的辩证思维能力，引导学生形成严谨的科学精神和实事求是的工作态度，激发学生科技报国的家国情怀和使命担当。

第二，开展课程思政专题研讨会，深入挖掘育人元素。围绕“做人做事的基本道理、社会主义核心价值观的要求、实现民族复兴的理想和责任”三个方面，结合核工业技术发展与创新，从先进人物（见图 2）、技术创新等方面深入挖掘育人元素。并定期参加各类相关交流会，探讨、发掘课程教学中的思政元素，做到知识传授、能力培养、价值塑造有机结合。

图 2　核工业领域 23 位元勋人物

（2）课中授课，生动体现有机融入

第一，整体化课程思政设计。根据课程内容，根据不同授课章节，整体设计思政案例，有机融入育人元素，绪论部分融入核电行业相关情况介绍，使同学们了解我国核工业发展史，增强专业认同感。专业知识讲授方面，融入具有自主知识产权的“大国重器”及处于国际领先的技术创新，鼓励同学们以“强核报国，创新奉献”的新时代核工业精神为指引，为我国核电事业多做贡献（见图3）。

图3　发挥国际领先自主研发核探测技术的示范引领作用

第二，一体化课程思政推进。一体化推进课堂理论教学与实验教学环节，在实验过程中，注重理论知识在实验中的验证与夯实，并开展拓展性创新性实验，提升学生发现问题、解决问题的能力。组织实验团队开展研究性实验，培养学生的团结协作能力，提高学生的集体意识，提升学生勇于探索、不畏困难和合理质疑的科学精神。

第三，特色化课程思政实践。引导学生关注核电行业重大核电新闻进展，使学生了解最新业界动态，并带领学生深入校外相关核电央企、科研院所进行现场一线实践（见图4），亲身感受国家核工业领域的发展现状、取得的丰硕成果、面临的挑战及急需解决的关键“卡脖子”技术难题，激发学生勇于实现民族复兴的理想信念和责任担当。

图4　深入科研院所、核电央企科研生产一线实践

（3）课后反思，深刻领悟教育内涵

第一，教育者先受教育。“学高为师，身正为范”教育者要与时俱进，定期参加教育部及学校组织的教育教学方法、课程思政示范课程及教风建设研讨与培训，积极学习先进的教育理念和教学方法，真正实现育人与育己相统一。

第二，教育者践行教育。教育者始终以“言传身教”为己任，身教重于言传，教育者是行走的榜样和标杆，教育者的一言一行对学生会产生深远的影响。“教育行为不只在讲台”，注重教学过程及日常工作的中的细节，严格遵守高校教师十项行为准则，把价值观引领融入润物无声的日常。

第三，教育者引领教育。教育者不仅是学生的铺路石，更是学生成长路上的引路人，教育者要用前瞻性的战略眼光和前沿性的专业知识，引导学生立大志、担大任、成大才。

三、案例思政元素分析

（一）课程思政建设目标

本课程建设以课堂教学为主渠道，狠抓“课前备课、课中授课、课后反思”三个环节，整体设计课程思政建设方案（见图5），构建“理论课堂、实践课堂、能力课堂”三位一体课程思政建设体系，一体化推进课程思政建设，深入落实立德树人根本任务，加强思想政治教育，使学生在学习科学文化知识的同时，提升政治觉悟。在课程教学中把马克思主义立场观点方法的教育与科学精神的培养结合起来，提高学生正确认识问题、分析问题和解决问题的能力。注重强化学生工程伦理教育，培养学生精益求精的大国工匠精神，激发学生科技报国的家国情怀和使命担当。紧紧围绕新时代党建和思想政治工作的新标准、新要求，全面贯彻落实知识传授、能力培养、价值塑造“三位一体”的育人理念，以期实现以下目标。

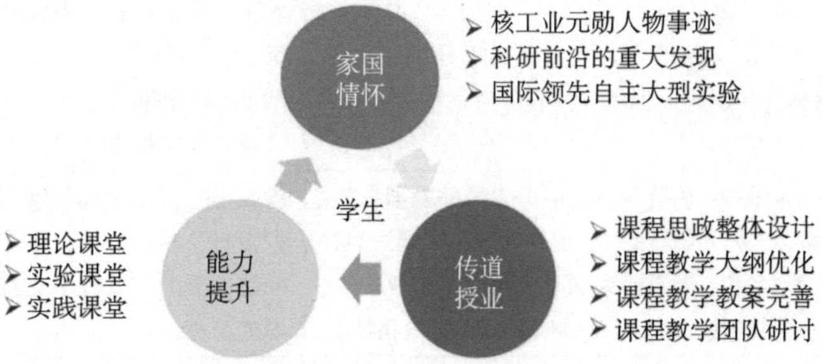

图5 课程思政建设方案

（1）心怀“国之大者”，立大志。以理论结合实践方式，立体化推进核工业精神价值引领入眼入脑入心，激发和培养学生家国情怀，引导学生树立强核报国远大志向。

（2）培养“创新能力”，成大才。知识传授结合实践创新，培养学生的工程实践及创新能力，引导学生勇于探索未知领域、敢于挑战技术难题、善于团队协同合作，培养勇担实现民族复兴大任的接班人。

（3）推进“教学相长”，大先生。教育者在践行教育的过程中，通过持续改进、循环提升，逐渐成长为引领教育新理念、践行教育新实践、创新教育新方法的“大先生”。

（二）课程思政元素分析与育人目标

根据核工程类专业独有的特色和优势，深入挖掘、提炼核工程与核技术、辐射防护与核安全专业知识体系中所蕴含的思想价值和精神内涵，科学合理拓展专业课程的广度、深度和温度，从课程所涉专业、行业、国家、国际、文化、历史等角度，增加课程的知识性、人文性，提升引领性、时代性和开放性。结合课程特点，将思政元素有机融入课程教学，达到润物无声的育人效果。在完成专业育人目标的同时，强化学生工程伦理教育，培养学生精益求精的大国工匠精神，激发学生科技报国的家国情怀和使命担当，坚定社会主义政治认同，实现价值引导和专业知识传授的有机融合。

根据教育部关于印发《高等学校课程思政建设指导纲要》的通知文件精神和要求，主要挖掘的课程思政元素及所达到的育人目标分类见表1。

表1 课程思政元素分析表

序号	思政元素分析	育人目标
1	推进习近平新时代中国特色社会主义思想进教材进课堂、进头脑。坚持不懈用习近平新时代中国特色社会主义思想铸魂育人	引导学生了解世情、国情、党情、民情，增强对党的创新理论的政治认同、思想认同、情感认同，坚定中国特色社会主义道路自信、理论自信、制度自信、文化自信
2	培育和践行“富强、民主、文明、和谐、自由、平等、公正、法治、爱国、敬业、诚信、友善”的社会主义核心价值观	教育引导学生把国家、社会、公民的价值要求融为一体，提高个人的爱国、敬业、诚信、友善修养，自觉把小我融入大我，不断追求国家的富强、民主、文明、和谐和社会的自由、平等、公正、法治，将社会主义核心价值观内化为精神追求、外化为自觉行动
3	加强中华优秀传统文化教育。大力弘扬以爱国主义为核心的民族精神和以改革创新为核心的时代精神	教育引导学生深刻理解中华优秀传统文化中讲仁爱、重民本、守诚信、崇正义、尚和合、求大同的思想精华和时代价值，教育引导学生传承中华文脉，富有中国心、饱含中国情、充满中国味
4	学习弘扬科学家精神：胸怀祖国、服务人民的爱国精神；勇攀高峰、敢为人先的创新精神；追求真理、严谨治学的求实精神；淡泊名利、潜心研究的奉献精神；集智攻关、团结协作的协同精神；甘为人梯、奖掖后学的育人精神	激发学生探索未知领域的热情，教育引导学生积极投身科研报国，培养学生发现问题、解决问题的能力以及攻坚克难、坚韧不拔、勇攀高峰的精神

（三）课程教学方法

本课程以课堂讲授结合实验教学为主，通过启发式和案例教学方式，将生产、生活以及科技热点等融入基本理论的讲解，启发学生的学习兴趣，扩大学生的知识面，强化学生专业认知，使学生更好地掌握核辐射探测的基本原理，熟悉射线与物质的相互作用原理、辐射探测器的基本原理、核辐射测量方法等内容。课堂教学引入互动环节，建立教与学反馈机制，教师及时了解学生学习情况，调整教学方法，使学生更好地融入课堂教学，引导学生独立思考，并结合课堂讨论、课内练习、课内指导、课堂问答，培养学生提出问题、分析问题和解决问题的能力，促进学生的自主学习。教学方法理论教学与实验教学相结合，注重引导学生理论联系实际，强化学生工程观点的建立和工程分析能力的培养。

四、案例教学整体设计

（一）课程案例总体设计

根据“核辐射探测”课程内容安排，结合核辐射探测课程章节内容实际与思政元素的具体分析，在部分课程内容中融入课程思政元素，具体课程思政元素融入及所达到的育人目标如表 2 所示。

表 2　课程章节内容思政元素分析及育人目标

序号	课程内容	课程思政元素分析	课程育人目标
1	核辐射探测技术的发展历程	中国核辐射探测技术的发展过程，重点是中国科学家在推动核辐射探测技术创新过程中所展示出来的思想价值和精神内涵	引导学生把专业知识学习与技术报国使命紧密结合起来，注重教育和引导学生学习弘扬科学家们精益求精的大国工匠精神
2	中子与物质的相互作用	核裂变是产生中子的主要来源，通常所指的原子核裂变指的二裂变。引入何泽慧在法国巴黎法兰西学院核化学实验室工作期间，与合作者一起，首次发现并研究了铀的三分裂和四分裂现象。20 世纪 50 年代，与合作者一起自力更生研制成功对粒子灵敏的原子核乳胶探测器等	通过我国著名科学家的科研奋斗史和所获得瞩目的科研成就，展现他们科研报国的精神，激励学生奋发图强、努力学习专业知识，勇于探索未知科学领域，培养学生攻坚克难精神
3	气体探测器的性能和应用	中国气体探测器的发展和在重大科研工程中的应用，特别是我国清华大学、航天五院等科研院所研制的先进气体探测器已经进入世界前列	引导学生实地亲身感受祖国科研实力日益强大，坚定学生的民族自豪感，激发学生的爱国主义情怀，培养学生探索未知、追求真理、勇攀科学高峰的责任感和使命感
4	闪烁体探测器的工作机制	闪烁体探测的工作机制，结合目前国内自主研制的先进大型闪烁体探测器创新成果，展示我国在该项技术由跟跑到领跑的发展过程	以我国大科学装置的自主研发过程为例，激励学生投身科研的热情与愿望，引导学生树立自立、自信、自强的科研精神，培养学生独立分析问题、解决问题的能力
5	半导体探测器的原理	国内在半导体晶体材料和探测器研究方面的最新进展	通过介绍国内半导体材料和探测器研发最新进展及在各领域的应用，让学生理解半导体探测器在国防民生等方面的重要性，激发学生的爱国情怀和科研热情，为学生将来投身科研，瞄准科技前沿，解决“卡脖子”问题，打下良好的基础
6	伽马射线能谱的测量实验	使用伽马射线能谱仪进行放射源的能谱测量，并进行能量刻度、数据采集和处理	引导学生理论结合实际，学思结合、知行统一，增强学生勇于探索的创新精神、善于解决问题的工程实践能力
7	数据的获取与处理	输出信号的涨落特点，数据的误差统计分析	通过信号处理过程中噪声与涨落存在的客观实际，教育引导学生正确面对成长道路上的困难与挫折，学习运用辩证的思维去认识事物，掌握事物发展变化的客观规律

（二）典型课程思政案例：闪烁体探测器的工作机制

本案例主要以闪烁体探测器的工作机制为主要内容，结合目前国内自主研制的先进大型闪烁体探测器创新成果，增强学生勇于探索的创新精神、善于解决问题的实践能力。并通过实习实践课程，不断夯实理论知识应用于创新实践中，将课堂所学理论知识与实验实践相结合，进一步深化理解，做到知行统一。

教学目标
1. 价值目标：通过闪烁体探测器工作机制的学习结合自主研发的大国重器的发展，增强学生道路认同感和道路自信，树立正确的人生观和价值观。 2. 能力目标：通过开放性课题讨论、分组实验，培养学生分析问题解决问题能力、团队协作能力及攻坚克难精神。 3. 知识目标：掌握闪烁体探测器的基本工作机制，重点掌握闪烁体的特性、光电倍增管的功能及影响闪烁体探测器性能的关键因素。
教学内容设计
1. 课堂设计分析 核辐射探测器是核反应堆运行安全的关键监测设备，闪烁体辐射探测器由于其高的发光效率、强阻止本领等优势被广泛应用于核辐射探测、中微子探测、深空 X 射线探测等前沿技术领域。本案例重点讲授闪烁体探测器的工作机制，包括闪烁体的性质、光电倍增管及工作原理。在此基础上，结合目前国内主导的探月慧眼卫星探测器、中微子探测器等基于闪烁体探测器的大科学装置，进一步深入夯实、拓展学生对本案例内容的理解和在前沿科技中的应用，实现理论知识传授与思政元素的有机融合。 2. 教学重点及难点 （1）闪烁体的性质：理解闪烁体的发光特性参数，掌握发光特性对闪烁体探测器性能参数的影响机理。 （2）闪烁体与光电倍增管的耦合匹配：光电倍增管是把闪烁体发光转换为电信号的关键器件，闪烁体与光电倍增管的耦合匹配是探测器性能理论分析及实验验证过程中的关键技术。 3. 思政元素的融入 随着我国重大科研项目的开展和大型科研装置的研制开发，很多具有自主知识产权的原创性科研成果已经走在国际前列，如慧眼卫星系列探测器中选用的是闪烁体探测器，我国主导研制的国际联合项目——江门中微子大型探测装置，使用的也是液体闪烁体探测器。可以将在核辐射探测领域我国主导的前沿科研成果融入到课程内容讲授过程，既丰富课程内容，提升课程对标国际水平，又能增强学生的专业归属感，坚定学生的价值认同和政治认同，激发学生科技报国的家国情怀和使命担当。
课堂组织与实施
1. 教学过程设计 第一阶段：回顾上节课讲述的重点内容。播放我国在慧眼卫星自主研制 X 射线深空探测器由跟跑、并跑到领跑的技术攻关过程，激发学生的学习兴趣和求知欲。 第二阶段：介绍闪烁体探测器的组成，重点讲授闪烁体探测器探测射线的工作机制。 第三阶段：讲授闪烁体的分类及性质。 第四阶段：结合闪烁体探测器的工作机制，拓展讲授国家自主研发的基于闪烁体的慧眼卫星 X 射线探测器、中微子探测器，进一步夯实理论知识在实际科研中的应用，增强学生的专业归属感。 第五阶段：实验实践教学内容设计。 第六阶段：作业布置。

续表

2. 教学内容与方法设计	思政元素 设计说明
第一阶段：回顾上节课讲述的重点内容。 教学方法：问题引入法  **图 6　中国深空卫星 X 射线望远镜研究现状：中国一直没有自己的 X 射线天文望远镜，需要调用国外数据，科研就像在“捡漏”** 引入问题：结合前一章讲授的气体探测器优缺点，引入闪烁体探测器的探测优势及工作机制特点，由此引入本节内容。通过播放中科院高能物理所关于慧眼卫星深空 X 射线望远镜探测技术，由跟跑、并跑到领跑的发展历程视频，引出闪烁体探测器在深空探测中的重要应用及对闪烁体探测器工作机制的探索。  **图 7　中国空间 X 射线望远镜** 2017 年开始，中国研制了世界上第一个大面积聚焦的空间 X 射线望远镜，中国带领全世界来自 20 个国家的 100 多个研究院所，第一次望向了那片属于自己的未知宇宙	【设计 1】 通过引入我国自主科研由跟跑、并跑到领跑的发展历程，引导学生感受祖国科研实力日益强大，坚定学生的民族自豪感，激发学生的爱国主义情怀。培养学生探索未知、追求真理、勇攀科学高峰的责任感和使命感

续表

2. 教学内容与方法设计	思政元素设计说明
第二阶段：讲授闪烁体探测器探测射线的工作机制[5]。 教学方法：举例法，PPT和板书结合，通过闪烁体的发现及最初应用案例辅助讲解。 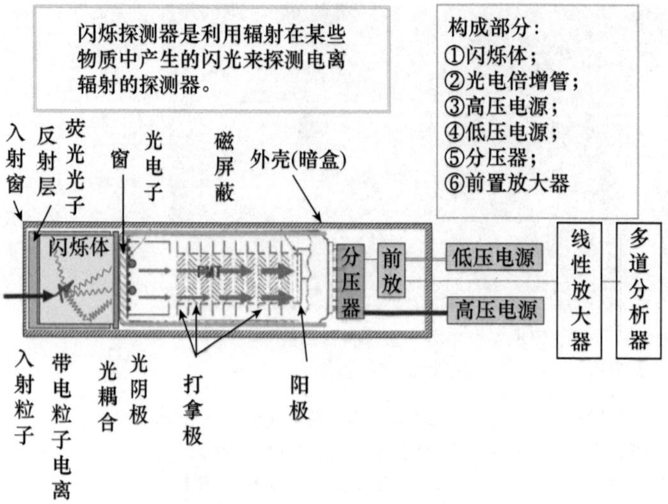 **图8　闪烁体探测器的工作机制** 首先，讲授闪烁体探测器的基本组成和工作原理。闪烁体探测器主要由闪烁体、光电转换器件（光电倍增管）及后端电子学三部分组成。分步骤讲解每一个部分的功能和作用，重点讲述光电倍增管的性能拓展介绍我国自主研发的超大尺寸20 in（1 in=25.4 mm）的光电倍增管用于中微子探测的研制过程。 接着，分5个步骤讲授闪烁体探测器探测射线的详细工作过程。 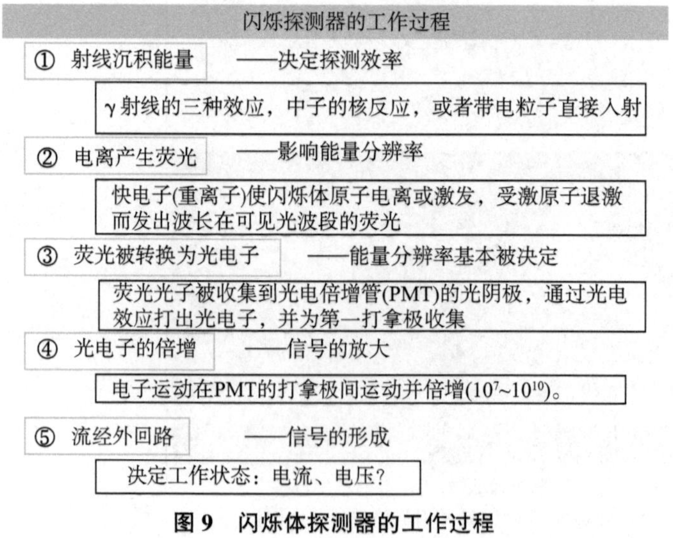 **图9　闪烁体探测器的工作过程**	【设计2】通过讲授闪烁体探测器要获得高的探测性能，需要闪烁体与光电转换器件及后续电子器件较好的匹配、协作完成。教育引导学生培养团结协作的团队精神，学习运用辩证的思维去认识事物，掌握事物发展变化的客观规律

续表

2. 教学内容与方法设计	思政元素设计说明

举例法：结合闪烁体探测器工作原理讲授闪烁体探测器在 α 放射性测量中的应用实例

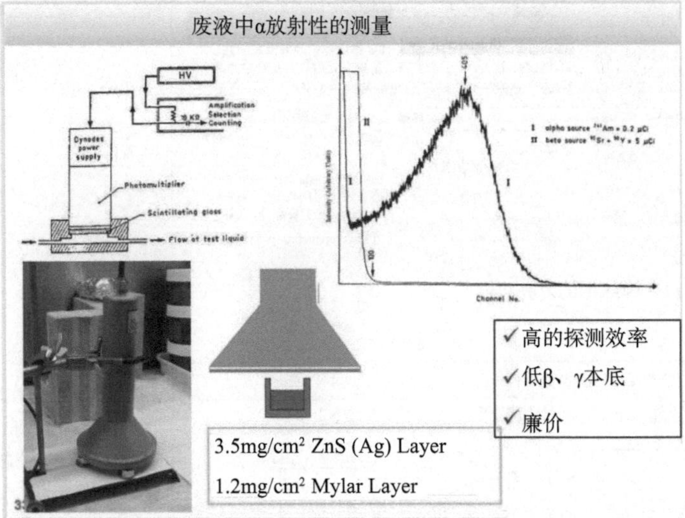

图 10　实例 1——闪烁体探测器在核电站废液中的 α 放射性的测量中的应用

第三阶段：常用闪烁体的类型及性质。

教学方法：1）PPT 和板书结合讲解。

2）小组讨论：无机闪烁体的发光机制和有机闪烁体发光机制的异同点。

首先，介绍闪烁体的分类及优缺点，然后讲授闪烁体的发光原理和机制。

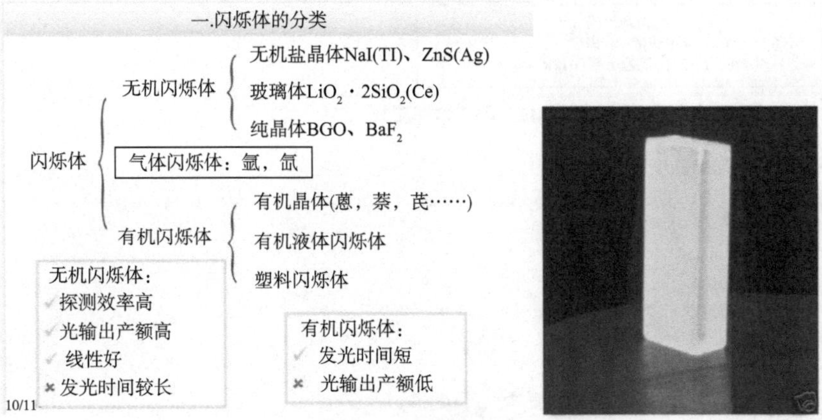

图 11　闪烁体的分类及 X 射线激发下的 BGO 闪烁体

续表

2. 教学内容与方法设计	思政元素设计说明
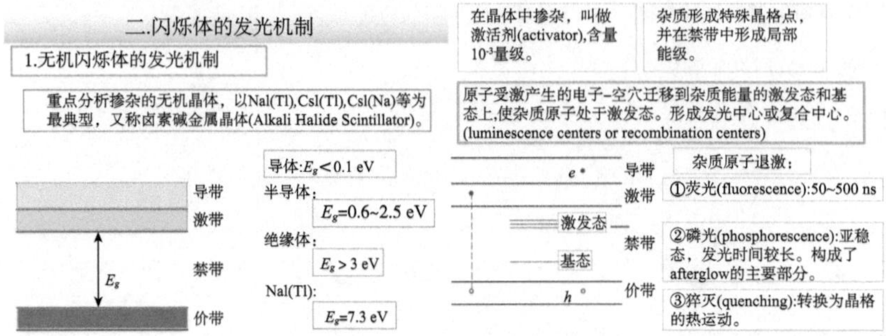 **图 12　闪烁体的发光机制**	
举例法：讲授闪烁体性质对闪烁体探测器性能的影响。 实例 2：利用无机闪烁体研制的高性能 BaF_2 闪烁体探测器 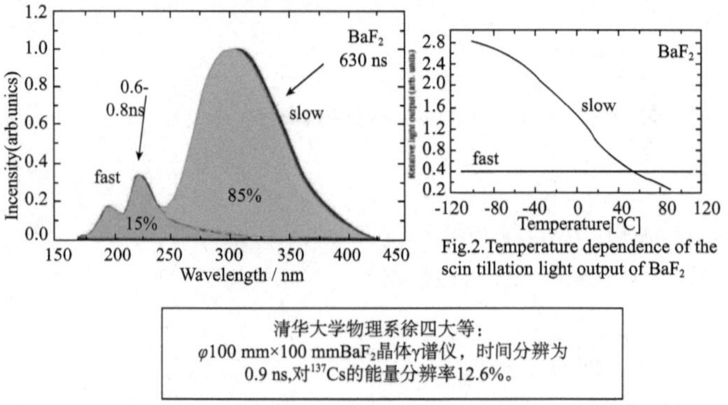 **图 13　实例 2——利用闪烁体研制的高性能 BaF_2 闪烁体探测器** 实例 3：塑料闪烁体在集装箱检测系统中的应用 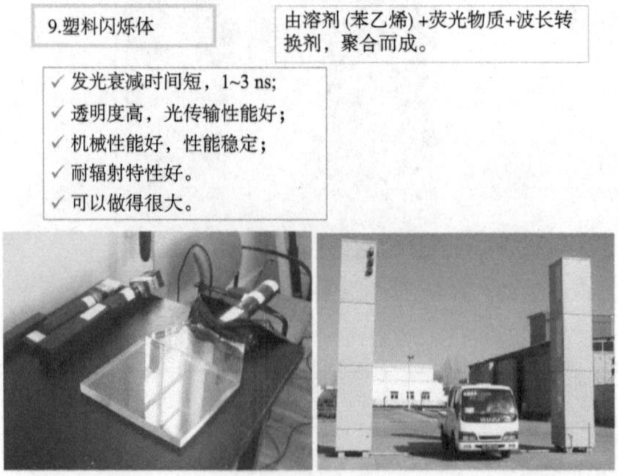 **图 14　实例 3——塑料闪烁体在集装箱检测系统中的应用**	【设计 3】通过讲授我国科学家在闪烁体探测领域取得的创新性成果，激发学生的爱国情怀和科研热情，为学生将来投身科研，瞄准科技前沿，解决“卡脖子”问题，打下良好的基础

续表

<table>
<tr><td>2. 教学内容与方法设计</td><td>思政元素
设计说明</td></tr>
<tr><td>第四阶段：结合闪烁体探测器的工作机制，拓展闪烁体探测器在深空探测、中微子探测等前沿技术领域的应用，以及我国在自主研发攻关过程中所体现出的精神内涵，激发学生的民族自信心和道路认同感。
实例 4：闪烁体探测器在我国主导的江门中微子探测实验中的应用
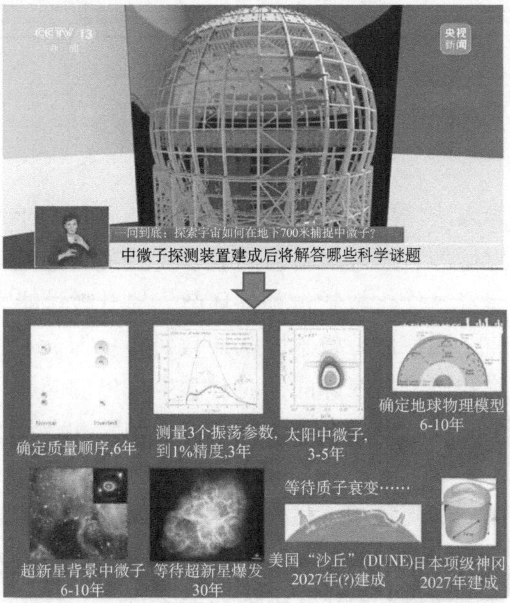

图 15　实例 4——我国主导的江门中微子探测装置</td><td>【设计 4】通过讲授我国主导的基于闪烁体探测器的中微子探测科学大装置。激励学生的科研兴趣，培养学生独立解决问题的能力及攻坚克难的精神</td></tr>
<tr><td>第五阶段：实验实践教学内容设计
为进一步夯实核辐射探测理论知识，在学院建设了核辐射探测实验室，开设了与核辐射探测课程内容相匹配的实验以及实践环节。针对闪烁体探测器章节内容，开展利用 NaI（T1）闪烁体辐射探测器探测未知放射源等相关实验，指导学生分组完成包括能谱刻度、能谱测量及分析等相关内容，进一步加深学生对理论知识的理解，培养学生的团队协作能力，提升学生的工程实践能力。
同时，践行“大课堂”理念，把课堂拓展到校外科研院所、知名高校，带领学生到中科院高能物理研究所等单位开展前沿技术实践活动。

图 16　学生在学院核辐射探测实验室以及中科院高能物理研究所开展的实验实践活动</td><td>【设计 5】通过实地实验及科研院所的一线实践教学活动，让学生亲身感受我国在前沿科技领域取得的创新性、标志性成果。
激发学生投身科研的热情与愿望，引导学生树立自立、自信、自强的科研精神</td></tr>
</table>

续表

2. 教学内容与方法设计	思政元素设计说明
第六阶段：作业布置 常规性作业：结合闪烁体探测的工作原理与机制，请根据自己的理解，深入阐述闪烁体探测器探测 γ 射线过程中各个环节之间的联系，及其对闪烁体探测器探测性能的影响。 拓展性作业：请查阅调研江门中微子闪烁体探测器的工作机制，就该探测装置的某一关键器件的性能进行分析，并提出改进优化方案。	

五、教学实践过程回顾

在教学实践过程中，采用问题导入法、启发式、举例法等教学方法和手段，对学生进行价值观树立、传授理论知识和能力培养。通过对自己的教学实践进行总结回顾，发现教学中存在的问题和不足，通过不断完善、优化教学过程各环节，提升教学能力和质量。

回顾这次教学实践过程，在课前，能够做好教学团队的教研、备课。在课堂上，能够积极地跟学生交流、互动和讨论理论知识，并在课间及时对学生提出的问题和困惑进行解答，同时兼顾学生在未来考研和工作的规划方面，也会给出一些经验和建议，得到了学生的好评反馈。

但是，在教学过程中也发现存在一些问题和不足。课程教学团队建设的规范性和系统性还需要进一步加强，与校外兄弟院校的教学经验分享、教学方法的创新等方面的学习交流还不足。同时，在各章节内容设计、衔接和系统化方面还需要进一步优化，特别是随着新的核辐射探测技术的发展和不断涌现，课程内容需要不断更新和完善。

希望在以后的教学活动中，通过加强与各知名高校的交流合作，特别是积极加入清华大学工程物理系建设的“核辐射物理及探测学”虚拟教研室，通过加强与各高校相关课程的教研讨论，不断丰富教学内容和创新教学形式，汲取优秀教学团队的教学方法和思想精华，争取把教学课堂拓展到头部高校、科研院所及核电央企的现场一线。不断涵养学生的家国情怀，提高学生的创新与实践能力，提升教学效果和水平。

六、创新性与效果总结

“核辐射探测”课程团队有优良的教学传统，近年来在传承的基础上不断创新和发展，主抓课堂教学这一主渠道，逐渐形成了以教师队伍、课堂教学、特色实践“三方面，一体化”推进课程建设的特色，注重强化“课前备课、课中授课、课后反思”三个环节，在教学中注重学生爱国情怀、能力素质的培养。本次课程思政通过中国自主核辐射探测技术发展的有机融入，培养学生正确的人生观和价值观，增强学生的专业自信和道路认同感，从核电本科班的教学效果来看，学生们知识理解深透，现场讨论热烈，教学效果良好。

第一、价值塑造效果。教学团队面向授课对象调查评价以及开展有针对性的交流反馈，结果显示，本课程能够显著提高同学的专业自信心和价值认同感。在就业和考研选择上激发了学生融入到中国核能经济领域的热情，以及为祖国核工业发展贡献力量的志向。更多的本科生志愿积极投入到中科院高能物理研究所的高能科创计划前沿科技项目中。同时，部分本科生开始主动选择与中科院高能物理研究所开展联合毕业设计，并保研到该单位读研从事中微子探测科研工作。

第二，教师教学能力提升。在教学内容设计、教学方法的创新与教学过程的不断探索和实践中，教学团队教师的教研水平和教学能力得到显著提升。教学团队成员获评北京高校教育教学成果奖"二等奖"、华北电力大学教学成果奖"特等奖""教学名师培育计划""教学优秀奖""北京高校先进党组织""优秀共产党员""优秀党务工作者"等荣誉称号10余项。

第三，教学改革成效显著。教学团队围绕教学内容、思政元素分析与设计、教学课件、教学习题集以及实验设计等方面开展了持续改进，课程体系与架构进一步优化。教学团队先后获批校级教改项目3项，在中国电力教育期刊发表教研论文2篇。在教学实践过程中，不断推进实现教研、科研及教学活动的良性互动、循环激励和协作共赢。

参考文献

[1] 刘芳．"核辐射探测与辐射防护课程五位一体化建设模式探索"［J］．中国电力教育，2020，1：52-53.

[2] 刘芳．核辐射探测类课程改革与实践［J］．中国电力教育，2022，11：87-88.

[3] 时代荣耀："两弹一星"功勋奖章及其全体23位获得者：https：//www. sohu. com/a/78829097_ 131990.

[4] 江门中微子实验用20英寸光电倍增管的报道：https：//tv. cctv. cn/2023/09/10/VIDEuJ05PhQRsYGqxOcQMcV9230910. shtml？spm=C59377. PfT24z0otbbj. EpU0XZbyoFGC. 26.

[5] 央视新闻：什么样的实验室会深藏地下700米?：https：//mp. weixin. qq. com/s/qMvpF44VPY0Ws3inqtlRsQ.

[6] 一问到底：探索宇宙如何在地下700米捕捉中微子？https：//content-static. cctvnews. cctv. com/snow-book/video. html？item_ id=7034828966356121548&t=1688727319049&toc_ style_ id=video_ default&share_ to=wechat&track_ id=00b856c1-8a37-44f8-b8b9-fba86d88f8a4.

涉核课程思政案例

（下 册）

张黎明　井媛媛　主编

中国原子能出版社

图书在版编目（CIP）数据

涉核课程思政案例 / 张黎明，井媛媛主编 .—北京：中国原子能出版社，2024. 4（2025.6重印）

ISBN 978-7-5221-3151-1

Ⅰ. ①涉…　Ⅱ. ①张…　②井…　Ⅲ. ①高等学校-思想政治教育-教案（教育）-中国　Ⅳ. ①G641

中国国家版本馆 CIP 数据核字（2023）第 225366 号

内容简介

为落实习近平总书记在全国高校思想政治工作会议上的重要提法，推动涉核课程思政建设再上新台阶，在中国核工业教育学会的指导下，学会教育教学分会和海军工程大学联合举办了首届“涉核课程思政案例”教学成果评议活动。本次活动共收集了相关高校近百篇的课程思政案例，百花齐放，各具特色。案例既有文化基础课程，也有专业背景课程，还有岗位任职课程；既有全面具体的、也有精华尽显的；既有同一院校不同课程的，也有不同院校同一门课程的，还有同一院校同一门课程的。为充分汇集课程思政优质资源、细节展示思政元素挖掘方法、广泛呈现课程思政教育实效，本书将全部案例完善后编印成册，以供广大涉核教育工作者参考。

涉核课程思政案例

出版发行　中国原子能出版社（北京市海淀区阜成路 43 号　100048）
责任编辑　王　为
装帧设计　邢　锐
责任校对　冯莲凤
责任印制　赵　明
印　　刷　北京富资园科技发展有限公司
经　　销　全国新华书店
开　　本　787 mm×1092 mm　1/16
印　　张　66. 75
字　　数　1678. 5 千字
版　　次　2024 年 4 月第 1 版　2025 年 6 月第 2 次印刷
书　　号　ISBN 978-7-5221-3151-1　　**定　价**　**108. 00 元（上下两册）**

发行电话：010-68452845

编写委员会

主　编： 张黎明（海军工程大学）

井媛媛（中国核工业教育学会）

副主编： 陈玉清（海军工程大学）

王岸璐（中国核工业教育学会）

高　喆（清华大学）

成　员：（按姓氏笔画顺序排列）

王明军（西安交通大学）

王　晨（海军工程大学）

郝　英（清华大学）

徐乐瑾（华中科技大学）

审查委员会

组　长： 王安民（中国核工业教育学会）

　　　　赵新文（海军工程大学）

副组长： 陈　玲（海军工程大学）

成　员：（按姓氏笔画顺序排列）

丁兴俊（火箭军工程大学）

王建军（哈尔滨工程大学）

尤晓建（西南科技大学）

刘义保（东华理工大学）

杨　军（华中科技大学）

杨晓菲（北京大学）

谷　懿（成都理工大学）

张大林（西安交通大学）

张昊春（哈尔滨工业大学）

张钰浩（华北电力大学）

林　辉（核工业学院）

周　涛（东南大学）

周　满（火箭军工程大学）

郦文忠（成都理工大学工程技术学院）

郭　江（武汉大学）

蔡星会（火箭军工程大学）

黎素芬（火箭军工程大学）

目 录

上 册

下 册

"核工程与核技术导论"课程思政案例
——讲述核工业故事，传承"两弹一星"精神

陆道纲[1,2]，隋丹婷[1,2*]，张钰浩[1,2]，刘　雨[1,2]

（1. 华北电力大学核科学与工程学院，北京　102206；
2. 非能动核能安全技术北京市重点实验室，北京　102206）

摘　要："课程思政"是一种新的思政工作理念，是通过发挥专业课堂的主渠道作用，达到高等教育全过程、全方位育人的目的。本文设计了核工程与核技术专业的启蒙课程"核工程与核技术导论"课程思政的教学案例与方案，通过合理的教学设计，将思政元素融入教学过程，形成了"既顶天、又立地"的思政特色，注重讲好学生看得见、够得着的"身边的故事"，让专业课程不仅局限于传授专业知识和提高专业能力，更能激发学生从事本专业的自豪感和使命感，激励学生勇于创新、勇攀科技高峰，实现知识传授、能力培养与价值引领的有机统一。

一、课程基本情况

（一）授课对象情况分析

本课程针对核工程与核技术专业大一新生开设，是大一新生接触的第一门专业课，也是入学两年内唯一涉核的课程。本课程不仅要教给学生核专业的入门知识，激发学生的学习兴趣，更要塑造学生人生观、职业观，引导学生规划职业发展路径，激励学生树立人生远大志向。课程思政将有助于充分达成上述课程目标，因此结合该课程开展思政教育十分必要。

（二）课程情况简介

本课程首先介绍国内外核电发展历史与现状、核电的基本特点、核电的竞争力；其次介绍了原子核的组成、放射性特点、核反应的概念及核裂变和核聚变、中子的特性和能谱、铀-235、钚-239 核裂变的特点、核裂变反应的控制方式和核反应堆的分类原则；再次介绍了压水堆核电厂基本组成、一回路和二回路的主要流程和设备；最后针对沸水堆、重水堆、石墨水冷堆、高温气冷堆和快堆的基本构成和特点进行介绍。通过 9 个课程思政点的融入，使得学生对我国核工业的发展历史及技术现状有一个总体的认识，激发学生从事本专业的自豪感和责任感，激励学生建立为国家建功立业的伟大情怀，引导学生眼光面向世界前沿，立志将来本科毕业后在专业领域进一步深造，挑战世界难题，勇于创新，勇攀科技高峰。

二、案例基本情况

（一）案例一：讲述核工业故事，传承“两弹一星”精神

1. 案例内容

在介绍中国核电的历史与现状的章节中，充分挖掘我国“两弹一星”功勋的感人事件，突出我国核工业起步过程的艰辛，核工业人以国家需要为己任，隐姓埋名，艰苦创业，成功研制出决定中国命运的两弹一艇——原子弹、氢弹和核潜艇。从 20 世纪 50 年代我国核能起步阶段的艰难探索，到自主设计秦山 30 万 kW 核电机组实现中国大陆核电零的突破，到目前我国“华龙一号”出口海外，我国四代核电技术跻身世界一流，通过引入典型案例，激发核工程与核技术专业学生的核能梦、强国梦，这种“热爱祖国、无私奉献、自力更生、勇于登攀”的精神不仅是“两弹一星”精神，也是我们党的精神，我们国家的精神，我们民族的精神。同时，介绍华北电力大学核学院与核学科的创办过程，华电核学科从无到有、从弱到强，用 10 年的时间建立了完整的本、硕、博培养体系，荣获多项北京市及国家级教学成果奖，这种“开拓进取、追求卓越”的精神，正是融合了“两弹一星”精神与“自强不息、团结奋进、爱校敬业、追求卓越”的华电精神。

2. 思政目标

通过本课内容的学习，激发新一代年轻人传承老一辈核工业人艰苦卓绝的创新勇气和为国舍身奋斗的奉献精神，继承和发扬好“两弹一星”精神（见图 1），培养学生爱国、敬业、诚信、友善，践行社会主义核心价值观，为实现核能强国梦努力奋斗。

图 1　“两弹一星”精神

（二）案例二：中国名片“华龙一号”

案例内容：党的创新理论是核能创新的内在驱动力。通过自主创新，我国研发出具有完全自主知识产权的三代核电“华龙一号”，并出口巴基斯坦，成为走向世界的中国名片（见图 2），支撑国家经济复兴。

图2　中国名片“华龙一号”

（三）案例三：优秀毕业生座谈

内容：邀请核专业毕业生录制视频、现场参与课堂讨论或远程连线，讲述自己的工作岗位、工作业绩与职业规划。通过引入优秀毕业生的案例（见图3），明确核专业的人才培养目标，做好本科生的职业规划。

图3　优秀毕业生案例

（四）案例四：大国工匠

内容：“中国快堆之父”徐銤院士，领导设计建造中国第一座钠冷快堆——中国实验快堆。这种“一生只做一件事”的执着精神，彰显了“大国工匠”的爱国情怀。

“华龙一号”总设计师邢继为代表的新一代核电人，坚守三代核电人的梦想，一张蓝图“硬核”逆袭，做强中国核电，锻造“大国工匠”精神。

图4　大国工匠案例

（五）案例五：核安全法

内容：《中华人民共和国核安全法》经十二届全国人大常委会第二十九次会议审议通过，由国家主席习近平签署第73号主席令发布，已于2018年1月1日起实施。提高全行业核安全法治修养，全面完善法规标准体系，依法保障核安全。

（六）案例六：核安全文化

内容：国家电力投资集团有限公吸纳中华传统文化精髓，打造“和文化”理念体系，（1）天和：尊重自然，尊重科学，科学发展观；（2）人和：以人为本，团结一心，合作精神；（3）核和：核电与人类和谐共生，造福人类。

（七）案例七：核工业职业精神

内容：核工业人具有“安全高于一切”的职业精神，中核集团的企业文化“四个一切”，即事业高于一切，责任重于一切，严细融入一切，进取成就一切；中广核的企业文化“一次把事情做好”，都体现了这种精神，这种精神也要求核工业人在日常工作中坚决避免弄虚作假、违规操作。

（八）案例八：特种核动力

内容：在发展大型核电站的同时，以特种核动力为代表的小型核能系统已成为当前研究热点（见图5），结合海、陆、空、天的国防需求，介绍小型核能系统的技术原理、技术瓶颈、应用特点。小型特种核动力的研发在提高国家国防实力的同时也将驱动科学和技术上的创新。

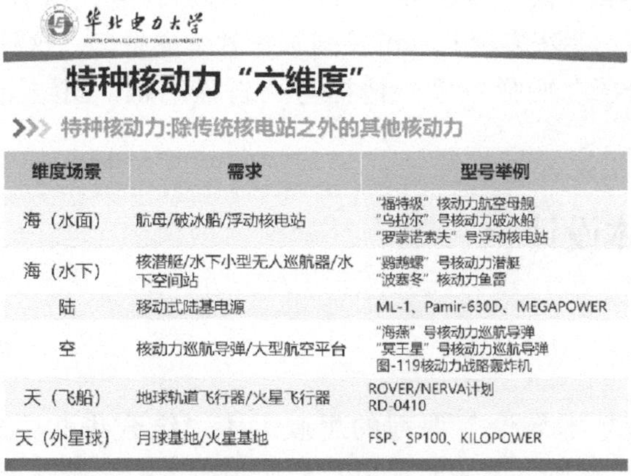

图 5　特种核动力

三、案例思政元素分析

本节课结合华北电力大学双一流学科群“能源电力科学与工程”基础，紧跟时代以新能源为主体的“碳达峰、碳中和”目标，突出核专业行业特色，根据专业知识点衍生出的思政元素如下：

（1）核工业人以国家需要为己任，隐姓埋名，艰苦创业，成功研制出决定中国命运的“两弹一艇”，体现了“热爱祖国、无私奉献、自力更生、勇于登攀”的“两弹一星”精神。

（2）我国自主研发的第三代核电“华龙一号”出口巴基斯坦，成为走向世界的“中国名片”。党的创新理论是核能创新的内在驱动力，支撑国家经济复兴。

（3）应用于国防领域的特种核动力技术突飞猛进，助力实现民族复兴，坚定“四个自信”。

（4）《中华人民共和国核安全法》经十二届全国人大常委会第二十九次会议审议通过，由国家主席习近平签署第 73 号主席令发布，已于 2018 年 1 月 1 日起实施。提高全行业核安全法治修养，全面完善法规标准体系，依法保障核安全。

（5）中核集团的“四个一切”，即事业高于一切，责任重于一切，严细融入一切，进取成就一切；中广核的“一次把事情做好”，都体现了核工业人“安全高于一切”的职业精神，在日常工作中坚决避免弄虚作假、违规操作。

（6）国家电力投资集团有限公司吸纳中华传统文化精髓，打造“和文化”理念体系，① 天和：尊重自然，尊重科学，科学发展观；② 人和：以人为本，团结一心，合作精神；③ 核和：核电与人类和谐共生，造福人类。吸纳正义、和合、大同的优秀思想精华，弘扬中华优秀传统文化。

（7）“华龙一号”总设计师邢继，坚守第三代核电人的梦想，一张蓝图“硬核”逆袭，做强中国核电，锻造“大国工匠”精神。

（8）“中国快堆之父”徐銖院士，领导设计建造中国第一座钠冷快堆——中国实验快堆。这种“一生只做一件事”的执着精神，彰显了“大国工匠”的爱国情怀。

（9）华北电力大学核学院与核学科从无到有、从弱到强，用10年的时间建立了完整的本、硕、博培养体系，荣获多项北京市及国家级教学成果奖，这种“开拓进取、追求卓越”的精神，正是融合了“两弹一星”精神与“自强不息、团结奋进、爱校敬业、追求卓越”的华电精神。

四、案例教学整体设计

（一）总体设计思路

根据“核工程与核技术导论”课程的思政元素，结合华北电力大学双一流学科群“能源电力科学与工程”基础，紧跟时代以新能源为主体的“碳达峰、碳中和”目标，突出核专业行业特色，根据专业知识点衍生出思政资源与总体设计思路如图6所示。

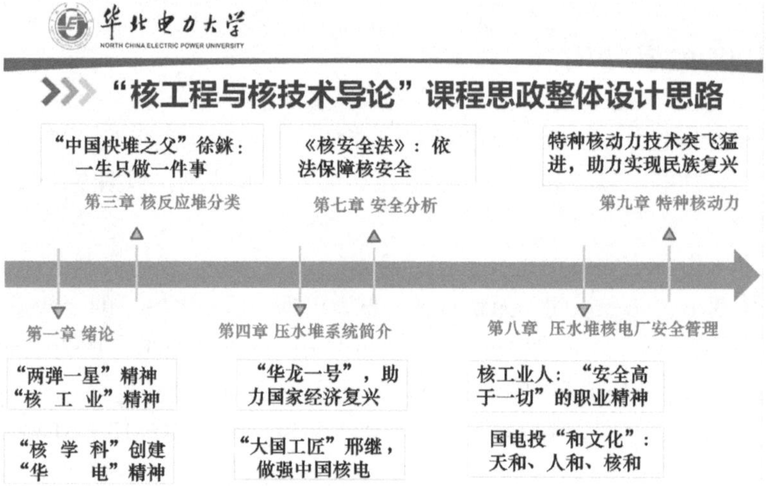

图6　课程思政整体设计思路

（二）教学目标

（1）了解中国核电发展的四个阶段；

（2）了解“两弹一艇”的研制过程，深刻体会“两弹一星”“两弹一艇”精神；

（3）了解中国核电的现状：“华龙一号”“国和一号”、示范快堆、高温气冷堆；

（4）了解国内三大核电集团及下属单位；

（5）了解华电核学科的创办历程与成果。

（三）教学重点、难点

（1）中国核电发展的四个阶段：起步阶段、适度发展阶段、积极发展阶段、安全高效发展。了解四个核电发展阶段的时间跨度，核电发展阶段变化背后的原因，体会核电发展“安全高于一切”的思想。

（2）解决途径：通过书本上相对枯燥的历史事件时间进程与实际案例相结合，增加学生的实际感性认识，增强学生兴趣和接受度。

（3）将思政理念融入课堂，对学生进行潜移默化的教育是本节课思政教育的重点和难点。解决途径：针对当代大学生价值观多样化的现状，进行教学方法和考核方法的创新，鼓励学生发言、参与课堂讨论，营造良好的课堂氛围。

五、教学实践过程回顾

（一）教学过程一：“两弹一艇”研发

教学活动：课堂讲述、观看视频、课堂讨论

教学内容	课程思政理念
·1950 年，中国原子能科学研究院的前身——中科院近代物理研究所（后改称原子能研究所）成立 ·中国原子能科学研究院是中国核工业的源头和摇篮，有 60 多位核能领域的院士曾在这里工作 ·目前，中国原子能科学研究院隶属于中国核工业集团有限公司（其前身为中国核工业部），实际上，先有中国原子能科学研究院，后有中国核工业集团有限公司 ·1949 年 10 月 1 日，中华人民共和国成立 ·1950—1953 年，抗美援朝战争 ·1954 年，中国核工业部（二机部）成立 ·1958 年，中国第一座核反应堆建成（101 堆） ·1964 年 10 月 16 日，中国第一颗原子弹爆炸 ·1967 年 6 月 17 日，中国第一颗氢弹空爆 ·1970 年 4 月 24 日，中国第一颗人造卫星发射 ·1970 年 12 月，中国第一艘核潜艇下水 ·1971 年 10 月 25 日联合国恢复中华人民共和国席位   	“两弹一星”精神： 热爱祖国、无私奉献， 自力更生、艰苦奋斗， 大力协同、勇于登攀。 讲述钱三强、钱学森、王淦昌、邓稼先、彭士禄等人的感人事迹，激励学生建立人生远大志向，激发学生为国家建功立业的伟大情怀

（二）教学过程二：中国核电的起步阶段

教学活动：课堂讲述、观看照片

教学内容	课程思政理念
·1970 年 2 月 8 日，周总理提出建设核电，成立 728 设计院 ·1991 年 12 月 15 日，秦山核电厂（300 MW）首次并网（欧阳予） ·1994 年 2 月，大亚湾核电（900 MW 法国 M310，第二代）投入商业运行 ·2002 年 4 月，秦山核电二期（600 MW）投入商业运行（叶奇蓁） 	核工业是强国基石，为选择核专业充满自豪； 建设强大的核工业，实现强国梦，是当代核工业人的伟大使命； “两弹一星”精神，就在我们身边，榜样就在我们身边

（三）教学过程三：中国核电适度发展、积极发展、安全高效发展

教学活动：课堂讲述（见图 7）、观看照片、课堂讨论

教学内容	课程思政理念
·2011 年 7 月 21 日，中国实验快堆（第四代）并网发电（徐銤） ·2020 年 9 月，国家电投正式发布我国三代核电“国和一号”（郑明光） ·2020 年国家科技重大专项——高温气冷堆示范电站热试成功（张作义） ·2021 年 1 月 20 日，我国自主第三代核电技术“华龙一号”全球首堆示范工程——福清核电 5 号机组投入商业运行，标志着我国在三代核电技术领域跻身世界前列（邢继） ·2021 年 3 月 18 日，我国自主第三代核电“华龙一号”海外首堆——巴基斯坦卡拉奇 2 号机组首次并网成功，是中国自主三代核电技术在海外建设取得的重大里程碑，成为走向世界的“国家名片” 	中核集团核工业精神： 事业高于一切 责任重于一切 严细融入一切 进取成就一切 核工业人以国家需要为己任，用智慧、血汗乃至生命浇铸着核工业人心中最神圣而伟大的强国梦、复兴梦

图 7　课堂讲述

（四）教学过程四：学科与专业

教学活动：课堂讲述、观看照片、参观学院及北京市重点实验室

教学内容	课程思政理念
·2004 年：设置核工程与核技术专业 ·2007 年：成立核科学与工程学院 ·2011 年：“核科学与技术”一级学科硕士点 ·2018 年：“核科学与技术”一级学科博士点 ·2019 年：“核科学与技术”一级学科博士后流动站 人才培养： ·十多年来，向中国核行业输出了 2 800 余名各类学生 ·毕业生就职于国家重要企事业单位，包括： ——中核集团； ——中国广核集团； ——国家电投集团； ——华能集团； ——中国科学院； ——国家核安全局； ——各大涉核高校； …… 获奖： ·2021 年获教育部技进步奖二等奖 ·2020 年获北京市科技进步奖二等奖 ·2019 年获得北京市教学成果一等奖 ·2019 年国家教学成果二等奖 ·2018 年获中国能源研究会能源创新奖一等奖 ·2018 年获中国核能行业协会科学技术奖二等奖 ·2018 年获河北省技术发明二等奖	华北电力大学核学院与核学科从无到有、从弱到强，用 10 年的时间建立了完整的本、硕、博培养体系，荣获多项国家级、省部级教学、科研奖励，这些业绩是“两弹一星”精神与华北电力大学“自强不息、团结奋进、爱校敬业、追求卓越”的华电精神融合的结晶

图 8　课间与学生讨论

（五）教学过程五：结束语

（1）了解核工业历史，明白核工业是强国基石，为选择核专业充满自豪；

（2）建设强大的核工业，实现强国梦，是当代核工业人的伟大使命。

“两弹一星”精神，就在我们身边，榜样就在我们身边，把“两弹一星”精神融入我们的学习和科研工作之中，在实现中华民族伟大复兴的进程中，成就自我，奉献国家。

（六）教学过程六：教学反思

本课程加入思政元素以后，对学生人生观、价值观培养的考核是值得深入探索的。当代大学生的价值观存在多样化趋势，学生对“两弹一星”、社会主义核心价值观的认同程度不同。针对这些问题与现状，本课程需要围绕思政元素，进行考核评价方法的创新，考核方式的落脚点体现在学生的反馈上，可观察、可评估、可考核、让学生有获得感。例如，可以采取课内与课外的有效衔接、教师评价与学生自评、集体互评相结合的方式，形成多角度、全方位的考核机制。

另外，良好的课堂气氛可以有效地提高授课效果，同时为后续高年级的课堂教学奠定活跃的氛围和良好的学风。通过鼓励学生积极参与课堂讨论、积极发言，引导和创建很好的舆论氛围，活跃课堂气氛，让学生慢慢打开自己的话匣子，拒绝老师唱独角戏的尴尬现状。

六、创新性与效果总结

（一）创新性

核学科是实现“制造强国梦”的重要的基础学科。“核工程与核技术导论”课程思政建设通过结合核行业固有的思政元素及我校参与的重大科研课题，使得思政教育呈现"既顶天、又立地"两大创新性特色，具体体现在以下两点。

（1）立足核工业的行业特色，挖掘典型事件和典型人物，塑造思政教育的"顶天"效应，激发学生民族自豪感和责任感，激励学生投身行业建设。例如，在"中国核电发展历史与现状"章节中，老一辈核工业人以国家需要为己任，隐姓埋名，艰苦创业，成功研制出决定中国命运的"两弹一艇"，体现了"热爱祖国、无私奉献、自力更生、艰苦奋斗、大力协同、勇于登攀"的"两弹一星"精神，这也是我们党的精神、我们国家的精神、我们民族的精神。

（2）面向核工程领域学科前沿，讲述专业最新动向和团队的最新科研成果，达到思政教育的"立地"效果，鼓励学生勇于创新，勇攀科技高峰。例如，在"快堆系统"章节中，快堆总工程师"徐銶"院士"一生只做一件事"，创新性地设计出非能动余热排出系统并在世界上首次实现了实堆应用，显著提高了快堆的安全性，彰显"大国工匠"的爱国情怀。本课程的教学团队深度参与中国示范快堆关键工艺理论研究和实验研究，解决多项工程瓶颈问题，获快堆联盟"凤凰奖"杰出团队奖。

（二）效果总结

通过思政内容的融入，核工程与核技术专业学生从大一就了解了本专业的课程体系，明确自己的职业规划，极大地鼓舞了学生积极参与科研、跟随研究团队进行科研攻关的士气。有同学从大学二年级就主动联系学院的研究团队，参与实验或者计算工作，本科阶段就能发表科研论文，2021 年本科生考研率提高至 61.5%，考研成功率提高至 44.6%，创造历届最高水平。

同时，课程思政的融入不仅激发了学生从事科研的激情，也激发了学生投身核工业一线建设的积极性，继与中广核集团、中核集团开设的联合培养班之后，我校与华能集团新增联合培养班，并已于 2021 年开始正式授课。"服务国家战略突破工程教育瓶颈的'订单+联合'大核电人才培养模式与实践"，获北京市高等教育教学成果奖一等奖和国家级教学成果奖二等奖，起到了显著的首创、引领、辐射的效果，前后共有 13 所高校加入该模式，取得了企业、学校、学生三方共赢的良好效果。

"核工程与核技术导论"课程思政通过"顶天效应"与"立地特色"的深度结合，引导学生热爱本专业、规划职业发展路径、描绘人生发展蓝图，同时激励学生追踪世界前沿，挑战世界难题，在中华民族伟大复兴过程中实现个人价值，真正做到思政教育有特色、见实效。

参考文献

[1] 习近平在全国高校思想政治会议上强调：把思想政治工作贯穿教育教学全过程开创我国高等教育事业发展新局面［N］. 人民日报，2016-12-9（1）.

[2] 课程思政：人才培养的价值引领［J］. 中国教育报，2020，9.

“核反应堆物理分析”课程思政案例

马续波，刘仕倡，刘　芳

（华北电力大学核科学与工程学院，北京　100086）

摘　要：“核反应堆物理分析”是华北电力大学核工程与核技术专业本科生的一门专业必修课。教学团队在16年的教学实践中，积极开展教学方式方法和课程思政方法研究，通过创新的线上线下混合式教学方式，基于研究式、问题式的教学方法，有力地调动了学生的积极性，通过将课程思政、专业知识和工程实践案例有机地融入，较好地改善了学习效果。在课程思政过程中，通过创新的“问题式”和工程案例相结合的课程思政方式，显著改善了课程思政效果。

一、课程基本情况

“核反应堆物理分析”是核工程与核技术专业本科生的一门专业必修课，也是中核、广核、华能、法国格勒诺布尔理工大学等多家单位联合培养课程中的必修课。教学团队在16年的教学实践中，积极开展教学研究，持续更新和改进教材课件，探索基于研究式、问题式的教学方法，将工程实践案例代入教学环节，将科学研究方法和课程内容有效结合。

课程的教学目标是让学生从整体上掌握宏观反应堆物理的基本原理和基本分析方法。理解中子在反应堆的运动规律、临界问题、燃耗问题以及中子动力学问题，了解多群中子扩散方程的数值解法。了解反应堆物理在核工程设计中的作用和应用，使学生掌握反应堆物理设计及计算的基本方法及步骤。培养学生的科学素养和创新潜质，为后续课程的学习和工程中解决反应堆问题打下良好基础。

（一）授课对象情况分析

（1）课程名称：核反应堆物理分析。

（2）授课对象：本课程的授课对象为华北电力大学核学院核工程与核技术、辐射防护与环境保护两个本科专业本科三年级学生。

（3）对象的特点分析：首先从心理角度分析，大学生群体的心理正处于逐步走向成熟，但尚未达到一般成人真正成熟的阶段。学生在自我意识、思维能力情感和意志、学习能力等各方面较青少年时期都有了更进一步的发展，但仍有主观、幼稚和片面的一面。“核反应堆物理分析”课程相比之前的很多课程，不管是课程难度还是课程深度都有了提高，需要学生具有更成熟的心理素质去应对学习课程中的挑战，更好地学好课程相关内容。其次，从课程内容上讲，大学一年级和大学二年级学习的“大学物理”“高等数学”

“原子核物理”和“数学物理方程”等课程都是相对比较基础的课程。本课程中的很多基本概念也是从之前的相关课程中延伸拓展过来的，但本课程更偏重于理论与工程的结合。这就要求学生不仅要有深厚的理论功底，还需要具备较强的工程实践理念和能力，大学三年级的学生基本上都已经具备了上述相关能力和素质。最后，在国家“双碳”目标指引下，该课程的内容是与我国的核电发展政策和大环境紧密相关的，良好的外部环境可以更好地激发学生对本课程学习的兴趣，同时也更好地开展课程思政教育工作，有机地把课程思政相关工作和课程内容融合到一起。

（二）课程情况简介

1. 核反应堆物理分析主要内容

“核反应堆物理分析”课程包含了课程中设计的基本概念、基本思想、中子在介质中的运动的基本规律、反应堆物理动态问题与堆芯反应性控制和堆芯燃料管理，主要内容与知识体系如图 1 所示。课程采用线上线下相结合的混合教学方式，线上内容可供学生提前预习和课后复习巩固，线下内容除了对需要掌握的知识点进行更深入讲解以外，配合具体知识点进行课程思政教育和国内外前沿知识的拓展。课程的主要内容和知识体系如图 1 所示。

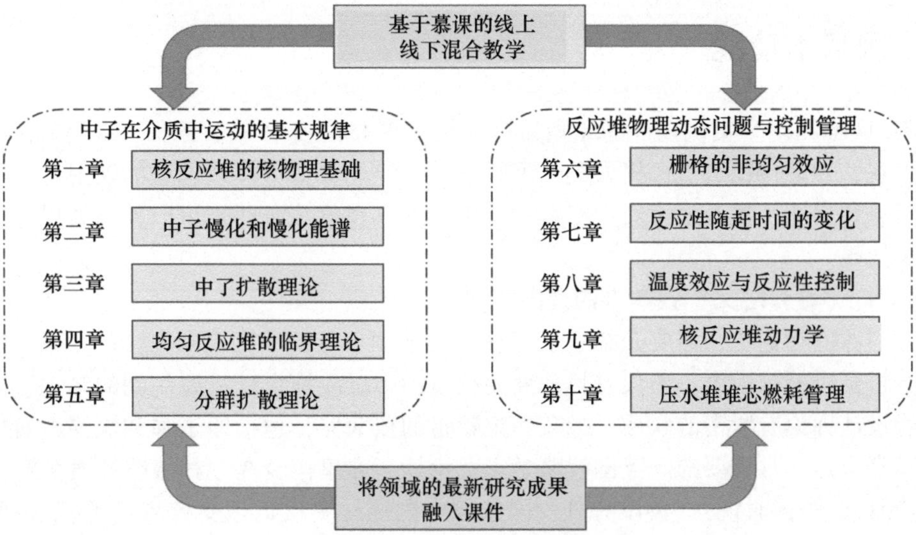

图 1　课程的主要内容与知识体系

第一章是核反应堆的核物理基础，包括截面、中子通量密度、核反应率、中子与原子核相互作用的机理、四因子公式等概念。第二章是中子慢化和慢化能谱，包括中子的弹性散射过程、无限均匀介质内中子的慢化能谱、均匀介质中的共振吸收。第三章是中子扩散理论，包括单速中子扩散方程、非增殖介质内中子扩散方程的解等。第四章是均匀反应堆的临界理论，包括热中子反应堆的临界条件、各种几何形状的裸堆的几何曲率和中子通量密度分布、反应堆曲率和临界计算、有反射层反应堆的单群扩散理论及计算。第五章是分群扩散理论，包括双群扩散理论、多群扩散理论、多群扩散方程的数值解法。第六章是栅格的非均匀效应与均匀化群常数的计算，包括栅格的非均匀效应、栅元均匀化群常数的计算、栅格几何参数的选择。第七章是反应性随时间的变化，包括核燃料中重同位素成分随时间的变化、燃耗深度、核燃料的转换与循环。第八章是温度效应与反应性控制，包括反应性温度系数、反应性控制的任务和方式、控制棒控制、可燃毒物控制、化学补偿控制。第九章是核反应堆动力学，包括缓发中子的作用、点堆动态方程、反应堆周期。第十章是压水堆堆芯燃耗管理，包括核燃料管理的主要任务、多循序燃料管理、单循环燃料管理、堆芯换料设计的优化。

2. 核反应堆物理分析慕课

为了更好地开展核反应堆物理分析教学和方便学生在课前预习和课后巩固复习，我们专门录制了“核反应堆物理分析（上）”和“核反应堆物理分析（下）”慕课。目前，来自全世界的约 2 580 位同学学习了本课程，同学的来源地基本上遍布全国，说明了课程已经具备了一定的影响力。

3. 教学评价

近 3 年，核反应堆物理分析团队累计为本科生上课超过 1 300 多课时，学生评价全部为优秀。通过课程思政元素与课程内容的有机融合，有效地提高了学生学习该课程的积极性，收到了学生的一致好评。

二、案例基本情况

“核反应堆物理”案例设计的原则为符合核工程与核技术专业要求，体现当代社会的核心价值观，知识传授与立德树人契合度较高，在专业教育中体现思政的映射点，同时能给学生反思和启迪，提升学生对本专业的认识高度，在收获专业知识以外提高思想道德修养和精神境界。

案例一：“导弹之父”钱学森的爱国之情

在这门课的绪论中，需要介绍一下“核反应堆物理分析”与国家安全的联系。核反应堆物理分析要讲授的内容，不仅是目前商用核电站中反应堆设计需要用到的知识，同时也跟原子弹设计理论有紧密的联系。拥有一定数量的核武器，包括原子弹和氢弹，对保证我国的战略安全是非常重要的。英国战略学家劳伦斯·弗里德曼在《核战略的演变》一书中谈到 50 年代的中国时说：“再没有哪个国家像中国那样更接近遭受核攻击了。”说明中国在那一段时期总是受到核威胁在世界上是众人皆知的。美国总统杜鲁门在 1950 年 11 月 30 日举行的一个记者招待会上回答会不会使用原子弹的问题时，含糊其辞地说：“要积极考虑使用核武器的事情。”朝鲜战争期间中国第一次切实地感受到来自美国的核威胁。中国作出发展核武器的决定是在 1955 年 1 月。当时处于一个特殊的历史背景下，美国都曾经向我们挥舞过核大棒。我国“两弹一星”科学家钱学森放弃国外优越的待遇和条件，毅然回国，为祖国的发展作出了杰出贡献，钱学森的事迹让我们为之深深感动——中国能够创造奇迹！钱学森是我国的“导弹之父”，为我国科学事业做出了卓越贡献，更让人敬佩的是他那浓浓的爱国之情，他在个人发展与祖国建设的决斗中，毅然站在了祖国的土地上，是一位坚定的爱国赤子。核工程与核技术的大学生应该具有强烈的家国情怀，现在学好本领，未来为国家核事业的发展贡献自己的青春和力量。

案例二：国家科研体系中的“定海神针”

在整个国家的科研体系中，由于与核相关的科学研究对保证国家战略安全具有重要的支撑作用，因此，美国把核工程、核物理学、核与放射化学等与核相关的专业作为国家核心竞争力在支持它们的发展。图2给出了美国科研重点关注的研究领域和对应的国家实验室。

序号	核心能力	AMES	ANL	BNL	FNAL	LBNL	ORNL	PNNL	PPPL	SLAC	TJNAF	INL	NETL	NREL
1	加速器科学与技术		√	√	√	√	√			√	√			
2	先进计算机科学、可视化和数据		√	√	√	√	√	√				√		
3	应用材料科学与工程	√	√	√		√	√	√				√	√	√
4	应用数学		√			√	√	√						
5	生物学与生物过程工程		√			√	√	√				√		√
6	生物系统科学			√		√	√	√						
7	化学工程		√	√		√	√	√				√	√	√
8	化学与分子科学	√	√	√		√	√	√		√		√		√
9	气候变化科学和大气科学		√	√		√	√	√						
10	计算科学		√	√		√	√	√						
11	凝聚态材料物理学与材料科学	√	√	√		√	√	√		√		√		
12	赛博与信息科学		√			√	√	√				√		
13	决策科学与分析		√			√	√	√				√	√	√
14	地球系统科学与工程					√	√	√				√	√	
15	环境地表科学					√	√	√				√	√	
16	大规模用户设施/先进设备		√	√	√	√	√	√	√	√	√	√		
17	机械设计与工程					√	√		√			√		√
18	核工程		√				√	√				√		
19	核物理学		√	√		√	√				√			
20	核与放射物化学		√	√		√	√	√				√		
21	粒子物理学		√	√	√	√				√				
22	等离子体与聚变能科学						√		√	√				
23	能源系统与电机工程					√	√	√	√			√		√
24	系统工程与集成	√	√			√	√	√	√			√	√	√

图2　美国科研重点关注的研究领域和对应的国家实验室

由图2可见，核工程和核物理学等相关研究在美国的顶层布局中具有非常重要的地位，与核相关的科学研究和工程应用作为国家科研体系中的“定海神针”，美国国家实验室与高校、工业界构成了其科研体系的三大支柱。美国能源部国家重点实验室共有17个，在一定程度上代表美国在科学和能源领域科研实力的最高水平和发展趋势，其中13个以核科学研究为主要任务。由此可见，核学科在国家科研体系中具有重要地位。

从1955年1月15日，毛泽东主席主持中共中央书记处扩大会议，确定了大力发展原子能事业的方针以来，我国的核事业取得了重大成就，这些成就包括原子弹、氢弹和核潜艇的研制成功，1991年秦山核电的成功并网发电，再到后来的“华龙一号”、CAP1400等。目前，中国是世界上在建核电数量最多的国家，还在积极发展核电。

案例三：核电“出海”与“卡脖子”问题

对于任何一个国家来说，向他国出口一个核电站所获得的经济效益是非常明显的。用国家能源局原局长张国宝的话说就是，“出口一个核电站，相当于出口100万辆桑塔纳轿车”。他说：“中国发展到今天这个阶段，除了在中国本土建核电站以外，我们也很想走出去，在世界其他地方建核电站。”不过，中国核电“走出去”并不容易。其中一点，也是最关键的一点，中国研发的具有独立知识产权的核电技术，如何才能让他国信任并接受。在2010年之前，中国研发具有独立知识产权的核电软件非常少，这也造成核电出海遇到“卡脖子”问题。中国核动力研究设计院在核电重大专项“核电关键设计软件自主化技术研究”的支持下，完成了针对我国第三代先进核电“华龙一号”定制开发的核电设计与分析软件包 NESTOR。国家电投集团科学技术研究院有限公司依托“大型先进压水堆及高温气冷堆核电站科技重大专项”中的“核电关键设计软件自主化技术研究”课题支持，完成了反应堆堆芯物理、热工水力、系统安全分析一体化软件包 COSINE 的研发。中国广核集团有限公司独立研发了具有完全自主知识产权的核设计软件包 PCM，据此完成“华龙一号”堆芯设计。这些专用软件的良好进展，展示了我国核安全分析软件的自主化能力，为国产核电装备“走出去”提供了重要助力。华北电力大学在自主化研发 NESTOR 和 COSINE 软件。在 COSINE 研发过程中，华北电力大学向软件中心先后派遣师生 70 余人，参与了 COSINE 软件开发的大量工作，参与完成了多项子课题研究，包括前期的需求分析、理论手册的编写、编码的实现、实验数据分析整理、程序的测试和验证等软件开发的各个环节，为我国核电自主化事业作出了应有的贡献。

案例四：“一辈子只干好一件事”——徐銤

北京，房山，中国原子能科学研究院。很少有人知道，距离首都市中心 40 多千米的西南郊，在这片被称为“中国核科学技术的发祥地”的地方，坐落着中国第一座快中子增殖反应堆（以下简称“快堆”）——中国实验快堆（CEFR），如图 3 所示。

徐銤（见图 4）作为当年的总工程师，为了快堆整整奋斗了 53 年，最终使我国成为世界上少数几个拥有快堆技术的国家，被时任国务院副总理刘延东同志赞誉为“当代科技工作者学习的楷模”。

图 3　中国实验快堆厂房外景

图 4　徐銤院士工作照

1965 年，徐銤第一次接触到“快中子增殖反应堆”这个概念，了解到它是由能量更高的快中子引发核裂变的反应堆。快中子的重要特性决定了快堆具有增殖核燃料和嬗变核废料两大突出优势。尤其是当时意大利裔的美国科学家、反应堆之父费米的两句话“建增殖堆的国家将永远解决它的能源问题”“首先发展增殖堆的国家将在原子能事业中得到巨大的竞争利益”让徐銤下定决心，他认定快堆建成了，就能解决我们国家在燃料紧缺，尤其是铀危机上的一大难题，而且今后还可以发展清洁能源，国家肯定需要。从此，徐銤与这个崭新的领域结下了不解之缘。

作为当年的总工程师，徐銤院士带领着团队，从预先研究、概念设计、初步设计、施工设计及建筑、安装调试，2010 年，中国实验快堆首次实现临界，2011 年成功并网发电。中国成为世界上第 8 个拥有快堆技术的国家。徐銤带领团队完成了国家的嘱托——“建好快堆，为国争光”。

徐銤院士的一生所需不复杂，所求更是简单：快堆，就是他一生的心之所向。“大半辈子只干了一件事”，徐銤院士以前常常用这句话来评价自己，语气平淡，没有遗憾，唯有满足。

案例五：“愿将一生献宏谋”——于敏

于敏，这位没有任何留学经历、土生土长的“中国氢弹之父”，是我国国防科技事业改革发展的重要推动者。让 1967 年的一声巨响震惊世界，创下最短研究周期纪录。提及数十年隐姓埋名，他淡然地说：“我们国家没有自己的核力量，就不能有真正独立。面对这样庞大的题目，我不能有另一种选择。一个人的名字，早晚是要消失的，能把自己微薄的力量融进强国的事业之中，也就足以自慰了。”研制氢弹牵扯到多种学科，而且不符合于敏的本真兴趣。当时 30 多岁的于敏正处于原子核理论研究的巅峰时期，眼看要有所发现、有所突破、有所建树，如果调入氢弹研制工作，意味着自己的人生将要大转行一次。一边是自己十分热爱、耕耘 10 年小有成就而即将取得重大成果的原子核理论研究；另一边则是相对陌生的研究领域、未知的挑战和国家的需要，几乎从零开始。然而，为了国家发展的需求，于敏毅然决然服从组织分配，全力以赴投入到氢弹理论探索研究工作之中。“国家需要我，我一定全力以赴！”这句誓言，于敏用一生践行。他说：“这不太符合我的兴趣，但爱国主义压过兴趣。”“我们国家没有自己的核力量，就不能有真正的独立。面对这样庞大而严肃的题目，我不能有另一种选择。”这是于敏当时的心境。这个决定改变了他的一生，自此开始隐姓埋名，把自己的一切奉献给了中国的核科技事业。他带领 30 余名青年科研人员组成的氢弹预研小组，从基本物理学原理出发，凭借一张桌子、一把计算尺、一块黑板、一台简易的 104 型电子管计算机和自强不息的信念，经过 4 年的不懈努力，不仅解决了大量基础课题研究问题，而且探索出设计氢弹的途径，编制了计算程序，建立和初步研究了有关模型，为氢弹原理探索奠定了坚实基础。为此，于敏和团队科研人员几乎时时刻刻都沉浸在堆积如山的数据计算中。直到 1965 年，氢弹研制方案才终于有了一些眉目。为验证方案是否可行，9 月底，于敏带领理论部几十位科研人员一起去上海华东计算所做计算物理实验，打响了创造历史的“百日会战”。当时计算机性能不稳定，机时又很宝贵，不到 40 岁的于敏在计算机房值大夜班（连续 12 h），在堆积如山的一摞摞黑色纸带和密密麻麻的数据里，100 多个日日夜夜，他常常半跪在地上，埋头紧紧盯着计算机吐出纸带上的数据，生怕漏掉一点有用的信息；然后仔细分析结果。图 5 展示了于敏在读计算机纸带。经过 3 个多月的分析、比较，于敏率领同事们以超乎寻常的直觉，从大量杂乱无章的数据中理出头绪，剥茧抽丝，发现了实现氢弹自持热核燃烧的关键，找到了突破氢弹的技术途径，形成了从原理、材料到构型完整的氢弹物理设计方案。“百日会战”在于敏带领下克服重重困难，赢来胜利的曙光。

曾有核武器专家指出，世界上仅有两种氢弹构型，一种是美国的 T-U 构型，另一种就是“于敏构型”。而于敏构型比美国 T-U 构型设计更加巧妙，首爆氢弹体积比美国要小。于敏率领团队创造了研制氢弹的世界纪录，从第一颗原子弹爆炸到第一颗氢弹试验成功，中国的速度为世界之最。

图 5　于敏在读计算机纸带（摄于 20 世纪 80 年代初）

案例六：中国核电走向世界的名片——“华龙一号”

目前世界上主要有 3 个第三代压水堆路线，分别是美国的 AP1000 压水堆、俄罗斯的 AES-2006 压水堆以及法国，或者说欧共体的 EPR 压水堆。不过中国的“华龙一号”走出了第四条路子，那就是 HPR1000 型压水堆。它是我国具有完全自主知识产权的三代压水堆核电创新成果。2022 年 3 月 25 日，“华龙一号”示范工程第 2 台机组——中核集团福清核电 6 号机组正式具备商运条件，如图 6 所示。至此，“华龙一号”示范工程全面建成投运，我国核电技术水平和综合实力跻身世界第一方阵。

图 6　中核集团福清核电站外场景

“在此之前，国外核电技术的堆芯大部分采用 121 个或 157 个燃料组件，我们在堆芯设计等方面不具有完全自主知识产权，常常受制于人”刘昌文说。中国核动力研究设计院的专家团队经过大量论证，在国外通用的 157 组堆芯基础上，每个象限增加 5 组元件，4 个象限共增加 20 组元件，形成 177 组堆芯的创新设计，如图 7 所示。177 堆芯是我国三代核电区别于国外技术的最主要特点，它由 177 个燃料组件构成，体积更大，177 堆芯不仅可以使核电机组的发电功率提升 5%～10%，同时降低了堆芯内的功率密度，提高了核电站的安全性。这也使得堆芯换料周期由通常的 12 个月延长至 18 个月，将电厂可利用率提高至 90%以上。反应堆的设计是核电技术的关键领域，这颗“中国芯”，更是“华龙一号”自主知识产权的基础。

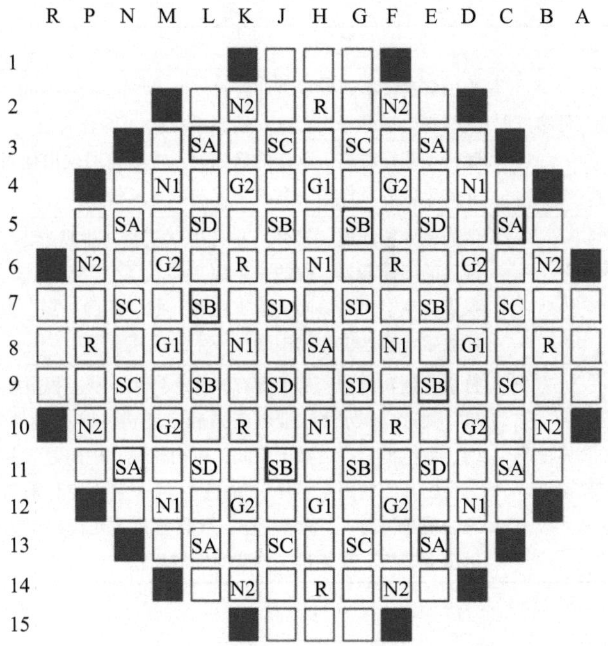

图 7 “华龙一号”177 堆芯设计

目前，“华龙一号”国内外首批工程 4 台机组已经全部建成商运，福建漳州一期、海南昌江三期等“华龙一号”新建机组已经开工建设。“华龙一号”的商业运行，不仅能产生巨大的经济效益，对于改善我国能源结构、助力碳达峰、碳中和战略目标的实现意义深远。“华龙一号”一个机组并网发电之后能够满足一个中型城市的用电需求，并且每年减少耗煤 530 万 t，以及减少二氧化碳排放 1 300 万 t。相当于植树 2.6 亿棵，覆盖面积达到 300 万亩，将近可以覆盖 1/5 个北京。

三、案例思政元素分析

案例的思政元素主要包括核与国家安全、“两弹一星”科学家的家国情怀、科学精神、不怕困难迎难而上的精神、“华龙一号”自主化创新精神等。具体每个案例体现的思政元素如表 1 所示。

表 1 “核反应堆物理分析”案例体现的思政元素

序号	案例名称	体现的思政元素
1	“导弹之父”钱学森的爱国之情	热爱祖国愿为祖国奉献毕生的精神
2	国家科研体系中的“定海神针”	提升学生对专业的认可度和科学精神
3	核电“出海”与“卡脖子”问题	面对困难，要有迎难而上，为国家分忧解难的精神

续表

序号	案例名称	体现的思政元素
4	“一辈子只干好一件事”——徐銤	为国家科技事业发展奋斗终身。“一辈子只干好一件事”，在追求经济效益和快节奏生活的今天，这句话似乎有些“不合时宜”，然而也正因如此，用实际行动践行着这一承诺的徐銤院士才更加展现出他对于科研的严谨、对于事业的忠诚以及作为一名科学家的桀骜风骨
5	“愿将一生献宏谋”——于敏	他的境界正如他《抒怀》一诗中“愿将一生献宏谋”“身为一叶无轻重”所抒发的那样高远。他的一生完美体现了“热爱祖国、无私奉献，自力更生、艰苦奋斗，大力协同、勇于登攀”的“两弹一星”精神。今天，我们一起缅怀致敬于敏这位为祖国奉献一生的民族脊梁
6	中国核电走向世界的名片—“华龙一号”	自主化创新精神。从无到有，从小到大，从一根电缆、一颗螺丝钉都需要进口，到形成高水平工业创新链和产业链，跻身世界第一方阵，再到走出国门、惊艳世界……数十年间，中国核电实现跨越发展，“华龙一号”已经成为名副其实的国家名片。“自主”两个字，说起来简单，背后却是几代核电人的艰辛付出。“华龙一号”承载着我国几代核电人的自主创新理想，也折射出中国核电坚持自主创新的发展历程

四、案例教学整体设计

在案例教学整体设计时，本文给出的案例与课程知识点的对应关系如表 2 所示。在进行课程思政的时候，比较难的地方是怎样自然而然地引入课程思政内容，而不是让学生感觉很突兀的样子。为了解决此问题，我们提出了“问题引导”的方法进行自然而然的课程思政内容导入。比如在进行反应堆物理介绍时，可以提问“反应堆物理这门课的知识到底有什么用？”然后自然而然地讲到国家安全、钱学森的爱国故事（见表 2）。

表 2　课程思政案例与课程知识点对应关系

序号	案例名称	与课程知识点对应关系	与思政案例的结合的问题
1	“导弹之父”钱学森的爱国之情	第一章反应堆物理介绍	反应堆物理理论在原子设计、反应堆设计中都有很好的应用
2	国家科研体系中的“定海神针”	第一章核数据库	核数据是进行反应堆物理研究，反应堆设计的基础，核数据研究的重要性是什么
3	核电“出海”与“卡脖子”问题	第三章中子扩散理论	中子扩散理论是目前商用核电站堆芯物理计算的主要方法，虽然中国目前可以自主建造核电站，但核电站技术想出口，还面临反应堆设计软件知识产权等方面的问题
4	“一辈子只干好一件事”——徐銤	第四章单群近似下的临界条件	单群近似下的临界公式主要研究是热中子反应堆，该公式能否应用于快堆的反应堆物理计算
5	“愿将一生献宏谋”——于敏	第四章 反应堆临界	反应堆临界要实现几何曲率和材料曲率的匹配。氢弹需要原子弹进行“点燃”聚变，你知道我们国家“点燃”氢弹的关键设计是怎样做出来的吗

续表

序号	案例名称	与课程知识点对应关系	与思政案例的结合的问题
6	中国核电走向世界的名片—“华龙一号”	第六章 栅格的非均匀效应	反应堆堆芯设计需要考虑栅格的非均匀化效应，你知道“华龙一号”的堆芯是怎样设计的吗

下面以第六章非均匀效应中的温度系数讲解为例，讨论课程思政案例教学的整体设计。

（一）教学目标

知识层面：在初步了解反应堆温度效应和反应性系数的基础上，学习反应性温度系数及其对核反应堆稳定性的影响，进而深入认识欠慢化区、过慢化区等知识。

认知层面：通过切尔诺贝利核事故的视频，激发学生对认知反应堆反应性变化的兴趣，尤其是对温度系数对反应堆稳定性的影响的直观学习和理解，通过图文并茂、形象生动的多媒体教学课件，将晦涩难懂的文字信息变成直观的图片信息，以让学生更好地掌握反应性温度系数、反应堆的自稳/自调性等知识。结合切尔诺贝利核事故的视频，由温度系数对反应堆稳定性等抽象知识进行直观介绍，使学生对温度反应性系数的原理、欠慢化区、过慢化区得以充分理解与掌握。

能力层面：通过学习，使学生具备分析温度反应性系数背后的物理和数学原理的能力，从而产生对合理设计栅径比避免正反应系数的求知欲，进而培养学生采用反应堆物理基本原理进行分析的能力。通过“华龙一号”全球首堆的例子，激发和培养学生与时俱进，主动跟进核电发展时代前沿的求知欲和能力。

（二）教学内容

本节课讲授的内容——反应堆系数，通过对温度效应，反应堆反应性变化的主要影响因素的分析，对反应性系数、反应性温度系数及其对核反应堆稳定性的影响、栅径比的设计等关键内容的深入学习和理解，具有非常重要的作用。

授课时间 45 min，具体内容包括：

（1）温度效应，反应性系数；

（2）反应堆反应性变化的主要影响因素，反应性温度系数及其对核反应堆稳定性的影响；

（3）栅径比的设计。

（三）教学重点

1. 教学重点

温度效应，反应性温度系数、反应性温度系数及其对核反应堆稳定性的影响。

2. 处理方法

（1）通过切尔诺贝利核事故的视频，将书本上反应堆反应性变化的理论与实际进行结合讲解，增加学生的实际感性认识，增强学生兴趣；

（2）设计制作形象的图片、视频等资源，将晦涩难懂的文字信息变成直观的反应堆运行原理图，以让学生更好地掌握反应堆的自调性和自稳性，进而启发学生思考反应性温度系数及其对核反应堆稳定性的影响的原因。

（四）教学难点

1. 教学难点

反应堆反应性变化的主要影响因素、欠慢化区/过慢化区、栅径比的设计。

2. 处理方法

（1）从链式裂变反应的原理出发，通过分析有效增殖系数的六因子公式，逐一分析每个因子对反应性变化的影响，层层引导学生思考慢化剂的吸收效应和吸收效应对反应性变化的影响，使学生自然地理解反应性温度系数的主要影响因素；

（2）通过切尔诺贝利核事故的案例，讲解反应性温度系数及其对核反应堆稳定性的影响，分析栅径比的设计对反应性温度系数的影响，通过“华龙一号”全球首堆的例子，增强了学生理论联系实际和学以致用的能力；

（3）根据学生反应，把握讲解速度，适当利用提问方式，随堂检验学生掌握程度，使学生能够积极思考并保持精力集中。

（五）教学方法和手段

（1）教学方法：讲述法、留白法、启发式教学。

（2）教学手段：多媒体教学、线上慕课和板书相结合。

（六）板书设计

温度反应性系数 1. 温度反应系数定义 温度反应性系数及其对反应堆稳定性的影响。 2. 温度反应系数原理 欠慢化区/过慢化区、温度反应系数与切尔诺贝利核事故。 3. 温度反应系数应用	与课件进行互补的板书区域

（七）教学过程

教学步骤	教学内容	备注
1. 介绍本节课的主要内容	一、介绍本节课的主要内容 同学们好，这节课我们共同学习第八章第 1 节——“温度反应性系数”，温度是影响反应堆反应性的重要因素，对反应堆的运行和安全有着非常重要的作用，这节课我们将讲解温度反应性系数的概念和原理，并分析温度反应系数的应用	精神饱满的亮相，口述课堂设计

续表

<table>
<tr><th>教学步骤</th><th>教学内容</th><th>备注</th></tr>
<tr><td>2. 导入本节课内容</td><td>二、通过切尔诺贝利事故的视频资料导入课堂内容
1. 通过视频，介绍 1986 年的切尔诺贝利核事故，提问：切尔诺贝利核事故是如何发生的呢？
2. 通过视频，引出切尔诺贝利核事故与温度反应性系数有关，这一节课，我们就一起来学习一下，温度反应性系数。
3. 通过这节课的学习，大家对切尔诺贝利核事故的起因会有更深刻的认识</td><td>利用切尔诺贝利核事故的视频资料，激发学生的学习兴趣，促使学生思考该现象的科学本质</td></tr>
<tr><td>3. 温度反应系数定义</td><td>三、温度反应系数定义
1. 链式裂变反应的原理
1）慢化效应、吸收效应。
2）温度反应性系数。
$\alpha_T = \frac{d\rho}{dT}$单位：PCM/K，PCM/℃
如果温度系数为正：
$T\uparrow \quad \rho\uparrow \quad P\uparrow \quad T\uparrow\cdots$
如果温度系数为负：
$T\uparrow \quad \rho\downarrow \quad P\downarrow \quad T\downarrow\cdots$
2. 温度系数对反应堆稳定性的影响
1）自稳性
反应性发生扰动时；不依靠外部控制，反应堆通过自身的都反馈，重新回到稳定状态。

2）自调性
反应堆负荷发生变化时，不依靠外部控制调节，反应堆通过自身的负反馈，自动调节反应堆功率以适应负荷变化。
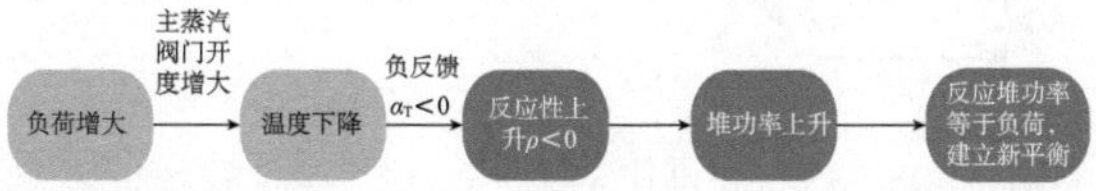</td><td>将公式与示意图进行结合讲解</td></tr>
<tr><td>4. 温度反应系数原理</td><td>四、温度反应系数原理
1. 慢化效应与吸收效应
温度升高，密度下降→H_2O/U 质量比减小→反应堆的慢化能力和中子能谱都发生变化→反应性的显著变化。
$$k_{eff} = \varepsilon p f \eta P_F P_T$$
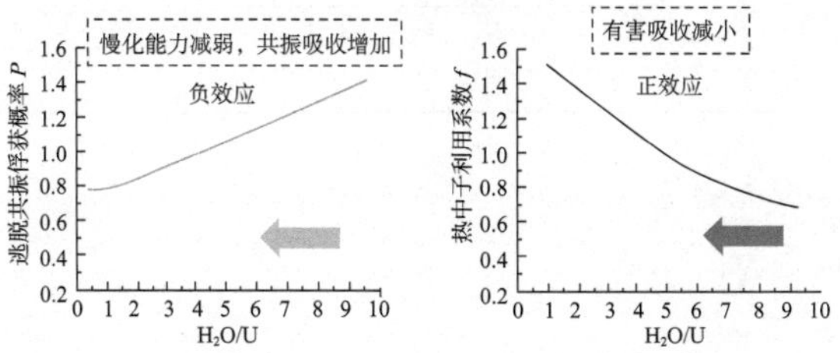</td><td>引导学生思考和理解温度反应系数原理</td></tr>
</table>

续表

教学步骤	教学内容	备注
4. 温度反应系数原理	2. H_2O/U 质量比与慢化区域（综合效应） 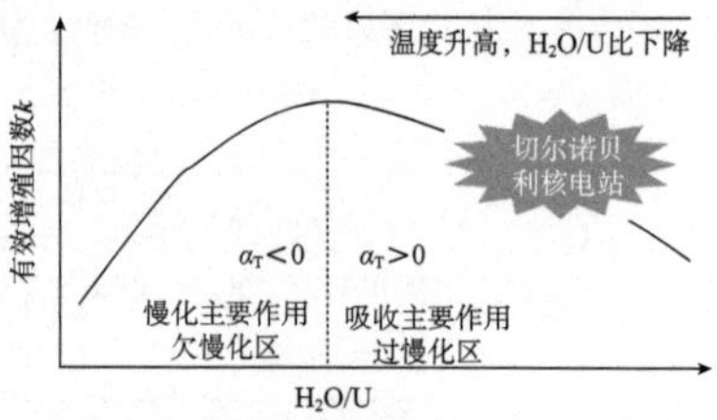 3. 温度反应系数与切尔诺贝利核事故 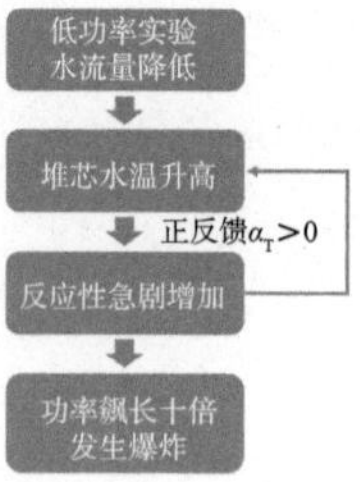	引导学生思考和理解温度反应系数原理
5. 温度反应系数应用	五、温度反应系数应用 1. 合理栅径比 P/d 燃料棒的 棒径：d 栅距（相邻两燃料棒之中心距）：P 栅径比 P/d 决定了栅元中慢化剂核和燃料核数目之比 N_M/N_F，决定了中子被慢化的程度 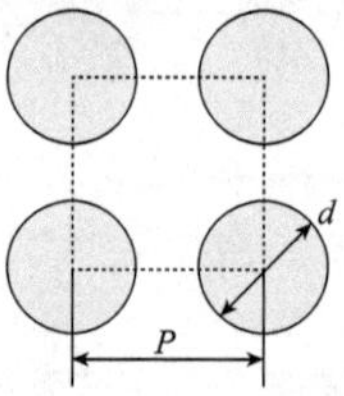 $V_{H_2O}/V_{UO_2}=(P_2-\frac{\pi}{4}d^2)/\frac{\pi}{4}d^2=\frac{4}{\pi}(\frac{P}{d})^2-1$ 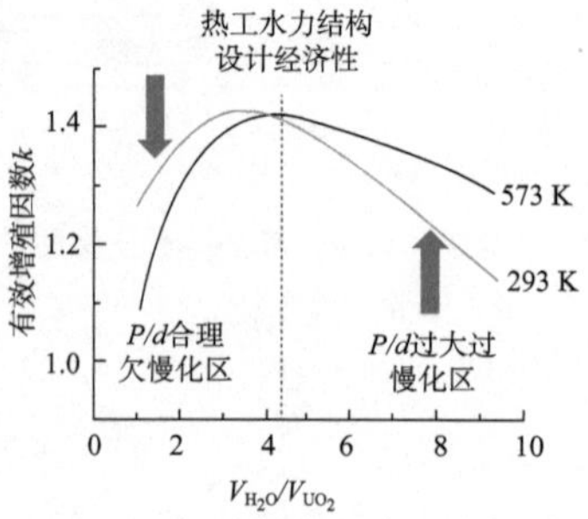	结合切尔诺贝利事故，讲解温度反应系数对反应堆安全的影响

续表

教学步骤	教学内容	备注
6. 思政案例的引入	我国先进核反应堆设计（自主研发） 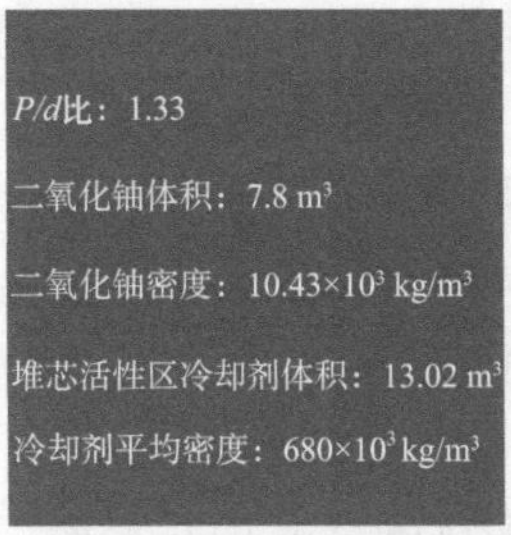  中国核动力研究设计院的专家团队经过大量论证，在国外通用的157组堆芯基础上，每个象限增加5组元件，4个象限共增加20组元件，形成177组堆芯的创新设计。 177堆芯是我国三代核电区别于国外技术的最主要特点，它由177个燃料组件构成，体积更大，让核电机组的发电功率得到提升的同时，降低了堆芯内的功率密度，提高了核电站的安全性。这也使得堆芯换料周期由通常的12个月延长至18个月，将电厂可利用率提高至90%以上。 反应堆的设计是核电技术的关键领域，这颗“中国芯”，更是“华龙一号”自主知识产权的基础。 “华龙一号”全球首堆成功实现了临界： · 合理栅径比 · 负温度反应系数 · 实现自我功率调节 · 固有安全 中国正式进入核电技术先进国家行列！	通过“华龙一号”全球首堆的例子，激发和培养学生与时俱进，主动跟进核电发展时代前沿的求知欲和能力
7. 课堂小结	六、课堂小结 1. 反应性温度系数的概念； 2. 反应性温度系数的原理：慢化与吸收、过/欠慢化区； 3. 反应性温度系数的应用：避免过慢化、栅径比的合理设置； 4. 实例：“华龙一号”的设计。 留了两道课后思考题，请大家在线上慕课的讨论区发表自己的观点。 给大家两篇延伸阅读的文献，请大家课后自学。	指出课后自学的内容； 结合线上慕课

五、教学实践过程回顾

教学团队制作了《核反应堆物理分析》的教材课件，同时制作了《核反应堆物理分析习题解答》和《核反应堆物理分析课程设计指导书》等相关教学材料，参与完成国际原子能机构（IAEA）核反应堆物理多媒体教材MNRP中文版的翻译工作，并推荐给学院师生使用。课程在 2011 年进行了网上课程建设，并获得了“华北电力大学精品课程”称号。

教学团队在教学过程中积极开展教学研究，探索基于研究式、问题式的教学方法，将工程实践案例代入教学环节，将科学研究方法和课程内容有效结合。制作了《核反应堆物理分析》的教材课件，课程在 2011 年进行了网上课程建设，并获得了“华北电力大学精品课程”称号。近 5 年来，核反应堆物理分析团队主持了教育部教学改革项目 1 项，主持并完成了华北电力大学教改项目“核反应堆物理分析课程综合建设与改革”1 项。

为了更好适应时代发展需要，核反应堆物理分析团队分别于 2019 年和 2020 年录制了“核反应堆物理分析（上）”和“核反应堆物理分析（下）”慕课，目前课程已经在国家精品在线学习平台（学堂在线）上线，受到了来自国内其他高校的一致好评。课件的编写吸收了国内外优秀教材、课件的优点，努力避免数学推证多且深奥难懂的缺点，理论阐述简明扼要。

六、创新性与效果总结

1. 基于慕课的线上线下混合式教学

伴随信息时代的到来，要实现由传统的知识传授模式向“以学生为中心”的“学习范式”的转变。申请人和反应堆物理教学团队的老师一起，对课程进行系统的教学改革，参与并完成了华北电力大学教改项目“核反应堆物理分析课程综合建设与改革”3 项。在教学过程中积极开展教学研究，实现线上线下相结合的教学新模式，既保留了传统教学“推公式”学生容易理解的优点，同时也发挥了网络课程“随时随地可学”的优点。课程内容新颖，能够紧扣学科发展前沿、教学改革成果和人才培养需要，正确处理基础性与前沿性、及时更新教学内容，编写并出版了具有明显特色的教辅，形成了包括教材、多媒体课件、慕课等在内的教材体系。

教学团队在 16 年的教学实践中，积极开展教学研究，持续更新和改进教材课件，探索基于研究式、问题式的教学方法，将工程实践案例代入教学环节，将科学研究方法和课程内容有效结合。本教材课件融入了线上线下相结合的教学新模式，形成了包括教材/教辅、多媒体课件、慕课等在内的教材体系。在线课程“核反应堆物理分析”，于 2019 年在国家精品在线学习平台（学堂在线）上线，已经开设了 8 个班次，受到了来自国内其他高校的一致好评，课程学员遍布全国，包括在美国也有大量的学员，起到了很好的辐射和示范作用。慕课开班次数及学生选课人数情况如图 8 所示。

通过在课件融入线上线下相结合的教学新模式，学生在反应堆物理的实际运用能力得到全面提高，学生在课程设计、毕业设计过程中体现了较好的运用课堂知识解决问题的能力。

开课班次明细

班次	类型	学习平台	起止时间	选课人数
2019秋 核反应堆物理分析(上)	慕课	学堂在线	2019-12-12至 2020-03-31	355
2020春 核反应堆物理分析(上)	慕课	学堂在线	2020-04-01至 2020-07-31	126
2020秋 核反应堆物理分析(上)	慕课	学堂在线	2020-09-01至 2020-12-31	91
2021春 核反应堆物理分析(上)	慕课	学堂在线	2021-01-04至 2021-07-25	272
2021秋 核反应堆物理分析(上)	慕课	学堂在线	2021-08-09至 2022-01-16	136
2022春 核反应堆物理分析(上)	慕课	学堂在线	2022-01-18至 2022-07-18	321

图 8　慕课开班次数及学生选课人数情况

本教材不仅成为本校核工程专业学生必备教材课件，也成为国内外其他开设“核反应堆物理”课程的高校的辅助课件，已被北京、广东、江苏、山东、湖南、四川等地的几十所高校选用（见图 9）。学生普遍反映本教材层次分明、条理清楚，习题、思考题、实验题等富有启发性，激发了浓厚的学习兴趣。据来自“学堂在线”平台的不完全统计，除华北电力大学外，已有中国科学技术大学、重庆大学、南华大学、成都理工大学等多家高校的老师和学生选用了该课件。

图 10 为南华大学核科学技术学院的教师对慕课的应用证明和评价。图 11 为重庆大学的本科生对慕课的反馈。该慕课也转载到了军队系统的“军职在线”学习平台（见图 12），受到了广泛好评。

	所属国家	地区	人数
2	中国	北京	368
3	美国	其他	291
4	中国	广东	103
5	中国	江苏	66
6	中国	山东	57
7	中国	湖南	56
8	中国	四川	50
9	中国	海南	48
10	中国	安徽	48
11	中国	浙江	47
12	中国	湖北	45
13	中国	河北	45
14	中国	辽宁	42
15	中国	陕西	41
16	中国	上海	31
17	中国	江西	30
18	中国	河南	27
19	中国	山西	25
20	中国	甘肃	22
21	中国	云南	21
22	中国	贵州	19
23	中国	重庆	19
24	中国	福建	18
25	中国	黑龙江	18
26	中国	内蒙古	15
27	中国	广西	14
28	中国	吉林	12
29	中国	新疆	10
30	中国	天津	7
31	中国	青海	5
32	中国	西藏	5
33	中国	宁夏	4
34	美国	加利福尼亚州	2
35	中国	香港	1

图 9　慕课学员分布情况

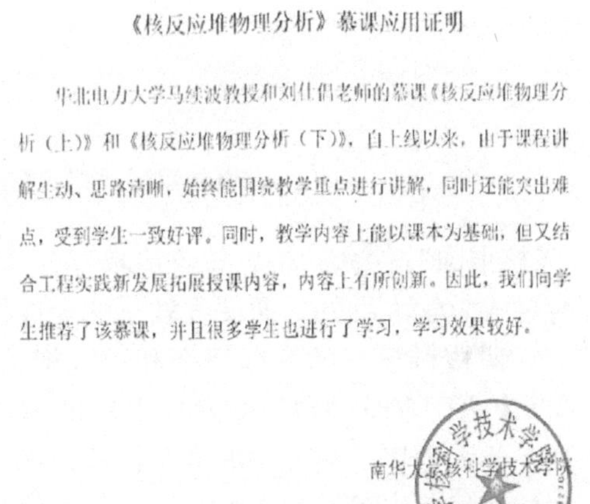

《核反应堆物理分析》慕课应用证明

华北电力大学马续波教授和刘仕倡老师的慕课《核反应堆物理分析（上）》和《核反应堆物理分析（下）》，自上线以来，由于课程讲解生动、思路清晰，始终能围绕教学重点进行讲解，同时还能突出难点，受到学生一致好评。同时，教学内容上能以课木为基础，但又结合工程实践新发展拓展授课内容，内容上有所创新。因此，我们向学生推荐了该慕课，并且很多学生也进行了学习，学习效果较好。

南华大学核科学技术学院

2021 年 4 月 26 日

图 10　慕课应用证明和评价

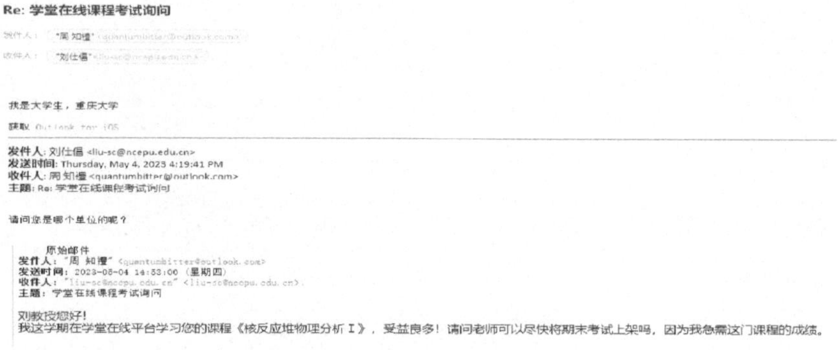

Re: 学堂在线课程考试询问

我是大学生，重庆大学

获取 Outlook for iOS

发件人: 刘仕倡 <liu-sc@ncepu.edu.cn>
发送时间: Thursday, May 4, 2023 4:19:41 PM
收件人: 周知懔 <quantumbitter@outlook.com>
主题: Re: 学堂在线课程考试询问

请问您是哪个单位的呢？

原始邮件
发件人："周 知懔" <quantumbitter@outlook.com>
发送时间：2023-05-04 14:53:00（星期四）
主题：学堂在线课程考试询问

刘教授您好！
我这学期在学堂在线平台学习您的课程《核反应堆物理分析 I》，受益良多！请问老师可以尽快将期末考试上架吗，因为我急需这门课程的成绩。

图 11　学生对慕课的反馈

图 12　慕课转载到“军职在线”平台

2. 聚焦“强核报国”使命，将思想政治教育有机融入课程教育

将思政教育融入教学大纲并贯通课程教学的全过程。包括在绪论中，讲解国内外核电发展现状以及老一辈核科学家的家国情怀和远大抱负，以及“两弹一星”的精神，通过“两弹一星”科学家为国奉献的精神激发学生从事本专业的自豪感和责任感，激励了学生为国家建功立业的伟大情怀。在反应堆堆芯物理计算，讲解堆芯物理计算方法以及我国在核电出口方面的问题，我们采取的核电关键软件自主化等措施，以及我国自主设计的“华龙一号”（见图 13），讲述新时代核电发展需要的担当精神，引导学生面向世界前沿，立志将来在专业领域进一步深造，挑战世界难题，勇于创新，勇攀科技高峰。在此基础上，通过在课堂教学中引用杰出校友等相关的事迹（纪录片、作品及研究成果），以他们坚守

使命、勇于创新、服务国家能源战略为榜样，引导学生始终坚持社会主义核心价值观，从而为学生解惑、提升学生素质、提高学生素养、进而培养正确的情感、态度、价值观。

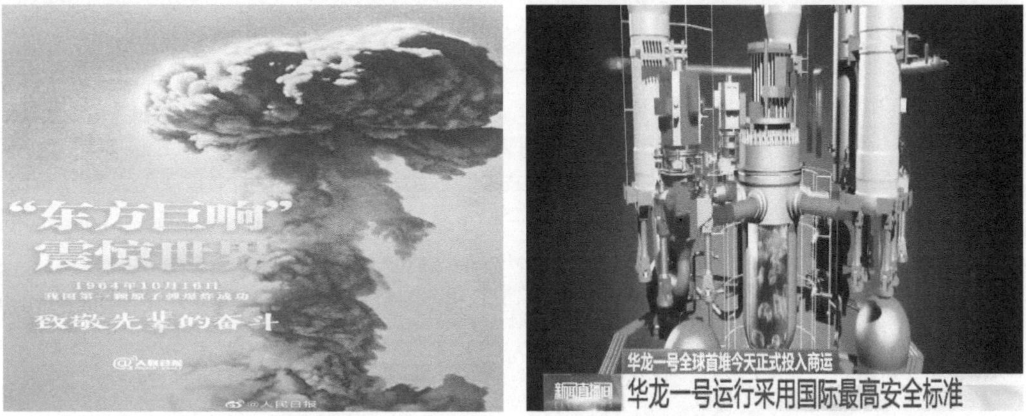

(a)“两弹一星”的精神　　(b) 我国自主设计的“华龙一号”

图 13　思政教育内容的有机融入

3. 学生培养效果

培养了张显、张斌等博士在国内外权威期刊上以第一作者身份发表 SCI 论文 12 余篇，EI 论文 10 篇，多次获得校级“优秀博士论文”、研究生国家奖学金、核技术应用学术交流会“优秀青年论文”、全国蒙特卡罗方法及其应用学术交流会“优秀论文奖”。张显和张斌毕业后到相关核行业工作，继续为国防科研事业做贡献。

通过科研育人，王振宇获得校级“优秀硕士论文”，硕士研究生孙宁延、邹建获、刘佳艺、高彬研究生国家奖学金。博士研究生李锐获全国新堆与研究堆学术会议“优秀论文奖”。硕士生王益祺获全国蒙特卡罗方法及其应用学术交流会“优秀论文奖”。本科生吴宇轩获校级“百篇优秀毕业设计”。

引导学生树立为国家核能战略服务的初心和决心，帮助考研的同学解答问题、联系导师，帮助求职的同学联系就业岗位。核电 1 805 班共 29 位同学，1 人出国留学，保送 7 人（清华大学 2 人、中国科学技术大学 4 人、北京师范大学 1 人），7 人考入清华大学、复旦大学、西安交通大学、哈尔滨工程大学和本校读研。其他同学选择就业，投身于中国原子能院、福清核电、海南核电、中广核核电运营有限公司等单位，奋斗在我国核能事业的第一线。7 人保研、3 位同学获得学校“百篇优秀毕业设计”，均占学院该年级的半数以上。班级获校级“示范性优秀班集体”、2020—2021 年度首都大学/中职院校“先锋杯”优秀基层团支部。刘仕倡老师连续 4 年获得“华北电力大学优秀班主任”称号。

参考文献

［1］钱学森的爱国故事（上）［J］. 军事文摘，2023（14）：42-45.
［2］刘东，李庆，卢宗健，等. “华龙一号”设计分析软件包 NESTOR 的研发与应用［J］. 中国核电，

2017，10（4）：532-536.
[3] 刘华．我国核电自主化软件的验证和确认［J］，科技视界，2015（30）：67-68.
[4] 王超，杨铄龑，彭思涛，等．自主化PCM核设计软件包的自动化验证［J］．核动力工程，2018，39（S2）：46-49.
[5] 蔡萌，杨戈．繁霜尽是心头血 勇担国任铸重器——记中国原子能科学研究院“快中子增殖反应堆”团队［J］．中国科技奖励，2018（6）：73-77.
[6] 孟红．愿将一生献宏谋——记共和国勋章获得者于敏［J］．党史文汇，2023（5）：14-21.
[7] 于敏：为国铸剑盾 巨响震乾坤［J］．高科技与产业化，2022，28（12）：69-71.
[8] 红星新闻，幻响未来全球追光⑫丨探秘“华龙一号”：人类对能源的应用极限在哪儿，https：//baijiahao. baidu. com/s？id=1779530639513318120&wfr=spider&for=pc.
[9] 澎湃网．自主三代核电华龙一号新年开门红：福清核电6号机组并网发电，https：//m. thepaper. cn/newsDetail_ forward_ 16119609.
[10] 李冬生．华龙一号“177堆芯”特点分析［J］．核动力工程，2022，43（3）：28-32.

“核爆炸毁伤效应与防护”课程思政案例

蔡星会，吴宇际，刘　欣，杭贵云，张小宁

（火箭军工程大学核工程学院，陕西　西安　710025）

摘　要：针对“核爆炸毁伤效应与防护”课程，探索与实践了课程思政。在精研课程内容体系的基础上，针对课程特点，理出了课程思政切入点，建设了“核”特色明显的课程思政素材资源库，科学系统地将课程思政元素融入课程设计中，并进行了课堂教学实践，得到了良好的教学反馈，达成了知核懂核、甘于奉献、献身国防的育人效果。课程思政建设和实践的方法可为核专业课程思政建设提供参考和借鉴。

一、课程基本情况

（一）授课对象情况分析

“核爆炸毁伤效应与防护”是火箭军工程大学核工程学院本科学历教育“核工程与核技术”专业的一门必修的专业课程。课程教学对象是本科生四年级学员，学员前期已经学习了基础课和部分专业基础课程，如炸药理论、爆炸气体动力学、核材料基础，原子核物理等，具备了核物理的基础知识，对炸药爆炸、冲击波传播等方面知识有较好理解。由于还没有系统学习专业知识，学员对核武器知之甚少，对理论知识如何联系和应用于装备更是没有相关概念。但学员工作去向比较明确，未来工作岗位需要本门课程的知识支撑，对本门课的学习十分重视。

（二）课程情况简介

“核爆炸毁伤效应与防护”课程是火箭军工程大学核工程与核技术专业本科教育必修的一门专业课程，该课程是以核物理学、爆炸力学、光学、电磁学和辐射剂量学为基础，综合利用光辐射、冲击动力学、核辐射及电磁等有关知识解决核武器爆炸毁伤效应破坏机理，毁伤效应主要特性参数计算等问题的一门专业课程，涉及理论知识广，军事应用背景强。

二、案例基本情况

（一）课程内容体系

课程使用教材课程组编写的《核爆炸毁伤效应及防护》，2022 年由西安电子科技大学出版社出版，共6章内容，课程组精研课程总体结构和特点，将课程教学内容分为三大部分，第一部分内容为核爆炸毁伤物理基础，主要介绍核武器的基本结构及爆炸原理，核爆炸产生的外观现象、基本效应和基本概念。第二部分内容为核爆炸瞬时杀伤因素及防护，包括四个方面内容，第一个方面内容为核爆炸光辐射效应，主要介绍光辐射迁移理论基础、光冲量计算、光辐射毁伤与防护等知识。第二个方面内容为核爆炸冲击波效应，主要介绍核爆炸冲击波形成机理、冲击波参数计算、杀伤破坏作用及防护等知识。第三个方面内容为早期核辐射效应，主要介绍早期核辐射的主要特征、参数计算、杀伤破坏效应及防护知识等。第四个方面内容为核爆电磁脉冲效应，主要介绍核电磁脉冲的形成机理、主要特性、杀伤破坏作用、防护和利用等知识。第三部分内容为核爆炸的延时毁伤效应，就是放射性沾染效应，这一部分内容主要介绍放射性沾染落下灰和感生放射性物质的形成机理、影响因素、杀伤作用及防护措施等知识。课程教学内容体系如图1所示。

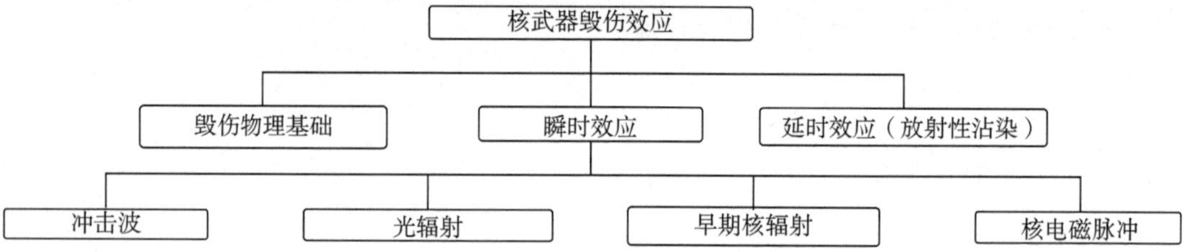

图1　课程内容体系

（二）课程内容特点

本课程讲授核爆炸毁伤效应与防护知识，军事背景强，与国家安全联系紧密，概括起来有以下五个特点。

（1）与中国崛起及稳定发展结合紧密

核武器是战略威慑武器，直接关系着大国的地位、安全与稳定，中国崛起及稳定发展过程中，核武器起着重要的支撑作用，是国家安全的支柱与基石。课程学习过程中，可适时引入我国在核武器研制成功前，国外势力对中国的核讹诈，及研制成功后数十年来其在国家崛起与发展过程中所起到关键威慑作用。

（2）与光荣传统和精神结合紧密

由于众所周知的历史原因，我国核武器在研制和试验过程中，涌现出了大量可歌可泣的人物和事迹，形成了很多优良的传统和精神，这些传统和精神往往是在核武器研制和试验过程中为攻克某一科学问题、研究难题、试验环节等过程中出现的，与科学理论紧密相关，将背后故事结合理论学习进行讲解，既能帮助学生理解抽象的理论，也能对学生进行精神洗礼。

（3）与大国博弈结合紧密

核武器属于战略武器，虽然在实际战场上极少使用，但它是大国的战略支撑，世界核武器大国尤其是美国、俄罗斯等核大国在涉及本国核心利益方面，核武器则是一把虽无形则有质的长剑，在大国博弈的种种场合（如俄乌战争中最为明显）上频频出现。在学习中可将这种史实引入课堂，提高专业理论学习热情的同时，也加强学生使命担当精神。

(4) 与火箭军战略特色结合紧密

火箭军之所以是中国大国地位的战略支撑，是维护国家安全的重要基石，也正是由于火箭军掌握着战略核武器，是我国战略威慑的核心力量。课程学习的内容具有鲜明的"核"特色，与火箭军战略特色、职能使命紧密结合。

(5) 与武器装备结合紧密

课程教学内容紧密联系武器装备结构原理及爆炸效应，在学习相关内容过程中，不可避免地会涉及我军与外军核武器装备的对比，可引入我军多年来装备的发展成就，结合知识学习，培养学生爱装意识，培育学生的战斗精神。

(三) 课程教学目标

1. 总体目标

通过本课程的学习，使学员掌握核爆炸毁伤效应与防护的基本原理及基本计算方法，了解核武器毁伤的具体过程及特点，初步具备运用核爆炸毁伤效应与防护相关知识解决核武器使用及防护实际问题的能力，达成知核懂核、甘于奉献、献身国防的育人效果。

2. 分类目标

知识能力目标：

(1) 理解核武器爆炸毁伤的基本机理，能够应用核武器爆炸毁伤的基本概念和基本方法，分析核武器爆炸毁伤的各种现象，归纳出核武器爆炸对不同目标毁伤的一般规律，总结出防护核武器爆炸毁伤效应的基本方法，理解并能实践应用部队防护行动的基本原则；

(2) 掌握核武器爆炸产生光辐射的基本过程，基本参量，能够运用光辐射传播理论计算光辐射作用目标的包括光冲量、作用时间及照度等基本参数，能够分析不同影响条件下光辐射对不同目标的杀伤破坏作用；

(3) 掌握核爆炸产生冲击波的形成过程和冲击波毁伤的主要特征量，能够运用冲击波的传播参数计算理论计算冲击波作用目标的包括超压、动压及负压等基本参数，能够分析不同影响条件下冲击波对不同目标的杀伤破坏作用；

(4) 掌握核爆炸产生早期核辐射的来源和早期核辐射在空气中传播的主要特性，能够计算早期核辐射包括剂量、粒子注量等基本参数，能够分析不同影响条件下早期核辐射对不同目标的杀伤破坏作用；

(5) 掌握核爆炸产生电磁脉冲的机理、耦合途径及主要特性，能够根据核电磁脉冲的耦合机理分析可行的防护方法，并掌握装备和阵地中常见防护核电磁脉冲的措施；

(6) 掌握放射性沾染的形成来源，理解不同环境因素对放射性沾染传播的影响机理，能够应用放射性沾染发展规律和掌握对放射性沾染防护的基本方法来开展相应的部队行动。

课程思政目标：

(1) 在向学员传授核爆炸毁伤效应与防护知识的同时，培养学员养成严谨的科学精神、理性的思考方法，形成严肃认真、一丝不苟的作风；

(2) 通过科学思维方法训练和科学伦理教育培养学生探索未知、敢于创新、勇于创新的精神，强调学员的独立意识，使学员养成勤于思考、独立完成任务的习惯；

(3) 在授课过程中结合学习内容潜移默化培塑学员的懂毁伤机理、知防护方法、会指挥行动、有献身精神等基本能力素质和理想信念，培养学员爱岗敬业的精神和作为火箭军的自豪感。

三、案例思政元素分析及思政设计

课题团队精心研究课程内容特点，针对“核爆炸毁伤效应与防护”的“核”特色和武器毁伤效应专业知识，从提高核武器可信可靠威慑和实战能力角度出发，结合目前我国面临的安全形势和火箭军以核为本，实战牵引的要求，依据课程思政资源库，结合军队院校学员培养目标，理出每个章节课程的思政切入点，融入思政元素。主要思政元素如表 1 所示。

表 1　“核爆炸毁伤效应与防护”课程思政融入设计表

知识点名称	思政切入点	思政元素	思政设计	教学目的	思政素材
核爆炸基础	奉献精神；爱国情怀	中国首枚原子弹爆炸成功	课内思政设计：描述当时外部势力对我国的核威胁，及我国第一枚原子弹爆炸成功背景	激发学员吃苦耐劳、甘于奉献的精神	报纸图片，视频
			课间思政设计：播放《那年那兔那些事》首枚原子弹核爆试验相关动画视频	激发学员中华民族自豪感、爱国情怀	视频
核爆炸光辐射的形成	创新思维；爱岗敬业；军人自豪感	基尔霍夫与黑体辐射，普朗克与能量量子化的事迹	课内思政设计：结合光辐射理论，介绍基尔霍夫与黑体辐射，普朗克与能量量子化的相关事迹	激发学员思维想象力和敢于创新，勇于创新的意识	图片
			课间思政设计：PPT 展示美国曾 1958 年对中国核威胁的网站报道	培养学员爱岗敬业的精神和作为火箭军的自豪感	网站报道
核爆炸光辐射的传播	大国崛起；科学思维；爱国热情；爱岗敬业	“神光装置”的研究与发展	课内思政设计：结合核爆炸光辐射传播的模拟技术介绍，融入我国光辐射模拟装置“神光装置”的研究与发展，说明我国在大型装置方面的快速发展	激发学员科技报国、科技强军的使命担当，激发学员中华民族自豪感和爱国热情	图片
			课间思政设计：播放《那年那兔那些事》核武器研制相关动画视频	培养学员爱岗敬业和科学探索的精神	视频
核爆炸光辐射的杀伤破坏作用	战斗精神；爱岗敬业；科学探索	广岛原子爆炸幸存者事例	课内思政设计：结合广岛原子爆炸幸存者事例说明核爆炸光辐射的毁伤效应虽强，但也通过不同防护状态下人员的受到伤害程度不同说明核爆炸光辐射也是可以防护的	培养学员战斗精神，克服巩核意识	图片
			课间思政设计：播放《那年那兔那些事》核试验前两弹元勋人物感人事迹的动画视频	培养学员爱岗敬业和科学探索的精神	视频

续表

知识点名称	思政切入点	思政元素	思政设计	教学目的	思政素材
核爆炸冲击波的特征	探索精神；爱岗敬业；爱国热情	冲击波在高能量密度物理学中的应用	课内思政设计：在第四部分内容“核爆炸冲击波参数”引入冲击波在高能量密度物理学中的应用，帮助学员了解科学前沿，开拓视野，指导学员的工程实践	培育学员理论实践结合的思维和意识	图片
			课间思政设计：课间播放《那年那兔那些事》空投核爆试验和两弹结合试验相关动画视频	培养学员爱岗敬业的精神，激发学员中华民族自豪感和爱国热情	视频
核爆炸冲击波的杀伤破坏作用	战斗精神；艰苦奋斗；爱岗敬业	日本核袭击后平民幸存者事例	课内思政设计：结合教学内容“核爆炸冲击波杀伤破坏的防护手段”引入日本核爆场景下平民两次在核爆炸中幸存下来的故事。说明核爆炸场景下，在合适的环境下，人是可以生存下来的，如果能掌握防护知识和爆炸机理，生存概率更大，不能盲目恐核，谈核色变，只有掌握专业防护知识和部队在核战争条件下的行动准则，才能更好地保护自己，打击敌人	培养学员战斗精神，克服巩核意识	图片
			课间思政设计：课间播放“中国核武器”纪录片《中国第一枚原子弹爆炸成功》片段	培养学员艰苦奋斗和爱岗敬业的精神	视频
核爆炸γ辐射	大国崛起；科学思维；艰苦奋斗；爱岗敬业	我国早期核爆炸试验方面的γ射线探测设备研究，对比现在γ射线大型装置	课内思政设计：结合“γ辐射的应用”理论讲解，引入我国早期核爆炸试验方面的探测设备的研究，到现在模拟核爆炸γ射线大型装置的进展	激发学员科技报国、科技强军的使命担当，激发学员中华民族自豪感和爱国热情	图片
			课间思政设计：课间播放两弹元勋程开甲院士第一次核爆炸试验前后工作的相关纪录片段1	培养学员艰苦奋斗和爱岗敬业的精神	视频
核爆炸中子辐射	大国崛起；科学思维；艰苦奋斗；爱岗敬业	我国早期核爆炸试验方面的中子探测设备的研究，对比现在产生中子大型装置	课内思政设计：引入我国早期核爆炸试验方面的中子探测设备的研究，到现在模拟核爆炸中子大型装置的进展	激发学员科技报国、科技强军的使命担当，激发学员中华民族自豪感和爱国热情	图片
			课间思政设计：课间播放两弹元勋程开甲院士第一次核爆炸试验前后工作的相关纪录片段2，视频约10 min	培养学员艰苦奋斗和爱岗敬业的精神	视频

续表

知识点名称	思政切入点	思政元素	思政设计	教学目的	思政素材
核爆炸早期核辐射的杀伤破坏作用	战斗精神；爱国精神；奉献精神	“对早期核辐射的防护”视频	课内思政设计：通过播放短视频“对早期核辐射的防护”，增加学员的防护意识和防护观念	树立核战争条件下不恐核，懂防护，能反击，敢打必胜的意志和精神	视频
			课间思政设计：课间播放两弹元勋邓稼先院士辗转回国，带领28名年轻科学家为中国设计制造原子弹和氢弹，隐姓埋名，在艰苦条件下工作的短视频	培养学员的爱国精神和奉献精神	视频
核电磁脉冲的形成	大国崛起；科学思维；奉献精神	大型电磁脉冲模拟装置图研究与发展	课内思政设计：展示我国在核电磁脉冲模拟方面的大型设备，讲解我国在核电磁脉冲模拟方面的能力和进展	加深学员对电磁脉冲认识，又引发学员自豪感和爱国精神，更加愿意投身我们的核科学事业	图片
			课间思政设计：课间播放采访核试验普通人员在艰苦条件下工作的相关纪录片，学员体会中国核武器的试验成功是两弹元勋等优秀科研工作者的科研成果，同时也是离不开普通科研工作者，普通军人和工人等广大人民的贡献	培养学员的爱国主义精神和奉献精神，同时树立“功成不必在我，功成必定有我”的精神	视频
核电磁脉冲的特征	大国崛起；科学思维；奉献精神	核电磁脉冲的作用范围	课内思政设计：在本次课第二部分“核电磁脉冲的作用范围”内容，结合装备说明核电磁脉冲的毁伤范围	激励学员的自豪感和爱军习武的精神	图片
			课间思政设计：课间播放电视剧《功勋》第8集中于敏设计氢弹片段	让学员感受为祖国奉献一生的伟大精神，培养学员的爱国主义精神和奉献精神	视频
核电磁脉冲的杀伤破坏作用	大国崛起；科学思维；奉献精神	抗核电磁脉冲研究方面的研究进展。	课内思政设计：本次课第三部分“核电磁脉冲杀伤破坏作用的防护”。简单介绍我国在抗核电磁脉冲研究方面所取得巨大进展	激发学员的自豪感和爱军习武精神	图片
			课间思政设计：课间播放电影《横空出世》电影中科研人员用算盘计算的片段	让学员感受我国科研人员敢于质疑的科学精神，为祖国奉献一生的伟大精神，培养学员的爱国主义精神和奉献精神	视频
放射性沾染的形成	吃苦耐劳；勇于奉献；敢于牺牲	侦察分队核试验采集数据	课堂思政设计：简单介绍我国核试验剂量侦察分队克服多重困难，为核试验采集数据的视频	激发学员的吃苦耐劳，勇于奉献的精神	视频
			课间思政设计：课间播放电影《横空出世》剪辑	培养学员勇于奉献和敢于牺牲的精神	视频

续表

知识点名称	思政切入点	思政元素	思政设计	教学目的	思政素材
放射性沾染的杀伤破坏作用	民族精神；使命感；责任感	核爆炸后对环境和人员的影响	课内思政设计：播放视频“核试验后的比基尼岛”片段	让学员感受核爆炸后对人民和环境的危害，做好应对敌方核威胁和核讹诈的不屈不挠的民族精神	视频
			课间思政设计：课间播放俄乌关于威胁核武器使用的相关新闻	让学员感受到火箭军掌握大国重器的使命感和责任感，培养学员管装爱装的热情	视频
分组研讨	战斗精神	习主席关于火箭军地位的论述	课内思政设计：通过习主席关于火箭军地位的论述，引出本次课“核爆炸毁伤效应与防护分组研讨”	激发学员使命感和敢打必胜的决心	图片
			课间思政设计：播放俄乌普京核武器使用论述的相关新闻	让学员感受到核战争并不是遥不可及，树立备战才能止战的信念和敢打必胜的信心	视频

四、案例教学整体设计

为了让思政真正融入课程教学全过程，课程组依据新修订的《军队院校教育条例（试行）》和《高等学校课程思政建设指导纲要》，在学校人才培养方案的指导下，抓住立德树人这一根本任务，聚焦为战育人的核心指向，聚集课程“核”特色优势，梳理课程内容主干，科学进行课程内容体系设计，将课程教学的整体教学目标及每章目标分解为知识目标，能力目标和课程思政目标，明确三者之间的内在联系，既强调传播知识、培养技能的教学目标，同时又考虑价值引领的育人目标，进行了科学合理、隐性教育的课程思政设计。

通过深入整合系列核特色思政元素，探索先进教育教学方法，确定了全流程全方位课程思政的基本理念，融入课程思政元素到教学全过程，在课前、课内、课间及课后等全过程教学活动中融入思政元素，潜移默化培塑学员的懂毁伤机理、知防护方法、会指挥行动、有献身精神等基本能力素质和理想信念。

根据课程内容体系特点，确定了以“爱国主义、民族精神、军人战斗精神和科学思维”的课程思政主题，并将此贯穿于整个课程思政建设过程中。在此基础上，遵循“思政”与“专业”相长原则，进行了结构性系统设计，建设了动态更新的思政资源库，明确了课程中各章节思政元素切入点，理清了思政元素与专业内容之间的关系，融合了课程思政素材与专业课程知识，并进行了课程实践与评估，实现了有效的课程思政和有益的知识传授。

（一）深挖广罗，建立课程思政资源库

依据课程思政切入点，通过文献调研、网络资源挖掘、名师授课及厂家参观、代职交

流等方式，等方式，搜集与“核爆炸毁伤效应与防护”课程相关的包括科学研究重大事件、重大发现、核武器设计、研制、核爆炸试验、核武器使用等“核”特色明显的人物、事迹、“两弹一星”精神的文字、图片、报纸、视频素材，结合课堂教学内容实际，明确思想政治教育融入点、教学方法和载体途径，注重思政教育与专业技术学习的有机衔接和融合，形成“核”特色明显、思政意蕴丰富的包括文本、图形、图像和视频等的思政资源库。

思政资源库建设还应结合部队训练、国内、国际与课程相关的时事动态更新，如国内外核聚变领域的重大突破对武器装备的影响，国际上美国对核武库的更新，国际核态势、俄乌战争中关于核武器的决策和行动等，均应纳入到思政资源库中。

（二）精研课程，理出课程思政切入点

课题组精心研究课程内容特点，针对“核爆炸毁伤效应与防护”的“核”特色和毁伤效应的专业知识，从提高核武器可信可靠威慑和从实战能力角度出发，结合目前我国面临的安全形势和以火箭军以“核”为本，实战牵引的要求，理出每一部分内容的思政切入点，为课程思政教学资源收集和整理奠定基础。

第一部分内容主要讲解核武器的基本结构及爆炸原理的内容，课程组紧密结合课堂教学内容，从20世纪原子核物理的重大发现史实、国外核武器研制庞大系统工程、国内核武器研制与核爆炸实验过程中的苦难与辉煌、当前我国核武器在国家战略、国家地位所起到的支撑作用等方面着手，理出思政切入点，激发学生的昂扬斗志和爱国精神，并提高学生课程学习的热情。

第二部分内容，主要讲解核爆炸几种瞬时效应的产生机理、计算方法与防护措施。这一部分内容相对抽象、理论性强，课程组通过假设战场实战环境，设置毁伤与防护方面的小课题，如某次核爆炸后，各种效应在距离爆心不同距离、不同环境等条件下的毁伤效应，如何实施防护等课题，让学生课下分组研究，课上分组汇报和讨论，激发学生的代入感和使命感。并在课堂教学中适时引入近数十年来我国历次遭受强国的核威胁，让学生利用所学知识分析如果核威胁实施后可能产生的毁伤后果，及近年来战争（如俄乌战争）核武器的隐性战略作用，美国、俄罗斯等军事强国在毁伤与装备、军事设施防护等方面的投入，我国在这方面的进展与差距等方面，理出思政切入点，提高学员的学习动力与献身国防的热情。

第三部分内容主要讲的是核爆炸延时效应，即放射性沾染效应的产生机理、计算方法与防护措施。这一部分内容涉及知识点多，影响沾染效应的因素多。课程组结合具体内容引入历年来核电站事故、日本两次原子弹核爆炸的延时效应，结合具体算例说明核沾染的时效性、结合具体核爆炸试验说明防护重要性，帮助学生克服“恐核”心理，提高学生敢打必胜的勇气和火箭军军人的自豪感。

总的来说，该课程军事背景强，思政切入点相对较多，但在课程思政切入点设计上，要注意以下几点：一要紧密结合教学内容，突出工科专业课程的严谨和严密，思政元素要符合实际情况，不宜过于外放；二要注意思政素材的取舍，就算有些内容涉及思政点比较多，也要根据教学对象有所取舍，适度思政；第三要注意精心设计思政点在课堂教学中的

分布，做到短期内振奋精神，提升教学效果，还能做到有效思政，长期潜移默化来提升学生思政素养的教学目的。

（三）精研细琢，融合思政素材与课程知识

教学内容设计以核武器毁伤理论教学为主线，课程思政元素贯穿于教学全过程，通过科学设计教学内容，有机融合思政元素，实现专业理论教学与思政教育的有机融合。课堂教学中精心组织实施，灵活采用启发式、项目探究式、案例式、研讨式等教学模式，结合利用多媒体、课堂讨论的授课形式与教学方法；利用课间播放系列与核相关时代感、亲和力强的网络短视频的方法；利用课后大作业、小课题等方法进行全方位、全流程课程思政，实现知识传播与思想提升达到润物细无声的融合，培养符合新时代需求的有知识、有血性、有担当的未来基层军官，达到用好课堂教学主渠道，提升思想政治教育亲和力，满足学生成长发展需求和期待，与思想政治理论课同向同行形成协同效应这一目标。

（四）科学评估，客观评价思政效果

一方面任课教师及助教注意观察课程思政过程中的学生抬头率、关注度及师生互动率等。另一方面课程团队充分利用现代信息手段和传统经验做法，科学地评估学生在课程学习过程中的思政效果。充分发挥任课教师和学生的评价主体地位，科学设计调查问卷，充分利用"问卷星""雨课堂"等信息化手段，得出统计数据，以便进行科学评估；利用集体座谈和课下交流等反馈方式，全面摸清教学设计是否科学、教学目标是否实现、思政素材是否有效、思政融合是否自然，反思并改进课程教学设计，进一步提高课程思政教学效果。在评价知识目标的同时关注思政目标的达成，帮助学生得到全方位发展。

五、教学实践过程回顾

以"核爆炸毁伤效应与防护"课程第一章"核爆炸基础"教学内容作为课程思政教学设计和教学实践样例进行说明，见表2。

表2　"核爆炸基础"教学设计和教学实践

教学内容：核爆炸基础	计划学时：2学时（90 min）
课程类别：1. 理论课√　2. 习题课　3. 实践课	
教学内容	核武器是利用自持进行的核裂变或聚变反应瞬间释放巨大能量，产生爆炸作用，并具有大规模杀伤破坏效应武器的总称。与普通高能炸药爆炸不同，核武器爆炸有明显的特点：一是爆炸威力特别巨大，要比常规炸药爆炸威力大几千到几百万倍；二是在产生同样能量，装药量要比常规炸药少得多；三是爆炸瞬间温度远高于常规炸药爆炸；四是爆炸毁伤效应具有多样性，包括光辐射、冲击波、早期核辐射、电磁脉冲、放射性沾染等多种效应。 作为火箭军部队基层军官，通过本次课应掌握核爆炸威力相关的基本概念，理解核爆炸杀伤破坏因素的基本特点，具备通过核爆炸现象初步判断核爆炸方式、爆炸当量等基本特征量的能力，为下一步具体行动提供参考。 核爆炸基础的讲解用时2学时，主要介绍核爆炸的机理、核爆炸的杀伤破坏因素、核爆炸外观景象三个方面的内容

续表

<table>
<tr><td>教学内容：核爆炸基础</td><td>计划学时：2 学时（90 min）</td></tr>
<tr><td>教学目标</td><td>【知识目标】
（1）掌握原子弹和氢弹的爆炸机理。
（2）理解 TNT 当量、比威力、比高、爆高等基本参数的物理意义和实际应用。
（3）掌握不同核爆炸方式及相对应的外观景象。
【能力目标】
（1）能够通过原子弹和氢弹的爆炸机理分析出核爆炸五大毁伤效应的成因，将核反应的具体过程与对应的毁伤因素融会贯通，培养学员的科学思维能力。
（2）能够通过不同的核爆炸外观影像判断出相对应的核爆炸方式，并做出正确的行动，培养学员的理论联系实际，分析问题和解决问题的能力。
【思政目标】
（1）由广岛原子弹爆炸视频引入本次课的教学，通过简单描述当时外部势力对我国的核威胁背景，及我国第一枚原子弹爆炸成功，激发学员民族自豪感和爱国情怀，以及吃苦耐劳、甘于奉献的精神。
（2）课间播放《那年那兔那些事》关于核武器研制及核试验的动画片，学员自由观看，活跃气氛的同时激发学员的民族精神和爱国情感</td></tr>
<tr><td>教学对象分析</td><td>课程教学对象是四年级本科生学员，学员前期已经学习了基础课和部分专业基础课程，如炸药理论、爆炸气体动力学、核材料基础，原子核物理等，具备了核物理的基础知识，对炸药爆炸、冲击波传播等方面知识有较好理解。由于还没有系统学习专业知识，学员对核武器知之甚少，对理论知识如何联系和应用于装备更是没有相关概念。但学员工作去向比较明确，未来工作岗位需要本门课程的知识支撑，对本门课十分重视</td></tr>
<tr><td>教学难点</td><td>（1）原子弹和氢弹的爆炸机理。
（2）不同核爆炸方式下外观景象的产生机理</td></tr>
<tr><td>教学设计思路</td><td>（1）将线上与线下资源相结合，督促学员自我学习和思考，启发学员思维，提高学员自主学习的能力。
信息技术与课堂教学融合：
依托军事职业教育平台“核毁伤机理及遭核袭处置”课程开展线上线下混合式教学改革
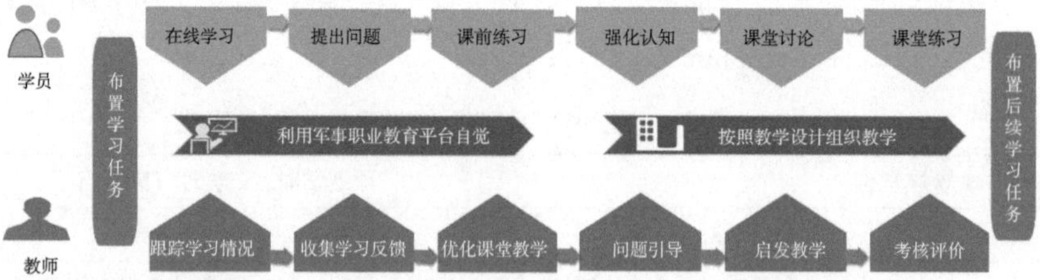

（2）原子弹爆炸视频导入及实例展示使得理论知识生动化，加强理论知识与实践的结合，有助于提升学员的实践能力。
（3）通过小组讨论和分组发言的形式，检验学生的自主学习成果，并培养学生的自我学习能力。
（4）利用局域网络进行线上随堂测评，并分析讲解，确保实时掌握学生学习效果。
（5）本节课相对基础但知识点较多，基本概念和基本现象多，学生思想上容易轻视但不易真正理解，因此采用问题导引，小组讨论，理论联系实践的方法开展教学，注意抓住学生注意力</td></tr>
</table>

续表

教学内容：核爆炸基础	计划学时：2 学时（90 min）
课程思政设计	（1）由世界广岛原子弹爆炸视频引入本次课的教学，让学生了解对核武器爆炸毁伤效应，并有一个初步的了解。通过简单描述当时外部势力对我国的核威胁背景，展示我国第一枚原子弹爆炸成功的报纸新闻及外国专家对我国原子弹的高度评价，激发学员民族自豪感和爱国情怀，以及吃苦耐劳、甘于奉献的精神。 （2）课间播放《那年那兔那些事》关于核武器研制及核试验的动画片，学员自由观看，活跃气氛的同时激发学员的民族精神和爱国情感。
课程创新与特色	本课程将“课程思政”融入教学各环节，培养有战斗精神、有科学思维、有民族自豪感和爱国精神的新时代基层军官；借助课程建设的素材库中的图片、名言和视频，让抽象内容生动化具体化，便于学员理解。引导学生关注模拟核爆炸毁伤效应的大科学装置，模拟仿真方法，激发学生深度思考，培养学习高阶性；采用军事职业教育平台和智慧教室在线学习平台，进行师生互动，生生互动，在线测验，实时反馈，建立本科学员能力多维度评价体系，评价方式包括平时随堂测、课后测、在线课程考试和终结性考核，评价范围包括课前准备、阶段性评价和综合评价。

教学流程设计见表 3。

表 3 “核爆机理及作用过程”教学流程

<table>
<tr><td>课前预习</td><td>提前布置军事职业教育平台“核毁伤机理及遭核袭处置”第一章内容第一节“核爆机理及作用过程”，熟悉内容，思考以下几个问题，带着问题学习。

</td></tr>
<tr><td>导入新课</td><td>广岛原子爆炸视频引入，说明核爆炸毁伤效应的特殊性与多样性，并提出问题：原子弹为什么会产生这么巨大的毁伤效应？引入本节课的教学，抓住学员的好奇心和兴趣。
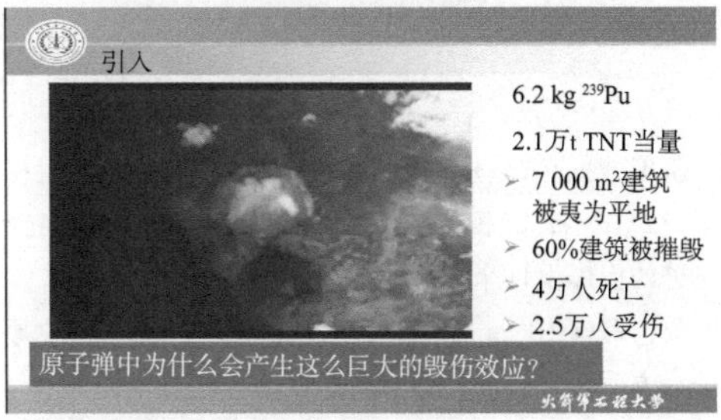
</td></tr>
</table>

续表

讲授新课	1. 核武器爆炸机理 （1）原子弹基本结构与爆炸机理　实例分析："小男孩"和"胖子"原子弹 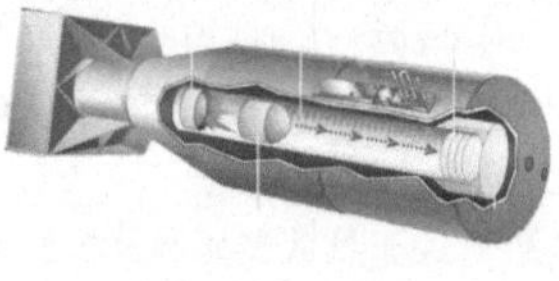 "枪式"原子弹 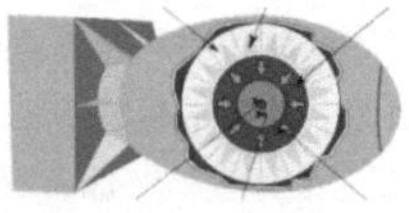 "内爆"式原子弹 （2）氢弹基本构型与爆炸机理 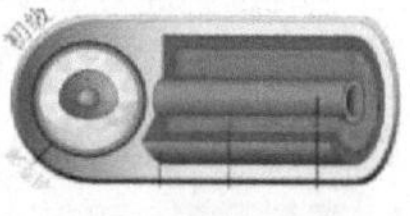 "泰勒-乌拉姆"构型氢弹 结合结构剖面图、爆炸动画、反应方式等形象生动地说明核武器的爆炸机理，并引导学员思考课前所提出的前两个问题，即① 为什么氢弹并非是一种真正"干净"的核武器？② 为什么核爆炸会产生早期核辐射效应？ （3）课程思政教学 在讲述原子弹基本结构和爆炸机理环节，简单描述当时外部势力对我国的核威胁背景，展示我国第一枚原子弹爆炸成功的报纸新闻及外国专家对我国原子弹的高度评价，激发学员民族自豪感和爱国情怀，以及吃苦耐劳、甘于奉献的精神。  中国第一枚原子弹爆炸成功新闻 引用：G. T. 西伯格，核化学家，诺贝尔奖获得者，时任美国原子能委员会主席，评价中国第一枚原子弹"……我们相信中国的核弹要比我们投在广岛的铀-235 原子弹设计得更加完善，他们使用了先进的内爆设计来起爆裂变材料。" 课间思政：课间 10 min 播放《那年那兔那些事》首枚原子弹核爆试验相关动画视频，学员自由观看。一方面使学员放松休息，另一方面也使学员精神上得到洗礼。

续表

讲授新课	 课间播放《那年那兔那些事》片段 2. 核爆炸基本参数 （1）比高 讲述比高与核爆炸方式之间的关系。 问题：为什么采用比高而不是直接采用爆高来描述核爆炸方式？ （2）TNT 当量 问题：采用 TNT 当量来衡量核爆炸威力有什么优点和不足？ （3）比威力和比等效百万吨数 这两个参数各有什么特点？各适用于什么情况？ 问题：还有哪些采用类似方法来描述或衡量物理单位或现象，提高学员的思维能力。 （4）思政教学 讲述我国近年来的武器装备发展，军事实力的进步，激发学员的爱国精神，激发学员的爱军习武精神和作为火箭军一员的自豪感。 3. 核爆炸杀伤因素 （1）冲击波； （2）光辐射； （3）早期核辐射； （4）核爆电磁脉冲； （5）放射性沾染。 介绍不同爆炸方式下各种杀伤因素的基本特征、能量占比，毁伤目标。 播放不同场景下的核爆炸视频，增强课堂教学的趣味性，提高学生的兴趣，牢牢抓住学生的注意力。教师结合视频，将理论讲解与实际相结合。 按钻地、触地、空中和高空核爆方式分四组讨论并汇报：如何通过核爆炸外观景象来判断对应的核爆炸方式，并采用什么样的行动方式？ 本活动通过讨论，一方面加深学员对内容的理解，另一方面提高学员运用所学知识分析和解决问题，提高学员的思维能力和实践能力。  学生分组讨论

续表

讲授新课	5. 随堂测评 在线实时随堂测评，共5题，每题2分，计入平时成绩。学生通过课堂推送办公网答题，加深知识理解，测试教学效果。根据后台数据可实时掌握学生对知识点的掌握情况，及时调整后续讲课策略，实施精准教学
课后作业	布置线上课后测验和线下作业，线上测验以客观题为主，线下作业以主观思考题或讨论题为主
下次课预习	学习下一课在线课程内容和教材内容
线上课程资源	军事职业教育平台“核毁伤机理及遭核袭处置”课程

课程思政教学效果如何，最终还是学生说了算。一方面课程组任课教师及助教注意观察课程思政过程中的学生抬头率、关注度及师生互动率等。另一方面课题组充分利用现代信息手段和传统经验做法，科学地评估学生在课程学习过程中的思政效果。一是充分发挥实施教学任课教师主导和学生评价的主体地位，科学设计调查问卷，充分利用“问卷星”等信息化手段，得出统计数据，进行科学评估；二是利用集体座谈和课下交流等方式，全面摸清思政教学设计是否科学、教学目标是否实现、思政素材是否有效、思政融合是否自然、存在不足及相应教训等方面，反思并改进课程教学设计，进一步提高课程思政教学效果。

按照上述方式方法，课程组对“核爆炸毁伤效应及防护”进行了全新系统的课程设计，结合课程内容，融入了课程思政元素，在授课过程中，任课教师按照上述方法进行了教学，课程结束后，利用传统问卷、座谈交流和信息化等手段评估了课程思政实践效果。实践表明，授课期间，由于思政元素散布合理，与内容融入较好，学生上课期间注意力保持较好，90%的学生在授课期间保持抬头状态，70%的学生保持与教师有着语言上的互动。在课后交流中，绝大部分同学表示，思政内容非但没有冲淡或打断理论知识的学习，反而使课堂教学更为生动，更加能打动人，吸引人注意力，有利于对理论知识的理解。在课程结束后的问卷调查中，95%的学生认为引入课程思政元素，加深了学生对课程的重视程度，提高了学生学习的热情，并对精神触动作用较大，这反过来又提升了对课程学习的兴趣。

六、创新性与效果总结

（一）课程思政案例创新性

（1）以“教战研战”为引领，以课程思政和专业相长为原则，明确四有的课程思政目标。针对课程“核”特色和毁伤效应专业知识，从提高核武器可信可靠威慑和实战能力出发，结合当前我国面临的安全形势和火箭军人才培养要求，确定了培养有灵魂、有本事、有思想、有品德专业人才的课程思政目标。

（2）以生动形象视频、动画、图片为媒介，形成课前、课内、课后全方位课程思政链条。课程组深入整合系列核特色思政案例，探索先进教育教学方法，确定了全流程全方位课程思政的基本理念，融入课程思政元素到教学全过程，在课前、课内、课间及课后等全过程教学活动中融入思政元素，潜移默化培塑学员的懂毁伤机理、知防护方法、会指挥行动、有献身精神等基本能力素质和理想信念。

（3）深入整合系列核特色思政案例，确定全流程全方位课程思政的基本理念，融入课程思政元素到教学全过程，潜移默化培塑学员的懂毁伤机理、知防护方法、会指挥行动、有献身精神等基本能力素质和理想信念。

（4）评价体系。形成特点鲜明、科学系统的课程思政体系。课程团队依据学校育人理念及核工程与核技术专业人才培养需求，通过科学设计教学内容，有机融合思政元素，实现专业理论教学与思政教育的有机融合，形成“核”专业特点鲜明，科学系统的、融合武器研制、核试验与核作战行动于一体的核爆炸毁伤效应与防护课程思政体系。

（二）课程思政教学效果

按照上述方式方法，课程组对“核爆炸毁伤效应及防护”进行了全新系统的课程设计，结合课程内容，融入了课程思政元素，在授课过程中，任课教师按照上述方法进行了教学，课程结束后，利用传统问卷、座谈交流和信息化等手段评估了课程思政实践效果。实践表明，授课期间，由于思政元素散布合理，与内容融入较好，学生上课期间注意力保持较好，90%的学生在授课期间保持抬头状态，70%的学生保持与教师有着语言上的互动。

在课后交流中，绝大部分同学表示，思政内容非但没有冲淡或打断理论知识的学习，反而使课堂教学更为生动，更加能打动人，吸引人，有利于对理论知识的理解。在课程结束后的问卷调查中，95%的学生认为引入课程思政元素，加深了学生对课程的重视程度，提高了学生学习的热情，并对精神触动作用较大，这反过来又提升了对课程学习的兴趣。

参考文献

[1] 舒云．聂荣臻与中国“两弹一星”的诞生［J］．党史博览，2019，12：11-23.
[2] 赵学功．第二次台湾海峡危机与美国核威慑的失败［J］．历史研究，2014.05：143-161.
[3] 李彬，胡高辰．美国视阈中的中国核威慑有效性［J］．外交评论（外交学院学报），2018，09：21-41.
[4] 胡高辰．中美不对称核稳定与美国战略机会主义论析［J］．国际安全研究，2021，03：61-85.
[5] 崔雅丽．让“两弹一星”精神永放光芒［J］．青海党的生活，2021，09：41-42.

“核安全评价技术”课程思政案例

蔡幸福，范启蒙，曹晓岩，霍勇刚，黎素芬

（火箭军工程大学核工程学院，陕西　西安　710025）

摘　要：“核安全评价技术”是辐射防护与核安全专业具有鲜明核特色的专业基础课程，基于课程知识要点，锚定思维素养、社会素养和品德素养三方面情感价值培养目标，构建了知识要点与思政要素的对应体系，形成了一套“知识要点驱动”的课程思政案例教学设计方法。贯彻“教师为主导，学生为中心”理念，体现学生主体地位，综合运用多种形式实施“教师启发引导—学生探究研讨”的课堂模式，使知识要点中无形融入思政元素，思政效果反哺知识要点深化内容理解，推动课程思政由传统灌输式向启发领悟式转化，实现了知识与情感相互贯通，能力与价值的同步塑造。

一、课程基本情况

（一）课程情况简介

“核安全评价技术”是本科学历教育辐射防护与核安全专业的专业背景课程。该课程以安全评价技术基础理论为出发点，主要内容包括安全理论、安全评价方法、安全相关法律法规、安全对策措施等方面，目的是使学生掌握系统安全评价的原理和方法，掌握核活动实施过程中的安全风险分析方法，具备开展核安全风险分析工作的能力。

随着我国核能产业与核技术研究快速发展，核安全日益成为国家安全的重要组成部分，日趋频繁的涉核活动对于核安全要求越来越高。在各类核安全中，军事核安全无疑具有重要地位，习主席在火箭军成立时的训词中讲道“火箭军是我国战略威慑的核心力量，是我国大国地位的战略支撑，是维护国家安全的重要基石”，其重要地位必须依托强有力的核安全工作来实现。火箭军工程大学是我国唯一一所培养战略导弹部队指挥技术人才的高等军事院校，被誉为中国战略导弹部队军官的摇篮，学校辐射防护与核安全专业担负着专门培养从事辐射防护、事故应急、安全管理的高素质新型军事人才的重要任务。“核安全评价技术”是面向该专业开设的一门专业背景课程，课程教学重点介绍核安全评价的相关理论、方法和技术，是支撑学生从“核理论”向“核实践”过渡的重要一步，在辐射防护与核安全专业课程的学习中起到承上启下的桥梁和纽带作用，为学生日后胜任岗位需求，有力保障军事核安全，献身国防事业奠定坚实基础，在核安全专业人才的知识结构中占有核心地位。

课程具有理论和实践紧密结合的特点。内容设计上，以核安全状态评估、核安全状态预测、核安全工作实务三部分作为骨架，主干内容划分 9 个章节，其中核安全状态评估部分主要介绍安全评价相关基础理论，核安全状态预测部分主要结合部队武器装备实际介绍核安全预测方法、预防措施及应急处置，核安全工作实务部分瞄准未来岗位能力需求，针对性介绍核安全分析报告编制规范并以核安全对话形式组织交流研讨。上述9个章节内容三方面知识架构共同支撑起学生核安全评价知识能力体系培养目标，课程内容框架体系如图1所示。

火箭军是一支具有光荣传统的部队，发展过程中形成"高原火箭兵精神""红船精神""三爱五讲精神"等是实施课程思政天然案例库。对于具体课程，思政要素必须结合课程自身知识内容特点才能平顺融入，进而将课程思政效果最大化，本课程基于知识能力体系，深挖知识要点背后的思政元素，从知识要点引入思政元素，再以思政元素反哺驱动知识要点学习，形成一套"知识要点驱动"的思政案例教学方法，知识要点与思政元素互相贴合，相互促进，取得了较好的效果。

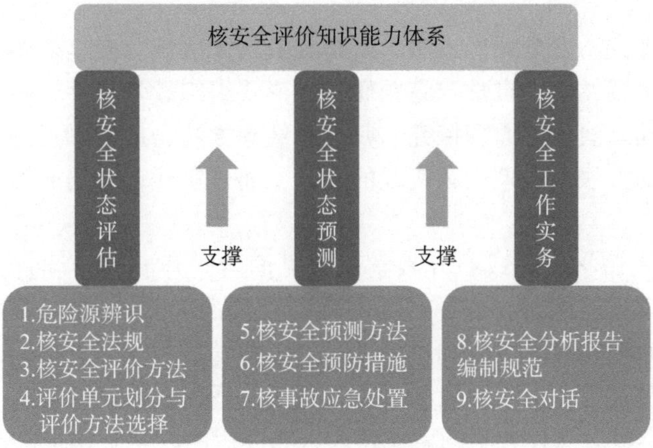

图1　课程内容框架体系

（二）授课对象情况分析

1. 学生基本情况

（1）学员大都来自地方高中，大部分具有较好的学习基础

大部分学员都来自地方高中入伍，前期开展的"高等数学""大学物理""原子核物理""核武器概述"等基础课程的学习使学员基本具备了学习该课程的基础知识，但是对本专业的知识结构了解较少，知识较为分散，学习能力方面还需提升。

（2）学员求知欲强，但解决问题缺乏系统的方法论支撑

大部分学员都具有较强的求知欲，但不太善于表达自己的思想。长期在军营生活，养成了他们服从命令、听从指挥的号令意识，但调查发现60%以上学员还未完全适应军校严格的管理和紧张的军营生活，不太善于去主动发现问题和分析问题，解决问题思路比较散乱，不具备系统科学的方法论，所以需要教员积极调动学员主动性和积极性，从专业角度教会其分析解决问题的方法。

（3）对武器装备和火箭军部队了解不充分

他们接触专业的基础课比较局限于课堂环境，对装备了解程度不深，对核安全也就缺

乏直观认识，85%以上学员反映他们对未来到部队岗位任职既充满期待也经常会感到有些迷茫，需要教员进一步鼓励和引导，需要结合火箭军实际案例，介绍未来到火箭军部队发展的问题，帮助学员树立正确的军人价值观和人生观。

2. 学生需求分析

（1）学员学习习惯不是很主动，存在“等”“靠”的思想，学习热情不够高，主要表现在对基础知识的掌握不够。在教学方法方面比较适应灵活多变的教学方法。

（2）学员有几个比较突出的特点，一是整体较为灵活，但是表现在学习上略显浮躁；二是学生之间水平差距较大，主要体现在文化基础差别较大，学习上存在两极分化的现象，因此需要在教学中注意学生对知识的平均掌握情况。

（3）对本课程的疑问上主要是担心课程内容太深，学习压力较大；存在学不会、学不懂的担心。

3. 教学措施方法

本课程从安全理论、安全评价方法、安全相关法律法规、安全对策措施等几个部分出发，主要通过理论讲授、学员自学、专题研讨的形式组织教学，理论授课过程中采用举例引入、问题驱动、动画演示、原理探究、归纳总结等方法，启发学员思考。然后，通过课堂讨论和专题研讨的方法加强理论和实践的融合，通过实践环节培养学员解决实际问题的能力。

（1）开课前，走访学员队或召开教学双方见面会，开展问卷调查，了解学员基本情况。并且适时召开学员座谈会（安排在开课后2~3周之间）。了解学员在学习中存在的问题和意见建议，及时调整教学方法和进度安排；了解学员在学习、生活、工作、思想等方面的情况，回答学员在专业学习阶段的各方面问题。适时进行问卷调查（安排在课程结束前1~2周），了解学员对课程教学的意见建议，为今后的教学工作提供参考。

（2）课堂讲授前，通过提问互动等形式，了解前次课程的掌握情况。教学过程中，穿插回顾强调重点知识点，以加深记忆；课堂结束时，提醒学员课程进度和对于重点难点的复习。在整个教学过程中，教员通过设置多个典型案例分析，结合所学知识对照分析，启发引导学员进行思考。

（3）为吸引学员兴趣，教员主要采用动画或者图片进行演示或展示，譬如，概率安全评价思路流程，核电站事故演示动画等，使得课堂效果形象直观。教员通过案例引入，提出问题，然后分析过程的因果关系，通过系统的拆分和解析，引出安全评价的结论，将案例的各个要素对应到理论的各个知识点中，层层推进、逻辑清晰。

总的来看，学生前修课程主要包括核科学技术学科的专业基础课程，如“量子力学”“原子核物理”“核辐射探测”等，已经掌握了核辐射产生的原理及探测方法，但是对具体涉核实践活动缺乏感性认识，对核活动中关注的安全问题缺乏基本概念。学生全部为“00后”，具有Z世代群体强探索欲、强表达欲、心理活动丰富等共同特点，同时个体间个性差异明显，对于感兴趣的问题能够持续投入大量精力，对于不感兴趣的问题几乎无动于衷。老师需要设法激发学生内生动力，将课程思政作为课堂重点要素细心设计，培树学生职业荣誉感与社会责任感，强化辩证思维提高解决实际问题能力，积极调动学员主动性和积极性。

二、案例基本情况

课程思政案例教学中，基于课程本身知识要点，深挖背后思政元素，构建了知识要点与思政元素的对应体系，如图 2 所示。下面介绍部分代表性案例基本情况。

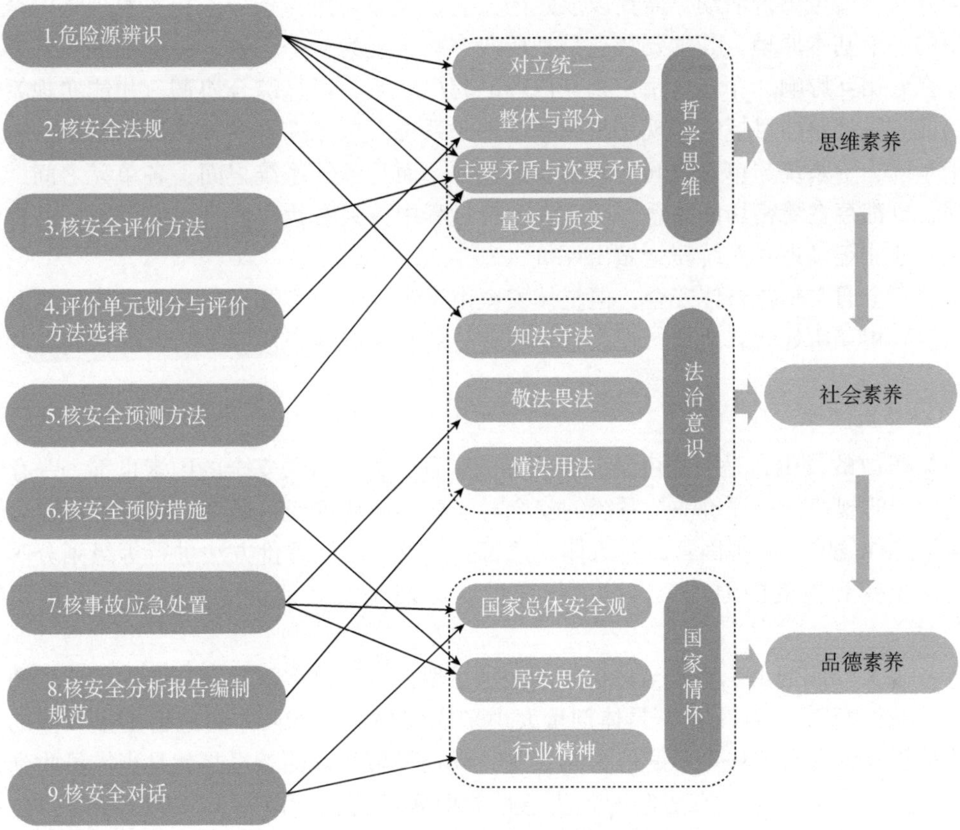

图 2　知识要点与思政要素对应体系

（一）着力培树辩证思维

1. 对立统一观点

在核安全评价活动中，安全与危险的概念是首先需要明确的。“安”字指不受威胁，没有危险等，可谓无危则安；“全”字指完满、完整、齐备或指没有伤害、无残缺、无损坏、无损失等，可谓无损则全。显然，“安全”是指系统免遭不可接受伤害的状态。“危险”是指系统处于容易受到损害或伤害的状态。劳伦斯定义：安全是对可容许的危险性的判断，如果一个事物所伴随的危险性被判定为可容许的，则该事物是安全的。可见，安全和危险是互为存在的。危险存在于一切系统的任何时间和空间中，说明了危险的绝对性，而安全是事物相对危险的另一种状态，说明安全标准是相对的，绝对安全状态是不存在的，人们对于安全的认识是不断深化的。安全和危险是对立统一的，两者的对立性体现在：安全度越高危险势就越小；安全度越小危险势就越大；统一性体现在：安全与危险互相依存，共处一个统一体中，并且在一定条件下存在着向对方转化的趋势。

通过辨析安全与危险的对立统一关系，廓清理论概念，培养采用对立统一观点分析安全评价问题的思维习惯。

2. 整体与部分的观点

为开展核安全评价活动，需要以成熟的安全评价原理作为指导。相关原理是安全评价原理中的一个基本原理，其主要特点是把所研究对象视为一个系统。一个系统内部各要素之间存在着相互影响、相互作用、相互依赖的有机联系，通过综合协调，才能实现系统的整体功能。系统整体目标的实现是组成系统的子系统、单元综合发挥作用的结果。不仅系统与子系统、子系统与单元之间有着密切的关系，而且各子系统之间、各单元之间、各元素之间，也都存在着密切的关系。所以在评价过程中，只有找出这种相关关系，并建立相关模型，才能正确地对系统安全做出评价。

系统安全通常是指整体安全，但整体安全由系统各个组成要素、要素之间的相互作用关系、要素相互所处状态决定，强调整体与部分的观点有助于培养多角度看待问题的思维能力。

3. 量变与质变

（1）事故的发生，是一个由量变到质变的过程，许多有关安全的因素也都一一存在着量变到质变的规律；在评价一个系统的安全时，离不开从量变到质变的原理。在安全评价时，考虑各种危险、有害因素，对人体的危害，以及采用的评价方法进行等级划分等，均需要应用量变到质变的原理。因此，量变质变原理是安全评价原理中的一个重要组成部分。

（2）人员受照剂量是核安全评价中的一项重要内容，许多不具备专业知识背景的人几乎都“谈核色变”，事实上抛开具体剂量大小来谈核辐射对于人体的危害是不严谨的。在辐射防护领域规定了半致死剂量是 6 Gy，半致死剂量带代表的意思是就是当人员收到剂量达到 6 Gy 时，一般的人会在短时间因为急性放射病而死去；而在小剂量照射时，往往是随机效应，只有在大剂量照射才会表现出确定性效应。这说明受照剂量对于人体的危害也有一个从量变到质变的过程，采用科学的方法计算分析，在安全剂量限值下开展工作是不用过度担心的。通过此案例进一步体会量变质变原理在安全评价活动中起到的具体作用，并帮助学生消除“恐核”心理。

4. 主要矛盾与次要矛盾

核安全评价最核心的工作就是对评价目标进行定性或定量的评价，而进行评价则必须要根据某种安全评价方法。不同方法有其特点、优缺点、应用条件和使用范围，在针对具体问题的分析中，要分清楚主要矛盾与次要矛盾，针对矛盾的主要方面选用合适的安全评价方法。当具体问题中的主要矛盾与次要矛盾相互转化时，对应的安全评价方法也需要随之改变。具体而言，各种评价方法都有各自的特点和适用范围，在应用时应根据评价对象的特点、具体条件和需要以及评价目标分析和比较，慎重选择。必要时，根据实际情况，可同时选择几种评价方法对同一评价对象进行评价，互相补充、分析、综合，相互验证，以提高评价结果的准确性。在选择安全评价方法时，应该首先详细分析被评价的系统，明确通过安全评价要达到的目的目标，即通过安全评价需要给出哪些安全评价结果，然后了解尽可能多的安全评价方法，并结合评价目的对评价方法分类，最后结合掌握的基础数据和评价目标，选择合适的安全评价方法。

(二) 牢固树立法治意识

1. 知法守法

核安全评价是一项政策性很强的技术工作，必须依据我国现行的法律、法规核技术标准进行。2019 年 9 月 3 日，国务院办公厅首次发表《中国的核安全》白皮书，全面介绍中国核安全事业的发展历程。白皮书指出，全面系统推进核安全进程，是核安全观的核心要义，体现为发展和安全并重、权利和义务并重、自主和协作并重、治标和治本并重。作为我国首次发布的核安全白皮书，单独列出一章介绍我国核安全政策法规体系，体现出政策法规对于核安全工作的基础性与支撑性。白皮书中讲到，我国持续强化核安全法规标准建设，形成了法律、行政法规、部门规章相衔接，法规要求和技术标准相补充，中央和地方相结合的法规标准体系，实现了核能开发利用安全监管全覆盖，为依法治核夯实了基础。截至白皮书发布时，我国已颁布《中华人民共和国放射性污染防治法》和《中华人民共和国核安全法》两部国家层面法律，颁布《民用核设施安全监督管理条例》《民用核安全设备监督管理条例》《核材料管制条例》《核电厂核事故应急管理条例》等 9 部行政法规，发布部门规章 30 余项和安全导则 100 余项，制定核安全相关国家标准和行业标准 1 000 余项，地方性法规现有 200 余条。

本案例以中国发布首部核安全白皮书为背景，介绍核安全相关法律法规，使学生在依法治国视域下领悟理解依法治核的重要意义，了解现行核安全领域法律法规，建立知法守法观念。

2. 敬法畏法

“大力神”-2 导弹是美国 20 世纪 80 年代最大的井式液体洲际弹道导弹。1980 年 9 月 18 日，阿肯色州小石城空军基地，两名士兵在发射井内维护导弹时，未按规定检查严格检查固定装具，检修扳手的 4 kg 套筒从 21 m 高处失手坠落，击穿一级弹体燃料箱导致燃料泄漏。事故发生后，导弹联队指挥部立即组织人员和周边居民撤离，派出抢险人员展开应急抢修。因燃料蒸汽浓度过高，抢险人员奉命撤离并打开排气扇，意外产生电火花导致燃料爆燃，引发一级弹体爆炸，掀飞了 740 t 的发射井盖，二级弹体在空中再次爆炸，核弹头被炸飞，坠落在井口 100 m 处，所幸没有引爆。事故造成 20 余人死伤，1 枚导弹、1 口发射井彻底被毁，引发社会公众严重恐慌，并最终加速美液体洲际导弹全面退役。

通过国外核事故反面案例，进一步认识到不遵守规章制度后果的严重性，警醒学生严格遵守相关法律规章制度，

3. 懂法用法

整个核安全评价活动中涉及多种文书编制，如安全分析报告等，这类文书是核安全评价活动中的重要文件，是开展涉核活动的依据和对整个活动的评估总结。此类文书编制有严格的规范标准。

通过学习文书编制规范，观摩文书范本，帮助建立依据法律规范开展业务实践的意

识，同时为日后胜任工作岗位打下基础。

（三）涵养厚实家国情怀

1. 树立总体国家安全观

2014 年 4 月 15 日，习近平总书记在中央国家安全委员会第一次会议上提出总体国家安全观，强调构建集政治安全、国土安全、军事安全、经济安全、文化安全、社会安全、科技安全、信息安全、生态安全、资源安全、核安全等于一体的国家安全体系。总体国家安全观是一个内容丰富、开放包容、不断发展的思想体系，其核心要义可以概括为五大要素和五对关系。五大要素就是以人民安全为宗旨，以政治安全为根本，以经济安全为基础，以军事、科技、文化、社会安全为保障，以促进国际安全为依托。五对关系就是既重视发展问题，又重视安全问题；既重视外部安全，又重视内部安全；既重视国土安全，又重视国民安全；既重视传统安全，又重视非传统安全；既重视自身安全，又重视共同安全。核安全是国家安全的重要组成部分，我国是和平利用核能国家，也是拥有核武器国家。无论是涉及国家经济安全与能源安全，还是涉及国防安全，核安全都不可或缺。核事故可能会给国家和社会带来灾难性的后果和影响，核恐怖会给世界和平带来极大危害，因此维护核安全事关国家安全、人民健康、社会稳定、经济发展和大国地位。

本案例以总体国家安全观为主线，阐释国家安全与核安全的关系，将课程所学核安全的内容纳入到国家宏观安全布局中认识，激发学生学习的使命感与责任感。

2. 常念居安而思危

（1）1966 年 1 月，一架 B52 在加燃料时与加油机相撞坠毁，4 枚 B28 核炸弹跌落。一枚降落伞打开安全着陆，一枚落水，剩余两枚撞地发生爆炸，使钚散布到小村庄，移走 1 400 多吨受污染土地和数百万居民，事故经济损失超过 1.2 亿美元。

通过案例说明核事故后果具有不可承担性，这决定了核安全工作的高标准高要求，作为未来专门从事核安全工作的人员，必须居安思危，以“时时放心不下”的心态凭着精湛的技术和严格的标准开展工作。

（2）核事故应急处置是发生核安全事故后需立即开展的工作，以确保从最大程度上降低人员财产损失。介绍我国核应急力量划分及不同层级的核事故应急响应处置流程，使学生初步了解核事故应急处置工作。

通过案例激发学生忧患意识，摒弃“事故不会发生”的侥幸心理，苦练本领，以枕戈待旦的心态对待核事故应急处置工作。

3. 继承弘扬行业精神

聘请行业专家前辈进课堂与学生开展核安全对话，以亲身经历介绍参与核安全相关活动的情况、感受及对后辈期望。通过面对面交流，促使学生感思领悟老一辈专家身上凝聚着的行业精神，进一步昂扬精神，奋发实践，以实际行动投身于强军报国事业。

三、案例思政元素分析

（一）辩证思维

唯物辩证法是马克思主义的科学世界观和方法论，是观察研究一切事物的基本思维方法。其中联系与发展的基本观点，对立统一、量变质变及否定之否定等三大基本规律，现象与本质、原因与结果、现实性与可能性、内容与形式、偶然性与必然性等基本范畴，对于指导安全评价技术研究具有不可替代的作用。在核安全评价技术课程中，辩证哲学思维在诸多知识点上体现得十分突出。课程最基本的概念——安全与危险——就蕴含着对立统一的关系；安全评价中的系统观念则体现出整体与部分的辩证观点；安全评价原理中的相关原理与量变质变原理更是整体与部分辩证范畴、量变质变规律的直接运用。作为课程内容的重点之一，核安全评价方法的具体应用中，则体现出主要矛盾与次要矛盾的辩证观点：安全评价时需要根据评价目的选用不同的安全评价方法，但有时会有多个评价目的，此时要抓住评价的主要矛盾选择合适的评价方法；不同的安全评价方法适用的范围也不同，而部分与整体之间又相互联系，因此安全评价方法的选择需要部分与整体的关系；同时安全评价方法之间并不是相互孤立的，安全检查表法检查给出的安全隐患，可以作为故障假设分析法的输入，而故障假设分析法的分析结果可以为故障树和事件树分析提供输入，同时后者分析内容可以为前者的分析结果提供借鉴。通过对不同安全评价方法的对比分析，可以使学生对安全评价工作的整体性与系统性有更好的理解，在方法选择中培养辩证的思维。

（二）法治意识

安全评价是政策性很强的一项技术工作，必须依据法律法规和技术标准，以保证被评价项目的安全运行。熟知行业法律、规范、标准是职业素养的必然要求，同时也将促进个人的法治意识的建立。2019 年《中国的核安全》白皮书，全面介绍中国核安全事业的发展历程，其中单独列出一章介绍核安全政策法规体系。作为核能与核技术利用大国，核安全是国家安全的重要内容，政策法规是核安全的基本保障。中国从高从严构建核安全政策法规体系一方面是对开展核安全工作约束指导，核安全领域工作要求标准高，必须做到万无一失；另一方面也是全面依法治国的应有之义，依法治国是国家长治久安的必要保障，核安全是国家安全的重要组成部分，也必须健全法规体系实现依法治核。通过案例介绍，引导学生认识到法规的重要性，知法守法。通过国外核事故反面案例，警示学生违反规章制度后果的严重性，建立起敬法畏法意识；通过介绍核安全工作实务中相关文书的编写，使学生了解运用规章制度开展核安全评价工作的流程，建立起懂法用法意识。基于上述活动，帮助学生逐步建立法治意识，秉承法治思维为日后上岗就业、参与社会生活打下基础。

（三）家国情怀

培养什么人、怎么培养人、为谁培养人是教育的根本问题。我们的教育必须把培养社会主义建设者和接班人作为根本任务，培养出来的人必须深刻理解把握党和国家在相关领域的战略布局与决心意志，也就要求整个培养过程必须伴随相关方针政策的贯彻解读。中央国家安全委员会是十八大后国家专门设立的服务于国家安全的机构，进一步完善了国家安全体制与安全战略。在国家安全委员会成立后的第一次会议上提出的总体国家安全观，将核安全作为其中一个主要领域，与政治安全、国土安全、军事安全、经济安全等传统安全领域并列，充分体现了国家对于核安全的重视。进一步深化学生对于核安全在国家安全领域中重要地位的认识，充分体会核安全评价在维护核安全过程中的重要意义，最大程度激发学生使命感、责任感，积极调动学生自主学习的内生动力，为集中精力投入到课程正式内容学习做好准备。世界上发生的每一次核事故都受到极大关注并往往产生骇人听闻的后果，核事故应急处置是发生核事故后减小损失、处理善后的必要手段，作为未来的核安全岗位人才，认识到核事故后果的严重性，了解核事故应急处置的流程及必要性，对于清除和平积弊，打消“事故不会发生”“战争打不起来”的思想具有重要意义，以常念居安思危之心，成家国安全之功。行业精神是一个领域内的灵魂，凝结着前辈们艰苦奋斗的历程与保家卫国的荣光，将这种精神传承下去发扬开来是一辈又一辈从业者肩上义不容辞的责任，请历史亲历者讲授他们的故事与感受，其感染力是最有效的思政。

四、案例教学整体设计

案例教学整体设计分为“目标设计—方法设计—教学实施—总结评估”四个阶段。① 目标设计方面，深入挖掘“核安全评价技术”课程中的思政元素和资源，以知识能力目标与情感价值目标为引领，合理选择思政案例，确保思政案例内容的思想性、协同性、准确性及实用性，为达成教学目标起到支撑作用。案例选取方面，确保具有学科专业相关性以提高学生思维素养，确保具有职业发展需求性以提高社会素养，确保具有光辉崇高性以提高品德素养。② 方法设计方面，贯彻学生中心理念，体现学生主体地位，主要以启发引导和探究研讨形式开展教学，推动课程从“灌输式”思政向“领悟式”思政转变；③ 教学实施方面，精心设计案例导入情景，基于课程内容知识要点，综合利用音视频、动画、时事新闻等迅速引发学习兴趣，依托教师预设问题引导开展小组讨论、头脑风暴，确保实施过程中对知识要点的掌握由浅及深，对思政要素的情感共鸣由弱到强；④ 总结评估方面，注重形成性评价与终结性评价相结合，教师评价与学生自评相结合，从知识要点与思政效果两方面融合效果进行评价。整体教学设计如图 3 所示。

（一）目标设计

知识能力目标：熟悉安全评价依据与规范、核安全相关法律法规；能够解释安全评价原理与模型，分析影响安全的主要危险危害因素，阐述安全评价方法，概述评价单元划分和评价方法选择，归纳核活动中的核安全风险；能够开展安全预测，制定对策措施，撰写安全评价报告，解决实际核安全问题。

情感价值目标：培育辩证科学思维；重视核安全工作，遵守核安全相关法律法规，牢固树立法治意识，抵制盲目自信、一味蛮干意识；树立科学正确的核安全观，养成严肃认

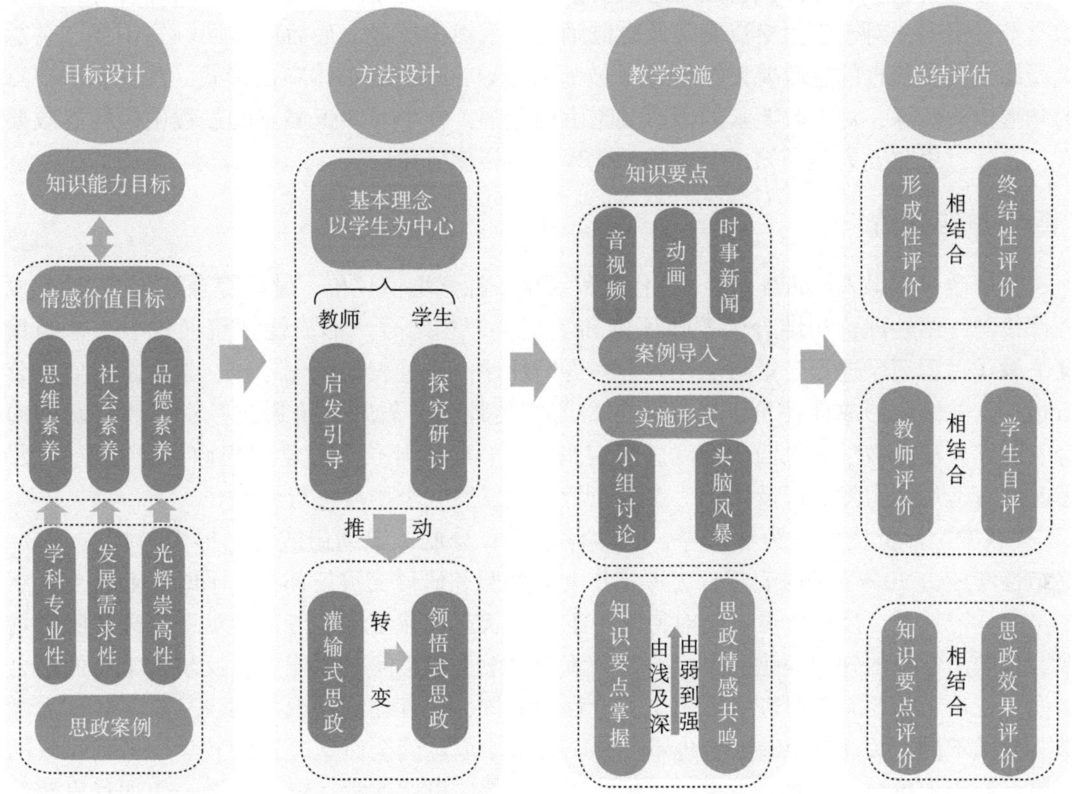

图 3　知识要点驱动的案例教学整体设计框架

真、严谨求实、一丝不苟的工作作风，激发学生使命感与责任感。

（二）方法设计

贯彻学生为中心教学理念，坚持学生主体地位，采用教师启发引导与学生探究研讨相结合的方式。教师结合案例内容具体特点，综合采用启发提问式、案例举证式对学生进行针对性引导，通过不同的引导方式把握课堂整体发展方向。学生主要以学习小组为单位开展探究研讨，小组学习活动主要包括讨论、阐述、文书写作、答辩等，是课堂的主干，借此充分调动学生的积极性与主动性。在小组学习活动中，针对教师基于思政案例设置的问题做专门辨析讨论，充分发挥思政案例效益，提升课程思政效果，推动课程思政由“灌输式”向“领悟式”转变。

（三）教学实施

在授课开始阶段，基于提前布置的预习任务提领课堂知识要点。以知识要点为基点，通过音视频、动画、时事新闻的形式导入案例，基于案例中的思政要素，结合对应知识要点，教师针对性设置相关问题或引导性布置讨论主题，以独立学习小组形式开展探究研讨，或在教师统一组织下开展头脑风暴，抽丝剥茧，层层深入，在对知识要点的解析中自然贯彻思政要素，确保知识要点与思政要素在课堂上的完整统一性，通过教师主导，把控课堂节奏方向，对于学生交流发言及时鼓励表扬或纠偏反驳，最后同步回顾知识要点并总结凝练案例中蕴含的思政要素。通过“教师为主导，学生为主体”的形式，确保知识要点的掌握由浅及深，对思政要素的情感共鸣由弱到强，在学习知识要点的过程中领悟思政要素，又通过思政要素驱动知识要点的深化理解与转化应用。

（四）总结评估

将思政元素融入评价体系，“强化过程评价，探索增值评价，健全综合评价”，将形成性评价与终结性评价相结合，教师评价和学生自评相结合。形成性评价通过学生参与情况、教学过程记录进行定量与定性评价；终结性评价通过表格量化考核、学生撰写安全分析报告，并结合形成性评价结果进行定量与定性评价；教师评价通过教学态度、教学内容、教学方法、教学效果四个维度进行定量评价；学生评价通过学生思政教育知识发展、思政教育运用能力发展以及情感、态度、价值观发展三个维度进行评价。

“核安全评价技术”为考试课，成绩评定为百分制。成绩组成为：形性考核占30%。终结性考核占70%。平时表现分为课堂作业、测验和研讨交流三部分。平时作业重点考察学员的学习情况，反映学员认真对待学习工作的状态；课堂测验考察学员课堂理解吸收情况，反映出学员的知识消化能力；研讨交流考察学员解决问题的能力，反映出学员的综合素质。三项考核既有阶段性考核，又有全程性考核，既有理论知识考核，又有实践能力考核，侧重不同，关注的思政要素也不一样，相辅相成达到全面反映课堂教学和课程思政的效果。基于评价结果，对教学进行反思，以评促教，以评促学，以评促改，使课程思政教学发挥价值引领作用。

五、教学实践过程回顾

以核安全评价方法的选择课程思政案例为例，简要回顾教学实践过程。

（一）案例教学概况

本次课的教学内容为安全评价方法的选择，安全评价方法的选择是核安全评价工作顺利、准确开展的前提，然而安全评价方法种类繁多，适应范围也不相同，给出的评价结果种类也不同，如何根据评价目的选择合适的评价方法是本次课的重点。

通过本次课主要达成的教学目标有两个方面：一是在知识能力层面，让学生加深对各类评价方法的掌握，深度理解各类评价方法区别；能够初步学会根据评价目的选择合适的评价方法，具备解决实际问题的能力；二是在思维素养方面，让学员在对比各类评价方法的过程中感受局部与整体、主要矛盾与次要矛盾、相互联系的辩证唯物主义思想。

（二）案例教学实施

1. 创设情境，引发思考

理论知识如果不在实践中应用，永远无法转化为能力。前期已经通过“理论授课+自主调研”的方式学习了多种安全评价方式，并在理论授课中增加了讨论辨析内容，在自主调研中增加了汇报质询环节，学员对各类安全评价方法具备了一定深度的了解，因此在课堂开始之初抛出问题：如果对现在我们使用的教学楼进行日常安全检查，检查的目的是综合安全检查，查找隐患，但不进行分类评级，则如何选用合适的安全评价方法？这个问题的对象与学生的学习生活紧密相关，但却是学生最容忽视的地方，因此当问题抛出时学生能够立马引起兴趣，并能回想起平时看到但是没有引起注意的一些细节。此时引导学员进行思考：这样的教学楼安全评价目的适用哪种安全评价方法？

2. 小试牛刀，实地操作

根据这样的评价目的，学生自然可以想到最常用的安全检查表法，则此时教员适时回顾安全检查表制表的注意事项。然后回到安全检查表法的使用问题，抛出一份准备好的安全检查表，并请课前提前安排好的2组同学对检查结果进行汇报（2组同学，利用教师提供的安全检查表分别检查教学楼主楼和附楼；每组2名同学，1人检查1人核实，检查结果见图4）。汇报包括以下几个方面：一是汇报检查结果，对教学楼的整体安全进行评价，二是对检查表提出改进意见，三是汇报检查过程中对安全检查表法的认识和想法。通过这样的一个具体的操作过程，立刻把固定的方法与生动的实际联系一起。

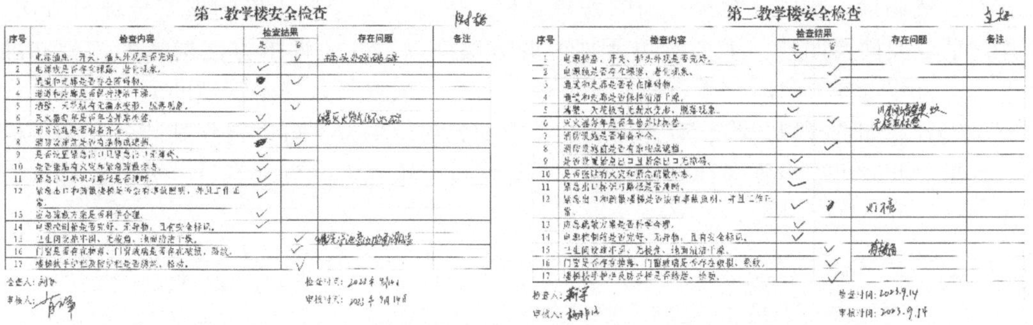

图4　学校教学楼及附楼综合安全评价检查结果

3. 精简总结，方法回顾

通过安全检查表法的具体应用，学员已经能够理解安全评价方法选择与应用的流程，接着教师采用“一张表+一句话”的方式展开各类安全评价方法的总结（见图5）。所以“一张表”就是通过一张表将前期学习的各类安全评价方法联系起来，表中横向上从方法的应用范围、特点、适用范围等层面剖析每个方法的内涵，纵向上对比每个方法的特征，但是教师在课堂是只给表格的框架，具体的内容分析需要学员自己完成；所谓“一句话”就是用一句话总结每个安全评价方法，但要求是覆盖表中所有要求的元素，表中的安全评价方法分为两类，一类是在课上通过理论授课共同学习，这部分方法的剖析由教师示范总结，另一类是学员分组自主调研的，这部分方法的剖析则请调研小组的同学进行总结。通过“一张表+一句话”方式既可以很好地完成各类评价方法的精简总结，又能锻炼学生总结问题的能力。

4. 灵活应用，深化提高

在全面回顾各类安全评价方法的基础上，课程内容进入真正的知识应用阶段，即介绍

评价方法	评价目标	评价能力	特点	优缺点	应用条件	适用范围
安全检查表法（SCA）	分析危险有害因素、确定安全等级	定性	按事先编制的有标准要求的检查表逐项检查,按规定的赋值标准赋分,评定安全等级	简便、易于掌握,但编制检查表难度及工作量大	有事先编制的各类检查表，有赋分、评级标准	各类系统的设计，验收、运行、管理事故调查
预先危险性分析法（PHA）						

图 5　安全评价方法总结“一张表+一句话”方式

一些相对负责场景和案例，设置不同的评价目标，引导学员选择正确的核安全评价方法。在应用之前还要简要回顾一下评价单元划分的方法，以及介绍评价方法选择的流程和准则。在评价方法选择方法时，重点结合部队使用实际，根据部队安全管理的要求和目的来设置案例内容。如选择以危险、有害因素的类别划分评价单位，可以得到某装备安全评价的划分结果，此时可以设置多种评价目的，引导学员讨论思考并发表意见，分析过程如图 6 所示。

划分依据	划分结果	评价目的	评价方法选择
危险、有害因素的类别划分评价单元	◆ ××部件 ◆ ××部件 ◆ ××部件 ◆ ××部件 ◆ ××品 ◆ 燃料 ◆ ××装置	◆ 分析危险源，确定安全等线 ◆ 分析危险源，进行事故预测 ◆ 分析危险源及其触发条件 ◆ 确定事故原因和事故概率 ◆ 确定事故原因、触发条件和事故概率	◆ SCA、PHA ◆ 专定评议法 ◆ WI ◆ FTA ◆ FTA

图 6　评价目的与评价方法选择

（三）案例教学总结

（1）小巧的问题切入，充分提高的学生探索核安全评价方法应用的兴趣。通过身边最常见但最容易忽略的教学楼出发，提出如何评价教学的安全情况，并安排了学生进行实际检查，使得学生产生强烈的问题意识。而且从实际效果看，学生确实通过安全检查表法发现了一些问题，这就让学生在体验中感受了方法的乐趣。

（2）合理的教学过程，全面展现了教师主导、学生主体的课堂地位。在评价方法对比以及评价方法选择过程，教师的作用是引领与启发，真正去发现问题、解决问题、锻炼能力的是学生。整个案例全面贯彻了积极、互动的教学主旨，大家在轻松愉快的环境中完成了方法的学习与知识的获取。

六、创新性与效果总结

《核安全评价技术》课程思政案例设计以课程知识要点为思政要素基点，以知识能力与情感价值相互促进、共同提升为目标引领，形成一套“知识要点驱动”的课程思政案例设计方法，主要创新性体现为以下几点。

（1）目标设计上，把课程的三部分主要内容（核安全状态评估、核安全状态预测、核安全工作实务）与着力培养的三方面价值素养（思维素养、社会素养、品德素养）有机结合，构建了知识要点与思政要素对应体系。以培育三种素养为价值引领，针对性设计思政案例，确保案例具有学科专业性以支撑思维素养培育，具有发展需求性以支撑社会素养培育，具有光辉崇高性以支撑品德素养培育。通过教学，帮助学生训练辩证思维能力，厚实职业能力功底，培树法治意识，涵养家国情怀。

（2）方法设计上，贯彻“教师为主导，学生为中心”理念。教师精选案例，精心设问，奠定课堂基调，掌握课堂节奏，把控课堂方向，教师要做好学生的领路人，首先要做好课堂的掌舵人。学生是课堂主人翁，是课堂实践主体，通过组织探究研讨充分调动积极性，全身心投入到课堂活动中，通过学思辩悟，掌握知识要点，领悟思政元素。通过上述方法推动课程思政由“灌输式”向“领悟式”转变。

（3）教学实施上，充分体现学员中心地位，按照“教师引导—学生主导—凝练升华”的思路，依托学习小组开展探究研讨、头脑风暴。摒弃传统思政模式，交予学生充分的课堂实施权，在知识要点的学习中感悟思政元素，在思政情感的浸润下深化知识要点理解，对知识要点的掌握由浅及深，对思政要素的情感共鸣由弱到强，确保知识能力入脑，价值情感走心。

总结评估上，跳脱传统知识能力与思政效果分立评价框架，多种评价方式相结合，形成性评价与终结性评价相结合，教师评价与学生自评相结合，最终实现知识要点与思政效果评价的结合。

“核安全评价技术”课程抽象概念多，方法技术多，既涉及定性分析，又涉及定量分析，课程整体文字性内容较多，对于实施课程思政提出了新要求。基于“知识要点驱动”的课程思政案例设计方法直接效果是活跃了课堂气氛，有效避免了“尬聊”思政，整体思政要素无形融入课程知识要点。避开了思政要素的传统“投喂”方法，学生学习兴趣明显提高，教师主导下的以案例为背景开展的小组讨论、头脑风暴，充分调动了学生积极性，让学生切身感受到自身的学习主体地位，开展案例教学时的课堂活跃程度明显提高。学生学习的主动性、探索性显著增强，通过思政案例教学，不少学生表示学习目标定位更加明晰，学习动力进一步强化。

参考文献

[1] 中国军网．火箭军工程大学简介［EB/OL］．(2022-06 -12)［2022-12 -06］．
[2] 中国政府网．中国的核安全［EB/OL］．
[3] 陆道坤．课程思政评价的设计与实施［J］．思想理论教育，2021（3）．

“核辐射防护”课程思政案例

霍勇刚，谭志园，周　锋

（火箭军工程大学核工程学院，陕西　西安　710025）

摘　要：课程思政案例介绍了“核辐射防护”课程的基本情况，展示了在开展教学实践中运用的案例以及教学方法和手段，教学过程中充分调动学生的自主性和自我意识，在真实的案例中挖掘探索和求知的欲望，运用翻转课堂、问题驱动等教学方法，在案例的真实场景中催生学习的第三类接触，创造学习的生活价值，将家国情怀、科学精神、责任担当、创新精神和个人素养等思政元素通过盐溶于水的无声方式，有力量地达到“立德树人”的教学效果。

一、课程基本情况

（一）授课对象情况分析

“核辐射防护”课程开设于第七学期即大四第一学期，此时学生的特点非常明显，除了兼具如今高校大学生普遍的自我意识强、学习和生活互联网化之外，他们相较于学弟学妹还兼具情感压力以及任职压力，虽然大四的课程体系从人才培养方案中可以看到结构上实验、实践和训练的比重较理论课程要多出很多。整体课时量会有所减少，对于军队院校的大学四年级学生还有驻训等任务。时间相对分散，学员的内心也相对“分散”。针对此类情况，在课前要充分挖掘学员的情感诉求，找准思政元素切入点至关重要，做好教学设计、创新教学手段势在必行。

（二）课程情况简介

“核辐射防护”是生长干部学历教育（本科）“辐射防护与核安全”专业的一门主干专业背景课程。该门课程是以“原子核物理”和“核辐射探测”为背景知识，以辐射剂量学及辐射防护学为理论基础，综合利用辐射危害评价、辐射剂量监测、内外照射防护等技术解决核辐射防护课题的学科。该课程对学员掌握核辐射防护知识和技术，理解核辐射防护知识、技术和工作体系的基本构成，从事核辐射防护工作打下良好基础，对培养学员的科学精神、科技报国的家国情怀和使命担当，提升安全素养、法治意识和辐射实践能力具有重要作用。

二、案例基本情况

（一）案例一：核事故案例群

1. 日本福岛核事故

① 事故简介：2011 年 3 月 11 日 14 时 46 分（当地时间），日本宫城县以东约 130 km 的太平洋海域发生 20 世纪以来罕见的里氏 9.0 级强烈地震，并且引发特大海啸，袭击了日本东部海岸，其中宫古的姉吉遭受的海啸高度达到 38.9 m。截至 2011 年 10 月的统计数据表明，共计 15 810 人死亡，此外还有 4 613 人下落不明。此外，还有更多的人因为其居住的城镇被摧毁而不得不离开家园。当地的许多基础设施也在此次地震和海啸中严重受损。福岛第一核电站在地震来袭后，成功启动了快速停堆，中断了链式反应，但是由于特大地震、特大海啸、全厂断电、应急柴油机损毁、辅助给水系统瘫痪等一系列事件同时发生造成反应堆无法降温而引发次生灾害—核泄漏事故。

事故经过：地震发生之前，福岛第一核电站的 6 台机组中 1 号、2 号、3 号机组处于功率运行状态，4 号、5 号、6 号机组在停堆检修。地震导致福岛第一核电站所有的厂外供电丧失，三个正在运行的反应堆自动停堆，应急柴油发电机按设计自动启动并处于运转状态。第一波海啸浪潮在地震发生后 46 min 抵达福岛第一核电站。海啸冲破了福岛第一核电站的防御设施，这些防御设施的原始设计能够抵御浪高 5.7 m 的海啸，而当天袭击电厂的最大浪潮达到约 14 m。海啸浪潮深入电厂内部，造成除一台应急柴油发电机之外的其他应急柴油发电机电源丧失，核电站的直流供电系统也由于受水淹而遭受严重损坏，仅存的一些蓄电池最终也由于充电接口损坏而导致电力耗尽。

由于无法使用应急堆芯冷却装置注水，福岛第一核电站 1 号、2 号、3 号机组在堆芯余热的作用下迅速升温，锆金属包壳在高温下与水作用产生了大量氢气，随后引发了一系列爆炸：2011 年 3 月 12 日 15：36，1 号机组燃料厂房发生氢气爆炸；2011 年 3 月 14 日 11：01，3 号机组燃料厂房发生氢气爆炸；2011 年 3 月 15 日 6：00，4 号机组燃料厂房发生氢气爆炸。

这些爆炸对电厂造成进一步破坏，由于现场工作环境非常恶劣，许多抢险救灾工作往往以失败告终。现场淡水资源用尽后，东京电力公司分别于 3 月 12 日 20：20、3 月 13 日 13：12、3 月 14 日 16：34 陆续向 1 号、3 号、2 号机组堆芯注入海水，以阻止事态的进一步恶化。直至 3 月 25 日，福岛第一核电站才建立了淡水供应渠道，开始向所有反应堆和乏燃料池注入淡水。

日本东京电力公司 5 月 24 日公布了对福岛第一核电站 2 号、3 号机组堆芯状况的分析结果，推断这两个机组更可能在“水位下降”的情况下发生堆芯熔化。有关 1 号机组发生堆芯熔化的初步评估结果早已公布，反应堆中曾存有燃料的 1～3 号机组很可能全部发生堆芯熔化。大量放射性物质泄漏到环境中。

思政切入点：增强公众辐射防护意识。

3 月 11 日日本政府宣布进入“核能紧急事态”，并于 21：23 疏散半径 3 km 内的居民，并要求半径 3~10 km 范围内的居民在室内躲避。3 月 12 日 5：44 疏散半径 10 km 内的居民，当日将福岛核事故按国际核和辐射事件分级定为 4 级，18：25 疏散半径 20 km 内的居民，要求 20~30 km 内的居民在室内躲避。3 月 18 日日本政府将事故等级调整为 5 级。4 月 12 日日本将事故定为最严重的 7 级，半径 20 km 内疏散了 13.6 万人，20~30 km 内自愿撤离，100 km 外的福岛市和 260 km 外的东京有人逃离，40 km 外的饭馆村污染严重，1 万人被撤离。4 月 27 日日本福岛第一核电站方圆 20 km 被划为警戒区，禁止救灾相关人员以外的人员进入。5 月 18 日 40 km 外的 5 个地区辐射水平（IAEA 的监测结果）超过年剂量限值，采取了非强制性撤离。

② 中国的应对：（此部分内容由学生收集，并由学生进行小组讨论）日本福岛核泄漏事故后，中国政府就启动了海陆空全方位的环境核辐射监测、核设施安全检查，实时公布核辐射监测结果。中国环境保护部、国家核安全局每天向公众发布最新的核辐射监测数据，监测范围包括全国部分城市以及中国在运行核电站的周围环境。国家海洋局也启动了应急监测预案，调集海上执行放射性应急监测的海监船进行海水样品采集工作，通过放射性元素的含量来判断、预测中国海域是否会受放射性沾染物的影响。中国气象局网站每天都会在显著位置公布气象对放射性沾染物扩散的影响。中国原卫生部也及时开展了食品和饮用水的放射性污染监测并将结果予以公布，同时部署归国人员的体表放射性污染检测。中国各地的机场也在日本福岛核事故不久就开始对来自日本的飞行器、旅客和行李、货物进核辐射检测，以防止放射性沾染物附着在民航客机甚至旅客的身上带入我国境内。中国政府积极采取这些应对措施，并充分发挥媒体的作用，消除民众对日本福岛泄漏事故的恐慌情绪，充分体现了对民众的高度负责的态度。

3 月 12 日，事发后第二天，卫生部部署了对我国公众健康影响的应对和开展核事故国际救援的准备工作。3 月 14 日和 3 月 18 日中国疾病预防控制中心辐射防护与核安全医学所应对日本福岛核事故应急工作领导小组和疾病预防控制中心日本大地震核和辐射事故应对工作领导小组先后成立，信息组负责跟踪日本地震地区核事故发展动态（包括地震地区放射性污染情况，气象、海洋等信息资料），并进行综合分析，为专家组研判提供信息资料；技术组负责组织起草技术方案、文件、公众宣传材料及组织技术培训；专家组负责信息研判，技术咨询和技术方案审核等。

通过强化信息的研判分析、持续动态跟踪，建立了信息反馈机制，起到超前性、预警性的作用，包括密切跟踪日本的事故机组信息、辐射监测信息、食品饮用水的放射性污染监测信息、事故核电站向外界泄漏和排放放射性物质信息和其他国家监测放射性物质情况。同时注重国内核和辐射科普知识的宣传，有效应对国内的抢购碘盐事件，关注气候变化并及时布置雨后的露天蔬菜的放射性污染检测工作，及时开展了食品和饮用水放射性污染监测及吸入或食入放射性核素的健康风险评估，从而使我国在日本福岛核泄漏事故后的卫生应对工作中做到了应对从容、预判准确，评估科学，响应及时，举措有力；在公众宣传、媒体交流、信息发布方面也发挥了积极有效的作用，取得了良好的效果。2012 年，国家权威机构——清华大学国际传播研究中心的《中国疾控中心媒体沟通能力评估报告（2008—2011 年）》中，对中国疾病预防控制中心辐射防护与核安全医学所在公众宣传、媒体交流、信息发布等方面给予了极高的评价。

思政切入点：增强民族自信心和自豪感。

2. 苏联切尔诺贝利核事故

人人都知道的核事故，如何正确认识，结合课程知识挖掘同学们的兴趣点和思政元素是非常难的问题。从“核辐射防护”课程内容挖掘的知识点是辐射生物学效应。

① 辐射生物学效应：

切尔诺贝利核事故对健康的影响：事故发生的第一天大约有 1 000 名核电站员工及应急工作人员严重暴露于高度核辐射。事故中被认为患急性放射病，而送入医院者共 237 人，确诊为不同程度急性放射病患者 134 人；现场急性放射病死亡 28 人，非辐照原因死亡 3 人，其中 1 人死于冠脉栓塞，总计现场死亡人数为 31 人。

事故污染造成了近 4 000 例甲状腺癌，主要是事故发生时儿童和青少年受到了影响，至少有 9 名儿童死于甲状腺癌；但是从白俄罗斯的情况来看，癌症患者的幸存率几乎是 99%。

与自然本底水平相比，大多数应急工作人员和生活在污染区的民众受到的全身辐射剂量较低。因此，没有证据表明受影响人群的生育率下降，也没有证据表明核辐射造成先天性畸形增多。

切尔诺贝利对精神健康造成的影响才是“事故引起的最大的公共卫生问题”，并且这种精神上的创伤部分原因是信息讹误造成。精神健康方面的问题主要表现在：对健康状况进行负面的自我估计，认为寿命减少，缺乏主动精神，依赖国家援助。当地当时贫穷，“生活方式”性疾病肆虐，精神健康问题比辐射暴露对当地社区的威胁更大。对于辐射威胁长期的误解和其神秘感导致受影响地区居民相信“瘫痪宿命论”。对于 350 000 名撤离受影响地区的人们来说，移居被证明是“极度创伤的体验”。虽然事故发生后，116 000 人立即从重度影响区撤出，但是后来的搬迁行动对减少辐射暴露效果不明显。

思政切入点：降低核辐射造成的心理恐慌与精神压力，从辐射防护知识点中挖掘生活价值，用专业知识估算辐射剂量。做出科学判断和有效应对手段。

② 事故后，4 月 27 日晨 7 时，普里皮亚特镇的空气剂量率接近 0. 01 Gy/h，17 时撤走了全部约 5 万人，在以后的几天内，又从核电站周围 30 km 区域撤走 9 万人。事故后一共有 35 万多人已经迁出了污染最严重的地区。

据报道，事故的第二天早上就对普里皮亚特镇进行挨家挨户的通知，要求当地居民关闭窗户在室内隐蔽，并分发碘片。据统计该镇的 4. 5 万居民和 30 km 范围内的 71 个村庄的约 9 万居民都同时服用了碘片（碘化钾）。但也有资料报道，在事故发生的当天，官方没有通知让居民留在室内，公共场所照常开放，许多大人和小孩仍在游乐场所内休闲玩乐，也未及时分发碘片，一些儿童与公众都受到了不必要的照射。

波兰是切尔诺贝利核事故后唯一对全国公众发放稳定碘的国家。4 月 29 日，行政当局发出了对波兰北部及中部的 11 个县、16 岁以下的儿童实行发放稳定碘的劝告。之后，考虑到对整个社会心理效应的影响，这一劝告在全国范围内也适用。这次对公众实行的稳定碘发放，是行政当局迫不得已作出的决定。因为对服用稳定碘的利弊进行定量分析的资料和时间不足，同时也未从苏联得到任何有关事故的情报。根据事故后推算的甲状腺受照剂量全国平均为 1～10 mSv。严重污染地区的最高值在 100～200 mSv。因此，虽然没有必要在全国范围内实施稳定碘的服用，但是此次行动对严重污染地区来说是非常必要且及时的。

思政切入点：政府对人民负责的态度，引申到我军的根本宗旨为人民服务，"中国共产党是人民的党，是为人民服务的党"，增强社会主义制度自信。

（二）案例二：放射源丢失事故

1. 山西忻州辐射事故

事件简介：1992 年 11 月山西忻州地区某监测站院内的一起钴-60 放射源失控，被工人张某拾到并装入身穿的皮夹克口袋内，结果一个月内 141 人被辐射，造成 3 人死亡。

从这起恶性事故中，应吸取的经验教训主要有以下几点。

（1）这次事故充分说明使用和倒装、收贮放射源的单位，必须认真贯彻执行国家《放射性同位素与射线装置放射防护条例》《辐射防护规定》《放射环境管理办法》等法规、规章；重视放射防护及安全实施工作，增强法制意识；健全各种制度。

（2）提高专业技术人员的基本专业知识，树立认真负责的工作精神及严谨的工作方法和实事求是的科学态度。

（3）倒装辐射源是一项技术性、专业性很强的工作，需制订周密工作计划，专业人员经过培训和实际操作训练后方可从事此项工作。

（4）医务人员缺乏放射病诊断治疗的基本知识。在这起事故中，所发生的放射病临床症状典型，但在多家医院住院治疗，经很多专家会诊，都未能确诊。最后到北京大学人民医院就诊并由专业机构卫生部工业卫生实验所经生物剂量估算才确诊为急性放射病。放射事故不同于其他事故，有它的特殊性。由于人们对放射性知识不很了解，导致对放射性所致的损伤一无所知，甚至一般的医师由于没有经过相关放射病诊断治疗的专业知识培训，对造成危及生命的放射病都感到陌生，以为是什么恶性传染病。因此今后一是要加强对公众的核与辐射科普知识的宣传，二是要加强对医务人员的核与辐射专业知识的培训。

思政切入点：针对课程第三章内容辐射防护相关法律法规，健全的法规制度、良好的专业素养、完备的实操训练是放射源安全管理的必要保证；同时，放射病诊断治疗的基本知识也是管理人员和应急救援人员的必备常识。

2. 山东济宁^{60}Co 辐射事故

事件简介：2004 年 10 月 21 日，山东济宁一家始建于 1994 年的私营辐照厂，自行建造的静态堆码式钴-60 辐照装置出现故障，放射源未正常回落到井下安全位置，两名工作人员未经监测进入辐照室工作，受照射时间达 10 min 左右，距离放射源仅 0. 8~1. 7 m，两人均抢救无效死亡。22 日 12：40，山东省环保局接到济宁市环保局事故报告后，立即启动辐射事故应急预案，展开事故现场调查，确认放射源安全归位后，对该厂辐照室进行了查封，监测评估辐射室等设施设备以及周围环境的辐射水平，并对场所进行了退役监测。

经验与教训

（1）快速响应，锻炼了我国的医学救援队伍济宁"10・21"放射事故发生后，我国有关地区放射应急医学救援组织快速响应，密切合作地开展了对事故损伤患者的医学救援工作，锻炼了医学救援队伍，为核和辐射应急医学救援工作积累了经验。

（2）加强我国的核和辐射应急医学救援准备和响应工作随着核能在我国的迅速发展和放射线技术应用的日益扩大，强放射源的应用数量增加，放射事故时有发生，应加强我国的核和辐射应急医学救援准备和响应工作。

（3）尽快在全国建立核和辐射应急医学救援体系国务院《核电厂核事故应急管理条例》和新颁布实施的国务院令第449号《放射性同位素与射线装置安全和防护条例》规定了卫生部门在核事故应急和放射事故应急工作中的职责和任务。在我国的核和辐射应急准备和响应工作中，卫生部门承担核和辐射应急医学救援职责和任务。核事故应急响应时，卫生部门需根据情况提出保护公众健康的措施建议，组织医学应急支援，并组织现有力量参与对场外应急辐射监测（人员饮用水和食品的监测）进行支援，参与事故调查和健康效应评价，组织对受过量照射人员的医学跟踪。发生放射事故后，卫生部门负责放射事故的医疗应急。因此，应当尽快在全国组织建立核和辐射应急医学救援体系，地方卫生应急部门协调有关卫生部门积极开展核应急和放射应急医学救援工作，加强我国的核和辐射应急医学救援能力建设。

（4）尽快建立强制性的放射损害第三方责任保险机制，保障医学救援经费核能和放射线技术的应用是一种高风险活动。核能和放射线技术应用在给人类带来巨大好处的同时，也伴随着巨大的风险。如果发生核事故或放射事故，就可能给公众（第三方）的健康、财产和环境造成损害。西方许多国家已经建立了比较完善的核损害民事责任与赔偿法律体系，以及强制性的第三方核责任保险机制。我国目前还没有专门核损害民事责任的法律。《放射性同位素与射线装置安全和防护条例》第六十一条对放射事故造成损害的民事责任规定，因辐射事故造成他人损害的，依法承担民事责任。国家应当建立强制性的放射损害第三方责任保险机制，凡是生产、销售、使用放射性同位素和射线装置的单位都应当加入放射损害第三方责任保险，规范放射性同位素和射线装置的生产、销售、使用单位的放射损害赔偿责任，使放射事故的医学救援经费能够得到保障，医学救援工作能够顺利开展，事故损伤人员能够得到及时、有效的救治。

（5）国家和地方政府应当设立放射事故应急处理专项资金，保障医学救援经费《国务院关于处理第三方核责任问题的批复》和《放射性同位素与射线装置安全和防护条例》明确了核损害或放射损害的民事责任，核事故或放射事故造成的核损害或放射损害，应当由核设施营运人或生产、销售、使用放射性同位素和射线装置的单位承担绝对责任或民事责任。但在发生放射事故后，常常由于各种原因致使事故处理的医学救援经费不能及时到位，影响了医学救援工作的顺利开展。《突发公共卫生事件应急条例》第四十三条规定，县级以上各级人民政府应当提供必要资金，保障因突发事件致病、致残的人员得到及时、有效救治。国家和地方政府应当设立放射事故应急处理专项资金，储备一定数量的医学救援经费，确保突发核事故或放射事故时能够快速启动医学救援响应行动，保障事故损伤人员能够得到及时、有效的救治。

思政切入点：我国放射防护法规、辐射应急医学救援准备和响应工作日趋完善。

3. 河南新乡“4. 26”^{60}Co源辐射事故

事故经验：

在此次医学应急救治中，不但要做好放射患者的救治工作（特别是危重患者），而且也可以总结出一套核和辐射突发事件情况下医学应急救治的经验。这次事故受照的人员中：从受照的程度上看，有重度、中度、轻度的骨髓型放射病患者，还有受到一般过量照射的人员；从辐射损伤的类型上看，既有综合型的骨髓型辐射损伤，也有局部的皮肤辐射损伤；接受过量照射人员有男也有女；年龄结构分布也较广。

此次医学应急救治工作中，采用了当前国内外已有的医学应急救治先进技术和经验，也积累了一些我国在这方面的独特的经验。例如，当重度偏重患者"梅"在经期中，会因月经来潮而导致严重出血死亡的严重局面，应用了雄性激素，使其月经进入恢复期后才发生；因患者造血系统损伤严重，除应用了 GMCSF，还应用了 EPO，从而加快了造血功能的恢复；在患者剂量重建中，不但采用了常规的物理和生物剂量方法，而且应用了剂量重建技术，例如，EPR 和蒙特卡罗模拟估算的方法。

思政切入点：战胜"坏"需要智慧和努力，辐射医学应急救援积累了丰富的技术和经验。

4. 河南杞县放射源卡源事件

流言的扩散传播有两方面的显著特征。一方面，流言所传递信息的新闻价值越大，其传播速度就会越快。一般而言，流言所传递信息与受众有密切关系的易引起受众的关注，容易被快速扩散出去。"杞县钴-60 事件"涉及放射性物质辐射问题，对于杞县人来说，此事与他们休戚相关，可能会影响到他们的正常生产生活，民众的恐慌情绪很快被调动起来。正是基于这样的原因，流言才以惊人的速度扩散，最终导致杞县人的集体"大逃亡"。另一方面，流言所指事件的模糊性加剧了人们的恐惧，同样也加快了流言的传播速度。在危机事件发生时，人们往往会对不确定的事物表现出极大的恐慌。流言产生的根本是权威信息的匮乏，谣言经常因一个信息缺乏解释而问世。在流言传播过程中，它能够不断地吸引人们的注意力。信息越是不全面，人们就越是试图将获取的信息拼凑起来去解释。人们对流言不知不觉地揣摩反而加速了流言的传播扩散。

要消解流言就必须从多角度入手，构建通畅的信息渠道。以下几点经验，值得重视。

（1）政府要公开发出权威的声音

流言是一种未经证实而传播的信息。因此，权威明确信息源的设立是流言消解的基础。在应对危机事件中的流言传播时，政府要及时主动发出权威声音。在信息传播渠道多元化的今天，"流言止于公开"是应对流言的主要手段，"公开"也是消解流言的一种积极态度。

（2）媒体要及时传递准确的信息

新闻媒体是社会信息的守望者，其职责就是向社会、向公众及时传达信息。大众传媒以其强大的信息把关和信息广布功能，在应对流言方面有着不可替代的优势。因此，大众传媒是消解流言传播的又一重要手段。在公共危机事件发生时，公众处于一种心理极度恐慌的状态，很容易受到外界一些非正规信息的干扰，其行为极易受到左右。大众传媒的失语更会加快流言的传播，使本来无序的社会更加无序。大众传媒应快速准确地解读政府的政策和措施，让公众明白事实真相，及时消除公众的疑惑。

（3）公众要理性解读正确的信息

知情权是公民的基本权利，是个人生存权和发展权的一种体现。现代媒体技术的飞速发展，使得公众接触的信息和内容大大扩展，但公众在媒体面前常表现出极易受到影响，对媒体传递的信息往往不去辨别正确与否而是“照单全收”，这样不利于对事实真相的判断。因此，公众要提高自身媒介素养，学会辨析所获取信息的真伪，正确处理所接触的各式各样的媒介信息，谣言止于智者。

突发的危机事件使社会充满了不确定性和风险，流言传播则更会加重这种不确定性。如何处理好流言传播是危机事件管理的重要组成部分，必须纳入到一定的管理范畴。针对流言的产生和扩散传播过程，制定相关的管理预案，以求防患于未然。

思政切入点：自媒体时代舆论阵地纷乱复杂，我们更应坚守信念，“谣言止于智者之识，更应止于法律之剑”。

三、案例思政元素分析

案例群的设计涵盖了辐射防护课程第一章到第六章的内容，知识点涉及辐射防护剂量学的量和辐射防护量、辐射生物学效应、内外照射防护以及辐射防护相关法律法规的知识点，学生可以从真实的历史事件和生活事件以及事故中，催生学习的第三类接触，通过真实的情景构建辐射防护的知识体系，并从中挖掘出社会责任、科技报国、大国崛起、探索精神、个人素养以及家国情怀（国家民族复兴、文化自信、人类命运共同体意识、胸怀天下）等思政元素，直击学生内心，达到育人的目的。

（一）案例一：核事故案例群的思政元素内容设计

从典型的核事故案例中课程组通过翻转课堂、小组讨论等多种形式，通过问题驱动等方式，学生分析总结出：① 日本福岛核泄漏事故、苏联切尔诺贝利核事故属于“核能紧急事态”，从学生自主学习和描述整个事故发生发展的全过程中鼓励学生的探索精神，对比分析两个国家政府和民众的处置，增强学生科技报国的决心和使命担当，增强辐射防护意识教育，同时对我国核电站以及最新技术和热点加以介绍，增强民族自信心，产生家国情怀润物无声的励志教育；② 从案例群中挖掘出的思政元素内容还包括：我国具备健全的环境核辐射监测法规制度、完善的监测设施设备、安全的辐射防护方法，以及积极权威的舆论导向，充分体现了对民众的高度负责的态度；中国疾病预防控制中心辐射防护与核安全医学所在公众宣传、媒体交流、信息发布等方面具有极高的评价；“一生所幸，乃生华夏”，以我国“一方有难八方支援”的实例对比日本及苏联在核事故中的政府采取的消极措施，增强民族自信。

（二）案例二：辐射源丢失事故案例群的思政元素内容设计

主要包括以下几个方面：① 背景介绍：对辐射源丢失事故的发生背景进行简要介绍，包括辐射源的类型、用途、管理和监管情况等；② 问题分析：从辐射源管理、监管和应急响应等方面分析辐射源丢失事故暴露出的问题；③ 教训总结：针对上述问题，总结出加强辐射源管理、完善监管体系和提高应急响应能力等方面的教训；④ 启示思考：结合辐射源丢失事故的教训，对辐射源管理、监管和应急响应等方面提出启示和建议；⑤ 思政教育意义：强调辐射源丢失事故案例群在提高全民核安全意识、增强国家核安全能力等方面的思政教育意义。

通过以上五个方面的元素设计，可以使读者更加全面、深入地了解辐射源丢失事故的教训，从而提高自身的核安全意识和应对核事故的能力。同时，也有助于引导政府和社会更加重视核安全问题，加强核安全监管，确保核能的安全、可持续发展。

从典型的核事故案例中课程组通过翻转课堂、小组讨论等多种形式，通过问题驱动等方式，分析总结出：① 健全的安全法规制度、良好的专业素养、完备的实操训练是放射源安全管理的必要保证；② 放射防护法规、辐射应急医学救援准备和响应工作日趋完善；③ 了解掌握放射病诊断治疗的基本知识，实践过程中不断积累丰富辐射医学应急救援的技术和经验；④ 我们应该坚定理想信念、相信党和政府的权威，摒弃杂音、坚守舆论阵地，“谣言止于智者之识，更应止于法律之剑”。

四、案例教学整体设计

案例教学过程主要包括课前（准备）、课中（教学）、课后（巩固）三个环节，主要环节如图 1 所示。

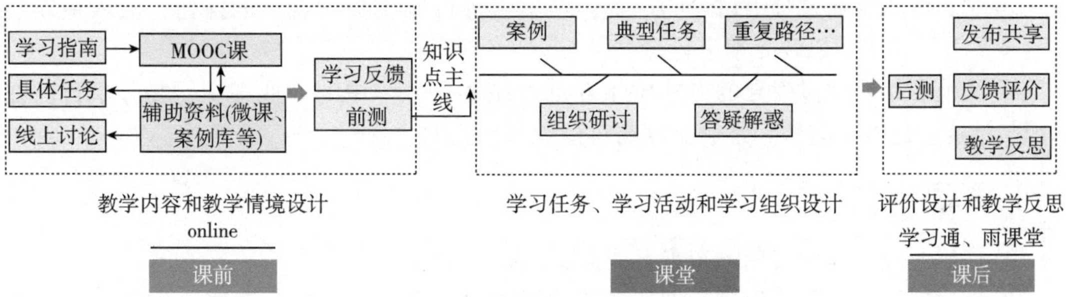

图 1　案例教学过程主要环节

（一）课前

（1）教师课前准备

教师课前备课，以教案为表现形式，开展案例教学前，准备启发性课前思考题，布置课前任务，完善相关 PPT 及教学内容，嵌入典型案例，了解学生相关专业知识、基础知识学习进程掌握情况，明确课堂采用的相关教学方法。

（2）学生课前准备

学生课前预习，一是线上学习与交流，课前在慕课上自学相关章节内容，对学习重难点有初步的把握。二是发布案例相关新闻及资料，对专业内容有实践层面的解读。三是对课前学习进行概括，以 1~5 人为小组单位展开，形式可以但不限于思维导图、PPT、视听制作分享等形式，课上进行相应汇报。

（二）课中

课中的课堂是教学工作最重要的组成部分，针对案例一的主要内容，进行如下设计。

第一讲内容以基础概念为引入，通过对核事故中涉及的辐射防护知识的案例教学，掌握体系知识，在学习专业知识后引入行业标准，包括不同岗位的职能素质要求。① 进而从要求过渡到以情景场景为主的日常工作、应急处理防护要求等专业实践知识，技能大赛即专业实践能力的体现，因此可从实践过渡到技能大赛的思政内容。② 从学习专业榜样到鼓励科技创新，参与力所能及的创新实践项目。在事故案例学习中明白职责的重要性。进而过渡到日常工作训练任务的防护方法指挥调度、管理与监管。③ 最后进行本章总结与反思，巩固基础知识，总结学习过程与分析方法，交流职业认知与自我感悟。插入热点新闻的分享，探讨学习前后情感的转变。

以上述 2 讲课堂内容为基础，建立四个环节课堂安排主要内容如下。

① 成果展示及师生互评：是对学生课前预习成果的展示与自主学习后的交流，对基础概念及内容进行纠正补充及梳理。

② 知识讲授：以启发式教学方式为主，引入本节课案例分析的主要专业内容及专业实践知识，通过有趣的视听案例教学，加强学生对于概念的理解以及专业技能的掌握。

③ 学习深入：通过分组讨论的形式，与学生进行本次教学观点的探讨，嵌入最新有关政策及上述对应的思政元素进行探讨学习。

④ 交流总结：通过引导的方式师生互动总结案例教学中的专业知识，并分享自己在知识与技能、过程与方法、情感态度与价值观等层面的收获。

（三）课后

① 课后习题：课后习题的布置、课程思维导图绘制。

② 课后实践：鼓励学生进行课后锻炼实践，对于本专业可参与竞赛（如创新创业大赛、核+X 科技大赛等）进行宣传指导，提升学生创新精神。

③ 课后反思：学生对自身知识掌握及课程上完后自己相应专业情感态度的转变总结反思，理解践行人才队伍精良专业、创新奉献的内涵。

五、教学实践过程回顾

从案例组成到教学过程的整体设计，核辐射防护教学组在教学实施上，结合学员已经具备一定的理论基础和自学能力等特点，教学按基本概念、理论分析、实践应用的顺序实施；根据教学内容适时采用自学、课堂教学、研讨等教学形式，灵活运用讲授式、问题驱动式、研讨式等教学方法，贯彻素质教育和创新教育思想。教学实施上，采用翻转课堂、研讨等教学方式和教学方法，将思政元素融入教学全过程。

在框架设计上，辐射防护基础知识为重点，突出核辐射防护内容的基础性和系统性，使学员理解核辐射防护知识、技术和工作体系的基本构成，培养学员解决辐射防护工程问题的分析思维能力。

引导学生由“知”内化为“识”，进而付诸于“行”，锻炼学生的高阶思维能力。注重师生互动和生生互动，引导学生自主性学习和探究。结合课程教学内容特点，提炼课程思政元素，专业知识与思政元素深度融合，实现生活价值与知识性的统一。

六、创新性与效果总结

本课程的思政创新体现在：一是课程设计与学生对话，从学生的精神世界出发在重视学科思想、探究技能与价值观念的整合中构建课程教学目标；二是教师与课程知识对话，客观并基于学科历史和知识体系的挖掘课程所蕴含的人文精神、科技思想和职业情怀等思想政治教育元素；三是思考探索出课程与其他学科、课程、流派对话，挖掘彼此之间的关联，启智工作价值、生活价值、人生价值。

参考文献

[1] 陈伯显．核辐射物理及探测［M］. 2 版．哈尔滨：哈尔滨工程大学出版社，2021.
[2] 苏旭等，核和辐射突发事件处置［M］．北京：人民工业出版社，2021.
[3] 牛延涛、胡鹏志．放射物理与辐射防护学［M］．北京：科学出版社，2022.
[4] 陈志，电离辐射防护基础［M］．北京：清华大学出版社，2020.
[5] 王百荣，核应急辐射防护［M］．北京：中国环境出版社，2021.
[6] 卢玉楷．简明放射性同位素应用手册［M］．上海：上海科学普及出版社，2004.

“核 ×× 操作技能训练”课程思政案例

姜 楠，许东升，孙开磊，李慧东，李宗壮

（火箭军工程大学，陕西 西安 710025）

摘 要：课程思政有利于构建完善的专业知识体系，从课程入手贯穿整个过程，有理有力地实现教师与学生的同频共振，实现知识传授与专业引领的有效结合，实现立德树人的润物无声，核专业课程对思政教学提出了更高要求，作者通过邀请座谈、基层调研等方式发现主要存在重视程度不够、思政素材不够丰富，教学场地及条件限制等问题。提出了通过文化氛围营造、开发研究思政元素、创新思政教学内容、改善教学条件等方法。实践证明所提方法较好地解决了实践课课程思政存在的矛盾与问题。

一、课程基本情况

（一）授课对象情况分析

授课对象主要是具有高考经历或专职经历的军士学员，他们或多或少都经历过考试失利、遗憾失落，可能存在将自己定位于“后进者”的角色，表现出自信心不足的情况，部分学员认为，在校学习只是学历提升的一部分，毕业重新分配不一定能到涉核岗位，考核能过就行的“佛系”心态，大部分学员未经过核专业相关培训，对核学科知之甚少，基础知识、基础技能掌握相对薄弱，但他们对核学科具有较强的好奇心和探究的兴趣，兴趣是学员最好的导师，它会内在驱动学生在核学科上投入更多精力和时间。经近几年调研了解，学员毕业考核通过率为 100%，且受到用人单位一致好评。学员经历部队摔打磨练，在严与爱中褪去青涩，在苦与累中砥砺前行，他们号令意识、服从意识较强，具有较好的执行力。生活在互联网迸发的时代，他们思维灵活、具备一定的创新意识，能够在较为固化的操作规程中提出不同见解。

（二）课程情况简介

本课程作为实装操作课，需要学生具备外科手术似的坚韧稳定，显微镜似的细致观察，手足一样的紧密配合，开设在学员第二年级，每年约有 150 学时。课程主要分为理论授课和实装操作两部分，学生在第一学年先修了数学、物理、电子工艺与实践、核安全、辐射防护和导弹武器概述等相关专业知识，具有一定的理论基础，并具备了一定的自学能力。第二学年主要为实装操作，由授课教员对照武器装备进行原理分析、讲解示范、分组实训。课程的主要任务是通过教学，使学员形成整体知识框架，了解装备构成、工作原理，能够按照规程完成所在岗位具体操作，实现班组配合。培养能够满足基层部队相应岗位任务需求，实战环境下能够安全可靠完成作战任务的操作号手。

二、案例基本情况

（一）案例一：强化文化熏陶，传扬“两弹一星”精神

作者所在教学团队就地利用现有条件，开展与实践课相关的文化背景宣传，精心制作核文化长廊，以时间发展为脉络，从新中国第一代领导人的英明决策到今天的伟大成就，梳理了关键人物与事件，并大力宣扬英模功勋人物，图文并茂建成一条长 40 m 的文化长廊，文字有 2 万余字、图片有 70 多幅，展出内容丰富，制作了展板，定制了模型，利用墙面制作了浮雕，教员讲授课程思政随时可以引用文化墙的素材，直接把思政宣传建在课堂，学生能够亲身感受到实践与思政的形式与内容的融合，这种思政教学模式感染力强，更富有教育意义，得到广大学生的高度认可，达到良好的教育效果。

所在单位特邀中核集团“两弹一星”精神和新时代核工业精神等宣讲团来院宣讲。宣讲报告展现了中国核工业走过的峥嵘岁月、取得的辉煌成就以及新时代以来的伟大变革。通过精彩讲解、深情朗诵、角色演讲等形式，讲述核工业人在“两弹一星”精神、“四个一切”核工业精神和“强核报国、创新奉献”的新时代核工业精神激励下的奋斗历程。一幕幕感人故事、一步步发展历程、一个个辉煌成就的演绎，把苦难辉煌的过去、锐意进取的现在、前景广阔的未来贯通起来，使官兵们在历史的演绎中赓续共产党人的精神血脉，进一步传承红色基因，弘扬伟大精神。

（二）案例二：实地参观见学，了解武器装备发展变迁

简约外表、笔直脊梁，内涵丰富、威力无穷，多柄指天长剑，以凛然之气护我中华。单位实验室拥有多种型号武器装备，可以带领学员实地感知一代代核武人砥砺奋进、拼搏争先，创造一个个“不敢想”“不可能”的发展奇迹，感受在习近平强军思想指引下火箭军核武装备发展进入“快车道”，感受火箭军建设的巨大成就、崭新面貌，了解我国深厚的底蕴，可以让学员“零距离”接触，从而树立起“战位”意识，找准方向定位。教员在教授操作知识的同时，还可以培养学员掌握大国利剑、护我中华安危的使命感、责任感。同时可以挖掘专业知识所承载的坚决维护国家主权、安全和发展利益的政治元素，实现思想政治教育与专业课程的有机对接，与国家安全战略紧密结合，培养学员以“三爱”“五讲”精神为追求的核心价值观。

（三）案例三：创新思政教学内容，改进教学方法手段

教学团队针对实践课某一台操作设备或训练项目，带着真情现场讲解背后的故事，能够起到很好的感染力，收集实践课背后的历史故事，常常可以起到锦上添花的作用。实践课由于教学场地所限，思政的引入大都以讲解为主，场地不具备现代化的教学条件，有时需要播放的思政课件无法实现，思政依靠教员的现场讲授，思政讲授效果一般，学生感受力不强、印象不深。对于传统实践课程，要重视实践课的教学条件建设，教学场所要基本

具备现代化教学条件，教员在上课前要提前筹划场地布设，对多媒体设备及时进行准备，例如，大国工匠精神的宣扬，可以看采访录。注重导入内容，激发兴趣，通过互动交流，提问启发等方式引导学员探究，注重课堂小结，在授课最后点明主题，引发思考。

三、案例思政元素分析

以上案例充分包含专业技能、专业行为、专业作风和备战意识等，充分结合习近平新时代中国特色社会主义思想和习近平强军思想精神，进一步让学员感受伟大实践所取得的举世瞩目的伟大成就，并通过国内国外核武发展历程，讲述一代代核武人的背后的文化精神，分析阐释蕴含其中的历史逻辑和实践逻辑，激发学员爱国、爱党、爱军的深厚情怀。

四、案例教学整体设计

（一）文化氛围营造，传扬“两弹一星”精神

走进核文化长廊，首先映入眼帘的核武爆炸蘑菇云浮雕墙，此时播放歌曲《在那遥远的地方》，以歌词“在那遥远的地方，有位好姑娘，人们走过了她的帐房，都要回头留恋地张望……”引入。歌词中遥远的地方就是蘑菇云升腾的地方“金银滩”，原子弹、氢弹何尝不是当年的科研人员心中魂牵梦绕的“姑娘”。走进文化长廊后，讲解中国第一颗原子弹诞生的时代背景，参观并讲解“两弹一星”发展过程中的典型人物，最后阐述“两弹一星”精神的内涵，并启发学员思考新时代我们该如何传承“两弹一星”精神。作为新时代的核传人，要继承和发扬“两弹一星”精神，学习两弹元勋胸怀祖国、矢志报国的崇高信念，将个人梦想融入强军强国梦，将青春献给强军强国的伟大事业，踔厉奋发、勇毅前行，让“两弹一星”精神在核事业中继续发光发热。

（二）现地参观见学，感悟“砺剑精神”

进入实验室正式授课前，以提问“砺剑精神”的核心引发思考，引导学员带着问题学习。一般由军龄较长的老同志讲解，首先由老型号武器装备的故事引入，叙述武器装备的发展；同时结合火箭军的发展，谈自身体会，讲艰苦条件下火箭军官兵对“三爱”“五讲”的践行，突出典型人物，讲述动人故事；最后总结阐述“三爱”“五讲”是“砺剑精神”的核心。

（三）创新思政教学内容，感悟“忠诚、敬业、牺牲”精神

在课程实施过程中，通过开展系列讲忆两弹元勋故事、执行任务前举行出征仪式、建设体现核战争气息的军事载体，不断强化学员甘当“核传人”的情感认同和身份认同，到基层不怕亏、钻山沟不怕苦、上战场不怕死的意志品质。核专业学员不同于其他专业，不仅战时面临遭受核打击的危险，平时也面临遭受核辐射的风险，生与死的考验直接存在、时时存在，必须时刻保持一不怕苦、二不怕死的精神。在专业授课中引入思政元素，在潜移默化中使学员了解“两弹一星”精神，“砺剑精神”等内容，选择和专业相关度较高的

内容，设计有效的教学方法，通过图画、音乐、现代媒体多种手段达到效果，并关注学员反馈，评估教学效果并进行反思改进，使学员感悟“忠诚、敬业、牺牲”精神。

五、教学实践过程回顾

（一）教学目标的制定

教学目标制定时充分考虑了可行性，有针对性地结合授课对象实际情况制定教学目标，总体达到了目标。

（二）教学内容的选择

在教学内容的选择上充分考虑了思政元素和专业课程的相关程度，避免了名为结合思政元素，实则“两张皮”的现象。且所选择的内容能够起到良好的启发引导作用，具有典型性和代表性。

（三）教学方法的设计

充分利用资源，内容引入较为生动，采用了现地参观见学、文化氛围熏陶、提问互动、讨论交流等方式，与授课内容有效结合，发挥良好作用。

（四）教学过程的组织

组织中注重导入内容，激发兴趣，通过互动交流、提问启发等方式引导学员探究，注重课堂小结，在授课最后点明主题，引发思考。

六、创新性与效果总结

课程创新性将武器装备操作专业课程引入核文化相关思政要素，打破了实践课简单讲解如何操作的固有印象，结合现有资源，灵活引入“两弹一星”精神，“三爱”“五讲”精神，“忠诚、敬业、牺牲”精神，采用提问启发、现地参观、文化熏陶、讨论交流等多种方式，将思政要素和使命感责任感相融合，让所学所思融入到亲身实践中。

结合授课反馈来看，学员学习兴趣显著提高，积极性提升，在学习后有所思考，提高了实际操作中对自身的标准要求，改变了简单按照规程操作的刻板印象，能够主动思考，总结提升。改善了专业课程枯燥乏味的问题，蕴含人文情怀，起到良好作用。

参考文献

[1] 孙开磊，姜楠，许东升，等．提高实践课课程思政教学质量的几点思考［J］．新课程教学，2023（2）：190-192.

“辐射环境监测与评价”课程思政案例

黎素芬，王　飞，李勇霖，范新峰，乞　檬

（火箭军工程大学核工程学院，陕西　西安　710025）

摘　要：“辐射环境监测与评价”是辐射防护与核安全专业具有鲜明核特色的专业基础课程，课程思政以基于培养学生崇高的敬业精神、踏实的工作作风、严谨的科学态度，以及求实的科学道德展开。将思政案例融入环境监测课程，突出以学生为中心的主体地位，不仅可以培养学生学习专业课程的兴趣，而且能够在传授知识的同时引导学生形成正确的人生观、价值观和世界观。

一、课程基本情况

（一）授课对象情况分析

1. 授课对象

全日制大学本科辐射防护与核安全专业三年级学员。

2. 对象的特点分析

授课对象具有以下特点，使得他们在学习“辐射环境监测与评价”课程时具有一些特殊的优势和挑战。

（1）专业知识储备丰富

学生前期开展的原子核物理、核辐射探测、核电子学等基础课程的学习，已经具备了丰富的核科学与技术的基础知识，对于辐射环境问题也有一定的了解。这使得他们在学习本课程时，能够更好地理解和掌握辐射环境监测与评价的基本概念和方法，更快地适应课程的内容和要求。

（2）技术能力较强

通过大学两年的学习和锻炼，三年级的学生已具有较强的技术能力，对于实验操作、数据分析等方面有一定的基础。这使得他们在学习本课程时，能够更好地理解和掌握辐射环境监测与评价的实践技能，更快地掌握相关技术和工具。

（3）关注实际问题

学生通常对实际问题有较高的关注度，对于如何应用所学知识解决实际问题有较高的期望。这使得他们在学习本课程时，更加注重课程内容的实际应用和解决实际问题的能力培养。

（4）需要加强理论联系实际的能力

尽管学生具有较强的技术能力和关注实际问题，但有时需要加强理论联系实际的能力。本课程可以帮助学生将理论知识与实际应用相结合，提高解决实际问题的能力和创新思维的能力。

（二）课程情况简介

辐射环境监测与评价是高等教育（本科）辐射防护与核安全专业一门专业背景主干课程。该门课程主要介绍环境放射性监测的基本概念、测量分析方法，教学内容分为既相对独立又有机结合的四个教学模块，第一个模块介绍环境放射性监测的基础知识，第二个模块系统阐述环境样品中放射性活度的实验室测量分析技术，第三个模块系统阐述环境辐射水平的就地监测技术，第四个模块介绍环境放射性监测数据的统计分析与评价。在内容安排上，将低水平放射性测量、环境样品采集与制备、环境样品 α 和 β 放射性测量、环境样品放射性核素 γ 能谱分析、环境辐射就地监测、空气中氡及其子体浓度测量、环境放射性监测数据处理、辐射环境评价等内容分成若干知识单元，突出辐射环境监测与评价的基本要求、方法和技术，体现辐射环境监测与评价在涉核活动中的应用，各部分之间紧密联系，构成一个完整的知识体系。

授课中将思政化内容有机融入环境辐射监测与评价课程中，在讲好专业知识的同时，潜移默化地传递正能量。结合实际研究经验，以更宽阔的视野去阐述，比简单灌输的方式更有效，也更能引起学生的兴趣，并启发学生自己去思考和总结。辐射环境是生态环境的重要组成部分，因此本课程的思政借鉴了环境类课程思政的部分成果；同时，辐射环境工作也是核工业的重要组成部分，所以在课程思政中也参考了核工程类专业的思政思想。通过该课程的学习，为学员后续学习核安全评价技术、核事故应急等课程，以及从事涉核环境辐射监测与评价等相关技术工作打下良好基础，对培养学员的辐射安全意识和实践操作能力具有重要作用。

二、案例基本情况

本案例教学是“辐射环境监测与评价”课程中环境样品放射性核素 γ 能谱分析章节内容，紧扣《核安全与放射性污染防治“十三五”规划及2025年远景目标》中的核安全监管能力建设工程要求，培养具有崇高的敬业精神、踏实的工作作风、严谨的科学态度、求实的科学道德、崇高家国情怀以及生态文明思想的核与辐射安全等相关专业人才。案例内容是环境样品的 γ 能谱分析，是核安全监管的重要手段，是 GB 16145—2020 以及 HJ 1127—2020 的理论基础和核心内容。案例教学采用线上线下混合模式展开，课前为线上部分，学生通过在线课程学习 γ 能谱仪的组成、工作原理等内容。课中教学活动围绕专业教学内容和思政嵌入两方面展开。以专业教学为主，实践反思为辅，潜移默化嵌入思政元素，通过专业知识学习带动思政教育。从培养技能体系，树立科学精神，夯实家国情怀层层递进，为核安全监管事业培养有理想、有信念、有能力、有担当的后备军。

三、案例思政元素分析

1. 融入保护环境，生态文明思想教育

辐射环境监测是国家生态环境监测工作的重要组成部分，是放射性污染防治的基础工作，是客观反映辐射环境质量状况、监督营运单位切实履行达标排放主体责任的重要支撑。环境监测最主要任务就是保护环境和保护生态，授课中贯彻习近平生态文明思想，总体国家安全观和核安全观。培养学生的辐射环境保护意识。引导学生思考核能发展与辐射环境保护之间的关系，推动核能安全、可持续发展。

2. 融入求真务实的态度和精益求精的工匠精神

环境样品 γ 能谱分析测量涉及样品的采集、保存、样品的预处理、测定方法及实验数据的处理，整个测试过程都要有求真务实的态度，认认真真、踏踏实实对待检测，并且以精益求精的工匠精神细致做好检测的每一环节，以减少测定过程的误差，保证测定的准确度。

3. 融入诚信、遵纪守法的法制精神

环境样品 γ 能谱分析为核设施和环境的辐射监测评估提供了数据支撑，为核安全监管提供了重要信息，因此要求监测过程不造假，监测数据真实可靠，真实反映环境的实际状况。这些要求监测人员要有诚实守信的职业素质。因而，教学过程要融入职业素养、职业道德方面的德育教育，教育学生在实际环境监测工作中，不敷衍取巧，实事求是，遵纪守法，以对党与人民负责任的态度搞好检测工作，不辜负党和国家多年的培养，不辜负人民的信任。

4. 融入善于学习、积极进取精神

环境样品 γ 能谱分析测试方法涉及很多物理及化学方面的理论知识，这就要求学生要善于学习，系统地掌握辐射环境监测的技术方法。而且随着科技的进步，环境监测的测试方法的标准也在不断更新和完善，为此我们在理论教学时就要增加一些新知识新内容，包括现有环境标准的内容更新、近年来辐射环境监测工作中较常用的一些新方法新技术和环境监测的相关案例等，同时也要求学生利用互联网检索相关的文献及文件，查阅相关的知识点。要求学生善于学习、积极进取、敬业奉献，更要有改革创新、勇于担当的科学精神。

5. 融入热爱祖国，具有民族自信心的精神

在环境样品 γ 能谱分析方法中涉及的 NaI γ 谱仪和 HPGe γ 谱仪，在国内外均有制造商，但客观地说目前我国制造的核仪器精密度与美国和德国等国仍然存在着差距。但要引导学生一是认识到这些差距逐年在缩小，有些仪器设备已赶上甚至超过发达国家水平，热爱我们祖国，加强民族自信心；二是认识到技术的进步我们也有责任，需要我们认真学习，打牢基础积极参与各类竞赛和创新，贡献自己的力量，提升使命感并勇于担当。

四、案例教学整体设计

（一）设计思路

案例思政教学从γ能谱分析及思想政治两方面结合入手，在理论概念讲解的基础上，结合不同教学方法，将专业知识应用于实践分析中，嵌入相应思政元素，两者层层递进与深入，紧密结合，循序渐进地从专业能力及情感态度层面对学生引导，思政教学总体设计思路图如图1所示。

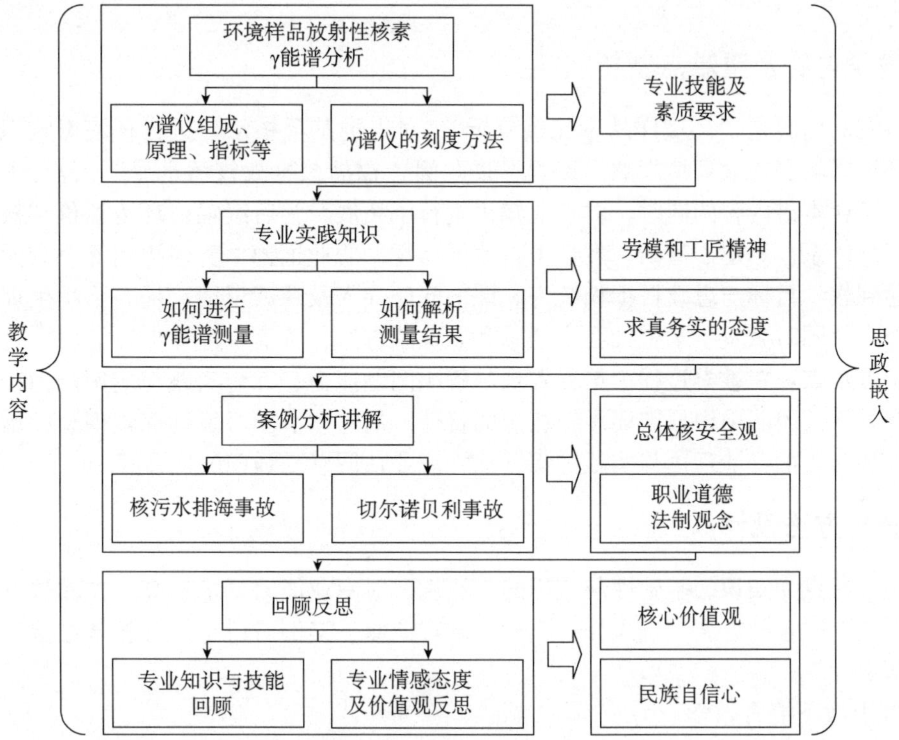

图1　案例教学设计思路

（二）设计理念

"辐射环境监测与评价"课程案例教学设计理念主要包括以下几点。

（1）通过贯彻习近平生态文明思想，总体国家安全观和核安全观，使学生明确辐射环境监测与评价的目的意义，旨在找出福岛核污水排放可能对我国及世界造成的影响；引导学生领悟辐射环境保护背后蕴含着国家以人民至上的理念，辐射环境保护必须秉持人类命运共同体的理念，以培养学生的家国情怀和国际视野（思政目标）。

（2）通过"问题设计+自主探究"教学，指导学生掌握运用科学的方法，设计高效的辐射监测方案（知识目标），使学生提高分析、辨别和筛选重要信息的能力（思政目标）。

（3）通过“案例体验+虚拟情景创设”的教学设计与实施，帮助学生深刻理解辐射环境监测的意义，并以辐射环境污染案例为线索，引导学生亲自参与体验学习，进行样品的γ能谱分析（教学目标）；针对污染事件引发的社会问题，引导学生进行“术、道、德”等多维度分析，激发学生学习内动力，强化学生坚守职业道德和法治观念（思政目标）。

（4）通过“课堂内外+线上线下”的教学形式，将“敬畏、责任、实践、创新”的核心价值观传递给学生，鼓励学生作为未来辐射环境监测工作者，要不忘初心、牢记使命，用实际行动践行责任与担当（思政目标）。

五、教学实践过程回顾

（一）教学内容及重难点剖析

本讲课的内容是“环境样品γ能谱分析”，对人类某项核活动进行环境影响识别，分为自然环境影响和社会环境影响。课程思政案例“福岛核事故核污水放”，包含了诸多影响因素，契合本讲内容的同时，对专业知识进行了拓展，为后续辐射环境评价和核安全监管建立思维体系，奠定了基础。教学中将家国情怀、职业道德、责任担当等思政元素贯穿其中，达到教学目标与思政目标相统一。课前问题导入及课后反馈，提高了学生理论联系实际的能力，同时激发了学生社会责任感和职业荣誉感，价值观进一步升华。

教学重难点：在教学过程中培养发现与解决问题能力、综合实践与应用能力；能够在多学科背景下的团队中根据需要承担相应的责任。通过章节学习贯彻探索理念，培养创新意识，加强学生的专业理论与实践知识，建立职业认同感与强国的使命感。

（二）教学方法设计

本课程特点为知识的基础性与应用的广泛性，对专业能力要求较高，在教学方式主要采用线上线下混合的方法，融入任务驱动、翻转课堂、案例研讨等多种教学方法，其方法如图2所示。

1. 线上线下混合教学

学生通过完成课前线上任务，对课堂专业知识进行了自主探究式学习，教师通过课前反馈初步掌握了学生学习中存在的问题，这为后续课堂教学知识拓展提供了时间，使思政元素能够有效贯穿课堂，提升了课堂教学效果；课堂教学采用线上线下混合模式，最大程度地改善了师生互动方式，活跃了课堂气氛；课下线上反馈，有效强化了学生输出，对专业知识消化和价值观提升都有积极的作用。

2. 学生自主探究和体验学习相结合

学生通过自主探究和主题讨论，学习由被动转为主动，激发学习内动力，最大程度上调动已学的专业知识解决辐射环境监测问题，理论联系实际的能力有所提高；同时通过讲授、视频、讨论等多种形式实现了专业知识和教材内容的拓展，学生开阔了思路和眼界，能从更高的视角解读问题，培养了创新思维。

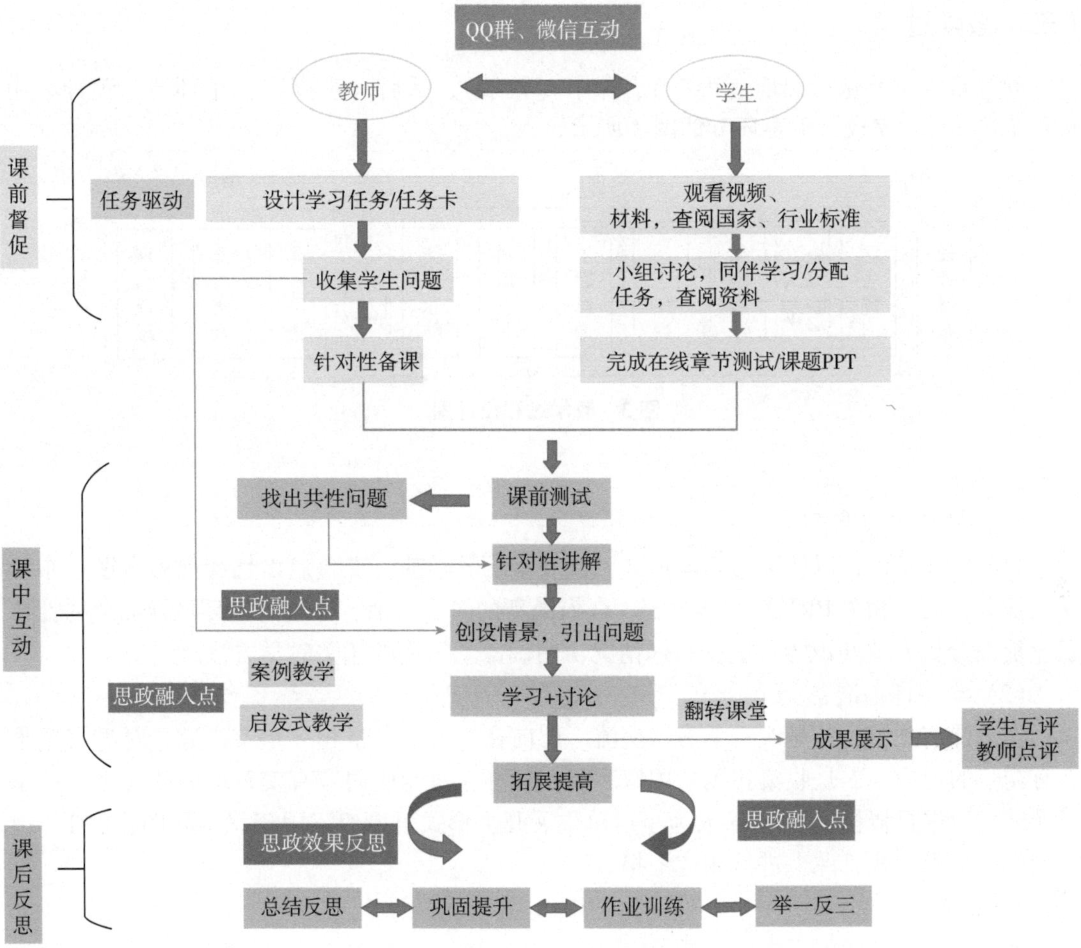

图 2　案例教学的方法

3. 教师引导和情景创设相结合

教师通过发放任务和主题讨论，引导学生自主学习；并通过视频播放和课堂互动，实现案例情景创设，使学生能在亲自“研究、思索、想象”中领悟知识。针对重点难点及知识拓展中遇到的问题，教师采用讲授的方法，深入剖析问题，并将辐射环境保护、国家担当等思政元素贯穿其中，使学生内化于心，激发学生职业荣誉感，内心情感得到进一步发展。

4. 课堂案例导入和主题讨论相结合

案例选取贴近实际，也契合课堂主题，能快速将学生带入到实际的环保问题和应对措施中，从“核污水排放—海水污染—洋流扩散—生物富集—辐射危害”的体系，让学生们感受到自己做环境辐射监测涉及的每一个“实体”，有助于提升学生的学习兴趣，认识事物之间的普遍联系性；同时从“安全措施—辐射监测—安全监管”方面强化学生的职业道德感和责任感。

（三）教学过程

教学过程主要包括课前（准备）、课中（教学）、课后（巩固）三个环节，预计采用1讲（45 min）完成，主要环节如图3所示。

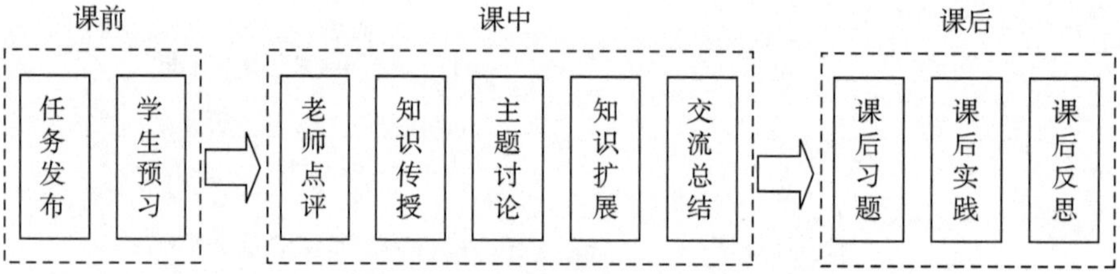

图3 教学过程设计图

1. 课前

（1）教师课前准备

教师课前备课，以教案为表现形式，开展案例教学前，准备启发性课前思考题，布置课前任务，完善相关PPT及教学内容，嵌入最新的时事政治，了解学生环境样品放射性核素γ能谱分析专业知识学习进程掌握情况，明确课堂采用的相关教学方法。

（2）学生课前准备

学生课前预习，一是线上学习与交流，课前在教材上自学相关章节内容，对学习重难点有初步的把握。二是收集相关的国家和行业标准，对专业内容有实践层面的解读。三是对课前学习进行概括，以1~5人为小组单位展开，形式可以但不限于思维导图、PPT、视听制作分享等形式，课上进行相应汇报。

2. 课中

课中的主要教学内容如图4所示。

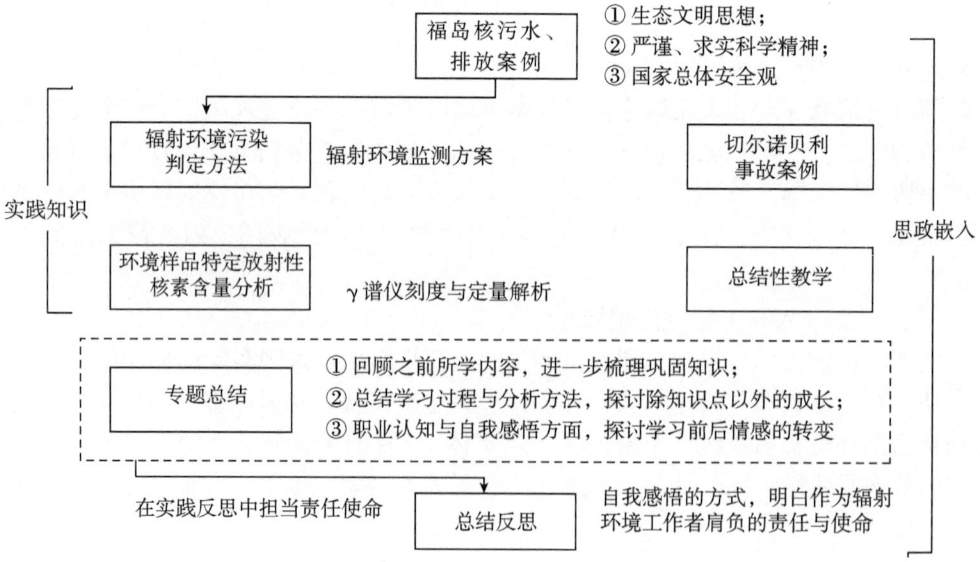

图4 案例主要教学内容

（1）案例的引出

1）发布任务：请每位同学从网上收集福岛核污水排放的新闻、视频等，分析其给世界辐射环境造成的影响，完成后进行主题讨论。

2）发布线上主题讨论：福岛核污水是否会对我国乃至周边的辐射生态环境造成影响？日本政府和国际原子能机构关于核污水不存在污染情况可不可信？我们如何看判定核污水对我们的影响？在讨论区发言，谈谈自己对辐射监测与评价的认识。

3）教师活动：发布任务，发布主题讨论，收集整合问题。

4）学生活动：自主探究分析，环境影响识别分析生生互评。

（2）案例内容

1）授课内容

总结课前“如何判断核污水对我辐射环境影响？”学生存在的问题，引出本讲知识点——环境样品放射性核素 γ 能谱分析，展示 γ 谱仪对环境样品中特定放射性核素的定量解析方法。环境样品中特定放射性核素 γ 能谱定量解析包含了 γ 谱仪的刻度、测量以及分析等。同时，创造环境样品的采集、制备和预处理需求的虚拟场景，对小组进行提问，考查学生对前面知识的学习掌握情况。

2）教学活动

主题讨论：由于学生知识和经验的局限性，如何保证环境影响识别的全面性和准确性？（方法论）日本政府和国际原子能机构公布的数据可不可信？会受到什么因素影响？（理论联系实际）。

App 应用：通过选人方式，对主题讨论话题进行发言。

问题驱动：核污水排放对辐射环境会产生什么影响呢？以辐射环境评价作为正面案例，运用逆向思维，站在更高的视角认识辐射环境监测的意义。

3）知识拓展

切尔诺贝利勇士、切尔诺贝利核事故影响（见图 5）。

4）元素融入

通过观看视频案例，深度了解辐射环境对生物的影响，用切尔诺贝利 3 勇士的正面案例对比日本政府的丑陋行径；同时拓展习主席的总体核安全观，以及对辐射环境污染问题的国际协作与担当。

若从辐射监测与评价的角度，结合 GB 8999—2021 中对于样品与分析中的质量控制以及数据处理中，谈谈对于严谨、求实、创新的科学精神以及坚持不懈的工匠精神。

思维反馈：（方法执行）理论联系实际，提高分析能力。

价值观反馈（价值观升华）：尊重自然，敬畏法律、标准意识、责任担当。

以上述课堂内容为基础，建立四个环节课堂安排主要内容如下。

成果展示及师生互评：是对学生课前预习成果的展示与自主学习后的交流，对基础概念及内容进行纠正补充及梳理。

知识讲授：以启发式教学方式为主，引入本节课案例分析的主要专业内容及专业实践知识，通过有趣的视听案例教学，加强学生对于概念的理解以及专业技能的掌握。

学习深入：通过分组讨论的形式，与学生进行本次教学观点的探讨，嵌入最新有关政

图 5　知识扩展视频截图

策及上述对应的思政元素进行探讨学习。

交流总结：通过引导的方式师生互动总结案例教学中的专业知识，并分享自己在知识与技能、过程与方法、情感态度与价值观等层面的收获。

3. 课后

（1）课后习题：进行课后习题的布置、完成课程思维导图绘制。

（2）课后实践：鼓励学生进行课后锻炼实践，对于本专业可参与竞赛（如“核+X”创意大赛等课外活动）进行宣传指导，提升学生创新精神。

（3）课后反思：学生对自身知识掌握及课程上完后自己相应专业情感态度的转变总结反思，理解践行人才队伍精良专业、创新奉献的内涵。

（四）教学反思

1. 教学效果简析

（1）教学效果

一是学生基础知识掌握情况，教学方式的转变使学生对于专业基础知识有了较深刻的理解，相较单一课程教学有明显改进。二是学习能力与方法养成情况，学生自主探索能力显著提升。三是学生职业价值观培养情况，在不同教学环节嵌入相关思政教学，加强了学生职业认同感，培养学生时政的关注度，专业与思政相辅相成的教学方式取得良好效果。

（2）遇到实际困难与问题

一是对于课前预习，学生学习进度与能力、信息收集与分析技巧、时政关注度、掌握辐射防护与核安全知识等情况各有不同。二是课中教学探讨环节部分学生会较为积极，而部分学生会较为被动。三是课后教学评价与意见收集环节，大部分学生会没有想法。

2. 改进思路

通过教学评价的方法，注重案例分析相关课程的提升与改善，不断提升案例教学质量，主要做法有：

（1）课程满意度调查，通过问卷或者交流的方式，从各方面综合评价学生对于案例教学的满意度及存在的不足；

（2）课程实施效果及改进，设置分层课前启发思考题、考虑学生不同性格特质针对性地分析；

（3）注重课程实时更新，由于思政时政、案例分析在不断发展，因此，本课程存在实时性的特点，教学内容要跟得上最新的时事政治新闻。最后，总结相关经验，对课程不断进行完善与改进。

六、创新性与效果总结

1. 教学方法多样化

对教学方式探索与改革，采用多元化的教学方法，加深学生对专业内容的熟悉程度，提高学生课程参与度与活跃度。

2. 教学内容实际化

在学习理论知识的基础上，插入众多教学实践案例，以极具实际应用的效果，结合专业，紧跟时代要求，培养学生专业实践能力。

3. 思政元素匹配化

采用与每节课相关联的思政元素，知识点与思政元素同时循序渐进，使得两者之间有机结合，充分发掘辐射防护与核安全工作中的思政元素，使核专业人才培养牢牢把握服务社会主义建设的主方向。

参考文献

［1］王开峰，彭娜，孙建腾，等．环境工程专业课程思政案例探析——以“环境生态修复技术”为例［J］．教育教学论坛，2023（28）：159-162.

［2］魏丹妮．中职环境保护类专业课程融入思政元素的教学设计研究［D］．济南：山东师范大学，2023.

［3］王楠楠．环境工程专业课程思政思路与案例［C］//中国国际科技促进会国际院士联合体工作委员会．2023 年教学方法创新与实践科研学术探究论文集（一），2023：46-49.

［4］程宁，陈勇，易慧，等．生态文明视域下“环境监测”课程思政教学浅析［J］．环境教育，2023

(08)：53-55.
[5] 费颖恒，宋刚．环境监测课程思政的建设路径［J］．教育观察，2023，12（04）：107-110.
[6] 黄晓东．环境监测及实验课程融入思政教育的探索［J］．化学工程与装备，2022（11）：340-341+348.
[7] 石碧清，程颖，曹东杰，等．混合教学模式下“环境监测”课程思政探索与实践［J］．河北环境工程学院报，2022，32（05）：86-89.
[8] 邱诚，傅倩，景江，等．“课程思政”在“环境监测”课程中的应用［J］．广东化工，2020，47(15)：236-237.
[9] 李希川．思政案例在核反应堆工程实验教学中的应用［J］．科教导刊，2021（05）：114-115.
[10] 邓玥．系列报道（2）：专访生态环境部核设施安全监管司司长江光 奋力推动核与辐射安全监管高质量发展［J］．环境经济，2023（06）：36-37.
[11] 刘明海．辐射环境监测在辐射环境影响评价中的应用探讨［J］．皮革制作与环保科技，2023，4(07)：58 59+62.

“特种核能装备”课程思政案例

卢江仁，高云亮，陈旭丹，张小宁

（火箭军工程大学核工程学院，陕西　西安　710025）

摘　要：“特种核能装备”课程是“核工程与核技术”专业的核心专业课，其内容与我国核能装备领域的建设发展密切相关，在课程思政中有丰富的思政案例，本报告在介绍课程基本情况的基础上，精选了三个典型的思政案例，挖掘了案例中的思政元素，并结合课程内容进行了思政案例的整体教学设计，对教学实践过程进行了简要的回顾总结。通过教学实践，认为专业课既是专业知识的传授过程，同时也是育人的过程，课程思政不能简单僵硬地拼凑与说教，应强调的是“润物细无声”，通过巧妙设计，合理安排，让学生在学习具体科学知识的同时得到价值观的熏陶。

一、课程基本情况

（一）授课对象情况分析

“特种核能装备”授课对象为核工程与核技术专业本科学员，学员通过前期系统的学习，具有一定的专业基础，学习能力和领悟能力强，同时，学生毕业后的基本去向比较明确，基本都和特种核能装备的操作使用相关，具有较强的学习动力，在前期学习过程中虽然对特种核能装备的背景知识有过介绍，但学生对特种核能装备知识尚缺乏了解，如何将理论知识与装备结构密切结合，如何处理在实际使用过程中遇到的问题是该课在授课过程中应重点解决的问题。

（二）课程情况简介

特种核能装备是核工程与核技术本科专业的核心主干课程，同时也是该专业不同层次任职培训的核心课程。该课程以我国特种核能装备为对象，从装备涉及的物理基础、现役装备结构组成、作用原理、操作使用，国内外同类装备现状与发展趋势等方面进行介绍。课程内容主要包括：特种核能装备的物理基础、我国典型特种核能装备介绍、特种核能装备的作用原理、国外特种核能装备现状与发展、特种核能装备的使用与管理等单元。通过本课程的学习，学生能够准确描述特种核能装备的基本结构，深入理解特种核能装备作用原理、阐述特种核能装备的基本作用过程，了解国外特种核能装备的发展现象和趋势，会利用所学理论知识对特种核能装备进行正确的操作使用。通过实际使用案例讲述，学生能够用所学知识解决装备使用过程中实际问题的能力；通过特种核能装备设计思想与方法的课堂教学及课外实践，使正确的思想政治观念融入到学生对专业课程的认识中，深植家国情怀，增强民族自信，使学生在专业课学习阶段就感受到与设计理论、设计方法、设计评价等相融合的思政教育、强化学生理性设计的科学素养与实践能力，培养学生装备操作使用中严谨细实的工作作风，增强职业自豪感与使命感。

二、案例基本情况

（一）案例一："九次计算"我国第一颗原子弹理论突破标志性事件

1960 年我国开始第一颗原子弹的理论设计，由于当时苏联撤走了最后一批专家，只留下一个苏联专家口头讲述的原子弹教学模型，我国决定把核武器的理论研究设计工作当成是一项科学研究工作来做，既要"知其然，还要知其所以然"，开始了对原子弹内在物理规律的理解和探索。受当时条件的限制，科研人员的计算工具只有算盘和手摇计算机，在如此艰苦的条件下，十几个年轻科研人员在邓稼先的带领下，夜以继日地紧张进行着原子弹方程式的计算。经过一个月的计算，发现计算结果与苏联专家给出的数据大相径庭，在接下来的三个月里，科研人员又三班倒进行了三次计算，朱光亚、程开甲、彭桓武、郭永怀等一批专家都参与进来。然而，得出的结果还是与苏联专家的数据相差甚远。海量的计算就像一个无底洞，每一次计算，都要有几万个网点，而每个网点又要解出五六个方程式。有一次进行第七次计算，结果还是一样，到底是计算走了歧途，还是苏联的数据有问题，大家莫衷一是。邓稼先又带领年轻人进行了第八次、第九次计算，还是跟此前的结果一样。这时，周光召从苏联回来了，以深厚的理论物理功底经过反复审核，并用最大功原理进行估算，指出了苏联专家数据的错误，论证了我们计算结果的正确性，这就是我国第一颗原子弹研制时被广为称道的"九次计算"。"九次计算"的过程与结果，为理解原子弹反应过程、掌握武器内爆重要规律奠定了坚实基础。参与计算的年轻科研人员得到了锻炼，养成了吃苦耐劳、永不言弃的奋斗精神。最重要的是，通过"九次计算"坚定了中国人独立自主研制原子弹的信心。在计算过程中体现出的大力协同、民主科学的学术作风也因此成为"两弹一星"精神的重要组成部分。

（二）案例二：我国激光惯性约束聚变研究装置的发展

激光惯性约束聚变是一种研究约束聚变的新方法，1961 年，Lebedev 物理研究所的 Basov 在苏联科学院主席团会议上提出了激光聚变的概念。1963 年，Basov 在巴黎举行的量子电子学国际会议上对激光聚变的概念做了详细的阐述。1964 年，王淦昌提出了利用激光聚变产生热核中子的思想，并于 1964 年 10 月 4 日将这一思想写成未正式发表的论文。1974 年，于敏看到 *Review of Modern Physics* 上发表的关于激光 ICF 的综述性文章之后，意识到惯性约束聚变（ICF）不但有可能用来解决能源问题，还有可能用来研究核武器物理。于敏从武器物理研究的角度出发，提出了间接驱动的 ICF，即将激光能量"关"在一个黑腔中，将激光转换为 X 光。他还设计了筒状结构的黑腔，来开展间接驱动出中子的实验研究，并指出这是 ICF—核武器物理研究的主要途径。1988 年，于敏与王淦昌、王大珩院士一起上书邓小平等中央领导，建议加速发展惯性约束聚变研究，并将它列入中国高技术发展计划，使中国的惯性聚变研究进入了新的阶段。在王淦昌、王大珩等科学家的带领下，我国的“神光-Ⅰ”“神光-Ⅱ”激光惯性约束聚变装置先后建成并投入运行，2015 年，中物院激光聚变研究中心建成“神光-Ⅲ”原型装置，共有 48 束激光，总输出能量为 18 万 J，峰值功率高达 60 万亿 W，是我国首台十万焦耳量级的高功率激光装置，也是亚洲最大、世界第二大的高功率激光装置，2020 年在“神光-Ⅲ”原型机的基础上，我国建成了“神光-Ⅳ”第四代高功率激光聚装置，它的研制成功，标志着我国高能激光科研装备发展取得了重大突破，使我国高能激光聚变技术达到国际领先水平，为我国激光领域原始创新提供了核心手段。

（三）案例三：一起雷管意外爆炸事故引起的操作作风整顿

雷管作为各类爆炸装置中的起爆元件，对炸药的成功起爆起着至关重要的作用，广泛应用于民用爆破、常规兵器、航空、航天器中。某次按计划组织开展某型雷管外观检查任务，经领导研究决定，指派具有操作经验丰富的 3 名操作手执行此次操作，检查前对操作间进行场地准备，摆放好导电工作台，检查房间防雷接地设施，对操作间进行通风换气，考虑到北方气候较干燥，为达到环境湿度要求，决定在操作前 1 h 对操作间用湿拖布拖地进行加湿处理。操作间准备完毕后，各操作手身着防静电服、佩戴防静电手环，按规定释放静电，经安全检查合格后开始操作，在对某发雷管进行外观检查时，当操作手打开包裹雷管的锡箔纸时雷管发生爆炸，事故导致该操作手双手严重受伤。事后，上级部门组织的联合调查组对事故进行调查，经事故调查组详细调查，该批次雷管处在有效期内，质量合格，安全技术措施符合管理规范，操作手严格按规定程序操作，没有违规情况发生，考虑到该型雷管对静电比较敏感，此次事故由静电引发概率大，随后重点对操作过程中的静电防护问题进行了重点调查，也对操作过程中的每一个细节进行了复盘和反复校验，最后发现，上级制定的安全管理规范文件中对静电的防护要求低于该类雷管的静电防护要求，在操作过程中由于多种意外因素交织累加导致了此次事故发生。为此，对操作流程进行了更加细致的规范，制定了更加严格的安全管理措施，要求每个操作手在操作过程中要做到严慎细实，有效降低了意外事故风险，杜绝事故的再次发生。

三、案例思政元素分析

“特种核能装备”课程作为核工程与核技术专业的核心专业课程，课程内容与我国核事业发展密切相关，可用于课程思政的案例非常丰富，结合课程实际，主要从培养民族自豪感、使命感、增强民族自信、培养严谨的科学思维和严慎细实的特种核能装置操作作风等方面介绍了不同的思政案例。

元素 1：“热爱祖国、无私奉献，艰苦奋斗、强军有我”的家国情怀与责任担当

在授课过程中，通过介绍我国核武器研制过程中的感人故事，讲授广大科研人员胸怀强烈报国之志，自觉把个人理想与祖国命运紧紧联系在一起，在极端艰苦的环境和条件下，如何自力更生、艰苦奋斗，依靠科学、顽强拼搏的精神，运用有限的科研和实验手段，突破众多技术难关，打破国外封锁，从无到有，研制出自己的核武器，建立自主独立

的研究体系并逐渐赶超和领先的过程，以及在早期核事业奋斗过程中形成的“热爱祖国、无私奉献，自力更生、艰苦奋斗，大力协同、勇于登攀”的“两弹一星”精神，增强学生的民族自豪感和责任感，深植“艰苦奋斗、强军有我”的家国情怀和责任担当。

元素 2：实事求是、严谨求实的科学精神

在介绍特种核能装备的作用原理环节，讲授用特征线方法计算冲击波超压时，引入我国早期原子弹理论计算中“九次计算”的案例，引导学生掌握必要的理论知识，能够运用其求解复杂问题，对待科学研究要勇于探索、严谨细致，要有打破砂锅问到底的精神，不盲从权威、坚持求真、求实、不虚、不躁；提高学生对核科学知识的深度认知，培养学生科学严谨的工作态度与思想。

元素 3：中国核能领域的发展新成就，树立文化自信

在介绍禁试后各国特种核能装备的研究发展时，通过介绍不同时期在研究特种核能装备中的主要做法和禁试后的研究重点，加强对我国激光惯性约束聚变领域发展历程的介绍，让学生了解我国在核聚变领域，尤其是激光聚变装置的建设发展和取得的历史性成就，通过课外参观我国在核研究领域的大科学装置，让学生直观感受我国科技的进步，通过邀请专家专题授课，让学生深刻体会我国在核聚变研究领域所做的贡献和取得的进步，树立社会主义核心价值观，坚持理论自信与文化自信。

元素 4：严慎细实、精益求精的工匠精神和团队合作意识

严谨细致、实事求是是中国共产党的光荣传统，是毛泽东同志提出的重要思想，在特种核能装备操作中尤为重要。在授课过程中，通过对特种核能装备操作使用中的典型事故案例，从不同的侧面教育学生重大装备操作容不得半点差错，要一切从实际出发、胆大心细、不怕吃苦，在操作中有许多需要记录的地方，要求学生认真观察，如实记录，实事求是，对形成规范的东西要用辩证的思维去看待，通过科学的分析得到正确的结论，合理的规定要严格执行，在操作实践中，根据教学内容对学生进行分组，要求每一组的学生对应特定操作手，进行特定操作，通过团队合作完成某项特定功能的装备操作，要求学生对待操作技能要精益求精，鼓励学生提高自己各方面的能力，尤其是专业技能，教育学生培养坚定的意志力、坚决的执行力、严慎细实的工作作风以及团队合作意识。

四、案例教学整体设计

案例一

1. 知识点

特种核能装备的发展概况。

2. 思政目标

特种核能装备的出现在世界军事斗争中具有里程碑的意义，从我国广大科研人员隐姓埋名、无私奉献，战严寒、斗风沙，用手中简陋的工具，通过夜以继日地刻苦攻关和团结合作，终于有了核试验成功的案例，培养学生树立艰苦奋斗、无私奉献的精神和建立文化自信、理论自信，让课程思政元素与理论知识学习深入融合。

3. 教学过程设计

首先，讲解特种核能装备发展的科学背景和社会背景，然后简要介绍各国特种核能装备研制的大致历程，在介绍我国的发展历程时，加入我国早期研制过程中的典型事迹介绍，阐述我国科研人员所经历的艰苦历程和做出的巨大贡献，增强学生的民族自豪感，培养学生的责任心和使命感。最后，在介绍特种核能装备的发展中，通过介绍我国在核能装备领域取得的巨大成就，树立学生的自信心。

案例二

1. 知识点

雷管介绍。

2. 思政目标

雷管作为特种核能装备的发火元件，对装备的正常可靠作用非常重要，结合我国主要类型雷管的结构组成、性能特点，结合操作使用中出现的事故案例，培养学生学会思辨，不人云亦云，能用辩证的思维分析问题，在分析问题的过程中，结合实际操作，培养学生精益求精的工匠精神和严慎细实的工作作风。

3. 教学过程设计

该内容采用“讲—学—研”模式开展教学，以问题为导向，采用问题驱动式研讨教学。首先介绍雷管的结构组成和作用原理，强调雷管的性能特点，然后以某部在检测过程中发生的雷管爆炸事故为案例展开讨论，前期下发案例资料和思考题，使学员提前熟悉雷管爆炸案例发生经过和事故调查处置的基本情况，思考本次事故原因，根据自愿形成学习小组，在研讨交流环节，通过事故还原动画，提出第一个研讨的问题：“导致雷管爆炸的原因有哪些？”组织学员研讨，并结合事故调查组的调查排查，从产品质量、操作间环境、人员操作和安全防护等方面展开讨论，通过建立事故故障树和对雷管产品结构性能特点的分析，初步确定触发事故的原因——静电。在此基础上，紧接着围绕静电是如何引发这起事故的，从两个方面开展讨论，首先讨论在操作过程中“哪些因素会导致人体静电增加？”引导学员从着装、人体活动和环境湿度等方面分析对人体静电起电的影响，说明在操作过程中静电防护的重要性，紧接着对第三个问题“在此次事故中静电防护存在哪些安全漏洞？”展开讨论，分析在此次事故中存在的深层次的风险因素，并结合静电引发事故的三要素定位此次事故的最终原因，最后对围绕检测过程中出现的安全漏洞，总结事故的经验教训，并讨论在今后同类工作中的改进措施。

在事故原因的讨论中，通过对安全规范的讨论使学员学会思辨，不盲从上级的文件规范，培养学生一切从实际出发、实事求是的科学态度，在寻找事故原因时，培养学生精益求精的工作精神和操作过程中严慎细实的工作作风。

案例三

1. 知识点

禁止核武器试验后特种核能装备的研究与发展。

2. 思政目标

通过学习我国科研工作者在激光聚变领域的一系列科研成果，从而激发学生的创新精神和树立学好专业知识以服务社会、报效祖国的志气，激励学生的爱国情感和文化自信。

3. 教学过程设计

首先介绍各国特种核能装备在长期库存过程中存在的问题，以及不同时期针对这些问题的解决途径，说明特种核能装备的研究主要以试验为主；在此基础上，介绍禁试后特种装备研究过程中面临的困难，提取装备研究中的重大科学问题，再围绕这些问题，介绍各国正在开展的实验室研究工作，以及围绕这些工作建立的大科学装置，利用这些大科学装置在不同领域取得的一系列进展，在介绍激光惯性约束聚变研究装置时，加入我国在激光惯性约束聚变研究方面的发展历程，新时期我国激光聚变装置的建设发展成就介绍，让学生深刻体会我国在核聚变研究领域所做的贡献和取得的进步，树立社会主义核心价值观，坚持理论自信与文化自信。

五、教学实践过程回顾

特种核能装备课程经过知识点的梳理，结合我国在该领域所做的艰苦卓绝的努力和取得举世瞩目的成就，可以挖掘出不少思政元素，但如何在教学设计中选好课程知识点与思政元素的切入点，在教学过程中落实好教学设计，在和风细雨中润物无声地于传授知识中引导学生，则需要花一番功夫。

课程思政的实践，取得了一定的成果。但在实际教学中，有些教学设计虽然认真考虑了可能发生的情形，但由于学生互动积极性不够，教学效果与预想有所差距，需要进一步优化教学设计，提高学生的兴趣和参与的积极性，真正让教学设计落到实处。为此，在进行教学设计时应注意以下三个方面：一是思政融入要适度，因该课程与我国“两弹一星”的研制历程密切相关，可挖掘的思政元素非常丰富，但讲授每个知识点时思政融入点数目要适度，内容体量要适量，一般以 2~3 min 为宜，建议不超过 5 min，以防对授课主体内容造成影响，防止过犹不及；二是要结合问题融入，将学生身边学习、工作及训练中相关的实际问题融入到课程中，也可结合知识点，介绍目前在该领域存在的热点问题及解决途径展开思政；三是要注意“留白”，要给学生独立思考和判断分析的机会，引导学生静下心来思考原理，领悟道理、明白事理。

在该课程开展课程思政的过程中，为避免专业教育和课程思政“两张皮”现象，笔者通过将课程内容知识点在不影响课程整体知识结构框架的基础上，进行模块化优化重组，围绕知识点挖掘思政元素，巧妙地融入我国核领域建设中的典型案例和科学家的感人事迹，通过这些事迹的介绍，厚植学生“热爱祖国、无私奉献、艰苦奋斗、强军有我”的家国情怀与责任担当；通过专业知识的学习和掌握，提高学生的专业技能，引导学生知行结合、学以致用；通过事故案例介绍，引导学生树立良好的装备使用安全责任意识；通过我国在核领域取得的巨大成就的介绍，引导学生树立自信心。通过制定切实可行的教学设计，将思政元素巧妙融入到知识点的介绍中，提高学生的学习兴趣，将专业知识传授和课程思政融为一体，让学生在接受专业知识的同时，引导学生树立良好的人生观、价值观，达到润物细无声的效果。

六、创新性与效果总结

专业课是专业知识的传授过程，同时也是育人的过程。特种核能装备课程的内容与我国核能军事应用建设发展密切相关，具有丰富的思政案例，课程思政过程中通过将我国核领域建设过程中的感人事迹、取得的伟大成就，形成的"两弹一星"精神、"核工业"精神有机融入到专业知识介绍过程中，在传授专业知识的同时，厚植学生的家国情怀和责任担当，培养严谨细致、求真务实的科学态度、严慎细实的工作作风和精益求精、追求卓越的工匠精神。既增加了课程的趣味性，同时也有效避免了专业教育和课程思政"两张皮"的现象，通过近连续 5 年 4 个不同层次的教学实践，教学效果明显。

教师方面：一是通过深入挖掘专业课程的德育内涵和元素，明确课程思政教学目标。将社会主义核心价值观与我国核领域形成的精神文化内涵内容融入到教学中，特别是在教学目标的制定中，注重"术""道"的结合，系统设计德育递进路径，并固化于课程教学计划中。二是持续专题教研，丰富教学资源。课程组定期开展"核能中国"专题教学改革研究。利用成员在各专业方向的优势，以本课程为载体，将本专业的"中国实力"及时有机地渗透到课程教学环节。三是优化了教学设计，创新教学方法。以网络为载体，利用职业在线教育平台，建立相应的平台网络课程，上传课程教学资源，教师团队通过课堂互动、随堂反馈、课后网络论坛互动等方式，充分调动学生的学习主体性。实现线下、线上的"混合式"教学。四是优化了考核方式，调整了评价体系。将课程教学评价、学习效果评价从单一的专业维度，向人文素质、职业胜任力、社会责任感等多维度延伸。特别地，在课程实训环节，除了考查学生的"术"之水平，而且注重考查学生的"道"之高低。

学生方面：一是将课程思政元素融入课程中，激发了学生的学习热情，学生的上课抬头率、作业的认真程度、课堂与老师的互动，以及课间的交流都较以往有明显增加；二是通过课程思政的引领，学生的专业兴趣更加浓厚，专业认同感、责任感明显上升，呈现出热爱专业、热爱祖国，为特种核能装备事业努力奋斗的精神面貌；三是通过案例的讨论，学生的思辨意识、大局意识、底线意识、协调意识、科学意识明显增强。

课程思政，不是简单僵硬地拼凑与说教，强调的是"润物细无声"；通过巧妙设计，合理安排，让学生在学习具体科学知识的同时得到价值观的熏陶，并最终实现与社会主义核心价值观的共鸣。

参考文献

[1] 彭继超．东方巨响：中国核武器试验纪实［M］．北京：中共中央党校出版社，2005.
[2] 刘丙海．叱咤风云［M］．北京：金盾出版社，2015.
[3] 梁东元．596 秘史［M］．武汉：湖北人民出版社，2007.
[4] 王箐珩．金银潭滩往事：在我国第一个核武器研制基地的日子［M］．北京：原子能出版社，2009.
[5] 李志民．激光聚变—人类能源自由之路［M］．成都：西南交通大学出版社，2022.

“爆炸气体动力学”课程思政案例

王　涛，张　青，王金涛，薛海建，杭贵云

（火箭军工程大学核工程学院，陕西　西安　710025）

摘　要：深化课程思政建设，是实现新时代军事教育目标的重要途径，也是军事人才培养的现实需要和内在要求。本案例通过分析核工程与核技术专业学员学情，结合“爆炸气体动力学”课程内涵，按照“紧贴岗位要求—紧贴专业内涵—紧贴课程知识—紧贴工程实践—紧贴发展前沿”的理念，采用“挖掘—遴选—融入—反馈—提升”的课程思政设计方法，形成了独具“核”特色的线上线下混合、理论实践结合、精神历史融汇、课堂课外交融的情境式课程思政教学设计案例，对军校学员素质培养具有重要影响，对本专业和相关专业课思政教学改革具有参考意义。

2020年5月，教育部颁发的《高等学校课程思政建设指导纲要》强调，要落实立德树人根本任务，把思政教育贯穿人才培养体系，全面推进课程思政建设。要建强教师队伍“主力军”、坚守课程建设“主战场”、用好课堂教学“主渠道”，促使各类课程建设与思政课程目标同向同行，形成协同效应，构建全员、全程、全方位的育人格局。对于军事院校而言，教学对象和培养目标有其特殊性，对学员思政政治素质有着更高的要求，而推进课程思政建设是提升育人成效的重要措施。本案例通过分析本校学员知识背景和素质要求，结合“爆炸气体动力学”课程内涵，按照“紧贴岗位要求—紧贴专业内涵—紧贴课程知识—紧贴工程实践—紧贴发展前沿”的理念，优选凝练课程思政元素，将课程思政融入理论讲解、课程实践以及考核评估等课程教育全过程的方法和实践路径，对本专业及相关专业的课程思政建设具有借鉴意义。

一、课程基本情况

（一）授课对象情况分析

“爆炸气体动力学”是火箭军工程大学“核工程与核技术”专业一门必修的主干专业背景课程，开设于第六学期。综合分析近5届学员的情况，本专业学员主要为通过高考录取的生长干部学员，具有以下特点。一是学员具有良好的学习基础。本专业为非指挥类专业，学员入学时高考成绩普遍较好，评价高出所在省份一本线约70分。在开课之前，学员已经先修高等数学、大学物理两门基础课程，以及理论力学、材料力学和热工基础三门学科基础课程，掌握了一元函数微积分、多元函数微积分、三大守恒方程、物体运动学与动力学、热力学等相关知识，能够支撑本课程学习。二是学员学习热情高、氛围好。通过入学时的专业介绍、开课前的实验室参观、交流研讨等活动，学员对专业有了初步的了解和认识，第六学期开始进入专业基础课程学习，课程知识与专业背景联系更加密切，学员表现出浓厚的学习兴趣，且根据调查每届都有约60%左右的学员参加各类学科竞赛、科创比赛等，整体学习氛围较好。三是学员解决实际问题的能力还有所欠缺。进入第六学期的专业基础课程学习阶段，学员已经掌握了大学的学习方法，初步具备提出问题、分析问题的能力，但对具体问题的解决能力还不足。四是专业认同感还不牢固。虽然经历了赴部队的认知实习，但仅限于了解部队的日常管理，对本专业所从事的技术工作了解还不深入，工作对象的特殊性认识还不足，本专业在我国大国地位的支撑方面的认识还不深入，对将来所从事工作的荣誉感还没有完全建立起来，对专业的认同感还需要强化。

此外，通过本课程的学习，学员需要在“知识、能力、素质”等方面达到如下要求：能阐述爆炸气体动力学基本理论，并且会表达分享自我学习成果，能够理论联系实际，具备分析简单爆炸问题的能力；能够学会独立发现问题、自主学习的方法和分析、解决实际问题的思维方式；结合课程思政，学员能够树立积极向上的价值观，强化专业认同，激发爱国情怀和投身“器材”装检事业的热情。

（二）课程情况简介

火箭军工程大学“核工程与核技术”专业是本科层次人才培养的特色优势专业，主要培养掌握核工程与核技术专业的基础理论、基本知识、基本技能，具备特殊岗位作战使用管理的专业素质，能够从事专业领域装备使用维护与作战运用的德才兼备的高素质、专业化新型军事人才。

“爆炸气体动力学”课程主要以导弹外弹道飞行、武器内爆效应和常规战斗部终点效应为应用背景，综合应用物理学、热力学、流体力学相关理论，探讨战斗部飞行及爆炸过程中所涉及的气体动力学问题，是学习后续专业课程“炸药理论”和“内爆力学原理”的基础，在课程体系中起着承上启下、前后衔接的作用。通过本门课程学习，学员能够掌握流体力学基础、气体一维定常流动、一维非定常流动、激波及运动冲击波等理论知识，熟悉爆炸气体流动基本规律和波的形成与传播规律，培养理论联系实际、解决实际问题的能力，进一步激发爱国强军热情，培塑形成火箭军“核人才”特有的“忠诚、敬业、牺牲”的人才培养目标。

二、案例基本情况

核工程与核技术专业瞄准火箭军“核人才”的特殊性和极端重要性，对本专业学员在政治上、专业上、作风上提出了更高标准、更严要求，必须时刻做到对党绝对忠诚，必须具有丰厚的核理论知识和熟练的核业务技能，必须强化牺牲奉献意识。“爆炸气体动力学”课程思政建设的方向和重点就瞄准“忠诚、精业、牺牲”人才培养目标，按照“紧贴岗位要求—紧贴专业内涵—紧贴课程知识—紧贴工程实践—紧贴发展前沿”的“五紧贴”思路，优选凝练相关课程思政元素，确保素材紧贴专业实际，使之与课程教学有机融合，相辅相成，在知识传授的基础上，增进专业认同感、培塑争做“核传人”的自觉性。

首先，线上线下混合，构建思政育人情境。结合混合式教学改革，建设线上思政讨论章节，引导学员参与其中，学在其中。例如，在讲解气流速度与流动截面关系时，在线上课程资源拓展阅读“长征五号”大推力火箭惊心动魄的首发、第二次发射失利及第三次发射圆满成功的课程思政内容，在线下就相关感受讨论交流，引导学员体验科研工作的艰辛与不易，用科研人员不畏艰辛、勇攀高峰的科学精神感染激励学员。

其次，理论实践结合，训练科学思辨思维。针对课程理论性强的特点，结合生活实例和仿真视频，加深学员理解，掌握科学思维方法。如在讲解最大逃逸速度章节时，利用流体参数数学表达与物理实质的区别，体验科学的思辨过程；在讲解质点定义、流体运动描述方法时借助“小汽车与收费站”“爬山时温度变化”等实例引导学员正确认识主要矛盾、次要矛盾和多向思维能力。

再次，精神历史融汇，培养献身国防情怀。“两弹一星”精神是中华文明重要的精神宝库，对核专业而言，“两弹一星”精神的传承更是影响一代代人。因此，在理论授课过程中，结合历史史实，将抽象的精神具象化地展现，熏陶培养学员的爱国情怀。例如，在讲授特征线理论、超声速流动中的激波理论等内容时，引出郭永怀、钱学森等两弹元勋，介绍其在相关领域的贡献和事迹，引青年学员加深对核专业的认同，树立爱国爱军、忠诚奉献、矢志强军的伟大理想。

最后，课内课外交融，提升思政育人质效。教室是学习的主要场所，但相较于课外，课堂讲授时间总是有限的，通过课后拓展、大作业、交流研讨等形式，提升课程思政影响力，引导学员有所思、有所得。例如，在讲解微幅波的反射过程中，拓展讲解马赫环的形成，结合航天领域的成就，引导学员进一步探索“马赫环”产生的物理过程，从而达到如盐溶水的思政育人目标。

三、案例思政元素分析

“爆炸气体动力学”课程作为核工程与核技术的专业背景课程，既有一般流体力学共有的思政元素，也有核专业背景所带来的特有内容。团队在教学过程中，结合素材类型和融入要点，区分“爱国情怀、科学素养、价值导向、辩证思维和专业认同”五个大类，针对筛选的单一课程思政素材进行挖掘梳理，形成了“爆炸气体动力学”课程思政元素设计表，见表1。此外，在线上学习资源方面，也建设了课程思政特色讨论章节，形成了师生共进、线上线下合力的思政育人格局。

表1　“爆炸气体动力学”课程思政元素设计表

章节	知识要点	思政要点	思政提示	思政教育
基础知识	流体质点	逻辑学	相对概念是反映具有某种关系的事物的概念，与“绝对概念”相对。流体质点的“大”和“小”是具有对应关系的相对概念	辩证思维

续表

章节	知识要点	思政要点	思政提示	思政教育
基础知识	流体运动描述方法	多向思维	多向思维是从不同角度、不同方向、不同层次进行多方面的思维判断，从而形成解决问题的多种思路、多种方法、多种方案。“控制体”思想为核心的欧拉法与“系统”思想的拉格朗日描述方法	科学素养
	伯努利方程	“家风”“家教”	伯努利家族连续三代人中，产生了 8 位影响深远的科学家。“注重家庭、注重家教、注重家风”，家是最小国，国是千万家	价值导向
	流体力学发展	陆士嘉	陆士嘉，著名流体力学家、教育家，中国第一个空气动力学专业的主要奠基者之一	爱国情怀
	课程背景	核爆高压中的固体	核材料爆心的温度可以达到 10^7 K，压强可达数十亿倍的大气压，在如此极端的环境下，固体会形成高温高压的等离子体向外迅速膨胀，释放能量	专业认同
气体一维定常流动	气流速度与流动截面的关系	真空发生器	喷气式真空发射器是本专业常见的地面设备，其两端结构形状变化趋势是一致的，但是发挥的作用却完全不同，一边是膨胀加速，另一边却是减速压缩。认识问题，不能只看表面，事物往往是具有两面性的，在不同的场合初始条件不同，应用的结果也不同	专业认同、辩证思维
	一维定常流动方程组	简化思维	简化思维带有很强的工具性，简化思维是对主观认知与客观现实间一种相互关系的认知。认识客观规律，合理的简化思维有助于了解流体力学的本质	科学素养
	声速和马赫数	歼-20 战斗机	歼-20 是一款具备高隐身性、高态势感知、高机动性等能力的双发重型隐身战斗机，采用鸭式气动布局，可以实现超声速巡航。歼-20 的服役，打破了我们和国际一流战机之间的代际差，对于促进设计研发水平，提升国防实力，维护国家安全都有极大促进作用	爱国情怀
	拉瓦尔喷管中的几种流动	雕刻火药的大国工匠——徐立平	徐立平，国家高级技师、航天特级技师。30 年来，徐立平因其精湛技艺、敬业态度和奉献精神而被赞誉为“雕刻火药的大国工匠”，先后荣获全国五一劳动奖章、2015 年度“感动中国”人物等荣誉	专业认同 敬业精神
	滞止参数	“哥伦比亚”号航天飞机失事	“哥伦比亚”号航天飞机爆炸解体，航天飞机外部燃料箱表面泡沫材料安装过程中存在的缺陷，是造成整起事故的主要原因。航天飞机返回经过大气层时，产生剧烈摩擦，使温度高达 1 400 ℃的空气在冲入左机翼后融化了内部结构，致使机翼和机体融化，导致悲剧的发生	专业认同 敬业精神

续表

章节	知识要点	思政要点	思政提示	思政教育
气体一维非定常连续流动	微幅波的反射	归纳与演绎	归纳和演绎是科学研究中运用得较为广泛的逻辑思维方法。归纳和演绎这两种方法既互相区别、互相对立，又互相联系、互相补充。极限的思想是指用极限概念分析问题和解决问题的一种数学思想	科学素养
	逃逸速度	极限思想	在实际中，无法通过稀疏波膨胀达到“逃逸速度”就是极限思想在气体动力学中的一个应用	科学素养
	最大速度状态	我国古代的“极限思想”	庄子的《逍遥游》中“上下四方有极乎？无极之外，复无极也……”，可见庄子在宏观上阐述了极限思维。刘徽的割圆术就是建立在直观基础上的一种原始的极限思想的应用	爱国情怀
	一维非定常流动方程组	转化和化归	转化和化归思想就是在研究和解决有关数学问题时采用某种手段将问题通过变换使之转化，进而利用已有知识解决未知问题的一种方法。讲解非定常流动问题时，将非定常流动转化为定常流动。辩证唯物主义告诉我们现实物理世界存在的一切物理规律是可以认知的，而物理模型就是我们认识世界客观规律抽象建立起来的	科学素养
	不可压缩流体、理想气体	物理模型与实际问题	实际问题需要经过科学假设，抽象成模型化的、与理论研究所描述的形式一致的表达形式。例如，可压缩流体与不可压缩流体、连续介质和非连续介质、定常流和非定常流等都是在不同假设下的物理模型，因此也就有其自身的局限性和适用范围	辩证思维
一维非定常连续流动的数值求解方法	特征线法	“两弹一星”元勋——郭永怀[6]	郭永怀，“两弹一星”元勋，我国近代力学事业的奠基人之一，是该群体中唯一获得“烈士”称号的科学家。在炸药爆轰波的理论计算上，郭永怀正确地提出用一维特征线法，解决了一大批理论和技术难题	爱国情怀
	依赖区和影响区	依赖和影响	对于个体和整体而言，依赖和影响往往是一个辩证发展的关系。结合特征线法，个人自身的成长既需要别人的帮助，也会对周围产生影响，树立向上的价值观对自身和集体都很重要	价值导向
	非定常流动数值解法	解析解与数值解	解析解是指通过严格的公式所求得的解。数值解，是指给出一系列对应的自变量，采用数值方法求出的解。在实际的问题处理过程中，数学物理模型往往极为复杂，往往无法得到精确的解析解，而数值解才是实际问题的更普遍情况	科学素养

续表

章节	知识要点	思政要点	思政提示	思政教育
爆轰产物的一维飞散与爆炸作用	爆轰产物的飞散	“十六字方针”	“严肃认真、周到细致、稳妥可靠、万无一失”的“十六字方针”，在航天系统乃至整个国防科技系统影响都十分深刻。改革开放以来，从导弹到火箭，从卫星发射到载人航天，进而到深空探测，中国航天事业实现了跨越式发展	专业认同
超声速流动中的激波理论	超声速流动中的膨胀与压缩	“两弹一星”元勋——钱学森	钱学森，著名空气动力学家，“两弹一星”元勋，“两弹一星”功勋奖章获得者。对高超声速空气动力学贡献卓著，在世界范围内都具有重大影响。1955 年钱学森经过多重艰难险阻终于回到祖国，为我国两弹事业做出巨大贡献	爱国情怀
	正激波	“长征五号”	“长征五号”是我国目前运载能力最强的运载火箭，它可以将 25 t 的载荷发送至近地轨道，将 14 t 的载荷发送至同步轨道。彰显了我国社会主义制度集中力量办大事的优越性，航天探索过程中蕴含的航天精神更是中华民族的精神宝库	价值导向
	激波的应用	辩证思维	辩证思维是指以变化发展视角认识事物的思维方式，辩证思维是客观辩证法在思维中的反映，联系、发展的观点也是辩证思维的基本观点。激波带来的不利影响，在适当的场景可以转化为应用	辩证思维
	斜激波	激波风洞	中国自主研究的 JF-12 不仅是世界最大的激波风洞，也是国际首座可复现飞行条件的高超声速风洞。直接服务于中国多型高超声速飞行器研发，并对祖国新一代天地往返系统的研发工作起到至关重要的作用	爱国情怀
运动冲击波理论	运动冲击波方程	林俊德	林俊德，爆炸力学与核试验工程领域著名专家、中国工程院院士。林院士团队研制出了核爆炸冲击波测试样机，开创了我国冲击波测量的先河	专业认同

四、案例教学整体设计

围绕人才培养需求，“爆炸气体动力学”课程思政设计，在价值塑造上，利用“两弹一星”元勋事迹，营造崇尚科学、无私奉献氛围，培塑学员“忠诚、敬业、牺牲”的社会主义核心价值观；在知识传授上，优选科技最新成果，特别是我国科技重大突破性成果，融入课堂教学、实践创新环节，引导学员掌握课程基础理论，了解学科发展前沿，培养爱国情怀；在能力培养上，结合武器装备实际，提升知识应用、科学思辨水平，培养学员发现问题、分析问题和解决问题的能力。

课程思政设计首先在筛选阶段确立“五紧贴”原则。具体而言：① 紧贴岗位要求，素材有“军味”，思政有“战味”；② 紧贴专业内涵，瞄准专业培养特色，根植核血脉，培育核传人；③ 紧贴课程知识，找准切合点，将课程思政讲出深度；④ 紧贴工程实践，结合实际武器装备、工程应用，筛选素材，将理论讲透、应用讲活、思维讲清；⑤ 紧贴发展前沿引入学科最新研究成果，推动科研学术进课堂，培养学员的科学素养，拓展知识面。以微辐波反射这一节为例，仿真实例使学术研究的内容体现了学术进课堂，同时实例背景更是紧贴专业实际，同时，“归纳演绎”的方法与本节课程内容结合紧密，不是生搬硬套，以此达到了思政与课程的有机融合，使得课堂内容更加鲜活，思政设计更加立体。

经过遴选提炼的思政元素，最终被融入到课程授课的各个章节，经过不断的优化完善，形成了特色课程思政元素的“挖掘—遴选—融入—反馈—提升”的课程思政设计方法，如图 1 所示。素材挖掘环节，注重广泛，注重瞄准导向要求，注重结合时事，时用时新；遴选环节采用“五紧贴”的筛选原则，确保思政元素不走形、不偏离；融入环节，注重把握思政元素内核，提炼思政要点；经过课堂授课，及时听取学员反馈，接受督导专家意见，修改完善不断提升，最终达到支撑培养学员形成“忠诚、精业、牺牲”的社会主义核心价值观。

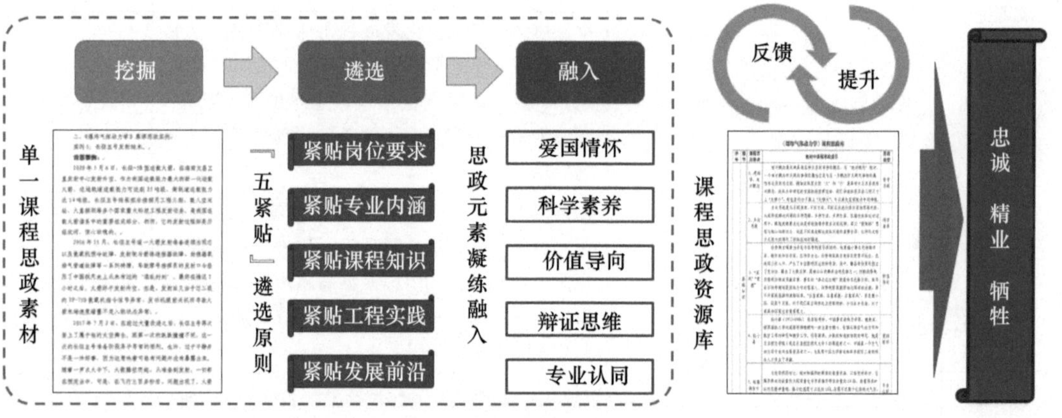

图 1　课程思政设计方法

五、教学实践过程回顾

教学实践过程中，经过不断反馈实践，逐步形成了时用时新的课程思政格局，以微幅波的反射授课过程为例，简要回顾课程思政实施过程。

微辐波的反射是爆炸气体动力学一维非定常流动章节中的内容。教学内容主要包括固定壁面上的反射、自由面上的反射、接触面上的反射、物理现象与工程应用等四部分内容。通过本节课程的学习，在知识传授层面，学员能够说出微幅波在接触面上反射的边界条件，能够理解接触面、声阻抗的概念，能够掌握在接触面上反射后气流参数的变化规律；在方法培养层面，启发学员思维，培养学员观察生活、分析问题的能力及基本的科学素养，掌握归纳演绎的科学方法；在价值塑造层面，贴近专业特色，培养学员专业认同。

（一）引入

仿真视频：一枚钝头弹丸高速撞击有限厚度混凝土靶板，在弹丸侵彻上表面时，还未到达靶板背面时，靶板背面就出现了崩落现象，为什么会出现这种现象，其物理机制是什么？

课程思政引入：钝头弹丸侵彻问题是本专业应用背景的一个具体实例，通过这种实例的引入一方面激起学员兴趣，另一方面潜移默化地融入专业背景的了解和认同。

（二）主要内容讲解

1. 固定壁面上的反射

问题描述：左端开口、右端封闭的等截面直管，一道微幅波由敞口端进入，经固壁端反射，其气流参数如何变化？

结论：① 两道波后的速度增量大小相等，符号相反；② 反射波性质与入射波性质相同，强度相等；③ 固定壁面压强增量是入射波压强增量的两倍。

课程思政暗线：特殊情况 1，在固定壁面反射。

2. 自由面上的反射

问题描述：左右两端开口的等截面直管，一道微幅波由敞口端进入，经开口端反射，其气流参数如何变化？

结论：① 反射波性质与入射波性质相反，强度相等；② 两道波后的速度增量大小相等，符号相同；③ 自由面速度增量是入射波速度增量的两倍。

课程思政暗线：特殊情况 2，在自由面反射。

3. 接触面上的反射

问题描述：两种不同介质、同种介质不同状态的分界面称为接触面，一道微幅波经过接触面产生反射，而后在两种介质中气流参数怎么变化？

声阻抗的定义：$R=\rho c$，其大小代表介质的软硬，刚性的度量。

$$\left.\begin{aligned}\delta \boldsymbol{v}_f &= \frac{2R_1}{R_1+R_2}\delta \boldsymbol{v}_i \\ \delta p_f &= \frac{2R_2}{R_1+R_2}\delta p_i\end{aligned}\right\}$$

讨论：

① $R_1=R_2$：则 $p_f=p_3$，反射波消失，只有透射波穿过，这种情况叫阻抗匹配。

② $R_1<R_2$：

$$R_1<R_2\begin{cases}\text{若 } \delta p_i>0\text{，有：}\delta p_f>\delta p_i \Rightarrow p_f>p_3 \\ \text{若 } \delta p_i<0\text{，有：}\delta p_f<\delta p_i \Rightarrow p_f<p_3\end{cases}$$

表明：在 $R_1<R_2$ 的情况下，反射波的性质与入射波的性质相同，即入射波是压缩波，反射波也是压缩波，入射波是膨胀波，反射波也是膨胀波。

③ $R_1>R_2$：

$$R_1 > R_2 \begin{cases} 若\ \delta p_i > 0，有：\delta p_f < \delta p_i \Rightarrow p_f < p_3 \\ 若\ \delta p_i < 0，有：\delta p_f > \delta p_i \Rightarrow p_f > p_3 \end{cases}$$

表明：反射波的性质与入射波的性质恰好相反。

④ $R_1 << R_2$：$\delta p_f \approx 2\delta p_i$，$v_f \approx v_0$，相当于弱扰动波在固定壁面上的反射。

课程思政呼应：一般到特殊，对应特殊情况 1，在固壁端反射。

⑤ $R_1 >> R_2$：$\delta v_f \approx 2\delta v_i$，$p_f \approx p_0$，这相当于弱扰动波在自由面上的反射。

课程思政呼应：一般到特殊，对应特殊情况 2，自由端反射。

结论：当弱扰动波由软介质进入硬介质时，在接触面上产生一道与入射波性质相同的反射波；若弱扰动波由硬介质进入软介质，则在接触面上产生一道与入射波性质相反的反射波。

引入问题回应：物理机制分析：当钝头弹丸撞击混凝土靶板时，会在其中产生压缩波，当压缩波传播到靶板背面时，接触面是混凝土介质和空气，显然混凝土介质为硬介质，空气介质为软介质。当压缩波由硬介质进入软介质时，在接触面上反射波与入射波性质相反，即反射一道拉伸波。又由于混凝土靶板为脆性材料，当拉伸波造成的拉伸应力大于混凝土材料的抗拉极限时，便会产生靶板背面的崩落。所以，在防护工程中为防止常规打击中的崩落现象，通常会在靶板的背面设计防剥落内衬。坦克、装甲车中通常也都设计有防崩落内衬。

课程思政：当介质阻抗匹配时，不产生反射波，而当弱扰动波由软介质进入硬介质时，在接触面上产生一道与入射波性质相同的反射波；若弱扰动波由硬介质进入软介质，则在接触面上产生一道与入射波性质相反的反射波。当入射波由极软介质进入极硬介质时，相当于在固定壁面上的反射，当极硬介质进入极软介质时，相当于在自由面上的反射。这样先由特殊到一般，又从一般到特殊的思维方法就是归纳和演绎。

4. 物理现象与工程应用

引入马赫环的形成，如图 2 所示，火箭发动机喷出的气体在出口继续膨胀，然后受背压环境的压缩而产生的，简单而说喷出的超声速流体只要压力不等于环境压力，就会形成膨胀—压缩—膨胀—压缩的循环现象，唯一的区别是，第一道波是激波压缩还是直接膨胀。

(a) 马赫环

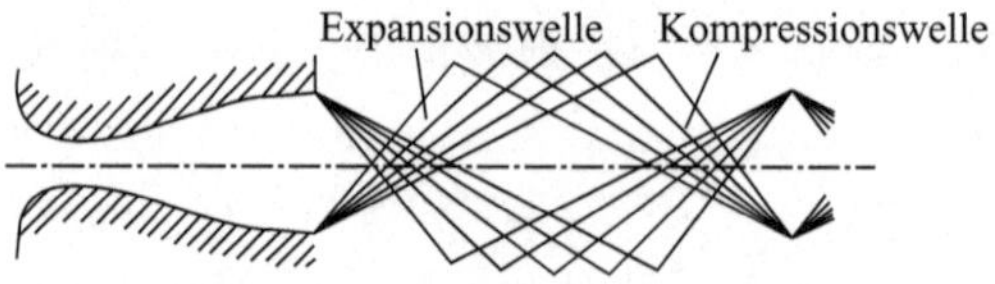

(b) 喷管口部波系图

图 2　长征火箭发射产生的马赫环

课程思政拓展：我国航天事业发展成就斐然，长征系列火箭发射过程中，在尾部火焰形成的马赫环，可以采用本节课程内容加以解释，此外，在线下课堂引入实际装备设计与波反射性质的联系。

（三）小结

知识小结：“混凝土靶板背面产生剥落现象”的仿真问题引入，建立简化物理模型，分析了固定壁面、自由面、接触面三种反射面上的气流参数变化规律，即固定壁面反射波性质与入射波性质相反，固定壁面压强增量是入射波压强增量的两倍；自由面上反射波性质与传播速度有关，考虑低速情况，反射波性质与入射波性质相反；接触面上的反射，气流参数变化规律与接触材料的声阻抗大小相关，需要具体分析。

方法小结：本节课的教学，以弹头冲击靶板的问题为引入，提起了学员兴趣，通过简化分析方法，“由简单到复杂、由特殊到一般”，再从一般结论反推特殊情况的变化规律，采用归纳演绎的方法推导得到了一道微辐波反射过后气流参数的变化规律；在解释实际应用的过程中，分析了物理现象，学员解决实际问题的能力得到了锻炼，另一方面，通过讲解装备中的实际应用，加深学员理解的同时，培养了学员专业认同和爱国情怀。

思政小结：仿真案例课程思政引入，重在引起学员兴趣，产生疑问，同时暗含对专业背景的认识思考；授课过程的融入，“归纳演绎”的思维方法重在对科学素养的培养，提升学员独立思考问题的能力，使学员学会学习；拓展应用环节的融入，重在开阔学生视野，进一步夯实学员理论学习的深度，拓宽知识面。经过这三个环节的有机融合，构建了较为立体的思政育人情境，使学员在潜移默化中得到熏陶和提升。

六、创新性与效果总结

构建了情境式课程思政育人平台。设计现地实践教学，利用学校周边战略支援部队某研究院、航天科技集团四院、兵器北方庆华机电有限公司等丰富的军地教育资源开展实践教学，回顾我国核事业发展历程、军工企业艰苦奋斗史，近距离接触武器装备发展前沿、国家重大工程研究前沿，增强民族自豪感和责任感。结合线上思政讨论，融入真情实景，统筹线上线下，融汇课堂与课外，多因素配合、多环节融合，搭建育人情境，搭建了线上线下混合、理论实践结合、精神历史融汇、课堂课外交融的情境式育人平台，育人效果明显提升。

提出了“五紧贴”的课程思政设计理念。突出核专业特殊政治要求和岗位特点，着力强化课程思政在价值塑造、知识传授和能力培养中的引领作用，多维度搜集整理课程思政素材，确保素材有“军味”，思政有“战味”，提出“挖掘→遴选→融入→反馈→提升”课程思政设计路径，形成课程思政素材库、资源库、案例示范库，构建以爱国主义为核心，“两弹一星”精神、科学家精神、工匠精神等时代精神为底色的独具“核特色”的课程思政体系。

“核”特色课程思政育人成效显著。课程思政体系有效融入课程教学实践，发挥课堂“铸魂育人”的主阵地作用，提升了育人效果。通过课程思政元素的加入，进一步加深了学员对专业知识的学习和掌握，为后续课程的学习奠定了坚实的基础，学员专业认同感大幅提升，献身“核”事业意识持续增强，专业前50%的毕业学员申请赴艰苦边远地区人数居全校前列。培养的学员得到部队高度认可，多个单位反馈：毕业学员理想信念坚定、牺牲奉献意识强、专业理论扎实、综合素质全面，在部队建设中发挥了重要作用。

课程思政建设教学改革成果突出。2021 年本课程被评为陕西省课程思政示范课程。提出的体系化课程思政设计方法，被推广至本校其他院系专业基础类课程，并在“第三届全国航空航天类课程思政教学改革论坛”作经验交流，得到了国内同行高度认可。新出版的《爆炸气体动力学基础》教材涵盖 24 个课程思政资源，编写的 10 个课程思政案例即将公开出版。此外，本课程先后被评为军队优质课程、陕西省精品资源共享课程、陕西省线下“一流”本科课程等，课程负责人及授课团队成员多次获国家级、军兵种级教学比赛奖励，课程建设水平和授课质量得到校内外同行专家的高度评价。

参考文献

[1] 高宁，王喜忠．全面把握《高等学校课程思政建设指导纲要》的理论性，整体性和系统性［J］．中国大学教学，2020（9）：6.

[2] 孟庆瑜，阴冬胜．全面推进课程思政建设［N］．人民日报，2021-06-08（013）.

[3] 赵洁．习近平“立德树人”教育观研究［D］．乌鲁木齐：新疆师范大学，2021.

[4] 王涛，张青，张先念，等．“爆炸气体动力学”课程思政设计探索与实践［C］//西北工业大学，中国航空学会，教育部高等学校航空航天类专业教学指导委员会．第三届全国航空航天类课程思政教学改革论坛论文集．北京：北京航空航天大学出版社，2022：5.

[5] 火箭军工程大学．火箭军工程大学人才培养方案（2020 版）［M］．西安：火箭军工程大学，2020.

[6] 张晓英．郭永怀：把生命献给国家核事业［N］．青海日报，2021-07-25（006）.

[7] 杨丽萍．弘扬航天精神 增强文化自信［N］．中国文化报，2023-07-11（003）.

[8] 涂元季，莹莹．钱学森的爱国故事（上）［J］．军事文摘，2023（14）：42-45.

[9] 尹琨．从钱学森故事“读懂”科学家精神［N］．中国新闻出版广电报，2022-03-25（008）.

[10] 林俊德先进事迹报告会发言摘登［N］．光明日报，2012-10-21（012）.

“战斗部引信及测试”课程思政案例

许剑锋，曹　菲，冯晓伟，何　川，秦建强，王　栋

（火箭军工程大学核工程学院，陕西　西安　710025）

摘　要：案例通过对授课对象的分析和课程基本情况介绍，对课程中运用的思政案例进行了介绍。通过思政案例分析和教学过程回顾，分析了课程思政效果。通过课程思政，在深入研究本学科、本专业蕴含的情感态度和价值观的基础上，与前导和后续课程不断磨合，挖掘出有温度、有厚度、有热度的隐性知识，构建立体多元、显隐结合、科学创新的课程思政内容，最终达到立德树人、为战育人的目的。

一、课程基本情况

（一）授课对象情况分析

授课对象以应届高中毕业生为主，理论基础较好，“三电”“微波技术与天线”“高频电子线路”等基础、专业基础课程基本掌握，但由于学习专业课程期间需要兼顾考研学习，对专业基础和专业课程诸如“引爆控制原理”“电子检测技术”等掌握不深、不透彻，对专业课程知识理解、运用不够，另外，学员的自主学习能力、学习动力还需提升。大部分人因为准备考研，短期内不会去部队基层岗位任职，对专业知识学习不够积极。还有部分学员认为部队的工作岗位相对稳定，对未来到部队岗位任职既充满期待也经常会感到有些迷茫，这种不确定性也影响到学习的积极性，需要老师在教学过程中进行正确的引导。

（二）课程情况简介

“战斗部引信及测试”是本科学历教育“导弹战斗部技术与管理（电子信息工程）”专业的一门必修首次任职课程，是学员从基础课程向专业课程过渡的一门重要的衔接课程。该门课程是以引信作用组成为基础，选取惯性引信、侵彻引信、毫米波引信、激光引信等，通过本课程的学习，使学员掌握以导弹武器常用引信的分类、不同类型引信的工作原理和测试要求。在此基础，培养学员综合利用所学专业基础和专业知识，提高在工作中解决装备问题的能力。

二、案例基本情况

（一）案例一：引信的功能和定义

（1）引信的功能和概念

从引信在战争中使用的最终表现形式来看，其最基本的功能就是引爆战斗部，但决不能简单地理解为只是“引爆”而使战斗部爆炸。安全性能不好的引信会导致战斗部提前爆炸，这样不但没有杀伤敌人，反而会造成己方人员的伤亡或器材的破坏，而且只有当战斗部在对目标最有利位置被引爆时，才能最大限度地发挥它的威力。因此，将“安全”与“可靠引爆战斗部”二者结合起来，才构成了现代引信的基本功能。

一般来说，现代引信应具有以下四个功能：① 在引信生产、装配、运输、储存、装填、发射及发射后的弹道起始段上，引信不能提前作用，以确保己方人员的安全；② 感受发射、飞行等使用环境信息，控制引信由不能直接对目标作用的保险状态转变为可作用的待发状态；③ 判断目标的出现，感受目标信息并加以处理、识别，选择战斗部相对目标的最佳作用点、作用方式等，并进行相应的发火控制；④ 向战斗部输出足够的起爆能量，完全可靠地引爆、引燃战斗部主装药。

1997 年，《中国军事百科全书》出版，其中将引信定义为：“利用目标信息和环境信息，在预定条件下引爆或引燃战斗部装药的控制装置或系统。”至此，“信息”“控制”“系统”“预定条件”“引燃或引爆战斗部装药”等关键词，构成了现代引信定义的概念主体，也反映了现代引信的技术本质和主要特征，上述定义在国内引信界达成了共识。

当然，随着引信功能的不断完善和扩展，对引信的认识也在不断深化。近年来，不少专家学者从不同的角度重新审视和修订了引信定义，例如，马宝华在《网络技术时代的引信》一文中给出了网络技术时代的引信新定义：利用目标信息、环境信息、平台信息和网络信息，按预定策略引爆或引燃战斗部装药，并可选择攻击点、给出续航或增程发动机点火指令及毁伤效果信息的控制系统。

上述定义涵盖了 20 世纪 80 年代以来引信定义的内涵，它是引信赖以存在的基础，是引信核心功能所在。新的定义增加的内涵有以下四点：① 在引信输入方面，即引信所利用的信息方面，增加了平台信息、网络信息；② 在引信输出方面，增加了选择攻击点，给出续航/增程发动机点火指令及毁伤效果信；③ 将“预定条件”改为“预定策略”，包括安全系统解除保险/恢复保险的策略、引爆战斗部的策略（如根据目标类型选择单点起爆、多点同步起爆、多点序贯起爆等）、多引信对付多目标的目标分配策略、攻击时机策略、对单个或多个攻击点的选择控制与更新策略等；④ 将定义的“属”定位在“控制系统”上，因为现代引信的“控制系统”特征已远强于“控制装置”特征。这些诠释是对引信传统核心功能的补充和提高，它们进一步丰富了引信定义的内涵。

（2）引信功能和概念的思政

从功能需求到定义，引信可以用张爱萍将军为兵器 212 所的题词来概括：“心灵奇巧，威力先导”简短的八个字把引信的功能需求、作用和地位概括得非常到位，也说明的引信在武器系统中的地位和重要性。通过介绍张爱萍的题词，说明引信的重要性，提高学员对引信的理性认识，激发学习热情，提高刻苦钻研的精神。

（二）案例二：某型无线电引信测试

（1）无线电引信测试内容和要求

无线电引信是引爆控制系统中一个复杂又十分重要的部件。无线电引信测试也是装备使用的重要内容。测试中出现的各种正常的或不正常的现象都不是孤立偶然的，而是与其本身的机理相联系的，它们之间相互制约、相互依赖，一定现象反映了无线电引信相关部分的一定本质。所以在检测中，细心观察、正确计量，其结果将直接影响对其本质的认识。

对无线电引信的测试在检测中需要用表1所列的各种仪器设备。

表1　检测使用的仪器设备

序号	名称	型号	备　注
1	综合测试仪	DH1122-C/D	
2	示波器	4455	
3	直流稳压电源	DH1718	
4	专用控制盒	DWK-02	
5	无线电回波模拟器	DWM-02	
6	矢量网络分析仪	3671	
7	微波功率计	2443	
8	频谱分析仪	4024	
9	数字三用表	DT-830	
10	固定衰减器2个	SGZ14、SGZ15	

无线电引信测试除了使用仪器种类数量多外，安全工作也贯穿于无线电引信检测工作的始终。技术安全工作涉及无线电引信安全、测试设备安全及检测无线电引信的技术人员的人身安全。

每次仪器、设备通电之前，先要检测配电盘插座电压是否在正常范围内。若电压超出规定范围，仪器、设备不允许通电。工作场地必须设置有接“地”线。必须检测配电盘插座的“地”是否与“大地”可靠连接，特别要注意检测配电盘插座的“地”线和“零”线连接是否正确。检测配电盘插座“地”线和“零”线连接是否正确的最简便的方法是使用三用表（交流电压挡）测量配电盘“地”线及“零”线与工作场地的接“地”线之间的电位差。不允许配电盘或接线板的“地”线与“零”线短接在一起使用；不允许从AC380 V的四孔插座上提取AC220 V电压使用。

无线电引信的测试对设备连接也有很高的要求。单机测试时，无线电引信机的“天线”插座不许空载，否则可能损坏无线电引信机。环行器的连接务必正确，否则可能损坏测试设备。频率计、频谱分析仪与无线电引信机连接（或通过环行器连接）时，二者之间必须按规定接入衰减量足够大的衰减器，以防频率计、频谱分析仪损坏。测量无线电引信机的发射功率，在连接传感器电缆插头时，插头的定位键必须与插座的定位槽对准，插头插座的针、孔对准。没有对准时，不得强行插入，以免“芯脚”损坏。必须在传感器与无线电引信机之间按规定接入衰减量足够大的衰减器，以保证传感器输入端的功率不超过允许的最大值，否则损坏传感器。拆卸、连接电缆插头座，是无线电引信及天馈系统测试时最基本的操作内容。操作不当，会导致插头、插座或电缆损坏。

无线电引信的工作频率是核心机密。从事无线电引信测试工作的技术人员必须养成良好的保密习惯：① 不在各种载体上记录工作频率的数值；无线电引信检测过程中，交谈、报告、记录与工作频率相关的问题时，只涉及频率的相对值，绝不讲真实频率值；② 未获准接触频率的人员不得进入检测无线电引信的工作场所；测试期间，无权接触无线电引信工作频率的人员进入工作区域时，操作员应立即调节信号发生器、标量网络分析仪等仪器的频率，或遮盖显示窗的频率数字；③ 不在无屏蔽的环境中进行无线电引信检测或有无线电引信机参加的系统联试；④ 在测试设备“关机”前，必须将频率调至远离中心频率之后，再“断”测试设备的电源开关。

测试设备连接是无线电引信机检测工作的基础，也是检测工作非常关键的环节。技术特性不同的测试设备，可以采取不同的连接形式，以保证无线电引信机技术特性测试结果的准确性和精度，同时尽可能缩短无线电引信机发射机的开机时间，提高检测工作效率。此外，测试设备的连接形式还必须考虑测试设备本身的安全。从事无线电引信机测试工作的技术人员，不但能够在检测中正确、熟练地完成测试设备的连接，而且必须深刻理解各种连接形式的特点。无线电引信机技术特性检测流程图如图 1 所示。

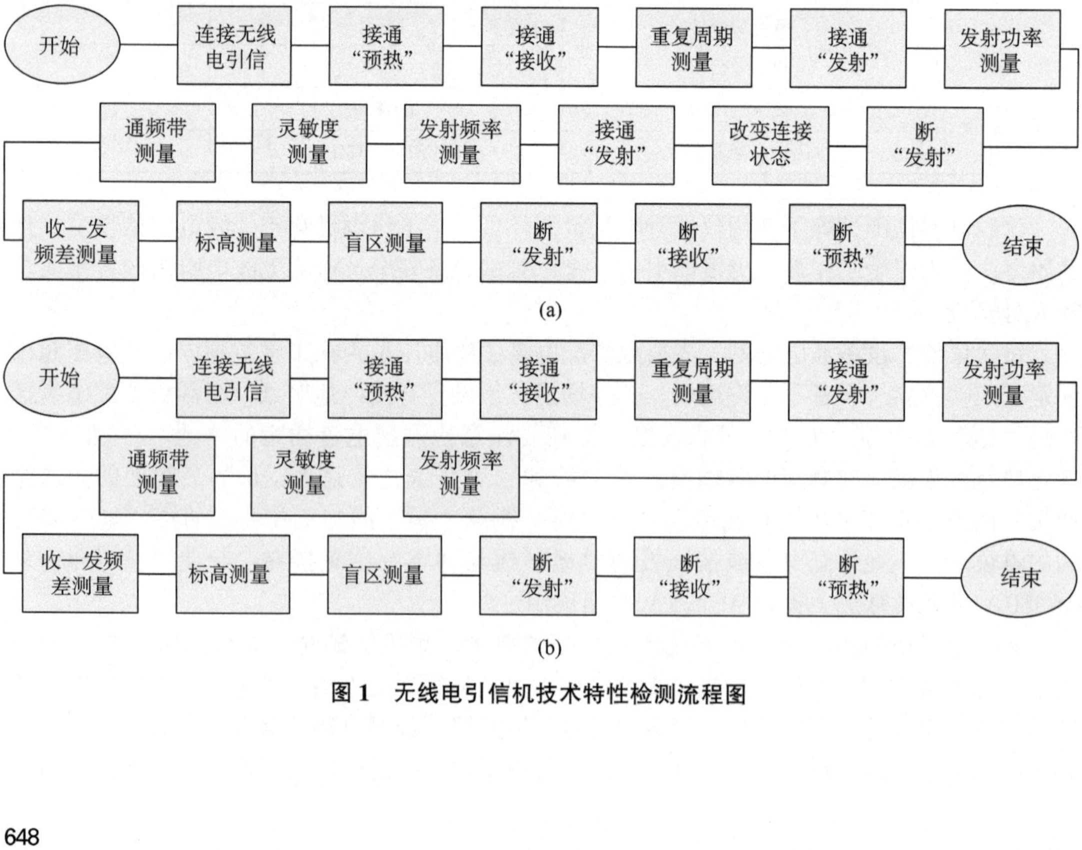

图 1　无线电引信机技术特性检测流程图

（2）无线电引信测试的思政

无线电引信测试操作测试设备种类多、测试项目多、测试流程复杂，对人员对装备操作熟练程度要求高，引信测试也是引爆控制系统测试中关键内容和流程，周总理在观看第二炮兵操作时提出了“严肃认真、周到细致、稳妥可靠、万无一失”的要求，这也成为火箭军武器装备使用的基本要求。在引信测试操作中，需要牢记这十六个字，不容半点马虎，为学员进入第一任职工作岗位提高思想认识，打下良好的基础。

（三）案例三：惯性引信

（1）惯性引信原理

惯性引信是在弹头再入段利用引信中的惯性仪表（如加速度传感器）敏感弹道上的惯性参数（如加速度）而作用的引信，弹头再入弹道参数中轴向加速度、再入飞行时间、海拔高度对于某一条再入弹道而言有个固定的关系，如果弹头内有一个加速度传感器，敏感再入加速度，当加速度达到某一规定值（此时对应弹道上相对应的再入时间 t_1、海拔高度 H_1），启动一个延时电路开始计时，当延时 Δt 后到达弹道再入时间 h 点，此时对应的弹道高度 h 就为所要求的爆高。在这个时刻该引信电路给出引爆信号，就可以使惯性引信完成给出引爆信息的任务。

惯性引信给出引爆信息的高度是通过感受核弹头再入飞行加速度的变化特征确定的，因为弹头在再入大气层后受到空气阻力速度明显下降，负加速度使得弹头和其内部部件受到很大的惯性力（或载荷因数），而且负加速度（或载荷因数）随再入时上间及弹头的海拔高度明显变化，弹道导弹弹头再入加速度参数的变化是再入弹道的一个很重要的特征参数，而再入弹道受制导方式、气动系数、气象参数等诸因素变化而变化。因此，该引信引爆高度的精确度远没有引信高。但是，惯性引信由于是被动式测高，不发射任何电磁波，不易受敌方干扰，因此，其作为导弹武器中的一种引信一直受到各方面的关注，科研人员也通过各方面的努力提高惯性引信的精度。

第一代摄动制导的导弹武器，再入点的速度和弹道倾角散布不大，使得弹头接近标准弹道飞行，引起的再入点弹道参数散布较小。导弹飞行前，在地面根据统计大气计算弹道确定引信的启动过载和定延时引信延时时间，装订定延时引信作为辅助引信，其精度能满足战标基本要求，新型导弹武器采用了显示制导，头再入飞行不可能沿着某一条预先知道的标准弹道飞行，而总存在一定的偏离，可能的再入弹道可有无穷多条，弹道的散布较大。如果继续沿用定延时引信，当实际飞行弹道偏离标准弹道较大时，其精度就无法满足战标技术要求。如果再入过程中可感测信息同样只有轴向过载，在显式制导情况下就产生了一种新的变延时惯性引信（简称变延时引信）。

（2）惯性引信的思政

两弹元勋钱学森，以他名字命名的钱学森弹道实际上是一种助推—滑翔弹道，比常用的惯性弹道更复杂，惯性引信要适应这种弹道的话，还需要进行大量的仿真和实验，才能实现较高引爆精度。通过讲述钱学森弹道，激发学员的学习热情，提高学习兴趣。

（四）案例四：侵彻弹药

（1）侵彻弹药的应用和发展

现代战争中，为增强要害部门的生存能力，地下深埋、增强防护结构是主要途径，这类目标通常具有很深的掩护层，并配备了加固的防护层，常规杀伤爆破弹药仅能在目标表面起爆，对这种目标难以进行有效打击。

根据统计，等同当量的炸药在硬目标内部的最佳位置起爆与位于目标表层起爆相比，其能量耦合效率可提高 20~50 倍。为了有效毁伤这些重点打击对象，必须使攻击弹药对目标具有相当的侵彻能力，深入目标内部起爆，以形成更大的破坏和杀伤力。

随着战争形态的演变，高技术局部战争中更加强调如何在战争的初始阶段能对敌方关键目标实施毁灭性打击，具有高命中精度、深侵彻能力和强毁伤效能的侵彻弹药就成了实施先头打击的不二之选。目前各军事强国都在持续发展反硬目标侵彻弹药技术，一些侵彻弹药已经在实战中得到广泛应用，海湾战争、科索沃战争、伊拉克战争以及阿富汗战争中，侵彻弹药都扮演了重要的角色。

今后，侵彻弹药将朝着提高着速、加大侵深、增强毁伤能量耦合效率、降低附带毁伤等方向发展，高强度战斗部、高能钝感装药、聚焦杀伤战斗部、智能侵彻引信等关键技术是近年研究的热点。随着技术的进步，具有更先进性能的侵彻弹药必将在未来战争中发挥更显著的作用。

（2）侵彻弹药的思政

在侵彻弹药的开篇中，首先展示我驻南联盟大使馆被炸的图片和视频，引出侵彻弹药，说明侵彻弹药的特点。通过我驻南联盟大使馆被炸事件，说明落后就要挨打，提醒学员要刻苦学习，用好手中的武器装备，时刻为祖国去战斗，激发学员的爱国热情。

三、案例思政元素分析

以张爱萍将军为兵器 212 所的题词“心灵奇巧，威力先导”为牵引，把课程思政很好地融入课程教学内容和过程中，培养学员在实际工作中的稳妥可靠，万无一失的精神。把我国引信发展情况，尤其是新型引信和常用引信存在的问题现状向学员介绍，联系武器装备的国产化和自主可控的迫切形势，以及多种关键技术被“卡脖子”的情况，激发学员的爱国主义情怀和奋斗拼搏精神。在课程教学过程中，根据授课实际巧妙引入实例（如侵彻引信应用），培养学员树立理论指导实践、从实践中来到实践中去的科研精神。在学习学科知识的同时，穿插介绍本课程涉及的科学家、工程师呕心沥血、奋发图强，推动行业技术进步的感人故事，引导学员养成实事求是的态度以及勇于探索、自立自强的科学精神。

四、案例教学整体设计

通过对课程的主要教学内容进行梳理，寻找专业知识与思想政治教育的融入点，在讲授专业知识的过程中融入思政教育，达到“智育”与“德育”的有机融合。将课程教学目标的教育性、知识性与政治元素相互交融，突出培养学生的爱国主义情怀和献身国防事业的信念。利用图片、视频等工具，图文并茂地讲述课程思政的相关实例和事例，并穿插活动、实践等方式对学生进行思政教育，帮助学生树立正确的世界观、人生观和价值观。

（1）把我国引信发展情况，尤其是新型引信和常用引信存在的问题现状向学员介绍，联系武器装备的国产化和自主可控的迫切形势，以及多种关键技术被“卡脖子”的情况，激发学员的爱国主义情怀和奋斗拼搏精神。

（2）在课程教学过程中，根据授课实际巧妙引入实例（如侵彻引信应用），培养学员树立理论指导实践、从实践中来到实践中去的科研精神。

（3）在学习学科知识的同时，穿插介绍本课程涉及的科学家呕心沥血、奋发图强，推动行业技术进步的感人故事，引导学员养成实事求是的态度以及勇于探索、自立自强的科学精神。

五、教学实践过程回顾

课程为电子信息工程专业本科生长干部学员的首次任职课程，课程总学时为 60 学时（其中，理论教学 24 学时，实践教学 36 学时）。课程以导弹武器使用的引信为背景，对引信的发展历程、功能和组成、安全性、可靠性、引战配合等引信的基础知识进行了介绍，并对无线电引信、惯性引信、直列引信，以及侵彻引信和激光引信组成、工作原理和测试进行了介绍。主要目的是帮助学员打牢专业任职岗位课程的基础，树立好献身国防的坚定信念。

课程内容的知识点较多、理论性较强，教学内容本身并不包含思想政治元素，与人才培养目标似无瓜葛。可实际上，课程中的思想政治内涵十分丰富，具有以下特点。

1）与时事政治联系紧密。时事政治历来是学员关心的话题，其中包含许多军事方面的内容，与武器装备技术密不可分。通过对时事政治的分析，既可以提升学员的学习兴趣，加深对知识点的印象，又可以将爱国主义教育、新时代强军思想等思想政治教育内容融入课程之中。

2）与武器装备联系紧密。课程内容涉及多种武器装备使用的引信，在介绍相关内容时，经常会提到外军的先进装备和我军的先进装备，从而产生对比。在讲解这种对比时，很适合进行战斗精神培育等方面的思想政治教育。

3）与光荣传统联系紧密。在火箭军成长发展过程中，有领导嘱托要求，形成了诸多优良传统。这些优良传统的形成，往往与装备原理有联系，通过对这种联系的讲解，既有助于学员理解技术原理，又可借此机会，进行光荣传统教育。

课程的思政实施主要分为理论教学课程思政和实践教学思政。

在理论教学中开展“课程思政”，其教学目标主要是深化学员爱国情怀，强化当代军人社会主义核心价值观，因此在教学实施过程中，根据具体授课内容特点，充分挖掘思政元素，综合运用问题牵引、案例引入和引导剖析的教学方法，充分利用视频、图片等多媒体教学素材将思政元素融入课堂教学中，从而在专业理论教学的过程中达到思政育人的效果。

本课程实践教学具有学时长（占总课程教学时长的 60%）、互动性强的特点，是开 展“课程思政”的主要环节。在实际教学活动中，主要采用以下两种方法实施“课程思政”。① 实践历练。充分利用实践训练环境条件，合理设计实践教学模式和方法，通过实践教学活动历练，达到塑造顽强战斗作风、强化爱岗敬业精神的育人教学目标。② 言传身教。“严肃认真、周到细致、稳妥可靠、万无一失”是周总理对第二炮兵武器装备操作使用的总要求，在教学过程中教员通过言传身教，将“领导嘱托”辐射到教学的每一个环节，以身作则，严格教风，用自身过硬的军事素养和专业精神感染学员，以达到培养严谨求实作风和良好职业操守的育人目标，在潜移默化中使学员成为合格的武器装备使用者。

六、创新性与效果总结

课程思政的本质是立德树人，归根到底是一种价值观的引领和教育。通过课程思政，在深入研究本学科、本专业蕴含的情感态度和价值观的基础上，与前导和后续课程不断磨合，挖掘出有温度、有厚度、有热度的隐性知识，构建立体多元、显隐结合、科学创新的课程思政内容，最终达到立德树人、为战育人的目的。

本课程开展“课程思政”以来，在继承的基础上创新发展，取得了较为显著的成效。在毕业联考中，学员专业成绩优异，综合素质过硬，得到了部队、机关的肯定和表扬。课程结束后，对学员进行了“课程思政”教学效果调查表明，学员对课程教学中融入思政元素开展思政教育的认同度很高，达到 90%以上，认为思政教学与装备教学贴合紧密，对促进专业学习、提升自我思想认识和军事素养的效果明显。

课程开展思政以来，在主干课程评估中，获得了优秀的结果。教员也认为“课程思政”实施以来，自身的德育意识明显增强，“课程思政”施教能力也得到明显提升。教学中学员学习热情高、自律意识明显增强，课程教学与“课程思政”相辅相成的协同效应得到充分体现，学员专业能力和军事素养均得到了显著提升。

参考文献

[1] 许剑锋，曹菲．战斗部引信及测试［M］．西安：火箭军工程大学出版社，2019.

[2] 尹建平，蔺玄晋．“大国兵器”课程思政实践与探索［J］．山西高等学校社会科学学报，2006，34（1）：76-79.

[3] 彭克慧，程广利，郭勤勤．军校思政课程与课程思政协同育人机制研究［J］．大学，2023. 04：140-143.

[4] 杨明绪，李林，程春华．军队院校航空火控专业课程思政教学改革研究与实践［J］．现代职业教育，2021，07：196-197.

[5] 郭金林，彭娟，何玉诚．军校理技融合类课程思政元素挖掘与融合［J］．教育教学论坛，2023，02：119-122.

[6] 徐俊蕾．高校思政课具象化教学的路径构建［J］．河南科技学院学报，2023，10：41-47.

“量子力学”课程思政案例

许　鹏，周　满，姚青旭

（火箭军工程大学核工程学院，陕西　西安　710025）

摘　要： 薛定谔方程是量子力学的基本公式，是微观粒子时空演化规律的基本（波动）方程。本次课按照设问—讨论—再设问的思路，层层推进，板书推导建立薛定谔方程，通过问题引导与研讨分析，理解掌握薛定谔方程的特点与适用范围。课程思政渗透于教学的全过程，从经典力学与量子力学对比抛出问题，培养学生形成不同于经典物理的思维方法，用全新思维角度来思考微观世界的新问题，把握物理思想的实质；从光波动方程出发，经过一系列假设、类比、外推，完成波动力学薛定谔方程基本框架的创建。

一、课程基本情况

（一）授课对象情况分析

1. 学员经过两年学习，大部分掌握了本专业需要的数学基础

前期开展的“高等数学”“大学物理”“数学物理方程”等先导课程的学习使学员基本具备了学习基本量子理论问题的数学基础，相对于经典物理，微观粒子运动规律等理论知识过于抽象，需要转换思维方式，需要逐步训练逻辑抽象思维。

2. 学员获取知识途径多样，兴趣点难以有效调动

当前时代，网络慕课、抖音短视频等网络资源为学员提供了丰富的信息平台，学习过程日益碎片化，课堂教学在吸引学员学习兴趣、提升学习主动性方面面临更大的压力，需要不断优化课堂教学设计，抓住学员学习兴趣点。

3. 对武器装备和火箭军部队了解不充分，对未来既期待又迷茫

在学习动机上，学员处于基础课向专业课的过渡期，具备较高的学习热情。但对部队实际情况掌握不多，对知识实用性存在期待和茫然，需要在教学中适当介绍部队情况，并适时引入思维方式、人生价值、学习规划等讨论点。

（二）课程情况简介

“量子力学”是辐射防护与核安全专业本科学员的一门专业背景必修课程。学员通过课前预习、课上学习和实践锻炼，能将“高等数学”“数学物理方程”等预修课程知识与“量子力学”基本理论、研究方法有机结合，具备运用所学知识解决基本量子问题的能力，为“原子核物理”“核辐射探测”等后续专业课程的学习奠定理论基础。学员通过课程学习和实践锻炼，理解量子力学的理论体系，可以运用已学知识求解简单量子物理问题，塑

造严谨细致的科学态度，形成严肃认真的工作作风，养成创新思维习惯，激发探索新事物的兴趣，增强运用知识解决实际问题的自信心。

在内容安排上，构建发展历史、理论体系、基本运用三大模块框架体系，在理论知识、实验现象和历史轶事之间建立联系，由浅入深，逐步深入，从局部到整体，从特殊到一般。在教学实施中，以理论学习为主，实践研讨为辅，在研讨式学习、启发式学习等教学环节中，理解、掌握教学内容。

二、案例基本情况

（一）基本内容

薛定谔方程是量子力学的基本公式，是微观粒子时空演化规律的基本（波动）方程，本节课以薛定谔方程的建立为牵引，通过经典力学与量子力学对比抛出问题，从宏观切换到微观领域，从电磁波波动方程出发，利用能量动量关系完成薛定谔方程的推导和波动力学基本框架的构建。通过类比和推广到多粒子体系方程，理解掌握薛定谔方程的特点与适用范围。

（二）教学目标

1. 知识目标

了解物理学家提出波动力学的历史过程，掌握薛定谔方程的建立方法，再现物理学家的科学思维方法，举一反三学会描述多粒子体系的薛定谔方程。

2. 能力目标

注重科学思维方法的训练，引导学生领悟科学家处理科学问题时的思维方式，感受他们不畏权威、勇于创新的探索精神和敏锐的洞察能力，从而培养学生正确认识问题、分析问题、解决问题的能力，初步建立创新意识和创新思维方式。

3. 情感目标

注重科学伦理的教育，在潜移默化中培养学生探索未知、追求真理、勇攀科学高峰的责任感和使命感，形成谦虚谨慎、包容开放的科学态度。

三、案例思政元素分析

（1）识别不同于经典物理理论的量子化概念，掌握薛定谔方程的建立方法，了解物理学家提出波动力学的历史过程，再现物理学家的科学思维方法，举一反三学会描述多粒子体系的薛定谔方程。

（2）在授课过程中重现量子力学发展历史脉络，引导学生领悟精英科学家在处理科学问题时的思想方法，感受他们不畏权威、勇于创新的探索精神，杰出的实验才能和敏锐的洞察能力，从而培养学生正确认识问题、分析问题、解决问题的能力，以及创新意识和创新思维。

（3）注重科学思维方法的训练和科学伦理的教育，在潜移默化中培养学生探索未知、追求真理、勇攀科学高峰的责任感和使命感。形成不随意否定的、谦虚谨慎的科学精神和精益求精的大国工匠精神，传承红色基因，激发学生科技报国的家国情怀和使命担当。

四、案例教学整体设计

（一）教学思路和思政融入

1. 把握教学思路的逻辑性、完整性

按照设问—讨论—再设问的思路，由浅入深，在分析推导的过程中，由特殊到一般、由个体到群体、由理论到实际，层层展开，层层推进。

2. 实现教学方法的多维性、先进性

从教员引导、板书推导，到学生上讲台板书推导、集体研讨逐步完成薛定谔方程的建立，实现"教"与"学"双主体互动模式，通过问题驱动式、启发研讨式的教学方法，经过一系列猜想、假设、类比、推导，掌握薛定谔方程的建立方法、特点与适用范围。

3. 突出课程思政的传承性、全面性

课程思政渗透于教学的全过程，从经典力学与量子力学对比抛出问题，培养学生形成不同于经典物理的思维方法，用全新思维角度来思考微观世界的新问题，把握物理思想的实质，提升求知探索的学习兴趣，增强学员学习的内驱力；以海森堡、薛定谔和狄拉克三大科学家为人物线讲述量子力学理论体系的建立过程，体会科学的本质是求真，同时体会到科学家在求真求实过程中谦虚谨慎、包容开放的科学态度；通过多种教学手段相结合，锻炼学员认知和行为全面发展；通过情景再现薛定谔建立方程的思想过程，鼓励学员打破固有思想，通过假设、类比等科学思维方式，体会不畏权威、大胆猜想、勇于创新，同时小心求证的科学精神；从科学发现的创新性、理论分析的严谨性和数学推导的直观性，充分展现量子力学的时代性，帮助学员理解薛定谔方程的重要性和先进性。具体教学思路及方法如图 1 所示。

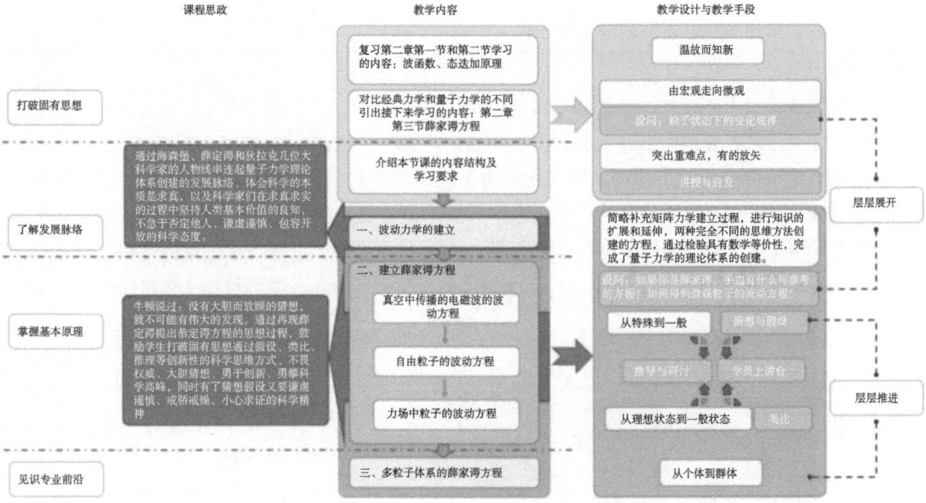

图 1　课程思政教学思路及方法

（二）教学实践

<table>
<tr><th>序号</th><th>教学实施步骤</th><th>教学设计和思路</th></tr>
<tr><td>1</td><td>引入：
复习第二章第一节和第二节学习的内容：波函数、态叠加原理
对比经典力学和量子力学的不同，引出接下来学习的内容：第二章第三节薛定谔方程
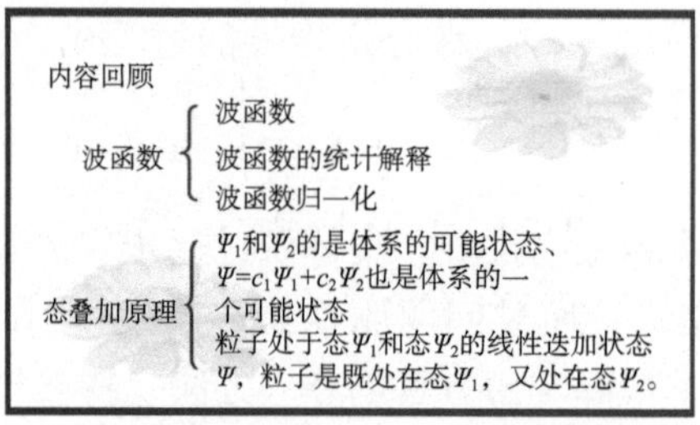

</td><td>教学思路：
① 通过回顾上一章知识达到温故而知新的目的；
② 通过对比经典力学和量子力学的不同，讨论粒子状态下的变化规律，引起学生兴趣，引入本节课的学习内容。
实施方法：
板书、引导与讨论相结合</td></tr>
<tr><td>2</td><td>介绍本节课的内容结构及学习要求：
§2.3 薛定谔方程
学习要求：
薛定谔方程和波动方程类比，了解波动力学基本理论结构的创建；
识别不同于经典物理理论的量子化概念，掌握薛定谔方程的建立方法；
举一反三学会描述多粒子体系的薛定谔方程</td><td>教学思路：
通过介绍授课内容要点及要求，学生可以准确把握本节课的重点和难点，做到有的放矢。
实施方法：
讲解和 PPT 有机结合</td></tr>
<tr><td>3</td><td>介绍波动力学建立的历史脉络：
通过讲故事的方式，介绍海森堡和薛定谔两位科学家通过完全不同的科学思维方式，分别提出看上去非常不同的矩阵力学和波动力学。但薛定谔首先证明了波动力学与矩阵力学的数学等价性，之后，狄拉克进一步通过变换理论把矩阵力学和波动力学统一起来，从而完成了量子力学的理论体系的创建。
</td><td>教学思路：
通过讲述历史典故，提升学生听课的兴趣。
简略补充矩阵力学建立过程，进行知识的扩展和延伸，两种完全不同的思维方法创建的方程，通过检验具有数学等价性，殊途同归。从而使学生体会科学的本质是求真，同时还要让学员认识到比求真更重要的是科学家们在求真过程中始终保持着谦虚谨慎、包容开放的科学态度。
实施方法：
讲解、板书与 PPT 相结合</td></tr>
</table>

续表

序号	教学实施步骤	教学设计和思路
4	通过板书推导讲解薛定谔方程： 首先，提出假设启发学生：“如果你是薛定谔，手边有什么可参考的方程？如何得到微观粒子的波动方程？” 真空中传播的电磁波，它所满足的波动方程： $$\nabla^2\psi - \frac{1}{c^2}\frac{\partial^2}{\partial t^2}\psi = 0$$ 其次，通过分别对坐标和时间求偏微商，提出算符的概念  接着，提出第二个问题：“能否利用算符从光子的力学性质出发，反推得到其波动方程？” 得到结论：力学关系中也蕴含着波动性质	教学思路： ① 采用启发和引导式的教学方式，强调薛定谔方程提出的思想路线，通过情景再现，假设类比，从能量动量出发与学生一起推导出电磁波的波动方程； ② 推导过程中提出算符的概念； ③ 再利用算符反推出波动方程，实现闭环； ④ 从动量和能量推导中推导波动方程得到算符，再由能量算符和动量算符推导得到波动方程，这个过程，反映出马克思主义立场观点实现了微观与宏观的辩证统一。 实施方法： 板书与 PPT 相结合
5	推导自由粒子的波动方程  	教学思路： ① 以学生为主体，按照光波动方程推演的思路，采用翻转课堂的方式，由学生主动完成自由粒子的波动方程的推导、修正和纠错； ② 由教员进行小结，自由粒子的波动方程是一种较为理想化的状态，在实际的生活和实践中所遇的粒子通常都是在某个特定场的作用下，从特殊引向一般，从理论走向实践。 实施方法： 推演、板书与 PPT 相结合，翻转教学与讲评相结合

续表

序号	教学实施步骤	教学设计和思路
6	推导力场中粒子的薛定谔方程 设粒子在力场中的势能为 $U(r)$。粒子的能量和动量的关系式为： $E = p^2/2\mu + U(r)$  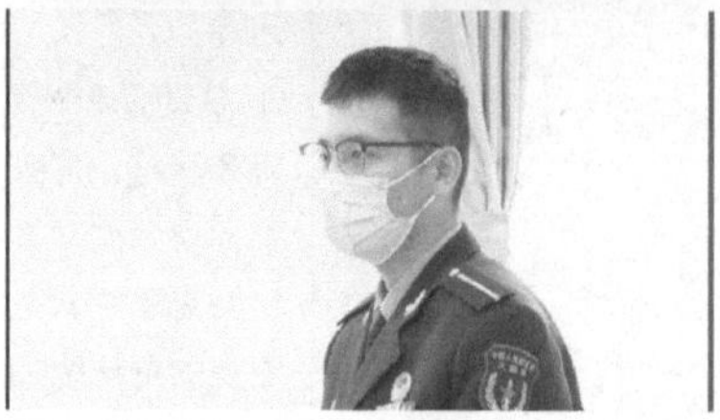	教学思路： ① 有效设疑，层层推进，按照设疑—思考—讨论—解答的思路，从得到自由态粒子的波动方程进一步推导力场中粒子的波动方程得到薛定谔方程； ② 全程以学生为主体，教员引导，实现“教”与“学”双主体互动模式，学生推导、学生教员共同探讨、学生教员共同完成薛定谔方程的建立，促使学员在听讲之外还要动手、动脑、动口，增强行动自觉，提升学生发现问题、分析问题、解决问题的能力。 实施方法： 研讨、推导与 PPT 相结合
7	引导学生展开讨论： 薛定谔方程在量子力学中的地位与牛顿方程 $F=ma$ 在经典力学中的地位相当。不过牛顿方程是从大量的实验事实中总结抽象出来的定律，而薛定谔方程则是受到微观粒子具有波动性这一实验事实以及自由粒子的波函数应满足的方程的启发，经过类比、推理而得到的。 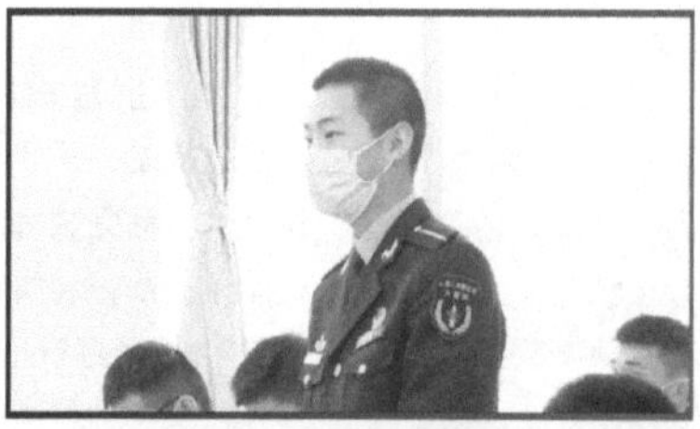 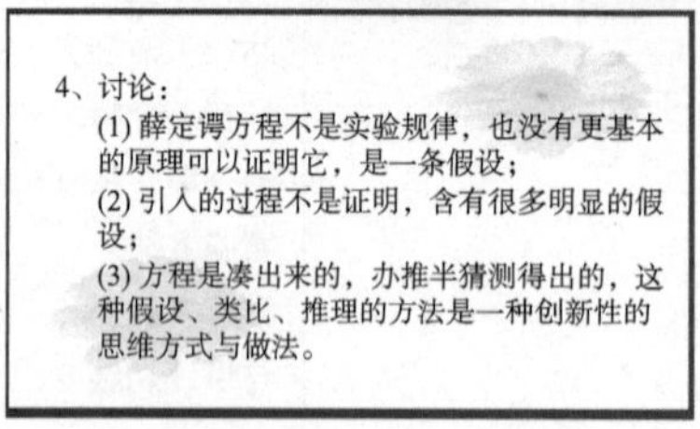 归纳现象，总结实事：薛定谔方程不是实验规律，也没有更基本的原理可以证明它的正确性，是一条假设；引入的过程不是证明，含有很多明显的假设；由光子类推到电子的波动方程就是一种假设，两种粒子完全不同（静止质量，电荷等）；推导过程中力学量 E、P 都用算符转换了，但是力学量 U 原封不动，又是一个假设。方程则是通过半推半猜测得出的	教学思路： ① 将课程思政贯穿于授课过程的始终，学生与教员共同求解得到薛定谔方程，这是本节课的重点，对推导验算的过程进行复盘，再梳理再总结，挖掘和深化创新思维和科学精神。 ② 透过现象看本质，牛顿说过：没有大胆而放肆的猜想，就不可能有伟大的发现。数学教育家 G · 波利亚也指出：要成为一个好的数学家必须首先是一个好的猜想家。鼓励学生通过假设、类比、推理等创新性的思维方式，不畏权威、大胆猜想、勇于创新，攀登科学高峰。同时有了猜想假设又要能够谦虚谨慎戒骄戒躁小心求证，通过实践检验理论。 实施方法： 研讨交流、归纳总结

续表

序号	教学实施步骤	教学设计和思路
8	推导多粒子体系的薛定谔方程： 从单粒子扩展到多粒子体系，由理想模型到实际应用，讨论推演多粒子体系的薛定谔方程	教学思路： 进一步从个体推广到多粒 子群体。 实施方法： 学生上台推导、研讨总结

五、教学实践过程回顾

教学实施过程中，立足“量子力学”专业背景必修课定位，结合其理论抽象、基础性强、前沿性强的特点，课上着重实现“打破固有思维，了解发展脉络，掌握基本原理，见识专业前沿”四个目标，在情感与价值观塑造上承上启下，遵循军校学生思想发展规律，既巩固了前期培塑成果，又实现了新的思政成效，更对学员将来任职核岗位产生深远积极影响。不足之处在于线上资源与线下教学没有实现有机融合，本课程中已经开展了初步探索，下一步需要继续推进实践、提升效能。

六、创新性与效果总结

1. 多元有机融合，打造“三位一体”思政体系

厘清人才培养需求、学校育人理念、前沿发展动态等客观条件关系，认清课堂思政壁垒障碍，灵活运用各种新型教学方法手段，以传承性育人理念为基石，以时代性知识体系为载体，以先进性教学方法为手段，建设形成了“三位一体”的“量子力学”课程思政体系。如学员准备量子通信专题时，以潘建伟院士团队科研进展为切入点，横向对比了各国量子领域发展前沿，见证了中国力量崛起，实现自我思政，再通过研讨交流，实现学员间的相互思政。该思政体系是我校育人理念、课堂理论、前沿知识、现代教育理念、线上资源的多元有机融合，具有较强的时代性和推广性。

2. 深挖学生特点，量身定制思政“营养套餐”

深入贯彻以“学”为中心的育人理念，尊重教学与人才成长规律，结合第四学期学员特点，深挖授课对象课前学习基础和情感诉求，找准思政要素切入点，摒弃大而空的坐而论道，摆脱“套路式”思政配餐，整合形成与基础理论、前沿知识、思政元素于一体的“营养套餐”。如讲到新旧量子论演变对比时，引入经典物理困难与量子物理发展史系列思政案例，采用问题驱动引导学员认知经典物理困难，感受新旧量子论演变过程中的辩证关系，见识科研探索的魅力，具有较强的趣味性与可操作性。

“核辐射探测”课程思政案例

周　满，陈佳林，谭志园，秦　晋

（火箭军工程大学核工程学院，陕西　西安　710025）

摘　要：本文介绍了“核辐射探测”课程中第四章闪烁探测器的重要内容——光电倍增管的基本结构、工作原理、性能参数和我国新型光电倍增管的研发历程。教学过程中综合运用启发式、探究式、案例式等教学方法，以及实物模型、多媒体课件、科教视频等教学资源，将爱国情怀、科学素养、创新自信、工匠精神等思政教育浸润教学全过程，实现了智育与德育的有机融合。

一、课程基本情况

“核辐射探测”是我校辐射防护与核安全专业的一门主干专业背景课程。该课程是以“原子核物理”为基础，综合运用射线与物质相互作用、核辐射测量等技术，解决核辐射探测技术的科学，为学生后续学习“×××辐射防护”“辐射环境监测与评价”等课程，以及从事×××辐射防护、核辐射监测以及核事故应急等方面的工作打下良好基础，对培养学生的科学思维、创新能力和实践能力具有重要作用。

（一）授课对象情况分析

本课程的授课对象为我校大三学生。由于军校招生的渠道与地方院校有所不同，学生毕业后的岗位任职和工作环境与地方毕业生也有较大差异，因此我校辐射防护与核安全专业的学生和地方学校相比，有以下三个特点。

1. 学生来源不同，知识结构存在一定的差异，学习能力有待加强

近几年，我校辐射防护与核安全专业学生人数较少，每届基本为20人左右。这些学生中部分来自部队考学，与正常参加高考的学生相比，知识结构存在一定的差异。从大学一年级和大学二年级的考核情况来看，学生之间学习能力水平差距较大，存在两极分化的现象。

2. 学生求知欲强，但发现问题、解决实际问题主动性积极性不高

大部分学生都具有较强的求知欲，但不太善于表达自己的思想。长期在军营生活，养成了他们服从命令、听从指挥的号令意识，同时也使他们不太善于去主动发现问题和分析问题，所以需要老师积极调动学生主动性和积极性。

3. 对核辐射了解不充分，对未来岗位任职认识不清

虽然前期已经开设了“原子核物理”课程，但学生受媒体宣传或科幻片影响，依旧谈

“核”色变，对核辐射的分类、安全、探测与应用并不了解，因此老师需要通过对核辐射探测的基本概念、基本理论的准确、科学分析，培养学生科学、严谨、求实的精神。同时，教学中武器装备的展示和未来武器发展方向的讨论可以在潜移默化中使学生从“知核”到“爱核”，培养学生“共和国持剑人”的自豪感和责任感。

针对以上具体学情分析，教学组精讲核心基础知识点，确保部队生能跟得上，增加反映前沿性和时代性的课程内容，满足学生对新知识的需求；借助案例式、启发式、任务式或讨论式教学方法，激发学生的学习兴趣；采用各种信息化的教学手段，提高学生的参与度；把相关科研成果、专项任务、科研课题等适时地引入课堂中进行剖析，让学生提前熟悉任职岗位职责，克服恐核心理，增强自信心。

（二）课程情况简介

该课程实际上是一门理论与实践相结合的课程，通过理论课的讲授使学生掌握核辐射探测的基本理论，培养学生运用所学知识进行核辐射探测与分析的能力；通过课程实验教学，使学生加深对核辐射探测基本理论的理解和掌握，提高学生动手、动脑的能力。通过综合实践环节，使学生掌握核辐射探测的实验方法。通过第二课堂活动，丰富学生的知识面，培养学生的科研素养和创新能力。最终使培养的学生厚植爱国主义情怀，具有科技报国志向，具有刻苦严谨、实事求是、理论联系实际的科学精神，并具有较强的动手能力和解决实际问题的能力，成为能够适应火箭军部队发展需要的核专业人才，为新型作战力量战斗力生成奠定基础。

二、案例基本情况

该案例的教学内容为“光电倍增管”，是“闪烁探测器”章节中的核心内容之一。光电倍增管是宇宙线观测、中微子实验中技术含量最高、最关键的器件之一，同时光电倍增管尤其是大面积光电倍增管的生产技术在2016年之前一直由日本、美国等国家垄断。因此本次教学活动从非常基础的国际前沿中微子物理研究出发，将光电倍增管的探测原理、关键技术、性能参数、应用实景案例、科研攻关历程以及最终突破国外技术封锁实现核心关键技术设备的自主可控逐步呈现给学生，在传授专业知识的过程中激发学生的民族自豪感和爱国热情，弘扬自主创新精神，坚定创新自信。

三、案例思政元素分析

重塑“光电倍增管”的教学内容，深度挖掘该内容蕴含的思政元素，以先进的教学内容为载体，无痕融合思政元素，树立创新精神，培养严谨作风，厚植家国情怀。

1. 重塑教学内容，树立创新理念

在原有教学内容的基础上，增加我国新型光电倍增管的设计思路和设计方案，展现新时代青年科研人员为实现核心关键技术设备的自主可控，在基础研究、关键核心技术上，不断创新、勇于突破的精神风貌。

2. 追求精益求精，培养严谨作风

光电倍增管的关键技术包括高量子效率的光阴极制备技术、微通道板、大尺寸玻壳，以及真空光电子器件封装技术等，任何一项技术的突破、指标的提升都离不开课题组反复实验、不断摸索的联合攻关。因此，在光电倍增管探测原理、关键技术、性能参数的学习中不仅能培养学生探索问题解决问题的科学思维，也可以深刻体会科学严谨的求实精神。

3. 立志科技报国，厚植家国情怀

讲述我国光电倍增管科研团队在科研攻关过程中依靠坚定不移的决心，以及无私奉献的精神，完成了从零起步的高难度大跨越项目，实现我国光电倍增管从“进口”到“出口”的根本转变，展示科学前沿研究的魅力，提升学生的民族自信、文化自信，激发学生立志科研报国的热情。

四、案例教学整体设计

（一）教学设计

案例思政教学根植课程特点，从专业知识及思想政治两方面结合入手，在理论概念讲解的基础上，结合不同教学方法，将专业知识应用于实践分析中，嵌入思政元素，两者层层递进深入，紧密结合，循序渐进对学生专业能力及情感态度引导。

课程教学与思政教育同向同行，找准专业知识与思政内涵的契合点，将思政理念“润物细无声”贯穿课程教学体系，突出课程教学的思想性、前沿性和科学性，提升课程教学质量和育人效果。

价值塑造与知识传授同频共振，思政元素融入课程的“基本原理—分析方法—工程应用”潜移默化地将爱国情怀、科学素养、创新自信、工匠精神等思政教育浸润教学全过程，实现智育与德育的有机融合。

思政能力与专业水平同步提升，课程组教师集体备课、共同研讨、共建资源，提升专业课教师的思政育人能力和教学水平，确保课程思政的有效实施，促进课程教学和课程思政的可持续发展。

（二）教学实践

本讲内容将综合运用启发式、探究式、案例式等教学方法，以及实物模型、多媒体课件、科教视频、文献资料等教学资源，按照“为什么、是什么、怎么做”的内在逻辑，提出问题、分析问题、解决问题的认知路径，引导学生由“知”内化为“识”，进而付诸于“行”，锻炼学生的高阶思维能力。注重师生互动和生生互动，引导学生探究性学习。结合课程教学内容特点，提炼课程思政元素，专业知识与思政元素深度融合，实现价值性与知识性的统一。

教学内容及教学进程：

<table>
<tr><th>教学进程</th><th>教学内容</th></tr>
<tr><td>本节课内容的导入</td><td>为解开宇宙奥秘，世界屋脊上的观天阵列“拉索”正在努力捕捉神秘的宇宙线粒子；地下 700 m 江门中微子实验室为探究中微子秘密而建；在这些先进探测仪器内部，都有一种关键零件，它就是被称为“黄金之眼”的光电倍增管。阐述光电倍增管的重要作用，引出本讲内容——光电倍增管。

(a) 广角切伦科夫望远镜阵列　(b) 江门中微子实验探测器　(c) 20 in光电倍增管
图 1　课程导入图</td></tr>
<tr><td>明确本节教学内容</td><td>按照“为什么、是什么、怎么做”的内在逻辑，围绕“为什么要用光电倍增管、光电倍增管的工作原理和性能指标、光电倍增管的发展历程和工程应用”展开教学内容。光电倍增管的工作原理和性能指标是本节课的教学重点和难点</td></tr>
<tr><td>为什么要用光电倍增管</td><td>回顾上一节“闪烁体”的内容并提问：
1. 闪烁体发出的荧光光子能否直接测量？（知识点：荧光光子波长）
2. 荧光光子转化成的光电子能否直接测量？（知识点：光电子能量）
3. 光电子能否采用放大器直接进行放大？（知识点：信噪比）
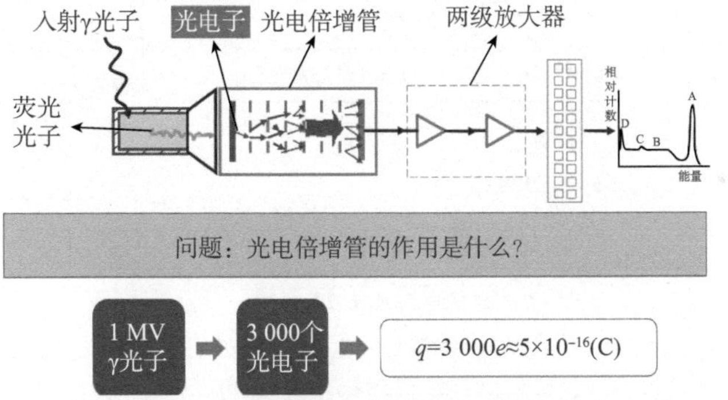

图 2　课堂提问设计
通过问题引导，培养学生探索问题解决问题的能力，讲授中给出具体的数值，让学生客观理性认识核信号的“微弱”特点，为后续光电倍增管的一系列严谨细致的设计提供依据</td></tr>
<tr><td>光电倍增管的基本结构和工作原理（重点）</td><td>通过问题引导，回答了“为什么”，接下来通过实物展示和多媒体结合的方式让学生熟悉光电倍增管的基本结构，通过动画演示和归纳总结让学生掌握光电倍增管的工作原理，回答“是什么”的问题。
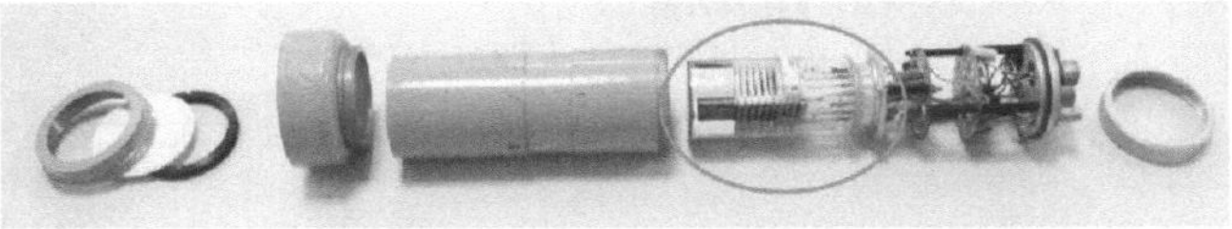
图 3　光电倍增管实物照片</td></tr>
</table>

续表

<table>
<tr><th>教学进程</th><th>教学内容</th></tr>
<tr><td>光电倍增管的
基本结构和
工作原理（重点）</td><td>
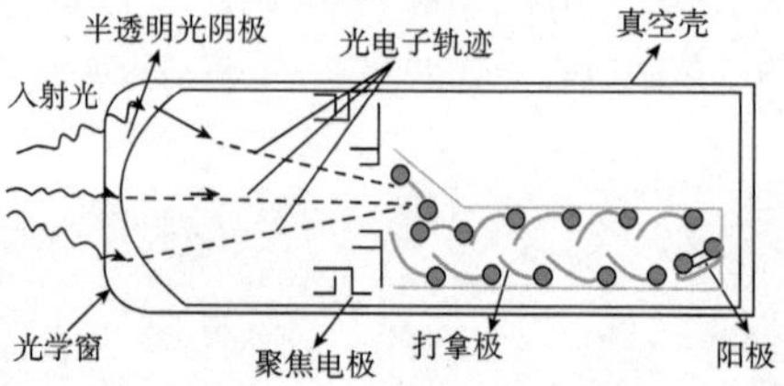

图 4　光电倍增管基本结构和工作原理动画演示

采用启发、对比等教学方法分别讲授光学窗、光阴极、打拿极、阳极、真空壳的设计原理，功能作用以及材料选择。最后让学生总结每一个电极独有的特点，使其在加深专业知识理解的同时，感受仪器设计的科学性和严谨性，培养严实作风</td></tr>
<tr><td>光电倍增管
主要性能（难点）</td><td>
在认识了光电倍增管的之后，不禁要问如何衡量光电倍增管的好坏呢？引出下一个知识点——光电倍增管的主要性能。

➢ 1. 光阴极的光谱响应

光阴极受到光照后，发射光电子的概率是入射光波长的函数，称作“光谱响应”

量子效率：$Q_k(\lambda)=\dfrac{发射电子数}{入射光子数}$

光阴极光谱响应需要与闪烁体发射光谱匹配

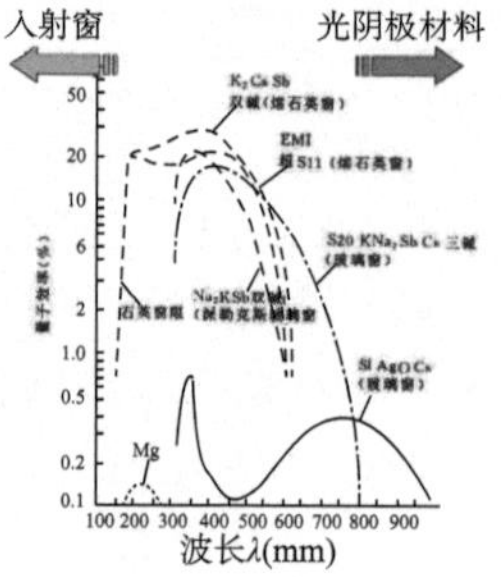

➢ 2. 光照灵敏度

光电倍增管增益：

$$M=\frac{S_A}{\boxed{g_c}\cdot S_K}=\frac{i_A}{g_c\cdot i_K}=(g\delta)^n=10^6\sim10^8$$

g_c:第一打拿极对光电子的收集效率；

g:打拿极间电子传输效率。

➢ 3. 暗电流与噪声

当工作状态下的光电倍增管完全与光辐射隔绝时，其阳极仍能输出电流（暗电流）及脉冲信号（噪声）。

成因：（1）光阴极的热电子发射。
（2）残余气体的电离——离子反馈；
残余气体的激发——光子反馈。
（3）工艺——尖端放电及漏电

➢ 4. 时间特性

飞行时间(渡越时间)τ：光电子从光阴极到达阳极的平均时间；
脉冲时间响应宽度τ_{pm}：脉冲的半高宽；
脉冲上升时间τ_r：脉冲前沿的10%上升到90%所需要的时间。

到达阳极的每个电子都经历了不同的倍增过程和飞行距离，反映了飞行时间的涨落，是决定闪烁计数器时间分辨本领的限制因素。

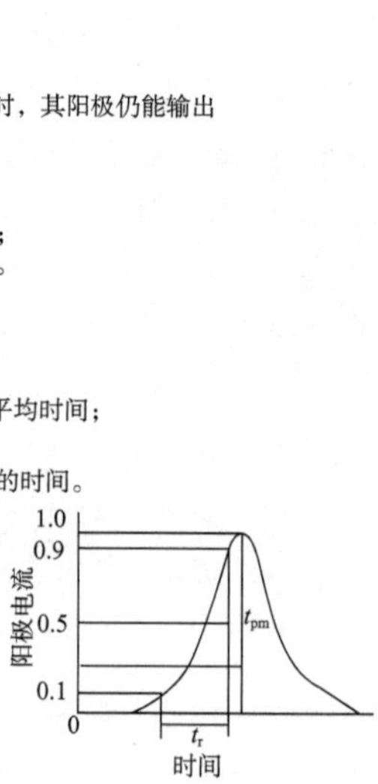

</td></tr>
</table>

续表

<table>
<tr><th>教学进程</th><th>教学内容</th></tr>
<tr><td>光电倍增管的基本结构和工作原理（重点）</td><td>采用动画演示、原理探究、归纳总结等方法，从光阴极的光谱响应、光照灵敏度、暗电流与噪声以及时间特性等四个方面详细讲述光电倍增管的性能指标。针对不同的应用场景，举例指出应具体问题具体分析，根据需求选用不同的光电倍增管。那么针对宇宙线探测和中微子测量，应该选择什么样的光电倍增管呢？引出我国新型光电倍增管的研发背景和研发历程</td></tr>
<tr><td>我国光电倍增管研发背景</td><td>通过课前文献资料和视频学习向学生展示国际市场上光电倍增管产业现状，指出光电倍增管国产化的紧迫性和必要性。

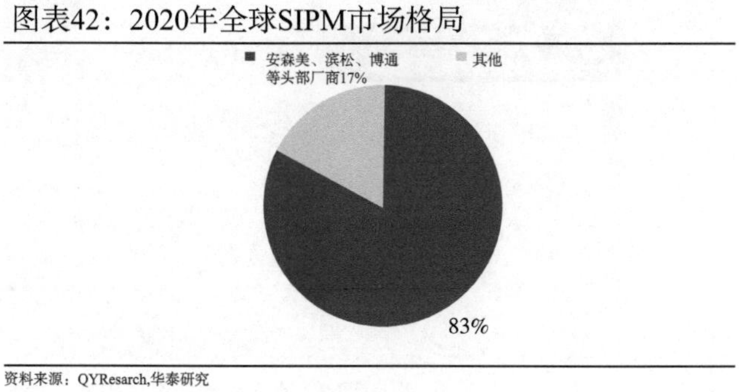

图 5　2020 年全球 SIPM 市场格局图</td></tr>
<tr><td>我国光电倍增管研发历程</td><td>以江门中微子实验需求为牵引，2011 年高能所联合国内多个相关单位联合攻关。

1. 技术创新

采用理论讲授现有的两种光电倍增管技术，并指出不足之处。高能所王贻芳院士项目组潜心研究、勇于突破，根据实际需求提出一种新型光电倍增管设计方案。引导学生利用前述知识讨论对比该方案与其他两种技术的区别与优点，体会创新理念。

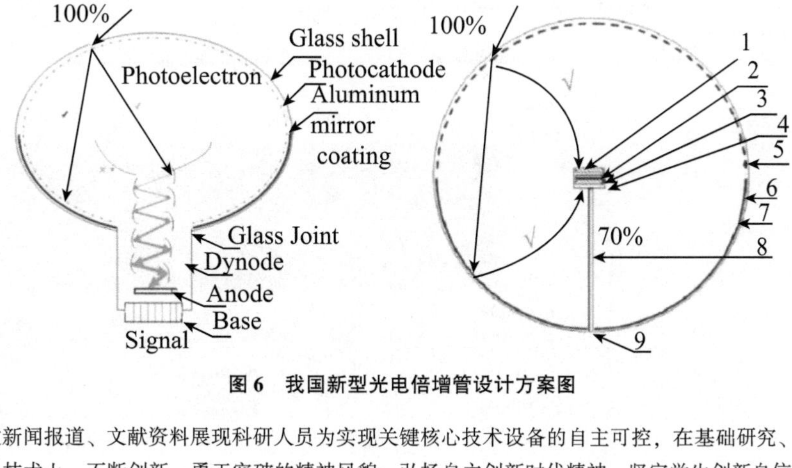

图 6　我国新型光电倍增管设计方案图

通过新闻报道、文献资料展现科研人员为实现关键核心技术设备的自主可控，在基础研究、关键核心技术上，不断创新、勇于突破的精神风貌，弘扬自主创新时代精神，坚定学生创新自信。</td></tr>
</table>

续表

教学进程	教学内容
我国光电倍增管研发历程	2. 协同攻关 光电倍增管的成功研制和生产是多个科研院所和企业单位长期联合攻关的结果。 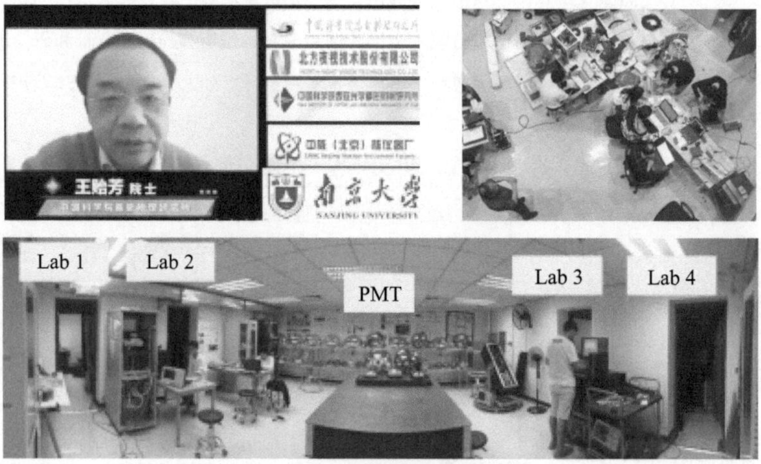 **图 7　光电倍增管合作组联合攻关** 在此过程中，科研人员甘坐冷板凳，依靠坚定不移的决心，以及无私奉献的精神，攻坚克难，突破了光电转换、电子倍增、电子收集等关键技术瓶颈和关键工艺，把技术和发展的主动权牢牢掌握在自己手里。在讲解光电倍增管研发历程中，一方面让学生深切体会科学家集智攻关、团队协作的协同精神，另一方面提升学生的民族自信、文化自信，激发学生立志科研报国的热情
课堂总结	采用原理图引导学生整体归纳总结本讲内容的教学重点和教学难点，升华教学内容，深化思政教育。 1. 光电倍增管的工作原理（重点） 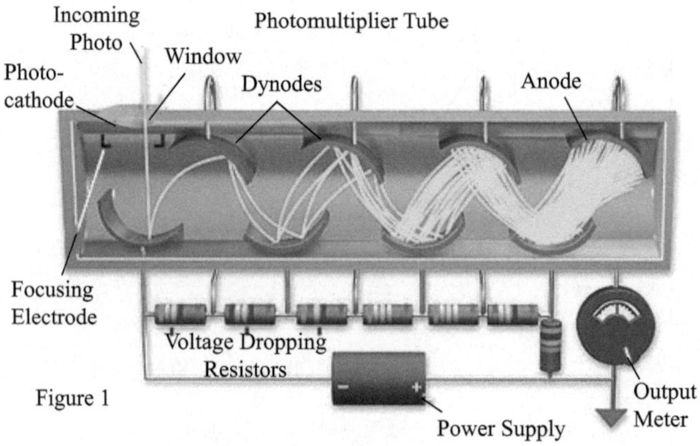 **图 8　光电倍增管工作原理示意图**

续表

教学进程	教学内容
课堂总结	2. 光电倍增管的特点（难点） 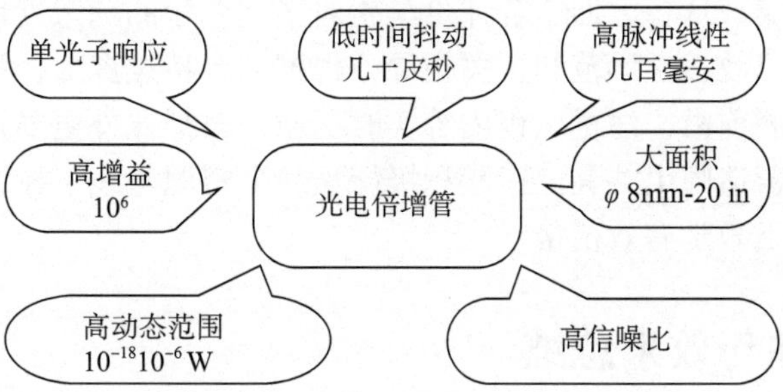 **图 9　光电倍增管特点总结** 3. 光电倍增管的发展（升华） 任何一项“卡脖子”技术的突破，都要耐得住寂寞，守得住信仰。我国光电倍增管的国产化历程既能激发学生科技报国的担当与情怀，又能引导学生树立工匠精神，坚定学生创新自信，勇于突破
课后习题与实践	课后习题：课后习题的布置、课程思维导图绘制 课后实践：鼓励学生进行课后锻炼实践，对本专业可参与的竞赛（如核+X 大赛、电子设计竞赛、学校科技竞赛）进行宣传指导，提升学生创新精神

五、教学实践过程回顾

（一）教学效果简析

1. 教学效果

一是学生基础知识掌握情况。授课中灵活采用 PPT、板书、实物、动画、视频等多种教学手段，提高学生的学习兴趣，使学生对于专业基础知识有了较深刻的理解。相较单一的多媒体教学有明显的改善。二是学习能力与方法养成情况。本次课以及本门课授课中始终坚持理论联系实际，理论教学与实践教学相结合，学生自主探索能力和创新能力显著提升。三是学生职业价值观培养情况。在不同教学环节嵌入相关思政教学，加强了学生职业认同感，培养学生对本专业前沿科技发展的关注度，专业与思政相辅相成的教学方式取得良好效果。

2. 遇到的实际困难与问题

一是对于课前预习，学生学习进度与能力、信息收集与分析、科技前沿关注度等情况差异较大。二是课中教学研讨环节部分学生较为积极，而部分学生较为被动。三是课后教学反馈和收集意见时，大部分学生没有想法。四是线上资源和线下授课没有有效结合，融合方式和融合时机需要进一步探索。

（二）改进思路

一是邀请学生和专家教授共同评价课程思政效果。在学生中间开展满意度调查。通过问卷或课下交流，从各方面综合评价学生对案例教学的满意度以及存在的不足。邀请专家教授进行课程思政教学示范和把关指导，根据内容特点深入挖掘思政元素。二是紧跟核辐射探测技术发展前沿，注重课程内容实时更新。教师课外更要加强学习，全面提升自身教学能力水平，营造师生共赢。三是积极探索线上资源与线下授课的融合途径和方式，确保线上资源和线下教学有效衔接。

六、创新性与效果总结

综合运用启发式、探究式、案例式等教学方法，以及实物模型、多媒体课件、科教视频、文献资料等教学资源，将我国新型光电倍增管的设计思路以及研发历程有机融入到光电倍增管的教学过程中，一是突出了课程教学的思想性、前沿性和科学性，使学生对于专业基础知识有了较深刻的理解，学生自主探索能力和创新能力显著提升；二是潜移默化地将爱国情怀、科学素养、创新自信、工匠精神等思政教育浸润教学全过程，实现了智育与德育的有机融合。

通过教学实践发现：思政内容的融入与专业课程教学相得益彰。在专业课程教学中适当并恰当地融入思政内容，能够潜移默化地帮助学生树立正确的人生观、价值观和提升职业素养等。思政内容的融入又可反哺专业课程教学。学生知其道、明其理，将更多的时间和精力投入到专业课程学习当中。

参考文献

[1] 陈伯显，张智，杨屼罡．核辐射物理及探测学［M］．哈尔滨：哈尔滨工程大学出版社，2021.

[2] 钱森．和光电倍增管一起倍增成长—新型光电倍增管合作组青年人的成长故事［J］．现代物理知识，2023，35（S1）：78-86.

“原子物理学”课程思政案例

黄千红，向　东，钟翊君，谢宝艺

（南华大学核科学技术学院，湖南　衡阳　421001）

摘　要：“原子物理学”是核类各专业学生的专业基础课，通过挖掘了课程内容本身包含的潜在思政元素，包括物理史料、物理学家图片和事迹及理论建立范例等思政内容。思政教育能有机融入课程教学过程，在完成知识内容传授过程中让学生认识到新事物、新思想和新概念等的提出不易，培养学生勇于突破传统理论和思想的困囿，善于思考，培养学生创新思想和理念及科学研究基本素养。也把“两弹一星”精神和“核工业精神”贯穿于原子物理学教学中，以第一代核事业人的无私奉献和卓越成就，激励和引导学生养成“强核报国，创新奉献”的意识，在奉献社会中实现个人理想和人生价值，为培养学生形成正确的价值观、养成良好的科学素养奠定基础。激发学生的专业学习热情以及民族自信心和爱国情怀，培养学生创新意识、团结合作的精神，增强学生的历史使命感和责任感。

一、课程基本情况

（一）授课对象情况分析

授课对象：核科学技术学院各专业大学二年级学生。

对象的特点分析：原子物理学是一门专业基础理论课，也是学生真正接触的第一门微观领域学科，是后续原子核物理、量子力学等学科的基础和先修课程。它与学生之前所学的宏观经典物理有很大的不同，宏观经典物理理论在微观体系中大部分规律不再适用，特别宏观体系的物理思维在微观体系中也成为学生学习的掣肘，而思维方式的转变是相对困难的；另一方面，微观体系不能直接观察，在生活中缺少直观的认识，很难在头脑中形成直观的物理图像。课程的另一个特点是教材遵循人们对原子内部结构和规律性的认知过程来进行编排，因此一些物理模型和理论随学习过程的深入，我们会发现原来模型和理论的不完善性和缺陷，给学生对知识点的掌握带来困惑。正是课程本身的这些特点使得原子物理学存在难学、难教、难记、易混淆等特点，因此，学生在学习过程中由于有畏难情绪，影响了他们学习的积极性和主动性，对提高教学质量带来不利的影响。

（二）课程情况简介

“原子物理学”是核类专业学生必修基础课程之一，特点是从物质的微观结构揭示与之相关的宏观现象与规律的微观本质，与物理学的全部领域和其他学科有着密切的关系，通过本课程的学习，使学生掌握原子的结构与性质及相关问题，并为量子力学与原子核物理课程的学习以及以后攻读相关方向研究生或从事相关工作打下坚实的基础。

课程教材选用褚圣麟先生编写，高等教育出版社出版的《原子物理学》教材，是原子物理学课程的经典教材。课程着重从物理实验规律出发，引进近代物理关于微观世界的重要概念和原理，探讨原子的结构和运动规律，介绍在现代科学技术上的重大应用。通过本课程的教学，使学生建立丰富的微观世界的物理图像和物理概念。通过对重要实验现象以及理论体系逐步完善过程的分析，培养学生分析问题和解决问题的能力。教师运用网络教学平台与课堂讲授相结合，进行线上线下混合式教学，精心组织教学内容，创新教学方法，理论知识传授和课程思政元素有机融合，力求达到知识传授、能力培养与思政教育“多位一体”的教学目标。

1. 知识目标

该课程阐述原子的构成、结构、内部相互作用及其研究的基本方法，主要包括：掌握原子的构成、结构及相互作用的相关基本概念和基本物理规律；掌握原子光谱的产生及光谱分析法在原子物理学中的重要应用。通过掌握、熟悉、了解三个层次的描述，展现课程的具体内容及应达到的知识目标。

目标 1：了解原子物理学发展的历程，培养科学研究的素质，加深对辩证唯物主义的理解。

目标 2：熟悉处理原子物理学现象及问题的手段和途径，培养学生掌握科学研究的基本方法。

目标 3：牢固掌握原子物理学的基本原理、基本概念和基本规律。

2. 能力目标

教学过程中充分调动学生学习原子物理学兴趣，努力培养学生自学能力、思维能力以及分析问题的能力。使广大学生认识到核专业在国家国防安全和国民经济发展中的重要战略地位，坚定学习信心和决心；注重培养学生的综合素质、创新能力和社会责任感及无私奉献的精神，培养有现代意识、有远见的新一代大学生。

3. 情感目标

高校的根本任务是“立德树人”。因此在教学中除了为学生提供基础知识和基本技能外，也应该注重原子物理学知识与思想政治教育的融合互动，把“两弹一星”精神和“核工业精神”贯穿于原子物理学教育中，以第一代核事业人的无私奉献和卓越成就，激励和引导学生养成“强核报国，创新奉献”的意识，在奉献社会中实现个人理想和人生价值，为培养学生形成正确的价值观、养成良好的科学素养奠定基础。激发学生的专业学习热情以及民族自信心和爱国情怀，培养学生创新意识、团结合作的精神，增强学生的历史使命感和责任感。

二、案例基本情况

（一）案例一：原子的核式结构

本堂课讲授原子的内部结构认识和核式结构模型的建立，课程内容本身潜在多个思政元素，通过挖掘这些思政点并有机融入课堂，能激发学生的学习兴趣，在传授知识过程中培养学生的科学思维和创新意识。

1. 教学目标

（1）知识目标：熟悉原子核式结构模型建立的背景；掌握核式结构模型的基本理论。

（2）能力目标：

培养学生的抽象思维能力，通过外在的物理现象理解其内在的物理本质；

培养学生的逻辑思维能力，在微观体系不可直接观察情况下，理论的实验验证如何通过问题的转换而得以实现。

（3）价值目标：

帮助学生树立科学研究中的科学认识观：实践（实验）—理论（模型）—实践（实验）检验；

培养学生从实验抽象建模—理论演绎—实验验证的科学研究素养。

2. 重点难点

（1）教学重点：α 粒子散射现象、核式结构模型基本内容、理论的实验验证基本物理思想和分析；

（2）教学难点：理论验证的思路分析。

3. 教学方法

（1）传统讲授法：本堂课主要为物理模型的建立和验证，绝大部分内容采用传统讲授法进行讲授；

（2）演示法：设计动画演示汤姆逊发现电子实验；

（3）启发式教学法：通过提问引导和启发学生思考，代入科研实践场景；

（4）案例教学法：核式结构模型的建立和验证本身是一个经典的科学研究范例，作为科学研究案例讲述，让学生了解科学研究的基本流程和科学思维方式。

（二）案例二：玻耳氢原子理论和关于原子的普遍规律

本堂课主要讲授玻耳氢原子理论的建立，思政元素同样从课程内容进行挖掘，思政有机融合知识传授过程，培养学生的开拓创新意识和思维。

1. 教学目标

（1）知识目标：

熟悉玻耳理论建立的背景；

掌握玻耳理论的基本假设。

（2）能力目标：

能够联系前后所学知识进行分析和推理；

培养学生综合归纳、演绎和抽象建模的能力。

（3）价值目标：

培养学生认识任何科学研究的创新都不是凭空臆造的，而在前人的基础上的升华，学会不同的知识或方法的迁移和整合，应用于新的物理问题分析和研究；

培养学生勇于接受新事物、新概念和新思想，善于将新概念和新思想迁移和拓展的不同领域，解决各种实际问题，勇于开拓创新。

2. 重点和难点

（1）教学重点：玻耳理论的背景、基本内容、理论建立的物理思想和分析。

（2）教学难点：新理论建立的思路分析。

3. 教学方法

（1）问题导向法：对于氢原子光谱规律人们很早就认识到了，那么原子光谱是如何产生的？其物理的机制是什么？传统经典理论能否对这一现象做出科学的解释？引导学生思考、讨论，激发学生的学习兴趣。

（2）新理论建立的思路剖析法：从玻耳理论建立的理论和实验背景出发，剖析这些已有的理论和实验成果如何有机地建立它们之间的联系，进而提出新的理论体系来解释相应的物理现象。让学生学会新思想和新概念的迁移应用，培养学生的创新能力和开拓精神。

三、案例思政元素分析

案例一：原子的核式结构

1. 物理史料：电子的发现历史故事

汤姆逊之前，休斯脱和考夫曼都曾做过发现电子的实验，然后，要么是错误地分析了结果，要么是没有勇气发表相关结果。这些人都是恩格斯所说的“当真理碰到鼻尖的时候还是没有得到真理”的人，科学发展史上，这类事屡见不鲜。我们要有尊重科学事实，勇于突破传统认知的精神。

2. 图片材料：汤姆逊、密里根、卢瑟福等人物图片和事迹简介

汤姆逊

密里根

卢瑟福

图1　人物图片

通过对科学家们相关研究及发现的简介，让学生认识尊重科学事实，善于发掘科学内涵，知道严谨敏锐的科学思维是科学创新的基本元素。

3. 物理分析：核式结构模型的建立和实验验证完整过程的科研思维分析

卢瑟福核式结构模型的建立和实验验证是一个标准的科学研究范本。从实验事实和原有基本理论框架出发，通过分析问题，建立起新的物理模型，模型再回到实验中进行验证。特别是对于微观体系，这种验证无法直接观测，卢瑟福巧妙地进行了问题的转换，要验证有核结构模型的正确性，转换为基于有核的结构，进一步开展 α 粒子与原子碰撞的理

论推导，通过层层递进的推导将库伦散射公式中不可控制的微观变量转换为了宏观可测量的物理量，获得的最终卢瑟福散射公式中只包含宏观变量。从而理论公式演绎推理出一系列的结论，并与实验进行对比。实验与理论的一致性说明散射理论的正确性，因而表明理论建立的前提即核式结构模型的正确性。对于整个研究过程的梳理，可以帮助学生认识基本的科学研究流程，培养学生的科学研究基本素养。

案例二：玻耳氢原子理论和关于原子的普遍规律

1. 物理史料：量子化概念的提出

物理史上对于黑体辐射的理论解释，著名的紫外灾难和普朗克量子化概念的提出及普朗克本人对量子化概念认识的反复，说明新思想和新概念的提出和被人们认识和接收得不容易，培养学生勇于接受新事物、新概念和新思想，特别是在目前的信息化时代，知识更新迭代很快，我们既要能够接受新思想、新概念，也要具备信息甄别能力。

2. 物理史料：爱因斯坦发展量子化概念，提出光量子假说解释了著名的光电效应

这一思政点进一步说明我们要善于接受新思想和新概念，并能够拓展新思想和新概念应用领域，延伸到如当下人工智能的发展和应用，如何有机地结合自己的学科研究，也比如，每年开展的“核+X”大赛，如何找准 X 点，提升作品竞争力等。

3. 图片材料：普朗克、爱因斯坦人物图片等，如图 2 所示。

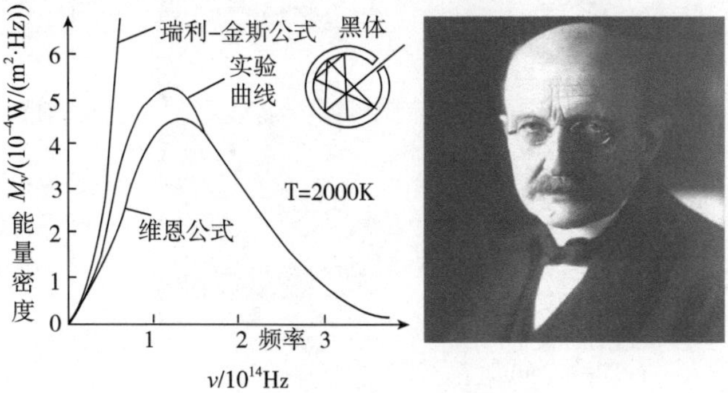

（a）紫外灾难和普朗克

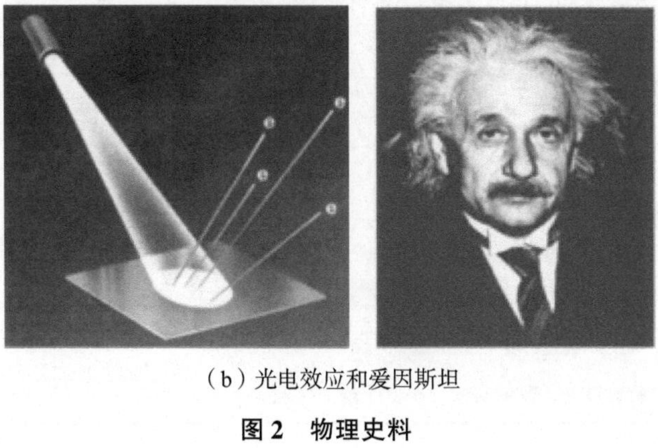

（b）光电效应和爱因斯坦

图 2　物理史料

四、案例教学整体设计

以案例一为例具体教学过程设计如下。

<table>
<tr><th></th><th>教学过程</th><th>专业知识与
思政的融合</th></tr>
<tr><td rowspan="2">教学过程
设计</td><td>课堂引入（5 min）
【背景介绍引入】法拉第电解定律—斯通尼预测电子存在—汤姆逊发现电子。
一、汤姆逊发现电子
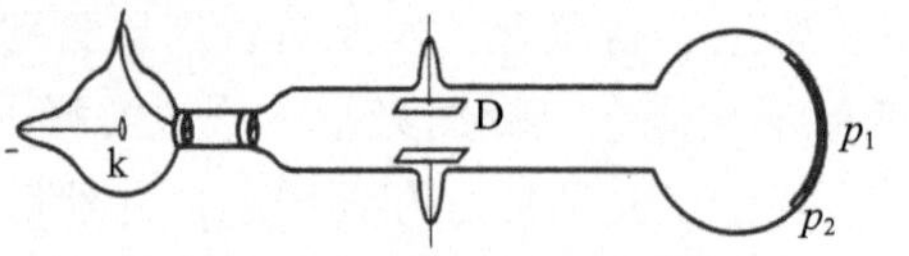

汤姆孙在1897年使用的放电管
动画演示电子发现实验。
通过实验可求电子的荷质比 e/m，提出阴极射线就是电子。

J.J.Thomson
(1856—1940)

R.Millikan
(1868—1953)
电子的发现敲开了原子内部结构的神秘之门！
问题：在大约 10^{-10}m 的范围内，带负电、质量很小的电子与带正电的、质量很大的部分是如何分布、如何运动的？
原子结构模型</td><td>汤姆逊之前，休斯脱和考夫曼都曾做过这一实验，然后，要么是错误地分析了结果，要么是没有勇气发表相关结果。这些人都是恩格斯所说的“当真理碰到鼻尖的时候还是没有得到真理”的人，科学发展史上，这类事屡见不鲜。我们要有尊重科学事实，勇于突破传统认知的精神</td></tr>
<tr><td>新授知识（40 min）
二、汤姆逊原子模型

困难：勒纳特电子散射实验，α 粒子散射实验。</td><td></td></tr>
</table>

续表

	教学过程	专业知识与 思政的融合
教学过程 设计	三、α 粒子散射实验  卢瑟福 1871 年 8 月 30 日生于新西兰的纳尔逊。1898 年任加拿大马克歧尔大学物理学教授，期间在放射性方面的研究贡献极多。1907 年，任曼彻斯特大学物理学教授。1908 年获诺贝尔化学奖。1919 年任剑桥大学教授，并任卡文迪许实验室主任。1931 年英王授予他勋爵的桂冠。 散射：运动粒子受到其他粒子的作用而改变原来的运动方向的现象。 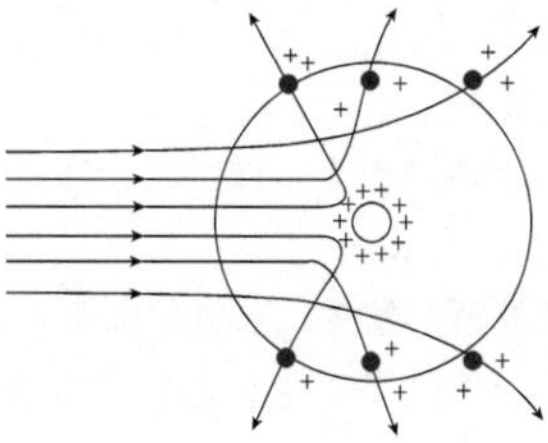 α 粒子：放射性元素发射出的高速带电粒子，其速度约为光速的十分之一，带+2e 的电荷，质量约为 $4M_H$（1908，卢瑟福发现了用粒子打在荧光屏上，通过对发光次数的计数来确定粒子的数目）。 1. 设计思想 “在我年轻时，我观察过 α 粒子的散射，并且盖革博士（助手）在我的实验室中仔细地研究了它。他发现在重金属薄片中 α 粒子的散射一般是微小的，约 1°。有一天盖革走过来对我说，‘你是否认为跟我搞放射性方法的年轻人马斯登应该开始作一点研究？’我说，为什么不让他查看一下是否 α 粒子能有大角度的散射？’……” 粒子散射应当与原子内部正电荷分布情况相关！ 2. 实验装置及结果 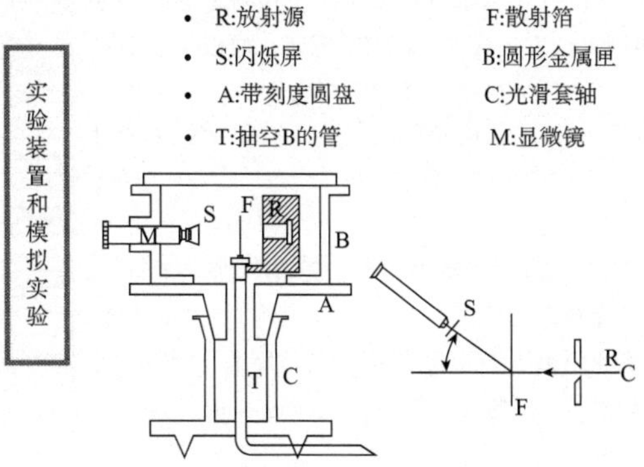 （a）侧视图　　（b）俯视图	科学实验研究不是漫无目的的实验，而是有明确的实验目的和实验预期。 延伸：科研实验有预期目标，然而实验结果充满未知和不确定，科学也正因为各种未知而魅力无限。我们应该尊重科研事实，不能为获取所谓预期目的而编撰、修改实验数据，这是学术伦理问题，属于学术不端行为。

续表

	教学过程	专业知识与 思政的融合
教学过程 设计	结果：绝大多数散射角小于2°；约1/8 000散射角大于90°，有的几乎达180°。 “……然后，我记得是在两三天以后，盖革十分兴奋地跑来告诉我，‘我们已经能够看到某些散射粒子向后方跑出来了……’那真是我一生中从未有过的最难以置信的事件，它几乎就像你用15 in的炮弹射击一张薄纸，结果炮弹返回来击中了你那样也令人难以置信！” ——卢瑟福 3. 汤姆逊模型的困难 布丁模型下，单次碰撞不可能引起大角散射！ 多次散射呢？ 多次散射引起的偏转角仍很小，在1°左右。 提问和学习通互动：汤姆逊模型不能产生大角度散射，通过分析我们可以总结其原因是什么？（统计词云） 结论：大角散射不可能在汤姆逊模型中发生，散射角大于3°的比1%少得多；散射角大于90°的约为$10^{-3\,500}$，必须重新寻找原子的结构模型。 “而当我做出计算时看到，除非采取一个原子的大部分质量集中在一个微小的核内的系统，否则是无法得到这种数量级的任何结果的，这就是我后来提出的原子具有体积很小而质量很大的核心的想法。”——卢瑟福 四、卢瑟福的原子模型及卢瑟福散射公式 1. 卢瑟福的原子核式模型 1911年提出：原子由带正电荷并几乎占有全部质量的微小中心核以及绕核运行的电子所组成。 定性解释：由于原子核很小，绝大部分α粒子并不能瞄准原子核入射，而只是从原子核周围穿过，所以原子核的作用力仍然不大，因此偏转也很小，也有少数α粒子有可能从原子核附近通过，这时，r较小，受的作用力较大，就会有较大的偏转，而极少数正对原子核入射的α粒子，由于r很小，受的作用力很大，就有可能反弹回来。所以卢瑟福的核式结构模型能定性地解释α粒子散射实验。 2. 卢瑟福散射公式 假定：单次散射；仅考虑粒子—核库仑排斥；靶核不动 （1）单个α粒子被单个核散射情形 α粒子从无穷远以瞄准距离b射向原子核；在核库仑力作用下，偏离入射方向飞向无穷远，出射与入射方向夹角θ称散射角。这个过程称库仑散射。	理论的创新是基于实验事实和已有理论模型的分析。从原有理论和模型分析中发现问题，从而引申出新的理论模型。 善于从普遍的一般性中，找到不一般的现象，善于在已有理论模型的分析基础上找到问题的症结，汤姆逊模型结构最大的问题就在于正电荷均匀分布时对入射α粒子的作用力太小

续表

	教学过程	专业知识与 思政的融合
教学过程 设计	$b=\frac{1}{4\pi\varepsilon_0}\frac{Ze^2}{Mv^2}\text{ctg}\frac{\theta}{2}$  ……库仑散射公式 见杨福家《原子物理学》 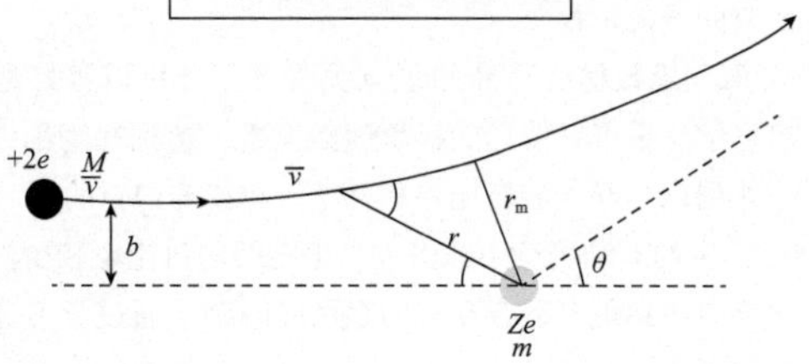 散射角 θ 与瞄准距 b 有关 要得到大角散射，正电荷必须集中在很小的范围内，α 粒子必须在离正电荷很近处通过。 随堂练习：动能为 5.00 MeV 的 α 粒子被金核以 90°散射时，它的瞄准距离（碰撞参数）为多大？ 问题（学习通互动）：通过练习题计算，我们看到瞄准距离的数量级，说明 b 是微观量，能否在实验中测量，所以这个公式是否可以和实验值直接比较，验证模型的正确性。（统计词云） 追问：要实现实验验证，我们可以怎么考虑呢？ 引导思考： ① 直接观察原子内部结构无法实现，那么能否换个角度，要证实有核结构模型的正确性，我们能不先假定这个模型是正确的，基于有核的结构模型进行碰撞的理论分析，进而转到宏观的实验验证上来？ ② 库仑散射公式中瞄准距离是微观量，无法直接测量，微观量如何与宏观量建立联系？（阿伏伽德罗常量，微积分） ③ 散射实验采用统计分析方法，理论分析从单个粒子碰撞到所有入射粒子与原子的碰撞。（点—微观截面—宏观面积） [结束语]：关于原子核式结构模型已经建立起来了，不可直接观察的微观体系如何通过实验来进行验证？下节课再来进一步分解！ 【课堂小结】 1. 原子内部结构的认识 电子的发现、汤姆逊原子结构模型 2. α 粒子散射实验 实验设计思想、实验现象和分析 3. 卢瑟福核式结构模型 模型的基本思想 对 α 粒子散射实验结果的定性分析 卢瑟福散射理论	卢瑟福核式结构模型的建立和实验验证是一个标准的科学研究范本。从实验事实和原有基本理论框架出发，通过分析问题，建立起新的物理模型，再回到实验中进行验证。特别是对于微观体系，这种验证无法直接观测，卢瑟福巧妙地进行了问题的转换，要验证有核结构模型的正确性，转换为基于有核的结构，进一步开展 α 粒子与原子碰撞的理论推导，通过层层递进地推导，将库仑散射公式中不可控制的微观变量转换为了宏观可测量的物理量，获得的最终卢瑟福散射公式中只包含宏观变量。从而理论公式演绎推理出一系列的结论，进而与实验进行对比。实验与理论的一致性说明散射理论的正确性，从而表明理论建立的前提即核式结构模型的正确性。对于整个研究过程的梳理，可以帮助学生认识基本的科学研究流程，培养学生的科学研究基本素养

续表

教学效果	1. 学生认识到新事物、新思想和新观点等的提出不易，培养学生勇于突破传统理论和思想的困囿，善于思考，培养学生创新能力。 2. 通过对卢瑟福核式结构模型的建立和验证过程的梳理，让学生对科学研究的基本流程有一个较为直观的认识，培养学生的科学研究基本素养
教学反思	1. 本次课（45 min）主要讲授原子结构模型的认识，知识点的本身容易掌握。本堂课更侧重于理解理论建立过程中实验—理论—实验的认识过程，培养学生唯物辩证认识观，理解科学研究的基本流程和科学思维，特别是研究问题的转换。 2. 本次课程所采用物理史料（课程思政材料）和知识点关联性好，可以很好地融合，并可以有效吸引学生的兴趣，也能够启发学生思考其背后的科学创新思维，达到润物细无声的效果，可以有效激发学生更深层的思考，达到培养学生创新能力和科学研究素养的目的。 3. 但是，整堂课下来，老师与学生的互动仍然不够多，学生之间的讨论也较少。传统讲授法占比较大，在以后的课堂中，教师需要找到更多适合互动的案例或问题，通过学习通发布主题讨论或者随机选人等方式提高学生参与度

五、教学实践过程回顾

课程教学要达到知识传授的目标，也要实现思想的传承，既包含科学创新理念和思维的培养，也包含爱国主义情怀、职业道德和精神的传承。“教”和“育”不能分割，不可生拉硬拽地组合，如何做到教书育人有机融于一体，需要任课教师精心组织。课堂教学要凸显学生主体地位，改革教学方法，充分利用新时期的学习平台和新媒体的作用，本课程采用线上线下混合教学模式，线上建设提供大量课程相关资源供学生自主学习，课堂上依据不同教学内容采用讲授法、案例教学法、翻转课堂、提问启发式法、比较法和归纳法等多元组合形式，注重内容的深入浅出，循序渐进，帮助学生克服学习上面临的困难与畏难情绪，在课堂教学中添加原子物理学发展过程中科学家们的轶闻和物理概念、物理规律建立背后所包含的故事，既能增强课堂学习的趣味性，激发学生的学习兴趣，同时这些史料也是很好的思政材料，树立学生甘于奉献立志勇攀科学高峰的志趣，培养学生的基本科学素养等。结合课程内容和思政元素实时灌输理论研究方法的拓展和迁移，理论联系实际课外实践，如“核+X”“人工智能+”等增加理论知识和方法的实用性，提高学生学习兴趣。

本课程所采用课程思政材料和知识点关联性好，可以很好地融合，并可以有效吸引学生的兴趣，也能够启发学生思考其背后的科学创新思维，达到润物细无声的效果，可以有效激发学生更深层的思考，达到培养学生创新能力和科学研究素养的目的。但是，总体来看，传统讲授法在全课程教学中占比仍然较高，老师与学生的互动仍然不够，学生之间的讨论还较少。在以后的课堂中，需要挖掘更多适合互动的案例或问题，通过学习通发布主题讨论等方式提高学生参与度。

六、创新性与效果总结

对于本课程教学实施情况来看，总体效果优良，创新性和教学效果归纳如下。

（1）在教学方法上采用多元教学方式，采用线上线下混合式教学模式，利用学习通增强师生互动，传统的讲授法结合提问启发式、案例分析式等，丰富课堂教学模式，避免学生对“满堂灌”“填鸭式”传统课堂教学方式的排斥，激发学生的学习兴趣，教学效果良好。

（2）原子物理学中的各种史料等思政元素的有机融入课堂，能帮助学生认识到新事物、新思想和新观点等的提出不易，培养学生勇于突破传统理论和思想的困囿，善于思考，培养学生创新能力。通过对课程中某些典型理论建立和验证过程的梳理，让学生对科学研究的基本流程有一个较为直观的认识，培养学生的科学研究基本素养。

（3）通过我国第一代核事业人典型事迹介绍，充分利用新媒体，推荐学生在 bilibili 网站观看《了不起的核工业》《激情的岁月》等，激励和引导学生养成“强核报国，创新奉献”的意识，培养学生正确的价值观和人生观。激发学生的专业学习热情以及民族自信心和爱国情怀，增强学生的历史使命感和责任感。

总体而言，本课程利用网络学习和课堂讲授相结合的教学模式，进行线上线下混合式教学，充分利用学习通上“原子物理学”网络教学平台的资源（包含教学大纲、国家级精品课程教学视频、课件 PPT、章节作业、相关专家讲座视频、相关院校考研试卷库、中国大学慕课资源门户链接等），以供学生课前预习及课后复习。课堂教学以学生为主体，教师以“组织者”“引导者”的身份，根据教学内容，采取多种新型教学方法，充分挖掘课程本身所包含和可拓展的课程思政材料，完全融入在课程内容的教学过程中，不牵强附会进行思政说教，能够有效地激励和引导学生养成“强核报国，创新奉献”的意识，培养学生正确的价值观和人生观。激发学生的专业学习热情以及民族自信心和爱国情怀，增强学生的历史使命感和责任感。也提高了学生的主体地位和学习主动性、积极性，学生参与度提高，教学效果优良！

参考文献

[1] 杨福家，原子物理学［M］．北京：高等教育出版社，2000.

[2] 褚圣麟，原子物理学［M］．北京：高等教育出版社，1979.

[3] 任恒峰，王鹏，王清亮．原子物理学课程思政教学探究［J］．忻州师范学院学报，2023，39（02）：22-25.

[4] 郝艳玲，张星，王传坤，等．课程思政背景下原子物理学教学改革探索与实践［J］．兴义民族师范学院学报，2022（03）：74-78.

[5] 武寄洲，李鹏，李志坚，等．“原子物理学”课程思政建设的实现路径探究［J］．教育理论与实践，2022，42（09）：33-37.

[6] 何娟，李京颖，余功方，等．原子物理学课程思政素材的挖掘［J］．安庆师范大学学报（自然科学

版）[J]，2020，26（02）：122-124+128.
[7] 王昶清，苏剑峰，孙瑞瑞．“原子物理与量子力学”课程思政践行立德树人路径探究［J］．吉林教育，2021，(32)：38-39.

“核工业概论”课程思政案例

徐守龙[1]，韩永超[2]，钟翊君[3]，郭　倩[1]，彭国文[1]，雷　林[1]

（1. 南华大学资源环境与安全工程学院，湖南　衡阳　421001；
2. 中国原子能科学研究院核安全研究所，北京　102413；
3. 南华大学核科学技术学院，湖南　衡阳　421001）

摘　要：“核工业概论”是“核科学与技术”“安全工程”等本科专业的导论课。课程内容“宽散”难以展现“高阶性”，价值引导要求高，学生共情难。本团队探索“一明确、两协同、三突破和四结合”的教学模式，以核工业产业链为轴，梳理和重构教学内容；以核工业发展史为魂，传播核工业精神，培养职业情怀；以虚实结合为法提高教学质量，采用显性表达、隐性表达和综合表达相结合的方法，有机融入思政元素，考察价值元素。发挥导论课的引导作用，达到“聚业铸魂”的预期目标，在校内外获得认同推广。校内以主题教学经验分享和报告会推广本课程的教学成果，以“说课”“教案分享”和“主题研讨”等方式拓展本方法在不同学科及专业的使用。课程团队获得省高校课程思政教学比赛一等奖，学科青年教师教学大赛一等奖等荣誉；获得省教改研究项目资助，发表多篇教改论文。

一、课程基本情况

（一）授课对象情况分析

本课程授课对象为大学本科第5学期，学生刚开始接触专业课。本文从知识经验、学习能力和思想状态三个方面对授课对象进行分析。

（1）知识经验

① 能够理解和学习核工业相关领域专业技术的基本知识和理论；

② 已掌握“核与辐射安全”课程中核能与核辐射相关基础知识和理论。

（2）学习能力

① 不了解核燃料循环重要环节和工艺；

② 对核工业的发展历史、核燃料循环体系的关键技术、放射性废物处理处置以及核武器与核安全的相关知识并未掌握。

（3）思想状况

① 对核工业的历史和先进技术的发展现状尚不了解；

② 未体会到专业人才培养的艰巨性；

③ 不具备对专业的认同。

“核工业概论”课程教学目的是使学生认识和了解核专业领域和核工业体系，传递核工业精神，增强提高学生的归属感、荣誉感、使命感、责任感和自豪感，提高学生对专业和行业的认同。在教育教学中，存在以下两个主要的难点。

（1）课程内容宽而散，难以体现高阶性

“核工业概论”课程内容涉及核工业的整个产业链，还包含军工以及放射性废物处理处置，在16个课时内如何将庞大的知识体系有效地输送给学生，是包含本课程在内的所有导论课的共性问题。因此，课程内容的连贯性和相关性是内容重构的重点。因此对课程内容的改革，首要问题是如何提高学生对知识的接收效率，使教学内容与考察内容相互呼应，使本课程内容与其他专业课相关联。

同时，作为一门通识性课程以及专业导论课，对于学生决不能只是“听听而已”，更要注重在庞大且丰富的教学内容中，如何使学生学习到更具“价值”的知识。这是本课程教学创新改革的根本目的，也是难点。概论导论课难以花费大量课堂教学时间深入讲解某个具体的知识点，教学内容的延伸和拓展也不宜过多。但缺少“高阶性”使课程的价值突发得到体现，也难以达成教学目标。

（2）价值引导实施难，学生共情更难

“核工业概论”课程教学目的是使学生认识和了解核专业领域和核工业体系，传递核工业精神，增强提高学生的归属感、荣誉感、使命感、责任感和自豪感，提高学生对专业和行业的认同。由于核工业的特殊性，“奉献精神”是核工业人所具备的统一特质，这与当下社会和政治导向契合，但也存在就业企业主体多数位于偏远地区的现实情况。因此，学生在完成课程教学的全部内容后，认同“核工业精神”，愿意到核工业相关企业工作是本课程根本目的，也是最直观的考察标准。这需要教师在教学过程中，运用多种方法，将自身对核工业的认同感传递给学生。并且在教学内容设置方面，结合核工业企业用人单位特点，订单式地培养专门型人才。

（二）课程情况简介

“核工业概论”课程是一门体现学科特色，面向各专业开设的一门概论课程，同时也是核安全专业大学本科生的导论课程。本课程中，全面介绍了中国核工业创建与发展的历史进程和取得的主要成就，中国核工业的行业结构，各行各业的地位和作用及主要生产工艺，并对核工业今后的发展趋势和前景进行了展望，从而对核工业整个体系有一个简单的了解。同时，针对当下核行业格局，大学生及研究生就业趋势，并结合核领域科研前沿，对放射性废物的处理处置、核设施退役、核安全与核应急等方面的内容进行概述。本课程的主要任务是使学生基本掌握核工业体系及构成，使学生热爱核工业，为学生毕业后能在核工业工作打下一个坚实的基础。同时，本课程作为专业导论课，在核安全专业方向课程体系中起到引领和关联的作用。因此，本课程的课程思政建设目标不仅仅是完成课程教学范围内课程思政体系和素材库的建设。作为导论课，根本的目的是通过本门课程的教学，实现核安全专业全本科教学周期的系统化课程思政教育的健康管理。

当前版本课程设置为1学分16课时，兼备了清华大学出版社出版的《核燃料循环导论》和原子能出版社出版的《核工业概论》两本教材的主要内容。2022版的培养方案对课程内容进行了改革和修订，教学内容共包含4部分内容，共18讲内容。基于对概论课程"形散"和高阶性不够的痛点分析，本课程以核产业为链，以"核燃料循环"为主要知识链，以核工业发展历史为线索链串联课程的所有教学内容。修订后的培养方案主要完善了核工业相关知识体系，特别是增加了核武器与核安全部分，梳理了核工业发展历史的典型事件，凝练了典型思政元素。具体如图 1 所示。

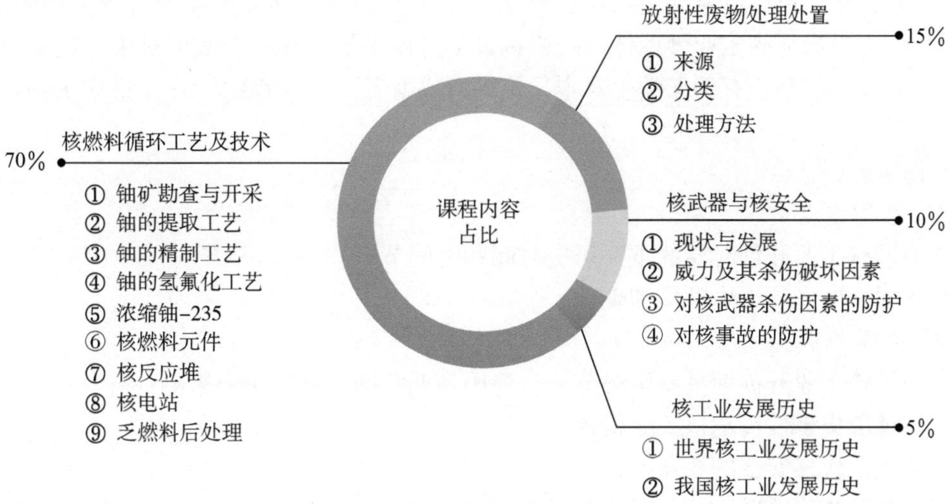

图 1　课程教学内容设置

二、案例基本情况

本讲为课程第一章绪论，内容涉及教材《核燃料循环导论》（周明胜，姜东军清华大学出版社）第 1 章概述，以及参考教材《核工业概论》（王松年，原子能出版社）第 1 章绪论。本讲主题内容为"认识核能与核工业。"

1. 教学知识点

（1）从民族复兴、保卫国家和自强不息的建国初期历史背景出发，叙事性阐述中国核工业的开端、中国核工业的转型和改革开放下的核工业。特别强调在核工业发展初期和转型期的重要历史时间和时间节点；讲授改革开放下，中国核工业发展的根本战略，以及在每一次重大历史事件后，中国核工业的抉择，授课内容包括：

① 中国核工业的开端；

② 中国核工业的转型；

③ 改革开放下的核工业。

（2）介绍我国核电发展的三个重要阶段，特别强调每个发展阶段的代表性成果以及代表不同阶段历史性转折的事件、成就以及时间节点。指出我国核电技术从引进—消化—吸收再到自主创新的发展战略，以及当今我国核电发展现状。其中，结合习近平总书记在"第三届核安全峰会"的重要讲话、党的二十大报告和 G20 峰会上的全球倡议，重点讲述习近平总书记对核电安全发展提出的重要思想，强调核安全对我国核工业发展、国家安全以及全球发展的重要意义。授课内容主要包括：

① 我国核电发展的三个重要阶段；

② 我国核电发展现状。

（3）从“两条线”介绍中国核工业管理体制变化的历史沿革，以及管理体制的三次大变化。特别强调不同历史时期，我国核工业管理体制适应国家战略和行业发展的历史性转变，也有利于引出后续授课内容中，涉及的核燃料循环各环节产业的历史使命和背景。同时，让学生对当下核工业管理体制、机构设置有所了解，有利于学生对未来就业工作或科学研究的发展规划，有助于学生对本导论课所辐射各专业课程的学习。格式示例：大国工匠。

2. 教学重点难点

（1）教学重点

① 中国核工业开创时期的重要历史时间和时间节点；

② 我国核电发展历史阶段和现状。

（2）教学难点

① 中国核工业开创期重要历史节点对建国初期我国发展的重要影响；

② 通过历史事件传承核工业精神；

③ 理解当代核安全的意义。

3. 案例的教学目标

（1）知识目标

① 对中国核工业开端时期的重要历史事件具有清晰的认识，熟知对我国建国初期以及核工业发展具有重要意义的时间节点；

② 了解核工业在中国建国初期的重要地位，以及中国核工业转型的历史背景和阶段；

③ 掌握我国核电发展的三个重要阶段和当代核电发展现状；

④ 了解并认识我国核工业历史上管理体制上的重大变革，熟知如今核工业管理体制。

（2）能力目标

① 具备正确认识核工业对我国建国初期的重要价值；

② 具备清晰叙述我国核工业建设初期重要历史事件和时间节点的能力；

③ 具备清晰阐述核工业精神及其重要意义的能力。

（3）价值目标

① 深刻认识和理解“核工业精神”，具备对“强核强国”的核工业初心的认同感。

② 了解我国核能发展的重要意义以及对核工业专业人才培养的目标和理念，了解学校对核安全专业人才培养的目的和目标，引导学生对自身社会价值的思考。

③ 了解我国核工业发展的艰难历程，辉煌历史以及未来目标。

三、案例思政元素分析

中国核工业的历史是“保家卫国”“强核强国”的历史。体现了先辈的革命精神，也传递着新中国开拓者、创业者们的不朽精神。当代中国核工业依然保留和继承着建设初期的工业系统，并以此为基础逐步完善我国核工业体系。在核工业“五厂三矿”每一个企业的背后，都有许许多多可歌可泣的故事，这些历史故事是每个厂矿单位的骄傲，也与他们所从事工业环节息息相关。以核工业自 1955 年建设至今历史沿革为主线，以"五厂三矿""核能""先进核技术"历史为引，明确价值导向。将"核工业精神"有效地传递给学生，在学生记忆中刻下烙印，引起共鸣。

针对课程思政目标，本课程构建了 6+1 的课程思政素材库如图 2、图 3 所示。将 6 个专业相关思政元素和 1 个专业人才培养目标作为本课程的核心课程思政素材。

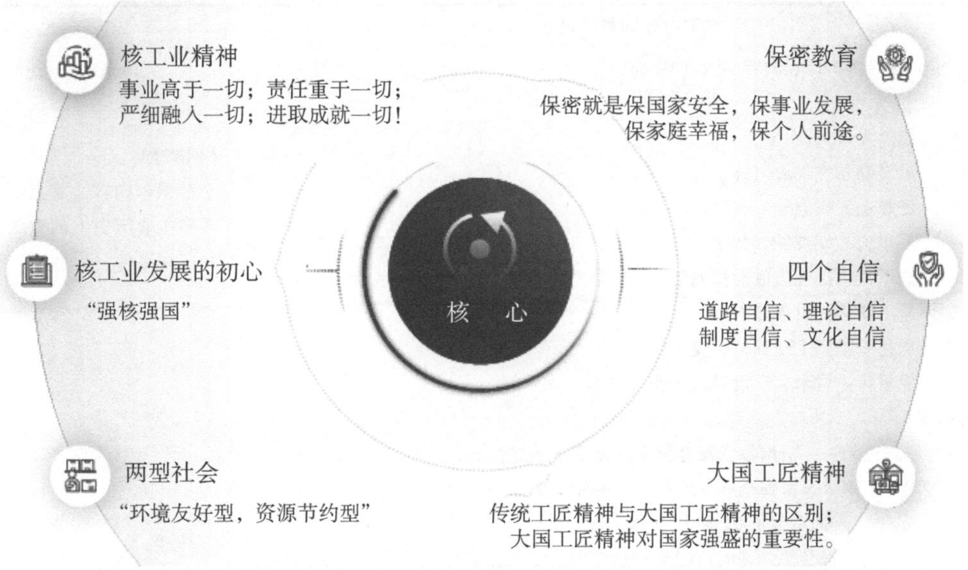

图 2　结合专业特色和行业特征的核心思政元素

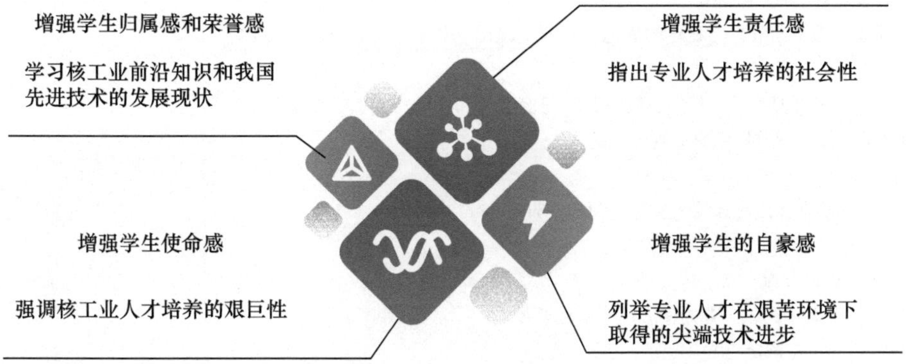

图 3　结合专业人才培养目标的核心思政元素

本案例中具体所采用的主要思政元素及分析如下几点。

（1）核心思政元素（隐性表达）

① 砥砺前行因何故，不忘初心为哪般？"强核强国"核工业发展初心。

② 核工业精神（事业高于一切、责任重于一切、严细融入一切、进取成就一切）。

③ 核安全专业人才培养的目标。

（2）拓展思政元素（显性表达）

① 核铸强国梦。中国核工业，国家安全的重要基石。

② 不同时期核工业发展的重心和目标。

四、案例教学整体设计

教学内容和教学过程	思政融合
一、前讲回顾与本讲课程内容引入（10 min） 【前讲回顾】 · 1895 年 伦琴发现 X 射线 · 1896 年 贝克勒尔发现放射性 · 1897 年 汤姆逊发现电子 · 1898 年 居里夫人发现钋（Po） · 1902 年 居里夫人提炼出放射性元素 · 1905 年 爱因斯坦提出质能方程 · 1938 年 奥托·哈恩发现铀核裂变 · 1942 年 恩里科·费米启动世界第一座反应堆	【回顾】 上节课程内容，重点回顾世界核工业历史上的重大发明和历史事件
【内容引入】 1. 原子弹爆炸视频——引出核武器是保卫国家安全的终极武器； 2. 新中国成立以来，国家安全一直是党和国家领导人最关注的，在党的二十大报告关注点："安全"一词出现了 91 次： ① 报告第一、第三部分总结新时代国家安全工作历史成就和伟大变革，分析当前存在的不足和困难； ② 报告第十一部分用专章对维护国家安全和社会稳定进行安排，突出了国家安全在党和国家工作大局中的重要地位； ③ 报告在维护国家安全和社会稳定的理论、实践上提出了新的思想、新的表述和新的要求，内容丰富、亮点纷呈。 3. 中国核事业的发展离不开邓稼先、钱三强、王淦昌等伟大的科学家，更离不开一批又一批在核工业不同领域做出卓越贡献的人。 【课堂展示】 英雄卡：彭先觉院士和潘自强院士事迹（每组 2 min）	【思政融入】 核安全专业学生对自身专业基本概念的理解。从国家安全到核安全。 （增强学生责任感）
二、主要知识点（30 min） （一）中国核工业的开端 · 1955 年 1 月 15 日中国核工业的伟大历史从此开始 · 1958 年 5 月 五厂三矿定点 · 1959—1960 年 困难时期（苏联专家撤走和国内经济困难的两难危机） · 20 世纪 60 年代需要突破的两大核心问题：①核燃料；②原子弹的设计与关键技术的掌握。 · 1962 年国内经济开始好转，中央领导热切希望拿出原子弹壮我国威，提升国际地位。 · 1964 年 10 月 16 日 第一颗原子弹爆炸 · 1967 年 6 月 17 日 第一颗氢弹爆炸 · 1971 年 4 月 第一艘核潜艇下水	【思政融入】 五厂三矿见证了核工业一路的崛起的每一个辉煌时刻。每一个厂矿背后都是核心技术与专业人才的结合 （增强学生归属感和荣誉感）

续表

教学内容和教学过程	思政融合
（二）中国核工业的转型 1969年底，上海向中央急报，电力匮乏。1970年2月8日，周总理提出著名的核电论：二机部不能光是爆炸部，也要搞原子能发电。 1983年3月，在张爱萍主持下，国防科委与二机部联合提出“核工业应在保证军用的前提下，把重点转移到为国民经济服务上来”。邓小平亲自批准方案，从此核工业开始了“军民结合”。(矛盾：1978年中法协议建设核电) 1979年3月28日三哩岛核事故没能阻止中国核电的发展。 “核电一定要搞，交给二机部牵头搞”。	【思政融入】 核筑强国梦的第二个时期，军转民使中国拥有了先进的能源技术。
（三）改革开放下的核工业 两项重要任务： ① 开拓国外和平利用核能市场； ② 引进先进核工业技术与管理。 1980年2月，中国原子能公司成立，参加IAEA（国际原子能机构）、WANO（世界核电运营协会）。1978年12月，邓小平在中法政府签订一项合作协定前，表示将向法国购买两座核电站设备的意向在研究堆和核电站出口方面，主要有871工程和恰希码工程广泛吸收国外地浸采铀技术，第一个地浸基地1999年6月在新疆开工建设核电技术升级，由原来的第二代原型堆向第二代加、第三代发展。	【思政融入】 1. 提出问题：“大国底气，从何/核而来？” 描述历史时期核工业发展任务的艰巨性。（增强学生自豪感） 2. “两弹一艇”，使新中国能够立足于世界民族之林。奠定了强国之路的基础。而核电的发展标志着中国在核能利用上的历史成就。
（四）我国核电发展的三个阶段 1. 1978年 第一阶段 ·我国核能发展起步于20世纪80年代中期 ·1985年开始建设自主设计与建造的秦山核电站——一台300 MW电功率的压水堆核电机 ·1987年开始建设引进法国技术与设备的大亚湾核电站——两台900 MW的压水堆核电机组 ·这三台机组分别在1991—1994年期间陆续建成投入运行 ·随后是1996—2000年期间开工建设的四个工程，共八台核电机组 2. 2005年 第二阶段 ·2005年国务院颁布《核电发展中长期规划2005—2020》，提出“积极发展核电”的方针，中国核电走上快速发展之道 ·“规划”提出到2020年，我国核电在运4 000万kW，在建1 800万kW ·“规划”发布后，当地政府，相关企业集团积极响应，纷纷投入力量建设核电 ·2005年12月至2010年年底，共核准10个核电工程共34台机组，核准规模37.22 GW 3. 2011年 第三阶段 ·2011年3月福岛核事故改变了中国核电发展节奏 ·福岛核事故发生以后，国务院召开会议听取有关情况汇报，强调要把安全放在核电发展的第一位 ·会议决定：组织对核设施的全面安全检查，加强运行核设施的安全管理，同时对新上核电项目要严格审批，在核电安全规划批准之前不上新的核电项目 ·安全检查结论认为：我国核设施的管理是有效的，总体质量受控。核电站满足我国核安全法规要求，风险受控，安全有保障	【思政融入】在强核强国道路上克服艰难险阻，强调安全第一位，加快核工业建设。

续表

教学内容和教学过程	思政融合
·检查中发现的问题已经组织进行整改 ·2011 年，没有开工任何项目，主要工作在于整改 ·2012 年 6 月，国家核安全局发布了《福岛核事故后核电站改进行动通用技术要求（试行）》，从 8 个方面对核电站改进行动提出要求，进一步提高核电站的安全性 ·2012 年 10 月 24 日，国务院批准核电安全规划及调整以后的《核电中长期（2011—2020）发展规划》，核电新项目重新启动 ·2012 年 11—12 月，福清 4 号机组等四个项目开工，中国在建核电机组达到 30 台 ·2013 年上半年，福建宁德 1 号机组、辽宁红沿河 1 号机组相继投入商业运行，在役核电机组达到 17 台，总装机 1470 万 kW ·2013 年下半年，阳江 5 号、6 号，田湾 4 号机组陆续开工，中国在建机组数 31 台，总装机容量 3 385 万 kW	【思政元素】 介绍“华龙一号”的先进性和国际地位，（增强学生自豪感和荣誉感）。引出问题“是什么支撑着核工业的发展?”
（五）我国核电发展现状 ·截至 2021 年 12 月 31 日 ·在运行的核电机组：53 台 ·总装机容量：54 646.95 MW 习近平总书记出席第三届核安全峰会并发表重要讲话： 要坚持理性、协调、并进的核安全观，把核安全进程纳入健康持续发展的轨道。 党的二十大报告指出：以新安全格局保障新发展格局。 核安全是国家安全的重要性组成部分。 2017 年 9 月 1 日，十二届全国人大常委会第二十九次会议以 145 票赞成、2 票弃权的表决结果，通过了《中华人民共和国核安全法》。该法将于 2018 年 1 月 1 日起施行。 G20 峰会上，习主席再提这两个全球倡议：全球发展倡议和全球安全倡议被写入党的二十大报告。党的二十大报告强调：“中国提出了全球发展倡议、全球安全倡议，愿同国际社会一道努力落实。”	【思政融入】 1. “砥砺前行因何故不忘初心为哪般?”以史明志，结合核工业历史发展的讲述，让学生对核工业精神、新时代核工业精神有充分的认识和理解（增强学生认同感） 2. 加深学生对自身专业的理解。
（六）中国核工业管理体制上的变化 管理体制三次大变化： ·第一次是 1988 年 9 月 16 日，经国务院批准，中国核工业总公司成立 ·第二次是 1999 年 7 月 1 日，在中国核工业总公司的基础上，一分为二，改组成立中国核工业集团公司、中国核工业建设集团公司，实行政企分开（政府职能交国防科工委） ·第三次是 2018 年 1 月党中央、国务院作出中核集团和原中核建设集团合并重组的重大决策 60 多年来，我国核工业的管理体制先后经历了从三机部、二机部、核工业部、核工业总公司到中核集团的历史变迁，我国完整的核工业体系始终保存在中核集团并不断得到新的发展，这为我国核工业的发展壮大奠定了重要基础。 第一条线： 1955 年 1 月 15 日　毛泽东同志主持召开中共中央书记处扩大会议，作出发展原子能事业的战略决策。我们把这个时间作为中国核工业创立的标志。 ·1956 年 11 月设立第三机械工业部，主管核工业发展 ·1958 年 2 月改名为第二机械工业部 ·1958 年 7 月 13 日二机部党组决定成立北京第九研究所。1985 年 1 月，经批准，九院对外名称使用“中国工程物理研究院”	【思政融入】 1. 提出核工业发展的历程是条“长征”路。汇聚了两代人的心血。 2. 从核工业发展史料记载的时间和地理环境出发，强调第一代核工业创业者“献青春献子孙”的奉献历程。 3. 核工业从无到有的过程（增强学生荣誉感）

续表

教学内容和教学过程	思政融合
·1982 年 5 月二机部改名为核工业部 ·1988 年 9 月在核工业部的基础上成立政企合一的中国核工业总公司 ·1999 年 7 月中国核工业总公司拆分成中国核工业集团公司和中国核工业建设集团公司 ·2018 年 1 月党中央、国务院作出中核集团和原中核建设集团合并重组的重大决策 第二条线： ·1958 年 10 月 16 日成立中国人民解放军国防科学技术委员会，统一组织军队战略核武器研究、试制、试验、定型和监督生产 ·1961 年 11 月 29 日成立了国务院国防工业办公室，是国务院管理国防工业的办事机构 ·1977 年 11 月 14 日成立了中央军委科学技术装备委员会，统一领导国防科学技术研究和国防工业生产 ·1982 年 5 月 10 日上述三个部门合并重组，成立中华人民共和国国防科学技术工业委员会，属军队序列，同时也作为国务院的一个组成部委，主管国防科研、军品生产和军品外贸工作 ·1984 年 10 月成立国家核安全局，负责民用核设施核安全监督管理，由国家科委代管 ·1998 年 3 月机构改革原国防科工委改组为总装备部，另成立一个属政府部门的国防科工委。将原国防科工委管理国防工业的职能、国家计委国防司的职能，以及各军工总公司承担的政府职能，统归新组建的国防科学技术工业委员会管理。国家核安全局并入国家环保总局 ·2008 年 3 月撤销原国防科工委，成立国家国防科技工业局、国家能源局。分别归工业和信息化部、发展和改革委管理 三、知识点回顾（5 min） （1）中国核工业的开端 ·1958 年 5 月，五厂三矿定点 ·1959—1960 年，困难时期 ·1964 年 10 月 16 日，第一颗原子弹爆炸 ·1967 年 6 月 17 日，第一颗氢弹爆炸 ·1971 年 4 月，第一艘核潜艇下水 （2）中国核工业的转型 ·1970 年 2 月 8 日，728 工程“核电论” ·1981 年 3 月，“军民融合”转型 （3）改革开放下的核工业 两项重要任务： ·开拓国外和平利用核能市场 ·引进先进核工业技术与管理 （4）我国核电发展的三个阶段 ·1978 年，起步阶段（建设第一座核电站） ·2005 年，加速发展 ·2011 年，高校发展	

续表

教学内容和教学过程	思政融合
（5）我国核电发展现状 ・习主席提出：理性、协调、并进的核安全观 ・核安全是国家总体安全之一 ・2018 年 1 月，核安全法实施 ・2022 年 11 月 G20 峰会习主席再提全球安全倡议 （6）中国核工业管理体制上的变化 ・1988 年 9 月 16 日中国核工业总公司成立 ・1999 年 7 月 1 日中国核工业总公司一分为二，改组成立中国核工业集团公司和中国核工业建设集团公司 ・2018 年 1 月中核集团和中核建设集团合并重组 四、课程考核作业【学习通发布作业】 阅读或观看网上“学习通”课程平台分享的中国核工业建设和发展历程影音资料或文字材料，在对应资料下方撰写个人读（观）后感。	

五、教学实践过程回顾

<table>
<tr><th>教学活动</th><th>教学内容</th><th>教学场景</th><th>课程思政
创新举措</th></tr>
<tr><td>开场白</td><td>以世界核工业历史引出中国核工业的发展历史；介绍本讲内容背景</td><td>
</td><td>【专业认同】
核安全专业学生对自身专业的认识和理解</td></tr>
<tr><td>前讲回顾</td><td>回顾世界核工业历史重要事件和成就</td><td></td><td></td></tr>
<tr><td colspan="4">课程内容</td></tr>
<tr><td rowspan="3">学生课堂展示</td><td>课堂展示背景及课程考核方式</td><td rowspan="3">
</td><td rowspan="3">【专业认同】
当下热点与核工业发展历史使命相关联，引导学生主动了解自身专业</td></tr>
<tr><td>结合《流浪地球 2》热映期间中核集团发声的热点话题学生进行课堂展示</td></tr>
<tr><td>通过报告和内容打分，引出本讲内容</td></tr>
</table>

续表

教学活动	教学内容	教学场景	课程思政 创新举措
教学内容 引入	以原子弹爆炸视频和党的二十大报告为素材，说明中国核工业发展的意义，以及核安全专业学生当今的使命和责任		【价值传递】 思政素材结合教学方法，增强学生归属感和荣誉感
中国核工业 的开端	以核工业开端历史为链条，穿插故事及拓展知识，展现核工业建设的艰难和历史意义	 	
	以“是什么支撑着核工业发展?”问题为引，传递核工业精神		
中国核工业 的转型	核工业转型的过程和困难，核工业的历史性选择与当今领导人发展核工业的信念相一致		【思政融入】 核筑强国梦的第二个历史时期，军民融合
改革开放下的 核工业	改革开放后核工业的“走出去”“引进来”两项重要任务，引出中国核电建设的开端		【价值认同】 通过讲述历史时期核工业发展任务的艰巨性和突破性成绩，增强学生民族自豪感
我国核电发展的 三个阶段	介绍中国核电发展的三个主要阶段，特别是每个阶段时间节点的代表性历史时间		
我国核电 发展现状	以官方数据说明如今中国核电发展现状，强调中国核产业飞速发展，试图引导学生产生专业自豪感和认同感		【价值认同】 以史明智，结合核工业历史发展的讲述，让学生对核工业精神、新时代核工业精神有充分的认识和理解，增强学生认同感
	讲解第三届核安全峰会上习近平总书记提出的“核安全观”		

续表

教学活动	教学内容	教学场景	课程思政创新举措
我国核电发展现状	佩洛西窜台事件讲当代核安全		【价值认同】 以史明智，结合核工业历史发展的讲述，让学生对核工业精神、新时代核工业精神有充分的认识和理解，增强学生认同感
	讲结合二十大报告、G20 峰会上习近平总书记提出的两个全球倡议，介绍核安全相关法律法规		
中国核工业管理体制上的变化	介绍中国核工业管理制度上的三次重要变革		【情感传递】 讲述核工业从无到有的过程，增强学生历史荣誉感
	两条线介绍核工业管理体制的改革	 	
本讲小节	6 个主要教学内容总结		
本讲作业	阅读网上课程平台共享拓展教辅材料，完成报告		
结束语	1. 党的二十大报告中指出“青年强，则国家强”鼓励和激励学生勇于拼搏，砥砺前行； 2. 引用杨振宁院士百岁生日的故事，引发学生对人生价值的思考		【价值提升】 凝聚和升华本讲课程思政教学内容

六、创新性与效果总结

1. 课程思政教学创新思路

本课程在理论知识讲解的过程将“核工业精神”和“建设两型社会”作为显性表达，将“创业者精神”“核工业初心”，以及“文化自信”和制度自信作为潜移默化融入，以专业课理论知识作为内核隐性表达。通过时刻关注学生听课状态，采用故事融入和问题引出的方法吸引学生注意力，时刻调整各种教学方法的融入时间，以理论知识教学任务为核心，以思政"育"人教学为目标，利用多种教学方法贯穿各项教学内容，实现课程教学目标。通过剖析"导论课讲什么?"以及"导论课怎么讲?"等教学实践真实"问题"，提出了"一明确、两协同、三突破和四结合"的导论课创新改革思想，如图4所示。通过对"核工业概论"课程的教学目标、教学内容、思政元素教学方法和教学评价进行重新梳理，基于教学实践经验与反思，在课程设计中明确专业人才培养目标；协同专业人才培养理念，协同核心思政元素；突破教材、课堂和学科的限制，结合先进知识、先进理念、先进文化和先进方法。从而全面提升"核工业概论"课程的价值，做到与专业人才培养和思政教育同向同行。

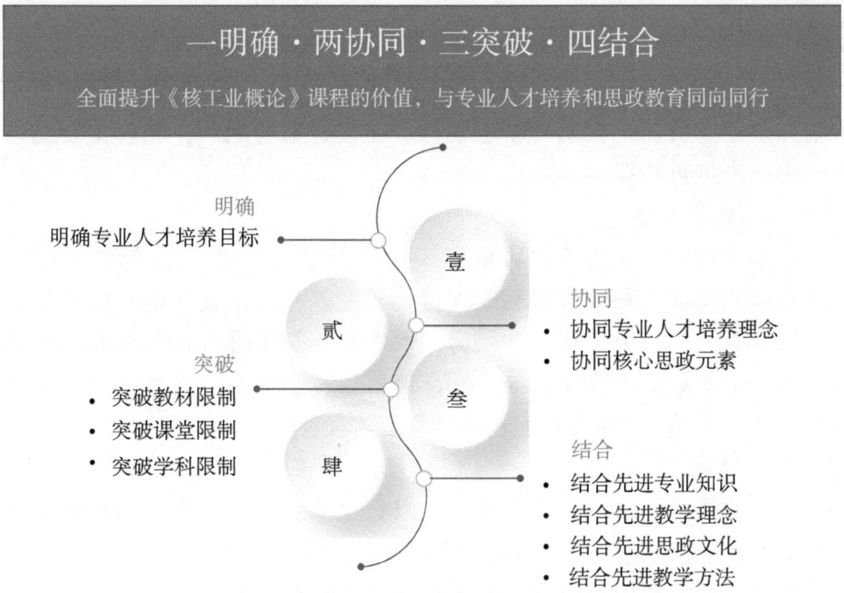

图4 课程思政改革举措

2. 课程思政创新成效

"核工业概论"作为一门专业引领课程，在教学内容中包含了对学生未来可能从事工作和科学研究领域的介绍，拓宽学生视野，为学生未来无论是就业还是考研提前打好基础，做好指引。自2017年来，本课程已经培养了3届核安全专业本科生，专业保研比例在我院各专业系室排名第一，学生积极参加互联网+、大学生挑战杯、学科竞赛等创新实践活动，在任课教师的指导下获得了各类奖项："全国节能减排大学生创新竞赛获全国二等奖""第二届省研究生能源装备创新设计大赛二等奖""第三届省研究生人工智能创新大赛二等奖"，以及"安全科学与工程学科大学生创新竞赛三等奖"。考研率占专业总人数的40%以上，其中向清华大学等学科顶尖高校输送数名毕业生。

（1）评价度高

学生、同行及教学督导的评价是体现学生课程内容学习效果和展现教师教学能力的关键指标，本课程在多个教学改革研究课题的支持下，系统性地梳理了教学内容，并和专业前沿领域研究成果相关联，保持先进知识的持续更新，学生学习主动性和积极性较高。在课程教学中，教师运用的课堂教学和考核方法是有效的课程思政融入手段，也是提高学生素养和综合能力的手段。近5年来，每年教学评价中，课程评价结果均为优秀，学生满意度高，超过98%。

同行评价高，曾多次受邀赴校外、省外参加课程思政教学经验交流与分享活动，课程思政创新教学成果广泛受到业内专家、同行及同事的认可；教学督导认可度，教学团队多次作为教学督导组示范课程公开展示，听课比率高，推广力度大。

（2）教育教学成果丰富

本课程自我校核安全专业设立以来开设至今，与时俱进经历多次改革。在教材选用、竞赛获奖及教学改革研究课题等方面取得了丰厚的成果。

① 教材选用方面

目前课程组邀请了从事核燃料循环专业并对核工业系统非常熟悉的专家做总体把控，并走访了各家核工业系统关键企业，结合用人单位的人才培养目标，以及先进成果对原有教材进行改革和改进。目前正在编写新版教材。在教材编写期间，教师主要结合现有两本教材以及教师讲义来进行授课。

② 教研教改与教学竞赛

以导论课及本课程的教学改革内容申请获批了2022年省普通高等学校教学改革研究项目，校一流专业建设项目和校教研教改项目，并发表教改论文5篇。任课教师近年来依托课程内容参加省级、国家级竞赛，共获得："2021年省普通高等学校课程思政教学比赛一等奖""第三届全国高校安全科学与工程青年教师教学大赛一等奖""首届全国核行业科技英语演讲比赛二等奖"，以及其他校级教学竞赛奖励。

（3）成果推广性强

通过本门课程的课程思政教学创新改革，以导论课引导专业课程思政体系的建设，建立课程思政素材库。横向辐射专业课程的课堂教学，纵向贯穿专业课的教学内容。同时，引领建设不同教学平台的虚拟教研室、专精特新产业学院、课堂教学以及慕课的"四维模式"。实现在专业范围内"一课带多群，多群'哺'一课"的专业导论课价值提升与思政融入的教学创新举措，从而提高专业课程思政教育的"凝聚力"和"向心力"，实现对本专业本科教学周期的系统化课程思政教育的健康管理。

3. 总结与持续改进

本案例中，针对"核工业概论"课程内容"宽散"难以展现"高阶性"，价值引导要求高，学生共情难等痛点问题，通过探索提出了"一明确、两协同、三突破和四结合"的教学模式，以核工业产业链为轴，梳理和重构教学内容；以核工业发展史为魂，传播核工业精神，培养职业情怀；以虚实结合为法提高教学质量，采用显性表达、隐性表达和综合表达相结合的方法，有机融入思政元素，考察价值元素。发挥导论课的引导作用，达到"聚业铸魂"的预期目标。课程教学过程中，学生、同行及教学督导评价好、认可度高。目前，本课程所采用课程思政教学创新与实践方法在本专业内，及校内外均有一定程度的推广。

同时，随着国家对核安全的日益重视，先进的科学技术和理论方法不断呈现，本课程的改革更应结合社会现状，与国家需求和人民需要相吻合，在课程思政教学创新教育的路上砥砺前行。为国家、为核工业培养高水平学术型人才和应用型人才。

参考文献

[1] 徐守龙，邹旸，雷林，等．“核工业概论”课程的思政元素融入与表达方法［J］．教育现代化，2021，8（87）：145-148.

[2] 徐守龙，余修武，王淑云，等．“核应急救援”课程线上线下交互式教学方法［J］．教育现代化，2021，8（15）：37-39.

[3] 中核集团．中国核工业发展简史［M］．北京：中国原子能出版社，2021. 12

[4] 王淑云，罗筑华，雷波，等．“核安全法规”课程教学内容和教学方式方法的优化与创新实践［J］．教育现代化，2019，6（A5）：63-65.

[5] 蒋复量，雷林，谢超，等．基于工程教育认证的安全工程专业实践教学体系的改革与实施［J］．科教导刊（中旬刊），2019（08）：98-100.

[6] 屈武江，霍艳飞．专业导论课程教学改革的研究与实践［J］．乌鲁木齐职业大学学报，2021，30（3）：5-8.

[7] 李斌，杨果仁．物理学专业导论课程思政的浅探［J］．四川职业技术学院学报，2021，31（3）：33-37.

[8] 李新洋，蔡伟伟，贾方旭，等．“环境工程专业导论”“课程思政”教学内容的设计思考［J］．科学咨询（教育科研），2020，（10）：238.

[9] 邓权龙，黄佩玉，丁厚成，等．课程思政视角下安全工程专业导论教学改革研究［J］．安徽工业大学学报（社会科学版），2020，37（5）：73-74.

[10] 刘睿，韩疏影，毕肖林．融合课程思政重构药学导论课程体系的探索［J］．广东化工，2020，47（24）：197-198.

[11] 卢爱新，丁梧秀．新工科背景下工科专业课程思政建设的思考与探索［J］．洛阳理工学院学报（社会科学版），2021，36（6）：88-92.

[12] 倪晗，刘彩钰．OBE 理念下的课程思政教学效果评价探索［J］．黑龙江教育（高教研究与评估），2022，（2）：54-57.

“质子重离子放疗——认识国之重器”课程思政案例

耿长冉，钱根生

（南京航空航天大学材料科学与技术学院核科学与技术系，江苏　南京　211106）

摘　要：本案例“质子重离子放疗——认识国之重器”内容属于国家一流本科专业“核工程与核技术”、省一流本科专业“辐射防护与核安全”的专业课“放射治疗物理与技术”中的一章，紧扣“面向人民生命健康”科学研究发展和教育方向。本案例采用基于成果导向教育（OBE）理念的BOPPPS教学模式，以“春风化雨、润物无声”的形式融入“创新驱动的科学探索精神、致力打造国之重器的工匠精神”等思政元素，引入“雨课堂”“学赛结合、产教融合”等新型教学工具手段和教学方式方法。本案例在立德树人，“为党育人、为国育才”等方面取得显著成效，教学效果得到明显改善，引发学生的同频共振，先后获得第八届中国国际“互联网+”大学生创新创业大赛国赛银奖/铜奖、优秀本科毕业设计（论文）一等奖、发表本科生一作SCI期刊论文等方面取得大量标志性成果。

一、课程基本情况

（一）授课对象情况分析

“放射治疗物理与技术”课程的授课对象为高等学校核工程与核技术专业本科三年级学生，经过大学一年级和大学二年级阶段的通识课程学习和专业核心课程知识积累，学生已具有核科学与技术专业的基础知识，包括高等数学、普通物理学、原子核物理、辐射剂量学和放射生物学等，具备学习本课程必要的预备知识。针对大三学生的具体情况分析如下。

（1）学科知识水平

大学三年级学生在所学专业领域已经积累了一定的知识和技能。他们对专业课程的基本概念和原理有一定的理解，但仍需要进一步深化和应用这些知识。同时，大学三年级学生的学术能力和研究技能正在逐渐提升。他们可能已经开始进行独立研究项目或参与实习，因此需要更多的方法论和实践技能。

（2）学习动力

通常情况下，大学三年级学生对未来的职业和研究方向有了初步的了解。这使他们对专业课程更感兴趣，因为他们认识到这些课程对他们未来的发展至关重要。

（3）职业规划

在大学三年级阶段，学生通常开始思考他们的职业规划和未来发展。授课内容应该与他们的专业目标和兴趣相吻合，以便为他们的职业生涯提供实际支持。

（4）个体差异

大学三年级学生的背景、兴趣和学科领域可能各不相同。因此，教育者需要考虑这些个体差异，以满足不同学生的需求，同时需要通过价值引领、隐形教育等激发学习热情。

（二）课程情况简介

本课程是为高等学校核工程类专业（国家一流本科专业“核工程与核技术”、省一流本科专业“辐射防护与核安全”）本科生开设的一门专业选修课。放射治疗物理与技术是核技术应用的一个重要分支，是核技术在医学中的典型应用方向，是放射肿瘤学的重要基础，它主要是将放射物理的基本概念和理论应用于肿瘤的放射治疗实践过程中。本课程主要探讨与肿瘤放射治疗有关的物理问题，从核物理基础到吸收剂量及剂量测量原理；从X射线、电子束、近距离治疗剂量学，到临床计划设计的基本原理；从三维治疗计划系统，到调强适形放射治疗、X射线立体定向放射治疗、质子重离子治疗、硼中子俘获治疗等最新技术进展等。通过本课程的学习，优化学生的知识结构，为社会输送更多适应性强、高素质的核技术人才。该课程具体的特点分析如下所述。课程概况如图1所示。

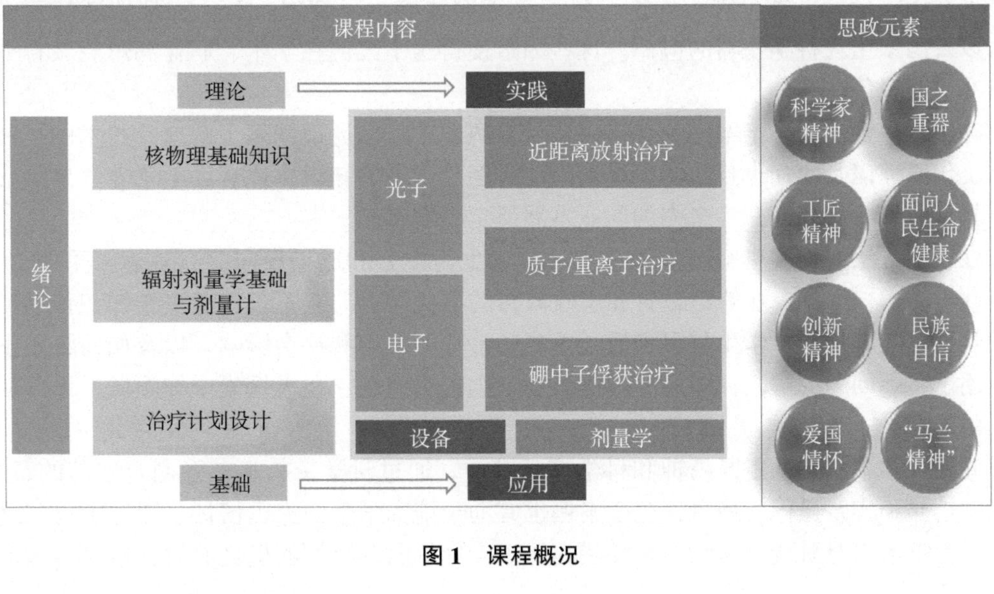

图1　课程概况

（1）跨学科性质

本课程具有鲜明的跨学科属性，涵盖了核工程与核技术、辐射防护与核安全、医学、物理学和工程学等多个学科领域，要求学生具备广泛的多学科交叉知识体系以及学习动力，以便有效地理解和应用在放射治疗中使用的物理原理和技术。

（2）前沿技术

放射治疗技术的进步涉及新技术研发和物理方法的创新，本课程将重点介绍最新的放射治疗设备和技术，以使学生了解该领域不断发展的最新趋势。同时，由于技术和治疗方法不断发展，本课程需要保持实时性，教材和内容可能需要定期更新，以反映最新的行业标准和最佳实践。

（3）实践导向

放射治疗物理与技术是一门实践导向的课程，需要结合产教融合教学改革以及设计仿真实验、模拟等手段，以提高其将理论知识转化为实际应用的能力，增强其应对真实患者治疗挑战的本领。

（4）安全与伦理

由于放射治疗涉及患者的生命和健康，本课程需要强调安全和伦理原则。学生需要了解如何最大程度地减少辐射对患者和医护人员的风险，同时遵循伦理规范。

二、案例基本情况

本案例“质子重离子放疗”节选自“放射治疗物理与技术”课程教学内容，属于先进放疗技术和当前医学物理领域的研究热点，紧扣“面向人民生命健康”的科学研究发展方向，致力于培养具有扎实先进放疗理论基础的核技术应用类人才。本案例主要内容包括质子重离子治疗的发展历史、工作原理、治疗设备和治疗计划系统相关知识。本案例的独特之处在于它结合了多个关键元素，包括先进的放射治疗技术、医学物理领域的前沿研究，以及国家重大科学仪器的应用。这些因素使得这个案例在学术、职业和思想教育方面都具有重要价值。

在学术内容方面：本案例主要探讨质子重离子放疗，通过深入了解这一技术的发展历史、工作原理以及治疗设备，学生将获得前沿医疗领域的知识。这有助于培养学生对最新医疗技术的了解和兴趣，为未来的职业发展奠定坚实基础。

在教学方法方面：本案例基于 OBE（以学生为中心和成果导向的）理念，采用 BOPPPS 教学模式，强调专业知识教育和思政教育的有机结合。它不仅仅是关于知识传递，还鼓励学生思考和反思。学生将思考质子重离子治疗的伦理和社会影响，以及如何将所学知识应用于实际问题的解决。同时，案例鼓励学生提出问题，积极探索未知领域，培养科学探索的能力。

此外，本案例融入工匠精神和科学探索精神。通过科学家故事，强调对细节的重视、技能的培养和实践操作。最后，这个案例也有助于培养学生的家国情怀。通过了解国之重器，学生将增强对科技创新和国家发展的认识，理解团队协作的优良品质，培养对国家的热爱和责任感。

三、案例思政元素分析

通过详细梳理本课程内容，深度挖掘了所蕴含的思政元素，以先进的教学手段为依托，致力于为国家培养具有正确价值观、家国情怀和“大格局”意识的新时代建设者。以“润物无声”的方式融合课程思政元素，潜移默化地塑造学生的探索精神，激发其辩证思维，同时培养浓厚的家国情怀。本案例蕴含的思政元素主要包括：创新驱动的科学探索精神、致力打造国之重器的工匠精神、以人民生命健康为中心的人文关怀意识。

1. 创新驱动的科学探索精神

质子重离子放疗技术发展始于 1946 年，美国物理学家 Wilson 创新地提出质子重离子治疗概念，后续历经理论研究、技术发展、应用推广和市场开发等多个阶段。大量专家学者勇于探索、不懈奋斗，突破了一系列关键技术，如医用质子和重离子加速器研发、束流调制、治疗计划设计系统、剂量计算、剂量测量和生物效应等，并建造治疗中心，使得质子重离子治疗的临床应用成为现实。

2. 致力打造国之重器的工匠精神

质子重离子治疗设备是核技术、计算技术、精密机械、图像处理、自动控制和医学影像等多学科交叉融合的成果，其技术复杂度高、研发投资大、建设周期长、运营负担重、人才培养标准高。相对于欧美的发达国家，我国的质子重离子治疗技术起步晚，高端仪器设备依赖进口，发展受制于人。从 1993 年起，中国科学院近代物理研究所承担医用重离子治疗设备研发任务，在 2010 年实现了医用重离子加速器的国产化，并投入临床应用，使我国成为全球第四个能够自主研发重离子治疗技术的国家。

3. 以人民生命健康为中心的人文关怀意识

通过本案例，学生将深入了解质子重离子放疗这一创新医疗技术对人民生命健康的重要意义。在课程中，我们强调国之重器的研发历程，包括我国科学家在该领域的艰苦奋斗和国内研制的重离子治疗设备，让学生深刻体会到科技创新对人民健康的贡献。这不仅是一门课程，更是对国家战略的支持，通过培养这一人文关怀意识，我们帮助学生明白科学家、医疗人员和整个医疗体系为人民的生命健康而努力，树立正确的人生观、价值观，并激发他们为人民服务、贡献社会的愿望。

四、案例教学整体设计

（一）教学目标

本案例的教学目标：

1）了解质子重离子放疗发展历史，学习物理学家 Wilson 等人探索质子重离子治疗科学精神，体会核技术应用发展对保障人民生命健康的重要意义；

2）掌握质子重离子放疗的工作原理、设备组成和治疗计划系统。

（二）教学设计

紧扣课程特色，提炼思政元素，将思政教育融入课程教学，以确保知识传递、能力培养和价值观塑造有机互动和共同发展，本案例教学设计重点考虑如下几点。

（1）知识传授

从常规光子放疗技术的不足之处，引入先进放疗技术概念和质子重离子放疗技术；讲授质子重离子治疗技术的发展历史、工作原理、治疗设备和治疗计划系统相关知识。

（2）能力培养

基于本课程前期的传统光子放疗技术知识，举一反三，引导学生类比学习质子重离子治疗技术知识点；观察光子、质子和碳离子在人体内的深度剂量分布曲线，引导学生思考和分析质子重离子治疗的剂量分布特点和优势；通过公式推导、程序模拟、问题研讨等环节，培养学生自主学习、知识运用和实践操作能力。

（3）价值塑造

通过国民健康统计数据和放疗技术发展趋势，引导学生体会质子重离子放射治疗技术对保障人民生命健康的重要意义；通过中国科学院近代物理研究所历经30年，自主研发医用重离子加速器和临床应用的案例，激发学生强核报国的理想信念和扎根中国大地，自主发展核心技术的家国情怀。

（三）教学实践

深入贯彻以学生为中心的教学理念，围绕教学目标的达成，本案例综合基于OBE理念的BOPPPS教学模式，将教学过程划分为三个阶段、六个环节：第一个阶段包括引入、学习目标、前测三个环节；第二个阶段包括参与式学习与后测两个环节；第三个阶段是总结环节。根据“为什么、是什么、做什么”的内在逻辑次序，以及问题提出、问题分析、问题解决的认知路径，我们引导学生逐步由获取简单的“知识”内化为更深层次的“识”，最终付诸于实际行动，“行”动中培养其高级思维技能。极力倡导师生互动和生生互动，以激发学生自主学习和积极探究的动力。同时，特别关注课程的特点，通过巧妙地融合思政元素，将专业知识与思政价值观念相互渗透，以实现知识传授和价值观塑造的无缝结合。

第一阶段	教师进行教学准备，编写和修改教案、课堂讲授PPT和课程讲义等，适当引入与本课程相关的最新前沿科技热点内容，认真规划课堂教学内容和细节过程。学生获得课前预习讲义，结合本课程教材，初步学习和掌握相关内容和知识点，总结知识盲点和难点，用于课堂小组讨论。 引入：在这一环节，借助在线学习平台（雨课堂），将教学课件以及相关的新闻时事、热点问题（新闻联播有关我国国产重离子研发成功的专题报道）等资料在课前进行发布，让学生进行预习。 确定学习目标：目标环节要让学生明确本次学习所要达到的知识、能力和素质目标分别是什么，学习的重点和难点又是什么，这一环节明确告知了学生的学习任务和目标，能够让学生明确学习的方向。 课前测试：前测的目的在于在课堂教学之前检验学生预习完成情况，在这一环节也可以通过在线学习平台完成，教师在雨课堂平台上发布测试题，学生在上课前完成测试。测试的题目主要是以问卷调查了解同学对质子重离子治疗的认知情况。
第二阶段	1. 质子重离子治疗的工作原理 问题导入：相对于X射线、γ射线和电子，质量较大的带电粒子（如质子、碳离子）能否用于放疗？质子和重离子在人体中的输运过程和剂量沉积特点是怎样的？质子或重离子用于放疗需要解决哪些问题？（小组讨论） 讲授内容：通过医用加速器产生质子或重离子束流。束流引出时，分别通过束流扩展器增大束流面积；通过能量调制形成展宽的布拉格峰，覆盖肿瘤治疗靶区；通过准直器和能量补偿器，减少肿瘤附近正常组织的照射剂量。

续表

第二阶段	质子或重离子束流进入人体后，发生电离作用，逐渐损失能量，在射程末端处形成一个尖锐的剂量峰（布拉格峰），峰值过后剂量则急速下降。利用布拉格峰的特点，可以使得剂量集中沉积在肿瘤病灶处，相对于常规的光子/电子放疗，质子或重离子在肿瘤前后和附近的正常组织沉积剂量小，有利于保护肿瘤周围的危及器官和正常组织。 重离子的传能线密度（LET）高，具有较高的相对生物学效应，且受氧效应、细胞周期影响小，可对肿瘤细胞DNA造成不可修复的致死性损伤，减小肿瘤复发和转移的概率，适用于对常规放疗有抗性的肿瘤。其原理及优势见图2。 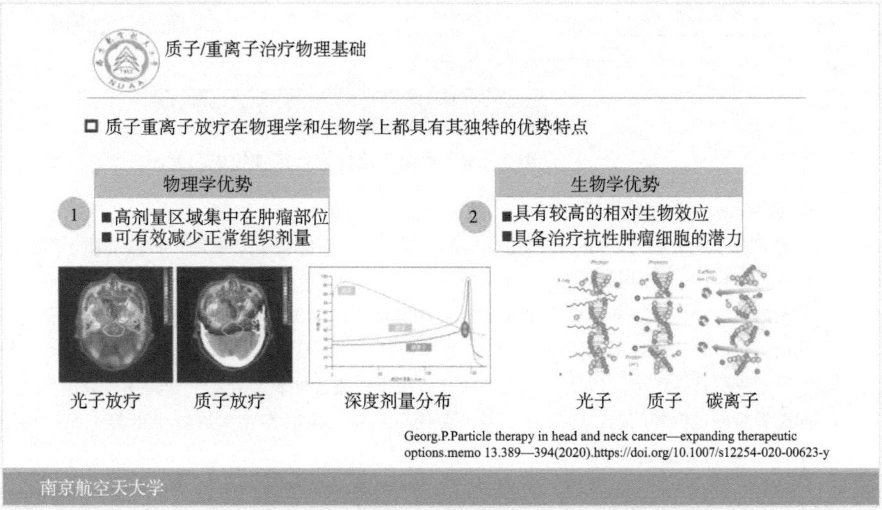 **图2　质子重离子放疗原理及其物理/生物优势** 2. 质子重离子治疗设备与治疗计划系统 问题导入：类比传统放疗设备系统，质子重离子放疗设备和系统需要哪些模块？有哪些相同点和不同点？（小组讨论） 讲授内容：质子重离子治疗设备（见图3）主要包括产生重离子束的加速器系统（包含束流调制和输运系统、人身/设备安全保护系统），进行患者治疗的治疗头、治疗床和对应的剂量测量、刻度和标定工具，以及治疗计划系统（包含医学诊断影像获取、图像重建、患者定位、治疗参数和设备运行参数设置等）。主控制系统确保各个子系统协同工作，完成预期的治疗目标。在此过程中将重点引入我国质子重离子国产装置的研发现状，提升学生的民族自豪感，并通过相关故事激发其创新工匠精神。 治疗计划系统使治疗设备和患者治疗之间的媒介，用于快速、准确地按治疗目标完成各种复杂的图像处理、剂量计算和数据处理任务，指导医生如何使用质子重离子治疗设备开展特定患者的放射治疗。治疗计划具体内容包括：根据患者的医学诊断影像（如CT/MRI/PET断层扫描图像），重建三维图像，分析肿瘤病灶、周围敏感器官和其他正常器官的位置，进行治疗靶区和危及器官轮廓勾画。确定治疗方案和各种治疗参数，如照射次数、照射方向、照射野大小和照射剂量等；使用三维虚拟定位模拟工具，确定患者精确定位相关参数，如治疗等中心位置、激光定位参数；确定设备运行参数、患者治疗专用准直器和补偿器的物理加工尺寸等，形成初步的治疗计划方案。开展治疗计划的调试、验证和质量保证（QA），使用水箱模拟治疗，实测治疗参数，与治疗计划中规定的参数对比，确保差值在允许范围内，方可用于患者治疗。

续表

第二阶段

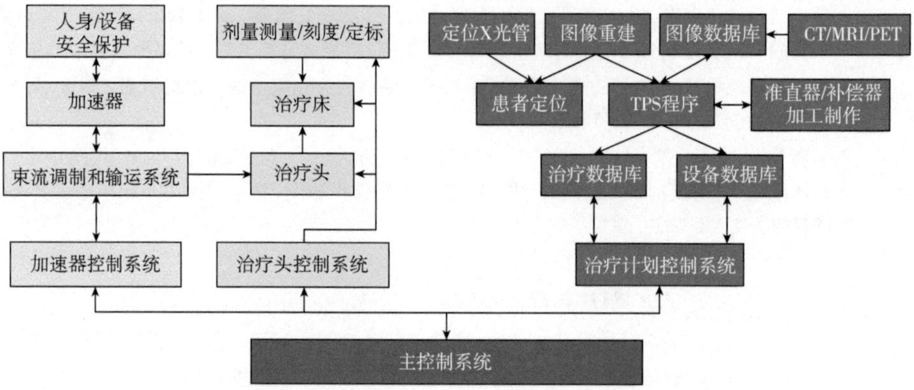

图3　质子重离子治疗设备系统组成示意图

3. 质子重离子治疗发展历史

问题导入：质子重离子治疗技术由谁提出？发展过程有哪些重要事件？我国的质子重离子治疗技术发展历程是怎样的？（小组讨论）

讲授内容：1946 年，美国物理学家 Wilson 在其发表的论文中指出质子和重离子治癌的建议，相比于光子放疗，带电粒子治疗可以保证更高的治愈率和更少的并发症。Wilson 还推测碳离子（一种重离子）可能比质子束更具有优势。1946 年后，一些具备质子束流条件的实验室，开始探索束流扩展、布拉格峰展宽和患者精确定位等问题。1954 年，美国劳伦斯伯克利国家实验室进行了世界上第一例质子治疗。1975 年，LBNL 开始重离子治疗临床试验研究。

1990 年，美国 Loma Linda 大学建成第一家医院性质的质子治疗中心，开始用于患者临床治疗。1993 年日本千叶县国立放射科学研究所建成了世界首台医用重离子加速器。2000 年后，技术发展逐渐成熟，开始商业化运营，大量商用质子治疗系统（如 IBA、Varian）出现，但售价昂贵、运营成本很高。2005 年，中国科学院近代物理研究所建成了浅层肿瘤重离子治疗终端，开始临床治疗试验，使中国成为全球第 4 个进行重离子临床试验的国家（见图 4）。

图4　兰州重离子加速器国家实验室

根据粒子治疗合作组（PTCOG）的统计数据，截至 2018 年年底，全球有 11 家重离子治疗中心在运行，正在建设的治疗中心 6 个，累计接受粒子治疗的癌症患者超过 22 万人，其中质子治疗为 19 万人，每年平均增长约 20%。

4. 后测

在课中插入习题和讨论环节，课中习题训练使用雨课堂方式开展（见图 5），通过课堂练习结果，快速、准确地了解学生知识点掌握情况，及时调整讲解内容进度及详细程度，确定是否需要回顾前期学习的知识点、补充和拓展学习内容，充分调动学生的学习兴趣。

续表

<table>
<tr><td>第三阶段</td><td>
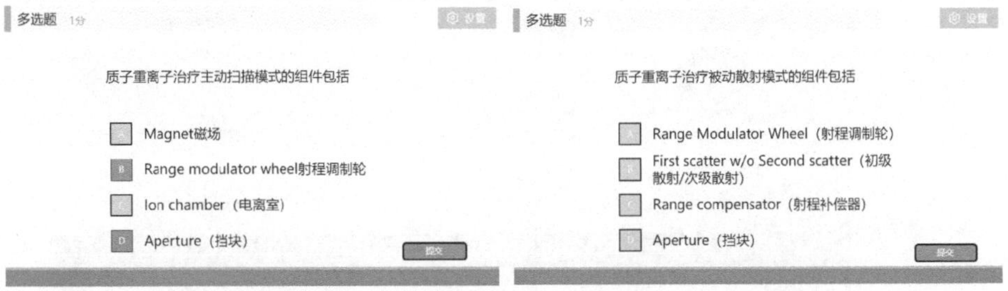

图 5　使用“雨课堂”开展课堂小测试，获得学生知识点掌握情况
结与拓展
1）归纳总结本讲内容的教学重点与难点，文理交融，升华教学内容；
2）布置课后练习题，对课上知识点进行回顾考察，加强学习效果；
3）提出课程拓展调研题目，让学生分小组开展文献调研分析，撰写调研报告，加深对本案例知识和行业发展现状的了解。
</td></tr>
</table>

五、教学实践过程回顾

本案例分为 2 学时讲授，主要讲述质子重离子放疗的基本原理、发展历程以及装置与治疗计划系统等关键知识点，教学过程中结合教学内容的重塑，言传身教，融情入理，熏陶学生的科学精神，厚植学生的家国情怀。自融入思政教学改革以来，本次课程已经经过 2022 学年和 2023 学年两次授课，通过积极采用“雨课堂”等智慧教学工具，并结合“学赛结合、产教融合”的教学实践，让学生在线上参与讨论，扩大了讨论的范围，教学效果得到显著提升。

通过本课程的思政教学改革建设，多方面提升了学生群体的综合素质。通过学生反馈可以得知，在如下几个方面素质得到了全面提升。首先，通过讨论环节的引入，改善了以往“填鸭式教学”存在的缺点，培养了学生的批判性思维，理解和分析社会和政治问题，提高问题解决的能力；其次，通过引导学生将所学知识应用于实际生活，帮助他们形成正确的价值观，在创新创业竞赛方面取得了突破性进展；此外，思政教育有助于学生的职业道德，让学生能够更好地理解职业操守和社会责任，提高职业道德水平。

重塑教学内容使得课堂氛围得到极大改善，学生参与度、课堂活跃度明显提高。校教学评估中整体评价从 2021 年的“良好”发展到 2022 年的“优秀”，教学评估结果学校排名从 69%进步到 34%。同时，获得多名督导组及同行评价老师的正面评价：“将教学内容与科学家故事结合，效果较好”“授课教师通过专业知识的讲解，加强科学家科研精神的宣传”。学生在先进放射治疗领域的学习兴趣得到全面提高，在学科竞赛、创新科研等方面取得标志性成果突破，详见第六章效果总结部分。部分课堂实景如图 6 所示。

图 6　部分课堂实景图

六、创新性与效果总结

（一）本案例的创新性

（1）挖掘思政元素的深度

将思政元素融入课程不仅仅是简单地加入一些相关内容，而是要深入挖掘和整合，使之真正成为课程的一部分。通过在课堂讲述过程中重点引述质子重离子治疗关键技术的提出和发展、我国中国科学院近代物理研究所艰苦奋斗、独立自主研发重离子治疗设备和技术，激发学生的强核报国的理想信念，做到春风化雨、润物无声。

（2）新型教学技术手段的引入

引入新型教学技术手段，如“雨课堂”，可以增强教学的互动性。这种在线平台可以为学生提供更多参与讨论的机会，使课堂不再是被动接受知识的场所，而是一个共同探讨和学习的空间。这种互动可以激发学生的学习兴趣，提高他们的参与度，同时也为思政元素的传递提供了更广泛的平台。

（3）学赛结合和产教融合

将学习与实践相结合，促进了学生专业知识的整合。通过参与创新创业大赛和竞赛活动，学生不仅仅学习理论知识，还能将其应用到实际项目中。这有助于加深他们对课程内容的理解，同时也培养了实际问题解决的能力。此外，与产业界的合作也能使学生更好地了解职业道德和社会责任，从而更好地将思政元素内化为行动。

(二)效果总结

(1)显著提升教学效果与学生评价

引入思政教学对教学效果产生了显著影响，教学评估结果中的整体评价从2021年的“良好”发展到2022年的“优秀”，学校排名从69%进步到34%。通过思政元素的融入，教学变得更为丰富多彩，激发了学生的学习兴趣，促使他们更积极地参与讨论和思考。学生不仅仅是知识的获取者，还成为了更有思想、更有道德情操的社会成员。这一变化不仅反映在学生的学术表现上，也在他们的综合素质和道德品行方面有所提升。因此，引入思政教学不仅为教学注入了新的活力，还为学生提供了更全面的教育体验，进一步增强了教学效果并受到了学生的积极评价。图7是学校教学评估系统中的部分学生评价截图，可以看到基本都是“教学生动，提高学生学习兴趣”“课堂气氛活跃，教学方式有趣”“老师上课对各个知识点都有很好的讲解，很仔细”“老师认真负责，讲课易懂通透”“老师课程讲解条理性很强”“上课十分有趣，清晰明了，十分不错”等正面评价。特别针对思政元素的融入，督导组及同行评价老师给予正面评价：“将教学内容与科学家故事结合，效果较好”“授课教师通过专业知识的讲解，加强科学家科研精神的宣传”，充分肯定了思政课程的建设效果（见图8）。

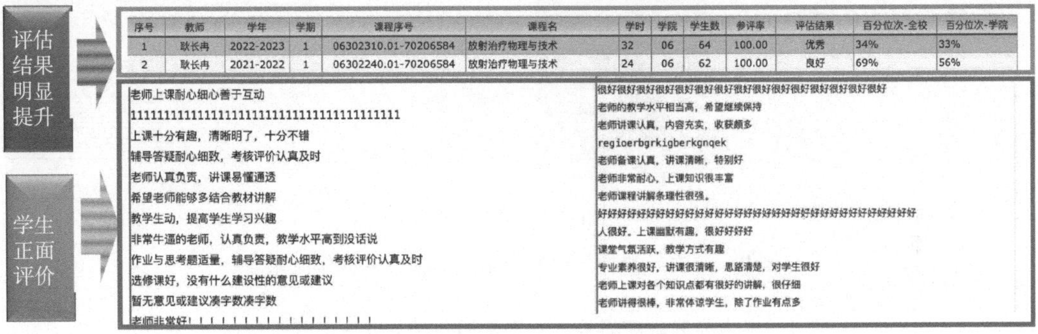

图7　学生评价教学效果明显提升

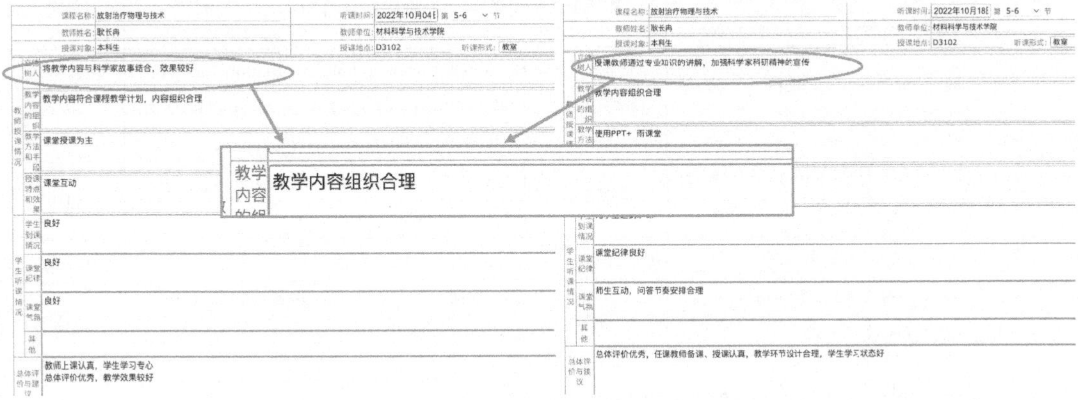

图8　督导及同行评价

（2）有效增强学生创新/创业能力

本案例融入思政元素，专业性、趣味性、感染力增强，引起学生的同频共振，明显增强教学效果，激发了学生的创新精神、创业热情、爱国情怀和强核报国的理想信念，成效显著。同学们在先进放射治疗领域的学习兴趣得到全面提高，在第八届中国国际“互联网+”大学生创新创业大赛全国总决赛获得国赛银奖/铜奖各 1 项，并发表本科生一作 SCI 期刊论文 1 篇，获得优秀本科毕业设计（论文）一等奖等标志性成果。任课教师在此过程中也承担了多项教改项目并多次参加竞赛获奖，如图 9 和表 1 所示。

带本科生在IAEA总部参加竞赛

“互联网+”大赛国赛银奖 (本专业首次)

“互联网+”大赛国赛铜奖

本科毕设校一等奖

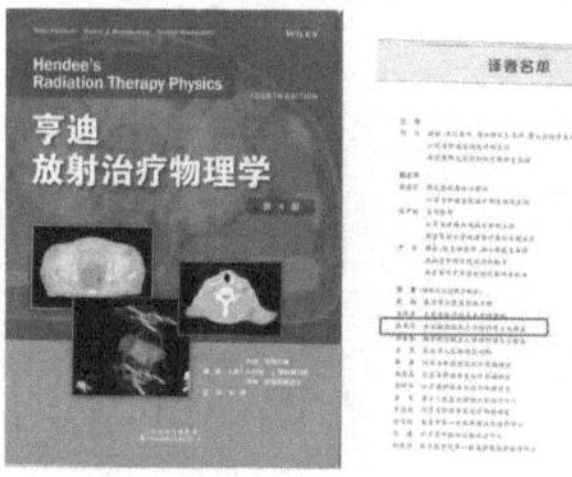

参与放射治疗物理教材建设

本科生一作SCI论文

图 9　学生与教师获得的与本案例相关的教学成果

表 1　学生与教师获得的与本案例相关的教学成果部分清单

序号	类型	级别	名称	时间
1	第八届中国国际“互联网+”大学生创新创业大赛	国赛银奖	鹰眼——引领走向精准放射治疗新时代	2022
2	第八届中国国际“互联网+”大学生创新创业大赛	国赛铜奖	Prompt-γ Compton Imaging Platform—World-leading Production for Real-time Monitoring in Particle Radiotherapy	2022
3	第四届世界核大学“核科学·奥林匹克（Nuclear Olympiad）”大赛	亚军	Public Opinion on Nuclear Science and Technology in China	2019
4	第八届万方数据微视频大赛	最佳视频奖	《科技助力，同心抗疫》	2021
5	江苏省高校核工程类专业本科优秀毕业设计（论文）	一等奖	基于一维光纤的先进放射治疗系统漏射线定位方法研究	2023
6	本科生一作期刊论文《Journal of Instrumentation》	SCI	Machine Learning-Based Reconstruction of Single and Double Radiation Source Distribution Using Plastic Scintillation Optical Fiber	2023

续表

序号	类型	级别	名称	时间
7	第一届全国核工程类专业青年教师教学比赛	优胜奖	质子重离子放疗技术	2019
8	南京航空航天大学微课教学比赛	三等奖	细胞尺度的放射治疗	2019

网络资料

[1] 国际粒子治疗协作组官网，https：//ptcog. site
[2] 人民日报：首台医用重离子加速器成功应用，https：//www. cas. cn/cm/202108/t20210816_ 4801968. shtml
[3] 质子治疗：高效、精准的癌症放疗新技术，https：//www. nmed. org. cn/Content/xwzx/xw/2023-03/146827. html
[4] 2021 年我国质子项目汇总，https：//www. ccnta. cn/article/7167. html
[5] 美国 MD 安德森质子治疗中心，https：//www. mdanderson. org/
[6] 日本国立癌症研究中心，https：//www. particle. or. jp/hirtjapan/en/medical/about/equipment. html

参考文献

[1] 涂彧 . 放射治疗物理学 [M] . 北京：原子能出版社，2010.
[2] 殷蔚伯 . 肿瘤放射治疗学 [M] . 北京：中国协和医科大学出版社，2008.
[3] 付瑞红 . 基于 OBE 理念的教学科研一体化探索与实践 [J] . 教学研究，2017，40 (3)：6.
[4] 何燕玲 . 基于 BOPPS 教学法的概率课程思政教育探索 [J] . 中文科技期刊数据库（全文版）教育科学，2021 (1)：236-237.
[5] Wilson RR. Radiological use of fast protons [J] . Radiology，1946：47，487-91.
[6] 唐劲天，左焕琮 . 质子治疗肿瘤的现状与发展趋势 [J] . 中华肿瘤杂志，2001，23 (1)：4.
[7] 刘世耀 . 质子和重离子治疗及其装置（修订版）[M] . 北京：科学出版社，2016.
[8] 肖国青 . 中国科学院近代物理研究所和兰州重离子研究装置 2012 年年报 [M] . 北京：中国原子能出版社，2013.

空间单粒子效应与加固设计
——“空间辐射环境与防护”课程思政案例

刘云鹏[1,2]，胡志猛[1,2]

（1. 南京航空航天大学大学核科学与技术系，江苏　南京　210016；
2. 空间核技术应用与辐射防护工业和信息化部重点实验室，江苏　南京　210016）

摘　要：“空间辐射环境与防护”是国家一流本科专业“核工程与核技术”、省一流本科专业“辐射防护与核安全”的专业课，也是充分体现核学科与航天学科深度交叉融合的核心课程。该课程较全面、系统地介绍空间辐射环境及其产生的各类空间辐射效应和相应的抗辐射加固、辐射防护的基本理论、方法和应用案例。本次课程思政的教学节段是该课程的核心内容之一，讲解最常见的一类空间辐射效应——单粒子效应的物理过程以及相应的加固措施。在讲解过程中，参考BOPPPS教学设计，使用智能化网络教学工具“雨课堂”授课，设置互动环节，让学生参与回答问题，综合利用视频、动画、图片、演示等多媒体信息技术提升呈现效果，穿插采用故事型、问题型、讲解型、互动式授课方法吸引学生注意力，介绍我国火星探测任务、老一辈科学家事迹、国产化宇航级芯片等若干案例，将家国情怀、职业素养、科学精神、思辨意识等多个思政元素与理论、公式、例题、案例、微信做题等多种元素有机融合在一起，激发学生情感和认知上的共鸣和认同，坚定高水平科技自立自强决心，增强国家民族自豪感，激发学生航天报国的理想情怀。

一、课程基本情况

“空间辐射环境与防护”是国家一流本科专业“核工程与核技术”、省一流本科专业“辐射防护与核安全”的专业课，也是充分体现核学科与南京航空航天大学“航空、航天、民航”三航特色之一航天学科深度交叉融合的核心课程。该课程较全面、系统地介绍空间辐射环境及其产生的各类空间辐射效应和相应的抗辐射加固、辐射防护的基本理论、方法和应用案例。前期获得江苏省高校微课教学比赛一等奖、三等奖，南京航空航天大学课程思政竞赛三等奖等。

（一）授课对象情况分析

“空间辐射环境与防护”的授课对象为“核工程与核技术”“辐射防护与核安全”等核工程类专业大三学生。学情情况分析具体如下。

（1）“核+航天”求知诉求强烈，但认识较为模糊

大多数核工程与核技术、辐射防护与核安全专业的学生，对核技术在航空航天领域应用方面的知识有着强烈诉求。学生对核技术在航天中的应用认识不深，大多停留在核电

池、空间堆等个别应用领域，对空间辐射环境、效应与加固防护措施方面的专业知识认为较为模糊或者根本不清楚，没有具象认识。

课程名称	“空间辐射环境与防护”
开课学期	第5学期（大学三年级上学期）
授课对象	核工程与核技术、辐射防护与核安全专业本科生
前修课程	“原子核物理”“辐射剂量学”
选用教材	沈自才，丁义刚著.《抗辐射设计与辐射效应》，中国科学技术出版社，2015.05.01
以往成果	● 2020江苏省高校微课教学比赛三等奖（排名第1） ● 2017江苏省高校微课教学比赛一等奖（排名第2） ● 2022校课程思政竞赛三等奖（排名第1） ● 2020国家级一流本科课程-虚拟仿真实验教学（排名第3） ● 校优秀硕士学位论文2篇（2019、2022） ● 校本科优秀毕业设计（论文）奖二等奖1项（2017） ● 第三/四/五届全国高校学生课外“核+X”创意大赛优秀指导教师奖，指导学生获二等奖2项，三等奖1项

图 1　“空间辐射环境与防护”课程基本信息

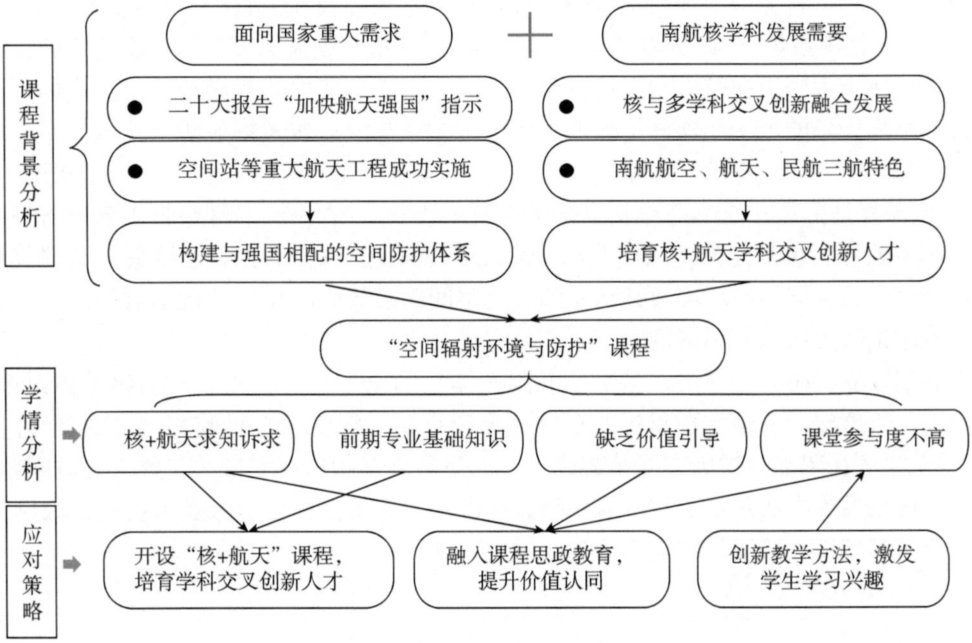

图 2　“空间辐射环境与防护”课程授课对象情况分析

（2）有一定专业知识基础，但限于地面辐射与防护

核工程与核技术、辐射防护与核安全专业学生前期学习过“辐射剂量学”“原子核物理”等基础专业课程，对射线与物质的相互作用、地面的辐射环境及射线装置以及地面上的辐射防护技术具有一定的学习基础。学生在掌握地面辐射环境与防护技术的基础上，有必要了解空间辐射环境及防护技术。针对本次选取的教学节段“空间单粒子效应与加固设计”，通过前面课程的学习，学生已掌握地球俘获带、太阳质子事件、银河宇宙射线等各类空间辐射环境以及辐射粒子种类与特点。但对空间辐射效应及相应的加固措施尚不清楚。

（3）对核专业前景认识较为迷茫，缺乏价值引领

本门课程面向的是刚刚进入大学三年级的本科生，他们已经储备了较好的公共课知识和一定的核专业基础知识，但对核专业的前景和专业内涵的认识不足，不清楚为什么而学、学了有什么用，理论知识有何现实应用；同时缺乏科学思维训练，高水平科技自立自强意识较为淡薄，航天报国等家国情怀意志力不够强，缺乏相应的价值引领。

（4）有一定学习惰性，课堂参与程度不高

大学三年级学生具备了一定的自学能力和一定的网络资源搜索能力，且活泼好动、精力充沛、对新生事物充满好奇、富有一定的创新精神，但存在一定的学习惰性，对于单调枯燥的理论学习兴趣不高；学生比较喜欢轻松、活跃的课堂氛围，但主动提问题的积极性不高。

（二）课程情况简介

习近平总书记在党的二十大报告中明确指示“加快建设航天强国”。“探月工程”“中国空间站”“北斗导航”“高分专项”“天问一号”等这些重大航天工程的成功实施，标志着我国正从航天大国迈向航天强国的行列。因此，有必要建立与我国地位相适应的、国际领先的、可靠完备的电子元器件抗辐射加固技术体系与载人航天辐射防护技术体系，培育空间辐射与防护方向的高质量创新人才。“空间辐射环境与防护”这门课应运而生（见图3），该课程是国家一流本科专业“核工程与核技术”、省一流本科专业“辐射防护与核安全”的专业课，也是充分体现核学科与航天学科深度交叉融合的核心课程。该课程较全面、系统地介绍空间辐射环境及其产生的各类空间辐射效应和相应的抗辐射加固、辐射防护的基本理论、方法和应用案例。

本课程以立德树人为导向，基于“三位一体”的全方位育人理念，构建了知识传授、能力培养、价值塑造三维教育目标。在课程思政方面，深度挖掘思政案例（见图4），如玉兔/祝融星表探辐射、中国空间站建成记、兰州重离子加速器大科学装置，通过问题型、案例型、讨论型等方法，将思政元素润物无声融入知识传授中，学习航天精神、大国工匠精神、科学家精神，坚定学生理想信念，激发家国情怀。

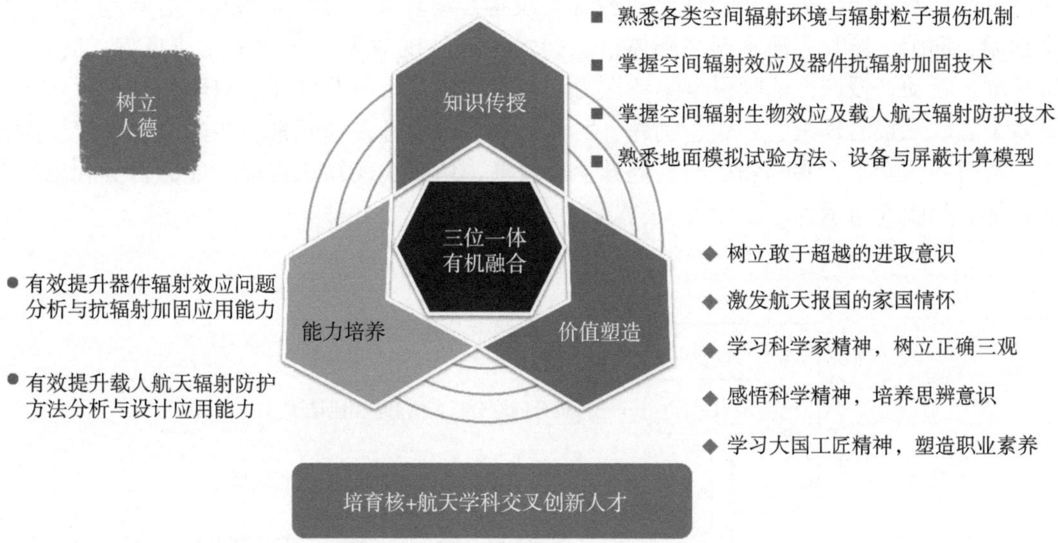

图 3 “空间辐射环境与防护”课程内容情况简介

序号	章节	融入方法	思政案列	思政目标
1	空间辐射环境与损伤机制（第1、第2章节）	□案例法、讨论法、讲解法 □视频、多媒体	• 玉兔/祝融星表探辐射 • “羲和+夸父号”双星携手探日 • X射线天文卫星“慧眼”看宇宙	✓树立勇于登攀、敢于超越的进取意识 ✓培养同舟共济、团结协作的大局观念
2	空间辐射效应与抗辐射加固(第3、第6、第7章节)	□案例法、讨论法、讲解法 □视频、多媒体	• 十年磨一剑，中国芯上天记 • 未能冲出地球的福布斯·土壤号、短命的日本瞳卫星 • 程开甲院士矛与盾的故事	✓坚定科技自立自强，激发航天报国情怀 ✓学习匠心精神，塑造良好职业素养 ✓弘扬科学家精神，树立正确三观 ✓知其然知其所以然，培养思辨意识
3	空间辐射生物效应与载人航天的辐射防护（第3、第8章节）	□案例法、讨论法、讲解法 □视频、多媒体	• “太空家园”中国空间站 • 中国航天员的人物事迹 • 未尝一败的神州飞船 • “飞天”航天服务研发历程	✓传承“志在长空”蓝色梦想，坚定理想信念 ✓学习一丝不苟的航天精神，塑造职业素养 ✓培养勇于攻坚、无私奉献的精神品质
4	地面模拟试验方法与屏蔽模型（第4、第5章节）	□案例法、讨论法、讲解法 □视频、多媒体	• 兰州重离子加速器大科学装置 • 中国散裂中子源大科学装置 • 哈尔滨空间环境地面模拟装置	✓激发科技强国的爱国情怀和使命担当 ✓着力培养精益求精的大国工匠精神 ✓培养破除迷信、用于创新的科学精神

图 4 “空间辐射环境与防护”课程思政与实施途径

二、案例基本情况

（一）案例：空间单粒子效应与加固设计

本次课程思政的教学节段源于该课程的核心内容之一，讲解最常见的一类空间辐射效应——单粒子效应的物理过程以及相应的加固措施。该教学节段参考 BOPPPS 教学设计，使用智能化网络教学工具“雨课堂”授课，设置互动环节，让学生参与回答问题，综合利用视频、动画、图片、演示等多媒体信息技术提升呈现效果，穿插采用故事型、问题型、讲解型、互动式授课方法吸引学生注意力，将家国情怀、职业素养、科学精神、思辨意识等多个思政元素与理论、公式、例题、案例、微信做题等多种元素有机融合在一起，激发学生情感和认知上的共鸣和认同，提升学习效果，从而实现知识目标、能力目标和思政三重目标，如图 5 所示。

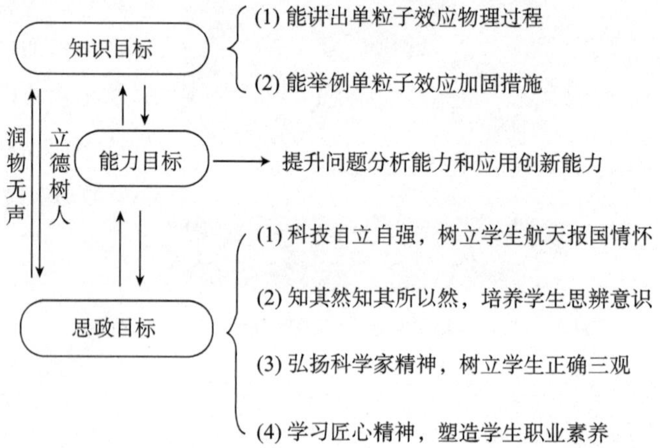

图 5　“空间单粒子效应与加固设计”节段的教学目标

1. 知识目标

（1）能讲出单粒子效应发生的物理过程，理解 LET 阈值概念。

（2）能举例单粒子效应加固措施，理解抗辐射加固技术概念。

2. 能力目标

将单子效应抗辐射加固方法原理应用到宇航级芯片加固设计中，实现从基本原理到工程应用的跨越，提升问题分析能力和应用创新能力。

3. 思政目标

（1）坚定高水平科技自立自强决心，增强国家民族自豪感，激发学生航天报国的理想情怀；

（2）弘扬科学家精神，树立学生正确三观；

（3）培养学生思辨意识；

（4）学习匠心精神，塑造学生职业素养。

三、案例思政元素分析

“空间单粒子效应与加固设计”教学节段课程思政元素与融入过程如图 6 所示。

1. 培养国家忧患意识，坚定高水平科技自立自强决心，激发航天报国情怀

结合习近平总书记在党的二十大报告中给出的“加快建设航天强国”指示，讲述“天问一号”完美逆袭背后“萤火”之殇的火星探测故事。实际上，我国第一颗真正的火

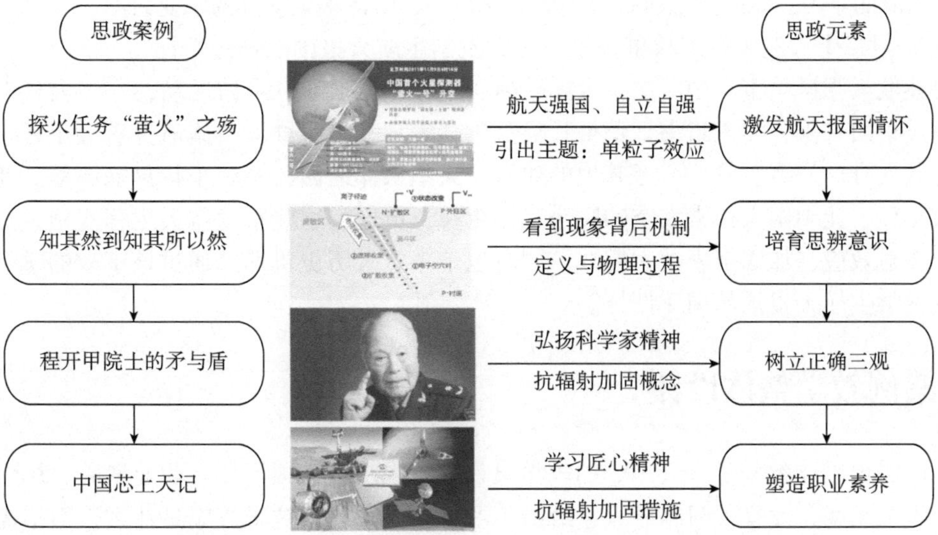

图 6 “空间单粒子效应与加固设计”教学节段课程思政元素与融入过程

星探测器是 2011 年搭载俄罗斯“福布斯-土壤”号火星探测器的“萤火一号”，但因为空间单粒子效应导致“福布斯-土壤”号地火转移轨道点火失败而最终坠入太平洋。虽然是因为俄罗斯的原因导致任务失败，但从“萤火一号”以后，我国也早已决定独立自主发展自己的深空探测事业，由此成功完成了“天问一号”火星探测任务，成为世界上继美国后第二个成功部署火星车的国家，也是第一个首次发射就成功实现“绕落巡”的国家。通过该故事的导入，引出单粒子效应这个知识点的同时，培养学生的国家忧患意识，坚定高水平科技自立自强的信心、决心，增强国家民族自豪感，激发学生航天报国的理想情怀。

2. 从知其然到知其所以然，培养学生思辨意识

单粒子效应发生的物理过程包括单个空间高能粒子→电离沉积电荷→电场畸变形成漏斗区→电荷收集→电荷量超临界值→存储或逻辑状态改变，认识到单粒子效应具体是什么，背后的物理机制是什么，以及会带来什么危害，通过该过程的学习，培养学生的思辨意识。

3. 学习勇于登攀的“两弹一星”精神，弘扬科学家精神，树立学生正确三观

讲述集齐中国六大荣誉的唯一一位科学家——“中国核司令”程开甲院士的故事。1984 年，66 岁的程开甲离开核试验基地，继续发扬勇于登攀的“两弹一星”精神，研究半辈子“矛”转而研究“盾”，由此开创、规划领导了我国抗辐射加固技术新领域研究。由此坚定学生踔厉奋发、不断进取的信念，树立学生履行时代赋予使命的责任担当。

4. 学习“十年磨一剑”的匠心精神，塑造学生的职业素养

讲述“十年磨一剑，中国芯上天记”的事故。宇航级芯片是空间探测器的心脏、大脑，但以美国为首的西方国家，先进的宇航级芯片对中国是禁售的，我们只能走自力更生、奋发图强的道路。以中国航天九院 772 所、中科院计算所等为代表的研发团队，秉持“十年磨一剑”的匠心精神，成功研制多款经过抗辐射加固设计的中国芯，助力我国“北斗三号”核心元器件国产化 100%，并应用到中国空间站、“嫦娥”工程、“天问一号”等多个探测任务。

通过该事故的学习，激发学生科技报国的国家情怀，塑造学生良好的职业素养。

5. 学习二十大航天强国故事，进一步激发学生航天报国的理想情怀

讲述航天强国故事。中共二十大闭幕后，“党代表通道”采访活动，二十大代表中国航天科技集团有限公司党组书记董事长吴燕生，表示我国将继续实施航天重大工程。比如将进行载人月球探测、月球科考基地的建设、火星采样返回，实施小行星探测等。通过这些重大工程，让中国人探索太空的脚步迈得更稳、更远。这些重大航天工程实施，务必会给空间辐射效应与加固带来重大挑战，同时也带来重大历史机遇，通过该事故的学习，进一步激发学生航天报国的国家情怀。

四、案例教学整体设计

本次课程思政参考了 BOPPPS 的教学设计理念，结合家国情怀、职业素养、思辨意识等多个思政元素，设置了问题导入、给出学习目标、回答单粒子效应是什么、引出需要抗辐射加固、课堂小结和延伸拔高这六个完整的教学环节；而在整个教学过程中，使用智能化网络教学工具“雨课堂”进行授课，尤其注重润物无声的思政融入方式，通过学生的参与式学习，激发学习兴趣，来达到学习效果，实现知识目标、能力目标和思政目标。具体教学过程如下。整体设计如图 7 所示。

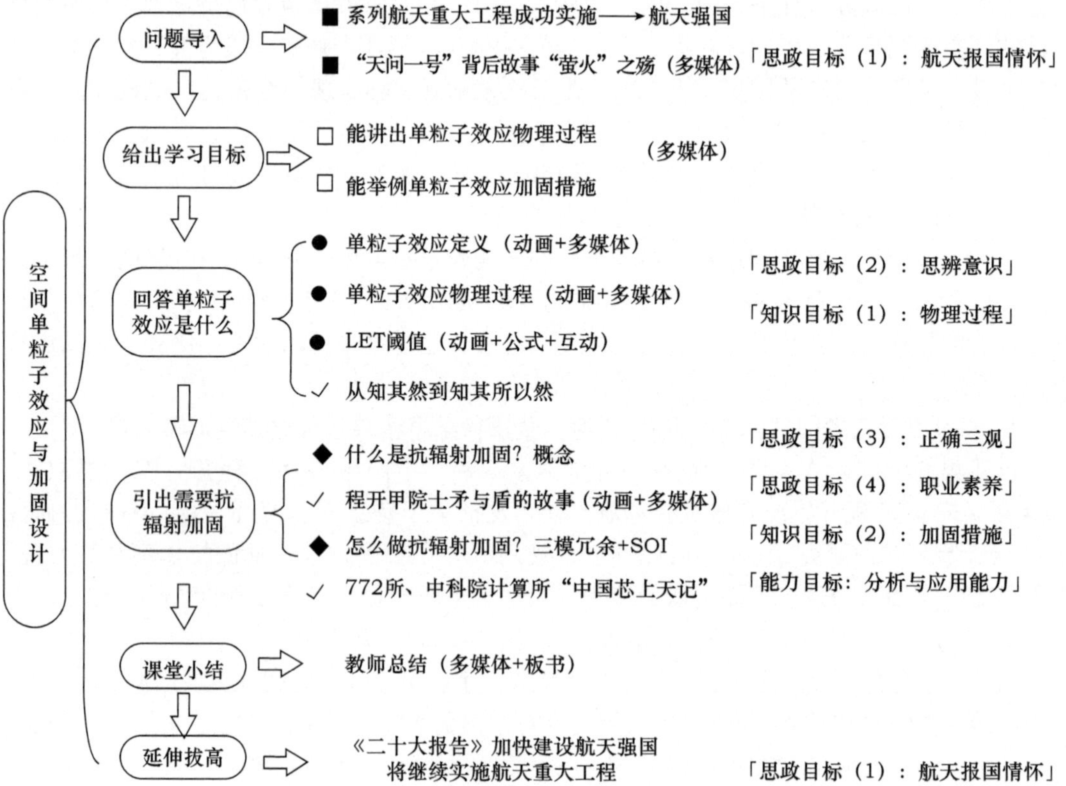

图 7 “空间粒子效应与加固设计”课程思政案例的教学整体设计

(一) 问题导入

以习近平总书记二十大报告中“加快建设航天强国”指示为导入，列举“探月工程”“中国空间站”“北斗导航”等这些重大航天工程的成功实施，讲述“天问一号”完美逆袭背后的艰辛事故——“萤火”之殇。实际上，我国第一颗真正的火星探测器是2011年搭载俄罗斯“福布斯-土壤”号火星探测器的“萤火一号”，但因为空间单粒子效应导致其地火转移轨道点火失败而最终坠入太平洋。当初选择搭载俄罗斯的探测器，实属无奈之举，大推力火箭、全球深空网，以及宇航级芯片均被“卡脖子”，自己还没有实力完成火星探测任务。习近平总书记指出“实践反复告诉我们，关键核心技术是要不来、买不来、讨不来的”。因此，自从“萤火一号”失败以后，我国也早已决定独立自主发展自己的深空探测事业，由此成功完成了“天问一号”火星探测任务，成为世界上继美国后第二个成功着陆火星的国家，也是第一个首次发射就成功实现“绕落巡”的国家。通过该故事的导入，引出单粒子效应这个知识点的同时，培养学生的国家忧患意识，坚定高水平科技自立自强的信心、决心，增强国家民族自豪感，激发学生航天报国的理想情怀。对应思政目标（1）航天报国情怀。

“天问一号”成功了，那“萤火一号”为什么失败了呢？俄罗斯的调查报告指出——空间粒子存储器芯片出错是故障根源，即发生了单粒子效应。单粒子效应威胁航天安全，诱发航天事故。那这个神秘的单粒子效应是什么呢，又该如何进行加固呢？

(二) 给出知识目标

由此，给这次课程思政设置了两个知识目标：（1）能讲出单粒子效应发生的物理过程，理解LET阈值概念；（2）能举例单粒子效应的加固措施，理解抗辐射加固概念。

(三) 回答单粒子效应是什么

过渡单粒子效应的定义、发生的物理过程，讲解LET阈值、单粒子效应截面、饱和截面概念以及它们之间的逻辑关系。这部分是教学难点，这里通过动画、公式、图片，并结合前面的“福布斯-土壤”号事故案例进行讲述，“福布斯-土壤”号用的他国芯片——三星芯片LET阈值极低，即单粒子效应事件数发生率很高；在这个中间，设置了一个互动环节，“雨课堂”随机找一名学生回答一个问题。对应知识目标（1）单粒子效应物理过程。

(四) 引出需要抗辐射加固

由“福布斯-土壤”号事故案例启发，航天用元器件需要进行抗辐射加固设计，从而引出两个问题，问题1：什么是抗辐射加固？此处，引入唯一集齐六大国家荣誉的人民科学家、“中国核司令”程开甲院士与我国抗辐射加固技术的故事，由此开创、规划领导了我国抗辐射加固技术新领域研究。通过弘扬科学家精神，树立学生履行时代赋予使命的责任担当，树立正确三观。对应思政目标（2）正确三观。

问题2：怎么进行抗辐射加固？具有抗辐射能力的宇航级芯片需要我们自主研发。此处，引入“十年磨一剑，中国芯上天记”的事故。宇航级芯片是空间探测器的心脏、大脑，但以美国为首的西方国家，先进的宇航级芯片对中国是禁售的，我们只能走自力更生、奋发图强的道路。以中国航天九院772所、中科院计算所等为代表的研发团队，秉持“十年磨一剑”的匠心精神，分别从设计加固、工艺加固两个层次成功研制多谱系经过抗辐射加固设计的“中国芯”，助力我国“北斗三号”核心元器件国产化100%，并应用到中国空间站、嫦娥工程、天问一号等多个探测任务。通过该事故的学习，激发学生科技报国的国家情怀，塑造学生良好的职业素养。对应思政目标（3）职业素养。在思政教育过程中，通过动画、图片、类比的方式，生动形象地讲述设计、工艺两种加固措施：三模冗余、绝缘层上硅 SOI CMOS。对应知识目标（2）加固措施和能力目标-分析与应用能力。

（五）课程小结

使用思维导图清晰明了地小结下本次课程思政的教学内容。

（六）延伸拔高

给学生留了两个思考题，提供了延伸的网络学习资源，引导学生深入思考和拓展学习。最后学习党的二十大航天强国故事，进一步激发学生航天报国的理想情怀。中共二十大闭幕后，在“党代表通道”采访活动中，二十大代表中国航天科技集团有限公司党组书记董事长吴燕生，表示我国将继续实施航天重大工程。比如将进行载人月球探测、月球科考基地的建设、火星采样返回，实施小行星探测等。这些重大航天工程实施，务必会给空间辐射效应与加固带来重大挑战，同时也带来重大历史机遇。通过对我国未来加快建设航天强国的重大规划学习，进一步激发学生航天报国的国家情怀。对应思政目标（1）航天报国情怀。

最后以一句话：“中国的大航天时代已经来临，为中华民族伟大复兴而团结奋斗”结尾，加深学生认识和情感上的共鸣，拔高思想认识，意味深长。

综上所述，本次课程思政参考 BOPPPS 教学设计，使用智能化网络教学工具“雨课堂”教学，通过视频、动画、图片、公式、类比等进行展现，有机融入家国情怀、科学家精神、职业素养、思辨意识等多个思政元素，引导学生坚定理想信念，激发学生认识、情感上的强烈共鸣和认同感，达到学习效果，实现知识、能力和思政三维目标。

五、教学实践过程回顾

教师活动	学生活动
（一）问题导入，给出思政目标1 《二十大报告》指出过去十年我国航天领域取得重大系列成果，包括北斗指路、嫦娥奔月、天问探火、天宫逐苍穹。然而，这些伟大成就并不都是一帆风顺的。比如火星探测。实际上，我国计划中的第一个火星测器是“萤火一号”，但当时还不具备自主探火条件，于是在11年想搭俄罗斯的便车，“福布斯-土壤”号。但它在升空不到3小时，就因主推进器点火失败而惨遭“夭折”，没能冲出地球。之后，我国探火任务坚定了自立自强的决心，“天问一号”完美实施，我国成为世界上第二个部署火星车的国家、也是世界第一个首次探火就完成绕落巡的国家。	

续表

教师活动	学生活动
 天问一号成了，那“福布斯-土壤”号为啥失败了呢？俄罗斯的调查报告指出故障根源是空间粒子导致存储器芯片出错，即发生了单粒子效应。单粒子效应严重威胁航天安全，诱发航天事故。 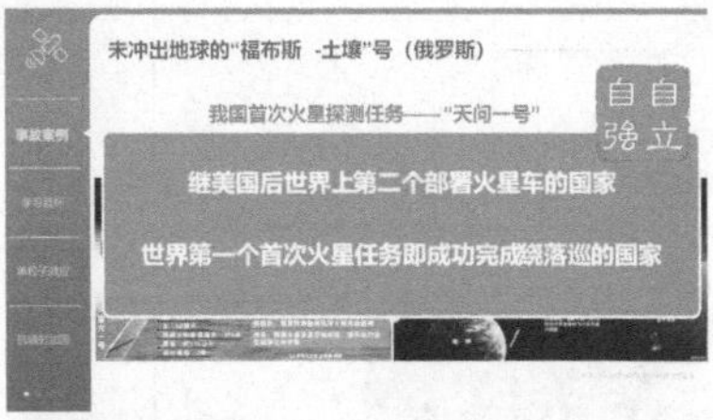 	通过该故事的导入，引出单粒子效应这个知识点，引起学生对神秘单粒子效应的求知欲；同时，培养学生的国家忧患意识，坚定高水平科技自立自强的信心、决心，增强国家民族自豪感，激发学生航天报国的理想情怀。对应思政目标（1）航天报国情怀。
（二）给出知识目标 那什么是单粒子效应？又该怎么防呢？ 早在发明 MOS 管集成电路的元年，1962 年，Wallmark 博士首次提出了单粒子效应；到 1975 年，Binder 首次报道了应用卫星出现了这一效应。不过这项研究在当时的主流之外，不被重视。但是，科学家们前仆后继，还登上了 SCIENCE 期刊，之后人们才认识到了它的危害性。直到今天，这种效应已成为诱发航天故障的第一杀手。 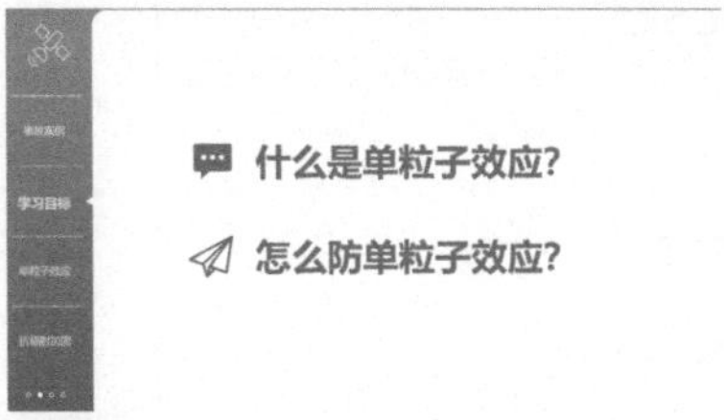 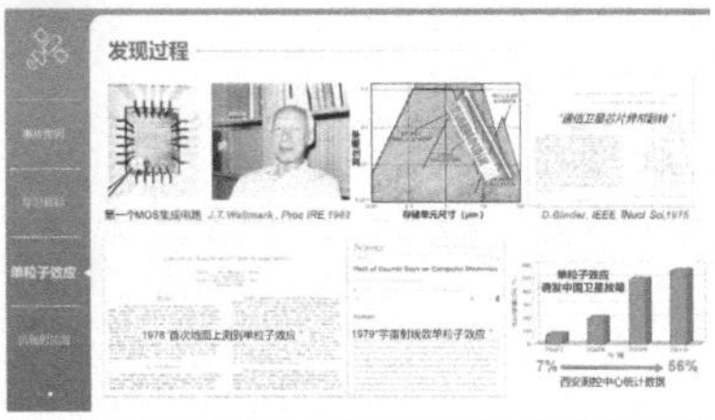	学生知悉两个知识目标：（1）能讲出单粒子效应发生的物理过程，理解 LET 阈值概念；（2）能举例单粒子效应的加固措施，理解抗辐射加固概念

续表

<table>
<tr><th>教师活动</th><th>学生活动</th></tr>
<tr><td>
（三）回答单粒子效应是什么
单粒子效应顾名思义，就是由单个粒子引起的，单个粒子击中器件灵敏部位，造成器件状态非正常改变。比如，逻辑状态从 1 变为 0，或者从 0 变为 1，这样会导致存储数据出错或指令执行错误。
在单粒子效应研究的早期，Dr. Hsieh 就解释了它发生的物理过程——漏斗效应。即一个粒子穿过半导体器件的 PN 结灵敏区，在其径迹上电离出大量电子空穴对；这些电荷的密度很高，会导致灵敏区电场结构发生畸变，电场沿着径迹纵向扩展，形成漏斗一样的电场区域；在固有灵敏区和漏斗区，电荷通过漂移、扩散，被 PN 结的两极收集。如果收集的电荷量超过某一临界值，就会引起器件的存储或逻辑状态发生改变，产生单粒子效应。
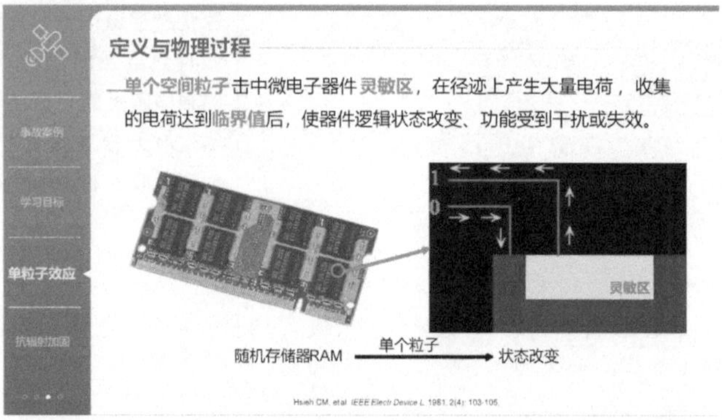

显然，单粒子效应能否产生与粒子的电离能力有关。
空间中存在大量带电粒子，如质子、α 粒子、重离子。这些粒子的电离能力用单位距离上沉积的能量 LET 来表示。当 LET 值达到一定值，刚好对应于能够诱发单粒子效应的临界电荷沉积量时，这时的 LET 就称为 LET 阈值。俄罗斯的“福布斯-土壤”号，它用的是一款三星的存储芯片。我国的研究者发现，这款芯片的 LET 阈值非常低，它一天就要发生 1.4 次。所以，航天用的芯片一定要做抗辐射加固。
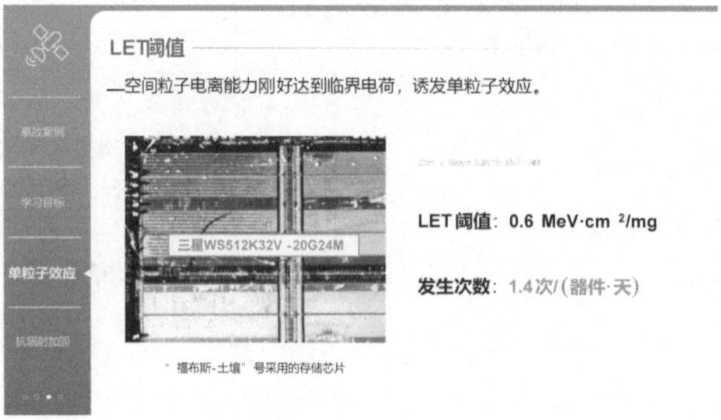

</td><td>
设置互动环节，“雨课堂”随机找一名学生回答一个问题。对应知识目标（1）单粒子效应物理过程。
</td></tr>
</table>

续表

<table>
<tr><th>教师活动</th><th>学生活动</th></tr>
<tr><td>

（四）引出需要抗辐射加固

那什么是抗辐射加固呢？中国抗加组给的定义，它是一种提高系统在辐射环境中的抗辐射损伤能力，确保可靠完成规定任务的技术。注意，这里并没有单指“空间”抗加，为什么呢？这是因为我国的抗加是从地面的核爆辐射抗辐射加固做起来的。中国核司令程开甲院士，66 岁离开核基地，去了原国防科工委，他继续发扬“两弹一星”精神，他觉得搞了半辈子的核武器，即“矛”，既然有矛，就得有“盾”，于是提出要搞抗加，由此开创了我国的抗辐射加固研究领域。之后，随着我国航天事业的发展，地面抗加逐渐推广到空间抗加。同学们，这个过程是一种典型的从红色基因到蓝色梦想的传承。

空间抗辐射加固中最难的是芯片加固，即宇航级芯片。它是航天电子装备的心脏。不同于日常的消费级芯片，它必须具备抗辐照特性。宇航级芯片一直被美国视为最高商业机密，长期对我国实施封锁，要么不卖，要么卖性能不太好的，还特别贵。比如这款美国赛灵思的抗加固芯片，江湖传言 500 万一枚，可以买一套房了。由于封锁，我国宇航级芯片走上了艰难的独立自主之路。一条是工艺加固，一条是设计加固。两个都很难。而工艺加固必须要有专用的生产线。

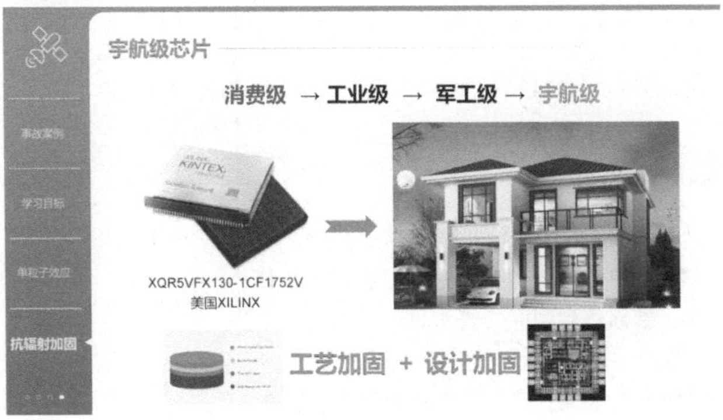

</td><td>

通过弘扬科学家精神，树立学生履行时代赋予使命的责任担当，树立正确三观。对应思政目标（2）正确三观。引入“十年磨一剑，中国芯上天记”的事故，激发学生科技报国的国家情怀，塑造学生良好的职业素养。对应思政目标（3）职业素养。

</td></tr>
</table>

续表

<table>
<tr><th>教师活动</th><th>学生活动</th></tr>
<tr><td>
在 20 世纪 90 年代中期，航天九院 772 所接到国家任务搞宇航级芯片，他们巧妙地使用民用生产线，提出先做设计加固，走出一条中国特色的抗辐射加固技术路线。在这个期间涌现出一大批以赵元富等为代表的大国工匠，他们甘坐冷板凳，十年磨一剑，最终研发出中国“芯”，2011 年首次作为主机芯片用在北斗，到 15 年主机、备份机全部为国产化芯片。还助力空间站、天问，包括咱们作为唯一高校研发的“天问一号”独立载荷——火星信标，也用了国产化加固器件。并且，从 2014 年起还出口到法国、德国。由此完成了从被封锁到出口的华丽转身，实现了宇航级芯片的独立自主。

介绍一种设计加固：三模冗余。即一个模块复制三份，三个模块执行相同的操作，然后投票表决，少数服从多数。就算是其中一个模块出错，也能保证结果正确输出。

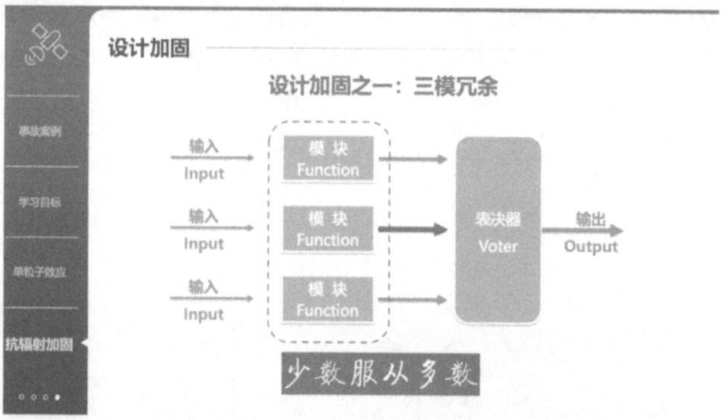

另外一条线——工艺加固我们不做吗？我们也有布局，以上海微信息所为代表，从 20 世纪 80 年代中期开始研发 SOI 材料，到本世纪初完成产业化，解决了我国 SOI 材料有无的问题，基于该材料研发了抗加芯片，指标达到国际先进水平，多款用在了“北斗三号”和中国空间站。

SOI 指的是绝缘层上硅，传统是用体硅，它的灵敏区大，容易发生单粒子效应，我们通过具有自主知识产权的 Simbond 技术，在这里形成埋氧化层，灵敏区大大减小，降低了单粒子效应的发生概率。
</td><td>
通过动画、图片、类比的方式，生动形象地讲述设计、工艺两种加固措施：三模冗余、绝缘层上硅 SOI CMOS。对应知识目标（2）加固措施和能力目标——分析与应用能力。
</td></tr>
</table>

续表

<table>
<tr><th>教师活动</th><th>学生活动</th></tr>
<tr><td>
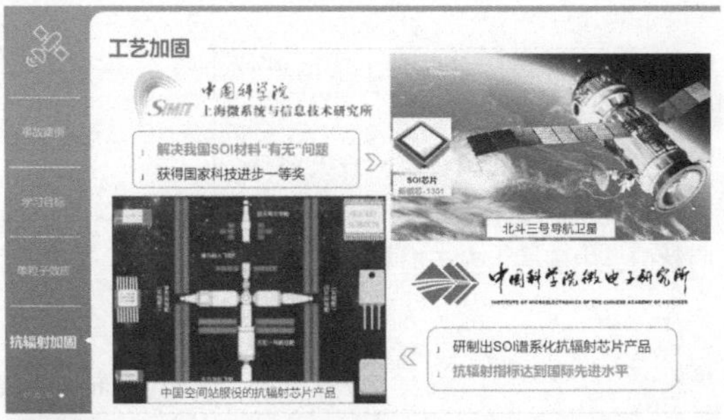

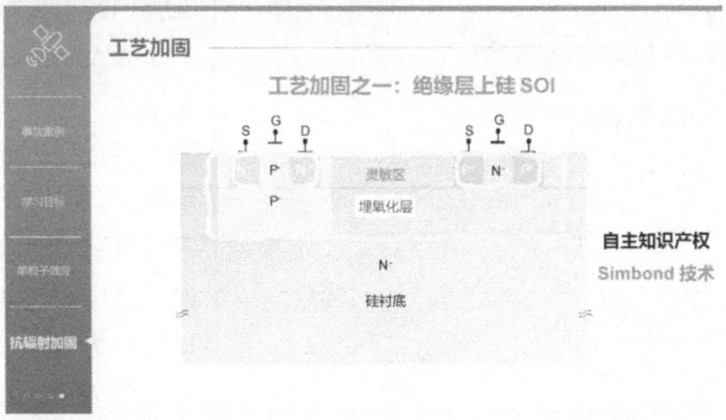

</td><td></td></tr>
<tr><td>
（五）课程小结
今天我们学习了什么是单粒子效应以及怎么防。
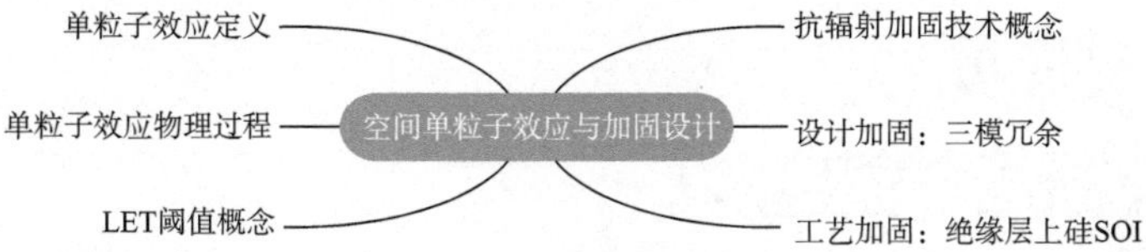

</td><td>学生通过看思维导图形式的小结，清晰明了地掌握本次课程思政的教学内容。</td></tr>
<tr><td>
（六）延伸拔高
同学们，给大家留两个思考题：
1. 空间高能粒子作用到“天问一号”火星探测器材料或火星土壤大气上会产生次级中子，这些中子会诱发单粒子效应吗？
2. 中国空间站、北斗导航卫星抗辐射加固设计有哪些？
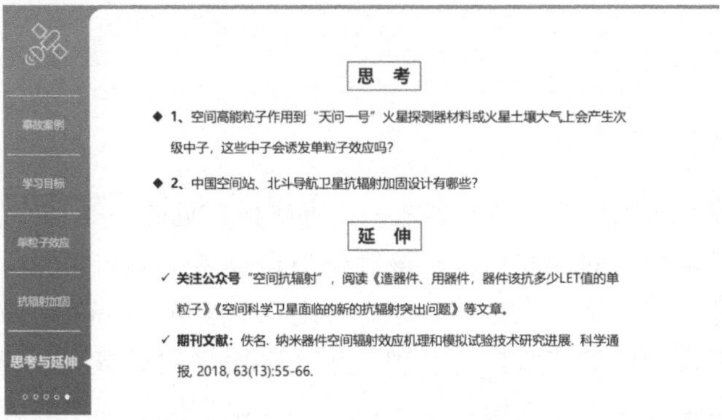

</td><td></td></tr>
</table>

续表

<table>
<tr><th>教师活动</th><th>学生活动</th></tr>
<tr><td>还有一些延伸的网络资源，供大家学习。
关注公众号“空间抗辐射”，阅读《造器件、用器件，器件该抗多少 LET 值的单粒子》《空间科学卫星面临的新的抗辐射突出问题》等文章。
党的二十大报告里，习近平号召要加快建设航天强国，接下来我国将实施载人登月、月球基地、火星采样、小行星探测等系列重大工程，这些工程的实施势必会给空间单粒子效应与加固带来重大挑战和历史机遇。同学们，中国的大航天时代已经来临，我们错过了大航海，不会再错过宇宙星辰！
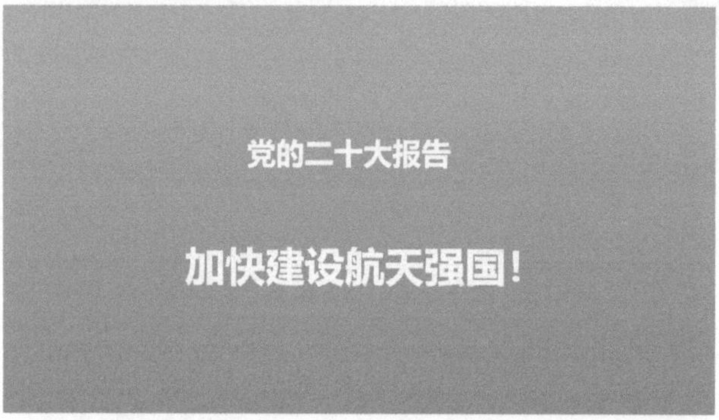

</td><td>通过对我国未来加快建设航天强国的重大规划学习，进一步激发学生航天报国的国家情怀。与开头呼应，对应思政目标（1）航天报国情怀。
最后以一句话：“中国的大航天时代已经来临，为中华民族伟大复兴而团结奋斗！结尾”结尾，加深学生认识和情感上的共鸣，拔高思想认识，意味深长。</td></tr>
</table>

六、创新性与效果总结

（一）思政案例教学创新性

本次课程思政的教学节段源于该课程的核心内容之一，讲解最常见的一类空间辐射效应——单粒子效应的物理过程以及相应的加固措施。该教学节段参考 BOPPPS 教学设计，使用智能化网络教学工具“雨课堂”授课，设置互动环节，让学生参与回答问题，综合利用视频、动画、图片、演示等多媒体信息技术提升呈现效果，穿插采用故事型、问题型、讲解型、互动式授课方法吸引学生注意力，以润物于无声的方式将家国情怀、职业素养、科学精神、思辨意识等多个思政元素与理论、公式、例题、案例、微信做题等多种元素有机融合在一起，激发学生情感和认知上的共鸣与认同，提升学习效果，从而实现知识目标、能力目标和思政育人三重目标。

（二）思政案例教学实践效果

“空间辐射环境与防护”之“空间单粒子效应与加固设计”思政案例以立德树人为核心，以学生为主体，通过几个非常具象的思政案例，以润物于无声的方式有机地将家国情怀、科学家精神、职业素养、思辨意识等多个思政元素融入到空间单粒子效应与加固设计专业知识传授中，思政教育的实施效果及成果如下。

（1）以“天问一号”完美逆袭背后“萤火”之殇探火故事作为导入、党的二十大关于航天强国的“党代表通道”采访作为结尾，可以培养学生国家忧患意识，坚定高水平科技自立自强的信心、决心，增强国家民族自豪感，激发学生航天报国的家国情怀。

（2）通过讲述单粒子效应发生的物理过程，认识到单粒子效应具体是什么，背后的物理机制是什么，以及会带来什么危害，从知其然到知其所以然，从而培养学生的思辨意识。

（3）通过讲述集齐中国六大荣誉的唯一一位科学家——“中国核司令”程开甲院士研究半辈子“矛”转而研究“盾”的故事，开创、规划领导了我国抗辐射加固技术新领域研究。传承学习勇于登攀、不断前行的“两弹一星”精神，弘扬科学家精神，由此坚定学生踔厉奋发、不断进取的信念，树立学生正确三观。

（4）通过讲述“十年磨一剑，‘中国芯’上天记”的事故，即以中国航天九院 772 所、中科院计算所等为代表的研发团队，秉持“十年磨一剑”的匠心精神，成功研制多谱系经抗辐射加固设计的“中国芯”，助力我国“北斗三号”核心元器件国产化 100%，并应用到中国空间站、“嫦娥”工程、“天问一号”等多个探测任务。由此可激发学生科技报国的国家情怀，塑造学生良好的职业素养。

除此之外，在布置文献综述作业时，加入了多个能体现思政教育元素的考查内容。其中，与本次教学节选有关的，包括有中国空间站辐射环境监测与防护方法、北斗导航卫星抗辐射加固设计、中国火星探测辐射环境与加固设计等主题，通过这些主题的文献综述或调研报告的撰写，学生内心可以很自然充满民族自豪感，传承志在长空的蓝色梦想，树立科技报国、航天报国的家国情怀，塑造出良好的职业素养，拥有较强的思辨意识，树立正确的人生观、价值观、世界观，从而达到预期的课程育人目标。

（三）思政案例教学实践成果

“空间辐射环境与防护”课程思政案例前后已进行多次实践教学，获得较好实践效果，相关内容参加了微课教学比赛、思政教学比赛等，荣获多项校级、省部级奖项以及教学改革项目立项，具体如下：

（1）以“火星旅途之空间单粒子效应与加固”为题，制作了微课教学视频，荣获 2020 年南京航空航天大学微课教学比赛一等奖 1 项、2020 年江苏省高校微课教学比赛三等奖 1 项、2017 年江苏省高校微课教学比赛一等奖 1 项，如图 8 所示；

（2）以“单粒子效应与加固”为题，参加了 2022 年度南京航空航天大学课程思政教学竞赛，荣获三等奖 1 项，如图 9 所示；

图 8　（a）微课教学视频；（b）南京航空航天大学微课教学比赛一等奖；（c）江苏省高校微课教学比赛三等奖；（d）江苏省高校微课教学比赛一等奖

图 9　课程思政教学竞赛三等奖

（3）“空间辐射环境效应与防护”案例库获批 2022 年南京航空航天大学研究生教育教学改革专项（优质教学资源建设）项目，项目完成空间辐射环境、单粒子效应、载人航天的辐射防护等视频案例 3 个，充放电效应、总剂量效应、位移损伤效应、地面模拟试验方法与设备、辐射屏蔽、抗辐射加固技术等文字案例 6 个，如图 10 所示。

2022年南京航空航天大学研究生教育教学改革专项（优质教学资源建设）立项公示

作者：访问量：3122发布时间：2022-07-17

根据学校有关工作安排，经本人申报、学院审核推荐，研究生院组织专家组评审，现将2022年校研究生教育教学改革专项（优质教学资源建设）项目拟立项名单予以公示，公示期为2022年7月17日—7月21日。在公示期内，任何单位或个人若对此持有异议，请以书面形式署名向研究生院提出。

附件：南京航空航天大学研究生教育教学改革专项（优质教学资源建设）拟立项名单

研究生院

2022年7月17日

专项类别：C专业学位研究生课程教学案例库建设项目（共14项）

序号	学院	项目编号	案例库名称	项目负责人
1	01	2022YJXGG-C01	微型飞行器创新设计课程案例库	邓双厚
2	01	2022YJXGG-C02	现代飞行器设计教学案例库	赵晓葭
3	02	2022YJXGG-C03	航空发动机结构强度教学案例库	江荣
4	04	2022YJXGG-C04	高级数模混合集成电路设计案例库	孙杰
5	06	2022YJXGG-C05	空间辐射环境效应与防护案例库	刘云鹏

图 10　“空间辐射环境效应与防护”案例库入选校研究生教育教学改革专项（优质教学资源建设）项目

参考文献

[1] 沈自才，丁义刚．抗辐射设计与辐射效应［M］．北京：中国科学技术出版社，2015.05.

[2] 刘文平．硅半导体器件辐射效应及加固技术［M］．北京：科学出版社，2013.09.

[3] 沈自才．空间辐射环境工程［M］．北京：中国宇航出版社，2013.

[4] 闫爱斌，倪天明，黄正峰，崔杰．集成电路器件抗辐射加固设计技术［M］．北京：科学出版社，2023.

[5] 陈伟，杨海亮，郭晓强，等．空间辐射物理及应用研究现状与挑战［J］．科学通报．2017，62（10）：978-989.

[6] 赵元富，王亮，岳素格，等．宇航抗辐射加固集成电路技术发展与思考［J］．上海航天．2021，38（4）：12-18.

[7] 陈伟．宇航器件空间辐射效应研究面临的新问题［J］．科学通报．2017；62（10）：967-968.

[8] 陈伟，刘杰，马晓华，等．纳米器件空间辐射效应机理和模拟试验技术研究进展．科学通报［J］．2018；63（13）：1211-22.

[9] Pavan Kumar M, Lorenzo R. A review on radiation - hardened memory cells for space and terrestrial applications. International journal of circuit theory and applications [J]. 2023, 51 (1): 475-499.

[10] Girard S, Morana A, Ladaci A, et al. Recent advances in radiation-hardened fiber-based technologies for space applications [J]. Journal of Optics. 2018, 20 (9): 093001.

“电离辐射防护”课程思政案例

汤晓斌，陈飞达，龚　频

（南京航空航天大学材料科学与技术学院核科学与技术系，江苏　南京　211106）

摘　要：“电离辐射防护”是核工程与核技术、辐射防护与核安全本科专业的核心必修课之一，是所有核工程类专业本科学生的重要基础课程。课程着眼于电离辐射防护的基本原理，系统阐述电离辐射防护的基本理论和基本方法。本次课程思政的教学节段是该课程的核心内容之一：核辐射安全与应急监测。教学过程中，课程将传统的“重知轻行”的教学理念转变为“以培养能力为中心、以工程应用为导向”的成果导向教育理念，将课堂更多地交还给学生，同时深入挖掘课程思政元素进行深度融合，力图达到价值引领、红专结合、相学互长的育人目标。针对本课程节段基础概念多、理论抽象、学生学习难度大的问题，课程团队力图建立工程实际案例与核科学知识间的逻辑联系，深入挖掘了“老一辈核科学家科技报国”“放射性核素在平流层大气中的扩散”“陈达院士解决放射性核素分凝条件下的核爆威力分析难题”“南航无人机建功核试验放射性核素采样”“南航核科学与技术系在无人机机载核辐射监测技术上不断取得新的突破”等案例思政元素，调动学生思维能力，提高思维活跃度，将家国情怀、核安全文化、自主创新精神等多个思政元素与理论知识有机融合，激发学生情感和认知上的共鸣和认同，增强学生对中华民族自主创新能力的民族自信心，树立学生将个人事业成就与国家需求相紧密联系的人生观、价值观，培养学生科技报国的爱国主义精神。

一、课程基本情况

（一）授课对象情况分析

1. 学生情况

本课程的授课对象为核工程与核技术、辐射防护与核安全专业本科三年级学生（第五学期）。这一阶段学生已经储备了“原子核物理”“电离辐射探测学”“电离辐射剂量学”“核动力工程流体力学”等专业课程的基础知识，同时具有一定的自学能力和参与科创竞赛的经历。本阶段同期开设课程难度适中，其中“空间辐射环境与防护”“核与辐射安全概论”“放射治疗物理与技术”等课程的学习需要学生深入理解、掌握本课程基本概念与原理。针对上课学生的知识结构和求知心理进行分析如下。

（1）专业知识方面：本阶段学生已学习“量子力学”“原子核物理”“电离辐射探测学”“电离辐射剂量学”“核动力工程流体力学”等专业课程，对核工程类专业研究范围、基本术语的认知已初步建立，并掌握了一定工程应用方法。根据邓宁-克鲁格心理效应曲线，本阶段学生容易产生盲目自信心理，忽视电离辐射防护在核工程、核技术实际运用中的重要作用，容易在后续实践环节出现安全意外。因此本课程的开设不仅要完成相关教学任务，更需要让学生深入理解电离辐射防护的重要性，从一开始就建立正确的核安全文化和社会责任意识。

（2）求知心理方面：本阶段学生经过转专业、专业分流等环节，对学习专业知识的期望程度呈现两极分化现象。头部尖子生不再满足于单调枯燥的理论学习，希望追求更高难度的学习挑战，探寻所学知识的实际应用价值。如果不能及时正确引导，容易出现对本校、本专业的认同感、成就感下降，对未来职业前景感到迷茫；另一方面，尾部学生本阶段容易出现破罐子破摔的心理，自主学习的内驱力进一步下降，面对稍有难度的学习内容时就会表现出缺乏信心，容易放弃。因此，本课程的开设不能照本宣科，需要理论联系实际，体现知识的工程实用性，增强学生对自主创新的自信心；提升学生对本校、本专业的认同感、自豪感。

2. 应对措施

通过以上分析不难发现大学三年级阶段是专业学习的最重要阶段，本课程“电离辐射防护”对后续课程的学习有重要铺垫作用。本科大学三年级学生具有主动性强的特点，但思想并不成熟，需要引导。因此，为应对以上问题，本课程制定了相应的教学思路和对策方法如下。

（1）课堂案例化。将课堂细化为一个个案例教学，通过具体的工程问题引出知识点，结合启发式、讨论式教学，培养学生从工程实际需求出发，提炼科学问题，简化科学问题，并转化为可解决的理论模型的思维能力，实现教学相长。

（2）教学沉浸化。从大科学家、型号总师的事迹中挖掘课程相关知识点，带领学生重温大师解题过程的心路历程，体验运用知识自主创新的快乐，增强学生对中华民族自主创新能力的民族自信心，潜移默化下树立学生将个人事业成就与国家需求相紧密联系的人生观、价值观，培养学生科技报国的爱国主义精神，实现价值引领，红专结合。

（3）手段多媒体化。结合现代信息化教学手段，将抽象概念形象化，再现核爆试验等极端事件；结合“雨课堂”，提高学生的参与度和切实的获得感，降低学生理解难度。

从学生角度出发看“电离辐射防护”课程的教学难点及应对措施见图 1。

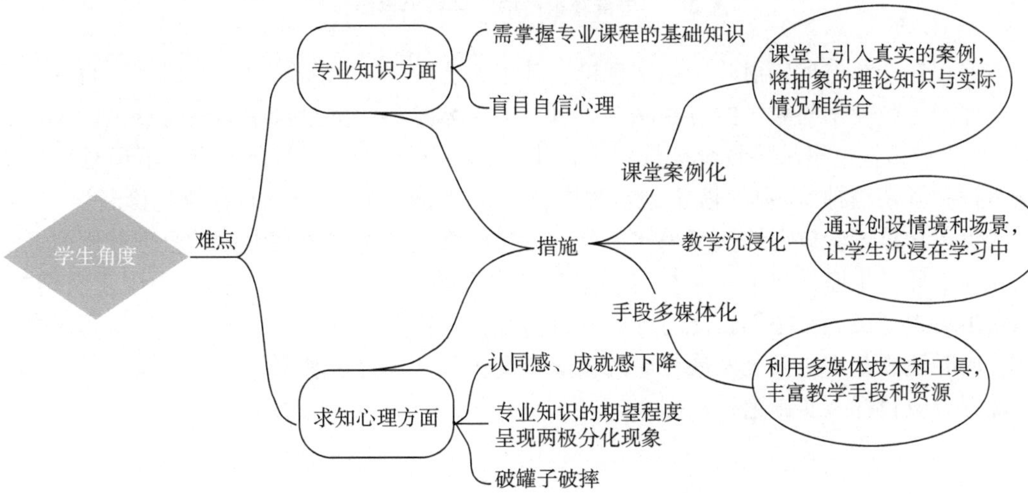

图 1　从学生角度出发看“电离辐射防护”课程的教学难点及应对措施

（二）课程情况简介

“电离辐射防护”课程是核工程与核技术、辐射防护与核安全本科专业的核心必修课之一，是所有核工程类专业本科学生的重要基础课程。本课程作为“电离辐射探测学”“电离辐射剂量学”“电离辐射防护”系列课程群的最后一环，在第五学期开设。课程着眼于电离辐射防护的基本原理，系统阐述电离辐射防护的基本理论和基本方法，内容包括电离辐射生物效应与防护标准、外照射防护方法与屏蔽技术、内照射防护方法与屏蔽技术、电离辐射防护常用物理量与单位、核辐射安全与应急监测、核事故后果评价与应急响应、辐射防护管理体系等模块（见图2）。

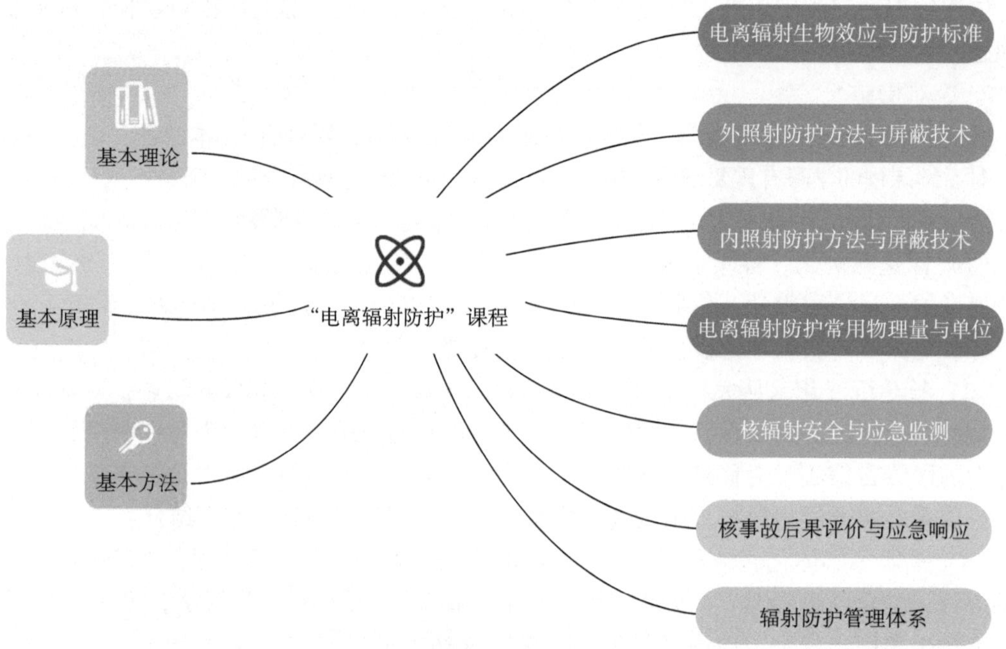

图2 “电离辐射防护”课程内容简介

本课程在介绍电离辐射防护基本理论、基本方法的同时，围绕“立德树人”目标，深入挖掘课程思政元素与教学内容相融合，以“老一辈核科学家投身中国核武器试验事业为国建功”“福岛核电事故导致全球核辐射污染”“潘自强院士‘不合潮流、不识时务’的创新意识和开拓精神”“陈达院士创新解决‘核素分凝问题’，建立我国放化诊断学”“南航无人机建功核试验放射性核素采样”等作为教学案例，在介绍其中科学原理的同时，潜移默化地引导学生厚植将个人荣誉与国家需求联系的价值观和科技报国的爱国主义精神，增强学生对中华民族自主创新能力的民族自信心，深化学生对本校、本专业的认同感与自豪感，同时建立起学生安全发展核电的核安全文化和社会责任意识。

课程思政目标及实施途径见图3。

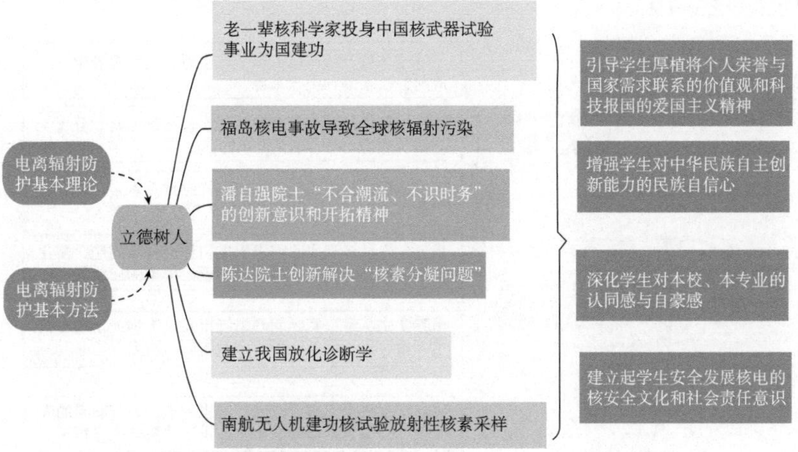

图 3 "电离辐射防护"课程思政目标及实施途径

二、案例基本情况

(一) 案例名称：核与辐射应急监测

本案例聚焦核与辐射应急监测。在核试验、核能及核技术应用过程中，不可避免地存在对人或环境产生一定辐射影响的风险。为了评估和控制这一风险，需要对电离辐射或放射性物质进行测量并对测量结果进行分析。因此，本案例介绍的"核与辐射应急监测"内容是辐射防护的重要组成章节之一。

(二) 教学目标设计

1. 知识目标

(1) 了解核试验及核与辐射事故发生后大气气溶胶中放射性核素的种类与来源；

(2) 理解放射性核素大气扩散的特点、影响因素、分析方法及模型；

(3) 掌握放射性核素大气气溶胶取样测量技术。

2. 能力目标

(1) 培养学生从工程实际需求出发，提炼科学问题，简化科学问题，并转化为可解决的理论模型的思维能力；

(2) 培养学生从解决实际问题思维出发，不拘泥于现有技术桎梏，勇于创新、善于创新的创新能力。

3. 价值目标

(1) 树立学生将个人事业成就与国家需求相紧密联系的人生观、价值观，培养学生科技报国的爱国主义精神；

(2) 增强学生对中华民族自主创新能力的民族自信心；

(3) 深化南京航空航天大学核工程类专业学生对本校、本专业的认同感、自豪感。

教学目标设计见图 4。

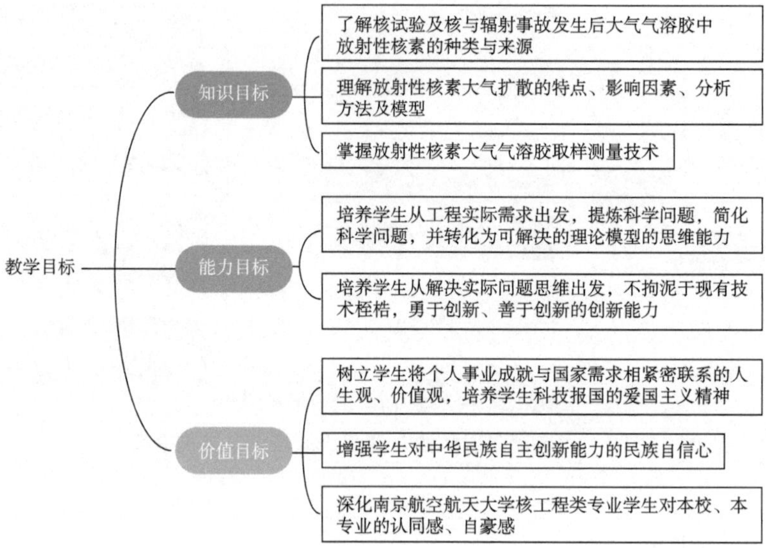

图 4　本教学案例的教学目标设计

三、案例思政元素分析

1. 案例思政元素 1：老一辈核科学家科技报国的人生选择

本章教学知识点 1 涉及核爆试验。在述及我国打破了西方国家的核垄断和核讹诈，成为继美、苏、英、法之后第五个拥有核武器的国家时，引出这一伟大成就离不开程开甲、邓稼先等老一辈核科学家的无私奉献。介绍这些老一辈科学家在国外求学时就已取得不凡成就，发表多篇《Nature》等国际顶级学术文章。然而，在祖国需要时，他们毅然选择将个人事业与国家需求紧密联系，实现了自己的最大价值，名垂千古。这一思政元素可以激励学生树立科技报国的爱国主义精神。

2. 案例思政元素 2：放射性核素在平流层大气中的扩散

本章教学知识点 2 介绍放射性核素在大气中的扩散特点、影响因素、分析方法及模型。课程内容包括核爆试验、核电站事故等在大气中的扩散，分为对流层、平流层两种情况分别探讨。在述及放射性核素全球扩散周期的计算时，通过具体数字证明核污染不仅影响某一地区、某一国家，更在短时间内扩散到全球各地。在述及平流层扩散时，强调放射性核素一旦进平流层，由于缺乏对流，放射性核素将长期存在于大气无法沉降，对环境造成长期影响。由此培养学生建立正确的核安全观和社会责任意识。

3. 案例思政元素 3：陈达院士解决放射性核素分凝条件下的核爆威力分析难题

本章教学知识点 3 介绍放射性核素大气气溶胶取样分析遇到的核素分凝难题。南航核学科创始人、中科院院士陈达在核试验期间，创造性地解决了放射性核素分凝引起的分析难题，为核爆裂变威力的监测做出了重大贡献，建立和完善了我国放化诊断学。通过沉浸式教学引导学生重温陈达院士攻克这一难题时的心路历程，增强学生对中华民族自主创新能力的民族自信心。

4. 案例思政元素 4：南航无人机建功核试验放射性核素采样

本章教学知识点 3 介绍放射性核素大气气溶胶取样关键设备研制。在这一案例中，介绍南航在其中的重要贡献。经过科研攻关，南航自主研制的无人机替代有人机进行核爆后放射性核素采样，一方面缩短了采样等待时间，提高了取样精度；另一方面避免了飞行员辐射损伤。通过本案例的讲述，深化南京航空航天大学核工程类专业学生对本校、本专业的认同感、自豪感。

5. 案例思政元素 5：南航核科学与技术系在无人机机载核辐射监测技术上不断取得新的突破

本章教学知识点 3 放射性核素大气气溶胶取样关键设备研制方面进一步延伸，介绍近年来南航核科学与技术系在无人机机载核辐射监测技术方面的传承与突破。通过这一案例，进一步激发学生继承先辈传统，认真学习的热情，增强对本校、本专业的认同感、自豪感。

四、案例教学整体设计

本次课程思政参考了 BOPPPS 的教学设计理念，结合家国情怀、职业素养、自主创新意识与信心、专业自豪感等多个思政元素，设置了问题导入、动画演示、分组讨论、课堂小结和延伸拔高等教学环节，注重润物细无声的思政融入方式，通过学生的案例式学习、沉浸式学习激发学习兴趣，达到学习效果，实现价值引领、红专结合、教学相长育人目标。具体教学设计如图 5 所示。

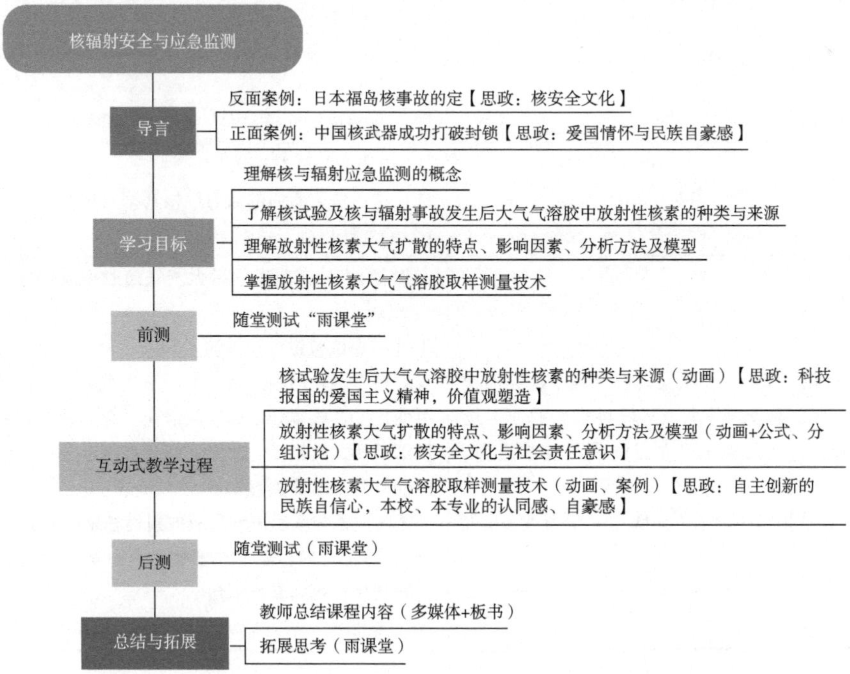

图 5　“核辐射安全与应急监测”课程思政案例的教学整体设计

具体教学设计如下。

环节	思政内容	教学方案
导言	① 反面案例：日本福岛核事故的定级 【核安全文化】 ② 正面案例：中国核武器成功打破封锁 【爱国情怀与民族自豪感】	（PBL-Problem-Based Learning 教学模式） 【新闻片段 1】 多媒体课件展示纪录片：福岛核事故报道回顾，2011 年 3 月 12 日—4 月 12 日，全世界聚焦福岛事故等级不断提升，猜测是否意味着事态不断恶化？ 【引出问题】福岛核事故定为 7 级，定级依据是什么？ 【新闻片段 2】 新闻报道：中国核武器研制工程的巨大成就。在无数科学家的努力下，中国成功自主研制了原子弹、氢弹，打破了欧美国家的核垄断。 【引出问题】科学家如何判断核爆当量是否达到预期目标？为了回答以上两个问题，有必要学习本堂课程“核与辐射应急监测”。
学习目标		【学习目标】 由新闻片段引出问题： （1）什么是核与辐射应急监测？ （2）如何开展核与辐射应急监测？ （3）如何保证核与辐射应急监测的准确性？ 【进一步明确学习目标】 （1）理解核与辐射应急监测的概念； （2）了解核试验及核与辐射事故发生后大气气溶胶中放射性核素的种类与来源； （3）理解放射性核素大气扩散的特点、影响因素、分析方法及模型； （4）掌握放射性核素大气气溶胶取样测量技术。
前测		【“雨课堂”随堂测试】 选择题：核试验后的放射性核素都有哪些？ 【培养发散思维，考查学生知识基础】
互动式教学过程	① 在知识点 1 核试验讲解过程中，穿插程开甲、邓稼先等老一辈核科学家的人生选择，将个人事业建立在国家的需求之上，最终获得了伟大的个人成就 【科技报国的爱国主义精神 + 价值观塑造】	知识点 1：核试验发生后大气气溶胶中放射性核素的种类与来源 ①【核爆试验过程动画演示】 观看核爆试验动画演示，引导学生观察核爆火球的形状颜色变化以及核爆烟云的形成演化，介绍核爆过程中的放射性烟云环式内循环、放射性烟云高度、放射性沉降物中放射性核素来源等关键知识点。 ②【核试验与核反应堆事故放射性核素异同】（多媒体+板书）；本部分内容需重点掌握，通过物理过程讲解，使学生知其然，更知其所以然。 ③ 总结归纳“核与辐射应急监测”的概念与意义。

续表

环节	思政内容	教学方案
互动式教学过程	② 在知识点 2 放射性核素大气扩散的讲解中，通过大气放射性全球扩散周期的计算，向学生传递环境保护是全世界各国的共同责任这一意识 【核安全文化与社会责任意识】 ③ 在知识点 3 取样方法的介绍中，介绍老一辈核科学家在核试验过程中自主创新，科研攻关的真实经历，增强学生对中华民族自主创新能力的民族自信心 【自主创新的民族自信心】 ④在知识点 3 取样关键设备研制的介绍中，基于 20 世纪 70 年代南航核试验采样无人机研发和近年来南航核科学与技术系在“海陆空”核与辐射应急监测设备新成就两个案例，深化学生对本校、本专业的认同感、自豪感 【本校、本专业的认同感、自豪感】	知识点 2：放射性核素大气扩散的特点、影响因素、分析方法及模型 ①【大气层分层结构与核爆烟云高度对比动画】 通过动画演示，引导学生形象认知核爆产生的放射性核素在大气层中的分布，从而引出放射性核素在对流层、平流层扩散的不同规律； ②【放射性核素大气扩散的分析方法与模型】 通过动画、公式、图片，结合“庞贝古城”火山灰沉降案例，深入分析放射性核素大气扩散的分析方法（现场示踪试验、大气风洞试验和数值模拟方法）、扩散模型（高斯模型、拉格朗日模型、欧拉模型和 CFD 模型）； ③【分组讨论：影响放射性核素大气扩散的主要因素】通过问题引导学生利用所学知识分析，加深对知识的理解和灵活运用。 知识点 3：放射性核素大气气溶胶取样测量技术 ①【放射性核素大气气溶胶取样方法与原理】 通过视频影像回顾沉降法、炮弹法、过滤法等取样方法，通过动画演示单纤维对气溶胶颗粒的惯性拦截过程，重点介绍过滤法取样原理，深入比较不同方法的取样效率； ②【分凝现象引起的核与辐射应急取样难题】 以陈达院士回忆录介绍的分凝问题案例为例，介绍老一辈核科学家在核试验过程中自主创新，科研攻关的真实经历； ③【取样关键设备研制】 分析我国核试验场大气特点，介绍我国取样关键设备研制面临的特殊难题；案例 1：以南航无人机在核试验中的重要作用作为切入口，介绍南航为我国核试验做出的重要贡献； 案例 2：新时期南航在无人机机载核辐射监测技术方面的突破和进展。这一成果先后获得国防科技进步奖二等奖、中国辐射防护学会科技进步奖一等奖。 【学生参与式学习，教师引导性讲授】
后测		【“雨课堂”随堂测试】 选择题、判断题（多媒体） 【学以致用，检验教学成果】
总结与拓展	核专业的使命感 【爱国主义精神与价值观】 【环保的责任意识】 【自主创新的民族自信心】 【南航核专业的认同与自豪感】	【归纳总结】 教师总结课程内容（多媒体+板书） 【举一反三，拓展思考】 思考题“雨课堂”： 日本福岛核污水的海洋取样与大气气溶胶放射性取样有何区别？

五、教学实践过程回顾

<table>
<tr><th>教师活动</th><th>学生活动</th></tr>
<tr><td>（一）问题导入，引出本章课程学习内容
（1）2011 年 3 月 12 日—4 月 12 日，全世界聚焦福岛核事故。短时间内，事故等级不断提升，甚至曾一天之内从 5 级跃升至 7 级，各界猜测是否意味着事态不断恶化？
【引出问题】福岛核事故定为 7 级，定级依据是什么？
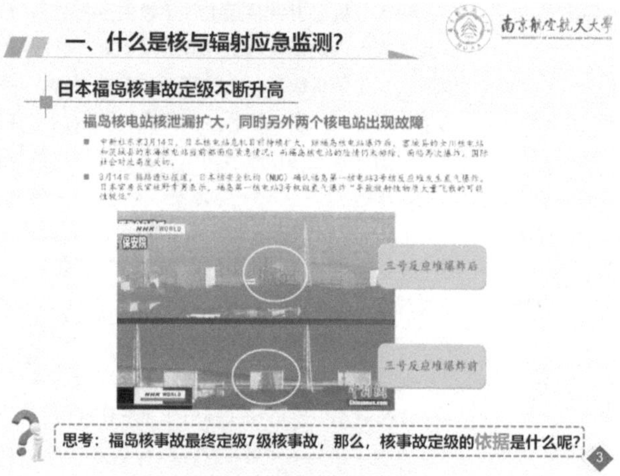

（2）新闻报道：中国核武器研制工程的巨大成就。在无数科学家的努力下，中国成功自主研制了原子弹、氢弹，打破了欧美国家的核垄断。
【引出问题】科学家如何判断核爆当量是否达到预期目标？
为了回答以上两个问题，有必要学习本堂课程“核与辐射应急监测”。</td><td>通过该故事的导入，引出核与辐射应急监测的概念，引起学生对辐射应急监测技术的求知欲。

通过正面、反面两个案例，潜移默化增强国家自豪感。</td></tr>
<tr><td>引出本章课程具体学习内容与目标。
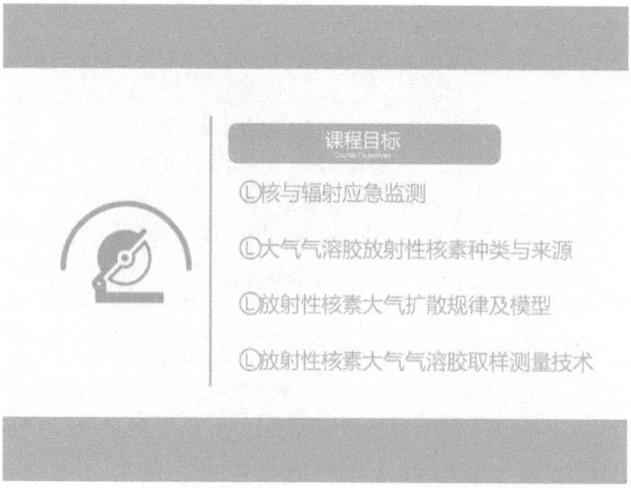
</td><td>学生知悉三个主要学习内容：
（1）了解核试验及核与辐射事故发生后大气气溶胶中放射性核素的种类与来源；

（2）理解放射性核素大气扩散的特点、影响因素、分析方法及模型；

（3）掌握放射性核素大气气溶胶取样测量技术。</td></tr>
</table>

续表

<table>
<tr><th>教师活动</th><th>学生活动</th></tr>
<tr><td>
（二）利用雨课堂进行前测，进入知识点讲解
知识点 1：核试验发生后大气气溶胶中放射性核素的种类与来源
①【核爆试验过程动画演示】
观看核爆试验动画演示，引导学生观察核爆火球的形状颜色变化以及核爆烟云的形成演化，介绍核爆过程中的放射性烟云环式内循环、放射性烟云高度、放射性沉降物中放射性核素来源等关键知识点。
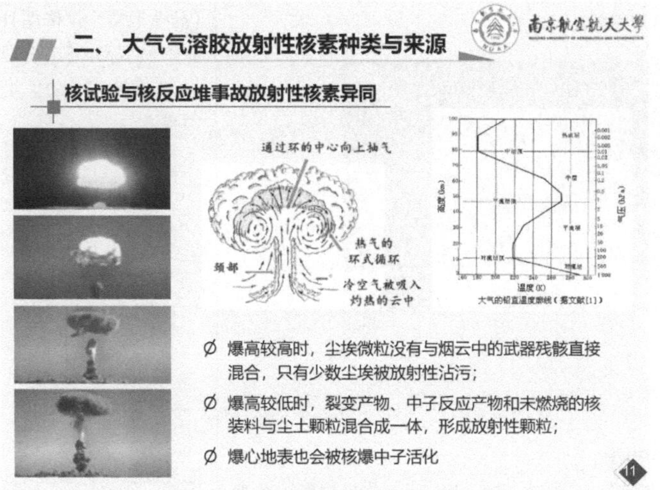

②【核试验与核反应堆事故放射性核素异同】（多媒体+板书）；本部分内容需重点掌握，通过物理过程讲解，使学生知其然，更知其所以然。

</td><td>
通过“雨课堂”前测设置互动环节，随机找一名学生回答一个问题：“核试验后的放射性核素都有哪些？”。
引出知识点 1 核试验发生后大气气溶胶中放射性核素的种类与来源。

结合动画、视频演示，让学生形象理解核试验、核电厂事故中，放射性核素的具体来源以及核素类型的异同。理解知识点 1 的主要学习内容。

述及我国打破了西方国家的核垄断和核讹诈，成为继美、苏、英、法之后第五个拥有核武器的国家时，介绍这一伟大成就离不开程开甲、邓稼先等老一辈核科学家的无私奉献，激励学生树立科技报国的爱国主义精神，对应思政目标（1）。
</td></tr>
</table>

续表

<table>
<tr><th>教师活动</th><th>学生活动</th></tr>
<tr><td>
知识点 2：放射性核素大气扩散的特点、影响因素、分析方法及模型
①【大气层分层结构与核爆烟云高度对比动画】
通过动画演示，引导学生形象认知核爆产生的放射性核素在大气层中的分布，从而引出放射性核素在对流层、平流层扩散的不同规律。
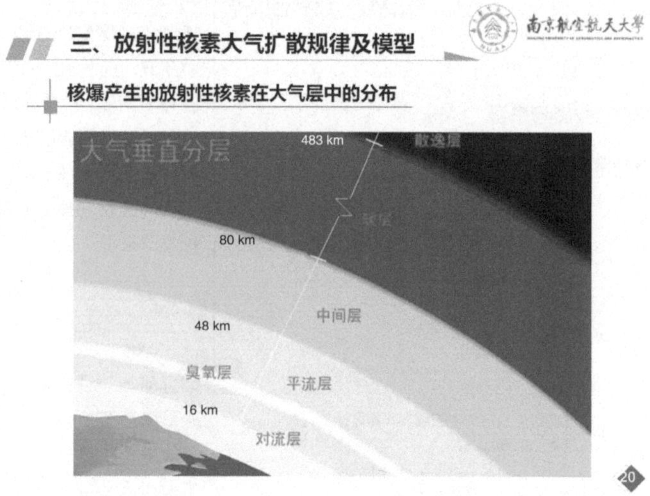

</td><td>
通过动画、公式、图片，结合“庞贝古城”火山灰沉降案例，深入分析放射性核素大气扩散的分析方法（现场示踪试验、大气风洞试验和数值模拟方法）、扩散模型（高斯模型、拉格朗日模型、欧拉模型和 CFD 模型）。理解知识点 2 的主要学习内容。
</td></tr>
<tr><td>
②【放射性核素大气扩散的分析方法与模型】
通过动画、公式、图片，结合“庞贝古城”火山灰沉降案例，深入分析放射性核素大气扩散的分析方法（现场示踪试验、大气风洞试验和数值模拟方法）、扩散模型（高斯模型、拉格朗日模型、欧拉模型和 CFD 模型）。
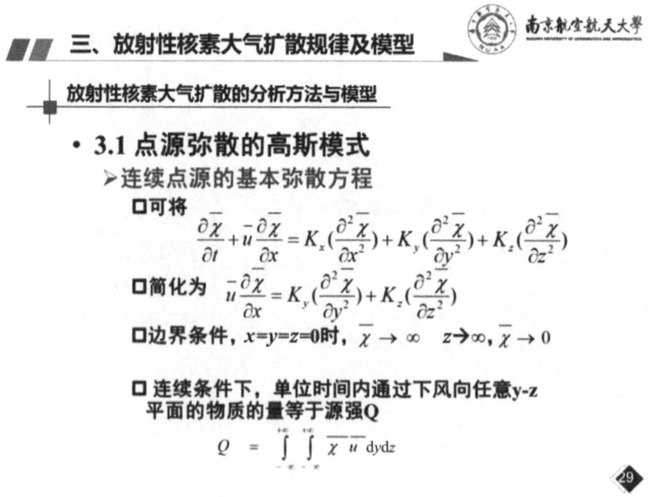

③【分组讨论：影响放射性核素大气扩散的主要因素】通过问题引导学生利用所学知识分析，加深对知识的理解和灵活运用。
</td><td>
述及放射性核素全球扩散周期的计算时，通过具体数字证明核污染不仅影响某一地区、某一国家，更在短时间内扩散到全球各地。在述及平流层扩散时，强调放射性核素一旦进入平流层，由于缺乏对流，放射性核素将长期存在于大气无法沉降，对环境造成长期影响。由此培养学生建立正确的核安全观和社会责任意识，对应思政目标（2）。
</td></tr>
</table>

续表

教师活动	学生活动
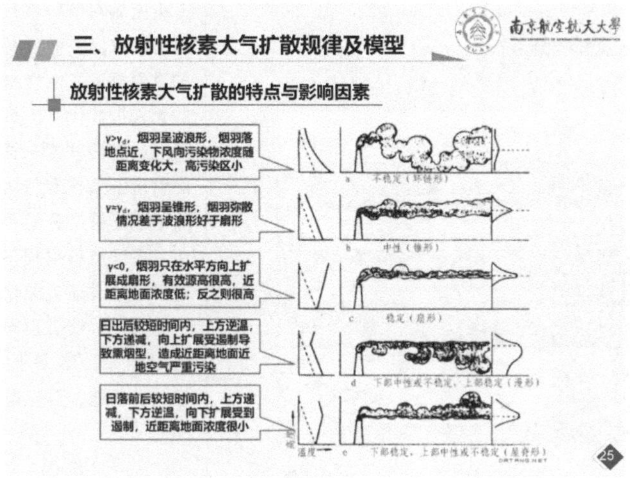 	
知识点 3：放射性核素大气气溶胶取样测量技术 ①【放射性核素大气气溶胶取样方法与原理】 通过视频影像回顾沉降法、炮弹法、过滤法等取样方法，通过动画演示单纤维对气溶胶颗粒的惯性拦截过程，重点介绍过滤法取样原理，深入比较不同方法的取样效率； ②【分凝现象引起的核与辐射应急取样难题】 以陈达院士回忆录介绍的分凝问题案例为例，介绍老一辈核科学家在核试验过程中自主创新，科研攻关的真实经历。	通过视频影像回顾沉降法、炮弹法、过滤法等取样方法，通过动画演示单纤维对气溶胶颗粒的惯性拦截过程，重点介绍过滤法取样原理，深入比较不同方法的取样效率。理解知识点 3 的主要学习内容。
 ③【取样关键设备研制】 分析我国核试验场大气特点，介绍我国取样关键设备研制面临的特殊难题； 案例 1：以南航无人机在核试验中的重要作用作为切入口，介绍南航为我国核试验做出的重要贡献；	介绍放射性核素大气气溶胶取样分析遇到的核素分凝难题。南航核学科创始人、中科院院士陈达教授在核试验期间，创造性地解决了放射性核素分凝引起的分析难题，为核爆裂变威力的监测做出了重大贡献。通过沉浸式教学引导学生重温陈达院士攻克这一难题时的心路历程，增强学生对中华民族自主创新能力的民族自信心。对应思政目标（3）。

续表

<table>
<tr><th>教师活动</th><th>学生活动</th></tr>
<tr><td>

案例2：新时期南航在无人机机载核辐射监测技术方面的突破和进展。这一成果先后获得国防科技进步奖二等奖、中国辐射防护学会科技进步奖一等奖。

（三）总结与拓展
（1）理解核与辐射应急监测的概念；
（2）了解核试验及核与辐射事故发生后大气气溶胶中放射性核素的种类与来源；
（3）理解放射性核素大气扩散的特点、影响因素、分析方法及模型；
（4）掌握放射性核素大气气溶胶取样测量技术。
【融入思政元素】
（1）爱国主义精神与价值观；
（2）正确的核安全文化和社会责任意识；
（3）自主创新的民族自信心；
（4）南航核专业的认同与自豪感。
</td><td>介绍南航在放射性核素大气气溶胶取样关键设备研制中的重要贡献。南航自主研制的无人机替代有人机进行核爆后放射性核素采样，一方面缩短了采样等待时间，提高了取样精度；另一方面避免了飞行员辐射损伤。通过本案例的讲述，深化南京航空航天大学核工程类专业学生对本校、本专业的认同感、自豪感。对应思政目标（4）。

在放射性核素大气气溶胶取样关键设备研制方面进一步延伸，介绍近年来南航核科学与技术系在无人机机载核辐射监测技术方面的传承与突破。通过这一案例，进一步激发学生继承先辈传统，认真学习的热情，增强对本校、本专业的认同感、自豪感。对应思政目标（5）。</td></tr>
</table>

六、创新性与效果总结

（一）思政案例教学创新性

本次教学案例包括了5个思政案例，在3个课程知识点中穿插展开，均匀分布，在教学知识点徐徐展开之际融入思政元素，密度适当，层层递进。在本教学节段的五个思政案例讲解中，深入挖掘“核科学与技术”与生俱来的红色基因，弘扬“两弹一星”精神、“马兰精神”和陈达院士精神，对课程内容进行了深度挖掘和再度创新。举例说明如下。

（1）在思政案例1中，虽然主题是老一辈核科学家为国奉献建功立业的老话题，但是深入挖掘了程开甲院士求学期间发表的多篇《Nature》文章，时至今日其学术成就依然震撼人心。以程老先生放弃国外优渥科研条件和前途光明的科研事业，投身祖国核试验事业，干惊天动地事，做隐姓埋名人的人生选择作为案例，极具震撼和感召力。这一案例基于老话题深入案例挖掘内容，属于对案例内容的创新。

（2）在思政案例2中，引导学生运用所学知识得到放射性核素沉降的具体数字，通过数字让学生对核与辐射安全的重要性的理解进一步深入，使得大三学生在接触专业的初始阶段就建立正确的核安全观和严肃审慎的社会责任意识，与我国核工业的精神相契合。这一案例属于从课程知识点挖掘的新案例。

（3）在思政案例3、4中，将南航与核结缘的历史沿革与课程知识点相结合，一方面激发学生对相关知识点的求知欲望，另一方面又能使学生掌握相关知识点后进一步增加对南航老一辈核科学工作者的了解与敬佩，提升学校和专业认同感，实现教学相长，价值引领作用。这些案例属于深入挖掘高校历史沿革后的案例创新。

（4）在思政案例5中，进一步介绍南航在课程内容方向上的最新科研进展，以南航核科学与技术系最近的两项科研获奖技术为切入，体现了课程知识内容的灵活运用，让学生看到应用前景，激发学习兴趣，鼓励学生继承优秀传统。本案例也属于深入挖掘高校历史沿革后的案例创新。

在这些案例的排布结构中，也体现了层层递进的逻辑关系，能够激发学生从情感和认知两方面产生共鸣和认同，具有很好的感召力。

（二）思政案例教学实践效果

本课程开课以来，在学生评教成绩中历年均位于全校课程的前5%，是学校核专业课程中受欢迎程度最高的一门课。在教学思路上，当前课程建设的首要问题在于将传统的“重知轻行”的教学理念转变为“以培养能力为中心、以工程应用为导向”的成果导向教育理念，将课堂更多地交还给学生，提高课堂活跃度与学生参与度，使得课程达到预期教学效果。由于核科学基础概念多、理论抽象、涉及知识面广，学生学习难度较大。课程团队力图建立工程实际案例与核科学知识间的逻辑联系，利用适当的比喻与联想，调动学生思维能力，提高思维活跃度，促进抽象概念具象化。通过启发式教学，让学生时刻建立起把理论知识和工艺与实际工程问题、实际产品相联系的观念，达到“举一反三”“学完即用”的效果（见图6）。

图6　学生评价给予的教学过程评价

（三）思政案例教学实践成果

“电离辐射防护”课程在多年教学过程中大胆探索，提出了人才培养体系四部曲——“悟、造、竞、创”。为激发学生的创新兴趣，结合课程进度定期邀请学术大师、军工总师、国防科技领军人才与学生面对面，分享成就案例；与同方威视合作建立产教融合创新实践基地，以真实课题为抓手，组织学生参与有关大赛、活动等，让学生在真实课题中感受科创，促进学生对专业知识的理解和拓展。至今共培养学生创新训练计划和自由探索计划 29 项（国家级 6 项，省级 12 项，校级 11 项）；获全国高校学生课外“核+X”创意大赛一等奖 2 项、二等奖 2 项、三等奖 4 项；第八届中国国际“互联网+”大学生创新创业大赛江苏省二等奖 1 项；组织学生赴奥地利维也纳参加第四届“核科学·奥林匹克”（Nuclear Olympiad）国际大赛决赛，获得亚军。见图 7 和图 8。

图 7　本课程培养学生参加科创竞赛获奖证书

图 8　国家一流课程、校专创融合课程建设项目、校产教融合课程建设项目

参考文献

[1] 陈志．电离辐射防护基础［M］．北京：清华大学出版社，2020.
[2] 王德忠．电离辐射测量与防护［M］．北京：高等教育出版社，2023.
[3] 岳会国．辐射应急监测技术［M］．北京：人民交通出版社，2014.
[4] 中国人民解放军总装备部军事训练教材编辑工作委员会．核试验放射性核素监测核查技术［M］．北京：国防工业出版社，2006.

“先进核能工程”课程思政案例

庄乃亮[1]，许志恒[1]，赵行斌[2]

（1. 南京航空航天大学核科学与技术系，江苏　南京　211106；
2. 南京航空航天大学航天学院，江苏　南京　211106）

摘　要：紧紧围绕“立德树人”的育人核心，以“大国工程”核能技术发展历程为牵引，基于“PBL（problem-based learning）教学模式”以及“费曼认知理念”开展教学实践。其中核能技术发展历程凝练成“两条主线”：一是以“核安全文化”为牵引的《核安全法》依法保障核安全；二是在我国核能事业中涌现的典型事迹和先进榜样。基于“费曼认知理念”在教学模式创新、课程内容重构和多元化考核评测等方面开展了创新与实践，主要措施如下。第一，在课堂教学中强化案例式导入，从贴近学生生活和相关时事现象等角度引入课程学习。用类比、比喻、“大白话”、讲故事等通俗易懂方式阐述晦涩难懂的专业名词与原理，增强课堂趣味性、“有温度”与人文历史属性。第二，激励学生通过“主动输出”所学知识去教会别人，包括同桌讲解、小组研讨、上台讲解、撰写科普文章等方式，在重复回顾过程中发现知识盲点实现深度学习。第三，强化过程性考核，实现多元化评测，体现“主动输出”的价值。本节段讲述自然循环与非能动安全理念，以“从根本上解决在任何事故下均不会发生堆芯熔毁”这一问题为牵引，探究自然循环的应用——我国完全自主知识产权的第三代核电技术“华龙一号”的非能动安全，潜移默化之中让学生们了解国之重器“华龙一号”的成就，熏陶爱国情怀和民族自豪感。训练学生“观察—思考—创新—应用”的科学思维，培养勇于创新、善于创新的思维意识；融入我国优秀传统文化中“道法自然”的优秀哲学思辨精神，强化学生们的文化自信；最后在核专业知识与核工程前沿的教学中，强化学生们对于核专业的使命感与成就感，积极弘扬科学家精神。实践结果表明，上述改革措施能够让学生觉得课程有趣又可以学到学科前沿，愿意主动参与到课堂中来，不仅可以营造轻松愉快的课堂氛围，同时也能让教学效果获得明显提升。

一、课程基本情况

（一）授课对象情况分析

本课程的授课对象为核工程与核技术专业大学三年级学生（第六学期），已经储备了“大学物理”“核反应堆物理分析”“核动力工程流体力学”“核反应堆热工分析”等专业课程的基本知识，同时具备了一定的自学能力和网络资源搜索能力。这个阶段的学生们活泼好动、精力充沛、对新生事物充满好奇、富有一定的创新精神，但存在一定的学习惰性，对于单调枯燥的理论学习兴趣不高，对核专业的前景和专业内涵的认识不足等，课堂教学中“痛点”如图 1 所示。

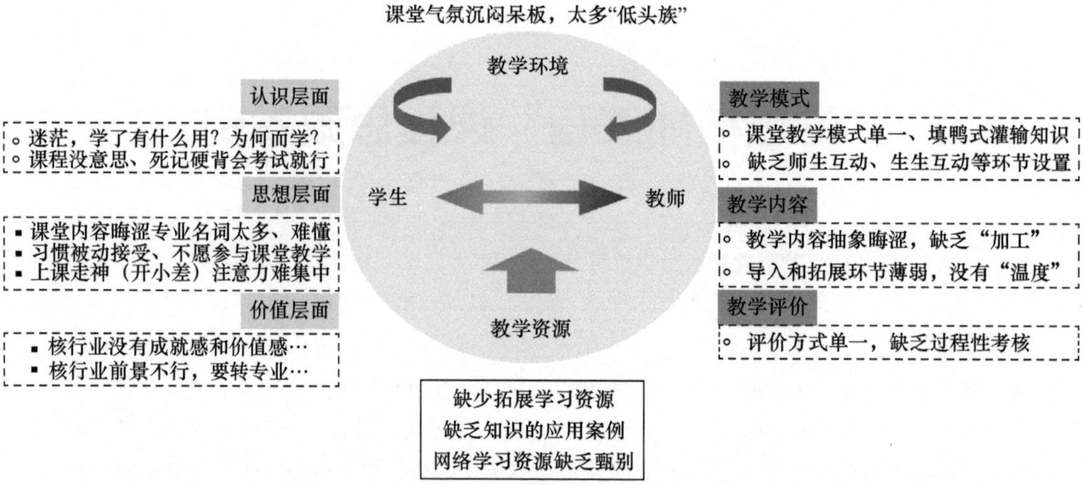

图 1　课堂教学中的"痛点"问题

1. 学生方面

（1）在认知层面，很多学生表示很迷茫，不知道为什么要学，学了有什么用。部分学生认为流体力学没意思，只要死记硬背会考试就行。

（2）在思想层面，很多学生习惯了中学阶段的被动接受知识，习惯了被填鸭式灌输，不愿意参与到教学活动中来。

（3）在价值层面，很多学生不喜欢本专业，学生们不清楚自己的专业能够做什么，对社会有什么贡献价值，因此没有价值感和成就感，甚至少数同学要转专业。

2. 教师方面

（1）教师在上课的过程中，还是习惯采用灌输式方法为主、缺乏师生互动，导致课堂气氛沉闷。教师授课过程过于注重知识传授的倾向，忽略学生的兴趣导向，缺乏质量高、有新意的教学互动，学生"抬头率低"。

（2）教师在授课过程中不注重从学生亲身体验和生活经历的角度出发，不注重将教学内容与学生生活实际体验相结合。不注重一些晦涩抽象的知识、概念、原理的引入过程，使得学生们在接受新事物、新内容时难以理解。

（3）教师在备课授课时"照本宣科"，不注重教学内容与流体力学发展史、核工程领域应用、学科发展前沿等内容的结合，使得课程内容缺乏趣味性和历史底蕴，缺乏价值观、思政育人方面的引导与教育。

3. 对策方法

（1）需要在教学中提供所学理论知识应用于核工程具体实践的案例等反映前沿性、时代性课程内容，满足学生们对所学知识价值、核工程领域前沿等知识的需求；

（2）需要借助案例式、启发式和讨论式教学方法，激发学生们的学习兴趣；

（3）需要结合各种多样的信息化教学手段，让学生主动参与进来，以学生为中心，提高学生的参与度和切实的获得感；

（4）在引入自然循环的应用案例："华龙一号"的非能动设计等课程内容时，引出思政主题：国之重器"华龙一号"的民族自豪感、"道法自然"的优秀传统哲学思辨、勇于创新善于创新的时代精神，善于观察—总结—创新—应用的科学思维。

（5）在讲述自然循环的建立过程中，驱动力与流动阻力的此消彼长关系和人生道路上的坎坷困难与充沛动力使命感的关系，塑造人生观。

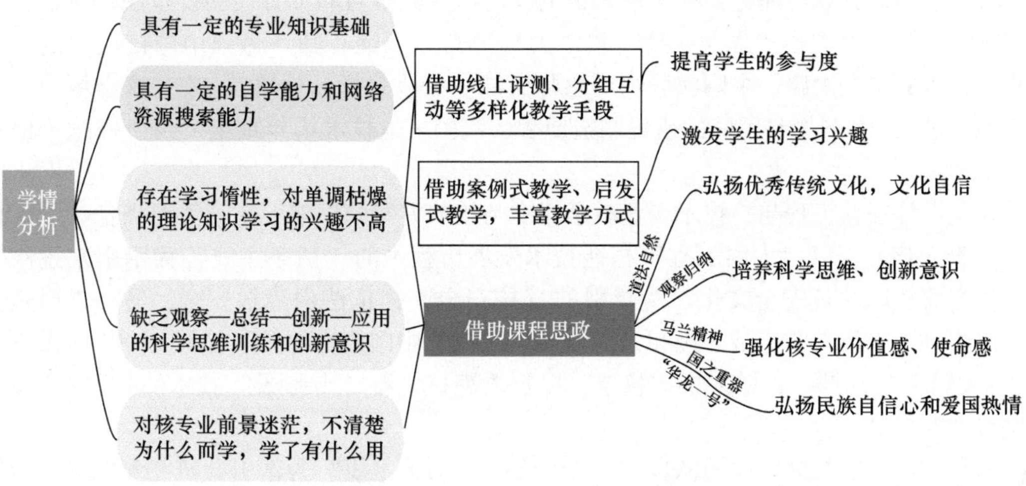

图2　学生情况分析与应对策略

（二）课程情况简介

“先进核能工程”课程是我校国家一流专业核工程与核技术专业的专业核心课程，是“核动力工程流体力学”“工程热力学”“传热学”“核反应堆热工分析”以及“核反应堆物理分析”“核电厂系统与设备”“核反应堆安全分析”等通识课和专业课课程群的核心。课程的基本信息如表1所示，反应堆热工水力学课程群见图3。

表1　课程基本信息

课程名称	先进核能工程	课程总学时	32学时
相关教学内容	自然循环与非能动安全理念	教学内容时长	2学时
教学参考教材	阎昌琪等编著《先进核反应堆》，科学出版社，2023	课程教学对象	核工程类专业学生

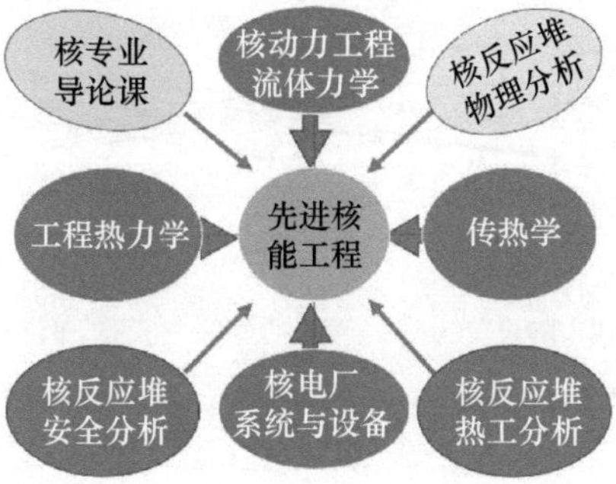

图3　反应堆热工水力学课程群

本课程一般开设在核工程类专业第六学期，主要讲述核能发展历程、核安全文化、“华龙一号”与非能动安全、第四代核电系统、模块化小堆与微型核反应堆、多用途核能系统、空间核动力系统以及先进核能发展趋势研讨等模块内容。课程围绕着“立德树人”的中心，学生们在学习先进核能工程知识的同时，深刻学习和了解《核安全法》依法保障我国核安全、国之重器“华龙一号”和“大国工匠”邢继总师“做强中国核电”的核电人自立自强的自主之路、中国实验快堆总师徐銤“一生只做一件事”、攻克核燃料“卡脖子”技术的CF系列燃料团队的研发制造历程、我国核电技术从“跟跑”到“领跑”的技术创新之路。

课程设计在核工程与核技术专业教学标准与培养方案的框架下，紧紧围绕着“立德树人”的育人核心，以“大国工程”核能技术发展历程中的“两条主线”为牵引来逐次开展。一方面是以“核安全文化”为牵引的《核安全法》依法保障核安全，另一方面是在我国核能事业中涌现的典型事迹和先进榜样，比如“中国快堆之父”徐銤：一生只做一件事、“大国工匠”邢继：做强中国核电，以及攻克核燃料“卡脖子”技术的我国CF系列核燃料人的事迹。

课程教学内容将由课程团队以“一个中心”“两条主线”为牵引，研究和挖掘贴合核工程专业特色的思政点与思政元素，结合本课程的知识结构与特点有机融入在各教学模块中。通过深入地梳理与分析，本课程设定了社会主义核心价值观、核安全文化与社会责任意识、《核安全法》与法治意识、自主创新之路与科学发展观、反应堆热工设计与“扣好人生第一粒扣子”等思政目标（见图4）。根据课程知识框架与结构组织，将上述五个思政目标相应融入课程教学的8个模块之中，多维度培养学生的爱党爱国情怀与职业素养。

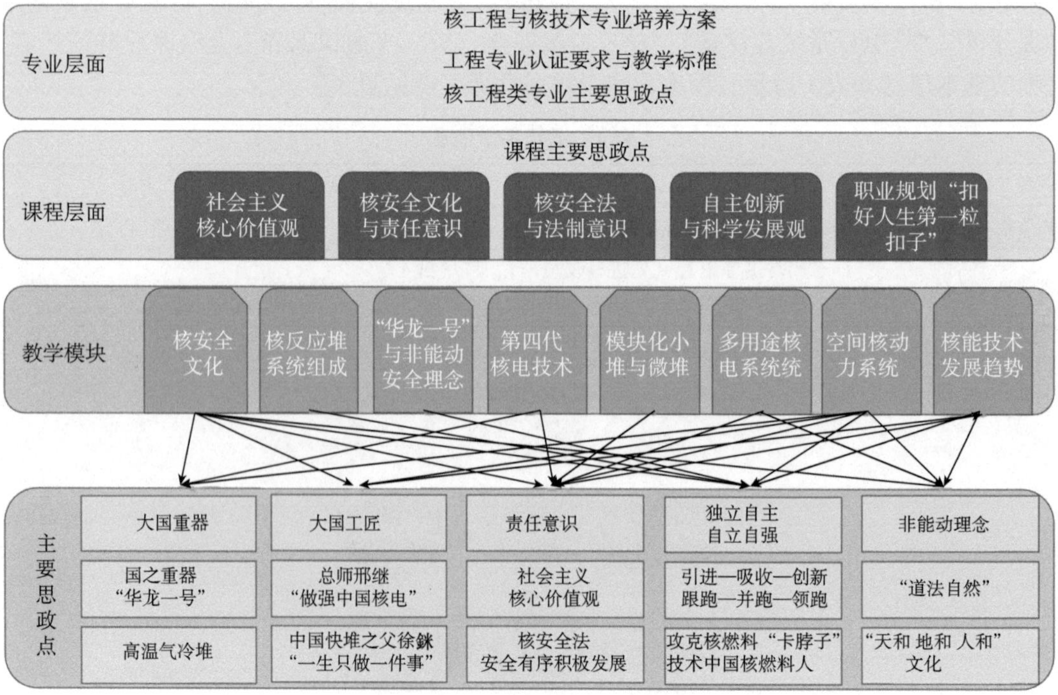

图4 课程思政设计整体思路

二、案例基本情况

（一）自然循环与非能动安全理念

1. 教学目标设计

以"立德树人"为引领，"知识、能力、素质和价值观"三位一体全方位育人理念，结合本教学节段的课程内容，建立教学目标如图 5 所示。

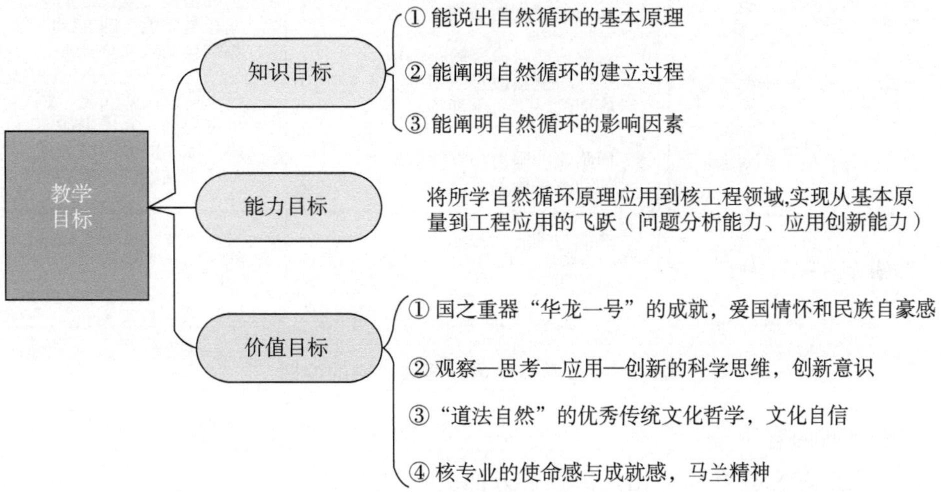

图 5　本教学节段的教学目标

2. 知识目标

① 能说出自然循环的原理。

② 能阐明自然循环的建立过程。

③ 能说出自然循环能力的影响因素。

3. 能力目标

① 归纳总结思维：从日常生活、生产中的现象归纳总结出基本原理并学以致用，应用到生产实践之中的思维。

② 观察—思考—创新—应用的科学思维，勇于创新善于创新意识。

4. 价值目标

① 国之重器"华龙一号"的成就，爱国情怀和民族自豪感。

② 观察—思考—创新—应用的科学思维，勇于创新善于创新意识。

③"道法自然"的优秀哲学思辨精神，文化自信。

④ 核专业的使命感与成就感，科学家精神。

三、案例思政元素分析

在本教学节段中，能够与专业教学内容有机结合实现“盐溶于水”“润物无声”的课程思政教育内容见图 6。

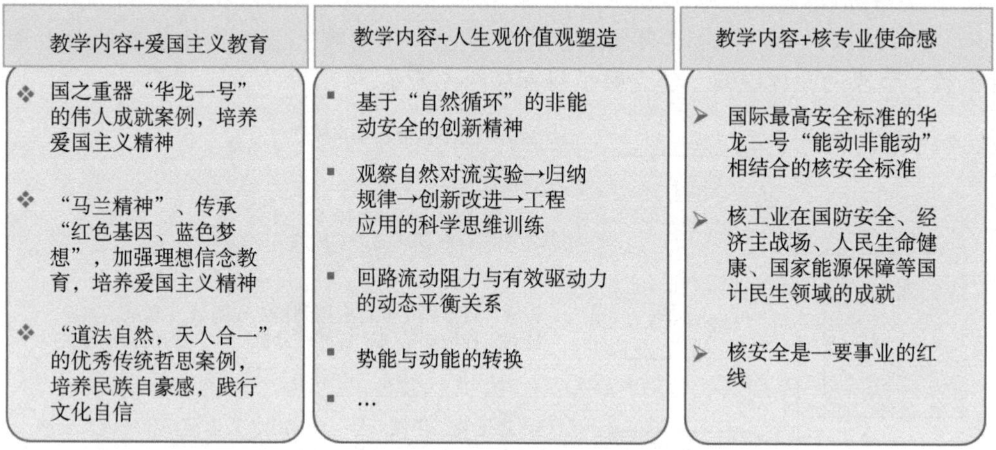

图 6　本教学节段课程思政内容的挖掘

1. 课程思政内容

（1）在爱国主义教育和文化自信教育方面

① 国之重器、国家名片“华龙一号”的伟大成就。其中，基于本教学节段课程内容的“自然循环”原理的“非能动安全”设计理念创新性应用于“华龙一号”，引入“华龙一号”的案例，提升学生的爱国主义精神。

② 在引入我国核能事业伟大成就时，有机融入“甘做隐姓埋名人，勇干惊天动地业”的“马兰精神”，讲述南航核学科奠基人陈达院士的伟大成就，南航的“红色基因”，引导学生践行“科学家精神”。

③ 我国优秀传统文化中的“人法地，地法天，天法道，道法自然”与本节所学自然循环一脉相承，从而实现弘扬中华优秀传统文化、践行文化自信的教育。

（2）在人生观、价值观塑造方面

①“非能动安全”理念的创新性，是新时代创新意识的体现，培养学生创新精神。

② 带领学生一起观察自然对流实验现象 → 思考归纳自然对流的原理 → 改进创新实现工程应用，实现学生们科学思维训练。

③ 自然循环的建立过程是回路阻力与驱动力的动态平衡过程，恰如人生道路虽然会有重重阻力，只要努力前行保持充沛驱动力，终会实现人生理想。

（3）在核专业的使命感和职业素养教育方面

①“华龙一号”采用了“能动+非能动”相结合的安全方案，达到了当今国际核电最高安全标准。

② 核安全是核事业的基础、是一切核事业的红线，核安全文化贯彻核事业的始终。

③ 核能在国防安全、能源保障、制氢供暖储能、“双碳”目标等国计民生领域的价值与成就，培养学生学好核专业、投身核事业的使命感。

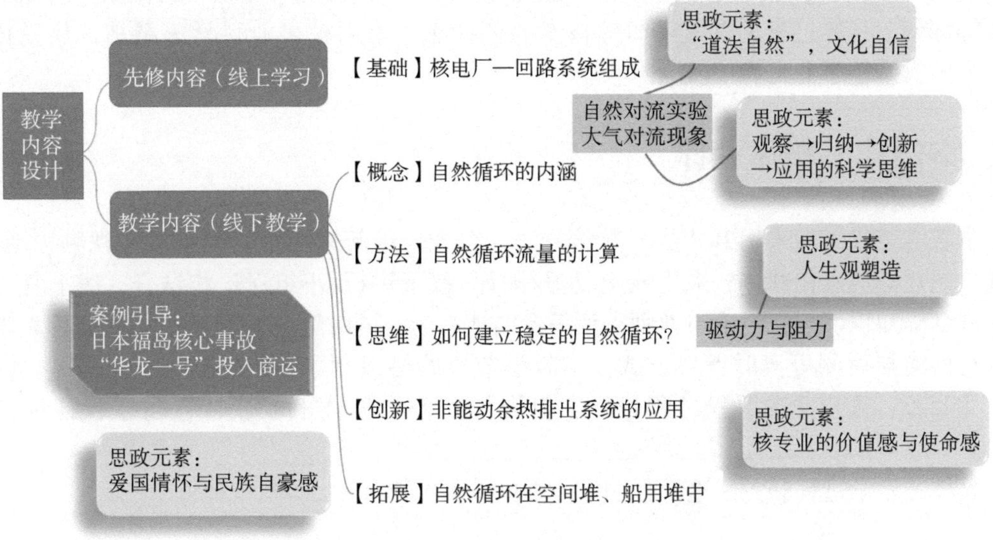

图 7　教学内容与课程思政教育的有机结合

2. 课程思政目标

通过本教学节段中课堂内容与课程思政教育内容的有机结合，实现“融盐于水”“润物无声”的价值目标的教育，预期取得的育人效果按照思政的目标分析如下所述。

（1）思政目标 1：爱国热情与民族自豪感

通过对比日本福岛核事故暴露出来的天灾人祸问题的反面案例和我国具有完全自主知识产权的国之重器“华龙一号”投入商运的正面案例，鲜明地体现出我国核电事业的长足进步与技术先进性，同学们表达出的自豪与激动溢于言表，纷纷表达出对核专业的价值与定位更为清晰，热爱祖国核事业。

（2）思政目标 2：科学思维与创新意识

通过带领同学们从“① 观察实验现象；② 归纳思考现象背后的原因；③ 进行创新改进；④ 学会如何将所学应用到工程实践中”走完全部学习链条。经过这一完整的科学思维过程，同学们纷纷表示看待问题和现象果然不能只浮于表面，要多思考现象背后的原因和机理。创新并不是那么遥远，创新并不是空穴来风而是来源于观察思考，来源于多归纳，并纷纷在小组讨论中讲述自己的所观、所感、所想。

（3）思政目标 3：优秀传统文化与文化自信

通过引入《老子》（第二十五章）中“人法地，地法天，天法道，道法自然”的哲理思辨与所观察到的自然对流现象和自然循环相对照，学生们表现出恍然大悟，原来我国古人早先就领会到要观察自然、学习自然并应用到人类实践中的哲学道理。对中华优秀传统文化有了更具体真实的体验，对传统文化更加自信。

(4) 思政目标 4：核专业的使命感与科学家精神

通过观看“华龙一号”的成就与我国核事业的“马兰精神”新闻片段，同学们对核专业在我国国防军工、能源保障、经济主战场以及人民生命健康等领域的作用与价值的认识更加深刻、具体，有了更加真切的核专业使命感，崇尚核事业科学家精神，热爱核专业，积极投身核事业建设中。

四、案例教学整体设计

本教学节段灵活采用 BOPPPS 教学方法，综合采用新闻片段、演示实验视频、动画、公式、图片等信息化载体，采用线上复习/测评+线下讲授/小组讨论相结合，线上复习前述课程基础知识、小组讨论与教师点评等参与式教学，同时结合雨课堂、学习通等教学工具进行前测与后测等实时考核方式。本教学节段始终以“学+研”为中心，以“立德树人”为目标，逐步开展课程过程设计，符合核工程与核技术专业特色与工程认证标准要求。

具体的教学过程和方法途径如图 8、图 9 和表 2 所示。

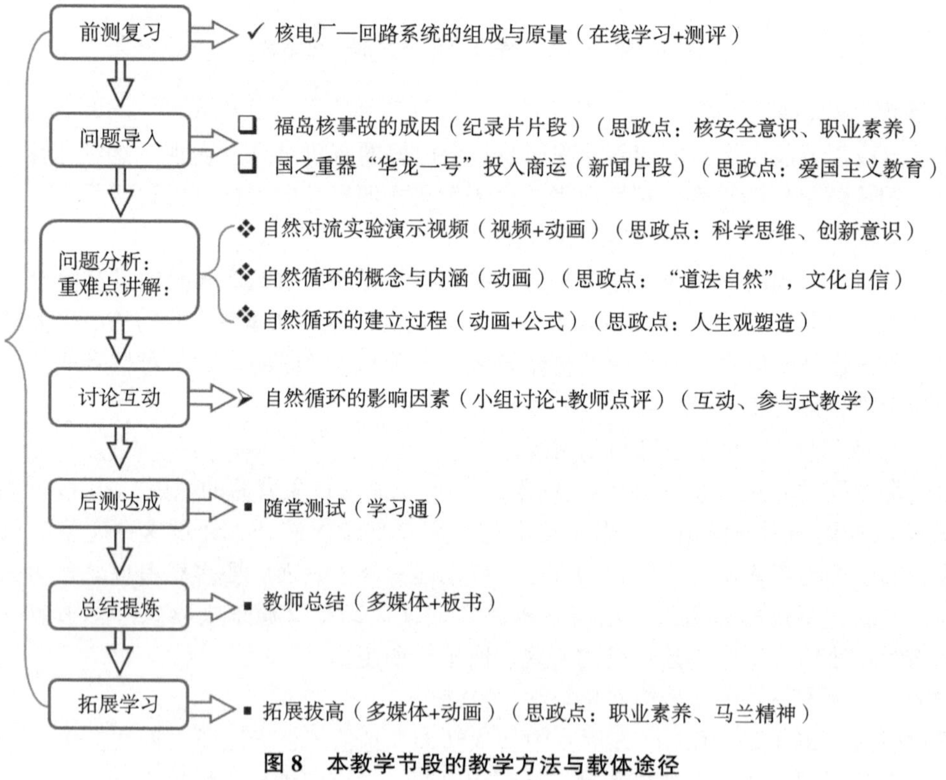

图 8　本教学节段的教学方法与载体途径

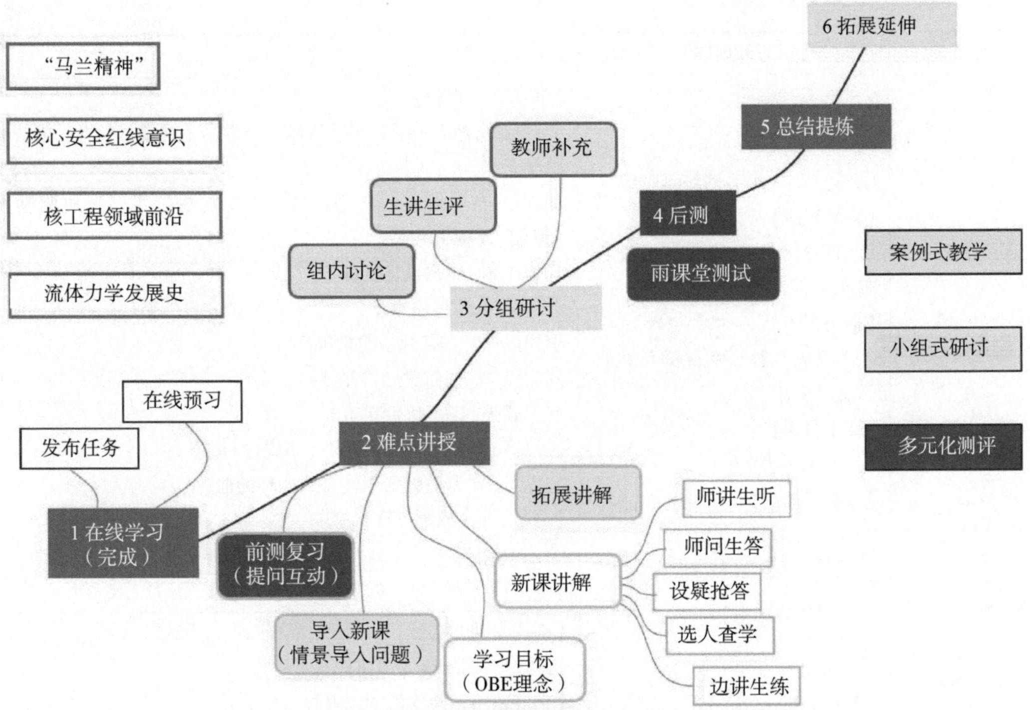

图 9　教学过程设计

表 2　教学环节、思政内容、教学方案列表

环节	思政内容	教学方案
导言	① 反面案例：日本福岛核事故的灾害及原因剖析 【核安全职业素养】 ② 国之重器、国家名片“华龙一号” 【爱国情怀与民族自豪感】	【纪录片片段】 多媒体课件展示纪录片：福岛核事故视频画面，引出核事故原因——丧失电源、丧失冷却水、堆芯熔毁， 【引出问题】如何从根本上避免类似的事故？（教学模式 Problem-Based Learning，PBL） 【新闻片段】 央视新闻报道片段：我国具有完全自主知识产权的第三代核电技术“华龙一号”投入商业运行。其中，创新性地采用了“非能动安全”设计理念。非能动余热排出系统能够从根本上避免类似日本福岛核事故的场景。 【对比中日核技术的先进性，激发民族自豪感与爱国热情】
学习目标		【学习目标】 由新闻片段引出问题（问题导向型） 什么是自然循环？如何建立自然循环？哪些因素影响自然循环？ 【明确学习目标，做到有的放矢】
前测		【雨课堂随堂测试】 选择题：你认为“华龙一号”的非能动余热排出系统要满足哪些要求？ 【培养发散思维，考查学生知识基础】

续表

环节	思政内容	教学方案
参与式学习	① 观察→归纳→创新→应用 【科学思维】 ② 非能动安全的创新性设计理念 【创新意识】 ③“道法自然”的优秀传统哲学思辨精神 【文化自信】 ④ 驱动力与阻力 【人生观塑造】	【演示实验视频】 ① 观看自然对流演示实验视频，引导学生观察、思考、创新的科学思维训练（多媒体+板书）； ② 归纳自然对流的原理：温度差引起密度差，形成驱动力（势能）（板书） 知识点 1：自然循环的概念。 ③ 引出自然循环概念，对比自然对流与自然循环的异同，进行引出问题：如何建立自然循环？ 知识点 2：如何建立自然循环？ 启发式提问：（师生互动 1） ④ 展示自然循环建立过程（多媒体+板书）； 知识点 3：哪些因素影响自然循环的能力？ 【分组讨论+教师点评】 ⑤ 分组讨论：哪些因素影响着自然循环的能力（师生互动 2） 【学生参与式学习，教师引导性讲授】
后测		【雨课堂随堂测试】 选择题、判断题（多媒体） 【学以致用，检验教学成果】
总结与拓展	核专业的使命感 【科学家精神】 【“马兰精神”】	【归纳总结】 教师总结课程内容（多媒体+板书） 【拓展学习】 思考题：（多媒体）：1. 自然循环在空间堆、船用堆等场景还是否适用？2. “华龙一号”中还有哪些利用自然循环的案例？ 【举一反三，能力提升】 第二课堂学习内容（链接） 1. 新华网：一座创造性的超级工程——透视“华龙一号”全球首堆商运的背后 http：//www. xinhuanet. com/politics/2021-01/30/c_1127045681. htm 2. 纪录片《华龙一号》：“华龙一号”——走向世界的“国之重器” https：//tv. cctv. com/2021/01/16/VIDE3FeIty9O9rGmlDvbqgrY210116. shtml 3.［面对面］马兰花开铸英魂 丨 核物理专家陈达：为国防事业奉献毕生心血 https：//tv. cctv. com/2022/04/17/VIDEzKiH05WOrMLV8iDv2EjX220417. shtml 4. 学堂在线：自然循环——核反应堆热工分析（重庆大学、潘良明、陈德奇等） https：//www. xuetangx. com/course/cqu08221002847/12425213

五、教学实践过程回顾

课程实践效果与课程考核情况如图 10 所示。

图 10　“课上+课下”教学环节（学生主动输出）

课堂互动加强，学习积极性提升。通过激励学生“主动输出”，例如，同桌讲解和上台讲解等措施，课堂互动性明显加强。这些“以学生为中心”的措施拉近了师生距离，提升了学生的参与度，活跃了课堂气氛。更重要的是，这种方式能有效地驱动学生主动参与到课堂教学活动中来，并积极主动输出知识，加深对课程内容的理解，提升自主学习能力。

课程评价机制更合理，激励作用更显著。相比 2019 级、2020 级的平时成绩体现了学生“主动输出”的贡献，改变了以往只靠作业作为平时分的局面，建立了更合理的课程评价体系。同学们更愿意投入时间到更具有挑战性的问题中去。如 2020 级两个班的同学普遍重视按“费曼风格”写作的环节，提交的作品中不乏非常优秀的文章。如果没有评价机制的激励作用，这是很难实现的。多元化考核与测评见图 11。

与之前的被动式接受为主的教学模式相比，采用激励学生主动输出的策略，学生输出不再只是做作业，还包括能讲清楚、会教别人，从而实现学生从“被动接受”知识到“主动输出”知识的转变，真正理解和学会运用知识，课程学习效果的提升不言而喻。我们比较了 2019 级与 2020 级先进核能工程总评中不及格（分值<60 分）和良好以上（分值≥80 分）的比例，20 级相对 19 级分别降低了 5%和提高了 56. 0%（见图 12），整体成绩有了明显提高，课程教学效果提升是比较明显的。

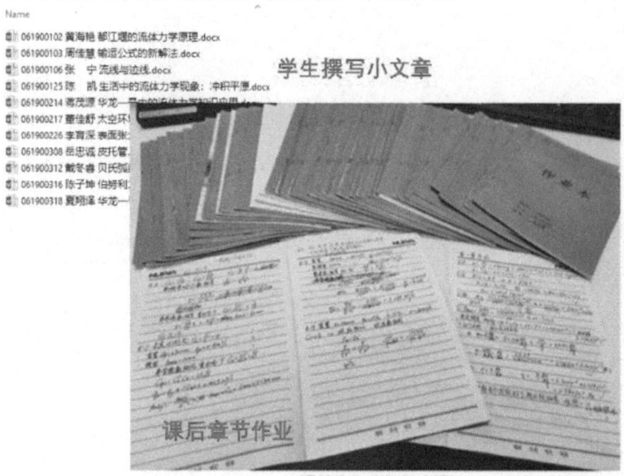

课后作业（批改+点评）

学号	姓名	课后作业完成情况					"主动输出"表现与加分项	过程考核平均分
		第一章	第二章	第三章	第四章	第五章		
061900102	黄海艳	99	85	98	98	98	撰写文章	95
061900104	欧阳静敏	95	92	83	90	83	上台讲解	90
061900123	钟明才	100	92	85	83	85		90
061900124	李岩	99	94	91	96	91	上台讲解	95
061900204	徐青青	99	94	96	91	96	上台讲解	95
061900209	宋昕涛	98	92	88	82	88		90
061900214	蒋茂源	96	95	87	90	87	撰写文章	92
061900215	徐皓程	98	92	85	89	85		91
061900217	董佳舒	98	94	100	100	100	上台讲解+撰写文章	98
061900225	宋鹤华	85	92	73	70	73		80
061900226	李育深	97	94	85	84	85	撰写文章	90
061900306	林瑞	86	88	90	88	90		88
061900308	岳忠诚	87	85	95	93	92	撰写文章	91
061900310	张海桐	95	90	62	73	62		80
061900311	王溪康	93	88	81	86	81		87
061900312	戴冬睿	99	97	100	96	100	上台讲解+撰写文章	98
061900103	周佳慧	100	100	100	100	100	上台讲解+撰写文章	100
061900106	张宁	98	98	81	83	81	撰写文章	90
061900118	袁宏江	93	91	72	88	72		86
061900119	马玉杰	98	90	72	60	72		80
061900120	刘佳俊	75	85	60	60	60		70
061900125	陈凯	100	90	85	85	85	撰写文章	90
061900201	彭禹哲	100	97	90	93	90		95
061900206	刘玉豪	92	85	80	87	80		86
061900208	吴远坤	100	100	100	100	100	小组汇报+上台讲解	100
061900216	孟乾彪	93	75	70	78	70		79
061900218	徐皓峰	95	97	100	100	100	上台讲解+小组汇报	98
061900219	吉晓炼	96	82	75	67	75		80
061900222	王曦	99	94	100	99	100	上台讲解+小组汇报	98
061900224	张旭祺	93	88	75	64	75		80
061900227	李焕	72	70	65	73	65		70
061900302	潘嘉宇	95	96	90	95	90	上台讲解+主动解答	94
061900305	杨振东	87	70	55	36	55		62
061900313	袁峰	95	92	80	77	80		86
061900316	陈子坤	89	91	86	88	93	撰写文章+录视频	100
061900318	夏翊泽	92	85	92	90	93	撰写文章+主动讲解	100

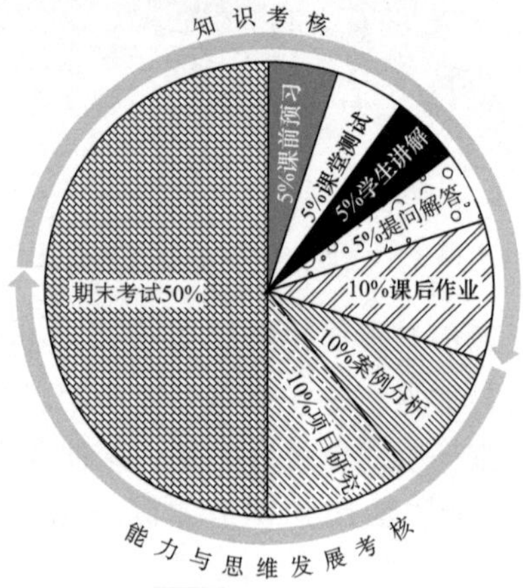

图 11　多元化考核与测评

教学创新实践对比：2019级 vs 2020级

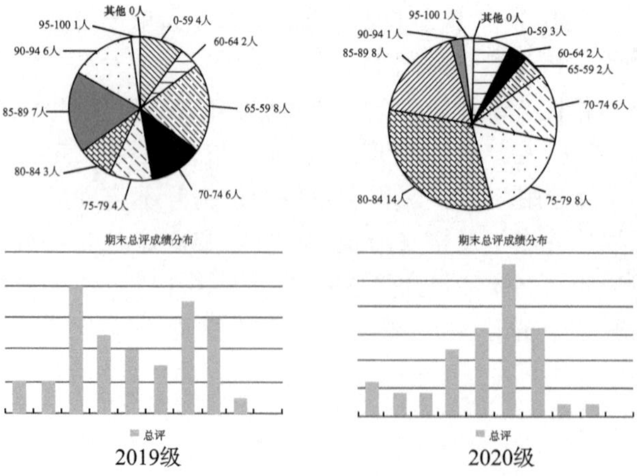

2019与2020级先进核能工程总评中不及格（＜60分）和良好以上（≥80分）的比例，20级相对19级分别降低了5%和提高了56.0%整体成绩有了明显提高，课程教学效果提升是比较明显的。

课堂互动加强，学习积极性提升。“以学生为中心”的措施拉近了师生距离，提升了学生的参与度，课堂气氛活跃，自主学习能力提升。

课程评价机制更合理。相比2019级，2020级的平时成绩体现了学生“主动输出”的贡献，有效地驱动学生主动参与到课堂教学活动中来，并积极主动输出知识，同学们更愿意投入时间到更具有挑战性的问题中去。

图 12　2019 级（左）与 2020 级（右）课程成绩总评情况

六、创新性与效果总结

本课程引入的“费曼认知理念”教学模式深受学生们的喜爱与好评，课堂氛围轻松愉悦，在潜移默化中学生们受到以国之重器“华龙一号”等为代表的我国核电技术从“跟跑”到“领跑”的技术创新之路与成就的感染与熏陶，核专业责任感、爱国情怀和民族自豪感溢于言表。学生们的“观察—思考—创新—应用”科学思维得到强化，学生们勇于创新、善于创新的思维意识得到增强。通过我国优秀传统文化中“道法自然”等优秀哲学思辨精神的融入，学生们更加文化自信。最后在核工程前沿的教学研讨中，学生们对于核专业的使命感与成就感、科学家精神、“马兰精神”的认识更为具体深刻。从课堂、课下等反馈中来看，学生们积极参与到教学活动中来，学生高度认可教师授课模式。

（一）课程评教与师生反馈情况

1. 课堂评估结果

·2021—2022 学年第二学期为 100%参评，评估结果优秀，全校百分位次 23%，学院百分位次 13%。

·2021—2022 学年第一学期为 100%参评，评估结果优秀，全校百分位次 36%，学院百分位次 25%。

2. 学生、督导代表性评价

（1）学生们的评价如图 13 所示。

·“老师讲课结合生活实例生动有趣”

·“课堂上理论联系实际，生动有趣，具有吸引力”

·“老师讲课重点突出，授课条理清晰，认真负责，严谨，耐心，内容丰富，涉及内容十分广泛”

·“课堂气氛很好，总是能把授课内容和社会实际结合起来，授课内容通俗易懂”

·“老师非常认真而且非常负责，知识点都讲得十分仔细、灵活运用多种教学方法和手段，提高我的学习兴趣”

（2）督导和同行的评价如图 14 所示。

“授课老师讲授了第四代核反应堆技术，教学内容和进度符合教学日历；课前准备充分，语言流畅，表达清楚；线上线下教学手段相融合；课堂气氛活跃，学生能够紧跟教学内容与老师进行互动，教学效果较好。”

（二）思政育人的教学效果

总结来看，通过引入“费曼认知理念”以及“PBL 教学模式”等，学生学习从被动学习到主动学习，从“要我学”转变为“我要学”。从死记硬背、应付考试等“低阶思维”转变为“观察—思考—创新—应用”的“高阶思维”。从对核专业、核行业前景迷茫到奉献核事业、“强核报国”的笃定。

课程思政内容教学成效见图 15。

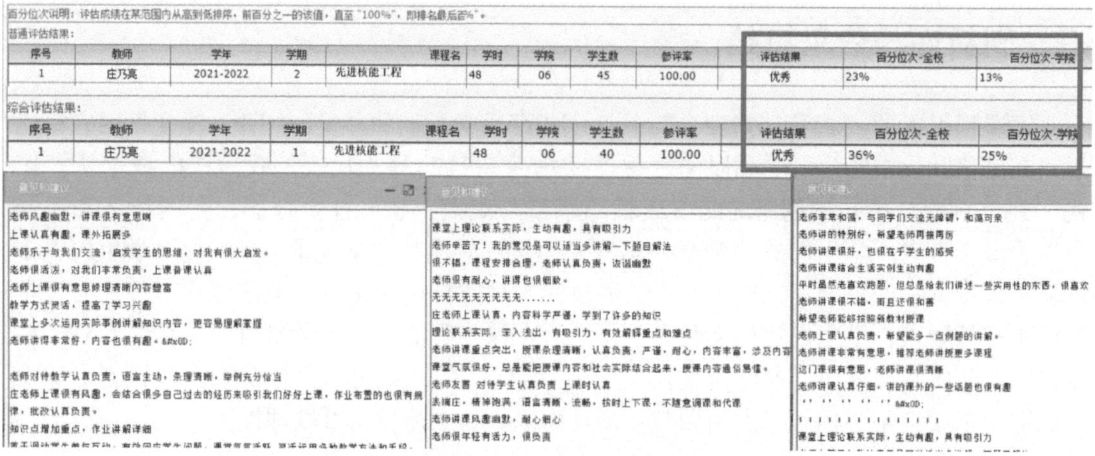

图 13　学生们给予的教学过程评价与建议

图 14　督导与同行专家们的评价

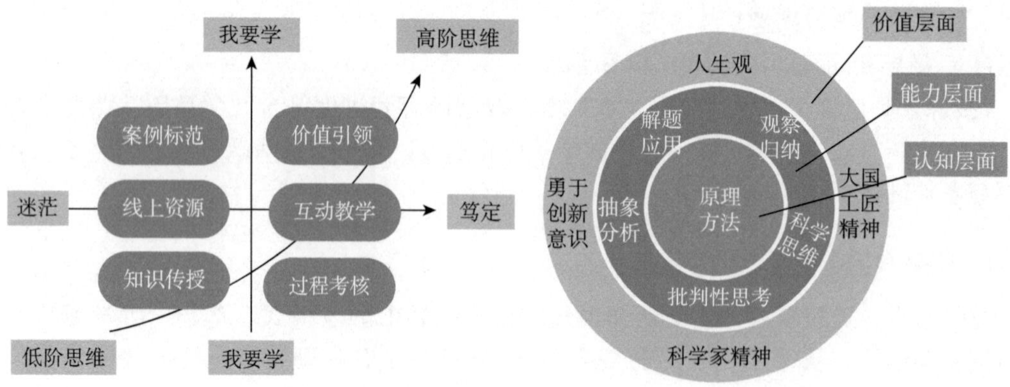

图 15　课程思政内容教学成效

此外，本案例主持人庄乃亮等基于课程教学模式的创新以及践行思政育人理念，相继获得了：① 2021 年江苏省高校微课教学比赛一等奖（庄乃亮、许志恒、赵行斌）；② 2022 年南京航空航天大学教学创新等一等奖（庄乃亮）；③ 2021 年南京航空航天大学微课教学竞赛一等奖（庄乃亮）；④ 2023 年南京航空航天大学研究生课程教学创新大赛一等奖（庄乃亮）；⑤ 主持校思政示范课程建设项目“核反应堆热工分析”（庄乃亮、许志恒、赵行斌）；⑥ 主持教改项目“依托大学生主题创新区实现核专业本科生多学科交叉创新能力培养”；⑦ 发表教改论文：《浅谈高校开展核技术与多学科交叉创新能力培养与教育的必要性》（《教育研究》2023 年第 1 期），如图 16 所示。

图 16　主要教学创新成果

（三）教学模式的推广性

基于上述教学模式创新与思政育人实践成效，本案例主持人庄乃亮于 2022 年 6 月 27 日在南京航空航天大学材料科学与技术学院进行了教学经验分享讲座（见图 17），讲座报告题目为“怎样做好兼职编剧、导演与演员——教学竞赛的教训与心得”。本次讲座为有志参加高水平教学竞赛的学院教师分享经验收获与心得体会，现场反响热烈。（由南京航空航天大学材料科学与技术学院组织，校教发评估服务平台登记）

图 17　2021 年 6 月 27 日，在材料学院的教学比赛经验交流讲座

参考文献

［1］邢继，宋代勇，吴宇翔．HPR1000：具备能动与非能动安全性的先进压水堆［J］．Engineering，2016，2（1）：79-87.

［2］刘宇生，许超，谭思超，等．整体试验台架非能动换热器的比例模化及设计［J］．哈尔滨工程大学学报，2019，40（3）：449-455.

［3］李峰，刘昌文，吴清，等．"华龙一号"二次侧非能动余热排出系统功能论证［J］．核动力工程，2019，40（S1）：28-31.

"核安全系统工程之'核与辐射应急'"课程思政案例

龚春慧，王　鹏，杨　毅

（南京理工大学环境与生物工程学院辐射防护与核安全系，江苏　南京　210094）

摘　要："核安全系统工程"隶属于南京理工大学辐射防护与核安全专业"核辐射监测与评价"核心课程群的重要课程之一，服务于使学生具备核辐射相关高级研究人才与核安全管理人才的基本能力与素养这一培养目标。本案例授课内容为"核安全系统工程"课程中"核与辐射应急准备和响应及其监督管理"的部分内容——"核与辐射应急"。通过采用多元化的教学方式，结合问题启发和互动教学，以及实际案例分析，本案例旨在引导学生思考核安全和辐射应急领域的重要问题。该案例紧紧围绕"立德树人"这一核心理念，结合南京理工大学"工程精英"和"社会中坚"的人才培养定位，借助雨课堂平台，以"课前问题引入→课中内容讲授→课后延伸学习"的教学方式，使学生更深入地了解核与辐射应急的挑战和重要性；基于"问题启发式教学模式"和"互动式教学模式"，引入以赛促教的教学方式，培养学生团队合作精神，以及举一反三、实践创新和解决具体工程问题的能力；通过结合时事以及实际案例分析，融入科学思维、科学精神、爱国情怀等思政元素，传播和平发展理念，实现课程互动性和体验性的提高。综上，基于本课程的学习，有助于培养学生正确的世界观和价值观，增强民族自信，树立家国情怀，培养团队协作精神，提高学生解决问题能力。

一、课程基本情况

（一）授课对象情况分析

1. 授课对象

本课程的授课对象为南京理工大学辐射防护与核安全专业的大学三年级上学期学生，经过两年基础知识的学习与积累，学生已经具备了辐射防护与核安全专业的基础知识，包括原子核物理、核辐射探测技术、辐射防护、辐射剂量学等相关专业知识，具备了学习本课程的知识储备。由于这个阶段的学生正处于专业学习关键时期，通过学习"核安全系统工程"课程，可以对其进行学科素养和思想政治教育的有机结合，引导他们树立正确的世界观、人生观、价值观。

2. 授课对象特点分析

（1）从专业背景与知识水平方面分析，授课对象具有辐射防护与核安全专业的背景，已经学习了一定数量的辐射防护及核安全相关课程，具备一定的基础知识，特别是在核安全领域有一定的了解，这些知识为学生日后在核安全领域从事研究和实践奠定了基础。

（2）从学生年级特点方面分析，大三学生已完成专业基础课程的学习，具备一定的学术能力和分析问题的能力，大三学生对于核安全系统工程课程可能具有一定的学科认知，有能力深入理解和应用相关知识，通过该课程，可以培养学生分析和解决核安全工程实践问题的能力。

（3）从学术目标和职业发展方面分析，考虑到辐射防护与核安全专业的学术目标及职业发展方向，学生可能对核安全领域具有浓厚兴趣，有志于在核安全领域从事相关工作，通过课程设计，可以引导学生将核安全领域的学术理论与实践相结合，为他们未来的学术和职业发展打下坚实基础。

（4）从课程学分和学时安排方面分析，本课程为2.5学分，40个学时，需要在有限的时间内传授丰富而复杂的核安全系统工程知识，因此教学需要高效而系统地进行，以确保学生能够全面理解并掌握所学内容，同时，通过合理安排学时，可以培养学生的学术自律和时间管理能力，使他们在学术领域取得更好的成绩。

（二）课程情况简介

1. 课程重要性简介

南京理工大学以修订2022版本科人才培养方案为契机，结合“工程精英”和“社会中坚”的人才培养定位，建设了一批专业核心课程群。“核安全系统工程”是南京理工大学辐射防护与核安全专业“核辐射监测与评价”核心课程群的重要课程之一，该课程群包括“核辐射探测基础”“辐射环境监测”“核电子学与核仪器原理”“核安全系统工程”和“核与辐射创新创业理论与实践”五门专业课程。

具体实施过程中，“核辐射探测基础”“辐射环境监测”和“核电子学与核仪器原理”除课堂教学外，还分别设立了课程设计——“核辐射探测课程设计”“辐射环境监测课程设计”和“核仪器测量应用实验”。“核与辐射创新创业理论与实践”涵盖了课程群中专业基础知识，结合现有核技术应用实例，引导学生在核与辐射应用方向上创新想法。这些课程共同服务于“科研训练”及“毕业设计”，两者均包括各专业相关基础理论知识与实践技能，其中“科研训练”旨在培养学生科研创新与实践能力，而“毕业设计”则是运用多学科基本理论、知识与技能来分析和解决工程问题，深化理论知识，拓宽知识领域。“核安全系统工程”与科研训练及毕业设计又共同服务于人才培养，使学生具备核辐射相关高级研究人才与核安全管理人才的基本能力与素养，其关系如图1所示。

2. 课程内容简介

“核安全系统工程”作为一门专业选修课程，共计40个学时（2.5学分）。该课程涵盖了“全国注册核安全工程师执业资格考试辅导教材”中的两大核心部分，分别是“核安全综合知识”和“核安全专业实务”，这两部分内容是注册核安全工程师必考科目。具体而言，本课程的内容涵盖了核安全领域的多个重要主题。如图2所示，“核安全综合知识”部分内容囊括了原子核物理基础、核反应堆工程基础、核反应堆与核动力厂、民用核安全设备基础知识、核燃料循环设施、核技术利用基础知识、辐射防护基础、核安全原则及核安全文化共九章的内容；而“核安全专业实务”则涵盖了核安全监管概述、核设施质量保证要求、核设施厂址安全评价、核动力厂的设计安全要求、核动力厂的运行、民用核

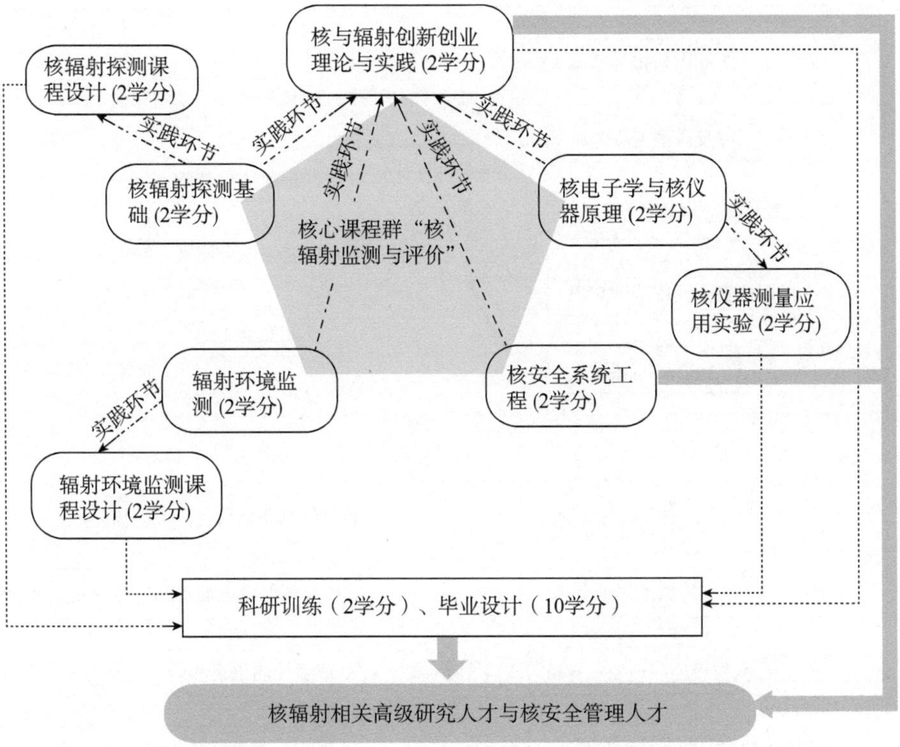

图 1　"核辐射监测与评价"所含专业核心课程及其与其他课程关联关系

安全设备监督管理、核燃料循环设施核安全监督管理、核材料管制与核设施实物保护、核与辐射应急准备和响应及其监管、放射性同位素和射线装置的核安全监管、放射性废物和核与辐射设施退役安全监管、放射性物品运输安全监督管理、流出物排放控制、辐射环境监测共 14 章内容。

本课程以"立德树人"为核心理念，旨在使学生在学习核安全领域的多个重要主题知识的同时，深刻理解《中华人民共和国放射性污染防治法》及《中华人民共和国核安全法》的依法保障我国核安全的意义。本课程的目标是使学生接受基本的核与辐射安全工程师训练，具备从事放射性污染治理、辐射防护组织管理、工程设计与实施的基本能力。通过该课程的系统学习，学生将对我国核设施核安全监管、核安全质量保证等有系统性了解，对核安全系统工程领域有深入的理解，为未来的职业发展奠定坚实基础，同时也为实现辐射防护与核安全专业培养"核辐射相关高级研究人才与核安全管理人才"目标具有必不可少的作用。

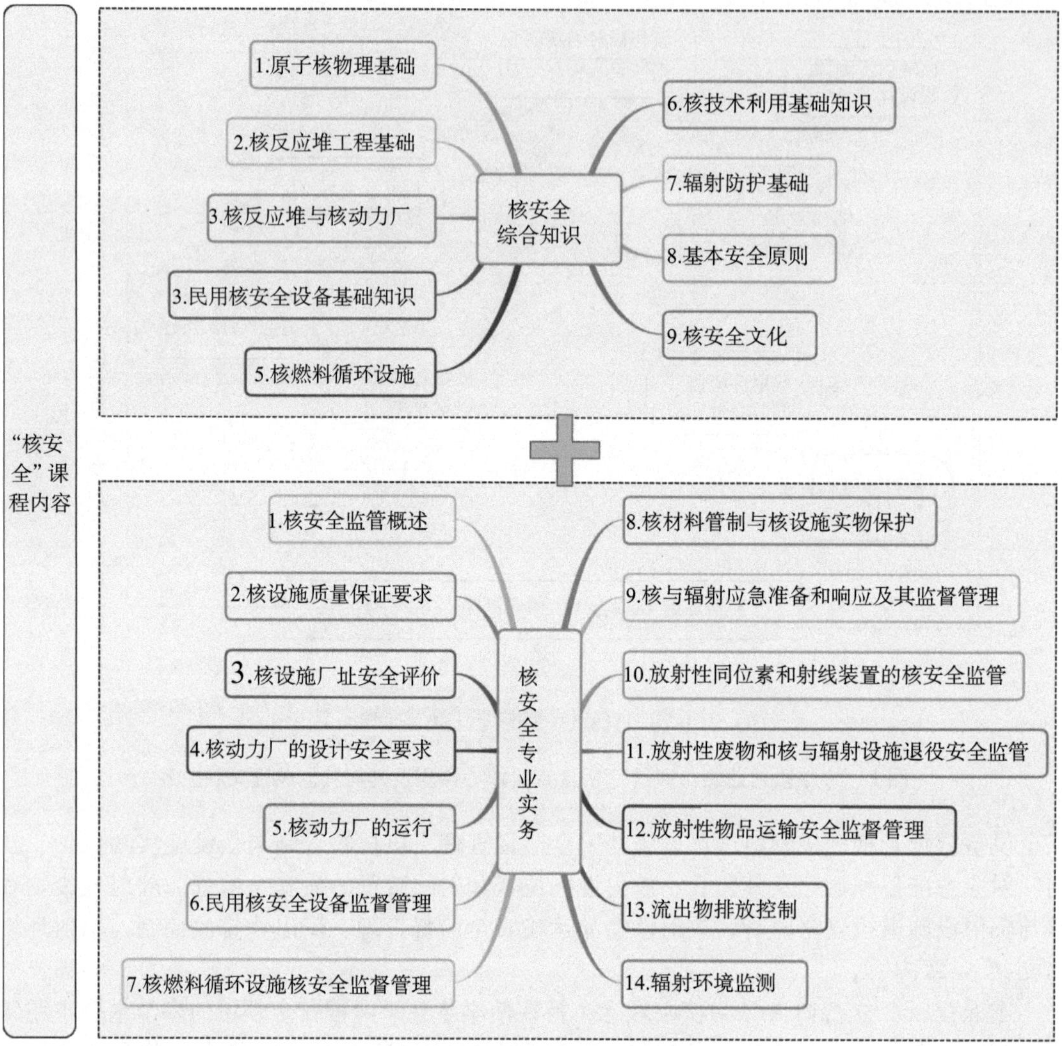

图 2 "核安全系统工程"的课程内容

二、案例基本情况

本次授课内容为"核安全系统工程"中"核安全专业实务"部分的第九章"核与辐射应急准备和响应及其监督管理"的部分内容，具体来说包括以下三个部分内容：（1）国际核与辐射事件分级；（2）核事故与核事故应急；（3）我国核事故应急管理体制。以下对本次授课内容相关的案例基本情况进行阐述。

（一）案例一

1. 三哩岛事故

1979 年 3 月 28 日，在美国宾夕法尼亚州萨斯奎哈纳河三哩岛核电厂发生了一次部分堆芯熔毁事故，即美国三哩岛核事故。虽然没有造成直接的人员死亡，但对公众产生了极大的恐慌，引发了对核能安全的广泛关注。该事件被评为国际核事件分级第 5 级，亦是美国核电历史上最严重的一次事故。

2. 切尔诺贝利核事故

1986 年 4 月 26 日凌晨 1 点 23 分，乌克兰普里皮亚季邻近的切尔诺贝利核电厂 4 号反应堆发生了爆炸，连续的爆炸引发了大火并散发出大量高能辐射物质到大气层中，这些辐射尘涵盖了大面积区域，这次灾难所释放出的辐射线剂量是二战时期爆炸于广岛的原子弹的 400 倍以上。该事故被认为是历史上最严重的核电事故，也是首例被国际核事件分级表评为第 7 级事件的特大事故。

3. 福岛核事故

2011 年 3 月 11 日，日本东北太平洋地区发生里氏 9.0 级地震，继发生海啸，该地震导致福岛第一核电站、福岛第二核电站受到严重的影响；2011 年 3 月 12 日，日本经济产业省原子能安全和保安院宣布，受地震影响，福岛第一核电厂的放射性物质泄漏到外部；2011 年 4 月 12 日，日本原子力安全保安院将福岛核事故等级定为核事故最高分级 7 级（特大事故），与切尔诺贝利核事故同级。

（二）案例二

1. 习近平总书记在第三届核安全峰会上首次以“四个并重”全面阐述中国核安全观

2014 年 3 月 24 日，习近平总书记在荷兰海牙举办的第三届核安全峰会上发表重要讲话，首次阐述中国核安全观，提出坚持理性、协调、并进的核安全观，阐述了构建全球核安全体系的主张，认为核安全治理应该以公平为根基、以合作为驱动、以共赢为前景。习总书记提出，加强核安全是一个持续进程，核能事业发展不停步，加强核安全的努力就不能停止，从 2010 年的华盛顿，到 2012 年的首尔，再到今天的海牙，核安全峰会承载着凝聚各国共识、深化核安全努力的重要使命，我们要坚持理性、协调、并进的核安全观，把核安全进程纳入健康持续发展的轨道。

习总书记在峰会上提出了确保核安全的“四个并重”原则，即：发展和安全并重，以确保安全为前提发展核能事业；权利和义务并重，以尊重各国权益为基础推进国际核安全进程；自主和协作并重，以互利共赢为途径寻求普遍核安全；治标和治本并重，以消除根源为目标全面推进核安全努力。在第四届核安全峰会上，习总书记将核恐怖主义作为国际安全的重大威胁，进一步提出应该将核安全构建于核发展的框架之内，倡导核发展与核安全的有机融合。

2. 习近平总书记在中央国家安全委员会上首次提出总体国家安全观

2014 年 4 月 15 日，习近平总书记在中央国家安全委员会第一次会议上首次正式提出“总体国家安全观”。他指出当前我国国家安全内涵和外延比历史上任何时候都更丰富、时空领域更宽广、内外因素更复杂。习总书记强调必须坚持总体国家安全观，以人民安全为宗旨，以政治安全为根本，以经济安全为基础，以军事、文化、社会安全为保障，以促进国际安全为依托，走出中国特色国家安全道路。总体国家安全观包括政治安全、国土安全、军事安全、经济安全、文化安全、社会安全、科技安全、信息安全、生态安全、资源安全、核安全、生物安全等多方面内容。核安全作为总体国家安全观的重要组成部分，事关国家安危、人民健康、社会稳定、经济发展及大国地位，党和国家一直高度重视。

三、案例思政元素分析

（一）案例一

案例一中呈现的三个核事件/核事故具有极高的代表性。其中，三哩岛核事故是美国核电历史上最严重的一次事故；切尔诺贝利核事故是迄今为止最严重的核事故之一，影响深远；福岛核事故是近年来最严重的核事故之一。以这三个具有代表性的核事件/核事故为引子，从人的安全和社会责任方面出发，强调核事故对人类安全的影响，提醒学生科技应用应以人的安全为重，倡导社会对人的安全负责的态度；从可持续发展观念方面出发，强调核事故对环境和社会的长远影响，让学生认识到科技发展必须符合可持续发展原则，不可以牺牲环境和人类健康为代价；从公众参与和科普教育方面出发，提醒学生了解核事故及其影响，培养公众关注、参与和理解科技应用的能力，推动公众参与科技决策过程；从社会稳定与公共安全方面出发，分析核事故对社会的影响，引导学生认识科技应用与社会稳定的关系，强调科技发展应当为社会安全和稳定做出贡献；从社会责任和道德观念方面出发，鼓励学生思考科技人员在事故发生后的责任和应对，强调科技从业人员应怀有社会责任心和良好道德观念。通过案例一的讲解分析，培养学生深入理解核事故的严重性及其背后的社会责任，以及科技发展应当以人的安全、社会稳定和环境健康为前提。

（二）案例二

国家安全是安邦定国的重要基石。即便前景光明，我们也要增强忧患意识，实现居安思危。习近平总书记在第三届核安全峰会上首次以“四个并重”全面阐述了中国核安全观，突出“发展和安全并重、权利和义务并重、自主和协作并重、治标和治本并重”的原则。此外，习总书记在中央国家安全委员会第一次会议所提出的“总体国家安全观”，将核安全作为总体国家安全观的重要组成部分，指出核安全事关国家安危、人民健康、社会稳定、经济发展及大国地位，党和国家一直高度重视。这些观念对核与辐射应急准备和响应产生深远影响，无论是核电、核武器还是核动力等，都以和平利用核能为核心。在推进核能发展的过程中，必须高度重视核安全，确保发展和安全两者相辅相成，共同推进。因此，深入了解国际核与辐射事件分级情况、我国核事故应急管理体制、核应急设施等相关知识，对于传播和平发展的理念，树立学生正确世界观和价值观，增强民族自信，厚植爱国情怀，培养学生对科技应用的道德判断和社会责任观念具有重要作用。

四、案例教学整体设计

（一）课前问题引入

课前借助“雨课堂”平台推送福岛核事故及核应急处理的视频资料，简单回顾，引出新课程内容：核与辐射应急。本节课的重点在于国际核与辐射事件分级表和我国核事故应急管理体制这两个知识点。

（二）课中内容讲授

1. 知识点 1：国际核与辐射事件分级表

通过案例一，分别就三哩岛核事故、切尔诺贝利核事故和福岛核事故进行介绍，引导学生思考为何三哩岛核事故被定为第 5 级，切尔诺贝利事故被定为第 7 级，福岛核事故被定为第 7 级？这个分级是怎么给出的呢？然后便引出：国际核与辐射事件分级表，如图 3 所示。此处分别从人的安全和社会责任方面、可持续发展观念方面、公众参与和科普教育方面、社会稳定与公共安全方面、社会责任和道德观念方面共五个方面增加课程思政的内容，强调核事故的严重性及其背后的社会责任，明确科技发展应当以人的安全、社会稳定和环境健康为前提。

图 3　从案例一引入课程内容：国际核与辐射事件分级表

结合国际原子能机构和经济合作与发展组织核能机构联合编制的《INES 国际核和放射事件分级表使用者手册（2008 年版）》，该分级表把事件分成 7 个等级。其中较低的级别（1~3 级）称为事件，1 级为异常，2 级为事件，3 级为严重事件；较高的级别（4~7 级）称为事故，4 级为场外无显著风险的事故，5 级为具有场外风险的事故，6 级为重大事故，7 级为特大事故；安全上无重要意义的事件定为低于 1 级或称零级，并称为偏离；与安全无关的事件称为分级范围之外事件。分级表中的事件每增加一级，严重程度将增加约 10 倍。

基于对分级表的学习，引出核事件分级表事件分级的准则，从人和环境、设施的放射性屏障和控制、纵深防御三个方面对 1~7 级事件进行描述，具体阐述不同分级事件在这三方面的准则，引导同学们深入剖析案例一中所提及的三哩岛核事故、切尔诺贝利核事故以及福岛核事故如此定级的原因为何，准则为何，通过分析深入本节课的重要知识点——国际核与辐射事件分级表。核电是最安全、事故发生概率最低、事故伤亡人数最低的工业领域之一。我们也必须看到，核动力厂发生事故的概率虽然很低，但一旦发生事故（尤其是严重事故），其影响范围、对社会冲击可能很大，提升学生对核安全的基本认知以及社会责任感。

2. 知识点 2：核事故与核事故应急

基于知识点 1 的讲解，引导同学们思考什么是核事故？核事故的定义是什么？然后对核事故的定义进行讲解，核事故指的是核设施或核活动中极少出现的对正常状况的严重偏离。核电是最安全、事故发生概率最低、事故伤亡人数最低的工业领域之一。但是我们也必须看到，核动力厂发生事故的概率虽然很低，但一旦发生事故（尤其是严重事故），其影响范围、对社会冲击可能很大。结合案例一中给大家分享的三哩岛核事故、切尔诺贝利核事故以及福岛核事故，强调核能发展历史上已经发生的几次重大核事故给人们留下了极为深刻的印象。

依托于核事故的定义，引出“核事故应急”这一名词。正是由于核事故可能产生的重大危害和严重后果，各国在发展核能事业的同时，对核事故应急也都给予了高度重视。引导同学们思考有哪些措施呢？比如制定相关法规、建立相应组织、采取必要应急准备措施、把应急预案与准备作为纵深防御的最后一道防线等。从这里就引导同学们思考我国的核事故应急管理体制是怎样的呢？从而引出本次授课的知识点 3：我国核事故应急管理体制，这也是本次课程的重点和难点。

3. 知识点 3：我国核事故应急管理体制

基于知识点 2 的引出，此处授课时融合案例二，讲授核安全的重要性，以及核应急的必要性。国家安全是安邦定国的重要基石，习总书记在第三届核安全峰会上首次以“四个并重”全面阐述了中国核安全观，同时在中央国家安全委员会第一次会议所提出的“总体国家安全观”，将核安全作为总体国家安全观的重要组成部分。深入了解我国核事故应急管理体制、核应急设施等相关知识，对于树立正确世界观和价值观具有非常重要的作用。

针对“我国的核事故应急管理体制是怎样的呢？”这一问题，引入本节课的另一重要知识点，如图 4 所示。我国核事故应急管理实行三级管理体系，即在国家、地方政府（省、自治区、直辖市）及核设施营运单位三个层次上制定相应的应急预案，分层次对核事故应急管理工作负责。然后针对国家核事故应急组织与预案、地方政府核事故应急管理与场外应急预案、核动力厂营运单位的核事故应急管理和场内应急预案这三个方面进行具体知识点分享，具体而言，分别从组织及其职责、应急预案这两个层次进行介绍。

通过对国家核事故应急组织与预案、地方政府核事故应急管理与场外应急预案、核动力厂营运单位的核事故应急管理和场内应急预案这三个方面具体知识点的讲授，培养学生爱国意识，厚植家国情怀，部分重要授课内容的课件如图 5 所示。

4. 知识能力达成度检测

借助“雨课堂”平台发送随堂练习，跟同学们进行互动，深入了解同学们的知识掌握情况，如图 6 所示，以“我国核事故应急管理实行几级管理体系？”这单选题来对同学们进行考核，培养学生分析问题解决问题的能力。通过课堂习题的练习，旨在使同学们更加深入理解我国核事故应急管理体制，同时结合案例二，从国家核安全的重要性出发，指出我国核应急组织的重要性。

图 4　从案例二引入课程内容：我国的核事故应急管理体制

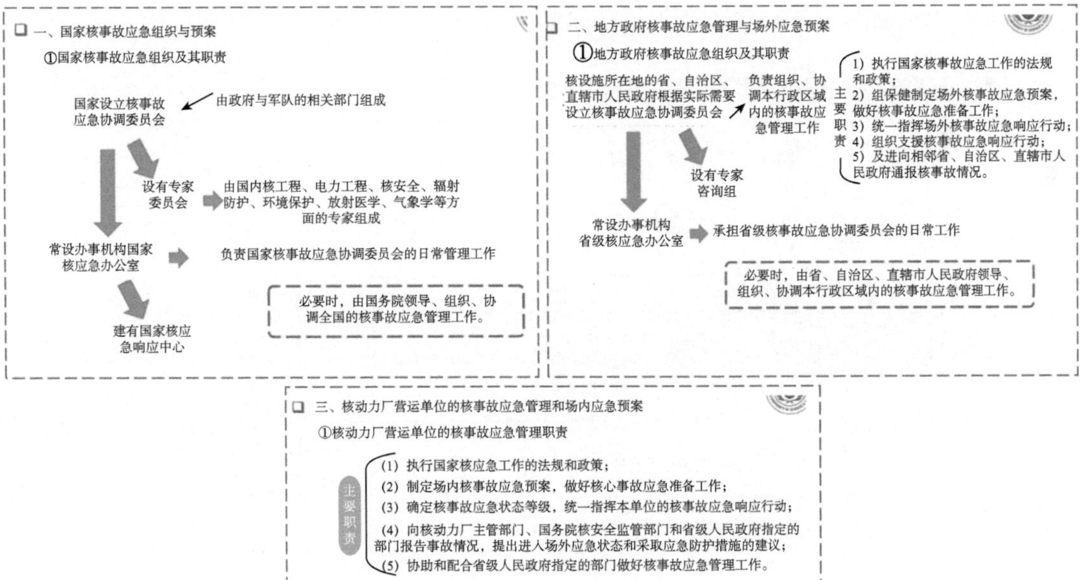

图 5　部分授课内容课件

图 6 “雨课堂”平台发送随堂练习

5. 重点回顾

回顾内容，总结本次课程。引导学生抓住重点，一是国际核与辐射事件分级表，二是我国核事故应急管理体制。通过总结本次课程的教学内容以及重点难点，凝练出如图 7 所示的总结，将我国核应急组织体系从三个层次进行提炼，方便同学们更加深入地了解我国的核事故应急管理体制，增强完整理论体系的构建。

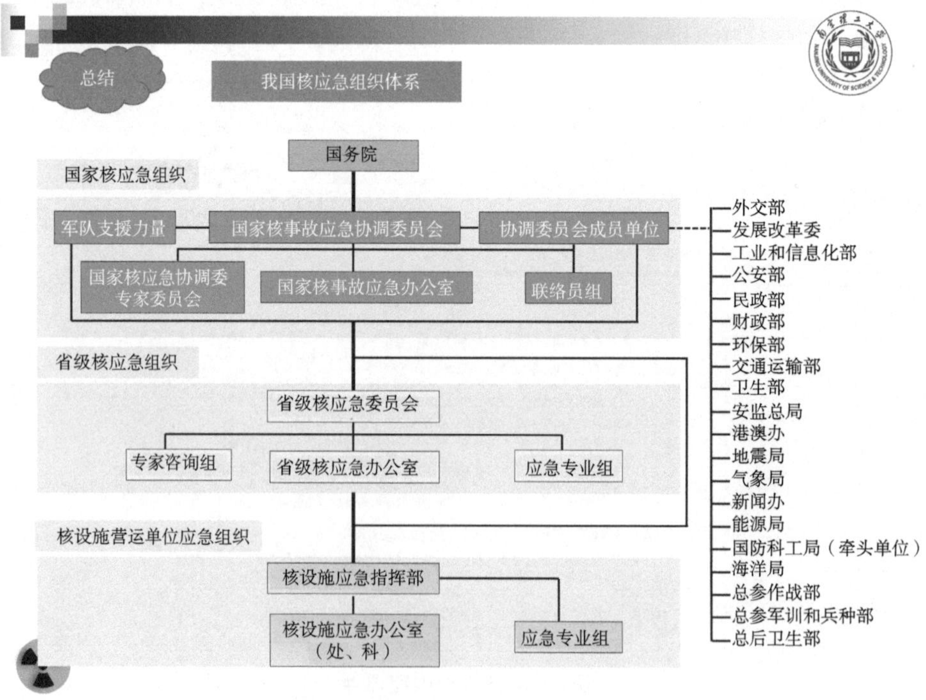

图 7 总结我国核应急组织体系

（三）课后延伸学习

借助“雨课堂”平台，推送课后作业，如图 8 所示，让学生以小组方式在下次课堂上进行分析汇报。通过结合真实事故案例，旨在强化学生科学思维意识，提升学生科学思维能力。通过课后作业的布置，鼓励学生之间相互讨论、互相学习，以及与教师进行讨论，不仅有助于培养学生团队合作精神，还对学生的团队协作能力有所提高。通过这一方法，鼓励学生积极参与科学分析和探索，深入理解课程内容，激发学生主动学习和思考能力。通过将理论知识应用于解决实际问题，有助于提高学生问题分析和解决能力，培养学生具备严谨科学态度。通过课后延伸学习不仅促进了科学思维的培养，还有助于将理论知识转化为解决实际问题能力，为学生终身学习和职业发展提供坚实基础。

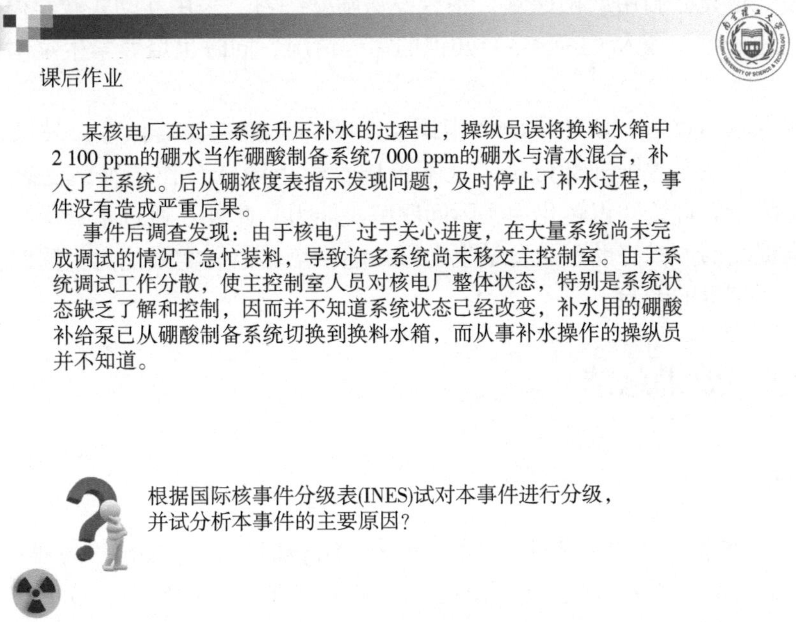

图 8　“雨课堂”推送课后作业

此外，还鼓励学生积极参加各类竞赛，包括中国国际“互联网+”大学生创新创业大赛、高校学生课外“核+X”创意大赛、江苏省高校核科普作品大赛暨第八届高校学生课外“核+X”创意大赛江苏省赛区等。这些竞赛不仅为学生提供展示他们辐射防护与核安全领域学习成果的机会，还鼓励他们在实际项目中应用所学知识，通过创新和实践来加深对课程内容的理解和掌握。通过比赛，学生将理论知识转化为实际解决方案，展现出他们在辐射防护与核安全领域的技能和创新潜力。

五、教学实践过程回顾

授课过程中充分利用“雨课堂”平台，以一种有序的方式引导学生学习——“课前问题引入→课中内容讲授→课后延伸学习”。

在课前，推送福岛核事故及核应急处理相关视频资料给学生，激发学生兴趣和好奇心，引导学生思考本堂课将要学习的内容。这有助于引起学生的主动思考和预习，为课堂互动奠定了坚实的基础。

在授课过程中，采用问题启发式教学模式，结合实际案例进行详细内容讲解。本次授课内容包括国际核与辐射事件分级、核事故与核事故应急、我国核事故应急管理体制这三个关键知识点。结合案例一和案例二将课程知识点进行讲授，培养学生深入理解核事故的严重性及其背后的社会责任，以及科技发展应当以人的安全、社会稳定和环境健康为前提。同时通过深入了解国际核与辐射事件分级情况、我国核事故应急管理体制、核应急设施等相关知识，对于传播和平发展的理念，树立学生正确世界观和价值观，增强民族自信，厚植爱国情怀，培养学生对科技应用的道德判断和社会责任观念具有重要作用。

在课堂中，也充分利用“雨课堂”平台发送随堂练习，采用互动式教学模式，通过学生的思考和问题研讨，深入了解学生对知识的掌握情况，同时也培养学生家国情怀和提升民族自信。

最后，在课程结束后，依然借助“雨课堂”平台，推送课后作业，鼓励学生相互讨论、相互学习，以及与教师进行讨论。这不仅培养学生团队合作精神，提高团队协作能力，还让学生将所学理论知识转化为实际问题解决能力。此外，通过指导学生参加各种竞赛，这种以赛促教的方式有助于激发学生学习兴趣，培养他们实践能力，同时为学生未来职业发展提供了宝贵的经验。

六、创新性与效果总结

（一）创新性

（1）综合“课前→课中→课后”学习元素，结合时事，融入科学思维、科学精神、爱国情怀等思政元素，引发学生进行深入思考，树立学生正确世界观和价值观，增强民族自信，厚植家国情怀；

（2）采用多种教学模式授课，包括问题启发式、互动式，充分引导学生学习热情以提高学生学习主动性，并鼓励学生相互讨论、相互学习，以及与教师进行讨论，培养学生团队合作精神；

（3）充分利用多种教学资源，将基础知识内容与实际应用相结合，以赛促教，培养学生举一反三、实践创新以及具体工程问题的解决能力。

（二）效果总结

通过以上授课方式，结合南京理工大学辐射防护与核安全专业“核辐射监测与评价”核心课程群中涵盖的课程，以及其余相关的课程，通过在师资队伍建设、团队相互协作、课堂和实践教学改革、教学资源平台建设和教学效果评价等方面所开展的深入教学研究和教学改革，探索出适合南京理工大学辐射防护与核安全专业自身实际情况教学模式，以核辐射探测、辐射环境监测与评价的技术分析、核与辐射事故的安全评估与应急处置、放射性污染治理、辐射防护组织管理、工程设计与实施为主线，为实现南京理工大学辐射防护与核安全专业的培养目标——培养“核辐射相关高级研究人才与核安全管理人才”，培养具有较强科研创新力、国际竞争力的拔尖人才打下坚实基础。基于本课程，获得了一系列教学成果，包括以下四点。

1. 竞赛获奖

（1）课程思政教学获奖案例获奖：2021 年，南京理工大学 2021 年度课程思政教学优秀案例。

（2）教学比赛获奖：2020 年，江苏省高等学校微课教学比赛二等奖。

（3）学生竞赛指导获奖：

· 2020 年，指导参加第六届中国国际“互联网+”大学生创新创业大赛南京理工大学选拔赛获一等奖，指导教师获优秀指导教师；

· 2021 年，指导参加第七届中国国际“互联网+”大学生创新创业大赛南京理工大学选拔赛获一等奖；

· 2021 年，指导参加第七届中国“互联网+”大学生创新创业大赛江苏省选拔赛决赛获二等奖；

· 2021 年，指导作品《核与刀》获第六届高校学生课外“核+X”创意大赛优秀奖，指导教师获优秀指导教师；

· 2021 年，指导作品《有核无患》获第六届高校学生课外“核+X”创意大赛优秀奖，指导教师获优秀指导教师；

· 2022 年，指导项目《2，6-二叔丁基-4-硝基苯酚与镉（Ⅱ）联合暴露对水生生物急性毒性的影响及生态风险评估》获第七届江苏省大学生颗粒科技创新大赛一等奖；

· 2022 年，指导项目《Cu/Co 双金属 ZIF 衍生材料吸附水中碘离子性能研究》获第七届江苏省大学生颗粒科技创新大赛二等奖；

· 2022 年，指导项目《基于人工智能算法的硼中子俘获治疗中康普顿相机成像研究》获第七届江苏省大学生颗粒科技创新大赛三等奖；

· 2023 年，指导作品《你了解福岛核废水排放的危害吗?》获江苏省高校核科普作品大赛暨第八届高校学生课外“核+X”创意大赛江苏省赛区一等奖；

· 2023 年，指导作品《逐“核”保“碘”》获江苏省高校核科普作品大赛暨第八届高校学生课外“核+X”创意大赛江苏省赛区二等奖。

（4）本科毕业设计（论文）指导获奖

· 2018 年，指导本科毕业设计（论文）《苏州城区土壤中天然放射性核素检测与评价研究》获南京理工大学 2018 届优秀毕业设计（论文）奖；

· 2023 年，指导本科论文（论文）《田湾核电站附近代表性海洋动物辐射仿真体素模型建立及其内照射剂量转换系数计算》获 2023 年江苏省高校核工程类专业本科优秀毕业设计（论文）一等奖。

2. 教材

· 2021 年，主编《辐射环境监测》获 2021 年度南京理工大学优秀教材二等奖；

· 2021 年，主编《辐射环境监测（第二版）》获批江苏省高等学校重点教材。

3. 教改课题及教改论文

· 主持教改课题：2023 年度南京理工大学“本科教学改革与建设工程”——沉浸式毕业实习教学改革与示范研究；

· 主持教改课题：2023 年度南京理工大学“本科教学改革与建设工程”——Multisim 电路模拟软件在核电子学教学中的应用；

· 龚春慧，王鹏，杨毅于《科教文汇》发表教改论文：《新工科背景下辐射防护与核安全专业核心课程群建设探讨——以南京理工大学“核辐射监测与评价”为例》；

· 王鹏，龚春慧，杨毅于《科学咨询杂志社》发表教改论文：《模拟软件 Multisim 在核电子学课堂教学中的应用》。

参考文献

[1] 陆为群．高师院校课程群建设的原则和策略［J］．黑龙江高教研究，2007，163（11）：110-112.

[2] 顾锋娟，徐爱民．数理金融专业课程群体系与教学模式构建的思考［J］．科教导刊（下旬），2015，237（21）：112-114.

[3] 杨毅，林炬，刘颖．辐射环境监测［M］．北京航空航天大学出版社，2018.

[4] 环境保护部核与辐射安全中心．核安全综合知识［M］．北京：中国原子能出版社，2018.

[5] 环境保护部核与辐射安全中心．核安全专业实务［M］．北京：中国原子能出版社，2018.

[6] 单健，蔡祥鸣，肖德涛，等．辐射防护与核安全人才培养的几点思考［J］．国际公关，2020，108（12）：320-321.

“核电厂系统与设备”课程思政案例

黄善仿，闫　淼，张子阳，郝文睿，王　侃

（清华大学工程物理系，北京　100084）

摘　要：在新时代背景下，高等教育越来越注重大学生的思想政治教育，以培养具备社会主义核心价值观的高素质人才。因此，如何在专业课程中融入思想政治教育，已成为高等教育面临的重要任务之一。本文以清华大学工程物理系“核电厂系统与设备”课程为研究对象，分析课程思政案例，深入探讨课程思政案例的实施方法和效果。通过深入挖掘课程中所涉及的思想政治工作内容，有针对性地在课程中融入思政元素，实施方案后，取得了显著的成果，引发了学生的思考与讨论，提高了学生的思想政治水平，增强学习积极性。本文对于研究高校课程思政案例具有一定的参考价值。

一、课程基本情况

（一）授课对象情况分析

“核电厂系统与设备”的授课对象主要是清华大学工程物理系核能方向的大四本科生，选课人数80%以上是定向生，这些学生最终的去向（深造或就业），是中核集团下属的各个研究所或者企业。未来这些学生都是行业的骨干，甚至是领军人物。从1996年至今，工物系培养定向本科生1 500余人，90%以上都进入了核工业重点领域单位。清华定向生悟性高、能力强，在中核集团提供的良好环境中成长迅速，或专注基础研究、或投身重大工程、或推动产业发展，中核集团各用人单位也对清华定向生的培养质量给予了高度的评价和认可。清华定向生不仅是中核集团的未来人才，更是中国核工业的高层次储备人才，是推动我国未来核事业发展的中坚力量。

本科生的培养工作是定向生培养的第一环，也是最重要的一环，而抓好专业思想教育则是本科生培养的重中之重。教学中要兼顾到每个同学的诉求，必然要深入了解定向生的特点和对课程的需求，从而制定有效的授课方案。2012年作者承担课程任务以来，紧紧围绕定向生的属性，不断摸索，持续加深对课程的理解，不断校准课程的定位。

工物系的定向学生在学了3年基础理论和专业基础课之后，都具备扎实的数理基础，但缺乏工程实践。大四上学期的专业课程非常重要，起到承前启后的作用，就是要将以前所学的知识用于解决实际问题，具备对复杂工程问题的深入理解和解决能力。为此，逐步将科研思路和方法引入课堂，鼓励同学把眼睛从书本上移开，到行业领域找问题，尤其是找工程问题。

中国核电近年发展很快，在国际上也逐渐打出了品牌，“华龙一号”成为又一张“国家名片”；清华大学老校长、工物系系友王大中院士获得国家最高科技奖等等，这些都是课程思政的重要内容。要意识到核能的产生、发展和应用都与国家重大战略需求息息相关。只有努力实现关键技术自主可控，才能将创新的主动权和发展的主动权掌握在自己手中。

（二）课程情况简介

“核电厂系统与设备”是一门工程性很强的课程，是从事核动力研究、设计及运行管理的一门入门课程，也是学习其他专业课程的基础。开设此课程主要是使学生掌握核电厂主要系统及设备的基本功能和工作原理；了解主要系统的作用、组成、主要运行工况及参数范围；掌握主要设备，如蒸汽发生器、主泵、稳压器、汽轮发电机等的结构、原理、工作特性和分析方法。为从事核电厂研究、设计及运行管理打下基础，同时塑造学生的人生观、职业观。学生完成该门课程学习后，能够掌握基本的压水堆一、二回路和安全系统的功能、结构。通过不同堆型的讲述，对我国核电发展及技术现状有一个总体的认识，了解不同国家核电发展的水平。同时能够将已学各门课程知识综合应用起来，解决核电站实际问题。

在课程设计中注重将专业知识与思想政治教育相结合。通过课程思政点的融入，培养学生良好的思想政治素质和人文素养，引导学生立足高远，激发学生从事本专业的自豪感和责任感，并培养学生严谨的科学态度和良好的职业道德。在教学过程中也建立了及时合理的教学效果反馈和评估机制，通过学生反馈、平时成绩和期末考核等多种方式，了解学生对课程内容的掌握情况，及时调整教学策略。

二、案例基本情况

在选取课程思政案例时，充分考虑了以下几点：

（1）案例应与课程内容紧密相关，能够涵盖核电厂系统设备的主要知识点；

（2）案例应具有代表性，能够引发学生的思考和探讨；

（3）案例应具有一定的思想性，能够培养学生的创新意识和实践能力；

（4）案例应考虑学生的实际情况和兴趣点，能够激发学生的学习兴趣。

（一）案例一：实现“双碳”目标——核能不可或缺

随着全球气候变化问题日益严峻，最近几年多地陆续出现干旱、高温、极寒等极端气候，引发了广泛关注。各国政府也在积极采取措施减少温室气体排放，实现低碳甚至零碳经济。2020 年，中国提出了碳达峰、碳中和的目标，即到 2030 年左右，单位国内生产总值二氧化碳排放达到峰值，2060 年左右达到碳中和的目标。这是中国应对全球气候变化的重要举措，也是推动经济高质量发展的内在要求。

为了实现这一目标，能源结构的调整和优化是关键。在这样的背景下，核能作为一种清洁、高效的能源方式，对于实现“双碳”目标具有重要意义。核能作为一种低碳能源，不产生温室气体，能够有效降低碳排放，对于实现全球气候变化目标具有重要意义。此外，核能发电的能量密度远高于化石能源，同等质量下能量是煤炭的近 2 000 倍，是石油的近 100 倍，能够提供大规模、稳定的电力供应。发展核能可以降低对化石燃料的依赖，也能减少因资源争夺而引发的地缘政治冲突。

在北欧等高纬度地区，利用核能进行供热也是十分理想的选择。不仅可以提供稳定、高效的热源，而且没有烟尘和灰渣等环境问题。应用核能作为船舶动力，可以实现长距离无排放航行，对于海洋运输行业减排具有重要意义。未来，核能还可以应用到更多深海深空探测领域当中。

（二）案例二：高温气冷堆——能源研究的创新之路

高温气冷堆技术起源于 20 世纪 50—60 年代，一直在不断完善和发展。高温气冷堆技术是面向国家重大需求的战略高科技，具有固有安全、电热汽多用途、多模块灵活组合布置等独特优点。我国在高温气冷堆领域取得了重要的科技成就，其中最值得一提的是华能石岛湾高温气冷堆核电站示范工程。这是具有完全自主知识产权、世界首座具有第四代先进核能系统特征的球床模块式高温气冷堆，它的成功建成和投入运行标志着我国在这一领域站在了世界前沿。图 1 展示了石岛湾高温气冷堆核电站的建造历程。

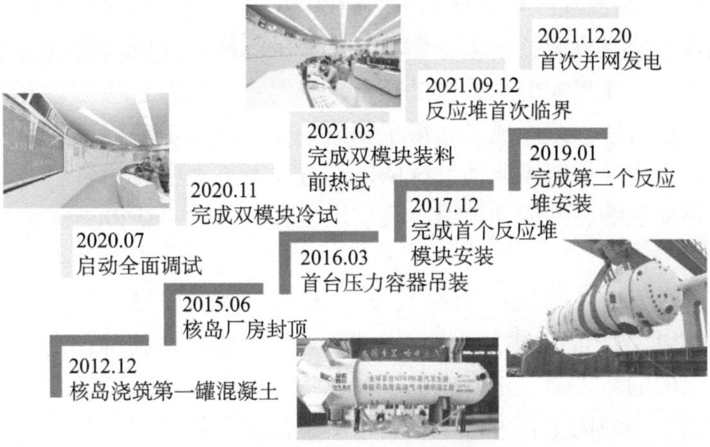

图 1　HTR-PM 里程碑

清华大学核能与新能源技术研究院从 20 世纪 70 年代开始高温气冷堆研发工作。至 21 世纪初，在国家“863 计划”的支持下，清华大学 10 MW 高温气冷实验堆于 2003 年 1 月实现并网发电。同年 8 月，中核集团与清华大学共同组建中核能源科技有限公司，正式开启我国高温气冷堆科技成果转化之路。

清华大学作为专项技术研发责任单位，承担了示范工程技术研发、核岛设计、调试技术服务等攻坚任务，并协同国内核电龙头企业及装备制造业攻克了一系列世界首台套设备研制技术和工艺，包括球形燃料元件批量化制备及工业生产、250 MW 高温气冷堆螺旋管式直流蒸汽发生器、采用国产磁悬浮轴承的 4 000 kW 功率高温气冷堆主氦风机等。

高温气冷堆核电站示范工程在 2021 年 12 月 20 日首次达到临界状态，机组正式开启带核功率运行，这标志着我国在高温气冷堆技术上取得了巨大的进步。之前在核电领域的一些世界性、行业性难题曾经让我国在其他国家面前处于被动状态，而高温气冷堆的成功研发和运用无疑是我国核电领域的巨大突破，使我国在核能技术领域取得了世界瞩目的成就。

（三）案例三：王大中——实现反应堆固有安全的带头人

高温气冷堆作为全球能源研究的重要领域，经历了漫长而曲折的发展历程。在这个过程中，最高科学技术奖获得者王大中凭借其卓越的科研能力和前瞻性的战略眼光，为高温气冷堆技术的突破和应用作出了杰出贡献。

王大中在核能领域做出了多项重要贡献，领导了我国自行建造的屏蔽试验反应堆的设计、建造和运行。主持建设了清华大学反应堆热工试验基地，包括高压水热工回路、液态金属热工实验回路、高温氦气热工回路以及核供热堆自然循环两相流实验回路等大型实验装置。

在高温气冷堆的研究发展方面，王大中在西德于利希核中心从事研究工作时，提出了模块式高温气冷堆的新概念，提高了模块堆的单堆功率一倍以上，并获得了德、美、日等国的发明专利。回国后，他主持了“863”高技术计划项目——高温气冷堆研究，并成功研制出 10 MW 模块式高温气冷堆，该堆于 2000 年建成，2003 年满功率运行成功。

在低温核供热堆研究方面，王大中领导了该领域的研究，成功研制出 5 MW 低温核供热堆，这是世界上第一座建成的壳式核供热堆，具有一体化、自稳压、自然循环冷却、非能动余热载出等先进特性。此项成果获得了国家教委科技进步奖特等奖和国家科技进步奖一等奖。在反应堆水力学控制棒驱动系统的研究方面，王大中成功研制出一种独创的反应堆水力学控制棒驱动系统，并成功地用于反应堆运行，该成果获得了国家发明二等奖和中国专利金奖。

在实现固有安全反应堆的攻坚之路上，王大中带领他的研发团队，以高瞻远瞩、求真务实的学术风格，以“一张蓝图绘到底，一股韧劲干到底”的精神，走出了中国自主研发建设先进核能系统的创新之路。这些成果不仅为我国能源事业的发展提供了强大的技术支持，也为全球能源结构的优化和可持续发展做出了积极贡献。

（四）案例四：产学研——教育、科技、人才“三位一体”

清华大学核工程虚拟仿真教学实验室自 2014 年开始筹建，2020 年正式完成一期建设，建设期间得到了教育部、学校、工物系和各企业单位的大力支持。实验室开发了压水堆虚拟仿真教学软件、压水堆严重事故分析软件、压水堆弹棒事故虚拟仿真软件，还基于 vPower 一体化仿真支撑平台，开发了高温气冷堆虚拟仿真教学软件和钠冷快堆虚拟仿真教学软件（见图 2），把工物系的诸多学术成果（如反应堆蒙卡软件 RMC）转化为教学产品。

目前，实验室已与中核武汉核电运行技术股份有限公司、中国核动力研究设计院和北京诺思维信科技有限公司探索了“高校—企业—科研院所”合作模式，并取得了阶段性成果。联合中核集团开发了核工程线上仿真软件——清华大学压水堆弹棒事故虚拟仿真综合实验平台，申请了软件著作权《清华大学压水堆弹棒事故虚拟仿真综合实验平台》以固化

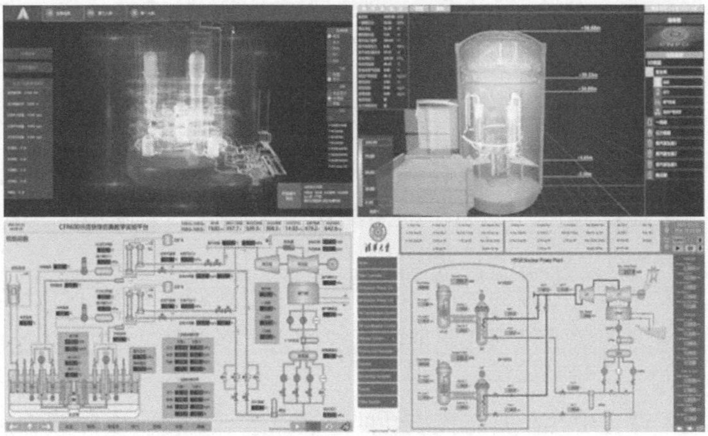

图 2　实验室各虚拟仿真软件界面

合作成果。制作了核工程虚拟仿真实验教学视频，包括：《蒸汽发生器工作原理》《压力容器内冷却剂的流动及旁路流量仿真》《主泵工作原理》《稳压器工作原理》《回路介质循环原理》《控制棒驱动机构工作原理》教学视频。教学视频已应用到课程和实验教学中。

实验室还与中核集团、北京诺思维信科技有限公司等企业单位建立了常态化不定期式的沟通交流渠道，得到企业单位的用人需求，改进现有教学实践内容。经过多次总结和反馈交流，已取得较为显著工作成果。

在这种“产学研”的模式当中，通过与企业、科研机构等的合作，将学术研究、人才培养和产业创新有机地结合在一起，为学生的全面发展提供了广阔的平台。同时学生可以深入了解国情、民情和企情，从而更好地将个人发展与国家和社会的需要相结合。

三、案例思政元素分析

随着全球气候变化日益严重，极端气候现象频繁出现，给人类社会带来了巨大的挑战。将气候变化的思政点加入到课程中，可以通过介绍核能与气候变化的关系、核能发电的优势、核能安全与环境保护、国际合作等方面展开。通过这些内容的介绍，可以让学生深刻认识到核能在应对气候变化方面的重要性和作用，以及各国在应对气候变化方面的合作和努力。同时，也可以培养学生的环保意识和可持续发展的观念，提高他们的社会责任感和参与意识。

高温气冷堆是清华大学核研院建设的重要项目之一，是我国自主创新、自主研发的成果，代表了我国的科技实力和创新精神。从创新型设备的研发到首台套设备的制造，再到设备的调试和运行，每一个环节都需要创新思维和创业精神的支持。这种勇于探索、不断创新的精神，代表了科学精神和科技发展的方向，可以激励学生追求科学真理和不断探索未知领域的热情。

此外，高温气冷堆的成功建设离不开“产学研”的合作模式。清华大学、中核集团、中国华能等一批大型企业单位携手合作，共同推动高温气冷堆从“样品”变为“产品”，并实现了首台套设备达 2 200 多台（套），创新型设备有 600 余台（套），设备国产化率高达 93.4%的成果。这种合作精神和模式可以培养学生的团队协作意识和合作能力，让他们了解和掌握如何在团队中发挥自己的作用和价值。

作为一项国家级的重大科研项目，高温气冷堆不仅代表着我国的科技实力，也承载着社会各界的期望和责任。这种社会责任感可以激励学生更加关注国家和社会的需求和发展，积极投身于社会建设和科技创新中，为实现中华民族伟大复兴的中国梦贡献自己的力量。

王大中校长研发高温气冷堆的经历，充分体现了创新精神和实践能力在推动能源事业发展中的重要性。他的贡献不仅为我国能源行业注入了新的活力，也为全球范围内的能源研究树立了榜样。

以上只是挑选了课程中几个具有代表性的思政点进行探讨，实际教学过程中还融入了中国核电技术的发展历程和成就、我国自主研发的第三代核电技术“华龙一号”，以及日本福岛核事故排放核污水等热点事件。这些思政点可以引导学生树立正确的价值观和人生观，培养他们的科学素养、创新精神、核安全意识、风险管理以及服务社会的意识和能力，对于学生的成长和发展具有重要意义。

四、案例教学整体设计与实践过程回顾

“核电厂系统与设备”是核工程领域的一门专业核心课程，具有知识面广、专业性强、与实践结合紧密等特点，为培养高素质核电人才奠定了重要基础。课程内容蕴含着诸多思政元素，这些元素可以很好地与学科教学相互融合，以实现对学生正确价值观的引导和理想信念的塑造。

为了将思政元素有效地融入到教学内容中，需要找准思政切入点，从课程内在逻辑和学生的兴趣入手。第二、第三节已经给出了一些可以切入思政教育的教学元素和相应的思政目标，其中包括气候变化问题、碳达峰和碳中和政策解读、高温气冷堆的发展历程、王大中院士的故事、“产学研”发展、核安全事故等内容。这些话题能够引起学生的兴趣，让学生更容易接受老师传递的思想。在具体的融入方式与实施方法上，要结合课程内容进行思政元素渗透，在授课过程中，通过案例分析、讨论等方式将思政元素自然地融入到课程中，避免生硬灌输。

在案例呈现上，除了讲授、演示、讨论等传统的教学方法以外，为了让学生能够更加直观地感受到核电厂内部结构，课程还增设了 2 课时的实践环节。通过组织学生参观清华大学核工程虚拟仿真教学实验室，进行模拟操作等实践活动，让学生深入了解核电系统的组成和结构，帮助学生更深刻地理解核电站内主要仪器设备及它们之间的连接关系和运行原理，更好地培养安全意识和严谨的工作态度，极大丰富了课程的教学方法和手段。

例如，实验室的高温气冷堆仿真软件 eHTR，能够模拟高温气冷堆核电站的多种运行模式，从冷停堆工况开始，包括冷态启动、热态启动、功率运行、停堆和事故模拟等，让学生更直观地学习高温气冷堆的相关运行情况。图 3 展示了学生在实验室上课的现场。

图 3　在核工程虚拟仿真教学实验室上课现场

在参观学习的基础上，还设置实践环节鼓励学生参与实验室建设，充分利用实验室现有资源，为学生提供科研训练平台。基于我国具有自主知识产权的 vPower 一体化虚拟仿真平台，申请本科生 SRT 科研训练项目，开展新型、特种反应堆原型开发，有利于清华学生发挥数理优势、编程优势、创新优势，开展新堆设计开发，像“搭积木”一样对核电系统进行模块化设计探索，这吸引了大量学生的参与。图 4 为本科学生基于 vPower 搭建的核热推进仿真系统，成果已经发表在知名学术期刊“Annals of Nuclear Energy”上。SRT 帮助学生深化专业基础知识，培养科研兴趣，增强编程能力、创新能力和团队协作能力。同时，学生的研究成果也将转化为实验室教学资源。表 1 列出了部分学生 SRT 项目。

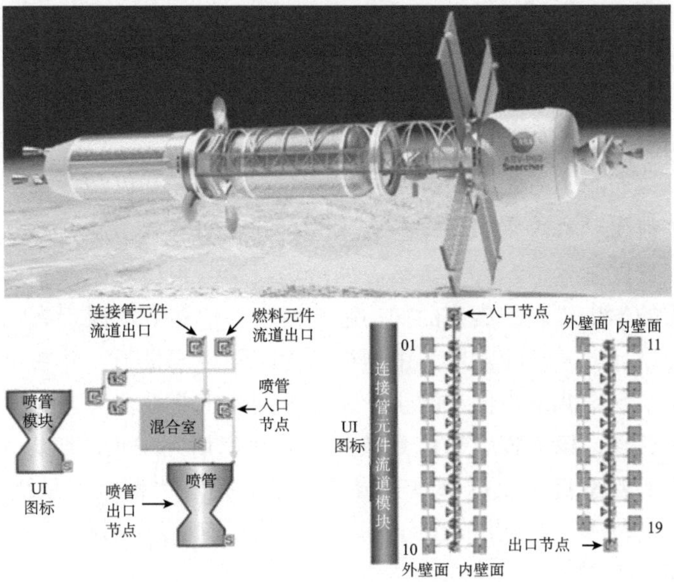

图 4　本科生 SRT 科研成果—核热推进仿真系统

表 1 部分本科生科研训练项目

编号	项目内容
1	核热推进火箭设计与仿真
2	核动力水下无人潜航器关键系统设计与虚拟仿真实现
3	月球基地核能供应系统设计与仿真
4	小型模块化反应堆初步研究

教学过程中，非常注重跟学生的交流与沟通，还会经常请同学评价上课内容，提出个人需求，集中让同学把对课程意见写下来（见图 5），并在后续的教学中加以改进。在课堂上也会组织相关主题的互动讨论，鼓励学生主动参与讨论和回答问题，发挥学生的主体作用，提高学生的课堂参与度，引导学生积极思考和发表观点，加深对课程内容和思政的理解和认识。

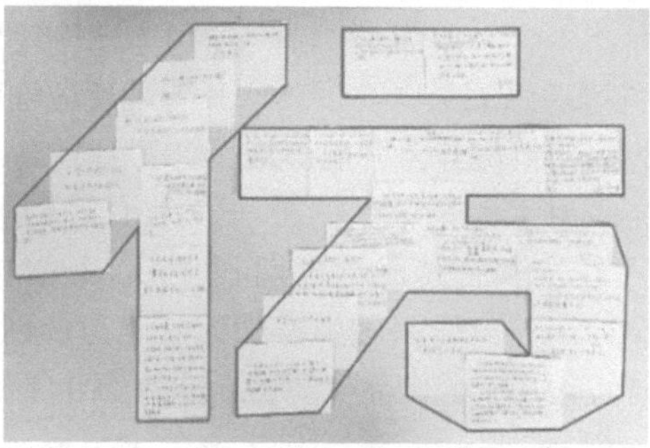

图 5 关于课程建设意见的学生纸质版反馈

五、创新性与效果总结

近五年来，本科生“核电厂系统与设备”课程，总共授课人数逾 150 人次。大部分是中核集团定向生。选课学生中，有笔者培养的清华大学—中核集团联合培养博士生 10 人，其中不乏一些优秀的学生代表，典型的如马誉高博士，他深受本课程影响，博士阶段从事先进核反应堆结构设计，一毕业就成为中国核动力院的技术骨干，并获得了清华大学优秀博士论文。目前正在申请北京市优秀博士论文和中国核工业教育学会的优秀博士论文。

同时，依托本课程，核工程虚拟仿真教学实验室申请到中央改善办学条件超过 1 100 万元的经费支持。实验室自建成以来卓有成效，除了服务“核电厂系统与设备”课程以外，还对“核工程原理”“反应堆安全分析”和“核反应堆热工分析”等多门专业课程教学提供了重要支撑。

“核电厂系统设备”课程思政案例教学通过选取具有代表性的案例，采用多种教学方法和手段，培养学生的专业素养和综合素质。通过合理的教学设计和实施，以及全面的课程评估，有效地提高了课程的教学质量和学习效果。将这些思政元素融入课程后，学生的学习兴趣和积极性得到了有效激发。

本课程中得到的宝贵教学经验对未来开设中组部核工程领域“卓越工程师计划”课程具有重要的参考意义。未来，清华大学还将积极与国内兄弟高校和重点企业交流合作，共同探索中国特色、世界水平的核工程“卓越工程师计划”课程，培养具备全面素质的核工业人才，为我国核能事业的发展做出贡献。

参考文献

[1] 国家能源局．能源碳达峰碳中和标准化提升行动计划［J］．大众用电，2022，37（11）：8-10.
[2] 王丛林，柴晓明，杨博，等．先进核能技术发展及展望［J/OL］．核动力工程，2023，1-5.
[3] 游战洪，刘年凯，李玉箫．王大中与清华大学的核能研究［J］．科学，2023，75（03）：58-62.
[4] Qi Zhichao，Han Wenbin，Liu Minyun，Ji Chengzhi，Wei Hongbin，Huang Shanfang. NTPSS-vPower：A model for system simulation of a nuclear thermal propulsion system［J］. Annals of Nuclear Energy，2023，192（192）110019.

“辐射防护及保健物理”课程思政案例

邱　睿，马　豪，李君利，曾　志，张　辉

（清华大学工程物理系，北京　100084）

摘　要：“辐射防护与保健物理”是清华大学工程物理系开设的一门本科生专业核心必修课，同时也是清华大学精品课程与首批课程思政示范课程。课程主要讲授辐射防护的基本概念与科学方法。课程教学组以价值塑造、能力培养、知识传授“三位一体”的教育理念为指导，结合辐射防护学科特点与清华大学工程物理系发展历史和最新科研成果，基于案例教学将课程思政自然融入教学内容，取得了较好的教学效果，获得了学生的广泛好评。本文选择课程教学中4个典型思政案例进行介绍，供同行交流参考。

一、课程基本情况

（一）课程授课对象

“辐射防护及保健物理”是清华大学工程物理系的一门必修的专业核心课，是本科生进入核科学与技术学术殿堂的重要向导和桥梁，是本科生树立正确的辐射与人类社会、自然环境相互关系观点的重要途径。该课程面向工程物理、核工程与核技术（定向中核集团）及其他相关专业（如环境、材料、生物、能源等）本科生开设。课程授课对象正处在系统学习专业知识、为未来职业选择、人生规划打基础、定方向的关键时期，也是培养精益求精的大国工匠精神、激发科技报国的家国情怀和使命担当的关键时期。

（二）课程情况简介

辐射防护是专门研究电离辐射对人体危害的综合性交叉学科，图1为辐射防护知识体系框图。“辐射防护及保健物理”是面向工科一级学科“核科学与技术”的核心课程，涉及辐射剂量学、辐射环境监测、辐射屏蔽设计、辐射环境安全评价和辐射安全管理等内容，旨在向本科生讲授辐射防护的基本概念与科学方法。课堂教学共设置32个学时，分为2个平行班授课，同时配套开设“清华园本底测量实验”和“OSL辐射剂量测量实验”两个专业基础实验。

“辐射防护及保健物理”课程的教学团队老中青结合，既有具有多年教学经验的老教师和学科带头人作为顾问，也有承担骨干力量作用的青年教师担任主讲教师，还有熟悉各种测量仪器的工程师承担实验教学任务。课程教学团队教师爱岗敬业、潜心育人，两位课程主讲教师先后入选国家级青年人才计划，并获清华大学课程思政示范教师、清华大学青

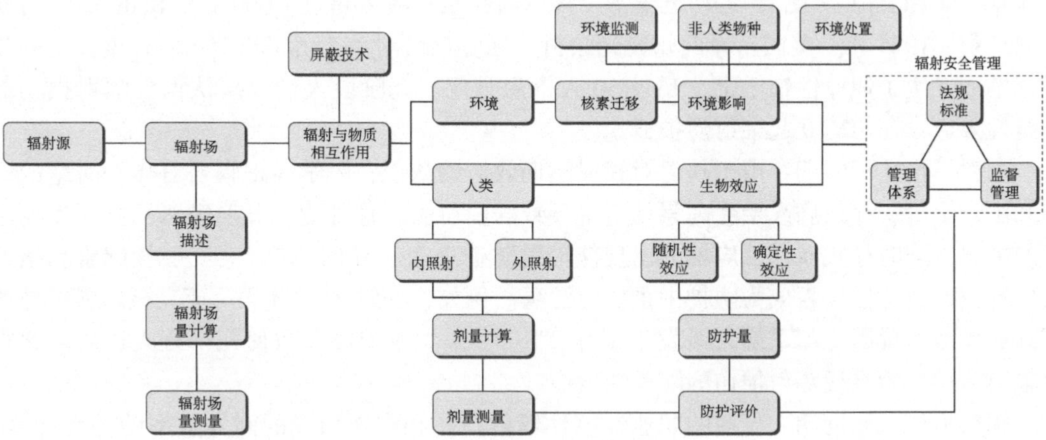

图 1　辐射防护知识体系

年教师教学优秀奖、疫情防控期间在线教学优秀教师、清华大学年度教学优秀奖（近年连续 4 年）等奖励荣誉。优秀的教学团队为课程思政建设打下了良好的师资基础。

课程教学团队以价值塑造、能力培养、知识传授“三位一体”的教育理念为指导，持续不断开展教学实践和创新探索，针对教学中“内容多、概念难、课时少”的矛盾，教学重点放在基础性强、适用性广、带有共性的基本原理和基本分析方法上，以问题为导向，将课堂教学与实验教学、自主探索结合起来，让同学在有限的学时内掌握课程的精髓，掌握分析和解决实际问题的能力。

同时，课程教学团队深挖课程专业知识体系中蕴含的思想价值和精神内涵，在课堂中通过案例教学等方式，将课程内容中蕴含的思政元素和专业知识有机结合起来，从而实现课程思政“如盐在水”般融入课程教学，达到举措“入微”格效果“入味”的思政育人效果。

经过长期实践的经验积累和持续进行的创新探索，课程建设取得了良好成效：2021 年获评清华大学首批课程思政示范课程、2020 年被选为清华大学在线示范观摩课程、2019 年通过清华大学精品课程复审、2015 年获评清华大学精品课程、课程专业实验 2014 年获“第二十五届学生实验室建设贡献一等奖”和“清华大学第十三届实验技术成果二等奖”。

二、案例基本情况

（一）案例一：辐射防护简史回顾——体会学科价值

在“绪论”章节中，通过回顾辐射防护学科发展的早期、中期和近期三个阶段，引导学生体会学科价值。课程中对学科发展不同时期的典型案例进行介绍，凸显辐射防护在核与辐射应用中的重要价值，培养学生继往开来、学以致用、造福社会的历史使命感。

辐射损伤认识早期：由于缺乏对辐射损伤的认识，出现大量放射性误用和应用不当导致的急性辐射损伤。1925—1930 年，含镭灵药“Radithor”售出 40 万瓶，每半瓶约含

1 μCi ^{226}Ra 和 1 μCi ^{228}Ra，运动员埃本·拜尔斯在累积喝下超过 1 000 瓶“Radithor”后死于内照射。1925 年，美国新泽西州夜光涂料厂标度盘绘制女工由于长期接触标度盘上的放射性镭而发生了职业性镭中毒，超过 50 人罹患骨癌。此阶段人们逐渐认识到辐射损伤的确定性效应，初步建立起辐射防护概念。

辐射损伤认识中期：由于缺乏对辐射远期效应的认识，医学界把辐射看作是时髦的诊断和治疗手段，存在病人接受高累计剂量导致的白血病、骨肿瘤、肝癌等恶性肿瘤发病率高的情况。同时核武器、反应堆的出现使辐射防护进入“核时代”。大气层核试验和核事故中释放的放射性核素成为防护中重要的源项。例如，1957 年，苏联马亚克核燃料后处理厂高放废液大罐因冷却系统失灵发生爆炸，^{90}Sr、^{137}Cs 大量泄漏，致使几十万人迁居。此阶段辐射防护开始重视辐射损伤的随机性效应。

辐射损伤认识近期：早期的职业性急性辐射损伤和中期出现的高发生率的恶性肿瘤，除事故外，基本得到避免。但 1986 年发生的切尔诺贝利核事故展示了核技术应用中巨大的潜在危险，事故产生的放射性烟云扩散到整个北半球，大量放射性物质沉降在苏联大片土地上和欧洲其他地方，事故影响至今仍然存在。此阶段辐射防护重点关注随机性效应，开始强调防护的最优化，并形成了辐射防护体系。但在低剂量照射的健康效应方面目前尚有争议，仍需进一步研究。

随着人们对辐射各类健康效应的认识逐渐加深，辐射防护学科逐渐完善，在核与辐射的应用中起着保护人与环境的重要作用。

（二）案例二：辐射事故反思——培养行业责任感

在“辐射安全管理”章节中，通过反思辐射事故培养学生的行业责任感。行业责任感对核能核技术应用的辐射防护工作至关重要。在核与辐射的研究应用中，保护从业人员、公众和环境免受辐射的损害是行业的责任。树立安全意识、培育安全文化是行业责任感的体现。课程中对 3 起辐射事故的经过和后果进行介绍，对事故的原因进行讨论剖析，用于加深学生对行业责任内涵的价值认同，树立安全意识、培育安全文化。

2014 年南京铱-192 放射源丢失事故：南京Ⅱ类铱-192 γ 探伤放射源事故是一起放射源丢失导致多人受照的重大辐射事故。事故中由于 γ 探伤机操作人员误操作导致一枚Ⅱ类铱-192 源丢失，其后放射源被一名工人拾捡，该工人随身携带放射源并带回家中，导致多人受到不等剂量的照射。事故后公安机关会同环保、卫生等部门开展工作，最终将该铱-192 放射源安全回收。

美国洛斯阿拉莫斯实验室两起临界事故：在 20 世纪 40 年代，美国洛斯阿拉莫斯实验室保留一枚核弹的钚核用于临界测试，之后在 1945 年和 1946 年连续发生两起导致人员死亡的临界事故。1945 年 8 月 21 日，研究人员哈利·达格利恩违反安全操作规范，独自进行临界实验，由于操作失误导致钚核处于超临界状态，自身接受超额的剂量，25 天后达格利恩死于急性放射病。1946 年 5 月 21 日，达格利恩的同事路易斯·斯洛廷在演示临界实验中同样由于误操作致使钚核超临界，现场 8 人受到照射，斯洛廷本人 9 天后死于急性放射病。

以上事故均由人员的误操作、违规操作导致，并造成严重后果，体现了安全文化、安全意识和安全制度的重要性。

（三）案例三：中国锦屏地下实验室辐射环境本底分析——培养科技自信

在“辐射环境监测”章节中，介绍中国锦屏地下实验室（CJPL）辐射环境本底测量与分析相关研究进展。一方面CJPL中开展的各项辐射测量研究与课程内容紧密联系，同时CJPL作为领域前沿是培养学生科技自信的良好素材。

CJPL是清华大学与雅砻江水电公司共建的国内唯一、国际领先的深地实验室，是开展暗物质探测、无中微子双贝塔衰变搜寻、深地核天体物理等前沿基础科学研究的重要平台。正在CJPL二期建设的国家“十三五”重大科技基础设施“极深地下极低辐射本底前沿物理实验设施”，将使CJPL成为目前世界上可用容积最大、岩石埋深最深、宇宙线通量最小的地下实验室，代表着目前地下低本底实验室的国际最前沿。为了研究深地空间独特的辐射环境，研究人员在CJPL针对不同辐射源项，使用多种探测器技术开展了辐射环境监测，包括：基于塑料闪烁体探测器的宇宙线缪子本底监测、基于多球中子谱仪和闪烁体探测器的环境中子本底监测、基于固体核径迹片环境氡浓度监测、基于高纯锗探测器的环境伽马本底监测。研究人员通过以上一系列的测量获取了实验室的辐射环境本底情况，为在CJPL进行的一系列深地前沿物理实验的本底评估与控制提供关键基础数据，填补了我国深地实验室辐射环境本底测量的空白。

同时，课程配套实验开设“清华园本底测量实验”，实验中教师指导学生测量仪器的操作，学生自主设计实验方案，对校园中不同地点的天然辐射本底水平进行测量。通过实验将理论与实践结合，帮助学生理解课程内容。

（四）案例四：大型集装箱检查系统背后的工物力量——激励进取精神

在“外照射剂量计算与防护”章节中，以工程物理系研发并成果转化的大型集装箱检查系统为背景，进行系统辐射屏蔽设计思路的讲解，融入工物人在大型集装箱检查系统研发中不畏困难、废寝忘食、努力攻关的动人故事，激励学生在科研中的进取精神。

集装箱检验技术门槛较高，在清华大学取得科研成果之前，该项技术只掌握在少数几个国家手中。随着中国改革开放，外贸进出口货物数量急剧上升，作为进出关境监督管理机关的中国海关当时缺乏科技辅助手段，进行集装箱检验时面临着“一管就死，一放就乱”的巨大挑战，对先进的检验技术有着极高需求。清华大学辐射成像创新团队面向国家安全重大需求，开发设计大型集装箱检查系统。研究团队无畏困难、勇于攻关，解决了一系列技术难题，取得了加速器辐射源移动式集装箱检查系统、大型装备缺陷辐射检测技术等多项标志性成果，为国家打私、反恐及国防装备检测等提供了高科技手段，形成的产品出口到130多个国家，主导编制了国际标准，成为“中国创造”的典型，研究成果曾获国家科技进步奖一等奖。课程中以其中一款车载式集装箱检查系统为例，进行辐射屏蔽设计思路的讲解与讨论。

同时，为了帮助学生更好地理解屏蔽计算中的蒙特卡罗方法，设置使用蒙特卡罗方法进行剂量计算的附加题目，该题目对于本科生而言颇有难度，一方面此题要求学生对蒙卡方法的原理有较深的理解，同时需要学生从头学习蒙卡模拟软件。该案例的设置鼓励学生勇于挑战，传承工物进取精神，并用所学知识解决实际问题。

三、案例思政元素分析

（一）案例一：辐射防护简史回顾——体会学科价值

案例一的思政元素为通过回顾学科简史，帮助学生体会学科价值。科学技术是一把双刃剑，辐射防护学科的价值体现在利用核与辐射技术的同时，尽可能地保护人和环境不受辐射的伤害和影响，实现可持续发展。

在辐射研究应用的早期，由于对辐射的危害缺乏认识，未能采取有效的辐射防护措施，导致从业人员和公众受到严重的损伤。辐射的危害性及不当使用的严重后果体现了辐射防护学科在保障从业人员和公众安全方面的重要意义。随着核与辐射技术的发展，其在医疗健康、工业生产、国防安全、科研创新等领域发挥着不可替代的作用，同时核与辐射的应用也伴随着核武器、核试验、核事故等威胁与风险。辐射防护学科通过研究辐射的健康效应、建立辐射防护体系来评估、应对和控制这些风险，发挥着重要的作用。

同时，辐射防护学科的历史也体现了发展和风险、科学研究和技术应用之间的辩证关系。辐射带来的风险是不可避免的，但不能因噎废食、停止发展，也不能不管不顾、盲目发展，而是要通过科学研究、实践摸索、规范管理来趋利避害，实现安全、持续的发展。在发展中，科学研究为技术应用提供原理支撑和方向指导，而技术应用反过来为科学研究提供数据样本和经验教训，二者互为援引，共同发展。厘清二者的辩证关系也更好地反映了辐射防护学科的意义和价值。

本案例中，通过介绍学科简史帮助学生理解辐射防护学科的价值和意义，培养学生继往开来、学以致用、造福社会的历史使命感。

（二）案例二：反思辐射事故——培养行业责任感

案例二的思政元素为通过反思辐射事故，培养学生行业责任感。保护从业人员、公众和环境免受辐射的损害是行业的责任。为了让学生更好地体会行业责任的内涵和精神，从“要安全”的意识和“保安全”的措施两方面对案例进行分解。

首先，案例中3起辐射事故均造成了多名人员伤亡的严重后果，其中放射源丢失事故还对公众心理造成恶劣的影响。安全事故的深刻教训警醒我们安全重于泰山，要树牢安全发展观念。

除了树立“要安全”的意识，还要进一步引导学生思考“保安全”的措施。归纳案例中的三个事故，人员的误操作、违规操作是导致事故发生的直接原因，但归根到底是安全文化和安全管理的缺失。特别是临界事故案例中，导致事故发生的都是具备相关专业知识的研究人员，这说明保障辐射安全不仅仅需要专业知识，还需要将安全深化到文化意识、落实到规章制度、明确到职能责任，靠健全的监督管理和专业的支持保障确保核与辐射应用的安全。

本案例中，通过辐射事故的介绍和解析，帮助学生理解核与辐射安全的内涵，从而更加深刻地认识到从业人员所肩负的行业责任。

（三）案例三：中国锦屏地下实验室辐射环境分析——培养科技自信

案例三的思政元素为通过介绍中国锦屏地下实验室，培养学生科技自信。

对暗物质等稀有物理事例进行直接探测需要深地实验室来屏蔽宇宙射线的干扰，中国锦屏地下实验室的建设填补了我国深地实验室的空白，标志着我国科学家拥有了自主进行深地前沿科学研究的基础平台，促成了我国在暗物质直接探测、核天体物理研究等领域从“跟跑”到“并跑”甚至“领跑”的跨越式发展。2018 年，中国暗物质实验合作组在 CJPL 使用点电极高纯锗探测器在 4~5 GeV 暗物质质量范围内取得了当时暗物质直接探测国际最灵敏的结果，完全排除了使用同类技术的美国 CoGeNT 实验组宣称的发现暗物质的区域。2021 年，锦屏深地核天体物理实验发布首批 4 个核天体物理关键反应实验研究成果。系列研究取得核天体物理领域的原创性成果，为理解宇宙元素起源和恒星演化提供了重要数据，使我国深地核天体物理研究跻身国际先进行列。2023 年，PandaX 实验组利用两相液氙探测器对暗物质亮度进行研究，系统地给出了当前国际最高水平的暗物质“亮度”上限，显著提升了对暗物质究竟有多“暗”的定量理解。通过在课程中展示辐射监测的基础知识在这一前沿平台中的应用，培养学生的科技自信与民族自豪感。

本案例中，通过结合中国锦屏地下实验室对辐射监测手段和方法进行介绍，在融合知识与案例的同时，展示由我国自主建设、世界领先的深地实验室，培养学生的科技自信与民族自豪感。

（四）案例四：大型集装箱检查系统背后的工物力量——激励进取精神

案例四中的思政元素为通过介绍工物系研发并成果转化的大型集装箱检查系统，激励学生的进取精神。

在国产集装箱检查系统的开发中，清华大学辐射成像创新团队直面各项困难开展技术攻关，最终取得突破，制造出高性能的集装箱检查系统。这一创新性成果的实际应用离不开课程内容涉及的辐射屏蔽设计与环境剂量计算，由此自然地过渡到课程的知识内容。

将集装箱检查系统辐射屏蔽与剂量计算结合到这一背景中，使得学生在对基础知识进行应用的同时了解到我国科研人员在从“中国制造”到“中国创造”的迈进中付出的艰辛努力与取得的丰硕成果，向学生展示出科学研究并非总是一帆风顺、一蹴而就，而是需要艰苦的付出与持续的努力。引导学生体会工物人心怀强烈的国家意识，默默无闻的奉献精神和攻坚克难、求真务实的创新风格以及勇攀高峰的进取精神。

本案例中，通过介绍大型集装箱检查系统自主研发过程中的艰难历程以及最终取得的重要成果，激励学生勇攀科技高峰的进取精神和科技报国的家国情怀。

四、案例教学整体设计

（一）案例一：辐射防护简史回顾——体会学科价值

在“绪论”章节中对辐射防护简史进行回顾，通过一系列案例对学科发展的三个时期进行介绍。

绪论为本课程第一节课的授课内容，需要培养学生对本门课程的学习兴趣，引导学生体会辐射防护学科的价值，从而能够更加认真而投入地学习本门课程。

对于早期辐射损伤认识时期，介绍了含镭保健品、夜光涂料场女工等辐射应用或防护不当的案例（见图 2（a）），从案例中提炼出造成辐射事故几乎都是由于错误的应用以及缺少专业知识和技术造成的，从而体现了核与辐射技术在生产生活中合理应用的重要性和辐射防护学科的重要意义。

对于辐射损伤认识的中期和近期，通过辐射在医疗中的应用、核武器试验、核事故等案例展示核与辐射技术发展中面临的辐射防护问题（见图 2（b）和（c））。同时介绍辐射防护学科通过研究辐射的健康效应、建立辐射防护体系来评估、应对和控制这些问题的过程，体现辐射防护学科发挥的重要作用。

为了保证讲授内容的“效果入味”，在课后作业中设置 20 世纪 20 年代鞋店中 X 射线试鞋机的应用分析（见图 3），通过让学生自主分析辐射实践的正当性，提升其对辐射防护知识的感悟和理解，培养其应用知识的能力。

（a）早期辐射损伤认识时期事例

（b）中期辐射损伤认识时期事例

（c）近期辐射损伤认识时期事例

图 2　案例一课程 PPT

图 3　案例一课后作业中对早期 X 射线试鞋机的分析

（二）案例二：反思辐射事故——培养行业责任感

在“辐射安全管理”章节对核与辐射安全管理的动机、依据和方式进行讲解。由于此部分知识主要涉及法律法规、管理机构、条例制度，内容比较琐碎，在课程教学中存在学生容易迷失在知识细节，难以把握知识脉络以及核与辐射安全的核心精神。教学中通过案例进行知识串联，构建完整的辐射安全管理知识框架。

课程中通过2014年南京铱-192放射源丢失事故（见图4）和美国阿拉莫斯国家实验室两起临界事故（见图5）对知识进行串联。课堂教学中先介绍事故的基本情况，然后组织学生对事故进行讨论，讨论内容一方面涉及放射源类型、事故剂量计算等技术类问题；另一方面涉及安全管理中责任划分、应对措施、改进方法等管理类问题。通过讨论，引导学生自己总结出核与辐射安全管理中的脉络和重点，实现课堂教学从老师教到学生自主学的转变。同时在南京铱-192放射源丢失事故的案例教学中，结合教学团队在事故后进行的剂量评估的研究工作，对学科前沿的人体剂量评估方法进行介绍，拓宽学生的学术视野，激发其学习与科研志趣。

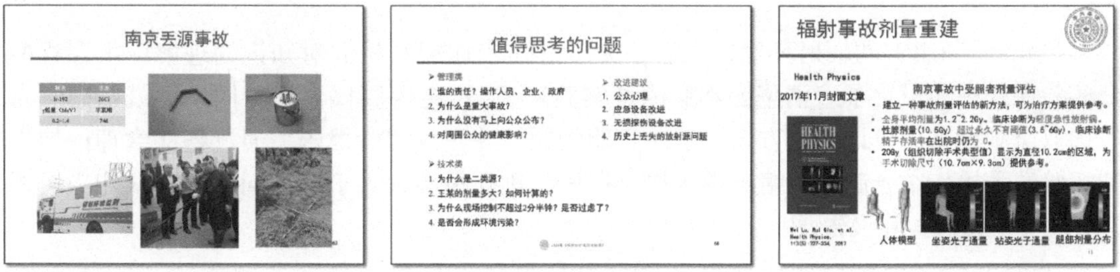

（a）南京放射源丢失事故介绍　　（b）课堂讨论　　（c）事故人体剂量评估方法介绍

图4　案例二课程PPT

（a）美国洛斯阿拉莫斯实验室临界事故介绍　　（b）课堂讨论

图5　案例二课程PPT

（三）案例三：分析中国锦屏地下实验室辐射环境——培养科技自信

在“环境辐射监测”章节对监测的意义、对象、原理和方式进行介绍。此部分知识涉及针对不同环境辐射源项（如宇宙射线、环境伽马、环境中子等），使用不同类型的探测器（电离室、闪烁体、半导体等）进行的监测，知识点种类较多，内容较杂。为了更好地串联各个模块的内容，使用案例教学的方法帮助学生梳理和理解辐射监测的原理和手段。在介绍了各类辐射本底源项和基本的监测原理和手段后，利用中国锦屏地下实验室（CJPL）的环境辐射监测为例（见图6），串联各个知识内容。一方面，以 CJPL 中进行的各项辐射监测工作为例可以有机地将监测源项、监测手段等知识点融合起来帮助学生理解。另一方面，通过展示 CJPL 作为我国拥有的空间最大、埋深最深、宇宙线通量最小的国际领先的深地实验室，培养学生的科技自信与民族自豪感，激励学生勇攀科技高峰的使命感。

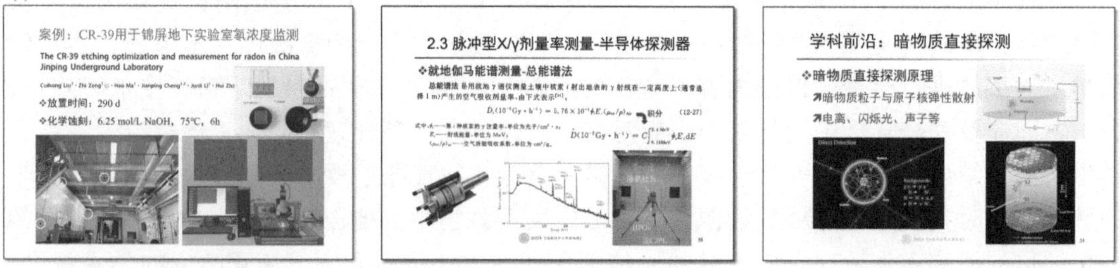

（a）CJPL氡本底测量　（b）CJPL环境伽马本底测量　（c）暗物质直接探测介绍

图6　案例三内容

在介绍了 CJPL 的辐射环境监测后，为了进一步加深同学们对知识的理解，本课程配套实验课程中还设置了“清华园本底测量实验”。通过将探测仪器发给同学，鼓励同学自主选取监测地点、设计实验方案、解决实验问题、并完成实验报告。通过将课堂理论知识和实验动手操作结合起来，培养学生勇于探索的创新精神和善于解决问题的实践能力。图7 为学生完成的实验报告。

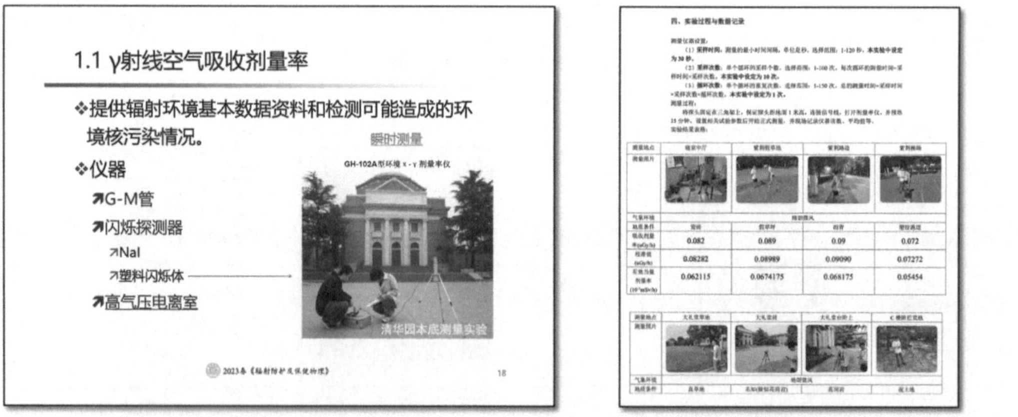

（a）介绍“清华园本底测量实验”　（b）“清华园本底测量实验”学生实验报告摘选

图7　案例三内容

（四）案例四：大型集装箱检查系统背后的工物力量——激励进取精神

在“外照射剂量计算与防护”章节中，介绍集装箱检查系统的辐射屏蔽设计时，以清华大学工程物理系研发并成果转化的集装箱检查系统为背景进行讲解（见图8）。在讲解中首先介绍这套设备的研发历程，包括其中核心部件“小型化加速器”困难重重的研发历程与研发成功后得到广泛应用的丰硕成果，进而引出在其应用中加速器辐射屏蔽设计的内容。通过这一案例，一方面介绍了屏蔽设计对象的背景知识；另一方面也通过案例帮助学生培养攻坚克难、求真务实的创新风格以及勇攀高峰的进取精神。

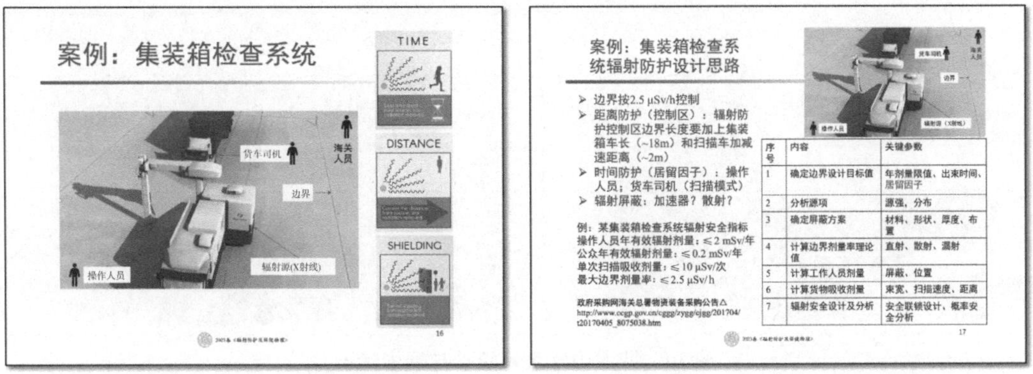

图 8　案例四课程 PPT 内容：以清华大学自主研发的集装箱检查系统为背景讲解辐射屏蔽设计

针对屏蔽设计中提及的蒙特卡罗剂量计算方法，在课堂上对方法的原理和常用计算软件进行简要的介绍，并提供线上学习资源的链接，鼓励学有余力的学生课下进行自学，完成简化情况下使用蒙特卡罗方法进行剂量计算的附加题（见图 9）。由此鼓励学生亲手实践，实现“学思结合、知行合一”。

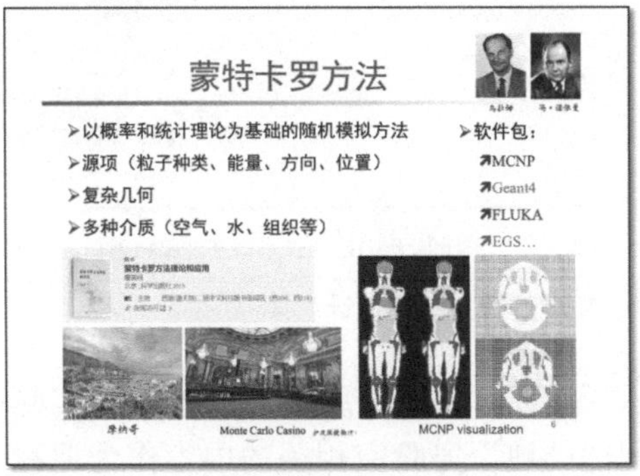

（a）蒙特卡罗方法介绍

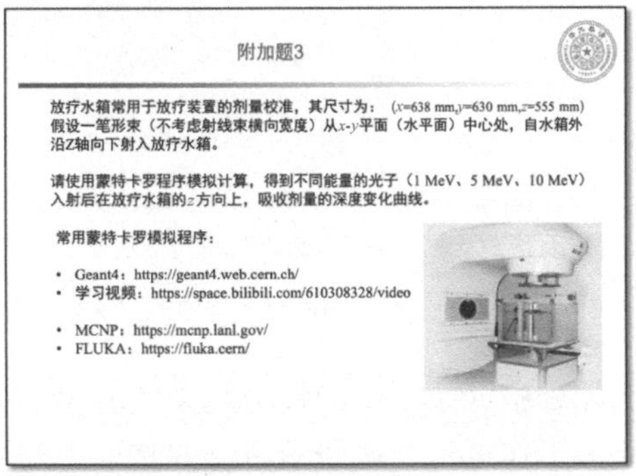

(b) 课程附加题：利用蒙特卡罗方法计算剂量

图 9　案例四蒙特卡罗方法相关内容

五、教学实践过程回顾

授课过程中，学生对教学中思政元素反馈积极。课堂上学生专注度高、踊跃参与讨论（见图 10）。

学生受课程内容启发，主动学习相关知识、自主开展科学研究。其中典型代表为贾以涵和刘烨祺同学。贾以涵同学对案例二中介绍的动态体模构建及剂量计算方法研究很感兴趣，她在课程大作业中自主开展基于动作捕捉系统的面元模型变形方法的研究，之后在课程任教老师邱睿老师的指导下继续开展相关方向的毕业设计，其毕设论文被评为北京市优秀本科毕业设计论文（见图 11（a））。刘烨祺同学在大作业阶段建立了精细乳腺面元模型，并在之后基于 3D 打印技术研发了首个精细乳腺物理体模并开展了剂量测量研究，并获清华大学优秀综合论文训练奖励（图 11（b））。

图 10　授课中学生积极参与课堂讨论

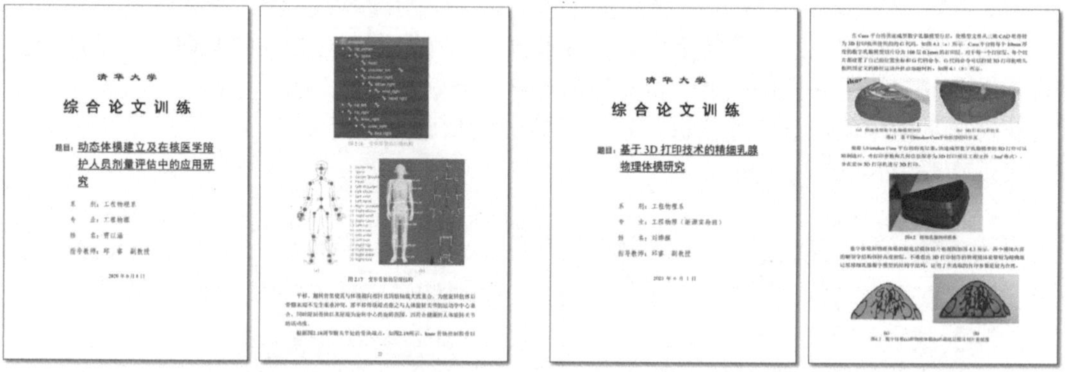

（a）贾以涵同学关于体模构建及剂量计算的毕设内容　　（b）刘烨祺同学关于基于3D打印技术精细乳腺物理体模的毕设内容

图 11　学生受课程内容启发，完成的优秀毕业设计

在课程中介绍了中国锦屏地下实验室后（案例三），学生课后进一步对锦屏实验室相关的研究工作进行了调研学习，并选取了与中国锦屏地下实验室相关的内容作为课程大作业的题目（见图 12（a））。学生在集装箱辐射屏蔽设计内容（案例四）后，在课程大作业中 X 射线加速器的辐射进行研究（见图 12（b））。同时学生还主动报名参加大作业答辩（见图 13），将自己的研究成果与其他同学分享。

在课程思政教学中，学生的学习主动性得到提升，知识掌握情况也较为理想。学生的积极反馈说明，课程思政的建设一方面帮助学生更好地掌握了课程传授的知识，同时也激发了学生的科研兴趣和钻研精神，达到了举措“入微”和效果“入味”的目标。

（a）与中国锦屏地下实验室相关内容　　（b）与加速器辐射屏蔽相关内容

图 12　思政案例内容相关的学生课程大作业

（a）中国锦屏地下实验室相关内容　　（b）加速器辐射屏蔽相关内容

图 13　学生大作业答辩现场照片

六、创新性与效果总结

课程教学团队基于课程在专业和学科中的定位和行业文化，按照新工科、“双一流”建设和《高等学校课程思政建设指导纲要》的要求，以“价值塑造、能力培养、知识传授”三位一体的教学模式为指导，将“以学生为中心”作为基本理念，通过多元的课程设计，将课程思政自然地融入教学内容和教学过程，进而做到：

（1）促进学生参与教学建设、实现教学相长：通过不断优化课堂教学、充分利用网络教学、学生自主设计实验等方式，加强课程教育中学生参与的广度与深度，形成教学互动的良好氛围；

（2）挖掘课程知识体系、体现课程思想价值与精神内涵：通过案例教学、历史回溯等方式，让学生在理解课程知识的同时，将学科发展历史与国家世界的发展相结合、将科研人员的付出与历史社会的进程相结合、将行业的规范规则与国家的法制相结合，提升讲授知识的深度与温度，坚定学生理想信念，帮助学生塑造正确的世界观、人生观、价值观；

（3）紧跟学科研究前沿、提升课程引领：将学科前沿问题结合学生作业等方式，让学生在掌握基础知识的同时，帮助其了解学科发展热点前沿，提升科学视野；

（4）加强沟通交流、分享课程经验：通过积极参与清华大学教务处推出的“同行锦囊”3 min 音频课，该音频课是清华大学课程思政建设的一项重要举措，分享内容涵盖各类课程开展“课程思政”工作的具体经验与实施方法，力求“劳模可复制”，引领“同向”与“同行”。

课程教学中学生的学习积极性和主动性得到充分调动，课程得到学生广泛好评。通过本课程的学习，学生收获感较强，学生的知识水平、应用能力、科研志趣和思想素养均得到有效提升，初步实现了课程思政的举措“入微”和效果“入味”，收获了一系列的成果奖励。

（一）建设课程思政，成果获得肯定

2021 年被选为教育部高等学校核工程类专业教学指导委员会课程思政代表性课程；

2021 年获评清华大学课程思政示范课程；

2020 年获选清华大学在线示范观摩课程；

2019 年通过清华大学精品课程复审；

2015 年获评清华大学精品课程；

2019 年获批清华大学本科教育教学改革项目“辐射防护与保健物理教材建设”，目前已建设《辐射防护概论》教材，该教材正在联系出版；

2014 年课程专业实验部分获评“第二十五届学生实验室建设贡献一等奖”和“清华大学第十三届实验技术成果二等奖”。

（二）实现教学相长，学生反馈良好

2021 年，任课教师邱睿获清华大学青年教师教学优秀奖；

2021 年，任课教师邱睿获评清华大学课程思政示范教师；

任课教师邱睿和本课程在 2019—2023 年连续 5 年毕业生教学质量问卷调查中被评为“清华大学毕业生心目中的好老师和课程”（其中 4 年提名率排全校第三）；

2020 年，该课程被推荐为清华大学在线示范观摩课程，任课教师邱睿和马豪获评疫情防控期间在线教学优秀教师；

2020 年，任课教师邱睿被工程物理系本科生通过投票方式选为“清韵烛光 · 我最喜爱的教师”全校候选教师；

2013 年和 2019 年课程评教结果进入全校前 5%。

（三）引导学生科研，培育优秀成果

本课程大作业的科研训练，培养了学生的科研志趣，部分学生初步建立了科研的自信，树立了未来从事科学研究勇攀科学高峰的理想信念。其中典型代表为贾以涵和刘烨祺同学。

贾以涵同学为 2016 级本科生，于 2019 年上本课程。在课程期间的大作业环节中，贾以涵同学对动态体模构建及剂量计算方法研究很感兴趣，自主编程建立基于动作捕捉系统的面元模型变形方法，并将其应用于核医学陪护人员的剂量评估中，2019 年在该领域顶级会议国际体模会议上进行了口头报告（见图 14（a））。之后，她在课程任教老师邱睿的指导下继续开展毕业设计，基于容易获取的 Kinect 设备实现了体模姿态的自动变换，其毕业论文被评为北京市优秀本科毕业设计论文，贾以涵同学获评清华大学优秀毕业生及北京市优秀毕业生。邱睿老师获评北京市本科毕业设计论文优秀指导教师奖。

刘烨祺同学为 2019 级本科生，于 2022 年上本课程。刘烨祺同学在大作业阶段建立了精细乳腺面元模型，并在之后基于 3D 打印技术研发了首个精细乳腺物理模型并开展了剂量测量研究。他在太平洋地区核能大会 PBNC2022 和中国辐射防护学会做了口头报告，并因此获得了 2022 年中国辐射防护学会优秀报告（唯一本科生获奖者，见图 14（b））和清华大学优秀综合论文训练奖励。

（a）贾以涵同学课程大作业研究内容获辐射防护年会优秀报告　（b）刘烨祺同学课程大作业研究内容获中国辐射防护学会优秀报告

图 14　顶级会议国际体模会议

（四）开展同行交流，传递教学经验

课程教学成果应邀参与清华大学教务处推出的“同行锦囊”3 min 音频课，与其他课程沟通交流思政课程工作的具体经验与实施方法。该音频课是清华大学课程思政建设的一项重要举措，分享内容涵盖各类课程开展“课程思政”工作的具体经验与实施方法，力求实现“劳模可复制”，引领“同向”与“同行”。课程负责人/任课教师邱睿 2022 年应邀在工程物理系青年教师研讨会上做《“辐射防护及保健物理”中的课程思政》报告，分享课程思政教学经验。

参考文献

[1] 周晓剑，周启甫，王晓涛，等．南京铱 -192 放射源丢失事故受照人员物理剂量初步估算［J］．环境与职业医学．2014，31（8）：605-607

[2] L. Wei, W. Zhen, Q. Rui et al. Physical Dosimetric Reconstruction of a Radiological Accident at Nanjing (China) for Clinical Treatment Using Thudose [J] . Health Physics, 2017, 113 (5): p 327-334

[3] McLaughlin, Thomas P; Monahan, Shean P; Pruvost, Norman L et al. A Review of Criticality Accidents [R] . LA-13638. United States: Los Alamos National Laboratory, 2000. doi: 10. 2172/758324.

[4] J. P Cheng, K. J. Kang, J. M. Li, et al. The China Jinping Underground Laboratory and its early science [J] . Annu. Rev. Nucl. Part. Sci. 2017, 67, 231-251.

“工程学导论”课程思政案例

柴　翔，张执南，熊进标，刘晓晶，张滕飞，何　辉

（上海交通大学机械与动力工程学院，上海　200240）

摘　要：依托“工程学导论”课程，为本科新生提供思政教育。授课对象年龄在 18 周岁左右，具备高中数学和物理知识背景并接受过初步思政教育。在思政教育中设计了三个具有代表性的案例：中国第一颗核弹的试验、“两弹一星”功勋于敏以及“华龙一号”的研发。在课程思政目标上，以培养学生正确世界观、人生观、价值观为目标导向，在授课过程中帮助他们形成强烈的责任感和职责意识，并最终引导学生将所学知识应用于国家和社会。在教学方法上，采用了真实案例结合小组讨论和导师指导等混合式教学法，为学生呈现了核工程的历史脉络，展示了每个时期背后的国家策略和使命感。本案例通过技术教育与思政教育的有机结合，深化了学生对核工程的认识，使学生在学习科技知识的同时，增强对国家和社会的责任感和使命感。

一、课程基本情况

（一）授课对象情况分析

本课程的授课对象是刚进入校园的本科一年级新生，具有以下三方面显著特点。

1. 在年龄特点方面

授课对象的年龄在 18 岁左右。在经历了高考之后，他们从相对封闭、单调的高中生活转变到大学这一更加自由的环境。大学给予了他们更多的机会去接触各种新鲜事物，使得他们的眼界得到了显著的拓宽，进而对于新知识和技能产生了强烈的渴望。但是该年龄段的新生正处于思想基础和理想信念的形成阶段，容易受到诸多外部因素的影响而难以辨别其中的真伪和价值取向。因此，在这一阶段正确引导学生树立起正确的世界观、人生观、价值观是思政教育过程中最重要的工作之一。

2. 在知识背景方面

授课对象在高中阶段已经建立了基本的数学和物理框架。然而，当涉及工程学导论的授课内容时，例如，微积分、力学和材料学，他们的知识结构稍显薄弱。授课对象对于工程学的核心理念和具体内容只停留在一个模糊的理解层面。因此，在面对学科的广泛性和复杂性时，授课对象多会感到迷茫和不安。在此知识背景下，思政教育可以在为授课对象指明学术方向的同时，帮助他们从更高的层次看待工程学与社会、经济、政治间的交融，使他们深刻理解自己的学习内容在广阔社会语境中的价值，多维度地引导他们树立深厚的社会责任意识和为社会服务的信念。

3. 在思政教育方面

授课对象在高中时期经历过初步的思政教育，对国家的发展历程和社会主义核心价值观等内容有了基本的了解。但是，他们的思考深度仍处于较为初级的阶段，在工程学，特别是在核工程领域，由于信息接触有限，他们对于这一领域的认知较为粗浅。在学习过程中，授课对象不仅需要对技术与知识进行深入了解，更重要的是如何将这些技术和知识同国家的发展、社会的进步紧密结合，如何教育、引导学生在工程实践中胸怀国家、民族的整体和长远利益，综合考虑其对社会、自然环境等方面的影响，是思政教育所需要探讨的重要问题。相关教育的效果将直接影响到他们未来作为工程人才的决策和行为。

（二）课程情况简介

工程学导论是核工程专业的一门专业基础课。该课程旨在培养核工程专业学生掌握工程学的基本概念与方法。从世界与中国核能工程的发展历史以及现状入手，学生不仅能够梳理核能技术的发展脉络，还能够在此过程中筑牢思想基础，夯实理想信念。通过区分核工程领域的科学、技术与工程的概念，启智润心，系统性地培养学生的工程思维和系统思维，有助于引导学生形成强烈的责任感和职责意识。

通过此课程，学生将进一步理解核能工程师的职业发展路径，深化对核安全与职业道德的认知，在实现课程核心目标的过程中，培养学生能力（如提出问题、技术交流、团队合作及解决工程问题的能力）和素养（如公众意识和品格）。同时，学生也将明确如何应用自己学到的核工程领域相关知识为国家的发展做出贡献。

本课程基于课程项目进行学习，从日常需求或工程问题出发，设计并完成一个简单的工程产品并制作样机/详细设计方案。主要内容包括科学与工程、工程与工程师、梦想与创造力、项目管理与设计实践、技术交流及工程职业道德。课程采取理论学习和项目实践相结合的课程组织模式，着重于通过认知、方法和实践，支撑设计思维、工程思维和系统思维的培养。这也帮助大一学生实现从“被动接受式学习”向“主动思考式学习”转变，实现从以教师为主体的“知识传授”模式向以学生发展为中心的“思维能力”“综合素养”和“创新实践能力提升”模式。

二、案例基本情况

（一）中国第一枚原子弹爆炸

1. 背景

为了对抗法西斯，美国在二战时期实施了“曼哈顿计划”。这个计划历时 3 年，投入超过 10 万人力，消耗约 20 亿美元，终于成功研制出了世界上第一颗原子弹。美国于日本广岛和长崎投掷的两颗原子弹，直接导致大约 21.4 万人丧生。面对原子弹的巨大威慑力，日本很快宣布无条件投降。

20 世纪 50 年代，随着核武器竞赛的加剧，核威慑逐渐成为国际政治的焦点。在冷战背景下，美苏两极对立，核危机一触即发。当时的中国，虽然正处于重建阶段，但毛泽东主席清晰地认识到原子弹在未来国际舞台上的决定性作用。他坚信，只有掌握了核武器技术，中国才能在世界上有所作为。因此，20 世纪 50 年代，在他的领导下，中国踏上了核武器研发之旅。

最初，苏联曾承诺协助中国制造原子弹，不仅提供了技术图样，还派遣了上百名专家来华。但到了 1960 年，苏联突然单方面终止了合作。面对这样的变故，中国的科学家们不屈不挠，凭着钢铁意志独立研发。他们跨越了种种障碍，团结协作，始终保持着为国家研发原子弹的坚定信念。

1964 年 10 月 16 日下午，一颗原子弹在中国的罗布泊沙漠上空引爆，标志着中国正式进入了核俱乐部，终结了超级大国的核垄断局面。这一震撼人心的消息，通过《人民日报》特版红头号外传播给全世界（见图 1）。这不仅让国际社会重新评估中国的地位，更为中国人民带来了前所未有的骄傲与自信。如周恩来总理所言：“随着我国第一颗原子弹的成功爆炸，我们应该彻底摒弃任何自卑感。”

人民日报 号外

1964年10月16日

加强国防建設的重大成就，对保卫世界和平的重大貢献

我国第一颗原子弹爆炸成功

我国政府发表声明，郑重建议召开世界各国首脑会议，讨论全面禁止和彻底销毁核武器问题。

新华社北京十六日电 新闻公报

一九六四年十月十六日十五时（北京时间），中国在本国西部地区爆炸了一颗原子弹，成功地实行了第一次核试验。

中国核试验成功，是中国人民加强国防、保卫祖国的重大成就，也是中国人民对于保卫世界和平事业的重大贡献。

中国工人、工程技术人员、科学工作者和从事国防建设的一切工作人员，以及全国各地区和各部门，在党的领导下，发扬自力更生、奋发图强的精神，辛勤劳动，大力协同，使这次试验获得了成功。

中共中央和国务院向他们致以热烈的祝贺。

新华社北京十六日电 中华人民共和国政府声明

一九六四年十月十六日

图 1 《人民日报》出版号外，庆祝我国第一颗原子弹爆炸成功

2. 意义

中国成功地进行第一颗核弹的爆炸试验，这不仅标志着技术和战略上的重大突破，更深刻反映了一个伟大国家在面对外部压力和威胁时，如何坚守和平原则并持续致力于全球和平与稳定。对于学生而言，这一历史时刻展示了正确的世界观对于塑造国家形象和发展策略的决定性影响。中国之所以研发核武器，绝非出于侵略或扩张的野心，而是为了维护国家的主权，确保在核时代不被任何强权核威慑或威胁。在面对国际技术封锁和巨大的外部压力时，中国选择了坚定不移地自主创新的道路。这种对于自主技术的坚持和决心，为中国后续的科技崛起奠定了坚实的基础。

（二）“两弹一星”功勋于敏院士

1. 背景

“我打心眼里赞成核武器最好完全禁止。可是，我们不能没有核武器，中华民族不能欺负旁人，但也决不能受旁人欺负！”这是“两弹一星”功勋科学家于敏院士荣获国家最高科学技术奖时的肺腑之言，为了这一朴素又崇高的感情，于敏将一生奉献给祖国的核武器研制事业。

在20世纪50—60年代，为确保国家的主权与安全，中国下定决心自主研制氢弹。核物理学家于敏院士，在这一历史性的项目中起到了至关重要的作用。尽管如此，为了国家机密的严密保护，他选择了长时间的隐退，不露姓名，默默为祖国献身。

1961年，苏联试爆了代号为“沙皇”的氢弹，其威力是美国在日本投掷的原子弹的3846倍。而在那个时期，中苏关系恶化，苏联终止了所有的技术援助，并撤回了在华的专家团队。曾经的盟友变成了对立面，而过去的敌人依旧对中国虎视眈眈。挂在中国头顶的乌云，不仅仅是大国间的权力斗争，更有原子弹和氢弹这两大核威胁。

于敏曾在原子核理论领域深耕10年，对其深感热爱。在这期间，他发表了20余篇学术论文、著作和译著。然而，当钱三强交给他氢弹这个新的任务时，他面临了一个艰难的决策。原子弹和氢弹有着根本的区别，一个是裂变，另一个是聚变。接受这个任务不仅意味着他要离开自己熟悉并热爱的研究领域，还意味着他需要长时间隐姓埋名，远离家乡，与亲人分隔。但于敏的爱国之心让他毅然做出了决定，他说：“爱国主义压过兴趣，我没有其他选择。”于是，他展开了长达28年的隐秘生涯，期间他不得与外界接触，甚至他的家人也不知道他在做什么。于敏院士接受采访见图2。

图2 于敏院士接受科教频道《大家》栏目采访

于敏领导的团队手持简单的计算尺，夜以继日地工作，深入数据的海洋，不断尝试与推算。仅仅4年时间，于敏与他的团队提交了69份研究报告，为氢弹的研发奠定了坚实的基础。1967年6月17日，戈壁滩上，两颗炽热的“太阳”同时冉冉升起，标志着中国第一颗氢弹试验取得圆满成功，中国正式成为了世界上第四个掌握氢弹技术的国家。

2. 意义

于敏院士为了国家利益，毅然决然地放弃了自己原有的研究方向，这深深体现了他的责任感。于敏院士的事迹，为我们展现了一个科学家如何为国家和民族的利益而工作，如何坚守职责和担当责任。这个案例告诉我们，无论身处何种位置，都应该有高度的责任感和职责意识，为国家的繁荣和强大而努力工作。对于学生来说，这是一个鼓舞人心的榜样，可以帮助他们树立正确的世界观、价值观和人生观。

（三）“华龙一号”

1. 背景

大型压水堆是一种高效且稳定的能源供应方式。压水堆核电站的生命周期成本相对较低，运行时间长，供电稳定。这为我国稳定、可靠的电力供应打下了基础，是实现能源安全和供电稳定的重要手段，对国民经济建设和国家安全具有重要作用。

“华龙一号”是中国完全自主知识产权的第三代核电技术（见图3），融合了过去几十年中国核工业的研发经验和技术积累，是中国核工业走向世界的重要标志。相比于第二代核电技术，“华龙一号”采用了更加先进和安全的设计理念和技术，例如，采用能动与非能动相结合的安全系统设计、双层安全壳设计等，大大提高了安全性。第一个使用“华龙一号”技术的项目是位于福建省的福清核电站。此外巴基斯坦卡拉奇核电站也采用了“华龙一号”技术。在全球核能市场竞争中，“华龙一号”是中国的重要竞争工具。该技术的成功应用，无疑将进一步提升中国在全球核能市场的竞争地位。随着全球对可持续和清洁能源需求的增加，尤其是在应对气候变化的大背景下，“华龙一号”作为高效、安全的第三代核电技术，其在全球范围内的应用前景十分广阔。

(a) 现场图　　　　(b) 核岛厂房

图3　全球首台“华龙一号”核电机组

“华龙一号”设计寿命达60年，反应堆采用177堆芯设计，堆芯设计换料周期18个月。首堆所有核心设备均已实现国产，设备国产化率达88%。随着关键核心技术一项项被科技人员攻克，我国已经拥有了完整的核电自主知识产权体系，让“卡脖子”问题不再存在。

“华龙一号”是中国完全自主研发的第三代核电技术。“华龙一号”的设计主要包括以下部分：反应堆压力容器：在压力容器中，核燃料棒生成的热量传递给冷却剂（水）并被带出堆芯；蒸汽发生器：一回路中高温高压的水将蒸汽发生器中二回路的水转变为蒸汽，然后传输至蒸汽机中并发电；主冷却泵：负责在一回路系统中循环冷却剂；安全壳：主要用于防止放射性物质泄漏到环境中；安全系统：包括能动与非能动两个部分，主要用于应对各种可能的事故情况。“华龙一号”设计采用的是能动与非能动相结合的安全系统设计，既保留了能动安全系统的可调度性，又具备了非能动安全系统的安全优势。非能动安全系统主要依赖物理原理，如重力、自然对流等，而不依赖任何机械设备的运行，增加了系统在面对极端条件下的稳定性和安全性。“华龙一号”核岛及其安全系统示意见图4。

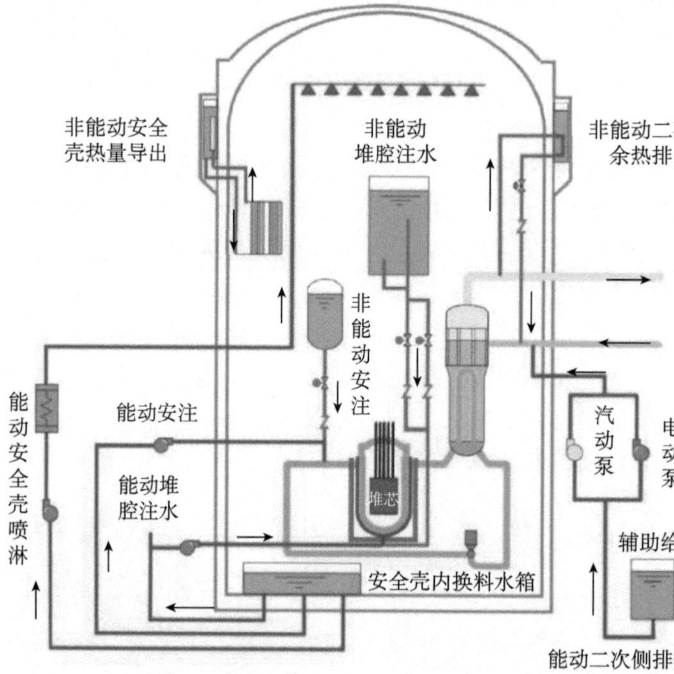

图4　“华龙一号”核岛及其安全系统示意图

2. 意义

本案例属于我国现代科技成就类，可用于绪论等相关内容的教学。“华龙一号”的发展和成功不仅仅是技术上的突破，它同样体现了中国在科技创新、自主知识产权体系升级以及国家战略实现等课程思政元素方面的重要价值。更重要的是，“华龙一号”的成功展示了如何将学到的知识应用于实际生产与创新，进而服务于国家的长远发展和国家利益的提升。学生们应从中汲取经验，认识到个人技能和知识不仅仅是服务于个人职业发展，而且为了更大的国家和集体利益。这有助于增强民族自豪感，加深对工程应用所取得成就的认知，同时也明确了学生在未来应如何将所学知识用于国家的发展和建设。

三、案例思政元素分析

本次思政元素选择了核工程领域中三个典型事迹和案例：中国第一颗核弹的爆炸试验；“两弹一星”功勋于敏和“华龙一号”的研发。其典型的核心思政元素包括让学生树立正确的世界观、培养责任感和职责意识，并将学到的知识用于国家发展。

1. 在树立正确的世界观方面

在核工程教育中，我们必须教育学生理解，核工程并非仅仅为了追求军事优势或经济利益，而是为了维护国家主权、保障国家安全。这有助于学生树立一个积极、和平、负责任的世界观。同时，在面对国际技术封锁和巨大的外部压力时，中国选择了坚定不移地自主创新的道路，这为中国后续的科技崛起奠定了坚实的基础。

2. 在培养责任感和职责意识方面

通过于敏院士在核项目中的不懈努力和忘我奉献，我们看到了一个科学家对国家和人民的高度责任感。核工程教育应强调，每一位工程师和科学家都承载着国家的期望和民族的使命。他们的每一个决策和行动，都可能对国家和社会产生深远的影响。

3. 在将学到的知识用于国家发展方面

“华龙一号”的成功研发是中国核工业知识与实践相结合的典范。教育学生应认识到，所学的核工程知识除了用于学术研究外，更重要的是将其应用于实践，为国家的发展做出实质性贡献。核工程技术在能源、医疗、农业等多个领域都有重要应用。核工程教育的目标不能局限于将学生培养成为工程技术高手，为了确保核工程技术的安全与高效应用，更需要培养一批眼光长远，具有正确价值观、强烈责任感和职责意识的工程人才，为国家的繁荣和强大而努力。学生在学习过程中应明确自己的职责，将所学知识为国家和社会的发展做出贡献。

四、案例教学整体设计

本次课程思政案例的整体设计包括以下几个方面。

1. 在教学目标方面

在课程案例的选择中，首先以教育学生树立正确的世界观、人生观、价值观为目标，并在过程中通过培养学生的责任感和职责意识，实现让学生们未来将所学到的工程知识应用在国家实际发展中的目标。

2. 在教学内容方面

教学过程中从中国第一颗原子弹爆炸入手，阐明核技术和技术自主对国家发展的重要性；随后通过介绍“两弹一星”功勋于敏院士的生平、贡献和其对核工程领域的影响，展示核工业人筚路蓝缕、艰苦朴素的工作作风。最后，解读我国科研人员独立自主研发“华龙一号”的背景、技术特点及其对国家能源、环保等领域的重要意义。

3. 在教学方法方面

首先，利用真实案例，让学生深入了解每个事件背后的历史、技术和社会背景；然后，采用小组讨论的形式，围绕某个主题或问题进行深入研讨，分享不同的看法和观点；最后，教师在关键环节提供导向，为学生解答疑惑，引导学生深入思考，并与同学进行互动交流。

4. 在教学过程方面

首先，播放相关案例的短片或图片，激起学生的兴趣；然后，详细介绍案例的背景、过程和成果；其次，授课教师引导学生分析案例中的核心价值，及其与核工程的关联，通过深入讨论其中的思政元素，分析如何将个人的成长与国家的发展相关联；最后，回顾整个案例教学的内容，总结学到的知识和启示，鼓励学生对未来的学习和工作进行思考和规划。

在案例的教学过程方面，主要包括以下几个过程。

1. 案例选择

授课教师根据课程内容、学生的知识背景和兴趣，选择与课程主题紧密相关，且具有一定复杂性和挑战性的案例。例如，本课程选择了中国第一颗核弹的试验、“两弹一星”功勋于敏以及“华龙一号”的研发这三个与核工程与国家发展相关的真实案例，以引导学生将所学知识应用于国家和社会为结果。

2. 前期准备

授课教师在开始案例教学前，首先对案例进行深入研究，明确教学目标和预期效果，通过设计讨论指引、问题或任务，并准备案例相关的教学材料，以确保课堂互动和讨论的效率，并在授课前提前将案例材料提供给学生。学生在接触到材料之后，首先需要对案例材料进行初步的了解和思考，为课堂上开展有效的讨论和互动做好准备。

3. 课堂导入

授课过程中，教师通过简要介绍案例的背景、相关的理论知识和学习目标，帮助学生快速进入学习状态，并为接下来的案例分析和讨论提供方向。

4. 案例分析与讨论

在讨论前，学生首先独立地对案例进行分析，形成自己的观点和解决策略；之后，学生在小组内进行讨论，通过集体的智慧，提炼和完善自己的观点；最后，每个小组选取代表，将小组的结论和观点分享给全班。其他小组可以提问或提出不同的意见，形成跨小组的互动。

5. 教师点评与引导

教师首先对学生们的讨论进行点评，通过提供专业和深入的分析，指出学生讨论中的优点和不足。同时，提供不同的视角和方法引导学生进行更加深入的思考。

6. 案例总结与反思

在案例分析和讨论结束后，教师和学生共同总结案例的核心知识和技巧，并与课程内容进行关联，鼓励学生对自己在案例分析中的表现进行反思，评估自己的学习效果。

7. 持续的反馈与调整

案例教学不应仅仅局限于一节课。教师应根据学生的表现和反馈进行持续的教学策略调整，确保教学效果达到预期。通过这样的多步骤、结构化的案例教学过程，确保学生不仅可以掌握所需的专业知识，还可以深入理解和解决实际问题。

综上所述，案例教学不仅仅是简单地阅读和讨论案例，而是一个结构化、多步骤的教学过程。通过这一过程，不仅能够深化学生对核工程专业知识的掌握，展现技术教育与思政教育的有机结合，还使学生在学习科技知识的同时，强化对国家和社会的责任感和使命感。

五、教学实践过程回顾

在工程学导论的教学实践中，学生通过真实案例深入了解核工程与国家发展的关系。在授课过程中，通过引导学生积极参与和踊跃互动，不仅显示了他们对此内容的高度兴趣和深度理解，也为授课教师提供了宝贵的反馈和建议，为未来教学提供了宝贵参考。课程的思政教育实践启示我们，案例教学是一种非常有效的方式，能助力学生更好地掌握复杂概念。鉴于此，授课中应当进一步鼓励学生的参与和互动，促进他们深入思考，同时根据学生的反馈进行调整和完善。通过这种案例教学方法，学生不仅学到了专业知识，还对核工程在国家发展中的价值有了深入认识。同时，学生的思考能力和主动性得到了锻炼。

根据学生们的评价，他们普遍认为这种教学方式增强了他们的学习体验。一位学生表示："在工程学导论的课程中，我们有幸接触到了与核工程相关的真实案例。这让我深刻理解了技术知识背后的历史背景和国家战略。在之前的学习中，我更多地只是停留在技术表面，很少去探索其背后的深层意义。这次课程的案例教学方式打破了我的认知，使我意识到技术并不是孤立的，而是与国家的发展和整个社会的进步紧密相连。同时，教师的引导方式和对互动的鼓励，让我更有信心积极地参与到课堂中来。我记得，在讨论关于核工程对国家发展的贡献时，我首次大胆地分享了自己的看法，得到了老师和同学的积极反馈。这不仅提高了我的自信，也锻炼了我的思考和沟通能力。这门课程让我更加坚信工程技术的力量，并希望在未来能为国家的发展做出自己的贡献。"

此外，部分学生还指出，案例教学不仅使他们掌握了核心知识，还帮助他们形成了正确的价值观："这次的工程学导论课程，对我而言是一次眼界的拓展。之前，我总认为技术和政策是两个平行的轨迹，但通过这次的案例教学，我了解到原来它们是如此紧密地联系在一起的。核工程的每一个进步，背后都有一个伟大的国家策略和无数科研人员的努力。特别是在了解到"华龙一号"的研发过程时，我深深地被那种为了国家而不懈追求的精神所打动。在课堂上，每一次的小组讨论都是一次思维的碰撞，我从同学们的不同视角中得到了很多启发。而教师的及时指导和鼓励，使我更敢于发表自己的观点。我认为，这种案例教学方式不仅帮助我们更好地理解专业知识，还塑造了我们的价值观，使我们更加珍视和感激这背后的一切。我真心希望在未来的学习和工作中，我也能像那些为国家发展付出的前辈们一样，为社会做出自己的贡献。"

实践过程回顾表明，工程学导论课程的目标已经成功达成。同学们不仅在知识上得到了丰富，更在思想和能力上得到了提高。这为未来的教学提供了有益的参考，也证明了在工程教育中添加思政案例的重要性。

六、创新性与效果总结

在工程学导论的授课中，需要不断进行方法论的创新以适应时代的变迁。此次教学实践为我们提供了一次宝贵的机会，深入探讨如何在核工程教育中融合思政元素，帮助学生树立正确的世界观，培养责任感和职责意识，并将学到的知识用于国家发展。

1. 在创新性方面

在教学中，我们采用了案例引入的多维度策略，选择了跨越不同时间、背景和重要性的三个案例：中国第一颗核弹的爆炸试验、“两弹一星”的功勋科学家于敏和“华龙一号”的研发，为学生呈现了核工程的历史发展脉络，展现了每个时代背后的国家策略和深厚的使命感。此外，我们还尝试打破了科技教育与思政教育传统上的平行格局，让学生在吸收科技知识的同时，强化对国家和社会的责任感和使命感。为确保学生对核工程的全面理解，我们结合案例教学法、小组讨论和导师指导等方式，使学生在理论学习和实践中都能深入掌握这一主题。

2. 在授课效果方面

通过引入具体案例，使复杂的科技和历史知识变得易学、易懂，加深学生对核工程的历史背景、技术演进以及其在国家发展中的重要地位的理解。教学实践不能止步于传授技术知识，要更进一步培养学生的思维模式和世界观、人生观、价值观，使他们既能够成为出色的工程师，同时也能成为具有责任感和职责意识的公民。此外，这种教学方式也展现了思政教育可以与技术和工程教育有机结合，更有效地塑造学生的思想和价值观。

综上所述，此次教学实践的创新性和效果显著，即在工程教育中，应当注重实现对学生的三全育人培养。在培养过程中，不仅专注于技术知识的传授，更要关注培养学生的世界观、人生观和价值观，从而更有助于他们为国家和社会做出更大的贡献。

参考文献

[1] 宋代勇，赵斌，袁霞，等．“华龙一号”能动与非能动相结合的安全系统设计［J］．中国核电，2017，10（04）：468-471.

[2] 荆春宁，赵科，张力友，等．“华龙一号”的设计理念与总体技术特征［J］．中国核电，2017，10（04）：463-467.

[3] 余红星，周金满，冷贵君，等．“华龙一号”反应堆堆芯与安全设计研究［J］．核动力工程，2019，40（01）．

“核动力系统与设备”课程思政案例

陈　忠，郑洪龙，肖克拉

（四川轻化工大学物理与电子工程学院，四川　宜宾　643000）

摘　要：文章以“核动力系统与设备”课程思政教学大纲为目标导向，针对福岛核事故典型案例，从事故过程、后果以及与切尔诺贝利核事故救灾比较分析等方面得出“社会主义制度优于资本主义制度”这一结论，积极探索“教师为时针、学生为分针”的“时针带动分针、分针主动学习”的教学新模式，多维度、多层次、深度、全面挖掘多样化思政元素，激发学生爱国主义情感、民族自豪感和对社会主义制度的完全认同和拥护，形成正确的人生观和价值观。

一、课程基本情况

（一）授课对象情况分析

四川轻化工大学在原华东理工学院（现华东理工大学）部分保密专业历史基础上，恢复开设了“核工程与核技术”本科专业。作为专业核心课程，“核动力系统与设备”主要针对核工程与核技术本科专业大学二年级、大学三年级学生开设。通过观察和调研授课对象，发现核工程与核技术本科专业大学二年级、大学三年级学生虽对核科学知识有一定认识，但认识深度、广度不够，认识层次较浅，其思想状况总体处于形成稳定行为和心理特征的重要阶段。为引导学生形成正确的核认知，进而形成正确的人生观和价值观，开展核反应堆专业方面相关的课程思政教育十分必要。

（二）课程情况简介

“核动力系统与设备”是“核工程与核技术”本科专业的核心课程之一，是培养核工程人才的重要专业课程。通过该课程的学习，不仅使学生掌握核反应堆相关系统及其设备的基本知识和理论，了解反应堆的发展概况和前沿技术，而且培养学生初步具备核电站在设计、建造、运行、管理等系列过程中的工程实践能力和解决复杂工程问题的能力，引导学生培养求真务实的科学精神态度，激发学生爱国主义情感和民族自豪感；针对四川轻化工大学核工程与核技术本科专业学生的特点和知识储备情况，本课程设计了专业报告、算法程序编写等作业形式，培养学生学以致用、自主实践创新的科研探索精神和行业思维，培养学生立志核科学事业、利用科技报效社会和祖国的正确人生观和价值观。

二、案例基本情况

（一）日本福岛核事故始末

2011年3月11日，日本东北海域发生了里氏9.0级大地震。地震发生之前，福岛第一核电站6台机组中1~3号处于功率运行状态，4~6号机组在停堆检修。地震导致福岛第一核电厂所有的厂外供电丧失，三个正在运行的反应堆自动停堆，应急柴油发电机按设计自动启动并处于运转状态。地震引起的第一波海啸浪潮在地震发生后46 min抵达福岛第一核电站。袭击核电站的海啸最大浪潮达到约14 m，而福岛第一核电站的防御设施仅能抵御浪高5.7 m的海啸，因此海啸当天即冲破了福岛第一核电站的防御设施。海啸浪潮深入到电厂内部，造成除一台应急柴油发电机之外的其他应急柴油发电机电源丧失，核电站的直流供电系统也由于受水淹而遭受严重损坏，仅存的一些蓄电池最终也由于充电接口损坏而导致电力耗尽。最终，第一核电站所有交、直流电丧失。海啸导致的事故影响超出核电站设计的范围，也超出了严重事故管理指南所针对的工况。

由于丧失了把堆芯热量排出到最终热阱的手段，福岛第一核电站1~4号机组在堆芯余热的作用下迅速升温，锆金属包壳在高温下与水发生锆水反应产生了大量氢气，随后引发了一系列爆炸：2011年3月12日15点36分，1号机组燃料厂房发生氢气爆炸；2011年3月14日11点01分，3号机组燃料厂房发生氢气爆炸；2011年3月15日6点整，4号机组燃料厂房发生氢气爆炸。

爆炸对核电站造成进一步破坏，使操作员面临的情况更加严峻和危险，现场的抢险救灾工作愈加困难。由于现场工作环境非常恶劣，许多抢险救灾工作往往以失败告终。现场淡水资源用尽后，东京电力公司分别于3月12日20点20分、3月13日13点12分、3月14日16点34分陆续向1、3、2号机组堆芯注入海水，以阻止事态的进一步恶化。3月25日，福岛第一核电厂建立了淡水供应渠道，开始向所有反应堆和乏燃料池注入淡水。

（二）福岛核事故时间线

福岛核事故事件的时间线梳理如下：

1）2011年3月11日：日本发生9.0级地震和海啸，福岛核电站发生多个反应堆失控，导致核泄漏。

2）2011年3月12日：福岛1号反应堆发生爆炸，放射性物质泄漏到环境中。

3）2011年3月15日：福岛2号反应堆发生爆炸，继续泄漏放射性物质。

4）2011年3月16日：福岛3号反应堆发生爆炸，核事故升级为7级（最高级别）。

5）2011年3月17日：日本政府宣布周围20 km范围内的居民撤离，恢复工作人员进入核电站进行救援工作。

6）2011年4月12日：福岛4号反应堆发生火灾，但并未爆炸。

7）2011年12月16日：日本政府正式宣布福岛核事故得到冷却控制，但还需长期处理和监测。

(三) 福岛核事故事件树

根据概率安全分析方法对福岛核事故的事件树梳理如下：2011 年 3 月 11 日 14 点 46 分，大地震袭击了日本东北部。福岛第一核电站的 1、2 和 3 号机组自动停堆，4、5 及 6 号机组处于停堆维修状态。地震导致核电站失去所有厂外交流电源，应急柴油发电机开始运行以提供交流电源并移除核燃料的余热。而海啸的袭击使应急柴油发电机失去电力，余热排出功能也丧失，此时紧急冷却系统启动了，但无法实现长期运行。最后厂外电无法恢复，又无冷却系统可以使用，造成燃料受热熔化，导致了堆芯熔化严重事故的发生。接着，锆水发生化学反应，生成的氢气与蒸汽和放射性物质一起积聚在压力容器和安全壳内。3 月 12 日，1 号机组发生氢气爆炸。14 日，3 号机组发生氢气爆炸，2 号机组反应堆内燃料棒露出水面。15 日，2 号机组也发生氢气爆炸。东电公司最终不得不注入海水冷却反应堆，并在海水中添加硼，以此阻止链式核反应重新启动（其事件树见图 1）。

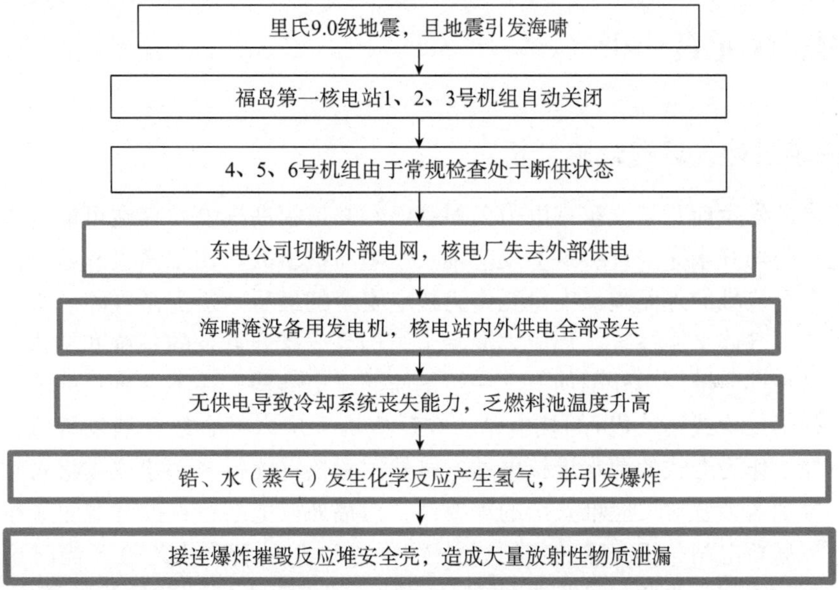

图 1　福岛核事故事件树

(四) 福岛核事故后果

福岛核事故后果是严重的，影响深远。在核事故发生以后，由于福岛核电站 1~3 号机组压力容器失效，放射性物质向大气环境持续释放。根据法国放射线防护与原子力安全研究所于 2011 年 10 月发表的报告，从 3 月 21 日至 7 月中期，事故大约造成 27 PBq（$1P=10^{15}$）铯-137 释入大海。这是有史以来，观察到的最大量人造放射性物质释入大海。由于福岛海岸附近海流较活跃，造成放射性物质大量弥散。事故后，日本政府官员宣布，在东京与其他 5 个县府境内的 18 所净水厂侦测到碘-131 超过婴孩安全限度[13]。2011 年 7 月，在 320 公里范围内，包括菠菜、茶叶、牛奶、鱼虾、牛肉在内，很多食物都侦测到放射性污染。2013 年 2 月，世界卫生组织发表报告显示福岛核事故可能造成某些特定族群可能会出现较高癌症发病率。绿色和平组织的一份报告认为，福岛核事故污水中含有的 C-14 半衰期达到 5 730 年，会融入所有生物物质，可能改变人类 DNA。由于生物富集作用，放射性物质会向食物链的上游聚集，人类因为处于食物链的顶端，所以那些随着福岛核废水进入太平洋的放射性物质，最后还是会聚集到人类的身上。

2023 年 8 月 24 日，日本政府不顾国内外反对，执意启动了核污染水排海计划。据日本共同社消息，福岛第一核电站的核污染水约有 134 万 t，2023 年度将把约 3.12 万 t 核污染水分 4 次排放，每次约排放 7 800 t。根据计划，排海时间至少持续 30 年。中国生态环境部核与辐射安全中心首席专家刘新华表示：由于福岛第一核电站退役需要数十年，这个过程中还会持续产生大量核污染水，排放时间可能远超 30 年，核污染水排海将会对海洋生态产生长期影响。美国国家海洋实验室协会曾于 2022 年 12 月发表过一份公开的反对声明，称这些排放可能会威胁到地球上最大的连续水域，包括世界上 70%的渔业。美国海洋学家罗伯特 · 里士满则认为，日本排放核污染水的影响将跨界、跨代，影响至少将持续数十年。

三、案例思政元素分析

（一）反应堆设计、建造缺陷分析

福岛核事故发生前几年，东京电力公司就已经知道福岛核电站存在可能发生危险的设计缺陷，但该公司并未完全升级这些反应堆。三哩岛核事故和切尔诺贝利核事故后，人们认识到必须在反应堆的外面增加安全壳作为核电安全的最后一道安全屏障。真正的安全壳包括喷淋系统，气体交换系统，预应力混凝土结构等一系列复杂的系统和结构；而东京电力公司则只是在反应堆厂房外围加上了一层钢筋混凝土结构，并不是真正的安全壳。除此之外，目前的第二代或第二代+的核电站，在反应堆厂房内都有复合消氢装置，防止氢气聚集发生爆炸。作为老式的沸水堆核电站，虽然国际核电同行多次建议或报告在反应堆厂房内安装复合消氢装置对反应堆安全的重要性，但福岛核电站一直没有增加这种装置。

另外，福岛核电站关于海啸的初始设计基于 1960 年的智利大地震，当时这场地震引发了 3.1 m 高的海啸，为此福岛核电站在设计时，就将海堤能预防海啸的高度设为 5 m。2008 年，日本地震调查研究促进会总部经过研究，提出一个分析模型，这个分析模型显示，如果日本岩手县附近发生如 1896 年明治三陆冲那样大的地震（8.3 级），那么福岛核电站附近海域的海啸将达到 15 m，远超过福岛核电站预防海啸的 5 m 高度。但是东京电力公司认为这个假设太空洞，决定维持现状。2009 年，日本土木工程学会通过研究，他们认为福岛应该至少将福岛海堤防海啸的标准提高 6.1 m。不过，东京电力再次拒绝了这一提议，认为即使海水淹没了核电站，他们也可以利用海水泵将水排入海中，以确保核电站的安全。同时，福岛核电厂的应急柴油发电机布置也存在根本性问题，1～3 号机组的应急柴油发电机居然布置在厂房的地层地下室内。

从这些设计和建造缺陷来看，东京电力公司作为福岛核电站的第一责任主体，日本政府作为日本核电的主管政府，是完全有能力、有技术、有时间可以避免福岛核事故的发生或事故严重等级的扩大。之所以会产生 7 级核事故的后果，根源在于资本主义制度下政府、公司乃至资本家对资本利益的极度追求。

(二)资本主义制度下福岛核事故决策问题分析

福岛核事故的发生，首因是地震和海啸。但细究其发生过程，日本政府和东京电力公司有着不可推卸的责任。从危机管理及其绩效而言，日本政府在核事故发生前，未能从体制、机制、法制预案等方面"避免事故发生"；在紧急处置中，未能"阻止坏事变得更坏"；在事故发生后，未能"将坏事转变为好事"。东京电力公司则存在以下不正当行为：(1)设计有缺陷；(2)核电机组设备老化；(3)防范意识缺失、应急方案不科学；(4)对本次核事故的危害估计不足、对事故处理能力过于自信、拒绝国际社会援助、贻误最佳处置时机；(5)不及时通报事故信息；(6)违法排放核污水。

从决策方面来看，东京电力公司对福岛核事件的影响尤为严重。根据调查报告显示，东京电力电公司早在几年之前就进行过一次对地震和海啸的风险模拟实验，模拟的结果表明核电站的海啸风险被严重低估，但由于升级核电厂的安全性能会影响核电厂的经济效益，所以东京电力公司并未针对实验结果做出实质应对措施，而之后类似这样的模拟实验就再也没有进行过。如果在事故未发生之前，东京电力公司能够按照国际规定的防灾标准来开展安全评估，那么就能够预料到福岛核电站本身就存在这种由地震和海啸双重影响的事故可能性，在有预知结果后如果能够根据评估结果及时升级核电站的安全应急措施，那么就能够大幅度降低福岛核事故的发生概率。福岛事故发生后，东京电力公司的决策失误主要在于，第一次氢气爆炸发生后，尽管反应堆失去了内外电源供应，但是当时隔离冷却系统依然在保持运行，此时福岛核事故仍然处于可控状态，也就是反应堆的燃料棒全部浸在水中，堆芯温度还未升高。如果东京电力公司能抓住机会在这个时间点及时向机组注入海水，提前在事故未发生时控制堆芯温度，那么反应堆就不会在之后由于堆芯温度过高而进入失控状态，但是东京电力公司并没有做出这样的决策。在第二天，3号机组陷入失控状态，即反应堆核燃料棒一部分露出水面，处于空烧状态，随之发生堆芯熔毁。在事故已经发生后东电公司才后知后觉，在已经无法控制事故后才最终做出了向机组注入海水的决策，不过此时事故已经发生，这样也只能稍微减轻事故的影响。

细数东京电力公司做出过的各种决定，从最早对发生的事故隐瞒不报，到决定将核污水排入太平洋(2023年8月24日已经开始实排)让全世界承担这样的后果，从中不难发现这样一个"精致的利己主义者"，为了经济利益与资本做出这样一个决定仿佛理所应当。如果在核电站1号机组已经发生了氢(气)爆后，在2、3号机组堆芯温度仍可控制前，提前将海水注入到机组中，虽然这样会对反应堆造成影响，但却完全能够降低事故等级，甚至能够将这次灾害的影响降到最低。可是东京电力公司为了避免海水侵蚀反应堆使其报废，并未做出这样的决定，而在2、3号机组失控后再注入海水却为时已晚。我国学者仇晓光、田阳也认为，福岛核事故表明，在全球化的今天，公司除了天赋的盈利职责外，更应重视自身社会责任。

进一步分析来看，日本作为一个资本主义国家，在资本主义制度下，所有人均被资本所奴役，只要在面临与自身相关的利益决策时，绝大多数人会毫不犹豫地选择利益。正因为如此，在核电站面临重大决策时，不论是日本政府，还是东京电力公司的决策者，或者执行命令的下层执行者，他们都希望减少各自的经济损失，即使面临的是影响与后果高达

7 级的核事故这一极为恶劣的事件，他们依旧在安全与利益之间选择了利益。

（三）社会主义制度下中国核应急方针政策分析

日本福岛第一核电厂核事故发生后，国务院常务会议立即部署对全国核设施开展综合安全检查。环境保护部（国家核安全局）、国家发展改革委、国家能源局和中国地震局共同组织实施了运行和在建核电厂的检查工作。环境保护部（国家核安全局）组织实施了民用研究堆与核燃料循环设施的检查工作。本次综合安全检查历时 9 个多月。检查范围包括 15 台运行核电机组、26 台在建核电机组、18 座民用研究堆和临界装置、9 座民用核燃料循环设施以及尚未开展主体工程施工的福清核电厂 4 号机组、阳江核电厂 4 号机组和山东石岛湾模块化高温气冷堆核电厂示范机组。检查内容主要涉及厂址选址过程中所评估的外部事件的适当性、核设施防洪预案和防洪能力评估、核设施抗震预案和现场抗震能力评估、多种极端自然事件叠加事故的预防和环境保护措施、全厂断电事故的分析评估及应急预案、严重事故预防和缓解措施及其可靠性评估、环境监测体系和应急体系有效性等 11 个方面。基于福岛核事故经验教训，针对检查出的问题进行了及时有效改进并制定了应急措施，大力保障了我国核电站的安全。

2016 年 1 月 27 日，国务院新闻办公室发表了《中国的核应急》白皮书，以法律和行政法规的形式保障核电安全。该白皮书中，明确提出中国核应急的根本目标是保护公众，保护环境，保障人民安全和国家安全。在中国核应急基本方针中，再次提出了“保护公众、保护环境”的基本方针。在核应急基本原则中，提出了“快速反应、科学处置”这一原则，其中具体明确了“核事故发生后，各级核应急组织及早介入，迅速控制缓解事故，减轻对公众和环境的影响。”由此，从基本目标、基本方针、基本原则这三方面都明确了若发生重大核事故时，中国核应急的根本目标在于反应堆安全、在于保障人民安全、国家安全，而不是资本主义制度下的以反应堆利益为第一优先目标，充分展示了“人民至上”“生命至上”的中国社会主义核心目标，充分体现了社会主义制度的优越性。

四、案例教学整体设计

（一）思政目标设计

以四川轻化工大学的学校办学定位和核工程与核技术专业培养目标为导向，确定“核动力系统与设备”课程思政目标为：“课程教学中，采用实例演示教学方式，通过比较分析福岛核事故与切尔诺贝利核事故，引导学生培养求真务实的科学精神态度，激发学生爱国主义情感和民族自豪感，通过专业报告、算法程序设计形式，培养学生学以致用、自主实践创新的科研探索精神和行业思维，培养学生立志核科学事业、利用科技报效社会和祖国的正确人生观和价值观。”

（二）教学过程与环节制定

基于四川轻化工大学核工程与核技术专业学生特点，采用课前预习、福岛核事故实例教学、切尔诺贝利核事故救灾比较、中国核应急与核事故处理说明为主要课堂教学内容、课后福岛核事故的调研报告作业为巩固深化等教学方式的课程教学模式，分层次制定“核动力系统与设备”课程思政案例教学过程与环节。

（三）思政有机融入教学内容和活动

课程教学中，利用现代理工科大学生逻辑推理能力较强的特点，精心设计教学内容和活动，以“反应堆冷却剂系统和设备”和“专设安全设施”这两个章节内容为基础，在讲述反应堆冷却剂、反应堆安全原则、目标和安全壳时，自然引入福岛核事故，通过对福岛核事故的全面分析，深度、全面、多层次挖掘多样化思政元素，保证思政元素的有机融入，起到春风化雨的育人效果。

（四）思政成效的教学评价和反思

课堂教学后，指导学生进一步开展福岛核事故调研，完成《福岛核事故过程与影响》报告，除增强学生在反应堆安全方面的相关知识外，进一步体会资本主义制度在以追求利益为唯一本质目标下对反应堆安全的潜在威胁，和社会主义制度以人为本这一根本目标下对反应堆安全的加成作用，从而进一步认识到社会主义制度的优越性，进而更加认同和拥护社会主义制度。最后，通过学生在行为表现、报告内容、问卷调查和后续发展等方面的反馈，以及同行教师的交流学习等方式，对课程思政成效进行评价和反思工作，保持课程的持续改进。

课程思政总体设计思路见图 2。

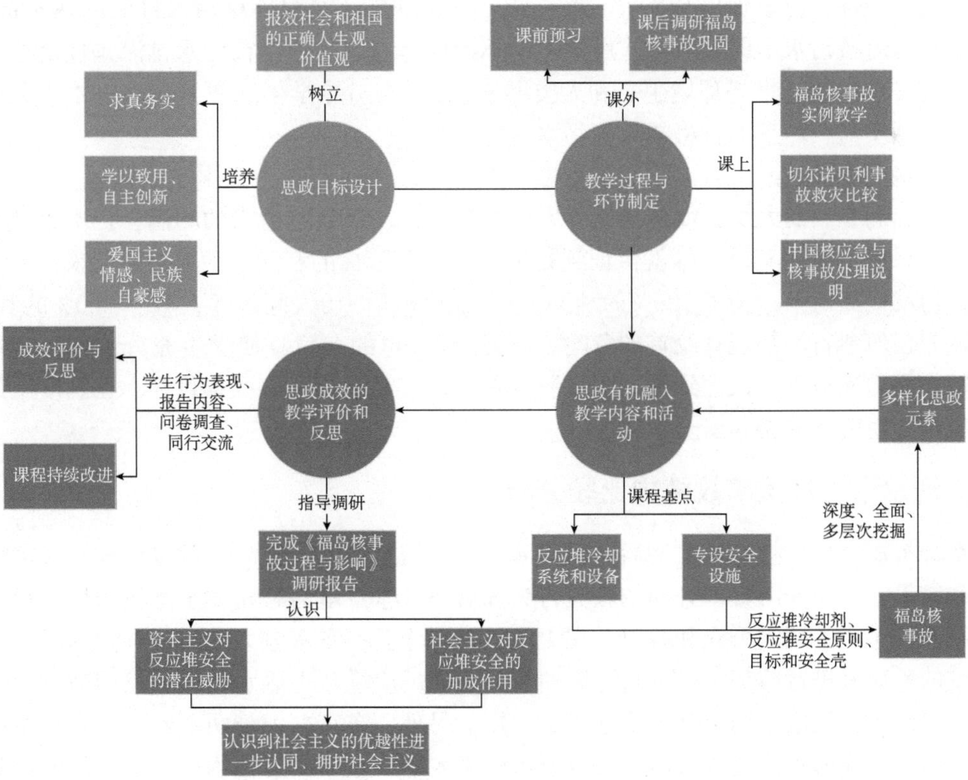

图 2　课程思政总体设计思路

五、教学实践过程回顾

（一）福岛核事故引入

课程实际教学中，以“反应堆冷却剂系统和设备”和“专设安全设施”这两个章节内容为基点，在讲述反应堆冷却剂、反应堆安全原则、目标和安全壳时，自然引入福岛核事故。

（二）福岛核事故实例分析

针对所引入的福岛核事故，开展具体实例分析。首先，向学生讲解并具体说明福岛核事故的时间轴，使学生了解在福岛核事故发生前、发生过程中，日本政府和东京电力公司完全有多次机会防止福岛核事故的发生，或者阻止福岛核事故严重等级的扩大。通过梳理福岛核事故的时间树和事故树，让学生明白福岛核事故即使到了最后一刻仍有挽救的余地。然后，采用问题方式，引导学生思考：“福岛核事故中，为什么日本政府和东京电力公司会多次迟疑并决策错误?”再分析东京电力公司和日本政府的行为，引导学生思索下列问题：“为什么福岛核事故会发生且导致严重的后果？是东京电力公司不专业？还是没有前期的相关研究结果和结论？有没有研究机构提醒东京电力公司或者日本政府福岛核事故发生的可能性，应该加以预防?”进一步，利用当前日本福岛核污水排海的热点问题，比较分析福岛核污水不同处理方式所导致的不同成本，说明福岛核污水排海是经济成本最小的方式（但对整个世界环境生态和人类贻害无穷），引导学生思考为什么日本不顾国际社会的强烈反对，一意孤行将福岛核污水排海。

在这些问题基础上，自然引入马克思《资本论》中对资本主义本质的描述：“资本家害怕没有利润和利润太少，就像自然界害怕真空一样。一旦有适当的利润，资本家就胆大起来。如果有10%的利润，他就保证到处被使用；有20%的利润，他就活跃起来；有50%利润，他就铤而走险；为了100%的利润，他就敢践踏一切人间法律；有了300%的利润，他就敢犯任何罪行，甚至冒绞首的危险。”通过马克思的名言，使学生充分认识到资本主义制度的问题和危害，认识到资本主义制度是以追求经济利益为根本目标，在制度上即会对反应堆产生潜在威胁和安全隐患。

（三）切尔诺贝利核事故救灾比较分析

在分析福岛核事故具体实例后，再引入苏联的切尔诺贝利事故，重点比较二者的救灾行为和结果。首先介绍日本方面的救灾行为和后果。东京电力公司在1号机组爆炸后，极力在新闻发布会上欺瞒公众和政府。在1号机组爆炸后，东京电力公司才开始用海水对成了废墟的反应堆进行冷却。日本自卫队的直升机向反应堆顶上洒水，类似家用喷壶给盆景洒水，对内燃的反应堆内部基本不起什么作用。另外，东京电力公司不断向1号机组废墟上注入海水，而海水流过废墟后，使得海水中带入了大量的放射性物质，这些放射性海水从1号机组的废墟的各个破口处不断流出，一些海水开始流入旁边的太平洋。除此之外，爆炸的机组底层产生了大量的裂缝，这些裂缝直通大海，福岛核电站的放射性废水一直在流向大海，接着，福岛核电站周围测出了大量的放射性物质。所有证据表明，福岛核事故的严重性，绝不会低于切尔诺贝利核事故。

然后再具体介绍苏联方面的救灾行为和后果。首先，说明切尔诺贝利核电站的设计缺陷主要在于反应性正反馈和没有安全壳。接着，说明切尔诺贝利核事故的发生是反应堆本身设计缺陷和人为连续操作失误导致的后果。从这两方面来比较说明福岛核电站实际比切尔诺贝利核电站先进、安全，按理不应该发生类似切尔诺贝利核电站一样的 7 级核事故。然后再阐述切尔诺贝利核事故发生后苏联的救灾行动。切尔诺贝利核事故发生后，苏联政府立即集全国力量开展救灾，第一时间派遣了大量人员，调集大量物资进行抢险，疏散群众，密切关注环境中放射性物质的扩散范围，辐射物质的分布范围和未来预计扩散范围已经计算出来，周围拦河坝开始建设。救灾行动中，苏联政府拼尽全力，动员数十万人，以极其悲壮、惨痛的代价将核事故等级和后果控制在最低。在得知事故后，苏联立即调集军队、工人、消防员、医护人员前往现场，士兵搭在直升机上，顶着高温与辐射徒手向燃烧的反应堆废墟中丢沙袋、硼砂和铅，用以灭火以及中和辐射。起火点上空的辐射值高达 3 500 伦琴，直升机驾驶员每天往返三十余次。据统计共有六百余名飞行员献出了年轻的生命。切尔诺贝利反应堆底部由于之前的喷水作业，形成了很大一片积水，而内部熔融的岩浆将会烧穿底部的水泥板与下层的积水接触，这将引发毁灭性的爆炸。为了阻止灾难的发生，苏联政府首先派出大量的消防员将反应堆底部的积水抽干；接着调来俄罗斯与乌克兰地区的 10 000 名矿工，他们没有任何防护装备，并且忍受地道内的 50 ℃高温和缺氧开始工作，他们每 30 人一组，3 h 一换班，全天无休，用时一个月零四天挖了一条 12 m 深、150 m 长的通道到达 4 号反应堆正下方，接着挖出一块长宽各 30 m、高 2 m 的空间用以灌满水泥加固结构。这些不到 30 岁的工人有四分之一在 40 岁之前死亡，活下来的人的身体也出现了各种问题。通过苏联人民的巨大牺牲和努力，最终将反应堆彻底封闭，从而拯救了处于灾难中的欧亚大陆和全人类。介绍完毕后，推荐学生课后观看美国乔韩·瑞克执导的《切尔诺贝利》（Chernobyl）电视剧，通过电视剧这一课外视频教学的方式巩固学生对苏联在切尔诺贝利核事故发生后的救灾行为和后果的认识。

基于上述事实基础上，分析和比较这两个国家的救灾行为和后果。同样是 7 级核事故，相比日本方面，苏联可以称得上专业、及时、负责、牺牲，将核事故等级和后果控制在最低水平。通过比较社会主义国家（苏联）和资本主义国家（日本）的救灾行动和后果，利用学生自身所具备的逻辑推理能力，顺理成章得出"社会主义制度优于资本主义"的结论，从而使其进一步认同社会主义制度，更加拥护社会主义。

（四）中国核应急与核事故处理

在上述基础上，对中国在日本福岛第一核电厂核事故后的反应堆安全检查、核应急政策制定和核事故处理行为予以阐述。首先，通过环境保护部（国家核安全局）、国家发展改革委、国家能源局和中国地震局共同组织实施了运行和在建核电厂的检查工作说明国家对核反应堆安全的重视程度。然后，对 2016 年 1 月 27 日国务院新闻办公室发表的《中国的核应急》白皮书这一法律和行政法规进行解释，主要从中国核应急的根本目标、基本方针和核应急基本原则这三个方面具体阐明中国核应急的根本目标在于保证反应堆安全、在于保障人民安全、国家安全。接着，通过中国对0级核事故的严肃处理态度和严格方式进一步说明中国社会主义核心目标是“人民至上”“生命至上”。由此提出问题：“如果类似我国沿海发生日本海啸这种情况下，会不会导致类似福岛核事故的严重后果?”根据中国的核应急方针和政策，再对比社会主义制度和资本主义制度这两种制度下对7级核事故处理方式和后果的根本不同，使学生自然推导出我国必然不会导致类似福岛核事故的严重后果这一结论。再进一步引导学生从制度根源方面开展分析，得出中国“社会主义制度优于资本主义制度”的结论，激发学生爱国主义情感、民族自豪感和对社会主义制度的完全拥护，进而形成正确的人生观和价值观。

课程思政教学实践见图3。

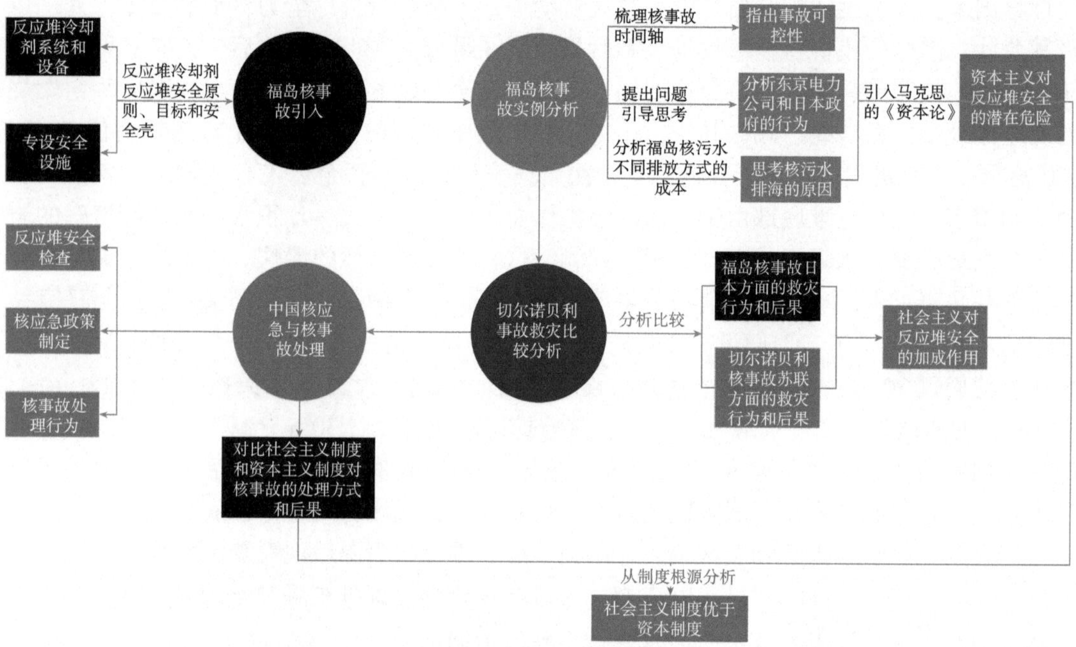

图3 课程思政教学实践

六、创新性与效果总结

（一）教学特色与创新

本次课程基于“反应堆冷却剂系统和设备”和“专设安全设施”这两个章节内容的“反应堆安全”核心话题，通过与反应堆安全密切相关且典型的历史上实际发生过的福岛核事故为实例，对之开展过程分析、事故树研究、后果汇总以及与切尔诺贝利核事故比较等分析研究工作，从反应堆设计、建造缺陷和资本主义制度下福岛核事故决策问题分析以及与切尔诺贝利核事故救灾比较这几个方面较全面、深刻说明资本主义制度以利益为第

一、唯一目标，通过切尔诺贝利核事故发生后苏联的救灾行动和中国核应急政策法规与对核事故的严肃处理态度和方式说明社会主义制度是以人为根本性的第一目标，从而有机、自然地融入“社会主义制度优于资本主义制度”的课程思政内容，使学生充分认识到资本主义制度的问题和对反应堆安全的潜在危害，认识到社会主义制度对反应堆安全的加成作用，再指导学生进一步开展福岛核事故调研并完成相关报告，通过实际、大量、真实的文献调研活动，引导学生从制度根源方面对两种社会制度开展比较分析，自然、无可辩驳地得出“社会主义制度优于资本主义制度”这一结论，从而更加认同社会主义制度，激发学生爱国主义情感、民族自豪感和对社会主义制度的完全拥护，进而形成正确的人生观和价值观。

（二）教学成效

课程讲授中，通过福岛核事故实例分析、疑问引导方式，大力发挥学生的主观能动性，利用学生自身具备的逻辑推理能力，在对福岛核事故分析研究基础上，对比苏联的切尔诺贝利核事故救灾行动和中国核应急政策法规与对核事故的严肃处理态度，指导学生从制度根源上开展深入思考，得出“社会主义制度优于资本主义制度”结论，再进一步以文献调研报告形式巩固学生的这一认知，积极探索“教师为时针、学生为分针”的“时针带动分针、分针主动学习”的教学新模式，通过案例讲解、情景模拟、实例比较等多种教学方式，多维度、多层次、深度、全面挖掘多样化思政元素，保证思政元素的有机融入，起到春风化雨的育人效果，切实提高了课堂的专业教学效益和思政教学成效。课后，通过学生在行为表现、报告内容、问卷调查和后续发展等方面的反馈，以及同行教师的交流学习等方式，对课程思政成效进行评价和反思工作，保持课程的持续改进。

课程讲授以来，通过课堂上学生对相关问题的回答、报告内容以及师生闲谈等方式，了解到学生很容易接受这种课程思政融入方式，对课程中表达的思政元素也能很好地理解，获得了相应的思政教育作用和成效。

参考文献

[1] 物理与电子工程学院 . 2023 核工程与核技术专业人才培养方案［Z］. 四川轻化工大学，2023. 6.

[2] 环境保护部核与辐射安全监管二司 . 日本福岛核事故［M］. 北京：中国原子能出版，2014.

[3] 柴之芳 . 从日本福岛核事故说起［J］. 科学文化评论，2011，8（5）：12.

[4] 孙迅，马玉雯 . 从福岛核事故浅谈核辐射及其防护［C］//中国核学会 2011 年学术年会 .

[5] 万能成，牛宁 . 福岛核事故过程及我国核电对应改进项介绍［J］. 中国科技纵横，2013（11）：1.

[6] 黄永明，曹曼 . 福岛核事故四部曲危机是怎样一步步升级的［J］. 现代职业安全，2011（4）：4.

[7] 吴宜灿 . 福岛核电站事故的影响与思考［J］. 中国科学院院刊，2011，26（3）：7.

[8] Champion D，Korsakissok I，Didier D，et al. The IRSN's earliest assessments of the Fukushima accident's consequences for the terrestrial environment in Japan［J］. Radioprotection，2013，48（1）：11-37.

[9] 董建文，高凌云，王法珂 . 人为灾害：福岛核事故原因述评及反思［J］. 山东行政学院学报，2012（04）：53-59.

[10] IRSN, Summary of the Fukushima Accident's impact on the environment in Japan, one year after the accident [R], 02-28-2012.

[11] Lujanien G . Fukushima Accident: Radioactivity Impact on the Environment [J] . Journal of Environmental Radioactivity, 2014, 129 (2): 169-169.

[12] Britannica, The Editors of Encyclopaedia. "Fukushima accident summary" . Encyclopedia Britannica, 21 Oct. 2021, https: //www. britannica. com/summary/Fukushima-accident.

[13] 范黎，陈梅．从福岛核事故看核电厂安全壳的设计 [J] ．核工程研究与设计，2011 (3) ．

[14] 尹晓亮．福岛核事故的危机管理及其反思 [J] ．南开学报（哲学社会科学版），2016 (06): 104-113.

[15] 孙瑞．反应堆严重事故决策因子初步研究 [D] ．绵阳：西南科技大学，2021. 6.

[16] 袁一充．福岛核电厂事故决策影响机理初步研究 [D] ．绵阳：西南科技大学，2022. 6.

[17] 仇晓光，田阳．全球视角下公司社会责任及对中国的启示——以“福岛核事故”中“东电公司”为中心的观察 [J] ．社科纵横，2011，26 (05): 54-56.

“核辐射防护：讲好从 0 到 1”课程思政案例

胡　光，孙伟强

（西安交通大学，核科学与技术学院，陕西　西安　710049）

摘　要：本案例以于敏、邓稼先、吕敏、王定方的事迹案例为核心，结合核辐射防护课程教学实践，嵌入到核辐射防护基础知识核反应、核辐射诊断、核辐射伤效应、外照射防护等知识模块，讲授我国从 0 到 1 实现核武器研制的艰苦历程，以及研发过程中的核辐射防护知识内涵。从基本概念—基本原理—基本数学公式如何通过艰苦奋斗、无私奉献实现大国利器的研发，以培养学生家国情怀、社会使命感和责任感为目标，以问题为导向、结合任务驱动式等教学方法，达到学生的知识培养和价值培养的双重目的。

一、课程基本情况

（一）授课对象情况分析

核辐射防护是一门专业必修课程，面向核科学与技术学院本科三年级所有学生，容纳了核能科学与工程、核技术及应用和核燃料与核材料三个模块 5 个行政班，学生已掌握了原子核物理、原子物理、量子力学等课程，具有较好的核物理知识。

（二）课程情况简介

核辐射防护课程重点讲授核辐射防护概念、原理和方法，帮助学生正确理解抽象的知识；培养学生分析核辐射防护问题的能力，要求能够应用核辐射防护的基本原理，识别、表达、研究、分析核辐射防护问题，获得有效结论以及培养学生解决核辐射防护问题的能力，要求能够设计针对核辐射防护问题的解决方案、能够体现创新意识的一门课程。

二、案例基本情况

（1）敬业奉献、风高范远的学界楷模：于敏先生

20 世纪 50 年代，作为早期进入该领域的先行者，于敏发表了《关于重原子核的壳理论》《关于原子核独立粒子结构的力学基础》《一个具有等间隔能谱的费米系统》和《原子核在短程力下的相干效应》等具有国际领先水平的核物理文章。1959 年暑假，他与北京大学杨立铭教授合作，在成都主办了我国第一个原子核物理培训班，出版了我国第一部原子核理论专著《原子核理论讲义》，为国家培养了亟需的原子核理论科研人才。20 世纪 60 年代以后，于敏先生将其深厚的理论功底成功应用于我国核武器的研制与发展以及国

防高技术的开拓性研究中，提出了氢弹“于敏构型”，为推动核武器与国防高技术相关基础理论的发展做出了卓越贡献。

（2）问鼎长天强我国威：两弹元勋邓稼先先生

邓稼先参加、组织和领导了我国核武器的研究、设计工作，是我国核武器理论研究工作的奠基者之一。从原子弹、氢弹原理的突破和试验成功及其武器化，到新型核武器的重大原理突破和研制试验，均做出了重大贡献，其成果曾获国家自然科学奖一等奖和国家科技进步奖特等奖。在原子弹、氢弹研制试验过程中，邓稼先领导开展了爆轰物理、流体力学、状态方程、中子输运等基础理论研究，完成了原子弹的理论方案，并参与指导核试验的爆轰模拟试验。原子弹试验成功后，他进而开始探索氢弹设计原理，选定技术途径。

（3）自己动手，自主研制，建立起较完善的中国核试验物理诊断体系：吕敏先生

吕敏长期在新疆核试验基地工作，多次参加中国核试验，在核试验的物理诊断领域中长期从事系统的、开创性的工作，为提高中国核试验物理诊断水平，为建立较完善的诊断体系做出了贡献。吕敏所做的这些工作都取得了成功，使中国核试验水平大大提高，能够与美俄的核试验相比，为中国核武器发展做出了贡献。

（4）自力更生，艰苦创业，打破美苏核垄断：王方定先生

王方定小组长期从事提取钋、氚和氢化铀的试制工作，在简陋的实验条件和环境下，从0开始，一瓶一罐地开始搭建实验室，自主研制了实验所需的关键部件设备，在简陋工棚中研制出了第一颗原子弹点火中子源，并和同事们陆续成功地进行了中国第一颗空投原子弹、第一颗装有热核材料的加强型原子弹、第一颗氢弹原理实验等多次核试验的放射化学诊断，测定了回收系数、当量、中子等参数，为我国加强型原子弹、全当量氢弹等试验圆满完成提供了技术支撑。

三、案例思政元素分析

通过案例+讨论：在授课教师叙述后，让同学们就所介绍内容进行讨论，陈述感想；案例分析+启发：授课教师从四位科学家所做出的基础贡献视角发问，引导学生就如何更好地学好本门课程和做好自身研究工作得出的答案。

（1）培养学生自力更生、艰苦奋斗的“两弹一星”精神和执着专注、作风严谨的大国巨匠精神，在新时代的背景下继承老一代的艰苦朴素、自力更生、攻坚克难的科研精神，为国家大装置建设发光发热。

（2）培养学生时刻不忘历史、不负韶华、不忘初心，增强对国家大政方针理解、科学发展理念的认同，不忘20世纪五六十年代我国核武器研发过程阶段艰苦历程，如何从一穷二白到如今的屹立于大国之林。

（3）注重学生工程理论培养，树立正确价值观，增强学生社会使命感和责任感，培养学生家国情怀，不断增强家国意识，对所学知识的理解、掌握乃至应用有深刻的认识，激发为国家核事业发展的动力。

四、案例教学整体设计

教学目标	知识培养	掌握辐射防护基本概念、基本原理和方法，能够达到识别、表达、应用和进一步创新的目的
	价值培养	培养学生思辨能力、攻坚克难的科研精神
教学思想	以学生为中心，增强互动讨论让学生主动查阅资料和思考；以问题为导向，引导学生对问题的认识和理解；最后通过持续过程评价、诊断评价等反思课堂教学	
教学方法	抛问式方法：提出问题，问题层层深入，引发学生主动思考和查阅资料文献； 讨论式方法：共同探讨当前热点难点问题、结合书本知识和原理探究解决办法，扩展知识； 任务驱动方法：布置课后任务，灵活应用多学科知识，解决问题	
教学过程	导入	问题导入、思想植入
	目标	目标明确可测
	授课	讲解辅之以问题、讨论和案例讲授
	测试	作业、随堂测试
	小结	定期对教学过程、测试结果进行分析反思

五、教学实践过程回顾

通过课程作业、随堂测试以及任务和讨论等环节完成情况，对自己的教学实践进行回顾总结，发现和总结教学中的问题和不足，如目标完成和任务布置准确度是否需要根据实际情况进行调整等，并找到改进的方法和途径，从而达到思政教学的目的。

六、创新性与效果总结

以所选四个案例的思政融入点：从老一辈科学家自力更生，艰苦奋斗，自主创新，为国做奉献的角度切入，让学生深刻领会这些中华民族高尚的精神，下定决心去学好本门课程，提高学习积极性和热情，达到立德树人的效果。

参考文献

[1] 高雅丽．追忆于敏院士：他永远是那个临门一脚的人［N］．中国科学报，2019-01-22.

[2] 宋春悦．“隐身”的国士——记著名核物理学家、“两弹一星”勋章获得者于敏［J］．中国科技奖励，2020（10）：38-41.

[3] 许鹿希．共和国科学拓荒者传记系列：《邓稼先传》［M］．北京：中国青年出版社，2015. 2

[4] 王方定．聚变化学及用放化方法研究高能中子核反应［J］．原子能科学技术，1982，16（3）：357-357.

“核与世界”课程思政案例

刘宙宇，曹良志，王立剑，李云召

（西安交通大学核科学与技术学院，陕西　西安　710049）

摘　要：通识教育的目标是培养知识面宽和具有社会责任感的人，与专业课程相比，通识课对学生拓展知识面、提高综合素养、培养国家情怀和社会责任具有更重要的作用。在西安交通大学核心通识课“核与世界”的建设中，教学团队根据课程内容的设置和选课学生的特点，从“课堂教学、课后作业、课堂汇报、课程考核、问卷调研”等方面研究了课程思政体系的建设。通过分析课程内容，挖掘每一章的课程思政要素，并在课堂上通过图片、视频和互动交流等方式让学生去直观地了解和深刻地感受；通过课后合作撰写论文、课堂分组汇报和现场交流互动将学生从被动灌输式学习变成主动查阅和自主了解，从而让学生更深入地理解专业知识和思政内容；教学团队通过问卷调研全面了解课程专业知识的学习情况、课程对学生人文精神塑造和人格健康发展的促进作用。通过近几个学期的持续改进和执行，学生反馈本课程对学生专业知识拓展、坚定中国特色社会主义道路自信和文化自信的提升具有明显作用，并对本课程的匿名评价给予了高分。

一、课程基本情况

（一）授课对象情况分析

教学团队在多个学期对选课学生进行了问卷调研分析，某学期的调查结论如图 1 所示。本课程为全校通识课，全校本科生可以跨学科大类、跨年级选课，近几年选择本课程学生的特征比较一致。按照年级分：97%以上大学一年级新生，其他为各个年级的学生；按照学科类别分：工科约占 60%，生命和医学专业的约占 20%，其他包括理学院、法学、金融和管理的专业，覆盖的学科面比较广泛；学生选择这门课的出发点主要是出于个人兴趣和希望能够提升素质能力，大部分学生认为“核”比较神秘，但在目前国家强调绿色能源的大背景下，经常能看到“核”的影子，希望能够加深了解。

（二）课程情况简介

核能与核技术的发展从 20 世纪初开始快速演进，爱因斯坦在 1905 年提出著名的质量-能量转化理论，哈恩和斯特拉斯曼在 1938 年发现将质量转化为能量的核裂变反应，费米在 1942 年建成了第一座核反应堆，实现了核能的可控释放，引发了核能在电力、武器、医药、农学等领域的广泛应用。核能现已成为人类社会发展不可或缺的能量来源，具有重要的经济、政治和生态价值。

“核与世界”选修课问卷

1、 你的年级是 [单选题]

选项	小计	比例
A、大一	77	97.47%
B、大二	1	1.27%
C、大三	1	1.27%
D、大四	0	0%
本题有效填写人次	79	

2、 你的专业是 [单选题]

选项	小计	比例
A、人文类（包括艺术、语言、历史、哲学等）	4	5.06%
B、社科类（包括商科、经济学、法学、社会学、政治学等）	2	2.53%
C、理科类	7	8.86%
D、工科类	47	59.49%
E、医学类	18	22.78%
F、其他	1	1.27%
本题有效填写人次	79	

3、 你的性别是 [单选题]

选项	小计	比例
A、男	62	78.48%
B、女	17	21.52%
本题有效填写人次	79	

4、 你选择这门课程的理由主要是 [多选题]

选项	小计	比例
A、个人兴趣	71	89.87%
B、素质能力提升	44	55.7%
C、学校培养方案要求	25	31.65%
D、易获取较好成绩	7	8.86%
E、任务量小、管理宽松	11	13.92%
F、学长、同学、朋友选了	4	5.06%
G、其他	5	6.33%
本题有效填写人次	79	

图 1 选课学生基本情况分析

“核与世界”是一门全方位介绍核能与核技术的通识类课程，课程内容主要包含核能发展史、核能与核技术应用、核安全监管、核能公众接受性及核能心理学等方面，展示核能从科学研究到技术发明再到大规模工业应用的发展历程，介绍保障核能安全的原则和手段，总结探讨核安全监管的法规和模式，研究分析社会公众对核能的了解和接受情况，探寻核能科技与人类社会协调发展的出路。

本课程希望在专业知识介绍、人文精神塑造、人格健康发展等方面促进学生的全面提高，培养有学识、有理想、有责任、有情怀的当代大学生。

二、案例基本情况

本课程的主要章节如下。第一章：核能发展史；第二章：核能与核技术的应用；第三章：核安全及其监管；第四章：核能公众接受性；第五章：核能心理学。由于核能与核技术军民两用性质明显，并且其发展与国民经济和国家安全紧密相关，蕴含了大量的思政元素。在“核与世界”的课程教学过程中，兼具核能与核技术发展历史的介绍和专业知识讲授，可以很好地结合思政内容更全面地培养学生，比如：① 让学生了解核工业相关的精神谱系：“两弹一星”精神、“四个一切”核工业精神、“马兰精神”等，激发学生爱国奉献的情怀、努力拼搏的精神、敢于创新创造的激情；② 强化学生的责任担当意识，提升文化自信，为核能的安全和长远发展构建安全盾牌；③ 鼓励学生利用自身的知识成为正确声音的传播者，成为能源发展良好环境的建设者；④ 核能对于践行习近平总书记“绿水青山就是金山银山”理念的重要作用，激励学生为实现双碳目标的贡献力量。这些内容都是兼具专业知识和课程思政元素，可以很好地在课程学习中实现融合。

三、案例思政元素分析

本文将逐个章节分析“核与世界”课程中的思政元素。

（1）第一章核能发展史

思政元素分析：学习“两弹一星”精神、“四个一切”核工业精神、“马兰精神”等中国核工业相关的精神谱系内涵，激发学生爱国奉献的情怀，培养学生努力拼搏的精神。

教学过程：① 通过播放短片介绍中国原子弹、氢弹的研制历程，介绍“两弹一星”精神和“马兰精神”；② 介绍中国核工业建设历程，介绍“四个一切”核工业精神；③ 激发学生讨论中国核工业建立的不凡历程：中国建国初期，核工业人如何能在国内一穷二白、国外面临围困的不利条件下，发扬爱国奉献、艰苦奋斗的精神，不屈不挠建立起中国的核工业体系。

（2）第二章核能与核技术的应用

思政元素分析：核能与核技术的广泛应用是国家发展的重要标志，鼓励学生勇于将所思所学与国家发展大局相结合，在和平时期敢于创新创造，为国家发展添砖加瓦。

教学过程：① 介绍核技术相关的基本理论和技术特点；② 讲述核技术在国民生产各个方面的应用；③ 让学生调研和研讨，核技术如何从象牙塔走向国民经济的各个方面，核技术与核能还可以在哪些领域发挥作用，激发学生在新时代里勇于创新，利用专业知识为国家建设和发展贡献力量。

（3）第三章核安全及其监管

思政元素分析：核能安全是核能发展的生命线，突出每个核能行业从业者的责任担当均与国家核能健康、安全、长远发展息息相关，强化学生的责任担当意识，从个人出发为核能的安全和长远发展构建防护盾牌。

教学过程：① 通过重要的核事故案例，警示在重大事故中责任意识不强导致的极大危害；② 通过我国核电站长期安全运行的案例，讲述我国核能行业从业者的责任担当；③ 通过学生对几次重大核事故造成全世界核能发展停滞的研讨，强调责任担当对核能长远发展的重要性，让学生树立核能安全发展与每个从业者的责任担当息息相关的意识。

（4）第四章核能公众接受性和第五章核能心理学

思政元素分析：强调核能发展的社会环境对核能发展的重要性，鼓励学生利用自身的知识成为正确声音的传播者，成为能源发展良好环境的建设者。

教学过程：① 讲述国际和国内的多次反核浪潮及其具体的事件；② 针对具体事件，通过核能心理学分析群众反核事件背后的深层原因；③ 鼓励学生研讨专业知识在反核事件发展中的作用，激励学生成为核能正确知识的传播者，成为核能发展良好环境的塑造者。

四、案例教学整体设计

整个课程将主要通过课堂教学、学生课后作业、课堂汇报互动和开放式课堂考核进行教学和考核。教学中利用具体生动的实例介绍核工业的发展历程和在现实生活中的应用，统筹大学生思想道德素质以及科学文化素质协调发展。通过在课程中嵌入“两弹一星”精神、“马兰精神”“核工业精神”和“西迁精神”等，培养学生强烈的家国情怀、责任担当和大局意识，通过核科学与技术在日常生活中的应用实践，引导学生勤于学习、善于创造、甘于奉献，成为能够担当中华民族伟大复兴中国梦历史使命的时代新人。

通过设计调查问卷考察上课前和上课后对核能与核技术发展态度和看法的变化，了解学生对该门课程的学习情况和改进意见。

（1）课堂教学

课堂教学中包括基本原理的介绍，并结合视频和动画让专业知识不再抽象，可以直观地感受到专业知识的魅力。针对科学发展历史中的故事，通过部分重大科学发现是源自“种花得豆”，让学生感觉到重大科学发现并都是充满艰难，如果自己亲自去尝试，同样也有机会，鼓励并给予学生自信将来也能投入到科学发现和科技发展的大潮。针对中国核工业发展的波澜壮阔历程，通过具体的人物事迹，让学生感受前辈先贤的无私奉献，艰苦奋斗。通过一次次核事件中群众的行为表现，告诉各位同学，其实我们都可以为核相关知识的传播普及贡献自己的一份力量，建设更好的科技发展环境。

（2）学生课后分组作业

为了让学生可以更深入和更主动地了解核相关的知识，通过布置各个章节相关的专题供学生选择，撰写课后论文。通过分组共同完成课后论文，锻炼学生的团队协作的精神。通过课后论文的形式，鼓励学生自己去了解发掘相关的知识，更好地学习专业知识，并通过主动查阅文献，知道更多的核工业的前辈先贤。

（3）学生课堂分组汇报

针对各个专题，各个小组分工协作，准备课堂汇报 PPT。给予各个小组可以选择代表汇报或集体汇报等灵活的形式进行课堂汇报，并通过奖励提问同学，激励听取报告的同学与汇报的同学进行互动，让汇报者更清楚、更深入讲解，听取报告同学更认真、更“挑剔”地听取报告。

（4）开放式课堂考核

最终通过现场完成学术论文的形式，考查学生从本课程中的收获。学生从给定的若干主题中选择感兴趣的主题撰写论文，可以是针对某一个事件的看法，也可以是针对某一个技术内容的深入理解和应用展望。从不同维度了解学生的学习和收获。

（5）问卷调查

充分调动学生的积极性，通过设计调查问卷考察上课前和上课后核能发展的态度和看法的变化，了解学生对该门课程的学习情况。并设计调查问卷了解学生对本课程的改进意见。

五、教学实践过程回顾

（1）课堂教学

课堂中介绍了中国核工业波澜壮阔的建立过程，通过纪录片视频的方式介绍了我国两弹一艇的研制历程，以及于敏等在这个过程中可歌可泣的功勋人物（见图 2），学习和感受“两弹一星”精神、“四个一切”核工业精神和“马兰精神”等核工业发展过程中建立的中国共产党精神谱系。通过交通大学西迁和西安交大工程物理系的创建过程，激励当代交大人继续弘扬“西迁精神”，为祖国需要的事业奋斗。

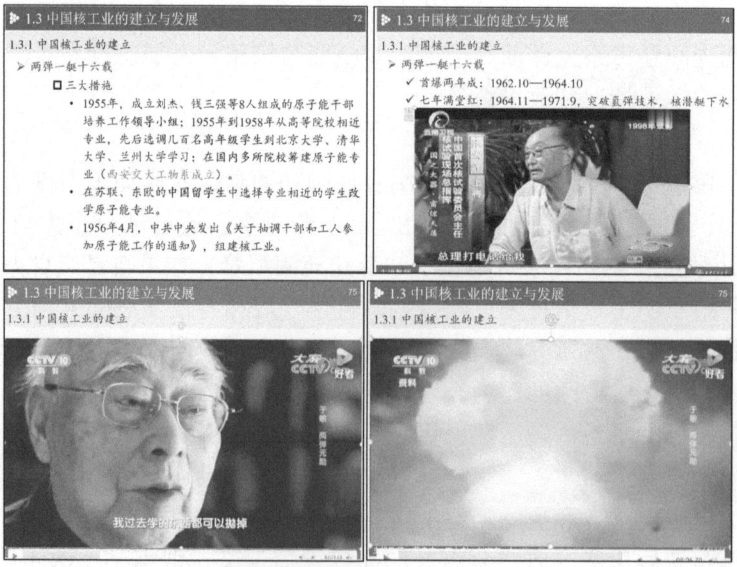

图 2 课堂中通过实例介绍中国共产党精神谱系

通过视频动画的方式，让同学们更直观地了解和学习专业知识（见图 3），认识科学知识并不都是抽象和艰涩的，激发对科学技术的兴趣并感受科技的魅力。

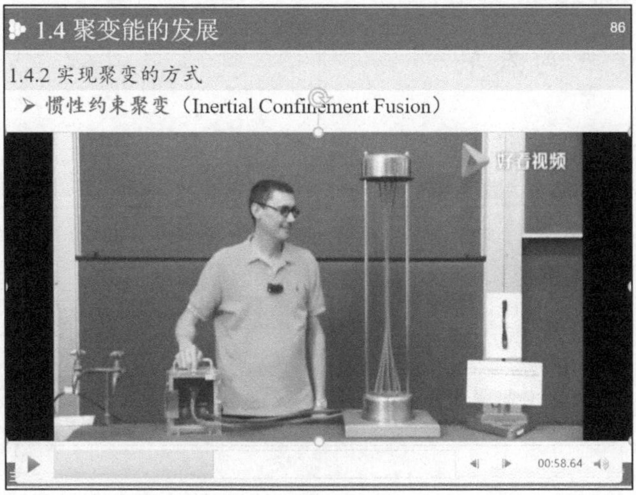

图 3　课堂中通过视频直观介绍专业知识

（2）课后作业、课堂汇报

针对课程内容设计了 30 个主题供学生们选择（见图 4），根据学生的总数可以允许 4~6 人选择一个主题形成一个小组。小组内自行组织分工，开展调研，进行论文撰写，形成格式规范、内容完整的学术论文。针对这些主题，各个小组分工协作制作 PPT（见图 5），并进行课堂展示汇报。实践过程中，学生有效拓宽了课堂内容，从不同的视角和方式丰富了教学内容，并给出了学生的观察和感悟。

课程简介——小作业　7

主题	题目	成员1	成员2	成员3	成员4	该列不填
核能发展史	1. 裂变能的发展历史					
	2. 聚变能的发展历史					
	3. 中国核工业的建立与发展					
核科学与技术的基本原理	1. 核裂变、核聚变的基本原理					
核能与核技术的应用	1. 核能在核武器方面的应用					
	2. 核能在舰船动力方面的应用					
	3. 核能在空间核动力方面的应用					
	4. 核能在核电领域内的应用					
	5. 核能在供热领域的应用					
	6. 核技术在探测领域的应用					
	7. 核技术在医学领域的应用					
	8. 核技术在农学领域的应用					
	9. 核技术在考古学领域的应用					
核辐射防护	1. 核辐射物理基础					
	2. 辐射防护的发展					
核安全监管	1. 核安全目标与原则					
	2. 核设施的设计、运行和管理中的核安全					
	3. 核安全监管的国际组织与公约					
	4. 国外的核安全监管					
	5. 中国的核安全监管机构和核安全法规					
	6. 切尔诺贝利核事故					
	7. 三哩岛核事故					
	8. 福岛核事故					
核能公众接受性	1. 核能公众接受性的分析框架					
	2. 核能公众接受性的实践困境					
	3. 提升核能公众接受性的经验					
	4. 提升核能公众接受性的路径					
核能心理学	1. 涉核事件中个体心理与群体心理					
	2. 涉核事件中的心理递进过程					
	3. 涉核事件中的媒体作用及其心理影响					
	4. 涉核事件中的心理救援					

说明：
请所有学生根据自己的兴趣选择一个题目，每个题目最多容纳4人，先到先得。分组完成后，由本组第一人担任组长，对本组4人进校分工，按照标题在全网范围内调研文献，完成论文撰写（8 000字以上，提供统一模板）。
注：
1. 可以参考相关教材、专著、期刊论文等正式出版的资料，尽量避免直接引用非正式文献（如百度百科）。
2. 引用必须注明引文出处，不能间接引用，找到文本源头。
3. 不允许整段整段地拷贝，可以理解文本后，在不改变原意的情况下用自己的语言表述。
4. 将对应的题目做成PPT展示。

图 4　课后作业设置的主题

图 5 学生的课堂汇报 PPT

（3）开放式课堂考核

除了分组进行课后论文撰写和课堂汇报，在考核环节采用了开放式的考核方法（见图 6）。通过现场给定若干个备选主题，让学生现场上网查阅资料、进行构思，并独立完成一篇论述报告。候选主题角度多样，紧扣实事，让学生可以换个视角看待核能与核技术的发展，并从主人翁的角度思考如何促进核能与核技术的发展，考核学生思考的深度。

（4）问卷调查

组织学生开展核能公众接受度的调查研究，并制作了“关中地区核能接受度调查”线上问卷（见图 7），通过课程开始之前和课程之后进行问卷调查，分析上课学生核能发展接收度的变化，从另一个角度了解学生的学习和思考情况。

完成本课程后，针对上课学生进行了本课程的课后问卷调查，了解学生在专业知识、国家发展道路自信等各个维度的变化。从调查结果看，98%的学生对核能相关知识有了提高，其中 41.77%的学生对核能专业知识有了极大的提高。特别是对中国核工业的发展历程、目前的发展状态的学习和了解，82%以上的学生对坚持中国特色社会主义道路、制度和文化自信方面有了比较大的提升。针对课堂教学、课后考察等方面的调研显示，96%以上的学生对课程满意，课程实践达到了课程的预期目标，如图 8 所示。

考试

可用性：项目已对学生隐藏。上次可用日期为 2023-4-13 下午11:59。

已附加文件：论文模板.doc (75.5 KB)

论述题：在规定的考试时间内，从下列备选题目中选一个题目，通过思考和查阅资料，独立完成一篇论述报告，具体要求：

1）不低于1 500字，图文并茂，格式规范（模板见附件），至少应包括：标题、作者信息（5分）、中文摘要（10分）、关键词（3分）、前言（12分）、论述（50分）、结论（10分）、参考文献（5分）等内容。

2）提交word电子版，word文档的命名方式：考试_核与世界_姓名_学号，在线提交至思源学堂。

3）邮件主题：考试_核与世界_姓名_学号。

4）摘要和正文重复率不高于30%。

5）查重方法：

（1）网址：https://www.paperyy.com/NoLoginPost.aspx

（2）微信注册登录

（3）选择“论文查重”->免费版->粘贴文本->填写题目、作者（你的全名）、复制正文到“内容”->提交查重->等待结果（1min）->下载结果。

备选题目：

1. 2021年9月，中共中央、国务院正式公布了《关于完整准确全面贯彻新发展理念做好碳达峰碳中和工作的意见》，对做好碳达峰碳中和工作作出总体战略部署，为“双碳”目标的实现绘制出了清晰的蓝图。核能作为我国能源构成的重要组成部分，对于我国实现双碳目标具有重要作用。请对照双碳目标论述我国发展核电的必要性和应采取的具体路线。

2. 国内某著名反核人士，于2011年发表《反核电宣言》，提出两个核心观点：第一，任何安全设计都经不住人为事故和自然灾害的袭击；第二，仅仅考虑40年运行期间的安全，而忽略20万年核废料的安全，简直就是一个笑话。日本读卖新闻对此观点进行了发表。请查阅相关文献资料，对以上两个观点进行评述。

3. 随着各类核技术的不断发展，核已经进入了人类生活的方方面面，但是普通大众对核的理解还非常欠缺，导致出现“谈核色变”的情况时有发生，甚至发生群体事件，严重制约了核技术造福人类。请从社会传播学的角度，提出一套适合于中国国情、具有可操作性、切实有效的科普方案，助力核能创造美好生活。

4. 在2013年德国提出工业4.0后，以物联网、大数据、机器人及人工智能等技术为驱动力的第四次工业革命正以前所未有的态势席卷全球。面对这一百年未有之大变局，我国在核能与核技术行业，应该从哪些方面开展工作以应对这一变局？

图 6　开放式考核的主题设置

图 7　关中地区核能接受度调查问卷

6、通过一学期的学习，你对核能相关知识的了解程度 [单选题]

选项	小计	比例
A、有极大提高	33	41.77%
B、有一些提高	45	56.96%
C、提升极小	1	1.27%
D、完全没有帮助	0	0%
本题有效填写人次	79	

14、你觉得本课程对于你未来的发展的帮助 [矩阵单选题]

题目\选项	很大	较大	一般	较小	很小	不清楚
中国特色社会主义道路、制度和文化自信的提升	41(51.90%)	24(30.38%)	13(16.46%)	1(1.27%)	0(0%)	0(0%)
知识结构的改善	17(21.52%)	43(54.43%)	17(21.52%)	1(1.27%)	0(0%)	1(1.27%)
创新意识和能力提高	17(21.52%)	39(49.37%)	22(27.85%)	1(1.27%)	0(0%)	0(0%)
社会工作适应能力与就业竞争力的提高	14(17.72%)	28(35.44%)	30(37.97%)	4(5.06%)	3(3.8%)	0(0%)
分析、解决问题能力的提高	15(18.99%)	47(59.49%)	17(21.52%)	0(0%)	0(0%)	0(0%)

15、对于本课程各方面，你的满意程度 [矩阵单选题]

题目\选项	非常满意	比较满意	一般	较不满意	非常不满意
课程内容设置	41(51.9%)	33(41.77%)	5(6.33%)	0(0%)	0(0%)
老师的授课方式	46(58.23%)	31(39.24%)	2(2.53%)	0(0%)	0(0%)
整体评价	38(48.1%)	38(48.1%)	3(3.8%)	0(0%)	0(0%)

图 8　课后问卷调查部分结果

六、创新性与效果总结

（1）学生对本课程的教学和考核方式非常认可，在西安交通大学的学生评教系统中给予很高的评分，5 个学期的最低评分达 96.76 分，最高评分达 99.35 分，上课效果非常好，与课后问卷调查的结果基本一致，如图 9 所示。

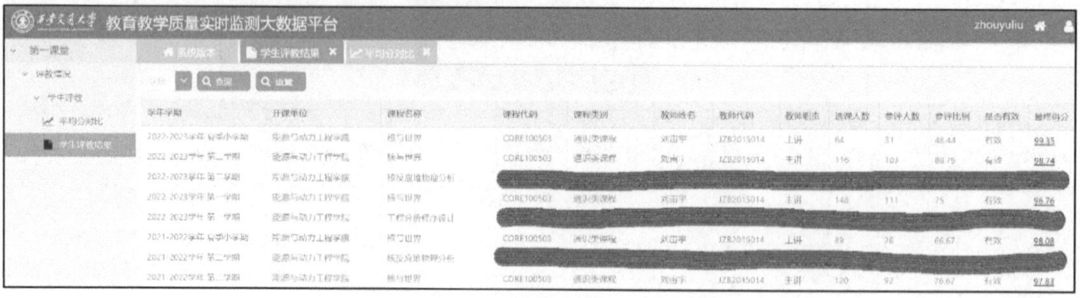

图 9　学生评教系统中的匿名评价得分

（2）课堂汇报效果展现了课程思政的育人成效。每学期的课程中，约 30 组学生的汇报充分展现了学生对知识的掌握、对历史事件的反思、代表性人物事迹的感悟、重大事件中的经验教训总结，以及核能与核技术应用的大胆创意。

其中多个组针对“四个一切”核工业精神、“马兰精神 ”“两弹一星”精神、“西迁精神”进行了拓展和深化，在他们身上看到了“核工业精神谱系”对当代年轻人思想的激荡，看到了对“核工业精神”的自觉传承。

（3）针对本课程的学生进行了课后问卷调研，调查问题包括 17 道题，覆盖了被调查者背景信息、对核能科普的看法、对核能相关知识的了解、对未来发展的帮助等。调查问卷显示，通过对中国核能发展历史和成就的了解，坚定了学生中国特色社会主义道路自信、理论自信、制度自信、文化自信。

参考文献

[1] Gail H. Marcus. Nuclear Firsts: Milestones on the Road to Nuclear Power Development [M]. IL USA: American Nuclear Society, 2010.
[2] 郑庆云．我国核工业发展历程和创业精神［M］．北京：中国原子能出版社，2017.
[3] 房超，陈虹宇．核能公众接受性：研究、反思与对策［M］．北京：中国原子能出版社，2020.

“核反应堆控制”课程思政案例

孙培伟，魏新宇，王鹏飞，万甲双，吴世发

（西安交通大学能源与动力工程学院核科学与技术学院，陕西　西安　710049）

摘　要：“核反应堆控制”是核工程与核技术专业的专业主干课，教学内容存在理论性强、公式推导多等特点，有必要引入案例进行交互式教学，提高学生学习兴趣，实践理论与实际相结合。本课程引入了切尔诺贝利核事故分析、西安脉冲堆瞬态分析、“华龙一号”控制系统设计等三个案例，分别与反应性控制、点堆方程状态空间求解和反应堆功率控制等知识点相结合，激发同学学习兴趣，在案例讨论和教学中强化了核安全文化、“马兰精神”、科技创新等思政教育。通过教学实践，课堂气氛热烈，问题讨论深入，知识掌握扎实，思政教育深刻。

一、课程基本情况

（一）授课对象情况分析

按照西安交通大学核工程与核技术专业培养方案，“核反应堆控制”课程的授课对象是核工程与核技术专业大学三年级本科生，授课时间为大学三年级第二学期。

按照培养方案，在此之前学生已经学习了“自动控制原理”与核反应堆工程相关的基础课程：“原子核物理”“核反应堆物理分析”等，学生已经对自动控制的基本理论和反应堆有了基本认识。但是，学生对自动控制理论在具体对象上的应用是没有任何概念的，只掌握了其中的原理和方法，再者，对于核反应堆这个对象，只掌握了反应堆的工作原理和中子通量在稳态下的分布，对于研究核反应堆随时间变化的特性，即动态特性进行分析的模型建立、求解和分析是模糊的，因此，此时的授课对象对核反应堆的动力学特性、经典控制理论在核反应堆特性分析中的使用，以及实际核反应堆中的特性分析方法都没有经验，需要进行逐步引导。同时在此基础上将与核反应堆控制专业知识相关的大国工匠精神、自力更生艰苦奋斗精神、核安全文化等课程思政内容以润物无声的形式融入到教学内容当中，实现立德树人，将育人育才有机统一。

（二）课程情况简介

“核反应堆控制”是核工程与核技术专业的专业核心课程，本课程重点介绍核反应堆和核动力厂的动态性能分析以及控制系统的设计方法以及压水堆核电厂的控制系统。主要内容包括：核反应堆控制的基础；状态空间法和时间离散系统分析方法；控制系统数学模型的建立和点堆动力学模型；核反应堆的瞬态响应以及瞬态响应的数值求解；核反应堆和动力厂控制系统的稳定性分析；压水堆核电厂的功率分布控制和主要控制系统。核反应堆功率调节系统实验及控制系统仿真实验。

课程的课程目标为：

（1）掌握核反应堆和核电厂中控制系统的设计以及控制性能分析的方法，了解核电厂控制系统的基本构成和特征，为从事核工程的研究和工程技术工作打下良好的基础；

（2）针对核反应堆控制复杂问题，将虚拟仿真软件应用于分析核反应堆控制系统的特性和性能，使学生了解仿真软件的操作方法，掌握利用核电厂控制系统响应进行性能分析。

核反应堆控制课程属于理论与实践相结合的课程，通过理论指导实践，又基于实践验证理论，特别是针对实际压水堆核电厂控制系统的讲解，尤其需要结合案例和工程实际强化课程的教学。而对于涉核专业的人才培养来说，尤其要强调对学生的世界观、人生观和价值观的教育，传承和创新我国核行业的文化精神，积极引导当代学生树立正确的国家观、民族观、历史观、文化观，从而为社会、为核行业培养更多德智体美劳全面发展的人才。因此在授课过程中，强调与实际相结合，将课程思政教育与专业知识相结合，设置了思政教育环节。

二、案例基本情况

（一）案例一：切尔诺贝利核事故分析案例

在核反应堆控制课程讲述反应性控制时，引入切尔诺贝利核事故分析案例，进行反应性控制，相关知识点的讨论和分析，通过课堂讨论，阐述清楚其中的难点，让同学更好理解课程内容，同时通过对事故过程的分析引入核安全文化的探讨，引导学生树立核安全贯穿核电厂设计运行始终的理念。

在进行案例介绍时，主要从三个层次铺开和讲述的，首先是切尔诺贝利核事故背景，其次是切尔诺贝利核事故的具体介绍，包括堆型，事故起因，事故过程，特别是针对反应性控制的手段、效果以及事故中反应性变化进行阐述，最后进行课堂讨论和分析，深入理解反应性控制等知识点，并探讨核安全设计、文化以及在核电运行操作过程中应具有的严谨工作态度。下面针对该案例，简单介绍这三个层次。

（1）切尔诺贝利核事故背景介绍

切尔诺贝利核事故是发生在苏联时期乌克兰境内切尔诺贝利核电站的反应堆事故，该事故是首例被国际核事件分级表评为 7 级事件的特大事故。1986 年 4 月 26 日凌晨 1 点 23 分，切尔诺贝利核电站的 4 号反应堆发生了爆炸。连续的爆炸引发了大火并散发出大量高能辐射物质到大气层中，这些辐射尘涵盖了大面积区域。这次灾难所释放的辐射线剂量是第二次世界大战时期爆炸于广岛原子弹的 400 倍以上。经济上，这场灾难总共损失 2 000 亿美元，是近代历史上代价最“昂贵”的灾难事件。切尔诺贝利核事故被称作历史上最严重的核电事故。切尔诺贝利城从此被废弃。因此分析研究切尔诺贝利核事故对于核工业的安全与快速发展有着十分重要的意义。

（2）切尔诺贝利核事故的具体介绍

切尔诺贝利核电站是位于乌克兰普里皮亚季。核电站由四个反应堆组成，每个能产生1 000 MW的电能（3 200 MW的热功率），核事故时四个反应堆共提供了乌克兰10%的电力。四个反应堆都是属于同一类型，称为压力管式石墨慢化沸水反应堆（RBMK-1000）。RBM为石墨压力管式反应堆，使用轻水冷却，在垂直于压力管上部分产生蒸汽。石墨砌体直径12 m，高7 m，重约1 700 t。共1 660根燃料组件，2%富集度的二氧化铀，燃料组件中铀的质量为114. 7 kg，燃料的燃耗深度为20 MW · d/kg。堆芯进、出口水温是270 ℃和284 ℃。两个环路，每个环路有840条燃料通道，两个汽水分离器，四台冷却剂泵及其相关装置，其中3台为正常运行之用，1台作为备用。汽水分离器直接向2台500 MW的汽轮机提供蒸汽，每台发电机带有一台冷凝器和供水系统，反应堆由一台专门机器不停堆更换燃料。冷却环路封闭在安全厂房内。同位于反应堆下部的充水抑制系统相连，示意图如图1所示。

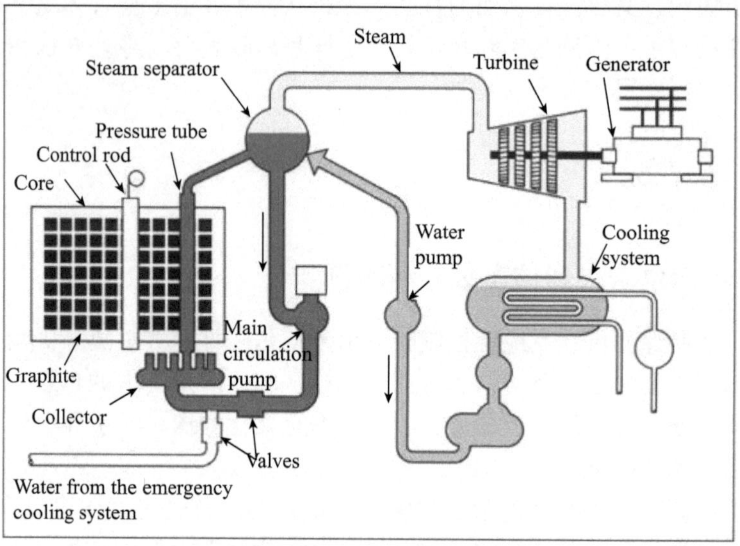

图1　切尔诺贝利反应堆结构示意图

1986年4月25日，切尔诺贝利核电站4号机组工作人员为了研究在厂内外全部断电情况下汽轮发电机中断蒸汽供应时，利用转子惰转动能来满足该机组本身电力需要的可能性，进行反应堆安全系统的试验工作。具体的试验过程如下所述。

1986年4月25日1：00开始，操作人员按照计划对4号机组进行降功率操作。13：05，4号机组下降到1 600 MW，按计划关闭7号汽轮机。14时按“试验大纲”（下称“大纲”）要求，为了防止试验过程中应急堆芯冷却系统动作，解除了该系统的备用状态。之后，本应开始做试验，但由于应电网供电要求，4号机组在解除了应急堆芯冷却系统备用状态下运行，违反了操作规程。

23：10再次降低反应堆功率。按照“大纲”要求，试验是在反应堆热功率为700～1 000 MW条件下进行。在根据操作规程解除局部自动调节系统后，操作人员没有能够及时地排除自动调节器测量部分所引起的不平衡状态。结果，反应堆热功率降至300 MW以下。

26日1：19，为了达到试验计划的功率，操作人员将大部分控制棒提出。提升的控制棒数超出了运行规程的限制（违规操作）。将反应堆热功率稳定在 200 MW。由于反应堆处于“中毒”过程，同时堆内可利用的剩余反应性量小，未能实现进一步提升反应堆热功率。此时反应堆热功率显然低于“大纲”要求的值。

26 日 1：03 和 1：07 分别启动两个环路的一台备用冷却水泵，为了保证试验后有足够的冷却，连同一直在运行中的 6 台主泵，所有 8 台主循环水泵都投入了运行。（违规加开两台循环主泵）导致堆芯注水太多。由于反应堆热功率远低于计划值，从而引起堆芯和环路水阻偏低，加上 8 台冷却水泵全在运转，通过反应堆的冷却剂流量超过了规定允许值。这是违反操作规程的，因为流量过大会引起泵的汽穴发生从而导致振动和损坏。

通过反应堆的水流量的增加，造成了堆芯内产生蒸汽量的减少以及汽水分离器中蒸汽压力和水位的下降。操作人员试图用手动调节来维持汽水分离器中蒸汽压力和水位，但未能达到目的。在这期间，他们看到汽水分离器中蒸汽压力下降了 0.5~0.6 MPa，水位低于警戒线。为了避免反应堆停堆，操作人员解除了与这些参数有关的事故保护信号。并于 1：19，加大给水流量。30 s 后流量加大到初始值的三倍多，从而成功地抑制住了水位的下降趋势，水位趋于稳定。为了提高水位，继而进一步加大给水流量，约 1 min 后给水流量加大到初始值的四倍。

当汽水分离器中较冷水进入反应堆堆芯后，反应堆中产生蒸汽量明显下降。堆内容积含汽量减少导致负的反应性效应，因而引起自动调节棒提升。约 30 s 内，自动棒提升到上部终端位置，操作人员不得不提升手动吸收棒以维持反应堆在 200 MW 功率下运行。由于不断提升手动棒，堆芯内控制反应性的能力不断减少。

为了限制汽水分离器中水位的进一步上升，于 1：21：50，开始大幅度减少给水流量。1：22：10，较热的水进入堆芯，从而引起堆内蒸汽品质上升。为了补偿蒸汽品质上升（正反应性效应），自动调节棒开始不断下插。直到 1：22：30，操作人员才停止减少给水流量，此时给水流量已减少到比正常值小 1.5 倍（这是操作人员疏忽造成的操作错误）。为了在试验正式开始之前了解堆内中子场分布和反应性安全裕量情况，计算机打印输出堆内功率分布和每根控制棒在堆芯中的位置。操作人员从反应性快速计算程序打印结果看到：堆内反应性储备已经太少，应立即停堆（按操作规程规定至少应有 30 根控制棒留在堆芯内，但这时仅有 6~8 根棒留在堆内）。

尽管如此，操作人员并没有停堆，而是开始试验。1：23：4，该机组的 8 号汽轮发电机的紧急截止阀关闭以停止向汽轮机供汽。此时，两台汽轮发电机都已解列（7 号汽轮发电机已在 4 月 25 日停车），反应堆理应自动停止。但是，操作人员临时决定解除了该事故保护信号，致使反应堆继续在约 200 MW 热功率下运行。这样做的目的在于：如果第一次试验失败的话，有可能再次重复试验。但“大纲”中并没有这样的要求，这样的做法再次偏离了试验计划。

由于较热的水进入堆芯（减少汽水分离器给水流量所致）和通过堆芯流量减少（停掉了四台冷却水泵），使得堆内产蒸汽量增加，反应性增加引起自动调节棒下插。1：23：31，自动棒已补偿不了蒸汽品质提高引起的反应性加大，反应堆功率开始上升。1：23：40 机组值班长命令操纵员按 AZ-5 按钮（紧急停堆按钮）停堆。所有吸收棒和紧急停堆棒开始下插，但由于绝大多数吸收棒处于最上部位置（见图 2），不能立即起到抑制反应堆功率作用。

3 s 之内堆功率上升到 530 MW 以上，反应堆功率上升周期短于 20 s，致使超功率保护和短周期事故停堆信号出现。但这一切已经不能阻止一场灾难性事故的出现。堆内传热条件的恶化，使得堆芯压力管内燃料棒温度急剧地上升。由于燃料多普勒效应和控制棒的插入暂时补偿了气泡正反应性效应（见图 3），堆功率略降，出现了第一个峰值之后，燃料碎化引起气泡骤然增加，气泡正反应性效应造成功率急剧上升；堆内压力管内压力上升，使得逆止阀关闭，主回路流量剧减，这进一步恶化了堆内状况。事后通过模拟计算得到的功率峰值在 4 s 内达到满功率的 1 000 倍。据 4 号机组外工作人员说，大约在 1：24 左右，相继听到两声爆炸声，接着熊熊大火在破坏了的 4 号机组反应堆厂房燃起。

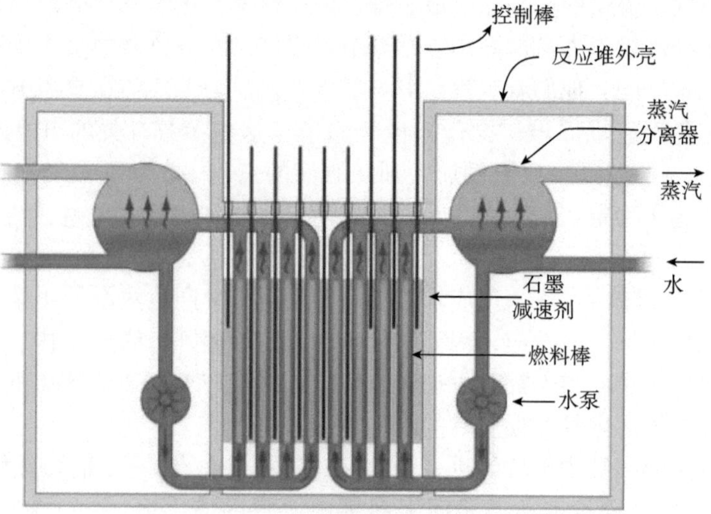

图 2　反应堆堆芯的结构

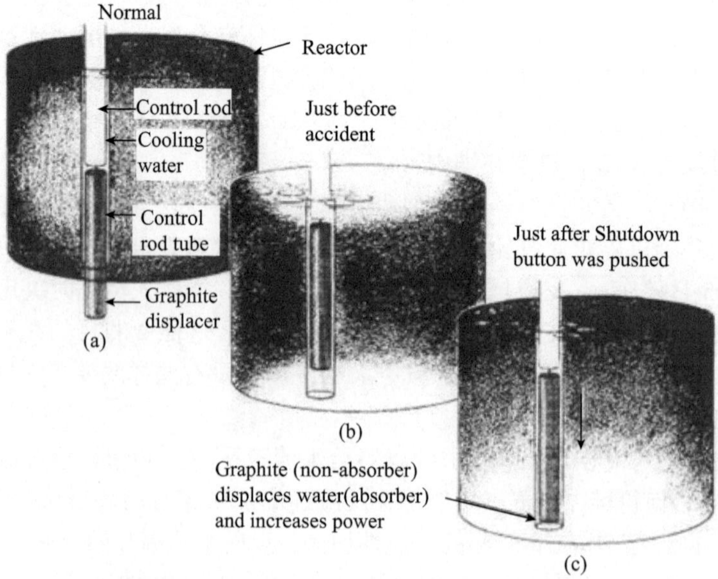

图 3　事故发生过程中，控制棒插入引入正反应性的过程

事故发生后，立即决定用应急辅助给水泵向堆芯空间供水，以便降低反应堆坑室内的温度和防止石墨砌体起火，但是未能取得效果。损坏的反应堆一直在向环境释放大量的放射性物质。为了把事故限制在辐射源处，决定用吸热物质和过滤材料整个覆盖反应堆本体。到5月6日放射性释放不再成为一个主要问题，已减少到每天几百居里，5月底下降到每天几十居里。事故后，由于空气流经堆芯不断带走热量，堆内温度趋于稳定。随着堆本体被覆盖，堆芯温度又趋上升。为了降低堆内温度和氧气浓度，由压缩机站把液体氮加压注进反应堆坑室下面的隔间。到5月6日，堆内温度停止升高，并再次建立起稳定的空气对流，堆内温度稳定下降。为了防止堆芯底部结构物被熔化的堆芯毁坏，作为一种应急措施，决定在反应堆厂房基础下面建造人工排热结构层，采取的方式是在混凝土地板上设置一个扁平的热交换器，这项工程于6月底完成。

（3）讨论与提问

讨论问题1：根据事故过程中的关键信息讲述引导学生进行事故原因讨论，获得如下结论：

堆芯设计缺陷：正的空泡系数，负的燃料系数，功率低于20%总功率系数为正，在700 MW下不允许操作；控制棒设计不恰当，在控制棒提出后下插，由于设计中存在缺陷，不能使得反应堆功率快速下降，反而使得功率快速上升，事故加剧；没有有效的应急手段，应急系统失灵下，继续使反应堆运行；在700℃左右运行的大量石墨，遇水将起激烈的化学反应。

操作人员失误：操作员的部分操作未按照操作规程进行。

讨论问题2：根据事故后采取的措施引导学生进行讨论，获得如下结论：

反应堆没有完善的安全保护系统，反应堆没有设计安全壳。

讨论问题3：根据切尔诺贝利事故引导学生对核能利用与环境保护的关系进行讨论。

讨论问题4：根据切尔诺贝利事故引导学生进行核安全文化讨论。

（二）案例二：西安脉冲堆瞬态分析案例

引入西安脉冲反应堆案例，让学生基于西安脉冲反应堆设计和运行经验，了解西安脉冲反应堆的主要设备和参数，分析产生功率脉冲的原因，并结合点堆方程的瞬态求解，通过实际计算，获得在反应性扰动情况下，脉冲堆反应堆功率的时域响应，切实体会脉冲堆设计的巧妙。通过引导学生对西安脉冲反应堆的安全设计和运行进行总结分析，阐述核反应堆控制在设计和运行中的必要性，掌握核反应堆瞬态和控制过程，让学生更好地理解“马兰精神”在脉冲堆的应用、独立自主奋斗精神和科研创新的理念。

在进行案例介绍时，主要从三个层次铺开和讲述的。首先是西安脉冲堆背景；其次是西安脉冲堆的具体介绍，包括其结构、参数等，结合点堆方程，进行瞬态计算分析，获得脉冲堆功率时域响应，了解脉冲的产生原理；最后进行课堂讨论和分析，深入理解点堆方程、点堆方程的求解等知识点，并就西安脉冲堆的建设和担负的使命引导学生讨论自力更生在当代的现实意义。下面针对该案例，简单介绍这三个层次。

（1）西安脉冲堆背景介绍：它是我国自行设计建造的国内第一座实用性脉冲反应堆，是在中国核动力研究设计院设计建造的首座原型脉冲堆的基础上，根据用户对本堆的应用要求进行设计、建造的。西安脉冲堆工程属小型研究堆综合核工程，于 1996 年 11 月 18 日开工建造，1999 年 9 月完成反应堆及其各系统的安装、调试（非核），同年 10 月 14 日完成首炉装料，15 日反应堆首次达到临界。随后，按照调试大纲和调试程序对反应堆进行了冷态及热态物理试验、提升功率试验。对反应堆稳态、脉冲和方波等各种运行方式下的各种运行工况进行了调试 、运行试验和参数测试。2001 年 1 月，完成带核调试的各项工作后，反应堆投入试运行及实验应用。

（2）西安脉冲堆的具体介绍

西安脉冲堆石墨—轻水作为反射层的小型池式研究堆，它采用的是一种特殊的铀氢锆燃料——慢化剂元件，当反应堆发生功率陡增事故时，这种慢化剂能产生瞬发负温度系数，从而达到自动调节功率的作用，因此具有很好的安全性。其稳态额定功率 2 MW，脉冲运行最大引入量为 3. 5 元，最大脉冲峰功率 4 200 MW。

用途：具有一堆多功能的独特之处，可以开展多种核技术应用和科研、生产工作，如辐照生产放射性同位素、进行中子活化分析、中子照相、硅单晶中子辐照掺杂、材料辐照加工及辐照试验研究，开展核物理、中子物理放射化学等科学理论研究。

基本组成：西安脉冲反应堆本体主要包括反应堆水池及水池盖板、池内构件、堆内构件及堆芯部件，堆桥、控制棒驱动机构等设备及部件，其总体结构如图 4 所示。

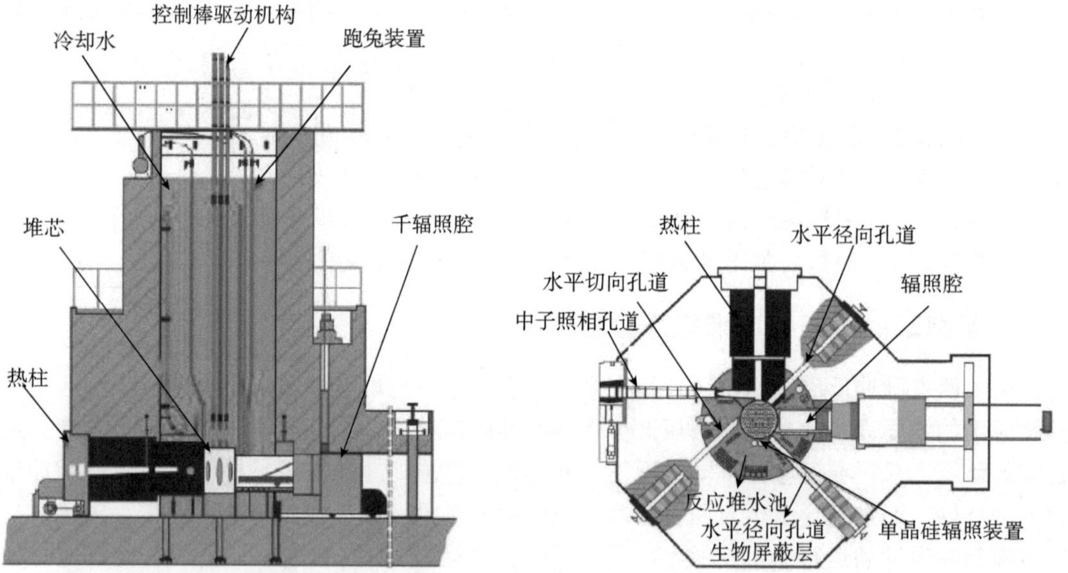

(a) 纵向剖面　　(b) 横向剖面

图 4　西安脉冲堆本体

反应堆水池内径 2. 5 m、深 8. 5 m，以 8 mm 厚的铝质覆面衬里，其外部为 2 m 厚的重混凝土结构作屏蔽。一座不锈钢堆桥固定在堆水池顶部，其上安装有 5 台稳态控制棒驱动机构和 1 台脉冲棒驱动机构以及单晶硅辐照装置驱动机构、水温测量装置等。6 块方形水池盖板安装在堆桥两侧，分别以铰链与水池壁相联。每块盖板都由不锈钢骨架和有机玻璃制成，便于观察堆内状况。堆芯安装在水池底部中央，由堆芯支架支承并与池底固定连接。与国外同类堆 TRIGA. Ⅲ的堆芯吊挂在可移动堆桥下方相比，结构上具有较好的稳定性，提高了抗震性能。堆芯筒体四周设有铅屏蔽层筒体，成为堆芯径向屏蔽的重要组成部分，用以降低堆水池混凝土屏蔽层入射能流，因此，无须像 TRIGA. Ⅲ那样，在混凝土屏蔽层中再设置屏蔽冷却系统。堆芯上方有 6.4 m 的轻水屏蔽层。水面与水池盖板之间的空腔设置有废气特排风口。反应堆正常运行工况下，可通过特排系统及时排出反应堆产生的活化气体，避免向堆厅溢散；在燃料元件或辐照样品破损等事故工况下该系统可使裂变气体经高效过滤、除碘过滤后排至环境。

堆芯部件以正六边形环形布置共 9 圈，中心向外圈依次为 A、B、…I 圈，栅距均为 43 mm。堆芯部件由下栅板支承，上、下栅板各开有 211 个相对应的栅孔，除了为燃料元件及相关部件提供定位外，还兼作冷却剂自然循环的通道。在上栅板的 A 圈和 B 圈占用 7 个孔位，开了一个大孔，用以安装 ϕ100 mm 的中央垂直孔道；上栅板上还对称地开有 2 个三角形孔，每个孔分别占据 1 个 E 圈和 2 个 F 圈的孔位，用于安放 ϕ52 mm 的偏腔垂直孔道。堆芯下方设有安全板，用以防止控制棒意外掉离堆芯，也为脉冲棒导向管提供支承。为适应不同运行方式下的不同功能及应用要求，采用了两种不同的堆芯布置方式，如图 5 所示。

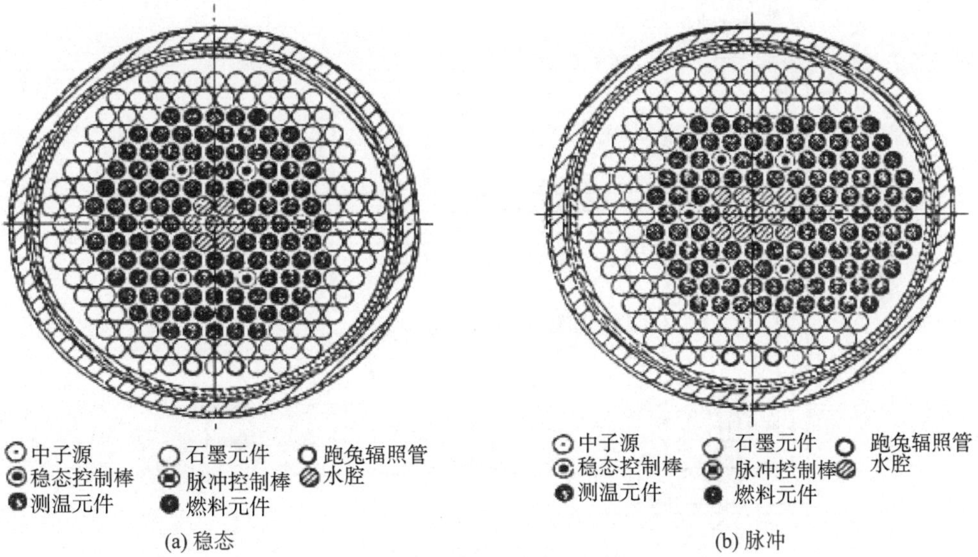

图 5　堆芯布置

西安脉冲堆使用的铀氢锆燃料元件由中国核动力研究设计院独立研制。其外形尺寸及结构形式与原型脉冲堆燃料元件相同，不锈钢作包壳材料，外径 37.2 mm，总长 760 mm。每根燃料元件中装有 3 块 $UZrH_{1.6}$ 芯体，芯体中插有锆合金棒。元件两端还各装有 1 块石墨芯块，用作堆芯的轴向中子反射层。上下端塞与包壳管由氩弧自动焊环缝焊连接，内充 0.1 MPa 氦气。偏心布置燃料元件 101 根，石墨元件 82 根，控制棒 6 根，其中稳态棒 5 根，脉冲棒 1 根。5 根稳态控制棒结构相同，不锈钢包壳，内装 10 块 B_4C 芯体作为中子吸收体，其下方还装有 3 块 $UZrH_{1.6}$ 燃料跟随体和 2 块石墨芯体。稳态控制棒在堆内上下运动，由堆芯上下栅板的 ϕ40 mm 孔导向。脉冲棒由上空腔、B_4C 中子吸收段和下空腔 3 段构成。吸收段上下方分别设有压紧弹簧和隔块。脉冲棒在铝合金导向管中运动，导向管由上下栅板横向定位，由安全板支承固定。

西安脉冲反应堆的系统：反应堆冷却水系统及净化系统、反应堆控制及仪表系统和辅助系统。西安脉冲堆冷却水系统由一次冷却水系统和二次冷却水系统 2 个回路组成，如图 6 所示。一次冷却水系统是开式循环回路，由 1 台离心泵、2 台热交换器及其相连的管道、阀门、仪表组成。该系统额定流量 174 t/h，由离心泵建立一次水强迫循环，通过两台热交换器将热量传给二次冷却水维持堆池水温度不超过 45 ℃。经过热交器冷却后的一次水分 2 路返回堆水池；一路以 154 t/h 的流量送入堆池下部；另一路以 20 t/h 流量经过安装在堆芯上方的喷射器射入堆水池，用以延长流经堆芯水中产生的 ^{16}N 的上升时间，降低堆顶剂量水平。为防止水系统管道破裂而造成堆水池失水、堆芯裸露事故的发生，进出水管均由堆水池上部贯穿，并在管道上部开有防虹吸孔。二次冷却水系统由 1 个吸水井、1 台冷却水泵、2 台玻璃钢冷却塔、1 个管式过滤器及其相连的管道、阀门、仪表组成的回路。系统以 346. 5 m^3/h 的额定流量经热交换器带走一次冷却水的热量，并通过冷却塔把热量传给大气。

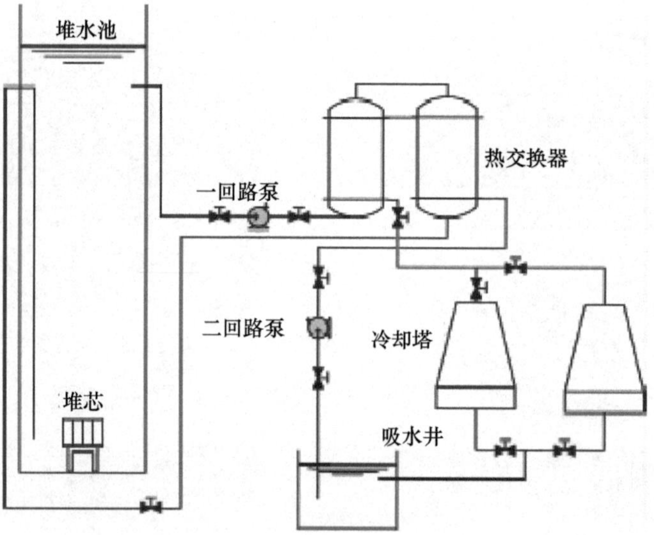

图 6　脉冲堆冷却剂示意图

反应堆控制及仪表系统由 10 个分系统组成：① 核仪表系统；② 过程测量系统；③ 功率调节系统；④ 保护系统；⑤ 控制联锁系统；⑥ 棒控主电路系统；⑦ 报警系统；⑧ 棒位探测与显示系统；⑨ 数据采集与显示系统；⑩ 控制室。与其他反应堆的仪表和控制系统相比，西安脉冲堆仪表与控制系统有许多不同之处：有两种运行状态共 4 种运行方式，即稳态运行中的手动、自动运行，瞬态中的脉冲和方波运行。为实现对反应堆不同运行方式的选择与控制西安脉冲堆仪表与控制系统设计有运行方式的选择，操纵人员可通过控制台上的运行方式选择开关实现反应堆不同运行方式的运行操作。

为实现方波运行，首先需发射脉冲棒引入正反应性使功率迅速上升，然后功率调节系统在满足一定条件时投入，控制 1 根调节棒的升降，使功率迅速稳定在定值功率 P_o。方波运行的功率调节过程本质上是堆芯反应性的调节过程，自动控制方法决定了反应性的引入方式，功率调节系统的投入时刻决定了反应性调节的开始时间，调节棒在不同棒位处的反应性微分价值不同，因此其初始棒位会影响反应性的引入速率，发射脉冲后堆芯正反应性为发射脉冲前堆芯次临界度和脉冲棒价值之和，发射脉冲后堆芯正反应性为影响功率变化的直接因素。因此，自动控制方法、功率调节系统的投入时刻—调节棒的初始棒位及发射脉冲后堆芯正反应性均是影响方波运行性能的因素。

针对脉冲堆建立如图 7 所示的系统传递函数模型，在假定的脉冲堆参数基础上，获得了系统的状态空间方程如式（1）所示，在引入单位反应性阶跃后，获得了反应性、核功率以及燃料棒温度的时域响应，分布如图 8～图 10 所示，可见在引入较大反应性阶跃时，反应堆功率快速上升，导致燃料温度也快速上升，由于燃料的负反应性反馈，引入了负反应性，使得核功率又快速下降，获得了核功率的脉冲。

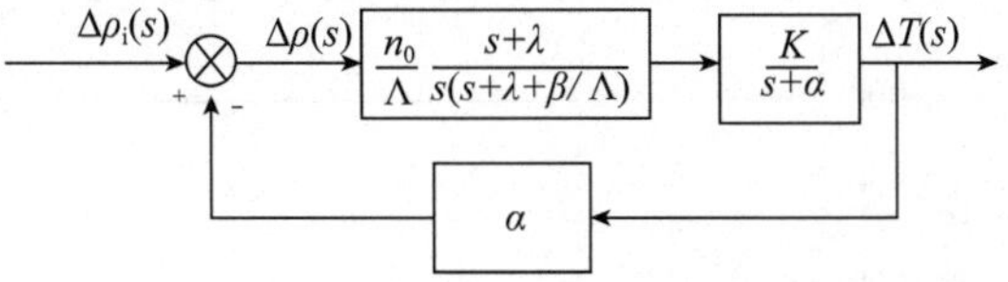

图 7　脉冲堆系统的传递函数模型

$$
\begin{bmatrix} \Delta\dot{n} \\ \Delta\dot{c} \\ \Delta\dot{T} \end{bmatrix} = \begin{bmatrix} -\dfrac{\beta}{\Lambda} & \lambda & -\dfrac{n_0\alpha}{\Lambda} \\ \dfrac{\beta}{\Lambda} & -\lambda & 0 \\ K & 0 & -a \end{bmatrix} \left[\begin{bmatrix} \Delta n \\ \Delta c \\ \Delta T \end{bmatrix}\right] + \begin{bmatrix} \dfrac{n_0}{\Lambda} \\ 0 \\ 0 \end{bmatrix} \rho_i \tag{1}
$$

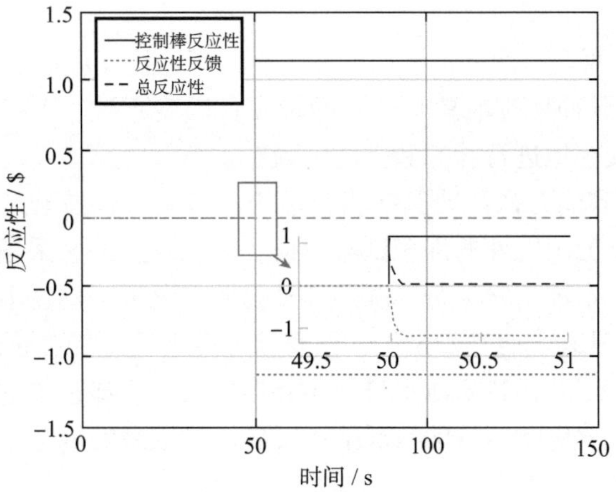

图 8　脉冲堆反应性时域响应

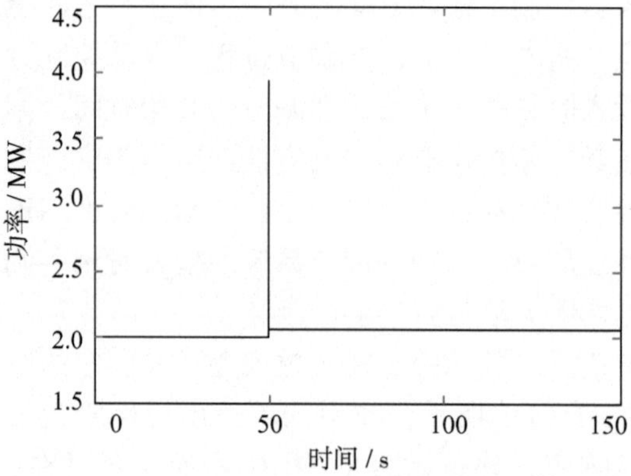

图 9　脉冲堆核功率时域响应

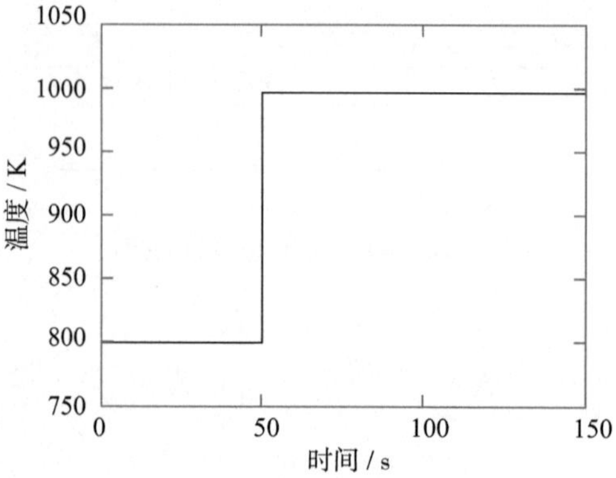

图 10　脉冲堆燃料温度时域响应

（3）讨论与提问

讨论问题 1：基于西安脉冲堆本体设计和用途，讨论核反应堆设计过程中的安全分析。

1）固有安全性：脉冲反应堆具有很大的瞬发负温度系数，不仅能进行手动和自动的稳态运行，同时还能安全地进行脉冲和方波的瞬态运行。

2）裂变产物的包容能力强：铀氢锆燃料芯块本身具有保持裂变产物能力强、水化学稳定性好等特性，这已为国内外的许多试验所证实。燃料元件又采用高强度不锈钢材料作包壳，理论分析表明，本堆正常运行工况及各种设计工况下，包壳不会破损。

3）堆芯余热导出具有非能动安全性：西安脉冲堆堆芯安装在深 8.5 m、直径 2.5 m 的大水池内，正常工况下堆芯释热靠池水自然循环排出，由冷却系统的运行保持池水的正常运行温度；冷却系统因故中断运行的情况下，反应堆停堆后的堆芯余热仍能由池水自然循环安全导出。

4）若干安全防御措施：调整了稳态堆芯布置，使稳态满功率运行比国外同类堆更具安全稳定性；增设堆池上部的废气特排系统、高位非能动补水系统、反应堆超控联锁、堆芯径向铅屏蔽层以及换料运输斜孔道等。

讨论问题 2：让学生基于堆芯布置结构图，总结堆芯布置结构，分析控制棒的数量和分布。堆芯紧靠辐照腔，偏心布置燃料元件 101 根，石墨元件 82 根，控制棒 6 根（其中稳态棒 5 根，脉冲棒 1 根）。西安脉冲堆对应每根控制棒设有 1 台驱动机构，共有 5 台稳态控制棒驱动机构和 1 台脉冲棒驱动机构。

讨论问题 3：基于西安脉冲反应堆的系统设计，总结西安脉冲反应堆的运行模式。西安脉冲堆有手动、自动、方波、脉冲四种运行模型，其中，方波运行是西安脉冲堆特有的运行方式。

讨论问题 4：总结方波运行功率调节的影响因素。自动控制方法、功率调节系统的投入时刻—调节棒的初始棒位及发射脉冲后堆芯正反应性均是影响方波运行性能的因素。

讨论问题 5：根据西安脉冲堆的建设和担负的使命引导学生讨论自力更生在当代的现实意义。

（三）案例三：“华龙一号”控制系统设计案例

在核反应堆控制课程讲述控制系统分析和设计时，引入“华龙一号”控制系统设计的案例，进行相关知识点的讨论和分析，通过课堂讨论，阐述清楚其中的难点，让同学更好理解课程内容。“华龙一号”是我国科技自立自强的“国家名片”，是我国核工业的自主创新能力和核心竞争力由跟跑、并跑向领跑转变和跨越的标志。而强核报国、创新奉献的新时代核工业精神中最核心的一点就是科技创新。因此在核反应堆控制系统分析设计的教学中，结合“华龙一号”控制系统的设计将科技创新精神融入教学，引导学生传承老一代核科技工作者艰苦奋斗、无私奉献的精神，勇担国任，把自己的科学追求融入到核强国建设的伟大事业中。

在进行案例介绍时，主要从三个层次铺开和讲述。首先是“华龙一号”的背景；其次是“华龙一号”的具体介绍，包括其结构、参数等，结合传递函数方程，进行反应堆功率控制系统设计，了解根轨迹、频率分析等方法在控制系统设计中的实际应用；最后进行课堂讨论和分析，深入理解采用传递函数进行控制系统设计等知识点，并就“华龙一号”的设计引导学生攻关“卡脖子”关键问题的决心和毅力。下面针对该案例，简单介绍这三个层次。

（1）“华龙一号”背景介绍

1999 年 7 月，中核集团启动了百万千瓦级压水堆核电厂概念设计。历经十余年的艰辛，老中青三代中核人的共同努力，研发出了具有完整自主知识产权的三代压水堆核电品牌——ACP1000。研发过程中，中核集团以我国三十余年核电站科研、设计、建造、调试、运行经验和近年来核电发展及研究领域的最新成果为基础，融合借鉴国际先进三代核电技术的设计理念，充分汲取福岛核事故经验反馈，使 ACP1000 具有完善的严重事故预防和缓解措施。

为满足自主知识产权的第三代核电要求，中广核集团在三十余年引进、消化、吸收国外压水堆技术基础上，充分考虑我国装备制造业的现实基础，按照安全标准 HAF102 的要求以及 URD、EUR 的相关要求，同时借鉴日本福岛核事故的经验反馈以及 AP1000、EPR 等先进设计理念，自主创新研发了第三代核电品牌 ACRP1000+。

可见，“华龙一号”是由中国两大核电企业：中国核工业集团公司和中国广核集团在三十余年核电科研、设计、制造、建设和运行经验的基础上，根据福岛核事故经验反馈以及中国和全球最新安全要求，研发的先进百万千瓦级压水堆核电技术，具有完全自主知识产权的第三代压水堆核电创新成果，是中国核电机组发展的主力堆型，是中国核电走向世界的“国家名片”，是中国核电创新发展的重大标志性成果。

（2）“华龙一号”具体介绍

“华龙一号”的研发是中国自20世纪80年代引进国外技术，通过消化、吸收和再创新，全面实现了自主设计、自主制造、自主建设和自主运营，并跨入了“自主创造”的新阶段，具备了形成自主知识产权三代核电技术的条件。“华龙一号”具有的技术特点包括以下五点。

a. 先进性和成熟性的统一。以“177组燃料组件堆芯”“多重冗余的安全系统”和“能动与非能动相结合的安全措施”为主要技术特征，采用世界最高安全要求和最新技术标准。

b. 安全性和经济性的平衡。采取了切实有效的提高安全性的措施，完全具备应对类似福岛核事故极端工况的能力；首台（套）国产化率即可达到85%，经济性与当前国际订单最多的俄罗斯核电技术产品相比有竞争力，与当前第三代主流机型相比具有明显的经济竞争力。

c. 能动与非能动的结合。在能动安全的基础上采取了有效的非能动安全措施，提供了多样化的手段满足安全要求，是当前核电市场上接受度最高的三代核电机型之一。

d. 满足72 h电厂自治要求。安全系统的非能动设计理念及配备的高位换热水箱，可以满足事故后72 h不干预原则，非能动安全系统在设计基准事故或超设计基准事故甚至严重事故时会自动投入运行。

e. 使用大容积双层安全壳。“华龙一号”采用纵深防御原则，设计了四层屏障，如图11所示，其中外面为安全壳，具有更好的事故耐受能力。

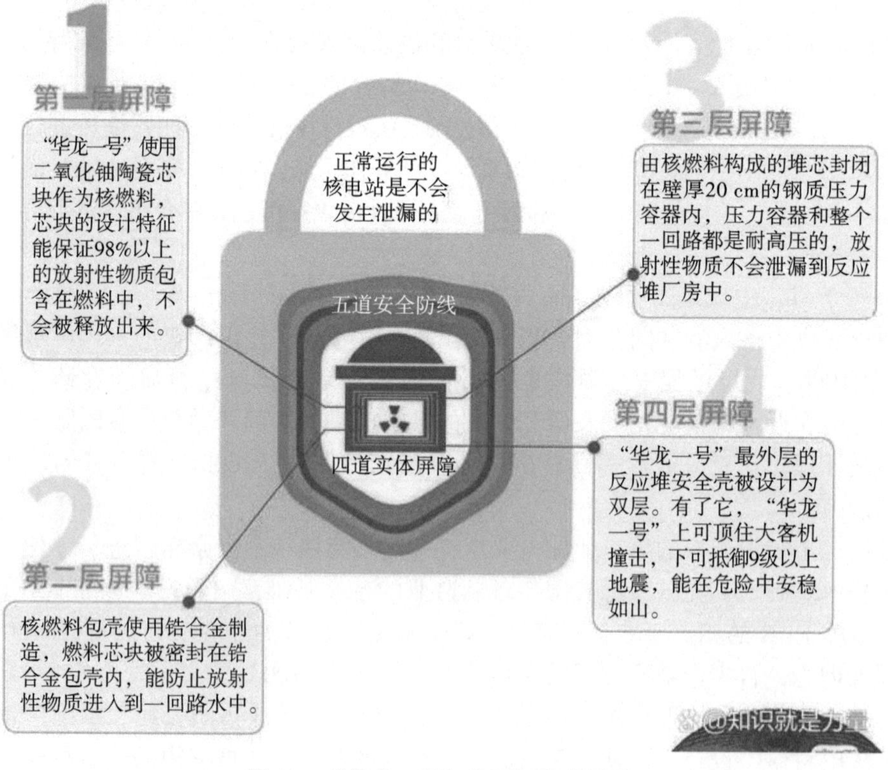

图11　“华龙一号”的四层防御屏障

“华龙一号”主回路系统是指由主泵、下降段、下腔室、堆芯、上腔室、上封头、蒸汽发生器、稳压器和主给水系统组成的完整回路。其主回路系统的总体结构图如图 12 所示。该大型压水堆有三环路，每个环路上各有一台主泵和蒸汽发生器，三个环路共用一个稳压器。“华龙一号”（中核版本）的堆芯由 177 个 AFA3G 燃料组件构成，堆芯活性段高度（冷态）为 365.76 cm，等效直径为 322.8 cm，运行模式为 Mode-G；反应堆输出热功率为 3 050 MW（中广核版本为 3 150 MW）。对应的线功率密度为 173.8 W/cm。

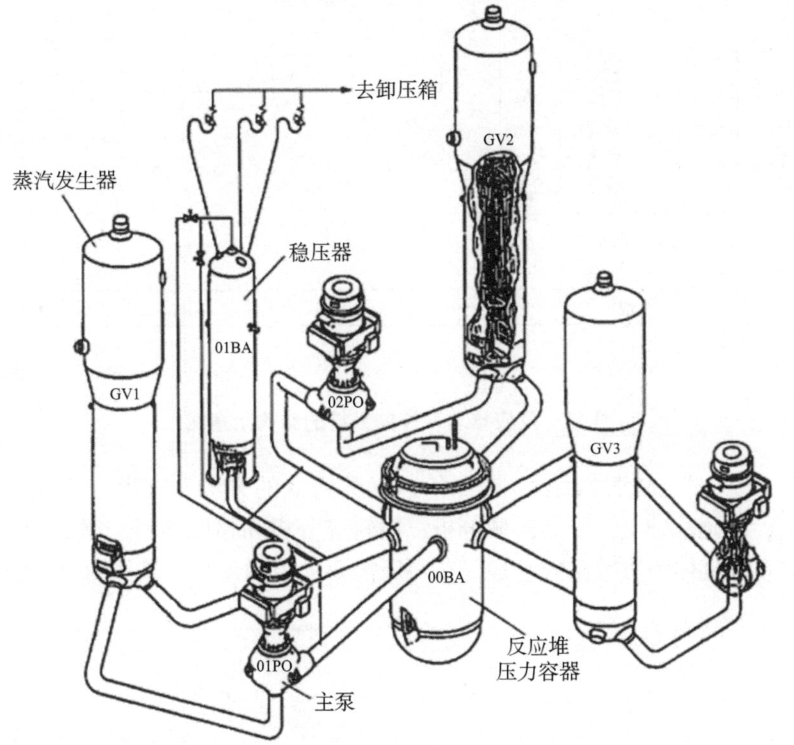

图 12 “华龙一号”主回路系统示意图

核反应堆功率控制是反应堆的一个关键控制系统，它采用自动或手动调节方式，通过改变控制棒的位置来改变或维持反应堆功率。此外，反应堆功率控制系统需要与核测量系统、反应堆保护系统及棒位测量系统等相互作用，是一个较为复杂、规模较庞大的系统。

压水堆核电厂有基本负荷运行模式和负荷跟踪运行模式两种运行模式，目前大型压水堆多采用负荷跟踪模式。在负荷跟踪模式中，核反应堆功率控制由功率控制系统（功率补偿棒组控制系统）和核反应堆冷却剂平均温度控制系统（R 棒组控制系统）来实现。

功率控制系统的主要功能是根据二回路负荷需求，利用反应堆功率与控制棒位置之间有效标定曲线，调节功率补偿棒组的位置，其最终目的是使得功率补偿棒的位置与功率需求值对应。

在传递函数建模过程中，将反应堆功率控制系统的布置简化为若干个节点，反应堆有三个环路，这里等效考虑成一个。反应堆功率控制系统按照如图 13 所示的方法划分了 17 个冷却剂节点和 1 个燃料节点，冷管段共划分了 5 个节点。堆芯中子动力学模型采用的是具有 6 组缓发中子的点堆中子动力学模型，仅考虑燃料多普勒和冷却剂温度反应性反馈，以及控制棒对反应性的影响。

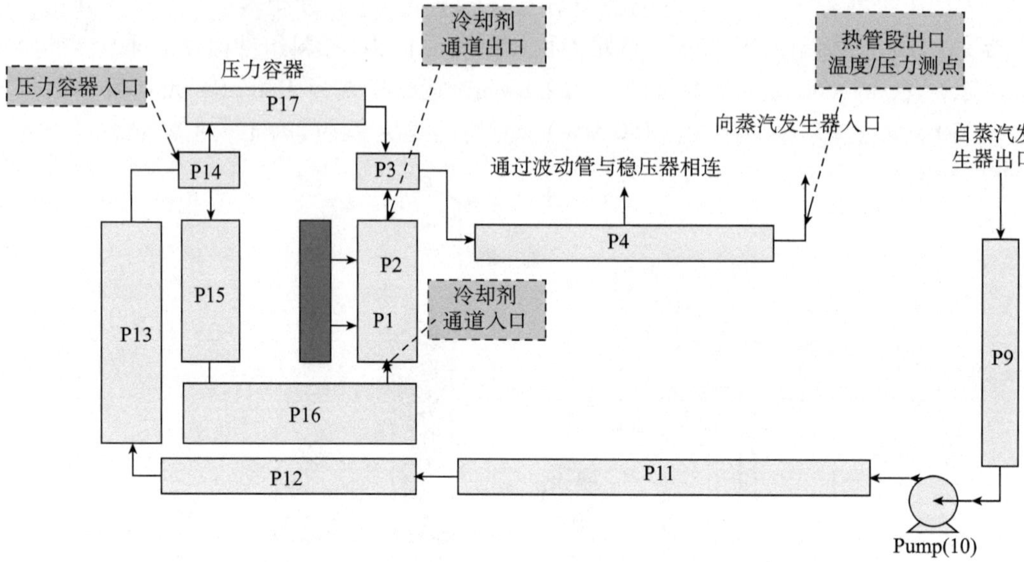

图 13　反应堆功率控制系统的结构示意图

依据“华龙一号”的设计参数，按照传递函数建立的方法，获得“华龙一号”系统的传递函数模型，在此基础上，开展时域分析、根轨迹分析和频域分析，得到反应堆功率控制系统的控制方案和具体的参数整定，最终获得所需要的控制系统，具体的流程如图 14 所示。

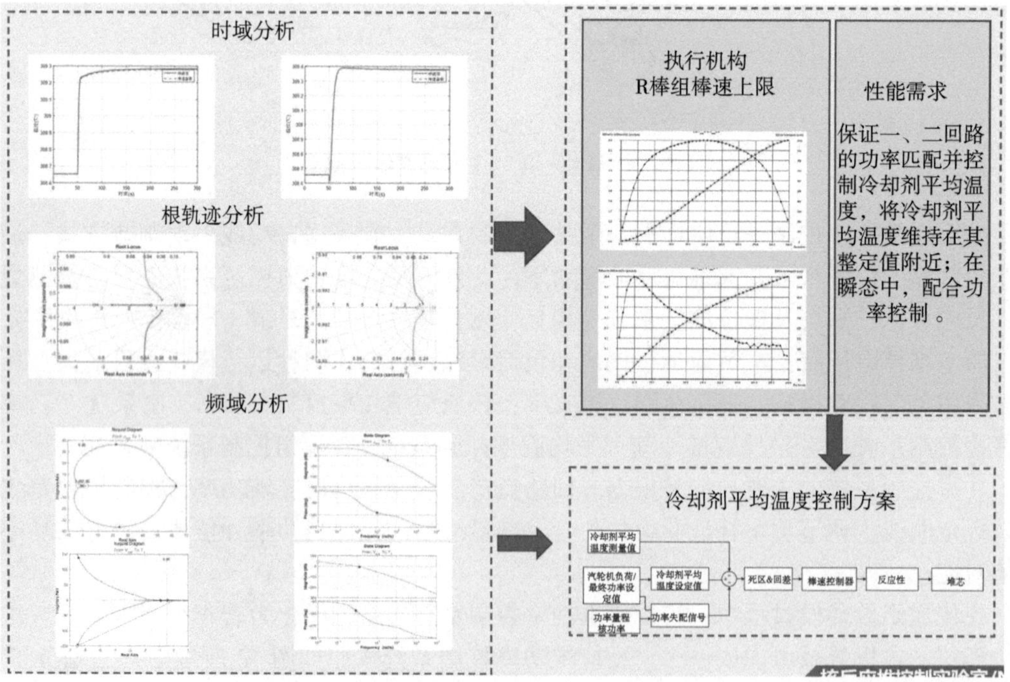

图 14　反应堆功率控制系统分析和设计流程

（3）讨论和提问

讨论问题1：“华龙一号”的设计和建设历程总结，经历了几十年的辛苦设计和反复迭代，体现了中国核电人的踏实、勤奋以及不屈不挠的奋斗精神。

讨论问题2：“华龙一号”的设计特点与优势，如何满足第三代核电技术的要求。

讨论问题3：“华龙一号”控制系统设计中，采用了自动控制原理中的分析方法，总结和体会时域分析、根轨迹分析和频域分析在功率控制系统设计中的流程和具体使用要求。

讨论问题4：在最近的国际形势下，结合“华龙一号”的研发过程，讨论和分析如何解决现实存在的“卡脖子”关键问题。

三、案例思政元素分析

在核反应堆控制课程的授课过程中，结合了课程知识的讲解，设置了三个案例，分别是切尔诺贝利事故分析案例、西安脉冲堆瞬态分析案例、“华龙一号”控制系统设计案例，针对这三个案例的思政元素，分别进行分析。

（1）切尔诺贝利事故分析案例

在讲授核反应堆反应性控制时，提到凡是能改变有效增殖系数的方法，都是反应性控制手段，也就是能改变中子吸收率和中子消失率的，均可以改变反应性。

在切尔诺贝利事故分析中，发现了若干违规操作，从反应性控制角度分析，存在两个问题：控制棒的设计和运行中控制棒的操作。在控制棒的设计中，在控制棒的下端添加了石墨缓冲，由于该反应堆使用石墨慢化，冷却剂是水，水的中子吸收截面比石墨要高，因此，在控制棒的移动过程中，存在引入正反应性的可能。正是由于设计中存在的缺陷，在运行中，要求不能将大部分控制棒全部提出堆芯。而在事故过程中，正是由于违规提出了控制棒，在需要进行停堆时，将所有控制棒插入，瞬时引入了很大的正反应性，导致反应堆功率快速增加，发生了爆炸。

因此，在此案例中，不仅结合了反应性控制、吸收截面、散射截面等知识点，更重要的是，涉及了现代核反应堆设计中要求的固有安全性设计，以及在反应堆运行和操作过程中，必须要严格按照规程进行操作，体现了核安全无小事，强调核安全文化，工作态度和思维习惯要严格准确，要正确履行安全职责，具有高度的警惕性、高度的责任感、丰富的知识和准确无误的判断能力。

（2）西安脉冲堆瞬态分析案例

在讲授反应堆瞬态分析时，采用状态空间方程进行反应堆功率的求解，并结合了实际反应堆具有温度反馈效应，能够使学生掌握零功率核反应堆点堆动态方程和反应性反馈相结合求解具体反应堆的实际问题。

西安脉冲堆是我国设计、建造的第一座实用性多功能脉冲反应堆，既能稳态运行，又能以脉冲或方波方式运行。它能够获得脉冲响应，是基于其特殊的反应堆设计，具有很大的燃料温度反馈系数，因此，在引入很大的正反应性时，反应堆功率快速增加，燃料温度也快速增加，但是由于反应性反馈，反应堆功率又很快下降，获得了比较大的脉冲信号。

因此，在此案例中，结合了实际反应堆的特点，进行了瞬态计算和分析，获得了脉冲堆的脉冲响应特性，对学生深入理解知识具有重要启发。同时，西安脉冲堆所在的西北核技术研究设计院，属于马兰基地，延伸出原子弹的设计和研发、“马兰精神”、独立自主和艰苦奋斗精神，结合学院里有马兰基地的老师、有研究生毕业后到马兰工作、马兰的变化以及现阶段推进西北核技术研究设计院建设，号召学生发挥自己的才能，到祖国需要的地方发挥才干。

（3）“华龙一号”控制系统设计案例

在讲授核反应堆功率控制系统时，采用经典控制理论对反应堆功率控制系统进行设计，其中采用了时域分析、根轨迹分析和频率分析等方法，能够使学生掌握采用传递函数进行控制系统设计的思路和方法，并应用到实际反应堆中。

“华龙一号”是我国自主设计的第三代核反应堆，在设计中采用了先进的能动和非能动相结合的理念，在堆芯设计中也做了相应优化和提升，因此，核反应堆功率控制系统也需要相应进行设计调整和优化，需要从机理法出发，正向进行控制方案提出、控制系统设计和控制器参数整定。

因此，在此案例中，结合了“华龙一号”反应堆的结构和参数，根据第三代反应堆的要求，进行传递函数的建立、功率控制系统的设计，对学生掌握该部分知识和灵活应用具有重要的启示作用。同时，“华龙一号”作为国家名片，是千百科研人员科技攻关、研究创新的成果，体现了中国核电人脚踏实地、独立自主、勇于创新的科研精神，是现阶段解决“卡脖子”关键问题的重要经验，对学生开展学习科技创新精神、投身核电发展事业具有重要的启迪和教育意义。

四、案例教学整体设计

三个案例分别与教学内容中不同知识点相结合，案例背后所体现的思政元素也一样，具体的案例教学设计分三个案例进行说明。

（1）切尔诺贝利核事故分析案例

本案例设置的知识目标包括掌握反应性控制的原理和方法、掌握提高核电站安全性的措施。本案例设置的能力目标包括培养学生通过理论分析解决实际问题的能力和训练学生独立分析问题的能力。本案例设置的德育目标包括让学生能够以严谨的态度对待核反应堆的设计与运行和让学生能够认识到核安全在核能利用和发展中的重要地位。

在教学过程中就是围绕这三个目标分层次开展的，首先进行切尔诺贝利背景的介绍，如图 15 所示，了解反应堆的形式、能量转换系统等。在此基础上，介绍切尔诺贝利核事故，重点讲述其中的反应性控制，如图 16 所示，包括了与反应性相关的氙的积累、控制棒和空泡系数，其中控制棒的设计存在问题，在图 17 中进行了阐述，在此详细解释了慢化剂石墨和冷却剂水在反应性变化中所起的不同作用，并引导学生分析在控制棒从全部提出到插入堆芯瞬间，反应性以及核功率的变化，深入理解事故进程。最后，进行讨论和提问，围绕切尔诺贝利核事故的成因，所造成的后果，进行如图 18 所示的核安全文化的深入讨论，建立安全意识、严谨态度和高度负责任的工作习惯。

图 15　切尔诺贝利核电站的介绍

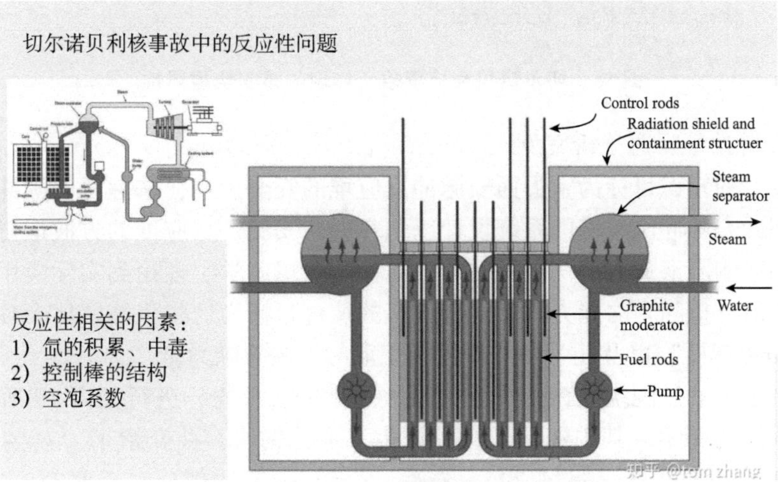

图 16　切尔诺贝利核事故中反应性控制

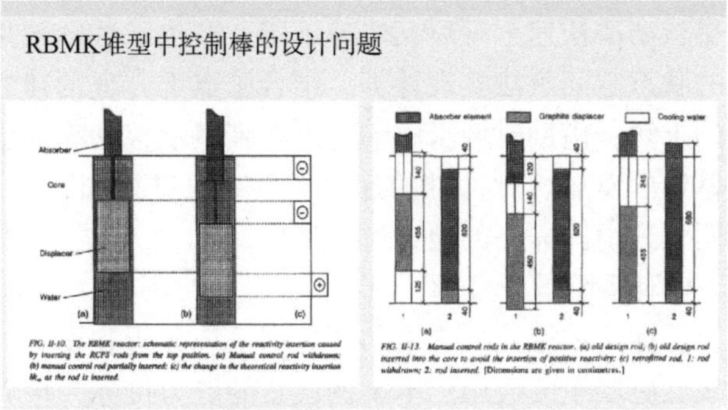

图 17　切尔诺贝利核电站的控制棒设计特点

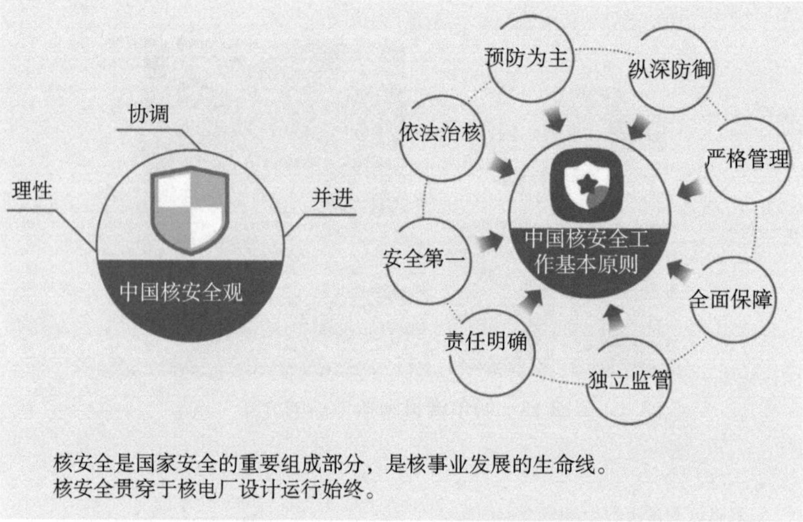

图 18　切尔诺贝利核事故所体现的核安全重要性

（2）西安脉冲堆瞬态分析案例

本案例设置的知识目标为掌握西安脉冲反应堆的安全设计，掌握西安脉冲反应堆的堆芯设计，掌握西安脉冲反应堆的系统设计以及掌握西安脉冲反应堆的方波运行功率调节方法设计流程和影响因素。本案例设置的能力目标包括培养学生理论到实际应用的能力和训练学生独立调研分析问题的能力。本案例设置的德育目标为让学生能够体会独立自主、艰苦奋斗的“马兰精神”以及让学生能够为核工业的发展贡献力量。

在教学过程中就是围绕这三个目标分层次开展的，首先，进行如图 19 所示的中国第一颗原子弹爆炸的介绍，其中经历了自力更生、艰苦钻研，并介绍了“马兰精神”以及 21 基地的发展和历史变迁（见图 20）。然后，介绍 21 基地部分内迁西安，成立 21 研究所，并继续发扬“马兰精神”，建设了如图 21 所示的脉冲堆，在脉冲堆的设计中，采用了特殊的燃料，具有高的燃料温度反馈系数，在引入很大正反应性时，可以由反应性反馈产生大的负反应性，使得核功率快速上升后又快速下降，产生脉冲的效果。该部分的计算是由核反应堆点堆方程的状态空间解法实现计算，结合了点堆方程的建立，状态空间模型的建立和状态空间模型的求解，借助时域求解的结果清晰展示核功率的脉冲。最后，进行讨论和提问，围绕马兰基地的发展、脉冲堆的建设和发展，进行如图 22 所示的自力更生艰苦奋斗的讨论，号召同学到祖国需要的地方进行工作。

（3）“华龙一号”控制系统设计案例

本案例设置的知识目标为掌握核反应堆功率控制系统分析和设计的原理和方法、掌握经典控制理论在实际核反应堆中的应用。本案例设置的能力目标为培养学生通过理论分析解决实际问题的能力和灵活应用现代工具独立分析和解决问题的能力。本案例设置的德育目标包括让学生体会几十年磨一剑，建设国家名片的不易以及科技创新发展战略在解决“卡脖子”问题中的重要性和必要性。

1964年10月16日，中国第一颗原子弹爆炸成功，震惊世界。通过自力更生、艰苦钻研，我们也研制出了"争气弹"！

图 19　中国第一颗原子弹爆炸

从昔日的小村庄到今天的大型科研基地

图 20　马兰基地的时代变迁

西安脉冲堆

我国自主设计、建造的第一座实用性多功能脉冲反应堆。它具有固有安全性高、用用途广泛、结构简单及运行维护方便的特点；既能稳态运行，又能以脉冲或方波方式运行，稳态额定功率2 MW，最大脉冲峰功率4 200 MW。西安脉冲堆设置有多种实验辐照装置，可以辐照生产放射性同位素，进行中子活化分析，中子照相、单晶硅中子辐照掺杂、材料辐照加工及辐照试验研究，开展核物理、中子物理、放射化学等科学理论研究以及人材培训。

图 21　西安脉冲堆介绍

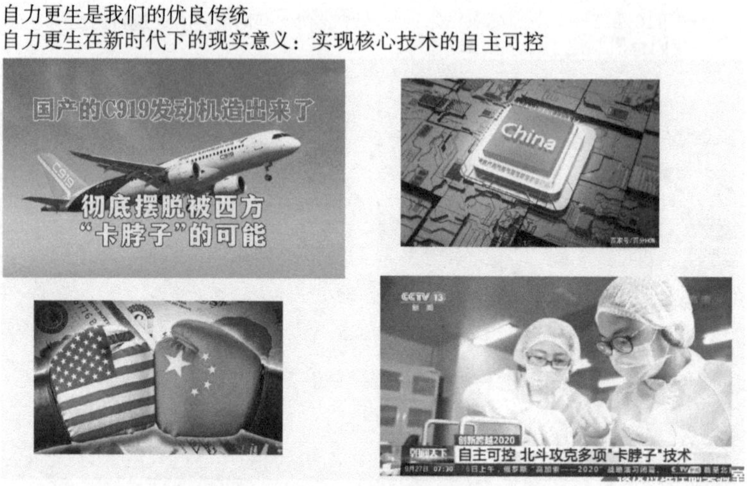

图 22　西安脉冲堆的自力更生启示

在教学过程中就是围绕这三个目标分层次开展的，首先进行如图 23 的“华龙一号”的发展历程，获得了独立知识产权，并且出口到了国外，形成了国家名片。然后，介绍“华龙一号”的结构和堆芯设计，针对中间最重要的部分——功率调节系统，重点介绍了其控制原理和逻辑，如图 24 所示。由于堆芯设计和功率调节系统需要有知识产权，在功率调节系统中，必须要采用正向设计，正向设计的流程如图 25 所示，其中传递函数模型基于机理法建立，在分析论证过程中，充分利用现代分析工具，采用经典控制理论中的时域分析、根轨迹分析和频域分析，将所学的理论知识应用于实际工程中，在此基础上进行方案的分析和论证，并利用仿真的方法进行验证和确认。最后，进行讨论和提问，围绕“华龙一号”的发展、建设和壮大，进行如图 26 所示的科技创新的讨论，提高学生的自豪感，提升为中国核工业努力工作的信心和决心。

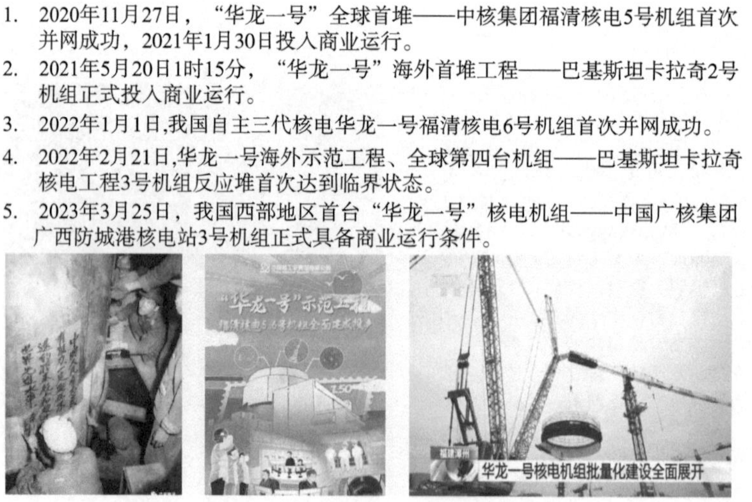

图 23　“华龙一号”发展历程

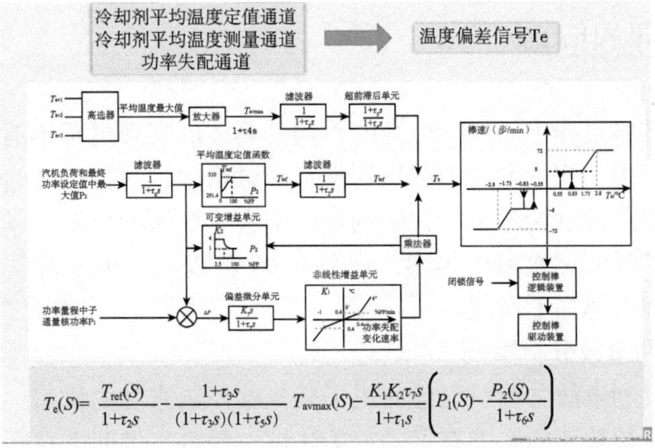

图 24　功率控制系统框图

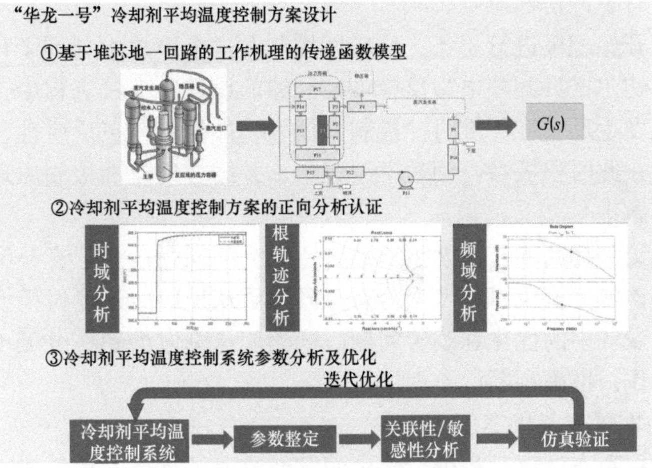

图 25　功率控制系统设计流程

“华龙一号”是我国核工业的自主创新能力和核心竞争力由跟跑、并跑向领跑转变和跨越的标志。这一成就得益于一代一代核工业从业者的共同努力奋斗、开拓创新，新时代核工业精神中最核心的一点就是科技创新。

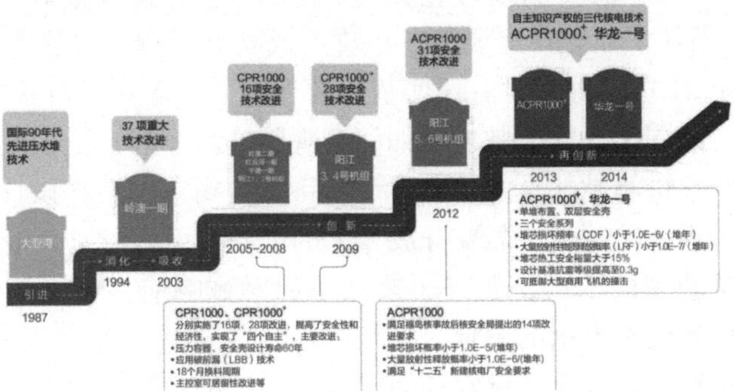

图 26　“华龙一号”建设对科技创新的启迪

五、教学实践过程回顾

在三个案例的教学过程中，根据内容的不同，具体的实现过程也有不同，总体上学生们表现出了极大的兴趣，积极参与到案例的学习和讨论中，并提出了自己的见解，在思政教育中，也将相关思想传达给学生，在案例讨论中有了更深的理解，学习的风貌也焕然一新。授课效果通过课程的评教可以体现，评分在 99 分以上，说明确实起到了效果。三个案例的教学实践过程具体如下所述。

（1）切尔诺贝利事故分析案例

在讲授切尔诺贝利事故之前，已经完成了反应性控制原理的讲解，学生对反应性控制和在瞬态下反应性对核功率的影响有了一定的认识。然后，借助电视剧《切尔诺贝利》中法庭审判中的剧情，引入了控制棒设计的缺陷，并对停堆动作引入之后，核功率快速增长，发生爆炸等具有了冲击性感觉。

此时，学生们开始积极进行思考，反应性控制在这个事故中起到了什么作用，进入了授课的主题，介绍切尔诺贝利核电站反应堆控制棒的设计，事故进程中，控制棒被失误提出反应堆堆芯，在发生反应堆停堆时，控制棒插入，如何引入正反应性，如何导致核功率快速飞升。学生们在此时积极参与到教学过程中，并结合反应性控制原理进行分析，深入理解相关核反应堆原理。

最后，进入讨论和提问环节，学生们针对所设置的问题进行了充分深入的讨论，并设想如果自己操作应该如何避免事故发生，有些同学更从反应性角度讨论设置控制棒提出的限制，以及控制棒设计中的优化和改善问题。同学们深刻体会到核电无小事，核安全需要谨慎设计，严格操作，准确判断。

（2）西安脉冲堆瞬态分析案例

在进行点堆方程瞬态计算过程中，学生们已经掌握了点堆方程的建立方法，状态空间方程的表示方法，状态空间方程的求解，对于如何应用这些知识在实际反应堆中是没有任何概念的。此时，引入脉冲堆功率的瞬态计算和分析，正好可以让学生深切体会所学知识的实际应用。

首先，介绍中国第一颗原子弹爆炸，引起学生的兴趣，接着介绍马兰基地和“马兰精神”，展示了在艰苦条件下独立自主艰苦奋斗攻关成功原子弹。在新形势下，马兰精神的外延，在西安建立了 21 所，并在没有任何基础的条件下，建立了西安脉冲堆，满足科研、生产等任务。此次，给同学提问，脉冲堆如何实现脉冲功率的？同学们想法各异。

其次，进入正题，讲解脉冲堆的物理设计，特别提到它的燃料设计。又提出问题，这样的设计为何能够实现脉冲功率？需要开展相关的证明。引入脉冲堆状态空间方程，进行反应性阶跃扰动下核功率的求解，获得了核功率的时域响应，可以清晰看到核功率的脉冲。同学们看完之后有恍然大悟的感觉。

最后，进入讨论环节，针对所设置的问题进行了讨论，如果没有研制成功原子弹，目前中国是怎样的环境？如果没有艰苦奋斗的精神，会不会研制出原子弹，会不会产生具有独立产权的战略性产品？由此，同学们体会到创业之艰辛，老师总结后，建议大家到祖国需要的地方去建功立业。

（3）“华龙一号”控制系统设计案例

在进行压水堆功率控制系统介绍时，引入“华龙一号”控制系统设计的案例，此时学生们已经掌握了传递函数的建立方法、经典控制理论，学会了一种现代工具进行系统特性分析。此时，引入该案例，可以让同学们更好理解相关知识点，更是所学知识应用到实践，特别是“华龙一号”这样的国家名片中，更能理解学以致用，学有所用。

首先介绍“华龙一号”作为国家名片，所取得的成绩，包括国内外的建设、技术上的创新、知识产权的取得，让同学们建立对下一步讲解的兴趣。然后，介绍核功率控制系统，说明“华龙一号”中所采用的控制方案，建立书本知识与实际运行核反应堆之间的联系，取消了对“华龙一号”的神秘感，建立想深入了解实际反应堆控制系统如何设计和运行的好奇心。此时，回忆所学的经典控制理论，将这些理论运用到实际控制方案建立和控制系统设计中，同学们恍然大悟，原来控制理论是这样应用的。在讲解过程中，不断进行提问和提示性引导，这样学生建立起了采用理论知识解决实际问题的信心，也对核反应堆控制有了更大的兴趣。最后，进行讨论，结合控制系统设计说明只要掌握了方法和工具，就可以完成设计，对于“华龙一号”也是如此，在核工业人几十年坚持不懈努力下，通过科技创新得到了第三代核电水平，对于其他行业也是如此，坚持科技创新、独立自主，才能摆脱依靠，解决“卡脖子”问题。

六、创新性与效果总结

核反应堆控制课程在教学过程中，从工程教育认证的视角出发重新审视和思考其中存在的问题，结合工程教育认证的目标进行了梳理和分析，强调以学生为核心，强化了案例教学，提出了三个案例，分别结合反应性控制、点堆方程状态空间求解和核功率控制系统设计等知识点，对应于核安全文化、独立自主、科技创新等思政元素。具有的创新点总结如下。

（1）案例触发理论讨论、深入交互式教学方式

结合核反应堆控制课程的实际，引入案例，例如，切尔诺贝利事故中存在的核反应堆功率失控问题，引导学生发问，背后存在的反应性控制以及功率稳定性问题，引出核反应堆稳定性讨论，并结合理论讲解和讨论，探究稳定性背后的机理，并确定解决方案。这样学生的深入参与，沉浸在问题中，启发学生思考并积极寻求答案，有助于提高学生兴趣。以前往往存在的案例简单、或案例背后没有理论、或不能提出问题等，不能达到教学效果。因此，交互教学方法的提出，结合了案例展示和交互讨论，实现了理论与实践的结合，具有教学方式和形式上的创新性。

（2）思政教育与课程授课深度融合、寓政于教

以往的思政教育往往比较直白，学生在教学中反映为了思政而思政，没有达到润物细无声的效果。在核反应堆控制的案例设置中，将思政教育内容直接融入了教学课程内容中，例如，对脉冲堆的案例分析，自然而然就会了解到西安脉冲堆所在的 21 所，联想到 21 基地和“马兰精神”，体会到艰苦创业的艰辛和不易，从近处联系到远处，从目前的独

立自主发展联系到“两弹一星”专家的辛苦付出，建立了为国建功立业的决心。

（3）前沿性、时效性科研成果融合案例教学

将最新的科研成果在实践教学中展示和体现，目前在发展的“华龙一号”等新型堆的控制方法和控制系统，纳入到教学课程中，不仅能够提高学生的兴趣和积极性，还能将最新的控制系统设计与核电厂的运行理念传达给学生，体现工程教育认证的产出效果，体现了知识的时效性和先进性。因此，将最新的科研成果在实践教学中采用，体现了案例教学内容的创新性。

在所采用的案例教学中，将相关知识点进行了详细讲解和解析，结合案例能深切体会背后的知识应用，学生理解更加透彻，更能体会理论与实践的结合。同时，也就更能体现出中间的思政教育特色，学生在学习、讨论、提问过程中掌握了知识，得到了教育，升华了思想。从核反应堆控制课程的成绩、课程评教等都能反映出授课所带来的效果，考试成绩优良率大幅提高，课程评教 99 分以上。

参考文献

[1] 孙培伟，魏新宇．基于工程教育专业认证的核反应堆控制课程教学改革——以西安交通大学为例［J］．大学教育，2023（08）：26-28.

[2] 王远隆，廖忠岳，何光前．脉冲堆功率调节系统动态特性分析［J］．核动力工程，2001（03）：204-206.

[3] 王远隆，何光前，廖忠岳．脉冲堆功率调节系统仿真研究［J］．核动力工程，2001（01）：80-82.

[4] Xianshan Zhang, Peiwei Sun, Leilei Qiu, Songmao Pu, Xinyu Wei. Transfer function modeling and simulation of HPR1000［J］, Annals of Nuclear Energy, 2022（166）, 108689.

[5] 鲁伊．切尔诺贝利的午夜［M］．桂林：广西师范大学出版社，2021.

[6] 胡遵素．切尔诺贝利事故及其影响与教训［J］．辐射防护，1994（05）：321-335.

“粒子加速器真空技术”课程思政案例

王　洁，王　盛，李海鹏，李志峰

（西安交通大学能动学院，陕西　西安　710049）

摘　要：本文针对研究生课程“粒子加速器真空技术”课程教学内容理论性和逻辑性强、具体问题涉及多方面因素影响等问题，讨论了该课程思政案例教学设计情况和要求，通过“粒子加速器真空系统材料选择及材料表面处理”相关的课程思政案例设计，分析了课程思政教学在核科学与技术领域课程教学方面的应用方式，为相关学科课程思政建设提供了一定的参考。

一、课程基本情况

（一）授课对象情况分析

本课程的授课对象是研究生，其中包括攻读硕士和博士学位的留学生及国内研究生。一半左右的学生有核科学与技术背景，其余学生的本科阶段专业包括：电子信息、机械设计等。

（二）课程情况简介

本课程主要介绍真空技术在加速器中的应用，使学生从真空物理的基础知识中更深入地了解真空技术的应用。该课程包括真空物理学基础、超高真空技术、压强测量、真空泵、吸气剂、真空系统材料、材料表面清洁、真空不稳定性、束流和真空、低温真空、超高和极高真空技术的发展、加速器真空系统设计原则、真空系统控制、新一代粒子加速器真空系统面临的挑战等。

本课程旨在使学生了解真空技术的基本物理知识，掌握真空技术的基础应用。

二、案例基本情况

（一）案例一：金属材料表面处理对真空度和电子云形成的影响机理

（1）粒子加速器真空管道的表面处理

加速器的全名是“带电粒子加速器”，是一种用人工方法产生高能带电粒子束的装置。正负电子、质子、轻重离子等带电粒子在电磁场作用下加速，粒子的速度可达到每秒几千千米、几万千米甚至接近光速。这种高能量的粒子束是人们研究“基本粒子”、认识物质深层结构的重要工具，在工农业生产、医疗卫生、科学技术以及国防建设等方面也都有着广泛而重要的应用。粒子加速器是一种复杂的高技术工程装置，主要由四个基本部分及若干辅助系统构成：粒子源、真空系统、注入输运系统、束流导引与聚焦系统、控制系统等。以真空系统为例，粒子加速器真空系统常用材料为不锈钢、无氧铜和铝合金，这些材料的表面处理工艺对真空度、气体解吸量、电子云等影响显著，如图 1 所示。

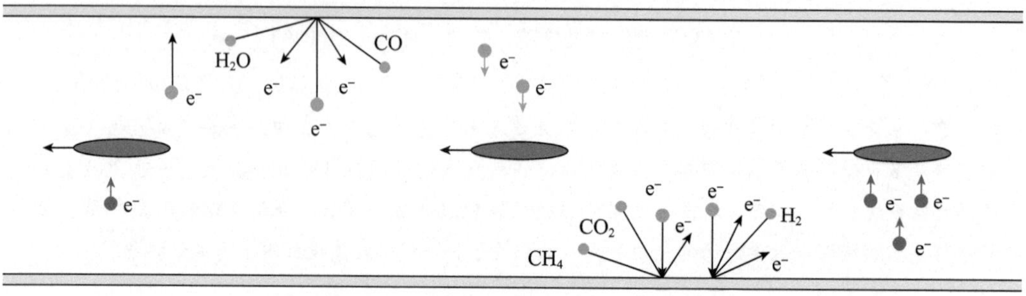

图 1　金属材料表面处理对真空系统真空度和电子云形成的影响机理示意图

对于粒子加速器真空管道而言，除了需要具备很好的机械稳定性和良好的导热能力外，根据不同加速器的运行状态，其真空系统材料还需满足以下要求：

① 耐腐蚀性强；

② 易于清洁的表面；

③ 高熔点和沸点；

④ 优良的气密性；

⑤ 高弹性模量和高机械强度；

⑥ 易于机械加工、车削、折叠、焊接；

⑦ 导电性需满足一定的设计要求，以便降低系统阻抗或者提供良好的电气绝缘；

⑧ 成本低。

为了达到上述要求，以粒子加速器真空系统的常用材料不锈钢为例，不锈钢的清洗主要是去除表面的严重污染物和严重缺陷，如氧化皮和划痕，可以通过擦拭、刮擦、研磨、刷丝、喷砂、电化学等。而这些抛光处理工艺会对真空系统材料的相关性能，特别是表面特性带来影响。分析抛光等工艺对金属材料表面特性的影响是个重要问题。如何让学生更深入地了解真空管道等部件的加工过程和工艺的优化，值得思考。我国悠久的历史长河中，类似的部件加工和优化的例子如何跟这一工程问题结合起来，值得仔细推敲。

（2）粒子加速器真空管道的表面处理工艺与古代木匠工艺的类比

粒子加速器真空系统设计关键基础问题包括：电子云问题、高真空梯度问题和真空不稳定性问题。结合元代朱玉的《太平风会图》来帮助同学们更好地理解粒子加速器真空系统材料的选择和材料的表面处理方式（见图 2）。

图 2　元代朱玉的《太平风会图》

这是一幅表现市井生活百态的风俗画。画中，商贩密集，行人熙攘，热闹非凡。画卷通过一种罕见的全景视角，在一张独立的空白背景上绘制了四百多个不同职业与阶层的人物，包括街头各路行人、小商贩、劳作匠人、民间艺人等。木工与石匠的工作场面包括锯、刨、雕、加工柱础等各种工序。

木匠是一种古老的行业。木匠的祖师爷为鲁班，他不仅能建造"宫室台榭"，还在征战频繁的年代造"云梯""钩强"等器械。相传他创造了"机关备具"的"木马车"；发明锯子、曲尺、墨斗等多种木工工具及磨子、碾子等多种农具，对后世影响很大。我们以图中的劳作匠人为例，分析中国历史长河中的机械工艺对现代工艺的启发。

① 锯：根据设计要求，木匠们会对木材进行裁剪。同样地，在粒子加速器真空系统设计中，如何确定机械泵、分子泵和离子泵对真空系统真空度的影响，如何优化泵与泵之间的距离，也是需要基于真空度计算结果，来优化真空管道与泵的位置等。

② 刨：为了使木材表面的光洁度或者粗糙度满足特定用途的要求，需要对其表面进行刨平。同样地，对于粒子加速器真空系统管道内壁，其表面粗糙度、表面清洗等都会影响材料表面的放气率、二次电子产额等，而表面放气率和二次电子产额等的变化，会影响真空系统的真空度，也会对束流的能量、发射度等带来影响，严重时可导致离子加速器中束流的崩溃。因此，需要对真空系统内壁的处理方式和工艺进行优化，继而提高真空系统中的真空度，降低残余气体对真空系统的影响。

③ 雕：这一工艺过程需要根据最终的设计要求来进行实施，比如刻的深浅，是否会影响成品的机械稳定性和美观性。在粒子加速器中，为了抑制粒子加速器中的电子云效应，研究发现可以通过对真空管道材料内表面进行激光加工，形成特殊的"花纹"，而这些特殊的花纹的形成跟激光处理参数息息相关，探索"花纹"形貌和粗糙度对材料表面二次电子产额的影响规律非常必要。

习近平总书记在 2023 年 9 月 9 日全国优秀教师代表座谈会上强调：大力弘扬教育家精神，牢记为党育人、为国育才的初心使命，树立"躬耕教坛、强国有我"的志向和抱负，自信自强、踔厉奋发，为强国建设、民族复兴伟业作出新的更大贡献。在当前的核科学与技术领域高等教育中，如何提高学生对中国传统文化的认识深度，如何兼顾爱国教育与当代科技发展，如何提高学生的文化自信，是个非常重要的课题，需要任课教师不断发掘、提炼和升华。

（二）案例二：粒子加速器中束屏的设计、优化及材料选择

欧洲核子研究组织（CERN）在大型强子对撞机（LHC）项目中提出了束屏的设计。LHC 的高能段束流管道需要使用超导磁铁以提供稳定的强磁场，而超导磁体需要使用 1.9 K 的液氦进行不间断冷却，这就对制冷系统提出了很高的要求。不仅如此，高能束流的部分能量还会以同步辐射的形式在束流弯转段直接作用在超导磁体的低温管壁上，同步辐射不仅增加了制冷系统的负担，还有可能使局部超导磁体过热造成超导失超的风险增加。因此，需要对高温超导磁体的低温管壁和束流之间的束屏进行优化设计，维持超导磁体的稳定工作。

同步辐射的定义。对论性带电粒子在电磁场的作用下沿弯转轨道行进时所发出的电磁辐射。假设单个电子在磁场作用下沿着弯转轨道运动，其瞬时辐射功率 P_e 为：

$$P_e = \frac{e^2 c(\beta\gamma)^4}{6\pi\varepsilon_0\rho} \tag{1}$$

其中，β 是电子相对速度（v/c）；γ 是电子相对能量（$E/(m_0c^2)$）；ρ 是电子分型轨道的曲率半径。根据我国史官（中国北宋宫廷天文学家杨惟德）对天象的观察和记录，《宋会要》第七十卷记载，公元 1054 年 7 月，己丑日晨，天关星（金牛座 ζ 星，见图 3）东南的天穹上出现了一颗明亮的新星，“昼见如太白，芒角四出，色赤白，凡见二十三日。”即连续 23 天内白天都能看到，足见辐射之强。这是近千年前中国人首先观察并记录了自然界中的同步辐射。天关客星爆炸后形成了蟹状星云，在 1774 年收录在梅西耶星表中，成为第 1 号天体。

图 3　天关客星示意图

通过讲解同步辐射的记录和发展历史，引导学生进一步理解同步辐射的定义、同步辐射在超导加速器低温系统中的热量转移问题、气体解吸问题等。

三、案例思政元素分析

在“粒子加速器真空系统”这门课程中，除了要关注学生是否充分了解真空技术基本物理知识，是否掌握真空技术的基础应用，还需要关注学生在未来的学习和工作中，帮助学生树立了正确的国家观、民族观、历史观、文化观，引导学生将自己所学与当前我国实现中华民族伟大复兴的目标结合起来，为国家发展贡献自己的力量。本案例的课程思政元素包括以下几个方面。

①“十四五”期间，国家重点支持基本费米子的性质、强相互作用力的本质、质量起

源与超出标准模型新物理和受控聚变中的关键科学问题等前沿方向，强化基于物理学相关的第四代同步辐射和自由电子激光等关键大科学基础设施的研究和应用。而对于超出标准模型新物理和受控聚变中的关键科学问题都需要依托基于真空系统的大科学装置来展开。在课程讲授过程中，需要结合当前国家重点发展领域来引导学生，逐步参与到国家重点发展领域的科学研究和工程当中。为中国特色社会主义事业培养合格的建设者和可靠的接班人。

② 一说到科学发展，诸多外国科学家的名字和事迹总会被提及，但是对于我国灿烂文明中积累的优秀文化和科技关注不够。本案例结合元代朱玉的《太平风会图》中涉及的木工与石匠的处理工艺，帮助学生理解粒子加速器中真空管道内表面的材料处理方式。

③ 由于学习这门课程的学生有来自巴基斯坦、赞比亚、意大利、土耳其等多个国家的留学生，还需要关注中华优秀传统文化的发扬和创新，响应国家级顶层合作倡议“一带一路”，基于古代丝绸之路的历史轨迹，积极发展与“一带一路”国家和组织的合作，携手实现共同发展繁荣。

四、案例教学整体设计

（一）案例一的教学目标

（1）素质目标

① 通过“三体”影视资料，结合北京正负电子对撞机，引导学生建立厚的爱国情感和民族自豪感，深培养学生精益求精的大国工匠精神，激发核科学与技术领域学生科技报国的家国情怀和使命担当。② 树立科技强国意识，培养学生精益求精的工匠精神，激发学生科技报国的家国情怀和使命担当。③ 粒子加速器真空系统材料表面处理方法随着新工艺、新设备、新材料的发展在不断更新，激发学生积极钻研和创新意识。

（2）知识目标

掌握粒子加速器真空系统材料的特点及相关性能要求；理解不同的表面处理方法对材料真空相关性能的影响规律。简述常用材料的表面处理工艺和流程。

（3）能力目标

可以根据真空系统材料的选择标准，具有小型粒子加速器真空系统初步设计的能力。

（4）教学重、难点

教学重点：粒子加速器真空系统材料的选用。教学难点：真空系统材料表面处理对材料真空相关性能的影响。

（5）重点、难点突破方法

围绕历史传统工艺与现代技术介绍，通过对《太平风会图》的介绍，帮助学生理解难点。

（6）教学方法

讲授法、启发式教学和案例教学法。

(7) 学习方法

自主学习和探究学习（见图4）。

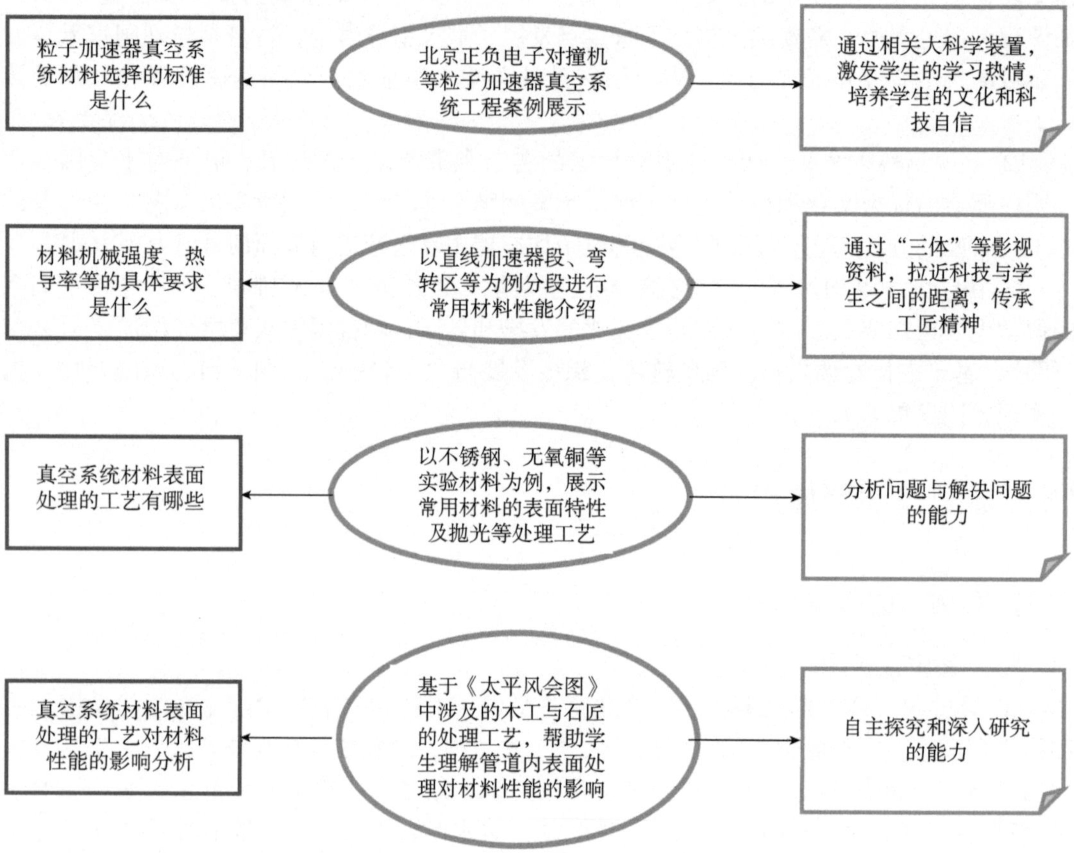

图4　案例一教学总体设计

（二）案例二的教学目标

(1) 素质目标

① 通过“三体”影视资料，结合北京正负电子对撞机，引导学生建立厚的爱国情感和民族自豪感，深培养学生精益求精的大国工匠精神，激发核科学与技术领域学生科技报国的家国情怀和使命担当。② 树立科技强国意识，培养学生精益求精的工匠精神，激发学生科技报国的家国情怀和使命担当。③ 束屏设计及材料的选择随着新工艺（如增材制造等）、新设备、新材料（新型超导材料等）的发展在不断更新，激发学生积极钻研和创新意识。

（2）知识目标

掌握粒子加速器真空部件束屏的结构、功能和特点；理解不同的表面处理方法对束屏真空相关性能的影响规律。简述束屏的作用及结构设计要点。

（3）能力目标

可以根据对撞机的设计要求，具有粒子加速器束屏部件的初步设计能力。

（4）教学重、难点

教学重点：粒子加速器束屏的结构及功能。教学难点：同步辐射对束屏热负载的影响评估及综合性能优化。

（5）重点、难点突破方法

通过对《宋会要》中关于辐射的介绍，帮助学生理解难点。

（6）教学方法

讲授法、启发式教学和案例教学法。

（7）学习方法

基于问题的学习模式、小组学习模式、自主学习和探究学习。

总体设计如图5所示。

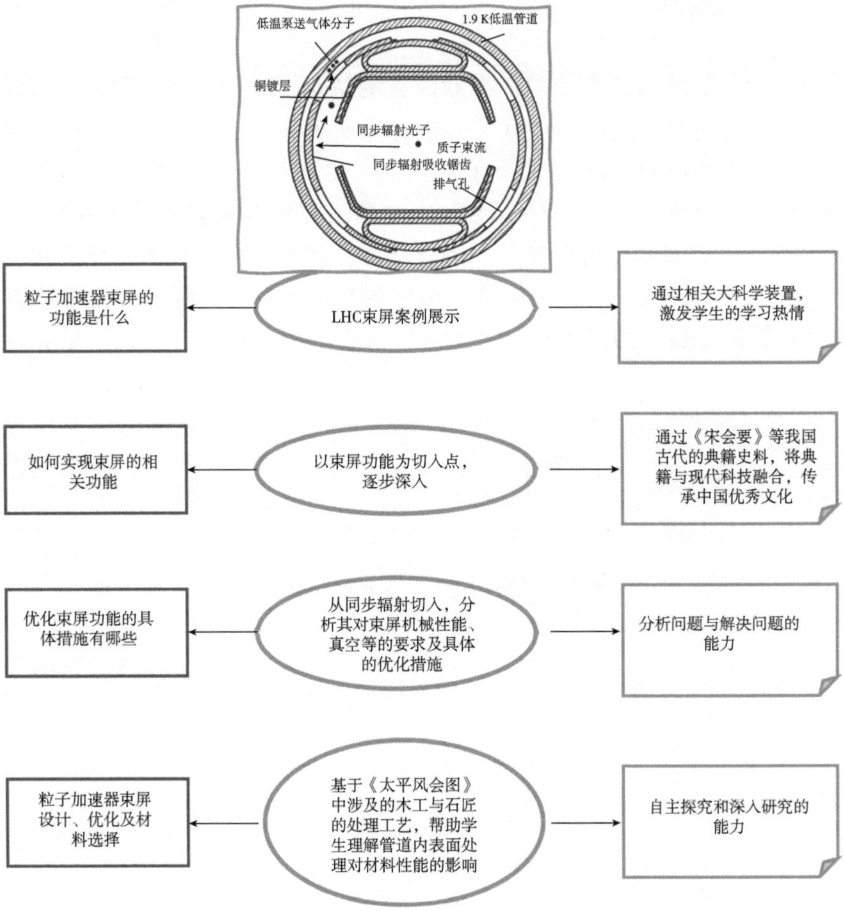

图5 案例二教学总体设计

五、教学实践过程回顾

粒子加速器真空系统课程的知识点中蕴含着大量的思政元素（如北京正负电子对撞机、兰州重离子加速器、上海光源等大科学装置的建设历程和科学家事迹）和德育资源（科学家们在粒子对撞机等大科学装置方面贡献，执着追求真理和服务国家的精神；中国传统文化与现代科技的对比、延伸等；不同国籍的科学家之间的交流合作等），具备开展课程思政的肥沃土壤。核科学与技术领域的授课教师在日常备课和教授过程中，要善于挖掘、搜集、归纳和总结课程思政元素，不断探索实践思政元素融入核科学与技术专业课程的方法和路径，高效落实立德树人根本任务，勇担为党育人、为国育才的教育使命，积极响应习近平总书记提出的建设“新丝绸之路经济带”和“21 世纪海上丝绸之路”的合作倡议，在面向留学生的研究生课程教学中，更多融入“一带一路”国家与中国协同发展相关的课程元素，秉承和平发展、开放包容、互学互鉴的理念，助力“一带一路”倡议目标的实现。

六、创新性与效果总结

本文基于“粒子加速器真空技术”专业课程的特点，采用基于问题的学习模式和小组学习模式，在师生之间及学生之间进行了充分的课堂互动，并将课程思政融入到课程的讲授当中，提高了学生学习的主动性，提升学生的英文学术交流能力，促进学科交叉融合，有助于推动核科学与技术学科的“双一流”建设和研究生专业教育的国际化。总体而言，融入课程思政的“粒子加速器真空技术”专业课程，注重了中华优秀传统文化的创新与传承，引导学生树立正确的国家观、民族观、历史观和文化观，激励研究生未来投身粒子加速器等大科学装置的建设，为国家科学技术发展及中国特色社会主义事业培养合格的建设者和接班人。

参考文献

[1] 王盛，王洁，李海鹏．粒子加速器真空系统［M］．北京：科学出版社，2023. 8.

“核反应堆热工数值分析”课程思政案例

王明军，张　魁、秋穗正、田文喜，苏光辉

（西安交通大学核科学与技术学院，陕西　西安　710049）

摘　要：近些年，高等学校研究生规模不断扩大，高层次人才培养过程学科专业高度精细化，研究生思想政治教育受到广泛关注。核能是国家战略核威慑和清洁低碳能源供应的重要支柱，以培养具有深厚家国情怀、强烈责任担当、广阔国际视野、高水平综合素质的核科学与技术学科领域的高级专门人才为目标，西安交通大学核反应堆热工水力研究团队（NuTheL）开设了面向研究生的“核反应堆热工数值分析”双语课程。传道授业解惑过程中强化家国情怀价值引领，结合互动式教学设计和引导式教育方法，探索研究生专业课程与思政教育同向同行的教学模式，一直是 NuTheL 教学团队的努力和发展方向。本课程着重讲述核反应堆热工水力计算领域的先进求解算法及分析方法，重点突出国家重大战略需求和自力更生、自主创新民族精神，将老一辈科学家的爱国奋斗精神、“两弹一星”精神、核工业精神、国外对核能技术禁运、我国自主化三代核电研发、四代核电技术引领，以及课程组团队自主创新的奋斗历程贯穿于课程教学全过程。结合国际核能形势、国家核能发展及学科团队建设发展历程，向学生传递“胸怀大局、无私奉献、弘扬传统、艰苦创业”的交大西迁精神理念，提升学生的专业自豪感和文化自信感，培养与国家需求同向同行、有理想担当的高水平核能专业人才，为我国先进核能自主创新和技术引领储备技术力量。

一、课程基本情况

（一）授课对象情况分析

研究生教育是我国高层次科技创新人才培养的重要部分，是实现科技创新高质量发展的重要基础条件。“核反应堆热工数值分析”（*Numerical Analysis of Thermal Hydraulic in Nuclear Reactor*）是西安交通大学核科学与技术学科研究生（硕士及博士）核心基础课程之一，理论课时 40 学时，2 学分。同时，为了充分体现国际化和响应国家“一带一路”倡议，课程采用双语教学模式，面向“一带一路”国家培养紧缺的核科学与技术领域人才，体现大国担当。

思政教育是国家高素质人才培养中的重要一环，近年来，党和国家提出要高度重视高校思想政治教育工作。新工科建设背景下，工科专业研究生思政教育模式发生改变，研究生培养过程不仅要重视其专业知识和实际应用能力的提高，而且要注重培养学生的思政素质，在研究生专业课程中融入思想政治教育，课程思政需要贯穿于教学教育全过程。高校工科专业研究生科技创新能力强，专业基础扎实，已经是国家科学研究和科技创新的主体，关乎国家未来科技发展，课程思政教育引导研究生将自己的科技创新与国家重大需求结合，在传授知识的同时，结合知识属性，在价值引领和精神追求上进行教学理念的开发和提升，将专业知识与思想政治教育元素进行有机融合，建立起知识传授与价值引领连接的纽带，培养与国家需求同向同行、有理想担当的高水平核能专业人才，为我国先进核能自主创新和技术引领储备技术力量。

（二）课程情况简介

“核反应堆热工数值分析”是国家级精品课程“核反应堆热工分析”（本科生课程）的进阶课程，聚焦核反应堆热工安全计算中的先进数值算法和分析方法，内容主要包括反应堆热工水力计算的基本模型，传热、物性等辅助模型，两相流数值分析技术和典型系统安全分析程序简介，CFD 及先进的热工水力计算技术，海洋条件下核反应堆热工水力分析技术，核动力系统稳态与瞬态热工计算实例等。目的在于使学生掌握核反应堆热工水力数值计算方法，了解先进热工水力计算技术发展趋势，培养学生具有开发先进热工水力计算方法并掌握典型核动力系统热工数值计算的能力。

课程组依托西安交通大学核反应堆热工团队近 30 年的教学和科研积淀，在陕西省及西安交通大学等多项教改项目的支持下，深入开展了课程内容、教学设计、教学平台及人才培养模式的改革，课程主要特色和创新点如下。

（1）与时俱进。充分借鉴和吸收国内外一流核工高校高等教育教学的经验，将最先进的核反应堆热工数值分析技术及计算方法成果体现到教学内容中，为新形势下我国高校高层次核科学与技术专业人才培养和课程改革提供参考和借鉴。

（2）科教融合。紧密围绕团队承担的国家级及行业内重点单位委托科研任务，将最新的研究成果融入课程体系，整合核反应堆中子物理、热工水力、燃料性能等多学科内容，处理好专业课程深度和广度的平衡性，以及专业课与科研课题的衔接和协调性。

（3）形式丰富。重视工程实践和学生解决实际问题的能力，开展课堂教学、课程设计、互动讨论、案例分析、前沿讲座、基础实验和创新性实验相结合的教学模式和考核方式改革和实践，“教学—实践—科研”相结合，开创“请进来，走出去”的国际化新型教学模式。

（4）国际视野。课程采用双语教学模式，提高研究生国际化交流能力，培养具有国际化视野和创新能力的新型复合型专业人才，着力推进“一带一路”国家间核能技术与教育领域的国际合作，在国际核科学与技术领域发出中国声音，体现大国担当。

二、案例基本情况

现代高等教育的重要特征是知识分类和学科分工精细化，高度专业化的高等教育模式受到广泛重视，但学科专业和思政教育高度融合的氛围存在不足。本文以工科研究生双语课程“核反应堆热工数值分析”为例，实现了学科专业知识与“课程思政”元素有机融合，形成了全新的以思想政治引领、专业知识扎实的工科研究生教学模式，建立了融合学科背景的“课程思政”教学案例库，为核科学与技术专业研究生课程思政提供新思路。

（一）案例一：默默耕耘，自主化核反应堆子通道程序与系统程序开发历程

核反应堆热工水力计算方法的课程任务就是要实现先进核动力系统、设备及单元部件的热工水力特性精确计算。尤其在“碳达峰、碳中和”背景下，核反应堆热工水力精确计算在指导核反应堆系统设计、提升能源利用效率方面具有更加重要的使命和任务。在向学生介绍学习核反应堆热工水力计算方法的必要性时，授课教师应当结合当前时代背景，使学生切实感受到学习本课程对于我国能源利用以及核能发展的重要意义。由于西方发达国家核能发展起步早、许多关键热工水力模型也均由国外学者提出，容易使学生认为我国的核反应堆热工水力分析软件发展落后。授课教师引入西安交通大学西迁历史，从 1958 年成立工程物理系开始，授课团队就一直秉承一脉相承的研究精神，努力弘扬“西迁精神”，核科学与技术学院历经 60 余年的发展，已经形成了功能丰富且完善的核反应堆热工水力模型、集成软件，如子通道程序 SACOS、核动力系统分析软件 VITARS，计算速度和精度已达到国际先进水平，应用于自主化三代核电、钠冷快堆、铅铋快堆等先进核动力系统，解决了国家重大工程急需。通过授课团队自身发展的故事，激发学生的民族自信和自豪感，从而对本门课程的学习产生兴趣。授课教师积极引导学生，当面对特殊的国际环境，国际先进的子通道等核反应堆热工安全分析软件受到国际禁运，开发具有自主知识产权的反应堆热工设计软件是十分必要的，为我国核能事业发展贡献力量。使得学生在学习本门课程的过程中具有使命感和责任感。

（二）案例二：强核创新，自主化核动力蒸汽发生器三维热工程序 STAF 开发

在讲解核动力系统关键设备高精度热工分析方法时，讲授了蒸汽发生器的运行原理和分析方法，早期针对蒸汽发生器三维热工分析都是使用的国外技转软件，程序版权及关键模型的升级都受到严格限制，亟须开发具有自主知识产权的核电蒸汽发生器三维热工分析软件。在此背景下，西安交通大学核反应堆热工水力团队自 2012 年开发自主化核动力系统蒸汽发生器程序，形成了具有完全自主知识产权的 STAF 系列，替代了长期被国外垄断的 ATHOS 程序，在上海核工程研究设计院、中国核动力研究设计院、中广核苏州热工院等多家单位得到应用。该程序采用四方程漂移流方程模型，相较于美国开发的三方程漂移流模型（ATHOS）和韩国开发的两流体模型（CUPID-SG），在保证模型精度的条件下计算效率更高且相间模型导致的不确定因素更少，同时考虑一次侧流量分配不均性，并在一次侧、二次侧采用了全三维耦合方法，两侧流场均具备较高解析度（现有主流程序均将一次侧简化为一维流动，耦合换热存在失真）。STAF 软件可实现全尺寸、全流域蒸汽发生器高效率的热工水力并行模拟，可获得稳态和瞬态流场、压力场、温度场以及空泡份额分布和一次侧流量分配情况，已实现 AP1000、CAP1400 大型先进压水堆的蒸汽发生器热工水力特性分析的示范应用，支撑了我们自主化三代核电的发展。通过课程团队自主开发核动力系统蒸汽发生器三维热工分析程序等案例，鼓励学生夯实基础、学好知识，培养自主创新精神，做领域的拓荒者，引导学生面向国家重大需求做科研，用自己的智慧去解决领域内的“卡脖子”关键技术，将所学知识应服务于国家重点工程，将论文写在祖国大地上。

（三）案例三：发愤图强，高水平试验装置破解核反应堆热工领域核心技术瓶颈

先进核动力系统是大国重器，具有自主产权的高水平试验装置及热工安全分析关键试验验证技术是保证我国“三位一体”战略核力量的前提，也是制约我国核电“走出去”战略的关键技术瓶颈。先进核动力系统热工水力计算方法离不开试验验证的支撑。授课团队在国家重点研发计划、国家科技重大专项、国家自然科学基金、装备预研及企业横向课题等项目支持下，历经三十年发展，研制了全系列测试验证平台，包括先进核动力系统单元部件复杂机理现象高精确验证装置、核心设备多组分多相场分离效应验证装置、复杂系统全尺寸多环路多场协同集成效应验证技术，多项装置填补了该领域的国内空白，技术参数国际领先，实现了先进核动力系统热工流体设计及安全分析方法的精确验证。全面校验了自主化三代核电和第四代先进核能系统等国家重大核电工程研发设计的安全性、合理性与可靠性，为我国自主化三代大型先进压水堆的建设和运行、第四代先进核电及国防核动力的研制等发挥了重要作用。授课老师在讲授核反应堆部件设备热工水力分析方法、模型与程序开发过程中，穿插交错引入合适的机理试验验证方法、装置设计、关键物理现象，增强学生对重要物理现象的理解，激发浓厚的科研兴趣；在讲授核动力系统热工水力分析中，引入西安交通大学核反应堆热工水力研究室研制的钠-水蒸气发生器综合性能验证装置，该装置全流程模拟了钠冷快堆二回路的钠回路和三回路的高温高压水回路，有力支撑了中国示范钠冷快堆的关键基础研究、设计验证和设备研发。此外，授课老师给学生着重介绍该装置建成的重要意义，打破了美国、俄罗斯对我国钠冷快堆核能技术封锁，对我国发展先进核电和核动力，提高核威慑能力具有重大意义。

（四）案例四：开放包容，国际舞台发声彰显国家核科学与技术实力追赶超越

习近平主席在华盛顿核安全峰会《加强国际核安全体系推进全球核安全治理》讲话中明确指出：“中国欢迎亚太国家、‘一带一路’国家和其他发展中国家参与核安全从业人员培训、核安全技术演练和交流等相关项目”。在此背景下，核科学与技术领域的高等教育国际化已成为我国高等教育发展的必然趋势，课程注重国际化影响，面向“一带一路”国家培养紧缺的核电行业人才，采用双语教学模式，旨在培养高层次的核科学与技术专业留学生，进一步推进“一带一路”国家间核能技术与教育领域的国际合作。课程充分考虑留学生对国际核能发展方面的背景知识不足，详细介绍世界核反应堆技术发展历史和现状，其间融入中国核工业特别是中国核电技术“自主化、走出去”发展历史，积极宣传中国“双碳”能源战略及关于气候变化治理的大国担当。通过国际国内比较分析，引导留学生探讨先进核能技术在“一带一路”国家能源发展中的作用，促进核能技术资源分享、共同发展、共同繁荣，激发留学生的专业认同感和自豪感。同时，课堂中积极分享中国核能发展最新成果，随着中国经济科技实力的发展，中国先进核反应堆技术的发展也进入了新时代，由此引出国之重器、国家名片三代核电“华龙一号”自主研发之路和出海之路，中国与巴基斯坦合作建设的卡拉奇核电站 K2、K3 两台“华龙一号”核电机组建成投运，成为中巴合作的典范，通过这些案例培养“一带一路”国家留学生对核科学与技术专业自信心和对中国核能发展的认同感。同时，团队开发的 ADS 泄压模型引起了法国电力集团

（EDF）的高度关注并主动寻求合作，充分证明了近些年我国在国际核能舞台的地位越来越高。我国实现核电技术弯道超车，从最初发展相对落后到如今的核电强国，是一代代核能科研人员不断创新奉献、积极探索的结果，希望大家继续努力，传承好核工业精神和西迁精神，为我们国家的核能发展贡献力量。

三、案例思政元素分析

核反应堆的安全问题是核电和国防核动力发展的根本，本门课程重点介绍核动力系统先进热工数值计算方法，尽管内容比较基础，但所涉及的概念和知识点非常多，内容涵盖整个核动力系统和关键设备。为了方便学生理解，授课教师在讲述第一章冷却剂热工水力计算的基本模型、第二章相关传热及水力学模型、第三章辅助模型、第四章核动力系统稳态与瞬态热工计算实例时，介绍团队自主研发的子通道分析软件 SACOS、核动力系统分析软件 VITARS，并成功应用于我国自主化三代大型核电“华龙一号”安全分析的案例，让学生了解西安交通大学科研人员在我国核动力系统安全分析领域做出的重大贡献，既丰富课程内容，同时增强学生的自信心和荣誉感，激发学生自主编程的信心，培养学生科技报国的家国情怀。

在学习到 CFD 先进数值模拟方法的时候，我们引入由课程组自主研发的核动力系统关键设备蒸汽发生器软件 STAF 在我国核电及船用核动力等国家重大需求行业及国防战略领域的应用，突出核动力系统安全分析技术和软件与国家重大需求和国防战略发展的紧密联系，使学生重视课程学习，引导学生国民经济主战场和国家重大需求，培养学生的报国情怀。

实践教学是巩固理论知识，加深理论认识的有效途径，是培养具有创新意识的高素质工程技术人员的重要环节。本课程引入中国西部先进核能研究院实验平台实践过程，参观大型先进压水堆、钠冷快堆、铅铋快堆等热工水力实验装置，并亲自动手尝试大型先进压水堆 ADS-4 泄压实验操作过程，充分展现近些年在核科学与技术领域西安交通大学的快速发展，得益于国家整体科技力量的提升和强大，让学生们深刻意识到核心技术一定要掌握在自己手中。

课程通过双语教学模式开展核领域留学生培养，建立了一套适应新的国际合作背景特别是针对“一带一路”国家的教学国际化、培养和管理合理化的核领域留学研究生培养模式，授课过程始终秉承开放包容，体现强大的文化自信，充分宣传国家在核科学与技术领域的发展，展现中国在全球环境治理的大国担当，推动“一带一路”国家的核科技紧密合作和共同发展。

四、案例教学整体设计

课程主要采用事例启发教学、对比教学、分组讨论、感悟分享方式进行课堂授课教学，结合实践教学，充分发挥师生互动，在理论学习和实践中了解国家核科学技术的发展，感悟老一辈爱国科学家和一代代核工业者的贡献，激励学生们强核报国，树立民族自信心。

第一步：背景意义介绍+基础理论知识铺垫。先进核动力系统是国家战略核威慑和能源的重要支柱，研发其核心设计分析技术及软件是先进核动力的重大需求，也是制约我国核电自主化及“走出去”的关键技术瓶颈。核反应堆安全分析关键是开展瞬态热工水力特性研究，反应堆瞬态热工水力分析的核心任务是预测在各种运行瞬变事件和事故工况下，核反应堆及其热力系统内运行工况和热力参数的变化过程和变化幅度，为核动力系统各道安全屏障的设计提供依据，以确保各道安全屏障不受破坏，并以此确定运行参数允许变化的最大范围和反应堆保护系统动作的安全定值，使学生了解核反应堆安全问题的核心与关键。

第二步：案例切入+应用实例讲述。核动力系统安全分析软件涉及整个系统的质量、动量、能量守恒方程，单相、两相流动传热模型及关键物理现象模型等。然而，目前我国核电安全分析领域基本都采用美国的核安全分析软件，如 RELAP5 和 TRACE 等，在讲解基本模型和计算方法时容易使学生产生距离感。此时引入西安交通大学课程组自主开发的系列核安全分析软件 MITARS、RETAC、NUSAC、SACOS、STAF 等成功应用于我国自主化三代大型核电“华龙一号”安全分析，为这项伟大的大国重器事业贡献了一份交大智慧和力量的案例，体现了西安交通大学科研人员在我国核动力系统安全分析领域做出的重大贡献，可以增强学生的自信心和荣誉感。

第三步：事实对比+教师引导。在应用实例部分重点介绍课程组自主开发的系列核安全分析软件在自主化核电及国防核动力系统等国家重大需求行业及国防战略领域的应用，再结合美国对我国核电安全分析软件的禁用事实新闻，使学生意识到拥有自主知识产权的核动力系统安全分析技术和软件的重要性，核心技术“要不来，买不来”，只有牢牢掌握在自己手里，才能不受制于人，才能保证我国核安全分析技术自主可控，激发和培养学生的爱国情怀，鼓励学生树立科技报国的远大抱负。

第四步：小组研讨+现场实践。授课教师抛出问题，组织同学对回答进行讨论，展开“头脑风暴”，教学重点分步突破，教学难点也得以分解。结合我国自主化第三代核电“华龙一号”的发展历程和设计特点，侧重非能动安全系统设计中遇到的技术挑战。介绍我国如何实现从引进消化吸收 AP1000 到自主设计“国和一号”的跨越。引入西安交大热工组搭建的 ADS4 泄压喷放实验平台现场实践，介绍团队提出的适用于第三代核电中自动泄压系统的夹带率计算模型，研究成果解决了传统分析方法无法准确计算泄压过程液滴夹带量的难题，已经植入了我国自主化三代系统安全分析软件。

五、教学实践过程回顾

（一）背景需求介绍

以压水堆核电厂为例，介绍其系统组成及核反应堆堆芯结构，通过对压水堆热工设计准则的详细阐述，让学生对系统程序及子通道程序开发目的有一个全面的直观认识，引出我国核电的发展历程和老一辈核工业人艰苦奋斗的英雄事迹。

（二）机理现象分析

针对核动力系统单元部件关键机理现象，关键设备复杂三维压力场、流场及温度场分布，整体系统稳态及瞬态效应，带领学生分层级自下而上依次分析，以核动力系统的心脏——核反应堆堆芯窄缝通道及压力容器下封头外流动沸腾现象为例，向学生详细阐述核反应堆的冷却剂工质从单相过渡到两相的全流型分布，针对不同的流型，需要采用对应的数学物理模型进行分析才能获得精确的计算结果。强调同学们要善于发现和思考，能坐冷板凳，去解决核反应堆热工领域这些棘手的关键科学问题，提升国家在基础研究方面的科技创新能力。

（三）几何模型建立

针对典型的压水堆三环路核电厂及 17×17 排布棒束堆芯组件，引导学生分别建立相应的几何部件模型，在建模过程中，带领学生一起分析模型简化的合理性，对于具有对称分布及周期变化的物理对象，引导学生思考是否有特殊的几何建模方法，如何建立简单有效的模型来实现核动力系统热工水力特性的计算。讲述团队在开发三维热工安全分析程序的历程，鼓励同学们不畏困难，勇于自主创新。

（四）数学物理模型开发

研究生教学中有个公认的事实，学生普遍畏惧复杂的数学物理方程组，多个物理量复杂交织影响，叠加各种偏微分与积分，给自主编程带来了极大的困难，这也是自主化软件研发最困难的一点。授课老师以带领学生一起推导核反应堆系统三大基本守恒方程组，讲授每一个变量的定义，方程中每一项的物理含义，各个方程的交织联系，结合特定的物理现象，从本质上让学生理解如何建立数学物理模型，只要突破了本质困难，任何物理模型的建立都可以实现。

（五）程序研制

以授课团队自主开发的国际先进水平的子通道程序 SACOS 为例，带领学生一起探讨程序开发的底层框架设计、编程逻辑、算法设置、标注语言说明等内容，彻底消除学生的自主编程畏难情绪，让学生全流程熟悉并掌握编程的方法与技巧；在此基础上进一步介绍授课团队自主研发的系统分析程序 VITAS，面向核电厂运行关注的实际问题，带领学生一步步开展压水堆核电厂各个设备部件的几何模型、控制体划分、热工边界设置等工作，培养学生独立开展自主化程序编制的信心与能力，让更多学生未来投入到我国大型商用自主化软件研发工作中。

（六）程序功能验证

授课老师首先讲授程序验证的几种方法，包括试验验证、基准题验证、程序 V&V 验证。首推机理试验与工程试验验证，带领学生深入理解验证对象的关键机理现象、物理规律和试验方法，紧密结合程序验证需求与试验数据库，全方位验证程序的计算结果。

（七）程序推广及工程应用

检验自主化程序的黄金标准就是开展核反应堆系统工程应用中热工水力特性计算，授课老师在讲授完程序的自主研发全过程后，向学生介绍授课团队自主研发的程序 SACOS 与 VITAS 为我国自主化三代核电（“华龙一号”与“国和一号”）的系统研发设计及热工安全特性分析提供了重要的软件支撑，实现了我国软件完全自主可控。

六、创新性与效果总结

先进核动力系统是国家战略核威慑和能源的重要支柱，核动力系统核心安全分析软件是国家重大核电工程及国防战略领域的重大需求，也是制约我国核电自主化及“走出去”的关键技术瓶颈。团队开设“核反应堆热工数值分析”双语研究生课程，一致致力于探索融合“课程思政”元素的工科硕士研究生专业课教学模式，明确“核反应堆热工数值分析”的课程目标和思政教育目标，从教学内容、学科特点、国家需求等多层次挖掘“课程思政”元素，建立融合核反应堆热工数值计算方法学科前沿、先进核动力系统核心设备数值模拟关键技术、核科学与技术领域发展历程与未来等多种案例的“课程思政”教学案例库，制定科学合理的研究生课程思政目标达成度评价标准，从而构建融合“课程思政”元素的“核反应堆热工数值分析”课程案例教学的新模式，为研究生专业课程思政提供新思路。

授课教师在课堂上除了传授基础理论知识，更加注重从思想上让学生认识到核反应堆安全分析技术在国家重大核电工程及国防战略需求中的基础性和重要性，认识到课程学习与服务国家重大需求和国防战略发展的紧密联系，增强学生学习的动力，激发学生攻克关键核心技术的激情与热情，培养学生自主开发核动力系统分析程序的能力、爱国精神与爱校情怀，最大限度发挥课程思政教育的作用，以达到立德树人、爱国爱校的效果。

参考文献

[1] 刘留，周涛，张嘉驰．构建以思政案例与专业案例融合的工科研究生课程［J］．教育教学论坛，2023，9：125-128.

[2] 王娟，秦国梁，石磊，等．新工科视域下材料与化工专业学位研究生培养中的“课程思政”探索［J］．思政教育，2023，18：191-193.

[3] 翟钧剑，刘韬．新工科建设背景下工科专业研究生思政教育模式探索［J］．思政研究，2021，6：61-63.

[4] 尹乔之，邓健，魏小辉，等．新工科背景下研究生课程思政教学探索与实践——以航空航天特色专业研究生课程教改为例［J］．教育教学论坛，2023，8：87-91.

[5] 王亚林，李萌，吕从聪，等．基于课程思政的理工科研究生专业基础课程教学实践与探索——以《泥沙运动力学》为例［J］．科学咨询/科技管理，2021，10：170-171.

[6] 高崴，邓梓龙，刘晨东，等．融合“课程思政”元素的工科硕士研究生专业课案例教学模式探索——

以《气液两相流与传热》为例［J］．当代教育实践与教学研究，2022，10：94-96.
［7］高璞珍，张志俭，赵东蕾，等．服务“一带一路”核领域留学研究生培养模式探索与实践［J］．当代教育实践与教学研究，2020，17：448-449.
［8］王翔，张田．核工程专业留学生研究生的教学探索［J］．教学实践探索．2095-6711-09-2021-19-0071. 215-218.

“先进核电技术”课程思政案例

张大林，田文喜，秋穗正，苏光辉

（西安交通大学核科学与技术学院 核反应堆热工水力研究室，陕西　西安　710049）

摘　要：课程思政是落实高等学校立德树人根本任务的关键，核行业作为国家战略核威慑和清洁低碳能源的重要支柱，涉核课程的思政教育显得尤为重要。本文分享了西安交通大学核科学与技术学院专业前沿课程“先进核电技术”的一个思政案例，“从 1 到 100 万”，介绍了我国从大山深处 909 基地发出的第 1 度核电到完全自主化知识产权 100 万 kW 第三代核电技术“华龙一号”的发展历程，提炼了其中蕴含的家国情怀、大国工匠精神和科学精神等思政元素，设计了课程思政整体过程。本案例可为核工程专业相关课程的课程思政设计提供借鉴。

课程思政是落实立德树人根本任务的关键，习近平总书记就课程思政建设多次提出明确要求，2016 年在全国高校思想政治工作会议上，习近平总书记就明确指出“思想政治工作从根本上说是做人的工作，必须围绕学生、关照学生、服务学生，不断提高学生思想水平、政治觉悟、道德品质、文化素养，让学生成为德才兼备、全面发展的人才”，2019 年在学校思想政治理论课教师座谈会上，习近平总书记再次强调，课程思政“最根本的是要全面贯彻党的教育方针，解决好培养什么人、怎样培养人、为谁培养人这个根本问题”。

核行业作为国家战略核威慑和清洁低碳能源供应的重要支柱，其在人才培养中要格外重视学生的思想政治教育，以期能够培养理想信念坚定、爱国情怀浓厚、品德修养高尚、专业本领扎实的德才兼备的核领域人才，国内多家涉核高校在核工程与核技术专业的关键核心课程如“核反应堆热工分析”“核反应堆物理分析”“核动力装置与设备”等课程教学中，开始了课程思政教育的探索。“先进核电技术”是西安交通大学核科学与技术学院开设的一门专业前沿课程，旨在通过本课程的学习，使得学生初步掌握包括第三代、第四代在内的各种先进核反应堆结构及设计原理、先进核能系统发展历程和前沿，在课程学习中有机融入我国核工业从 0 到 1、从 1 到 100 万的辉煌奋斗史，以及在这个历史长河中一位位“干惊天动地事、做隐姓埋名人”的前辈先贤的可歌可泣的感人事迹等思政元素，激发学生强核报国的使命担当，勇于投身新时代的核工业发展洪流，突破世界核强国的“卡脖子”技术封锁，为我国完全自主化先进核电技术研发、国防安全建设和国民经济建设贡献力量。

本文撷取了“先进核电技术”课程在第三代核电技术一章中的思政案例，介绍我国从大山深处 909 基地发出的第 1 度核电到完全自主化知识产权 100 万 kW 第三代核电技术“华龙一号”的奋斗历程，树立学生的专业自信和强核报国的民族自信心。

一、课程基本情况

（一）授课对象情况分析

“先进核电技术”是西安交通大学核科学与技术学院面向核工程与核技术专业学生开设的专业前沿课程之一，安排在第7个学期，正是学生未来道路选择的关键时期，此时的学生已经基本学完了全部专业课程，对于本专业已经有了初步的认识，面临着未来是直接就业还是进一步读研深造，不管是就业还是读研，还面临着是否保持核行业发展还是转行的问题，此时迫切需要一颗定心丸，让学生确信核行业一个有前途的充满希望的行业。

（二）课程情况简介

“先进核电技术”课程理论学时32学时，占2个学分，在整体梳理核电4个发展脉络（见图1）的基础上，重点介绍AP1000、EPR、“华龙一号”等第三代核反应堆的系统结构及设计，超临界水冷堆、钠冷快堆、熔盐堆、铅铋冷却快堆、气冷快堆、超高温气冷堆等第四代核能系统概念，以及行波堆和核聚变反应堆等先进核反应堆系统的原理等。本课程为学生全面展示了核电的发展历史，如火如荼的发展现状，以及蓬勃发展的未来，坚定学生行业的信心和投身核能事业的热情和自豪感。

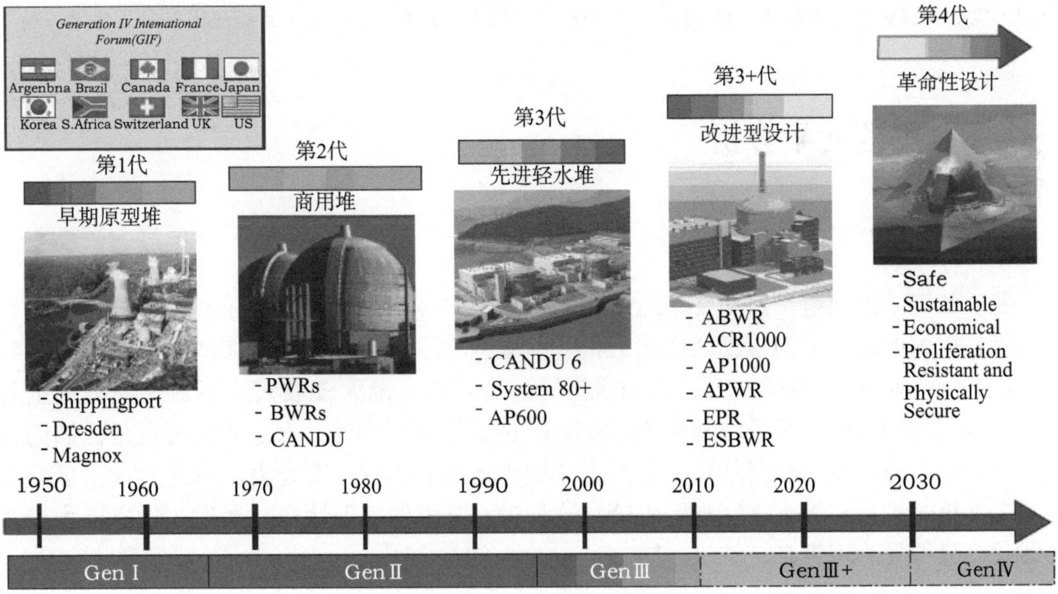

图1　核电发展的4个阶段

二、案例基本情况

1970年8月30日在距离成都市100多千米的大山深处，仅靠手摇计算器、拉计算尺，我国第一代核潜艇陆上模式堆研制成功，发出了我国核能第1度电（见图2），见证了中国核能力从无到有、从弱到强的信心和底气，如今百万千瓦级的“华龙一号”横空出世（图3），使我国拥有了全球领先的第三代核电技术。“华龙一号”是我国具有完全自主知识产权的第三代压水堆核电创新成果，是中国核电创新发展的重大标志性成果，也是中国核电走向世界的“国家名片”。在这个历经50年，从1到100万的伟大征程中，一代代核电科技工作者，赓续努力，攻克了一个个“不可能”，创造了一个个奇迹，涌现了一批批“以身许国”的国之大者，也留下了无数可歌可泣的感人故事，这是一部催人奋进的历史，对于新时代的核专业的年轻学子们，具有良好的教育价值和意义。

图2 电视剧《许你万家灯火》我国第1度核电

图3 我国首座百万千瓦级三代核电“华龙一号”

三、案例思政元素分析

（一）家国情怀

我国的第1度核电是从909基地发出的。1965年8月，在党中央的领导下，8 000名工作者从祖国四面八方汇聚到西南山区的一个密林深处。“909在什么地方？不知道。到909干什么？不知道。但我知道，祖国需要我。”当时，绝大多数人并不知道要去哪里要去干什么，只知道一个代号叫909（见图4），但为国奉献青春、贡献知识力量是他们的共识，他们在反应堆压力容器外壳上写下了“中国人民有志气、有能力，一定要在不远的将来赶上和超过世界先进水平”（见图5）。这种舍我其谁的家国情怀，在现在物质极大丰富的时代，显得尤为可贵。

（二）大国工匠精神

“时代楷模”彭士禄院士（见图6），作为我国核潜艇第一任总设计师、第一个核动力装置的主要设计者，也是第一座核电站的主要技术负责人，在没有技术资料、没有援助专家、自然条件恶劣的情况下，开始为大国造盾，在不足5年的时间内从0开始、白手起家，造出了中国第一座潜用核动力装置陆上模式堆！之后力推我国第一座核电站采用压水堆路线，负责我国第一座百万千瓦级核电站——大亚湾核电站的引进、总体设计和前期工作，组织建造我国第一座商用大型核电站——秦山二期，其设计标准、计算程序、研制能力等成功经验，对我国后续核能核动力的设计和研发做出了突出贡献。从核潜艇和核电站，这位核动力领域的开拓者和垦荒牛，将大国工匠精神发挥得淋漓尽致。

图 4　909 基地艰苦的工作环境

图 5　志气满满的压力容器外壳留言

图 6　中国核动力事业的拓荒牛彭士禄先生

（三）科学精神

从小在909基地长大的中国核动力研究设计院国家级重点实验副主任罗英研究员，在前辈的耳濡目染感召下，踏上了核能自立自强之路，在我国反应堆压力容器的国产化过程中，发挥了卓越贡献。以秦山二期工程自主化设计为起点，以第二代核电/第二代改进核电百万千瓦级工程为依托，扎根核动力领域数十载，攻破了压力容器母材自主国产化的“卡脖子”难题，最终为“华龙一号”铸器（见图7），推动了我国独立自主的第三代核电反应堆系统设计技术达到国际先进水平。在压力容器自主化研发的过程中，罗英研究员展现的中国核电科技工作者开拓创新的科学精神，正是值此中华民族伟大复兴之际，年轻学子们为了中国的科技自立自强而迫切需要学习的。

图7 全球首台“华龙一号”压力容器

四、案例教学整体设计

“从1到100万”的课程思政案例主要通过讲授和互动式教学方法，有机融入到“先进核电技术”课程的第二讲，即第三代核电技术研究进展。课程开始首先回顾第一讲关于第四代核能论坛GIF提出的核电发展路线图，引出本讲的主题内容，第三代核电技术。在介绍完第三代核电技术的整体技术特征后，以目前代表性的第三代堆堆型，美系的AP1000和法系的EPR为例，介绍其相应的系统设计与结构。之后引出能够与上述两个第三代主力堆型抗衡的、与其形成三足鼎立之势的我国完全自主化第三代压水堆“华龙一号”。在此发问，“同学们知道我国的第1度核电是在哪里发出的吗？”从而切入此“从1到100万”的课程思政案例，讲授中国核电的艰苦发展历程，从909讲起，融入上述思政元素，坚定学生的民族自信、增强学生的家国情怀，引入“时代楷模”——我国核动力事业的拓荒牛彭士禄在核潜艇路上模式堆和秦山核电研发中的点滴故事，激发学生精益求精、勇于创新的大国工匠精神，转入我国第三代核电的发展，以中国核动力研究设计院国家级重点实验副主任罗英研究员带领团队，传承核工业精神，勇于开拓创新，为“华龙一号”铸器、铸芯，鼓励学生发扬探索不止、勇攀高峰的科学精神。之后进入“华龙一号”的详细结构及系统知识介绍。整个教学过程设计如图 8 所示。

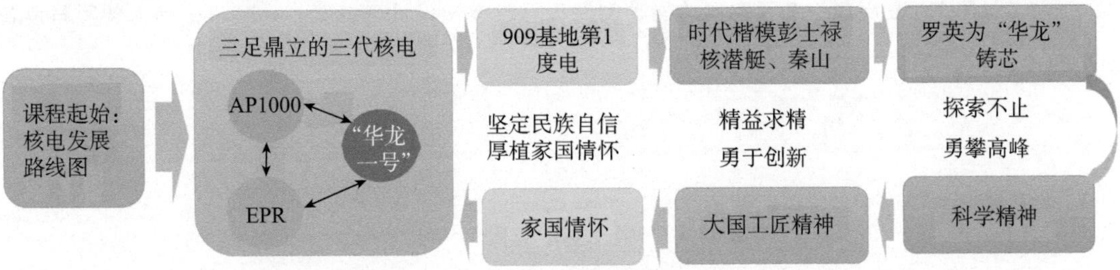

图 8　“从 1 到 100 万”课程思政案例整体教学设计

五、教学实践过程回顾

“先进核电技术”课程是面向核工程与核技术专业即将面临人生重要选择的大四学生开设的前沿课程，在课程第二讲引入“从 1 到 100 万”的课程思政案例，对学生的未来发展带来了积极的引导作用，案例一方面回顾了中国核电的艰苦创业史，另外一方面也展现了当代的核工业科技者在新时代创建的伟大事业，使学生对核能行业蓬勃发展前景充满希望，认为现在是我国自“两弹一艇”之后的又一个核能的黄金时代，愿意以更加饱满的热情投入到新时代核工业的建设中。

六、创新性与效果总结

此课程思政案例在进行第三代核电技术教学中，有机融合了我国核电从第 1 度电到完全自主知识产权百万千瓦级第三代压水堆“华龙一号”的发展历史，思政元素丰富，既有以彭士禄为代表的前辈先贤的感人事迹，也有能够切实接触到的赓续传承的核二代罗英研究员的开拓创新奋斗故事，历史与现在融合，这对站在百年未有之大变局洪流下的现代学子们，必将产生极大的心理冲击，坚定民族自信、厚植国家情怀，传承大国工匠精神和科学精神，探索不止，勇攀核能高峰。

参考文献

[1] 习近平．把思想政治工作贯穿教育教学全过程，开创我国高等教育事业发展新局面［N］．人民日报，2016-12-09（01）．

[2] 习近平．用新时代中国特色社会主义思想铸魂育人，贯彻党的教育方针落实立德树人根本任务［N］．新华社，2019-03-18.

[3] 苏光辉．探索核专业人才培养模式，培养创新型、国际化核能人才［C］．中国核工业教育学会首届学术年会，2022，海南海口．

[4] 田文喜，张亚培，陈荣华，秋穗正，苏光辉．核电厂系统与设备课程教学研究［J］．大学教育，2018：52-54.

[5] 王航，张博文，夏庚磊．基于案例的能动类课程思政教学设计与探索——以“核动力装置与设备（一）”为例［J］．大学，2022（3）：112-115.

“轻水堆燃料元件”课程思政案例

章　静[1]，巫英伟[1]，贺亚男[1]，陈　平[2]，李垣明[2]，
苏光辉[1]，田文喜[1]，秋穗正[1]

（1. 西安交通大学核科学与技术学院，陕西　西安　710049；
2. 中国核动力研究设计院，四川　成都　610041）

摘　要：针对西安交通大学核科学与技术专业研究生课程“轻水堆燃料元件”展开课程思政案例教学研究。采用了“福岛核电站与事故容错燃料”“土法炼铀诞生的第一颗原子弹”“金沙江畔为‘核’争辉”“中国人自己的燃料品牌系列 CF”“来自餐盘的灵感”等典型的课程思政案例，充分展示了核工业发展历程体现的“四个一切”精神。课程思政案例包括三个层次相递进的思政教学：立足长远，以情怀动人；脚踏实地，开拓创新；与时俱进，勇于担当。采用引导分析法、讨论法相结合的方式对案例进行分析学习，并将教学案例与教学内容中“任务驱动法”和“分层教学法”灵活融入，设置“一明一暗”双线结合的形式。明线为课程章节的思路，横向对比国内外先进技术发展脉络，引领学生“找不足、寻方向”；暗线为典型事件及人物的课程案例教学设计，以我国核电燃料发展历程为核心，通过纵向对比鲜明地展现了我国核电燃料事业实现了从跟跑到并跑的伟大转变，促使学生“有底气、攒力量”。通过基于引导分析法与讨论法进行理论铺垫，进一步采用案例切入着重进行事例讲述，最后进行教师总结与实例启发教学的“三步走”的教学设计开展教学工作。

一、课程基本情况

（一）授课对象情况分析

该课程是西安交通大学核科学与技术专业研究生课程，理论课时 40 学时，2 学分，面向核工程专业硕士研究生一年级及博士研究生一年级学生开设。

（二）课程情况简介

轻水堆核电厂约占当今世界核电厂机组总数的 80%。作为核电厂核心的核反应堆，其燃料元件的性能至关重要，直接关系着核电厂的经济性和安全性。课堂采用教师主讲结合学生互动报告的授课方式，重点叙述轻水堆燃料元件的设计、研究存在的难点和关键点以及发展趋势。课程内容包括：燃料元件的现状及意义，燃料元件的演化机理模型，燃料元件性能分析工具，核燃料元件研发趋势等。通过本课程的学习，使学生对核燃料元件的基础研究及工程应用加深理解，并掌握核燃料元件的基本设计与性能分析技术。结合我国核电“走出去”与“国家名片”的特点与核燃料发展现状进行对比。帮助学生树立“自豪

感”的同时认识到差距，通过多种事例相结合的手段，从身边新闻出发、从先进人物及事例出发，培养学生的“责任感”与“使命感”。

二、案例基本情况

（一）案例一：福岛核电站事故与“耐事故燃料”

结合章节：第一章，第一节。

燃料组件是核电站的核心部件，是核电的能量源泉，被称为反应堆“心脏”，对核电站的安全性、经济性和可靠性都有着至关重要的作用。轻水堆燃料元件是对核反应堆堆芯的核心结构，处于复杂严苛的运行环境中。为了帮助学生更深入地理解核反应堆堆芯燃料结构设计及其运行影响因素等重要概念和基础知识，激发学生的学习兴趣，首先引入福岛核事故的原因及原理，让学生清晰认识到燃料元件作为第一道包容边界的重要性；结合知识点“核燃料是反应堆堆芯的关键部件，其主要功能是释放能量，屏蔽强放射性物质”，梳理了事故停堆后反应堆的事故序列，并提出了先进的事故容错核燃料的新概念；同时在讲述福岛核电站事故序列中引导学生讨论哪些现象与轻水堆燃料行为相关，在促进了解核燃料对核安全重要性的同时还能吸引学生兴趣提升课堂教学效果，更能增强学习燃料元件相关知识的动力，通过结合生活中能听到的例子与工程实际实现本课程相关知识的梳理，从而激发学生攻关核反应堆燃料“卡脖子”技术难题的热情。

（二）案例二：“土法炼铀”诞生的第一颗原子弹

结合章节：第五节。

反应堆固体燃料要求具有良好的核裂变性能、良好的热导率、高熔点、化学稳定性好、足够的力学性能，本课程针对几种主要核燃料分类开展介绍。为帮助学生巩固核燃料相关知识理论，熟悉了解轻水堆燃料芯块的制造工艺演化过程，引入中国第一颗原子弹燃料诞生于“土法炼铀”的故事。结合中国第一颗原子弹燃料功臣王建明的事迹，在当时我国核工业体系还处在初建阶段的条件下攻克核燃料提取的关键技术难题，从老一套炼铀方法中解脱出来创造了最简单、最经济的“土法炼铀”，实现了从 0 到 1 的突破，半年内建厂并制取出二氧化铀原料、彻底解决了原子弹的燃料问题的事迹。通过该事迹技术攻关过程进一步巩固核燃料的生产制造工艺流程，并以大家耳熟能详的“新中国第一颗原子弹”相关故事引发学生的共鸣，激起对核燃料事业的荣誉感与认同感，并认识到投身核燃料事业的工作是与国家民族复兴的命运息息相关。

（三）案例三：金沙江畔为“核”争辉

结合章节：第五节。

核燃料的研制费用大、发展周期长，一种新型燃料元件从提出概念到商品供应需要经过漫长的研制阶段并花费很大的人力和物力，其周期一般为 5~10 年的时间。为帮助学生熟练掌握“燃料组件研发与制造”各个环节的流程并进一步了解到我国的核燃料制造生产基地相关知识点，课程设计采用我国大型核电站燃料元件国产化案例，陈宝山临危受命建设位于金沙江畔的大型核电站燃料元件生产线改造工程，通过“狠抓三条线”以顽强的斗志，忘我的拼搏精神和严谨的工作作风克服重重困难，直接扼杀外国企业插足我国核燃料市场企图并最终实现了我国大型核电燃料元件国产化的事迹。基于事例引入介绍燃料元件生产线并逐个分析讨论工艺流程，以此回顾了燃料元件的生产工艺，梳理燃料元件的生产流程与关键技术，并深刻体会到核工业人艰苦奋斗、敢于拼搏、勇于担当的决心。

（四）案例四：中国人自己的燃料品牌系列“CF”

结合章节：第四节。

轻水准燃料元件具备严格的设计标准体系，要求包括总体要求、各类事故下燃料棒设计准则、燃料组件设计准则。为帮助学生掌握各种事故下的燃料设计准则，课程设计采用我国具有完全自主知识产权的核电站自主化压水堆燃料元件研发燃料品牌体系 CF（Chinese Fuel）案例。2008 年在大亚湾核电站 AFA3G 燃料组件会议上，法方代表曾提出：“我们旧格架库存量那么大，落后产品不卖给你们中国还能给谁？”以西安交通大学校友、中核集团燃料首席专家、CF 专项总设计师焦拥军为代表的中国核动力研究设计院 CF 燃料研发团队，经过多年攻关成功研制出了我国首个具有完全自主知识产权的 CF3 燃料组件。通过我国在大型压水堆生产线的国产化的基础上进一步实现自主燃料设计制造的伟大进展，在回顾加深燃料设计准则及研究流程体系理解的同时，培养学生荣誉感与责任感；此外，引入 CF 燃料核动力院人用了 36 年的时间突破了 N36 管棒材研制过程关键技术，让我国成功掌握了完全自主知识产权的高性能锆合金包壳材料研制技术的案例，回顾锆包壳的物理化学性质与锆合金研发历程，根据攻克锆包壳技术瓶颈过程清晰阐述锆合金包壳材料的问题与失效形式，明确核燃料组件包壳管是 CF 燃料研发项目中的重中之重的概念；此外，特邀中核集团 CF 燃料研发团队专家焦拥军、陈平、李垣明等来到学校开展技术论坛讲座，让书本与新闻的人物走进学校现身说法答疑解惑，并用现实榜样力量拉近距离并进一步激发积极性，以此引导学生增进我国核燃料元件行业在国际上所处形势理解，强调关键核心技术自主可控的重要性。

（五）案例五：来自于餐盘的灵感

结合章节：第七节、第八节。

轻水堆燃料组件的结构复杂且服役环境涉及多物理场耦合现象，尤其是燃料定位格架、搅浑翼与下管座的设计与制造需要考虑的因素多，如下管座的设计既要同时具备固定燃料组件与过滤堆芯异物的功能，在讨论燃料组件设计制造的同时引入 CF 系列燃料下管座的完全创新设计案例，在高度为几厘米的空间内保证满足使用需求，突破国外专利和技术转让协议的限制。提出创新的灵感来自于研发人员观察放置餐盘的置物架，创新性地设计了空间曲面下管座，其异物过滤效率相比 AFA3G 提升 12%并额外具备 30%的异物捕捉能力，研究表现出可靠的过滤性能等技术先进性得到了行业内的广泛认可。相关的案例让学生更加深入熟悉燃料组件的设计要求与下管座的结构形式，并认识到创新来自于生活，科学创新并不遥远，要注重平时基础的点滴积累，以此激发学生科研的创新动力与积极性。

三、案例思政元素分析

通过上述五个案例教学过程将核工业发展历程高度浓缩，突出核工业人精神风貌生动写照明的“四个一切”精神。通过案例教学中的具体事例，针对授课对象是即将或正在开展科研工作的研究生群体这一情况，其正在经历学习到科研工作结合与转变的特点，让学生感悟到核工程“四个一切”的伟大精神。在教学案例设计中，通过学习先进事迹人物，主要注重对学生进行三个层次相递进的思政案例教学方式。

（1）立足长远，以情怀动人：明确理想和追求是一切工作最根本的原动力与出发点，以崇高道德和理想的牵引为原动力与驱动力。以“第一颗原子弹核燃料的故事”说明核工业命运更是在国家命运的转折点上起到了关键性作用，让学生体会到个人命运与国家民族命运一直是交织与相互依存的特点，个人命运依赖民族命运，个人命运成就民族命运，培养学生投身核工程事业的荣誉感；核工业精神中奉献与牺牲精神一直是浓墨重彩的一笔与不变主题，重点描述所处的社会环境与人物精神的碰撞火花，着重讲述当时严苛的环境与条件下主人公的不屈情怀与奉献精神最终成就了改变新中国命运、让中国真正掌握国际话语权的伟大事件，注重培育学生远大的理想与价值观，树立投身核工程事业的责任感；让学生切身体会到核燃料与核工程“事业高于一切，责任重于一切”。

（2）脚踏实地，开拓创新：培养学生认真严谨、求真务实、勇于探索的科研精神。在培养学生对核工程事业的荣誉感与责任感的同时，通过 CF 燃料研发等相关一系列先进事例，针对教学对象研究生群体在科学研究以及以后在科研和工作岗位中将遇到的实际问题，提出脚踏实地与开拓创新的培养要求。第一，通过自主知识产权的 N36 锆合金包壳的 36 年研发历程，提出其填补了我国自主知识产权的包壳管空白的伟大成就，该成就凝练了核工业人核燃料研发人员整整一代人的心血，进而提出要面向工程实际需求，要有耐得住寂寞、脚踏实地的精神；第二，通过 CF 系列燃料中来自“餐盘”设计灵感的下管座设计打破国外对我国专利技术封锁的案例，培养学生基于生活中的有趣小事勤于观察思考的习惯，提出创新来源于对知识的掌握与凝练，来源于工作生活中的点点滴滴与勤于观察，提出生活中的小事情与机遇就是创新的契机，让学生们理解创新的主体是他们，创新的动力是他们，创新并不遥远，提高对创新的兴趣与积极性。理解细致创新与我国核电燃料事业的精神融合，“严细融入一切，进取成就一切。”

（3）与时俱进，勇于担当：举例当今国际时局风云变幻，美国等加强了对我国的“核封锁”，也让我们明白关键技术是“要不来、买不来、讨不来的”，举例我国在极其困难的条件下创造“两弹一星”的奇迹，并进一步通过党的二十大报告指出的“我国核电技术等取得重大成果，进入创新型国家行列”，通过从 1991 年 12 月秦山核电站成功并网发电，到 2022 年 9 月底我国有 54 台在运核电机组、23 台在建核电机组，在建机组数为全球第一；经过 30 年不懈努力下我国核电在电力结构中的占比为 5.1%，自主设计的第三代核电技术“华龙一号”“国和一号”不断突破创新。让学生能够感受到我国核电随时代迅速进步的“前进核动力”，理解在如今风云变幻的复杂国际形势下我国核能发展的新成就与新阶段，机遇与挑战并存，并结合“西迁精神”等典型精神的时代意义，掌握自主核心技术努力攻关的重要性与时代赋予的新任务。

四、案例教学整体设计

本课程开展于研究生第一学期，学生具备了相关堆芯燃料的基本结构、服役行为知识与基本程序设计分析能力。课程思政教育以案例分析法为切入点，采用引导分析法、讨论法对案例进行分析学习，并进一步将教学案例与教学内容中“任务驱动法”和“分层教学法”结合（见图1）。整体设计思路如下：围绕核工业发展历程中核燃料相关先进事件与人物事例为主要牵引，设置“一明一暗”双线结合的形式；明线为授课章节内容逻辑流程，采用“总—分—总”的思路对轻水堆燃料元件的研发历程技术迭代、包壳及芯块演化机理、性能及失效机理以及未来发展趋势进行详细阐述，横向对比国内外先进燃料技术研发体系，引领学生“找不足、寻方向”；暗线为典型事件及人物的案例，以我国核电燃料技术发展历程为核心讲述，描述从无到有、从“大型核电燃料元件生产国产化”到“完全的自主知识产权燃料设计”，通过纵向对比鲜明地展现了我国核电燃料事业实现了从跟跑到并跑的伟大转变，促使学生“有底气、攒力量”。

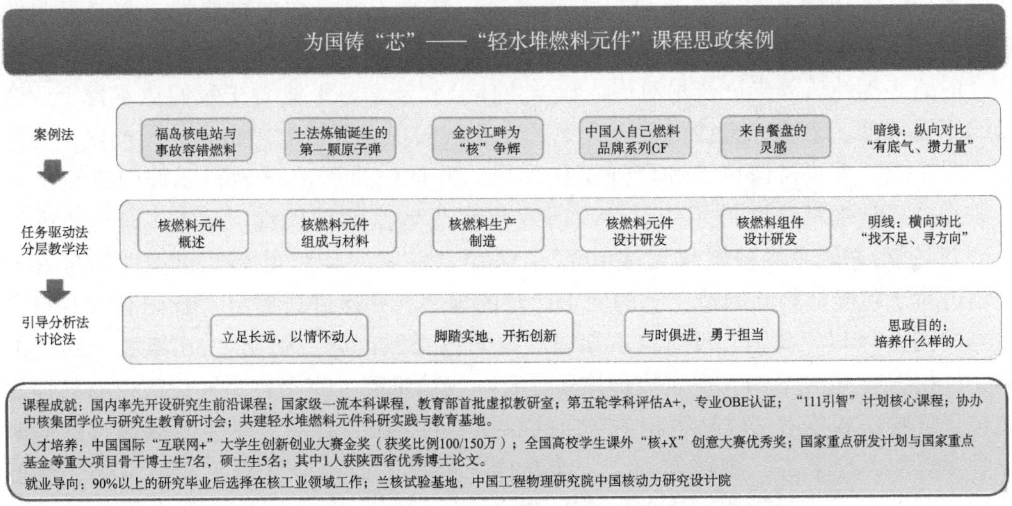

图1 轻水堆燃料元件课程思政案例教学整体设计

五、教学实践过程回顾

教学过程采用流程思路为：“案例导入—交流讨论—课程讲解—任务呈现—案例分析—扩展延伸”。主要可以分为三步。

第一步：基于引导分析法与讨论法进行理论铺垫。授课教师介绍核燃料的发展历程与轻水堆中核燃料种类，引出沸水堆燃料与压水堆的区别，使学生对轻水堆的核燃料种类和结构有大致了解，从而为后续案例导入做好准备。在第一章教学中明确核反应堆燃料的基本概念并考查学生掌握情况，然后引入“福岛核电站事故与核污水排放新闻”案例激发学生兴趣，引导讨论“福岛核电站事故”中的现象哪些与核燃料的演化行为规律相关，进一步提出事故容错燃料为代表的核燃料对反应堆事故现象的缓解能力，提出核燃料发展现状与趋势；在燃料芯块以及燃料包壳课程内容章节中回顾典型芯块与包壳的结构材料，通过组织课堂讨论回答“哪些可以作为芯块/包壳的材料”，引导学生进行燃料芯块性能要求的归纳总结，在学习专业知识的同时帮助学生基于自身讨论得出“二氧化铀等典型燃料的制造工艺复杂”“对材料调控和加工工艺要求严格”结论，为后续引出我国第一颗原子弹燃料“土法炼铀”以及自主知识产权 CF 燃料系列的 N36 包壳案例奠定基础。

第二步：采用案例切入，着重通过事例讲述开展思政教育。(1) 授课教师首先介绍核燃料的重要性与基本原理，同时结合福岛核电站事故原因分析与发生在身边的真实核事故新闻案例让学生深入体会燃料设计对于核安全的重要性，提出事故容错燃料设计方案将会对核事故现象带来的缓解情况，课堂随机指派学生回答问题“什么才是缓解事故的芯块与包壳”，并组织课堂集体对回答答案进行讨论，展开“头脑风暴”分步分解突破同时教学重点与难点，起到事半功倍的效果。(2) 进一步深入开展案例分析，举例“土法炼铀”“金沙江畔”以及自主知识产权 N36 包壳案例，授课教师首先介绍轻水堆核燃料包壳与芯块，重点讲述燃料元件结构组成、燃料包壳与芯块的主要形式与材料要求等，结合土法炼铀案强调当时大环境下“土法炼铀”对我国第一颗原子弹爆炸的重要性，学习王明健在“洗冷水澡”中体会到的硫酸提纯铀的创新精神，也通过当时艰苦工业环境下的土法工艺与如今的离心提纯法等先进技术对比，让学生体会到核燃料工业者先辈们执着肯干、奋进创新的不屈精神；学习“金沙江畔”先辈们为我国实现大型核电燃料元件国产化，为国争光的顽强斗志，忘我拼搏精神和严谨工作作风，并进一步引出核燃料元件的制造工艺技术，激励提高学生对核燃料元件设计、研发与制造事业的积极性。(3) 提出课后习题“什么材料适合做轻水堆核燃料元件包壳”，采用“一人一条”的形式组织课堂抢答式讨论，增进对于包壳材料与制造工艺的要求严苛的理解，并递进式提出“我国有没有自己生产包壳的能力”与“我国有没有自主知识产权的包壳”问题，引出“36 年磨一剑”的自主知识产权 N36 包壳案例，重点梳理该项让我国成功掌握了完全自主知识产权的高性能锆合金包壳材料研制技术，填补了相关空白的 0 到 1 的突破，在激发学生探索精神的同时也教导学生要能够埋下头，脚踏实地，才能在伟大的核工业事业征程上有所突破、有所收获。(4) 通过引导文教学法，让学生分组依据“引导文”查阅 CF 系列燃料相关信息，并结合如讲述核工业人奋斗历程的“许你万家灯火”电视剧等多种媒体资源中的故事，引出以 CF 专项总设计师焦拥军为代表研究团队的事例，以及打破专利封锁的 CF 下管座创新灵感是来源于餐盘的趣事例子，体现出中国核工业燃料科学家将祖国荣誉感在奋斗中实践，为国争光的“骨气”与锐意进取勇于创新的“灵气”，在事业的奋斗中传承发扬中华民族的勤奋与睿智，以此激励学生共勉。

第三步：教师总结，实例启发教学。在课堂清晰讲授了轻水堆燃料元件的发展现状、基本结构与服役性能后，授课教师进行总结并引导学生进一步归纳核反应堆燃料元件的整体现状，同时引入授课教师针对燃料性能研发计算软件并应用于中国核动力研究设计院的事迹，鼓励学生夯实基础、学好知识，培养学生的国家和社会责任感并延伸拓展、学以致用。在课程的最后结合了我国完全自主知识产权核电燃料研发体系 CF 系统地进行讲授与阐述，指出其先进的燃料包壳、芯块、组件结构设计理念对核电的安全性与经济性的提升作用，强调关键核心技术自主可控的重要性，鼓励学生夯实基础、学好知识，培养国家和社会责任感。

六、创新性与效果总结

授课教师采用了“福岛核电站与事故容错燃料”“土法炼铀诞生的第一颗原子弹”“金沙江畔为‘核’争辉”“中国人自己的燃料品牌系列 CF”“来自餐盘的灵感”的等案例贯穿轻水堆燃料元件全课程授课内容进行讲述，包括燃料元件发展历程、芯块与包壳的结构以及燃料元件设计等，是进行现身说法教学和开展课程思政的极佳案例。邀请先进事例的专家现身说法教学具有极强的感染力和极高的可信度；引入历史上著名核事故与生活中甚至亲身经历过的核燃料研发故事，包括完全自主知识产权核电燃料研发体系 CF 包壳及下管座等的研究历程以及相关总设计师的案例，更易激起学生的责任心和进取心；此外，授课教师自主研发燃料性能分析程序的案例是面向世界科技前沿，面向国家经济主战场，面向国家重大需求，增强学生认同感与服务国家战略、推进科技创新的使命感，同时夯实理论基础，提高自身科研素养与科技创新能力。通过本课程的思政案例形成以下成果。

（1）在国内率先开设了研究生前沿课程“轻水堆燃料元件”。该课程作为国家精品课程“核反应堆热工分析”的重要前沿课程组成部分，入选国家级一流本科课程，教育部首批虚拟教研室。作为核心学科支撑所在核科学与技术系入选第五轮学科评估名列前茅并通过专业 OBE 认证。作为“111 引智”计划核心课程，基于本课程与国外美国麻省理工学院等著名大学建立了长效燃料技术交流合作机制，邀国外学者讲座介绍国际先进核燃料技术最新前沿动态超 20 次。依托本课程协办了中核集团学位与研究生教育研讨会，促进了企业、高校、院所之间协同育人机制。课程组教学队伍所在的教育部“创新团队”与中核集团、西北核技术研究所等知名研究院所共建轻水堆燃料元件科研实践与教育基地。

（2）“轻水堆燃料元件”课程教学中全面阐述核科学技术进步和突破对国家安全和能源安全的意义，培养学生勇担重任的使命感，调动了学生参与丰富多样的社会实践和科技实践活动。举办每年一次的核能科普知识陕西高校巡展活动，对外宣传核电安全文化，消除公众对核能发展的误解。基于本课程组织研究生获得中国国际“互联网+”大学生创新创业大赛金奖（获奖比例 100/150 万）、银奖，全国高校学生课外“核+X”创意大赛优秀奖等奖项。依托本课程训练直接培养国家重点研发计划与国家重点基金等重大项目骨干博士生 7 名、硕士生 5 名，其中 1 人获陕西省优秀博士论文。

（3）学生专业认同感高，具有强烈的社会责任感和使命感。90%以上的研究毕业后选择在核工业领域工作，更有不少学生选择地处偏远、条件艰苦的新疆马兰核试验基地，国家科研计划单列的中国唯一核武器研制生产单位“中国工程物理研究院”，中国核动力工程摇篮的“中国核动力研究设计院”等重点国防科研院所工作，到祖国需要的地方建功立业。

参考文献

[1] 秋穗正，苏光辉．先进核电厂结构与动力设备［M］．北京：原子能出版社，2016.
[2] 陈宝山，刘承新．轻水堆燃料元件［M］．北京：化学工业出版社，2007.
[3] 连培生．原子能工业［M］．北京：原子能出版社，2002.
[4] Donald R，Olander. Fundamental aspects of nuclear reactor fuel elements. Technical information center，1976.
[5] 谢光善，张汝娴．快中子堆燃料元件［M］．北京：化学工业学出版社，2007.

“项目管理概论（核工程类）”课程思政案例

代晓茜，王　茜

（西南科技大学国防科技学院/核科学技术学院，四川　绵阳　621010）

摘　要：“项目管理概论（核工程类）”是核工大类公共基础课，课程支撑了工程教育专业认证毕业要求第11条第一层次要求，通过课程的学习要求学生掌握理解并掌握涉核领域工程项目的管理原理与经济决策方法。本案例总结该门课程为适应核工程类授课对象学习需求，支撑核专业人才培养目标实现，为课程知识目标、能力目标及素质目标达成所开展的探索、改革与实践。逐渐构建形成了“理念—工具—实践—系统”四要素专业逻辑主线与“个人—专业—民族—国家”四要素思政逻辑主线相结合的“双主线三注重”多元教学模式。课程以“学思践悟”四步教学法因材施教，指导学生达到“知行合一”。课程思政涉及三大思政主题、11个课程思政元素，共设计了15个课程思政融入点，并以多形式多载体无缝融入课程教学中，确保实现课程思政与教学内容有机融合、课程思政与教学过程有机融合、课程思政与课后实践有机融合的课程思政融合三部曲，最终为实现培养“具有理想信念、家国情怀、国际视野、扎实基础、创新能力”新时代国防军工人才的培养目标服务。

一、课程基本情况

（一）授课对象情况分析

“项目管理概论（核工程类）”授课对象为国防科技学院核工程类（三个核专业）大学一年级学生，属于工科非经济管理类专业学生。通过课前的学情问卷调查，可以了解到学生普遍具有较好的数理基础、逻辑思维能力较强、偏好分析和推理的特点。学生乐于挑战，喜欢新鲜感、新事物。同时，学生普遍人文知识相对贫乏，不爱听大道理，团队合作意识不足，但不反感合作，合作的机会较少。

（二）课程情况简介

“项目管理概论（核工程类）”是核工程类专业通识基础课，课程性质为必修课，支撑核工程类三个专业工程教育专业认证毕业要求第11条项目管理的第一层次能力要求。该门课程是后续课程设计、综合设计、三大实习及毕业设计（论文）等课程的前序课程。

作为一种教给人们系统做事的方法，项目管理使人们做事的目标更加明确、工作更有条理性，过程管理更为科学。“项目化管理”“按项目进行管理”逐渐成为组织管理的一种变革模式，“工作项目化、执行团队化”已经成为现今工作的基本范式，项目管理也得到各行各业的认可与应用，从而成为工科学生必修的一门通识基础课程。

以学生为中心，以需求为基础，以目标为导向，科学制定契合学生学情、符合教学规律的综合性教学目标，根据授课对象人才培养方案培养目标与毕业要求，“项目管理概论（核工程类）”的教学目标包括知识目标、能力目标和素质目标三个部分。

1. 知识目标

学生通过本门课的学习，了解项目管理知识体系十大知识领域，熟悉项目管理五个过程，掌握核心知识领域的ITTO（输入、工具与技术、输出）。

2. 能力目标

学生通过学习与训练，初步掌握制定项目计划和实施项目管理的基本技能。能够在项目管理实践中，具备观察项目活动现象、分析项目活动本质，运用项目管理技能解决工作中的实际问题的能力，形成系统学习、系统思考、系统做事的系统思维能力。

3. 素质目标

激发学生对社会主义核心价值观的认同感，厚植军工文化精神；培养学生爱岗敬业、坚持、严谨、诚信、合作、精益求精等优良品质及遵纪守法、诚实守信的项目管理职业道德；提高学生在沟通、表达、团队协作和终身学习等方面的综合素质。

二、案例基本情况

课程共设计课程思政案例15个，此处列举课程思政案例2例。

（一）“华龙一号”海外首堆工程进度管理

1. 思政案例内容

（1）“华龙一号”是由中国两大核电企业中国核工业集团公司和中国广核集团在30余年核电科研、设计、制造、建设和运行经验的基础上，根据福岛核事故经验反馈以及中国和全球最新安全要求，研发的先进百万千瓦级压水堆核电技术，具有完全自主知识产权的三代压水堆核电创新成果，是中国核电机组发展的主力堆型，是中国核电走向世界的“国家名片”，是中国核电创新发展的重大标志性成果。

（2）“华龙一号”海外首堆工程进度管理案例核心内容：巴基斯坦卡拉奇核电项目K2机组是“华龙一号”海外首堆，其管理难度较M310机组大大提高，工程进度需要有效管控。“华龙一号”海外首堆工程充分分析进度管理难点，并且结合以往核电项目经验，建立了完善的进度管理体系。在项目建设实践中，采用全周期、各领域和各阶段的主、次关键路径及基于施工—调试逻辑图的进度管理方法，立足各目标节点的各领域一体化管理方法，依据里程碑、年度和月度控制点的精细化管理方法，进度联合办公一体化管理方法，以及依托重要节点、重要工作的攻坚克难突击队等，使各领域、各单位目标一致，项目进度有序推进，最终实现机组商运。

2. 课程思政目标

以我国“华龙一号”海外示范工程巴基斯坦卡拉奇核电工程项目的时间管理（又称进度管理）实践，让学生感受我国核电人艰苦奋斗、自主创新的信心与决心，鼓励学生刻苦钻研，投身国防。

3. 课程思政融入点

将该案例作为本章节“项目进度控制方法”知识点的应用举例纳入教学内容。通过《“华龙一号”海外首堆工程进度管理》相关文献资料、新闻图片的讲解，结合课程教学内容（进度计划、进度控制知识点）对照了解“华龙一号”海外首堆在项目进度计划、进度控制及最终的进度管理效果，强调“华龙一号”海外首堆工程的顺利投产，增强了我国核电技术的信心，也为后续海外核电项目落地实施提供了宝贵经验。以大国重器激发学生的民族自豪感、增强科技报国的自信心，实现课程思政目标。

（二）赢得值管理在核电工程项目中的应用

1. 思政案例内容

随着“电价倒逼”机制的形成、电力市场改革的推进以及海外业务的拓展，电价逐步回归商品属性，对核电经济性提出了更高的要求。核电成本高，建造成本占电价的 50%～70%，因此提高项目建设阶段的管理水平，是控制成本的重要途径。以项目为主业的世界一流企业，尤其工程公司普遍构建以赢得值管理（earned value management，EVM）为核心的项目控制体系。国内核电企业均陆续在第三代核电“国和一号”“华龙一号”工程项目上实施 EVM。如中国核电工程公司将进展测量融入到施工合同支付流程中，形成质量驱动进度、进度驱动赢得值、赢得值驱动支付的联动体系，中广核工程公司将 EVM 应用于项目全范围，将量化结果应用于项目内部产值结算与分配。

2. 课程思政目标

通过对成本管理专用管理工具 EVM 在核电工程中的实际应用案例学习，感受将管理理论应用到项目实践带来的绩效变化，让学生感受知识的力量。但同时需要进一步认识到现行成本管理水平与世界一流企业相比，国内企业的 EVM 实施成效还存在差距，激发学生进一步深入学习的意识。

3. 课程思政融入点

将《中国核科学技术进展报告》中的《赢得值管理在核电工程项目实施的研究》文献资料作为本章节“挣值管理方法”的应用案例，结合课程教学内容（挣值管理法）对照理解当前核电工程项目控制中 EVM 的实施过程，进一步熟悉成本计划、控制、预测与变更的管理实践及国内核电行业 EVM 实施的现状，从效果、差距到未来之路，引发学生思考，进而实现课程思政目标。

三、案例思政元素分析

（一）课程思政建设理念与思路

传统教学中融入课程思政教学存在着两大痛点与三大难点。从痛点与难点出发，探索解决本课程思政建设的改革路径。

两大痛点问题，一是行之有效的激励机制亟待加强；二是同向同行的协同育人机制尚未建立。为解决痛点问题，首先需要解决想不想做的问题，从教师的角度完成认同层面的革新。另外，课程思政不能单打独斗，从学院、专业到课程组，需要每一个老师全员、全过程、全方位参与。由此确定了课程组“四步五入”课程思政建设方案（见图1），推进课程组全员开展课程思政建设。要求教师通过学习课程思政文件等转变教学观念提升思政素养，深挖思政元素，对教学大纲、教案等开展全面修订，精心设计教学过程，将思政元素融入教学并积极探索多维评价体系，最终实现课程思政“入教师脑、入教学文件、入课堂实施、入学生心、入评价体系”的五入目标。课程组通过开展教研活动、教学研讨、集体备课等方式重点解决思政主题与思政元素的开发、挖掘与设计问题，从而解决了课程思政建设成果零散不聚焦、不具代表性、不成体系的现实问题。

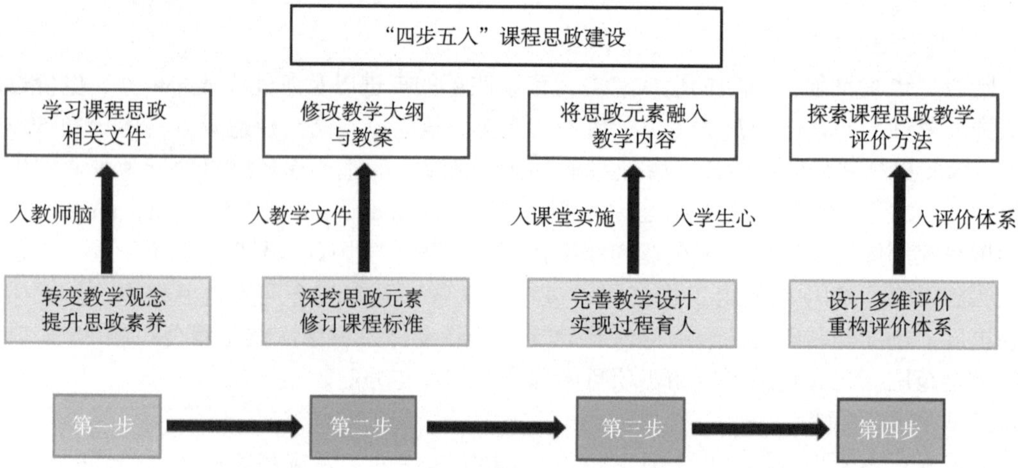

图1 “四步五入”课程思政建设方案

三大难点问题，一是课程思政元素的科学合理挖掘较难，案例库需要不断更新迭代，不断筛选更符合双向目标的案例资源；二是课程思政元素的教学有机融合困难，需要针对每一次课思考如何实现知识点向思政点的过渡或从思政点向知识点过渡的问题；三是课程思政教学效果科学评价困难，需要区分哪些是可以量化的，哪些是不能量化的，如何量化的问题。为解决以上难点问题，设计了课程思政具体实施步骤。第一，积极开展目标导向的课程思政案例库建设：通过传统案例的再开发、时事热点的搜集、传统文化经典再现、学科前沿文献整理等方法实现思政素材的开发、迭代与更新。第二，结合课程特点开发功能性的课程思政融入点：为使思政元素与课程内容有机融合，设计了“主题思政”和“微思政”两种融入形式，发挥“引题、衔接、总结”三种融入功能。第三，尝试探索评价机制改革：将教学评价的视角从单纯的专业知识评价维度向知识掌握、能力测试及素质养成的多维度评价指标拓展。

教育部“卓越工程师教育培养计划2.0”及《高等学校课程思政建设指导纲要》等文件为课程教学指明了“专业显性+思政隐形”育人两条逻辑主线。课程秉承“科教融合、德智并举”教学思想，思政建设从思政资源挖掘，讲好思政故事，到建立“个人—专业—民族—国家”四要素思政逻辑主线。以“立德树人为根本，能力培养为导向，工程案例为牵引，项目探究为驱动”的设计思想，思政逻辑主线与“理念—工具—实践—系统”四要素专业逻辑主线相互配合，令学生“晓管理科学内涵、强基本工程能力、成科学工程思维、立核能报国志向"，助力培养"学思践悟、知行合一"的新时代国防军工人才（见图2）。

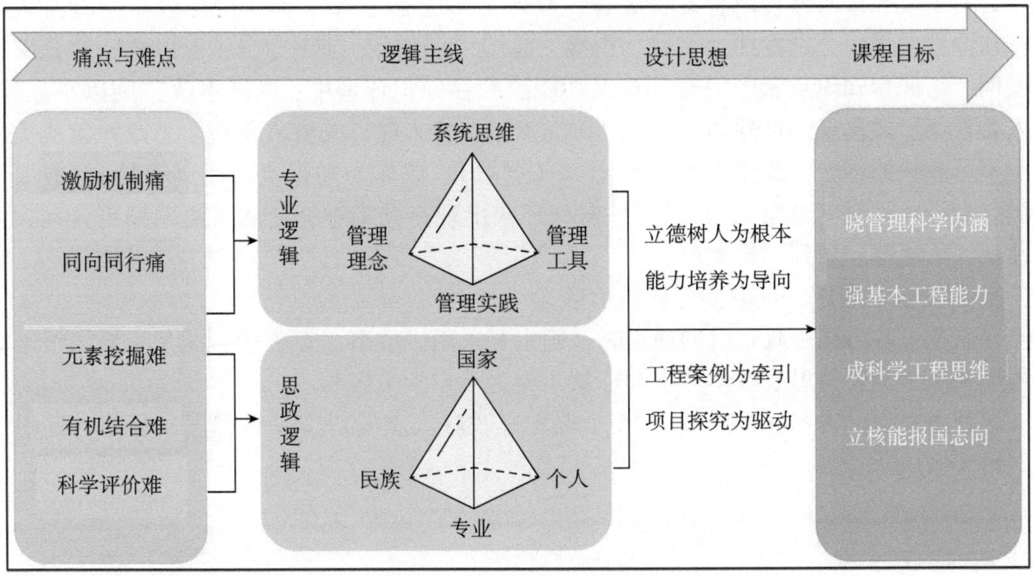

图2　课程思政建设思路

（二）思政元素挖掘与融入

1. 以人才培养目标为导向，围绕课程目标挖掘思政元素，建设课程思政案例库

学院涉核专业围绕服务国防军工、治蜀兴川战略需求，其办学定位为：培养"具有理想信念、家国情怀、国际视野、扎实基础、创新能力"的新时代国防军工人才。结合管理类课程特点（案例教学及项目式教学为主）及学院军民融合特色，从可读性、切合度、感染力三个方面设计了三大思政主题（四个自信、军工文化及辩证唯物主义）、11个课程思政元素（见图3）。充分考虑授课对象为国防学子，时时涉及军工、处处围绕军工，因此案例多为偏向国防科技工业发展中的典型案例（核电、航空航天等），配合中国传统文化中的经典故事，通过传统案例的再开发、时事热点的搜集、传统文化经典再现、学科前沿文献整理等实现思政素材的开发，谈古论今、言传身教，不断丰富课程思政案例库。

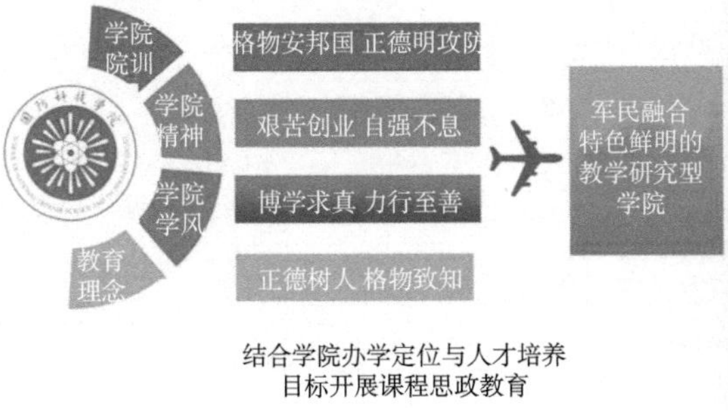

思政主题	思政元素
四个自信	文化自信
	制度自信
军工文化核心价值体系（主要包含"两弹一星"精神、核工业精神、"载人航天"精神、"新三线"精神等）	爱党爱国，服务国防
	团结协作，服从全局
	无私奉献，忠诚敬业
	艰苦奋斗，自主创新
	崇尚科学，精益求精
辩证唯物主义方法论	用联系的观点看问题
	用发展的眼光看问题
	用矛盾分析法看问题
	用实践来检验认识正确性

图3　"项目管理概论（核工程类）"课程思政主题与思政元素

2. 结合课程教学内容，设计课程思政融入点

为使思政元素与课程内容有机融合，设计了“主题思政”和“微思政”两种融入形式，在课程教学中分别发挥“引题、衔接、总结”的作用。其中，“主题思政”就是课程主案例，与课程知识点紧密切合，育人功能隐藏在知识传递中；“微思政”则以小故事、名人名言等形式出现，点到即止，起到画龙点睛、发人深省的育人作用。思政元素成为教学中不可或缺的部分，或作为引出知识点（引题）、或作为知识点过渡（衔接），或成为知识点小结及举例（总结），以功能性素材形式出现在课堂中，令融入更顺畅更合理，无硬性嵌入的痕迹，做到润物无声。

3. 利用教学资源，采取多样化展示形式

在主题思政与微思政素材的使用时，则主要采用讲故事、短视频、图片、新闻报道等多种形式展示，使得思政教学更生动形象、更为青年学生接受。

课程主要教学内容 9 个章节与 15 个课程思政融入点的对应关系如图 4 所示，其中涉核案例 4 例。

章节	内容	序号	融入点	思政目标	载体	思政元素	融入形式	融入作用
第一章	绪论	1	木匠的最后一个工作	引出人生如项目的道理，提示学生要以发展的眼光看未来	故事	文化自信 制度自信	微思政	引题
第二章	项目过程与项目管理过程	2	SWOST分析法	分析问题要全面，用联系的观点看问题，矛盾分析法看问题	案例	发展眼光	主题思政	总结
第三章	项目组织与项目经理	3	大雁飞行的启示	理解团队合作的力量与重要性	图片	团结协作 服从全局	微思政	引题
第三章	项目组织与项目经理	4	某核电厂土建工程项目组织结构设计	理解全局意识与分工协作的重要性	案例	团结协作 服从全局	主题思政	总结
第四章	项目范围管理	5	《孙子兵法》中的范围管理	对管理科学发展的影响，激发学生的文化自信与制度自信	文献	文化自信 制度自信	微思政	引题
第四章	项目范围管理	6	大型钠冷快堆设计开发项目工作分解结构	培养学生严谨、精益求精的职业素养，鼓励学生深入研究，学以致用	案例	崇尚科学 精益求精	主题思政	衔接
第五章	项目时间管理	7	时间管理的奥秘	引导学生学习做时间规划，启发学生珍惜时间、做好时间管理，提升效率	故事	实践出真知	微思政	引题
第五章	项目时间管理	8	《超级医院》纪录片片段	了解时间管理过程，感受中国速度、激发爱国情怀	视频	爱党爱国 服务国防	微思政	衔接
第五章	项目时间管理	9	“华龙一号”海外首堆工程进度管理	感受我国核电人艰苦奋斗、自主创新的信心与决心，鼓励学生刻苦钻研，投身国防	案例	艰苦奋斗 自主创新	主题思政	总结
第六章	项目成本管理	10	赢得值管理在核电工程项目中的应用	感受将管理理论应用到项目实践带来的变化，激发学习热情	文献	实践出真知	主题思政	衔接
第七章	项目质量管理	11	魏文王与扁鹊	引出要防微杜渐、自律、自检、自省	故事	艰苦奋斗 自主创新	微思政	引题
第七章	项目质量管理	12	神九飞船试验	引出严谨的工作态度、吃苦耐劳的航天精神，理解零缺陷航天质量文化	新闻	爱党爱国 服务国防	微思政	衔接
第八章	项目风险管理	13	挑战者号航天飞机事故	提醒谨防小概率事件，要有严谨的科学态度、精益求精的科学态度	视频	崇尚科学 精益求精	微思政	引题
第八章	项目风险管理	14	“嫦娥二号”与106个预案	学习中国航天人严谨的科学态度、精益求精的科研精神，提升学生爱国热情，民族自豪感与认同感	新闻	爱党爱国 服务国防	微思政	衔接
第九章	项目沟通管理	15	《子产破案》	引出社会主义核心价值观中“诚信”的重要性，引导学生树立正确的价值观	故事	文化自信 制度自信	微思政	引题

图 4 “项目管理概论（核工程类）”课程思政融入点设计

四、案例教学整体设计

（一）课程思政的教学实施

在现代教育理念及现代教育技术影响下，课程不断探索深度融合思政的混合教学模式改革，一方面自建线上课程（超星 SPOC 平台），另一方面利用网络优质资源（如慕课、B 站等），以现代教育技术（学习通 App）支持“双主线三注重”的多元教学模式（见图 5）。其中“双主线”主要指前文描述的专业逻辑与思政逻辑，教学设计中将两条主线配合与互补，以问题驱动教学，在案例选择时，尽量选取既涵盖知识要点，又蕴藏思政元素的优质案例，在师生互动（问答）、生生互动（讨论）中完成知识传递与价值传递；“三注重”主要指在教学中重点采用启发式、探究式的教学方法，并在课后设计参与感强的践行式实战演练，提升学生实践能力，以具体应用启发学生深入思考、举一反三。最终实现教学内容与思政融合、教学过程与思政融合、课程实践与思政融合的思政融合三部曲。

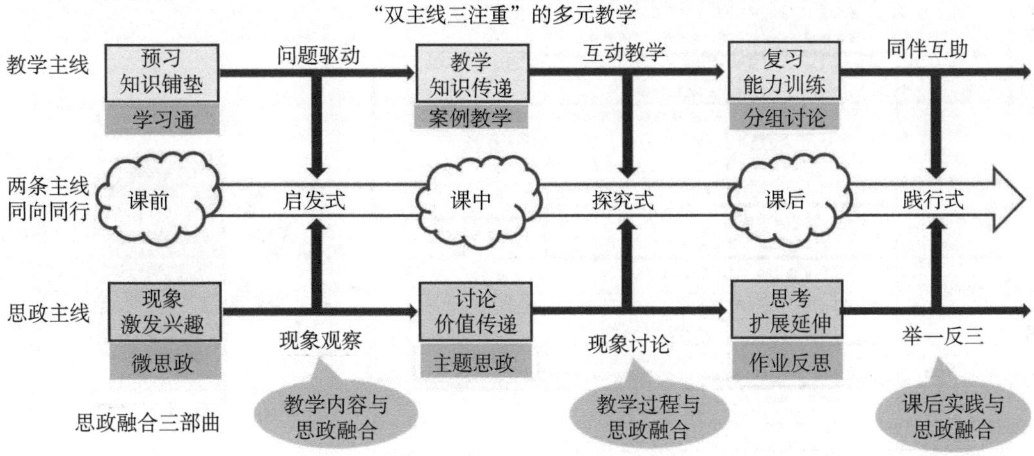

图 5　课程思政教学实施过程

（二）教学设计举例

在混合式教学模式下，具体教学过程以“学、思、践、悟”四步组织教学，最终实现“知行合一”的教学目标，重视课前、课中与课后三阶段的递进式思政教学设计，各阶段的主要教学内容包括：

课前：开展课前导学、组织课程前测，以“看视频、论话题”方式领悟熏陶，实现“查漏补缺、理论初探、独立思考、情感创设”低阶目标；

课中：以 BOPPPS 或对分课堂等方式开展交互式教学，以“听故事、论案例”方式润物无声，实现“化零为整、学以致用、共促共赢、情感共育”中阶目标；

课后：开展小组案例研讨与实际操作，以“查资料、实操作”方式持续渗透，实现“归纳演绎、创新求是、思维拓展、情感升华”的高阶目标。

以第五单元“项目时间管理”（4 学时）为例，给出两次课（2 学时+2 学时）的教学设计分别如图 6、图 7 所示。

学情分析	本次主题	项目进度计划	归属章节	第 5 单元 项目时间管理	
学情分析	学情分析	1.【知识储备】对时间计划的粗放认识；WBS 工作分解结构实操	2.【能力基础】有制定学习计划、活动策划的生活经验，前期 WBS 练习的实操经验	3.【心理情感】喜欢图片视频等直接感受，希望学到实用工具的使用方法	
学情分析	学习目标	1.【知识】时间管理概念：活动的分解与界定、项目工期计划的控制；项目活动排序、项目活动工期的估算	2.【能力】能利用工具制定项目工期计划	3.【素质】珍惜时间并做好时间管理；理解进度控制在核电工程中的应用	
学情分析	学习挑战度	★★★☆☆	★★★★☆	★★★☆☆	
学情分析	教学方法	■讲授教学法 □导学教学法 ■案例教学法 □模型教学法 ■研讨教学法 □问题链教学法 ■演示教学法 □项目教学法			
课前启发	复习内容	WBS 工作分解结构			
课前启发	预习内容	看视频自学甘特图的绘制方法			
课前启发	课程任务	完成学习通 App 小练习及问卷			
课前启发	资料准备	课件、案例资料、阅读材料、课堂小练习材料			
课中内化	学习前测 P	1. WBS 实操练习完成情况； 2. 问卷：是否有做学习计划的经历			
课中内化	课程导入 B	小故事《时间管理的奥秘》引导学生学习做时间规划，启发学生珍惜时间、做好时间管理，提升效率。		支撑目标 3	学
课中内化	课程导入 B	考核点：□演示 □操作 □展示 □问答 □汇报 □讨论 □投票 ■归纳 ■思政 □创新			学
课中内化	提出目标 O	1. 识　　记：项目时间管理的概念。 2. 领　　会：项目活动的分解与界定、项目工期计划的控制。 3. 简单应用：项目活动排序、项目活动工期的估算。 4. 综合应用：能利用工具制定项目工期计划			学
课中内化	学习活动 P_1（讲授）	项目活动定义与活动排序、前导图 PDM、箭线图 ADM 的绘制、活动历时估计		支撑目标 1	学
课中内化	学习活动 P_2（任务一）	根据案例，画箭线图（ADM）		支撑目标 1、2	思与践
课中内化	学习活动 P_2（任务一）	考核点：□演示 ■操作 ■展示 □问答 □汇报 □讨论 □投票 □归纳 □思政 □创新			思与践
课中内化	学习活动 P_3（任务二）	课堂案例分析：观看纪录片片段《超级医院》		支撑目标 3	思与践
课中内化	学习活动 P_3（任务二）	考核点：□演示 □操作 □展示 □问答 □汇报 ■讨论 □投票 ■归纳 ■思政 □创新			思与践
课中内化	学习评测 P	对活动任务完成情况进行点评			思与践
课中内化	总结 S_1	总结进度计划的步骤、方法及工具			思与践
课后应用	课后任务	1. 甘特图绘制训练； 2. 开放讨论：如何管理自己的时间		支撑目标 2、3	践与悟
课后应用	课后任务	考核点：□演示 ■操作 □展示 □问答 □汇报 ■讨论 □投票 ■归纳 思政 □创新			践与悟

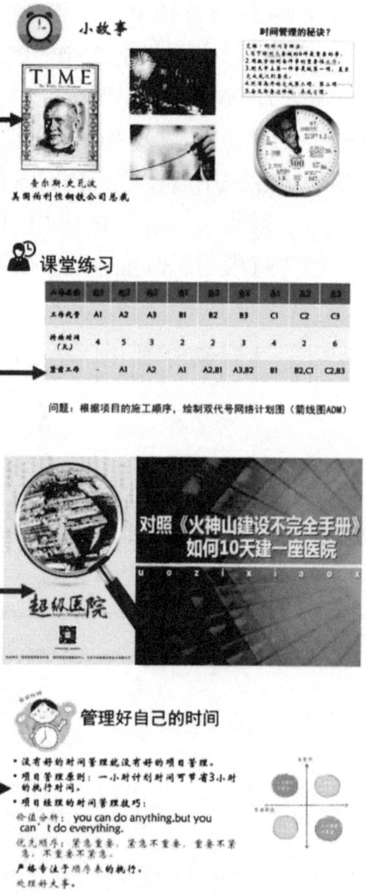

图 6　“项目时间管理（1）：项目进度计划”课程设计（2 学时）

五、教学实践过程回顾

（一）课程资源建设方面：自建 SPOC 线上平台，探索混合教学模式

为达到理想的教学效果，实现教学目标，一步步尝试、探索混合教学模式，一方面自建线上课程；另一方面充分利用现有的优质资源，利用手机、应用软件等充分发挥现代教育技术对教学的支持。

学情分析	本次主题	项目进度控制	归属章节	第5单元 项目时间管理
	学情分析	1.【知识储备】项目活动分解、用时估计及计划制定	2.【能力基础】甘特图、箭线图实操经验	3.【心理情感】为己之学，学以致用
	学习目标	1.【知识】网络计划时间参数计算、关键路径法、时间-成本平衡法	2.【能力】利用时间管理工具实施项目进度控制	3.【素质】从案例学习增强艰苦奋斗、自主创新的信心与决心
	学习挑战度	★★★★☆	★★★★★	★★★☆☆
	教学方法	□讲授教学法 ■导学教学法 ■案例教学法 □模型教学法 □研讨教学法 □问题链教学法 ■演示教学法 □项目教学法		
课前启发	复习内容	箭线图的画法		
	预习内容	提前阅读《新闻1+1》赶工期话题		
	课程任务	完成学习通APP小练习		
	资料准备	课件、案例资料、阅读材料、课堂小练习材料		
课中内化	学习前测P	1.甘特图绘制情况；2.提问：对赶工期的看法		
	课程导入B	从《新闻1+1》赶工期话题的讨论引出项目进度控制的重要性	支撑目标1	学
		考核点：□演示 □操作 □展示 □问答 □汇报 ■讨论 ■投票 ■归纳 □思政 □创新		
	提出目标O	1.识　记：网络计划时间参数计算、关键路径法；2.领　会：项目进度对成本、质量的影响；3.简单应用：时间-成本平衡法；4.综合应用：能利用工具开展项目进度控制		
	学习活动P1（讲授）	通过微课视频学习网络计划时间参数计算、关键路径法	支撑目标1	
	学习活动P2（任务一）	课堂练习：根据案例，计算时间参数并找出关键路径	支撑目标2	
		考核点：□演示 ■操作 □展示 □问答 ■汇报 □讨论 □投票 □归纳 □思政 □创新		
	学习活动P3（讲授）	结合案例学习时间-成本平衡法	支撑目标1	思与践
	学习活动P4（任务二）	课堂案例分析：“华龙一号”海外首堆工程进度管理	支撑目标3	
		考核点：□演示 □操作 □展示 □问答 □汇报 ■讨论 □投票 ■归纳 ■思政 □创新		
	学习评测P	对活动任务完成情况进行点评		
	总结S1	总结进度控制的步骤、方法及工具，理解进度控制的实践意义		
课后应用	课后任务	1.课后分组案例分析并提交案例分析报告	支撑目标2、3	悟
		考核点：□演示 ■操作 □展示 □问答 □汇报 ■讨论 □投票 ■归纳 □思政 □创新		

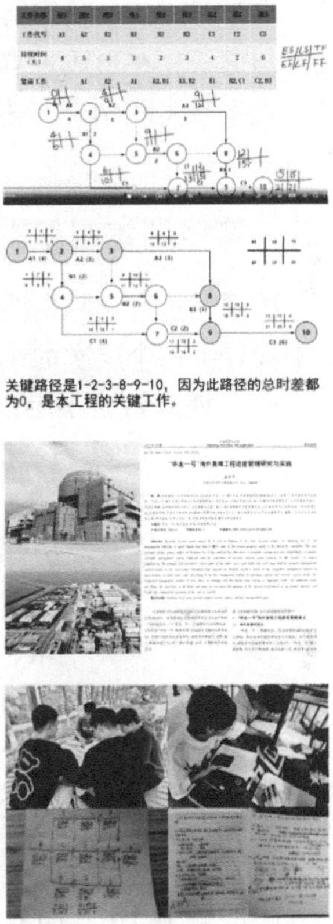

图7 “项目时间管理（2）：项目进度控制”课程设计（2学时）

（1）利用超星学习通软件，自制线上课程

在超星尔雅平台，自建“项目管理概论（核工程类）”课程（网址：https：//mooc1.chaoxing.com/course/217093414.html）。线上课程共发布十一个教学章节，共计19个学习任务点，上传包括课件、微视频、扩展阅读材料、习题库、讨论库、问卷调查等多种教学资源供学生使用。在教学过程中教师可以使用学习通App中的签到、选人、测试、投票等教学互助活动工具，是课堂教学实施的重要辅助。

（2）利用中国大学慕课平台，优选精品课程资源

在中国大学慕课（MOOC）平台选择了国家精品课程“项目管理”

https：//www. icourse163. org/shortUrl/parse/VP7AU（西北工业大学 白思俊）作为课程辅助教学资源。一是为老师的教学提供参考资料，节选案例、微视频、习题等；二是为学生课前预习、课后复习及有针对性地补充学习提供资源。该平台的学习内容不强制要求，以学生自愿学习为主，是自制教学平台资源的有效补充。

（二）教学方法选择方面：强调理论与实践结合，采用四轮驱动情景教学

课程的实际教学过程中，将理论与实践相结合，多种教学方法融合，采用课堂教学、小组讨论、案例分析、情景模拟四轮驱动情景教学。在不同的教学场景下，灵活应用不同的教学方法。在理解原理、概念时主要采用讲授法、演绎法、解释法、对比法等教学技巧。在学习工具、技术时，常采用情景模拟法，引导学生角色代入、换位思考，切实掌握工具与方法。在形成观点、解决争议时，常采用小组讨论法，启发学生思考。在知识应用时，理论与实践结合，多采用案例分析法，项目实战、观察分析，提升学生综合能力与素质。

（三）实践训练组织方面：组织三个层次的小组研讨式实训

根据北京大学陈向明教授小组合作学习理论，在“项目管理概论（核工程类）”教学中设计了三个层次的小组研讨式实训。

（1）课堂讨论小组，采用就近原则，2~4 人就课堂教学内容发起临时性的学习讨论，特点是灵活、方便、快速，容易组织，方便老师参与、评价。

（2）课后案例小组，教师强制分组，5~7 人一组，轮流担任组长，完成课后案例分析任务。优点是亲身经历“团队成长”四阶段，有利于训练团队协作能力、组织领导能力和沟通合作能力。

（3）综合案例小组，经过前两个层次的训练，学生基本具备了团队合作意识和团队社交技巧。在期末综合案例分析时，5~6 人一组，自行组合、自选组长、自行分工合作完成综合案例大作业。依据小组合作学习理论，这类小组有高度的安全感、正相互依赖、高内聚力，是最理想的小组学习模式，有利于产生优秀的合作成果。为后续学生参与课程设计、综合训练及组队参与学科竞赛等都是非常有效的训练。

（四）教学评价方面：多维教学评价与持续改进

为衡量教学效果，将教学评价的视角从单纯的专业知识与技能评价维度向学生的知识掌握、能力测试及包含职业素养、学习态度、专业敏感度、责任感、团队合作等在内的多维度评价指标拓展。采取知识考查、小组学习、综合实践、问卷调查等多种考核方式结合的评价方法，在考核过程中既要体现知识的掌握程度，又要有体现学生对思政素养的领会程度，以达到专业课程学习与思想素质教育同向同行、协同效用的目的。根据 OBE 分析结论及课程满意度问卷推进课程持续改进。表 1 给出了课程多维质量评价的指标点设计与评价标准。针对素质目标的达成评价，其达成度较难量化，一门课对学生的影响是微小的，需要的是所有课程积少成多的影响力汇聚。因此在素质目标的评价中更多的是观察、交流和感受，对素质目标的观察点说明如表 2 所示。

表 1　课程多维度质量评价表

总目标	一级指标	二级指标	三级指标	比例
《项目管理概论》课程教学质量评价	知识目标	过程性评价（15%）	课程资源使用情况	1%
			课前预习作业	1%
			课堂练习与测试	3%
			课后复习作业	10%
		结果性评价（10%）	期末测试（理论部分）	10%
	能力目标	过程性评价（45%）	课后案例分析	25%
			实操训练	5%
			综合案例分析	15%
		结果性评价（20%）	期末测试（分析部分）	20%
	素质目标	过程性评价（10%）	出勤情况（学习态度）	扣分
			讨论区参与情况（学习积极性，参与次数）	5%
			助教情况（责任感）	加分
			综合案例分析（团队分工协作情况自评结果）	5%
			综合案例分析反思部分	—
		结果性评价	课程思政实施效果问卷（包含在课程满意度调查中）	—

表 2　素质目标的评价观测说明

素质目标	观测点
认同感	1. 观察是否对相关主题、国家政策、热点事件有所了解； 2. 观察在课堂讨论、课后案例分析、综合案例分析及学生自我反思报告中是否有所提及
职业道德	1. 观察学习态度，如出勤、完成作业的次数、作业质量等； 2. 观察学习积极性（如参与讨论并发表观点的次数，利用 App 可统计）； 3. 统计参与教学公共服务（助教）的次数，可观察学习主动性、责任感等
综合素质	1. 在课堂讨论、课后分组案例、分组综合案例（大作业）中观察团队协作、沟通能力； 2. 在综合案例中设计了汇报环节，观测表达能力； 3. 在综合案例中需要搜集、整理资料等，观测信息检索、自学能力等

结合前文的课程思政建设思路，整个课程从课程目标、改革措施、评价体系三个方面构成了教学质量提升闭环（见图 8），三维教学目标、思政融入三部曲、双主线三注重教学模式改革等带动学生"上课讨论起来、下课反思起来、课后实践起来、人生感悟起来"，完成知识传递、能力培养、价值塑造，紧扣"学思践悟、知行合一，培养新时代国防军工人才"课程建设与改革主题。

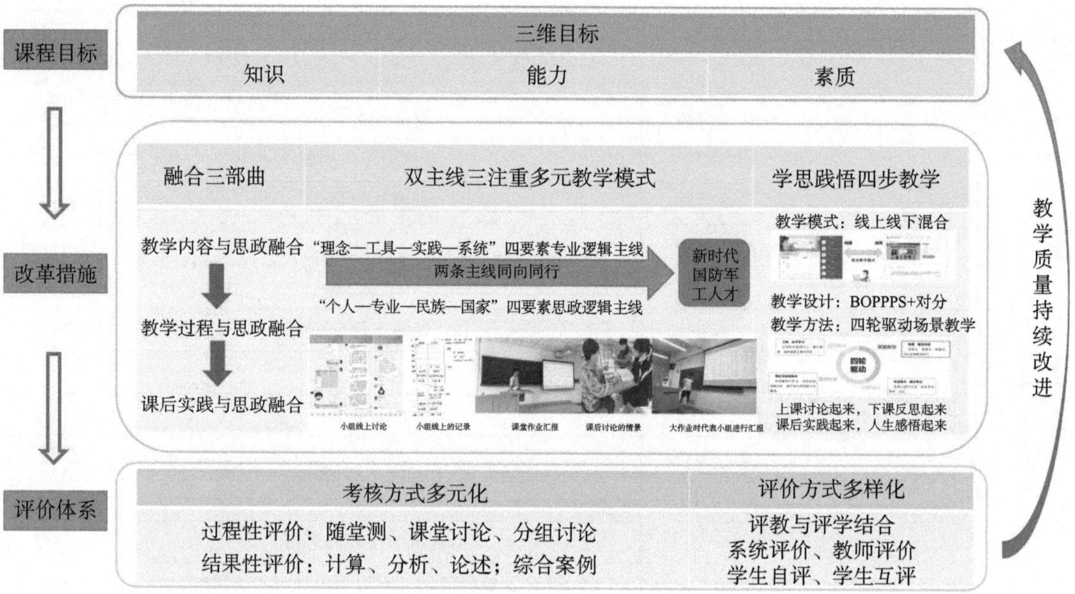

图 8　课程改革思路与措施：质量提升闭环

六、创新性与效果总结

（一）创新性

1. 构建了“理念—工具—实践—系统”四要素专业逻辑主线与“个人—专业—民族—国家”四要素思政逻辑主线相结合的“双主线三注重”多元教学模式。设计了“主题思政”“微思政”两种课程思政形式，将课程思政案例作为功能性材料有机融合到教学过程中。其中主题思政就是知识点主案例；微思政则作为引题、衔接、总结等材料融入课程教学中，令课程思政素材融入知识点教学更顺畅、更合理，最终实现思政育人“如春在风、如盐入水”。

2. 创设了“学、思、践、悟”四步教学法，思政元素贯穿课前导入、课中研讨与课后拓展，将教学内容与思政融合、教学过程与思政融合、课后实践与思政融合的思政融合三部曲，促成从“情感创设期的领悟熏陶”，到“情感共育期的润物无声”，再到“情感升华期的持续渗透”的递进式思政育人模式。利用听故事、看视频、读资料、论案例、做项目等丰富的教学活动，在有高度的前沿科学中、有温度的故事中、有力度的研讨中，实现思政育人“深入人心，落地生根”。

（二）建设成效

1. 课程建设成效

课程完成了线上教学资源的建设，利用超星尔雅平台（学习通 App）开展混合式教学改革及课程思政教学改革，其改革成果助力学院入选“课程思政”示范专业，入围“三全育人"培育基地，教师作为骨干成员在学校教学创新团队评选中获一等奖（排名第二）。在2023年学校课程思政教学比赛中获一等奖、优秀教学设计奖、优秀教学视频奖。

课程梳理了典型课程思政案例15个，课程思政教学改革获校级教改项目立项1项，在校级课程评估中成绩优秀。近三年学生课程评教均为优秀。

课程建设发展历程见图9。

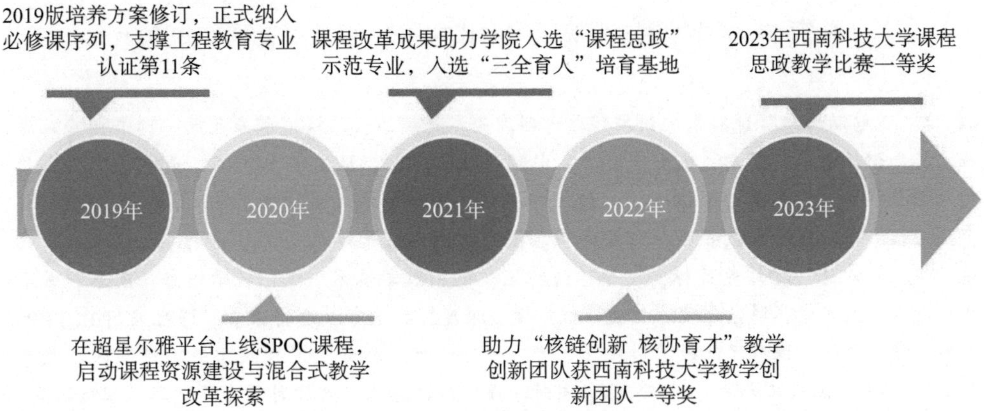

图9　课程建设发展历程

2. 学生学习成效

通过课程思政建设，把思政教育融入到了教育教学全过程。让专业课上出"思政味道"，育人与育才同向同行，让立德树人"润物无声"。问卷调查与期末考核综合结果显示，学生的理想信念、道德情操、专业认知、社会担当等品质得到提升，对国家、民族和专业充满信心，学生继续在本专业深造的意愿强烈。很多学生都认为自己在学习中有所收获，尤其是在自主学习和团队协作方面有所提升；甚至有同学将本门课程的学习作为本科阶段一段难忘的记忆。在后续相关课程中，仍继续为学生就项目管理相关内容进行咨询、答疑。

3. 课程辐射效应

课程思政相关建设成效纳入学院课程思政建设课程群，成为学院课程体系改革实践的有力支撑。作为课程思政改革示范，在学校新进教师培训、青年教师培训中多次宣讲、分享与交流。

参考文献

[1] 姜丰华．"华龙一号"海外首堆工程进度管理研究与实践［J］．科技创新与应用，2023.10：83-86.

[2] 朱爱国．核电首堆工程进度管理方法和流程探讨［J］．价值工程，2019，38（25）：44-47.

[3] 贾智超，吴志成．赢得值管理在核电工程项目实施的研究［J］．中国核科学技术进展报告，2021.07：1-6.

[4] 康立秋，刘学姣，徐春富．挣值法在大型复杂项目施工合同支付中的应用研究．项目管理技术［J］，2017，15（7）：76-80.

[5] 尚文浩，季卫兵．国防特色高校军工文化育人的实践与思考［J］．高教论坛．2018，11：72-75.

[6] 刘立红．中国核工业精神研究［D］．衡阳：南华大学，2010.5.

“电动力学”课程思政案例

姬彦玲

（西南科技大学国防科技学院/核科学技术学院，四川　绵阳　621010）

摘　要：“电动力学”课程系统讲授经典电磁理论，是核工程与核技术专业的一门专业基础课程，其知识体系和研究方法在生产实践、尖端科技和国防领域有重要应用。为全面落实立德树人根本任务，教学团队在OBE教育理念指导下，坚持物理人文价值引领，把培育和践行社会主义核心价值观融入教书育人的全过程。围绕本专业培养核能开发与利用、核技术应用领域“复合型人才”的培养目标，结合学情特点，重构教学体系、优化教学内容、改革教学形式、深挖思政元素，科学合理地拓展课程广度、深度，打造有温度的课堂。课程采用BOPPPS与线上线下混合的课程思政教学模式，坚持“一体两翼三驱动”的建设思路，提高课程教学“两性一度”。在知识传授、能力培养的同时，强化辩证思维、熏陶科学素养、厚植家国情怀、树立“电磁强国、强核报国”使命担当，发挥课程育人功效，助力新型核专业人才的全面发展。

习近平总书记曾在2016年全国高校思想政治会议上明确“要用好课堂教学这个主渠道，各类课程都要与思想政治理论课同向同行，形成协同效应”，认为高校应始终把立德树人作为根本任务。党的二十大报告指出“全面贯彻党的教育方针，落实立德树人根本任务，培养德智体美劳全面发展的社会主义建设者和接班人”。按照教育部《高等学校课程思政建设指导纲要》有关要求，专业课程是课程思政建设的基本载体，专业课知识和思想政治教学要有机统一。

核工程与核技术是多学科相互交叉的战略性高新技术专业。目前，我国核电发展迎来重要战略机遇期。党的二十大报告指出，要积极安全有序发展核电，并对新时代人才强国战略部署和核专业人才培养提出了更高要求。面向未来，核专业教育教学要走高质量发展道路，赓续红色血脉，传承强核强国使命，培养社会主义事业和核事业接班人。本文以“电动力学”专业课程为例，系统总结了课程思政建设和教学实践的经验做法。通过课程育人，激发学生学习兴趣，激励学生不忘初心、牢记使命、奋发进取，助力新型核专业人才全面发展。

一、课程介绍

（一）课程简介

“电动力学”是一门研究“电磁场的基本属性、运动规律以及它和带电物质的相互作用”的课程，是现代科学不可或缺的支柱。电磁看不见、摸不着，却无处不在，时刻影响着人们的生活和社会的运行。近年来，信息技术的迅猛发展，让这门古老的学科重新焕发了青春活力，也为课程思政提供了丰富的素材。

本课程是我校核工程与核技术专业基础课程，共 48 学时，授课对象为大学二年级学生，授课人数年均 70 余人。电动力学作为“四大力学”之一，具有概念抽象、理论性强、公式多的特点，历来被公认为是一门难教、难学、难考的课程。教学重难点在于对电磁理论的图像化理解，以及应用电磁场理论求解实际问题。课程采用经典教材（郭硕鸿，《电动力学》（第三版）），结合国家精品在线开放课程教育资源（推荐：中国大学慕课平台，同济大学谢双媛教授《电动力学》；Bilibili 网站，复旦大学周磊《电动力学》），以及其他多元化的优秀教学资源，以满足不同层次和学习需求的学生群体。

课程采用线上线下混合式课程思政教学设计。课前线上预习，设置情景，调动情绪，体现感性情怀；课中以物理思维为线索，融合电磁理论和思政元素，激发情感，实践情怀；课后小组讨论、实践拓展，陶冶情操，激扬斗志，理性情怀。拓展课后阅读，熏陶科学素养，推荐《法拉第自学成为科学家的故事》《电磁之美》《我的世界观》《麦克斯韦》等书目，“知识分子”“原理”“中国核工业教育学会”“物理与工程”等公众号。在知识传递的同时强化价值引领，最终实现课程思政目标和价值观的固化。

（二）学情分析

根据前序课程成绩、课前学情问卷调查、师生座谈会及往届学生对本门课程满意度调查等信息确定了学情结论，具体学情痛点及学情优势如下所述。

1. 数学基础薄弱，矢量分析等必备知识掌握不牢

电磁理论以抽象、繁复的数学公式为载体，推导过程涉及大量矢量分析与场论、偏微分方程求解等数学知识。而大部分同学数学相关基础薄弱，此痛点是学习电动力学的拦路虎。

2. 专业知识储备不够，电磁学相关背景知识不足

电动力学是高度理论化的电磁学，而本专业学生未修电磁学，只具备大学物理基础，导致电磁学专业基础知识有所缺失，一定程度上加大了学生的学习难度。

3. 学时少、内容多、难度大，学生学习兴趣不高

作为四大力学之一，电磁场概念抽象、理论性强、学时有限、知识点多、内容枯燥，是公认的难学、难教、难考的一门课程，学生容易有畏难情绪，学习兴趣不高。

4. 核专业学生关注科技前沿发展，民族自豪感强

核专业学生普遍具有较强烈的家国情怀，对核专业领域相关的科技前沿技术较为关注，民族自豪感强烈。

（三）课程目标

根据学校办学定位、专业人才培养要求确定了本课程“知识探究、能力培养与价值引领”三位一体的教学目标，见图 1。通过本课程的学习，学生应对电磁场的基本概念、基本理论和基本方法有比较系统的认识和正确的理解，为进一步专业学习打下坚实的基础。同时，通过“知识传授、能力提升、人格养成与价值引导”有机融合，给知识和能力赋予

正确的价值观取向，实现课程育人目标：渗透辩证唯物主义，提升物理思维能力，厚植爱国主义情怀，树立科技报国志向，养成严谨科学态度，弘扬拼搏科学精神。通过“三位一体”课程目标的实现，为专业人才培养目标的达成提供有力支撑。

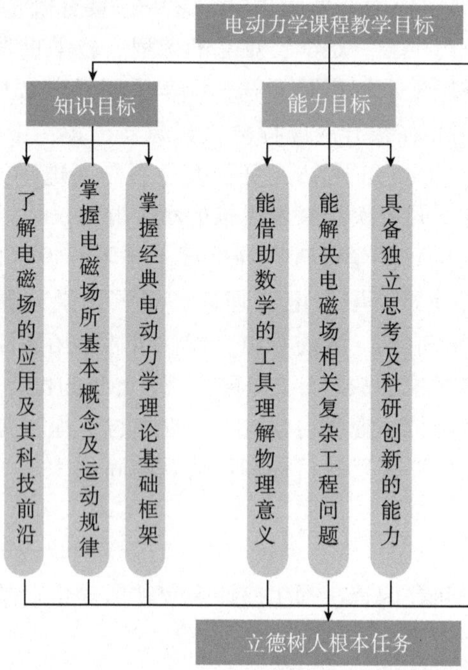

图1　“电动力学”课程教学目标

二、课程思政建设理念及思路

（一）建设理念

本课程在思政建设总体设计中，秉承“以学生为中心、成果为导向、持续改进”的OBE教育理念，坚持物理人文价值引领，在知识传授中讲好电磁理论故事，以科技传承涵养强国情怀。教学内容中心由科学知识转向科学文化，凝练思政元素，丰富思政案例库，培养科学思维、赓续科学精神、激发家国情怀。以培养具有社会责任感、创新精神和实践能力的高素质核专业人才为教学理念，把培养和践行社会主义核心价值观融入教书、育人全过程。

（二）建设思路

课程思政建设过程中坚持“一体两翼三驱动”的建设思路，引导学生充分认识电磁场理论的内涵及意义，坚持知识传授的显性教育与思想引领的隐性教育相结合，使学生在电动力学课程学习中受到优良传统教育和现代科学教育的熏陶，实现对学生知识、能力、素质全面培养的课程目标。

1. 一体：践行“以学生为中心”主体思想，将三全育人融入教学全过程

以学生为中心，尊重学生的个体差异、满足多样化的学习需求，以促进学生的学习和发展为最终目的。课程教学践行“新三中心”理念，即以学生发展为中心、以学生学习为中心、以学习效果为中心。基于学情特点，重构、优化教学内容和教学模式，利用线上线下交流和课堂分享，将育人过程从传统的教师讲授为主，转变为以学生为中心的研讨式学习，有效提升育人效果。

2. 两翼：贯彻“知识传授与价值引领”为两翼，将思政元素有机融入课程内容

以 OBE 教育理念为指导，坚持专业课与思政课同向同行、协同育人，实现知识传授与价值引领课程目标。深度挖掘专业知识相关的科学家事迹、大国重器、科学精神、社会责任感等方面的实例，结合时政知识和社会热点，结合案例教学讲授专业知识，培养学生文化自信、爱国情怀、理想信念、社会主义核心价值观等。

3. 三驱动：落实“基础理论、科技前沿、实践创新”三驱动，深化课程思政内涵

采用多元化教学方法开展电磁场专业知识学习，奠定学科基础理论；贯穿核学科领域科技前沿到基础理论学习中，拓展学生视野；科研反哺教学将教师科研成果作为教学素材引入课堂，结合虚拟仿真加强实践创新，加深电磁理论理解的同时培养团队协作精神和创新思维。通过进阶式三驱动，提升课程的“两性一度”：高阶性、创新性、挑战度，培养学生的创新精神和创新能力。

三、课程思政建设举措及特色

（一）建设举措

电动力学课程思政建设中，加大教学改革，重新梳理教学内容、教学设计和教学过程，探索考核方法，结合现代信息技术，通过线上线下混合式教学与课程思政元素相结合的理论教学模式，结合虚拟仿真实践训练，实现对学生的工程能力、创新能力、团队协作、思想素养等综合能力的进阶式的培养。具体举措及特色体现在以下三个方面。

1. 直击学情痛点，发挥学情优势，重构知识框架，优化教学内容

根据学情分析结果，教学团队集中研讨，以学生为中心，紧扣学情痛点，突出学情优势，融入课程思政开展相应的教学改革。具体举措如下所述。

（1）针对数学基础薄弱的问题，开课前增补“绪论：矢量分析与场论”。带领学生集中复习回顾相关数学知识，为后续的理论学习巩固必要的数学基础，做到“工欲善其事必先利其器”。

（2）针对专业知识储备不够的问题，课堂教学全过程中重视温故知新，及时补充、回顾相关电磁基础知识，结合线上中国大学慕课优秀资源，布置预习任务，让学生提前了解课堂教学相关的基础知识。

（3）针对学时少、内容多、难度大，学生学习兴趣不高的问题，通过讲解电动力学发展史、前沿科技应用等，做好课程精彩开场，讲好课程绪论，让学生“一见钟情”，提高学习兴趣。通过分析课程结构、分享学习方法，采用 BOPPPS 与线上线下混合的教学模

式，克服学生畏难情绪，提高学习兴趣。

（4）充分发挥核专业学生关注科技前沿、民族自豪感强的学情优势，重视案例教学，结合专业特色领域相关的科技前沿问题及最新发展动态，让学生见识经典理论的全新魅力，拓展学生视野，培养科学素养，激发其探究动力及学习内驱力。

通过以上举措，弥补了学情不足，发挥了学情优势。将传统的电动力学知识体系构架进行重构和优化，构建适用于核专业学生、突显核专业特色的课程体系框架，如图 2 所示。通过在教学实施全过程中渗透学科前沿，融入课程思政，激发学生学习兴趣，在知识传授的同时实现了价值引领。

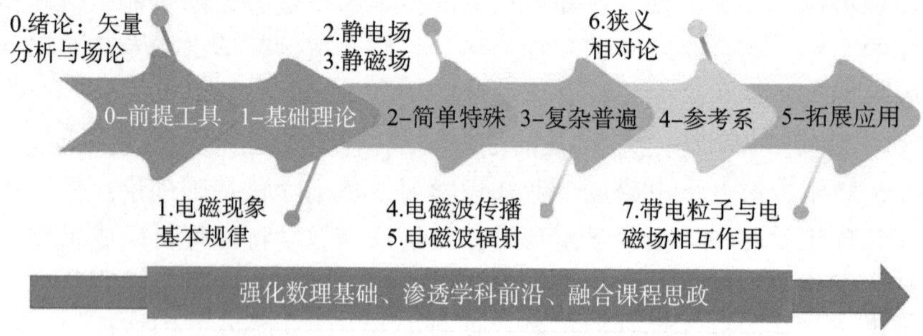

图 2　重构优化的电动力学知识体系构架

2. 改革教学模式，深化教学手段，融合思政元素，递进育人模式

课程通过线上线下的理论教学，辅助虚实结合的实践训练，结合恰当的思政案例，构建了具有实践性、体验性、参与性、情境性的真情课堂。以学生为中心，形成递进式育人模式：课前预习，设置情景；激发兴趣，实施教学；知识拓展，启发思考；课后实践，团队协作；应用创新，巩固拓展；小组分享，归纳总结。以此提升学习动力，增进互动参与，降低学习困难，完成精准滴灌。

（1）BOPPPS 模型与线上线下混合课程思政教学模式

通过现代化教学手段组织教学过程，教学过程坚持两个结合：课堂内外相结合、线上线下相结合。采用 BOPPPS 模型与线上线下混合的教学模式，如图 3 所示，分为六个步骤（导言、目标、前测、参与式学习、后测、总结）三大环节（课前、课中、课后），将课程思政内涵潜移默化地融入整体教学过程中，完成以人为本的教学体系更新，实现师生协作学习，盘活课堂氛围。

课前感性情怀，调动情绪，沟通心灵。课前预习，利用中国大学慕课平台、视频案例等多种线上资源完成预习任务，让学生对基础知识有初步认知，同时设置情景，营造润物无声的情感体验氛围，实现视听接收。

课中实践情怀，激发情感，启智润心。课堂组织实施，注重以问题为导向的探究式教学方法，重点引导学生透过繁琐的公式推导和抽象的数学符号掌握物理理论的内涵及科学思想，培养学生独立思考和解决问题的能力。结合大国工程、科技前沿、科学家事迹等，让学生在交流中切身体验，启智润心，推动理论知识的内化吸收、延伸和提高，实现互动接收。

课后理性情怀，陶冶情操，激扬斗志。课后归纳总结，结合虚拟仿真，通过自主学习

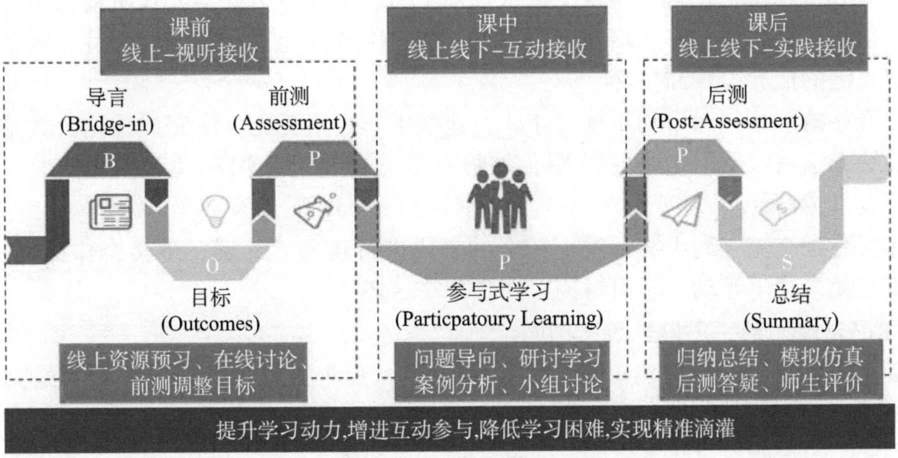

图 3　BOPPPS 与线上线下混合的教学模式

与团队协作，同时辅助课后扩展阅读，深化认知、陶冶情操，从而达到沟通心灵、激扬斗志的效果，完成课后提升，实现实践接收。

（2）多元化教学方法与学习方法

根据课程难度大，但逻辑性强的特点，我们采用案例式、启发式、探究式、问题式、类比式、讨论式等多元化的教学方法，利用教师的言传身教，结合实际案例，将课程思政有机融入专业知识，着重培养学生多思考、擅总结、勤交流、会类比、敢质疑的学习能力。

针对学情分析中“学时有限”和“课程内容多、难度大”之间的矛盾，图 4 总结了有效的学习方法，加强学生熟练使用数学工具能力的同时，使学生课上将注意力集中在物理内涵本身，加深对物理模型的图像化理解，培养学生分析问题、解决问题的能力，建立科学的世界观。

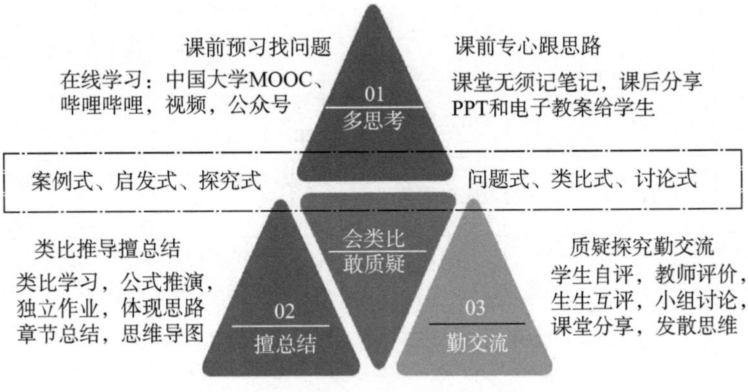

图 4　“电动力学”课程的教法与学法

课前预习找问题：课前完成预习任务，做到基础知识及时补充，善于发现问题、思考问题，鼓励带着问题进课堂。

课堂专心跟思路：在课堂教学中重点带领学生理解和体会数学公式所描述的物理规律和内涵，让学生多思考，着重培养物理思维、构建物理图像；同时结合课件、辅助板书来重点讲解关键的推导步骤和技巧。

类比推导擅总结：课后利用练习作业，让学生学会用类比方法完成理论公式推演，擅用总结归纳方法完成章、节思维导图，加强对电磁理论的认识和理解，降低学生学习难度，克服畏难情绪。

合作探究勤交流：利用线上线下结合的方式进行指导、答疑，学会合作探究勤交流，包括生生互动、师生互动、小组讨论、课堂分享等环节。

3. 深挖思政元素，建设思政案例库

围绕课程思政目标，构建以思政内容为引领，专业知识为框架，教学实施为手段的“三位一体”课程教学模块。按照“科学精神、科学方法、科学力量”三个思政主题，凝练思政元素，建设课程思政案例库。通过多种方法载体，给知识和能力赋予正确的价值观取向，在实现专业培养目标的同时，实现立德树人根本任务。开发的 15 个思政案例覆盖了课程每章内容，见表 1。

表 1　电动力学课程有机融入思政元素的具体方案

专业知识	思政主题	思政元素	思政融入点	实施方法载体
电动力学发展史	科学精神	科学发展观	经典电动力学发展史	讲故事、课外阅读
电磁场物质性	科学精神	辩证唯物主义	麦克斯韦预言电磁波	视频、启发、讨论
电磁感应定律	科学思维科学精神 科学力量	坚忍不拔，辩证思维 强核报国，责任担当	法拉第十年磨一剑，大国重器——三峡工程，白鹤滩，福建舰航母，“中国电磁弹射器之父”马明伟，“电磁女侦探”苏东林	图片、视频、案例讲解、主题讨论
电磁场的统一	科学方法	科学思维，辩证思想	电磁场是完整统一的场，不是电和磁简单叠加，蕴含哲学思想	类比、讨论
磁场的应用	科学力量	科技强国，家国情怀	国际热核聚变实验堆 ITER 计划，中国新一代“人造太阳”聚变堆	图片、案例讲解、主题讨论、文献资料
同极相斥，异极相吸	科学力量	民族自信，家国情怀	世界第一商业化的上海磁悬浮列车	视频、案例分析
麦克斯韦方程组	科学方法	体会电磁对称美	最美最伟大公式，物理与艺术的统一	新闻、图片、课外读物、主题讨论
磁场散度意义	科学方法	批判思维，敢于质疑勇于创新	寻找磁单极子！若存在，麦氏方程如何改造？有什么意义	查资料，小组讨论，课堂分享
电磁波传播	科学力量	中国速度，中国态度 中国温度，家国情怀 专业自信，科技强国	国之重器“华为 5G”抗疫立神功！9 000 万人“云监工”火神山施工现场	视频、案例分析、引导、启发、讨论
电磁波反射与折射	科学方法	民族自信，家国情怀	隐身飞机，中国反隐身雷达技术	引导、启发、讨论

续表

专业知识	思政主题	思政元素	思政融入点	实施方法载体
电磁波的极化	科学力量	民族精神，科技报国	中国北斗卫星导航系统	视频、案例讨论
电磁波辐射	科学力量	民族自豪感	大科学装置——中国天眼 FAST，中国复眼	视频，案例分析
狭义相对论	科学方法	敢于想象，勇于创新批判思维	爱因斯坦“怀疑—证据—创新”的科学方法	图片、讨论
迈克尔逊—莫雷实验	科学精神	科学思维	“零结果”实验获得诺贝尔物理学奖	图片，主题讨论
电磁场与物质相互作用	科学力量	家国情怀，强核报国	激光粒子加速，美国国家点火NIF，中国神光Ⅲ	仿真、动画、文献

如通过讲故事，介绍电动力学发展史，诠释科学发展得益于社会整体的创新文化氛围，让学生感受科学家精神，建立科学的发展观。讲授麦克斯韦方程组时，对比中国古代建筑和古诗词，介绍中国人由古至今对于对称美的追求，让学生在体会人类最美公式的同时，感受物理与艺术在科学属性上的一致性。学习磁场散度的意义时，引入“寻找磁单极子”百年话题，通过案例分析、小组讨论等方式，思考“磁单极子是否存在？若存在，将有哪些实际应用价值？麦克斯韦方程组该如何修正？”通过文献调研、分组讨论、课堂分享等方式，培养学生用科学方法进行批判思维，敢于质疑，勇于创新，同时培养团队协作、沟通交流的能力。

学习电磁波传播时，介绍“华为 5G”抗疫立神功。结合视频，回顾 9 000 万网友“云监工”火神山医院建设，共同见证“中国速度”，感受“中国态度”，体验“中国温度”，通过学生的切身体会，厚植爱国主义情怀，树立专业自信和科技强国。与时俱进，聚焦前沿，拓展介绍飞秒激光在空气中传输时的成丝现象，并说明这一现象在诱导引雷、人工降雨、远程探测等方面的潜在应用和亟待解决的问题，拓展学生视野。学习电磁波的反射和折射时，以“如何实现雷达隐身”的问题作为引入，介绍中国反隐身雷达技术，激发学生的好奇心和求知欲。

在讲授带电粒子和电磁场的相互作用时，介绍基于超短超强激光的粒子加速和辐射研究，说明这一新型加速器和辐射源的独特优势、最新研究进展以及与传统加速器之间的区别，并拓展介绍激光诱导产生高能电子在激光核聚变快点火中的应用，核聚变基本原理、条件及国内外研究进展等。通过这些前沿科学案例的引入，使学生拓展视野的同时，充分认识基础知识对前沿科技发展的重要指导意义，同时了解电磁理论的应用研究热点，提高学习热情，促进知识内化成能力。

四、课程思政教学案例详解——电磁感应定律

现以“电磁感应定律”知识点为例，从案例简介、知识体系、主要思政元素、案例设计思路、案例教学内容展示等方面阐述完整的课程思政教学过程。

（一）案例简介

电磁感应定律的发现是电磁场统一理论的重要一环。受奥斯特梦圆“电生磁”的启发，法拉第等电磁学先驱开展了大量的实验探究，最终发现电磁感应现象，并深入分析得到电磁感应的本质，奠定了电磁理论的基石。通过理论指导实践，法拉第发明了发电机和电动机，开启了人类迈进电气化时代的序幕。

本案例按照 BOPPPS 教学模式与线上线下混合教学模式开展思政教育，以学生为中心，通过线上慕课，线下多媒体辅助教学，课后钉钉群、微信群充分讨论。整个教学活动分为三个环节六个步骤，通过递进式育人模式融入教学，将隐性和显性思政元素恰如其分地贯穿在每一个环节，使学生获得勇于探究创新的科学精神，体会“科学改变世界，科技改变生活”的科学力量，树立强核报国的专业使命，厚植家国情怀。

（二）知识体系

从知识结构上来看，电磁感应定律在教材“第一章 电磁现象的普遍规律”中“第三节麦克斯韦方程组”。图 5 为学生归纳总结的电动力学第一章的知识结构关系思维导图，前两节分别介绍电荷和电场、电流与磁场，给出静止电荷产生的静电场、恒定电流产生的静磁场的散度与旋度方程。在前两节恒定电磁场的基本规律基础上，电磁感应定律描述的是：变化磁场激发电场，将电和磁联系起来。为后续电场和磁场的统一奠定基础，是麦克斯韦方程组统一的重要支撑。因此，法拉第电磁感应定律在电动力学课程学习中起着非常重要的承上启下的作用。

（三）主要思政元素

1. 科学精神，科学家品质

（1）法拉第十年磨一剑发现电磁感应定律，体现了他热爱科学，坚忍不拔探索、勇往直前有恒心的科学家品质，让学生明白机会总是留给有准备的人。

（2）“航母这十年”宣传片展示我国在建设航空母舰上“咬定青山不放松”的科学精神。

2. 科学思维，科学方法

（1）法拉第逆向思维提出“磁能否生电”的问题，体现科学思维。

（2）法拉第透过现象看本质，提出电磁感应现象的实质，强化科学方法。

3. 科学力量，家国情怀

（1）法拉第发明电动机，开启电气化时代，体现科学力量。

（2）大国工程——白鹤滩水电站、三峡大坝，厚植家国情怀。

（3）大国重器——“福建”舰电磁弹射技术，激励创新，科技强国。

4. 回归专业，强核报国

实事求是对比我国与美国核动力航母的差距，结合核动力航母的原理，回归专业使命担当，树立“强国有我”鸿鹄志。

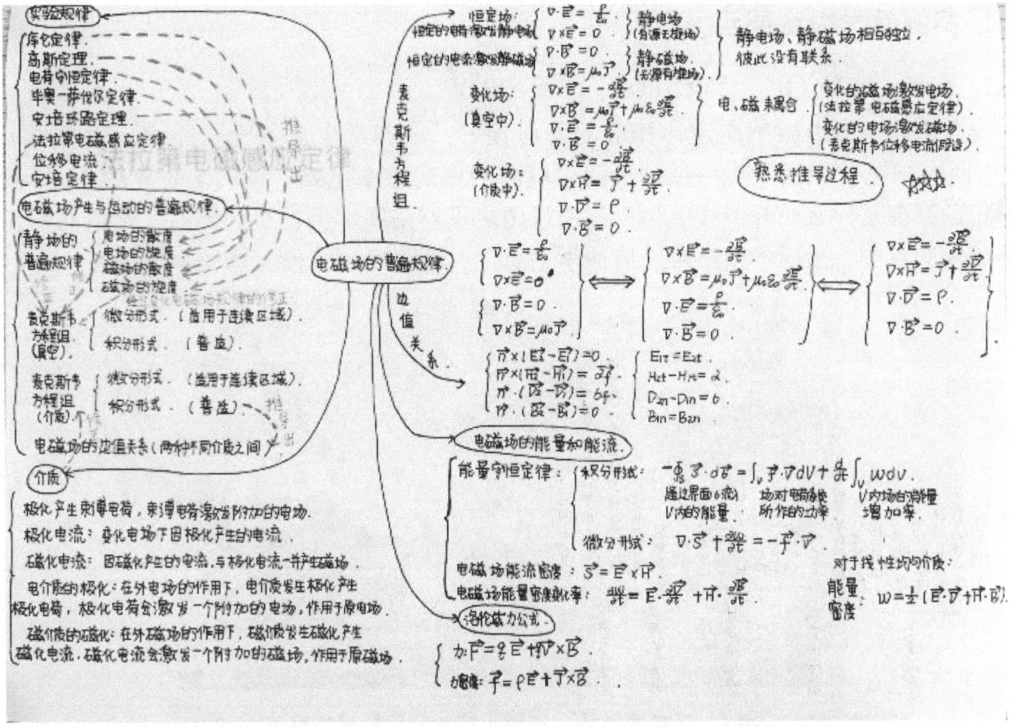

图 5　电磁感应定律在“电动力学”第一章中的知识结构关系图

（四）案例设计思路

法拉第电磁感应定律开展课程思政实施的具体过程如图 6 所示。整个 BOPPPS 模型，按照导言（B）、目标（O）、前测（P_1）、参与式学习（P_2）、后测（P_3）、总结（S）六个步骤，在课前（B、O、P_1）、课中（P_2）、课后（P_3、S）三个环节中将课程思政通过递进式育人模式融入教学实施全过程。

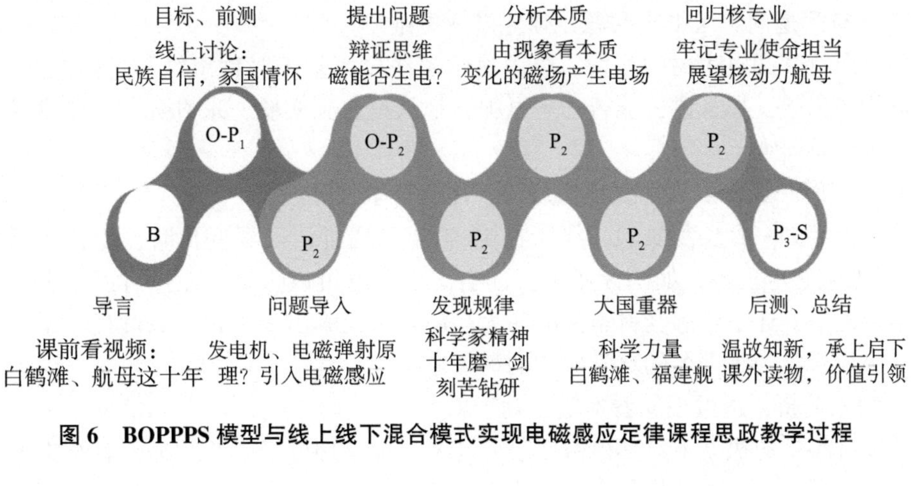

图 6　BOPPPS 模型与线上线下混合模式实现电磁感应定律课程思政教学过程

（五）案例教学内容展示

1. 课前：导言（B）、目标（O）、前测（P_1）

结合慕课开展电磁感应定律相应的课前预习，培养学生自主学习能力。观看图 7 视频："西电东送"大国工程——位于四川境内的白鹤滩水电站。同时启发学生思考问题：发电机的原理是什么？开展线上讨论，通过国之重器拓展学生视野的同时，营造润物无声的情感体验氛围，激活学生思维，启迪学生思考，增强民族自信，厚植家国情怀。

图 7 "西电东送"大国工程——白鹤滩水电站

2. 课中：参与式学习（P_2）

进入课堂教学环节，此阶段为参与式学习，注重互动研讨，分六部分开展课堂教学。

（1）以问题为导向，引入正题

根据问题"发电机及福建舰电磁弹射的原理是什么？"引导学生积极思考，引入电磁感应概念。然后介绍电磁学发展史，让学生建立科学的发展观：从最初人们认为电和磁二者没有必然联系，直到奥斯特划时代地发现了恒定电流的磁效应。奥斯特梦圆"电生磁"，在电学和磁学之间架起了一座桥梁，使电学和磁学统一成为一门新学科——电磁学。

（2）法拉第逆向思维提出问题，强化辩证思维

受到奥斯特梦圆电生磁的启发，英国科学家法拉第基于对称思维与逆向思维，提出：既然电流能产生磁，那么磁，能否产生电呢？他从设想到实验，求真务实，实事求是，开展了无数次实验研究。

（3）十年磨一剑，发现电磁感应规律，体现科学家品质

法拉第十年如一日反复实验，终于在 1831 年发现了"磁场变化时，闭合线圈中有电流"，提出电磁感应现象，如图 8 所示，证实了不但电可以生磁，磁也可以生电。通过介绍法拉第的生平，让学生感受科学家的伟大品质：法拉第出身贫苦，只读过小学，但他勤学好问、热爱科学，是著名的自学成才的科学家。

（4）深入分析，透过现象看本质，勤于思考

法拉第对科学的执着不只是停留在表面现象，他整理分析实验数据，总结出电磁感应定律：闭合线圈中感应电动势与通过该线圈内部磁通量变化率成正比。他认为，电荷是受

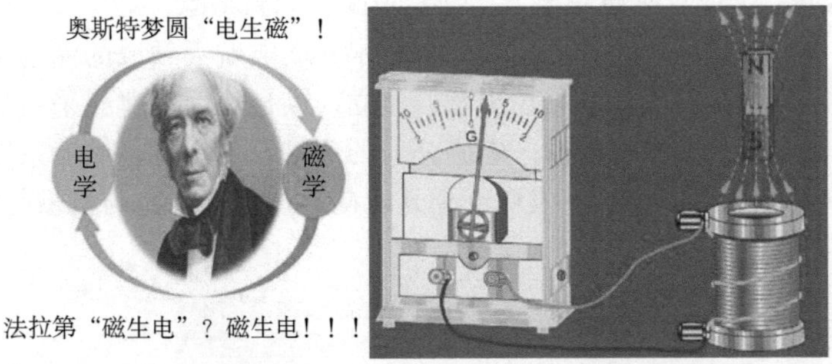

图 8　法拉第逆向思维、十年磨一年，发现电磁感应现象

到电场作用而运动的，有感应电流就表明空间中存在着电场，由此得到电磁感应现象的实质：变化磁场在其周围空间激发了电场。揭示了电场和磁场内部相互作用，奠定了电磁理论的基石。

（5）大国重器，体会科学力量，厚植家国情怀

法拉第将理论化为实践，得到了产生交流电的方法，并发明了发电机和电动机，使人类大规模用电成为可能，开辟电气化的时代。由于他在电磁学方面做出了伟大贡献，因此被称为电学之父，交流电之父！紧接着回顾最初的问题，介绍发电机的原理。通过教师现场演示小型手摇发电机，如图 9 所示，让学生回归生活，生动形象地感受电磁感应原理在生活中的应用。

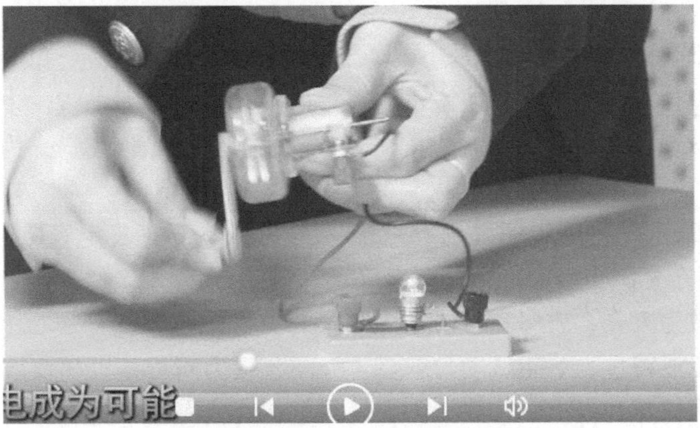

图 9　教师现场演示手摇发电机实验

随后通过大国工程，让学生感受科学的力量！发电机的应用，造就了我国“西电东送”大国重器，造福人民。“截断巫山云雨，高峡出平湖”的三峡工程是当今世界最大的水利枢纽工程，创下 112 项世界之最和 934 项发明专利。使我国由水电大国跃升为水电强国，“三峡品牌”享誉世界，激发学生民族自豪感及爱国主义情怀。

习总书记在三峡电站深情嘱托：“真正的大国重器，一定要掌握在自己手里。核心技术、关键技术，要靠自己拼搏。”如今，位于四川与云南境内的白鹤滩水电站，被誉为当今世界，水电行业的“珠穆朗玛峰”。通过回顾课前视频，激励学生科技强国，厚植家国情怀。

（6）回归专业，牢记专业使命担当，强核报国，创新奉献

引入大国重器——福建舰，介绍电磁弹射技术对航空航天领域的深远影响。让学生感受基础理论知识应用于国防事业的科技力量，建立民族自信。福建舰采用最先进的电磁弹射技术，是我国军事科技的辉煌成就。电磁弹射的关键设备是飞轮储能系统，它利用磁悬浮技术和电磁感应原理，通过电动/发电互逆式双向电机实现电能与机械能的转换与储存，如图 10 所示。

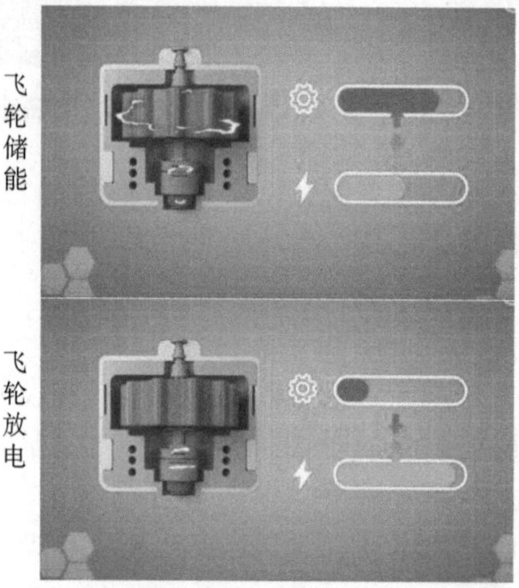

图 10　飞轮储能原理：磁悬浮技术和电磁感应，电动/发电互逆式双向电机

结合视频“航母这十年”，了解中国航母发展历程。让学生感受我国在建设航空母舰上，数十年如一日，以钉子精神在航空母舰建设的漫漫长路上下求索。十年奋进，踔厉奋发，中国迈入“三航母时代”，诠释“中国速度”、创造“中国奇迹”，为我国国防建设提供了有力支撑。

结合科学家事迹，“中国电磁弹射器之父”马明伟院士“咬定青山不放松”的精神；“电磁女侦探”苏东林院士潜心探索、刻苦钻研，着力破解国家“卡脖子”难题。让学生学习矢志不渝、敢为人先、攻坚克难、电磁强国的“电磁魂”精神。

紧接着结合专业特色，展望核动力航母。介绍核动力航母是以核反应堆为动力装置的航空母舰，其环保性能和强大的作战能力，使得它在现代海军中具有不可替代的地位。通过实事求是介绍我国与美国航母的差距，中国的核动力航母研发迫在眉睫！作为新时代核工业建设接班人，大国梦，任重道远，吾辈仍需自强！激扬斗志，科技报国，将“电磁报国”与“强核报国、创新奉献”的新时代核工业精神有机融合，让学生自然地将爱国主义情怀倾注到自己的专业中，牢记专业使命担当，树立“强国有我”鸿鹄志。

3. 课后：后测（P_3）、总结（S）

总结练习电磁感应原理及应用，结合课外读物《法拉第自学成为科学家的故事》陶冶情操，温故知新的同时强化价值引领，最终实现课程思政目标和价值观的固化。

课后拓展：1831 年大事件频发之年，雨果完成世界名著《巴黎圣母院》，达尔文开始环球航行；电磁学领域更是发生了翻天覆地的两件大事：法拉第首次发现电磁感应现象，

以及即将粉墨登场的主角——麦克斯韦于当年 6 月 13 日在苏格兰爱丁堡诞生。

思考问题：电磁感应定律对电磁场的方程将有何影响？为下节课做铺垫。

五、教学评价及建设成效

（一）教学评价

然而，内隐性、体验性、价值性是课程思政评价的特点与难点。不能追求短期效应，更不能“唯分数”论。建立健全多维度的课程思政建设成效考核评价体系，能有效测评课程思政的实施效果。目前初步形成电动力学课程思政评价体系，如图 11 所示，按照 5 个维度，细化指标，结合定性、定量、过程性评价等方式开展课程评价，并在教学实践中持续改进。

图 11　电动力学课程思政评价体系

（二）建设成效

课程思政育人过程的实施具有双向作用，对教师和学生两个主体都会产生积极的影响。2023 年 6 月，核工专业 2021 级课程学习结束后，我们面向 69 位同学开展了问卷调查。结合学生的精神面貌、学习态度、毕业生信息反馈等方面，总结了课程思政建设的初步成效。

1. 学生学习成效提高，综合素养有效提升

课程思政的融入盘活了课堂，唤醒了学生的内驱力，学生的学习兴趣、课堂参与度和获得感提升，精神面貌积极向上。图 12 为学生学习效果自评分析，学生对专业知识、能力培养及综合素质目标自评效果良好。本课程凝练的思政教育主题基本达到全员普及，所有学生在科学思维、学习方法方面有所收获，85. 5%的学生在科学精神、科学力量等方面有所收获，63. 8%的学生培养了热爱专业、家国情怀，47. 8%的学生学到了为人处世的方式方法。

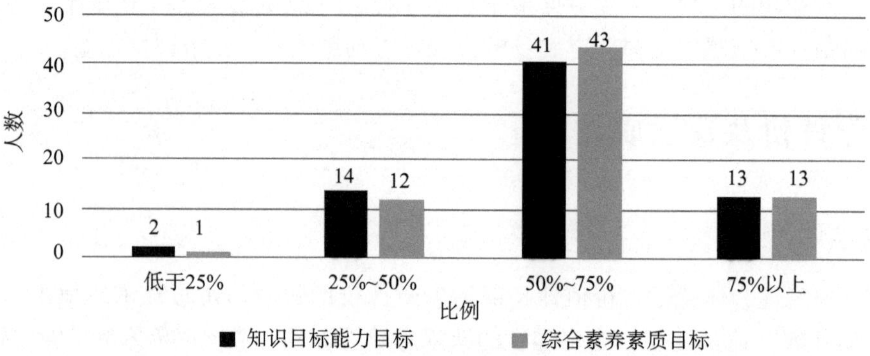

(a) 课程目标达成度

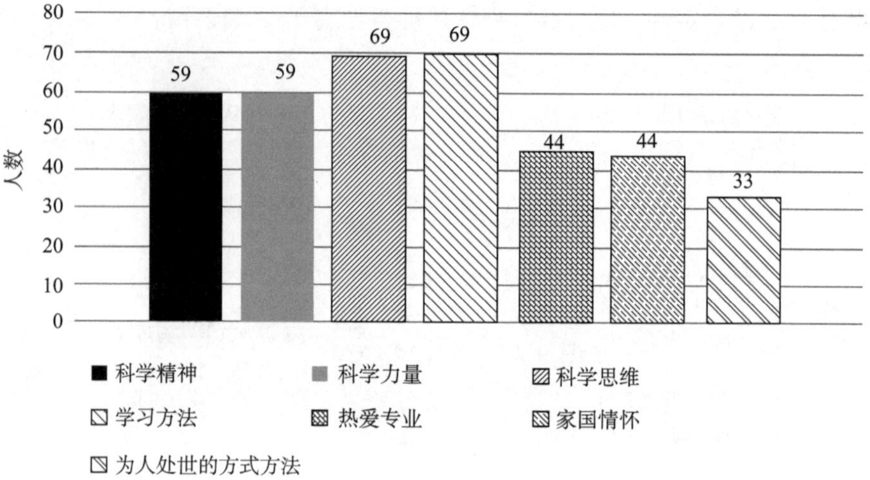

(b) 素质目标收获

图 12　学生学习效果自评

2. 教师教学水平不断提高，思政融入教学润物无声

教师教学水平、思政意识明显提高。以赛促教，以研促教，教研结合提升教学能力。近两年，获得教学能力及课程思政教学比赛校级二等奖一项、三等奖一项；院级一等奖一项、二等奖一项，学生评教满意度持续多年达到95%以上。图 13（a）表明核工 2021 级学生对电动力学授课教师综合能力评分为 9. 65 分（满分 10 分），学生对教师的认可度和喜爱度极高。图 13（b）为学生对教师开展课程思政的方式和效果评价，95%以上的学生认为教师开展课程思政的方式如盐于水、润物无声，能令人愉快接受。

3. 课程建设逐步完善，课程影响不断扩大

建设了内容丰富的思政案例库，以保持教学内容的“新鲜度”；将思政元素融入教学大纲及教案，完善了课程思政教学体系，做到了将课程思政融入教学—实践—评价全过程。目前，电动力学已成为深受学生认可与满意的专业基础课。同时，通过教学比赛、专业教研活动、教师培训班示范课、思政案例分享等活动，推广课程思政教学经验，不断扩大课程影响力。

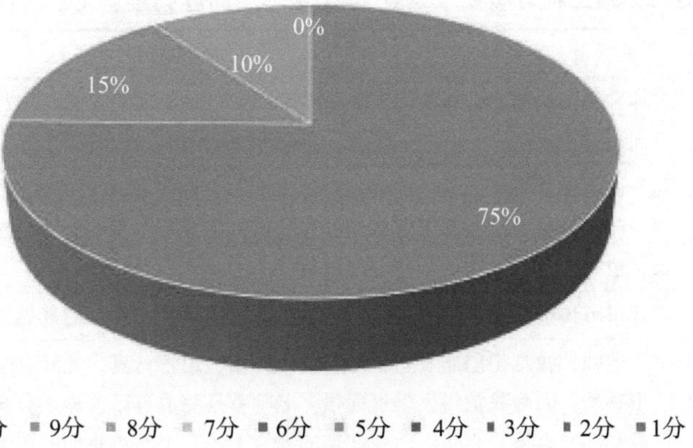

(a) 教师综合能力

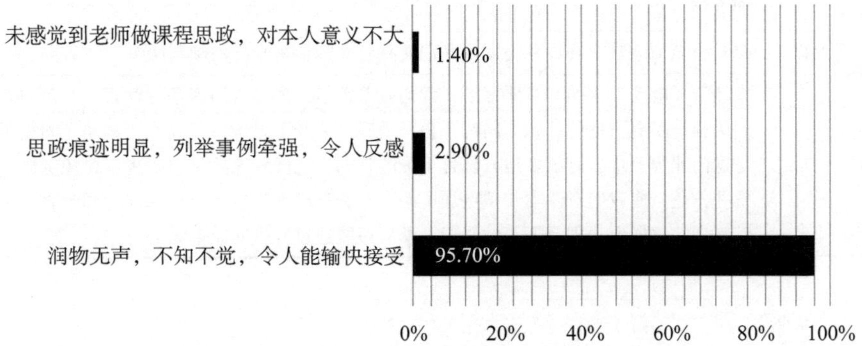

(b) 教师课程思政成效

图 13　学生对授课教师评价

六、教学反馈及持续改进

（一）教学反馈

1. 教师感言

通过电动力学课程思政建设的探索与实践，我们越来越认识到课程思政在人才培养中有重要作用。尽管目前取得了初步的建设成效，但我们课程思政建设工作仍有诸多方面需要持续改进，如对课程思政的理解深度有待加强、教师思政能力有待提高、课程思政评价尺度和评价方式不够全面等。课程思政是一个复杂的过程，它应渗透在教学的每个环节，需经过不断摸索、思考、设计与优化，才能真正做到“知识传授有深度，能力培养有广度，价值塑造有高度”。

2. 学生建议

学生对课程的评价对课程建设至关重要。根据表 2 学生对课程和任课教师的意见建议，可见学生对课程的满意度和对教师的教学方法的认可度较高，学生的肯定和建议也将是课程今后持续改进的动力和方向。

表 2 核工程与核技术专业 2021 级学生问卷调查意见及建议反馈

学号	学生建议
512021＊＊＊2	老师教得真的很好，我认为没有什么需要改进的。无论是教学方式还是鼓舞学生的信心，哪方面都可以
512021＊＊＊9	老师讲得很有激情，教学内容和人生道理都会给我们讲，很遗憾我没有认真听课，希望以后我会改正自己，虽然没考怎么样，我觉得人生短暂，及时行乐。也不会消极。毕竟人生还很长，也祝老师一路顺利，开心顺意就够了
512021＊＊＊8	老师讲解得很具体，课程贴合教学目标，上课生动，学习时能感觉到老师对教学的用心
512021＊＊＊1	＊＊老师，我觉得您非常棒，讲得也很仔细，也很认真，尤其是结课时您说“我的娃们”真的很感动，因为我觉得大学里面很多老师就是完成自己的教学任务，而您不一样，您在用心地教我们，也很关心我们，我在您的课堂上还有平时对我们的关心中找到了高中时候的那种感觉，在我看来老师您是最棒的。真的很高兴能在大学遇到您这样的老师，还是我们的专业课老师
512021＊＊＊4	我觉得老师应该多开设几门课供我们选择，老师讲得十分清晰与明确
512021＊＊＊7	在经历了电动力学的学习课程后，我的收获很多，通过这门课程的学习，我不仅对科学的发展历程有了更清楚的认识，同时开拓了视野，活跃了思维，使我真正领略了科研的真谛，但是这门课程偏难，有很多地方都是半懂的状态，也怪我课后复习得少，希望老师每章能多布置些作业，使我们对课本知识更加了解，上课最好老师在上面讲，同时同学在第一排进行钉钉直播，这样课上理解不了的知识，课后还能通过钉钉回放来学习

（二）持续改进

本课程将始终围绕课程思政的顶层设计，逐步深入、层层细化，持续改进思路如下。

1. 坚守教育初心，勇担育人使命

传学术之道，坚守科学之真理；授创新之业，培育专业之精神；解时代之惑，坚定发展之自信；立人生之德，弘扬师者风范。教师要通过多种途径提高思政本领，更好担起学生健康成长指导者和引路人的责任。

2. 坚持内容为本，以学生为中心

与时俱进，接轨前沿，持续丰富思政案例库。同时鼓励学生参与课程思政建设中，启发学生以课程内容为切入点，结合切身体会，开发思政案例，让思政元素入脑入心，滴水穿石。

3. 结合专业建设，完善思政评价

将课程思政建设成效纳入当前一流专业建设、一流课程建设、学科评估、专业认证中，建立健全多维度课程思政考核评价体系，以评促建，持续改进。

4. 加强课后跟踪，延伸育人功能

加强课后指导与交流，形成课内课外、校内校外全程育人，不断拓展思政育人空间，延伸思政育人功能，使思想政治教育更具生气和持续性。

七、结论

本文系统总结了“电动力学”开展课程思建设的理念思路、改革举措及初步成效，并以“电磁感应定律”为课程思政典型案例，详细阐述了课程思政融入教学实施的全过程。课程思政是一个复杂的系统工程，我们将继续探索、深化和持续改进，不断提升教学水平和效果，努力完善形成可复制、可借鉴的经验和做法。

课程思政任重道远！为师者，惟匠心以致远，当臻于至善！修身，力行！潜心育人，静待花开。

参考文献

[1] 习近平. 把思想政治工作贯穿教育教学全过程，开创我国高等教育事业发展新局面 [N]. 人民日报，2016-12-09（01）.

[2] 习近平. 高举中国特色社会主义伟大旗帜为全面建设社会主义现代化国家而团结奋斗——在中国共产党第二十次代表大会上的报告 [M]. 北京：人民出版社，2022.

[3] 关于印发高等学校课程思政建设指导纲要的通知 [Z]. 中华人民共和国教育部，教高〔2020〕3 号，2020-6.

[4] 巩建闽. 高校课程体系设计研究：兼论 OBE 课程设计 [M]. 北京：中国高等教育，2017.

[5] 赵炬明. 论新三中心：概念与历史——美国 SC 本科教学改革研究之一 [J]. 高等工程教育研究，2016，(3)：35-56.

[6] 刘艳君. 基于 OBE 教育理念的课程教学设计 [J]. 科技风，2020，29（32）：65-66.

[7] 刘晓军，张鑫悦. 电动力学课程思政建设的思考与实践 [J]. 大学物理，2021，4：37-39.

[8] 王振林. “电动力学”课程思政建设的思考 [J]. 大学物理，2021，40（6）：53.

[9] 高发玲，杜美华，孙建英. 基于 BOPPPS 教学模型线上线下混合式教学在概率论与数理统计课程的研究 [J]. 科技风，2021，23（22）：51-52

[10] 郭芳侠，刘琦，李贵安，等. 基于核心素养的“电动力学”翻转课堂教学效果的实证研究 [J]. 物理与工程，2019，29（3）：105-112.

[11] 邹德滨，银燕，刘可，等. 物理学研究生基础课程思政建设的探索与实践——以“高等电动力学”课程为例 [J]. 物理通报，2023，7：55-59.

[12] 关丽，王淑芳. 物理学类课程思政建设成效评价体系的思考 [J]. 物理与工程，2022，1：179-183.

[13] 成鹏飞，王晓娟，王军，等. 基于思政育人导向的电动力学课程教学实践与反思 [J]. 高教学刊，2022，31（22）：93-96，100.

“辐射探测学”课程思政案例

吕会议，代晓茜，李　波，王君玲

（西南科技大学国防科技学院/核科学技术学院，四川　绵阳　621000）

摘　要：“辐射探测学”是核工程类专业基础课程，是人才培养中重要的环节。课程教学团队以核技术应用、核能开发等领域工程能力培养为核心，兼顾弘扬新时代的核工业精神、“两弹一星”精神等，积极探索“知识传授、能力培养和价值塑造”三位一体的教学方法，积极创新教学模式，实现学生的能力与素质双提升目标。

一、课程基本情况

“辐射探测学”是核工程类专业基础课程、专业必修课，理论授课32学时。面向核工程与核技术、辐射防护与核安全、核化工与核燃料工程3个本科专业，以团队方式进行课程建设。

“辐射探测学”以全面提升学生解决核能开发与利用、核技术应用等领域辐射测量与防护有关复杂工程问题的能力为核心，同时以润物无声方式兼顾坚定学生理想信念、职业道德等个人素养的提升。课程建设秉承“能力培养为核心，兼顾三观塑造”理念。

课程集知识传授、能力培养和价值塑三位于一体，设置了知识能力目标和德育目标。

1. 知识能力目标

（1）培养运用辐射探测基本原理分析核工程技术、核能生产等领域辐射测量、辐射防护等问题能力；

（2）能够对辐射探测涉及的相关物理量进行计算、推导、分析；

（3）能就辐射探测、辐射防护等问题进行科学决策，培养选择、使用及设计开发核辐射监测与探测设备基本能力。

2. 德育目标

（1）弘扬“强核报国，创新奉献”新时代核工业精神，培养学生科技报国的家国情怀和使命担当；

（2）培养学生坚持、严谨、诚信、合作、精益求精等工匠精神，形成爱岗敬业、无私奉献、开拓创新的职业品格和行为习惯；

（3）培养核安全理念、核安全意识，构建核安全文化（工程伦理）。

（一）授课对象情况分析

本课程授课对象为核工程类大学三年级学生，课程开课时，学生已学习“大学物理实验""专业程序基础""项目管理概论""原子核物理"等前序课程，已具备学习该门课程的程序编写、核物理等知识基础。授课对象思维活跃，有冒险精神，更擅长形象思维，乐于合作，但专注力有限。前期学习中已开展团队协作、项目管理训练，为该门课程开展项目式教学、讨论式教学奠定了基础。课程难点集中在"应用相关知识设计开发核辐射监测与探测设备"上，对学生创新思维、动手能力要求较高。

现代的大学生思想较为活跃，表现出对新事物的兴趣、极强的接纳能力和灵活性；个性富有自我意识，自信心较强，甚至有些张扬，这些特征为高效率学习课程奠定了基础。但同时价值取向趋于多样化，尤其是在自媒体发达的时代，容易受到影响，同时也存在价值迷惑的问题，需要在大学教育中加以解决。课程思政则是塑造其价值观的一环，并且由于课程思政润物无声的特点，避免了青年大学生的逆反心理带来的影响。

（二）课程情况简介

课程主要教授射线与物质相互作用机理，典型辐射探测器（气体探测器、闪烁体探测器和半导体探测器）的工作原理，不同辐射参数的测量方法，以及根据探测对象、工况环境等构建辐射测量体系、测量数据及数据的处理与分析。

培养学生对辐射探测涉及的相关物理参数计算分析能力，能针对需求设计相应方案，并对方案进行科学评估并决策，即培养学生将辐射探测基本原理用于解决核能开发与利用、核技术应用领域所涉及的辐射探测、辐射防护等复杂工程问题的能力。

鉴于本课程探测理论与探测器设计实践相结合的特点，确定思政建设总体思路：

（1）提高自身课程思政建设的意识，丰富思政内容的储备，结合专业教学能力提升课程思政的能力；

（2）课程设计中把课程思政的内容贯穿课程教学和每一个环节，即把课程思政纳入课程建设全过程；

（3）建立和完善辐射探测学课程考核环节，增加课程思政效果的评价内容，逐步形成较完整的质量评价体系。

即如图 1 所示，按照"提升理念，把控过程，制度保证"的思路进行课程思政建设。

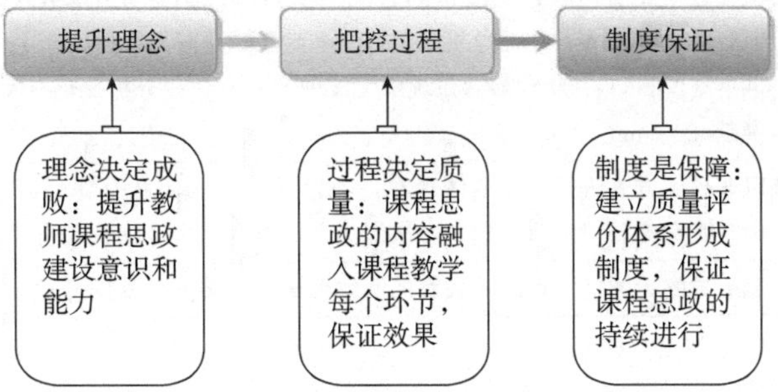

图 1　课程思政建设思路

二、案例基本情况

（一）高纯锗探测器

高纯锗探测器教学案例设计如表 1 所示，案例教学围绕该类探测器“卡脖子”技术展开，按照锗原材料储量丰富、产量居世界前列，但晶体技术受制于人，探测器系统更处于“卡脖子”的囧态的逻辑展开思政教学，以期点燃学生的激情，培养学生“强核报国，创新奉献”的家国情怀和使命担当。

表 1　高纯锗探测器课程思政教学设计

名称及环节	高纯锗探测器
人才培养目标分析	建立知识、能力和思政“三位一体”的教学模式。能力目标：（1）培养运用辐射探测基本原理分析核工程技术、核能生产等领域辐射测量、辐射防护等问题能力；（2）能够对辐射探测涉及的相关物理量进行计算、推导、分析；（3）能就辐射探测、辐射防护等问题进行科学决策，培养选择、使用及设计开发核辐射监测与探测设备基本能力。德育目标：（1）弘扬“强核报国，创新奉献”新时代核工业精神，培养学生科技报国的家国情怀和使命担当；（2）培养学生坚持、严谨、诚信、合作、精益求精等工匠精神，形成爱岗敬业、无私奉献、开拓创新的职业品格和行为习惯；（3）培养核安全理念、核安全意识，构建核安全文化（工程伦理）
课程教学目标分析	使学生掌握高纯锗作为探测介质的相关知识，初步掌握用高纯锗晶体设计 γ 探测器的能力，同时培养其弘扬“强核报国，创新奉献”新时代核工业精神，培养学生科技报国的家国情怀和使命担当
授课对象学情分析	授课对象为涉核专业三年级学生，学生精力旺盛，具有刻苦学习、钻研核专业知识和提升专业能力的能力，但自制力相对较差，对思政重视不够。学习课时紧张，宜采用润物无声的方式融入思政内容，避免引起反感
教学目标分析	知识目标：掌握高纯锗晶体制作探测器原理；能力目标：初步具备利用高纯锗晶体设计 γ 射线探测器能力；思政目标：激发爱国热情，树立弘扬强核报国的决心
教学策略与教学设计	① 教学导入：由高纯锗探测器在辐射探测领域内重要角色引入（5 min）；② 专业知识讲解锗杂质浓度对探测效率品质的影响（25 min）；③ 由高纯锗探测器锗资源引入探测器现状：资源丰富、产能强，但产品受制于人，建立危机感（10 min）；④ 安徽光智科技锗 13 N 晶体制作突破，避免情绪太过低落（2 min）；⑤ 探测器系统中无源效率刻度、谱分析等仍有发挥空间，激发其强核报国，创新奉献（3 min）
教学考核与评价	思政考核以非显示方式进行。主要体现在：项目设计中的团队合作情况、设计中创新元素的融入；习题中是否考虑环境需求；期末考试能力考核题目是否考虑核安全要求等
教学反思	教学中注意引导的无感，实现思政教育的润物无声。应多方位挖掘思政元素

（二）案例二：中子管技术

本案例德育目标为培养学生科技报国、使命担当的爱国主义和社会责任感。主要内容如下（设计格式与表 1 同）。

一种利用中子射线探测钻井周围地层结构及矿藏含量的地球物理方法。将中子源放入钻井内，中子源放出的中子与井壁周围的物质发生不同程度的作用，当快中子与氢核相碰撞时，由于两者质量相近，快中子的大部分动能传递给氢核而变成了慢中子，后者易被各种物质的原子核俘获，释放出强度较大的γ射线。

若快中子与其他物质的原子核相碰撞，损失的动能较少，能到达地层深处，经多次碰撞才会变成慢中子。这时它将被其他物质的原子核俘获而释放出γ射线，因这γ射线要穿过较深的地层，衰减较大，到达地面时的强度较小。从探测仪上测到的γ射线强度的变化就可推断钻井周围地层的含氢量，由此画出石油层或水层的分布。

对于金属矿主要是通过中子活化作用，即放入钻井内的中子源放出的中子与井壁周围的物质作用，生成各种放射性同位素，通过测量生成的放射性同位素在衰变过程中放出的γ射线的能谱和半衰期而确定钻井内所含元素的种类，再从γ射线强度确定该元素的含量。

在学习中子源知识时，融入中子管技术（中子源的一种），给出国内中子管技术现状：中子通量和中子管寿命与国外有差距。因技术封锁，差距仍存在。在石油勘探中，为提高效率，只能租赁或由相关公司代为探测，使得能源安全受到威胁，即存在“卡脖子”情况。通过这一事实的融入，无形中鼓励了学生提升自我，激发其科技报国、使命担当的斗志。

三、案例思政元素分析

课程思政教学设计总体按照以专业知识学习、实践技能培训为载体，融入课程思政内容，如在基本原理学习带电粒子在介质中能量损失存在布拉格峰的特性，引出其在核医学中治疗肿瘤的工程应用，同时列举超剂量致死案例，进行严谨、精益求精等职业品格的培养等。

专业能力培养与德育教育内容的关系如图2所示，二者是相辅相成、同步进行，德育教育是在不知不觉中进行的，并不会显得突出，消除学生的逆反心理，做到润物无声。

落实学生中心理念，持续更新思政内容：

对标国际工程教育专业认证标准，组织课程教学内容，并与辐射探测和辐射防护实际、科研发展前沿相衔接，将时事新闻、核历史事件等内容加入课程内容中。从而激发学生学习兴趣、开拓视野，在帮助学生逐步形成解决辐射防护与辐射探测工程问题能力的同时，激发创新能力，结合思政教育元素，同时实现能力目标及德育目标。课程德育切入及思政元素融入举例如表2和表3所示。

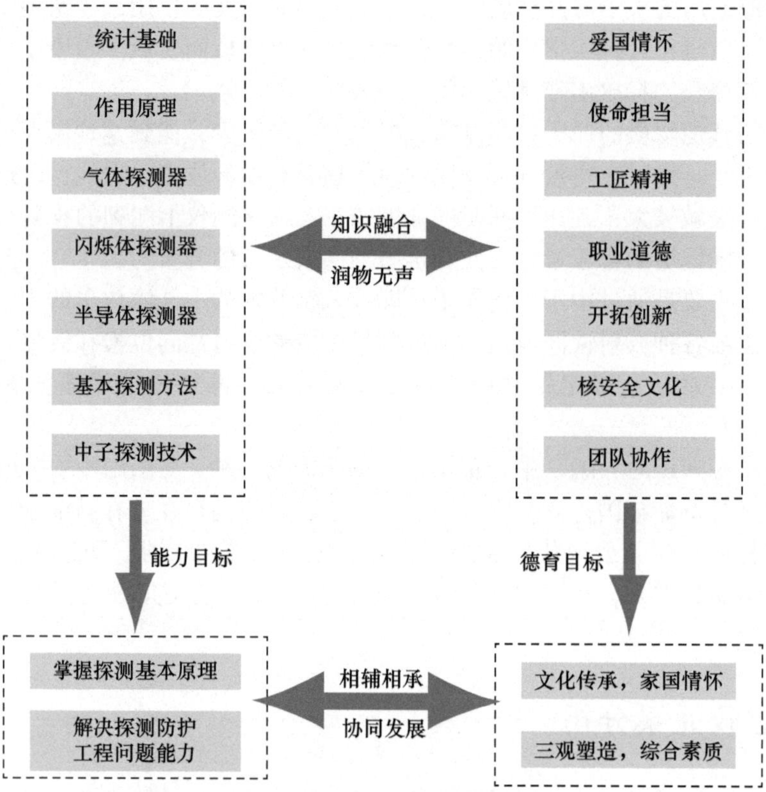

图 2　能力培养与厚德塑造

表 2　课程思政元素开发设计

序号	教学内容	教学方法			思政融入
		教学训练		思政载体	
1	概率统计基础	测量数据初步处理	误差分析训练	探测精度	爱国情怀
2	射线与物质相互作用	案例分析	能损率推导	剂量阈值、生物效应	核安理念职业道德
3	气体探测器	案例分析	电离室探测物理过程	高能所多丝室等的创新	工匠精神
4	闪烁体探测器	NaI 探头设计	课后实验三	探头设计，协作创新	开拓创新团队协作
5	半导体探测器	案例分析	课后实验四	HPGe“卡脖子”事件	科技报国使命担当
6	辐射基本测量方法	案例分析	课后实验五、六	谱分析技术、算法优化	工匠精神
7	中子及探测技术	网络平台作业、扩展训练	课后实验七	中子管技术受制于人	科技报国使命担当

表 3 课程思政元素融入点案例

知识点	思政元素	融入点
布喇格峰	核安全职业道德	某研究生实习期间，放射治疗操作失误致死事件，强调核安全、参数精准等
探头设计	开拓创新团队协作	涉及核电子学、屏蔽材料多领域，强调合作；放大电路种类多，继承中应该有创新
HPGe 探测器	科技报国使命担当	中国锗资源储量世界第二，产量占全球 60% 以上，但在晶体生产、高纯锗探测器研制上受制于人，对核辐射探测技术造成较大风险
中子管技术	科技报国使命担当	中子油井的中子管国外技术垄断，能源安全受到威胁，鼓励提升自我，科技报国，增强其责任感

四、案例教学整体设计

案例教学围绕教学模式的创新和多元评价体系展开，注重教学效果及评价方式的多样化。

1. 创新教学模式，实现能力和素质双提升

课程以项目驱动开展教学，打造线上线下混合式教学模式（对分教学法，半翻转模式），充分利用“学堂在线”资源，采用番茄教学法设计线下课堂，利用学习通软件、分组讨论法等开展互动式教学。

（1）根据课程目标设计项目并分解子任务，开展教学设计。利用清华大学国家精品在线开放课程“核辐射物理及探测学”资源并在超星自建课程（学习通）发布自建资源并组织教学。互动过程列举“两弹一星”精神和“四个‘一切’精神”（新时代核工业精神“强核报国，创新奉献”与二者一脉相承，是核工业精神的与时俱进），潜移默化中对学生进行文化传承、爱国情怀教育。

（2）根据教学内容设计差异化教学模块。流程为“回顾—预习检查—知识点串讲—在线测试—问题引出—讨论汇报—教师总结”。讨论中融入核安全需求，进行工程伦理教育。

（3）课后教学阶段：复习并布置新任务，指导学生推进项目设计与实现，从而践行创新、团队协作、终身学习理念。开展教学反思，持续改进教学质量。

2. 构建包含思政的多元评价体系

考核中加入课程思政效果评价，如项目训练报告中是否考虑了辐射防护需求（核安全）、是否考虑了环境保护需求、是否有创新元素、团队合作情况等。

德育效果评价主要包含在课堂表现、课后表现、课程满意度调查问卷及课程评教结果中，通过对学生表现的观察及问卷结果的分析，教师可对德育教学目标达成度进行诊断性评价，评估德育教学效果并反思，以帮助教师调整、改进德育教学内容及方法。

五、教学实践过程回顾

课程教学活动组织采取了新的模式，如图 3 所示。课前准备阶段，根据课程目标及知识点设计项目并分解子任务，以此为基础开展教学设计并优选或自建课程资源。本课程主要利用清华大学工程物理系张智教授的国家精品在线开放课程“核辐射物理及探测学”教学资源并在超星尔雅平台自建课程（学习通），用于发布自建资源、补充学习资料、扩展学习材料（在资料选择上注意思政元素的融入）等并组织、辅助课堂教学，完成课后作业、辅导答疑等工作。

课堂教学阶段则依据番茄教学法理念划分课堂时间，利用线上资源预习；采用对分教学法，检验预习效果并串讲核心知识点；利用“学习通”辅助教学，通过小组讨论、文献阅读等方式，“线上线下”结合，师生协作完成项目设计任务。教学重点是以项目为载体，引导思考、掌握知识、培养能力，兼顾激发爱国热情、使命担当和创新奉献精神。基本教学流程为“回顾（教师总结）—预习检查（学习通互动）—知识点串讲（对分教学，半翻转模式）—在线测试（学习通互动）—问题引出—讨论汇报—教师总结”，根据教学内容不同，设计不同的教学模块。

课后教学阶段，复习、完成课后作业、知识扩展（文献查阅等）并布置新任务的预习任务，答疑、指导学生推进项目设计与实现，要求设计中有创新意识。教师每次课后开展教学反思，持续改进教学质量。

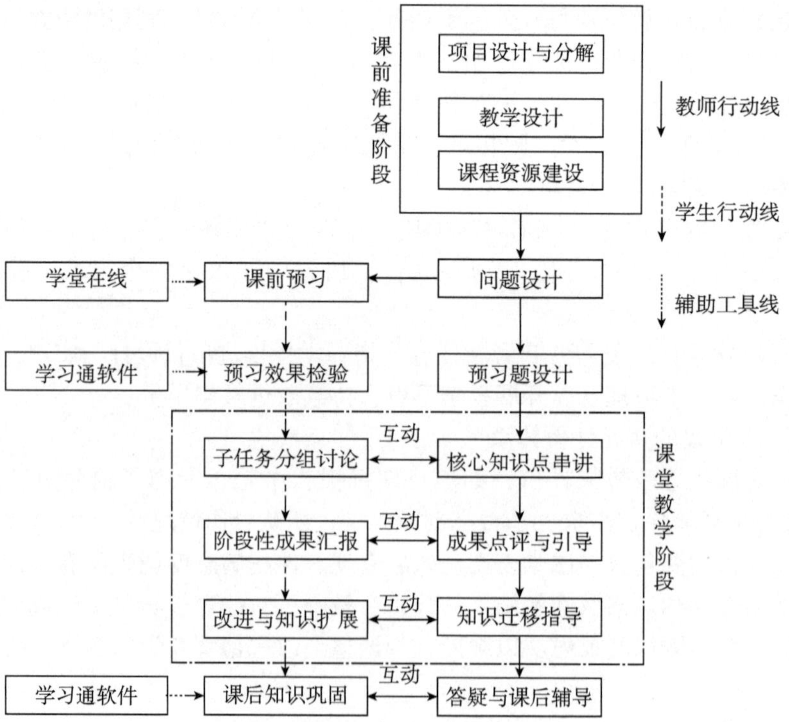

图 3　课程教学组织过程示意图

六、创新性与效果总结

案例创新性体现在课程思政教学与教学模式的创新相结合，秉承 CDIO（构思、设计、实现、运行）和 OBE 工程教育理念，采用“项目驱动教学”模式，以辐射探测专业知识为载体，培养学生工程能力，同时弘扬新时代核工业精神，培养其家国情怀、使命担当责任感，进行三观的塑造。

专业能力培养效果：项目驱动教学相比于传统教学更能激发学生自主探究的欲望，锻炼学生协作交流的能力，培养学生团队意识，形成创新思维。学生在解决一个个任务的过程中，随着难题被攻克，学生不断获得成就感，激发他们的求知欲望及学习的积极能动性，提高学习能力，逐步形成认知、情感活动的良性循环。

近三年课程评教好评率分别为 90.2%、92.1%、92.3%。在科技竞赛、项目申报等方面数量、质量均有所提高。

德育目标的效果：课程在前期思政融入教学实践效果较为明显，在核军工精神、职业道德方面的认识明显提高，逐步形成核安全文化理念。

“军用核技术工程训练”课程思政典型案例

竹文坤[1]，杨　超[1,2]，貟朝乐[1]

（1. 西南科技大学国防科技学院，四川　绵阳　621010；
2. 泸州职业技术学院创新创业学院，四川　泸州　646000）

摘　要： 军民师生融创教学团队立足“面向西部国防军工行业共同体、区域经济建设联合体输送高水平人才”的办学特色，针对军用核技术教学中知识学习与工程实践、专业素养与品格塑造脱节等问题，制定“具备交叉背景、掌握实践技能、熟悉前沿进展”复合创新型人才培养方案，推行数字化转型赋能“三教”改革及提质培优，构建“全过程、浸入式、共同参与”的“师生共同体”新型导学关系，对学生就业能力、实践能力、家国情怀等进行全面的融合式培养，锻造“进得去”“留得住”“干得好”的复合创新型军民两用国防特色专业人才。

一、军用核技术实训课程群简介

（一）课程团队介绍

教学团队聚焦核工程与技术、辐射防护与核安全、核电子学与信号处理、军用软件及信息安全四大军用核技术板块，开展课程思政、线上线下课程资源建设、学科竞赛与教学案例、创新人才培养体系、产教融合实验教学模式等多样化教学活动形式，实现多元化人才培养。全面落实“引才引智”计划，“大师”“名师”结对，打造校企融合“课程思政”示范教学团队，全面落实“为国育人、为党育才”的教育宗旨。

课程群教学团队构架如图 1 所示。

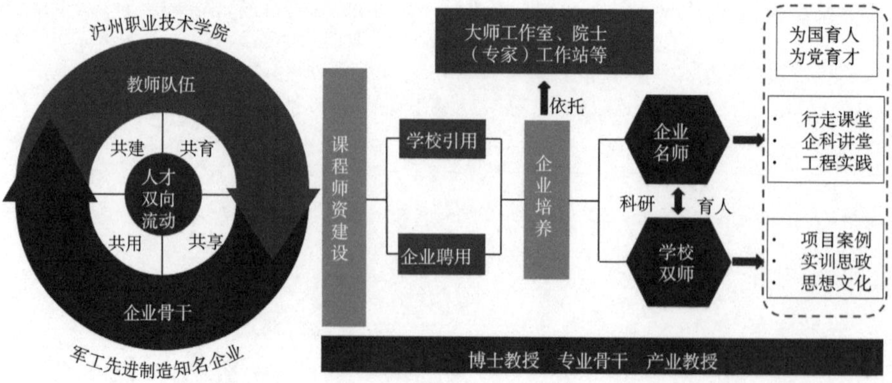

图 1　课程群教学团队构架

近3年，教学团队取得了显著的成果：主持国家级教改项目5项、省级43项；教学竞赛获奖国家级8项、省级14项；发表南大、北大核心期刊教改论文6篇，遴选核心15篇；省级精品在线课程4门、省级课程思政示范团队1个、省级一流及示范课程3门、国家级规划教材6部、国家级教学案例9个、省级教学成果奖4项；指导学生科技活动获表彰及资助国家级40项、省级130余项。

（二）课程群实施概况

按照"基础相通、岗位相联、素养相同、就业相关"的逻辑，深度对接中国科技城区域特色军工方向——核工业产业领域岗位群；推进与企业合作成立专业建设指导委员会，引入国际工程教育标准，引入核军工职业资格标准，校企共建产业学院教学委员会、共研教学标准、共立课程体系、共商课程内容、共办技能大赛、共评学生能力的"六共模式"建设"底层共享、中层分立、高层互选"专业群课程体系。积极开展第三方人才培养质量考核认证，确保专业人才培养高质量（见图2）。

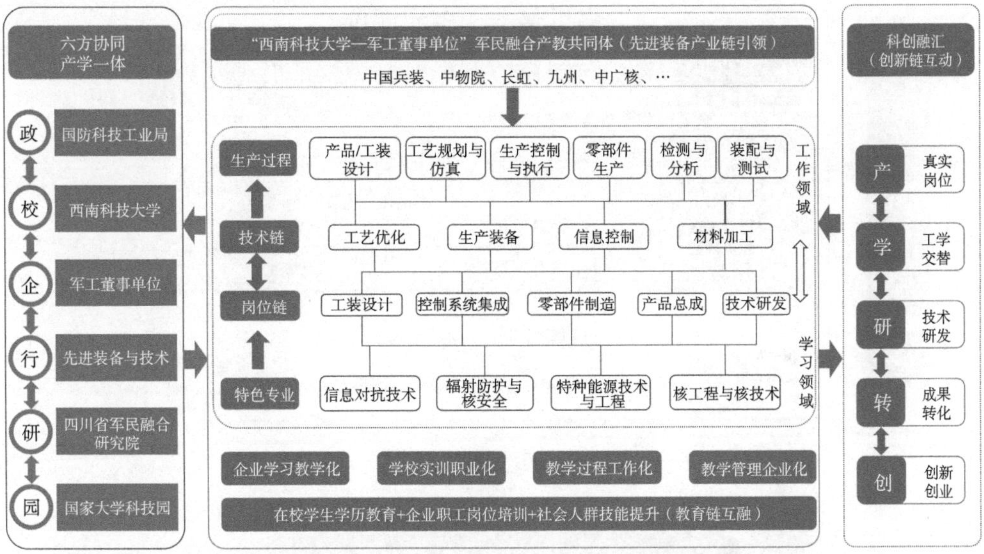

图2 "一体双元三链四化"军用核技术复合创新型人才模式

"军用核技术工程训练"课程针对具备一定专业基础理论知识的同学们进行专业技能培训，将学生培养成为既有家国情怀又具备实践动手能力的"红专并进"人才。课程总体安排共计分为五个章节，分别是军工核设施退役、核废物处理处置、辐射探测学、辐射剂量与防护、核电子学五个军用核技术入门基础，学生可以在经过本课程的全面学习后，再根据自身兴趣深入研究某一个方向或多个方向。课程开课单位包含：国防科技学院/核科学技术学院、信息工程学院、材料与化学学院。课程模块均来源于教师军工科研项目及前沿热点，采用混合式教学，运用"赛教结合"的方式检验学生阶段性学习成效。

将基础知识、基本技能模块化并上线，给学生提供自主学习的机会。线下主要通过教师辅导、小组研讨、技能训练等方式巩固知识和训练技能；然后通过基础知识技能在某一方向的应用训练来完成从核心知识的学习应用到专业能力的提升。通过课程的实施，以点带面，最终实现学生培养的两个根本转变：（1）学习难→好学习→学习好；（2）就业难→好就业→就业好。

二、课程（课程群）思政建设理念与特色

（一）教学目标

立足“军用核技术工程训练”课程目标，对标学生综合素质培养体系，探索及实践“六三工程”军用核技术课程运行模式（见图3），打造军用核技术一流综合实训课程群。通过线上学习、线下辅导，学生应掌握辐射探测学、辐射防护、军工核设施退役等核心知识和技能；通过技能拓展、企业实习、项目实践等环节的训练，加强课程设计、科研项目、学科竞赛等成果产出，展示对核心知识技能在核技术应用、核电子学、核废物处理等某一领域方向应用的自主学习、工程应用和协作创新等核心能力。

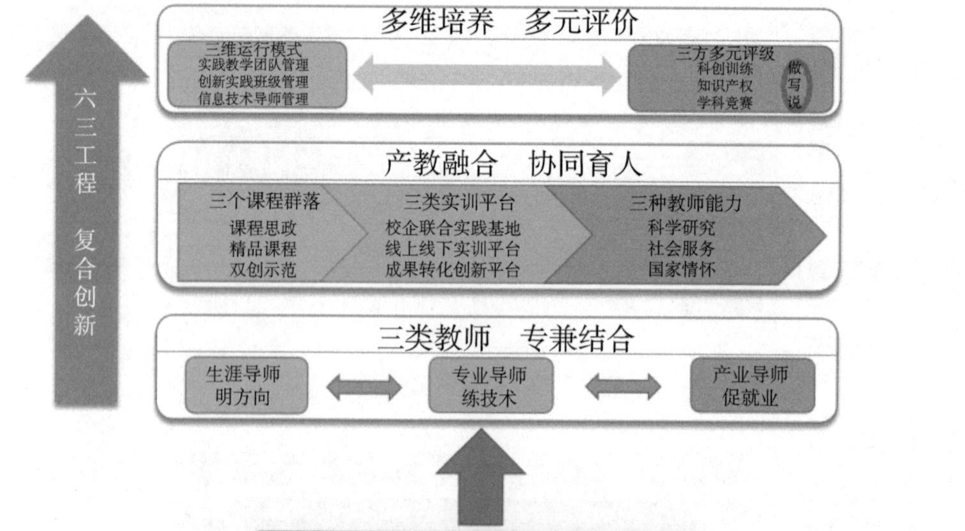

图3　“六三工程”军用核技术课程运行模式

（1）综合运用所学知识与生产实践经验，分析和解决工程技术问题的能力，树立正确的人生观，指引职业生涯规划；

(2) 正确的设计思想，理论联系实际的工作作风，严肃认真、实事求是的科学态度和勇于探索的创新精神，弘扬军工文化，培养学生的家国情怀；

(3) 理论计算、电路设计、软件编程、工程绘图、查阅设计资料、运用标准与规范和应用计算机等方面的能力，塑造爱岗敬业职业操守。

(二) 课程思政元素挖掘与分析

1. 建设思路

结合本课程属于专业基础课和综合实训课程等特点，从可读性、切合度、感染力三个方面设计，体现3个思政主题和12个思政元素的“课程思政”教育（见表1）。

表1 思政主题与思政元素

三大思政主题	12个思政元素
习近平新时代中国特色社会主义思想	四个自信
	人类命运共同体
	新发展理念
	“一带一路”倡议
	总体国家安全观
社会主义核心价值观	家国情怀
	社会责任
	职业道德
	人文情怀
辩证唯物主义为核心的科学精神	辩证唯物主义方法论
	辩证唯物主义世界观
	工匠精神

2. 元素挖掘

各思政元素以“润物细无声”的方式融入本专业课程，避免让学生感觉学习过程理论化、枯燥化、单一化，让本课程上出“思政味道”、都突出育人价值。根据军用核技术课程群内容深度挖掘思政元素，确立“四个自信”“家国情怀”“辩证唯物主义方法论”等12个思政元素（见表2）。同时，结合“军用核技术”在国家富强、民族复兴中的地位和作用，以中华民族伟大复兴的中国梦引领大学生的理想信念；基于科学技术对国家、社会、自然、人类的影响，提炼爱国情怀、法治意识、社会责任、科学伦理、文化自信、人文精神等要素；介绍与专业课相关的科学家，挖掘本学科科学家们的人格魅力和奉献精神，影响和感染学生。

表2 课程思政元素与融入点设计

12个思政元素	专业知识点与思政元素融入点
四个自信	知识点：辐射技术原理； 融入点：核武器可以实现国防和疆域的安全

续表

12个思政元素	专业知识点与思政元素融入点
人类命运共同体	知识点：辐射监测； 融入点：实现区域全监控，保证人与自然的和谐发展
公共安全与社会稳定	知识点：核电子学与信息处理； 融入点：便携式核辐射探测仪对生活用品辐射剂量的检测
“一带一路”战略	知识点：军民两用核技术应用； 融入点：“一带一路”国家核磁共振仪器、癌症化疗设备的推广及示范
国际安全与法律法规	知识点：军工核设施退役； 融入点：国际安全教育及法律法规教育、深刻认识核废物后处理的重要性
家国情怀	知识点：军用核技术概论； 融入点：展示我国核武器装备研发生产水平，激励学生投身国防军工
生态文明，可持续发展	知识点：辐射诱变育种； 融入点：生态文明，可持续发展
职业道德	知识点：医疗照射的辐射防护； 融入点：作为一名核仪器开发工程师，该如何设计核防护方案，保证人身安全，减少辐射伤害
人文情怀	知识点：核技术应用及装备研发； 融入点：在进行工程案例设计时，既要符合工程标准，又要提倡人文情怀
辩证唯物主义方法	知识点：辐射与防护原理； 融入点：矛盾对立统一
辩证唯物主义世界观	知识点：同位素检测； 融入点：爱因斯坦发现质能方程的过程
工匠精神	知识点：核聚变及核能开发； 融入点：“两弹一星”功勋院士的生平故事

（三）课程思政教学设计

构建“三合四融”思政育人体系，“三合协同”强化学生职业能力：一是教学团队跨界融合、二是培养过程工学结合、三是教学模式书证融合；“四融一体”提升学生精神品质：一是融入劳动教育、二是融入劳模精神、三是融入工匠精神、四是融入双创教育。顺应时代潮流及丰富教学手段，推进信息技术赋能课程群提质培优。

课程思政总体设计思路如图4所示。

本课程主要采用小班化、线上线下混合、文献案例同伴教学法（literature case peer instruction，LCPI），该方法是一种基于参考文献为课堂研讨案例，通过师生平等合作探究的教学组织形式，经过精选与课程知识点所匹配的参考文献资料，设计揭示学生难以掌握专业术语和引导学生深入探究的综合测试题，借助手机端等应答交互系统，引导学生参与教学过程，剖析专业术语的自主学习和合作探究，形成一种学生自主学习、合作学习、生生互动、师生互动的教学模式。

本课程以学生为中心，通过发布适量的“课程思政”案例，调动学生在已有专业知识基础

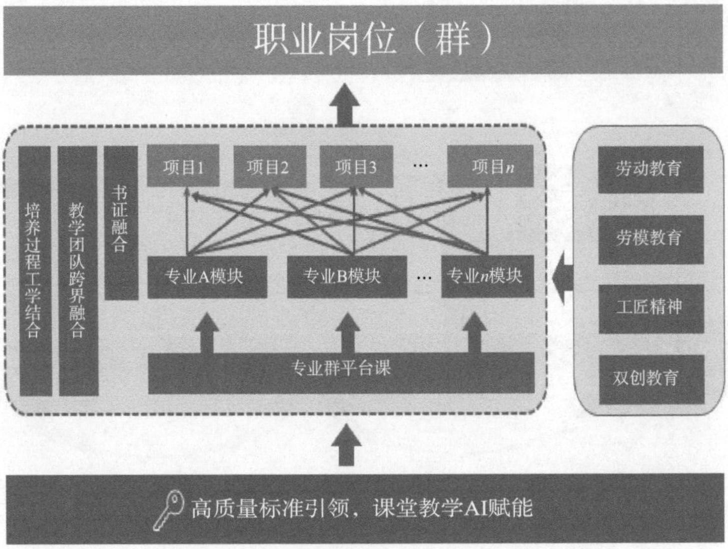

图 4　课程思政总体设计思路

上独立思考，在同伴交流讨论中主动建构所获得的新思想。该方法主要经过以下步骤实施：

① 问题引入：教师针对知识点提出问题，学生独立思考；

② 独立建构：学生根据教师提问独立思考和回答，通过手机端回答；

③ 同伴协作；邻近 3~4 人同伴深入研讨，提出各自观点，确定正确答案；

④ 协作建构：学生经过讨论后，提出自己或集体答案；

⑤ 问题解答，教师根据学生回答情况，进行恰当讲解和引导。

（四）教学实施与方法

1. “一主线三层面五平台”信息技术实验教学体系

探索以复合创新型人才培养为主线，推进“教师、教法、教材”三个维度数字化转型与提质培优，按作用类别构建基础实验教学、创新创业活动、科技创新训练、网络及虚拟空间教学和校企共建产学实践等五个实训平台的综合实验教学模式。各平台及模块之间既相对独立又有机关联、互为补充、交叉融合，探索出适合西部高校的实验教学新模式。注重因材施教，推行个性化和复合创新型培养，实现教学与产业、竞赛、科研的深度融合和混合式实验教学，如图 5 所示。

2. “双创”视域下协同创新的师生共同体

“双创”教育为推动社会技术进步培养创新型人才，为激活经济活力培养创业人才，为适应社会发展与国家战略规划需求培养实用型人才。长期以来“师导生创”的传统教学让教师与学生主体化错位，在创新创业教育过程中形成了被动教学与被动学习的对立发展关系，而师生协同发展能让教师与学生主体化回归，通过相互协作、共同参与的互动过程完成“双创”的教学与实践，促进教师与学生共同进步，实现“双创”教育的长足稳定发展，如图 6 所示。

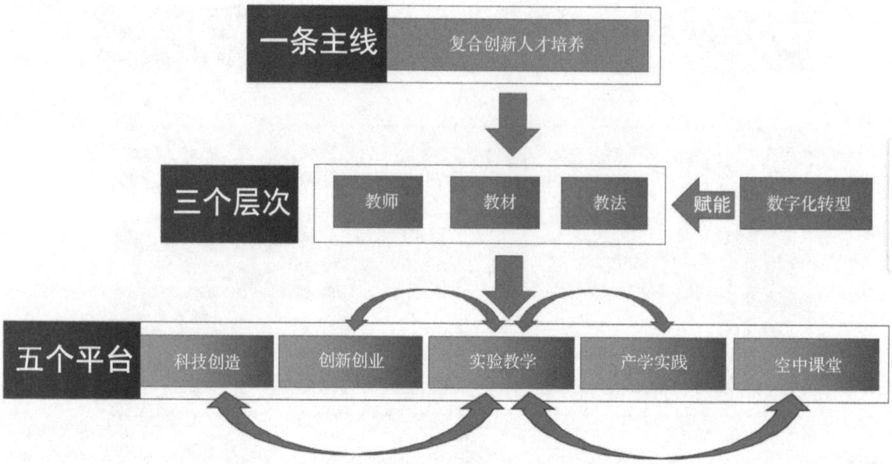

图 5 “一主线三层次五平台”实验教学新体系

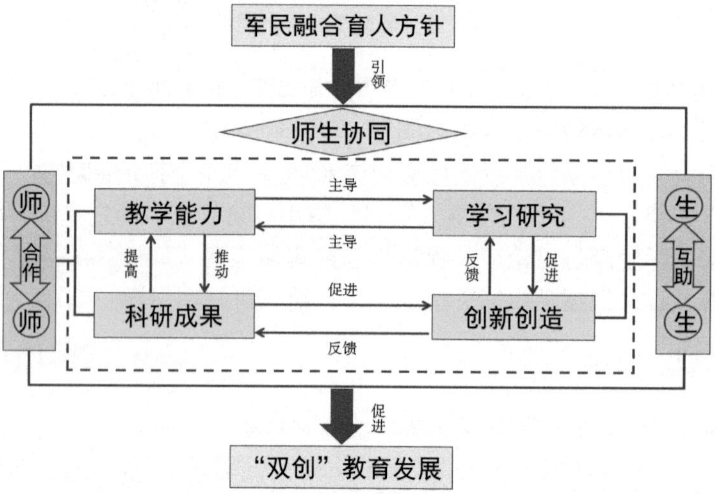

图 6 “双创”视域下师生协同创新教学体制构建

3. “一核心、二融合、三平台、四结合”思政育人

围绕习近平新时代中国特色社会主义思想“一个核心”；推动高校属地“区域联合体”和军工“行业共同体”育人文化“两个融合”，打造育人特色品牌；搭建人文素养、素质拓展、专业基础“三个平台”，创新实现高效的思想政治教育模式和途径，提高思政教育的实效性和吸引力；突出“四个结合”，即思政与专业结合、教学与科研联合、物理与虚拟融合、校企双元整合，落实为国育人、为党育才的教育宗旨，如图 7 所示。

（1）赓读红色传承，品读工匠精神，校企共建“课程思政”体系

组织学生深入走访兵工企业、开展军工文化实践活动，校企共建理想信念、职业素养、志愿服务、创新创业四大教学模块，打造集课堂实践、校内实践、社会实践、专业实践为一体的“四位一体”思政理论课实践教学体系，让学生爱军工、干军工、献军工。

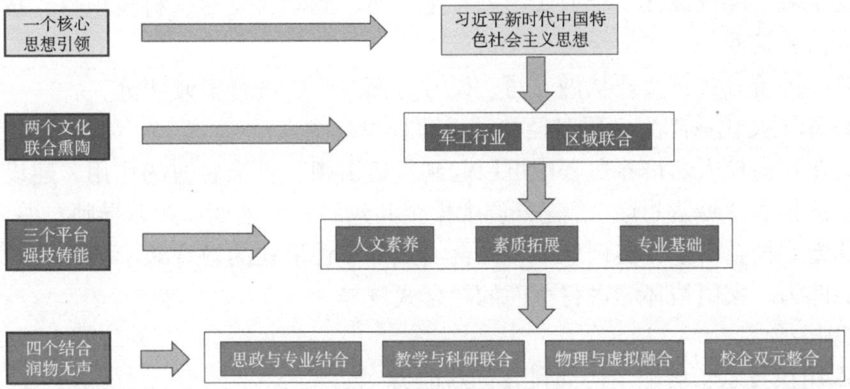

图 7　思政育人教学新模式

（2）创新载体，强化体验，开展“立体化教学”实训课堂

从爱国主义教育、诚信教育、责任意识教育、法律意识教育、工匠精神教育五个方面进行课程思政设计，构建教学目标、教学内容、教育方法和手段等全方位的立体化实训教学体系。以军用核技术为载体，通过实习实践、科研交流，培养工程实践能力，让学生在面对军工单位就业时，具备“进得去、留得下、干得好”的素养。

（3）打造“企科讲堂”，产业教授“现身说法”

依托军工企业产业教授，在军工企业内部，包括厂房、研究室或者会议室等场所参加“企科讲堂”活动，围绕“国防军工文化”“‘两弹一星’功勋事迹”“核能开发及核技术应用”主题讲堂，弘扬社会主义核心价值观，实现军工情怀和专业认知的“完美融合”。

（五）主要特色与成效

1. 课程特色

（1）“实验室 · 家文化”体制下的师生共同体育人模式

“实验室 · 家文化”育人体系旨在以实验室建设者和管理者的角度，构建具有家感觉的实验室融洽文化氛围，提升实验室教师的教学科研及学生的科技创新能力。“师生共同体”以理念创新为先导，强调在集体中发展，在实践中成长。

构建新型导学关系，探索实践“全过程、浸入式、共同参与”的科研能力培养范式和“高标准、强激励、注重绩效”的内部质量保障机制，从能力培养范式和内部质量保障机制两方面落实复合型人才培养；从师生、生生、师师关系强化共同体底层设计，建立“长板补短板互助影响圈”激发学生互助，实施“言传身教实践教学圈”突出教师引导力，提升“科研教学互惠共享圈”加强科研反哺教学的实效，三圈环环相扣，师生协同创新。

“共同体”秉承着“同呼吸，共命运”的理念，既包含专业育人又涵盖思政育人。

（2）复合创新型人才培养视阈下的实验教学新途径

构建与实践“一主线三层次五平台”实验教学新途径，实现“四维融合”“三个贯通”“多维培养”“多元评价”，让学生具有完备的复合创新型人才特征。

产业与教育、竞赛与教学、科研与教学、线上与线下的深度交叉融合。

知识学习与工程实践、专业素养与品格塑造、就业能力与社会服务的融会贯通。

从自主学习、课程设计、企业实习、学生科研，到学科竞赛、科技项目、技能资质等多个维度的人才培养。

改变单一评价方式，实现从做、写、说等方面对学生进行多元评价。

（3）以军工文化熏陶为主要路径的学生课程思政融入

军工文化在高校人才培养过程中可以起到价值引领、思维启迪的作用，建设及开展军工特色的信息技术“课程思政”，充分调度校企共建的实训基地、产业导师、课程资源等，开展行走课堂、校企讲堂、实训思政、社会实践等多种形式的教育教学活动，对学生就业能力、实践能力、家国情怀等进行全面的融合式培养。

2. 课程成效

（1）军用核技术领域师生协同科技创新能力

教学团队以教师军工科研项目中关键技术及领域研究热点为基础，在军工关键材料、核辐射仪器仪表、乏燃料后处理、辐射生物效应等方向，开展师生协同共创军民两用技术再研发。近 3 年来，主持国防科工局基础科研/强基工程/专项、自然科学基金等国家级项目 30 余项，发表 SCI 论文 200 余篇、授权专利 100 余项。师生协同创新系列研究成果发表 *IEEE Transaction Pattern Analysis and Machine Intelligence*（*TPAMI*）*Coordination Chemistry Reviews* 等国际顶刊，获得省部级以上科技奖励和人才称号 21 项。

（2）以应用导向的一流综合实训课程资源

政园企校多方协同，建立“共建共享共赢”机制，以教育要素为中心，进行资源有效汇聚，重构实践平台资源、课程资源、师资资源等，打造资源以要素汇集、要素与要素相扣的人才培养资源链，形成多方协同、资源育人的人才培养新生态。2018 年以来，教学团队建设有虚拟仿真平台、国家规划教材、省级创新创业示范课程、省级一流课程等综合实训课程资源。通过课程资源建设，助力国防科技学院双一流建设，一个国防特色专业通过国家认证，二个专业认定为国家一流专业，三个专业认定为省级一流专业。

（3）共同体推动教师教学改革及能力提升

积极开展教学数字化转型、成果奖培育、人才培养方案、实验教学体系等全方位的探索及改革，成果得到了教育部、高等教育学会的高度认可。近 3 年，主持省级以上教改项目 40 余项；教学竞赛、案例、自研教学设备等获得省级以上奖励 20 余项；公开发表包括南大、北大核心在内的教改论文 40 余篇。

（4）学生复合创新型能力在共同体中绽放

引领和实施高水平“双创”教育及学科竞赛项目孵化，2018—2023 年连续 6 年作为第一指导教师在“互联网+”“挑战杯”“创青春”等 A 类赛事上，斩获四川省金奖。通过各多环节、多维度的培养，让学生充分地了解别人、认识自己、发挥特长，促进多元化成长成才。

三、课程思政教学设计对应表

（一）典型教学设计案例

案例名称	辐射生物效应
人才培养目标分析	具有爱国主义精神，符合新时代社会主义核心价值观，理论知识基础扎实，实践能力突出，具有创造性想象力的军用核技术复合创新型人才
课程教学目标分析	①工程知识：能够将数学、自然科学知识以及相关的工程基础理论和专业知识用于解决核工程技术领域复杂工程技术问题；②问题分析：能够应用数学、自然科学、核工程、核技术的基础理论和原理，通过文献研究发现、表达、分析复杂核工程技术问题，并获得有效结论；③设计/开发解决方案：能够针对辐射对生物影响过程的特性，选择适用的技术方法、工艺流程，具备开发新设备、新工艺和新技术的初步能力，并在设计开发中体现创新意识
授课对象学情分析	本课程面向理工类相关学科专业本科三年级的学生，在课程知识与技能方面已具有一定的数理基础，掌握了一定的逻辑思维基础和设计与实践潜力，但在许多方面缺乏相应的实践；在章节知识与技能方面对问题具有一定逻辑思维和全局性的把握能力，通过面向具体案例的方案设计与实现，能够有效帮助学生锻炼并且提高这种能力；在学习习惯和学习能力方面，学生对线上线下课程具有较好的接受程度，具有较强的学习适应性，但在实践阶段缺乏一定的自主创造力，仍需进一步培养其全局性的思维能力
本次课教学目标分析（知识目标、能力目标、思政目标）	能够运用射线与物质相互作用原理、热传导、辐射防护原则等理论和原理，对放射性核素治理等核工程技术问题进行准确辨识；围绕当前新冠肺炎病毒研讨，帮助学生认识到可持续发展的重要性，增强环保意识和责任感
教学重点与难点	重点：能够理解电离辐射和生物之间的联系； 难点：将辐射生物效应相关知识运用在核污染场地的修复和治理
教学策略与教学设计	按照“课程的前导—新知识教学—练习与巩固—归纳与总结—深化与拓展”等五个步骤实施教学。 步骤一：针对当前新冠肺炎病毒所造成的疫情期间只能开展在线教学现状，搜集了大量新冠病毒的资料，给同学们讲述新冠病毒和辐射之间的关系，激发了同学们的学习热情。 步骤二：电离辐射在农业育种等方面：了解生命进化过程、生命基本特征、生物界分类等新知识进行讲授。 步骤三：设置思考题供学生进行思维训练，并引导学生探索可行的解决方案。 步骤四：组织学生针对方案设计开展讨论，提供相关实例带领学生进行实践。 步骤五：提供拓展资料，并设置课后学习任务，对课程教学进行总结和评价
教学考核与评价	采用课堂表现+实验考核的方式，从课堂互动、答辩效果及实验报告三个维度进行教学考核和评价，其中课堂表现主要以“提问”“回答”“讨论”为主，占总成绩的 30 分。答辩效果占 30 分，实验报告占 40 分

续表

案例名称	辐射生物效应
教学反思	对上述五个步骤的教学设计方案进行试行，根据反馈结果分析：学生经过教学指导后，理论知识与实践能力都得到较为明显的巩固和提升，但在遭遇问题时的应对思维和能力存在缺陷，在面对新出现的问题时也存在迷失方向的现象，在问题的综合分析处理和思维的锻炼上还需进一步加强。 主要原因：①对理论知识的理解不够深刻；②涉及多方面知识的综合实践能力还需加强；③没有形成问题分析的直观认识，问题分析思维的培养还需加强

（二）典型思政案例描述

1. 案例 1

案例类型：言传身教式

专业知识：军用核技术概论

课程思政：新中国原子弹和氢弹研发历程

德育目标：增强家国情怀和严谨科研精神

新中国成立之初，面对国际风云变幻和国外势力的逼迫，国家就提出制造原子弹的计划，一大批知识分子为了国家的国防事业，为了造出原子弹，呕心沥血、不怕牺牲、排除万难，相继制造出原子弹和氢弹。大家要向邓稼先等老一辈的核专业科学家学习，树立正确的世界观，人生观、价值观、忆苦思甜，珍惜当今来之不易的和谐社会，努力学习，回报祖国。

2. 案例 2

案例类型：主题升华式

专业知识：核废物处理

课程思政：日本福岛核电站事故后废水排放问题

德育目标：增强学生人类命运共同体的概念

福岛核电站事故后，废水是当前遗留的一大难题。福岛的废水存储空间将于 2022 年夏季耗尽。据媒体报道，福岛核污水将于 2023 年开始陆续排入大海。因此研究对核污染废水的治理迫在眉睫。大家应当谨记人类命运共同体的概念，在如今高度商业自由化，早已让地球变成了一个小村子，一些问题的处置方式很有可能影响到每个人的方方面面，因而，考虑处理问题时，应当从多方面、多角度、长远影响来考虑，体现青年人该有的社会责任和担当。

3. 案例 3

案例类型：思维引导式

专业知识：辐射生物效应

课程思政：瑞德西韦药物的研发

德育目标：增强“科教兴国 科技强国”意识

目前生物制药基本都要用到高效的微生物分离纯化技术，我国企业在微生物分离纯化技术方面取得了一定进展，如武汉生物制品研究所、上海药明康德、深圳迈瑞等。大家要了解我国科技发展的成就和面临的挑战，要树立科技报国的理想信念。

四、总结与持续改进

西南科技大学地处三线建设腹地、国防科技重镇——中国（绵阳）科技城，是国防科工局、教育部与四川省人民政府共建高校，在长期办学历程中形成了“军民融合协同育人”的鲜明特色。军用核技术课程群经过多年研究创新与实践，在军民融合协同育人机制、育人模式、育人平台等方面取得显著成效，受到中央、国家部委、省委省政府等各级领导首肯，改革经验在兄弟高校中得到广泛推广。研究成果在《国防科技工业》《中国高等教育》等期刊发表。《中国日报》《人民日报》《光明日报》《科技日报》《四川日报》、新华网等主流媒体多次对学校军民融合协同育人的改革经验予以专题报道。

（一）建立了区域军民深度融合协同育人的长效机制

不断深化产学研联合办学体制改革，实现委（局）、部省共建，获得“三证”，为“两个服务”办学定位、军民融合人才培养提供了顶层体制保障和资格准入；完善政府主导下的董事会制度，建立了“学科共建，人才互聘，实验室共建，协同创新，文化共融”军民深度融合长效机制。

（二）立了共建高校培养国防军工人才的新模式

提出“军民融合协同育人”新理念，率先在地方高校中探索创立协同“政府、军工集团、部队、企业、高校”多方资源参与军民融合人才培养，拓展了现有军工人才培养模式。

（三）探索出统筹多方资源保证军民融合人才培养质量的有效途径

发挥办学体制优势，聚集区域优质资源，通过人才培养方案对接、师资互聘、实验室共享、实习基地共建、协同创新、文化共融、联合培养等途径，解决了高校自身资源短缺、供需脱节、实践与创新教育薄弱等问题，促进了学校办学水平和军民融合人才培养质量的显著提升。

如图 8 所示，目前课程线下拓展中，用于能力训练提升的方向应用训练环节没有线上资源，导致从线上学习到线下拓展、能力训练的环节过长，线下教学重复劳动多、投入时长过大、效率不高、效果不能令人满意。改进措施主要有：

（1）将线下方向应用训练模块化、规范化，形成典型案例并上线，以弥补目前线上资源仅有基本知识/基础技能模块的不足；

（2）扩充基础知识/基础技能模块的网上视频资源和习题、问题等内容，完善线上创新创业典型案例库，增强以赛促教、以赛促改、赛教结合教学效果；

（3）相应的丰富和完善 OJ 在线训练测试平台的内容，丰富“课程思政”优质教学案例，突出能力与品德同向并行锤炼。

持续建设预期目标，通过缩短线上线下知识学习和能力训练等环节的距离，加强线上

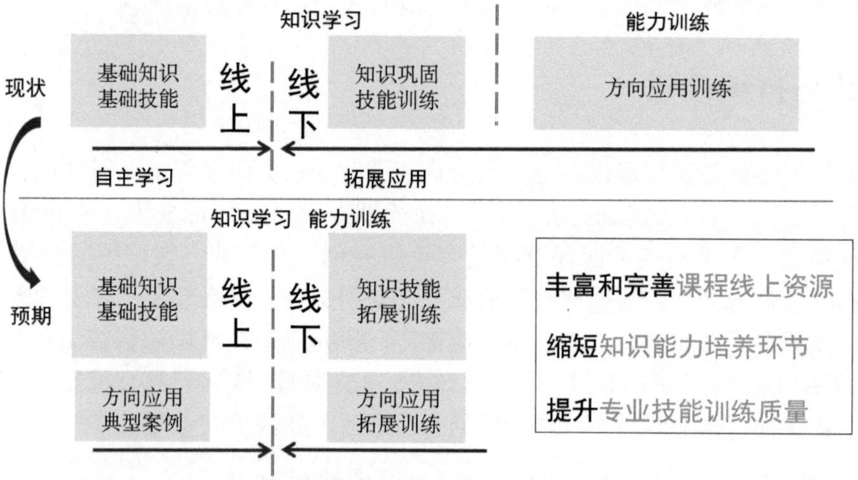

图 8 持续建设计划及目标

线下的高效互动，提升学生专业技能和工程实践训练的质量，为学生就业与升造指明方向。

参考文献

[1] 陈希．承认、对话与共鸣：新时代高校思政课师生共同体的三重构建原则［J］．现代教育科学，2023（02）：81-86.

[2] 杨超，竹文坤，董俊等．“五位一体”信息技术创新创业高水平人才培养模式探索与实践［J］．工业和信息化教育，2023（10）：30-32.

[3] 苏婧．构建超越课堂的师生共同体——马克思交往理论对大学通识写作课教学的启发［J］．高等教育研究，2022，43（10）：84-91.

[4] 杨超，杜正聪，印茂伟，等．高素质复合型人才培养视域下高校实验室建设与管理研究［J］．工业和信息化教育，2022（06）：18-22.

[5] 刘晓艳．高校教师与学生共同体的形成与发展［J］．教师教育论坛，2022，35（01）：28-31.

[6] 杨超，芮志聪，印茂伟．基于“六三工程”的信息对抗技术综合实训课程改革——以西南科技大学为例［J］．西南科技大学学报（哲学社会科学版），2021，38（06）：64-70.

[7] 余华，李川勇，刘玉斌．新时代高校师生共同体的重构与实践［J］．中国大学教学，2021（12）：82-87.

[8] 杨超，孙元，喻琼，等．基于学科竞赛的 CDIO 创新教育模式研究［J］．工业和信息化教育，2021（01）：12-15+27.

[9] 张春玲，余华，刘玉斌，等．新时代师生共同体推动高校物理学类专业教育质量提升［J］．高等理科教育，2021（04）：7-13.

[10] 龚萍，孙元，杨超．论“双创”视域下的高校师生协同发展［J］．当代教育科学，2020（06）：81-85.

[11] 吴宝锁，张慧，屈廖健．新教改背景下的师生共同体构建与大学生能力发展研究［J］．西南师范

大学学报（自然科学版），2020，45（12）：154-161.

［12］杨超，竹文坤，董俊，等．西部省属高校复合创新型人才培养机制研究［J］．工业和信息化教育，2023（08）：42-45.

"核物理介绍"课程思政案例

袁岑溪，刘梦兰，蔡博帅，贺秀杰，陈胜利，王　为，徐　瑶

（中山大学中法核工程与技术学院，广东　珠海　519082）

摘　要："核物理介绍"是中山大学核工程与核技术专业的必修课程，其中一个重要章节为"裂变与聚变"。本案例围绕卢鹤绂先生关于裂变能的应用潜力的论文展开介绍，尤其是还原中国核能研究首篇论文诞生的过程。具体包括：组织师生代表前往坪石镇实地调研卢鹤绂在坪石的工作经历；通过调研文献、收集重要的资料二度还原历史；于"核物理介绍"课程中，穿插卢鹤绂在核物理学科上的贡献。本案例将培育核工学子的民族自豪感与爱国精神，激励学生不忘初心、牢记新时代的使命，为使科技命脉掌握在自己手中而不懈奋斗，引导学生学习、践行和弘扬老一辈核物理学家的科学家精神。

一、课程基本情况

（一）授课对象情况分析

本课程的授课对象为中山大学中法核工程与技术学院的本科生，授课对象的专业为核工程与核技术。授课对象的特点为：有坚实的数理基础，从事核能行业相关工作的可能性大，对核能的起源与发展有初步的认识，但是对中山大学在抗战时期的办学条件了解较少，对中国核能教研之父卢鹤绂先生如何在艰难条件下开展研究较为陌生。

（二）课程情况简介

"核物理介绍"是一门介绍原子核的结构、性质和相互作用的课程，它既是物理学的一个分支，也是核科学和核技术的基础。本门课程共 44 个课时，为核工程与核技术专业的必修课。课程首先介绍原子核的基本性质，包括电荷、质量、半径、自旋、磁矩、电四极矩、宇称、统计性质和同位旋。其次定义原子核的放射性和稳定性。一方面，描述放射性衰变的基本规律，介绍放射性活度的计量方法，及放射性质在鉴定文物年限方面的运用；另一方面，利用结合能的概念判定原子核的稳定性及其经验规律，并结合液滴模型半经验地描述原子核的结合能。然后较详细地介绍原子核的三种衰变模式，即 α、β 和 γ 衰变，介绍它们的放射性规律，包括其中涉及的能量转换、角动量和宇称的守恒、衰变概率（半衰期）和辐射粒子特性等。接着介绍原子核的壳模型、集体模型等，进一步分析原子核的结构性质。再介绍重要的核反应参数及反应模型。最后讲述裂变和聚变现象，介绍二者在供能上的巨大应用潜能。在课程中引入核物理在一百余年以来涌现出的杰出科学家，

介绍他们的重要工作。

本次实践教学首先组织师生代表团前往坪石镇实地调研卢鹤绂在坪石的工作经历；再通过调研文献、收集重要的影视资料二度还原历史；最后于“核物理介绍”课程中，穿插卢鹤绂在核物理学科上的贡献，并于“裂变与聚变”一章围绕卢鹤绂关于裂变能的应用潜力的论文展开介绍卢鹤绂的坪石经历。

二、案例基本情况

（一）案例所属章节与内容

本案例所属章节为“裂变与聚变”，该章节讲述以下几方面内容：（1）自发裂变与诱发裂变；（2）裂变后现象；（3）裂变的液滴模型理论；（4）壳修正；（5）链式反应与裂变反应堆；（6）轻原子核的聚变反应；（7）受控核聚变；（8）卢鹤绂与中国核能研究首篇论文。

（二）教学目标

该章节要求学生：（1）掌握原子核裂变和聚变的原理；（2）了解原子核裂变和聚变的应用潜能；（3）了解我国核能利用的起源和发展；（4）了解国内外核能发展现状；（5）认识核工学子的历史使命。

（三）思政元素融入

在介绍原子核裂变的现象与原理、理论模型及裂变反应堆之后，带领学生阅读中国核能研究首篇论文《原子核内潜能及其利用》，向学生讲述中国核能之父卢鹤绂与他撰写这一论文的过程。

（四）教学方法、手段

在讲义中添加卢鹤绂的生平介绍，包括他的研学历程、工作经历并重点指出他在坪石的教学、生活经历，附上他在坪石时所著的《原子核内潜能及其利用》全文。在课堂上借助幻灯片讲义，以图文并茂的方式讲述这部分内容。

三、案例思政元素分析

（一）思政元素简介

裂变与聚变作为两类链式核反应，可以释放出原子核内极为可观的能量。20 世纪 40 年代初，卢鹤绂先生在中山大学坪石办学点撰写的《重原子核内之潜能及其利用》一文首次在国际上揭示了这一现象。为纪念卢鹤绂先生的重要贡献，也为了培育中山大学核工学子的民族自豪感与爱国精神，学习、践行和弘扬老一辈核物理学家的科学家精神，本课程将以“中国核能研究的启蒙：卢鹤绂在坪石”为题开展思政教学，重点回答以下两个问题：

（1）卢鹤绂先生为什么被称为中国“核能之父”；

（2）卢鹤绂先生在怎样艰苦的条件下开创了中国核能教研工作。

（二）思政元素具体内涵

（1）中国“核能之父”卢鹤绂先生

卢鹤绂，核物理学家，中国科学院院士，被誉为中国“核能之父”。卢鹤绂主要从事理论物理和核物理方面的研究和教学。发现了热离子发射的同位素效应；发明了在质谱仪中测定氢同位素丰度比的时间积分法。在国际上首次公开估算铀-235原子弹和费米型链式裂变反应堆的临界大小的简易方法及其全部原理；提出了最早期的原子核壳模型并首次提出了核半径新的计算公式。建立了流体的容变黏滞弹性理论并对经典流体力学基本方程做了多项推广。历任中山大学、广西大学、浙江大学、复旦大学、北京大学教授、上海市物理学会理事长等，为科学界，尤其是核学界培养了大量人才，两弹元勋中有7名他的学生。1941年卢鹤绂从明尼苏达大学博士毕业后，手持中山大学教授的聘书归国。1942年于中山大学撰写《重原子核内之潜能及其利用》，1944年该文发表在中国《科学》上，在国际上首次公开发表链式裂变反应堆的临界体积的简易方法及全部原理，这也是中国首篇核能研究的论文。1946年他完成《原子能与原子弹》，审查一年后发表在《美国物理月刊》，成为“第一个揭露原子弹秘密的人”。因此，卢鹤绂先生是当之无愧的中国“核能之父”。

（2）卢鹤绂先生在坪石

1941—1943年，卢鹤绂在中山大学任教，为四年级的学生讲授理论物理、核物理、量子力学、近代物理等课程。值得注意的是，当时受到抗日战争的影响，中山大学在坪石办学，条件十分艰苦，刚刚留学归国的卢鹤绂一家如同经历了“从天堂到地狱”般的生活落差。在坪石，卢鹤绂只能在点灯草的油灯下备课、在古庙中教学，还需要自己烧水砍柴，衣食两忧、生活艰难。在极度艰苦的生活和工作条件下，1942年，他在坪石镇的塘口村写下中国核能研究的开山之作——《重原子核内之潜能及其利用》。这意味着中山大学坪石办学点是中国核能教研的启蒙地。1944年该论文发表在中国《科学》上。

四、案例教学整体设计

（一）第一课堂教学

在“核物理介绍”课程中，融入调研收集的这些思政元素，向学生讲述卢鹤绂先生对核物理的贡献和他在华南地区的事迹：

（1）在追溯核物理课程的历史时，讲述我校第一门核物理课程的开设情形，介绍中国核能研究首篇论文诞生于当时办学条件十分艰苦的中山大学；

（2）在教学原子核的基本性质时，重点指出卢鹤绂先生在质量—半径经验关系上的贡献；

（3）在教学原子核的壳模型时，指出卢鹤绂是最早支持壳模型的科学家之一；

（4）在教学“裂变与聚变”章节时，带领学生学习卢鹤绂的相关论文，在此章节详细介绍中国“核能之父”卢鹤绂及其在中山大学坪石办学点教学时的事迹（重点）。

（二）第二课堂实践

课前组织师生代表赴坪石镇深入调研，积累思政元素。通过调研文献、收集重要的资料二度还原历史。邀请学生谈论自己的感悟，如在纪念卢鹤绂的活动中邀请学生发言。启发学生在学习科研中传承卢鹤绂先生等老一辈核物理学家的科学家精神。

五、教学实践过程回顾

中山大学聘请卢鹤绂先生为教授的聘书见图 1。

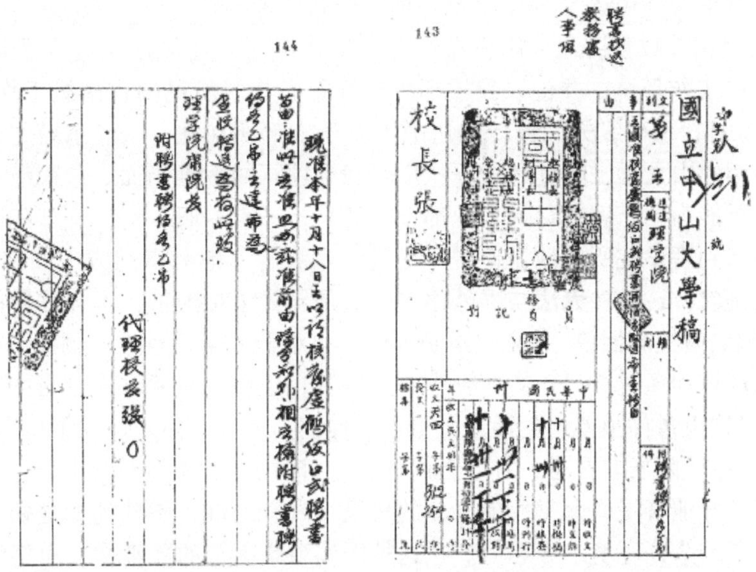

图 1　中山大学聘请卢鹤绂先生为教授的聘书（中山大学档案馆提供）

（一）第一课堂教学实践

在“核物理介绍”课程中，向学生讲述卢鹤绂先生对核物理的贡献和他在中山大学坪石办学点的事迹，包括：在追溯核物理课程的历史时，讲述我校第一门核物理课程的开设情形，介绍中国核能研究首篇论文诞生于当时办学条件十分艰苦的中山大学；在教学原子核的基本性质时，重点指出卢鹤绂先生在质量—半径经验关系上的贡献；在教学原子核的壳模型时，指出卢鹤绂先生是最早支持壳模型的科学家之一；在教学“裂变与聚变”章节时，带领学生学习卢鹤绂先生的相关论文，在此章节详细介绍中国“核能之父”卢鹤绂先生及其在中山大学坪石办学点教学时的事迹。最后一点即为本课堂内容，具体如下。

（1）简述曾任中山大学教授的卢鹤绂先生被誉为中国“核能之父”的原因：在国际上首次公开发表链式裂变反应堆的临界体积的简易方法及全部原理；1946 年完成《原子能与原子弹》，审查一年后发表在《美国物理月刊》，成为“第一个揭露原子弹秘密的人”；两弹元勋中有 7 名他的学生，为科学界，尤其是核学界培养了大量人才。

（2）介绍卢鹤绂的研学历程：1936 年毕业于燕京大学物理系。1939 年获得明尼苏达大学科学硕士学位。攻读硕士期间，在美国《物理评论》杂志发表重要文章《锂离子的低温热源》，引起国际物理学界的普遍关注。1941 年获得明尼苏达大学哲学博士学位。1941 年博士毕业后，回国赴中山大学任物理系教授。

（3）介绍卢鹤绂的工作经历：1941—1943 年任中山大学教授；1943—1945 年任广西大学教授；1945—1952 年任浙江大学教授；1952—1955 年任复旦大学教授；1955—1957 年任北京大学教授（“546 信箱”执教，培养了大量核科学人才）；1957 年起任复旦大学教授；1960—1977 年兼任上海原子核研究所副所长及一室主任；1980 年被选为中国科学院数学物理学部委员（院士）；1984 年任复旦大学校务委员会副主任；1975—1985 年任上海市物理学会理事长；1985 年任上海市物理学会名誉理事长。

（4）以几处细节故事讲述卢鹤绂在坪石的工作经历，还原他撰写《重原子核内之潜能及其利用》的工作环境，并佐以我校师生在坪石研学时所见的卢鹤绂工作旧址现状图：1941 年 11 月 2 日，卢鹤绂夫妇辗转到达中山大学本部所在地——广东最北重镇坪石。时任张云校长介绍中山大学在战乱环境下从广州搬到坪石的困难局面。卢鹤绂表示，无论条件多艰苦，只要能为国家教书育人，他都十分高兴，一定尽职尽责。理学院院长康辛元带领卢鹤绂夫妇来到理学院所在地塘口村，走进一家农舍。他对卢鹤绂夫妇说：“在战乱的时刻，这里又是农村，条件无法与国外比，生活是异常艰难困苦，不知你们能否适应这里的环境。”卢鹤绂微笑着回答：“院长不必客气，再艰苦的条件也难不倒我们，我们会逐步地适应这样的环境和条件的。”农舍条件十分艰苦，住隔壁的系主任方嗣棉来问候过后，对卢鹤绂说：“这里条件很差，生活十分艰苦，你们是从天堂坠入地狱了！”卢鹤绂随口引用曹植的诗应答：“闲居非吾志，甘心赴国忧。”当时的教学生活异常艰苦，但是卢鹤绂一时一刻也没有离开他喜爱的课堂。他居住的房里，没有电灯，屋外到处是积水，白天苍蝇成群，晚上蚊子结队，环境十分恶劣。在这种极端艰难困苦的环境中，卢鹤绂夫人和孩子都生病了，卢鹤绂操持家务和照顾家人，直至家人休息，他才坐到书桌前，开始专心致志地在油灯下备课。在这期间，他没有耽误学生的课程，他所教的学生，学习成绩也都很出色。

（5）展示《重原子核内之潜能及其利用》部分章节，引导学生学习在 1942 年“曼哈顿计划”刚刚秘密启动时、在人们对反应堆的研究处于萌芽阶段时，卢鹤绂对于核能利用的前瞻性见解。比如，卢鹤绂开篇引言就把原子核（能）的应用比喻为法拉第发现电磁感应现象，将核能与引领第二次工业革命让人类进入电气时代的电磁能相提并论，寄予了极大的厚望。在论述裂变反应之前，卢鹤绂先回顾了聚变反应的进展，并得出结论——聚变能效率过小，“断其绝非人间之能源”，人类至今仍未实现聚变能的商业利用，未来期待科学家能在人间种上太阳。在论述裂变反应时，卢鹤绂提及铀可被高速中子（即快中子）和热能中子（即热中子）二分（即裂变），钍亦有二分现象。其中，铀-238 可被高速中子二分，铀-235可被热能中子二分，中能中子也可被铀-238捕获再通过衰变生成超铀元素（钚元素1940—1941年才被发现，命名则更晚）。卢鹤绂进一步讨论铀-238二分效率过低，铀-235可通过外面放置水慢化中子提高效率，达成中子自给，但天然铀中铀-235比例过少，需浓缩铀-235。卢鹤绂在1942年即提出了浓缩铀水堆的设想，即使在今天，这篇论文也是非常出色的关于裂变与聚变的论述。限于篇幅，很多精彩分析不能一一回顾，但通过这篇论文可以看出卢鹤绂中国“核能之父”的称号当之无愧。并且卢鹤绂在艰苦的环境下做出了世界级的工作，这种科学家精神值得我们学习。我们现在处于和平年代，生活和工作条件都得到了极大的改善，更应自觉践行和大力弘扬科学家精神。

（二）第二课堂现场实践

为深入了解学习这段历史，发掘和光大中国核能教研起源文化，学院师生调研组于2021年和2023年，两次前往韶关学院、中山大学坪石办学点旧址等地调研中国核能教研起源地。2021年7月，调研组与韶关学院开展了抗战时期华南教育历史交流座谈会、参观了韶关学院设立的华南教育历史展厅，深入了解了韶关学院华南教育历史研学资料收集工作成果。调研组继续前往位于乐昌市坪石镇的中山大学坪石办学点，与乐昌市政府一行一同参观了三星坪工学院旧址、许崇清校长故居遗址、老街定友图书馆和塘口村理学院旧址，并且对卢鹤绂当年教研和居住的地方进行了深入的调研与走访，深入了解抗战时期中山大学师生的生活和学习情况（见图2）。

图2　学院师生代表赴坪石镇研学

2023年6月7日是中国核能之父卢鹤绂院士的109周年诞辰，中山大学中法核工程与技术学院师生代表参与本次纪念活动，与韶关学院师生共同研学卢鹤绂的爱国情怀与奋斗经历，了解中山大学在抗战期间的办学历史。纪念活动首先以研学会的形式展开，主讲嘉宾讲述了卢鹤绂院士与核领域发展的辉煌历史，从核工业发展、代表论文解读以及生平事迹介绍三个方面重点介绍了卢鹤绂院士的重大贡献，全面而生动地勾勒出伟人的形象。课程主讲人袁岑溪应邀在研学会上带领大家做了代表论文解读。

为了探寻华南教育历史的根脉，缅怀先烈，师生代表还来到了国立中山大学的遗址实地考察。抗日战争期间，中山大学从广州迁至云南澄江，再次迁徙至粤北坪石，坚守教学近5年。为寻找先人遗迹，师生代表探访了理学院旧址和天文台遗迹，仿佛能够看到卢院士在村落庙宇里不辍地教书育人的身影，也能够看到院士在煤油灯下认真撰写《重原子核内之潜能及其利用》一文的情景。昔日华南先师们逆行烽火、不畏艰险、坚持办学的场景，在粤北大地上一一重现。这更激励着青年一代奋勇向前，为家国洒热血，献青春。

该部分课程思政内容不仅使学生对裂变与核能有更深的认识，也对核能研究的背景与我国核能研究代表人物的科研精神有更全面的了解。第一和第二课堂实践中学生踊跃谈论，积极参与纪念卢鹤绂先生的活动。学生党支部邀请主讲人开展主题党课，进一步宣传卢鹤绂先生的事迹，勉励学生不忘初心、牢记使命。该实践教学帮助学生回顾了华南的核物理教学起点，强化了他们作为华南地区核工学子的自豪感与使命感，进一步督促他们传承自强不息、艰苦奋斗的科研精神。此实践教学由广东省自然资源厅、广东省住房和城乡建设厅、广东省文化和旅游厅共同指导，华南教育历史研学学校联盟主办的2022年“华南教育历史研学进课程”评选活动中荣获二等奖，并获得广东省课程思政改革示范项目：课程思政示范课堂。

六、创新性与效果总结

本案例创新性地结合学校的核能教研历史，生动地开展了课程思政教学。具体创新点包括：

（1）学院师生代表首先在坪石镇实地调研，直接、深刻地学习了卢鹤绂先生在华南地区研学的历史；

（2）结合实地调研与文献调研的学习所得，教学团队以真挚饱满的感情，以图文并茂的形式，在“核物理介绍”课程中指出“中国核能理论的启蒙之地”坪石镇，详细介绍了少为人知的中国“核能之父”卢鹤绂先生，大力宣传了卢鹤绂在艰苦条件下开启中国核能教研的科学家精神；

（3）我国古代教育以文见长，华南地区的文学渊源深厚，而本实践教学创新性地追溯了隶属理工科的核能学科研究起源，核工与思政和人文相融合，还原了中国核能研究首篇论文诞生过程，设立了课程思政学习基地。

总之，该部分课程思政内容效果斐然，不仅使学生对裂变与核能有更深的认识，也对核能研究的背景与我国核能研究代表人物的科研精神有更全面的了解。该实践教学帮助学生回顾了华南的核物理教学起点，强化了他们作为华南地区核工学子的自豪感与使命感，进一步督促他们传承自强不息、艰苦奋斗的科研精神。

2022年正值卢鹤绂先生开启核能教研80周年，主讲人将所梳理课程思政内容发送给卢鹤绂先生同事、学生以及相关单位，包括陈佳洱院士、张焕乔院士、钱绍钧院士、王乃彦院士、夏佳文院士、乐昌市人民政府、北京大学技术物理系、复旦大学现代物理研究所、浙江大学物理学院、广西大学物理科学与工程技术学院、上海应用物理研究所、华南教育历史研学学校联盟等。其中，陈佳洱院士（与卢鹤绂先生等人共同创办北京大学技术物理系，曾任北京大学校长、国家自然科学基金委主任）认为“核能教研 80 周年纪念”是一件有重大意义的纪念活动，在回顾了与卢鹤绂共事的经历后，题写“庆贺核能教研 80 周年：传道授业、立德树人；陈佳洱敬贺”。张焕乔院士（北京大学技术物理系第一届学生）表示这些材料很重要，有助于理解卢鹤绂的重要贡献，并撰写回忆文章。这些内容均已补录进课程思政内容。夏佳文院士（广东核学会理事长）认为这一工作有重大意义。

参考文献

[1] 卢希庭．原子核物理［M］．2 版．北京：原子能出版社，2000.

[2] 卢鹤绂．重原子核内之潜能及其利用［J］．科学，1944，27（2）：9-23.

[3] 周桂发．卢鹤绂院士百年诞辰纪念文集［M］．上海：复旦大学出版社．2014.

“核安全法与核安全文化”课程思政案例

杜艳军

（东华理工大学核科学与工程学院，江西　南昌　330013）

摘　要：“核安全法与核安全文化”是东华理工大学辐射防护与核安全专业的一门校级课程思政示范课，在教学过程中，课程负责人将习近平新时代中国特色社会主义思想等思政元素与专业知识有机融合，以兼具思想性与趣味性的表现形式呈现思政内容，充分实现“如盐在水”的育人效果。同时，从评价内容、评价主体、评价方法入手，积极推动以“思政为目标”“成果为导向”的课堂教学评价改革，让思政元素在课程中生根发芽，充分发挥其育人主体功能，实现教学内容与思想政治育人理念的高度融合。从实际效果看，课程思政育人的实效性与科学性不断提升，在专业思政教育教学中发挥出应有的示范和引领作用。

一、课程基本情况

（一）授课对象情况分析

授课对象为东华理工大学辐射防护与核安全专业学生，为第六学期开设。通过前5个学期的学习，学生已经系统接受了“原子核物理”“核辐射测量原理”“放射性废物处理与处置”等专业基础课程的学习，掌握了一定的辐射防护与核安全专业理论知识和基本技能。通过“核安全法与核安全文化”课程的教学，使学生系统掌握核安全相关法律法规的相关知识，培养学生不断强化核安全文化建设的良好习惯，培养具有家国情怀、责任担当、求实创新，德、智、体、美、劳全面发展的辐射防护人才。

（二）课程情况简介

“核安全法与核安全文化”是辐射防护与核安全专业的一门专业课程，是核技术应用与辐射防护实践的基础课程之一。课程负责人长期从事“核安全法与核安全文化”课程教学，积极探索教学改革创新与实践，注重思政教育融入，课程思政教育资源丰富，思政育人效果显著。主要体现在以下几个方面。

（1）本课程为2021年校级课程思政示范课建设项目（DHKCSZ-2022-17，结题）；本课程案例连续四年（2019—2022年）获校级“课程思政”优秀教学案例（全校唯一）；基于本课程的教改项目（案例分析教学法在“核安全法与核安全文化”课程中的应用研究，DHJG-2019-13，结题）。

（2）依托本课程，课程负责人获2021年青年教师教学竞赛二等奖、2021年第二届教学创新大赛三等奖；依托本课程，指导学生获校级优秀毕业论文，指导学生参加全国“核

+X”创意大赛、大学生科技创新基金项目等比赛并获奖。

（3）课程负责人作为骨干获国家教学成果二等奖《核事业引领 创新驱动 多元协同地方行业院校一流核专业建设探索与实践》；作为骨干参与2020年教育部第二批新工科《新工科视域下核特色专业工程教育文化建设》建设；作为骨干获批2020年核能与核技术江西省高水平创新教学团队。

（4）近五年，课程负责人主持结题江西省重点教改课题1项；主持校级实验技术开发项目2项；主持校级教改课题2项；主持校级教育科学规划课题1项；2020年获校级重点教材资助立项；2018年获“优秀教学管理奖”暨锡源科技园丁奖；以第一作者发表教改论文3篇。

（5）课程负责人积极参加校内外课程思政培训，定期开展集体教研，积极开展“同行教学评价”，致力于不断提高“核安全法与核安全文化”课程教学水平与思政育人质量。

二、案例基本情况

（一）案例一：牢固树立“安全第一”的核安全观

章节为第1章 绪论——中国的核安全。

1. 教学目标

知识目标：了解国内外核电发展现状、人类历史上重大核电事故发生的原因、危害、教训等；理解核电发展与核安全法、核安全文化建设的重要关系；掌握国际核事故分级INES、我国核安全法律法规体系等。

能力目标：能够叙述历史上发生的重大核电事故；能够分析核电事故发生的原因；能够根据INES，对核事故的定级进行具体分析；能够对于给定的法律、法规等，正确判断其在我国核安全法律法规体系中的位置、批准与发布、适用范围等。

素质目标：深入领会总体国家安全观与核安全观；养成自觉遵守核安全法，不断强化核安全文化建设的良好习惯；自觉践行“事业高于一切、责任重于一切、严细融入一切、进取成就一切”的核工业精神；牢固树立“安全第一”的核安全观。

2. 教学过程

为有效提升学生课堂专注度、参与度，需要以案例分析作为辅助，通过深入分析案例，逐步加深学生对自觉遵守核安全法与核安全文化建设的认同感与共鸣。

首先，以PPT、视频等手段讲解以下内容：

（1）通过介绍我国核能发电量与全球发电量对比的差距引入，加上对于近年来全球气候变暖的阐述，使学生对国家发展核电的紧迫性与大趋势产生认同；

（2）通过对我国核电运行机组、在建机组及其规模的讲解，穿插辐射防护与核安全往届毕业生在相关核电厂实习与工作的实例，加深学生对我国核电事业的了解和今后献身核电事业的使命与决心；

（3）讲解国际核事故等级体系INES（1~7级）（见图1），引导学生思考：人类历史上发生的核事故分别对应哪个 INES 等级呢？

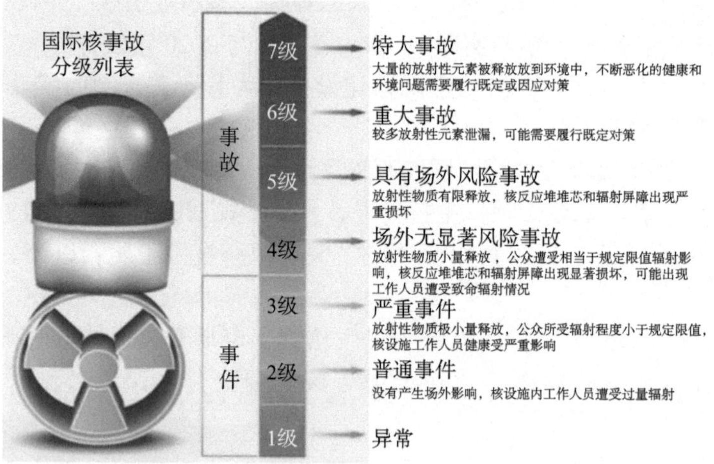

图 1　国际核事故分级列表示意图

（4）以切尔诺贝利、三哩岛、福岛等核事故案例引入，通过图片、视频、新闻报道等素材进行分析，阐述已发生的核事故大多是由于人为因素或培训不系统造成的；从而，启发学生认同由于核安全文化不健全增大了核事故发生的风险，认同完善的核安全法律法规体系，将有力促进我国核工业水平的提高，保障我国核电事业的顺利发展；

（5）从我国核工业发展之初“安全第一”的方针引入，结合学校“为核成立、因核成名、以核成势”的发展思想与服务国防军工的办学特色，增强学生“敦本务实、崇义奉公”的自豪感与“明德厚学、爱国荣校”的使命感；

（6）简述我国核安全领域的根本法——《中华人民共和国核安全法》，使学生理解该法在贯彻总体国家安全观，坚持从高从严要求，对核设施选址、设计、建造、运行、退役和核材料及放射性废物实施全过程、全链条监管，对保障核安全，预防与应对核事故，安全利用核能，保护公众和从业人员的安全与健康，保护生态环境，促进经济社会可持续发展等方面具有的重要意义；

（7）简述《中国的核安全》白皮书，使学生进一步了解中国核安全事业发展历程，中国核安全的基本原则和政策主张，中国核安全监管的理念和实践，中国推进全球核安全治理进程的决心和行动；对于培养学生具有良好的职业道德、爱国敬业精神和社会责任感，自觉遵守职业道德规范，履行责任等具有重要的现实意义；

（8）介绍习近平新时代中国特色社会主义思想中，有关“中国关于发展和安全并重、权利和义务并重、自主和协作并重、治标和治本并重的核安全观，呼吁国际社会携手合作，实现核能持久安全和发展”的表述；

（9）讲述我国核安全法律法规体系（见图 2），通过阐述我国核安全法律法规体系的结构、批准与发布、核安全领域主要的法律法规等，使学生初步掌握我国核安全法律法规层次，为本课程后续的核安全具体法律法规学习奠定基础。

其次，针对具体案例，开展课堂分析与讨论。

教师介绍温德斯凯尔核电站事故、托姆斯克化工厂核事故、茨城东海村核事故、关西

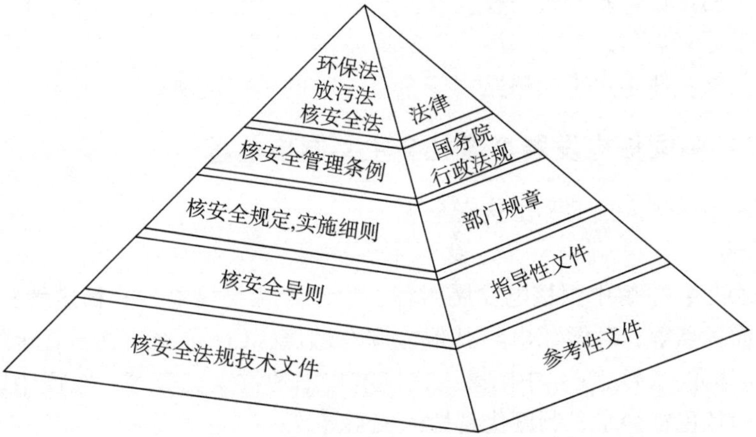

图 2　我国核安全法律法规体系

电力公司核事故等案例基本情况，随机点名提问，请学生分析案例产生原因、后果，并重点阐述如何防止类似事故发生？进而，深层次分析事故发生与法律法规不健全、核安全文化缺失的关联。对于学生分析的优劣，记入平时成绩考核。

再次，本章小结。

总结强调已发生的核安全事故大多是由于人为因素造成的，因此，牢固树立“安全第一”的核安全观，建立健全核安全法律法规体系，自觉遵守核安全法，强化核安全文化建设，对于保障我国核事业顺利发展具有重要意义。

最后，布置课后作业：

(1) 利用图书馆、网络等搜集案例——核安全法方面，制作 PPT 或视频，并做好案例讲解与分析的充分准备，要求后续课上台展示；

(2) 课后对师生的核安全意识进行调研（4~6 人/组）——自行设计调研内容（可借助问卷星等网络平台），力求覆盖广，调研结果客观、真实。

3. 案例反思

从课程近年教学情况看，大多学生对切尔诺贝利等核事故的发生、后果等有一定了解，但对于事故发生与核安全法与核安全文化建设的关系知之甚少。

通过授课，使学生能够客观、理性看待与分析世界核安全事故，提升学生核安全法律意识，强化核安全文化培养，真正认识总体国家安全观的重要性起到了积极作用；对于课后要求学生进行核安全意识科普调研，目的是使学生实地了解师生对待核安全的态度，为今后进行校园核安全科普奠定基础。

存在的问题主要包括：一是学生对于国家总体核安全观、核安全是国家安全重要组成的深刻认识；二是学生对于核安全法律法规体系的掌握与解读有一定难度，要求学生结合具体案例分析核安全相关法律、法规及其规定的法律责任，这需要一段时间教学与实践的积累；三是学生对于优秀的、有代表性的案例收集、整理与制作需要一定的时间与 Office 基本操作技能。

要解决这几个问题，需要通过课程的系统教学，结合习近平新时代中国特色社会主义思想对于核安全的论述与我校校情校风校训实际，逐步建立师生“案例分析”教学方法平台，提升学生学习兴趣与课堂参与度，不断提高教学效果。

通过课程教学，使学生牢固树立“安全第一”的核安全观。

（二）案例二：中国核电发展彰显社会主义制度优越性

章节为第 2 章中华人民共和国核安全法。

1. 教学目标

（1）知识目标：了解中国核电发展历程、生产现状，核电具有稳定性强、经济性好、环境改善等方面优点等；理解核电与其他能源在燃煤，CO_2、SO_2 及氮氧化物排放等方面的数据对比，“华龙一号”——中国第三代核电技术的重大突破等；掌握中国核电事业的飞速发展与中国特色社会主义制度优越性的关系等。

（2）能力目标：能够通过国内外对比，阐述中国核电发展前景；能够根据近年数据对比，分析核电在减少燃煤，减少 CO_2、SO_2 及氮氧化物排放，改善环境等方面的独特优势；能够阐述核电在实现“碳达峰碳中和”战略目标的重要作用；能够对中国核电第一代、第二代、第三代技术进行正确阐述；能够客观分析与评价在中国共产党正确领导下，中国核电发展如何彰显社会主义制度的优越性等。

（3）素质目标：深入领会“碳达峰碳中和”战略目标；养成自觉遵纪守法、注重环境保护的行为准则；牢固树立“中国青年永远跟党走”的价值观。

2. 教学过程

（1）从国家“碳达峰碳中和”战略目标的提出引入，使学生认识到我国坚持绿色低碳发展的战略定力和积极应对气候变化、推动构建人类命运共同体的大国担当：2020 年 9 月，习近平主席在第 75 届联合国大会提出我国 2030 年前“碳达峰”、2060 年前“碳中和”目标，这一时间远远短于发达国家，得到国际社会高度赞誉和广泛响应。

（2）通过介绍“中国核电发展”的三个阶段，使学生对我国核电发展历程有初步了解。第一阶段，1980—2004 年，这是中国核电发展的起步阶段；第二阶段，2005—2011 年，中国核电的高速发展阶段；第三阶段，2011 年后受日本福岛核事故影响，德国、意大利、瑞士等国家先后宣布“弃核”，全球核电发展严重受挫，我国核电发展也明显减速。

（3）系统阐述“中国核电技术”，使学生认识到：我国核电的发展不是闭门造车，而是坚持走自行研发与引进技术相结合的道路，改革开放提供了我国学习、赶超国外先进技术的机会；经过 30 多年引进消化吸收，我国核电进入核能利用大国的行列，形成了核电装备生产及相关技术的自主创新能力，具备了参与国际竞争的优势。

（4）详细讲解“中国核电现状”，使学生对中国核电占比，减少燃煤，减少 CO_2、SO_2 及氮氧化物排放有直观的了解，另外，与世界其他国家相比，我国目前核电的比例约 5%，这一占比不仅远远低于法国的 75%，也远低于全球约 15% 的比例，引导学生认同：发展核电，我国潜力巨大，是大势所趋；

（5）从核电与水电、风能、太阳能等能源的对比（见图 3）引入，指出核电具有稳定性强、经济性好等方面的独特优势；此外，社会工业化释放到大气中的二氧化碳，是导致地球产生温室效应、全球气候变暖的主要原因，而核电恰恰是目前改善环境、实现“碳达峰碳中和”战略目标、保障国民经济发展的理想选择。

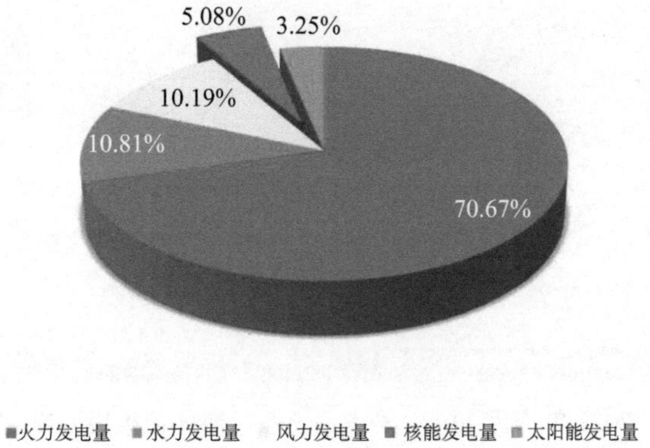

图 3　2023 年 1~6 月全国发电量统计分布

（6）讲述全球第一台“华龙一号”核电机组——中核集团福建福清核电 5 号机组 2021 年 1 月正式投入商业运行，“华龙一号”是中国具有完全自主知识产权的三代核电技术，安全性满足“国际最高安全标准”，这标志着中国拥有了国际上最强的核电建设能力，在世界核电技术上占据领先地位，真正体现了中国将三代核电“核心技术掌握在自己手中”。福清核电 5 号机组汽轮机厂房（见图 4）。

图 4　“华龙一号”全球首堆——福清核电 5 号机组汽轮机厂房

（7）讲述中国核电“走出去”战略，2013 年 10 月，国家能源总局首次提出核电“走出去”战略，并将核电走出去作为我国与潜在核电输入国双边政治、经济交往的命题。自此，中国核电频频走出国门，成为继高铁后又一张“中国名片”；核电“走出去”（见图 5），将从以国内建设为主到统筹国内外两个市场，标志着中国将从核电大国向核电强国的转变。

（8）中国核电发展彰显社会主义制度优越性。我国核电技术从无到有，从依靠引进开始到自主研发，再到世界领先，恰恰体现了社会主义新中国站起来、富起来、强起来的发展步伐，体现了社会主义制度的优越性。作为新时代辐射防护与核安全大学生，我们应该不断学好专业知识，加强核电技术研发，为逐步实现科技强国目标，为实现中华民族伟大复兴贡献力量。

图 5　2021 年 5 月 20 日，"华龙一号"海外首堆投入商业运行

3. 案例反思

通过课程教学，使学生对中国核电发展章节知识有较好的掌握，教学效果良好，达到了预期的教学目标；帮助学生掌握科学的学习方法，不断扩展知识面，更新知识结构，增强了独立思考的能力，有效提升学生学习兴趣与课堂参与度；使学生更加热爱辐射防护与核安全专业，增强了学生对我国核电事业的了解和今后献身核电事业的使命与决心。

存在的问题主要包括：一是学生对于社会主义新中国站起来、富起来、强起来的历史，以及社会主义制度优越性等马克思主义中国化的相关知识认识不够深刻；二是学生对中国及世界核电现状关注度偏少，对于核电与水电、风能、太阳能等能源相比，在稳定性强、经济性好、改善环境等方面的独特优势认识不足。

今后应持续做到：课堂设计方面，以"学习百年党史、传承红色基因"为主线，明确课程思政教学目标，优化课程育人教学设计，将党史学习教育融入渗入课程教学之中，真正体现价值教育和知识教育的融合与统一。

通过课程学习，使学生认识到：中国核电事业的飞速发展，正彰显在中国共产党正确领导下，中国特色社会主义制度的优越性；在中国特色社会主义进入新时代的今天，我们应该不断突破关键核心技术，为实现中华民族伟大复兴不懈奋斗。

（三）案例三：移动通信——"停课不停教、停课不停学"的"硬核"保障

章节为第 5 章电磁辐射防护规定。

1. 教学目标

（1）知识目标：了解电磁辐射在通信、工业、农业、科教、医学、军事、交通等方面的广泛应用等；理解移动通信系统中 MSC、BS、MS 各自功能及之间的关系、移动通信工作原理等；掌握移动通信电磁辐射基本防护方法等。

（2）能力目标：能够叙述电磁辐射在各行各业尤其在通信方面的应用；能够分析移动通信系统的工作原理；能够对教师给出电磁辐射事故产生的原因、对策进行具体分析；能够正确判断 MSC、BS、MS 中主要的电磁辐射污染源，并给出防护对策与合理化建议等。

（3）素质目标：深入领会习近平新时代中国特色社会主义思想中对于"网络强国战略思想"的论述；养成自觉遵守电磁辐射法律法规，不断强化电磁环境安全文化建设的良

好习惯；认同“移动通信”是“停课不停教、停课不停学”的“硬核”保障，从环境保护与人类健康的角度出发，用好移动通信这把“双刃剑”。

2. 教学过程

首先，以 PPT、视频等手段讲解以下内容。

（1）通过介绍什么是电磁辐射？其与电离辐射的区别与联系引入，加上对于移动通信在大学生学习、学业、就业等方面发挥巨大作用的阐述，使学生对国家大力发展移动通信的大趋势、对本课程的学习与研究产生认同。

（2）通过对电磁辐射在工业、农业、科教、医疗、通信等方面应用的讲解，重点叙述微波通信在移动通信、无线电定位、雷达、导航、无线电天文学、环境监测、气象观察等方面的广泛应用，穿插辐射防护与核安全专业往届毕业生在如核工业二七O研究所等相关电磁辐射环评等单位实习与工作的实例，加深学生对我国电磁事业的了解和今后献身电磁事业的使命与决心。

（3）讲解电磁辐射在移动通信方面的应用，引导学生思考：如果没有电磁辐射，我们还能够正常通信吗？还能够正常上网课吗？还能够与老师、同学们线上沟通吗？身边还能够找到没有电磁辐射的区域吗？通过同学们的“否定”回答，阐述电磁辐射在移动通信方面的重要应用，增强同学们对人类已经离不开电磁辐射的认识。电磁辐射应用如图 6 所示。

图 6　现实电磁辐射应用简图

（4）从新型冠状病毒肺炎的蔓延与传播给人民群众的健康与生命造成了严重威胁与后果引入，通过图片、视频、新闻报道等素材进行分析，阐述疫情发生后，全党、全国人民在以习近平同志为核心的党中央带领下，采取居家、戴口罩、勤洗手、勤通风等方式积极应对疫情；特别介绍以钟南山、李兰娟等为代表的广大医护工作者不顾自身安危，纷纷奔赴武汉、湖北，日以继夜奋战在抗疫一线，涌现出许多可歌可泣的英雄故事；从而，启发学生认同中国政府、中国人民在应对肺炎疫情时不畏艰险，始终把人民生命安全和身体健康摆在第一位，坚定信心、同舟共济、科学防治、精准施策，国内疫情防控形势持续向好，生产生活秩序加快恢复，体现了社会主义的优越性，增强同学们的爱国心与民族自豪感。

（5）疫情发生后，教育部应对新型冠状病毒感染肺炎疫情工作领导小组办公室下发《关于在疫情防控期间做好普通高等学校在线教学组织与管理工作的指导意见》，要求各高校充分利用线上的慕课和省、校两级优质在线课程教学资源，积极开展线上授课和线上学习等在线教学活动，保证疫情防控期间教学进度和教学质量，实现“停课不停教、停课不停学”，如图 7、图 8 所示。

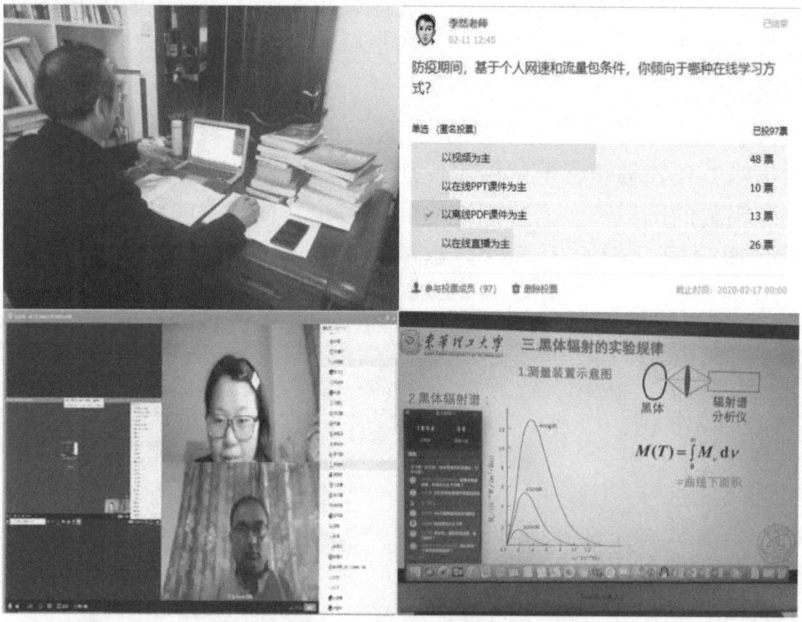

图 7　教师利用终端开展线上授课

引导同学们思考：如何实现“停课不停教、停课不停学”？线上教学依靠哪种通信方式？老师讲，学生通过何种途径收听、收看到直播（或录播）？是什么保证了线上教学？

答：这一切都依靠移动通信！增强学生对“移动通信保障了疫情防控期间线上教学”、移动通信是线上教学的“硬核”保障的认同感。

（6）从 1G 到 5G 的发展入手，通过图片、视频、新闻等素材，介绍移动通信技术的发展历程与今后的发展趋势，阐述我国网络覆盖和用户规模均位居世界第一，成为全球最大的 4G 市场；此外，我国在 5G 技术、标准、产业方面的发展已走在世界前列；增强同学们对我国移动通信事业发展的信心与决心。

（7）通过分析移动通信系统架构，使学生理解移动通信系统中 MSC、BS、MS 各自功能和三者之间的关系；阐述 BS 与 MS 是移动通信系统中主要的电磁辐射源，引导同学们日常生活、学习中加强对电磁环境的保护，对今后步入社会减少移动通信系统电磁场对生态环境与人体健康的影响，安全利用电磁能，保护公众和从业人员的安全与健康，保护生

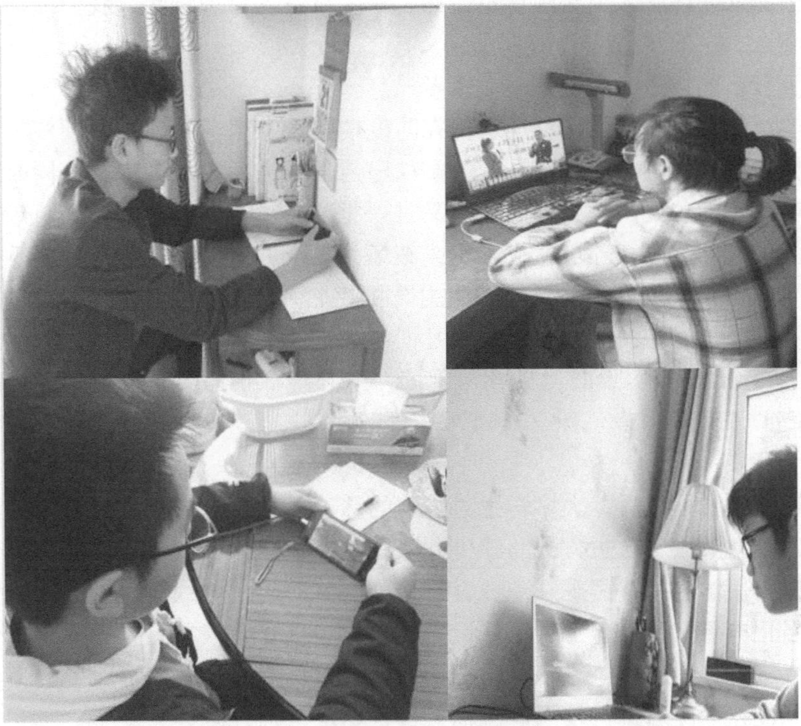

图 8　同学们利用终端开展线上学习

态环境，促进经济社会可持续发展等方面具有重要意义。

（8）简述移动通信电磁辐射与人体健康的关系，通过实例介绍移动通信电磁辐射对于神经系统、视力系统、DNA 变化以及肿瘤之间的关系等，重点介绍使用移动通信终端应注意的事项，使学生进一步了解移动通信电磁辐射对人体健康和生态环境的危害，认识到在日常生活、学习中控制手机、电脑等终端的使用时间，养成对移动通信电磁辐射自觉防护的良好习惯。

（9）介绍习近平新时代中国特色社会主义思想中，有关"数字化、网络化、智能化大势、机遇和挑战、网络综合治理、保障网络安全、突破核心技术、网信军民融合、加强国际合作、加强党的领导、网聚天下英才、以人民为中心"等网络强国战略思想的表述。

（10）讲述移动通信电磁辐射防护的一般要求，通过阐述屏蔽、接地、滤波、距离防护、个体防护等措施入手，使学生初步掌握移动通信电磁辐射的防护要点，对于培养学生具有良好的职业道德、爱国敬业精神和社会责任感，自觉遵守职业道德规范，履行责任等具有重要的现实意义。

其次，针对具体案例，开展课堂分析与讨论。

教师介绍峨眉山微波污染事件、无线电波导致空难大西洋特内里费岛波音 747 空难、电磁波致日本无人工厂机器人绞杀工作人员事件、移动电话电磁辐射致日本冈山红十字医院输液器骤停事件等案例基本情况，随机点名提问，请学生分析案例产生原因、后果，并重点阐述如何防止类似事故发生？进而，深层次分析事故发生与移动通信电磁环境保护、自然生态系统的关联，使学生真正明白习近平总书记在党的十九大报告中提出的："人与自然是一个生命共同体，人类必须尊重自然、顺应自然、保护自然。我们要建设的现代化是人与自然和谐共生的现代化”的真正含义。

对于学生分析的优劣，记入平时成绩考核。

最后，本章小结：总结强调移动通信在防疫期间线上教学发挥的“硬核”作用，其保障了全国高校线上教学的开展，保证了教学秩序与教学进度的顺利进行；同时，指出从人体健康和环境保护的角度出发，移动通信又是一把“双刃剑”，它在给人们带来巨大便利的同时，又会对人体健康和环境造成影响或破坏，甚至可引发像空难这种严重的后果；因此，我们应牢固树立“安全第一、防护为主”的宗旨，养成自觉遵守电磁辐射法律法规，不断强化电磁环境安全文化建设的良好习惯；认同“移动通信”是疫情防控期间高校“停课不停教、停课不停学”的“硬核”保障，从环境保护与人类健康的角度出发，用好移动通信这把“双刃剑”。

3. 案例反思

从课程近年教学情况看，大多学生对身边的移动通信电磁辐射有一定的关注，但对于移动通信电磁辐射大小、防护方式与评价办法知之甚少。

通过授课，使学生能够客观、理性看待与分析移动通信电磁辐射，提升学生电磁环境保护意识，强化电磁文化培养，真正认识保护环境的重要性等方面起到了积极作用；对于课后要求学生进行移动通信电磁辐射防护意识调研，目的是使学生实地了解师生对待身边电磁辐射的态度，为今后进行校园电磁辐射科普奠定基础。

存在的问题主要包括：一是学生对于习近平新时代中国特色社会主义思想中有关“网络强国战略思想”表述的深刻认识；二是学生对于移动通信系统架构与工作原理的掌握有一定难度，需要学生结合利用网络、图书馆查阅相关文献资料，进行一段时间教学与实践的积累。

要解决这几个问题，需要通过系统教学，准确把握防疫期间教育教学形势新变化：“三尺讲台”转变为“方寸之间”，做到“准确识变、科学应变、主动求变”，线上教学“超距离授课，零距离互动”，不断加强课程教学改革，创新人才培养模式，培养“家国情怀、社会责任、职业担当、国际视野”的辐射防护与核安全新工科人才。

通过课程教学，有效提升学生学习兴趣与课堂参与度，提高教学效果；使学生认同“移动通信”是疫情防控期间高校“停课不停教、停课不停学”的“硬核”保障，从环境保护与人类健康的角度出发，在日常生活、工作中用好移动通信这把“双刃剑”。

（四）案例四：“理性、协调、并进”——坚持走中国特色核安全之路

章节为第 2 章 中华人民共和国核安全法。

1. 教学目标

（1）知识目标：了解《中华人民共和国核安全法》所涉及的法律责任；理解《中华人民共和国核安全法》的基本内容；掌握“核设施”“核材料”“乏燃料”“放射性废物”“核事故应急”“纵深防御”“退役”等术语；能够正确运用《中华人民共和国核安全法》对典型案例进行分析。

（2）能力目标：能够阐述习近平主席首提“中国核安全观”的重要意义；能够理解

中国核安全观的核心内涵“四个并重”，即“发展和安全并重、权利和义务并重、自主和协作并重、治标和治本并重”；能够对中国核安全工作的基本原则，即“安全第一、依法治核，预防为主、纵深防御，责任明确、独立监管，严格管理、全面保障”正确阐述；能够理解坚持走“理性、协调、并进”核安全之路的必然要求。

（3）素质目标：深入领会“理性、协调、并进”的国家核安全观；自觉履行“安全第一，预防为主”的“核安全工作原则”；贯彻落实国家坚持人民至上、生命至上，坚持科学精神、动态清零，拒绝“躺平”的疫情防控总方针；养成自觉遵守核安全法，不断强化核安全文化建设的良好习惯。

2. 教学过程

（1）从“国家核安全观”的提出引入，使学生认识到中国核安全观是习近平新时代中国特色社会主义思想在核安全领域的集中体现，是核安全治理领域的重大理论创新：2014 年 3 月，习近平在荷兰海牙核安全峰会首次提出了“理性、协调、并进”的中国核安全观，得到了国际社会的高度赞誉和广泛响应。

（2）系统解读我国核安全领域的根本法——《中华人民共和国核安全法》，使学生理解该法在贯彻国家核安全观，坚持“从高从严”要求，对核设施选址、设计、建造、运行、退役和核材料及放射性废物实施全过程、全链条监管，对保障核安全，预防与应对核事故，安全利用核能，保护公众和从业人员的安全与健康，保护生态环境，促进经济社会可持续发展等方面具有的重要意义。

（3）重点阐述“安全第一，预防为主”的“核安全工作原则”，使学生深刻领会到从事核事业必须遵循“确保安全”的基本方针；同时，针对 2022 年国内外、南昌、学校的疫情防控工作（见图 9），引导学生思考并得出，“预防为主，安全第一”是核安全与疫情防控工作的共同要求，强调并倡导师生共同践行这一宗旨，为自身发展与当前疫情防控工作做出应有的贡献，真正体现在中国特色社会主义新时代，辐射防护与核安全专业大学生的责任、担当与使命！

图 9　2022 年东华理工大学疫情防控工作

（4）结合 2022 年跌宕反复的疫情形势，以身边的众多防疫故事，如“夜以继日的守护者”，“云端抗‘疫’的教师”“披荆斩‘疫’的辅导员”“‘疫’往无前的青春力量”

“守护心灵绿码的工程师”“以‘艺’战疫的陪伴者”“党旗在‘疫’线飘扬”“居家战‘疫’的同行者”……为引领，介绍全校师生“众志成城，共克时艰”，立志打好南昌全域动态清零攻坚战的决心与毅力。

（5）通过播放“东华理工，加油!”“学子隔空合唱，为南昌加油”等短视频（见图10），大力弘扬“生命至上，举国同心，舍生忘死，尊重科学，命运与共”的伟大抗疫精神，使学生深刻理解国家始终坚持人民至上、生命至上，坚持科学精神、动态清零，拒绝“躺平”的防控总方针；引导学生主动担当，自觉遵守学校疫情防控要求，为南昌全面清零做出应有的贡献。

图10　“东华理工，加油!”照片

（6）在线课堂“不断线”，师生互动“面对面”。选用“腾讯会议+QQ群辅导”这一适合本课程的线上授课方式（见图11和图12）。课前“签到”，实时掌握每一位同学到课情况；课上师生共同开启摄像头，线上见面“有头有脸”，实现“面面俱到”；课后导出学生“入会时间”“退会时间”“参会时长”等信息，严格课堂考勤；课后QQ群辅导、答疑与讨论，便于作业布置、批改与及时反馈，进一步巩固课堂知识；教师认真对待学生线上提交的作业、批改，并给出评语，显示出区分度，做到“给一分有理，扣一分有据”。

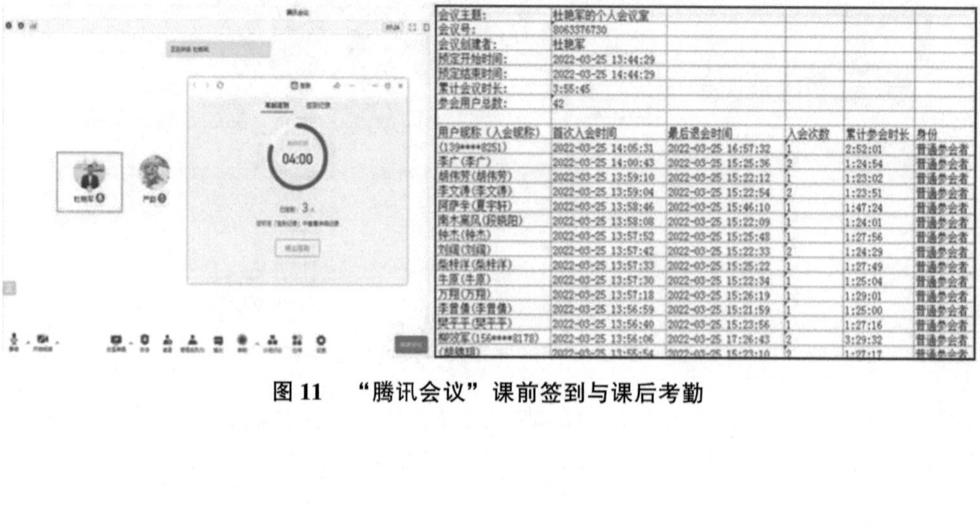

会议主题：	杜艳军的个人会议室				
会议号：	8063376730				
会议创建者：	杜艳军				
预定开始时间：	2022-03-25 13:44:29				
预定结束时间：	2022-03-25 14:44:29				
累计会议时长：	3:55:45				
参会用户总数：	42				
用户昵称（入会昵称）	首次入会时间	最后退会时间	入会次数	累计参会时长	身份
(139****8251)	2022-03-25 14:05:31	2022-03-25 16:57:32	1	2:52:01	普通参会者
李广(李广)	2022-03-25 14:00:43	2022-03-25 15:25:36	2	1:24:54	普通参会者
胡伟芳(胡伟芳)	2022-03-25 13:59:10	2022-03-25 15:22:12	1	1:23:02	普通参会者
李文涛(李文涛)	2022-03-25 13:59:04	2022-03-25 15:22:54	2	1:23:51	普通参会者
阿萨辛(夏宇轩)	2022-03-25 13:58:46	2022-03-25 15:46:10	1	1:47:24	普通参会者
南木离风(段晓阳)	2022-03-25 13:58:08	2022-03-25 15:22:09	1	1:24:01	普通参会者
钟杰(钟杰)	2022-03-25 13:57:52	2022-03-25 15:25:48	1	1:27:56	普通参会者
刘阔(刘阔)	2022-03-25 13:57:42	2022-03-25 15:22:33	2	1:24:29	普通参会者
柴梓洋(柴梓洋)	2022-03-25 13:57:33	2022-03-25 15:25:22	1	1:27:49	普通参会者
牛原(牛原)	2022-03-25 13:57:30	2022-03-25 15:22:34	1	1:25:04	普通参会者
万翔(万翔)	2022-03-25 13:57:18	2022-03-25 15:26:19	1	1:29:01	普通参会者
李晋僖(李晋僖)	2022-03-25 13:56:59	2022-03-25 15:21:59	1	1:25:00	普通参会者
樊千千(樊千千)	2022-03-25 13:56:40	2022-03-25 15:23:56	1	1:27:16	普通参会者
柳汶军(156****8178)	2022-03-25 13:56:06	2022-03-25 17:26:43	2	3:29:32	普通参会者
(胡晓翔)	2022-03-25 13:55:54	2022-03-25 15:23:10	2	1:27:17	普通参会者

图11　“腾讯会议”课前签到与课后考勤

图 12 “QQ 群”课外辅导、答疑与作业批改

（7）当前，中国特色社会主义事业进入了新时代，中国核事业进入了安全高效发展的新阶段，中国核安全事业进入了高质量高水平发展的新时期。作为新时代辐射防护与核安全专业大学生，我们应在习近平新时代中国特色社会主义思想指引下，秉持“理性、协调、并进”的核安全观，自觉履行维护核安全使命，不断强化公众健康和环境安全意识，为实现中华民族伟大复兴贡献力量。

3. 案例反思

通过教学，使学生对《中华人民共和国核安全法》知识有较好的掌握，教学效果良好，达到了预期的教学目标；帮助学生掌握科学的学习方法，不断扩展知识面，更新知识结构，增强了独立思考的能力，有效提升学生学习兴趣与课堂参与度；使学生更加热爱辐射防护与核安全专业，增强了学生对我国核电事业的了解和今后献身核电事业的使命与决心。

存在的突出问题：学生对于国家总体核安全观、核安全是国家安全重要组成等知识的认识不够深刻；学生运用《中华人民共和国核安全法》对典型案例进行分析的能力有待进一步提高。

改进思路：课堂设计方面，以“总体国家安全观”为主线，明确课程思政教学目标，优化课程育人教学设计，将“理性、协调、并进”的中国核安全观融入渗入课程教学之中，真正体现价值教育和知识教育的融合与统一；优化教学方面，结合具体案例分析，使学生逐步认识到，中国核安全观是习近平新时代中国特色社会主义思想在核安全领域的集中体现，是中国总体国家安全观的重要组成部分，是核安全治理领域的重大理论创新，是推进国际核安全进程的重要里程碑，为解决核安全全球治理的根本性问题，构建核安全命运共同体指明了原则、方法和路径；授课内容方面，大力倡导“核安全事业高于一切，核安全责任重于泰山，严慎细实规范监管，团结协作不断进取”的核安全精神，引导学生积极培育和发展核安全文化，通过思想教育、制度规范、环境熏陶等方式，将法治意识、忧患意识、自律意识、协作意识的社会主义核心价值观，贯穿到思想和行动中。

作为辐射防护与核安全专业在校大学生，在中国特色社会主义进入新时代的今天，我们应该努力学好专业知识，在以习近平同志为核心的党中央正确领导下，坚定不移走中国特色核安全道路，为实现中华民族伟大复兴不懈奋斗。

三、案例思政元素分析

（一）案例一：牢固树立“安全第一”的核安全观

2014 年 4 月，习近平主席在中央国家安全委员会第一次会议上首次提出了“总体国家安全观”的概念，强调了国家安全的总体性，指出国家安全是各种安全的综合，系统论述了集政治安全、国土安全、军事安全、经济安全、文化安全、社会安全、科技安全、网络空间安全、生态安全、资源安全、核安全等于一体的国家安全体系。

总体国家安全观和核安全观是以习近平同志为核心的党中央统筹国内国际大局、准确把握国家安全形势变化新趋势提出的总体部署，核安全是国家安全的重要组成部分，在国家安全体系中具有举足轻重的地位。深入领会总体国家安全观和核安全观，对增强忧患意识、居安思危、做好安全工作、探索中国特色国家安全道路，具有重要的现实意义和深远的历史意义。

当前，中国的核电事业正处在高速发展的阶段，只有建设完善的核安全法律法规体系，牢固树立“安全第一”的核安全观，才能保障核电事业顺利发展，这正体现了当代辐射防护与核安全专业在校大学生学习“核安全法与核安全文化”课程的时代背景和现实意义。

本案例通过介绍世界范围内核电发展史上的重大事故并深入分析事故产生原因，使学生强化核与辐射安全从业者法律意识，培养学生不断强化核安全文化建设的良好习惯，自觉在师生中进行核电科普与核安全宣贯，对于消除公众对核电的神秘感、恐怖感，逐步摆脱核电事业“政府推进，百姓敏感；专家清，群众糊涂”的局面具有重要意义；对于辐射防护与核安全在校大学生热爱本专业，树立为促进核能开发与核技术利用又好又快又安全发展、保障国家核与辐射安全做出积极贡献的信心与决心。

（二）案例二：中国核电发展彰显社会主义制度优越性

2021 年 1 月 30 日，具有完全自主知识产权、安全性满足“国际最高安全标准”的全球第一台“华龙一号”核电机组——中核集团福建福清核电 5 号机组正式投入商业运行，标志着中国拥有了国际上最强的核电建设能力，在世界核电技术上占据领先地位。中国核电事业的飞速发展，正彰显在中国共产党正确领导下，中国特色社会主义制度的优越性。

党的十八大以来，以习近平同志为核心的党中央不断积极进取、开拓创新，带领全党全国各族人民，在科技领域取得了一系列重大进展。未来，我们将拥有更多的高质量成果跻身世界先进行列，成为更多行业的“领跑者”，最终实现由科技大国向科技强国的转变。

本案例通过介绍中国核电的发展与生产现状，阐述了中国核电从无到有、从有到强的发展历程。作为辐射防护与核安全专业大学生，在中国特色社会主义进入新时代的今天，我们应该听党话、跟党走、努力学好专业知识，不断突破关键核心技术，为实现中华民族伟大复兴不懈奋斗。

（三）案例三：移动通信——“停课不停教、停课不停学”的“硬核”保障

2019 年底，新型冠状病毒疫情牵动着全国人民的心，突如其来的疫情，打破了人们平静的生活，也影响了高校学子的正常开学。2020 年 2 月 4 日，教育部应对新型冠状病毒感染肺炎疫情工作领导小组办公室下发《关于在疫情防控期间做好普通高等学校在线教学组织与管理工作的指导意见》，要求各高校充分利用上线的慕课和省、校两级优质在线课程教学资源，积极开展线上授课和线上学习等在线教学活动，保证疫情防控期间教学进度和教学质量，实现“停课不停教、停课不停学”。

线上教学的技术支撑是以移动通信系统为基础的，移动通信系统是现代远程在线教育的主要技术特征；得益于国家 4G 通信的普及和对 5G 通信的大力推广，我国除少数偏远地区数字化与网络化基础有所欠缺之外，其他地区的通信可以很好地保障线上教学的顺利实施。可见，线上教学的“硬核”保障是移动通信！但是，从人体健康和环境保护的角度看，移动通信又是一把“双刃剑”，它在保障线上教学、给人们带来巨大便利的同时，又会对人体健康和环境造成不同程度的影响或破坏。因此，我们应自觉遵守电磁辐射相关规定，强化电磁环境保护意识，建立健全电磁辐射法规和标准，用好移动通信这把“双刃剑”！保障移动通信事业健康发展。

本案例从电磁辐射的广泛应用、移动通信系统的架构和工作原理、移动通信系统的电磁辐射污染等方面入手，通过分析世界范围内电磁发展史上的安全事故并深入分析事故产生原因，使学生强化移动通信从业者法律意识，培养学生不断强化移动通信文化建设的良好习惯，自觉在师生中进行移动通信科普与安全宣贯，对于消除公众对移动通信的“恐惧感”具有重要意义；对于辐射防护与核安全专业在校大学生热爱本专业，树立为促进移动通信技术又好又快又安全发展、保障国家移动通信事业发展做出积极贡献的信心与决心。

（四）案例四：“理性、协调、并进”——坚持走中国特色核安全之路

以习近平同志为核心的党中央对核安全高度重视。习近平总书记在 2014 年海牙第三届核安全峰会上首次提出“理性、协调、并进”的核安全观，他强调：“我们要秉持为发展求安全、以安全促发展的理念，让发展和安全两个目标有机融合，使各国政府和核能企业认识到，任何以牺牲安全为代价的核能发展都难以持续，都不是真正的发展。只有采取切实举措，才能真正管控风险；只有实现安全保障，核能才能持续发展。”我国成为世界上第一个提出核安全观的国家。

2017 年 9 月 1 日，第十二届全国人民代表大会常务委员会第二十九次会议表决通过《中华人民共和国核安全法》，自 2018 年 1 月 1 日起施行。“核安全是国家安全的重要组成部分，也是生态环境的重要内容，事关公众健康和生态环境安全，事关经济发展和社会稳定。”国家核安全局副局长、核设施安全监管司司长郭承站说，推进核安全立法，充分体现了党中央、国务院对核安全工作的高度重视，体现了“理性、协调、并进”的核安全观。《中华人民共和国核安全法》的诞生，是贯彻习近平总书记指示的具体体现，为我国由核电大国向核电强国迈进提供了重要的法律保障。

作为辐射防护与核安全专业在校大学生，在中国特色社会主义进入新时代的今天，我

们应该努力学好专业知识，在以习近平同志为核心的党中央正确领导下，坚定不移走中国特色核安全道路，为实现中华民族伟大复兴不懈奋斗。

四、案例教学整体设计

（1）课程思政与专业知识相结合。优化思政育人教学设计，将习近平新时代中国特色社会主义思想融入渗入课堂教学中，从而实现价值教育和知识教育的融合与统一。

（2）线上资源与线下教学相结合。结合专业特点与学生实际，科学合理规划，充分利用好线上精品视频教学资源，以“任务驱动+翻转课堂”教学模式，拓宽学生视野，丰富课程教学。

（3）书本知识与案例分析相结合。在讲授书本知识的过程中，穿插案例分析教学，充分激发学生学习潜能，培养学生学习兴趣，探索激发其学习热情的最有效方法和途径，使学生学习专注度、主动性、创造力得以提高。

（4）课堂讲授与课外拓展相结合。课堂突出“教、学”互动，课外强调优化学生自主学习行为，实现课堂讲授与课外拓展的同步优化，体现教授知识与思政育人相统一的目标与要求。

（5）线上教学与课后辅导相结合。疫情期间，积极开展线上教学探索与实践，不断优化线上教学方式方法，充分调动学生课堂参与度，切实提高教学效果；课后 QQ 群辅导、答疑与讨论，实现作业布置、批改与及时反馈，进一步巩固课堂知识。

五、教学实践过程回顾

（1）“思政课堂教师讲”，思政教育“富”课堂

在书本知识与案例分析教学中突出“思政教育”。建立“案例分析教学评价方法”，针对核安全典型案例中的思政元素，通过“教师讲故事”“学生以故事回应”，使学生在潜移默化中掌握案例分析的技巧，体现了案例选取与核安全法的高度融合，实现了“润物细无声”的思政教育（见图 13）。

图 13　教师线上“课程思政”教育教学

（2）“思政课堂学生讲”，学生思政“自”加强

从第一位同学将“以人为本”“安全第一”融入“思政案例翻转”后，其他同学都会自觉将思政教育融入自己的“翻转课堂”案例分析，不经意间实现了“学生自我思政教育”，从而实现了从课堂翻转到思政教育翻转的提高（见图14）。

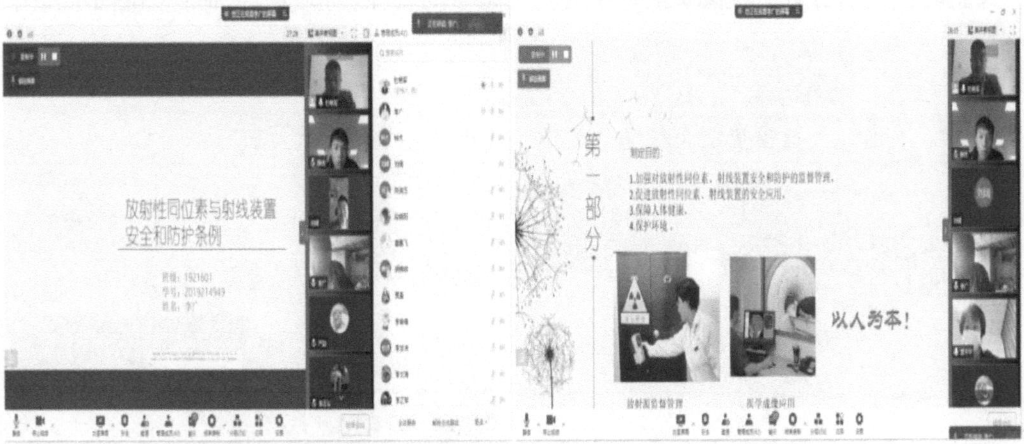

图 14　第一位同学（李广）线上“以人为本”思政案例分享

（3）“翻转课堂益师生”，互动交流“共”提升

本着“先临摹后创作”的原则，课程第一次课已给每位同学进行了“翻转课堂”任务细化，学生有充中足的时间准备案例（见图15），通过线上方式讲解、分享、互动，教师针对性点评，实现“翻转课堂”的线上教学探索与实践。在特定时间内实现了学生“课堂主导”“变被动为主动”，大大提高了学生线上教学积极性、主动性、动手能力与案例分析能力；同时，学生不少活跃的思维能够给教师教学带来启发和借鉴，从而实现了“教学相长”。

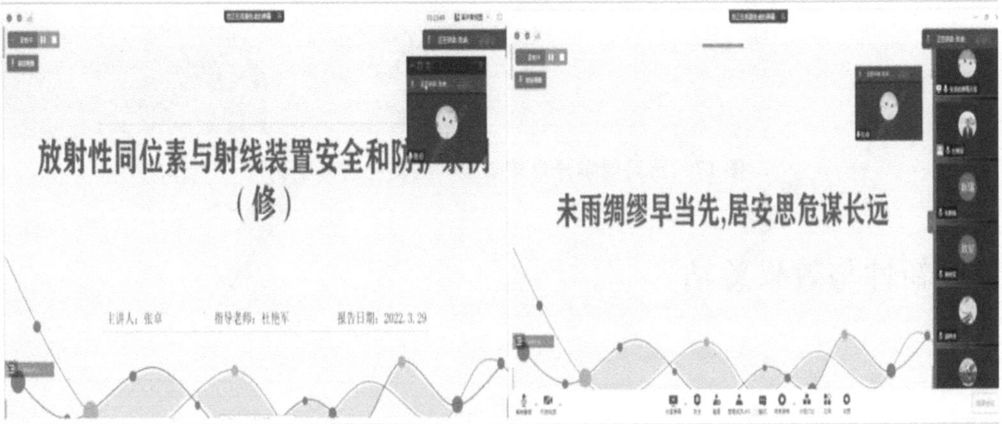

图 15　张卓同学“安全第一”的核安全观

（4）“核安全法讲安全”，疫情防控“严”当先

在当时疫情防控的大环境下，教师与学生自觉将核安全相关知识与疫情防控相结合，“预防为主，安全第一”是核安全与疫情防控工作的共同要求，课程强调并倡导师生共同践行这一宗旨，为自身发展与当时疫情防控工作做出应有的贡献，真正体现在中国特色社会主义新时代，辐射防护与核安全专业当代大学生的责任、担当与使命！如图 16 和图 17 所示。

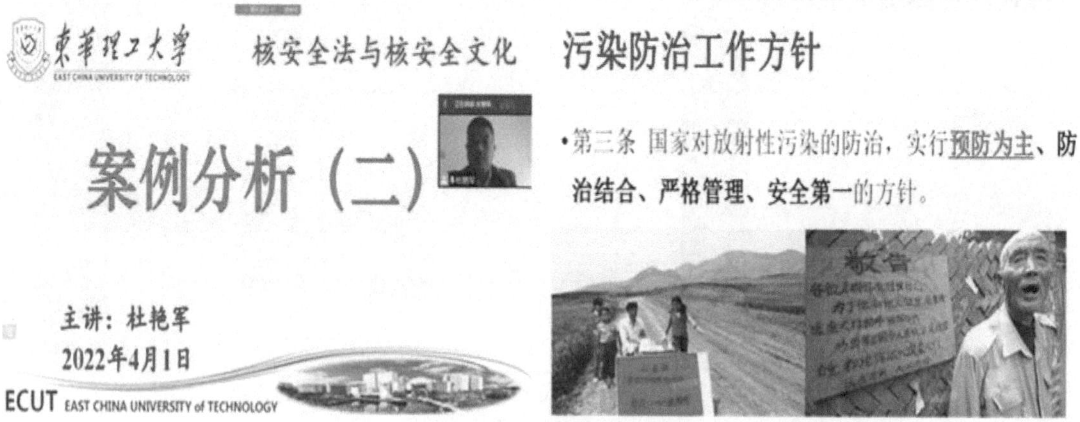

图 16　教师结合疫情防控讲述核安全法

图 17　贾昊同学分享核安全与冬奥会防疫案例

六、创新性与效果总结

（一）创新性

（1）引入“案例分析教学法”。建立“案例分析教学评价方法”“教师讲故事”“学生以故事回应”，通过对比，使学生在潜移默化中掌握案例分析的技巧；重点在于案例选取与法律法规的高度融合，紧贴实事，年年更新，做到“与时俱进”。

（2）引入“翻转课堂”。改变传统的“填鸭式”“满堂灌”教学模式，学生“先临摹后创作”，根据分工提前准备案例，上台讲解、分享、互动，教师针对性点评，实现“课堂翻转”。课堂转为“学生主导”“变被动为主动”，大大提高了动手能力与案例分析能力，同时，学生的不少活跃思维能给教师带来启发和借鉴，实现了“教学相长”。

（3）“思政教育学生讲”。从第一位同学使用了“思政案例反转”后，其他同学都会自觉将思政教育融入案例分析的“翻转课堂”中，不经意间实现了“学生自我思政教育”，实现了从课堂翻转到思政教育翻转的转变。

（4）认真听取专家意见。主动邀请校院督导、院领导、院内同行等随堂听课，收集并认真听取专家组对课程思政教学的意见与建议，不断优化课程教学，提高思政育人质量。

（5）认真开展教学反思。对学生进行测试和考核，综合评价，通过调查问卷形式，了解学生对思政教学的满意度和看法。对教学实施过程中得出的成效和存在的问题进行教学反思，在后续实践中不断改进和优化教学方案，进一步提升后续思政教学效果。

（6）创新课程评价模式。根据学生评价、专家评价、同行评价和学院评价等方面综合评价教学效果。通过收集的学生学习成果，以及教师评学、学生评教、课堂教学情况调查表等综合反映学生受益程度。借助数字学习网络平台教学记录、教师课程总结和教学观摩活动等多种形式评价课程的建设特色。

（二）效果

针对法律类课程普遍存在的“四不高”（即出勤率不高、积极性不高、存在感不高、评价分不高）等方面的突出问题，课程负责人积极探索“核安全法与核安全文化”课程教学改革创新与实践，注重思政教育融入，课程思政教育资源丰富，思政育人效果显著，使学生在系统掌握核安全相关法律法规知识的基础上，不断强化核安全文化建设的良好习惯，具体体现在以下几点，如图 18~图 21 所示。

图 18　学生课堂专注度逐年提高

图 19　翻转课堂，学生主导，教学相长

图 20　学生“自我思政教育”，实现“思政教育翻转”

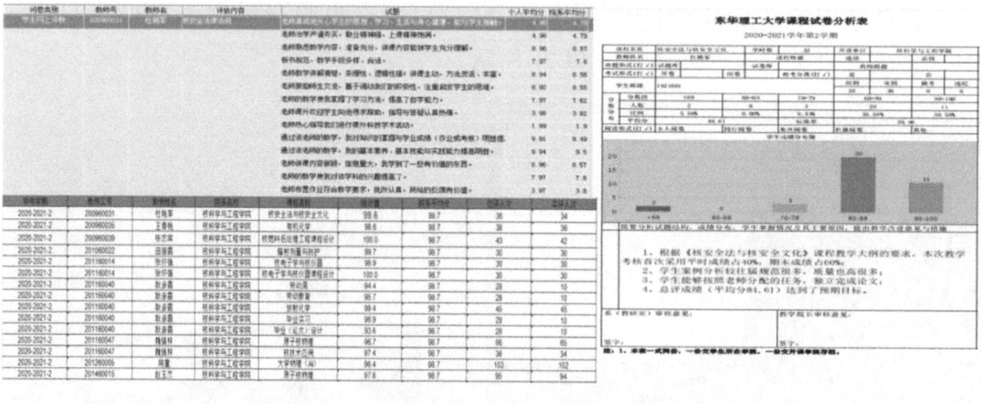

图 21　“教、学”互评，互相认可，教学相长，共同进步

（1）使学生深入领会总体国家安全观与核安全观，养成自觉遵守核安全法，不断强化核安全文化建设的良好习惯；自觉践行“事业高于一切、责任重于一切、严细融入一切、进取成就一切”的中国核工业精神，牢固树立“安全第一”的核安全观；

（2）使学生强化核与辐射安全从业者法律意识，培养学生不断强化核安全文化建设的良好习惯，自觉在师生中进行核电科普与核安全宣贯，对于消除公众对核电的神秘感、恐怖感，逐步摆脱核电事业“政府推进，百姓敏感；专家清，群众糊涂”的局面具有重要意义；

（3）增强学生“敦本务实、崇义奉公”（校训）的自豪感与“明德厚学、爱国荣校”（校风）的自豪感；提高学生“为核成立、因核成名、以核成势”（校发展理念）的使命感，对于辐射防护与核安全专业在校大学生热爱本专业，加深学生对我国核电事业的了解和今后献身核电事业的使命与决心；

（4）培养学生具有良好的职业道德、爱国敬业精神和社会责任感，自觉遵守职业道德规范，履行责任等；

（5）优化教育教学方式方法，实践“案例分析+任务驱动+翻转课堂”教学方法，充分调动学生参与课堂的积极性、主动性和创造性，切实提高教学质量。

资助项目：东华理工大学课程思政示范课程建设项目，核安全法与核安全文化，DH-KCSZ-2022-17，2020—2022。

参考文献

[1] 康慧．国际核事件分级表及应用实例［J］．中国核电，2011，4（01）：76-81.

[2] 孙杨杰，肖文涛．《中华人民共和国核安全法》评析［J］．中国应急管理科学，2020，10：28-34.

[3] 张佳薇．基于语料库的《中国的核安全》白皮书英译搭配冲突研究［D］．北京：中国石油大学(北京)，2021.

[4] 周建平．推动“中国核安全观”落地见效［J］．当代电力文化，2021，07：74-75.

[5] 靖剑平，陶克菲．国内外核安全法规体系概述以及加强中国核安全法规宣贯的思考［J］．世界环境，2021，03：32-34.

[6] 王俐．中国提出双碳目标的历史背景、重大意义和实现路径［J］．哈尔滨师范大学社会科学学报，2023，14（03）：41-45.

[7] 赵成昆．中国核电发展现状与展望［J］．核动力工程，2018，39（05）：1-3.

[8] 杨军．中国核电发展技术路线［J］．科技导报，2017，35（13）：105.

[9] 李萍，杨红义，刘琳，等．“碳中和”目标下中国核电发展［J］．节能技术，2023，41（01）：10-15.

[10] 杨月涵．华龙一号“量产”核电双碳场景焕新［N］．2023-04-27.

[11] 王鸿雁．关于中核集团核电“走出去”战略的实施策略建议［J］．中国核电，2017，10（02）：169-171.

[12] 沈庆飞，陈杭杭．电磁辐射知多少［J］．计量与测试技术，2020，47（01）：115-120.

[13] 张同须，孙冰．通信：从1G空白到5G领先［J］．中国经济周刊，2021，12：52-54.

[14] 洪学敏，许雪婷，彭敖，等．基于5g移动通信系统融合定位的关键技术与系统架构演进［J］．厦门大学学报（自然科学版），2021，60（03）：571-585.

[15] 刘雪飞．移动通信基站的电磁辐射水平及其对人体健康的影响［J］．科技视界，2019，20：54-55.

[16] 安钰峰．学习习近平网络强国战略思想 建设中国特色网络强国［J］．学校党建与思想教育，2021，15：4-7.

[17] 张志刚．积极践行中国核安全观 贯彻落实核安全规划 全面做好核与辐射安全监管技术支持［J］．环境保护，2017，45（18）：32-35.

“核动力装置与设备”课程思政案例

夏庚磊、王　航、成守宇、孙觊琳、张博文

（哈尔滨工程大学核科学与技术学院，黑龙江　哈尔滨　150001）

摘　要：“核动力装置与设备”是一门极具专业特色的基础课程，主要面对核专业及涉核专业的大学本科生。课程全面介绍了核动力装置的特点、主要技术经济指标、发展趋势，以及压水堆核动力装置的原理、组成和运行的基本知识，并对专业工程实践和复杂核工程问题解决方案进行了启发式引导。本文将以“核动力装置与设备”课程为例，通过对课程的教学目标、教学内容和教学评价进行重新梳理，剖析“专业课讲什么?”以及“专业课怎么讲?”等教学实践真实“问题”，打造基于思政与工程实践融合的探究式教学模式，在课程设计中明确核专业人才培养目标，多元混合线上与线下教育，突破教材、课堂和学科的限制，线上工程实践基于虚拟仿真技术，线下课程融合核心思政元素，全面提升“核动力装置与设备”课程的价值，做到与核专业人才培养和课程思政教育同向同行。

一、课程基本情况

（一）授课对象情况分析

1. 授课对象

面向核工程与核技术专业本科生。

2. 授课对象特点与分析

（1）学生专业和背景：“核动力装置与设备”作为面向国防现代化建设的基础课程，学生需具备例如核能工程、核物理学等相关核专业背景，具有核工程领域的基础知识和专业能力水平。

（2）学生年级和水平：学生处于高年级本科水平，且已掌握学习涉及核反应堆物理、热工水力学、工程热力学、流体力学、传热学、自动控制原理、理论力学、水化学等多个课程知识。

（3）思想观念和价值：学生思想观念和价值观塑造能力不强，课程设计中普遍存在一些与核工程伦理、核安全等相关的思想偏差或问题，需要思政教育引导形成正确的价值观。

（4）学习兴趣和动机：学生对核工程课程的学习兴趣和动机不明确，包括他们对核工程的职业发展前景的认知和期待，以及对核工程的社会影响力的关注程度不够，亟须激发他们的学习积极性。

（5）学习方法和环境：一方面，学生被动接受知识输入，在学习过程中依赖老师的教学支持和指导；另一方面，核工程思政学习案例系统机制尚未健全，学生缺乏主动性，造成动力缺失。

（二）课程情况简介

“核动力装置与设备”是工科高等学校机械类专业的一门主干技术基础课，是本科生的专业必修课程。本课程的目标是使学生掌握压水堆核动力装置的原理、组成和运行的基本知识，培养学生解决核动力装置理论与实际问题的能力。课程的主要任务是通过课堂教学和项目设计（研究）等环节培养学生综合运用相关理论和技术手段分析核动力装置组成和运行特性并得到合理有效结论的能力，支撑毕业要求中的相应指标点。

在教学基本要求、素质教育与创新能力培养的要求方面，希望学生通过课程学习能够掌握核动力装置的特点；掌握压水堆核动力装置一、二回路主要工艺系统和主要设备的组成、功用和基本原理；掌握理解核动力装置循环热力分析的基本理论和方法；掌握核动力装置水质监督和水处理的基本知识；掌握压水堆核动力装置运行的基本知识。最终，能够设计针对核动力领域复杂工程问题的解决方案，并能够在设计环节中体现创新意识。能够基于核工程相关背景知识进行合理分析，评价专业工程实践和复杂核工程问题解决方案对社会、健康、安全、法律以及文化的影响，理解应承担的责任。

二、案例基本情况

（一）总体思政案例概述

本课程结合核动力装置与设备的特点，打造课程思政体系。发挥课程本身的特色，提炼求真、求实和求严的科学精神，转化成核心价值观教育具体而生动的载体。在课程的教学过程中，培养学生的求真信念、求实态度、求严决心，激发干事创业、务求实效的责任感和使命感，进一步促进学生牢固树立实事求是的科学态度和科研作风。

本课程在教学过程中，结合时事发展，找到时事与专业知识的交叉点，保证在教学过程中使理工科学生不只关注于标准答案，同时也要着重培养学生的人文思想。在“课程思政”的建设过程中，通过具体数据和先进典型案例，强化学生热爱核动力行业和国防事业、坚持职业操守的情感和品质，充分认识在核动力装置的科研和工程实践过程中坚持社会主义核心价值观的重要性。

（二）思政案例人物事迹

1. 王淦昌求真信念

1956年，王淦昌在开展宇宙线研究的同时与两位苏联科学院院士在帕米尔高原建造了一个宇宙线实验站。两位苏联科学院院士冒失地声称他们发现了一种叫“变子”的新粒子，由此荣获了“斯大林奖”和“社会主义劳动英雄”的称号。王淦昌对此成果表示怀疑，重新实验，他认为此成果“仅凭一个电子信号就断言有什么发现实在太草率了。”在公开场合，王淦昌表示："苏联人的此项发现靠不住!"后来许多科学家都验证了王淦昌的判断是正确的。在当时的社会背景下，王淦昌对苏联科学家的直言批评，充分体现了他追求真理，崇尚实践的政治勇气与科学精神。

王淦昌是家喻户晓的"两弹一星"元勋，而他与他的学生丁大钊背后也有一段值得铭记的故事。丁大钊刚从复旦大学毕业后，只是初到实验室的助理，与王淦昌先生交流不多。在九个月的工作期间，二人只有大约五次的短暂接触，而年轻的大学毕业生丁大钊在工作中秉承"踏实勤恳"的理念，在实验室从手工活开始，从实验仪器研制中的布线、焊接等基础工作做起，不久就完成宇宙射线强度用的计数管望远镜系统的研制，并在实验室开始记录宇宙射线强度。有可能是在与王淦昌先生短暂而有限的五次接触中，勤恳又认真、踏实而严谨的工作态度给先生留下了深刻的印象，先生点名从国内调丁大钊来到联合所课题组，和另外二位苏联同事负责氢弹实验布局和数据处理等方面的研究，为其后面的成功奠定基础。

2. 程开甲求实作风

20 世纪 60 年代初，为彻底打击帝国主义对我国的核威胁，中央部署要在两年内进行第一颗原子弹爆炸试验。当时，无论是理论，还是技术都是一片空白。苏联也在起初帮忙后，随即撤走全部专家、带走所有试验仪器与技术资料。程开甲受命与吕敏、陆祖荫、忻贤杰等同志一起，起草了首次核试验测试的总体方案，又与其他同志一起把核试验需要解决的问题分成上百个课题，走遍全国各科研院所和各军兵种许多单位，召开了几百次协作会议。程开甲院士"不唯书、只唯实"，为了检验试验方案效果，每次的核试验任务，他都会主动申请去最危险、最艰苦的一线工作，还多次进入最危险的爆炸中心。在首次地下核爆炸成功后，为掌握第一手资料，程开甲决定进入地下爆心去考察。到原子弹爆心作考察，在中国还是第一次，谁都不清楚洞里辐射量有多大。程开甲不顾危险，在刚刚开挖的直径只有 80 cm 的小管洞中匍匐爬行，最后进到爆炸形成的一个巨大空洞中。洞里温度很高，他和同事们忙得汗流浃背，成功取得了中国地下核试验现象学的第一手资料。我国首次地下竖井方式核试验前，程开甲坚持要坐吊篮下井。因风险大，没人同意他坐如此简陋的吊篮下去，核试验基地副司令员孙洪文实在拗不过他，只得说："最多下到 100 m，多 1 m 都不行。"这次"百米探底"的冒险，为程开甲改进竖井核试验设计方案，提供了难得的直观认识。上来后，他说："看到实际情形，心中就踏实了。"总之，程开甲一生中始终坚持不唯上、不唯书、只唯实，是以身许党报国的道德标杆，并为中国核武器的研制和试验做出了突出贡献。

3. 李冠兴求严决心

李冠兴读研的时候，刚成立不久的工程物理系还处于"幼年期"，教师队伍也很年轻，科研积累几乎为零。无论学生还是老师，对核材料科研工作的方向和重点都不是很清楚，大家都是摸索着前进。研究课题的方向是发动学生一起来制定的。当时，研究生的课题很难选定。一般是根据老师的意见，进行文献调研，然后就写报告交给李先生。报告要说清楚三点：第一，国外研究的情况；第二，教研组具备的研究条件；第三，自己准备怎么做。拿到报告后，李先生不会立即回答是否可行，要带回去研究一段时间再答复。就这样李冠兴交了好几份报告，然后又被否定了好几次，最终才选定了"铀的热循环"这个课题。选好题目后，李先生让李冠兴拿着方案向教研组里的老师一个一个请教，请他们来提意见。各位老师给他的方案提出了很多宝贵意见，他认真地进行了修改，然后在教研组答辩通过后，才正式开始他的课题研究。当时，教研组实验条件非常差，没有先进的仪器设备，各种设施也不齐全。实验架是李冠兴自己动手焊的，控制系统是用时钟来实现的。老师同学都没有经验，遇到问题了不能靠别人，只能自己想办法解决。那段时间，李冠兴白天带着低年级同学做实验，晚上要翻阅大量文献，每天都只能睡上五六个小时。

在这种条件下，李冠兴完成了自己的研究生学业。虽然当时的研究生教育体系远不如现在的规范，但是那时候大家不惧怕困难，完全开放式地思考问题，动手能力和分析解决问题能力都得到了很大锻炼，这一点让李冠兴终身受益。

三、案例思政元素分析

（一）追求真理的坚定信念

在科学研究中，追求真理是至关重要的。王淦昌与苏联科学院院士一起开展宇宙射线研究时，苏联科学家宣称发现了一个叫作“变子”的新粒子，并因此而获得了殊荣。然而，在当时的社会背景下，王淦昌敢于公开质疑，并对苏联科学家的观点进行直言批评，充分展现了他对真理的坚定信念。

虽然这个新粒子的发现在当时看起来非常有说服力，但随后许多科学家对王淦昌的质疑进行了验证，并证实了他的判断是正确的。这个例子告诉我们，只有保持对真理的追求，并勇于表达自己的观点，才能推动科学的进步和发展。

（二）实事求是的坚持态度

在科学研究中，实事求是的态度至关重要。核司令程开甲一生中一直坚持不唯上、不唯书、只唯实，为了彻底打击帝国主义对我国的核威胁，他冒险深入核爆作业区进行“百米探底”，获得了中国地下核试验现象学的第一手资料。

通过实地观察和实践，程开甲积累了丰富的经验和知识，为我国核威慑能力的提升做出了重要贡献。这个例子告诉我们，在科学研究中，只有真实地面对现实情况，勇于探索并实践，才能取得真正的突破和进步。

（三）专业严格的坚强决心

在科学研究中，严格的决心是必不可少的。我国新型特种材料研发及应用的奠基人李冠兴先生面对“幼年期”的核材料研究方向时，面临着几乎没有科研积累的困境，研究生的课题也难以确定。

然而，李冠兴先生抱着严格的决心，提交了多份报告，并多次被否定，不断修改，最终确定了“铀的热循环”这一课题，奠定了他一生的研究方向。这个例子告诉我们，在科学研究中，要有坚定的决心和毅力，不怕困难和挫折，只有如此才能在科学道路上取得成就。

四、案例教学整体设计

结合“核动力装置与设备”的教学目标和基本任务，将课程思政有机融入各个知识点中，将科学精神、工程伦理教育贯穿于专业主干课程思政教育中，培养学生的实事求是的精神并引导学生聚焦家国情怀、聚焦社会发展、聚焦专业精神、聚焦三观塑造。为了保证课程思政教学的成效，本文首先结合课程教学大纲进行了课程思政总体架构设计，如图 1 所示。

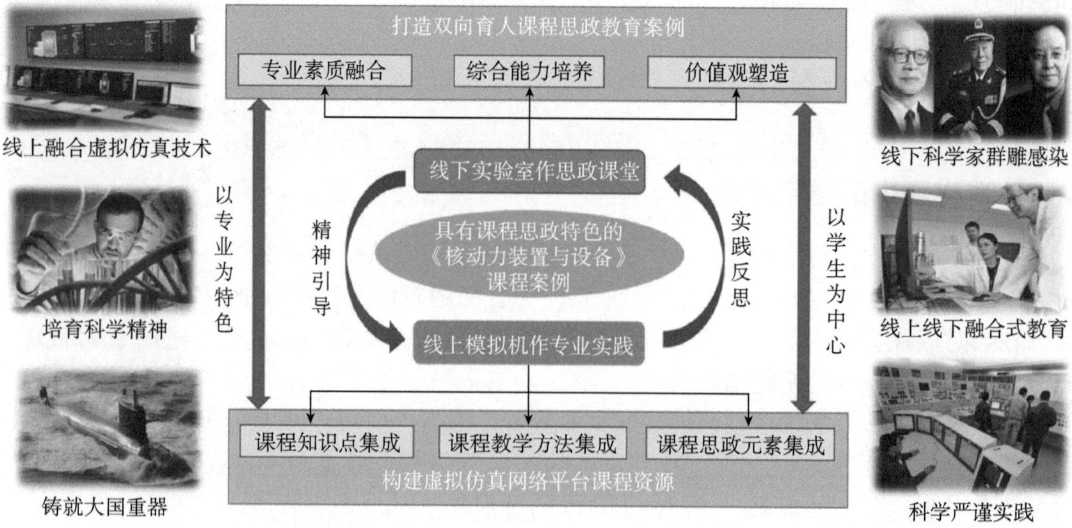

图 1　总体课程思政架构设计

通过整个体系化课程思政设计，能够将课程知识点、课程教学方法和课程思政元素进行有机整合，围绕教学大纲中的重要知识点，循序渐进地展开课程思政案例设计，系统化梳理课程思政教学点，保证课程思政案例不突兀、杜绝“两张皮”和“贴标签”等问题，通过课程思政案例进一步促进学生对于专业知识的兴趣，通过实际案例激发学生的内动力并增强学生对课程专业知识的理解、掌握、拓展和深化，最终实现专业素质培养、综合能力培养和价值观塑造的一体化发展。

（一）构建网络平台课程资源

网络课程资源建设的目标是实现教学资源的网络化，充分利用信息化时代的教学资源。将思政内涵元素融入到网络课程资源建设，注重线上线下内容交叉互补，课程思政线下上，专业课程线上学。建设内容包括网络互动平台、实验分析软件、互动后台记录等内容；网络互动平台是一个交互式网络互动平台，为学生提供一个自主学习的环境，教师在课前提出问题，学生可以随时随地进行实验，其间注重科学精神的培育，将严谨、细致、专注、负责的工作态度和精雕细琢、精益求精的工作理念厚植学生心中；实验分析软件相关的课程资源结合系统仿真技术和虚拟现实技术开发，可以针对系统的主要运行特性、典型事故特性进行计算，并绘制计算曲线，为学生进行典型运行特性的研究提供媒介；互动后台记录可以记录每一个同学登录系统的时间、所做的实验、开发的模型，其中实验过程中包括学生实事求是的科学精神，对学生的自主学习能力给出一个合理的评价，作为多维度成绩考核的一部分。

（二）推动学生课前学习

通过建立丰富的网络课程资源，提供涵盖科学家精神相关课程视频案例、问题探讨、实验设计、计算分析的手段，利用多种不同的方式，针对不同的知识点，面向不同组织模式，不同层次的学生都可以利用课前的时间充分了解所学的知识点，方便学生课下自主学习。通过课前的锻炼，可以提高课堂授课的效果。学生在课下对大部分的知识点进行自主学习，可以增加课堂互动的效果，提高教学质量，更容易实现探讨式的教学模式。同时，学生对需要学习的知识点都有了一定程度的了解，自信心增加，也可以提高课堂气氛，激发学生的兴趣和探索性，并鼓励学生自主搭建仿真模型开展实验研究，提出或记录无法解决的疑问，以便课中进行探讨。通过学生自主实验，结合实际问题开展课前预习，针对性更强；在实践中、探索中学习效果会有明显提升。

（三）加强师生探讨互动

加强师生互动是为了保证以教师为主导、学生为主体的探究式教学效果，使填鸭式的教学完全转变为探讨式的教学模式。课程教授过程中以提出问题、解决问题为主导，学生在实践过程中消化知识点，锻炼了学生的动手能力，提高了学生的综合素质。老师讲课过程得心应手，学生也有高昂的学习热情，课堂氛围可以达到最好的效果。同时，老师围绕科研工作中所遇到的科学问题开展育人工作，使教学的思政元素更加明晰，使教学工作由抽象、务虚转为更加实在。教师根据课程的知识点、结合工程实际问题，通过提问、启发的方式激发学生的学习兴趣，督促学生在课前进行相关知识点的查阅、理解、探讨，课中由学生讲解、教师点评、学生互动、相互对比，提高课堂的活跃度和参与性；此过程中师生充分利用网络学习平台进行协作探究，教师跟踪指导、给出评价，学生实践学习、发现问题、深化理解，及时总结所学知识点，更有利于学生的成长。

（四）促进评测反思总结

通过对探究式教学模式实施过程中取得的成效和存在的问题进行客观的评测、反思、总结和改进，在教学实践环节中不断完善和改进教学方法，充分锻炼学生的自主学习和创新能力，提高学生的主观能动性。上课教师需要根据探究式教学的效果不断更新教学模式、丰富教学资源、增强互动效果、改进评价机制。测评的方式可以通过问卷调查、学生反馈的方式开展，最终的目标是实现教学资源的优化和教学效果的优化。随着信息化技术的发展以及教学资源的丰富，通过不断地更新和优化教学内容，完善探究式教学的效果，一方面达到教师能力提升的目的，另一方面达到学生素质拓展的目标。

五、教学实践过程回顾

教学实践回顾《核动力装置与设备》的第七章。该章节最能体现船舶核动力装置安全运行的核心，也是中国成为拥有先进核武器技术大国的标志。内容涉及教材《船舶核动力装置》（彭敏俊，中国原子能出版社出版），以及参考教材《核动力设备》（孙中宁，中国原子能出版社出版）自然循环蒸发器的运行特性和压力安全系统。本讲主题内容为“船舶核动力装置运行与控制”。

（一）教学目标

1. 知识目标

（1）能够准确描述典型船舶核动力装置运行与控制的运行工况和限制条件，及运行过程中对船舶核动力装置频繁改变运行工况产生的各类现象。

（2）能够熟练船舶核动力装置启动与停闭操作过程，理解并绘制操作运行流程图。

（3）了解我国目前主要的反应堆功率控制技术，能够清晰描述功率控制的2个主要技术方案，及每个技术方案过程的原理。

2. 能力目标

（1）具备正确认识船舶核动力装置运行与控制基本概念。

（2）具备使用控制原理基础知识描述各类船舶核动力装置运行控制现象的能力。

3. 价值目标

（1）具备对“实事求是”的科学家精神的认同感。

（2）了解学校对船舶核动力装置专业人才培养的目标和理念，引导学生对自身社会价值的思考。

（3）了解我国目前船舶核动力装置的艰难突破、发展现状和战略意义，增强船舶核动力装置定国安邦的民族自豪感。

（二）思政元素

整个课程的思政元素包括3+3共6个元素，分别穿插在各个小节。“+3”个思政元素属于国家、核领域及专业内涉及的核心思政教学元素，“+3”元素分别重点体现学校和专业特色，属于专业人才培养目标中的重要一部分。本讲内容所涉及思政元素包括以下几点。

1. 核心思政元素（隐性表达）

（1）核工业第一代建设者的“大国工匠”精神。

（2）核工业精神（事业高于一切、责任重于一切、严细融入一切、进取成就一切）。

（3）科学家精神（求真信念、求实态度、求严决心）。

2. 拓展思政元素（显性表达）

（1）“强核强国”的核工业建设者初心。

（2）核动力技术成功实现的“民族自豪感”。

(3) 核动力技术对我国建设“和谐稳定”社会的意义。

(三) 教学设计中的课程引入

通过讲述第一批核物理科学家及第一代核工业建设者的故事，体现出科学家精神及核工业精神、初心。从老一辈科学家身边的点滴小事讲述，强调核工业人秉承的科学家精神，引出从事核动力运行的“技术要点”。课程开始的引入阶段对于专业课来说是最能植入思政元素的地方。通过引发学生思考和兴趣的主题或历史故事开展一堂专业课的教学往往能够使学生印象深刻，且对课程所传递的思政教育思想理解得更加透彻。

通过学生在虚拟仿真平台的模拟操作过程中，学生与老师进行探究式互动，实现课程思政线下上，专业课程线上学的模式。

(四) 课程作业设计

课程作业不仅可以用于对知识点掌握程度的考察，更能够引发学生对思政元素反思和回顾。本讲内容设计一个课后作业，即通过资料调查，阐述并列举世界上各类核动力装置由于操作不当所引发的运行安全事故并给出规避方案与正确做法；列举至少 1 位曾为核动力技术发展做出突出贡献的人，讲讲“他”的故事，并谈谈“你”的感想。

六、创新性与效果总结

(一) 创新性

1. 课程思政线下上

目前正处于社会大变革、观念大碰撞、文化大交融的时代，学生的思想观念、道德意识、价值取向越来越呈现出多元化特点，学生个体的思维方式、理解能力、学习效果都有很大的不同。传统的教学模式按照固定的思路开展教学，已经不适应新时代学生的理念，课堂上填鸭式的教学方法也不能起到最好的教学效果。在课程思政实施过程中，充分考虑不同思政元素的特点，注重与课程内容学习的紧密衔接，注重课堂上的自然引入，突出润物细无声，让学生在知识、技能学习过程中思想认识也能得到提升。针对不同的课堂特点，区分课程思政的施教方式，对精讲课堂重点采用情景带入、研讨辨析、对比分析、总结归纳的方式开展；对实验实操课堂，重点采用动手实践、情景感悟、试错反思、问题辨析的方式开展。

2. 专业课程线上学

基于虚拟仿真技术的多元混合线上教学模式可以充分调动线上资源、增强学生的主动性、提高教师的引导作用。同时，构建混合式育人模式，以国家需求为牵引，结合工程实践开展教学内容，针对实际问题探索解决方法和思路，对于培养学生的求真信念、求实态度、求严决心，激发干事创业、务求实效的责任感和使命感至关重要，进一步促进学生牢固树立实事求是的科学态度和科研作风。

（二）效果总结

采用探讨式教学将课外实践和课内问题进行有机融合，激发学生学习热情，以发展学生的自主学习能力、创新能力为理念，提高课程教学质量为目的，结合思政元素、科研实践和网络化技术优势，对“核动力装置与设备”课程的教学进行大胆改革和探索，期望为探究式教学模式在我国“核动力装置与设备”教学实施方面提供借鉴，促进相似课程的教学改革，完善线上线下的探究式教学模式，为我国进一步实施本科生核动力装置与设备的探究式教学奠定基础。

探究式教学模式突破了传统的课堂教学模式，充分发挥网络教学资源，引入涵盖科学家精神相关课程视频案例，学生可以自行安排时间进行知识点的学习，随时随地开展线上学习、讨论、总结，一方面提高了学生学习的兴趣和效率，另一方面可以促进教师教学水平的不断改善和提高。但是，探究式教学需要根据具体的课程特点、网络教学资源、学生的素质、信息化程度、评价以及考核需求，特定开发合适的教学方式，科学安排合理的教学内容，并不断更新教学效果，适应新工科建设的目标，实现创新型人才培养的目标。

参考文献

[1] 习近平，把思想政治工作贯穿教育教学全过程，开创我国高等教育事业发展新局面［N］．人民日报，2016-12-09（01）．

[2] 关于印发高等学校课程思政建设指导纲要的通知［Z］．中华人民共和国教育部，教高［2020］3号，2020-06.

[3] 喻罡，高燕华．新医科背景下医学教育思政案例库建设和实践［J］．中国医学教育技术，2021，35（05）：579-582

[4] 关丽丽，蔡颖，宋金玲，等，课程思政在材料化学教学中的探索与实践［J］．广东化工，2021（18）：208+213.

[5] 晁旭，魏敏惠，党琳，等．中医院校生物化学实验课程探究式教学改革与学生创新能力培养的研究［J］．亚太教育，2016（03）：72-73.

[6] 丁子珊，郭淼现，钱炜．“先进制造技术”探究式小班化多模式教学研究［J］．南方农机，2021，52（15）：176-177+184.

[7] 姜楠，李胜利．启发式、探究式、讨论式教学方法的研究与实践——以本科生分析化学课程为例［J］．甘肃科技，2021，37（12）：48-52.

[8] 刘吕红，肖孟夏．启发・自主・合作・探究・反馈——“探究式-小班化”课堂教学模式的理论研究［J］．大学教育，2016（04）：1-3+18.

[9] 杨桂军，邹华，丁剑楠，等．案例探究式合作学习的教学方法在“环境监测”中的应用［J］．教育教学论坛，2020（43）：244-246.

[10] 王因虎．探究式教学模式背景下高职高专化学教学改革研究［J］．化学工程与装备，2021（07）：279-281.

“炸药火工品及实验”课程思政案例

王玉玲，沈瑞强，沈慧明，郭婉肖

（火箭军工程大学核工程学院，陕西　西安　710025）

摘　要：“炸药静电感度测定”案例是炸药火工品及实验课程的实验模块。该门课程是军士职业技术教育导弹装检技术专业的一门主干任职基础课程。本案例的教学目的是使学员掌握静电感度测定的安全操作规程，为从事相关岗位奠定基础。案例按事故引入、讲解示范、实践操作、总结讲评四个阶段实施，在不同授课环节，围绕火箭军装备实际，融入“学习态度培养”“法纪意识强化”“合作能力锻炼”“献身国防号召”和“作风养成塑造”等多个思政元素，锻炼学员成为一名合格的火箭军操作号手。学员对本课程教学满意度高，近三年评教平均分为96.56分，在2022—2023学年春季学期军委常态化课程监测中，本课程授课评价结论为优秀。

一、课程基本情况

（一）授课对象情况分析

“炸药火工品及实验”课程的授课对象为军士职业技术教育导弹装检技术专业一年级学员，该层次学员是具有高中毕业以上文化程度的士兵，大部分学员学习基础相对较差，理论基础知识和实践动手能力薄弱，虽然在火箭军部队服役两年，但学员对器材装配不熟悉，对炸药在核武器中的应用了解有限。学员正处于精力旺盛、兴趣发展广泛的年龄，对新生事物充满好奇，对新知识渴望，有较强的求知欲，作为火箭军未来的操作人员不可避免地要接触炸药，希望学习炸药操作使用的相关知识，将所学知识应用于以后工作，学习需求明确。

导弹装检技术专业学员前期学习了军人思想道德修养与法律基础、马克思主义基本原理概论、习近平新时代中国特色社会主义思想等政治理论知识，但专业认知和相关职业道德等方面尚是一张白纸，需进一步学习专业知识和“隐性”思政教学内容。“炸药火工品及实验”是学员率先接触的一门专业主干课程，因此这门课不仅仅起到传播专业知识的作用，更对引领学员进入导弹装检技术专业领域、培养学员专业兴趣和培养专业素养起到承前启后作用。

（二）课程情况简介

“炸药火工品及实验”是军士职业技术教育导弹装检技术专业的一门主干任职基础课程。该课程是以物理学和化学为基础，综合利用热力学、化学、测试技术等知识解决炸药热化学问题的技术科学。通过该课程的学习能培养学员正确操作、使用炸药与火工品的实际动手能力，对操作炸药和火工品，从事炸药和火工品安全使用、装备的贮存管理和性能评估具有重要作用。

课程教学分为三个教学模块。第一个模块主要介绍炸药的基本概念、炸药的热化学知识；第二个模块结合实际应用，系统介绍炸药的感度及炸药的爆炸作用；第三模块主要进行炸药静电感度测定、炸药撞击感度测定、炸药冲击波感度测定、炸药爆炸威力测定和火工品性能测试。三部分内容环环相扣，层层递进，有机统一，紧紧围绕炸药基础知识与实际应用以及动手实验展开。

课程通过介绍我国炸药发展简史，增强学员的爱国主义情感；通过学习课程理论体系的搭建过程，养成科学思维的习惯；通过认识炸药等危险品的危险性、学习其安全使用方法，克服恐爆心理，树立正确的价值观，增强工作自信心。

二、案例基本情况

“炸药静电感度测定”案例是“炸药火工品及实验”课程的实验模块，与“炸药撞击感度测定”“雷管同步分散性测试”等实验，共同构成“炸药火工品及实验”课程的实验体系。在授课内容上，该案例是课程理论授课内容“炸药的静电感度”的实践应用，与理论部分共同构成“理论指导实践，实践深化理论”的内容体系，用于测定炸药在静电火花作用下发生爆炸的难易程度。实验仪器及测试原理如图 1 和图 2 所示，通过高真空开关在两个电路中的切换实现电路的充放电，并在炸药试样上施加静电载荷，以测试样品的静电感度；在教学实施上，该案例经过多轮授课，有丰富授课经验，形成了素材丰富、内容饱满、难易结合、重点突出的教学模式；在思政融入上，紧密结合核学科，充分融入思政元素，将“授业”和“育魂”融合，形成了既讲授专业知识，又塑造价值追求的课程特色。

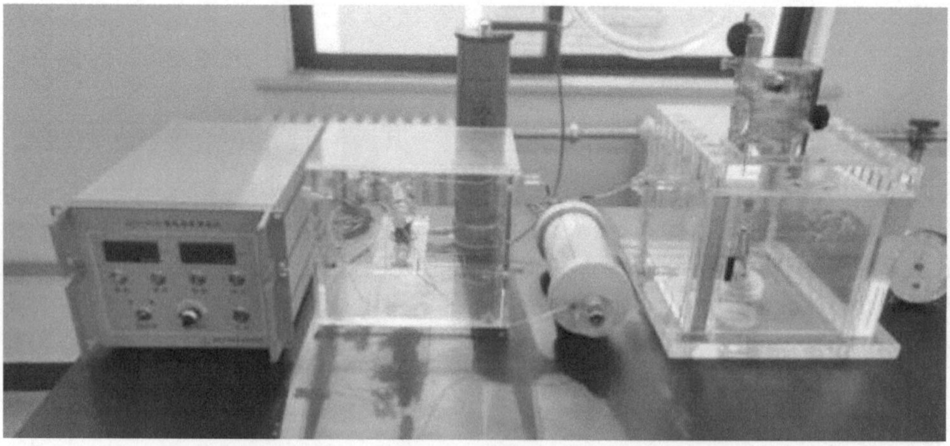

图 1　炸药静电感度测试仪实物图

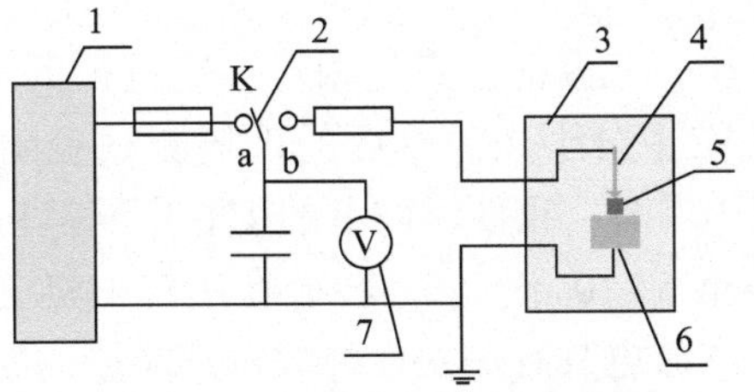

图 2　炸药静电感度测试原理图

1—高压电源；2—高真空开关；3—发火箱；4—击针；5—炸药试样；6—击柱；7—静电电压表

三、案例思政元素分析

本案例授课内容与火箭军器材操作结合紧密。在教学设计时，案例按事故引入、讲解示范、实践操作、总结讲评四个阶段实施，在每个阶段充分融入思政元素，结合火箭军器材操作实际，将学员代入到实操场景。在课程引入时，通过事故分析和实验室守则介绍，培养学员正确操作、使用炸药与火工品的实际动手能力，使学员树立正确的道德观念和行为规范，增强法律意识和法制观念；在讲解示范过程中，通过讲解炸药静电感度测定的实验方案，强调注意事项，让学员体会科学研究的基本思路，锻炼学员思维能力，培养严谨细致的工作态度；在实践操作过程中，通过指导学员全流程模拟和真品实验，克服恐爆心理，培养集体主义精神，凝练矢志不渝、敢打必胜、献身国防的品格和魄力；在总结讲评中，通过分析学员在实验过程中出现的问题，总结实验操作要点，进一步强调作风养成，培养学员“严肃认真、周到细致、稳妥可靠、万无一失”的工作作风。

（一）事故引入：感受教训深刻的事故，约束行为规范，提高法纪意识

1. 人体静电引爆炸药药粉事故

（1）事故概要

在某厂生产斯蒂芬酸铅的倒药工序中，操作工倒药后去取药盒，当他的手刚要触及药盒时，突然发生火花，引起爆炸，致使其手被炸伤，并摧毁部分工房的玻璃窗和墙壁。当时工人系穿绝缘胶底鞋并在普通橡胶地坪上操作的。

（2）事故原因分析

由于操作人员穿着绝缘胶底鞋并在电阻很高的普通橡胶地坪上进行倒药作业，故其身体上会产生、积累很高的静电。当他靠近药盒时就在盒上产生了较强的感应电荷，在人手触及药盒前的瞬间，带电的人体和药盒之间发生火花放电，点燃了空气中的药粉与空气混合物。因此，这是一起由人体静电引起的爆炸事故。

2. 设备带电引爆黑火药事故

（1）事故概要

在某厂黑火药生产线的三料球磨转鼓混药工序，曾在半个月内接连发生两次火药爆炸事故，虽无人员伤亡，但造成巨大经济损失。

（2）事故原因分析

发生事故时正值北方冬季，气温低、室外相对湿度也很低（小于16%）；同时在本次开工前曾停产半年，三料转鼓十分干燥。事后的现场测试表明，转鼓上木头对地电阻在 $10^{13}\ \Omega$ 以上，牛皮电阻也达 $10^{15}\ \Omega$，致使转鼓上的126个铜螺钉除固定法兰盘的内圈螺钉外全都成为孤立导体（电容量6~10 pF）。故转鼓在运转中将会产生积累静电且使螺钉上感应出很强的静电。由于导体放电具有一次性释放全部能量的特点，故一旦转鼓的螺钉发生放电，其能量将是十分可观的，据估算可达127 mJ，该能量是黑火药最小点火能的几十倍，螺钉发生放电的能量足以引爆黑火药，造成静电引爆事故。

从以上事故可知，当静电积累到一定程度，可以引起炸药发生爆炸，不仅会造成严重的经济损失，甚至还可能造成人员伤亡。作为从事器材操作的人员，在装配过程中，不可避免地会接触炸药与火工品，如果忽视引起静电积累的因素，会造成炸药与火工品意外爆炸，进一步引起核泄漏，不仅危害自身安全，还会对环境造成巨大危害。所以在培养学员正确操作、使用炸药与火工品的实际动手能力的同时，还应遵守相应安全守则，接触炸药火工品时应及时释放人体静电，其次还有如严禁携带烟火；炸药火工品应远离高温热源；炸药火工品严禁跌落、撞击、摩擦；人员远离炸药火工品暂存箱；炸药火工品不得私自带出室外；等，以此培养学员正确的道德观念和行为规范，促进其健康成长，建立社会责任感。通过深入了解炸药火工品实验室安全守则，教育学员遵守规章制度，增强法纪意识和安全观念。

（二）讲解示范：明确要点、规范流程，体会科研思维，培养严谨细致作风

教员通过讲解炸药静电感度测定的实验目的、实验仪器、实验原理及实验步骤，演示实验过程，组织学员实施，强调注意事项，让学员体会科学研究的基本思路，锻炼学员思维能力和思考问题解决问题的能力。在使用炸药样品进行全流程实验演示过程中，引导学员在日常行为中养成严谨细致的工作作风。

（三）实践操作：克服恐爆心理，增强合作能力，培养集体主义精神

经过课前座谈交流，学员虽然在部队服役两年，但对专业课内容了解较少，对战斗部原理构造等充满好奇，对炸药的了解还停留在影视作品、电脑游戏上，极少有人接触过炸药，更没有见过炸药爆炸的场景。授课时基于学员对炸药爆炸的好奇心理，引导学员主动接触炸药，体会炸药爆炸的过程，了解炸药对静电的敏感程度，将课程理论部分与实践部分结合起来，达到“理论指导实践，实践深化理论”的教学目的。通过利用真实炸药进行实验，引导学员克服对炸药爆炸的恐惧心理，通过分组合作完成实验，提高学习效果，培养团队协作能力和集体主义精神。

（四）讲评总结：体会周总理殷切教诲，强化严谨细致作风

1966年6月30日，周总理在外访回京途中，专门前往西北某发射试验基地观看某地导弹实弹发射。当导弹喷着浓烈的火焰腾空而起冲上蓝天时，周总理兴奋地从座位上站起来热烈鼓掌。然而，这次发射却美中不足，因为少了一个口令，跟踪发射的仪器没有开

机。周总理在看望官兵时指出，要切实做到“严肃认真、周到细致、稳妥可靠、万无一失”。从此，周总理的“十六字”要求，成为战略导弹部队作风建设的“标尺”，砥砺出从严求实的优良作风。

炸药爆炸有一定不确定性，因此炸药实验也具有较大危险性。在实践操作过程中，稍有不慎就将酿成巨大危害，对“释放静电”“关闭发火箱”等实践环节的疏忽，本质上就像导弹发射时缺少了一个口令一样，其原因都是工作中不够严谨细致，因此要从每一个细节开始，养成严谨细致的工作作风。

四、案例教学整体设计

（一）教学目标

知识：学会使用静电感度测试仪测定炸药的静电感度；学会使用“升降法”处理实验数据。

能力：正确操作、使用炸药与火工品的实际动手能力；培养科学思维能力。

素质：树立正确的道德观念和行为规范，增强法律意识和法制观念；培养集体主义精神，克服恐爆心理，凝练矢志不渝、敢打必胜、献身国防的品格和魄力；培养严谨细致的工作作风。

（二）教学总体思路

本案例是对“炸药火工品及实验”课程中炸药的感度基础理论的应用和升华，整节课以测定炸药静电感度为主线，通过事故引入、教员讲解示范、实践操作等环节构设案例内容，围绕“测定静电感度的意义”“测定方法”和“实操练习”三个重点问题层层递进，逐渐深入。在教学过程中，以小班教学为抓手，坚持学员的主体地位，加强师生互动，提高学员的学习兴趣，适时融入“学习态度培养”“法纪意识强化”“合作能力锻炼”“献身国防号召”和“作风养成塑造”等多个思政元素，锻炼学员成为一名合格的火箭军操作号手。

在教学具体设计时，首先，以“人体静电引爆炸药药粉事故”和“设备带电引爆黑火药事故”的实例为引入点，指出事故原因，引出本节课的内容，点明测定静电感度的意义；第二，通过守则介绍规范操作炸药火工品的安全行为，树立学员的法律法规意识；第三，以基本的科学研究思路为学习过程，从实验目的、实验仪器、实验原理、实验步骤、组织实施流程、注意事项等环节讲解炸药静电感度的测定，锻炼学员的科学研究思维；第四，通过教员的示范演示，穿插实验易错操作的讲解，培养学员严谨细致的工作作风；第五，在学员实操过程中，通过学员合作完成实验，体会科研工作中团结意识的重要性，通过接触黑火药，熟悉炸药操作安全守则，消除恐爆心理；最后，教员开展总结讲评，强调“严肃认真、周到细致、稳妥可靠、万无一失”的工作作风。

五、教学实践过程回顾

在教学实践中，首先以“人体静电引爆炸药药粉事故”和“设备带电引爆黑火药事故”的情景再现仿真动画引出本次课内容及操作炸药火工品的安全守则，然后通过讲授本实验的实验目的、实验仪器、实验原理、实验步骤，结合教员示范演示，指导学员实践。进而掌握炸药静电感度测试仪的操作及实验测试方法，为下一步真品实验打下基础。

在组织实施中，将 6 名学员分为 2 组，每组 3 人。分 3 个阶段实施：教员讲解示范、学员全流程模拟实验、学员全流程真品实验。通过教员示范，学员全流程模拟实验到学员全流程真品实验，一步步引导学员克服恐爆心理，走出惯性认知，主动接触炸药，了解炸药，为将来成为操作号手，练就胆大心细的打仗本领奠定基础，培养学员严谨细致的工作作风；通过学员合作实验，培养学员的团队协作能力和集体主义精神。最后由教员讲评总结。讲评时围绕周总理的十六字要求，“严肃认真、周到细致、稳妥可靠、万无一失”，鼓励学员强化自身作风建设，砥砺出从严求实的优良作风及献身国防的决心。本案例的课程思政实施过程如表 1 所示。

表 1 “炸药静电感度测试实验”课程思政融入设计表

教学步骤	授课内容及分析	融入思政点	融入方式
事故引入	内容：通过分析“人体静电引爆炸药药粉事故”和“设备带电引爆黑火药的事故”的事故原因，引出测定炸药静电感度的重要意义。 分析：作为火箭军从事器材操作的人员，在操作过程中，同样要面对静电问题，对静电认识不足或忽视静电的存在，可能引起炸药与火工品意外爆炸，甚至会引起核泄漏，不仅危害自身安全，还会给环境造成巨大危害	学习态度教育：事故教训深刻，警示学员杜绝随意操作。培养学员正确操作、使用炸药与火工品的实际动手能力，更好地从事炸药和火工品安全使用、器材的贮存管理	播放动画、事故现场照片及事故讲解结合
守则介绍	内容：介绍实验室安全守则：1. 严禁携带烟火；2. 炸药火工品应远离高温热源；3. 炸药火工品严禁跌落、撞击、摩擦；4. 人员远离炸药火工品暂存箱；5. 炸药火工品不得私自带出室外；6. 接触炸药火工品时应及时释放人体静电。 分析：对静电的疏忽大意可能造成严重的后果，因此需要制定守则，规范实验操作人员的行为，避免错误操作带来的隐患问题。实验室守则是维持实验室正常运转的重要依据，遵守实验室守则是每个实验参与人员的义务，在炸药与火工品实验室更是如此。很多守则都是用血淋淋的教训换来的，在今后从事器材操作的工作和日常行为养成上，要遵守每一项规章制度，这既是对实验负责，也是对自己负责	1. 道德教育：培养学员正确的道德观念和行为规范，促进其健康成长和社会责任感的建立。 2. 法规教育：通过介绍实验室守则，教育学员遵守规章制度，进而增强法律意识和法制观念	PPT 内容介绍、文化墙、标识牌展示

续表

教学步骤	授课内容及分析	融入思政点	融入方式
讲解示范	内容：实验开始前，教员对本次课的实验方案进行讲授，包括实验目的、实验仪器、实验原理、实验步骤和组织实施流程等。讲授完成后，使用炸药样品，按照实验步骤进行一次全流程实验，实验过程中明确仪器的操作要点，指出实验中容易错漏的操作。 分析：教员作为学员的榜样，对学员操作有很好的示范作用和效果。在操作过程中，要让学员体会科学研究的基本思路，锻炼学员思维能力，同时认真做好示范实验，在实验中引导学员在日常行为中养成严谨细致的工作作风	科学研究思维培养：通过对实验方案的介绍，使学员掌握实验基本思路，体会科学研究思维，锻炼思考问题、解决问题的能力； 工作作风培养：通过教员的示范作用，引导学员培养严谨细致的工作作风	仪器操作、讲解示范、课堂提问
模拟实验	内容：学员使用模拟炸药进行模拟实验。实验划分三个岗位，分别为指挥员、装药员和仪器操作员。指挥员负责下达操作指令，兼任安全员，监督操作员释放静电、电路短路等操作，记录数据等；装药员负责从库房领取炸药、称量药剂、取放炸药及未爆炸药清理；仪器操作员负责电路短路开路、电压调节、电极间距调整、炸药发火等。 分析：实验需要三个岗位人员配合默契，认真负责。炸药与火工品实验更是如此，如果在任何环节出现问题，将影响实验结果，甚至给自身及同组人员带来安全隐患，因此实验过程中尤为强调团队精神。通过团队协作，可以提高学习效果，锻炼创新思维，培养组织能力和问题解决能力	集体主义精神培养：培养学员的团队协作能力，为未来发展打下坚实的基础。团队协作不仅是一种能力，更是一种精神，在备战打仗中，只有通过团队协作，才能够更好完成使命任务	小组讨论、分工协作
真品实验	内容：本环节需要使用真实炸药开展操作。学员使用模拟炸药熟练掌握操作要领和步骤后，使用真实炸药进行全流程实验操作。 分析：课前通过与学员开展座谈，学员入伍时间短，实践动手机会少，对武器装备、战斗部原理构造等充满好奇，对炸药的了解还停留在影视作品、电脑游戏上，极少有人接触过炸药，更没有见过炸药爆炸的场景。授课时围绕学员对炸药爆炸的好奇，引导学员主动接触炸药，体会炸药爆炸的感觉，了解炸药对静电的敏感程度，将课程理论部分与实践部分结合，达到“理论指导实践，实践深化理论”的教学目的，同时克服对炸药爆炸的恐惧心理	敢打必胜、献身国防精神培养：习近平主席在当代中国马克思主义军事观中强调要坚持“敢打必胜”。作为火箭军操作人员，触摸感受炸药是学员成为合格号手的第一步。只有克服恐爆心理，培养胆大心细的打仗风格，才能有勇于奉献、献身国防的品格和魄力	真实炸药实验操作、学员谈体会

续表

教学步骤	授课内容及分析	融入思政点	融入方式
讲评总结	内容：学员经过一组实验过程，已基本掌握了静电感度测试仪的操作流程，养成了良好的炸药操作行为习惯。教员针对“释放静电”“关闭发火箱”等实践环节的错漏、仪器操作的不规范动作等内容，总结实验操作要点，进一步强调工作作风养成。 分析：周总理“严肃认真、周到细致、稳妥可靠、万无一失”的“十六字”要求，一直是战略导弹部队作风建设的“标尺”。具体到本次实验，在学习态度上要“严肃认真”，在实验流程上，要不漏一环、“周到细致”，在小组成员之间，要对同组战友负责，做到人和物上的“稳妥可靠”，只有这样才能安全顺利完成实验，做到“万无一失”	作风养成强调：“十六字”要求，一直是战略导弹部队作风建设的“标尺”，也是器材操作人员自身作风建设的“标尺”。做到总理提出的“十六字要求”，必将在今后的工作和生活中受益匪浅	官媒文章展示

六、创新性与效果总结

（一）创新性

1. 加强沟通，了解掌握学员思想

通过课前座谈交流，开展学情分析，做好学员状态调研，充分了解学员知识基础、主动学习能力、课程学习热情以及思想困惑等，掌握学员对炸药的接触程度，评估其恐爆心理。

2. 科学组织，逐步克服恐爆心理

在课程设计时，制定教学方案，引导学员从观摩教员示范、使用模拟炸药实验到全流程真实炸药实验，逐步克服恐爆心理，培养成为合格的操作号手。

3. 紧贴部队，瞄准打赢培养人才

本课程是火箭军工程大学军士职业技术教育导弹装检技术专业的主干任职基础课程，与火箭军部队结合非常紧密。本案例课堂思政大多来源于部队实际，课程负责人关注部队动态，加强思政要素敏锐性，注意搜集整理，课程教学时，保证素材与授课内容贴合，避免生搬硬套，融合生硬的现象，结合炸药在部队中的应用，合理设计思政环节，教育学员增强纪律意识，培养作风养成，献身国防事业。

（二）效果总结

案例在事故引入、讲解示范、实践操作和总结讲评等环节，融入“学习态度培养”“法纪意识强化”“合作能力锻炼”“献身国防号召”和“作风养成塑造”等多个思政元素。在课程引入时，通过事故分析，提出安全守则，树立法律法规意识；在讲解示范过程时，通过认真示范、科学引导，培养严谨细致的工作作风；在实践操作时，通过接触炸药，逐步消除恐爆心理，培养团队协作意识；在总结讲评时，强化作风养成。学员对本课程教学满意度高，近三年评教平均分为 96.56 分，在 2022—2023 学年春季学期军委常态化课程监测中，本课程授课评价结论为优秀。

参考文献

[1] 王玉玲，余文力．炸药与火工品［M］．西安：西北工业大学出版社，2022.12.
[2] 马峰．火炸药生产中的静电危害及其防护［J］．安放科技，2004，000（005）：44~45.

“普通物理 2/2”课程思政案例

刘作业，丁晶洁，孙少华，王集锦

（兰州大学核科学与技术学院，甘肃 兰州 730000）

摘 要：如何在理工科专业课的活动教学中有效地开展思政教育，润物无声？成为了新时代大学教育教学工作值得深思的一个问题。物理课程思政教育的本质就是科学认知能力培养，是物理文化的传承。我们在放射化学和核化工专业普通物理的课堂教学中进行了新的尝试，有机融合课程思政教育和创新能力培养。在进行基础物理理论讲授的同时，引入了最新的国家科技发展的最新成就；解读国际学科前沿的重大成果；渗透进了中国科学家故事；建立学习小组，进行科学问题搜索，开展创新实验。多措并举地夯实学生的基础物理理论，建立物理理论与工程技术之间的联系，构建学生的物理理论体系，在激发了他们的科研兴趣、培养创新能力的同时，使学生对中国科技发展现状有了全新的认识，“不经意间”激励学生的家国情怀、提升民族认同感，树立正确的人生观。

一、课程基本情况

（一）授课对象情况分析

授课对象：放射化学、核化工与核燃料工程专业二年级本科生。

授课学期：秋季学期。

对象的特点分析：① 授课对象对专业、专业所属学科、专业服务的行业或领域了解不够；② 普通物理相关知识是化学化工类专业的基础课程，授课对象缺乏对现代物理知识的认知，知识不成体系，无法建立物理理论与实际应用之间的联系；③ 授课对象缺乏物理知识的综合运用能力；④ 部分授课对象缺少家国情怀和奉献精神。

（二）课程情况简介

“普通物理 2/2”是放射化学、核化工与核燃料工程专业的基础课程，为必修课。课程主要讲授电路、光学、原子物理基础、量子力学初步和统计物理的基础知识。通过本课程的学习，学生能熟悉并能充分运用在放射化学、核化工等领域所必需的物理知识，例如，在核化工学习工作中可能遇到的热力学知识，在工程中对于仪器操作所需要的电路知识，以及在实验分析中所需要的光学知识等，也为学生后续的专业学习打下基础。结合“普通物理 1/2”的相关知识，学生能掌握在放射化学、核化工与核燃料工程专业中所需要的物理知识和物理思维方式，在今后的实际工作中能运用在课程学习中获取的基本分析方法去思考、认识和解决工程和科学问题。同时，介绍物理学在现代科学技术中的应用，让学生能够紧跟当代的科技发展前沿，具有更前沿的视野和见识。

课程设置三个课程目标：① 学生熟悉并能充分运用电路、光学、原子物理、热力学与统计物理的基础知识，并能够将这些基本的物理和数学语言用于放射化学、核化工及其相关领域的科学与技术问题的表述；② 学生能够将所学到的电路、光学、原子物理、统计物理等知识融会贯通，用于物理思维去推演、分析放射化学、核化工及其相关领域中的科学与技术问题；③学生能够运用物理学的科学原理，识别和判断放射化学、核化工及其相关领域中复杂问题的关键环节，适应放射化学、核化工与核燃料工程等专业领域不断发展的需要。实现学生的基础知识体系的构建、创新实践能力的培养、家国情怀和奉献精神的塑造等三者的有效统一，培养满足时代需要、具有深厚家国情怀、适应专业需求和发展的实践创新型人才。

二、案例基本情况

思政工作是高校各项工作的生命线，需要贯穿大学教育教学全过程。该工作不仅限于思想政治理论的教育教学和学生的日常事务管理，而是要扩展到专业知识传授、人文素质教育、科学研究等过程。物理课程思政教育的本质就是科学认知能力培养，是物理文化的传承。近年来，我们将思政教育与科研工作有机融合，切实落实体验式教育理念，探索出了一种有效、可行的思政教育新模式。将大学生的课程思政教育与创新能力培养相结合，把包括国家高新技术、大科学工程、中国科学家故事、国际学科前沿成果等在内的相关内容，与普通物理的基础理论知识相结合，去优化普通物理的课堂讲授内容，改变教学模式，提升学生学习兴趣，培养创新能力。结合自身科研方向和研究热点问题，以不同专业课程涉及的基础知识的综合应用为导向，指导学生设计创新实验和专业调研。学生在掌握所学基础知识，了解科技前沿动态的同时，增强对我国科技水平和科研能力的认识，提升学生的民族认同感，努力培养具有家国情怀，符合时代要求的创新实践型人才。

根据授课对象的专业特点，结合课程内容和知识体系，在力争正确处理好思政之“盐”与课程之“汤”关系的前提下，按照国家成就、明星故事、科学前沿、创新实践等主题的课程思政案例 20 件，具体如表 1 所示。其中，创新实践的相关案例根据每一届学生的数量，分组进行，不全覆盖。精深并重地推进本科教学中“课前、课中、课后”紧密结合和学与用紧密融合的教学改革，持续提升学生学习的精度和深度，形成知识的有效串联，提升学生发现问题、解决问题的能力。

表 1　课程思政案例的基本情况

案例主题	案例序号与名称	思政元素简介	课程知识点	备注
主题 1：国家成就	1. 特高压输电技术	瞄准国家重大需求，潜心核技术突破	12-1 电磁感应机基本规律；13-5 交流电的功率	国家名片，走出国门
	2. 引力波探测中的电荷管理技术	基本物理原理在重大科学研究中的应用	15-2 光电效应	国家重大学科学工程

续表

案例主题	案例序号与名称	思政元素简介	课程知识点	备注
主题 1：国家成就	3. 量子通信	前沿研究中的基本物理方法	12-6 麦克斯韦电磁理论； 15-5 微观粒子的波动性	国家重大学科学工程
	4. “华龙一号”核电技术	工作分工与团队合作	17-2 原子的壳层结构	国家名片，走出国门
	5. 新能源汽车	理论联系实际，善于思考，转变思路	18-3 卡诺循环	
主题 2：明星故事	6. 吴有训和康普顿效应	近代核学发展中的中国身影	15-3 康普顿效应	
	7. 杨振宁、吴健雄与宇称不守恒	理论与方法的对立与统一	16-1 波函数及其统计诠释	
	8. 王贻芳和中微子探测	事物是普遍联系的：学科交叉与综合	15 波与粒子	
	9. 于敏、蓝可和激光聚变研究	核科学研究中的传承与发展	17-4 激光	
主题 3：科学前沿	10. CPA 技术与光栅	基本元器件在前沿技术研发中的创新应用	14-10 衍射光栅	2018 年诺贝尔物理学奖
	11. 瞬态吸收光谱技术与光吸收	前沿基础研究与技术国产化	14-16 光的吸收、色散和散射	大连化物所某团队系列成果
	12. 超低温获取与热力学第三原理	极端物理条件的获取与应用中的“卡脖子”技术	18-8 热力学第三原理	
	13. 阿秒脉冲与势垒问题	科学前沿研究中的基础物理	16-3 一维势阱和势垒问题	2023 年诺贝尔物理学奖
主题 4：创新实践（分组进行，部分覆盖）	14. 特高压输电带来的电磁问题	唯物辩证法/方法论分析问题	12 电磁感应和麦克斯韦电磁理论； 13 电路和磁路	课后专业调研
	15. 激光成丝的荧光测量和声音测量实验	事物是普遍联系的：知识的综合运用与实践	13 电路和磁路； 14 光学； 17 电子的自旋和原子的壳层结构； 18 热力学与统计物理学	课后创新演示实验
主题 4：创新实践（分组进行，部分覆盖）	16. 飞秒激光脉冲成丝过程中激射信号的实验	事物是普遍联系的：知识的综合运用与实践	14 光学； 16 量子力学基础； 17 电子的自旋和原子的壳层结构	课后创新演示实验
	17. 电荷管理实验	事物是普遍联系的：知识的综合运用与实践	15 波与粒子； 13 电路和磁路； 18 热力学与统计物理学	课后创新演示实验

续表

案例主题	案例序号与名称	思政元素简介	课程知识点	备注
主题4：创新实践（分组进行，部分覆盖）	18. 激光诱导击穿光谱实验	事物是普遍联系的：知识的综合运用与实践	17 电子的自旋和原子的壳层结构； 14 光学； 15 波与粒子	课后创新演示实验
	19. 核反应堆中的普通物理知识	事物是普遍联系的：知识的综合运用与实践	16 量子力学基础； 15 波与粒子； 17 电子的自旋和原子的壳层结构	课后专业调研
	20. 放射性水平调查的方法与实践	事物是普遍联系的：知识的综合运用与实践	18 热力学与统计物理学； 15 波与粒子； 13 电路和磁路	课后专业调研，自愿参加

三、案例思政元素分析

“普通物理 2/2”的 20 个课程思政案例中的思政元素分析如表 2 所示。

表 2　思政案例的思政元素分析

序号与名称	思政元素分析
1. 特高压输电技术	将特高压输电技术进行模型简化，在不考虑线路的电抗和电晕损耗等理想情况下，对比分析不同高压下交流输电线路的损耗功率问题。夯实学生的电路、静电场、电流、电磁感应等基础物理理论体系，提升学生对技术创新的理解。简介特高压输电技术解决我国电力资源分布不平衡问题，以及走出国门成为国家名片等情况，引领学生了解中国高新技术发展成就，增强民族自豪感，自觉服务于国家经济发展战略
2. 引力波探测中的电荷管理技术	2019 年“天琴一号”技术验证试验卫星正常入轨，标志着中国的引力波探测正式进入“太空试验”阶段。引力波探测中核心技术的背后是基本物理效应的应用。我们以空间引力波探测中的电荷管理技术引出普通物理教学中的光电效应。空间引力波探测中航天器在太空中失去了地球电磁场的屏蔽保护，会受到大量宇宙射线的照射，给探测器带来极大的噪声干扰，根本无法获取有效的引力波信号。研究人员基于光电效应来控制探测器的充放电过程，实现了电荷的有效管理，将噪声降低到了目标要求以下。结合我国空间引力波探测的大科学工程计划，进行课程的课堂教学，引领学生了解基本物理效应在高新技术研发和科学研究中发挥的重要作用，使学生建立基础物理知识与工程应用之间的联系，培养学生的创新意识
3. 量子通信	量子通信是利用量子叠加态和纠缠效应进行信息传递的新型通信方式，基于量子力学中的不确定性等原理提供了无法被窃听和计算破解的绝对安全性保证。信号通信的实质是电磁波的传输，而对其理论研究主要是基于麦克斯韦方程组。结合麦克斯韦电磁理论的讲解，解释该基本原理在量子通信技术中所扮演的重要角色，揭示量子通信技术的基本原理。 中国量子通信研究的主导者是潘建伟院士，将中国的量子信息技术从一穷二白发展到领跑全球。我们将潘建伟和量子通信带进普通物理的课堂，作为量子力学章节的拓展内容进行课堂教学。2001 年，潘建伟毅然放弃留在欧洲的机会回国，从零开始筹建实验室，组建研究团队，引领了中国的量子信息技术研究，这也是当代大学生应该学习的奋斗和奉献精神

续表

序号与名称	思政元素分析
4. “华龙一号”核电技术	“华龙一号”是中核集团和中广核集团在30余年核电科研、设计、制造、建设和运行经验的基础上，根据福岛核事故经验反馈以及中国和全球最新安全要求，研发的先进百万千瓦级压水堆核电技术，具有完全自主知识产权的第三代压水堆核电创新成果，是中国核电机组发展的主力堆型，是中国核电走向世界的“国家名片”。在这背后是几代核工业人、上千家设备厂商、数以万计的设计、建设、安装、调试、运行人员的接续奋斗、不懈努力的结果。这就像原子中的众多个电子一样，分布在原子的不同能态上，围绕着原子核（第三代核电技术研发的核心目标），各司其职、协同工作，组成了一个有机整体——原子。通过相关解读，培养学生团队协作意识，并引导学生了解我国核电的自主创新、自主创业的艰难历程
5. 新能源汽车	结合卡诺循环这一燃油发动机的基本原理，简介我国改革开放以来汽车工业以市场换技术的历史，燃油发动机技术落后于世界发达国家的现状，以及我国在新能源汽车技术领域全面引领发展的成就。指导学生面对科研和技术难题时，应该重视理论联系实际，发挥自身聪明才智、转变思路，从不同角度思考问题的解决方案，打破固有技术途径的限制，开辟全新方案
6. 吴有训和康普顿效应	结合康普顿效应课程知识的讲解，穿插介绍吴有训先生在X射线的散线和吸收等研究中的创新贡献。20世纪20年代，吴有训在X射线散射研究中以系统、精湛的实验和精辟的理论分析为康普顿效应的确立作出了重要贡献。回国后，吴有训开创我国在X射线散射光谱等方面的实验和理论研究，创造性地发展了多原子气体散射X射线的普适理论。引领学生学习吴有训先生胸怀祖国、服务人民的优秀品质，以及“重学术、做实事、轻名利”的学术精神，引导学生努力练好基本功，做有理想、有担当、有追求、有作为的新时代核学人，争取青出于蓝而胜于蓝
7. 杨振宁、吴健雄与宇称不守恒	结合波函数的空间对称性和宇称的概念，介绍杨振宁提出的弱相互作用中宇称不守恒的概念，以及吴健雄用两套实验装置观测钴-60的衰变，实验证实了弱相互作用中宇称不守恒性的故事。通过“宇称不守恒是绝对的，宇称守恒是相对的”，结合经典力学与量子力学的不同与统一，引导学生认识基本原理的边界，在对立统一中大胆创新，勇于开拓。同时，学习诺奖得主杨振宁先生和核弹女王吴健雄沉静、勤奋、努力、专注、不畏困难、献身科学的精神，以及无论在哪里，都怀着一颗爱国心的爱国精神
8. 王贻芳和中微子探测	中微子携带着暗物质和天体的秘密，与宇宙的起源和演化有关，一直都是国际粒子物理的热点。21世纪的两次诺贝尔物理学奖都颁发给了中微子相关的科学发现。在光电效应章节中引入中微子探测的相关内容，基于光电倍增管的工作原理剖析光电效应在其中扮演的重要角色，并解析光电效应与二次电子发射在光电倍增管中的不同应用。使学生更为形象地了解两种基本物理效应，为后续的原子核物理实验方法课程的学习以及核物理与核探测实验的开展做原理储备。 同时，国家重大科学工程是国家科技发展水平的重要标志，是综合国力的体现。以基本物理知识在相关科学工程建设的关键应用为结合点，将其发展建设和重大科学发现融入到课程教学中。借以激发学生从事相关研究和职业的决心和信心，将其今后的学习和职业生涯链接到国家核物理、核技术发展的主要方向上。同时，将王贻芳院士对科学的态度传递给青年学生，培养学生沉静的科研态度，不急于求成；注重科研质量和水平，树立新时代大学生正确的科研观
9. 于敏、蓝可和激光聚变研究	早在20世纪70年代，于敏就意识到惯性约束聚变（ICF）不但有可能用来解决能源问题，还有可能用来研究核武器物理。提了激光间接驱动ICF的概念，并设计了筒状结构的黑腔，开展了间接驱动出中子的实验研究，指出这是ICF-核武器物理研究的主要途径。蓝可作为于敏的弟子，长期从事激光间接驱动ICF的研究，提出了著名的六孔球腔辐射驱动源，具有无须任何对称性调控手段，即可获得准球形一维内爆的卓越优势。将该部分内容作为激光原理与应用章节的延展，引导学生学习于敏先生与蓝可老师在激光聚变研究领域的传承与继承，学习他们五十年如一日为核科技事业进步而努力的钻研精神，学做国家核学事业的继承人和传承者

续表

序号与名称	思政元素分析
10. CPA 技术与光栅	自第一台激光器诞生以来，激光不断向着更高的峰值强度和更短的脉冲宽度发展。但却因为激光超高峰值功率密度，极易损坏增益介质和透射元件，而长时间限制了脉冲激光技术的发展。1985 年，穆鲁与其博士生史翠克兰德从雷达技术得到启发，开创性地提出了啁啾脉冲放大（CPA）技术，由此开启了超短超强脉冲激光的新篇章，给超短超强脉冲激光产生及其在基础科学研究和工业、医学等应用领域带来了深远影响。2018 年，二人因此获得了诺贝尔物理学奖。 CPA 技术的核心元件就是两对反对称的光栅对。以 CPA 技术，引出对光栅衍射原理相关知识点的讲解，引导、培养学生树立“从物理学的基本原理出发，开展科技攻关，实现原始创新”的态度与意识
11. 瞬态吸收光谱技术与光吸收	中国科学院大量化学物理研究所已故研究员韩克利，2015 年以来，专注于钙钛矿等新型材料的瞬态吸收光谱测量工作，在取得了系列重大基础研究成果的同时，不断进行技术转化，成功推出了国产瞬态吸收光谱装置。相关内容作为光学章节光吸收部分知识讲解的延伸与拓展，引导学生在今后科研工作中，注重成果转化，突破技术瓶颈。同时，韩老师（经常访问兰大，英年早逝）这样身边的科学前辈不论是潜心科研的态度，还是奋发图强的奋斗精神，都为青年科学工作者树立了榜样。最后，指导学生了解瞬态吸收光谱这一先进探测技术在放射化学研究领域中的应用
12. 超低温获取与热力学第三原理	热力学第三原理告诉人类“绝对零度无法达到”。然而超低温的获取能推动许多科技的进步，包括材料科学研究、粒子物理和凝聚态物理，甚至是天文学上都能发挥作用。而它在商业领域的最大用途，就是冷却量子计算机的芯片，能实现体积缩小和算力的爆炸式提升。超低温获取方面，我国长时间处于技术断层和研究空白。为了摆脱欧美的技术垄断和封锁，中国科学院物理研究所自主研发的无液氦稀释制冷机，达到了-273.1391 ℃，仅比绝对零度高出 0.01 ℃，打破了美国保持的世界纪录。 通过国家对超低温获取技术的需求和最新研究成果，引出热力学第三原理的相关知识点讲授，提高学生学习兴趣的同时，使学生意识到我国所面临的外部国际形势，加深学生服务国家核技术发展、实现科技自立自强的决心。同时，引导学生调研超低温获取技术中所涉及的核过程，以及低温技术在核电领域的应用
13. 阿秒脉冲与势垒问题	2023 年三位科学家因“阿秒脉冲的产生和应用”而获得诺贝物理学奖。阿秒是一个时间单位，为 10^{-18} s，是非常短的时间尺度。人类利用阿秒光脉冲来探索和控制光与物质相互作用的过程，如核化学反应控制、生物大分子以及材料中的电子结构和性质的获取等，从而推动了物理学领域的发展。 阿秒脉冲的产生涉及量子力学中的无限深势阱和隧道效应等基本问题。以 2023 年诺贝尔奖工作，引出一维势阱和隧道效应相应知识的讲授，可以有效吸引学生的学习兴趣，树立学生的远大理想。同时，以课后作业的形式，指导学生开展“隧道效应在放化分析与核能生产等领域中的应用”的调研，引导学生更深层次地了解核、走进核、爱上核
14. 特高压输电带来的电磁问题	特高压输电在降低输电损耗、优化国家电力资源分配的同时，也会导致工频电磁场强度的增大，造成电磁环境问题。在课余的指定时间内，学生以学习小组的形式，针对特高压输电的电磁问题，指导学生查阅文献资料，建立简化的物理模型进行仿真模拟，并参考《电磁环境控制限值》（GB 8702—2014）进行问题分析，形成调研报告。通过相关内容的引入，将电磁场、电磁感应以及基本电路等基础知识进行有效串联，使学生融会贯通。同时，培养学生的文献查找、团队协作、写作和自主学习等能力。 结合特高压输电带来的电磁问题，从辩证的角度告诉学生任何一项技术的进步都会不可避免地带来一定负面影响，一如核电的应用，会带来核废料。有意识地引导学生了解核废料后处理的相关关键技术领域

续表

序号与名称	思政元素分析
15. 激光成丝的荧光测量和声音测量实验	根据任课老师的科研实验资源，以基于超快激光的相关研究热点为切入点，在综合考虑实验复杂程度和可操作性等问题后，我们将飞秒激光成丝作为研究对象，指导学生以学习小组的形式开展创新实验。让学生通过查阅文献系统了解超快激光技术与飞秒激光成丝；引导学生利用所学电子学相关知识自行设计、制作了麦克风的放大电路；让学生主导实验设计，结合所学光学和机械制图知识、基于荧光与声音测量搭建了实验测量装置。通过测量激光光丝的荧光信号和声音信号，以及信号随着传输距离的演化，研究飞秒激光脉冲在空气中的成丝过程。在数据分析过程中更是需要学生综合运用本课程中涉及的原子物理、量子力学、光学等相关基础知识，同时也需要线性代数、高等数学等课程的相关数学知识点，实现学生知识体系的横向、纵向连接
16. 飞秒激光脉冲成丝过程中激射信号的实验	根据任课老师的科研实验资源，在课后时间，指导学生以学习小组的形式，设计并搭建了双色激光泵浦—探测装置的实验测量装置。利用实验装置控制泵浦激光脉冲的偏振态为线偏振和圆偏振，并改变泵浦—探测激光延迟时间以及泵浦激光强度，采用高分辨光谱仪测量了氮气离子 391 nm 激射信号光谱。通过对比线偏振态和圆偏振态泵浦激光作用下的激射信号光谱。同时，实验观测不同转动能级间跃迁的激射光谱及其量子拍频现象。通过本项实验工作的开展，使得学生熟悉了飞秒激光、飞秒激光成丝的基本原理和相关的非线性效应及其应用，低真空获取，并掌握了复化梯形积分法和快速傅里叶变换等数据分析手段，实现学生专业知识的全面应用和连接
17. 电荷管理实验	根据任课老师的科研实验资源，在课后时间，指导学生以学习小组的形式开展电荷管理的地面模拟实验，对学生进行实践训练。一般高校的物理实验都具备开展相关测量的主要仪器设备和元器件。利用学校、学院现有图书和文献资源，组织学生搜索资料、设计和开展电荷管理的地面验证实验。电荷管理验证实验的物理实质是真空环境下的光电效应，该验证实验不仅包括光电效应的原理应用，还包含了紫外光传播、基本电路设计、电磁场屏蔽、弱电流测量、真空获取等多个普通物理知识点。以电荷管理地面验证实验的具体实例阐明基础物理理论与技术应用之间的内在联系，让学生全面梳理已学知识，形成有效连接
18. 激光诱导击穿光谱实验	激光诱导击穿光谱（laser-induced breakdown spectroscopy，LIBS）是一种元素分析技术，具有快速检测、远程测量、多元素同时分析等传统元素分析技术不可比拟的特性，可用于快速核分析技术研发。根据任课老师的科研实验资源，在课后时间，指导学生以学习小组的形式将激光诱导击穿光谱实验测量的创新实验，实现理论知识学习与实际应用紧密结合。实验不再要求学生在规定时间和地点完成，实验没有现成的测量装置和操作步骤。让学生通过查阅文献系统了解实验内容；指导学生结合所学知识，主导实验设计，搭建实验测量装置，开展创新实验测量与研究。激发了学生的学习兴趣，让学生全面梳理已学知识，并调研等离子等相关的新知识点，培养了学生独立思考、分析问题、解决问题的能力
19. 核反应堆中的普通物理知识	核反应堆中涉及大量的热力学、量子力学的相关知识。指导学生以学习小组的形式，在课余的指定时间内，利用学校的图书和网络文献资源，开展主题调研工作，并在规定时间内进行 PPT 展示汇报。通过相关内容的调研，使学生对已学知识做到融会贯通，并对后续“反应堆原理”“原子核物理导论”等课程有一定的了解。培养学生团体协助、PPT 制作、语言表达和自主学习等方面的能力
20. 放射性水平调查的方法与实践	根据学生意愿，选拔、指导学生结合甘肃省核与辐射安全中心的工作任务和实验条件开展专业实践，对兰州市周边水体、土壤等进行放射性水平调查。学生以团队的形式全面参与调查工作，包括样品采集与处理、样品分析与数据采集、数据分析、撰写调查分析报告等。学生将所学的专业理论知识与工科专业的实践性相统一，寻找高纯锗谱仪、低本底液闪等仪器设备中的基本物理原理，在实践中培养学生的基本科学素养。促使学生科学严谨地对待专业问题，提升学生知识体系的深度和广度，构建起自然科学理论与工程科学专业知识体系

四、案例教学整体设计

根据“普通物理 2/2”课程的自身特点，结合专业培养方案的要求，对标课程目标，将大学生的课程思政教育与创新能力培养相结合，挖掘思政教育资源，完善课程内容，改进教学方法，创新课程建设模式，着力解决教学活动中“科学发展与现有知识体系”“新增教学内容与有限学时”“创新实践能力培养与本科生实践教学资源匮乏”的三个主要矛盾。学生在掌握所学基础知识，了解科技前沿动态的同时，增强对我国科技水平和科研能力的认识，提升学生的民族认同感。努力培养具有家国情怀，符合时代要求的创新实践型人才。案例教学整体设计如图 1 所示。

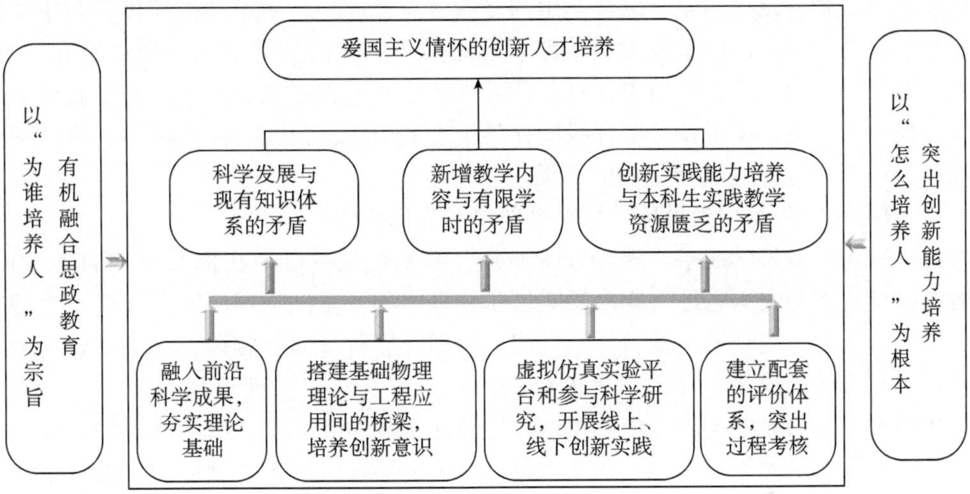

图 1　案例教学的整体设计思路

为了将国家成就、明星科学家故事、科学前沿、创新实践等主题的课程思政案例自然地融入到普通物理的教学活动中，我们在整体设计中采用了广泛调研、重点选择、精心设计、考核评价的“四步走”策略。第一步，利用网络媒体资源对相关的发展成果和科学家故事进行调研汇总。对有重大科研成果输出的知名学者进行搜索，包括他们的学习工作经历、重大科学发现以及新闻媒体报道。第二步，利用电子论文数据库和图书馆的文献资源对调研到的发展成就中的关键技术运用进行分析，提取其中的基础物理理论。按照与学生所学专业和今后就业方向的相关程度，基础物理知识是否扮演关键作用的原则选取用于课程教学的发展成就。从调研结果中，选择一批具有深厚家国情怀、严谨科学态度，同时其科学发现与普通物理知识体系又存在直接联系的学者，用于课程教学。第三步，结合选择的重大成就和知名学者事迹，进行课程教学设计。对课程设计进行反复琢磨、深入讨论，在保证自然、不刻意的前提下用于教学活动。第四步，为了配合相关教学举措的实施，我们改进了学生的成绩评价方式。将调研论文、PPT 展示、创新实验等内容纳入到成绩评价中，实现了教、学、考的有机结合，能更全面地反映学生对课程知识的掌握程度和实际应用能力，有效避免高分低能，充分发挥成绩在学生培养过程中的作用。

1. 以“为谁培养人”为宗旨，融入教学的各个环节

首先，课堂教学合理引入我国高新技术发展成就。以基础物理学知识在这些技术的研发中扮演着关键作用为切入点，剖析其中的创新理念，阐明其在我国国民经济发展中扮演的重要角色，提升学生对技术创新的理解，增强民族自豪感，引导学生今后自觉服务于国家经济发展战略。其次，注重国家重大科学工程在课堂教学中的渗透。以基本物理知识在相关科学工程建设的关键应用为结合点，展示其在高新技术研发、人才培养，国家安全、国际合作与竞争等方面发挥的重要作用，以及我国政治、经济制度在集中力量办大事方面优越性，将学生今后的学习和职业生涯与国家科技发展相链接。再者，巧妙结合科学楷模的示范效应。把科学楷模的最新成果、精神和情怀在课程教学中进行渗透，根植当代大学生正确的科研观，培养他们的奉献意识、爱国精神和民族担当。

课堂教学之余，走进学生，结合学生的专业特点，进一步激发学生积极参与中华民族伟大复兴的热情。将我国的核能发展战略以及近几年的核能发展融入课余讨论和交流中。与学生一起回顾兰州大学核学历史，将几代兰大核学人不畏艰难、默默献身于我国核学事业发展的精神在学生心中根植；梳理我国核科学发展历史，让老一代核科学人的“两弹一艇”精神在不知不觉中滋润学生们的心灵。

2. 以“培养什么人”为目标，培养创新实践应用能力

首先，融入前沿科学成果，提升教学质量，夯实理论基础。在提升学生的学习兴趣，提高教学质量上下功夫。将近五年来的诺贝尔物理学奖、基础物理研究以及极限物理问题的最新成果引入普通物理的课堂，并结合线上资源开展科学问题调研，突出基础物理理论在新技术、新方法的应用，释放学生的创新潜力，夯实学生的理论基础。例如，将 2018 年诺贝尔物理学奖与光的干涉和衍射相结合进行课堂教学。其次，搭建基础物理理论与工程应用间的桥梁，培养创新意识。一项大科学工程会综合应用多个领域的最新技术，蕴含着丰富的基础物理知识。结合最新的大科学计划，进行课程的课堂教学、实验实践和文献调研，了解基本物理效应在高新技术研发和科学研究中发挥的重要作用，使学生建立基础物理知识与工程应用之间的联系。例如，将引力波探测中空间电荷管理与光电效应的课堂讲授相结合，并进行地面验证实验的实践训练。再者，紧扣专业特点，探索创新实践能力培养的新方法。针对不同专业特点，启发、活跃学生的创新思维，培养实践应用能力。依托授课老师现有实验资源，开展创新训练。联合就近的涉核企业，指导有能力和意愿的学生开展专业实践。作为尝试，和省核与辐射安全中心合作，结合中心的辐射测量任务，利用中心的实验设备和专家联合指导课程班部分学生系统开展专业实践，近 2 年先后组织 3 个本科生团队，开展兰州市饮用水源地、石煤企业和稀土企业的放射性水平调查，全面参与样品采集与制样、实验测量，数据采集与处理、调查分析报告撰写等过程，提升学生的实践应用能力。

3. 以“怎么培养人”为宗旨，持续革新教学手段

按照“整体设计、一体推进、差异实践”的思路，不断改进教学手段。探究启发式、互动式、研究式和实践式教学，组织小组研讨、专题报告、专业实践等，紧跟时代前沿，引入学科最新进展，引导学生开展线上自主学习。丰富多媒体影音视频教学，使学生能够更加形象地理解知识点。积极推进翻转课堂等教学新模式，实现教学内容重构和教学模式

变革，提高教学质量。课程充分发挥随堂测试、辅导答疑、问题研讨、专题报告等方式，构建开放、互动、灵活、多样的课堂形态，加强对学生学习过程的管理与考核，形成了科学的考核评价机制，有效激发了学习者的学习动力和专业志趣。

五、教学实践过程回顾

（一）授课对象

本课程自 2019 年开始课程思政建设以来，已经培养 5 届学生，分别为 2018 级放射化学专业班（放化班）、2018 级核化工与核燃料工程专业班（核化工班）、2019 级放射化学专业班、2019 级核化工与核燃料工程专业班、2020 级放射化学专业基地班、2020 级放射化学专业普通班、2020 级核化工与核燃料工程专业班、2021 级放射化学专业基地班、2021 级放射化学专业普通班、2021 级核化工与核燃料工程专业班、2022 级放射化学专业基地班、2022 级放射化学专业普通班、2022 级核化工与核燃料工程专业班，合计开课 13 班次，授课人数约 250。

（二）授课团队

“普通物理 2/2”的授课团队由刘作业（教授）、丁晶洁（副教授）、孙少华（高工）、王集锦（讲师）等人组成，平均年龄 37 岁，团队结构合理、成员年富力强。按照各自学术专长和研究领域组织相应内容，并按照学期对授课方式和思政案例进行调整和改进。

（三）授课方式改进

本课程教学团队，自 2019 年起根据教学效果对课程的授课方式和案例不断进行改进，具体信息如表 3 所示。

表 3　年度授课方式的改进

年度	授课对象	授课方式	考核方式	学时	案例数
2019	2018 级放化班、2018 级核化工班	PPT 授课	课程作业、期末考试	72	8
2020	2019 级放化班、2019 级核化工班	PPT 授课、课后创新实验	课程作业、期末考试	54	7
2021	2020 级放化基地班、2020 级放化普通班、2020 级核化工班	PPT 授课、翻转课堂、课后实验与调研、小组讨论、线上自学	课程作业、调研与实验成绩、期末考试	54	15
2022	2021 级放化基地班、2021 级放化普通班、2021 级核化工班	PPT 授课、翻转课堂、课后调研、线上自学	课程作业、调研成绩、期末考试	54	19

续表

年度	授课对象	授课方式	考核方式	学时	案例数
2023	2022 级放化基地班、2022 级放化普通班、2022 级核化工班	PPT 授课、翻转课堂、课后实验与调研、小组讨论、线上自学	课程作业、调研与实验成绩、期末考试	54	20

六、创新性与效果总结

（一）创新性分析

习近平指出："人是科技创新最关键的因素；创新的事业呼唤创新的人才"。党立志于中华民族千秋伟业，必须培养拥护党的领导和社会主义制度、立志为中国特色社会主义事业奋斗终身的有用人才。高校是实现这一重要举措的核心力量，需要在普适框架下，探索符合自身特点、具有鲜明特色的建设模式。高校思政工作不仅限于思想政治理论的教育教学和学生的日常事务管理，而是要扩展到专业知识传授、人文素质教育、科学研究等过程。物理课程思政教育的本质就是科学认知能力培养，是物理文化的传承。

普通物理作为理工科专业的一门重要基础必修课，内容涉及热学、光学、基本电路、原子物理学、量子力学、统计物理学等多个前沿领域和相关的交叉学科，是构建当代大学生基本科学素养的重要课程，不仅是对物理学，而是对整个自然科学甚至是社会科学的都有着重要影响。与此同时，普通物理也是学习和开展后续专业课程、实验以及创新研究的基础，对学生今后的学习、职业生涯具有重要影响。授课团队在课程内容和授课形式上下功夫，将思政教育与科研工作有机融合，切实落实了体验式的教育理念，有意识地对学生进行物理思想与方法的渗透，加强了创新实践能力的训练，探索出了一种有效、可行的思政教育新模式。从该模式的实践可以发现，我们培养了学生科学的思维能力，提升了学生的创新意识和创新精神，树立了学生正确的世界观，有效地提高了学生的综合素质，解决好"怎么培养人"的问题，实现了普通物理课程思政教育的寓教于乐、润物无声。

同时，该课程思政教学模式对授课教师的知识水平和知识面提出了更高的要求，能促使课程教师主动了解自己科研领域以外的前沿成果，加速了授课老师知识的更新换代，进而反作用于其自身科学研究，实现了课程教师的教学水平与科研能力的互长。

（二）效果总结

1. 学生学习效果与教学评价结果

学生对授课老师的教学评价和学习成绩是对课程教学效果的最直接的反馈，可以发现学生的学习成绩的平均分均在 75 分以上，特别是最近的一次平均成绩达到了 85.3，为优秀。近四年的学生的教学评价得分均在 90 以上（优秀），证明学生是认可课程授课效果的。具体结果如表 4 所示。

表 4　学生学习成绩与教学评价结果

年度	授课对象	学生平均成绩/分	学生教评结果/分
2019	2018 级放化班、核化工班	77.5	95.65
2020	2019 级放化班、核化工班	78.3	94.96
2021	2020 级放化基地班、放化普通班、核化工班	78.5	93.82
2022	2021 级放化基地班、放化普通班、核化工班	85.3	98.25

2. 学生参与专利申请与授权

基于相关创新实验，5 名学生一共参与了 3 件专利的申请，具体信息如表 5 所示。

表 5　学生参与的专利授权情况

序号	专利名称	是否授权	类型与国别	专利号	参与学生
1	一种双光束非共线的泵浦—探测系统	是	使用新型、中国	ZL2020206974.3	何宇、张宇璇、向昱霖
2	一种高密度样品分析的磁分析系统	是	使用新型、中国	ZL20200980944.0	向昱霖、史国强
3	一种 4π 立体角的离子束荧光探测装置和方法	是	发明、中国	ZL202111612785.4	高健

3. 教学研究成果

基于上述课程思政研究工作，将相关研究成果总结、发表教学研究论文 6 篇，近 20 名学生参与了其中 4 篇论文的发表。

4. 授课教师获奖

在某种意义上，教师和学生是对立的关系。团队成员还积极承担班级班主任、党支部书记等工作，在课堂教学之余，走进学生宿舍、走进学生生活。以实际行动贴近青年学生，在与学生的日常接触中，俯下身去、静下心来，倾听学生对课堂教学的意见，把握每个学生的不同特点，了解不同学生的心理状态。在课程基础知识、创新训练、人文素养等方面，对不同的学生分类指导、精准施策。将我国的核能发展战略以及近几年的核能发展融入课余讨论和聊天中。与同学们一起，回顾兰州大学核学的发展历史，将几代兰大核学人不畏艰难、默默献身于我国核学事业发展的精神在学生心中根植；梳理我国核科学发展历史，让老一代核科学人的“两弹一艇”精神在不知不觉中滋润学生们的心灵。实现对课堂教育教学活动的有机补充，切实提高教育教学工作的针对性和实效性。申请人作为教学团队负责人，获得的相关奖项信息如表 6 所示。

表 6　申请人获奖情况

获奖人	获奖类型	年度
刘作业	甘肃省青年飞天学者	2022
刘作业	甘肃省陇原青年英才	2022
刘作业	兰州大学萃英学者	2021

续表

获奖人	获奖类型	年度
刘作业	兰州大学优秀毕业论文指导教师	2023
刘作业	兰州大学优秀党务工作者	2023
刘作业	兰州大学“走进学生生活 走进学生学习 走进学生心灵”工作先进个人	2019
刘作业	核学院讲课比赛一等奖	2018、2019
刘作业	核学院优秀班主任	2021、2022
刘作业	核学院“走进学生生活 走进学生学习 走进学生心灵”工作先进个人	2019
刘作业	核学院优秀共产党员	2021

5. 课程教学大纲更新与改进

结合历年课程教学的实践，形成了2019版课程教学大纲和2023版课程教学大纲，在课程内容、培养目标、教学方式、学时设置等方面进行了更新与改进，具体内容见附件。

参考文献

[1] 金伟琼，陈永霖，吴蕾蕾．高校创新创业教育与思想政治教育的融合［J］．中国青年社会科学．2018，37（6）：68-72.

[2] 杨颖．科研单位员工思想政治工作的思考［J］．党史博采，2020，1：53-54.

[3] 穆良柱．物理课程思政教育的核心是科学认知能力培养［J］．物理与工程，2021，31（2）：9-15.

[4] 吕斌，陈乃波，高凡，等．大学物理方法论教学的思政探索［J］．物理与工程，2021，31（Z1）：121-124.

[5] 杜允．如何让大学物理课堂充满生机［J］．物理与工程，2016，26（Z1）：98-100.

[6] 李慧玲．基于江门中微子实验超新星中微子的相关问题研究［D］．济南：山东大学物理学院，2018.

[7] 刘作业，丁晶洁，王集锦，等．中国科技前沿元素在大学普通物理教学中的渗透［J］．物理与工程，2021，31（3）：73-77，84.

[8] 丁晶洁，李梓源，罗恩康，等．空气中飞秒激光成丝的荧光测量和声音测量实验研究［J］．大学物理实验，2023，36（2）：21-25.

[9] 赵恒炜，张宇璇，林子钰，等．飞秒激光脉冲成丝过程中激射信号的实验研究［J］．大学物理实验，2021，34（2）：41-47.

[10] 丁晶洁，刘作业，张毅，等．工科专业普通物理教学的创新初探［J］．高等理科教育，2021，（5）：113-117.

[11] 孙少华，高健，刘田广，等．激光诱导击穿光谱在核分析实验教学中的应用［J］．大学物理，2023，42（1）：14-18.

[12] 王集锦，普文冉，马骏，等．紫外可见漫反射光谱和Tauc plot方法分析无机Ruddlesden-Popper钙钛矿带隙［J］．大学物理实验，2023，35（4）：13。

“核工程与核技术专业导论”课程思政案例

马　军

（南华大学核科学技术学院，湖南　衡阳，421001）

摘　要：核工程与核技术是一门高度专业化和复杂的学科，对学生的思想政治素质要求较高。为了培养学生正确的世界观、人生观和价值观，提高他们的思想道德素质，“核工程与核技术专业导论”课程引入了思政案例教学。本文旨在通过对“核工程与核技术专业导论”课程中的思政案例进行研究，探讨如何通过这些案例引导学生在核工程与核技术领域中的思想政治教育。本文首先介绍了核工程与核技术专业的背景和课程的基本情况，然后分析了思政案例在该专业教育中的作用和意义，本文选取了几个具体的思政案例进行深入分析，并探讨了这些案例对学生的影响和启示。最后，本文总结了思政案例在“核工程与核技术专业导论”课程中的应用策略，并提出了一些建议，以进一步提高思政案例的教育效果。

一、课程基本情况

（一）授课对象情况分析

“核工程与核技术专业导论”课程的授课对象可以是核类专业本科新生，也可以是其他相关专业或对核感兴趣的本科生。

学科背景：通常，本科生是该课程的主要受众。他们可能有不同的学科背景，包括物理、工程学、化学、生物学等。因此，该课程需要提供足够的基础知识，以满足不同学科背景的学生的需求。

特点：本科生通常具有较广泛的知识背景，但可能缺乏核工程与核技术领域的专业知识。因此，该课程应该注重知识的普及和基础概念的介绍。另外，本科生通常处于知识积累的阶段，因此需要鼓励他们发展批判性思维和问题解决能力。

（二）课程情况简介

“核工程与核技术专业导论”是学院面向新生开设的专业启蒙课程，具有帮助学生正确认识所学专业，加深专业情感，增强专业自豪感，激发学习动力，培养道德情操、行业精神等多重作用。学院通过调研和评教评学，发现专业导论课偏重于专业性和知识点的讲述，对学生的思想引导不够，学生学习目标不明确、对未来感到困惑，对“两弹一星”精神、核工业精神理解不深不透，学习兴趣和学习激情没有得到尽早有效的激发。针对这一情况，学院组织研讨，对专业导论课重新规划和设计，精选课程内容，建立教学团队，请老教授、学科带头人等分8个专题开讲，同时改进授课方式，取得了很好的育人实效。专业导论课成为课程思政精品课，学生反响热烈，中央电视台《新闻联播》《朝闻天下》栏目、湖南日报等各类媒体也进行了报道推介。

二、案例基本情况

（一）案例一：核技术——能源的未来与道德的责任

1. 案例描述

在核工程与核技术专业导论课程中，学生将被引导思考核技术对社会、环境和道德伦理的重大影响。案例将聚焦在核能作为清洁能源的潜力以及核技术在医疗、能源和国防领域的应用。提供有关核技术和能源问题的基本背景信息，这可能包括核能是如何工作的，它在能源供应中的作用，以及核技术在不同国家和地区的应用情况。

2. 案例讨论

（1）核能与能源需求：请讨论核能作为一种能源形式的优势和挑战。它如何与传统化石燃料相比，对气候变化和可持续发展的贡献是什么？

（2）核技术与医疗：请描述核技术在医疗领域的应用，如放射治疗和核磁共振成像。这些技术如何拯救生命和提高医疗保健？

（3）核技术与国防：请描述核技术在国防领域的应用，如核武器和核潜艇，引发了全球安全和军备竞赛的担忧？这些问题引发了哪些伦理和政治挑战？

（4）道德责任：学生要思考核工程与核技术领域的从业者和决策者应承担的伦理和社会责任。如何确保核技术的安全性和透明性，以避免潜在的危险和滥用？

（5）未来展望：最后，学生可以思考核技术在未来的发展前景，以及我们如何平衡利益与风险，以实现可持续的能源和社会进步。

3. 案例总结

这个案例有助于激发关于核技术的伦理和社会责任问题的深入思考，促进参与者之间的讨论和辩论，帮助他们更好地理解核技术在能源领域的挑战和潜力，以及如何在伦理和社会责任框架下应对这些问题。这种案例常用于伦理教育、政治研究和环境伦理等领域的教学和讨论。

（二）案例二：核能与可持续发展

1. 案例描述

核能是一种重要的清洁能源，具有高效、低碳、稳定等特点，被广泛应用于电力生产、医疗、工业等领域。然而，核能发展也面临着一系列的问题和挑战，如核安全、核废料处理等。在核工程与核技术专业导论课程中，我们需要思考核能与可持续发展之间的关系，以及如何在核能发展中解决相关问题，实现可持续发展。某国家计划在一个地区建设核电站，以满足当地的电力需求。然而，该地区是一个生态环境敏感区，拥有丰富的生物多样性和重要的生态系统。这就引发了一系列的争议和疑虑，包括核安全、核废料处理、生态环境保护等问题。

2. 案例讨论

（1）核安全问题：建设核电站需要确保核设施的安全运行，防止核事故发生。可以通过严格的设施设计、安全培训和监管制度来提高核安全水平。请具体描述如何加强核安全管理，防止核事故的发生？

（2）核废料处理问题：核电站产生的核废料需要妥善处理，以避免对环境和人类健康造成影响。可以采用封存、转运、处理等方法，将核废料安全地存储或处理。请学生思考如何处理核废料，避免对环境和人类健康造成影响？

（3）生态环境保护问题：在建设核电站的过程中，需要充分考虑生态环境的保护，减少对当地生物多样性和生态系统的影响。可以采取生态补偿措施，如建设人工湿地、保护野生动植物等。请学生结合相关国家政策思考如何平衡核能发展和生态环境保护之间的关系？

（4）核能在可持续发展中的潜在作用和价值：核能是一种低碳能源，不产生二氧化碳和其他温室气体排放。这对减缓气候变化和实现碳中和目标至关重要。核能可以作为替代高碳燃煤和天然气发电的清洁能源选项。而且核能不受天气条件的限制，不像太阳能和风能那样受到天气波动的影响。这意味着核能可以提供稳定的基础负荷电力，有助于确保电网的稳定性，同时还可以与可再生能源相互补充，以实现可持续的电力供应。请学生思考如何更好地提高核能的可持续性？

（5）社会对核能的态度和政策制定的影响：社会对核能的态度在很大程度上塑造了政策制定的方向和核能行业的前景。政府需要仔细考虑社会的看法，平衡经济、能源需求、环境和社会责任等因素，以制定和执行与核能相关的政策。这也强调了对公众教育和参与的重要性，以便形成综合性的、可持续的核能政策。请学生表达自己对核能的态度并说明为什么发展核能存在一定的风险性？

3. 案例总结

核能与可持续发展之间存在着一系列的问题和挑战，需要我们思考和解决。在核工程与核技术专业导论课程中，我们应该关注核能发展的可持续性，注重核安全和环境保护，以实现核能与可持续发展的有机结合。

（三）案例三：国际核工程合作与竞争——核能发展的伦理与道德挑战

1. 案例描述

核能已成为全球能源供应的一个重要组成部分，许多国家在核工程和核技术领域展开了广泛的合作和竞争。这种合作和竞争涵盖了核电、核武器、核医学等多个领域，涉及科技创新、国际安全、环境保护和社会责任等多方面问题。

2. 案例讨论

（1）核技术输出的伦理：一些国家将核技术输出给其他国家，但这可能引发核扩散和核武器非扩散的问题。如何平衡核技术输出的商业利益和国际安全的伦理责任？

（2）核电的安全和风险：核电站的事故可能对环境和公共健康造成严重损害。国际合作如何确保核电站的安全性，以及如何处理核事故的伦理问题？

（3）核技术与国防：核技术在国防领域的应用，如核武器和核潜艇，如何引发了全球安全和军备竞赛的担忧？这些问题引发了哪些伦理和政治挑战？

(4) 核废物管理的伦理：核能产生大量核废物，其长期管理和处置涉及伦理问题。如何处理核废物，以避免对未来世代造成伦理责任？

(5) 社会责任：这个案例还涉及核工程和核技术的社会责任问题，包括政府、科研机构、核能公司和公众的责任。讨论如何确保各方都履行其社会责任，以促进核技术的可持续发展。请学生思考应如何处理核废物的伦理和社会责任问题？应该采取哪些措施来减少核废物对未来世代的负担？

3. 案例总结

这个案例可用于引导学生思考和讨论核工程与核技术领域的伦理和社会责任问题，有助于他们更好地理解这一复杂领域的挑战和潜力。

(四) 案例四：核工业精神与“两弹一星”精神的传承与发展

1. 案例描述

中国核工业精神和“两弹一星”精神是中国近现代历史上的两个重要时期的社会主义核心价值观和精神力量。它们体现了中国在核领域的自主创新和自力更生精神，也代表了中国人民在国家安全、科技创新和国家命运等方面的追求和奋斗。

2. 案例讨论

(1) 核工业精神的案例讨论：以“华龙一号”核电技术的成功应用为例，讨论核工业精神中的自主创新和国际竞争力。分析中国核工程技术人员通过创新和自主研发，在国际核电市场中赢得竞争，提高中国核工业的国际地位的案例。引导学生思考核工业精神对国家安全和发展的重要性，以及如何将核工业精神融入自己的人生观、价值观和行为准则中。

(2) “两弹一星”精神的案例讨论：以中国第一颗原子弹爆炸成功为例，讨论“两弹一星”精神中的自主研制和国家安全意识。分析中国通过自主创新和团结奋斗，成功实现核武器技术突破，确保国家安全的案例。引导学生思考“两弹一星”精神对国家命运和国家责任的重要性，以及如何将这种精神融入自己的生活中。

3. 案例总结

通过核工业精神与“两弹一星”精神的思政案例的讨论，学生可以深入了解核工业精神和“两弹一星”精神的社会主义核心价值观和精神力量。这些案例能够激发学生的自主创新和自主发展意识，培养他们成为具有国家责任感和历史担当的新时代人才。同时，学生还能够明白科技创新对国家安全和发展的重要性，以及国家命运和国家责任的重要性。通过思政案例的总结，学生能够将这些社会主义核心价值观融入自己的人生观、价值观和行为准则中，为实现个人价值和国家发展做出积极贡献。

三、案例思政元素分析

对于“核工程与核技术专业导论”课程的思政案例，通常应该强调以下一些核心思政内容，以培养学生的思想政治觉悟和职业素养。

(一) 核安全意识

介绍核工程与核技术领域的重要性，强调核安全的重要性，引导学生了解核事故对社会和环境的严重影响，培养他们对核安全的高度责任感和使命感。

（二）科研伦理

强调科研诚信和伦理，引导学生认识到核技术领域的研究必须建立在严格的伦理框架下，防止科研中的不端行为，促使学生理解科研的社会责任。

（三）法律法规

介绍核工程领域的法律法规，帮助学生了解国家对核技术的管理和监管体系，强调遵守法律法规的重要性，培养法治观念。

（四）国际合作与核不扩散

讨论国际核合作和核不扩散问题，培养学生对国际事务的理解和关注，以及中国在核领域的国际责任。

（五）核工程与可持续发展

强调核技术在清洁能源和环境保护方面的作用，引导学生思考核技术在可持续发展中的地位和作用，培养他们的环保意识。

（六）政治素养

教育学生了解国家政策，参与社会事务，培养他们的政治素养，使他们能够积极参与国家建设和社会发展。

（七）爱国主义教育

案例突出了核工程师在国家安全和国家发展中的关键作用，以及他们应对挑战的能力。同时，它强调了核工程师培养和坚守的爱国主义情感和国家责任感，这些情感和责任感将成为他们事业成功的坚实基础，同时也将为国家的繁荣和发展做出巨大贡献。通过这样的思政案例可以激发学生对核工程领域的兴趣，鼓励他们培养类似的爱国主义情感和国家责任感。

四、案例教学整体设计

（一）召开“把脉问诊”座谈，形成改革思路

学院成立了课程思政改革工作领导小组，多次召开教师和学生座谈会，找准问题症结和原因，理清需求和意愿，形成建设思路，制定改进举措。同时组织学习全国思政工作会议，全国、全省教育大会精神等，开展教育教学思想大讨论，举行课程思政专题培训讲座，形成全知全晓的育人氛围，统一思想，凝聚共识。

（二）精选课程内容，明确课程思政影射点

教学内容的选择是实现“核工程与核技术专业导论”课程思政改革目标的关键，学院组织专家经过多轮研讨，确定了核的奥秘、核的重器、核的魅力、核的利弊、核在中国、核在×××、核的精神、核的未来 8 个专题。同时，充分挖掘各专题的思想政治教育元素，明确各专题课程思政影射点：① 核的奥秘以物质世界基本构成的探索历程为线索，通过科普语言的质朴描述，展现科学先辈们的科学精神和智慧，激发学生学习核专业的热忱和报效祖国的豪情壮志；② 核的重器在介绍核设施与（核）大科学装置建设、国家核战略力量发展伟大奋斗过程时，突出中华民族自豪感，激励学生为国家振兴贡献自己的力量；③ 核的魅力讲解核分析、检测、示踪、辐照等应用，重点分享有意义的事件，传播正能量，增强专业认同感和自豪感；④ 核的利弊讲清楚放射性始终与人类共存，要高度重视任何涉核实践的潜在危害风险，但现有防护体系与技术能够确保涉核实践的辐射防护安全，消除学生恐核心理，让学生知晓国际一流核工程人才培养对学生道德品质和社会责任的要求；⑤ 核在中国让学生了解中国核工业的发展历程及建立完整的核工业体系的不易和前辈们的付出，引导学生学习核工业人的创业精神、优秀品质；⑥ 核在×××让学生了解学校核类专业的发展历程及 60 多年坚守核专业领域培育人才的初心和使命，了解学校核类专业的特色和优势，在国际国内的地位，引导学生只有知己知彼才能敢为人先，才能对核的未来有责任和担当；⑦ 核的精神结合“四个一切”核工业精神与学生学习生活实践和身边事例，引导学生争做有理想、有担当、有作为，与新时代共前进的大学生；⑧ 核的未来让学生明晰传统核工业面临的困境，结合本校自主研制的数字化反应堆物理耦合集成平台开展演示教学，增强学生发展我国未来核技术的责任感。课程思政表如表 1 所示。

表 1　“核工程与核技术专业导论”课程思政表

章节/知识点	思政元素点	讲授示例	效果评价
1. 核的奥秘	（1）展现先辈们的科学精神和智慧； （2）明确专业学习方向和目标； （3）激发专业学习热忱和报效祖国的豪情壮志	氛围渲染法：原子核的发现→物质的微观结构及组成→科学研究要甘于寂寞、富有科学精神、潜心笃志钻研→激发学生科学思维和专业学习热情	系统地解决了新生对专业不了解、学习目标不明确、对未来感到困惑等问题，激发了学习动力和热情
2. 核的重器	（1）大科学装置对国民经济社会发展的巨大作用； （2）核设施与大科学装置建设、国家核战略力量发展过程中的奋斗和创新精神； （3）激发中华民族自豪感	案例展示法：欧美国家的核讹诈、核恐吓→落后就要挨打→原子弹、氢弹自主化研发→“华龙一号”“国和一号”自主化第三代核电→引导学生为建立核大国、核强国积极贡献力量	引起了学生的强烈共鸣，民族自豪感得到充分激发
3. 核的魅力	（1）重点分享应用中的有意义的事件，培养科学思维、传递正能量； （2）增强专业认同感和自豪感	故事导入法：神奇的射线→核技术在工、农、医等领域应用→辐照灭菌消毒助力抗击新冠疫情→学以致用、学有所用、学为我用的理念	培养了学生的问题意识和科学思维，激发了深厚学习研究兴趣，专业协会报名人数增多

续表

章节/知识点	思政元素点	讲授示例	效果评价
4. 核的利弊	(1) 认识放射性始终与人类共存，实践中的高度责任感和安全意识的重要性； (2) 从业人员的道德品质要求； (3) 社会科普责任	比较及引申法：核的发现大事件→无处不在的放射性→放射性潜在风险→三哩岛、切尔诺贝利、福岛核事故→核安全的重要性→安全无小事，是核工业生产的生命线	多角度引导学生认识专业和行业特性，消除核恐慌，社会责任感明显增强，参与专业科普志愿活动积极
5. 核在中国	(1) 了解中国核工业的发展历程及建立完整的核工业体系的不易和前辈们的付出； (2) 学习核工业人的创业精神、优秀品质； (3) 增强发展核事业的使命感和责任感	图片视频展示法：放射性核素的发现→居里夫妇家族→原子弹、氢弹的研发→王淦昌、邓稼先等两弹元勋→“两弹一星”，核工业精神的融入	系统了解中国核工业发展历程，进一步感受到社会主义集中力量办大事的制度优势，增强了“四个自信”
6. 核在×××	(1) 清楚学校坚守核事业的初心和使命； (2) 明晰发展核事业的责任与担当； (3) 发扬敢为人先的南华精神，坚定学习奋斗和努力的方向	故事导入法：建校之本，为核而生→服务于中国第一颗原子弹研制→成立最早、专业最全、人才规模最大的核专业→核工业人才培养突出贡献奖→树立学生专业自信	校史院史教育进一步增强了学生的专业自豪感和责任感，增强了爱校爱院之情，参与各类学科竞赛、研究团队更积极
7. 核的精神	(1) 理解“四个一切”核工业精神的内涵； (2) 继承和发扬核工业精神，做有理想、有担当、有作为，与新时代共前进的专业人才	视频展示与故事导入法：核工业精神产生的历史背景→核工业精神内涵及特征、“两弹一星”元勋故事→核工业精神的时代价值→优秀学长们的寄语及青年学生的担当与作为	学生深刻理解了事业、责任、严细、进取在核行业发展中的重要性，家国情怀更浓。参与军工文化月活动积极
8. 核的未来	(1) 明晰传统核工业面临的困境及创新精神的重要性； (2) 增强学生发展我国未来核技术的责任感和使命感	实例展示法：核能发展历程及现状→核工业是国家安全基石→国产自主化核电“华龙一号”走出国门→中国核电在国际上崛起→核心技术买不来，需自主创新精神→激发学生自主创新精神	学生专业志向更坚定，学习研究氛围浓厚，先后参与教师研究团队的达数百人

（三）依据匹配度遴选主讲教师，组建教学团队

综合考虑教师的专业领域、研究专长、学识水平和育人经验，对应8个专题遴选学科带头人、中青年教授和参与过“两弹”（原子弹、氢弹）工作的老教授担任主讲教师，形成较为固定的教学团队。学科带头人视野开阔、学识丰富，对专业领域前沿把握准，能讲深讲透相关问题，让学生更信服。参与过“两弹”工作的老教授上课，其自身的亲历感，言传身教等更易引起学生的情感共鸣。教学团队采取个人与集体相结合方式，精心备课，

认真探讨每个专题的教学内容呈现方式，包括教学课件、文字、视频、图片资料等，团队成员既相互学习、分享，又保持了专题内容的适恰性，避免了重复性。

（四）依托育人阵地和资源，丰富教学方式

除课堂讲授外，专业导论课的课堂延伸到了校史馆、科研平台、实验室和访谈现场。×××大学是由省与工业和信息化部、国家国防科工局、中国核工业集团公司共建的一所大学，在60多年的办学历史中，学校始终立足于国防和核工业的需要，高举“核”旗帜，坚守核类学科阵地，建设“核”特色校园文化。校史馆有大量的史料记载，科研平台和实验室有浓厚的核学科底蕴，学生在边听边看中能更真切地感受专业特色，接受教育熏陶。为进一步丰富教学形式，激发专业动力，学院邀请在核工业系统工作的老党员开展“‘核’你一起听故事——重温激情岁月活动”，通过访谈的形式与学生分享他们在目睹伟大祖国沧海桑田巨变，亲历中华民族伟大复兴征程中的故事。

（五）建立评价反馈机制，实施教学质量过程管理

通过教学督导听课、教学团队成员相互听课、学生评课等方式实施教学质量过程管理，每个阶段情况汇总一次，根据反馈情况，教学团队对课程具体内容和教学方法进行调整和改进。

（六）形成示范效应，带动学院课程思政改革

专业导论课程思政改革取得成效，不仅形成了可供借鉴的较为系统的方法和举措，而且增强了教师课程思政意识，带动了学院20余门专业课程的课程思政改革。

五、教学实践过程回顾

（一）已实施情况

自2018年学院获批教育部首批“三全育人”综合改革试点院系以来，学院始终坚持立德树人根本任务，不断创新构建“十大育人”体系，在改革试点过程中重点推进了课程思政协同育人的研究，对核工业精神融入专业课程思政的机制、路径进行了探索与实践。

（1）凝聚了课程思政改革共识。组织学习全国思想政治工作会议，全国、全省教育大会精神，开展教育教学思想大讨论和课程思政讲座培训，统一思想，凝聚共识，让课程思政理念入脑入心。

（2）组建了课程思政研究团队。推进学校课程思政研究示范点建设，成立研究团队，团队成员有专业教师、思政教师，教学管理人员等，熟知院系运行机制和教育教学环节，全部投身课程思政改革实践。

（3）探索了课程思政运行机制。成立工作领导小组，制订工作实施和任务分解方案；加强教学督导，修订教学督导细则、教学评价办法，将课程思政情况纳入教师考核指标；注重课程思政引导，各类教学演示、成果表彰、课堂竞赛中，均设置育德评价指标等。

（4）推进了课程思政改革实践。以“核工程与核技术专业导论”课程为试点，融入核工业精神思政元素，打造课程思政精品课。通过科学设计课程内容、精心打造教学团队、丰富创新授课方式等，取得了良好的育人实效，被多个媒体报道推介。随后，学院逐步在20余门专业课中推行课程思政改革。

（二）推进方案

紧紧抓住“强核报国、创新奉献”的新时代核工业精神，深挖其历史意义与时代价值，蓄好课程思政元素“源头水”；在课程思政建设中融入核工业精神，将育人目标、育人过程、育人结果在纵向上层层推进、有机联动，横向上实现“思政/专业”融合的育人内容创新、“线上/线下”融合的育人模式创新、“校内/校外”融合的育人实践创新，为最终构建纵横结合的立体式课程思政协同育人体系提供实践经验（见图1）。

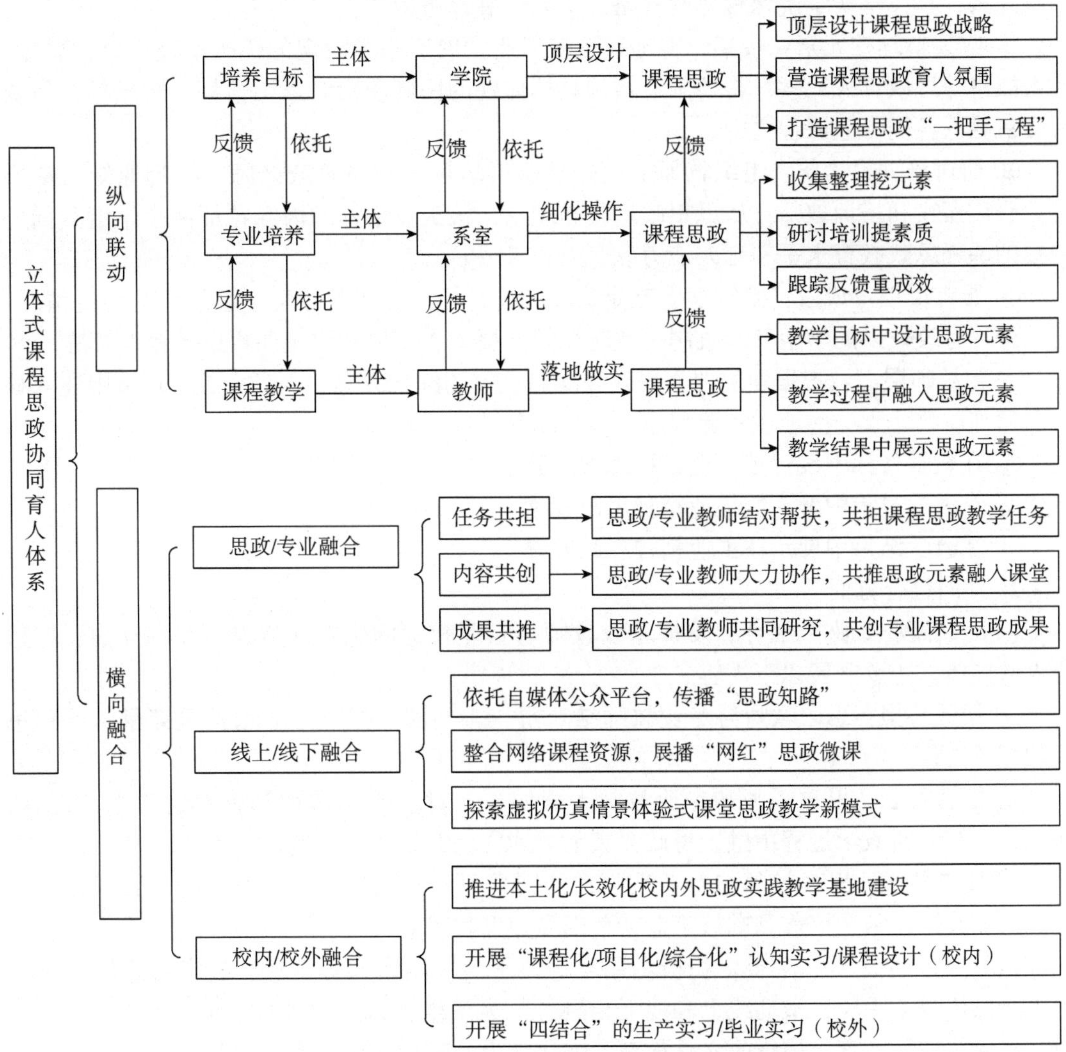

图1　核工业精神融入课程思政的路径推进方案

（三）重点举措

1. 纵向联动方面

（1）学院层面：党委统一领导、党政部门协同配合、以行政渠道为主组织落实，建立健全课程思政工作机制。主要开展以下内容。

① 建设课程思政育人研究示范中心，围绕立德树人根本任务，把核工业精神融入教学体系，纳入专业人才培养目标。

② 组织教师开展课程思政专题学习，核工业精神主题教育，明晰育人目标，提升育人元素凝练能力，形成人人思政、时时思政的育人氛围。

③ 学院领导带头到课堂、上讲台，打造课程思政“一把手工程”。

（2）系室层面：结合系室的专业规划、专业特点和教师队伍结构，在专业教育中融入思政元素，具体落实学院课程思政战略。主要开展以下内容。

① 收集整理挖元素：收集、整理我国核工业发展历程中涌现的优秀事迹、先进典型、感人故事等思政育人元素，将核工业精神具体体现的民族使命、家国情怀、奉献精神等要素有机融入各门专业课程之中。

② 研讨培训提素质：组织教师定期开展研讨培训，邀请思政老师、核行业知名专家作为研讨嘉宾和培训教师，从思想政治基本理论、核工业精神的内涵特征两个维度共同提升教师课程思政教育水平和育人能力。

③ 跟踪反馈重成效：制定学生专业阶段成长目标，密切跟踪学生思想认知转变情况，建立课程思政效果的学生反馈机制，及时总结、提炼、反思和修正课程思政育人方法。

（3）教师层面：根据学院课程思政战略和系室的细化方案，在各个教学环节中注入核工业精神思政元素，落地做实课程思政。主要开展以下内容。

① 在教学目标中设计核工业精神思政元素。

② 在教学过程中融入核工业精神思政元素。

③ 在教学结果中展示核工业精神思政元素。

2. 横向融合方面

（1）“思政/专业”融合。发挥思政教师与专业教师的优势和特点，互补互通，打造育人共同体。主要开展以下内容。

① 任务共担：思政教师与专业教师结对帮扶，共同承担核工业精神贯穿融入课程思政的相关工作。

② 内容共创：思政教师和专业教师大力协作，对核工业精神等思政元素进行提炼、加工、总结，对教学过程中融入思政元素的方式方法开展共同研究。

③ 成果共推：思政教师与专业教师在共同学习、共同研究、共同讨论、共同参与的基础上，共同总结、提炼具有核工业特色的专业课程思政成果。

（2）“线上/线下”融合。积极利用自媒体平台、网络课程资源、数字化虚拟仿真技术等新媒体教学手段，推动线上和线下相融合，为学生构筑起素养提升的“快车道”，大力开展家国情怀教育、核行业文化教育，强化学生的时代使命担当。主要开展以下内容。

① 依托自媒体公众平台，传播数字“思政知路”。

② 整合网络课程思政资源，展播“网红”精品微课。

③ 基于核能与核技术国家级虚拟仿真实验教学中心，探索虚拟仿真情景体验式教学模式。

（3）“校内/校外”融合。整合校内外各类核工业实践基地资源，实现实践教学和专业结合、实践教学和课程结合、实践教学和现实结合、实践教学和学生结合，为学生构筑起能力成长的“立交桥”。主要开展以下内容。

① 扎实推进本土化、长效化的校内外核专业课程思政实践教学基地建设。

② 依托×××大学全国核科普教育基地、核工程国家级实验教学示范中心、重大科研项目等平台资源开展“课程化、项目化、综合化”的专业认知、课程设计等课程思政实践教学。

③ 依托学校共建单位中核集团下属的中国核动力研究设计院、中国原子能科学研究院、中核四0四等核工业基地，开展“四结合”的生产实习、毕业实习等课程思政实践教学，增进学生的核工业精神价值认同，强化使命担当。

六、创新性与效果总结

（一）案例创新性

（1）主题凸显国家战略。习近平总书记指出，核工业是高科技战略产业，是国家安全重要基石。核工业的发展需要人才支撑，课程育人恰是高校落实立德树人根本任务的重要举措。本课程以核类专业为载体，开展课程思政推进路径与实践研究，提升育人质量，有益于为核工业的安全发展、创新发展提供人才保障。

（2）过程注重协同育人。本课程采取“纵横”结合，纵向上实现学院—系室—教师有机联动，横向上实现思政/专业、线上/线下、校内/校外贯穿融合，打破课程思政仅在课堂的传统思维，将思政研究融入课堂教学、实验教学和实践教学各环节，形成育人合力，更体现整体性推进和协同性育人。

（3）成果可操作可推广。通过课程实践，探索建立了课程改革机制，初步形成了领导、管理、实施与评价体系，可为兄弟院校提供改革思路。

（二）案例效果总结

（1）思政元素挖掘充分。教师课程思政意识、协同育人意识明显增强，育人主动性和积极性显著提高。课程思政的关键是思想政治教育元素的“挖掘”。只有充分挖掘课程思政元素，并加以适当呈现，才能实现知识传授与价值引领的有效结合，实现立德树人的润物无声。“核工程与核技术专业导论”的教学内容、思政影射点是精心选定的，符合人才培养要求，贴近学生需求，引领作用明显。在课堂调查中，许多学生表示，“通过学习‘两弹一星’精神更加入脑入心”“事业高于一切、责任重于一切、严细融入一切、进取成就一切的核工业精神将激励我们在奋斗中释放青春激情，追逐青春理想”等就是最好的证明。

（2）育人成效多方体现。学院获评“学风建设先进单位”“五四红旗团委”等荣誉称号。涌现了一批全国百佳国家奖学金获得者、省普通高校百佳大学生党员、“最美大学生”先进典型。

（3）育人经验得到推介。课程思政改革工作被 CCTV1、CCTV13《朝闻天下》新闻栏目、湖南日报等媒体广泛报道。

（4）具备示范应用价值。案例将进一步推动核工业精神融入专业课程思政，采取更深入有效的改革举措，逐步构建“纵向联动、横向融合”的课程思政协同育人体系，实现更好的推广应用价值。

参考文献

[1] 朱健康，杨爽．核能安全文化评价指标体系的研究［J］．原子能科学技术，2018，52（12）：2316-2321.

[2] 王丹丹，邓红杰．核能安全文化在核电站中的应用研究［J］．核安全科技，2019，8（1）：6-10.

[3] 李明．核工程与核技术导论［M］．北京：高等教育出版社，2010. 03.

[4] 杨晓东．核工程与核技术的发展趋势［M］．北京：人民邮电出版社，2011. 02.

[5] 陈红，王丽．核工程与核技术中的安全问题［M］．北京：科学技术文献出版社，2009. 08.

[6] 刘强．核工程与核技术的国际合作［M］．北京：中国国际广播出版社，2013. 06.

[7] 张明．核工程与核技术中的环境保护［M］．北京：中国环境科学出版社，2007. 12.

[8] 高铁山，李琦，赵薇．核能发展对环境的影响及可持续性分析［J］．环境科学研究，2018，31（9）：1474-1480

[9] 刘亮，王健．核能政策与法律法规的演变与影响［J］．法学研究，2018，36（4）：72-79

[10] 王丽丽，刘建国．核工程项目管理中的风险分析与控制［J］．项目管理学报，2018，26（3）：45-51

“核反应堆物理分析”课程思政案例

叶　滨，姬彦玲

（西南科技大学国防科技学院，四川　绵阳　621010）

摘　要：“课程思政”指向一种新的思想政治工作理念，是一种全新的课程观，是高等教育实现全过程、全方位育人的必然选择。“核反应堆物理分析”课程是核专业的学位必修课，课程思政实施过程中结合学院特色和专业设置，充分发挥课程面向核专业需求的育人功能，遵循“以立德树人为根本，以强核兴核为己任，培养更多知核爱核新型人才”的育人原则，深入挖掘课程内容蕴含的思政元素，让专业课程不仅限于传授知识、提高实践能力，更能突出育人价值，发挥思想政治教育的价值引领功能。通过线上资源建设（“雨课堂”），线下教学活动，思政认知评价，师德师风示范引领等环节，培养学生的家国情怀、科学思维、创新能力和工匠精神。

一、课程基本情况

（一）授课对象情况分析

1. 授课对象

核工程与核技术专业本科三年级第二学期学生。

2. 学情分析

本课程授课对象为核工程与核技术专业大三本科学生，学生已经在先修课程中学习了相关数理知识，同时具有一定的观察能力和透过现象分析本质的能力；具备一定自主学习能力，这些知识和能力可以帮助学生理解和掌握核反应堆内的物理原理，并将所学知识与核反应堆工程问题相互联系。可采用案例教学法、项目驱动式学习、讨论法等开展混合式教学，深入浅出地讲授课程内容，注重学科新成果和新应用，采取启发式教学，激发学生求知欲，培养学生的创新精神和勇于登攀的科学精神。

（二）课程情况简介

“核反应堆物理分析”是面向我校核工程与核技术专业本科学生开设的学位必修课，学分 3，学时 48 课时，是核能专业区别于常规能源动力类专业的核心课程，是核工程与核技术专业的基础理论课程。该课程与工程实践有密切联系，注重培养学生运用核反应堆物理的基础知识分析和解决实际问题的能力，为后续专业课的学习提供反应堆物理理论基础知识。

课程采用“成果导向教育（outcome based education，OBE）”的教学理念进行教学设计，遵循以学生为中心、问题导向、持续改进的教育教学理念，构建了“课程+课程思政”“课程+计算机仿真”“课程+线混”“课程+项目驱动”“课程+学科竞赛”的“课程+X”创新举措，采用案例教学法、项目驱动式（PBL）教学法、探究教学法、互动教学法等方法，开展个人（小组）分析、讨论等互动教学活动，提高学生自主学习能力，培养学生善思、善问、善行的科学素养，进而实现核反应堆物理课程与思政教育、特色育人、实践创新紧密联系的育人目标。

课程自 2016 年起建设课程资源，2019 年被认定为首批校级“课程思政”示范课程，2020 年获批学校线上线下混合式课程建设项目。目前已完成 6 轮混合式教学实践，实现了“课堂活起来，学生忙起来，教学严起来”。

二、案例基本情况

（一）案例一

1. 案例简介

该案例来自于第九章第一节堆芯物理设计基础，本节主要内容为通过介绍堆芯物理设计准则说明堆芯装载方案设计、堆芯燃料管理方案设计，在该课程内容中主要融入的思政元素为科学思维和工匠精神的培养。

2. 案例内容

以我国具有自主知识产权的第三代核电技术“华龙一号”为例讲述大国重器的研发历程，培养学生的科学思维和工匠精神。

“华龙一号”由中核集团研发，具有包括 177 堆芯、CF3 先进燃料组件、能动与非能动安全系统在内的诸多先进设计特征，全面平衡地贯彻了核安全纵深防御设计原则、设计可靠性原则和设计多样化原则，创新性地采用“能动与非能动相结合的安全设计理念”，大幅提升了安全水平。“华龙一号”在实现核电技术自主创新的同时，大幅提升了我国核电装备自主化能力与水平，在设计与建造技术上具有完全自主的知识产权，满足全面参与国际核电市场竞争的要求。

2015 年 5 月 7 日，中国自主三代核电技术“华龙一号”首堆示范工程——中核集团福清核电站 5 号机组正式开工建设；2020 年 3 月 2 日 9 时 12 分，“华龙一号”全球首堆——中核集团福清核电 5 号机组热态性能试验基本完成，为后续机组装料、并网发电等工作奠定了坚实基础。“华龙一号”作为一种安全、环保的核电技术，不仅在国内落地开工，也已经随着国家“一带一路”倡议走向了海外，2020 年 4 月，巴基斯坦卡拉奇核电站 K2 核岛“华龙一号”外穹顶第 14 层混凝土浇筑完成，2015 年 2 月中阿政府《关于在阿根廷合作建设压水堆核电站的协议》也已签署，2020 年 2 月 13 日上午，英国宣告我国三代核电技术“华龙一号”在英国正式进入最终批准阶段，标志着“华龙一号”落地英国又向前迈出了极为关键的一步。在英国的落地，则标志着中国核技术向全球推广的开始。这表明由“借船出海”走向“造船出海”的中国核电技术得到了世界上越来越多国家的认可。中国核电建设已迈进新的时代，必将增强国际市场的信心，有力推进中国核电

“走出去”战略的实施。

但是“华龙一号”的研发之路并不是一帆风顺的。十多年来，“华龙一号”虽然有很多波折，甚至一度面临夭折，但始终在朝着一个方向行走，那就是自主创新。中核集团“华龙一号”研发团队在研发过程中无论遇到多少困难和挫折，都积极探索、奋发向上，最为重要的是懂得呵护着心中的“火苗”，以永不言败的精神和信念在把“华龙一号”的研发设计从概念变为了现实。

堆芯是核电站的心脏。国际上，百万千瓦核电站反应堆普遍采用157组燃料组件，而“华龙一号”大胆采用了177组的燃料组件，相比国内在运核电机组，发电功率提高5%~10%，还降低了线功率密度，为运行后的反应堆增设了一道安全屏障。这也是核电人最骄傲的地方之一：“华龙一号”反应堆采用的177组堆芯，都是“中国芯”。通过“华龙一号”的型号研发，诞生了一大批自主研发设计、安装建造、采购调试等各种人才，形成了超过10万人的核电相关技术人才队伍；而通过“华龙一号”首堆牵引，成功带动了上下游中高端装备制造业的整体升级，真正实现了“中国创造”。

（二）案例二

1. 案例简介

该案例来自于第三章第一节，本节主要内容为讲授自持链式裂变反应和临界条件，要求掌握有效增殖系数和无限增殖系数，在该课程内容中主要融入的思政元素为“两弹一星”科学家精神。

2. 案例内容

以我国“两弹一星”发展历程为例讲述科学家的努力攀登科学高峰、勇于牺牲的科学家精神，培养学生的科学家精神。

20世纪50年代中期，以毛泽东为核心的第一代党中央领导集体。根据当时的国际形势，为了保卫国家安全、维护世界和平，高瞻远瞩，果断地作出了独立自主研制“两弹一星”的战略决策。大批优秀的科技工作者，包括许多在国外已经有杰出成就的科学家，以身许国，怀着对新中国的满腔热爱，响应党和国家的召唤，义无反顾地投身到这一神圣而伟大的事业中来。在我国第一颗原子弹研制过程中，一次航投试验时出现降落伞事故，原子弹坠地被摔，当时必须有人到那颗原子弹被摔碎的地方去，找回一些重要的部件。邓稼先说：“谁也别去，我进去吧。”于是他一个人走进了那片地区，那片意味着死亡之地。他很快找到了核弹头，把摔破的原子弹碎片拿到手里仔细检验。出来后，邓稼先第一句话是：“没事了”。他的意思是说，经过他到场观看，发现弹体破裂程度不严重，大部分核材料没泄漏，不会对周边地区造成污染，不会对下风地区人民群众身体健康造成危害。可他自己身体这次却承受了远超人类能承受的辐射计量。正是当时老一辈科学家们无私奉献的精神，才成就了我国“两弹一星”的成功，第二年我国重返联合国，重新活跃在国际舞台上。

“两弹一星”事业所取得的巨大成就，是中国人民挺直腰杆站起来的重要标志，极大地鼓舞了全党全军全国人民的斗志，增强了民族凝聚力，激发了振兴中华的爱国热情。这就是“两弹一星”精神：热爱祖国、无私奉献，自力更生、艰苦奋斗，大力协同、勇于登攀！

（三）案例三

1. 案例简介

该案例来自于第四章第二节反射层的作用，本节主要内容为反射层对堆芯临界条件的影响，通过讲解有反射层核反应堆的单群扩散计算，说明反射层对核材料的节省作用和对堆芯临界条件的影响。在该课程内容中主要融入的思政元素为职业素养和社会责任。

2. 案例内容

以斯洛达博士用手掰开“原子弹”的故事讲述斯洛达在整个事件过程中表现出的社会责任和职业素养，培养学生的职业素养和社会责任。

1964 年 5 月 21 日，加拿大核科学家路易斯 · 斯洛达博士在实验室内做实验，研究铀-235 临界质量和对合问题。突然，他手中的螺丝刀不慎掉到了地上。此时两块铀一下子滑到了一起，这样重量就超过了临界质量，并发出了蓝色的闪光。这表明这块大于临界质量的铀在中子的作用下，链式反应已经开始，瞬间将引发核爆炸。怎么办？再捡起地上的螺丝刀以拨开两块铀已经来不及了，但如不立即将两块铀分开，一场意外的核灾难将在所难免。斯洛达博士深知形势万分危急，他似乎忘记了放射性对人体的危害，奋不顾身地硬是用双手将两块铀掰开了。斯洛达由于受到超大剂量核辐射，出事之后的第九天就离开了人世。为此，加拿大政府隆重表彰了斯洛达博士，人们也给予斯洛达以极高的评价，称他为“用双手掰开原子弹的人”。

这次核闪变的产额为 3×10^{15} 次裂变；钚球镀镍层仍没有受到破坏。实验室内有 8 人，分别受到 21 Sv、3.6 Sv、2.5 Sv、1.6 Sv、1.1 Sv、0.65 Sv、0.47 Sv 和 0.37 Sv（2100 rem、360 rem、250 rem、160 rem、110 rem、65 rem、47 rem 和 37 rem）的剂量。很明显斯洛达博士受到了最大量的核辐射。这次事件中，斯洛达博士的行为表现出了极高的职业素养和社会责任。

三、案例思政元素分析

本课程以潜移默化的方式融入思政元素，避免强塞硬喂，力争让学生在学习的同时感受到一股向上的力量，突出课程的育人价值。授课时引经据典，将马克思主义融入课程知识点，并贯穿整个学习过程，激发学生创新意识、培养学生创新精神以及工匠精神，让学生深刻理解推动科学技术不断创新发展是发展社会主义事业的必然要求。

根据“核反应堆物理分析”课程内容，确立“家国情怀”“大国安全”“四个自信”“两弹一星”精神及“科学思维”“创新精神”等思政元素进行思政教育。同时，结合核工业发展在民族复兴、国家富强历程中的地位和作用，以中华民族伟大复兴的中国梦引领大学生的理想信念；基于科学技术对国家、社会、自然、人类的影响，提炼爱国情怀、创新精神、科学思维、工匠精神、科学伦理、职业素养、文化自信等要素；介绍与专业课相关的科学家，挖掘本学科科学家的人格魅力和奉献精神，影响和感染学生（见图 1）。

“随着新生产力的获得，人们改变自己的生产方式，随着生产方式即谋生的方式的改变，人们也就会改变自己的一切社会关系。”

——《马克思恩格斯文集》第1卷，人民出版社2009年版，第602页

“马克思讲过科学技术是生产力，这是非常正确的，现在看来这样说可能不够，恐怕是第一生产力。”

——《邓小平文选》第3卷，人民出版社1993年版，第275页

“当今世界，正处在一个大发展、大变革、大调整的时代，人类社会充满希望，新机遇层出不穷。新一轮科技革命和产业变革正在重构全球创新版图、重塑全球经济结构。信息、生命、制造、能源、空间、海洋等的原创突破为前沿技术、颠覆性技术提供了更多创新源泉，学科之间、科学和技术之间、技术之间、自然科学和人文社会科学之间日益呈现交叉融合趋势，科学技术从来没有像今天这样深刻影响着国家前途命运，从来没有像今天这样深刻影响着人们生活福祉。”

——习近平，2018年5月28日，两院院士大会

图1　马克思主义理论中关于科技创新的重要论述

四、案例教学整体设计

在专业课程中融入思政元素类似于汤里的“盐”，过多过少均达不到应有的效果。课程在挖掘思政元素时引经据典，将马克思主义理论中关于科技创新的重要论述融入课程知识点（见表1），并贯穿整个学习过程，激发学生创新意识、培养学生创新精神以及工匠精神，让学生深刻理解推动科学技术不断创新发展是发展社会主义事业的必然要求。

作为核专业的学位必修课，结合学院特色和专业设置，充分发挥课程面向核专业需求的育人功能，遵循“以立德树人为根本，以强核兴核为己任，培养更多知核爱核新型人才”的育人原则，深入挖掘课程内容蕴含的思政元素。通过线上资源建设（“雨课堂”），线下教学活动，思政认知评价，师德师风示范引领等环节，培养学生的家国情怀、科学素养、工匠精神和创新能力。

教学组织过程中，结合学科和专业特点，设计了课程思政案例集，将专业知识与思政元素紧密结合，使学生不仅认识到学习专业知识的重要意义，同时潜移默化地进行了思政教育，提升了学生的学习兴趣。将思政认知考评纳入考核评价体系。把握定量与定性相结合，定性为主，定量为辅的原则。线上各类测试中增加与思政内容有关的客观题，作为定量测试。线下面授学生在自主探索，互动协作完成任务的同时，实现思政认知。丰富多样的教学活动使学生认识到思政内涵和专业知识密不可分，教师严谨求是的治学态度和身正为范的人格魅力也会影响学生。思政教育变为学生自发的认知需求。强烈的信念感和获得感激发了学生内心的正能量。

资源建设中，将思政案例制作成文档、视频、多媒体课件等形式，上传至“雨课堂”教学平台。比如，在资源库中呈现思政元素，使学生体会到科学研究的艰辛和科学家坚忍不拔的意志品质。

表 1　“核反应堆物理分析”“课程思政”元素与案例融入设计

思政元素	知识点与思政案例融合
家国情怀、“两弹一星”精神	知识点：自持裂变链式反应和临界条件； 思政案例：介绍我国第一颗原子弹问世的经历，展示邓稼先、钱学森等科学家的生平事迹，引导大学生认识“中华民族的脊梁”，培养学生的家国情怀和“两弹一星”精神
大国安全（核安全）	知识点：反应性控制； 思政案例：结合我国核武器研发历程及其对国家国际地位提升的作用，进行国家安全教育
四个自信、科学思维、创新精神	知识点：核反应堆的主要类型； 思政案例：介绍我国自主研发的“华龙一号”核电技术走出国门，落户巴基斯坦等国的历程，以及“一带一路”能源合作领域内实施的核电发展之路
科学精神	知识点：慢化剂的选择； 思政案例：1942 年费米等科学家利用天然铀和石墨块设计并建造成世界上第一个反应堆，培养学生严谨的科学态度、勇于探索和创新的科学精神
职业素养、社会责任	知识点：反射层的作用、临界条件； 思政案例：斯洛达“用手掰开原子弹”的事件介绍，强调科学家们在工作中体现出的职业素养、社会责任
人类命运共同体	知识点：反应性系数； 思政案例：结合切尔诺贝利核事故原因，通过价值引导，引入人类命运共同体的战略
绿色中国	知识点：裂变能； 思政案例：1 kg ^{235}U 完全裂变产生的能量相当于 2 800 t 标准煤完全燃烧所产生的能量值，介绍核能的优势（高效、清洁、经济），结合国家核电发展规划引导学生关注国家绿色发展理念

五、教学实践过程回顾

（一）案例教学实施

在案例教学法实施时，首先由教师选定并介绍具有代表性的典型实例，比如，“华龙一号”的技术特点和研发历程，随后引导学生提出自己的想法和建议，教师引导学生分组讨论，对问题进行探讨和分析，并逐次归纳出教学内容，给出工程解决方案，在案例教学过程中引导学生体会其中的科学精神、职业素养等。案例教学法在本课程中已实施过 3 个教学周期，效果显著。

实践结果表明，这种教学方法强调学生的充分参与，能够充分调动学生的积极性、主动性和自觉性，促进学生思考能力和实际操作能力的提高，有利于培养学生独立分析解决问题的能力和创新能力，并使教师和学生在良好的互动之中，实现教学相长。案例教学法在“核反应堆物理分析”课堂中的组织与实施的流程见图 2 所示。

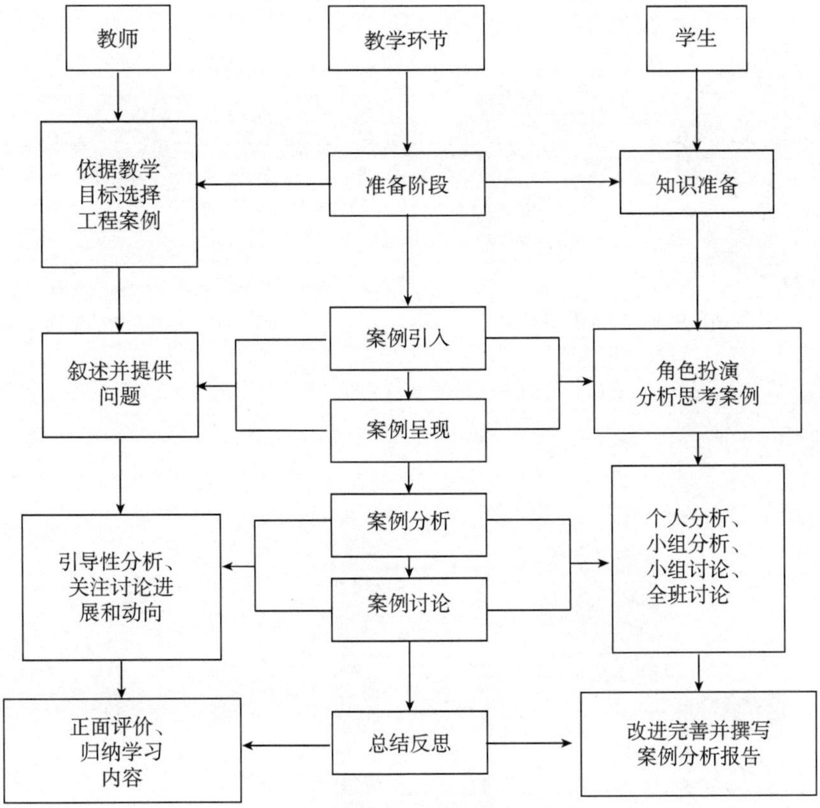

图 2　案例教学实施流程示意图

(二)“课程+计算机仿真”，实现多手段互融共促

结合数字时代人才培养需求，构建“核反应堆物理分析”课程和专业人才创新能力培养互融共促的教学模式。已经建成了“核反应堆物理+计算机仿真”的课程融合教学模式，学生在掌握了基本知识原理的基础上，借助蒙特卡罗专业软件 MCNP、RMC、Geant4、SRIM 等对各种反应堆堆芯进行仿真计算研究、复杂定理的直观呈现经典应用案例进行堆芯建模、核电厂仿真运行、可燃毒物棒的物理性能研究（见图 3）等。混合授课的教学模式保障了线下面授课有比较集中的时间研究融合案例。采用查阅资料、主题讨论、分组任务、项目驱动、课程报告等方式，培养学生处理复杂问题的能力。

通过专业程序编程后直观生动的可视化展示和核数据的处理，学生不仅认识了“反应堆堆芯”这一课程学习对象、“核安全”这一贯穿课程始终的内化思想，更领悟到“堆芯安全”必须建立在反应堆中子学可靠性上。从根本上突破了“直觉”的局限，懂得透过现象看本质，体现课堂教学的“两性一度”。

以教学内容与计算机仿真融合为起点，进一步打破基础知识与专业应用壁垒，将课程中的案例教学直接面向专业，建立多手段互融共促的教学模式。知识与技能之间相互赋能，实现了基础知识促进专业能力提升，专业能力反哺基础理论知识的目的，鼓舞了学生深度学习的信心和动力。

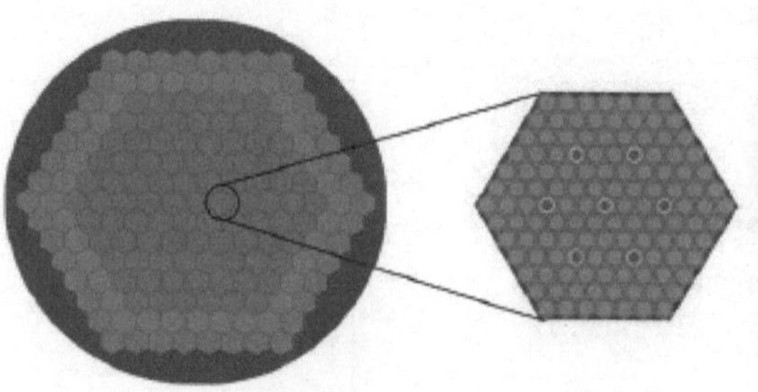

（a）中国钠冷快堆(CFER)堆芯仿真

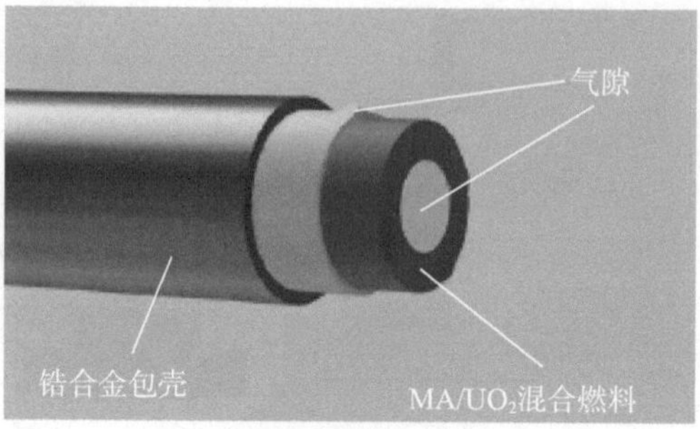

（b）环状MA嬗变棒的结构设计

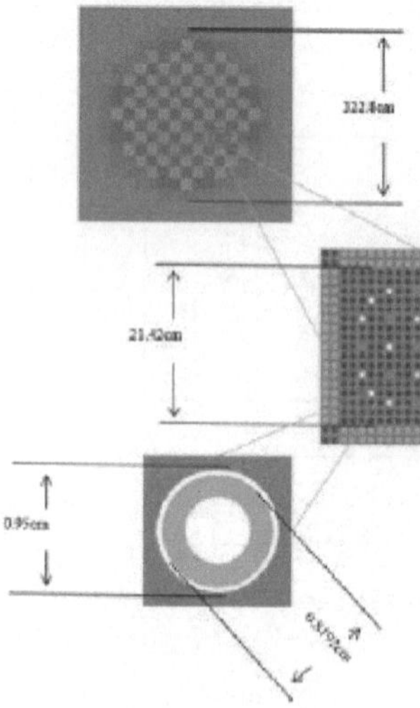

（c）压水堆(PWR)堆芯建模

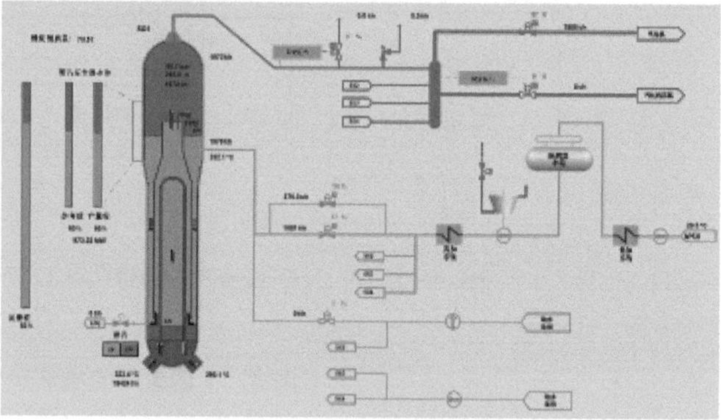

（d）SIREP1300仿真运行

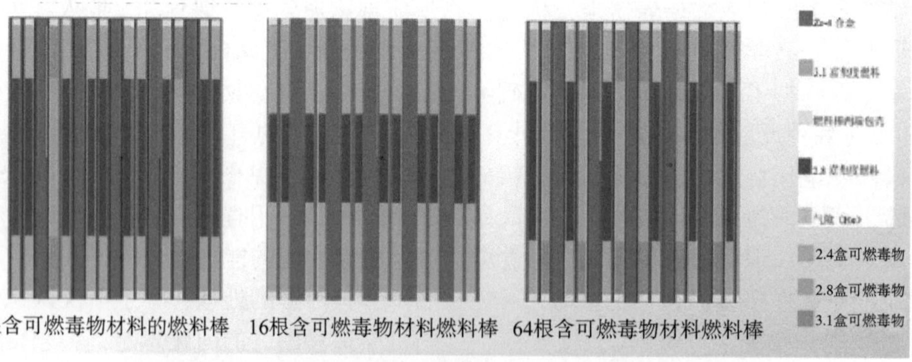

（e）非均匀毒物棒物理性能研究：含可燃毒物材料的燃料组件X-Y示意图

图 3　核反应堆物理课程中的计算机仿真计算研究工作

（三）“线混+项目驱动”混合教学形态，提升学生实践创新能力

经过多年积累，我们已经建成了全面完整的“雨课堂”平台资源，不仅探索出了符合

我校人才培养需要和学生实际水平的“线混+项目驱动”的教学形态，也为整合教学内容、融合教学模式、结合教学育人提供了强有力的平台支撑和运行动力。全新的教学形态保证在现有学时、教师和教室资源不变的情况下，有集中的时间讨论课程融合案例和计算机仿真计算研究问题（见图 4），增加了实践教学环节。

图 4　小组讨论与项目汇报

线混模式下的“线上自学”取代了“大班授课”，同时“线下面授”组织成“小组讨论”。学生在线上可以完成一级知识点和部分二级三级知识点的自主认知，线下面授课采用 BOPPPS 六步教学法（见图 5）。第三步“前测”过程中全员参与学情诊断，运用翻转教学的方式解决线上自主学习中遗留的问题，实现当堂持续改进。第四步“参与式学习”过程中主要用于实践教学，深入讨论融合案例和建模案例。基于团队的学习、问题的学习、案例的学习、探究的学习等先进的教学方法，在小班讨论中得以实现。学生们围绕案例进行讨论、辩论、演讲和小组项目等高阶教学活动。原本复杂的融合案例和难以求解的物理模型，在计算机仿真设计的辅助下迎刃而解，激发了学生强烈的好奇心和求知欲。通过高阶教学活动，学生获得的不仅是知识，而是全方位的能力提升。最终，教师在教学上的创新内化成了学生自我要求、自我驱动的学习的创新。

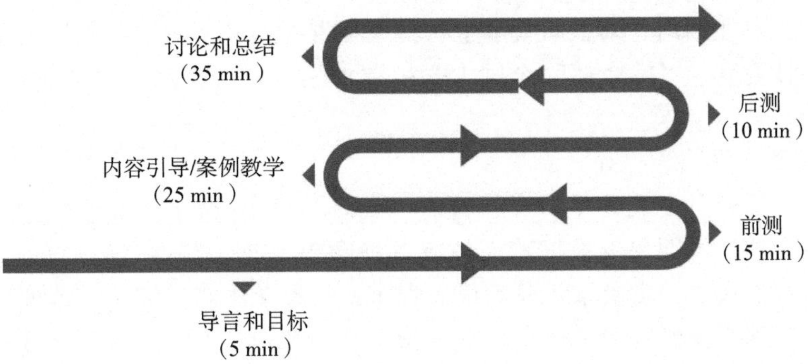

图 5　BOPPPS 教学设计

（四）“课程+学科竞赛”，目标主导提升学生获得感

为了激发学生参与实践创新的积极性，结合学生本身对高阶能力的培养需求，作为项目驱动式教学的抓手，学科竞赛被引入课堂教学。通过实施发现，以学科竞赛为抓手的项目驱动教学能更好地提升学生高阶学习的获得感。教师经过梳理专业关联度较大的学科竞赛，并将其融入课程项目供学生选择和训练，学生在学习掌握高阶知识的同时，能够在学科竞赛中收获各类获奖证书，极大地促进了学生应用核工程基础知识的兴趣和能力。而且，学科竞赛是师生互动最好的平台，特别有利于学生运用知识、能力培养和素质塑造。学科竞赛的开展，让教师和学生有了交流的共同语言，师生更容易拉近关系，形成亦师亦友的平等关系，通过指导教师的人品、才能、素质、性格、态度各方面来影响和培育学生，潜移默化中帮助学生形成独立思考、独立选择、独立解决问题的认识及行为能力。

六、创新性与效果总结

（一）创新性

以思政育人、科创育人为主线，充分利用现代化信息技术，实施“课程+X”的创新探索与实践，加强新时代爱国主义教育，确立并融入“家国情怀”“大国安全”“四个自信”“两弹一星”精神，及“科学思维”“创新精神”等思政元素，搭乘国家大力发展核能事业的东风，发挥核专业特色课程的优势，以“唤醒—赋能—成长—成才”的理念促进学生的全面发展，努力提升核工业人才培养质量，促进核工业单位就业，为党育人，为国育才。

（二）效果总结

1. 学生创新实践能力大幅提升

以2021春季学期授课对象2018级学生的创新实践成果为例说明学生实践创新能力的提升。学生凭借反应堆物理课程中计算机仿真呈现的课程融合案例申请国家发明专利7项（已授权4项），实用新型专利4项（均已授权），创新基金立项3项。建成了课程融合案例库，使更多学生受益。

课程负责人指导学生参加全国高校学生课外“核+X”创意大赛，获得国家级三等奖、优秀奖各一项，参加四川省第三届大学生材料大赛省级三等奖一项；全国大学生节能减排社会实践与科技竞赛、“挑战杯”全国大学生课外学术科技作品竞赛均斩获校级一、二、三等奖若干项。

2. 教师教研水平明显提高

近三年来，课程负责人共主持参与科研、教研项目10余项，其中国家级科研项目5项，省级项目4项，本课程也被推荐为校级首批课程思政示范课；撰写科研教研论文20余篇；曾获教育部核工程类教学指导委员会青年教师教学比赛一等奖、微课作品荣获中央电教馆第二十五届全国教育教学信息化交流微课研讨作品（国家级）、院级教学比赛一等奖、校级教学比赛二等奖。依托我校“核电站仿真计算平台”的资源优势，课程负责人与

中物院专家共同组建了“中子应用技术创新团队”，课程负责人牵头的科研团队“辐射物理技术团队”成功入驻我校范国滨院士工作站，团队资源有力保障了核反应堆课程中物理课程的全面育人。

参考文献

[1] 邢继，吴琳．中国自主先进压水堆技术“华龙一号”（上册）[M]．北京：科学出版社，2020. 12.

[2] 刘保林．中华复兴巨龙腾飞——记中核集团“华龙一号”总设计师邢继 [J]．中国产经，2022（09）：70-77.

[3] 杜祥琬．“两弹一星”精神是中华民族的脊梁 [C]．中国“两弹一星”历史研究高层论坛．中国核学会；中华人民共和国国史学会，2014.

[4] 童建松．用双手掰开“原子弹”的人 [J]．青少年科技博览，2006（9）：1.

[5] 叶滨，吕会议，姬彦玲．“核反应堆物理分析”课程实施思政教学的设计与实践 [J]．新教育时代，2020（1）：151.

[6] 叶滨，李显寅，姬彦玲，等．新工科背景下“核技术应用”课程思政教学设计与实施 [J]．高教研究：西南科技大学，2023，39（1）：76-78.

[7] 叶滨，李显寅，姬彦玲，等．“核反应堆物理分析”课程案例教学法的探索与实践 [J]．高教研究：西南科技大学，2019，35（1）：76-78.

[8] 叶滨，姬彦玲，吕会议。案例教学在“核反应堆物理分析”教学中的应用 [J]．求知导刊，2018，8（22）：107.

[9] 叶滨，代晓茜，姬彦玲．“核反应堆物理分析”“课程+X”教学改革创新案例研究 [J]．新教育研究，2023，3：82-84.

[10] 叶滨，李显寅，代晓茜．面向深度学习的 PBL 教学设计与实践——以“核反应堆物理分析”课程为例 [J]．高教研究：西南科技大学，2021，37（4）：75-78.

"核材料学基础"专业课程思政案例

马显锋，朱　斐，王宇舟，王　达，许谨涛

（中山大学中法核工程与技术学院，广东　珠海　519082）

摘　要："核材料学基础"是核工程与核技术专业的重要基础理论课程。本课程主要讲述我国核工业体系对核材料的需求，讲述核材料的成分、组织结构、制备工艺和性能之间的相互关系，指导核材料的设计和应用，并为学习后继专业课程、从事核材料科学研究和核工程技术工作打下坚实的理论基础。本课程的讲授中选取了几个代表性课程思政案例，例如，"中国核能之父"卢鹤绂先生1941年回到中山大学工作的感人事迹、我国锆合金的自主化历程、我国高温气冷堆燃料元件自主化、我国核材料科学的开拓者李恒德先生事迹等融入课程内容，以达到培养学生们强烈的爱国情怀和热爱学习的科研兴趣。在此基础上，借鉴中山大学十多年来引进吸收和改革实践法国预科—工程师教育经验，引导学生感受核学科前沿魅力和深厚底蕴，发挥学生主动学习能力，为我国核事业培养卓越核能工程师人才。

一、课程基本情况

（一）授课对象情况分析

本门课程的授课对象为本科二年级学生，是核工程与核技术专业本科必修课程，共54个学时。旨在帮助学生更好地理解核电设备材料的基本概念和特殊要求，增强在专业课程方面的能力，开展一门以核材料的成分、组织结构、制备工艺和性能之间的相互关系为主题的专业基础课程。

本门课程旨在帮助学生了解核电设备材料的性质、特点、制造工艺和服役要求等方面的知识，通过深入剖析核电设备材料的特点和服役要求，引导学生逐步建立起清晰的概念和理解，并运用相关数学和物理知识来解决实际问题。同时十分重要的是，在专业知识讲授中穿插合适的思政元素，培养学生们强烈的爱国情怀、浓厚的科研兴趣，激发积极投身我国核科学事业的热情。

在本门课程中，将采用多种教学方法，包括课程讲解、案例分析、小组讨论和实践操作等，以确保学生能够充分理解和掌握核电设备材料的相关知识。同时，注重培养学生的创新思维和解决问题的能力，以帮助他们更好地适应未来的工作和生活。

通过本门课程的授课，能够帮助学生建立起扎实的专业基础，培养对核专业的热爱，提高综合素质和专业技能，为在未来的学习和工作中守正创新打下坚实的基础。

（二）课程情况简介

"核材料学基础"课程以教师课堂讲解为主，其中理论课为26学时，导学课28学时。

本课程充分发挥中法核工程与技术学院中法融合、夯实基础的培养理念，融合法国预科—工程师培养模式，采用讲学—导学—实践多样式课程促进学业。其中导学课为小班教学，以学生练习、学生讲解为主，教师指导为辅，共 28 学时。考核方式包含：随堂测试、课后作业（计入平时成绩）、一次期末考试。

本课程主讲教材为胡赓祥和蔡珣著的由上海交通大学出版社 2010 年出版的第三版《材料科学基础》。并推荐潘金生、仝健民、田民波等著的修订版《材料科学基础》和崔忠圻、刘北兴著的第三版《金属学与热处理原理》额外参考书。课程内容如表 1 所示。

表 1　“核材料学基础”专业课程内容

章	课程内容
第一章	核材料学绪论
第二章	原子结构与键和
第三章	典型核材料固体结构及应用
第四章	核材料中的典型晶体缺陷及影响
第五章	固体中原子与分子的运动及应用
第六章	核材料的变形和再结晶及应用案例
第七章	核材料相图及应用案例
第八章	核材料学的总结与展望

教学基本要求：(1) 一般了解核材料的发展史、核材料科学的研究对象和内容以及学习本课程的目的意义和要求；(2) 一般了解物质是由原子组成，组成材料的各元素原子结构和原子间的键合；(3) 牢固掌握核材料的晶体学基础、金属的晶体结构、合金的相结构；(4) 牢固掌握与核材料相关的典型晶体学缺陷，点缺陷：空位与间隙原子、点缺陷的运动、点缺陷的平衡浓度，线缺陷：位错的基本结构、位错的运动、位错的弹性性质、实际晶体中的位错，面缺陷：晶界、孪晶界、相界、外表面；(5) 一般掌握核材料在外力作用下的塑性变形过程、机理，组织结构对性能的影响规律以及变形材料在加热过程中产生回复再结晶现象；(6) 一般掌握扩散第一、第二定律和原子理论：扩散中原子的迁移机制，了解影响扩散速率的因素；(7) 一般掌握相图、相平衡条件和纯晶体材料的凝固理论，一般了解多种生长机制和凝固理论的应用；(8) 牢固般掌握相图的热力学基础知识，成分—自由能曲线，一般掌握匀晶、共晶、包晶和溶混间隙三种基本相图和其凝固特点以及成分过冷对组织形态的影响，一般了解平衡凝固和非平衡凝固的组织变化。

二、案例基本情况

（一）案例一：卢鹤绂事迹

卢鹤绂是中国核能科学研究的先驱之一，与中山大学有着深厚的渊源。他对中国核能事业的发展做出了卓越的贡献。卢鹤绂，1914 年出生于辽宁沈阳，理论物理与核物理学家，被誉为“中国核能之父”。1936 年毕业于燕京大学，就读期间积极参与“一二・九”

等爱国救亡运动，任职纠察队，护送游行队伍。1941 年以题为《新型高强度质谱仪及在分离硼同位素上的应用》的论文获美国明尼苏达大学博士学位。1941 年，卢鹤绂与妻子一同回国，任职中山大学教授。任职期间卢鹤绂经常背着孩子做家务，做完家务继续在油灯下备课，并准时前往古庙给学生上课。随着日本侵华战争的发展，被迫向西迁移，被同样流亡中的广西大学和浙江大学聘为教授。

卢鹤绂在中山大学工作期间，完成了题为《重原子核内之潜能及其利用》的论文（见图 1），发表在《科学》杂志上，该文全面阐述了核裂变的实验发现及理论，并预言了人类大规模利用原子能的可能性，被学界普遍认为是“中国科学家第一个给中国读者全面介绍原子能物理知识及其应用”的科学著述。1947 年卢鹤绂在《美国物理月刊》发表《关于原子弹的物理学》一文，诠释了原子弹机理，并提出了简单估算临界体积的独特方法，被誉为“世界上第一个揭露原子弹秘密的人”。此外，卢鹤绂在回国后不久，其国外同事凭借与其共同研究的课题获得了诺贝尔物理学奖，被称为“错过诺奖的人”。欣慰的是卢鹤绂给祖国培养了大量核学科基础人才。

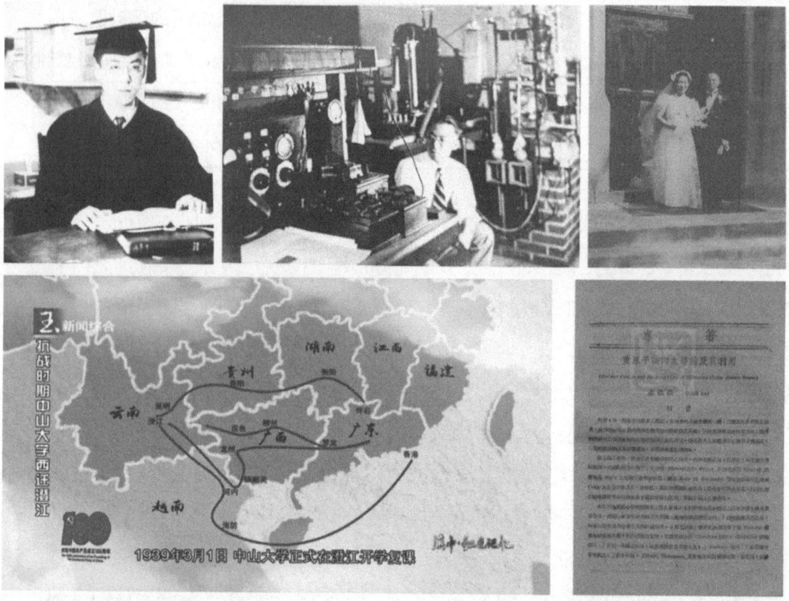

图 1　左上：年轻时的卢鹤绂，中上：研究生期间在实验工作的卢鹤绂，右上：卢鹤绂与吴润辉在美国喜结连理，左下：中山大学西迁路线图，右下：《重原子核内之潜能及其利用》论文首页

（二）案例二：中国锆合金的自主化——锲而不舍，金石可镂

我国的核燃料元件从最初完全依赖到进口，到目前实现中国锆合金的自主化，走过了几代人艰辛的奋斗历程。中国核动力研究设计院锆合金材料研发项目总设计师——赵文金（见图 2），自 1986 年开始接触锆合金的基础研究工作，他率团队用了近 40 年时间，研制出拥有自主知识产权、性能位居国际前列的 N36 锆合金包壳管，解决了“华龙一号”的“中国芯”——CF3 燃料组件中最重要的材料难题。

图 2　“华龙一号”CF3 燃料组件材料总设计师——赵文金

（三）案例三：我国高温气冷堆燃料元件自主化——求知若渴，推陈出新

“全球首座”球床模块式高温气冷堆核电站示范工程建设是我国在核能领域的一次重大突破，更是对我国科技工作者勇攀科技高峰的极致考验。高温气冷堆（见图 3）作为核能技术的重要创新，其燃料元件的自主化关系到我国核能产业的自主发展。清华大学王大中院士率领团队经过数十年努力，攻克燃料元件及材料的关键问题，实现科技创新和产业化应用，是我国从跟跑到并跑，最终实现领跑的成功案例，使得我国在该先进核能技术领域领先世界。王大中院士也在 2020 年获得国家最高科学技术奖。本案例将介绍我国高温气冷堆燃料元件自主化的历程、关键技术的突破及科技工作者的贡献。

图 3　中国高温气冷堆工程

（四）案例四：李恒德——赤子情怀，以身相许

中国核材料科学的开拓者李恒德，材料科学家，中国工程院首批院士。1921 年李恒德先生出生于河南贫寒的小职员家庭，“九·一八”事件爆发后，高中生的李恒德（见图 4）到街头进行演讲，宣传抗日和抵制日货。后来抗日战争爆发，为躲避日寇轰炸，先后辗转去到武汉、长沙参加大学统一招生考试，以优异成绩进入西北工学院学习。长沙会战之际，为从长沙到陕西求学，李恒德先生乘坐煤船、卡车等到达湖北襄樊（现襄阳），然后步行到河南淅川，骑自行车经紫荆关、商洛、蓝天，翻越秦岭到达西安。1942 年毕业于西北工学院获学士学位，1947 年获美国卡内基理工学院获硕士学位，1953 年获美国宾夕法尼亚大学获博士学位。1954 年底回国，1956 年，为了培养原子能方面的人才，清华大学成立了工程物理系，李恒德负责筹建我国第一个核材料专业，为国家核事业培养了一大批关键人才，为中国核材料科学的发展做出了卓越贡献。李恒德是新中国核材料科学的开拓者，他在国际上最早进行铍单晶塑性形变研究并阐明了铍的脆性机制和本质；利用凝胶沉淀法最早在中国研制出二氧化铀微球；提出并主持了中国锆合金管材的氢氧化物分布研究。

图 4　左：李恒德高中证件照；右：1946 年李恒德（前排右二）匹兹堡与同学合影

三、案例思政元素分析

（一）案例一：卢鹤绂事迹

（1）追求科学真理，服务祖国需要

卢鹤绂是一位伟大的科学家，他一生追求科学真理，以服务祖国需要为己任。1941 年获美国明尼苏达大学哲学博士学位后，毅然选择回国加入中山大学。在核能科学领域，他率先开展了核反应堆和核燃料循环的研究，为中国核能事业的发展奠定了基础。

（2）坚韧不拔，奋斗不息

卢鹤绂在科研道路上坚韧不拔、奋斗不息。在研究过程中，他遇到了许多困难和挑战，但他始终坚持不懈努力，最终取得了丰硕的成果。1942 年，他在广东坪石镇塘口村执

笔撰写《重原子核内之潜能及其利用》一文，第一次全面介绍了核裂变的实验发现和理论认识，预言大规模利用原子能的可能性，开启中国核能理论教学与科研的先河，坪石因此被称为“中国核能理论的启蒙之地”。这种精神可以激励学生克服困难，不断进取。

（3）重视人才培养，传承科学精神

卢鹤绂非常重视人才培养和科学精神的传承。他不仅在自己的研究领域取得了卓越的成就，还培养了许多优秀的科学家和工程师。卢鹤绂执教50余年，培养了大量科技人才。在他的带领下，中国核能科学研究逐渐走向世界领先地位。

（二）案例二：中国锆合金的自主化——锲而不舍，金石可镂

介绍赵文金及其团队的基本情况，包括研发历程、成果和困难等。

讲解锆合金在核电站反应堆中的作用和重要性，以及N36锆合金包壳管的研发背景和意义。

描述赵文金及其团队在研发过程中的艰辛和付出，包括反复试验、印证性能、工程化批量生产等环节。

分析我国锆合金自主化的成功原因和所面临的挑战，以及未来发展趋势。

引导学生思考科技工作者的精神追求和对国家发展的贡献，激发他们的爱国情怀和创新意识。

（三）案例三：我国高温气冷堆燃料元件自主化——求知若渴，推陈出新

通过本案例，让学生了解我国在高温气冷堆燃料元件自主化方面的科技突破，培养学生的创新意识、爱国情怀和团队合作精神。

高温气冷堆燃料元件的背景介绍：介绍高温气冷堆的基本原理和特点，以及燃料元件的重要地位。

我国高温气冷堆燃料元件自主化的历程：从最初的技术引进到自主研发，再到批量化生产，详细阐述每个阶段的发展历程和重要事件。

关键技术的突破：重点讲述在高温气冷堆燃料元件自主化过程中，如何攻克关键技术难题，实现自主创新。

科技工作者的贡献：介绍科技工作者在高温气冷堆燃料元件自主化过程中的辛勤付出和无私奉献，突出他们的创新精神和持久耐力。

（四）案例四：李恒德——赤子情怀，以身许国

20世纪60年代，我国核弹的成功爆炸，相应的核材料的成功研制，离不开一位科学家，他就是著名材料科学家、留美中国科学工作者协会的创立者之一——李恒德。留美中国科学工作者协会以“响应解放，准备回国”为宗旨，号召大家积极准备归国，为新中国贡献自己的力量。李恒德的一生始终与祖国同呼吸、共命运，特别是为号召一大批留美科学家归国发挥了重要作用。1950年，计划归国的李恒德及其朋友受到了美国移民局的威逼和恐吓，其朋友也被美国政府拘留和驱逐出境。在这样的条件下，李恒德依然坚定归国报效之心，积极与美政府作斗争。1954年历经千难万阻，才得以踏上归国之路。

通过本案例，可以让同学们体会老一辈科学家们的爱国情怀以及“千磨万击还坚劲，任尔东西南北风”的精神，同时培养学生们强烈的爱国情怀，激发学生们投身科研为我国社会主义事业和伟大复兴贡献自己力量的激情，同时培养学生对核材料课程学习和研发的兴趣。

四、案例教学整体设计

（一）案例一：卢鹤绂事迹

（1）课堂上的介绍文案

1941 年秋，抗日战争的硝烟弥漫在祖国大陆，一个年轻人却毅然决然地从美国回到了祖国大陆。由于抗日战争期间，很多从美国回来的人会携带贵重的黄金或者珍贵的日用品或药品，因此这个在中国香港炎热天气中穿着臃肿大衣过境的年轻人引起了安检人员的注意，安检人员本以为“有鱼入网”，一番里里外外地搜查之后，发现这大衣中全部都是硬邦邦的物件，让人大跌眼镜的是大衣中放满了英文物理学书籍和研究资料。安检人员也从未见过有谁将书籍当宝贝随身携带的，并好心地说：正在打仗的时候回国，你真是连命都不要了，还要带这么多书？小伙子沉默良久后拿出了一封中山大学的教授聘书（见图 5）。聘书一出，安检人员顿时对这个年轻人肃然起敬，立马放行。因为，一个 27 岁的教授，一个冒险回国的英才，值得他敬礼。这人就是中国核能之父——卢鹤绂。

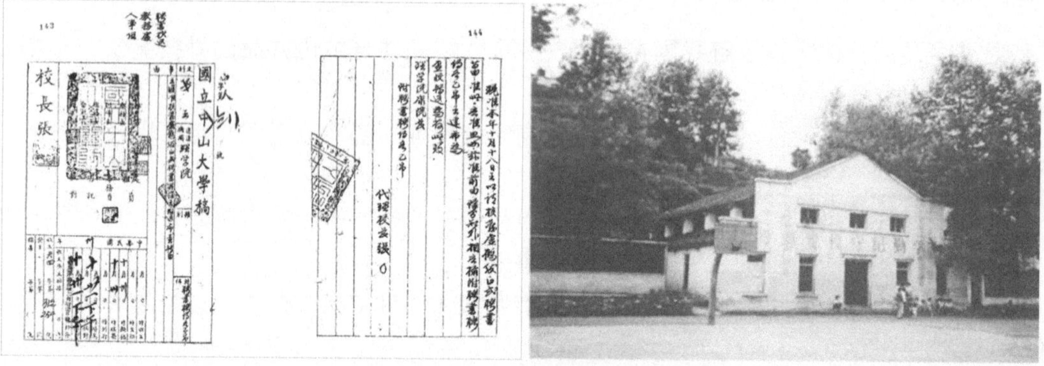

图 5　左：中山大学对卢鹤绂的聘书；右：卢鹤绂在广东坪石中山大学任教的校本部

（2）将卢鹤绂的事迹融入核能科学与技术课程中，可以采用的方式

课堂讲解：在讲解核能科学的发展历程时，引入卢鹤绂的科研成果和贡献，让学生了解他在中国核能事业中的地位和作用。在讲述“核材料科学基础”这门课第二章原子结构与键和时，教师通过介绍卢鹤绂发现的热离子发射的同位素效应，以及其发明的在质谱仪中测定轻同位素丰度比的时间积分法的故事，从而介绍清楚同位素的概念。此外在第二章讲解课程中原子半径及其金属性和非金属性随元素周期表的演变规律，以及第三章典型核材料结构的原子半径和晶格常数时，教师利用卢鹤绂提出的最早期的原子核壳模型以及其首次提出了核半径新的计算公式来引出相关课程内容。引导学生思考并计算晶体中的原子半径和晶格常数。

案例分析：选取卢鹤绂的事迹作为案例进行分析，引导学生探讨他的科研精神和追求科学真理的精神。

小组讨论：安排讨论卢鹤绂的科研经历和成就，探讨他的科学精神和追求对当代学生的启示。

实践操作：安排实践操作环节，带领学生到广东坪石镇塘参观中山大学乐昌办学旧址，让学生亲身感受卢鹤绂在艰苦环境下的奋斗历程，学习卢鹤绂严谨的科学态度和追求卓越的精神。

（二）案例二：中国锆合金的自主化——锲而不舍，金石可镂

（1）课堂上的介绍文案

一根直径 9. 5 mm，管壁只有 0. 57 mm、长近 4 m 的细管，几十年来一直是我国核能领域的“卡脖子”技术之一，这就是核燃料包壳材料 Zr 合金。作为水冷堆的“第二道安全屏障”，这根细管需要耐高温、耐腐蚀、耐强辐照，其研制十分复杂，技术要求极高，此前一直被少数国家所垄断。一个核反应堆堆芯需要近 6 万根这样的管子，基本每 18 月需要更换一次。研制出自主知识产权的包壳管，不仅能填补国内核电技术空白，不再受制于人，还将产生巨大的经济效益。1986 年开始接触锆合金的中国核动力研究设计院锆合金材料研发项目总设计师——赵文金，坚持了近 40 年，终于研制出拥有自主知识产权的核电站“中国芯”。1991 年，新型锆合金研发工作正式启动，光是确定合金成分，科研团队就用了 5 年。经过长时间的加工工艺摸索，1998 年，N36 品牌诞生（见图 6）。然而，万里长征，这只能算是开始，N36 能否商用还有很长的路需要走。2001 年，赵文金带领团队，进行了长达 9 年的堆外性能实验，获得了物理、力学等全面性能数据，为国家立项奠定了扎实基础。2010 年，国家启动重大科技专项，N36 新型锆合金包壳管作为重要项目位列其中。2017 年，经过 5 年 4 个循环的堆内辐照考验，经历了几代人的努力，我国具有自主知识产权的 N36 锆合金诞生了。一万三千多个日日夜夜，赵文金全身心投入到我国自主锆合金的研发中，历经坎坷，矢志不渝。目前，“华龙一号” CF3 燃料组件已经投入商用，赵文金及团队以非凡的决心和毅力，在核动力研发一线坚持自主创新，不断勇攀高峰，终于为“华龙一号”装上了“中国芯”！

图 6　左：N36 新型锆合金包壳管成品；右：赵文金在展示 N36 新型锆合金包壳管样品

（2）将中国锆合金的自主化融入核能科学与技术课程中，可以采用的方式

课堂讲解：① 在“核材料学基础”这门课的第三章——典型核材料的固体结构时，通过赵文金团队研发 Zr 合金事迹（Zr 合金为 HCP 结构）引出本节课程内容，通过 Zr 合金晶体结构的讲解、锆合金晶格常数和原子半径的计算等讲解清楚 HCP 结构；② 此外介绍我国锆合金的自主化历程，介绍我国国产锆合金的制备工艺，介绍相关元素的添加，让学生更加形象地理解间隙式固溶体和置换式固溶体的概念，进一步引导学生计算 HCP 结构中四面体间隙和八面体间隙尺寸，及其相关元素添加可能造成的晶格畸变；③ 在“核材料学基础”这门课的第七章——核材料相图，同样以 Zr 合金为例子，讲解相图的基本知识，同时结合国产锆合金的例子介绍如何利用相图指导材料的生产与制造；④ 此外，介绍赵文金及其团队在国产锆合金上做出的努力，以及为国家所做出的贡献，引导学生积极学习，培养学生爱国奉献、艰苦奋斗的精神。

案例分析：通过视频资料、图片和实物展示等方式，让学生更加直观地了解锆合金包壳管的结构、性能和应用等。

小组讨论：安排小组讨论锆合金包壳管的自主化历程和赵文金及其团队的努力，引导学生深入思考科技工作者的精神追求和对国家发展的贡献，激发他们的爱国情怀和创新意识。通过课后作业和小组报告等方式，让学生巩固所学知识和提高团队协作能力。

（三）案例三：我国高温气冷堆燃料元件自主化——求之若渴，推陈出新

（1）课堂上的介绍文案

东荣成石岛湾，全球首座球床模块式高温气冷堆（见图 7）核电站示范工程现场，工程走向商运前的最终调试正在紧张进行。2021 年 12 月 20 日，示范工程并网成功，我国成为世界少数几个掌握第四代核能技术的国家之一。标志着我国在核电领域走在了世界前列。

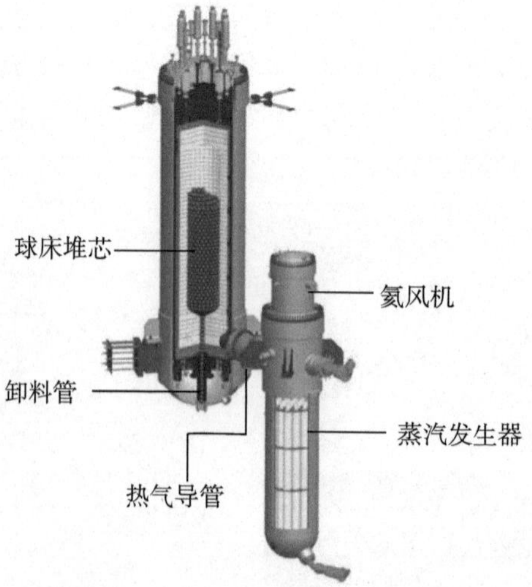

图 7　石岛湾高温气冷堆示意图

提起高温气冷堆，就不得不提及该堆型使用的球形燃料元件（见图 8）。作为高温气

冷堆的能量源泉、固有安全性的最重要基础，球形核燃料元件是一项“买不来、要不来、讨不来”的关键核心技术。六十多年来，几代员工不懈奋斗，一直用创新发展助推核燃料事业不断向前。历经十余年时间，中国人终于将球形燃料元件这一关键核心技术掌握在了手中。

图 8　球床模块式高温气冷堆使用的燃料球

（2）将我国高温气冷堆燃料元件自主化融入核能科学与技术课程中，可以采用的方式

课堂讲解：通过教师讲解，使学生了解高温气冷堆燃料元件的基本原理和特点，以及我国在高温气冷堆燃料元件自主化方面的科技突破。

案例分析：通过分析我国高温气冷堆燃料元件自主化的历程和关键技术的突破，培养学生的分析能力和解决问题的能力。

小组讨论：通过小组讨论，让学生深入探讨高温气冷堆燃料元件自主化的重要性以及科技工作者的精神实质。

实践操作：通过实践操作，让学生亲自体验高温气冷堆燃料元件的生产过程和相关设备的操作方法。

（四）案例四：李恒德——赤子情怀，以身相许

在介绍“核材料学基础”这门课程时，首先引出我国核材料学科的由来，并介绍我国核材料学学科的奠基人李恒德先生（见图 9）。

（1）课堂上的介绍文案

“人最宝贵的东西是生命，生命属于我们只有一次。一个人的生命是应当这样度过的：当他回首往事的时候，他不因虚度年华而悔恨，也不因碌碌无为而羞愧……”李先生的人生，正是这样一种人生的境界的真实写照。

观看采访视频和阅读文章：课堂上播放李恒德先生赤子情怀的采访视频（http：//www. mmcs. org. cn/gz/1224/2692/2695/2016-04/134029. shtml）。可以带领学生们阅读李恒德先生的文章《不屈的斗争自豪的胜利》。

（2）将李恒德的事迹融入核材料学基础课程中，可以采用的方式

课堂讲解：讲述材料的塑性变形和再结晶这一章节。① 介绍单晶材料的塑性变形行为和机制时，可以引入李恒德关于铍单晶塑性形变行为及铍的脆性机制研究内容，带领学生走一遍李恒德在该问题上的思考历程，领略李恒德的风采，同时激发同学们的学习兴趣

图 9　上：李恒德（左一蹲者）参加在麦黛湖召开商讨争取回国的会议；下：李恒德照片及其题字

以及科研激情。② 介绍多晶材料的塑性变形和再结晶时，可以结合我国关键核电装备材料（比如国产核用压力容器钢、CF3 自主燃料组件等）的自研和发展历程，通过介绍这些关键材料的制备工艺等引入材料的塑性变形和再结晶。同时介绍李恒德在国内最早开始研究核燃料材料及带电粒子束辐照效应；带领团队研究制定铀的晶粒度标准；带领全班同学进驻西北有色金属加工厂，提出并主持了我国锆合金管材的氢氧化物分布研究，为我国锆管生产过程中的质量控制和避免反应堆内因氢化物分布不利而发生断裂事故发挥了重要作用等事迹和成果。③ 此外，在讲述固体中原子及分子的运动这一章节，可以结合李恒德在金属离子束表面改性研究方面的贡献，同时结合现实处理工艺（比如渗氮工艺、阻氢涂层等）的例子讲述相关知识。让同学们深刻理解相关知识是如何应用于现实的工业生产和制造的，同时让学生对我国核材料的开拓者——李恒德先生产生敬佩之情，并以此为榜样。

案例分析：可以分享李恒德一生与祖国同呼吸、共命运的事迹，同时选取李恒德有关科研成果作为教学和知识案例进行分析，培养学生们强烈的爱国情怀、学习和科研兴趣。

小组讨论：① 可以安排小组讨论李恒德为祖国无私奉献的精神，作为大学生应当如何向李恒德学习，当下可以做些什么；② 讨论李恒德的科研成果，结合本课程知识去探讨李恒德先生当时的科研思路；通过提问："如果是同学们在进行该研究，你们有什么好的思路或是建议。"培养学生自主思考能力和创新精神。

实践操作：可以安排实践操作环节，带领学生们亲自完成多晶材料的拉伸及相关塑性变形行为的分析表征工作；完成材料的渗碳、渗氮工作，并分析渗碳或是渗氮工艺后材料成分、组织和性能的变化，从而牢固掌握相关知识，并激发学习兴趣。

五、教学实践过程回顾

在过去的学期中，我们承担了“核材料学基础”课程的教学任务，为学生提供核材料科学的基本理论和实践知识，同时培养他们的独立思考和解决问题的能力。在这个过程中，我们努力将思政元素融入课程中，以实现全程育人、全方位育人的教学目标。

在介绍中国核能科学研究的先驱时，特别介绍了卢鹤绂先生的生平事迹。他对祖国的深深热爱和为科学事业的无私奉献，对学生的学习和研究具有很强的启示意义。

在讲述锆合金材料时，介绍了中国核动力研究设计院锆合金材料研发项目总设计师赵文金的贡献。他率领团队用了近40年时间，研制出拥有自主知识产权、性能位居国际前列的N36锆合金包壳管，解决了“华龙一号”燃料组件中最重要的材料难题。这个案例让学生深刻体会到科学研究的艰辛和为祖国做贡献的自豪感。

在介绍高温气冷堆燃料元件时，详细讲述了我国高温气冷堆燃料元件自主化的历程、关键技术的突破及科技工作者的贡献。这个案例让学生了解到我国在科技领域的重大突破和进步，激发了他们的民族自豪感和爱国情怀。

在讲述中国核材料科学的开拓者时，介绍了李恒德院士的事迹。他的赤子情怀和卓越成就，让学生深刻认识到科学家的责任和使命，激发了他们为祖国的繁荣和发展做出贡献的决心。

通过这些案例的教学实践，我们深刻体会到思政元素在课程中的重要性。这些内容不仅帮助学生更好地理解课程内容，还培养了他们的道德观念和爱国精神。

六、创新性与效果总结

本文以“核材料学基础”为例，阐述了核学科专业课程思政元素的创新纳入和教学实践，经过统计学生们反馈100%喜欢和欢迎这些思政元素和内容的加入，有助于学生们明晰课程内容的学科史、国内外现状、如何应用等。这些思政元素创新实践对于专业课程的讲授，对于学生们爱国情怀、热爱专业情怀的培养塑造均起到了积极显著的效果，具有示范借鉴意义。

（一）案例一：卢鹤绂事迹

通过将卢鹤绂的事迹融入核材料学基础课程中，可以达到以下效果。

“中国核能之父”卢鹤绂归国在中山大学工作时写下名篇揭开“原子核裂变的秘密”，对同学们是心灵上、感情和理性上的冲击，感受到了数十年绵延的爱国情怀、专业历史底蕴，很快对核学科的学习产生了浓厚兴趣和历史使命感。

增强学生对中国核能事业的了解和认识，激发他们的爱国热情和责任感。

引导学生学习卢鹤绂的科学精神和追求卓越的态度，提高他们的科学素养和实践能力。

（二）案例二：中国锆合金的自主化——锲而不舍，金石可镂

通过将中国锆合金的自主化融入核材料学基础课程中，可以达到以下效果。

学生能够更加深入地了解我国锆合金的自主化历程和赵文金及其团队的努力，感受科技工作者的不懈奋斗和卓越贡献，培养爱国主义精神、创新精神和团队协作精神。

学生还能够掌握相关知识和技能，提高自身综合素质和能力水平。

（三）案例三：我国高温气冷堆燃料元件自主化——求知若渴，推陈出新

通过将我国高温气冷堆燃料元件自主化融入核材料学基础课程中，可以达到以下效果。

增强学生对高温气冷堆燃料元件的基本原理和特点以及我国在高温气冷堆燃料元件自主化方面的科技突破的了解程度。

提高学生的分析能力、解决问题的能力以及实践操作能力。

提高学生的团队合作精神、创新意识、爱国情怀等情感态度与价值观。

（四）案例四：李恒德——赤子情怀，以身相许

通过将李恒德的事迹融入核材料学基础课程中，可以达到以下效果。

增强学生对中国核材料发展历程的了解和认识，让学生们了解核材料发展前沿，激发学生的爱国热情、责任感和积极投身核材料事业的热情。

引导学生学习李恒德的科研态度和思维，提高他们的科学素养和实践能力。

“辐射防护”课程思政案例

梁成强，龚军军，夏文明，陈君军

（海军工程大学核科学技术学院，湖北　武汉　430033）

摘　要：“辐射防护”是核工程与核技术、辐射防护与核安全专业的重要专业背景课程。本课程主要包括辐射防护基础理论知识、辐射防护的方法手段以及工作中的辐射防护等方面的内容，为学习后续专业课程、从事涉核工作打下坚实的理论基础。课程的讲授中选取了几个代表性课程思政案例，例如，查德威克发现中子、吴有训先生事迹、莉泽·迈特纳事迹和孟昭旭事迹。通过思政案例的教学，可以拓宽学生们的眼界，激发学生爱国情怀以及职业认同感，帮助学生树立正确的人生观和价值观。

一、课程基本情况

（一）授课对象情况分析

本课程授课对象为核工程与核技术，辐射防护与核安全的本科学生，他们对专业知识求知欲强，思维活跃。本课程安排在第七学期，在此之前，他们已经学过一门专业背景课程，熟悉核反应堆的基本工作原理，对核有一定认识，但对辐射的本质及防护方法尚不清楚。另一方面，他们毕业后将从事反应堆运行控制、辐射防护与监测、放射性废物处理等涉核岗位。所以，学生都十分关注未来涉核岗位是否会影响健康和安全，对本门课程比较关注。

大学阶段也是人生观和价值观形成的关键时期，军校学生相对地方大学学生而言，交流范围更窄，因此，老师在其三观的建立过程中更为重要。因此，在对学生进行理论知识的教学过程中对其人格的塑造起到积极作用是大学本科教育中更应值得重视的方面。

（二）课程情况简介

辐射防护是一门专业背景课，课程开设在大四上学期。课程总共 36 学时，主要包括三大部分：

（1）辐射防护基础理论知识，这部分主要介绍辐射的基本性质及来源、辐射与物质作用的特点规律、基本辐射量及单位；

（2）辐射防护的方法手段，这部分主要介绍根据防护对象不同而采用的外照射和内照射防护基本方法及原理；

（3）工作中的辐射防护，这部分主要介绍未来岗位上的辐射监测，辐射防护设施及相应的管理措施。

通过对本课程的学习让学生们能掌握辐射防护基础理论知识，熟悉辐射的基本防护方法和手段，了解工作中辐射防护管理实际情况，树立科学的辐射防护观念。

二、案例基本情况

（一）案例一：查德威克发现中子

1920 年卢瑟福在皇家学会贝克里安演讲中，首次预言了中子的存在。1928 年，波特和他的学生贝克尔用钋发射的 α 粒子轰击一系列轻元素，发现 α 粒子轰击铍时，会使铍发射穿透能力极强的中性射线，强度比其他元素所得要大过 10 倍。1930 年，波特和贝克尔发表了这一结果，并断定这种贯穿辐射是一种特殊的 γ 射线。1931 年底，约里奥-居里夫妇公布了他们关于石蜡在“铍射线”照射下产生大量质子的新发现。约里奥-居里夫妇的发现点醒了正在试图探索中子的查德威克。

查德威克意识到这些射线可能是由中性粒子构成，而这正是验证“中子预言”的关键钥匙。查德威克发现，该射线轰击石蜡后的产物包括质子流，而质子的动能为 5.7 MeV，如果把这个粒子当成 γ 射线，用康普顿散射来解释的话，由能量及动量守恒可知光子能量约为 55 MeV；他们又用同样的射线轰击了氮核，而氮核的动能为 1.2 MeV，用同样的计算方法可得光子的能量约为 90 MeV。同一种光子能量会差得这么大？所以很明显，这不是光子，而是一种新的中性粒子，即中子。查德威克也因此获得 1935 年的诺贝尔物理学奖。

（二）案例二：吴有训先生事迹

吴有训字正之，江西省宜春市高安人，物理学家、教育家，是中国近代物理学研究的开拓者和奠基人之一，被称为中国物理学研究的“开山祖师”。

1920 年 6 月，吴有训毕业于南京高等师范学校数理化部：1925 年获美国芝加哥大学博士学位，后任该校物理研究室助手和讲师，师从康普顿教授；1926 年秋，吴有训学成回国，先后在江西大学、中央大学和清华大学等高校任教。抗战时期，1945 年 10 月任中央大学校长；1948 年当选为“中研院”院士；1950 年 12 月任中国科学院副院长；1955 年被选聘为中国科学院学部委员。

吴有训对近代物理学的重要贡献，主要是全面地验证了康普顿效应。康普顿最初发表的论文只涉及一种散射物质（石墨），尽管已经获得明确的数据，但终究只限于某一特殊条件。为了证明这一效应的普遍性，吴有训在康普顿的指导下，做了 7 种物质的 X 射线散射曲线，证明只要散射角相同，不同物质散射的效果都一样，变线和不变线的偏离与物质成分无关。他们在 1924 年联名发表题为《经轻元素散射后的钼 K · 射线的波长》一文，论文刊登于《美国科学院通报》第 10 卷上。文中写道：“这些实验无可置疑地证明了散射量子理论所预言的光谱位移的真实性。”

（三）案例三：莉泽 · 迈特纳事迹

莉泽 · 迈特纳本名爱丽斯 · 迈特纳，1878 年出生于奥地利首都维也纳第二区的利奥波德城。1933 年迈特纳由于她的犹太出身丧失了她在柏林大学实验核物理学特别教授的教学许可，但她被允许在皇帝威廉研究所与奥托·哈恩继续他们关于中子的实验。1938 年奥地利被德国吞并后迈特纳成为德国公民，因此不能再以研究组长的身份工作。她的生命受到威胁。她经荷兰、丹麦逃往瑞典。1939 年迈特纳和她的外甥奥托·弗里施一起发表了一份题为《中子导致的铀的裂体：一种新的核反应》的文章。在这篇论文中他们提出了哈恩的"破裂"的理论解释，第一次为核裂变提供了理论基础。迈特纳被爱因斯坦称为"德国居里夫人"，在美国被誉为"原子弹之母"。在核裂变的研究中发挥了极其重要的作用，她不像居里夫人那样"仅仅"发现了现象。迈特纳作为哈恩的合作者，从他口中得知了中子轰击放射性元素的"破裂现象"。她不仅解释了原子裂变的原理，还根据爱因斯坦的质能方程算出了裂变释放的巨大能量，将其命名为"核裂变"。迈特纳的这个贡献可以称得上伟大，但是她却并不开心，她担心核裂变被利用，成为某些人的武器。二战后期，美国曾多次邀请她参加"曼哈顿计划"，但她没有一次松过口。可即便是贡献巨大加上道德高尚，迈特纳也没有获得本属于她的荣誉。1944 年，哈恩因为发现核裂变的现象一人独享当年的诺贝尔化学奖。

（四）案例四：孟昭旭事迹

一次远航中，潜艇反应堆舱冷却系统突发故障，反应舱内存放着放射性物质，长时间进舱抢修，无异于用血肉之躯"堵枪眼"。危急关头，艇上 10 名共产党员组成抢修队，机电长孟昭旭挺身而出，冲在第一个。

进堆舱后，他很快就确定了故障部位，就在排故过程中时限到了，考虑到其他战友接手需要重新熟悉，他不顾舱外的一再催促，毅然决定把危险留给自己，一鼓作气排除故障，防止了事故进一步扩大。

由于在反应堆舱的时间过长，孟昭旭吸入过量放射性物质，生命最终定格在 45 岁，按照其遗愿，他的儿子也加入了潜艇部队。

三、案例思政元素分析

（一）案例一：查德威克发现中子——勇于实践，勤于思考

介绍查德威克发现中子的曲折过程，分析出查德威克发现中子不是偶然的事件。他是在卢瑟福的中子假说指导下，经过多年的努力，反复试验、多方探索才取得成功的。这说明，在正确的理论指导下，还要经过夜以继日的不懈努力和实践，并通过不断思考和分析才能得到问题的正确答案。

（二）案例二：吴有训先生事迹——追求真理，以身许国

介绍吴有训先生生平，吴有训先生是一位伟大的科学家，他一生追求科学真理，并以服务祖国需要为己任。1926 年学成回国后，就一直扑在祖国的教育事业上，为祖国培养出如杨振宁、李政道、邓稼先等尖端科技人才，为中国核能事业的发展奠定了坚实基础。

（三）案例三：莉泽·迈特纳事迹——强大的祖国是个人发展的保障

回顾莉泽·迈特纳的一生，其科学贡献非凡，但却没有得到公平的待遇。介绍其在放射性同位素的发现和核裂变理论的提出做出的贡献。介绍其一生辗转于多个国家和实验室，却一直受到区别对待。介绍其在科学研究之外对和平使用核能和学术界妇女平等所做的工作。说明强大的祖国保障了我们每个人拥有平等的地位和权利，促进了我们个人价值的实现。

（四）案例四：孟昭旭事迹——勇于担当不怕牺牲的精神

介绍孟昭旭抢修工作的具体情况，说明抢修工作的危险性和紧迫性。分析抢修不及时可能带来的后果及危害。引导学生树立在危险时刻要有像黄继光和董存瑞般敢于担当，不怕牺牲的精神。

四、案例教学整体设计

（一）案例一：查德威克发现中子

此案例设置在原子与原子核相关章节内容的教学中，此前已经介绍了在对原子核结构的研究过程中科学家卢瑟福已经发现原子核里有质子的存在，并预言了中子的存在。

案例引入：虽然在 1920 年，卢瑟福根据原子核的质量推算预言了中子的存在，但在往后的十几年间，科学家一直没有能对此进行验证。在此期间，波特通过实验发现 α 射线轰击铍元素会产生一种中性射线，约里奥-居里夫妇公布了他们关于石蜡在这类中性射线照射下产生大量质子的新发现，他们都认为这种中性射线是 γ 射线。而查德威克通过对卢瑟福假说以及射线能量的分析，判断出这种新的中性粒子一定不是 γ 射线，并设置实验进行验证，最终发现了中子的存在，并获得了诺贝尔奖。

引导学生们认识到机会是留给有准备的人的，波特和约里奥-居里夫妇虽然通过实验产生了中子，但未进行进一步的分析，从而和一个巨大成就擦肩而过。我们在学习和工作过程中遇到问题也一定要运用所学知识对问题进行深入分析，这样才容易脱颖而出。

（二）案例二：吴有训先生事迹

此案例设置在射线与物质的相互作用——光子的康普顿散射相关章节的教学中，此前已经介绍了光子与物质作用的三种基本效应——光电效应、康普顿效应、电子对效应。详细讲解了康普顿效应发生的条件及特点，以及康普顿效应的实际应用。

案例引入：刚刚我们一起学习的康普顿效应在我们对 γ 射线和 X 射线的研究过程中有着非常重要的作用，在康普顿效应的研究和验证过程中，我们国家的科学家吴有训先生也起到了至关重要的作用。吴有训在康普顿的指导下，做了 7 种物质的 X 射线散射曲线，验证了康普顿效应的普适性。吴有训先生在学成之后，放弃了外国的高薪职位，于 1926 年回国，一心投入祖国的核能事业的发展和人才培养工作上，先后在江西大学和中央大学，清华大学等高校任教。抗战时期，1945 年 10 月任中央大学校长；为祖国培养出如杨振宁、李政道、邓稼先等尖端科技人才，为中国核能事业的发展奠定了坚实基础。

引导学生们明白我们不仅要学习吴有训先生在科学研究中勇于探索的精神，更要学习其不忘初心、以身报国的爱国主义情怀。

（三）案例三：莉泽·迈特纳事迹

此案例设置在压水反应堆辐射源相关章节的教学中，在此之前介绍了压水反应堆的主要能量来源为裂变反应，并写出了铀-235 裂变反应方程。

案例引入：提到铀-235 的裂变反应方程，大部分同学可能会想到奥托·哈恩，但实际上这个方程的提出是来自于一名奥地利女性科学家莉泽·迈特纳。裂变方程是莉泽·迈特纳和她外甥在树林散步时想到的，并通过爱因斯坦质能方程算出了释放的能量。另外，她一生致力于核能的和平利用，道德品质高尚。但由于其祖国（奥地利）的弱小，及其女性身份，使得其关于核裂变的发现被哈恩独占，三次获得诺贝尔奖提名却均未获奖。

引导学生们意识到一个强大且和平的祖国来之不易，一个人人平等的社会环境更加难能可贵。我们要珍惜自由平等的生活环境，并坚决捍卫它，因为强大的祖国是我们个人发展的保障。

（四）案例四：孟昭旭事迹

此案例设置在反应堆辐射防护相关章节的教学中，在此之前介绍了反应堆辐射防护的基本设施及具体管理措施，详细介绍了正常情况下和应急情况下的辐射剂量限值。其中，应急情况下，为了保护个人安全，对反应堆抢修要进行轮流作业来进行剂量分摊。

案例引入：在应急情况下对反应堆进行抢修，根据时间防护原则，我们要进行轮流作业，但特殊条件下，要根据实际情况进行处理。一次远航中，潜艇反应堆舱冷却系统突发故障，机电长孟昭旭挺身而出，冲在第一个进行抢修。经过一段时间后，其摸排出了故障点，但按要求需要进行人员交接时，考虑到其他同事接手仍需要一定的时间才能进行抢修处理，为了防止事故进一步扩大，他不顾舱外的一再催促，毅然决定把危险留给自己，一鼓作气排除故障，防止了更严重事故的发生。

引导学生们意识到在实际工作中，不要墨守成规，要根据实际情况进行判断决策。另外，在遇到紧急情况时要有敢于担当，不怕牺牲的精神。

五、教学实践过程回顾

在课程组多年来对“辐射防护”课程的教学过程中，不断总结凝练出可以进行的课程思政点，并通过查阅资料，不断对思政点的细节进行核验，对思政点的设计进行完善。力求达到不仅让学生在教学过程中获得基本理论和实践知识，同时培养其在实际学习和工作中发现问题解决问题的能力。同时，对教学过程中对一些先进人物事迹的介绍，还能帮助学生们建立正确的人生观和价值观，希望能达到将课程思政的盐撒入教学过程的汤中的润物无声效果。在此选取部分有特色的思政点来进行说明。

在介绍原子核结构的发现过程中，以查德威克发现中子的过程来向学生说明理论知识积累及勤于思考的重要性，激发他们学习热情。在讲述康普顿效应时，以吴有训先生事迹让学员们了解老一辈科学家以身许国的爱国主义情怀，让学生意识到“低级红，高级黑”行为的愚昧。在讲解裂变反应时，通过对科学家莉泽·迈特纳颠沛流离一生的分析，让学生意识到强大的祖国对个人发展的重要性，进一步增强保卫祖国的热情和使命感。在讲解应急抢修时，通过对孟昭旭事迹的介绍，让学生意识到关键时刻不能墨守成规，同时要有不怕牺牲的精神。

通过这些案例的教学实践，我们认识到作为教师，不仅要传授给学生知识，更要培养学生的人格，正所谓师之大者，育人育心。

六、创新性与效果总结

本文以“辐射防护”为例，阐述了核学科专业课程思政元素的创新纳入和教学实践。在选择思政元素的过程中，课程组尽量选取一些流传度并不算高的人物事迹，利用学员的好奇心，来提升思政效果。同时，在思政教学中尽量避免照本宣科的教学方式，通过对教学过程的问题进行分析，自然引入案例。通过对案例分析，让学员自己体会到思政点，大大提升了思政教学的效果。通过课后学生反馈，对此类思政教学大家都很认可并接受。这些思政内容一方面可以拓宽学生们的眼界，帮助他们了解一些伟大发现的背后故事；另一方面还能激发学生爱国情怀以及职业认同感，具有示范借鉴意义。

参考文献

[1] 程永来．天才的中子发现者——詹姆斯·查德威克［J］．国外科技动态，1998（1）．01-010.
[2] 王天眷，陈芳允．记吴有训老师培育我二三事［J］．物理，1982，11（8）．
[3] 陈子楠．物理学女性先驱莉泽·迈特纳［J］．世界知识，2018（10）：1.

“核反应堆物理”课程思政案例

周夏峰，杨　军

（华中科技大学能源与动力工程学院核工程与核技术系，湖北　武汉　430074）

摘　要：本文以“核反应堆物理”课程作为载体，将课程主要知识点与具体思政元素有机融合，以案例穿插、专题嵌入和隐形渗透等教学方法，实现价值塑造、能力培养、知识传授同步的教学目标，努力构建“以爱国主义为底色的科学家精神”的“三多”人才培养机制和思政建设体系，包括多目标课程体系、多层次教学体系、多方位实践育人体系。具体来说，通过将核能领域的国家发展战略及“马兰精神”“两弹一艇”感人事迹贯穿整个教学体系中，鼓励学生追求真理，发扬以爱国主义为底色的科学家精神；通过融入海陆空天多种堆型设计理念于反应堆临界理论和反应性控制等重点章节中，激发学生学习兴趣，树立勇攀高峰、敢为人先的责任感和使命感；通过专题汇报讨论、现场实习交流、实验设计建模等方式，引导学生深入思考，培养勇于实践、敢于创新的拼搏意识和关键能力。

一、课程基本情况

（一）授课对象情况分析

授课对象为华中科技大学能源与动力工程学院核工程与核技术系大学三年级学生，每年有20~30名学生修读此课程。由于“核反应堆物理”课程是本校核专业学生接触的第一门专业课程，在该课程之前，大部分学生对核工程领域的基本了解和知识储备相对薄弱，甚至几乎为零，再加上“核反应堆物理”课程具有物理概念新、核工程背景强、数学推导繁琐等特点，这使得学生深入理解该课程带来了不少困难，需要在教学方式上更具启发式、研讨式、案例式，且尽可能背景具体化、问题明确化、重点形象化等。

（二）课程情况简介

“核反应堆物理”课程作为核工程专业的核心基础必修课程，共48学时，3学分。该课程具有鲜明的思政建设优势，主要任务是通过课程教学、专题讨论、理论推导、计算编程、工程应用等方式帮助学生掌握核反应堆及中子学的基本概念和一般规律、核反应堆临界计算及反应性控制方式等知识；培养学生运用数学和计算机进行数值计算的能力、分析核反应堆实际工程问题的能力、学科发展前沿把握和创新思维塑造的能力等，并在课程中融入“马兰精神”和核工业精神等，鼓励和培养学生将个人奋斗融入国家重大需求的思政理念和为国家/国防科技创新发展而努力拼搏的意识等。具体目标包括：

（1）掌握核反应堆及中子学的基本概念和一般规律，突出创新意识和创新思维的培养；

（2）具备运用核反应堆临界理解及反应性控制等物理知识和数学工具对核反应堆进行建模和分析能力，注重问题提炼和分析能力培养；

（3）了解和掌握先进核能系统的学科前沿和挑战，着重学科兴趣和方向的引导和启发；

（4）建立核反应堆物理知识与实际工程之间联系的知识体系，树立学以致用的学习意识；

（5）具备相关学科技术资料的调研、分析、英语阅读等方面的能力；

（6）了解国家核能在国防海陆空天领域和实际工业生产的可持续发展战略、定位及相关政策，包括核能发电、核供热站、核能海水淡化、制氢、船舶核动力、海洋核动力平台、空间核动力、核医学、材料改性、中子治疗癌症等，树立正确的科研观和价值观；

（7）感悟“马兰精神”和核工业精神，熟悉我国伟大科学家为了利用核能、建设国防而付出努力和精神的感人事迹，了解前辈是如何克服困难，成功解决一系列问题，在激发兴趣的同时，培养爱国和奉献情怀，树立为国家/国防科技创新服务的拼搏意识，并将个人理想奋斗与国家的重大需求紧密结合，上大舞台，干大事业，把努力真正写在祖国的大地上。

二、案例基本情况

“核反应堆物理”教学中设计和打造了多目标课程体系—多层次教学体系—多方位实践育人体系的“三多”的人才培养机制和课程思政建设基本方案（总体思路见图 1），为我国努力培养勇于担当、甘于奉献、德才兼备的有志青年。本文主要以三个案例分析说明课程思政融入教学体系的方式和思路，具体如下所述。

案例一：将核能领域的国家发展战略及“马兰精神”“两弹一艇”感人事迹贯穿整个教学体系中，鼓励学生追求真理，发扬以爱国主义为底色的科学家精神

当前，空天、海洋和陆地等领域先进核科技作为维护国家主权和安全的战略基石，在大国战略竞争中的地位作用进一步凸显，核科技自立自强比任何一个时期都更为迫切和重要。通过课前及课间视频和动画播放、课上教学内容合理讲解、课后作业有关研究现状和历史背景调研、平时在线答疑互动等方式，将国家发展战略及相关政策与课堂教学紧密结合，包括核能发电、核供热站、核能海水淡化、核能制氢、船舶核动力（航母、潜艇、浮动核电站等）、空间核动力（核火箭、核电源、火星探测、月基表面核反应堆等）、医用同位素生产堆、高通量堆材料辐照、活化分析（跑兔装置）、中子治疗癌症等，使学生能够将个人理想奋斗与国家的重大需求紧密结合。

同时，课上通过与国防/民用科技背景、核工业精神（事业高于一切、责任重于一切、严细融入一切、进取成就一切，即“四个一切”）、“马兰精神”（艰苦奋斗、开拓创新、

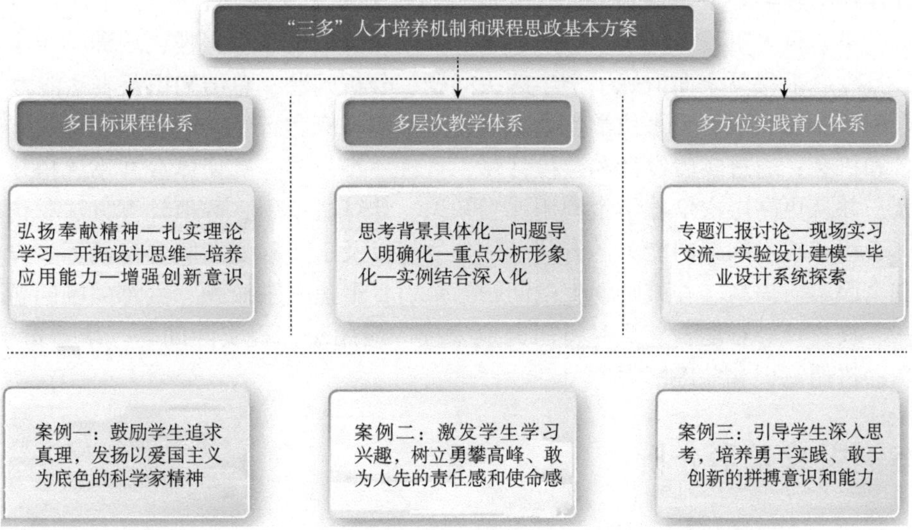

图1　三多的人才培养机制和课程思政建设基本方案的总体思路

大力协同、无私奉献)、“两弹一艇”科研故事（邓稼先、于敏、彭士禄、黄旭华等）的穿插和讲授，鼓励学生追求真理，发扬以爱国主义为底色的科学家精神，树立为国家科技创新服务的拼搏意识。

案例二：融入海陆空天多种堆型设计理念于反应堆临界理论和反应性控制等重点章节中，激发学生学习兴趣，树立勇攀高峰、敢为人先的责任感和使命感

在七年的核反应堆物理教学过程中，在优化课题内容和知识结构的基础上，系统融入了海陆空天多种堆型设计理念于反应堆临界理论和反应性控制等重点章节中，打造了一套“思政背景具体化—问题导入明确化—重点分析形象化—实例结合深入化”的多模式教学体系。

通过“思政背景具体化”，使得国家政策、研究机构和科学家感人事迹等与具体反应堆工程或研究项目有机结合，将课程思政和知识点的工程背景具体化和场景化；通过“问题导入明确化”，激发学生兴趣，树立以问题为导向和学以致用的学习意识；通过“重点分析形象化”，使学生能够通过视频动画等方式更加形象生动地理解课堂重点和难点内容，通过“实例结合深入化”，努力实现与工业界实际问题的“近距离”接触，比如，通过大、中、小、微等不同尺度反应堆的燃料形状、各向异性、泄漏率等多角度的对比分析，深入了解反应堆临界设计、控制方式的差别以及先进的设计理念，使学生从略知一二到系统理解、从一般掌握到深刻领会、从一般会用到活学活用，努力使学生树立勇攀高峰、敢为人先的责任感和使命感。

案例三：通过专题汇报讨论、现场实习交流、实验设计建模等方式，引导学生深入思考，培养勇于实践、敢于创新的拼搏意识和关键能力

核反应堆物理课程的最终成绩中有25%的分数来自于专题汇报讨论、现场实习交流、

实验设计建模等教学环节。通过专题汇报讨论（系统调研+PPT 汇报），不仅可以系统地了解国家政策、重大工程、科学家感人事迹等，还可以激发学生兴趣，培养学生主动思考的能力，且专题汇报可全面锻炼了学生解决问题、分析问题、总结知识及表达能力等。

通过现场实习交流，为每位学生近距离提供了解国家和行业需求、核工业发展史等知识的平台和机会；通过实验设计和建模计算，可进一步使学生真切体会并系统搭建自己的知识框架，并从更高层次培养学生利用课堂知识、计算机编程、数值计算方法、仿真软件解决实际工程和技术问题的能力，有利于数学物理以及工程等复杂问题建模等多方面能力的培养和全面素质提高。并鼓励学生以问题为牵引，聚焦需求瓶颈、凝练关键问题、提出有效方法、攻克核心难题，并及时将研究成果推广应用于工程实际问题。培养勇于实践、敢于创新的拼搏意识和关键能力。

三、案例思政元素分析

把构建“以爱国主义为底色的科学家精神”的“三多”人才培养机制和思政建设体系作为课程教学目标，将核反应堆物理课程知识点与思政元素有机融合，以案例穿插、专题嵌入式和隐形渗透式等教学方法，建立价值塑造、能力培养、知识传授相结合的教学体系。主要知识点示例与教学案例、思政元素分析和归类如表 1 所示。主要选取了核反应堆物理的核物理基础、中子慢化与慢化能谱、反应堆临界理论、反应性随时间变化、温度效应与反应性控制各章节的核心内容，分别穿插国家安全、国家政策、各种反应堆设计对比分析、科学家感人事迹、我国在核领域取得的主要成就和走过的辛苦历程等教学案例，隐形渗透地融入爱国情怀、民族自信、甘于奉献、民族自信、工匠精神、追求真理、核科技自立自强意识、核安全意识和责任感、勇攀高峰、敢为人先的责任感和使命感、集智攻关、团结协作等多个思政元素，尽可能完善“以爱国主义为底色的科学家精神”的思政建设体系，将思政元素具体落到每一章节对应的核心知识点。

表 1　主要知识点与教学案例、思政元素分析和归类

主要课程知识点示例	教学案例	思政元素
核反应堆核物理基础：中子与原子核相互作用、微/宏观截面、平均自由程、核裂变过程、链式裂变反应及临界条件、热中子反应堆中子循环	从截面角度分析裂变产物中微子能量不可用的原因及捕获中微子的方法	激发兴趣、追求真理
	结合原子弹和大中小微型等各类反应堆分析链式裂变反应和中子循环过程	国家安全、发展战略
	我国“两弹一星”、快堆、“华龙一号”、高温堆等自主研发的辛苦历程和感人事迹	爱国情怀、甘于奉献、民族自信、工匠精神
中子慢化与慢化能谱：中子弹性散射能量分布、慢化剂选择、慢化能谱计算、热中子能谱	我国压水堆、重水堆、高温堆多种堆型慢化剂选择及堆尺寸、富集度和现状	勇于实践、敢于创新、民族自信、专业认同
	铀浓缩关键环节及离心机技术	核科技自立自强意识

续表

主要课程知识点示例	教学案例	思政元素
反应堆临界理论： 均匀裸堆临界条件、几何曲率、通量分布、反射层节省、多群中子扩散方程推导及数值求解、燃料元件及栅格形状、栅格的非均匀效应、均匀化群常数计算	同位素分离厂、核废料储存库、核燃料运输罐、后处理厂重返临界安全问题	核安全意识和责任感
	传统压水堆、溶液反应堆、板状燃料堆、空间反应堆临界设计及反射层对比	探索精神、求知热情
	燃料元件形状及栅格排布对比（棒状/板状/弧状/绕丝状，方形/菱形/六边形）	科技创新、严谨治学
反应性随时间变化： 燃耗方程、裂变产物中毒、反应性随时间变化、核燃料转换与增值	结合传统压水堆和核潜艇分别分析裂变产物中毒，并融入彭士禄和黄旭华等科学家的科研经历和感人事迹	科学家精神，勇攀高峰、敢为人先的责任感和使命感，民族自信
温度效应与反应性控制： 燃料和慢化剂温度系数、反应性（控制棒、可燃毒物、化学补偿）	空间堆、高温堆、传统压水堆、沸水堆、高通量堆温度效应和反应性控制对比	集智攻关、团结协作

四、案例教学整体设计

核反应堆物理课程的案例教学过程整体按照图 2 所示的设计思路开展教学工作，根据案例的属性，将案例穿插在不同环节。比如课题相关知识点的研究背景中刚好包括了国家政策、发展战略和科学家发现了问题等事例，即可将相关思政素材融入课堂引言部分的“思政背景具体化”中；也可在基础知识、重点难点讲解过程、课后调研、专题汇报过程中融入国家政策或重大工程、不同反应堆发展历程、科学家感人事迹等，以便隐形地将核反应堆物理课程知识点与思政元素有机融合。

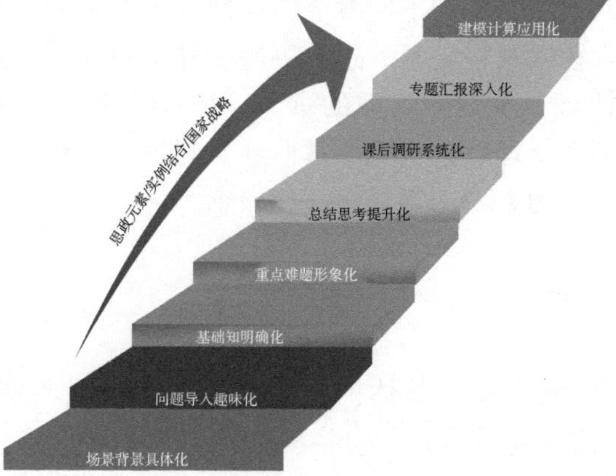

图 2　案例教学整体设计思路

五、教学实践过程回顾

2016 年至今核反应堆物理课程教学已 7 年，其中自 2020 年开始将核反应堆物理课程知识点与思政元素逐渐融合和不断完善，每年都会收集和分析学生们对课堂的意见反馈，相关教学实践和完善过程如图 3 所示。早期课程上比较注重在课程的重点难点章节融入海陆空天、大中小特微等多种核反应堆设计理念，激发学生学习兴趣，使学生能否举一反三，树立以问题为导向和学以致用的学习意识。

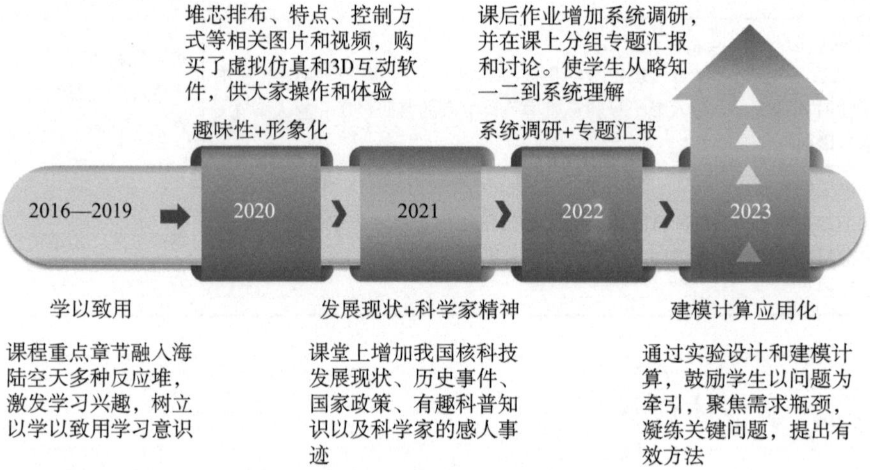

图 3　近年来教学实践过程逐渐完善过程

在教学过程中，学生们建议增加更多各种实际反应堆的真实结构和设计原理的图片、动画和视频。基于此，在课程上增加了传统压水堆、高温气冷堆、板状燃料反应堆、空间反应堆等堆型的燃料元件、组件、堆芯、物质排布、堆型特点、控制方式等相关图片和视频，甚至购买了虚拟仿真和 3D 互动软件，供大家操作和体验，获得了很好的效果。

之后学生们建议在课堂上增加一些我国核科技的发展现状、历史事件、国家政策以及有趣的科普知识，因此，又在课堂的不同章节中穿插了我国多种反应堆的发展历史、工作原理、各种关键技术的视频以及科学家的感人事迹，并将部分重点知识直接应用于不同反应堆的初步计算，甚至针对学生们感兴趣的章节，增加了系统调研和专题汇报和讨论环节，使学生从略知一二到系统理解、从一般掌握到深刻领会、从一般会用到活学活用，努力使学生树立勇攀高峰、敢为人先的责任感和使命感。

六、创新性与效果总结

以“核反应堆物理”课程作为载体，构建“以爱国主义为底色的科学家精神”的“三多”人才培养机制和思政建设体系，包括多目标课程体系、多层次教学体系、多方位实践育人体系，并对课程不断改进完善，挖掘“核反应堆物理”课程的思政元素，将核反应堆物理课程主要知识点与具体思政元素有机融合，以案例穿插、专题嵌入式和隐形渗透式等教学方法，建立价值塑造、能力培养、知识传授相结合的教学体系。

通过将核能领域的国家发展战略及“马兰精神”“两弹一艇”感人事迹贯穿整个教学体系中，发现近年来学生对核反应堆物理课程的认可度逐渐增加，更多的学生去关注核科学相关的国家政策、新闻、历史、科学家以及电影等，以爱国主义为底色的科学家精神在课程中也逐渐隐形渗透入各位同学；通过融入海陆空天多种堆型设计理念于反应堆临界理论和反应性控制等重点章节中，学生们不仅仅局限于传统的压水堆核电站的知识学习，让学生主动思考，带着问题去听课，把抽象概念和微观现象具象化，降低学生的理解难度。近两年“核反应堆物理”课程竟无一人挂科，成绩良好以上人数比例逐渐增加；通过专题汇报讨论、现场实习交流、实验设计建模等方式，引导学生深入思考的同时，充分激发了学生的兴趣和积极性，使更多学生主动去了解各种新型反应堆的最新进展和特殊用途，使学生从略知一二到系统理解、从一般掌握到深刻领会、从一般会用到活学活用，培养了其勇于实践、敢于创新的拼搏意识和关键能力。

此外，基于“核反应堆物理”课程在构建“以爱国主义为底色的科学家精神”的“三多”人才培养机制和思政建设体系和认真授课取得的经验，2018 年获得了全国核工程类专业青年教师教学培训班优秀学员奖，2020 年获得了华中科技大学教师教学竞赛一等奖，2023 年获得了华中科技大学本科生优秀毕业设计论文指导老师。

参考文献

[1] 赵剑锟，刘义保，张怀强，等．“双一流”背景下核工业精神引导“核能与核技术工程”专业研究生课程思政建设探索——以“核技术应用”为例［J］．东华理工大学学报（社会科学版），2021，40（02）：174-177.

[2] 陈章梅，蒋福明，刘韵清．浅谈核工业精神在“基础”课教学中的培育路径［J］．黑龙江教育（高教研究与评估），2013（08）：20-21.

[3] 杨庆，孔纲强，杨钢．土木、水利与海洋工程专业工程地质课程思政设计与教学实践［J］．高等建筑教育，2023，32（05）：149-155.